Romeis

Mikroskopische Technik

Maria Mulisch, Ulrich Welsch (Hrsg.)

Romeis Mikroskopische Technik

19. Auflage

Mit Beiträgen von

Dr. Erna Aescht, Simone Büchl-Zimmermann, Dr. Annegret Bäuerle,
Dr. Rolf T. Borlinghaus, Dr. Anja Burmester, Dr. Christine Desel,
Dr. Dennis Eggert, Dr. Christoph Hamers, Dr. Guido Jach,
Dr. Manfred Kässens, Prof. Dr. Josef Makovitzky, Dr. habil. Maria Mulisch,
Dr. Barbara Nixdorf-Bergweiler, Prof. Dr. Matthias Ochs, Detlef Pütz,
Dr. Rudolph Reimer, Bernd Riedelsheimer, Dr. Ulrich Sauer,
Dr. Heinz Streble, Dr. Frank van den Boom, Dr. Rainer Wegerhoff,
Prof. Dr. med. Dr. rer. nat. Ulrich Welsch

 Springer Spektrum

Herausgeber

Dr. habil. Maria Mulisch
Zentrale Mikroskopie
Christian-Albrechts-Universität zu Kiel

Prof. Dr. med. Dr. rer. nat. Ulrich Welsch
Zellbiologie (Anatomie III)
Biomedizinisches Zentrum der LMU München

ISBN 978-3-642-55189-5   978-3-642-55190-1 (eBook)
DOI 10.1007/978-3-642-55190-1

Die Deutsche Nationalbibliothek verzeichnet diese Publikation in der Deutschen Nationalbibliografie;
detaillierte bibliografische Daten sind im Internet über http://dnb.d-nb.de abrufbar.

Springer Spektrum
© Springer-Verlag Berlin Heidelberg 2010, 2015

Planung und Lektorat: Kaja Rosenbaum, Martina Mechler
Index: Dr. Bärbel Häcker
Satz: TypoStudio Tobias Schaedla, Heidelberg

Gedruckt auf säurefreiem und chlorfrei gebleichtem Papier

SpringerVerlag GmbH Berlin Heidelberg ist Teil der Fachverlagsgruppe Springer Science+Business Media
(www.springer-spektrum.de)

Mitwirkende

Herausgeber

Dr. habil. Maria Mulisch, Kiel
Prof. Dr. med. Dr. rer nat. Ulrich Welsch, München

Autoren

Dr. Erna Aescht, Linz
Simone Büchl-Zimmermann, Augsburg
Dr. Annegret Bäuerle, Hohenheim
Dr. Rolf T. Borlinghaus, Mannheim
Dr. Anja Burmester, Reinfeld
Dr. Christine Desel, Kiel
Dr. Dennis Eggert, Hamburg
Dr. Christoph Hamers, Düsseldorf
Dr. Guido Jach, Köln,
Dr. Manfred Kässens, Münster
Prof. Dr. Josef Makovitzky, Heidelberg
Dr. habil. Maria Mulisch, Kiel
Dr. Barbara Nixdorf-Bergweiler, Erlangen
Prof. Dr. Matthias Ochs, Hannover
Detlef Pütz, Düsseldorf
Dr. Rudolph Reimer, Hamburg
Bernd Riedelsheimer, München
Dr. Ulrich Sauer, München
Dr. Heinz Streble, Stuttgart
Dr. Frank van den Boom, Düsseldorf
Dr. Rainer Wegerhoff, Miesbach
Prof. Dr. med. Dr. rer nat. Ulrich Welsch, München

Benno Romeis (1888–1971)

Benno Romeis wurde am 3. April 1888 in München als Sohn des Architekten und kgl. Professors an der Kunstgewerbeschule Leonhard Romeis geboren. Er besuchte das Humanistische Gymnasium in München und begann im Jahre 1906 mit dem Studium der Medizin an der Ludwig Maximilians Universität München. Fasziniert von der Welt der mikroskopischen Anatomie richtete er sich ab dem 3. Semester zuhause ein kleines histologisches Laboratorium ein. In seiner Freizeit arbeitete er gern in einer chirurgischen Privatpraxis in München. Ab 1909 erhielt er einen Hilfsassistentenvertrag am histologisch-embryologischen Institut der Anatomischen Anstalt der Universität München (Direktor Prof. Siegfried Mollier). 1910 besuchte er für einige Monate die Zoologische Station in Neapel. 1911 beendete er das Medizinstudium und promovierte mit *summa cum laude* über die Architektur des verkalkten Knorpels während der chondralen Ossifikation zum Dr. med. Im gleichen Jahr wurde er Assistent am histologisch-embryologischen Institut der Munchener Anatomie und arbeitete hier insbesondere unter der Anleitung des Prosektors Alexander Böhm. Von August 1914 bis Dezember 1918 leistete er den Heeresdienst als Kriegsfreiwilliger; er versah militärärztlichen Lazarettdienst und blieb auch in der Anatomischen Anstalt tätig, wo er in den Bereichen Makro- und Mikroskopie unterrichtete und außerdem noch endokrinologische Forschungen durchführte. 1918 habilitierte er sich mit einer experimentellen Arbeit über die Entwicklung von Kaulquappen, 1923 wurde er planmäßiger a. o. Professor und Leiter der Abteilung für experimentelle Biologie an der Anatomischen Anstalt in München. In den folgenden Jahren erhielt er zahlreiche Ehrungen und wurde u. a. ab 1926 Mitglied der Leopoldina in Halle und ab 1942 der Bayerischen Akademie der Wissenschaften. Von 1925-1967 war er Mitherausgeber der Zeitschrift „Wilhelm Roux' Archiv für Entwicklungsmechanik der Organismen". Von 1944-1956 war er o. ö. Professor für Anatomie an der Universität München. Ärzte, die ihn als Studenten noch erlebt haben, berichten, dass er ein stiller, nur für die Wissenschaft lebender Mensch war. Wolfgang Bergmann schreibt in seinem Nachruf (1971) auf Prof. F. Wassermann, dass Romeis diesen ab 1933 bis zu dessen Emigration 1937 geschützt habe. Nach dem Zusammenbruch war er 1945 einer der wenigen, die der Medizinischen Fakultät der Universität München unverzüglich und unbelastet zur Verfügung standen und ohne Verzögerung weiterbeschäftigt wurde. Er wurde bis 1947 kommissarischer Leiter der gesamten Anatomie und arbeitete unter widrigen Bedingungen für Neuaufbau und Neubeginn nach Krieg und Nationalsozialismus. Nach 1947 war er Inhaber des Lehrstuhls für Histologie und Embryologie in der Anatomischen Anstalt. Sein Unterricht für Medizinstudenten galt allgemein als anspruchsvoll und streng wissenschaftlich ausgerichtet.

Sein wissenschaftlicher Schwerpunkt lag im Bereich der Erforschung der Funktionen endokriner Organe. Er bediente sich dazu eines breiten Spektrums histologischer Techniken, die er meisterlich anwendete und interpretierte und deren methodische Grenzen er immer respektierte. So gelang es ihm mit sicherem Gespür z. B. die wesentlichen Zelltypen der Adenohypophyse verlässlich zu identifizieren. Den seinerzeitigen Wissensstand zur Histo-Physiologie der Hypophyse fasste er auf 600 Seiten 1940 zusammen. Unter vielem anderen erkannte er schon zu diesem Zeitpunkt in der Adenohypophyse Stammzellen, die er auch so nannte, und deren Proliferationswege. Eine gewisse Tragik lag darin, dass ihm noch keine immunhistochemischen Methoden zur Verfügung standen, die seine Hypophysenforschung schneller vorangebracht hätte. Ein weiterer Forschungsschwerpunkt betraf Alterungsprozesse der Gewebe.

Ab 1917 betreute Benno Romeis das „Taschenbuch der mikroskopischen Technik", das seit 1948 „Mikroskopische Technik" hieß. Die Bearbeitung und Herausgabe dieses Buches ab der 8. Auflage wurde eine Lebensaufgabe, die ihn über 8 Auflagen bis 1968 begleitete. Dieses Werk war stets durch seine unerreichte Zuverlässigkeit und für seinen Reichtum an auf persönlicher Erfahrung beruhender Details gekennzeichnet.

Er war als unbestechlicher Forscher hoch geachtet und war als „Augenmensch" offen für Schönheit und Vielfalt der Natur und besaß eine enge Beziehung zur bildenden Kunst verschiedener Epochen und Kulturen. Unglücklicherweise wurde sein Leben von stetig zunehmender Schwerhörigkeit überschattet, für die es seinerzeit noch keine effektiven Therapien gab.

Auch nach seiner Emeritierung 1956 kam er noch viele Jahre täglich in sein Labor und arbeitete dort unter Aufrechterhaltung regelmäßiger Korrespondenz mit in- und ausländischen Kollegen bis kurz vor seinem Tod am 30. November 1971 in München.

Vorwort zur 19. Auflage

Nach dem Erscheinen der überarbeiteten und modernisierten 18. Auflage des Romeis haben wir überwiegend positive Kritiken erhalten. In der 19. Auflage haben wir daher in einigen Kapiteln lediglich Fehler korrigiert und neue Methoden oder Geräte eingefügt. Das sehr umfangreiche Kapitel „Präparationstechniken" aus der 18. Auflage wurde in mehrere Kapitel aufgeteilt, deren Text und Inhalt aktualisiert und erweitert wurden.

Die Entwicklung hochauflösender Lichtmikroskope führte zu einem Quantensprung in der Mikroskopie und wurde mit dem Nobelpreis geehrt. Wir haben daher ein neues Kapitel „Hochauflösende Lichtmikroskopie" eingeführt, das die verschiedenen Verfahren vorstellt.

Das Kapitel „Kryotechniken" wurde neu geschrieben. Neu hinzugekommen sind auch die Kapitel „Fluoreszenzfärbungen", eine aktuell in der Biologie sehr wichtige Methodik, und „Spezielle Präparationsmethoden für tierische Organsysteme und Gewebe", in dem die sehr erfahrenen Autoren besondere histologische Techniken zur Darstellung von Tiergewebe beschreiben.

Im Kapitel „Färbungen" wurden alle Methoden in Hinsicht auf die praktische Tätigkeit im Labor kritisch durchgesehen und z. T. umformuliert, einige Fotos wurden hinzugefügt, Einzelnes wurde gestrichen. In den Kapiteln „Schnittpräparation für die Lichtmikroskopie", „Präparationstechniken und Färbungen von speziellen Geweben" und „Cytogenetik" wurden jeweils eine Reihe von Details geändert, die der besseren Handhabung in der Praxis dienen sollen. Das Kapitel „Arbeitssicherheit" wurde entsprechend neuer Vorschriften und Bestimmungen zum großen Teil neu formuliert.

Wie in der letzten Auflage werden in den Anleitungen, falls nicht anders spezifiziert, die Abkürzungen „RT" für Raumtemperatur und „OT" für Objektträger verwendet. H_2O steht synonym für (chemisch reines) Wasser (früher: destilliertes oder bidestilliertes Wasser, heute: zumeist Millipore-gefiltertes Wasser); wenn die Methodik ein bestimmtes Wasser (z. B. Leitungswasser, A. bidest.) verlangt, wird dies ausdrücklich vermerkt. Häufig verwendete Puffer finden sich im Tabellenanhang. Um den Textfluss in den Kapiteln besser zu erhalten, wurden weitere Tabellen in den Anhang verlegt.

Auch zu dieser Auflage haben Viele mit praktischen Tipps und Bildern beigetragen. Ihnen und auch den fleißigen und geduldigen Autoren sei herzlich gedankt.

Wir danken besonders Marita Beese und Cay Kruse aus der Zentralen Mikroskopie der CAU in Kiel (Maria Mulisch) und Sybille Warmuth von der MTA Schule der LMU München (Ulrich Welsch und Bernd Riedelsheimer).

Wir hoffen, dass auch die vorliegende Auflage des „Romeis" den vielen Anwendern und Freunden der wissenschaftlichen Mikroskopie eine Hilfe bei ihrer Arbeit ist und sogar neue Freunde für die Welt der mikroskopischen Strukturen gewinnt; denn es sind sehr oft diese, mit Hilfe der so vielseitigen mikroskopischen Methoden erkannten, Strukturen, die entscheidende Hinweise auf funktionelles Verständnis von Zellen, Geweben und Organen bieten.

Maria Mulisch und Ulrich Welsch, 2015

Vorwort zur 18. Auflage

Im Jahr 1890 ist ein von Alexander Böhm und Albert Oppel verfasstes „Taschenbuch der mikroskopischen Technik" erschienen, das eine kurze Anleitung zur mikroskopischen Untersuchung der Gewebe und Organe der Wirbeltiere und des Menschen enthielt (unter Berücksichtigung der embryologischen Technik). Das Werk konnte in rascher Folge neu aufgelegt werden.

1917 wurde der Anatom und Histologe Benno Romeis zur Weiterführung des Taschenbuchs aufgefordert. Die Betreuung und Herausgabe wurde zu seiner Lebensaufgabe, die ihn von der 8. Auflage (1919) bis zur 16. Auflage (1968) begleitete. Stetig ergänzte und erweiterte er den Text des Buches, das bald in allen medizinisch-histologischen Laboratorien der Welt als umfassendes Methodenbuch geschätzt und verwendet wurde. Seit der 15. Auflage (1948) erschien das Werk unter dem Titel „Mikroskopische Technik". Seitdem wurde auch der Name ROMEIS synonym für dieses Standardreferenzwerk der Mikroskopie, das optimale Methoden für alle Gewebe- und Organtypen, auch embryonale, berücksichtigt. Die allermeisten der enthaltenen Anweisungen wurden von Romeis nachgeprüft und durch eigene Erfahrungen vervollständigt. Er scheute sich nicht, auf alle möglichen Fehlermöglichkeiten hinzuweisen und behandelte das Handwerkliche der Laborarbeit überaus sorgfältig, sodass das Buch zum unentbehrlichen Ratgeber für ungezählte Studierende, Forscher und technische Assistentinnen wurde. Die 17. Auflage (1989) wurde von Peter Böck (Institut für Mikromorphologie und Elektronenmikroskopie der Universität Wien) mit Beiträgen von mehreren Fachkollegen herausgegeben.

Zurzeit erlebt die Mikroskopie in Biologie und Medizin einen ungeheuren Aufschwung. Die in den letzten Jahren sequenzierten Gene und Proteine werden nicht mehr isoliert im „Reagenzglas" betrachtet, sondern es interessieren ihre Rolle in der Zelle, ihr Zusammenspiel mit anderen Molekülen und Zellstrukturen, ihre zeitliche und räumliche Verteilung. Durch neue mikroskopische Geräte und moderne Präparations- und Markierungsmethoden können diese wissenschaftlichen Fragestellungen an lebenden oder lebensnah erhaltenen Zellen geklärt werden. Antikörper ermöglichen es, krankhafte Veränderungen im Präparat zu identifizieren, bevor sie strukturell erkennbar werden. Gleichzeitig steigt das Interesse an eingebetteten und geschnittenen Präparaten für die Untersuchung der Morphologie und Ultrastruktur einer steigenden Zahl von Mutanten und gentechnisch veränderten Organismen. Für die neuen Fragestellungen wurden und werden ständig neue Geräte, Rezepte und Substanzen entwickelt. Es wurde also dringend Zeit für eine Aktualisierung des ROMEIS.

Die Konzeption der neuen 18. Auflage war eine Herausforderung. Welche Rezepte sind überholt, welche müssen unbedingt erhalten bleiben? Welche modernen Methoden sollen integriert werden? Welcher Wissensstand kann bei den Nutzern vorausgesetzt werden? Der neue ROMEIS sollte wieder ein Laborhandbuch und Nachschlagewerk für alle im Labor tätigen Mediziner, Naturwissenschaftler, Studierende und Lehrer werden. So ergab es sich, dass medizinisch geprägte Abschnitte neben naturwissenschaftlich ausgerichteten stehen. Er sollte einen Überblick über die aktuellen mikroskopischen Methoden vermitteln und damit Hilfestellung geben können, welche Techniken für eine bestimmte Fragestellung einzusetzen sind. Er sollte zudem genügend Hintergrundwissen vermitteln, um beispielhafte Anleitungen an andere Fragestellungen und andere Objekte adaptieren zu können. Schließlich umfasst die moderne Biologie ein wirklich weites (und sich ständig erweiterndes) Spektrum an Probenmaterial und Fragestellungen. Damit ergeben sich hohe Ansprüche an Inhalt und Verständlichkeit.

Die klassische Histologie ist Standardlehrstoff in Schulen für Medizinisch-Technische Assistentinnen. In der Ausbildung von Medizin- und Zahnmedizinstudierenden mit Pflichtkurs „Histologie und Mikroskopische Anatomie" ist sie präsent wie in allen medizinischen Laboratorien, z. B. in der Pathologie, wo sie tagtäglich tausende Male angewendet wird. Da der Umfang der Neuauflage nicht über ein handhabbares Maß vermehrt werden sollte, wurde die große Anzahl von bewährten klassischen histologischen Methoden von Fachleuten auf ihre Aktualität hin überprüft, gestrafft und oft in Details abgewandelt und aktualisiert.

Der neue ROMEIS ist farbig und übersichtlich gestaltet – was bei der Vielzahl und Vielfalt der Präparationsmöglichkeiten nicht einfach war. Er enthält leicht auffindbare, standardisierte und technisch eindeutige Anleitungen, die bei der Lösung wissenschaftlicher Fragestellungen erprobt wurden. Alte Begriffe wurden durch neue ersetzt, „Alkohol" durch Ethanol (oder entsprechende Lösungsmittel), Wasser (H_2O) steht für chemisch reines Wasser (z. B. Millipore-gefiltertes Wasser); ansonsten wurde die entsprechende Wasserqualität (z. B. Leitungswasser, Aqua bidest) eingesetzt. Die Zusammensetzungen häufig verwendeter Lösungen (z. B. Puffer) werden im Tabellen-Anhang aufgeführt, ebenso gebräuchliche Fluoreszenz-farbstoffe und Filterkombinationen.

Der Anstoß zur Neubearbeitung des Werkes kam vom Biologie-Programmleiter des Spektrum Verlags Ulrich G. Moltmann, der bei der Konzeption und Koordination des Werkes geholfen hat. Viel Zeit und Mühe hat die Projektlektorin Martina Mechler in das Lektorat und die Herstellung des Werkes investiert. Ulrich Markmann-Mulisch hat unter großem Zeitaufwand die Abschnitte der verschiedenen Autoren formal und wissenschaftlich redigiert und mit Unterstützung durch Herrn Bernd Riedelshei-mer stilistisch und terminologisch vereinheitlicht. Ihnen allen gilt unser ausdrücklicher Dank.

Der Wert des neuen ROMEIS ist aber erst durch die Expertise der Autoren entstanden. Es ist uns gelungen, Fachleute aus Forschung, Lehre und Industrie zu gewinnen, die die neusten mikroskopischen Methoden eingebracht haben.

Folgenden Kollegen sind wir für die freundliche Überlassung von Präparaten, Fotos, Färbeanleitun-gen und Präparationstechniken sehr dankbar:

- Patrick Adam, Institut für Pathologie der Universität Würzburg
- Gerald Assmann, Institut für Pathologie der LMU München
- Joachim Diebold, Institut für Pathologie am Luzerner Kantonsspital
- Adelheid Egdmann, MTA-Schule Nürnberg
- Bernd Feyerabend, Institut für Pathologie der Universität Kiel
- Michael Frotscher, Anatomisches Institut der Universität Freiburg
- Maja Hempel, Institut für Humangenetik der TU München
- Thomas Meitinger, Institut für Humangenetik der TU München
- Elisabeth Messmer, Augenklinik der LMU München
- Cornelius J.F. Van Noorden, Department of Cell Biology and Histology, University of Amsterdam
- Udo Schumacher, Anatomisches Institut der Universität Hamburg
- Anette Serbin, Histologisches Labor, Augenklinik der LMU München
- Caroline Sewry, Imperial College, Division of Medicine, London
- Sybille Warmuth, MTA-Schule der LMU München
- Rainer Wimmer, Institut für Humangenetik der LMU München
- Marita Beese, Zentrale Mikroskopie der CAU, Kiel

Folgende Mitarbeiter der Anatomischen Anstalt der LMU München haben die Entstehung des Werkes unterstützt: Beate Aschauer, Andrea Asikoglu, Ursula Fazekas, Claudia Köhler, Astrid Sulz, Sabine Tost, Pia Unterberger und Gitta Ziegleder. Karin Müller vom Histopathologischen Labor der UKSH Kiel hat den Abschnitt „Fixierungen" kritisch durchgesehen und ergänzt. Jan-Hendrik Wegner half bei der Bild-bearbeitung.

Zum Gelingen des neuen ROMEIS beigetragen haben weitere, hier ungenannte Kollegen und Mit-arbeiter, die ihre Zeit, ihr Wissen und ihre Erfahrungen, beispielhafte Präparate, laborerprobte Rezepte oder wunderbare Abbildungen für das Buch zur Verfügung gestellt haben. Vielen, vielen Dank an alle dafür.

Ein besonderer Dank von M. M.: Ich danke meinem Mann, der mich sehr ermutigt und unterstützt hat; und ich danke Klaus Hausmann, der mir die Grundlagen (und die Freude an) der Mikroskopie ver-mittelte.

Die Herausgeber, Kiel und München, im Frühjahr 2010
Maria Mulisch (Zentrale Mikroskopie im Biologiezentrum der Universität Kiel)
Ulrich Welsch (Anatomische Anstalt der LMU München)

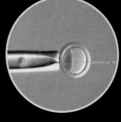

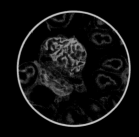

Inhaltsverzeichnis

Mikroskopische Verfahren

Rainer Wegerhoff, Manfred Kässens, Rudolph Reimer

1.1   Lichtmikroskopie

Einleitung

Die Verwendung von mikroskopischen Verfahren hat sich in den letzten Jahrzehnten mehrfach und umfangreich den neuen Anwendungen und Anforderungen in den biomedizinischen und auch materialwissenschaftlichen Anwendungen angepasst. Im gleichen Zuge haben Neuentwicklungen im opto-digitalen Umfeld zur verbesserten Beantwortung von Fragestellungen und zur Verwendung neuer Verfahren beigetragen. Heutige Mikroskopie spannt den Bogen von visualisierenden Routineaufgaben, wie die Begutachtung von Zellkulturen, hin zur analytischen Laserscanning-Mikroskopie.

Um diesen Bogen, in aller gebotenen Kürze, für die Anwendung der heutigen Mikroskopie hier darzulegen, haben folgende Mitarbeiter der Firma Olympus mit unterschiedlichsten Beiträgen zur Realisierung beigetragen: Dr. Bülent Peker, Dr. Winfried Busch, Heiko Gäthje, Wolfgang Hempel, Dr. Hauke Kahl, Martin Maass, Dr. Jens Marquardt und Klaus Willeke.

1.1.1   Die Geschichte des Mikroskops

1.1.1.1   Vom Objekt der Volksbelustigung zu einem der wichtigsten Forschungsinstrumente in den biomedizinischen Wissenschaften

Es gehört zu den alten Menschheitsträumen, ferne Dinge nah (Teleskop) und kleine Dinge groß sehen zu können (Mikroskop). Dass dabei nicht immer wissenschaftliches Interesse im Vordergrund stand, verdeutlicht insbesondere antiquarische Literatur mit Buchtiteln wie „Mikroskopische Gemüths- und Augen-Ergötzung" von Martin Frobenius Ledermüller (1719–1769), dem Assistenten des Naturalienkabinetts in Bayreuth.

Erst zu Beginn des 19. Jahrhunderts entwickelte sich das Mikroskop vom Apparat der Volksbelustigung zum äußerst wichtigen wissenschaftlichen Instrument in der Medizin und in den Naturwissenschaften – und das, obwohl es bereits im 17. Jahrhundert aus diesen Wissenschaften nicht wegzudenken war. So bemerkte Goethe: »Nachdem man in der zweiten Hälfte des 17ten Jahrhunderts dem Mikroskop so unendlich viel schuldig geworden war, so suchte man zu Anfang des 18. Jahrhunderts dasselbe geringschätzig zu behandeln«. Aber auch noch im 19. und 20. Jahrhundert wurden die Konstrukteure hochwertiger Mikroskope – im Unterschied zu den Anwendern – oft nur beiläufig erwähnt (❑ Abb. 1.1).

Seit über 400 Jahren ist das zusammengesetzte, aus Objektiv und Okular bestehende, Mikroskop bekannt. Lässt sich der Erfinder auch nicht mehr mit Sicherheit ermitteln, so steht fest, dass holländische Optiker einen wesentlichen Beitrag in den Anfängen der Entwicklung des Mikroskops geleistet haben. Unumstritten ist jedoch, dass der Begriff „Mikroskop" (aus dem Griechischen, *mikros* = klein und *skopein* = sehen) im

❑ **Abb. 1.1** Messingmikroskop um 1872 von Friedrich Edmund Hartnack (1826–1891), dem langjährigen Teilhaber und Nachfolger der Firma Oberhaeuser in Paris. Auf Georges Oberhaeuser (1798–1868) gehen wesentliche Innovationen in der Geschichte der Mikroskopie zurück: das Hufeisenstativ und die Tubuslänge von 160 mm. Ein wesentlicher Verdienst von Hartnack war es, erschwingliche Wasserimmersions-Objektive zu bauen, die bereits 1859 eine numerische Apertur von 1,05 erreichten (Wasserimmersion No. 11). (Foto: Hauke Kahl, www.mikroskop-museum.de)

Jahre 1625 durch Johannes Faber von Bamberg in Analogie zu dem Begriff „Teleskop" (aus dem Griechischen, *tele* = entfernt) eingeführt wurde. Um das Mikroskop für den wissenschaftlichen Einsatz zu optimieren, mussten besonders die mechanischen und optischen Eigenschaften verbessert werden. Besonders in der Frühphase der Mikroskopie stellte die Mechanik der oftmals aus Holz und Pappe gebauten Instrumente den limitierenden Faktor dar. Dies galt vor allem bei der Herstellung zusammengesetzter Mikroskope, sodass es nicht überrascht, dass ihnen das einfache, also einlinsige, Mikroskop auch noch über 50 Jahre nach der Erfindung des zusammengesetzten Mikroskops weit überlegen war. Dies zeigt sich in beeindruckender Weise durch die Entdeckungen von Antoni van Leeuwenhoek (1632–1723), der mit einem einfachen Mikroskop Schimmelpilze, Blut, Zahnbelag und Sperma bis hin zu Vogelfedern und Fischschuppen untersuchte. Er entdeckte dabei unter anderem die Erythrocyten, die Spermien, einzellige Lebewesen und die Fotorezeptoren der Retina. Damit leistete er einen wesentlichen

Beitrag zu den Grundlagen der wissenschaftlichen Mikroskopie. Im Unterschied zu (den meisten) heutigen Wissenschaftlern fertigte er seine Mikroskope selbst und teilte diese Kenntnis mit niemandem.

Als Meilensteine in der Entwicklung der Optik für Mikroskope gelten unter anderem die Beseitigung von Bildfehlern wie der chromatischen und sphärischen Aberration (▶ Kap. 1.1.5.1). Der erste wesentliche Schritt erfolgte 1733 durch Chester Moor Hall, dem es gelang, durch die Verkittung einer Kronglas- und einer Flintglaslinse die chromatische Aberration zu korrigieren. Hall machte diese Entdeckung jedoch nicht publik. Bekannt wurde diese bahnbrechende Erfindung erst 1758 durch John Dollond und seinen Sohn Peter, die diese Versuche vermutlich unabhängig von Hall durchführten. Jedoch wurde ihre Entdeckung zunächst nur bei der Konstruktion von Fernrohren berücksichtigt. Erst um 1770 bauten Jan van Deyl und sein Sohn Harmanus das erste achromatische Mikroskopobjektiv. Es dauerte jedoch wegen der Schwierigkeit, kleine Kittglieder zu fertigen, mehrere Jahrzehnte, bis Achromaten serienmäßig hergestellt wurden. Zum Durchbruch verhalfen letztlich die Pariser Optiker Jacques Louis Vincent Chevalier (1770–1841) und Charles Louis Chevalier (1804–1859), durch deren Arbeiten Achromaten in der Mikroskopie einen Siegeszug antraten.

Neben der Vergrößerung eines mikroskopischen Systems ist insbesondere das Auflösungsvermögen von Bedeutung (▶ Kap. 1.1.5.2). Der Zusammenhang zwischen Öffnungswinkel des Objektivs und Auflösung wurde erstmals 1810 von Joseph Jackson Lister erkannt, was zu einem Umdenken beim Bau von Mikroskopobjektiven führte. Bereits drei Jahre später schlug Sir David Brewster, der Erfinder des Kaleidoskops, die Ölimmersion vor. Er war jedoch der Überzeugung, damit Achromasie erzeugen zu können, was, wie wir heute wissen, ein Trugschluss war. Der italienische Instrumentenbauer Giovanni Battista Amici entdeckte 1847 die Wasserimmersion als Möglichkeit, eine höhere Auflösung zu erzielen. Seine Versuche mit Anisöl als Immersionsmittel (*immergere*, lat. = eintauchen) fanden allerdings wenig Beachtung. Heute werden Öle und Wasser oft als optische Immersionsmedien eingesetzt, um eine höhere Auflösung zu erzielen (◻ Abb. 1.1).

Die Geschichte des Lichtmikroskops wurde Mitte des 20. Jahrhunderts von vielen Wissenschaftlern für beendet erklärt, nicht zuletzt durch die Erfindung des Elektronenmikroskops. Dass dies ein Irrtum war, zeigen zahlreiche Weiterentwicklungen in der Lichtmikroskopie wie z. B. das konfokale Laserscanning-Mikroskop (cLSM), das im Wesentlichen auf ein Patent durch Marvin Minsky im Jahre 1957 zurückzuführen ist oder die Zwei-Photonen-Mikroskopie, deren Grundstein bereits 1931 durch Maria Goeppert-Mayer gelegt wurde. In Zusammenarbeit von Mikroskopherstellern und Biowissenschaftlern wurden und werden stets neue Techniken für immer anspruchsvollere Fragestellungen entwickelt, sodass das Ende des Mikroskopierens mit Licht nicht in Sicht ist. Im Gegenteil: Die wissenschaftlichen Publikationen mit lichtmikroskopischen Techniken in der Biomedizin nehmen in Anzahl und Qualität ständig zu. Geschichtlich interessierte Leser seien auf die Homepage des virtuellen Mikroskop-Museums unter www.mikroskop-museum.de verwiesen, wo die Historie des Lichtmikroskops von Anfang an bis in die jüngste Vergangenheit beschrieben wird.

1.1.2 Einführung in die Physik des Lichtes

Um die verschiedenen traditionellen und modernen lichtmikroskopischen Verfahren einzuordnen und in ihrer Bildgebung zu interpretieren, ist das grundsätzliche Verständnis einiger physikalischer Grundlagen von Bedeutung. Die hier in aller Kürze aufgezeigten Grundlagen mögen dem interessierten Leser als Anhaltspunkt für weitere Recherche dienen. An dieser Stelle sei exemplarisch auf die vielfältige Webseite der Florida State University zur Mikroskopie und der damit verbundenen physikalischen Hintergründe hingewiesen (http://micro.magnet.fsu.edu/primer/).

1.1.2.1 Licht

Sprachgebräuchlich wird als Licht der Anteil der elektromagnetischen Strahlung bezeichnet, den wir mit den Augen sehen können. Dies umfasst ein Wellenlängenspektrum von ca. 400–750 nm.

Die mit dem Auge erkennbaren Farben des Lichtes entstehen durch die unterschiedlichen Wellenlängen und deren Mischung (◻ Abb. 1.2). In der Lichtmikroskopie werden zudem die angrenzenden Spektren aus dem tief roten und infraroten Bereich (bis 1200 nm) sowie des nahen ultravioletten Lichtes (200–380 nm) verwendet. Auch wenn diese Anteile des Spektrums für unsere Augen nicht sichtbar sind, so können sie doch über geeignete Detektoren wie z. B. CCD Kameras aufgenommen werden und über einen Monitor für die Bildgebung oder Analyse zur Verfügung gestellt werden. In Methoden wie der Fluoreszenzmikroskopie werden zudem kurzwellige Strahlen für die Anregung von Fluorochromen verwendet.

Die vom Auge empfundene Helligkeit des Lichtes ist abhängig von der Anzahl der Photonen, die unser Auge pro Zeiteinheit erreicht und wird hier vereinfacht, mit dem Maß der Auslenkung einer Welle (Amplitude) gleichgesetzt (◻ Abb. 1.3). Weitere Faktoren sind die Farbe (Wellenlängenspektrum) und auch der Kontrast zum Hintergrund sowie dessen Ausdehnung. Die Hellempfindlichkeit des Auges hat ihr Maximum bei grüngelben Farbtönen (500–560 nm), wobei kleine Lichtpunkte als heller interpretiert werden als größere mit gleicher physikalischer Lichtstärke. Unser Auge kann gut 50–60 Helligkeitsunterschiede bei Graustufenbildern wahrnehmen. Ein Computermonitor zeigt Bilder mit 256 Graustufen (8 bit) an und Digitalkameras können je nach Modell bis zu 4096 Graustufen (12 bit) aufnehmen – sofern diese überhaupt im Bild vorliegen. Diese Werte weisen darauf hin, dass mittels der digitalen Bildaufnahme andere Dimensionen der Bildanalyse erreicht werden können, als die, die sich unserem Auge bei direkter Sichtung des Präparates darstellen.

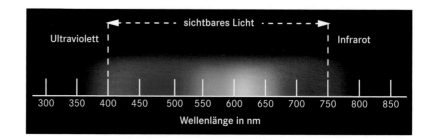

Abb. 1.2 Schematische Darstellung des sichtbaren Spektrums elektromagnetischer Strahlung und der resultierenden Farbbereiche.

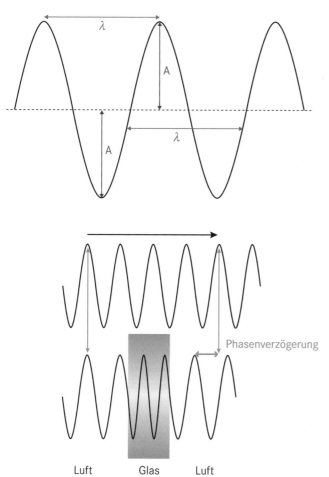

Abb. 1.3 Schematische Darstellung von Wellen mit der Wellenlänge (λ), dem kleinsten Abstand zweier Punkte gleicher Phase einer Welle und der Auslenkungshöhe (Amplitude A). Das untere Beispiel zeigt, dass eine Lichtwelle beim Durchtritt durch ein optisch dichteres Medium (z. B. Glas oder eine Zelle) in ihrer Phase verzögert wird. Die Amplitude bleibt hingegen nahezu gleich.

1.1.2.2   Brechung, Beugung, Interferenz und Polarisation

Licht wird unterschiedlichsten Modulationen unterworfen, um ein mikroskopisches Bild zu entwerfen. Es ist eine tägliche Erfahrung, dass unfarbiges Licht, auch oft als weißes Licht bezeichnet, durch Absorption an Helligkeit verlieren kann. Absorption unterschiedlicher Wellenlängen verändert das Licht in seiner verbleibenden Wellenlängencharakteristik, und stellt sich uns als farbig dar. Ebenso allgegenwärtig ist Brechung, Beugung, Interferenz oder Polarisation von Licht.

1.1.2.3   Brechung und Brechungsindex

Unterschiedliche transparente Medien wie Luft, Wasser oder Glas verlangsamen das durchtretende Licht (Veränderung der Phase) in unterschiedlichem Maß aufgrund ihrer unterschiedlichen optischen Dichte. Wenn Licht in einem Winkel von einem Medium (z. B. Luft) in ein anderes mit höherer optischer Dichte (z. B. Glas) eintritt, wird dieses Licht nicht nur verlangsamt, sondern auch gebrochen. Dies bedeutet, dass es in einem für diesen Fall spezifischen Winkel abgelenkt wird. Bei dem Wiederaustritt des Lichtes in ein Medium geringerer Dichte (z. B. Luft) ist die Geschwindigkeit wieder die für dieses Medium spezifische und es erfährt eine umgekehrte Ablenkung. Der Lichtstrahl ist also in diesem Beispiel parallel versetzt (Abb. 1.4).

Für transparente Medien wird ein Wert angegeben, der das Maß der Brechung angibt – der Brechungsindex n (*refraction index*). Dieser wird für Luft mit 1 angegeben und steigt mit optischer Dichte des Mediums (z. B. Wasser n = 1,33). Er lässt sich wie folgt berechnen: n = Lichtgeschwindigkeit in Vakuum / Lichtgeschwindigkeit im verwendeten Medium. Öle, die in der Mikroskopie für hoch auflösende oder stark vergrößernde Objektive zur Immersion der Frontlinse eingesetzt werden, weisen einen Brechungsindex von ca. 1,51 auf.

1.1.2.4   Beugung und Interferenz

Unterschiedliche Lichtwellen können miteinander in Wechselwirkung treten. Hierbei können sich zeitlich und räumlich am gleichen Ort befindliche Wellenberge addieren (konstruktive Interferenz) und ebenso Wellentäler und Wellenberge zu einer Subtraktion der resultierenden Amplitude führen (destruktive Interferenz).

Licht, das durch eine kleine Lochblende scheint, erzeugt ein Muster von hellen Ringen, welches als Beugungsmuster bezeichnet wird. Dieses Muster aus einem zentralen hellen Anteil (direktes ungebeugtes Licht oder Hauptmaximum), gefolgt von einer Anzahl von Ringen mit deutlich geringerer Helligkeit (gebeugtes Licht oder Nebenmaxima), entsteht durch Abfolgen von destruktiver und konstruktiver Interferenz. Nach der Abbeschen Theorie der Auflösung entsteht ein Bild erst dann, wenn zumindest ein Nebenmaximum mit dem Hauptmaximum in der Zwischenbildebene interagiert. Je mehr Nebenmaxima zur Bildentstehung beitragen, desto höher ist die Auflösung.

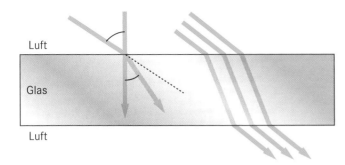

Abb. 1.4 Darstellung der Brechung von Licht. Licht, das in einem Winkel in ein optisch dichteres Medium eindringt, wird zum Lot hin gebrochen. Beim Austritt erfährt es die umgekehrte Ablenkung und ist somit parallel verschoben.

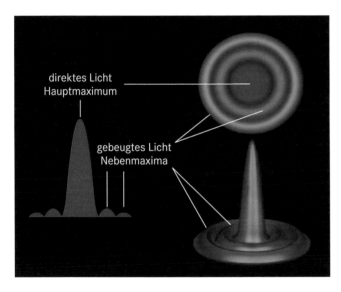

Abb. 1.5 Darstellung von Beugungsringen, wie sie beim Durchstrahlen einer Lochblende durch Interferenz der gebeugten Strahlen entstehen.

1.1.2.5 Polarisation

Wenn Licht auf den Anteil reduziert wird, der sich in der gleichen Schwingungsebene befindet, so spricht man im Folgenden von linear-polarisiertem Licht. Unser Auge kann im Gegensatz zum Facettenauge der Bienen die Schwingungsrichtung des Lichtes nicht wahrnehmen. Dennoch ermöglichen erst Polarisationsverfahren, wie im weiteren Verlauf beschrieben, die Anwendung hochqualitativer Kontrastverfahren wie den differenziellen Interferenzkontrast (DIC). Für die Mikroskopie von doppelbrechenden Präparatstrukturen wie Kristallen bei der Gichtanalyse ist die Polarisationsmikroskopie eine unabdingbare Voraussetzung (▶ Kap. 12.9).

1.1.3 Die Hauptkomponenten des Mikroskops

Zunehmend werden mikroskopische Präparate an Computermonitoren gesichtet, jedoch folgen die allermeisten Mikroskope noch einem traditionellen Design, bei dem die folgenden Hauptkomponenten leicht zu identifizieren sind; Stereo- und Makroskope werden im weiteren Verlauf separat behandelt.

Folgen wir dem Weg des Lichtes in einem aufrechten hochwertigen Durchlichtmikroskop (▶ Abb. 1.6a): Von einer unten am Stativ angebrachten Lichtquelle (Halogen oder LED) gelangt das Licht mittels Kollektorlinsen zu optional bei Halogenbeleuchtung eingesetzten Filtern wie den Tageslichtfilter (*light balancing daylight*, LBD) oder neutralen Graufiltern (*neutral density*, ND) und wird dann vertikal umgelenkt. Die erste Blende, die nach der Feldlinse folgt, ist die Leuchtfeldblende. Diese bestimmt den Präparatbereich, der durchleuchtet wird und ist eine wichtige Hilfe zur richtigen Einstellung der Köhlerschen Beleuchtung (▶ Kap. 1.1.8). Bei einfacheren Mikroskopen wird die Beleuchtung in direkter Nähe der Leuchtfeldblende angebracht (kritische Beleuchtung, Abbildung der Lampenwendel in der Präparatebene).

Die nächsten Komponenten befinden sich im Bauteil des Kondensors. Dieser kann in vielfältigen Ausführungen vorliegen und beherbergt in den meisten Fällen die Aperturblende, über die der auflösungsbegrenzende Beleuchtungswinkel eingestellt wird. Kondensoren sind über eine Mechanik (Kondensorhöhenverstellung) in der Entfernung zum Präparat einstellbar sowie über Kondensorzentrierschrauben in x-y-Richtung zentrierbar.

Nach dem Objekttisch und dem Präparat folgen die im Objektivrevolver eingeschraubten Herzstücke eines jeden Mikroskops – die Objektive. Die Wahl der adäquaten Objektive für die jeweilige Anwendung ist von entscheidender Bedeutung und wird daher noch ausführlich behandelt. Sofern keine weiteren Zwischenelemente wie z. B. eine Fluoreszenzauflichteinheit am Stativ angebracht sind, folgt nun der Beobachtungstubus mit den darin eingesetzten Okularen. Bei Beobachtungstuben, die zusätzlich über einen Dokumentationsausgang verfügen, kann hier über einen geeigneten Adapter (meist mit *C-mount*-Gewinde) eine Kamera angesetzt werden.

Alle diese Bauteile beschreiben aber nicht den Typ des verwendeten Mikroskops – dieser ist am Mikroskopstativ aufzufinden. Das Mikroskopstativ ist mehr als nur die tragende Grundeinheit für die modularen Komponenten. In ihm befindet sich neben Optionen für das Lichtmanagement insbesondere die Mechanik zur Fokussierung mit Fein- und Grobtrieb.

Die unterschiedlichen Mikroskoptypen lassen sich aufgrund ihrer Anordnung der Hauptkomponenten leicht unterteilen.

Aufrechte Mikroskope sind Mikroskope, bei denen die Objektive oberhalb des Objekttisches angebracht sind. Die Bandbreite dieser Mikroskope reicht von handlichen kleineren Geräten (meist mit kritischer Beleuchtung; ▶ Kap. 1.1.8) bis hin zu aufwendigen Forschungsmikroskopen. Das Design dieser Mikroskope ist darauf optimiert, Objektiv und Kondensor möglichst nahe an das meist auf einem Objektträger befindliche Präparat heranzuführen. Somit können hohe Auflösungen und Bildqualitäten erzielt werden. Insbesondere für die Elektrophysiologie, aber auch für andere Verfahren, die eine Mikromanipulation unter optischer Beobachtung benötigen, wurden aufrechte Mikroskope entwickelt, die eine erschütterungsfreie, feste Position des Objekttisches aufweisen. Die Fokussierung erfolgt bei diesen Mikroskopen über die Höhenveränderung

1

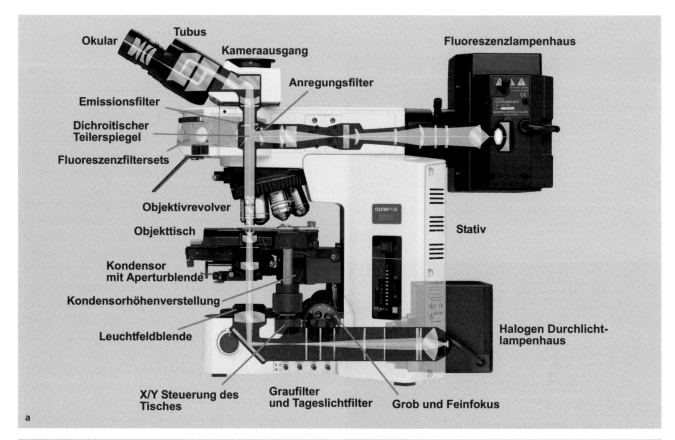

Okular
Tubus
Kameraausgang
Anregungsfilter
Fluoreszenzlampenhaus
Emissionsfilter
Dichroitischer
Teilerspiegel
Fluoreszenzfiltersets
Objektivrevolver
Objekttisch
Stativ
Kondensor
mit Aperturblende
Kondensorhöhenverstellung
Leuchtfeldblende
Halogen Durchlicht-
lampenhaus
X/Y Steuerung des
Tisches
Graufilter
und Tageslichtfilter
Grob und Feinfokus

a

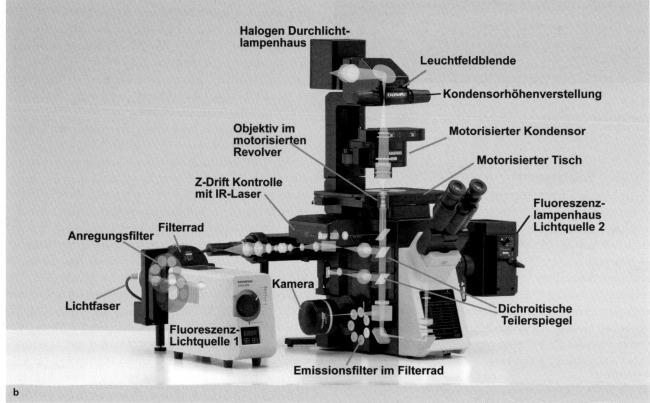

Halogen Durchlicht-
lampenhaus
Leuchtfeldblende
Kondensorhöhenverstellung
Objektiv im
motorisierten
Revolver
Motorisierter Kondensor
Motorisierter Tisch
Z-Drift Kontrolle
mit IR-Laser
Fluoreszenz-
lampenhaus
Lichtquelle 2
Anregungsfilter
Filterrad
Kamera
Lichtfaser
Fluoreszenz-
Lichtquelle 1
Dichroitische
Teilerspiegel
Emissionsfilter im Filterrad

b

◻ **Abb. 1.6** Die Komponenten und Strahlengang eines manuellen aufrechten (**a**) und eines motorisiertem inversen Mikroskops (**b**). **a**) Aufrechtes Mikroskop (Olympus BX51) für die Durchlicht-Hellfeldmikroskopie und Fluoreszenzmikroskopie. Dieser Strahlengang und die Komponenten dieses Mikroskops werden im weiteren Verlauf des Kapitels näher beschrieben und durch weitere Abbildungen ergänzt. **b**) Motorisiertes inverses Forschungsmikroskop (Olympus IX83) mit vielfältigen steuerbaren Optionen. Insbesondere die Aufteilung der Fluoreszenzfilter in unterschiedliche motorisierte Filterräder ermöglicht vielfältige fluoreszenzmikroskopische Anwendungen.

der Objektive (häufig Wasserimmersions-Objektive) und nicht wie sonst üblich über die des Objekttisches. Stereo- und Makroskope werden aufgrund ihrer Besonderheit im Weiteren gesondert besprochen.

Inverse Mikroskope sind gekennzeichnet durch die unter dem Objekttisch angebrachten Objektive (◨ Abb. 1.6b). Die Durchlichtbeleuchtung befindet sich somit oberhalb des Objekttisches. Auch für diesen Mikroskoptyp werden verschiedene Ausbaustufen und Stativformen angeboten. Die Möglichkeit, Kondensoren mit hohen Arbeitsabständen und die von unten auf das Präparat fokussierten Objektive einzusetzen, erlaubt die Verwendung von größeren Zellkulturgefäßen und Mikromanipulation an Geweben oder Zellen in flüssigen Medien. Die Weiterentwicklung der optischen Möglichkeiten der inversen Mikroskope hat diesen Typ zu einem hoch flexiblen Mikroskop werden lassen. Inverse Mikroskope sind somit häufig erste Wahl bei Anwendungen in der fluoreszenzmikroskopischen digitalen Analyse und insbesondere der konfokalen Mikroskopie und der TIRF Mikroskopie (▶ Kap. 1.1.16). Auch bei den modernen, sogenannten „All-in-one"-Mikroskopen, bei denen die Mikroskopbedienung und die Betrachtung des Präparats am Monitor geschehen und das Mikroskop sich in einer abgeschirmten Box befindet, handelt es sich nach dieser Definition um inverse Mikroskope. Sie zeichnen sich aufgrund der Automatisierung von Arbeits- und Einstellungsschritten durch ihre hohe Bedienerfreundlichkeit aus.

1.1.4   Wie entsteht die Vergrößerung

Die Hauptaufgabe eines Mikroskops ist die Vergrößerung von Präparatdetails bei gleichzeitiger Unterscheidbarkeit der nun sichtbaren Feindetails (Auflösung).

Die durch die Okulare für unsere Augen sichtbare Endvergrößerung eines Mikroskops ist durch die Maßstabzahl des Objektivs (im Weiteren vereinfacht als Objektivvergrößerung bezeichnet) multipliziert mit der Vergrößerung des Okulars gegeben. Somit lässt sich mit $100 \times$ vergrößernden Objektiven und $10 \times$ vergrößernden Okularen eine sichtbare Endvergrößerung von $1000 \times$ erreichen. Darüber hinaus gehende Vergrößerungen erzeugen in den meisten Fällen keine weitere Auflösung und werden damit nicht mehr als förderliche Vergrößerung, sondern als leere Vergrößerung bezeichnet. Als Faustformel für die Abschätzung der maximalen förderlichen Vergrößerung kann die auf den Objektiven angegebene numerische Apertur (NA) mit 1000 multipliziert werden.

Im Strahlengang eines modernen Mikroskops mit „unendlich korrigierter" Optik entwirft das Objektiv einen parallelen Strahlengang (◨ Abb. 1.7). Eine Tubus- oder Telanlinse fokussiert nun diesen Strahlengang und entwirft die vergrößerte Abbildung der Präparatstelle auf der Zwischenbildebene. Das Maß der Vergrößerung ist bestimmt durch die Brennweiten dieser beiden optischen Komponenten. Bei einer Brennweite der Tubuslinse von 180 mm und einer Brennweite des Objektivs von 18 mm entsteht somit eine zehnfache Vergrößerung (180/18 =10).

Dieses Bild wird nun durch das Okular ($10 \times$) vergrößert und mittels der Retina der Augen und unseres Sehvermögens in einer deutlichen Sehweite von 25 cm wahrgenommen. Dies ergibt für uns als Betrachter eine Endvergrößerung von $100 \times$. Unterschiedliche Hersteller von Mikroskopen verwenden unterschiedliche Brennweiten der Tubuslinsen für ihre Systeme. So kann es dazu kommen, dass bei der Verwendung eines $10 \times$ Objektivs der Firma Olympus an einem Zeiss Mikroskop mit $10 \times$ Okularen (Brennweite der Tubuslinse 164,5 mm) sich nicht die möglicherweise erwartete Vergrößerung von $100 \times$ sondern von $91 \times$ ergibt (164,5/18 = 9,13).

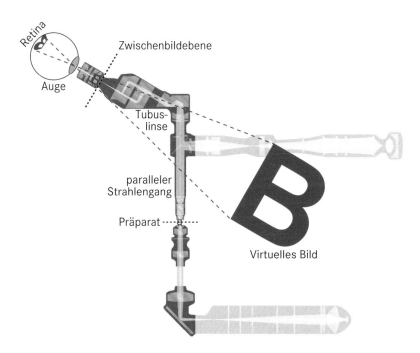

◨ **Abb. 1.7** Schema des vergrößernden Strahlenganges in einem aufrechten Durchlichtmikroskop. Das Bild des Präparats (hier als ein B dargestellt) wird durch die Tubuslinse in der Zwischenbildebene vergrößert dargestellt, durch die Okulare auf die Retina weitergeleitet und als virtuelles Bild in der deutlichen Sehweite von 25 cm vergrößert wahrgenommen.

Die Fläche des Präparates, die mittels dieser Vergrößerung abgebildet wird, ist durch die Sehfeldzahl gegeben. Sie hängt stark von der Bauweise des Mikroskops und der verwendeten optischen Elemente ab. Bei der Verwendung eines 10 × vergrößernden Objektivs und der gegebenen Sehfeldzahl von 22 wird ein Präparatfeld von 2,2 mm Durchmesser über die Okulare sichtbar (22/10 = 2,2). Einige gehobene Mikroskopausstattungen ermöglichen Sehfeldzahlen bis 26,5.

Besonders bei der Dokumentation mit einer Kamera ist die Vergrößerung von Bedeutung. Hier wird das Zwischenbild ohne Verwendung der Okulare entweder ohne Nachvergrößerung auf den Kamerasensor projiziert (Kameraadapter 1 ×) oder aber, um eine größere Präparatfläche zu dokumentieren, sogar verkleinert (0,6 × oder 0,5 ×). Bei der Verwendung der unterschiedlichen Adapter muss auf die Abstimmung mit der Sensorgröße der Kamera geachtet werden. Bei vielen 2/3 Zollkameras führt der Einsatz von 0,5 × C-*mount*-Adaptern schon dazu, dass es zu einer ungleichen Bildhelligkeit mit abgedunkelten Eckbereichen kommt, was als Vignettierung bezeichnet wird. Die sichtbare Endvergrößerung des digitalen Bildes hängt des Weiteren von der Darstellung am Monitor ab (Monitorgröße und Bilddarstellungsfaktor in %). Eine Kalibrierung ermöglicht es bei Verwendung geeigneter Software, die jeweilige Vergrößerung direkt in das Monitorbild einzublenden.

1.1.5 Die Objektive

Die Wahl der geeigneten Objektive für die jeweilige Anwendung ist von größter Bedeutung in Hinsicht auf Bildqualität und Bildinformation. Alle Hersteller von professionellen Mikroskopen bieten verschiedene Klassen von Objektiven an, die wiederum unterschiedlichen Spezialisierungen wie z. B. der Eignung für Phasenkontrast unterliegen können.

Auswahlkriterien können unter anderem sein: Farbkorrektur, Bildebenheit, Auflösung, Schärfentiefe, Arbeitsabstand, Deckglaskorrektur, Sehfeldzahl, Eignung für Kontrastmethoden, Transmissionsleistung, Autofluoreszenz und Verwendung von Immersionsmedien.

1.1.5.1 Korrektur der chromatischen Aberration und der Bildwölbung

Einfache Sammellinsen weisen einige typische Bildfehler auf, die in den Objektiven in unterschiedlicher Güte korrigiert werden.

Die Korrektur der chromatischen Aberration hat zu der Benennung dreier Hauptklassen von Objektiven geführt. Wenn weißes Licht durch eine einfache Sammellinse gebündelt wird, werden die Farbanteile des Lichtes nicht einheitlich fokussiert. Der Fokus kurzer Wellenlängen (blaues Licht) liegt näher an der Linse als der längerer Wellenlängen (grünes oder rotes Licht). Um Anteile dieser Aufspreizung der Lichtanteile zu verringern, sind alle Objektive zumindest **achromatisch** korrigiert. Dies bedeutet, dass sie blaues und rotes Licht in einen gemeinsamen Punkt fokussieren. Der nächsthöhere Korrekturgrad wird bei den **Fluorit**-Objektiven (auch Neofluar, Fluotar oder Semiapochromat) erreicht.

Hier liegt der gemeinsame Fokus für blaues und rotes Licht schon sehr nahe dem Fokus für gelbes Licht. Erst die **apochromatisch** korrigierten Objektive besitzen im Bereich der Schärfentiefe des Bildes für das sichtbare Spektrum und zum Teil darüber hinaus einen identischen Fokus (**spektrale apochromatische** Objektive-**SApo**). Dieser erweiterte Grad der Farbkorrektur ist nur selten in gefärbten Durchlichtpräparaten zu unterscheiden, spielt jedoch in der Fluoreszenzmikroskopie z. B. bei der Kolokalisierung von unterschiedlichen Fluoreszenzmarkern eine wichtige Rolle.

Ein weiterer Abbildungsfehler ist die Bildfeldwölbung, bei der zentrale Anteile des Bildes im Fokus erscheinen und die Randzonen im runden Sehfeld des Okulars leicht unscharf abgebildet werden. Dieser Fehler wird durch zusätzliche Linsen mittels der sogenannten **Plankorrektur** behoben. Die Objektive erhalten dann die zusätzliche Bezeichnung Plan (PL) oder Plano. Dies ist insbesondere bei der Sichtung von Schnittpräparaten in der Pathologie oder aber der Bewertung von Blutausstrichen von Bedeutung, wo das gesamte Sehfeld bis in die Randzonen hinein scharf dargestellt sein muss. Plan-Fluorite und Plan-Apochromate ermöglichen im Allgemeinen die Verwendung geeigneter Weitfeld-Beobachtungstuben und Okulare mit vergrößertem Sehfeld (bis 26,5) und zeigen dabei ein über das gesamte Sehfeld scharfes Bild.

Bei einigen hochwertigen Apochromaten wird auf die Plankorrektur zu Gunsten einer höheren Lichttransmission verzichtet. Diese Objektive werden hauptsächlich bei Anwendungen mit schwacher Fluoreszenz und digitaler Bildgebung eingesetzt. Hier kommen Bildaufzeichnungssysteme mit verkleinertem Sehfeld zum Einsatz, wobei die eingeschränkte Plankorrektur keine negativen Effekte zeigt.

Wenn das gesamte mikroskopische Bild in keiner Fokuseinstellung einen klaren Eindruck vermittelt, kann dies an einer verschmutzten Frontlinse (z. B. Öl bei einem Trockenobjektiv) liegen oder aber an der Verwendung von Objektiven, deren Korrektur für sphärische Aberration nicht auf die Dicke des verwendeten Deckglases des Präparats abgestimmt ist. Der Wert oder Wertebereich der Deckglasdicke, für den ein Objektiv korrigiert ist, kann am Objektiv abgelesen werden. Bei Objektiven, die für Deckgläser geeignet sind, entspricht er einer typischen Deckglasdicke von 0,17 mm. Bei Objektiven, die für die Verwendung von Zellkulturkammern oder Petrischalen optimiert sind, ist dieser Wert oft 1 mm. Dies entspricht der Dicke der Kammer- und Schalenböden und daneben auch der Dicke von klassischen Objektträgern. Objektive, die ausschließlich für die Mikroskopie nicht eingedeckelter Präparate wie z. B. Blutausstriche geeignet sind, weisen eine Deckglaskorrektur von „0" aus. Objektive, deren Deckglasdickenkorrektur mit dem Symbol „–" beschrieben ist, können sowohl mit als auch ohne Deckglas verwendet werden.

1.1.5.2 Auflösung, Schärfentiefe, Arbeitsabstand

Die numerische Apertur (NA) ist eine Zahl, die auf allen Objektiven (mit Ausnahme von Objektiven für Mikroskope mit Zoomkörpern wie z. B. Stereomikroskope) angegeben ist (■ Abb. 1.8), und beschreibt die Lichtaufnahmekapazität eines Objektivs (■ Abb. 1.9).

Abb. 1.8 Angaben auf einem Objektiv. Olympus: Hersteller; PlanApo N: Name des Objektivs, Korrektur für Bildfeldwölbung und chromatische Aberration; 60 ×: Maßstabzahl; 1,42 Oil: Numerische Apertur (benötigt Ölimmersion); ∞: Fokuslage des Objektivs, paralleler Strahlengang (unendlich-korrigiert); 0.17: Deckglaskorrektur; hier für Deckgläser mit einer Dicke von 0,17 mm; FN 26.5: Sehfeldzahl, die das Objektiv ermöglicht. Farbringe: Codierung für die Vergrößerung und das Immersionsmittel; hier dunkelblau für 60 × und schwarz für Ölimmersion. Beschriftungsfarbe: Bei grüner Beschriftungsfarbe handelt es sich um ein Phasenkontrast-Objektiv, bei roter Beschriftungsfarbe ist ein Objektiv speziell für die Polarisationsmikroskopie gefertigt.

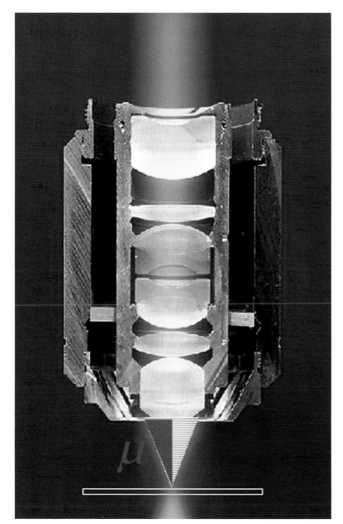

Abb. 1.9 Schema des halben Öffnungswinkels (μ) bei einem apochromatischen Objektiv. Der Öffnungswinkel der Objektive sowie der Lichtbrechungsindex (n) des Mediums zwischen Objektivfrontlinse und dem Präparat bestimmen die Auflösungsleistung eines Objektivs.

Je höher dieser Wert ist,

- umso höher ist die Auflösung, die das Objektiv leisten kann,
- umso mehr Licht kann für die Anregung der Fluoreszenz verwendet und als Fluoreszenz wieder aufgenommen werden,
- umso geringer ist die Schärfentiefe,
- umso geringer ist meist auch der Arbeitsabstand,
- umso teurer sind meist die Objektive.

Die NA eines Objektivs ist gegeben durch den Lichtbrechungskoeffizienten (n) des Mediums zwischen Frontlinse und dem Präparat (bei Objektiven ohne Immersionsmedium n=1), und dem Sinus des halben Öffnungswinkel des Objektivs zur optischen Achse (μ), mit:

$$NA = n \times (\sin \mu)$$

Diese Formel weist darauf hin, dass sogenannte Trockenobjektive, also Objektive, die für Luft (n=1) zwischen Objektiv und Präparat geeignet sind, keine höhere NA als 1 besitzen können. Da in einem solchen Fall jedoch das Objektiv ohne jeden Arbeitsabstand auf dem Präparat aufsitzen müsste, ist die höchste numerische Apertur für Trockenobjektive bei 0,95 zu finden.

Je größer der Öffnungswinkel eines Objektivs und je höher der Brechungsindex des Mediums zwischen Objektiv und Präparat ist (höhere NA), umso mehr Informationen des Präparats (Beugungsnebenmaxima, ▶ Kap. 1.1.2) können vom Objektiv aufgenommen werden.

Dieser Zusammenhang führt dazu, dass bei Objektiven mit höherer NA die Feinzeichnung eines Präparatdetails genauer ausfällt und somit auch näher beieinander liegende Strukturdetails noch als getrennt erkannt werden können (■ Abb. 1.10). Dies gilt nicht nur für die laterale, sondern auch für die vertikale Auflösung. Um jedoch in der Tiefe die Strukturen des Präparates gleichzeitig auf einen Blick fokussiert zu sehen, ist gerade diese hohe Auflösung hinderlich. Für Anwendungen, die eine höhere Schärfentiefe benötigen, sind Objektive mit geringerer NA geeigneter, oder die Schärfentiefe muss bei hoher NA nachträglich über digitale Verfahren errechnet und dargestellt werden.

Für die Berechnung der sichtbaren lateralen Auflösungskapazität (A) eines Objektivs kann folgende Formel verwendet werden. Der Korrekturfaktor (0,61) multipliziert mit der mittleren Wellenlänge weißen Lichtes (550 nm) geteilt durch die NA des Objektivs ergibt die Auflösung in nm (A = 0,61 × 550 / NA).

Diese Aussage trifft jedoch nur dann zu, wenn auch das beleuchtende Licht eine gleich hohe NA aufweist. Dies trifft immer bei dem fluoreszenzmikroskopischen Strahlengang zu. Es bedeutet für die Durchlichtmikroskopie, dass der Kondensor eine gleich hohe NA wie das verwendete Objektiv haben muss.

Für ein Plan-Achromat 10 × Objektiv mit einer NA von 0,25 ergibt sich daher eine maximale Auflösung von 1,3 μm. Bei dem Plan-Apochromat 60 × mit einer NA von 1,42 liegt die maximale laterale Auflösung bei 0,23 μm und somit schon am praktikablen Limit der Lichtmikroskopie.

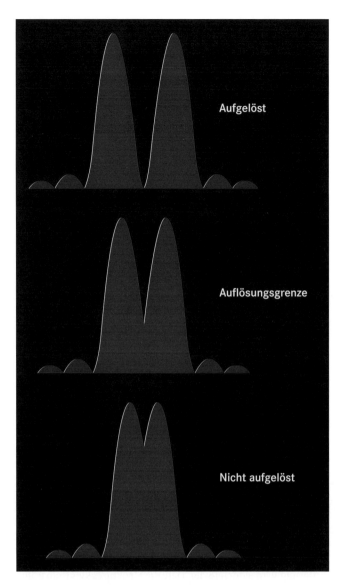

Aufgelöst

Auflösungsgrenze

Nicht aufgelöst

◻ **Abb. 1.10** Darstellung zweier Beugungsbilder, die ihren Ursprung in zwei unterschiedlich weit voneinander entfernten Lochblenden haben. Je nach Distanz der beiden Beugungsbilder können diese als getrennt wahrgenommen werden (aufgelöst) oder erscheinen verschmolzen (nicht aufgelöst).

Im Vergleich der Objektivklassen gleicher Vergrößerung steigt die numerische Apertur vom Achromat zum Apochromat hin an (◻ Tab. 1.1). Diese Steigerung der NA weist den unterschiedlichen Klassen neben der unterschiedlichen Farbkorrektur auch unterschiedliche Funktionen zu. So sind für das hochauflösende Verfahren des differenziellen Interferenzkontrastes nur Fluorite und Apochromate geeignet.

Neben der NA kann der Arbeitsabstand, den ein Objektiv zum Präparat aufweist, ein relevantes Auswahlkriterium darstellen. Bei gering vergrößernden Objektiven stellt dies in der Regel kein Problem dar. Bei höher vergrößernden Objektiven ist jedoch zugunsten des Arbeitsabstandes die NA relativ verringert. Als Beispiel seien hier zwei unterschiedliche 40 × vergrößernde Objektive verglichen. Ein Trockenobjektiv

◻ **Tab. 1.1** Numerische Apertur verschiedener Objektivklassen und Vergrößerungen (Öl: bei Verwendung von Immersionsöl)

Vergrößerung:	Plan-Achromat	Plan-Fluorit	Plan-Apochromat
4x	0,1	0,13	0,16
10x	0,25	0,3	0,4
20x	0,4	0,5	0,75
40x	0,65	0,75	0,9
60x	0,8	0,9	1,42 (Öl)
100x	1,25 (Öl)	1,3 (Öl)	1,4 (Öl)

(40 ×), wie es für die Sichtung von Zellkulturen an inversen Mikroskopen eingesetzt wird, weist z. B. eine NA von 0,6 bei einem maximalen Arbeitsabstand von 4 mm auf. Hingegen weist ein Trockenobjektiv, das für die Sichtung von eingedeckelten Schnittpräparaten optimiert ist, eine NA von 0,9 bei einem nun geringen Arbeitsabstand von 0,18 mm auf.

Für Manipulationen mittels Kapillaren oder Elektroden werden sowohl gute Auflösung als auch hoher Arbeitsabstand und hohe Vergrößerung gleichzeitig benötigt. Hierfür eignen sich spezielle Wasserimmersionsobjektive, die z. B. bei einer NA von 0,8 noch einen Arbeitsabstand von 3,3 mm erlauben.

1.1.6 Kondensoren für die Durchlichtmikroskopie

Die unterschiedlichen Kondensoren weisen vergleichbar mit den Objektiven unterschiedliche numerische Aperturen, Arbeitsabstände, Immersionsmöglichkeiten, Spezialisierungen für Kontrastverfahren und Korrekturen auf. Ihre Aufgabe ist die Beleuchtung des Präparates mit ausreichender NA. Aus diesem Grund ist ein Kondensor mit einer Aperturblende ausgestattet, die es erlaubt, den austretenden Lichtkegel an die Notwendigkeit der NA des Objektivs anzupassen. Einige Kondensoren weisen zudem eine wegklappbare Fontlinse auf, die bei kleinen Vergrößerungen (ab 4 ×) und großen Sehfeldern aus dem Strahlengang entfernt werden kann. Zur Verwendung verschiedener Kontrastverfahren gibt es Kondensoren, die es ermöglichen, Kontrastelemente in der hinteren Brennebene des Kondensors zu platzieren.

1.1.7 Grundsätzliche Einstellungen für die Mikroskopie

Um ein mikroskopisches Bild in optimaler Qualität und auch über längere Zeit entspannt betrachten zu können, gibt es einige grundsätzliche Verfahrenshilfen. Ähnlich wie beim Einsteigen in ein Auto und dem Anpassen der Sitzposition, der Spiegel und anderer kleiner Dinge, die individuell verstellbar sind, gibt es auch beim Mikroskopieren Einstellungen, die individuell angepasst werden müssen. Hierunter fallen insbesondere die Einblickhöhe in den Beobachtungstubus, der Abstand der Okulare und deren Anpassung an die individuelle Sehleistung des Mikroskopikers.

Um die Okulare auf den eigenen Augenabstand hin zu korrigieren, verschieben Sie beide Tubusröhren nach außen und fahren Sie diese dann soweit wieder zusammen, dass für beide Augen ein rundes Sehfeld zur Deckung gebracht wird. So erreichen Sie den individuellen Augenabstand bei entspannter Stellung der Augen. Ein Abgleich von innen nach außen kann hingegen zu einem starren Blick in das Mikroskop führen, der Auslöser für Verspannungen oder Kopfschmerzen sein kann.

Um die Okulare abzugleichen, schauen Sie mit dem nicht fokussierbaren Okular oder dem Referenzokular auf eine Präparatstelle und fokussieren Sie diese mittels des Mikroskopfeintriebes. Nun vergleichen Sie die Schärfe mit dem anderen Okular und, wenn nötig, fokussieren Sie dieses Okular an der Okularfokussierung von der + Einstellung kommend, bis auch dieses Auge ein gleich scharfes Bild sieht.

Für eine angenehme Körperhaltung bei lang andauernden Mikroskopierzeiten stehen besondere ergonomische Mikroskope und Komponenten zur Verfügung, die vielfältige Anpassungen ermöglichen.

1.1.8　Die Köhlersche Beleuchtung

Das Köhlern eines Mikroskops gehört zu den täglichen Grundjustierungen und ist nach einiger Übung eine mit wenigen Handgriffen durchgeführte Qualitätssicherung für den Mikroskopiker. Es erlaubt die homogene Beleuchtung des Präparats bei gleichzeitig optimierter Auflösung sowie den Einsatz von Kontrastmethoden.

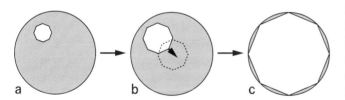

■ Abb. 1.11 Zentrieren der Abbildung der Leuchtfeldblende für die Köhlersche Beleuchtung mit Hilfe der Kondensorzentrierschrauben. a) geschlossene Leuchtfeldblende dezentriert, b) und c) Zentrierung bei unterschiedlicher Öffnung der Blende.

Bei Mikroskopen mit Köhlerscher Beleuchtung ist die Lichtquelle in einem nach hinten am Stativ verlagerten Lampenhaus untergebracht. Diese Position ermöglicht es, die Lichtwendel der Lampe in der hinteren Brennebene des Kondensors abzubilden (Lage der Aperturblende des Kondensors). Die Position der hinteren Brennebene des Kondensors ist optisch konjugiert mit der hinteren Brennebene des Objektivs. Diese kann durch das Herausnehmen eines Okulars am Beobachtungstubus direkt betrachtet werden.

Das „Köhlern" geschieht durch die Abbildung der Leuchtfeldblende in der Präparatebene. Sie ist somit das wichtigste Hilfsmittel zur schnellen Kontrolle und Einstellung der Köhlerschen Beleuchtung.

Bei Mikroskopen, bei denen das Lampenhaus in der Objektivachse angebracht ist (kritische Beleuchtung) und der Lampenwendel nun direkt in die Präparatebene abgebildet wird, werden zur Verbesserung der Homogenität der Beleuchtung Streufilter eingesetzt. Das „Köhlern" entfällt bei diesen einfacheren Durchlichtmikroskopen.

Bei der Verwendung von Halogenlampen ist es sinnvoll, Tageslichtfilter einzusetzen. Diese können auf den Lichtaustritt des Mikroskopstatives montiert oder über einen Filterschieber eingeführt werden (■ Abb. 1.6). Sie erlauben es, eine gute Farbtreue zu erreichen, da sie das überbetonte gelbe Spektrum der Halogenlampe reduzieren und somit ein Spektrum mit natürlicher erscheinenden Weißtönen ermöglichen. Hierfür wird eine mittlere Helligkeitseinstellung der Halogenlampe verwendet, also bei 100 W/12 V Lampen eine Einstellung um 9 V (■ Abb. 1.12). Bei der Verwendung von LEDs ist oft auch eine auf die Farbemission der LEDs angepasst Filterung von Nöten, da die meisten LEDs eine zu stark ins blau tendierende Farbtemperatur aufweisen. Abhilfe schaffen „True Colour" LEDs, die in ihrem Spektrum der oben genannten optimalen Halogenlampeneinstellung entsprechen, jedoch von geringerer Endhelligkeit sind. Ihr Einsatz für Dunkelfeld und DIC-Kontrast ist somit limitiert. Der Vorteil der LEDs für die Durchlichtmikroskopie ist neben der langen Lebenszeit und der geringen Temperaturentwicklung der LEDs, dass sie ihr Farbspektrum auch bei unterschiedlichen Helligkeitseinstellungen beibehalten. Ein Einsatz von neutralen Graufiltern entfällt somit und mittels Lichtmanagement, das entweder im Mikroskop verbaut oder über eine Software gesteuert wird, können so für alle Objektive optimale Lichtverhältnisse automatisch beim Wechsel der Objektive abgerufen werden.

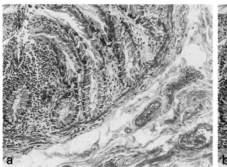
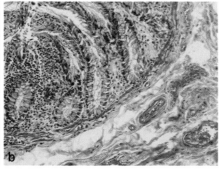

■ Abb. 1.12 Histologisches Präparat mit unterschiedlicher Einstellung einer 100 W/12 V Halogenbeleuchtung. a) geringe Lichthelligkeit 3 V ohne zusätzlichen Filter, b) Lichthelligkeit 9 V mit zusätzlichem Tageslichtfilter und Graufilter (6 % Transmission).

Anleitung A1.1

Einstellen einer Köhlerschen Beleuchtung
Folgende Schritte sind bei der Einstellung einer Köhlerschen
Beleuchtung einzuhalten:

1. Objektiv 10 x (gelber Ring) einschwenken
2. Kondensor auf Hellfeldposition (kein Kontrastelement
   im Strahlengang), eventuell Kondensorfrontlinse einschwenken
3. auf ein ihnen bekanntes Präparat mittels Grob und Fein-
   trieb des Statives fokussieren
4. Leuchtfeldblende schließen – bei guter Zentrierung des
   Kondensors wird das Präparat nun nur noch aus der
   Mitte des Sehfeldes heraus beleuchtet
5. Kondensor auf- bzw. abwärts drehen, bis scharfe Kanten
   der Leuchtfeldblende abgebildet werden. Falls kein zentraler heller Fleck sichtbar ist, die Leuchtfeldblende wieder
   leicht öffnen und mit den zwei Kondensorzentrierschrauben in x-y Richtung zentrieren und Punkt 5 wiederholen
   (❏ Abb. 1.10)
6. Leuchtfeldblende bis knapp über den Sehfeldrand öffnen
7. für einen optimalen Kontrast sollte die Aperturblende
   des Kondensors nun auf 80% der NA des Objektivs eingestellt werden

Der Schritt 7 ist auch unter optischer Beobachtung durchführbar, indem die Aperturblende erst komplett geöffnet
wird und dann soweit geschlossen wird, bis die ersten feinsten Veränderungen im Kontrast des Präparats erkennbar
werden. Wenn man nun den eingestellten Wert der Konden-
sorapertur abliest, wird man feststellen, dass man so gut wie
immer 80 % der NA des Objektivs eingestellt hat. Ein weiteres Schließen der Aperturblende verringert die Auflösung zu
stark und erzeugt artifizielle Kontraste.

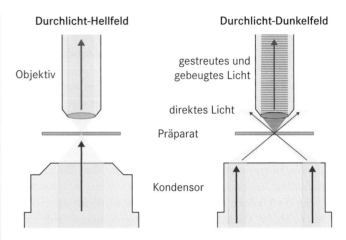

❏ **Abb. 1.13** Darstellung des Lichtweges durch einen Hellfeldkon-
densor und einen Dunkelfeldkondensor. Beim richtig eingestellten
Dunkelfeldkondensor wird nur das gestreute und gebeugte Licht zur
Abbildung verwendet.

1.1.9   Kontrastmethoden

1.1.9.1   Dunkelfeld

Diese Kontrastmethode ist hervorragend geeignet, um kleine
und oder kontrastarme Strukturen im Mikroskop abzubilden.
Ohne Präparat oder andere lichtstreuende Strukturen im Strahlengang bleibt bei korrekt eingestelltem Dunkelfeld das Okular-
bild vollständig dunkel, da das direkte Licht durch eine zentrale
Abblendung im Kondensor geblockt wird. Nur Licht, welches
durch Streuung oder Beugung in Richtung Objektiv abgelenkt
wird, trägt zur Bildentstehung bei (❏ Abb. 1.13). Die Präparatstrukturen erscheinen nun optimal kontrastiert hell vor dunklem Hintergrund, analog zu dem Bild „Sterne in der Nacht".

Für ein symmetrisches Dunkelfeld müssen die Kondensoren so gebaut sein, dass die direkten Lichtstrahlen von allen
Seiten ringförmig in einem Winkel durch die Präparatebene
fallen, ohne in das Objektiv einzutreten (❏ Abb. 1.13). Um dies
zu realisieren, stehen einfache Ringblenden oder aber spezielle
Dunkelfeldkondensoren zur Auswahl. Alle einfachen Ringblen-
denelemente eignen sich nur für Objektive mit einer NA, die ei-

nen Wert von ca. 0,65 nicht überschreitet (z. B. 40 × Achromat).
Bei größeren Objektivaperturen hellt sich der Hintergrund zu-
sehends auf und der Kontrast nimmt ab. Durch den ringförmigen Lichtkegel der Ringblenden oder Dunkelfeldkondensoren
ergeben sich zwei Winkel der Beleuchtungsapertur. Die innere
Apertur definiert den Grenzwinkel der zentralen Abblendung
und die äußere Apertur den maximalen Winkel der Beleuchtung. Hierbei gilt als Faustregel für ein gutes Dunkelfeld, dass
die Objektivapertur ca. 15 % geringer als der innere Grenzwinkel der Beleuchtungsapertur sein sollte.

Um ein kontrastoptimiertes Dunkelfeld zu erhalten oder
um besser auflösende Objektive zu verwenden, werden heute
in den meisten Fällen Spiegeldunkelfeldkondensoren mit einer
Beleuchtungsapertur von etwa 0,8 bis 0,9 (trocken) und 1,2 bis
1,4 (immergiert) verwendet. Soll also ein hochwertiges 40 ×
Plan-Apochromat-Objektiv mit einer NA von 0,9 verwendet
werden, muss der Immersionskondensor mit einer inneren Beleuchtungsapertur von 1,2 eingesetzt werden. Die begrenzende
objektivseitige NA liegt bei etwa 1 (1,2 abzüglich 15%). Einige
spezielle Objektive verfügen über eine integrierte Irisblende
in der hinteren Brennebene, mit der sich der übertragene
Aperturwinkel verkleinern und somit optimal auf die jeweilige
Beleuchtungsapertur anpassen lässt.

Obwohl die Durchlicht-Dunkelfeld-Mikroskopie hervorragende Kontraste und eine gute Auflösung bietet, ist diese Methode
heutzutage nicht mehr so verbreitet. Die Hauptanwendungsge-
biete finden sich in der Limnologie, der Mikrobiologie und in der
Naturheilkunde (Nativblutdiagnostik nach Enderlein).

Da im Dunkelfeld das direkte Licht abgeblendet wird, ist
eine ausreichende Lichtintensität für eine gute Abbildung nötig.
Ideal sind hier Mikroskope mit einem Lampenhaus für eine
100-W-Halogenbeleuchtung.

Bei der Dunkelfeldmikroskopie wurde gänzlich auf die direkte Beleuchtung verzichtet, was zu einem starken dunkel/
hell Kontrast geführt hat. Um ungefärbte Präparate (Phasen-
präparate) zu kontrastieren und dennoch nicht gänzlich auf

Grauabstufungen zu verzichten, stehen Kontrastmethoden zur Verfügung, die den Phasenunterschied in Kontrast umsetzen.

> **Anleitung A1.2**
>
> **Zentrieren und Einstellen eines Dunkelfeldkondensors**
> 1. ein gering vergrößerndes Objektiv z. B. 10x in den Strahlengang bringen und das Präparat fokussieren
> 2. den Kondensor mittels der Kondensorhöhenverstellung soweit fahren, bis ein runder dunkler Fleck sichtbar wird
> 3. mit Hilfe der Kondensorzentrierschrauben den Fleck in die Mitte des Sehfeldes führen
> 4. das gewünschte Objektiv einschwenken und den Kondensor in seiner Höhe soweit verfahren, bis der gesamte Hintergrund möglichst dunkel erscheint

1.1.9.2 Phasenkontrast

Der Phasenkontrast ist die in der Mikroskopie am häufigsten eingesetzte Methode, um transparente Objekte, die kaum Licht absorbieren und damit im Hellfeld nahezu unsichtbar sind, detailliert und kontrastreich darzustellen.

Voraussetzung für dieses Kontrastverfahren ist eine Ringblende (Phasenringblende), die in der hinteren Brennebene des Kondensors zentriert positioniert wird. Das Bild dieser Blende ist bei Einstellung der Koehlerschen Beleuchtung optisch konjugiert zur hinteren Brennebene des Objektivs (scharf abgebildet zur Deckung gebracht). Phasenkontrastobjektive besitzen in der Position der hinteren Brennebene einen Phasenring (als grauer Ring im Objektiv erkennbar). Die Größe und Ausfertigung dieser beiden charakteristischen Elemente ist so gewählt, dass sie bei optimaler Justierung des Mikroskops deckungsgleich aufeinander abgebildet sind (◻ Abb. 1.16). Je nach Objektivvergrößerung erfordert dies eine spezifische Größe von Phasenringblende und Phasenring. Zur Vereinfachung der Auswahl zueinander passender Blenden und Objektive folgt deren Bezeichnung einer weitgehend einheitlichen und vom Hersteller unabhängigen Nomenklatur (◻ Tab. 1.2).

Sind im Zustand der Köhlerschen Beleuchtung die Ringblende des Kondensors und der Phasenring des Objektivs zur

◻ **Tab. 1.2** Übersicht über die gebräuchlichsten Vergrößerungen von Phasenkontrastobjektiven und die dazugehörigen Phasenringblenden des Kondensors (Daten exemplarisch von Olympus, Leica, Zeiss, Nikon ohne Anspruch auf Vollständigkeit. Für die Vergrößerungen 10x, 20x und 40x gibt es zudem vorzentrierte Phasenblenden (PHP–Olympus)

Phasenkontrastobjektiv	Immersion	Ringblende im Kondensor
4x	–	PHL (Olympus, Nikon)
5x	–	PH0 (Zeiss, Leica)
10x	–	PH1 ; PHC (Phasenkontrast, optimiert für Zellkulturen, Olympus)
20x	–	PH1 ; PH2 (Zeiss, Leica, Nikon); PHC (s.o.)
40x	–	PH2
40x	Wasser	PH2
40x	Öl	PH3
60x oder 63x	–	PH2
60x oder 63x	Öl	PH3
63x	Wasser	PH3
100x	Öl	PH3 ; PH2 (Zeiss)

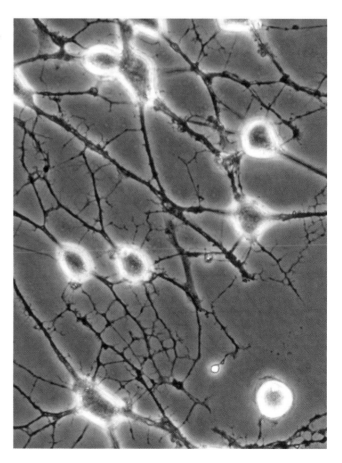

◻ **Abb. 1.15** Astrocyten in einer Zellkultur mittels Phasenkontrast dargestellt. Auffällig sind die hellen Säume (Halo-Effekt) um die Zellkörper der Zellen. In der rechten unteren Ecke ist eine Zelle deutlich heller kontrastiert. Diese Zelle hat kaum noch Kontakt zum Boden des Kulturgefäßes und erscheint abgerundet, was den Halo-Effekt des Phasenkontrastes erhöht.

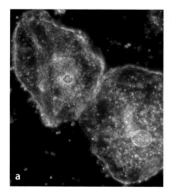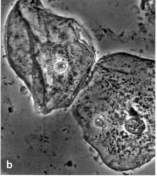

◻ **Abb. 1.14** Epithelzellen der Zunge als Beispiel für ein einfach zu erstellendes Präparat zur Kontrolle und Einstellung der Kontrastmethoden. **a)** Dunkelfeld, **b)** Phasenkontrast (▶ Kap. 1.1.10.3).

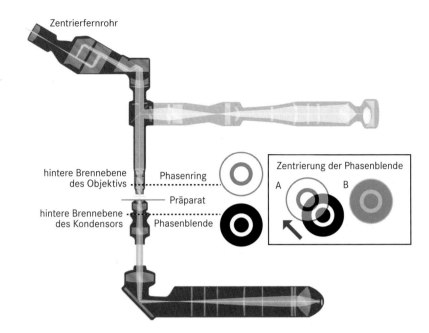

Zentrierfernrohr

hintere Brennebene des Objektivs

Phasenring

Präparat

hintere Brennebene des Kondensors

Phasenblende

Zentrierung der Phasenblende

A   B

Abb. 1.16 Schematische Darstellung des Lichtweges bei einem Phasenkontrastmikroskop. Für diese Kontrasttechnik werden Phasenblenden in einen geeigneten Kondensor eingesetzt und diese mit dem Phasenring im Objektiv zur Deckung gebracht. Für die Genauigkeit der Zentrierung ist die Verwendung eines Zentrierfernrohres hilfreich.

Abbildung gebracht, durchläuft das direkte Licht der Beleuchtung vollständig den vom Phasenring abgedeckten Bereich im Objektiv. Das vom Präparat gestreute und gebrochene Licht durchläuft hingegen unterschiedlichste Positionen der hinteren Brennebene des Objektivs.

Ungefärbte Objekte wie z. B. vitale Zellen werden als Phasenobjekte bezeichnet, da sie je nach Beschaffenheit (Dicke und Brechungsindex) das sie durchlaufende Licht und damit dessen Phasenzustand relativ zum umgebenden Medium (z. B. Nährmedium) verzögern. Die Intensität bleibt wegen der geringen Lichtabsorption der Objektstruktur weitgehend unbeeinflusst.

Mit der Phasenkontrastmethode werden die resultierenden Phasenverzögerungen von direktem und gebeugtem Licht in Intensitätsunterschiede umgesetzt. Durch diese Kontrastierung werden Objektstrukturen überwiegend dunkel auf schwachhellem Hintergrund dargestellt (positiver Phasenkontrast).

Präparatstrukturen mit einer Dicke von mehr als 10 µm oder kugelige Zellen verursachen eine starke Brechung des direkten Lichts in ihren Randbereichen und bewirken damit extrem helle Säume (Halo-Effekt, **Abb. 1.15).

Anleitung A1.3

Zur Zentrierung des Phasenkontrasts

1. das Mikroskop muss mit fokussiertem Präparat korrekt im Zustand der Köhlerschen Beleuchtung eingerichtet sein. Die Beobachtung des Präparats erfolgt mit einem Phasenkontrastobjektiv

2. eine geeignete Phasenringblende befindet sich in der Brennebene des Kondensors (Ph Index des Objektivs entspricht dem der Phasenringblende z. B. Ph1 bei 10× vergrößernden Objektiven). Die Aperturblende des Kondensors muss vollständig geöffnet sein, da sie sonst die Öffnung der Phasenringblende abschatten kann
▼

3. ein Okular entfernen und mit einem optionalen Zentrierfernrohr auf die hintere Brennebene fokussieren. Der helle Ring der Phasenblende des Kondensors und der dunkle Ring des Phasenringes des Objektivs müssen gleichzeitig scharf zu erkennen sein

4. einige Beobachtungstuben für inverse Mikroskope enthalten bereits optische Komponenten (fokussierbare Bertrand-Linse) zur vergrößerten Ansicht des Blendenbildes. Hierbei ist es nicht nötig, das Okular zu entfernen

5. die Phasenblende des Kondensors mit Hilfe der Zentrierschrauben konzentrisch zur Phasenblende einstellen (**Abb. 1.16 A, B)

6. für weitere Objektive sind die dazugehörigen Phasenblenden auf gleiche Art und Weise zu zentrieren

7. das Zentrierfernrohr gegen das Okular ersetzen

In vielen Anwendungen wird dieser Halo-Effekt als nachteilig empfunden, da die Säume die Bildkontraste im Randbereich der Objekte stören. Mitunter wird dies jedoch auch positiv bewertet, da er eine offensichtliche Unterscheidung von Zellen im Verlauf ihres Zellteilungszyklus erlaubt. So weisen z. B. sich teilende Zellen aufgrund ihrer abgerundeten Form einen größeren Halo-Effekt auf als normal adhärent wachsende Zellen.

Entwickelt wurde die Phasenkontrastmethode für die Lichtmikroskopie um 1930 von dem Niederländer Frits Zernike. Die ersten industriell hergestellten Phasenkontrastmikroskope waren ab 1941 verfügbar. 1953 erhielt er für diese Erfindung den Nobelpreis für Physik, weil wegen dieser Innovation erstmals lebende Zellen und deren Feinstruktur detail- und kontrastreich abgebildet werden konnten.

Der Phasenring des Objektivs sollte die Ringblende immer vollständig abdecken. Bildet sich ein gewölbter Flüssigkeitsspiegel über dem Präparat, ist dies nur eingeschränkt möglich; dies kann z. B. bei Zellen in Zellkulturschalen der Fall sein. Spezielle Ausfertigungen von Phasenringblende und Phasenring im Objektiv, die eine deutliche Überdeckung des Phasenringbildes durch den Phasenring im Objektiv aufweisen, verringern diese Einschränkung (◘ Tab. 1.2).

Die vom Phasenkontrast entworfene Kontrastierung wird, wie schon dargelegt, durch die Dicke und Beschaffenheit der Präparate limitiert. Das Bild einer Zelle im Phasenkontrast entspricht zudem nicht dem Kontrast, den wir im Hellfeld wahrnehmen würden. Es fällt uns hingegen leicht, Dinge zu erkennen, wenn sie ein Relief ergeben.

1.1.10 Relieferzeugende Kontrastmethoden

1.1.10.1 Schrägbeleuchtung
Die wohl einfachste Art, reliefartige Bildstrukturen bei der Mikroskopie von Präparaten zu erzeugen, ist die Schrägbeleuchtung. Hierbei wird für die Durchlichtbeleuchtung des Präparats eine Ringsegment- oder Rechteckblende in der hinteren Brennebene des Kondensors platziert. Die Blende sollte in ihrer Breite variabel und in ihrer Rotation um die optische Achse einstellbar sein. Durch diese Beleuchtung werden Randzonen von Präparatstrukturen unterschiedlich kontrastiert, je nachdem, ob sie dem versetzten Beleuchtungsschlitz zu oder abgewandt sind. Durch die Drehbarkeit des Beleuchtungsschlitzes können mit dieser Methode sehr gut Vorzugsrichtungen von Strukturen in einem Präparat ausfindig gemacht werden (◘ Abb. 1.17). Die Schlitzbeleuchtung verringert jedoch deutlich die Auflösung des Bildes im Vergleich zu einem Hellfeldbild und dies insbe-

sondere bei dickeren Präparaten wie Ganzkörperpräparaten (z. B. *Caenorhabditis elegans*) oder Gewebeschnitten.

Andere Arten von Schrägbeleuchtungen stehen für die Durchlicht-Stereomikroskopie oder die Auflichtmikroskopie zur Verfügung.

1.1.10.2 Modulationskontrast
Für Anwendungen, die einen Reliefkontrast an ungefärbten Strukturen und gleichzeitig einen hohen Arbeitsabstand des Kondensors und Plastikmaterial benötigen, steht der von Robert Hoffmann 1975 entwickelte Modulationskontrast zur Verfügung (◘ Abb. 1.17). Ähnlich wie bei dem Phasenkontrast werden hier optische Elemente in die Brennebene des Kondensors und des Objektivs eingebracht. Es werden für diese Kontrasttechnik modifizierte 10×, 20× und 40× vergrößernde Objektive gebraucht (Achromate oder Fluorite). Durch zwei Schlitzblenden im Kondensor gelangt das Licht in einer Schrägbeleuchtung auf das Präparat. Eine dieser Blenden kann über zwei Polarisatoren in ihrer Lichtdurchlässigkeit moduliert werden. Das Licht wird am Präparat unterschiedlich gebeugt und einige Anteile mittels der optischen Elemente im Objektiv unterschiedlich stark in der Amplitude reduziert. Die so entstehende dreidimensional wirkende Reliefkontrastierung wird häufig bei inversen Mikroskopen für mikromanipulatorische Anwendungen z. B. bei der *in vitro*-Fertilisation eingesetzt.

1.1.10.3 Differenzieller Interferenzkontrast (DIC)
Dunkelfeld- und Phasenkontrast sowie Kontrastverfahren mit schräger Beleuchtung des Präparats funktionieren durch eine unterschiedliche Einschränkung der Ausdehnung der Lichtquelle. Die Platzierung einer Blende in der hinteren Brennebene des Kondensors ist gemeinsames Merkmal aller dieser Verfahren.

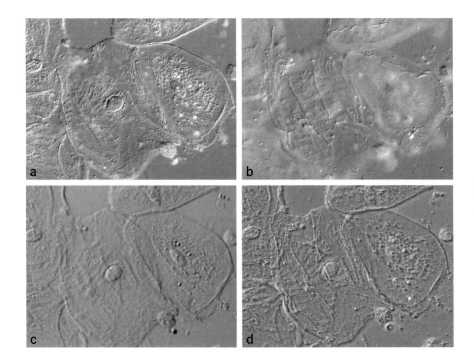

◘ **Abb. 1.17** Epithelzellen der Zunge in verschiedenen relieferzeugenden Kontrastverfahren. **a)** und **b)** Differenzieller Interferenzkontrast (DIC) zweier unterschiedlicher Fokusebenen. Diese Methode ermöglicht eine nur auf die jeweilige Schärfenebene begrenzte hochauflösende Bilddarstellung. **c)** Schrägbeleuchtung. **d)** Modulationskontrast (hier Olympus-Reliefkontrast). Sowohl bei der Schrägbeleuchtung als auch dem Modulationskontrast ist zu erkennen, dass alle Zellstrukturen der Zelle gleichzeitig zur Kontrastbildung beitragen.

Bei einer hochauflösenden Kontrastmethode sollte auf eine Einschränkung der Beleuchtung wegen der Verringerung der NA verzichtet werden. Dies ist bei dem Interferenzkontrast verwirklicht.

Der differenzielle Interferenzkontrast ist das technisch aufwendigste, damit auch kostenträchtigste, aber nach Meinung der meisten Mikroskopiker wohl das leistungsfähigste Kontrastverfahren für ungefärbte Präparate.

Zur Theorie des Interferenzkontrastes (nach Nomarski)

Zur Beleuchtung des Präparats wird nur linear polarisiertes Licht zugelassen. Die Festlegung der Polarisationsebene in die West-Ost-Achse (links-rechts in Blickrichtung des Mikroskopikers) erfolgt durch den sogenannten Polarisator, der unterhalb des Kondensors platziert ist (◘ Abb. 1.18 und 1.19). Das polarisierte Licht wird durch ein spezielles optisches Bauteil (optisch doppelbrechendes Wollaston-Prisma), das in der hinteren Brennebene des Kondensors eingebracht ist, in zwei getrennte Lichtanteile zerlegt, den ordentlichen und den außerordentlichen. Sie sind jeweils linear polarisiert mit senkrecht zueinanderstehenden Polarisationsebenen. Dies ist ein Effekt der Doppelbrechung in optisch einachsigen transparenten Medien wie Kalkspat oder Quarz.

Die besondere Bauform des Wollaston-Prismas erzeugt einen extrem geringfügigen Abstand der getrennten Lichtanteile, der unterhalb des Auflösungsvermögens des verwendeten Objektivs liegen muss. Um dies zu gewährleisten, werden für verschiedene Objektivvergrößerungen unterschiedliche Prismen benötigt.

Die Lichtanteile werden durch das Wollaston-Prisma unter einem Winkel von 45° zur Ausrichtung des Polarisators in Nord-Ost- bzw. Süd-West-Richtung ausgerichtet.

Weist das Präparat örtlich differenzielle Unterschiede in seinen Licht streuenden und Licht brechenden Eigenschaften auf, so erfahren die paarigen Lichtanteile unterschiedliche Phasenverzögerungen. Dies ist bei unterschiedlichen Zellbestandteilen wie dem Zellkern der Fall, wenn ein Anteil des Lichtes noch durch diesen hindurchgeht, der andere jedoch schon im daneben liegenden Cytoplasma verläuft.

Die Lichtanteile gelangen nach dem Objektiv zu einem weiteren Prisma, dem Nomarski-Prisma, welches nun beide Lichtanteile zu einem wiedervereinigt.

Das Interferenzverhalten dieser Lichtanteile bei der Wiedervereinigung ergibt bei einer vorliegenden Phasenverschiebung jedoch keine Helligkeitsänderung, sondern eine geänderte Form der Polarisation, das elliptisch polarisierte Licht.

Eine aus dieser Art der Interferenz resultierende Lichtwelle schwingt nicht länger in einer diskreten Ebene, sondern ihre Schwingungsebene rotiert um die optische Achse.

Als Helligkeitsunterschied wird die Interferenz erst wahrnehmbar, wenn das Licht nun durch einen Analysator verläuft.

Der Analysator lässt, wie der Polarisator, nur Licht in einer einzigen Polarisationsebene passieren. Damit erfüllt er eine vergleichbare Funktion wie der Polarisator, wird jedoch senkrecht zu der Ebene des Polarisators orientiert.

Kontrastentstehung

Linear polarisiertes Licht, das nach Aufspaltung und Durchgang durch das Präparat keine Phasenverzögerung erfahren hat, wird durch das Nomarski-Prisma wiedervereinigt und ist nun wieder in West-Ost-Richtung linear polarisiert.

Da der Analysator nur Licht der Schwingungsebene Nord-Süd durchlässt, wird dieser Anteil des Lichtes blockiert.

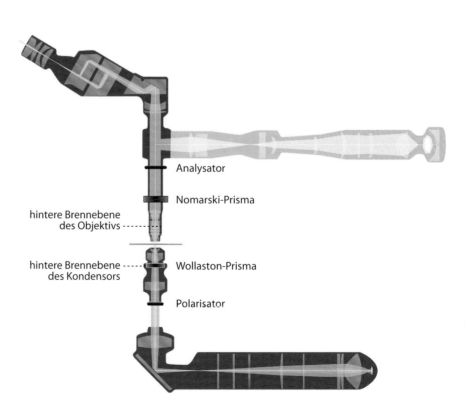

◘ Abb. 1.18 Schematische Darstellung des Lichtweges und der benötigten optischen Komponenten für den differenziellen Interferenzkontrast nach Nomarski.

Analysator

Nomarski-Prisma

hintere Brennebene des Objektivs

Wollaston-Prisma

hintere Brennebene des Kondensors

Polarisator

Lichtanteile, die hingegen beim Durchgang durch das Präparat eine Phasenverzögerung erfahren haben, sind elliptisch polarisiert und können somit teilweise den Analysator durchdringen (◻ Abb. 1.19).

Ein Zellkern wird in dieser Einstellung des Mikroskops somit auf der Nord-West- und der Süd-Ost-Seite eine helle Zone aufweisen, denn dort konnten die zerlegten Lichtanteile jeweils unterschiedliche Zellbereiche durchlaufen und somit unterschiedliche Phasenverzögerungen erfahren.

Um dem Kontrast eine Vorzugsrichtung zu geben und den Eindruck eines dreidimensionalen Reliefs zu erzeugen, kann das Nomarski-Prisma in seiner Lage verschoben werden. Dies erzeugt eine durch das Prisma zusätzlich induzierte Phasenverzögerung, die je nach dem, zu welcher Seite man das Prisma verschiebt, den ordentlichen- oder den außerordentlichen Strahl verzögert. Das Ergebnis ist ein gleichmäßig grauer Hintergrund, der nun an Präparatstellen mit Phasenverzögerung, wie dem Zellkern, eine deutliche Hell-Dunkel-Verschiebung in Nord-West- – Süd-Ost-Richtung aufweist. Diese natürlich erscheinende Kontrastierung von unterschiedlichen Präparatstrukturen ermöglicht dem Betrachter eine schnelle und hoch genaue Erkennung von Strukturdetails ungefärbter Präparate. Der Effekt der dreidimensionalen Kontrastierung findet nur in dem Bereich statt, der sich in der Schärfentiefe des Präparates befindet. Somit eignet sich diese Technik auch für relativ dicke Präparate bis zu 150 µm und erzeugt nahezu optische Kontrastschnitte. Für hohe Eindringtiefen in zu untersuchende Gewebe, und um möglichst kein Ausbleichen der Fluoreszenz zu verursachen, kann der DIC auch mit nahem Infrarotlicht (meist über 750 nm) durchgeführt und dann jedoch nur mittels spezieller Kamerasysteme begutachtet werden.

Eine Grundbedingung des hier beschriebenen Interferenzkontrastes nach Nomarski ist die Beschränkung auf Glasmaterialien als Träger der Präparate. Jede Art von Plastikmaterial wirkt depolarisierend auf die Lichtwellen ein und zerstört somit den Kontrast. Schon die Verwendung einiger Einbettungsmittel kann einen negativen Einfluss auf die Bildqualität haben.

Mundschleimhautzellen als Einstellhilfe

Für die Prüfung der richtigen Einstellung der DIC-Komponenten eignet sich ein frisch erstelltes Präparat in wässriger Lösung, das sich auf einem geputzten Objektträger befindet und mit einem Deckglas abgedeckt ist.

Ein solches Präparat ist einfach zu erstellen, indem einige Zellen der Zungenoberfläche mit einem Löffel abgenommen werden und leicht in Wasser verdünnt zur Mikroskopie gelangen (◻ Abb. 1.17).

Neben der typischen Anwendung des DIC für ungefärbte Präparate kann der DIC auch bei gefärbten Präparaten eine Hilfe zur kontrastreichen Unterscheidung von Strukturen liefern. Insbesondere einfarbige, schwache Kontrastierungen, wie sie bei der Immuncytochemie auftreten können (z. B. Präzipitate von Diaminobenzidin, DAB), können mittels der DIC-Methode leichter von Hintergrund abgehoben mikroskopiert und dokumentiert werden.

Grundsätzlich ist zu beachten, dass der DIC eine Reliefabbildung erzeugt, die nicht der natürlichen Dreidimensionalität entsprechen muss. Zellkerne erscheinen im DIC häufig als erhaben Kreise, die auf der Zelle liegen, oder aber als Krater. Bei längerer Betrachtung einiger DIC-Bilder kann unser Gehirn sogar zwischen beiden Eindrücken desselben Bildes hin und her wechseln.

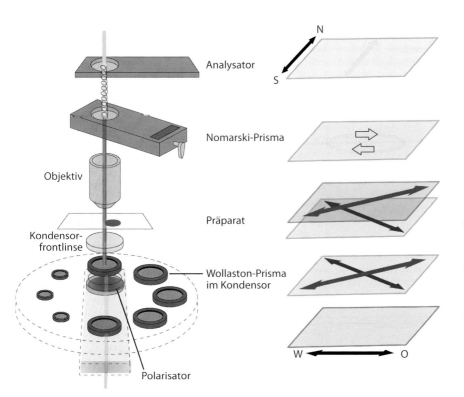

◻ **Abb. 1.19** Darstellung der optischen Elemente für den differenziellen Interferenzkontrast nach Nomarski sowie der durch diesen erzeugten Schwingungsrichtungen des Lichtes (gelber Pfeil: linear polarisiertes Licht, blauer Pfeil: ordentlicher Strahl, roter Pfeil: außerordentlicher Strahl, gelber Kreis: elliptisch polarisiertes Licht). Auf der Ebene des Präparates kommt es in diesem Beispiel zu einer Phasenverzögerung (hier angedeutet durch das Verschieben von zwei Ebenen) des ordentlichen Strahles, da nur dieser noch durch eine Zellstruktur verläuft.

Analysator

Nomarski-Prisma

Objektiv

Präparat

Kondensorfrontlinse

Wollaston-Prisma im Kondensor

Polarisator

Die Einstellung der DIC-Komponenten

1. das Mikroskop muss im Zustand der Köhlerschen Beleuchtung eingerichtet sein. Im Kondensor befindet sich kein Kontrastelement im Strahlengang, das objektivseitige Prisma ist noch nicht eingesetzt
2. das Präparat wird aus dem Strahlengang herausgefahren – der Fokus jedoch nicht verändert
3. Polarisator und Analysator werden in den Strahlengang eingebracht
4. der Polarisator ist in Ost-West-Richtung ausgerichtet, der Analysator in Nord-Süd-Richtung. Da meist eines dieser Elemente drehbar ist, kann unter optischer Kontrolle der höchstmögliche Auslöschungsgrad eingestellt werden – das Bild erscheint komplett dunkel
5. das Präparat wird wieder in den Strahlengang eingefahren und sollte, abgesehen von kleinen hellen Strukturen (doppelbrechende Materialien), ebenfalls einen möglichst schwarzen Hintergrund aufweisen. Ist dies nicht der Fall, sind meist depolarisierende Materialien als Träger des Präparates eingesetzt worden, die sich nicht für den DIC eignen. Bitte verwenden Sie ein frisches Präparat wie weiter oben beschrieben
6. das objektivseitige Nomarski-Prisma wird nun eingesetzt. Das Bild ist nun wieder heller und wird beim Verschieben des Prismas in eine mittlere Position auf die dunkelste Bildhintergrundposition verschoben. Zur Prüfung dieser Position kann auch ein Okular entfernt werden und der auf der hinteren Brennebene nun erkenntliche schwarze Balken, der von Nord-Ost nach Süd-West verläuft, betrachtet und justiert werden. In der Mittelstellung des Prismas durchläuft dieser Balken das Zentrum der Brennebene und ist deutlich kontrastreich. Falls diese Ansicht des Präparates oder des Balkens nicht erreicht werden kann, sind Komponenten des DIC nicht sachgemäß eingestellt oder das Präparat nur bedingt für den DIC geeignet
7. nun wird auch das zu der Vergrößerung des Objektivs passende Wollaston-Prisma am Kondensor in den Strahlengang eingedreht. Präparatstrukturen sollten nun jeweils von Nord-West und von Süd-Ost helle Anteile aufweisen
8. durch Verschieben des Prismas in die eine oder andere Richtung kann nun entweder der Nord-West-Anteil aufgehellt und der Süd-Ost-Anteil abgedunkelt werden oder der umgekehrte Effekt erzielt werden
9. das Maß der Verschiebung hängt vom Präparat und der Vorliebe des Beobachters ab, sollte aber ein möglichst homogenes, leicht graues Hintergrundbild beinhalten

1.1.11   Stereomikroskopie

Das Wort „Stereo" bedeutet „körperlich, räumlich" und weist somit auf die Besonderheit dieser Mikroskope hin. Sie ermöglichen es – weit besser als dies mit aufrechten und inversen Mikroskopen möglich ist – Gegenstände in natürlicher, dreidimensionaler Sicht zu sehen. Erreicht wird dies durch zwei

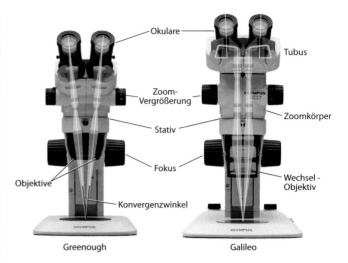

Abb. 1.20 Lichtwege in den zwei Grundtypen der Stereomikroskope.

getrennte mikroskopische Strahlengänge, die ein individuelles Bild des beobachteten Objekts für jedes Auge darstellen. Da bei Stereomikroskopen die Strahlengänge in einem Winkel (Konvergenzwinkel) (■ Abb. 1.20) vom Präparat abgenommen werden, erhält jedes Auge ein leicht unterschiedliches Bild des Präparates. Dieser Unterschied in der Bildinformation ermöglicht es dem menschlichen Gehirn, einen dreidimensionalen Seheindruck zu konstruieren. Diese natürliche Sicht auf die Dinge ist es, welche den besonderen Charme der Stereomikroskope ausmacht.

Grundsätzlich gibt es zwei Konstruktionstypen von Stereomikroskopen: das Greenough- und das Galileo-System (■ Abb. 1.20). Als Konsequenz aus ihrer Bauweise unterscheiden sie sich in der Praxis in den Einsatzgebieten und ihrer Modularität.

Greenough-Systeme sind kompakte, meist handliche Stereomikroskope, die wie aus einem Guss aus zwei nicht wechselbaren Objektiven, einem Zoomkörper mit zwei getrennten Strahlengängen und dem dazugehörigen Tubus bestehen. Man kann sich dieses Konstruktionsprinzip als zwei monookulare Mikroskope vorstellen, die in einem festen Winkel zueinander angeordnet sind. Optische Modifikationen können durch unterschiedliche Okulare und durch Objektivvorsatzlinsen erreicht werden. Stereomikroskope nach dem Greenough-System besitzen eine gute Schärfentiefe bei gleichzeitig akzeptabler Auflösung. Sie werden häufig bei der Probenpräparation oder der Routinesichtung von Präparaten eingesetzt.

Galileo-Stereomikroskope haben als prinzipielle Unterschiede statt zwei Objektiven ein gemeinsames, wechselbares Objektiv für beide Strahlengänge. Dieses Konstruktionsprinzip erlaubt die Verwendung von Objektiven mit deutlich höheren Aperturen als beim Greenough-System. Zudem weisen diese Stereomikroskope eine deutlich höhere Modularität auf und erlauben den Einsatz von weiteren Bauteilen zwischen Zoomkörper und Tubus (z. B. Diskussionseinrichtungen oder Fluoreszenzeinheiten). Somit eignet sich dieser Mikroskoptyp insbesondere für alle auflösungsoptimierten Arbeiten, anspruchsvolle Stereofluoreszenz und auch bestens für die digitale Dokumentation.

Für die Dokumentation mit Kamerasystemen wird in Stereomikroskopen in der Regel nur einer der beiden Strahlengänge verwendet.

Beiden Mikroskoptypen ist gemeinsam, dass sie mit Zoomkörpern ausgestattet sind. Häufig werden die Mikroskope sogar in Anlehnung an das Zoomverhältnis benannt. Ein SZX16 als Galileo-System weist ein Zoomverhältnis von 16,4:1 auf. Dies bedeutet, dass egal welches Objektiv verwendet wird, das Verhältnis von höchster zu geringster Vergrößerung 16,4 ergibt. Bei Verwendung eines 1× vergrößernden Objektivs und 10× vergrößernden Okularen, ermöglicht dieses Mikroskop eine Gesamtvergrößerung von 7×-115×.

Die Auflösung der Stereomikroskope ist nicht nur durch die beiden Öffnungswinkel des Objektivs – oder bei Greenough-Systemen – beider Objektive – gekennzeichnet, sondern der Zoomkörper bestimmt die maximale Apertur. Beste Auflösung lässt sich nur mit hoher Zoomvergrößerung erreichen. So ist die beste Auflösung, die ein SZX16 erreichen kann, 1,1 µm. Kleinere Zoomvergrößerungen hingegen ermöglichen bessere Schärfentiefe. Durch die Kombination verschiedener Objektive (oder Vorsatzlinsen) mit verschieden vergrößernden Okularen und unterschiedlichen Zoomvergrößerungen können somit nahezu identische Endvergrößerungen erreicht werden, die entweder auflösungs- oder schärfentiefeoptimiert sind.

Neben unterschiedlichen Durchlichtbeleuchtungsstativen, die Hellfeld-, Dunkelfeld-, Polarisations- und Schrägbeleuchtungsverfahren ermöglichen, gibt es unterschiedliche Auflichtbeleuchtungssysteme. Lichtleiter, die von Kaltlichtquellen gespeist, das Licht auf das Präparat senden, oder Kombinationen von Schwanenhälsen mit LED-Beleuchtung sowie diverse Ringlichtvarianten lassen keine Anwendung im Dunkeln stehen.

Der Anwendungsbereich zwischen aufrechtem Mikroskop und Stereomikroskop wird durch Makroskope optimal gefüllt. Diese Mikroskope erlauben durch eine ähnliche Bauart wie die der Stereomikroskope ein Zoomen und eine flexible Handhabung auch für größere Präparate. Die Objektive und der Zoomkörper verwenden aber nur einen Strahlengang und erlauben somit eine erheblich verbesserte Auflösung (NA bis 0,5, Auflösung bis 0,66 µm) und somit auch Fluoreszenzhelligkeit verglichen mit den Stereomikroskopen.

1.1.12 Fluoreszenzmikroskopie

Die Fluoreszenzmikroskopie ist heute eine der bedeutendsten mikroskopischen Untersuchungsmethoden in den Naturwissenschaften, die wie kaum eine andere Methode ein enorm breit gefächertes Anwendungspotenzial hat. Von der Darstellung von Strukturen im cm-Bereich (ganze Organismen) bis hin zur Einzelmolekülanalyse werden heutzutage Fluoreszenztechniken verwendet. Neben der strukturellen Analyse hat die Fluoreszenzmikroskopie eine große Bedeutung bei der Unter-

suchung biologischer Prozesse in Zellen, Geweben, Organen und Organismen erlangt. Mit ihrer Hilfe können diese Prozesse *in situ* beobachtet und aufgezeichnet werden. Dabei wurde das zeitliche Auflösungsvermögen bis hinunter in den Millisekundenbereich gesenkt.

1.1.12.1 Prinzip der Fluoreszenz

Bestimmte Moleküle – sogenannte Fluorochrome – senden Licht aus, wenn sie mit Licht definierter Wellenlänge bestrahlt werden. Dabei hat das durch das Molekül ausgesendete Licht eine größere Wellenlänge als das bestrahlende (= anregende) Licht. Die Fluoreszenz wurde von Sir George Stokes bei der Untersuchung von Chinin entdeckt und beschrieben. Deshalb wird die bei Fluoreszenz auftretende Wellenlängenverschiebung ihm zu Ehren als Stokes' Shift bezeichnet. Die grundlegenden physikalischen Prozesse der Fluoreszenz wurden 1935 von Alexander Jablonski beschrieben.

Fluorochrome (Fluorophore) besitzen Elektronen, die über Anregungslicht geeigneter Wellenlängen aus dem Grundzustand in einen angeregten Zustand gehoben werden. Dort verlieren sie durch Vibration einen Teil der für die Anregung notwendigen Energie, bevor sie wieder in den Grundzustand zurückkehren und die dabei freiwerdende Energie als nun längerwelliges Licht aussenden (Emission). Bei diesem nur ca. 10–100 ns dauernden Prozess ist die Farbe der Emission im Vergleich zum notwendigen Anregungsspektrum immer zu längeren Wellenlängen hin verschoben (Stokes' Shift).

1.1.12.2 Hauptkomponenten im Fluoreszenzmikroskop

Anders als in den bisher beschriebenen Kontrastverfahren ist die Lichtquelle für das mikroskopische Bild nun im zu beobachtenden Objekt selbst als Fluorochrom enthalten. Das Objekt muss nun „nur" mit Licht geeigneter Wellenlänge und Intensität beschienen werden und das entstehende Fluoreszenzlicht – vom Anregungslicht getrennt – dargestellt werden. Und darin liegt die Hauptaufgabe eines Fluoreszenzmikroskops, Anregungs- und Emissionslicht möglichst effizient und sauber getrennt zu nutzen. Für ein Fluoreszenzmikroskop gibt es demnach einige notwendige Veränderungen im Vergleich zum Hellfeldmikroskop.

Um eine Anregungslichtquelle anschließen zu können, wird meist ein Auflichtilluminator in das Mikroskop integriert, der auch die Fluoreszenzfilter aufnehmen kann. Dieser kann zusätzlich mit einer sogenannten Fly-Eye-Linse versehen sein, die eine hohe Homogenität in der Beleuchtung gewährleistet.

Fluoreszenzlichtquellen

Als Lichtquellen zur Anregung werden meist Hochdruckmetalldampflampen (z. B. Quecksilber und/oder Xenon) sowie LED Lichtquellen verwendet. Für beide Typen können Bauformen gewählt werden, die entweder durch Lampenhäuser direkt oder über Lichtfasern mittels eines Kolimators in den Auflichtilluminator gekoppelt werden.

Die Hochdruckmetalldampflampen (100 oder 150 Watt) weisen den Vorteil auf, dass sie für eine hohe Lichtintensität in den benötigten Anregungswellenlängenbereichen sorgen, weisen jedoch unterschiedliche Intensitätsspektren je nach Metallgas auf. Bei Experimenten, die einen Vergleich von Fluoreszenzintensitäten bei unterschiedlichen Wellenlängen beinhalten (z. B. Aktivitätsmessungen mittels Kalzium-Imaging) wird somit meist mit Xenonlampen gearbeitet. Auch wenn diese nicht über die gleiche Lichtintensität wie Quecksilber oder Mischgaslampen verfügen, so weisen sie aber in einem weiten Wellelängenbereich ein nahezu homogenes Intensitätsspektrum auf. Die Bauform der Hochdruckmetalldampflampen, bei der ein Lichtbogen zwischen zwei Elektroden erzeugt wird, bedingt zusätzlich eine zeitliche Fluktuation der Lichtintensität, die für Quantitative-Experimente ein Nachteil bedeuten kann. Diese Intensitätsschwankung kann durch besondere Vorschaltgeräte und deren Strommanagement deutlich verringert werden.

Durch die Verfügbarkeit von lichtstarken verschiedenfarbigen LEDs (Licht emittierenden Dioden) können diese ebenso als Fluoreszenzlichtquelle dienen. LEDs haben den Vorteil einer hohen Lebensdauer bei gleichbleibender Lichtintensität sowie der Möglichkeit sie zu Dimmen oder frequent An und Aus zu schalten. Unterschiedliche LED-Blöcke, die für dedizierte Wellenlängenbereiche verfügbar sind, können in modernen LED-Beleuchtungssystemen so kombiniert werden, dass sie ein weites Spektrum an Anregungswellenlängen für Fluorochrome abdecken. Durch eine Anbindung an die verwendete Bildanalysesoftware können Lichtintensität, Anregungszeit und der Wechsel der Anregungswelllänge reproduzierbar und schnell ohne weitere Baugruppen am Mikroskop gewechselt werden.

Wenn sehr hohe Lichtintensitäten in kleinen Präparatbereichen benötigt werden, kommen Laser als Lichtquelle in darauf abgestimmten Mikroskoptypen zum Einsatz. Sie bilden so die technische Grundlage für eine eigene Klasse von Fluoreszenzmikroskopen, den konfokalen Laserscanning-Mikroskopen, oder finden Einsatz bei der totalen internen Reflexionsmikroskopie, deren Prinzip an anderer Stelle beschrieben wird (▶ Kap. 1.1.16).

Filter

Das durch die Lichtquellen emittierte Licht wird in einem Fluoreszenzmikrsokop auf einen Anregungsfilter gelenkt (◻ Abb. 1.21), der das Licht in seinem Spektrum einengt. Auch bei LED Lichtquellen, die schon eine selektives Farbspektrum ausstrahlen, wird meist ein zusätzlicher Anregungsfilter eingesetzt. Wie der Name

schon sagt, selektiert dieser Filter den Wellenlängenbereich, der zum Anregungsspektrum des zu betrachtenden Fluorochroms passen sollte. Der Anregungsfilter befindet sich entweder in einem Fluoreszenzwürfel – der auch die weiteren Filter beinhaltet, oder ist separiert in einem Filterrad montiert (◻ Abb. 1.6b). Das Anregungslicht fällt nun auf den dichroitischen Teilerspiegel, der für diese Anregungswellenlängen undurchlässig ist, und sie somit durch seine 45°-Anordnung zum Objektiv reflektiert. Hier wird das Anregungslicht auf das Präparat fokussiert. Wenn sich nun im Präparat Fluorochrome befinden, die sich durch das beleuchtende Licht anregen lassen, strahlen sie Fluoreszenzlicht ab (Emission). Dieses Licht wird wiederum vom Objektiv aufgefangen und trifft auf seinem weiteren Weg auf den zuvor erwähnten Teilerspiegel. Dieser ist für dieses längerwellige Fluoreszenzlicht – im Gegensatz zum kürzerwelligen Anregungslicht – durchlässig und lässt es deshalb passieren. Anregungslicht und Fluoreszenz sind somit voneinander getrennt. Danach gelangt das Fluoreszenzlicht zum Emissionsfilter, der es in seinem Spektrum einengt, um ein möglichst spezifisches Signal zu erhalten. Auch Emissionsfilter können im Fluoreszenzwürfel oder in einem Filterrad montiert werden. Die Montage des Anregungs- als auch des Emissionsfilters in schnellen motorisierten Filterrädern hat den Vorteil, dass dadurch eine deutlich höhere Kombinatorik an Wellenlängen zur Verfügung steht und beim Einsatz von mehrfach (Multiband) dichroitischen Teilerspiegeln ein sehr schneller Wechsel der Anregung und/oder der Emissionswellenlängen vorgenommen werden kann (◻ Abb. 1.6b).

Für die Auswahl der geeigneten Fluoreszenzfilter liegt eine große Zahl von Filterkombinationen vor, die sich hinsichtlich ihrer Qualität und Wellenlängenbereiche unterscheiden. Neben Filtern zur Darstellung einer Fluoreszenzfarbe, also eines Wellenlängenbandes, gibt es Mehrfachfluoreszenzfilter, mit denen sich mehrere Fluoreszenzfarben gleichzeitig darstellen lassen.

Grundsätzlich können zwei Qualitäten von Fluoreszenzfiltern unterschieden werden: Absorptions- und Interferenzfilter. Von einfacherer Qualität sind die Absorptionsfilter, die dadurch charakterisiert sind, dass sie, wie ihr Name schon sagt, Lichtanteile absorbieren und somit den für die Anregung erwünschten Wellenlängenbereich passieren lassen. Diese Art der Filterung ist jedoch weniger spezifisch, also breitbandiger, als es durch die Interferenzfilter ermöglicht wird. Die Interferenzfilter spiegeln durch Oberflächenbeschichtung mit Metallsalzen den An-

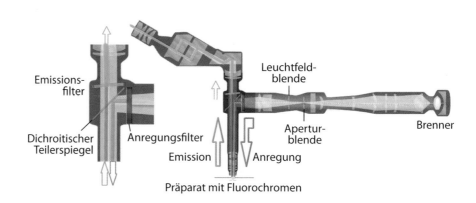

◻ **Abb. 1.21** Darstellung des Fluoreszenz-auflicht-Strahlengangs.

teil des Lichtes, der den Filter nicht passieren soll. Es entsteht somit fast keine Absorption und Wärmeaufnahme. Innerhalb der Interferenzfilter gibt es mehrere Qualitätsstufen, die sich vor allem in der Anzahl der Oberflächenschichten unterscheiden. Je mehr Beschichtungen solch ein Filter aufweist, umso reproduzierbarer und enger lässt sich sein Wellenlängenbereich definieren und umso haltbarer ist er. So sind Filter der höchsten Qualitätsstufe mit bis zu 100 Schichten ausgestattet.

Die spektralen Charakteristika der Fluoreszenzfilter werden über Transmissionskurven dargestellt. Zur generellen Beschreibung wird jedoch der Zahlenwert für die Wellenlänge mit der maximalen Transmission des Filters angegeben, der oft zur genaueren Beschreibung um den Wert des Wellenlängenbandes über der halbmaximalen Transmission des Filters ergänzt wird.

Bei der Fluoreszenzmikroskopie werden Langpass- und Bandpassfilter eingesetzt. Langpassfilter lassen Licht ab einer gewissen Wellenlänge passieren, Bandpassfilter nur in einem Bereich. Der Anregungsfilter ist meist ein Bandpassfilter, wohingegen der Emissionsfilter sowohl als Bandpass- als auch als Langpassfilter vorliegen kann. Der dichroitische Teilerspiegel ist ein Langpass-Interferenzfilter und ermöglicht somit die Spiegelung der kürzeren Wellenlängen zum Präparat und die Transmission des längerwelligen Fluoreszenzlichtes zur Beobachtung.

Für ein Fluorochrom wie Alexa 488, das von Wellenlängen um 488 nm angeregt wird und eine maximale Emission

um 510 nm aufweist, würde sich folgende Filterkombination eignen:

- Anregungsfilter: 470–490 (angegeben ist hier der Wellenlängenbereich, bei dem der Bandpassfilter 50% der Maximaltransmission aufweist – eine weitere Möglichkeit ist die Angabe der mittleren Wellenlänge des Bandes mit Angabe der Bandbreite: 480/20).
- Dichroitischer Teilerspiegel: 510 (Wellenlängen unter 510 nm werden reflektiert, darüber durchgelassen).
- Emissionsfilter: 515 LP (Langpassfilter, der Wellenlängen über 515 nm passieren lässt).
- Diese Filterkombination wäre für eine Vielzahl von Fluorochromen, die durch blaues Licht angeregt werden und grünes Licht emittieren, geeignet.

Wird aber neben dem Alexa 488 ein gebräuchliches Fluorochrom zur Darstellung von Nucleinsäuren, z. B. Propidiumiodid eingesetzt, würde dieses Fluorochrom aufgrund seines breiten Anregungsspektrums schon durch das blaue Licht angeregt, und rotes Licht emittieren. Anstatt eines Fluorochroms wären nun zwei Fluorochrome, also zwei Farben (Grün und Rot), sichtbar, was z. B. bei Verwendung einer digitalen Schwarz/Weiß Kamera zu erheblichen Schwierigkeiten in der Deutung der Fluoreszenzsignale im Bild führte.

Deshalb wäre bei Anwesenheit beider Fluorochrome die Verwendung eines Bandpassfilters als Emissionsfilter angeraten (510–530). Dieser blockierte das vom Propidiumiodid abgestrahlte rote Fluoreszenzlicht, und nur das Alexa 488 Signal käme zur Detektion.

Objektive

Aus der typischen Anordnung des Auflichtfluoreszenzstrahlenganges sieht man, dass das Objektiv eine doppelte Aufgabe erfüllt: beleuchtend als Kondensor, um das Anregungslicht auf das Präparat zu fokussieren und bildgebend als Objektiv. In beiden Funktionen hängt die Lichtintensität direkt von der NA des Objektivs ab. Der Transmissionsgrad für unterschiedliche Wellenlängen, die Korrektur der chromatischen Aberration und die interne Autofluoreszenz der verwendeten Glasmaterialien wirken sich direkt auf die Bildqualität aus. Deshalb werden für allerhöchste Ansprüche apochromatische oder als guter Kompromiss Fluorit-Objektive verwendet (◘ Abb. 1.23). Die Apochromate vereinen sehr hohe NA mit bester chromatischer

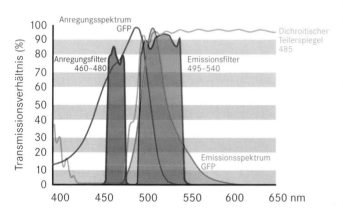

◘ Abb. 1.22 Absorption und Emissionsspektren des Proteins *green fluorescent protein* (GFP) und die Filtercharakteristika des hierfür optimal passenden Olympus-HQ-Filtersets.

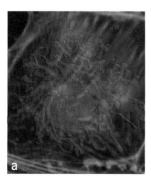
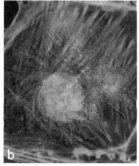
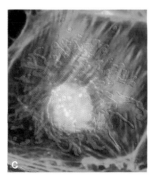

◘ Abb. 1.23 Aufnahmen der gleichen Region einer Endothelzelle mit unterschiedlichen Objektivklassen bei identischer Licht- und Kameraeinstellung. **a)** Achromat, **b)** Fluorit, **c)** Apochromat. Folgende Zellbestandteile wurden gefärbt: DNA mittels DAPI (blau), F-Actin mittels einer Antikörperfärbung und dem Fluorochrom Alexa 488 (grün) und Mitochondrien mittels Mito-Tracker Red cmX (rot).

Korrektur und sind für Anwendungen bei gleichzeitiger Verwendung von farblich weit auseinander liegenden Fluorochromen wie z. B. Alexa 488 und Cy7 von besonderer Bedeutung.

Achromate sollten aufgrund ihrer Bauart und damit auch der verwendeten Glasmaterialien nur bei sehr stark fluoreszenten Präparaten und bei Anregungs- und Emissionsspektren im sichtbaren Bereich eingesetzt werden.

1.1.13   Slide-Scanning-Mikroskopie

Jedes mikroskopische Bild ist auf durch die gewählte Vergrößerung auf einen mehr oder weniger begrenzten Bildausschnitt begrenzt. Die Wahl kleiner Objektivvergrößerungen (4x oder 2x) und verkleinernder Kameraadapter (z. B. 0,5x – soweit dies ohne Vignettierung vom Kamerachip erfasst werden kann, siehe auch ▶ Kap. 1.14), ermöglichen schon die Dokumentation relativ großer Präparatbereiche in einem Bild. Dies wird jedoch, wie oben beschrieben (▶ Kap. 1.1.5.2) durch den Verlust von Auflösung der Präparatdetails erkauft. Um die gesamte Fläche des Präparates auf einem Objektträger in einem digitalen Bild zu erfassen, ist es nötig, einzelne Bilder aller Präparatbereiche mittels Software zu einem Bild zusammenzufassen. Manuelles Verstellen der Präparatbereiche und die manuelle Aufnahme der Bilder sowie die nachfolgende Komposition der Bilder ist sicher nur bei gelegentlichen Gebrauch die Methode der Wahl. Um diese Aufgabe häufiger und mit hoher Genauigkeit sowie mit weiteren Optionen durchzuführen, ist die Verwendung automatisierter Systeme zu empfehlen. Zum Einsatz kommen sogenannte Slide-Scanning Mikroskopsysteme. Mittels eines intelligenten Zusammenspiels der dann motorisierten drei Achsen X, Y (Tisch) und Z (Fokus), des Lichtmanagements, der Vergrößerung sowie der digitalen Aufnahme, kann eine geeignete Software komplette Präparatbereiche auf einem Objektträger erfassen. In der einfachsten Version werden diese Bilder in einem Durchlichtverfahren (z. B. Hellfeld bei gefärbten Proben) mit einem 10x Objektiv aufgenommen. Hierbei werden jeweils die optimale Schärfe sowie Helligkeitsunterschiede so angepasst, dass ein homogenes Gesamtbild des Objektträgers entsteht. Um bei der späteren Begutachtung auch bessere Auflösungen für Präparatdetails zur Verfügung zu haben, werden Stellen des Objektträgers, die Präparatanteile enthalten, mit höher vergrößernden Objektiven (z. B. 40x) aufgenommen. Diese Gesamtdaten ermöglichen dann durch Verwendung der geeigneten Software den schnellen Überblick und mittels Zoom die Detailansicht von Präparatstellen. Da diese Betrachtung und Analyse vom Mikroskop ortsunabhängig sein kann, sozusagen an einem virtuellen Objektträger geschieht, verfügen diese Softwaresysteme über eine eigene Datenbank und Serveranbindung.

Moderne Slide-Scanning-Systeme können auch als Fluoreszenzmikroskop eingesetzt werden und erlauben zudem die Aufnahme von Z-Stapeln pro Detailfläche für eine dreidimensionale Analyse. Für die automatisierte Aufnahme und Weiterverarbeitung von großen Objektträgermengen ist eine

Erweiterung mit einem Slide-Loader möglich, der z. B. 100 Objektträger nacheinander für den Scanningprozess bereitstellt. So können über Nacht große Bilddatenmengen erstellt werden.

1.1.14   Konfokale Mikroskopie

In der Fluoreszenzmikroskopie wird die Fluoreszenz im Präparat nicht nur in der Fokusebene eines Mikroskops angeregt, sondern auch in Bereichen ober- und unterhalb dieser Ebene. Besonders bei dicken und stark streuenden Präparaten tritt dieser Effekt auf. Das eigentliche scharfe Bild aus der Fokusebene wird im Mikroskop von unscharfen Bildern überlagert. Diese Überlagerung hat einen direkten Einfluss auf die Bildqualität und äußert sich durch fehlenden Bildkontrast und verminderte Auflösung. Dies kann soweit führen, dass vorhandene Strukturen im Präparat nicht mehr sichtbar sind. Die einzige Möglichkeit, diese Überlagerung in der Fluoreszenzmikroskopie zu vermeiden, war lange die ausschließliche Verwendung von besonders dünnen Präparatschnitten. Diese Tatsache schließt die Beobachtung von lebenden Präparaten komplett aus (◻ Abb. 1.24).

Durch die Verwendung eines konfokalen Mikroskops hingegen ist man in der Lage, diese störenden Hintergrundinformationen deutlich zu reduzieren, ohne dabei auf dünne Schnitte zurückgreifen zu müssen (◻ Abb. 1.25). Konfokale mikroskopische Bilder zeichnen sich durch deutlich erhöhte optische Auflösung und stärkeren Bildkontrast aus. Überall dort, wo es darum geht, dicke und stark streuende Präparate wie z. B. ganze Gewebestücke zu untersuchen, weiß man die Vorteile der konfokalen Mikroskopie zu schätzen.

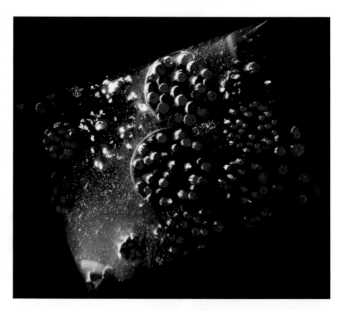

◻ **Abb. 1.24** Konfokale Laserscanning-Aufnahme (Olympus FluoView 1000) der Autofluoreszenz der Alge *Pleodorina Californica*. 3D-Darstellung und unterlegtes DIC-Bild . Die rote Autofluoreszenz weist auf lebende Algen hin – abgestorbene Algen würden eine Cyanfarbe emittieren.

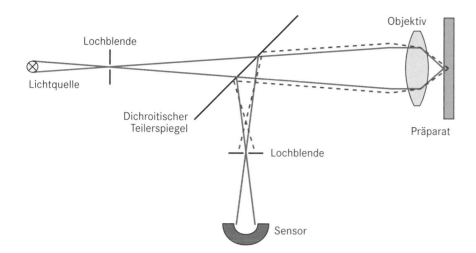

◻ Abb. 1.25 Schematische Darstellung eines konfokalen Strahlenganges. Die in der Bildebene konjugierten Lochblenden ermöglichen es, nur die Fluoreszenz der Fokusebene zur Abbildung gelangen zu lassen.

Das konfokale Prinzip wurde bereits in den 50er-Jahren des letzten Jahrhunderts von Marvin Minsky an der Harvard Universität entwickelt.

Es basiert auf der Einführung einer Lochblende in die Feldblendenebene eines Mikroskops (◻ Abb. 1.25). Diese Ebene ist „konjugiert" zu der Fokusebene des Objektivs, d. h. nur diese Ebene wird scharf abgebildet. In einer weiteren konjugierten Ebene im Mikroskop, nämlich vor dem Detektor, wird eine zweite Lochblende eingeführt. Diese sorgt dafür, dass Signale außerhalb der Fokusebene ausgeblendet werden und nicht auf den Detektor gelangen. Die Informationen von Außerfokusbereichen werden also zweifach ausgeblendet. Mit der ersten Blende wird die Intensität des Anregungslichts stark abgeschwächt, sobald es sich außerhalb der Fokusebene befindet und mit der zweiten Blende werden Fluoreszenzsignale aus diesen Bereichen geblockt und vom Detektor gar nicht mehr detektiert.

Durch die Wahl eines geeigneten Durchmessers für die konfokalen Lochblenden ist der Benutzer in der Lage, das beobachtbare Volumen zu kontrollieren. Des Weiteren können durch die erhöhte z-Auflösung dicke Präparate in viele optische Schnitte zerlegt werden, sodass man komplexe 3-D-Informationen über das zu untersuchende Präparat erhält. Mit einer entsprechenden Software lässt sich dann eine räumliche Abbildung des Präparates erstellen (◻ Abb. 1.24).

Systeme, die mittels Loch- oder Schlitzblenden konfokale oder semikonfokale Bilder erstellen, können auch an vorhandenen Fluoreszenzmikroskopen gehobener Bauart adaptiert werden. Hierbei müssen sensitive Digitalkameras für die Aufnahme der schwachen Fluoreszenz als Detektoren eingesetzt werden. Somit wird ein schneller Bildaufbau der optischen Schnitte gewährleistet, der durch zusätzlich eingesetzte Software-Algorithmen (*deconvolution*) noch einmal in Bezug auf die Bildqualität verbessert werden kann.

Die hohe Qualität von konfokalen Laserscanning-Mikroskopen, bezüglich der Auflösung, der geringen optischen Schnittdicke, eines hohen Signal/Rausch-Verhältnisses und der Variabilität der Lichtmodulation, können sie jedoch nicht erreichen.

◻ Abb. 1.26 Konfokale Laserscanning-Aufnahme im Gehirnbereich der optischen Loben der Motte *Manduca sexta*. Grün: Anti-Fasciclin-II-Färbung, blau: DNA. Diese zweidimensionale Projektion eines Bildstapels enthält keine fluoreszenten Unschärfen, jedoch geht durch die Projektion der Dreidimensionalität des Gewebes auch jegliche Bildinformation über die Tiefe der Struktur verloren.

Typische optische Auflösungswerte, die man mit einem konfokalen Laserscanning-Mikroskop erhält, sind lateral (x-y-Richtung) etwa 200 nm und axial (z-Richtung) rund 500 nm. Die Auflösungsgrenze ist dabei abhängig von der numerischen Apertur des verwendeten Objektivs sowie der Wellenlänge der erzeugten Fluoreszenz.

In modernen konfokalen Systemen werden Laser verschiedener Wellenlängen zur Fluoreszenzanregung eingesetzt. Das Laserlicht wird in das Präparat fokussiert und mittels Scannerspiegel darüber geführt. Die emittierte Fluoreszenz wird dann hinter der konfokalen Lochblende durch einen lichtempfindlichen Sensor (typischerweise Fotomultiplier) detektiert. Das Präparat wird also punktförmig abgetastet, und das konfokale Fluoreszenzbild entsprechend Punkt für Punkt zusammengesetzt.

In den letzten Jahren ist die Popularität von konfokalen Laserscanning-Mikroskopen stark gestiegen, was auf die rasante Entwicklung in der Laser- und Computertechnologie zurückzuführen ist.

Heutige konfokale Laserscanning-Mikroskope ermöglichen weit mehr als nur das Ausblenden von fluoreszenten Unschärfen. Sie zeichnen sich durch die hochgenaue Feinabstimmung von zeitlichen und örtlichen Laserintensitäten, die Möglichkeit für spektrale Emissionsanalyse sowie die synchrone Bildaufnahme und Lasermanipulation an Zellstrukturen mit verschiedenen Lasern aus. Somit finden diese Mikroskope verstärkt ihren Einsatz als analytische Bildverarbeitungssysteme, die Anwendungen wie z. B. FRET, FLIM und FRAP ermöglichen.

1.1.15 Multiphotonenmikroskopie

Die Multiphotonenmikroskopie ist eine fluoreszenzmikroskopische Technik, die es erlaubt, mit hoher Eindringtiefe Strukturen in z. B. lebenden Geweben darzustellen.

Bei der konventionellen Fluoreszenzmikroskopie wird ein Fluorochrom durch Absorption eines einzelnen Photons mit definierter Wellenlänge und Energie in einen angeregten Zustand versetzt, den es unter Aussendung von Fluoreszenzlicht wieder verlassen kann. Dabei ist ein linearer Zusammenhang zwischen Anregungsenergie und Fluoreszenzintensität gegeben. Das Fluorochrom kann aber auch durch simultane Absorption von zwei oder mehr (n) Photonen längerer Wellenlänge zur Fluoreszenzabgabe stimuliert werden, sofern diese gemeinsam genügend Energie mitbringen, um ein Elektron in den angeregten Zustand zu transferieren. Dieses Phänomen wird bei der Multiphotonenmikroskopie ausgenutzt und mittels gepulster Infrarotlaser (IR-Laser) eine Energiedichte im Fokus bereitgestellt, die zur Fluoreszenz führt. Die Anregung ist auf eine kleine ellipsoide Sphäre um den Fokuspunkt beschränkt, oberhalb und unterhalb der Fokusebene ist die Photonendichte zu gering, um Fluoreszenz zu generieren.

Die Energie- oder Photonendichte im Fokus ist ausschlaggebend für die Anregungseffizienz. Ultraschnelle 70–100 MHz Ti:Saphir-Laser haben sich als Laserquelle der Wahl erwiesen. Sie lassen sich in einem Bereich von 690–1080 nm betreiben und haben eine maximale durchschnittliche Leistung von bis zu 2 W bei 800 nm und einer Pulsintensität von mehr als 300 kW. Die Spanne zwischen zwei aufeinander folgenden Pulsen liegt bei 10 ns, was gut mit der Fluoreszenzlebensdauer der gebräuchlichsten Fluorochrome übereinstimmt.

Neben der optimierten Einkoppelung des IR-Laserstrahls spielt die Wahl des Objektivs bei der Multiphotonenmikroskopie eine kritische Rolle, denn die Größe der ellipsenförmigen Sphäre um den Fokuspunkt hängt maßgeblich von der numerischen Apertur des Objektivs ab. Je größer die NA, desto kleiner das Fokusvolumen und umso größer das räumliche Auflösungsvermögen. Um den großen Arbeitsabstand (hohe optische Eindringtiefe) bei gleichzeitig hoher NA und optischer

Qualität zu gewährleisten, werden daher häufig Wasserimmersionsobjektive verwendet.

Einige grundsätzliche Vorteile der Multiphotonenmikroskopie gegenüber herkömmlichen konfokalen Anwendungen haben maßgeblich zur wachsenden Verbreitung und Popularität dieser Methode beigetragen:

- Durch die Verwendung von Infrarotlasern können hohe Eindringtiefen des Anregungslichts erreicht werden.
- Eine räumliche Begrenzung der Fluoreszenzanregung in der Tiefe des Gewebes ermöglicht es, dünne optische Schnitte auch von stark Licht streuenden Geweben zu erzeugen. Auf eine konfokale Lochblende kann hierfür verzichtet werden.
- Die räumlich abgegrenzte Anregung mit langwelligem (ergo energieärmeren) Infrarotlicht reduziert die Gefahr des Ausbleichens und der Fototoxizität außerhalb der Fokusebene. Lebende Gewebe werden bei Langzeitbeobachtungen geschont.
- Die Detektionseffizienz wird dadurch gesteigert, dass die Detektoren nahe an die Optik herangebracht werden können.
- Eine sehr gute Trennung zwischen Anregungs- und Emissionswellenlängen ist gewährleistet.

Dies macht die Multiphotonenmikroskopie insbesondere für Anwendungen in der Neurophysiologie, der Embryologie sowie der Analyse lebender Gewebe interessant.

1.1.16 TIRF

Totale interne Reflexionsmikroskopie (TIRFM) ist eine optische Technik, die zur spezifischen Beleuchtung von Fluoreszenzmolekülen in einer sehr dünnen optischen Ebene nahe einem Deckglas verwendet wird. Ihre axiale Auflösung und das Signal/Rauschverhältnis (S/R) werden von keiner anderen lichtmikroskopischen Technik erreicht; selbst Einzelmoleküle können beobachtet und ihre Dynamik studiert werden. Sie ermöglicht die direkte Beobachtung von zellmembrangebundenen Prozessen wie die Membranfusion von synaptischen Vesikeln oder die Dynamik von Einzelmolekülen.

Totale interne Reflexion ist ein optisches Phänomen, das auf dem Snelliusschen Brechungsgesetz beruht. Wenn Licht auf die Grenzschicht zweier optischer Medien trifft, die sich in ihren Brechungsindizes unterscheiden, wie dies für die Grenzschicht zwischen Deckglas und Kulturmedium zutrifft, dann wird das Licht, das in einem Winkel einfällt, der größer als der so genannte kritische Winkel ist, total reflektiert. Ein kleiner Teil der auftreffenden Lichtenergie durchwandert jedoch als evaneszierende Welle das Deckglas. Die Intensität dieser Welle nimmt exponentiell mit der Wegstrecke ab und reicht nur wenige hundert Nanometer in das Medium. Nur Fluoreszenzmoleküle, die sich in diesem Bereich befinden, können angeregt werden. Dadurch enthält das resultierende Bild keine Hintergrundfluoreszenz aus tiefer liegenden Präparatzonen, lässt sich aber auch nicht auf tiefer liegende Zonen fokussieren. Die Dicke dieses optischen Schnittes ist also nur im direkten Kontakt zum Deckglas zu erhalten und wird hauptsächlich durch den Einfallwinkel und die Wellenlänge des Lichtes sowie die Brechungsindizes von Deckglas und Medium bestimmt.

Grundlegend gibt es zwei unterschiedliche TIRFM-Anordnungen: die prisma- und die meist verwendete objektivbasierende. Beide verwenden in der Regel Laser zur Anregung, es gibt aber auch einfachere Systeme, die mit herkömmlichen Fluoreszenzleuchtmitteln auskommen. Um die objektivbasierende Anordnung einsetzen zu können, benötigt man Objektive, deren numerische Apertur (NA) mindestens 1,4 beträgt. Der Grund für diesen Mindestwert liegt im Brechungsindex von Zellen, der sich im Bereich von 1,36–1,38 bewegt. Bei einem Objektiv mit einer NA von 1,4 können nur 2,8 % seiner Gesamtapertur genutzt werden. Je höher die NA des verwendeten Objektivs ist, umso größer ist der Bereich, der für die Einstellung des zur Totalreflexion notwendigen Lasereinfallswinkels verwendet werden kann. Daher wurden spezielle Objektive für diese Technik entwickelt, die mit NA von 1,45 bis 1,65 die Handhabung stark erleichtern.

Durch die Verwendung von Systemen, die den Einsatz von mehreren Lasern für unterschiedliche Wellenlängen ermöglichen, kann die Flexibilität dieser Technik nochmals gesteigert werden.

1.1.17 Luminiszenzmikroskopie

Fluoreszenz und Lumineszenz sind beides Phänomene, die auf gleichartige Weise Photonen emittieren, jedoch findet bei der Lumineszenz die Energieaufnahme zur Anregung der Elektronen nicht über Licht, sondern über chemische Prozesse statt.

Für die Mikroskopie bedeutet dies, dass auf eine Anregungslichtquelle verzichtet werden kann, und somit nur eine deutlich vereinfachte Anordnung von optischen Elementen benötigt wird. Weitere Vorteile sind die Möglichkeit zur langen Beobachtung des Phänomens sowie das hohe Signal- zu Rausch-Verhältnis und die sehr geringe Fototoxizität. Nachteile sind die geringe Lichtintensität und die geringere Vielseitigkeit in den verwendbaren Anwendungen.

Bei der meist verwendeten Reaktion wird Luciferin mittels Adenosintriphosphat (ATP) und Sauerstoff in einen angeregten Zustand versetzt und kann dann über das Enzym Luciferase oxidiert werden, wobei die freiwerdende Energie als Licht ausgesendet wird.

Die geringe Lichtintensität verlangt hochsensitive Detektoren (z. B. bis −30 °C gekühlte CCD Kameras), besondere Abschirmungen vor Raumlicht sowie Objektive mit sehr guter Lichtaufnahmekapazität (also hoher NA). Mit neueren Systemen können bereits Lumineszenzphänomene bei Genexpressionen auf Einzelzellniveau und auch dynamische Prozesse wie die circadiane Rhythmik in komplexen Geweben und Organen analysiert werden.

1.1.18 *Light-sheet*-Fluoreszenzmikroskopie

Um relativ große transparente Gewebe oder ganze Organismen in ihrer dreidimensionalen Struktur zu erfassen, eignen sich oft die oben beschriebenen Methoden nur bedingt. Die „Light-sheet" Fluoreszenzmikroskopie ist eine Methode, die unter anderem für diesen Zweck in Laboratorien im Einsatz ist.

Sie beruht auf einer Entkoppelung der die Fluoreszenz anregenden Beleuchtung von dem bildgebenden Lichtweg. Das anregende Licht wird hierbei als möglichst dünne Lichtschicht in einem 90° Winkel zur bildgebenden optischen Achse durch das Präparat geleitet und je nach Präparat und Applikation zusätzlich in einer zweiten Achse für die räumliche Komposition verschoben.

Nur Fluorochrome aus dieser beleuchteten Schicht werden angeregt und somit ist das Bleichen von Fluorochromen und die Phototoxität, anders als bei konfokalen Mikroskopen, auf die betrachtete Ebene beschränkt Die zur Verwendung kommenden bildgebenden Mikroskope werden mit Emissionsfiltern für die Optimierung der Fluoreszenzdetektion ausgestattet, und als Bildsensor können für die Fluoreszenz geeignete digitale Kameras zum Einsatz kommen. Zur Bereitstellung einer beleuchtenden Lichtschicht sind je nach Komplexität der Anforderungen unterschiedliche Lichtquellen (z. B. Laser oder Quecksilberdampflampen), und die damit einhergehenden Motorisierungen und Steuerungen im Einsatz. Da es noch keine kommerziellen Komplettsysteme gibt, kommen bei der Probenaufnahme und Bewegung sowie der Beleuchtungsweise eine Vielzahl von unterschiedlichen Eigenlösungen zum Einsatz. Zur Aufarbeitung der Bilddaten werden Softwareprodukte zur 3-D Analyse, Dekonvolution und digitalen Filterung verwendet.

1.2 Elektronenmikroskopie

1.2.1 Einleitung

1.2.1.1 Die Anfänge der Elektronenmikroskopie

Während die Lichtmikroskopie sichtbares Licht zur Bilderzeugung einsetzt, nutzt die Elektronenmikroskopie hierzu Elektronen. Das Elektron wurde 1897 von Sir J. J. Thomson entdeckt. Thomson konnte nachweisen, dass ein Elektron eine sehr kleine Masse besitzt, eine elektrisch negative Ladung aufweist und sich durch magnetische und elektrische Felder ablenken lässt. Ein weiterer wissenschaftlicher Durchbruch gelang mit der Entdeckung, dass Elektronen neben Teilchen- auch Welleneigenschaften aufweisen. Die Wellennatur und die Wellenlänge von Elektronen definierte L. V. de Broglie im Jahr 1924. Zwei Jahre später konnte H. Busch zeigen, dass sich magnetische Felder als Linse zum Fokussieren von Elektronen eignen. Nachfolgende Arbeiten und Forschungen führten aus, dass elektrische und magnetische Felder eine ähnliche Wirkung auf Elektronen haben wie Glaslinsen und Spiegel auf sichtbares Licht.

Auf Grundlage all dieser Ergebnisse entwickelten in den frühen dreißiger Jahren des letzten Jahrhunderts M. Knoll und

E. Ruska an der Universität Berlin das erste Transmissionselektronenmikroskop (TEM). Diese Entwicklung zählt zu den bedeutendsten Erfindungen des letzten Jahrhunderts. Ruska erhielt 1986 den Nobelpreis für Physik. 1939 wurde von Siemens das erste kommerzielle TEM präsentiert.

Es war auch M. Knoll, der 1935 eine erste Theorie für ein Rasterelektronenmikroskop (REM) präsentierte. Manfred von Ardenne baute 1938 ein erstes Rasterelektronenstrahlgerät. Dieses entsprach jedoch mehr einem Rastertransmissionselektronenmikroskop (RTEM) als einem REM. Erst mit der Entwicklung eines geeigneten und effizienten Sekundärelektronendetektors durch T. E. Everhard und R. Thornley (1960) kamen Mitte der sechziger Jahre des letzten Jahrhunderts auch die ersten kommerziellen REM auf dem Markt.

Heute findet die Elektronenmikroskopie bedeutende und vielseitige Anwendungen in der biologischen und materialwissenschaftlichen Grundlagenforschung und bei Routineuntersuchungen sowie in der medizinischen Diagnostik und Pathologie. Die Transmissionselektronenmikroskopie und die Rasterelektronenmikroskopie sind dabei die am meisten genutzten Verfahren. ◘ Abbildung 1.27 zeigt typische Anwendungsbeispiele eines Transmissions- und eines Rasterelektronenmikroskops. In den letzten Jahren hat sich zudem die Rastersondenmikroskopie SPM (*scanning probe microscopy*) als weiteres wichtiges Verfahren etabliert.

1.2.1.2   Das Auflösungsvermögen in der Elektronenmikroskopie

Die grundlegenden Prinzipien der Optik gelten auch für die Bildentstehung im TEM. Die Wellenlänge eines Elektrons berechnet sich aus der Elektronenmasse wie folgt:

$$\lambda = h / (m \times v)$$

Wobei λ = Wellenlänge, h = Plancksche Konstante, m = Teilchenmasse und v = Geschwindigkeit des Elektrons ist. Eine kleinere Wellenlänge ist nach der Gleichung von E. Abbe gleichbedeutend mit einem höheren Auflösungsvermögen:

$$d = 0{,}61 \times \lambda / (n \times \sin\lambda)$$

Mit d = Auflösungsvermögen, λ = Wellenlänge, $n \times \sin\lambda$ = numerische Apertur.

Das Auflösungsvermögen eines TEMs, von Fehlerquellen wie Linsenfehler zunächst einmal abgesehen, ist demnach durch die Wellenlänge der Elektronen und damit durch deren Geschwindigkeit bestimmt. Für ein Elektron mit einer Beschleunigungsspannung von 80 kV berechnet sich die Wellenlänge zu 0,0043 nm. Zur Erinnerung: Die Wellenlänge des sichtbaren Lichts liegt zwischen 500 nm und 1000 nm. Eine weitere Erhöhung der Elektronengeschwindigkeit führt zu kleineren Wellenlängen und zu einem nochmals verbesserten Auflösungsvermögen. Während bei opti-

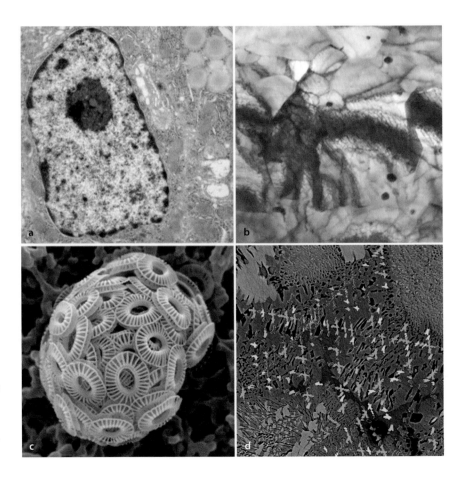

◘ **Abb. 1.27 a**) TEM-Aufnahme eines Zellkerns in einem Leberschnitt, **b**) TEM-Aufnahme von Versetzungen im Stahl, **c**) REM-Aufnahme der Kalk bildenden Alge *Emilianmia huxleyi* und **d**) die EDX-Analyse einer REM-Aufnahme einer Metallprobe.

schen Mikroskopen die Auflösung tatsächlich die von der Lichtwellenlänge gesetzte physikalische Grenze (ca. 200 nm) erreicht, sind es im Elektronenmikroskop die auftretenden Linsenfehler, die das theoretische Auflösungsvermögen begrenzen. Die sphärische Aberration der Objektivlinse verschlechtert die Auflösung um etwa zwei Größenordnungen, sodass das Auflösungsvermögen auf eine ca. 1000-fache Verbesserung gegenüber dem Lichtmikroskop begrenzt ist. Derzeit können hochauflösende TEM mit Beschleunigungsspannungen von 200 oder 300 kV zwei Objektpunkte mit einem Abstand von ≥ 0,2 nm auflösen. Aktuelle Entwicklungen befassen sich daher vornehmlich mit der Korrektur der unterschiedlichen Linsenfehler.

Das Auflösungsvermögen wird bei einem TEM auch von der Probenpräparation bestimmt. So fließt diese beispielsweise in die chromatische Aberration mit ein. Bei amorphen Proben gilt die Faustregel von Cosslett, die besagt, dass die Auflösung nicht größer als ein Zehntel der Probendicke sein kann.

Das Auflösungsvermögen eines Rasterelektronenmikroskops hängt von anderen Faktoren ab. Im Gegensatz zum TEM, bei dem die Probe von Elektronen durchstrahlt wird (▶ Kap. 1.2.2), wird beim REM der Elektronenstrahl auf einen sehr kleinen Punkt der Probenoberfläche fokussiert und zeilenweise über die Probe gerastert. Durch die Wechselwirkung der Strahlelektronen mit der Probe entstehen u. a. Sekundärelektronen, die zur Bilddarstellung herangezogen werden (▶ Kap. 1.2.5.3). Dadurch wird der Strahldurchmesser hinsichtlich des Auflösungsvermögens beim REM zum begrenzenden Faktor. Denn es lassen sich keine Strukturen mehr trennen, deren Abstand kleiner als der des Strahldurchmessers ist.

1.2.2 Transmissionselektronenmikroskopie

Der Aufbau eines Transmissionselektronenmikroskops (TEM) ähnelt vom Prinzip dem eines inversen Durchlichtmikroskops (◘ Abb. 1.28). Anstatt Licht werden Elektronen verwendet; elektromagnetische Ablenkeinrichtungen und Vergrößerungslinsen ersetzen die Glaslinsen und die gesamte Säule des TEM befindet sich unter Vakuum. Ein Vakuumsystem ist Grundvoraussetzung für die Funktionsfähigkeit eines EMs. Das Vakuum

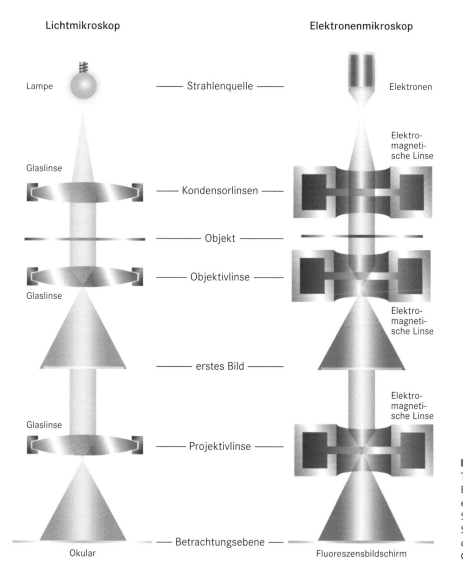

Lichtmikroskop

Lampe — Strahlenquelle — Elektronen

Glaslinse

— Kondensorlinsen — Elektromagnetische Linse

— Objekt —

— Objektivlinse —

Glaslinse

Elektromagnetische Linse

— erstes Bild —

Elektromagnetische Linse

Glaslinse

— Projektivlinse —

Elektronenmikroskop

— Betrachtungsebene —

Okular   Fluoreszensbildschirm

◘ **Abb. 1.28** Schematischer Aufbau eines TEM im Vergleich zum Durchlichtmikroskop: Elektronenquelle, die den Elektronenstrahl erzeugt; elektronenoptische Linsen, die den Strahl bündeln; Aperturblenden, die den Strahl begrenzen; ein Vakuumsystem, welches die Absorption der Elektronen durch Gasmoleküle verringert.

sorgt dafür, dass die Elektronen nicht an Gasmolekülen gestreut oder absorbiert werden und sich ungehindert ausbreiten können. Außerdem schützt das Vakuum die Probe und verhindert Entladungen im Bereich der Kathode. Die Probe muss wie beim Durchlichtmikroskop hinreichend dünn sein, damit der Elektronenstrahl diese durchstrahlen kann. Die Bilderzeugung in einem TEM unterscheidet sich grundlegend von der eines Lichtmikroskops. Die Bildqualität hängt entscheidend von der Qualität der Präparation und von den Probendicken ab. Standard-TEM arbeiten mit Beschleunigungsspannungen zwischen 80–200 kV, neuere TEM vor allem für die Materialuntersuchung bieten Detete Beschleunigungsspannungen von 300 bis 400 kV. Damit lassen sich heute Strukturen mit der Dimension von einigen µm bis unter 0,2 nm auflösen und Vergrößerungen bis zu 1 000 000-fach erreichen.

1.2.2.1 Elektronenstrahlquelle

Ein Elektronenmikroskop, unabhängig ob TEM oder REM, ist am oberen Ende mit einer Strahlquelle (Kathode) ausgestattet, aus der bei Anlegen einer Emissionsspannung Elektronen austreten. Zum Einsatz kommen im Wesentlichen vier verschiedene Typen von Elektronenstrahlquellen: Wolframkathoden, LaB$_6$ (Lanthanhexaborid)-Einkristallkathoden, Feldemitterkathoden und Schottky-Feldemitterkathoden. ◻ Abbildung 1.29 zeigt den grundsätzlichen Aufbau von Elektronenstrahlquellen.

Die in der jeweiligen Elektronenquelle erzeugten freien Elektronen werden im Hochspannungsfeld innerhalb des Hochvakuums zur Anode hin auf 80–400 kV beschleunigt.

Haarnadelkathode

Die meisten Geräte besitzen einen Glühdraht (Filament) aus einer Wolframlegierung, der wegen seiner Form auch Haar-

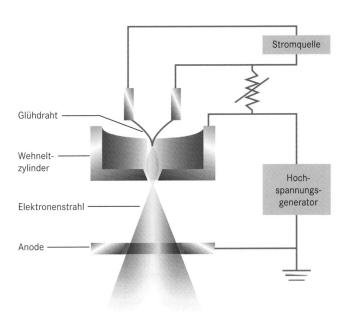

Glühdraht

Wehnelt-zylinder

Elektronenstrahl

Anode

Stromquelle

Hoch-spannungs-generator

◻ Abb. 1.29 Schematischer Aufbau einer typischen Elektronenstrahlquelle.

nadelkathode genannt wird. Der Glühdraht bildet gemeinsam mit dem Wehnelt-Zylinder und der Anode den Strahlkopf. Der Wolframdraht wird auf 2700 °C erhitzt. Durch Glühemission werden Elektronen freigesetzt. Der Wehnelt-Zylinder ist um ein Vielfaches negativer geladen als die Kathode, sodass die Elektronen abgestoßen und in Richtung der unteren Öffnung zur Anode hin beschleunigt werden. Die sehr hohe positive Potenzialdifferenz zwischen Glühdraht und Anode beschleunigt die Elektronen in Richtung Anode. Die Mehrzahl der Elektronen tritt durch die Blende der Anode aus und erzeugt den Elektronenstrahl. Ein Nachteil der Haarnadelkathode ist, dass sie keine punktförmige Elektronenquelle ermöglicht, wodurch die Auflösung eingeschränkt wird. Ferner ist diese Elektronenquelle relativ wartungsintensiv, da das Filament bei Gebrauch immer dünner wird, schließlich durchbrennt und ersetzt werden muss. Die Lebensdauer eines Filaments beträgt einige Wochen. Vorteil dieser Wolframkathoden ist, dass sie relativ preiswert und einfach zu handhaben sind. Sie liefern auch einen hohen, stabilen Strahlstrom.

LaB$_6$-Einkristall

Der Aufbau des Strahlkopfes entspricht dem einer Wolframkathode, wobei anstelle des Wolframdrahtes ein Lanthanhexaborideinkristall mit einer sehr feinen Spitze verwendet wird. Aus der Spitze emittieren ebenfalls thermisch erzeugte Elektronen. Die Strahlstromdichte ist um das Zehnfache höher, der Strahldurchmesser geringer als bei einer Wolframkathode. Dies bedingt ein besseres Auflösungsvermögen als bei einer Wolframkathode. Jedoch ist ein höheres Vakuum notwendig, da freie Ionen die Spitze abtragen und damit die Lebensdauer der LaB$_6$-Kathode verkürzen. Ein Vorteil ist das kleinere Wellenlängenspektrum der emittierten LaB$_6$-Elektronen, was sich positiv auf den chromatischen Fehler der elektromagnetischen Linsen auswirkt. Nachteilig sind die höheren Kosten und ein verlängerter Zeitraum zur Aufheizung der Kathode.

Feldemitterkathode

Feldemitterkathoden kommen immer dann zum Einsatz, wenn höchste Auflösungen benötigt werden. Bei dieser Art der Elektronenquelle werden in der Feldemitterkathode durch eine hohe Spannung Elektronen aus einer feinen monokristallinen Nadelspitze herausgezogen und in Richtung Anode beschleunigt. Der Vorteil dieser „kalten Kathode" ist ein sehr dünner Primärstrahl, der Nachteil ist der relativ geringe Strahlstrom, denn dieser ist stark abhängig vom Sondendurchmesser.

Schottky-Feldemitterkathode

Seit Anfang der neunziger Jahre sind immer häufiger Feldemissionsrasterelektronenmikroskope (*field emission scanning electron microscope*, FESEM) und Transmissionselektronenmikroskope mit Schottky-Feldemitter anzutreffen. Diese stellen einen sinnvollen Kompromiss zwischen hoher Elektronenausbeute einer Glühkathode und Feinheit des Elektronenstrahls der Feldemitterkathode dar. Das Resultat ist ein universell einsetzbares Elektronenmikroskop, das sowohl sehr hohe Auflösungen als auch sehr gute Analysefähigkeiten besitzt. Die Parameter des Elektronenstrahls sind bei diesem Kathodentyp über lange Zeiträume konstant. Damit eignen sich diese Kathoden hervorragend für Langzeituntersuchungen. Ein Nachteil ist der relativ hohe Preis, der jedoch durch die hohe Lebensdauer von 1,5–2 Jahren wieder kompensiert wird.

1.2.2.2 Elektromagnetische Linsen

Der durch die Anode hindurch beschleunigte Elektronenstrahl wird durch Kondensorlinsen gebündelt und auf das Objekt fokussiert. Dazu fließt in den elektromagnetischen Linsen ein elektrischer Strom, der ein zirkuläres Magnetfeld erzeugt. Mit dessen Hilfe wird der Elektronenstrahl zunächst aufgeweitet und anschließend fokussiert. Durch Veränderung der Stromstärke der Linsenspulen kann die Brennweite der Linse variiert werden. Elektromagnetische Linsen zeigen ähnliche Fehler wie die Linsen der Lichtmikroskopie:

- Sphärische Aberrationen: Die Vergrößerung in der Mitte der Linse ist anders als an den Rändern;
- Chromatische Aberration: Die Vergrößerung der Linse variiert mit der Wellenlänge der Elektronen;
- Astigmatismus: Ein Kreis im Präparat wird zu einer Ellipse im Bild.

Die sphärische Aberration wird zum großen Teil durch die Konstruktion und das Herstellungsverfahren der Linse vorgegeben. Die Auswirkungen der chromatischen Aberration lassen sich dadurch reduzieren, dass man die Beschleunigungsspannung möglichst konstant hält und sehr dünne Präparate verwendet. Der Astigmatismus kann mittels variabler Kompensationsspulen korrigiert werden.

Aufgrund von starker Wärmeentwicklung werden elektromagnetische Linsen wassergekühlt. Sie zeigen sich gegenüber Verunreinigungen oder Beschädigung sehr empfindlich.

1.2.2.3 Strahl-Probe-Wechselwirkungen

Während sich in der Lichtmikroskopie der resultierende Bildkontrast im Wesentlichen aus der Absorption des Lichts im Probenmaterial ergibt, entsteht der Kontrast im Elektronenmikroskop vornehmlich durch elastische und unelastische Streueffekte. Die Absorption von Elektronen trägt aufgrund der geringen Probendicken nur unwesentlich zum Kontrast bei.

Streuung und Beugung

Durchdringen die Strahlelektronen die Probe, kommt es zu unterschiedlichen Wechselwirkungen mit dem Präparat. Wechselwirkungen sind die elastische und unelastische Streuung und die Beugung. Diese erzeugen die Bildkontraste im TEM.

Die Wechselwirkung der Strahlelektronen mit den Atomkernen des Präparats führt zur elastischen Streuung. Das Elektron verliert bei dieser Art der Streuung keine nennenswerte Energie, sondern wird lediglich in einem relativ großen Winkel abgelenkt (Abb. 1.30). Da die Masse eines Elektrons sehr viel kleiner ist als die des Atomkerns, wird der Kern bei der

Streuung in seiner Lage praktisch nicht verändert. Die Ablenkung des Elektrons ist dabei umso größer, je näher das Elektron dem Kern kommt, je langsamer das Elektron am Kern vorbeifliegt und je höher die Kernladungszahl ist. Der Streuwinkel der Elektronen beeinflusst die Auflösung des entstehenden Bildes. Sehr stark gestreute Elektronen lassen sich durch die Objektivblende ausblenden (Abb. 1.30). Sie tragen damit nicht zur Abbildung des Objektes bei, sondern wirken Kontrast verstärkend.

Die Wechselwirkung der Strahlelektronen mit den Hüllenelektronen der Probenatome führt zu unelastischen Streueffekten. Aufgrund der Massen- und Ladungsgleichheit der beiden Stoßpartner erleiden die Strahlelektronen durch Impulsübertragung einen elementspezifischen Energie- und damit auch Geschwindigkeitsverlust. Die an die Hüllenelektronen abgegebene Energie führt zu verschiedenen Effekten: Anregung von quasi-freien Elektronen, Aussendung von Bremsstrahlung, Anregung von Schwingungen, Ionisation in den inneren Elektronenschalen. Die durch Ionisation freiwerdenden Plätze werden von Elektronen aus energetisch höher gelegenen Schalen wieder aufgefüllt. Die resultierende Energiedifferenz wird in Form von charakteristischer Röntgenstrahlung emittiert oder führt zur Freisetzung von energieärmeren Auger-Elektronen, die das Atom verlassen. Diese Signale lassen sich detektieren und liefern Rückschlüsse auf die chemische Zusammensetzung des Präparats. Der Energieverlust führt auch zu einer Änderung (Vergrößerung) in der Wellenlänge, was zur chromatischen Aberration beiträgt. Im Gegensatz zur elastischen Streuung werden die Strahlelektronen durch unelastische Streueffekte nur in relativ kleinen Winkeln abgelenkt, wodurch die unelastisch gestreuten Elektronen genauso wie die ungestreuten Elektronen die Objektivaperturblende ungehindert passieren (Abb. 1.30). Das verringert den Bildkontrast und erschwert die Abbildung unkontrastierter, dicker biologischer Objekte. Durch die Verwendung eines Energiefilters, der die unelastisch gestreuten Elektronen herausfiltert, kann dieser nachteilige Effekt vermieden und die Bildqualität deutlich verbessert werden (▶ Kap. 1.2.3). Unelastisch gestreute Elektronen sind wichtig für die Abbildung von Proben mit niedriger Ordnungszahl.

1.2.2.4 Kontrastarten

Mit dem Streu-, Phasen-/Amplituden- und dem Beugungskontrast unterscheidet man in der Elektronenmikroskopie im Wesentlichen drei Kontrastarten. Der Streukontrast, oder auch Massendickenkontrast, resultiert aus der Teilcheneigenschaft des Elektrons, während Phasen- und Amplitudenkontrast ihre Ursache im Wellencharakter des Elektrons haben. Der im TEM entstehende Kontrast ist abhängig von der Größe des abgebildeten Objektdetails. „Große" Strukturen (> 10 nm) werden in erster Linie durch den Streukontrast abgebildet. Bei „kleinen" Strukturen in der Größenordnung der Auflösungsgrenze wird die Abbildung durch die Wellennatur der Elektronen und die damit verbundenen Interferenzphänomene bestimmt (Phasen-/Amplitudenkontrast).

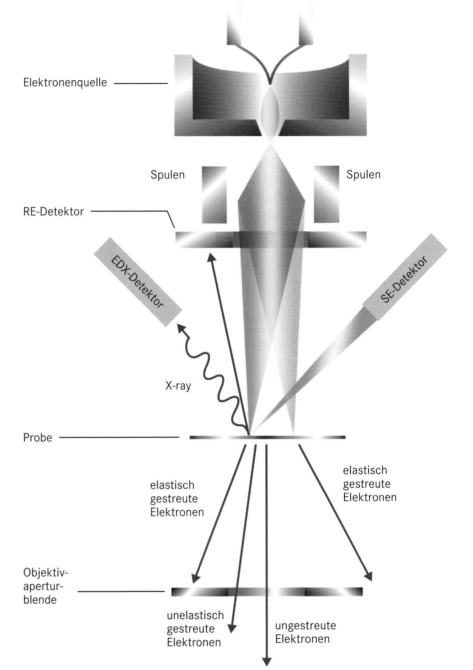

Abb. 1.30 Die Wechselwirkung zwischen Strahlelektronen und Probenatomen führt zur elastischen und unelastischen Streuung. Die elastische Streuung lenkt die Elektronen in einem großen Winkel ab, während nicht gestreute und unelastisch gestreute Elektronen die Probe ohne große Ablenkung passieren können. Die Objektivaperturblende, auch als Kontrastblende bekannt, fängt die unelastisch gestreuten Elektronen ab. Durch diese Ausblendung entsteht der als Streukontrast bezeichnete Bildkontrast auf dem Leuchtschirm. Unelastische Streueffekte führen zu elementspezifischen Energieverlusten. Mittels spezieller Techniken und Verfahren wie der charakteristischen Röntgenanalyse oder der Elektronen-Energie-Verlustspektrometrie lassen sich u. a. die Verteilung chemischer Elemente und ihre Konzentrationen bestimmen.

Streukontrast

Der Streukontrast entsteht aufgrund von inkohärenter, elastischer Streuung und trägt vor allem in nichtkristallinen, amorphen Proben zum Bildkontrast bei. Diejenigen Elektronen, die durch die stattfindenden elastischen Streuprozesse in einem größeren Winkel abgelenkt werden, lassen sich von der Objektaperturblende abfangen und damit ausblenden. Die dadurch reduzierende Strahlintensität ist für den Bildkontrast, d. h. die lokale Bildhelligkeit, an der entsprechenden Probenstelle verantwortlich. Je größer die gebeugte oder gestreute Intensität ist, desto höher ist der Intensitätsverlust des Primärstrahls, und

desto dunkler ist die Probenstelle. Ein negativer Effekt ist, dass durch die Ausblendung gestreuter Elektronen die Auflösung des Bildes gemindert wird.

Amplituden- und Phasenkontrast

Generell lässt sich Elektronenstrahlung als Welle beschreiben, die durch eine Amplitude und eine Phase gekennzeichnet wird. Die Amplitude beschreibt die maximale Auslenkung der Welle, die Phase die räumliche und zeitliche Schwingung. Durchquert eine elektromagnetische Welle ein Objekt, schwächt sich die Amplitude aufgrund des Absorptionsverhaltens des Materials ab, während Wellen, die am Objekt vorbeilaufen, ihre ursprüngliche Amplitude beibehalten. Nach der Bildentstehungstheorie von Abbe interferieren die in unmittelbarer Nähe des Objekts vorbeilaufenden ungebeugten und die am Objekt gebeugten amplitudengeschwächten Wellenzüge miteinander. Die resultierende Welle hat gegenüber der nicht gebeugten, einfallenden Welle eine kleinere Amplitude, aber keine Phasenänderung erfahren. Dieser Effekt lässt sich nutzen, um kleine Objekte abzubilden (Amplitudenkontrast).

Jede Materie unterscheidet sich im Brechungsindex von ihrer Umgebung, was zu einer unterschiedlichen Beugung der auftreffenden Elektronen führt. Als Folge reduziert sich Phasengeschwindigkeit bzw. Wellenlänge und es kommt zu einer Phasenverschiebung in Bezug auf den nicht gebeugten Strahl. Da sich die Energie der Welle beim Durchgang nicht ändert, bleibt die Frequenz gleich. Interferiert der ungebeugte Wellenzug in der Nähe des Objekts mit dem vom Objekt gebeugten, phasenverschobenen Wellenzug, entsteht eine um einen kleinen Winkel phasenverschobene Welle mit der gleichen Amplitude wie die ursprüngliche, nicht gebeugte Welle. Dieses Phänomen wird Phasenkontrast genannt und kann ebenfalls zur Abbildung herangezogen werden.

Beugungskontrast

In einem Standard-TEM tragen die Absorptions- und Streuerscheinungen zur Bildung des normalen TEM-Bildes nichtkristalliner (biologischer) Präparate bei, während für kristalline Präparate (d.h. die meisten nichtbiologischen Materialien) der Beugungskontrast der wichtigste Faktor bei der Bildentstehung ist. In diesen Fall werden die Strahlelektronen in Vorzugsrichtungen gestreut, die sich aus der dreidimensional streng periodischen Kristallstruktur ergeben. Sie erzeugen im Bild den sogenannten Beugungskontrast. Je stärker der Primärstrahl am kristallinen Objekt gebeugt wird, desto kleiner ist die Bildhelligkeit. Durch das Entfernen der Objektivaperturblende und die Verringerung der Anregung der Zwischenlinse (Wechsel in den Beugungsmodus) wird nicht mehr das Zwischenbild sondern die Ebene des Beugungsbildes auf dem Leuchtschirm abgebildet. Daher kann in diesem Modus das Elektronenbeugungsbild eines Kristalls bzw. einer amorphen Probe betrachtet werden. Hieraus lassen sich wichtige Rückschlüsse auf die Struktur des Materials ziehen.

Andere Kontrastarten

Die Probendicke selbst und ihre Variation über die Probe, hat ebenso wie die Ordnungszahl der die Probe aufbauenden Atome (Masse) einen Einfluss auf die stattfindende Streuung. Ein dickes Präparat führt ebenso wie eine größere Ordnungszahl zu mehr Streuereignissen. Neben den beschriebenen Wechselwirkungserscheinungen gibt es eine große Zahl weiterer Effekte, die zur Informationsgewinnung genutzt werden können. Hierzu zählen Röntgenstrahlen, Kathodolumineszenz oder die Energieverluste. Dazu müssen Peripheriegeräte zum Basismikroskop hinzugefügt werden. Dies sind Detektoren, Spektrometer, etc. (Abb. 1.30). Mithilfe der Röntgenanalyse

wird es möglich, winzige Mengen bestimmter Elemente bis hinab zu 10^{-12} g zu detektieren. Hierzu wird ein energiedispersiver Röntgendetektor in der Nähe des Präparats angebracht. Dessen Spektren weisen deutliche Maxima für die in der Probe vorhandenen Elemente auf, wobei die Höhe der Maxima ein Maß für die Elementkonzentration ist. Elektronen verlieren beim Durchgang durch das Präparat infolge der unterschiedlichen Wechselwirkungen Energie. Mithilfe eines Elektronen-Energieverlust-Spektrometers können diese Energieverluste gemessen werden. In der Regel ist das Spektrometer unterhalb der Projektionskammer des TEM angebracht.

1.2.2.5 Beobachtung und Aufzeichnung des Bildes

Für die Beobachtung und Aufzeichnung der Phänomene reicht eine einfach horizontale Bewegung des Präparats oftmals nicht aus, um alle Informationen zu detektieren. Deshalb besitzen TEM sogenannte Goniometerköpfe. Darunter versteht man einen Probenhalter, der zusätzlich zur x- und y-Verschiebung des Präparats auch eine Kippung um eine oder zwei Achsen sowie eine Rotation und eine z-Verschiebung (Präparathöhe) parallel zur Strahlachse ermöglicht. Zudem muss die Probe für spezielle Experimente im Mikroskop erhitzt, gekühlt oder auf Zug belastet werden können. Der Probenhalter ist in unmittelbarer Nähe der Objektlinse montiert. Das Präparat befindet sich im Feld der Objektivlinse zwischen den Polschuhen, weil dort die Linsenfehler am kleinsten sind und das beste Auflösungsvermögen erreicht wird.

Die Objektivlinse erzeugt ein Bild der Probe, welches durch die übrigen Linsen vergrößert und auf den Leuchtschirm oder die Kamera projiziert wird. Falls das Präparat kristallin ist, entsteht das Beugungsmuster an der hinteren Brennebene der Objektivlinse. Durch Variation der Stärke der direkt hinter der Objektivlinse montierten Linse kann man das Beugungsbild vergrößern und auf den Fluoreszenzleuchtschirm oder die Kamera projizieren. Alle Linsen sind im Interesse einer hohen Stabilität und der besten Vergrößerung wassergekühlt.

Das vergrößerte Bild auf dem Leuchtschirm kann durch ein großes Fenster in der Projektionskammer betrachtet werden. Zur Beobachtung feiner Details oder als Hilfe zur korrekten Bildfokussierung lässt sich ein spezieller feinkörniger Fokussierschirm in den Strahl schieben und mit einem nachvergrößernden Binokularmikroskop betrachten.

Um von dem Bild eine permanente Aufzeichnung zu erhalten, nutzte man bis zur Einführung der Digitalkameras eine Fotoplatte. Elektronen wirken auf das fotografische Material auf dieselbe Weise wie Licht. In der Praxis wird der Fluoreszenzschirm hochgeklappt, damit das Bild auf den darunterliegenden Film projiziert und belichtet werden kann. Heute erfolgt die Bildaufzeichnung standardmäßig mittels hochempfindlicher Digitalkameras. Anstatt der Fotoeinheit wird dazu eine sogenannte bottom-mounted-TEM-Digitalkamera unterhalb der TEM-Säule angebracht. Viele Mikroskoptypen bieten zudem die Möglichkeit, am seitlichen 35 mm-Port, der oberhalb der Projektionskammer liegt, eine sogenannte Weitwinkel- oder

35 mm-Port- oder (*side-mounted-*)TEM-Digitalkamera anzuschließen.

1.2.2.6   Probenpräparation

Dünne, artefaktfreie Proben mit Schichtdicken kleiner als 100 nm sind eine Voraussetzung für erfolgreiche TEM-Abbildungen. Oftmals sind weitergehende Bedampfungs- und Kontrastierungstechniken notwendig. Auf alle Details gehen die ▶ Kapitel 5 mit dem Schwerpunkt der Schnittpräparation sowie der Bedampfung und den Kontrastierungstechniken ein.

1.2.2.7   Analysemethoden

Das Transmissionselektronenmikroskop kann durch verschiedene Analysemethoden erweitert werden. Hierzu zählt die energiedispersive Röntgenanalyse (EDA, engl. *energy dispersive X-ray analysis*, EDX) sowie Elektronen-Energieverlust-Spektroskopie (*electron energy loss spectroscopy*, EELS). Beide Verfahren können zur Bestimmung der Konzentration und Verteilung chemischer Elemente in der Probe benutzt werden. Eine Weiterentwicklung der Elektronen-Energieverlust-Spektroskopie-Verfahren im TEM stellt die Energiefilternde Transmissionselektronenmikroskopie (EFTEM) dar, bei der zur Bilddarstellung unelastisch gestreute Elektronen mit bestimmten, charakteristischen Energien herangezogen werden. Damit kann die Verteilung von chemischen Elementen im Bildfeld schnell und effektiv

gemessen werden (▶ Kap. 1.2.3). Durch die Umschaltung in den Beugungsmodus tragen nur diese Elektronen zur Erzeugung energiegefilterter Elektronenbeugungsbilder bei.

1.2.3   Elektronentomografie

Die Elektronentomografie ist ein Verfahren, bei dem mittels einer digitalen automatisierten Aufnahmetechnik aus zweidimensionalen (2-D-)Aufnahmen aus unterschiedlichen Projektionsorientierungen dreidimensionale (3-D-)Informationen des Untersuchungsobjektes generiert werden. Solche Informationen spielen eine wichtige Rolle zum Verständnis der inneren Struktur sowohl biologischer als auch materialwissenschaftlicher Objekte und Proben.

In einem ersten Schritt werden dazu zunächst mehrere Aufnahmen von dem Objekt unter verschiedenen Winkeln aufgenommen. Im zweiten Schritt werden die Abbildungen korreliert und derart am Computer berechnet, dass sich daraus ein räumliches Modell des Objekts ergibt. Auf diese Weise lassen sich beispielsweise Bakterienzellen von innen betrachten und Zellbestandteile wie Membranen und Molekülkomplexe dreidimensional darstellen.

Die Auflösung der 3D-Rekonstruktion ist linear zur Anzahl der aufgenommenen Projektionen (Bilder), sodass eine möglichst hohe Anzahl von 2D-Projektionen vom Objekt aus un-

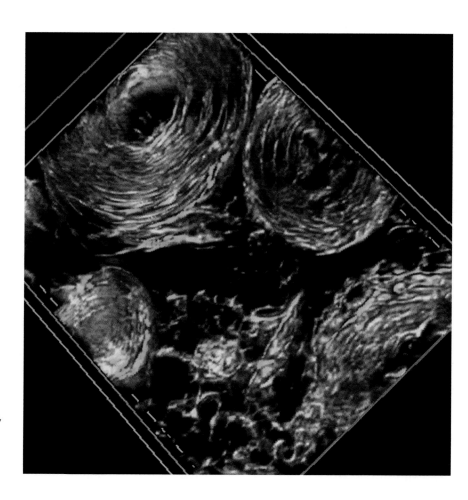

◘ **Abb. 1.31** 3D-Rekonstruktion aus einer Tomografieserie von Lungengewebe. Die konzentrischen Ringe sind Lamellen eines *lamellar body*. Darunter versteht man zellinterne Speicher von Surfactant (*surface active agent*). Surfactant ist eine komplexe, lebenswichtige grenzflächenaktive Substanz, ohne die Luftatmung nicht möglich ist. Aufnahmen und Rekonstruktion: Dr. Dimitri Vanhecke, Institut für Anatomie, Universität Bern, Schweiz

terschiedlichen Richtungen aufzunehmen ist. Die notwendige Anzahl kann durch die Verkleinerung des Winkelinkrements oder durch die Erweiterung des Kippwinkelbereichs erreicht werden. Mechanische Begrenzungen des Goniometers und des Kipphalters beschränken jedoch meist den Kippwinkel auf einen Bereich von -70° bis +70°.

In der Praxis wird das Objekt im Elektronenmikroskop mittels eines Goniometers um eine Achse senkrecht zum Elektronenstrahl gekippt, die Bilder werden aufgezeichnet und in einem ersten Schritt gegeneinander ausgerichtet.

Moderne Computersysteme helfen heute dem Anwender bei der Aufnahme, Rekonstruktion und Visualisierung von elektronentomografischen Aufnahmen. Mit modernen, ansteuerbaren TEM und mit hochauflösenden CCD-Kameras kann der gesamte Prozess nahezu automatisiert werden.

1.2.4   EFTEM

Die Energiefilternde Transmissionselektronenmikroskopie (EFTEM) ist eine analytische Technik, die Werkstoffwissenschaftlern, Medizinern und Biologen einzigartige Einblicke in ihre Präparate ermöglicht. Der wesentliche Bildkontrast entsteht beim EFTEM (Energiefilterndes TEM) wie beim gewöhnlichen TEM durch die Elektronenstreuung im Präparat. Während beim konventionellen TEM der Kontrast von der Winkelselektion der gestreuten Elektronen verursacht wird, erfahren die Elektronen

beim EFTEM eine zusätzliche Energieselektion: Mithilfe eines Spektrometers werden aus dem Spektrum der transmittierten Elektronen nur die Elektronen mit einem bestimmten Energieverlust ausgewählt. Die Kontrast mindernden Anteile werden dadurch ausgeblendet. So tragen nur Elektronen mit einem spezifischen Energieverlust zur Abbildung bei. Das Ergebnis ist eine Verbesserung für alle Kontrastarten. Da die Methode keine Auswirkungen auf die Ortsauflösung hat, lassen sich sowohl dünne und unkontrastierte als auch gefrorene oder unkonventionell dicke Präparate mit hervorragendem Kontrast abbilden. Darüber hinaus kann man auf diese Weise auch Elektronen mit ganz speziellem Streuverhalten auswählen, die im Bild zu struktur- oder elementspezifischem Kontrast führen. Aus solchen Bildern lassen sich ganz neue, bisher verborgene Informationen über das Präparat gewinnen. Folgende Methoden und Techniken zur automatischen Aufnahme und Analyse von Spektren und energiegefilterten Bildern werden verwendet:

- Bearbeitung und Erstellung von ESI-(*electron spectroscopic imaging-*)Verteilungsbildern,
- Bearbeitung und Erstellung von parallelen und seriellen EELS-(*electron energy loss spectroscopy-*)Spektren aus Bildserien (*image EELS*),
- sowie eine Quantifizierung und die Schichtdickenbestimmung.

Der ESI-Mode wird vornehmlich bei der Untersuchung strahlungsempfindlicher Präparate verwendet, da zur Erstellung ei-

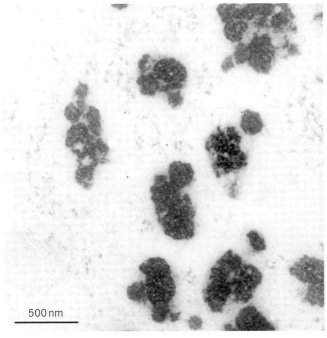
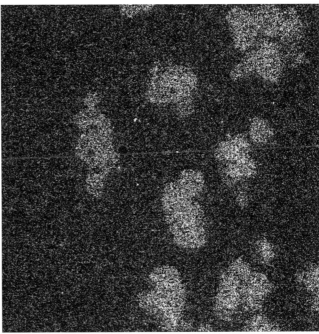

◧ **Abb. 1.32** Eisen scheint eine wichtige Rolle bei der Parkinsonschen Krankheit zu spielen. Elektronenmikroskopisch lässt sich nachweisen, dass die Eisenkonzentration in erkrankten Bereichen des Mittelhirns stark erhöht ist. Links: Elektronenspektroskopische Abbildung eines Ultradünnschnitts aus der Substantia nigra eines Parkinsonpatienten (invertiert dargestellt). Das Neuromelanin erscheint dunkel. Rechts: Das Bild zeigt die Elementverteilung von Eisen. Die hellen Stellen zeigen, wo sich Eisen angereichert hat. Die quantitative Auswertung ergibt im vorliegenden Beispiel eine 3-mal so hohe Eisenkonzentration wie in einem gesunden Gehirn. Aufnahmen von Prof. Noriyuki Nagai und Dr. Noriyuki Nagaoka, Abteilung Oralpathologie, Graduiertenkolleg Medizin und Zahnheilkunde, Universität Okayama, Japan

nes Elementverteilungsbildes nur wenige Bilder benötigt werden. Image-EELS wird im Rahmen der Analyse und Abbildung geringster Elementkonzentrationen eingesetzt und ermöglicht eine Verbesserung der lokalen spektralen Empfindlichkeit. Das Verfahren erstellt schnell und mühelos hoch aufgelöste Elementverteilungsbilder mit hohem Informationsgehalt über die chemische Zusammensetzung des Präparates. Eine *image-EELS*-Serie besteht aus mehreren Bildern von unterschiedlichen Energieverlusten. Erst nach der Erstellung der Bilder ist festzulegen, welche Einzelbilder und damit welche Energieverluste zur Erstellung des resultierenden Elementverteilungsbildes für die weitere Analyse herangezogen werden. Die parallele Aufzeichnung von Energieverlustspektren mit einer CCD-Kamera zur schnellen Identifizierung von Elementen wird als Parallel-EELS bezeichnet. Es ist ein Verfahren zur schnellen Analyse strahlungsempfindlicher Präparate.

1.2.5   REM und ESEM

Vom Prinzip her ähnelt ein Rasterelektronenmikroskop einem Auflichtmikroskop. Bei einem REM wird jedoch ein Elektronenstrahl zeilenförmig über eine kompakte Probe gerastert. Die Wechselwirkungssignale der Strahlelektronen mit der Pro-

benoberfläche werden synchron mittels geeigneter Detektoren aufgezeichnet. In den meisten Fällen wird das REM zur Abbildung der Oberflächentopografie eingesetzt. Aber je nach Wahl des Sekundärsignals können auch Elementanalysen und Elektronen-Rückstreuungsbeugung durchgeführt werden. Rasterelektronenmikroskope besitzen eine bis zu 400 × größere Schärfentiefe als Lichtmikroskope. Das bedeutet, dass eine relativ dicke Probenschicht gleichzeitig scharf eingestellt werden kann. Des Weiteren haben REM eine höhere Auflösung (3 nm) als Lichtmikroskope. Der Vergrößerungsbereich liegt zwischen 10 × und 100 000 ×.

1.2.5.1   Grundsätzlicher Aufbau und Funktionsweise

In ◘ Abbildung 1.33 ist der schematische Aufbau eines Rasterelektronenmikroskops dargestellt. Die aus einer Wolfram- oder LaB$_6$-Kathode emittierten thermischen Elektronen werden durch das Anlegen einer Beschleunigungsspannung in Richtung Probenoberfläche beschleunigt. Die Beschleunigungsspannungen liegen in einer Größenordnung von 200 V bis 50 kV. Kondensorlinsen bündeln den Elektronenstrahl zunächst, Objektlinsen fokussieren ihn anschließend mit einem Durchmesser von 1–10 nm auf die Probenoberfläche. Zusätzliche Ablenkspulen erzeugen ein Magnetfeld, das den Elektro-

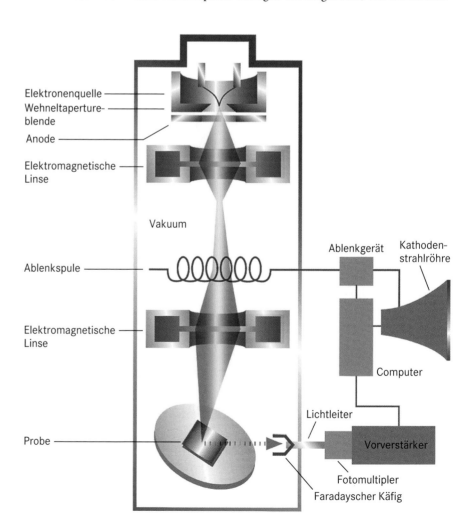

◘ **Abb. 1.33** Schematischer Aufbau eines Rasterelektronenmikroskops. Die wesentlichen Komponenten sind die Elektronenquelle, das Linsensystem, Detektoren, die Signal verstärkende Verstärkerkette und der Beobachtungsmonitor. Der Elektronenstrahl wird über die Probenoberfläche gerastert. Synchron wird der Schirm einer Bildröhre abgetastet. Die Signale, die durch die Wechselwirkung der Strahlelektronen mit der Probe erzeugt werden, lassen sich mit verschiedenen Detektoren aufzeichnen. Sie werden nach entsprechender Verstärkung zur Helligkeitsmodulation der Bildröhre verwendet.

Elektronenquelle
Wehneltapertureblende
Anode
Elektromagnetische Linse
Vakuum
Ablenkspule
Ablenkgerät
Kathodenstrahlröhre
Elektromagnetische Linse
Computer
Lichtleiter
Probe
Vorverstärker
Fotomultipler
Faradayscher Käfig

nenstrahl in einem kontrollierten Muster über die Probenoberfläche hin- und herführt (rastert). Der Elektronenstrahl rastert die Probe normalerweise zeilenweise ab.

Trifft der Elektronenstrahl auf die Probe, kommt es zu einer Reihe von Wechselwirkungen. Dabei entstehen mit den Sekundärelektronen (SE) und den Rückstreuelektronen (RE) die beiden wichtigsten bildgebenden Signale. Auf ihren Entstehungsmechanismus wird im nächsten Kapitel näher eingegangen. Das Bild selbst entsteht durch die synchrone, zeilenweise Aufzeichnung dieser Signale, wobei deren Intensitätswert den Kontrast für jeden einzelnen Bildpunkt ergibt. Dazu werden die aus der Probe austretenden SE oder RE durch ein Beschleunigungspotenzial zum Detektor angesaugt und verstärkt (Everhart-Thornley-Detektor). Das Detektorsignal wird in eine Spannung umgewandelt, vorverstärkt und zur Helligkeitsmodulation einer Kathodenstrahlröhre (CRT) herangezogen. Somit besteht ein Zusammenhang zwischen der Helligkeit eines Bildpunkts auf dem CRT und der Anzahl der von einem Bildpunkt des Präparats emittierten Sekundärelektronen. Entsprechend ist die relative Lage des Probenortes zum Detektor entscheidend für die resultierende Signalausbeute. Die vom Detektor abgewandten Probenstellen zeigen nur geringe Signalausbeute und erscheinen dementsprechend dunkel. Probenerhebungen weisen eine höhere Signalausbeute als Vertiefungen auf und erscheinen damit heller. Somit besteht ein REM-Bild letztendlich aus einer Vielzahl von Punkten mit unterschiedlicher Intensität auf einer CRT, die der Topografie der Probe entsprechen. Moderne REM sind heute computergesteuert. Das zeilenweise aufgebaute Bild wird durch einen Analog-/Digitalwandler in ein digitales Bild umgesetzt.

1.2.5.2 Wechselwirkungen zwischen Elektronenstrahl und Präparat

Trifft der Elektronenstrahl auf die Präparatoberfläche, kommt es zu einer ganzen Reihe von komplexen Wechselwirkungen mit den Atomkernen und den Hüllenelektronen der Probenatome. Dabei kann man grundsätzlich zwischen unelastischen und elastischen Streuprozessen unterscheiden (◘ Abb. 1.34):

Rückstreuelektronen haben ihren Ursprung in der elastischen Streuung der Strahlelektronen mit den positiv geladenen Atomkernen der Probenatome. Dabei versteht man unter den RE solche Strahlelektronen, die nach mehrfacher elastischer Streuung in einem so großen Winkel abgelenkt werden, dass sie die Probe mit 60–80 % ihrer Eintrittsenergie wieder verlassen. Rückgestreute Elektronen werden in gesamten Wechselwirkungsvolumen zwischen Strahl und Probe, vornehmlich jedoch in größeren Austrittstiefen, erzeugt. Als Wechselwirkungsvolumen bezeichnet man dabei den Bereich, im dem die Wechselwirkungen am wahrscheinlichsten auftreten. Die Reichweite (R) der Primärelektronen in der Probe ist direkt abhängig von der Beschleunigungsspannung, steht im umgekehrten Verhältnis zur mittleren Ordnungszahl der Probenatome und liegt zwischen 0,1 und 10 µm. Die maximale Informationstiefe beträgt etwa die Hälfte der RE-Reichweite, also R/2. Die Wahrscheinlichkeit für eine Mehrfachstreuung in große

Ablenkwinkel steigt mit der Probentiefe, sodass in den oberen Probenschichten kaum RE entstehen.

Sekundärelektronen entstehen durch die Wechselwirkung der Strahlelektronen mit den Hüllenelektronen der Probenatome. Sie weisen eine durchschnittliche Energie von 3–5 eV auf, weshalb ein Großteil der im gesamten Wechselwirkungsbereich erzeugten SE von der Probe absorbiert wird. Nur in oberflächennahen Schichten erzeugte SE können die Probe verlassen, da die Weglänge zur Oberfläche entsprechend gering ist. Die maximale Austrittstiefe kann mit 5 nm bei Metallen und 50 nm bei Isolatoren angegeben werden. Aber nicht nur Primärelektronen erzeugen Sekundärelektronen. Auch die Rückstreuelektronen können diese beim Verlassen der Probe erzeugen. Zur Unterscheidung bezeichnet man diese als SE II. Als SE III werden solche Sekundärelektronen bezeichnet, die durch Wechselwirkungen zwischen rückgestreuten Elektronen und Teilen der Probenkammer entstehen. Der Typ SE IV entsteht durch Wechselwirkung zwischen dem Primärelektronenstrahl und der letzten Aperturblende (◘ Abb. 1.34).

Ein weiterer durch die unelastische Streuung der Strahlelektronen mit den Atomkernen entstehender Effekt ist die Freisetzung von **Röntgenbremsstrahlung**. Die energiereichen Strahlelektronen werden vom positiven Feld der Atomkerne angezogen und abgebremst. Dabei wird Energie als Röntgenbremsstrahlung freigesetzt. Je näher die Elektronen an den Kern kommen, desto mehr Energie verlieren sie, bis letztend-

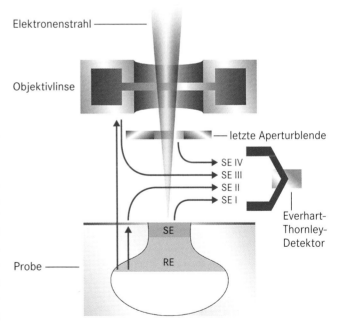

◘ **Abb. 1.34** Die Wechselwirkungen zwischen den Strahlelektronen und der Probe führen zu zahlreichen Effekten, die zur Abbildung herangezogen werden können. Sekundärelektronen haben ihren Ursprung in verschiedenen Quellen. Vornehmlich entstehen sie jedoch in den oberflächennahen Schichten. Die rückgestreuten Elektronen entstehen dagegen in tieferen Schichten. Während Sekundärelektronen nur Energien von 3–5 eV aufweisen, weisen rückgestreute Elektronen noch bis zu 80 % der Primärenergie der Strahlelektronen (200 eV bis 50 keV) auf.

lich die gesamte Energie in Form von Röntgenbremsstrahlung abgeben wird. Daher besteht die Röntgenbremsstrahlung aus unterschiedlichen Frequenzen und Wellenlängen. Sie erzeugt ein kontinuierliches Spektrum.

Neben der Röntgenbremsstrahlung entsteht die charakteristische **Röntgenstrahlung**. Die energiereichen Strahlelektronen schlagen aus den inneren Schalen der Atome des Probenmaterials Hüllenelektronen heraus oder hinterlassen das Atom in einem angeregten Zustand. In diese Lücken „springen" entweder Elektronen aus einem höheren Energieniveau oder „freie" Elektronen. Entsprechend der hohen Bindungsenergie der innersten Elektronenschalen entsteht dabei kein Licht, sondern Röntgenstrahlung mit einer definierten (charakteristischen) Energie. Diese entspricht dabei der Differenz aus der Bindungsenergie der beteiligten Elektronenschalen. Durch Messung der Energie der Röntgenquanten ist es möglich, die Elementzusammensetzung der Probe zu bestimmen. Dieses als Röntgenmikroanalyse bekannte Verfahren ist eine wichtige und vielseitig einsetzbare Anwendung in der Biologie und den Werkstoffwissenschaften.

Die **Kathodolumineszenz** ist ein weiteres Produkt der unelastischen Streuung. Darunter versteht man die Emission von Licht aus bestimmten Proben. Die Kathodolumineszenz resultiert aus Elektronenübergängen in Leitern, Halbleitern oder Isolatoren mit Wellenlängen im sichtbaren, infraroten (IR) und ultravioletten (UV) Bereich. Mittels spezieller Detektoren werden die Signale aufgezeichnet.

1.2.5.3   Detektion

Die Detektion der Elektronen in einem REM erfolgt in der Regel mit einem Everhart-Thornley-Detektor (◘ Abb. 1.34). Der vordere Teil des Detektors besteht aus einem Faradayschen Käfig; in der Regel ist dies ein Metallring oder ein Drahtnetz. Die hier angelegte positive Spannung von einigen hundert Volt saugt die Sekundärelektronen an. Innerhalb des Faradayschen Käfigs werden die SE anschließend durch eine am Szintillator anliegende positive Spannung von bis zu 12 kV auf diesen hin beschleunigt. Beim Auftreffen auf den Szintillator wird die Energie der Elektronen in Licht umgewandelt. Mittels eines Lichtleiters gelangen die erzeugten Lichtquanten zu einem Fotomultiplier, der sich meist außerhalb der Probenkammer befindet. Im Fotomultiplier werden durch die Energie der Lichtquanten wieder Elektronen freigesetzt, was zu einer vielfachen Verstärkung führt. Die Ausgangsspannung des Vorverstärkers dient dazu, die Intensität des Leuchtpunktes auf der Kathodenstrahlröhre zu modulieren (◘ Abb. 1.33). Verwendet man statt einer positiven Spannung am Faradayschen Käfig eine negative Spannung, so hält man die SE zurück und detektiert diejenigen RE, die in diesem Raumwinkel gestreut werden. Eine andere Möglichkeit zur Detektion der RE ist der Robinson-Detektor. Dieser besteht aus einem sehr großen Szintillator, der oberhalb der Probe angebracht ist. Das Prinzip ähnelt dem des Everhart-Thornley-Detektors, wobei aber wegen der hohen Energie der rückgestreuten Elektronen meist auf eine Nachbeschleunigung verzichtet werden kann.

Zudem lassen sich Sekundär- und Rückstreuelektronen effizient mit einem Halbleiterdetektor aufzeichnen. Dieser verstärkt direkt die winzigen Signale, die die auftreffenden Elektronen in der Halbleiterdiode hervorrufen. Elektronisch können die Signale verschiedener Detektoren miteinander verarbeitet oder anderweitig modifiziert werden. Beispiele dafür sind Kontrastverstärkung, Inversion, Mischung von Bildern verschiedener Detektoren, Addition/Subtraktion oder auch Falschfarbencodierung und Bildanalyse.

Ist das Präparat nicht geerdet, erzeugen die nicht reflektierten Elektronen einen Potenzialunterschied. Diese veränderliche Potenzialdifferenz lässt sich verstärken. Das so entstehende Signal kann man beispielsweise nutzen, um elektrische Erscheinungen in elektronischen Schaltungen zu untersuchen.

1.2.5.4   Vergrößerung und Auflösungsvermögen

Das Verhältnis zwischen der Schirmgröße des Monitors und der Größe des auf dem Präparat abgerasterten Gebiets ist die Vergrößerung. Eine stärkere Vergrößerung erreicht man, indem man die Größe des auf dem Präparat abgerasterten Gebiets vermindert. Die maximale Vergrößerung liegt gewöhnlich bei ca. 300 000 ×, was für die minimale Auflösung von 3 nm ausreichend ist. Die Bildaufzeichnung erfolgt heute digital, ältere Geräte bieten zudem noch eine analoge fotografische Bildaufzeichnung.

Im Prinzip wird das Auflösungsvermögen eines REM durch den Strahldurchmesser auf der Präparatoberfläche bestimmt. Die in der Praxis erreichten Auflösungswerte hängen jedoch auch von den Eigenschaften der Probe, den Präparationstechniken sowie von vielen Instrumentenparametern wie beispielsweise der Beschleunigungsspannung, der Rastergeschwindigkeit, dem Arbeitsabstand (= Abstand zwischen Endlinse und Präparat) und dem Einstellwinkel des Präparats zum Detektor ab.

1.2.5.5   Anwendungen und Probenpräparation

Ein REM kann eingesetzt werden, um Informationen über die Probenoberfläche zu erlangen. Dies ist eine Standardaufgabe in den Materialwissenschaften und technischen Applikationen, aber auch in vielen biologischen Wissenschaftszweigen. Eine entscheidende Vorbedingung ist, dass das Präparat dem Vakuum in der Probenkammer und dem Elektronenstrahl standhält.

Die wenigsten Präparate kann man ohne jegliche Präparation in die Kammer einschleusen. Enthalten die Präparate beispielsweise flüchtige Bestandteile, wie z. B. Wasser, muss dies zuerst durch einen Trocknungsprozess entfernt werden, oder man kann es unter bestimmten Bedingungen einfach einfrieren. Nichtleitende Präparate laden sich unter Elektronenbestrahlung auf und müssen mit einer leitfähigen Schicht versehen werden. Ein schweres Element wie Gold hat den Vorteil, dass es eine gute Sekundärelektronenausbeute und somit eine gute Bildqualität bietet. Gold ist daher eines der bevorzugten Beschichtungselemente. Außerdem liefert es eine feinkörnige Schicht und lässt sich leicht mittels einer „Sputteranlage" aufbringen. Die zur Leitfähigkeit nötige Schicht kann sehr dünn sein (ca. 10 nm). Alles in allem ist die Präparation von Proben,

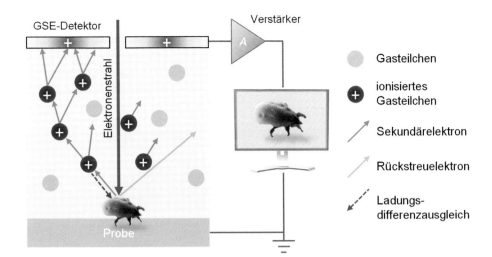

Abb. 1.35 Prinzip der Bildentstehung und des Ladungsausgleichs im ESEM.

die im REM untersucht werden sollen, weniger kompliziert als beim TEM. Detailliert wird in ▶ Kapitel 8.1 auf die Probenpräparation für die Rasterelektronenmikroskopie eingegangen. Manchmal ist es jedoch unerwünscht, eine Probe für das REM zu präparieren. So verdecken die Beschichtungen beispielsweise bei vielen forensischen Präparaten wichtige Details; oder die Beschichtungen beeinflussen die Funktionsfähigkeit bei Untersuchung integrierter Schaltungen auf Silizium-Wafer oder bei den integrierten Schaltungen selber. In solchen Fällen müssen besondere Techniken angewandt werden, um zufrieden stellende Abbildungen zu bekommen. Zu diesen Techniken gehört der Niederspannungs-REM-Betrieb (ESEM).

1.2.5.6 ESEM – Rasterelektronenmikroskopie unter Umgebungsbedingungen

Normalerweise können im Vakuum eines konventionellen REM keine Proben mit flüchtigen Anteilen untersucht werden. Biologische Proben sind vorab aufwändig zu präparieren, andere Proben wie Fette, Gele oder halbfeste Substanzen lassen sich gar nicht abbilden. Mit einem *environmental scanning electron microscope* (ESEM), einer speziellen Variante des konventionellen REM, wird es möglich, vakuuminstabile oder ausgasende Proben bei erhöhtem Restgasdruck in der Probenkammer zu untersuchen (Danilatos 1982).

Trifft der Elektronenstrahl auf die Probe, so gibt es in der Probenoberfläche verschiedene Wechselwirkungen. Wichtig für die Abbildung im ESEM-Betrieb ist die Entstehung von niederenergetischen Sekundärelektronen (0–50 eV), welche die Probenoberfläche als relativ langsame Elektronen wieder verlassen. Zur Signalverstärkung im ESEM wird das Gas (z. B. Luft, N_2, Wasserdampf) in der Probenkammer selbst genutzt. Durch eine angelegte Spannung von einigen hundert Volt zwischen Probe und Detektor werden die Sekundärelektronen zum Detektor hin beschleunigt. Auf dem Weg zum Detektor kommt es zu Stößen zwischen den Elektronen und den Gasteilchen. Die Gasteilchen werden hierbei ionisiert und es entstehen neue Elektronen (Verstärkungskaskade). Das aus diesem Signal

Abb. 1.36 Lebende Käsemilbe *Tyroglyphus casei* im ESEM. Die Aufnahme ist ein Standbild aus einem Film, aufgenommen mit drei Bildern pro Sek. Bei höheren Bildraten verschlechtert sich das Signal/Rauschverhältnis. Bild: Robert Getzieh, HPI, Hamburg

entstehende Bild gibt hauptsächlich einem Topografiekontrast wider. Die ionisierten Gasteilchen werden aufgrund ihrer positiven Ladung entgegengesetzt in Richtung Probe beschleunigt und sorgen dort für eine Neutralisierung von Aufladungen, welche bei Proben mit nicht leitenden Oberflächen entstehen könnten (▶ Abb. 1.35). Der sog. GSE (*gaseous secondary electron*) Detektor ist weder licht- noch temperaturempfindlich. Dies erlaubt die Abbildung von physikalischen Prozessen, wie Gefrier- oder Schmelzprozessen in der Materialforschung, oder der Anwendung von Photostimulation bei der Untersuchung von lebenden Proben. In einem ESEM ist es möglich, neben speziell präparierten, auch nicht fixierte native biologische Proben anzuschauen. So lassen sich kleine Insekten oder Spinnentiere lebend und in Bewegung abbilden (▶ Abb. 1.36). Dies ermöglicht die Analyse von bestimmten dynamischen Prozessen, wie z. B. Gelenkbewegungen im Rasterelektronenmikroskop.

1.2.5.7   ESEM mit Rückstreuelektronen.

Ein nicht zu unterschätzendes Problem bei der Untersuchung von nativen, hydrierten biologischen Proben ist ein Wasserfilm auf deren Oberfläche. Wasser ist im ESEM nicht transparent und verhindert die Abbildung von Oberflächenstrukturen. So ist die Darstellung von feuchten Proben mit dem GSE Detektor oft unmöglich, da deren Oberflächenstruktur durch das Wasser verdeckt wird. Selbst nach einem kontrollierten Verdunsten durch eine Erhöhung des Vakuums oder der Temperatur ist die Darstellung von Oberflächendetails z. B. bei Geweben unbefriedigend. Dieses Problem lässt sich durch die Ausnutzung von Rückstreuelektronen für die Bildgebung umgehen. Rückstreuelektronen kommen aus tieferen Schichten der Probe (◘ Abb. 1.34) und liefern den sog. Materialkontrast. Nicht mineralisiertes biologisches Material liefert so gut wie keine Rückstreuelektronen. Selbst diese wenigen werden im „schlechten" Vakuum des ESEM gestreut. Eine rauschfreie Bildgebung ist somit nicht möglich. Kombiniert man eine spezielle Probenpräparation mit einer kontrollierten Verdunstung des nicht gebundenen freien Wassers, so lassen sich auch mit einem ESEM rauschfreie Rückstreuelektronen-Bilder erzeugen (◘ Abb. 1.37).

1.2.5.8   Anwendungsbeispiele

In der Materialforschung ist die Anwendung von ESEM relativ weit verbreitet, da sich hiermit nicht-leitende Materialien ohne Besputterung untersuchen lassen. Dynamische Prozesse, wie Rissbildung in Kunststoffen oder Erstarrungsverhalten von Zement, lassen sich so im Elektronenmikroskop beobachten und quantifizieren. In der Biologie findet man ESEM-Anwendungen vor allem in den Bereichen der Botanik und Zoologie. Die Applikation von ESEM in der biomedizinischen Forschung ist dagegen vergleichsweise neu, findet aber eine immer weitere Verbreitung (s. Literatur). Die einzigartige Möglichkeit, mit Hilfe eines ESEM weiche, wasser- oder lipidhaltige Proben

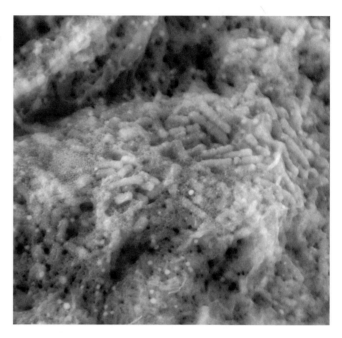

◘ **Abb. 1.38** Bakterieller Biofilm auf der Oberfläche einer humanen Stimmlippe. Stäbchenförmige Bakterien, eingebettet in die Biofilm-Matrix sind deutlich erkennbar.

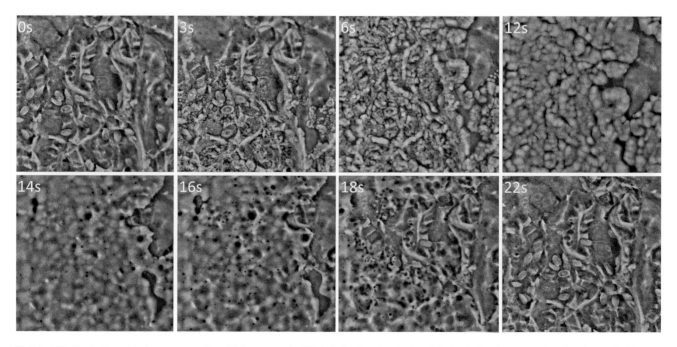

◘ **Abb. 1.37** Kontrollierte Verdunstung von Oberflächenwasser im ESEM. Bei 0s beträgt der Druck in der Probenkammer 2 Torr. Durch eine Änderung des Probenkammerdruckes auf 5 Torr beginnt die Wasserdampf-Kondensation auf der Probenoberfläche (3s). Nach 12 Sekunden sind die Oberflächenstrukturen durch Wasser verdeckt. Bei 14s wurde der Druck in der Probenkammer auf 1,5 Torr geändert und das Wasser beginnt zu verdampfen. Bei 22s sind alle Oberflächenstrukturen erneut sichtbar und unverändert, da das biologische Material selbst hydratisiert bleibt und nur das Oberflächenwasser verdampft. Das Bild zeigt die Oberfläche der Leberkapsel einer Ente mit deutlich erkennbaren elongierten Vogel-Erythrocyten.

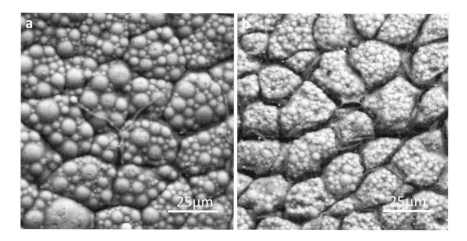

◘ Abb. 1.39 Braunes Fettgewebe der Maus im ESEM. **a)** Kontrolltier, **b)** Maus nach Kälteadaption 24h bei 4 °C. Ein Großteil der Lipide wird hierbei in Wärme umgewandelt und somit verbraucht. Die Lipidtröpfchen werden deutlich kleiner und die braunen Fettzellen schrumpfen. Bild: Julia Thomas-Morr, HPI, Hamburg

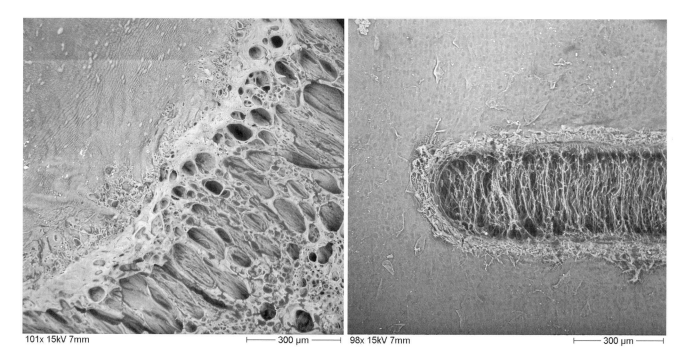

101x 15kV 7mm   ⊢── 300 µm ──⊣   98x 15kV 7mm   ⊢── 300 µm ──⊣

◘ Abb. 1.40 Vergleich der Auswirkungen von unterschiedlichen chirurgischen Lasern auf Gewebeoberflächen im ESEM. Links CO_2-Laser. Die thermische Belastung des Gewebes am Schnitt ist deutlich zu erkennen. Rechts gepulster Infrarotlaser (PIRL). Der PIRL Laser führt zur einer rapiden Erhitzung und einem unmittelbaren Verdampfen des Materials (Ablation). Das umgebende Gewebe wird geschont. (Vgl. Hess et. al 2013)

elektronenmikroskopisch zu untersuchen, eröffnet neue Perspektiven in der präklinischen Forschung. So wird es möglich, stark wasserhaltige Proben, wie z. B. Biofilme, im nativen Zustand abzubilden (◘ Abb. 1.38). Die kurze Präparationszeit ermöglicht schnelle Untersuchungszyklen und eignet sich somit für die Diagnostik.

Lipide sind mit konventionellen Methoden ebenfalls nur sehr schwer oder gar nicht darstellbar. Da die Proben für ESEM nicht entwässert werden müssen und somit nicht in Kontakt mit Lösungsmitteln kommen, ist die Darstellung und Analyse z. B. von Fettgeweben im nativen Zustand im Elektronenmikroskop möglich (Bartelt et al, ◘ Abb. 1.39).

Biologisches Material besteht zu einem Großteil aus Wasser, welches die Struktur von der Probe im hohen Maße mitbe-

stimmt. Durch die für die konventionelle Elektronenmikroskopie zwingend notwendige Entwässerung werden in der Probe drastische strukturelle Veränderungen hervorgerunfen. So ist z. B. eine exakte Darstellung größerer Bereiche von Gewebeoberflächen im konventionellen REM aufgrund von Schrumpfungsartefakten oft nicht möglich. Im ESEM verbleibt die Probe im feuchten Zustand weitgehend frei von Schrumpfungen und so lassen sich größere Bereiche von Organoberflächen artefaktfrei darstellen um z. B. Schnitte von chirurgischen Lasern elektronenmikroskopisch zu untersuchen (◘ Abb. 1.40).

Ein weiteres Potential bei der Gewebeuntersuchung im ESEM liegt in der Darstellung interner Strukturen. Hierfür muss die Probe mit Hilfe eines Vibratoms oder Skalpells entsprechend präpariert werden. Da die Präparate nicht aufgrund

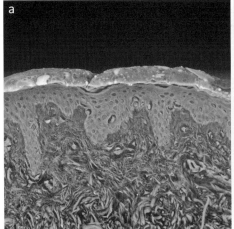

◻ Abb. 1.41 Übersichten von Gewebean-schnitten im ESEM. **a)** humane Haut. **b)** Retina einer Maus. Die einzelnen Schichten des Aufbaus sind in beiden Präparaten deutlich zu erkennen.

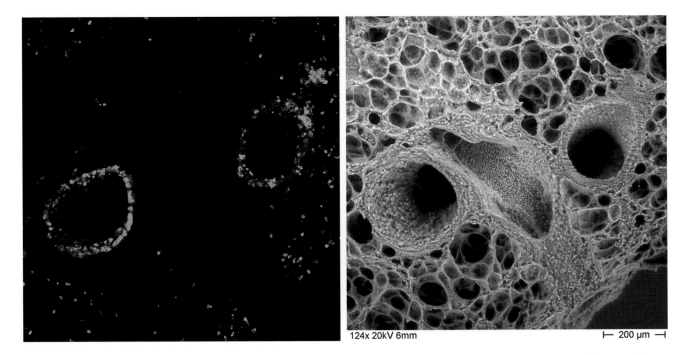

124x 20kV 6mm   ⊢ 200 µm ⊣

◻ Abb. 1.42 Korrelative Licht- und Elektronenmikroskopie. Links: Vibratomschnitt einer Mauslunge nach 24 Stunden Influenza-Infektion im CLSM. Grün: GFP-exprimierende Influenza-infizierte Zellen. Rechts: Gleiche Region nach OsO$_4$-Kontrastierung im ESEM.

von Wasserverlust zusammenschrumpfen, lassen sich selbst Organe mit sehr hohem Wassergehalt, wie z. B. das Auge, gut darstellen (◻ Abb. 1.41).

1.2.5.9 Korrelative Licht- und Elektronenmikroskopie

Da die Auflösung eines ESEM zu gering ist, um Immunogold-Marker darzustellen, ist die korrelative Mikroskopie Methode der Wahl, um spezifisch markierte Bereiche aus der Fluores-zenzmikroskopie mit REM Strukturinformationen zu ergänzen. Hierfür wird die Probe zuerst für die Fluoreszenzmikroskopie vorbereitet und danach in einem Glasboden-Schälchen auf einem inversen Mikroskop möglichst komplett, hochauflösend als großflächiges Mosaikbild aufgenommen. Dies erleichtert

die anschließende Suche von identischen Bereichen im ESEM erheblich. Nach der Aufnahme im Fluoreszenzmikroskop wird die Probe mit 1% OsO$_4$ in PBS kontrastiert, in ddH$_2$O gewa-schen und mit gleichbleibender Orientierung im ESEM ab-gerastert. Gleiche Bereiche findet man anhand prominenter Merkmale (◻ Abb. 1.42).

1.2.6 Präparation für ESEM

1.2.6.1 Darstellung von lebenden Proben.

Für lebende Proben bedarf es keiner besonderen Probenprä-paration. Pflanzenteile können direkt abgebildet werden. Arth-ropoden lassen sich lebend in Bewegung mikroskopieren und können danach auch wieder lebend aus dem Gerät entnommen werden. Es ist jedoch zu berücksichtigen, dass die Umgebung über entsprechende Stimuli wie Licht oder Geruch verfügen muss, um die Tiere zu Bewegungen zu animieren. Ebenso wichtig ist die Temperaturkontrolle über ein Peltier-Element. Um die exakten Parameter des Mikroskops (Druck und Temperatur) für die Darstellung von lebenden Proben zu evaluieren, eignet sich z. B. Würchwitzer Milbenkäse als „Referenzprobe". Ein ca. 1 cm großes Stück dieses Käses wird auf den Probenteller gegeben und möglichst bei niedrigem Vakuum (5-10 Torr) im manuellen Modus mit Wasserdampf „geflutet" und bei ähnlichen Vakuumwerten mikroskopiert. Die Käsemilben *Tyroglyphus casei* sind sehr robust und können unter diesen Bedingungen gut in Bewegung mikroskopiert werden.

1.2.6.2 Darstellung von Geweben

Für die Gewebedarstellung eignet sich am besten der Rückstreuelektronen-Modus. Da nicht mineralisiertes biologisches Material in diesem Modus keinen Kontrast aufweist, müssen Gewebe (Knochen, Zähne ausgenommen) mit Schwermetallsalzen kontrastiert werden. Am besten eignet sich hierfür OsO_4. Interne Strukturen können in fixierten Gewebestücken mit Hilfe einer scharfen Klinge oder eines Vibratoms freigelegt werden.

1. Mit 4 % Formaldehyd (aus Paraformaldehyd) / 0,5 % Glutaraldehyd in PBS (*phosphate buffer saline*, siehe Puffertabelle im Anhang) fixierte Organteile werden unter einem Stereomikroskop oder mit Hilfe eines Vibratoms zu möglichst flachen Scheiben geschnitten.
2. Die Gewebescheiben werden in 1 % Osmiumtetroxid in PBS 15–60 min, je nach Probenmaterial kontrastiert
3. Nach dem Osmieren müssen die Präparate sorgfältig in destilliertem Wasser gewaschen werden, um eine Kontamination des Mikroskops durch ausgasendes Osmiumtetroxid zu verhindern.
4. Der Probenteller wird mit 5% Agar (in A. bidest) gefüllt. Nach dem Erstarren müssen in den Agar kleine Löcher gestanzt werden, um das „aufploppen" zu vermeiden. Der Agar dient als wasserspendende Matrix und verzögert somit das Austrocknen der Probe.
5. Die feuchte Probe wird möglichst großflächig auf dem Agar platziert und kann direkt mikroskopiert werden. Für die Orientierung im ESEM ist ein vorab angefertigtes lichtmikroskopisches Übersichtsbild äußerst hilfreich.
6. Das ESEM wird im manuellen Modus bei zwischen 4,5 und 5,0 Torr mit Wasserdampf beflutet und das Vakuum anschließend langsam auf 2 Torr gesenkt. Dies verhindert ein schlagartiges Vereisen der feuchten Probe durch den Wärmeverlust beim Verdunsten des Wassers. Nach dem Erreichen des Zieldruckes können der Arbeitsabstand auf ca. 6 mm eingestellt und die Probe fokussiert werden. Da sich jedes Gewebe bezüglich der Feuchtebedingungen anders verhält, müssen die Parameter für jede Probe optimiert werden. Ein Peltierelement zur Kühlung der Probe ist nicht notwendig, da die Probe permanent durch Verdunstung

gekühlt wird. Gleichzeitig stellt die Probe, die kälter als die Umgebung ist, eine Kühlfalle dar. Das begünstigt eine schnelle Befeuchtung durch eine Wasserdampfdruckerhöhung in der Probenkammer (◨ Abb. 1.37).

1.2.7 Rastersondenmikroskopie

Rastersondenverfahren (RPM, *scanning probe microscopy*) finden Anwendung in nahezu allen naturwissenschaftlichen Disziplinen, etwa bei Oberflächenuntersuchungen in Industrie und Forschung, routinemäßigen Rauigkeitsmessungen oder Molekülmanipulationen in der Biologie. Die wichtigsten Vertreter dieser Art der Mikroskopie sind die Rastertunnelmikroskope (STM, *scanning tunneling microscopy*) und Rasterkraftmikroskope (AFM, *atomic force microscopy* oder SFM, *scanning force microscopy*). Sie basieren auf dem Prinzip, eine Probenoberfläche mit einer sehr feinen elektrisch leitenden Spitze in einer vorgegebenen Bewegung abzutasten und dabei einen Tunnelstrom zwischen Probenoberfläche und Spitze zu registrieren. Die Vorteile der Rastersondenverfahren gegenüber herkömmlichen mikroskopischen Verfahren liegen in der enormen Auflösung, sodass Nanostrukturen und Oberflächendefekte in atomarer Größenordnung sichtbar gemacht werden können.

1.2.7.1 Rastertunnelmikroskopie

Die Rastertunnelmikroskopie (*scanning tunneling microscopy*) ist ein indirektes Abbildungsverfahren. Es eignet sich zur Mikroskopie von elektrisch leitfähigen Materialien, also hauptsächlich Metallen und Halbleitern, und nutzt den quantenmechanischen Tunneleffekt. Dieser tritt dann auf, wenn zwei elektrische Leiter in einen sehr kleinen Abstand zueinander gebracht werden. Beim rastertunnelmikroskopischen Verfahren wird eine elektrisch leitende Spitze (Sonde) systematisch über das ebenfalls leitende Untersuchungsobjekt gerastert, ohne dass zwischen beiden ein elektrischer Kontakt besteht. Bei makroskopischen Abstand von Spitze zu Objektoberfläche fließt kein Strom. Nähert sich die Spitze jedoch der Oberfläche auf atomare Größenordnungen (Bruchteile von Nanometern) an, so beginnt, obwohl kein direkter Kontakt zwischen den Leitern besteht, ein Tunnelstrom zu fließen. Der Effekt reagiert äußerst sensibel auf Abstandsänderungen zwischen der Sonde und der Probe und wird als Bildsignal verwendet. Beim Abrastern der Probenoberfläche wird die Höhe der Spitze über der Probe mittels einer Feinmechanik (Piezoelemente) so geregelt, dass der Tunnelstrom entlang der Bewegung konstant bleibt. Die Spitze fährt damit quasi ein „Höhenprofil" der Oberfläche nach, wobei das Höhenregelsignal zur Darstellung der Probenoberfläche benutzt wird.

1.2.7.2 Rasterkraftmikroskopie

Können Rastertunnelmikroskope nur elektrisch leitfähige Materialien abbilden, so gilt diese Einschränkung nicht für Rasterkraftmikroskope. Die Kraftmikroskopie eignet sich prinzipiell zur Untersuchung jedes festen Materials, sogar in diversen Umgebungen wie Luft, anderen Gasen oder sogar Flüssigkeiten.

Dies ist ein großer Vorteil vor allem für Anwendungen aus der Biologie: Biologische Proben können im Wasser mikroskopiert werden, also in einer naturähnlichen Umgebung. Probenartefakte werden vermieden.

Diese Art der Rastersondenmikroskopie nutzt die mechanischen Wechselwirkungen zwischen Spitze und Probenoberfläche. Die Sonde ist am Ende eines biegsamen Trägers, dem sogenannten *cantilever*, aufgebracht. Dieser wird in Schwingungen versetzt. Diese Auslenkungen werden mit einem Laserstrahl detektiert. Nähert sich die Sonde der Probe an, so modifiziert sich die Schwingungsfrequenz des Trägers. Aus den Auslenkungen des Trägers werden die mikroskopischen Bilder rekonstruiert. Dazu wird die Auslenkung des Lasers und damit die wirkende Kraft durch einen Regelkreis konstant gehalten. Rastertunnel- und Rasterkraftmikroskope können neben der Topografie auch weitere Materialeigenschaften vermessen. Hierzu zählen u. a. Magnetismus, elektrische Leitfähigkeit, mechanische Härte, Elastizität oder Adhäsion.

Hochauflösende Mikroskopie

Christoph Hamers, Frank van den Boom, Rudolph Reimer, Dennis Eggert, Rolf T. Borlinghaus

2.1   Einleitung

Um biologische Feinstrukturen im Größenbereich von unter 200 nm mit höchster Auflösung zu untersuchen, waren Wissenschaftler lange Zeit allein auf das Elektronenmikroskop angewiesen. Sie mussten dabei aber den Nachteil in Kauf nehmen, ausschließlich schwarz-weiße Bilder zu erhalten und nur fixiertes und speziell präpariertes Probenmaterial verwenden zu können. Die Nutzung von Lichtmikroskopen für diese Untersuchung schloss sich von vornherein aus, da die von *Ernst Abbe* erstmals 1873 errechnete laterale Auflösungsgrenze von 200 nm nicht unterschritten werden konnte und nach wie vor für alle optischen Geräte gilt (▶ Kap. 1).

Der Wunsch, einzelne Zellkompartimente eventuell sogar im lebenden Zustand mit dem Lichtmikroskop hochaufgelöst und farbig markiert darstellen zu können, schien unerreichbar zu sein, bis der Versuch unternommen wurde, diese Auflösungsgrenze durch Entwicklung neuer revolutionärer Super-Resolution-Mikroskopietechniken zu überwinden.

2.1.1   Super-Resolution-Mikroskopie

Der Begriff Super-Resolution-Mikroskopie fasst eine ganze Palette diverser mikroskopischer Techniken zusammen, welche die Auflösung von Objekten unterhalb des Beugungslimits von 200 nm erlauben. Ein essentieller Punkt in diesem Zusammenhang ist die Unterscheidung zwischen der Darstellungs- und der Auflösungsgrenze. Prinzipiell lassen sich Objekte unterhalb von 200 nm mit Hilfe „konventioneller" optischer Methoden zwar darstellen, aber nicht mehr auflösen. So ist es z. B. möglich, einzelne 10 nm große Gold-Nanopartikel in einer kolloidalen Lösung mittels Dunkelfeldmikroskopie darzustellen (◻ Abb. 2.1a). Mit Hilfe der sog. Differential-Interferenzkontrast-Mikroskopie (DIC, ▶ Kap. 1) lassen sich ebenfalls Nanostrukturen darstellen (◻ Abb. 2.1b). So wurden in den 1980-er Jahren mit Hilfe von DIC bahnbrechende Entdeckungen im Bereich der Motorproteine gemacht, da es mit Video-verstärkter DIC-Mikroskopie

möglich wurde, makromolekulare Komplexe in Bewegung aufzunehmen. Die Einzelmolekül-Fluoreszenzmikroskopie ermöglicht mit Hilfe besonders empfindlicher EMCCD-Kameras die Darstellung von einzelnen Fluorochromen (◻ Abb. 2.1c). All diese Methoden erlauben zwar die Darstellung von Objekten unterhalb von 200 nm, nicht aber deren Auflösung bzw. Differenzierung (▶ Kap. 1).

Der Begriff der Super-Resolution-Mikroskopie erscheint in der Literatur erstmals im Zusammenhang mit der sogenannten Nahfeldmikroskopie (Nassenstein 1970). Das Nahfeldmikroskop wird im Folgenden am Beispiel eines Aperturmikroskops erläutert (Ash und Nichols 1972). Zentrales Element eines optischen Rasternahfeldmikroskops (*scanning nearfield optical microscope*, SNOM bzw. NSOM) ist eine spitz zulaufende Glasfaser, die Aperturspitze. Diese wird an der Verjüngung bis auf die Austrittsöffnung mit Silber bzw. Aluminium bedampft. Die dabei entstehende 20-100 nm große Apertur wird benutzt, um das Licht im optischen Nahfeld in einer Höhe von wenigen Nanometern (weit unterhalb der Wellenlänge des Lichtes) über die Probe zu rastern. Das Signal wird mit Hilfe einer Optik mit angeschlossenem Photomultiplier aufgezeichnet. Durch die Abbildung im optischen Nahfeld umgeht man das klassische, durch (Fraunhofer-) Beugung vorgegebene Abbe-Auflösungslimit. Neben der Bauweise mit Aperturspitze existieren mittlerweile eine ganze Reihe von anders aufgebauten optischen Rasternahfeldmikroskopen, die eine Auflösungsverbesserung um den Faktor 10 verglichen mit konventioneller (Fernfeld-) Mikroskopie erzielen.

Als einen speziellen Fall der optischen Nahfeldmikroskopie lässt sich auch die totale interne Reflexions-Fluoreszenzmikroskopie (TIRFM) einordnen.

Wenn Licht in einem kritischen Winkel auf eine Grenzfläche zweier Medien unterschiedlicher Brechungsindizes trifft (Bragg-Winkel), wird dieses Licht totalreflektiert. Trifft ein Laserstrahl zur Anregung von Fluoreszenz in einem Winkel oberhalb dieses kritischen Winkels θ (◻ Abb. 2.2a) bei Verwendung eines Objektivs mit hoher numerischer Apertur (NA ≥ 1,45) auf eine Grenzfläche (z. B. Glas / wässriges Medium), dringt jedoch

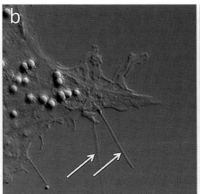
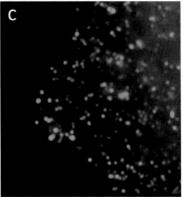

◻ **Abb. 2.1 a)** 10 nm-Goldpartikel im Dunkelfeld-Mikroskop. **b)** Mycoplasmen (DNA-Färbung blau, überlagert) und Filopodien (Pfeile) mit einer Dicke von etwa 100 nm. **c)** Einzelne Fluorochrome im Fluoreszenzmikroskop (beugungsbegrenzt), aufgenommen mit einer EMCCD-Kamera.

noch etwas Anregungslicht etwa 80 bis 200 nm tief in das sich unter dem Glas befindende Medium ein und breitet sich in Form einer evaneszenten (abklingenden) Welle aus. Die Lichtintensität nimmt dabei in Abhängigkeit von der Eindringtiefe ab. Die sich in diesem Bereich befindenden Fluorochrome werden zur Fluoreszenz angeregt und emittieren ihrerseits Licht (◼ Abb. 2.2). Da dieses Emissionslicht nur aus dem 80–200 nm tiefen, deckglasnahen Bereich der Probe stammt, ist der durch TIRF Mikroskopie erzeugte optische Schnitt deutlich dünner als ein konfokaler optischer Schnitt. Im Weiteren ist auch das Signal-zu-Rausch Verhältnis erheblich besser, da die zum Rauschen eines Bildes beitragende Hintergrundfluoreszenz entfällt.

Streng genommen ist TIRFM aber keine Super-Resolution-Technik, auch wenn sie in der Literatur oft als solche aufgeführt wird, da sich mit ihrer Hilfe keine zwei Punkte unterhalb der Beugungsgrenze auflösen lassen.

Im Gegensatz zur optischen Nahfeldmikroskopie ist die Super-Resolution-Mikroskopie im optischen Fernfeld relativ neu. Anfang der 1990-er Jahre wurde erstmals gezeigt, dass das Abbe-Limit auch mit Hilfe von Fluoreszenzmikroskopie mit konventionellen Objektiven durchbrochen werden kann (Hell und Stelzer 1992). Bei dem sog. 4Pi-Mikroskop wurden zur Abbildung zwei gegenüberstehende Objektive verwendet, was stark vereinfacht ausgedrückt, die numerische Apertur des Systems und somit die Auflösung erhöht. Ein 4Pi-Mikroskop weist eine Axialauflösung von etwa 80-150 nm auf. Da aufgrund des optischen Aufbaus die Präparation, die Justage des Mikroskops und die Datenaufbereitung sehr anspruchsvoll sind, konnte das 4Pi-System keine große Verbreitung in der biomedizinischen Forschung erlangen.

In den 1990ern und 2000ern Jahren wurden drei fundamental neuartige Prinzipien für Super-Resolution-Mikroskopie entwickelt und realisiert, welche im Folgenden detailliert erläutert werden:

1. Super-Resolution-Mikroskopie mit Hilfe von strukturierter Beleuchtung (SIM) (▸ Kap. 2.2)
2. Lokalisationsmikroskopie am Beispiel der Stochastischen Optischen Rekonstruktionsmikroskopie (STORM) (▸ Kap. 2.3) und der Einzelmolekülrückkehr nach Verarmung des Grundzustandes (*ground state depletion microscopy followed by individual molecule return*, GSDIM) (▸ Kap. 2.4). Die Unterscheidung der Techniken erfolgt anhand der Art der verwendeten Fluorochrome und des physikalischen Hintergundes ihres Blinkens. Die Geräteart wird daher und aus Lizenzgründen von den Herstellern unterschiedlich bezeichnet.
3. Stimulierte Emissions-Depletions Mikroskopie (STED) (▸ Kap. 2.5)

2.2 Strukturierte Beleuchtung – SIM

Die Super-Resolution-Fluoreszenzmikroskopie mit Hilfe von strukturierter Beleuchtung (SIM: *Structured Illumination Microscopy*) wurde im Wesentlichen zu Beginn der 2000er Jahre entwickelt (Gustafsson 2000). SIM macht sich den Moiré-Effekt zunutze, einen Interferenzeffekt, der bei der Überlagerung zweier Strukturen auftritt. In den kommerziell erhältlichen laserbasierten SIM-Systemen wird die Abbildung eines Gitters, welches auf die entsprechende Anregungswellenlänge und das entsprechende Objektiv präzise abgestimmt ist, in die Fokusebene projiziert. Die Detektion des Interferenz-(Moiré-)Bildes der Überlagerung des bekannten Gittermusters und der unbekannten Struktur in der zugrundeliegenden Probe mit einem empfindlichen Kamerasystem (EMCCD) erlaubt Rückschlüsse auf die zugrundeliegende fluoreszenzmarkierte Struktur der Probe (◼ Abb. 2.3). Im Gegensatz zu herkömmlicher Fluoreszenzmikroskopie offenbart die Detektion des Moiré-Musters kleinere Strukturen in der zugrundeliegenden Probe, die jenseits der theoretischen Beugungsgrenze liegen und mit beugungsbegrenzter Lichtmikroskopie nicht aufzulösen sind.

Die Berechnung der ursprünglichen Struktur aus dem detektierten Interferenzbild erfolgt im Fourier-Raum, indem ein ortsaufgelöstes Bild durch eine mathematische Fourier-Transformation in ein frequenzaufgelöstes (räumliche Frequenzen) Bild umgewandelt wird. In diesem Fourierbild wird deutlich (◼ Abb. 2.4), dass die Detektion eines Interferenzbildes aus der

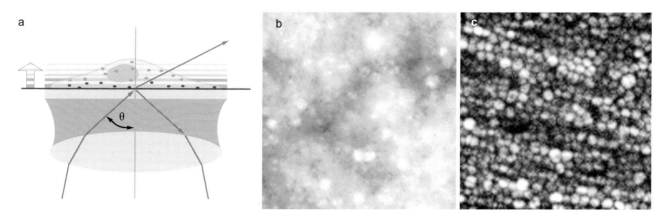

◼ **Abb. 2.2 a)** TIRFM Schema, **b)** Mit GFP markierter *Staphylococcus aureus*-Biofilm im Weitfeld-Fluoreszenzmikroskop, **c)** zugehöriges TIRF-Mikroskopiebild.

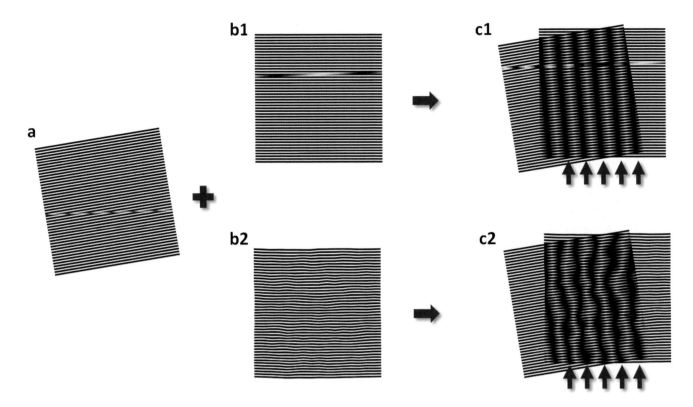

◘ Abb. 2.3 Die Überlagerungen zweier feiner, hochfrequenter Raster (**a**) und (**b**) ergeben tieferfrequente Moiré-Muster (**c**, Pfeile). Diese tieffrequenten Muster werden durch die hohen Frequenzen moduliert. So ergibt die Überlagerung zweier geradliniger Raster (**a** und **b1**) auch geradlinige Moiré-Muster (**c1**). Wenn eine Überlagerungskomponente z. B. unregelmäßig gewellt ist (**b2**), verändern sich die Moiré-Muster entsprechend (**c2**). Ist, wie bei der SIM-Mikroskopie, die Komponente (**a**) bekannt, kann man aus den tieferen Frequenzen des aufgenommenen Bildes (**c**) die hohen Frequenzen (feinere Details) der Probe mathematisch berechnen.

überlagerten Gitterstruktur und der zugrundeliegenden Probe höhere räumliche Frequenzen (d. h. kleinere räumliche Strukturen) aufweist als ein herkömmliches Fluoreszenzbild ohne Überlagerung der Gitterstruktur (Gustafsson 2000). Diese kleineren Strukturen liegen deutlich außerhalb der theoretisch mit Hilfe von Lichtmikroskopie auflösbaren Beugungsgrenze und somit erlaubt diese Technologie hochaufgelöste Mikroskopie mit höherer räumlicher Auflösung als beugungsbegrenzte Lichtmikroskope.

Im Frequenzbereich der räumlichen Auflösung lässt sich eine Erhöhung der Auflösung jenseits der Beugungsgrenze durch eine Überlagerung von verschiedenen räumlichen Frequenzen verdeutlichen, wenn man sich ein Beispiel aus der Akustik vergegenwärtigt. Auch hier können Schallwellen als Frequenzen dargestellt werden. Sehr hohe Frequenzen wie z. B. der Ruf einer Fledermaus >20 000 Hz können vom menschlichen Ohr (Detektor – analog zum lichtmikroskopischen Objektiv) nicht mehr wahrgenommen werden. Die Überlagerung der hohen Frequenz der Fledermaus mit einer anderen hohen Frequenz (z. B. Hundepfeife), die das menschliche Ohr soeben noch wahrnehmen kann, führt zu Interferenzphänomenen mit niedrigerer Frequenz. Diese niedrigere Frequenz kann nun vom menschlichen Ohr wahrgenommen werden. Ebenso führt die Überlagerung einer räumlich durch das Lichtmikroskop nicht darstellbaren Struktur mit einer genau abgestimmten Gitter-

struktur zu einem detektierbaren Interferenzmuster, welches Rückschlüsse auf die ursprüngliche Struktur zulässt.

Für die Aufnahme eines zweidimensionalen SIM-Bildes werden 9 Bilder aufgenommen. Zunächst wird das Gitter in 3 Positionen über das Sichtfeld verschoben. In jeder dieser Positionen wird das Gitter darüber hinaus in 3 verschiedenen Orientierungen positioniert (◘ Abb. 2.4)

Die Rekonstruktion eines Superresolution-SIM-Bildes aus diesen 9 detektierten Interferenzbildern liefert Auflösungen, die ungefähr eine doppelt so hohe laterale Auflösung wie herkömmliche Weitfeldbilder liefern. Theoretisch sind je nach Anregungswellenlänge laterale Auflösungen von 85-90 nm möglich (◘ Abb. 2.5).

Des Weiteren ist SIM auch im TIRF-Modus möglich, bei dem die Fluoreszenzanregung (und somit auch die Abbildung der Gitterstruktur) nur im evaneszenten Feld des an der Deckglasoberfläche totalreflektierten Anregungslasers erfolgt und somit die Auflösung von deckglasnahen Strukturen mit Superresolution und einem sehr guten Kontrast mit wenig Hintergrundfluoreszenz erlaubt.

Im 3D-SIM-Modus wird die Gitterstruktur nicht nur zweidimensional in die Fokusebene projiziert, sondern zusätzlich setzt sich die überlagerte Gitterstruktur durch Interferenzen in der dritten Dimension noch räumlich tiefer in die Probe fort. In diesem Modus müssen 15 statt 9 Bilder aufgenommen werden

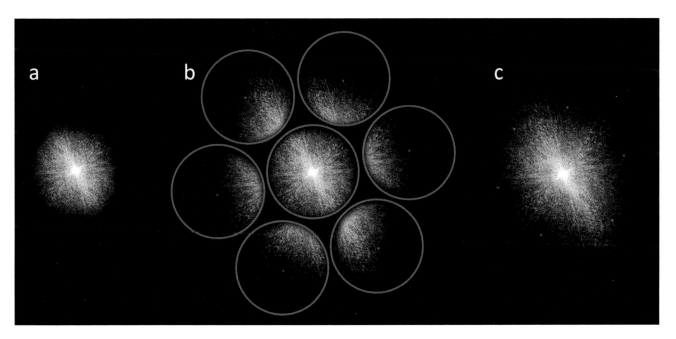

◘ Abb. 2.4 Entstehung eines SIM Bildes im Fourier-Raum. **a**) Beugungsbegrenztes Bild. **b**) Erweiterung des Frequenzspektrums durch Interferenz-bilder. **c**) Finales, aus allen Bildern in (**b**) zusammengesetztes SIM-Bild im Fourier-Raum. Die Auflösung wird verdoppelt.

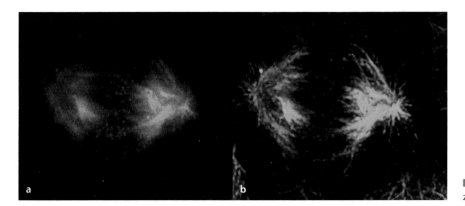

◘ Abb. 2.5 a) Mitose im Weitfeld-Fluores-zenzmikroskop, **b**) Mitose im SIM.

(Schermelleh et al. 2008) und Proben mit einer Dicke von bis zu 20 μm können beobachtet werden. 3D SIM liefert zusätzlich zu der verdoppelten lateralen Auflösung auch eine Verdoppelung der axialen Auflösung gegenüber einem beugungsbegrenzten Lichtmikroskop von bis zu 250 nm.

Vorteile der SIM-Mikroskopie sind die Verwendung von herkömmlichen Fluoreszenzmarkern oder gängigen fluoreszierenden Proteinen, insofern sie zu den vorhandenen Laserwellenlängen und den darauf abgestimmten Gittern der strukturierten Beleuchtung passen. Des Weiteren erlaubt die relativ hohe Geschwindigkeit einer SIM-Aufnahme (ca. 500 ms pro Bild im 2D-SIM-Modus) die Erfassung dynamischer Prozesse in lebenden Zellen.

Die Rekonstruktion und Berechnung des Super-Resolution-Bildes erfolgt in der Regel nach der eigentlichen Bildaufnahme.

SIM eignet sich für Proben von bis zu 20 μm Dicke. Wichtig ist, dass die zugrundeliegende Struktur (Zellen, Gewebe,

Markierung etc.) eine fokussierte Abbildung und Detektion des Gitterbildes erlaubt. Besondere Voraussetzungen für ein gutes hochaufgelöstes SIM-Bild sind neben der optimalen Systemkalibrierung, die Verwendung von hochwertigen Deckgläsern und große Sorgfalt bei der Reinigung der optischen Komponenten.

2.3 Stochastische optische Rekonstruktionsmikroskopie (STORM)

Die stochastische optische Rekonstruktionsmikroskopie (STORM) ist ein fluoreszenzmikroskopisches Verfahren, welches eine zehnfache Auflösungsverbesserung gegenüber der von Ernst Abbe definierten optischen Auflösungsgrenze ermöglicht (◘ Abb. 2.6). Es ist ein stochastisches Verfahren, bei dem die Auflösungsverbesserung mit Hilfe mathematischer Methoden erreicht wird. STORM gehört zur Gruppe der Einzelmolekül-

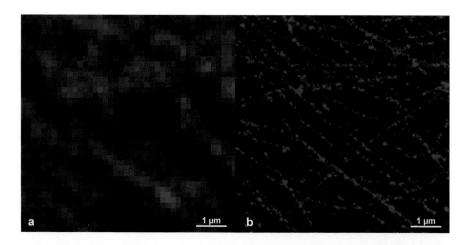

Abb. 2.6 Die Auflösungsverbesserung von STORM gegenüber konventioneller (auflösungsbegrenzter) Fluoreszenzmikroskopie **a)** Epifluoreszenzmikroskopiebild von Tubulin-Filamenten in humanen Fibroblasten markiert mit dem STORM-Paar Alexa647/Alexa405. **b)** STORM-Bild derselben Region. Es ist eine deutliche Auflösungsverbesserung erkennbar.

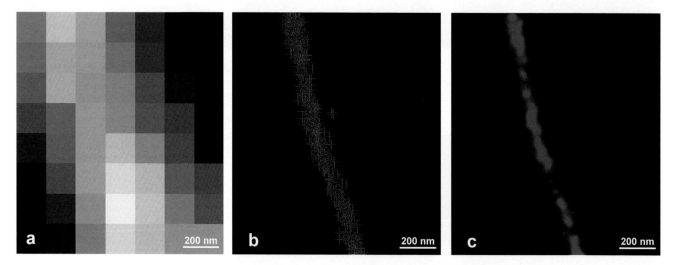

Abb. 2.7 Verschiedene Darstellungsformen von STORM Bildern am Beispiel eines stark vergrößerten Tubulinfilaments. **a)** Kamerasignal des auflösungsbegrenzten Fluoreszenzbildes. **b)** STORM Bild, bei dem jede Fluorochrom-Position als Kreuz visualisiert ist. **c)** STORM Bild bei der jede Fluorochrom-Position als Kreis visualisiert ist. Gauss-Radius 15 nm. Keine einzelnen Kreise sind erkennbar, die Struktur erscheint glatter.

lokalisationsmikroskopie und ist damit vom Funktionsprinzip verwandt mit GSDIM und PALM.

2.3.1   Das STORM-Prinzip

Fluoreszenzsignale von punktförmigen Objekten unterhalb der Auflösungsgrenze, wie sie z. B. von einzelnen Fluorochrommolekülen erzeugt werden, lassen sich mathematisch durch ihre *Point Spread Function* (PSF) beschreiben. Die Auflösungsverbesserung bei STORM basiert darauf, dass sich das Zentrum dieser PSF mathematisch sehr genau berechnen lässt. Dieses Zentrum entspricht dem Ursprungs-Ort des fluoreszierenden Objekts.

Die Präzision der Ortsbestimmung ist theoretisch unbegrenzt und hängt von der Helligkeit des Signals, also von der Anzahl der detektierten Photonen, ab. Je heller die verwende-

ten Fluorochrome, desto genauer ist die Positionsbestimmung. Typischerweise liegt sie im Bereich von Nanometern.

Damit die Ortsbestimmung von einzelnen Fluorochrommolekülen möglichst präzise ist, dürfen die Signale von benachbarten Fluorochromen nicht überlappen, sodass jede PSF nur dem Signal von einem einzelnen Fluorochrommolekül entspricht. Dieses wird dadurch erreicht, dass man die Fluorochrome in einen Zustand versetzt, in dem sie nicht alle gleichzeitig fluoreszieren. Die Fluorochrome müssen also zwischen zwei unterscheidbaren Zuständen wechseln, einem fluoreszierenden „an"-Zustand und einem nicht fluoreszierenden „aus"-Zustand. Für eine STORM-Aufnahme befindet sich dann zu jedem Zeitpunkt ein Großteil (>99 %) der Fluorochrome im „aus"-Zustand. Nimmt man mit dem Mikroskop eine Zeitserie mit 5 000 oder mehr Einzelbildern auf, sollte jedes Fluorochrom mindestens einmal im „an"-Zustand erfasst worden sein. In der Zeitserie sieht es so aus als würden die Fluorochrome blinken.

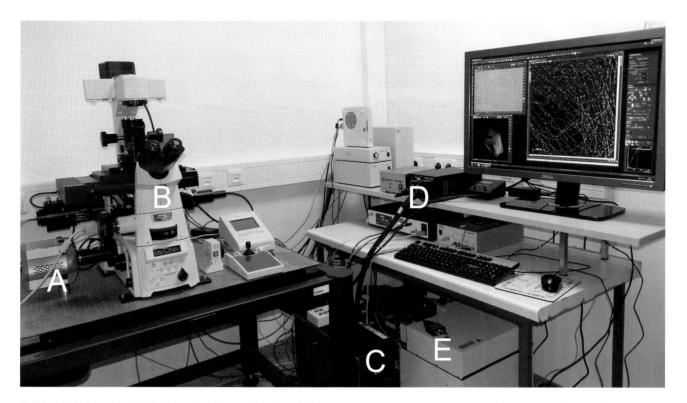

◘ Abb. 2.8 Aufbau eines STORM Super-Resolution-Mikroskops (Nikon N-STORM) **A)** EMCCD-Kamera zur Detektion von Einzelmolekülfluoreszenz. **B)** voll motorisiertes Mikroskop. **C)** Computer zur Mikroskopsteuerung, Bildberechnung und Bildanalyse. **D)** Netzteile für leistungsstarke Laser. **E)** Laserbox mit *Acousto Optical Tunable Filter* (AOTF).

Um aus der Zeitserie ein STORM-Bild zu erhalten, wird mittels einer Computer-Software die Position der Fluorchrome für jedes Einzelbild bestimmt. Die Summe aller Positionen liefert das finale superaufgelöste Bild mit einer lateralen Auflösung von bis zu 20 nm. Dieses finale Bild wird in der Regel erst in einem separaten Schritt nach der Aufnahme der Zeitserie erstellt.

Geeignete Software ermöglicht auch die Erstellung eines Live-STORM-Bildes während der Aufnahme der Zeitserie, mit etwas verringerter Auflösung als bei dem finalen STORM-Bild.

Ein STORM-Bild besteht aus den Positions-Koordinaten der einzelnen Fluorochrome. Es gibt verschiedene Möglichkeiten, ein STORM-Bild zu visualisieren. Am gebräuchlichsten ist es, jede Fluorochrom-Position als Kreis darzustellen. Auf die Kreise wird ein Gauss-Filter angewendet, so dass ihre Intensität zum Rand hin abnimmt. Der Gauss-Radius wird so gewählt, dass er im Bereich der Lokalisationsgenauigkeit der einzelnen Fluorochrome liegt, wodurch die Darstellung des Bildes geglättet wird.

Eine weitere Möglichkeit STORM-Bilder zu visualisieren, besteht darin, jede Fluorochrom-Position als Kreuz darzustellen. Dabei ist jede Fluorochrom-Position gut erkennbar, jedoch wirkt diese binäre Darstellung auf den Betrachter unkonventionell.

In ◘ Abbildung 2.7 sind die verschiedenen Möglichkeiten der Visualisierung von STORM-Bildern gezeigt.

Ein STORM-Mikroskop basiert auf einem TIRF-Mikroskop, ausgestattet mit starken Lasern (>100 mW Ausgangsleistung) als Lichtquellen und einer empfindlichen EMCCD-Kamera für die Detektion von Einzelmolekülfluoreszenz. Bei einem STORM-Mikroskop ist zusätzlich der Strahlengang so optimiert, dass der Teil der Probe, der für die STORM-Aufnahme genutzt wird, mit möglichst hoher Lichtintensität beleuchtet wird. Eine STORM-Aufnahme kann in TIRF- oder Weitfeldbeleuchtung durchgeführt werden. In ◘ Abbildung 2.8 ist ein STORM-Mikroskop mit seinen Komponenten zu sehen.

2.3.2 Farbstoffe für STORM

Die Farbstoffe für STORM setzen sich aus einem Paar von zwei verschiedenen Fluorochromen zusammen. Ein Fluorochrom, welches sich mit rotem Laserlicht anregen lässt und im nahen Infrarot fluoresziert, dient als sog. Reporter. Als Reporter werden Alexa647 oder der strukturell analoge Farbstoff Cy5 verwendet. Ein zweites Fluorochrom, welches sich mit kurzwelligerem Licht anregen lässt, dient als Aktivator. Typische Farbstoffe, die sich als Aktivator verwenden lassen, sind Cy3, Cy2, Alexa488 und Alexa405. Sowohl das Aktivator-Fluorochrom als auch das Reporter-Fluorochrom müssen an dasselbe Molekül gebunden sein, welches eine zelluläre Zielstruktur bindet, meist an einen Antikörper (siehe ◘ Abb. 2.9).

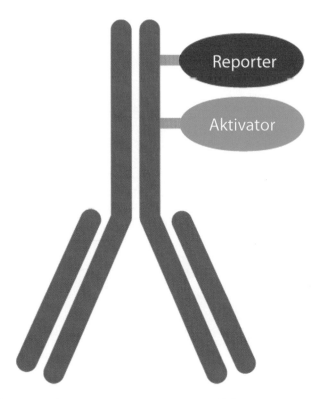

Abb. 2.9 Schematische Darstellung eines Farbstoffs für STORM. Jeweils ein Reporterfluorochrom und ein Aktivatorfluorochrom sind an denselben Antikörper gebunden.

Bei einer STORM-Aufnahme werden zunächst die Reporter-Fluorochrome durch einen starken Lichtpuls mit einem roten Laser in den dunklen „aus"-Zustand versetzt.

Durch Anregung des Aktivators mit geeignetem Laserlicht wird ein geringer Anteil des an den gleichen Antikörper gebundenen Reporterfluorochroms aus dem dunklen „aus" in den fluoreszierenden „an"-Zustand versetzt. Im „an"-Zustand werden dann die Reporterfluorochrome mit rotem Laserlicht angeregt und ihre Fluoreszenzsignale mit der EMCCD-Kamera detektiert. Dabei werden sie wieder in den „aus"-Zustand versetzt.

Dieser Zyklus aus Aktivierung und Auslesen des Signals des Reporterfluorochroms wird mehrere Tausend Mal wiederholt. In ◻ Abbildung 2.10a ist der Ablauf einer STORM-Aufnahme schematisch dargestellt.

Die Reaktion vom „aus" in den „an" Zustand kann auch spontan geschehen. Sie ist jedoch sehr langsam, was die Aufnahmezeit enorm verlängern würde. Durch Anregung des Aktivators wird diese Reaktion stark beschleunigt, sodass eine STORM-Aufnahme meist nur wenige Minuten dauert.

Eine STORM-Färbung wird wie eine konventionelle immuncytochemische Färbung durchgeführt. Um der höheren Auflösung gerecht zu werden, muss die Konzentration des primären Antikörpers so gewählt werden, dass eine sehr dichte Markierung der Zielstruktur erhalten wird.

STORM-Aufnahmen werden meist in 8-Well-Kammern mit Glasboden (0,17 mm Dicke) durchgeführt. Es wird ein spe-

◻ **Tab. 2.1** STORM-Puffer	
Pufferzusammensetzung	**Bemerkungen**
50 mM Tris (pH 8.0), 10 mM NaCl, 0.5 mg ml⁻¹ Glucoseoxidase, 40 µg ml⁻¹ Katalase, 10 % (w/v) Glucose, ß-Mercaptoethanolamin [MEA] (10 mM bis 100 mM) (Ref. 1)	Frisch ansetzen aus: 1) 50 mM Tris pH 8 mit 10 % (w/v) Glucose (bei 4°C lagern) 2) Enzymlösung (20-fach konzentriert, bei −20°C lagern): 10 mg ml⁻¹ Glucoseoxidase, 0,8 mg ml⁻¹ in 50 mM Tris pH 8.0 + 50 % Glycerin 3) 1 M MEA pH 8 etwa (2 Wochen stabil bei 4°C)
50 mM Tris (pH 8.0), 10 mM NaCl, 0.5 mg ml⁻¹ Glucoseoxidase, 40 µg ml⁻¹ Katalase, 10 % (w/v) Glucose, 143 mM ß-Mercaptoethanol (Ref. 1)	Frisch ansetzen aus: 1) 50 mM Tris pH 8 mit 10 % (w/v) Glucose 2) Enzymlösung (20-fach konzentriert, bei -20°C lagern): 10 mg ml⁻¹ Glucoseoxidase, 0,8 mg ml⁻¹ in 50 mm Tris pH 8.0 + 50 % Glycerin 3) 14.3 M ß-Mercaptoethanol (bei 4°C lagern)
PBS (pH 7.4), 100 mM MEA (Ref. 2)	Frisch ansetzen, ggf. das PBS entgasen
Leibowitz medium pH 7.2, 0.5 mg ml⁻¹ Glucoseoxidase, 40 µg ml⁻¹ Katalase, 10 % (w/v) Glucose, 1 mM Ascorbinsäure (Ref. 3)	Für Lebendzell-STORM. Medium vorwärmen. Puffer frisch ansetzen.
PBS (pH 7.4) 0.5 mg ml⁻¹ Glucoseoxidase, 40 µg ml⁻¹ Katalase, 10 % (w/v) Glucose, Ascorbinsäure (25 µM – 500 µM), Methylviologen (25 µM – 500 µM) (Ref. 4)	Bei Ascorbinsäurekonzentrationen höher als 100 µm sollte durch Zugabe einer kleinen Menge einer 1 M Dinatriumhydrogenphosphat (Na₂HPO₄)–Lösung der pH-Wert konstant gehalten werden.
Mowiol + MEA (50 µM – 200 µM)	Frisch ansetzen aus – Mowiol – MEA 2 M Stammlösung in H₂O (einige Wochen bei 4°C stabil) Sehr gut mischen.

Referenzen: 1) Dempsey et al. 2011, 2) Heilemann et al. 2009, 3) Benke & Manley 2012, 4) Vogelsang et al. 2009

zieller Aufnahmepuffer benötigt, der dafür sorgt, dass die Fluorochrome mehrmals reversibel blinken, bevor sie irreversibel bleichen. Dieser Aufnahmepuffer enthält Moleküle mit freien Thiolgruppen (-SH), meist ß-Mercaptoethanolamin (MEA) und ein Enzymsystem, welches Sauerstoff aus dem Puffer entfernt. Da das Enzymsystem sein Substrat Glucose verbraucht, ist der Puffer nur kurz haltbar. Aus diesem Grund muss er frisch angesetzt und erst direkt vor der Aufnahme auf die Probe gegeben werden. Wenn das Blinken nachlässt, also die Fluorochrome rasch anfangen zu bleichen, muss der Puffer gewechselt werden. In ◻ Tabelle 2.1 sind verschiedene gebräuchliche Puffer für STORM aufgeführt.

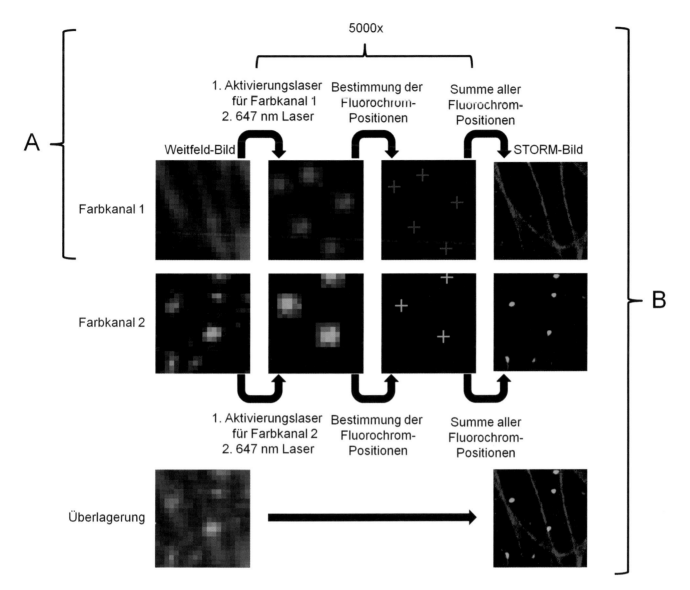

◘ Abb. 2.10 Das Prinzip von STORM. **a)** Durch einen starken roten Laser und einen speziellen Bildaufnahmepuffer werden die Reporterfluoro-chrome in einen reversiblen „aus"-Zustand versetzt. Mit einem kurzwelligeren Aktivierungslaser werden dann die Aktivatorfluorochrome angeregt. Dadurch werden die an die gleichen Antikörper gebundenen Reporterfluorochrome aktiviert. Die Intensität des Aktivierungslasers wird so gewählt, dass nur ein geringer Teil aller Reporterfluorochrome aktiviert wird. Bei erneuter Beleuchtung mit dem roten Laser fluoreszieren diese aktivierten Reporterfluorochrome kurz und gehen dann wieder in den „aus"-Zustand über. Ihre Fluoreszenzsignale werden mit einer EMCCD-Kamera detektiert. Dieser Vorgang wird mehrere Tausend Mal wiederholt. Die Fluoreszenzsignale stammen von einzelnen Fluorochromen. Deren Positionen lassen sich mit geeigneter Software sehr genau bestimmen. Dieses wird für jedes Einzelbild durchgeführt. Die Summe aller Positionen liefert das superauf-gelöste STORM Bild. **b)** Bei einer Zweifarben-STORM Aufnahme werden abwechselnd zwei unterschiedliche Aktivierungslaser verwendet, so dass nur Fluorochrompaare, die das passende Aktivatorfluorochrom haben, aktiviert werden. Für jeden einzelnen Farbkanal ist das Prinzip gleich dem einer Einfarben-STORM-Aufnahme. Probe: Alpha Tubulin gefärbt mit Alexa647/Alexa405 (Farbkanal 1, rot) und Beta-Catenin gefärbt mit Alexa647/Alexa568 (Farbkanal 2, grün) in primären humanen Fibroblasten.

2.3.3 Mehrfarben-STORM

Beim Mehrfarben-STORM werden für die verschiedenen Farbkanäle unterschiedlich farbige Aktivator-Fluorochrome verwendet (z. B. Alexa405, Cy2 und Cy3 für eine Dreifarben-Aufnahme). Das Reporter-Fluorochrom ist für alle Farbkanäle gleich, nämlich Alexa647 bzw. Cy5. Bei der Aufnahme werden abwechselnd die verschiedenen Aktivator-Fluorochrome mit geeignetem Laserlicht angeregt. Es werden dadurch idealer-weise nur die Reporter-Fluorochrome in den „an"-Zustand versetzt, die an einen Antikörper mit dem entsprechenden Aktivator-Fluorochrom gebunden sind. Für alle Farbkanäle wird die Fluoreszenz von Alexa647 bzw. Cy5 als Signal detektiert. Die Farbtrennung erfolgt ausschließlich über die verschiedenen Aktivatorfluorochrome. Dies hat den Vorteil, dass keine chromatische Aberration auftritt. Die chromatische Aberration der verwendeten Objektive ist zwar korrigiert, jedoch nur für den Auflösungsbereich eines konventionellen Fluoreszenzmikroskops, nicht für den eines Super-Resolution-Mikroskops. Das Prinzip von Mehrfarben-STORM ist in ■ Abbildung 2.10b schematisch dargestellt.

2.3.4 3D-STORM

STORM kann auch in der dritten Dimension eine zehnfache Auflösungsverbesserung erzielen. Im Gegensatz zu anderen mikroskopischen Techniken, wie der konfokalen Laserscanning-Mikroskopie, muss die Probe bzw. das Objektiv dazu nicht bewegt werden. Dadurch ist die Aufnahmezeit für eine 2D- und für eine 3D-STORM-Aufnahme genau gleich.

Für ein 3D-STORM-Bild wird eine zylindrische Linse in den Strahlengang eingebracht. Diese Linse sorgt dafür, dass die PSF nur exakt in der Fokusebene rund ist. Oberhalb der Fokusebene ist sie horizontal verzerrt, unterhalb der Fokusebene ist sie vertikal verzerrt (■ Abb. 2.11a). Mit Hilfe einer Kalibrierungskurve lässt sich aus dieser Verzerrung die dreidimensi-

onale Position der Moleküle errechnen. Der axial erfassbare Bereich beträgt etwa 1 µm, wobei eine Auflösung von bis zu 50 nm erreicht werden kann (■ Abb. 2.11b).

2.3.5 Lebendzell-STORM

Meist werden fixierte Präparate für STORM verwendet. STORM kann jedoch auch bei lebenden Zellen verwendet werden, sodass man ein zeitaufgelöstes Superresolution-Bild bekommt. Die Markierung der Zielstruktur erfolgt in diesem Fall nicht über Antikörper. Wie bei der Markierung über Reporterproteine (▶ Kap. 22) erfolgt der erste Schritt der Markierung auf Genebene. In den Zielzellen müssen Fusionsproteine vom Zielprotein mit einem sog. *Tag* (engl. Etikett)-Protein exprimiert werden. Diese *Tag*-Proteine binden spezifische Substrate. Diese Substrate lassen sich an Fluorochrome koppeln. Der zweite Schritt der Markierung ist die Zugabe dieser substratgekoppelten Fluorochrome zu den Zellen. Im Gegensatz zu Antikörpern

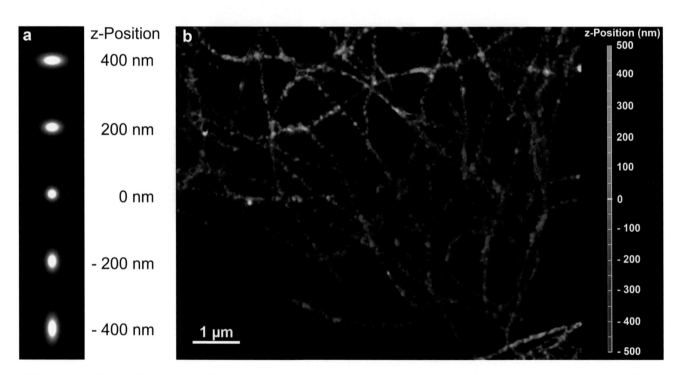

■ **Abb. 2.11** 3D-STORM. **a**) Verzerrung der PSF abhängig von seiner dreidimensionalen Position. Aus dieser positionsabhängigen Verzerrung lässt sich sie dreidimensionale Position des Fluorochroms sehr genau bestimmen. **b**) Beispiel für eine 3D-STORM-Aufnahme. Tubulin-Filamente in A549-Zellen wurden dazu mit dem STORM Farbstoffpaar Cy5/Cy2 markiert. Die dreidimensionale Position ist über eine Farbkodierung wiedergegeben.

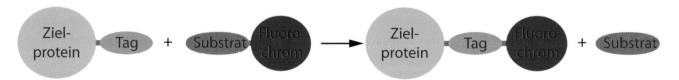

■ **Abb. 2.12** Markierung von Proteinen für Lebendzell-STORM. Über gentechnische Methoden wird von dem Zielprotein ein Fusionsprotein mit einem sogenannten *Tag* (engl. Etikett)-Protein erstellt und exprimiert. Das Fluorochrom wird an ein Substrat gekoppelt, welches von diesem *Tag*-Protein spezifisch erkannt und gebunden wird. Gibt man diese substratgekoppelten Fluorochrome zu lebenden Zellen, wird das Zielprotein mit dem Fluorochrom markiert, wobei meist das Substrat abgespalten wird.

können diese substratgekoppelten Fluorochrome in lebende Zellen eindringen und dort an die mit einem *Tag* markierten Zielstrukturen binden. Meist kommt es dabei zur Ausbildung einer kovalenten Bindung, bei der das Substrat freigesetzt wird. Auf diese Art lassen sich lebende Zellen spezifisch mit organischen Fluorochromen markieren (◘ Abb. 2.12). Viele kommerzielle Systeme sind verfügbar (*SNAP-Tag, HaloTag* etc.).

Für Lebendzell-STORM wird eine Zeitserie von mehreren Minuten aufgenommen. Dabei sollten möglichst viele Bilder pro

Sekunde erzeugt werden. Der begrenzende Faktor hierbei ist die Aufnahmegeschwindigkeit der Mikroskopkamera. Nimmt man einen kleineren Bereich auf (z. B. 32 × 32 Kamerapixel) ist die maximale Aufnahmegeschwindigkeit deutlich höher als bei einem größeren Bereich (z. B. 256 × 256 Kamerapixel). Aus diesem Grund wird bei Lebendzell-STORM-Aufnahmen der Aufnahmebereich meistens klein gewählt. Für die Berechnung der Fluorochrompositionen wird die Zeitserie dann in verschiedene Abschnitte unterteilt (z. B. 0s–30s, 30s–60s, 60s–90s etc.). Für jeden

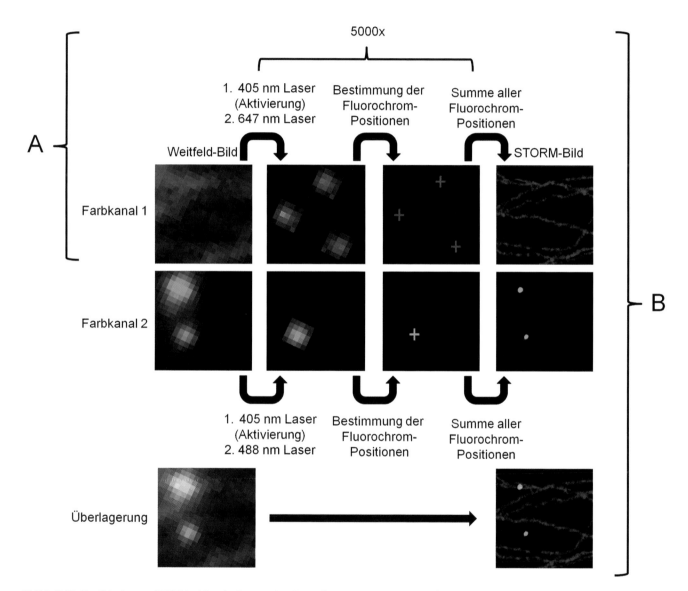

◘ **Abb. 2.13** Das Prinzip von dSTORM. **a)** Durch einen starken Laser (hier ein 647 nm Laser) und einen speziellen Bildaufnahmepuffer werden die Fluorochrome in einen reversiblen „aus"-Zustand versetzt. Mit einem 405 nm Laser wird ein geringer Teil von ihnen aktiviert. Bei erneuter Beleuchtung mit dem 647 nm Laser fluoreszieren diese aktivierten Reporterfluorochrome kurz und gehen dann wieder in den „aus"-Zustand über. Ihre Fluoreszenzsignale werden mit einer EMCCD-Kamera detektiert. Dieser Vorgang wird mehrere Tausend Mal wiederholt. Die Fluoreszenzsignale stammen von einzelnen Fluorochromen. Deren Positionen lassen sich mit geeigneter Software sehr genau bestimmen. Dieses wird für jedes Einzelbild durchgeführt. Die Summe aller Positionen liefert das superaufgelöste dSTORM Bild. **b)** Bei einer Zweifarben-dSTORM Aufnahme werden Fluorochrome verwendet, deren Anregungsspektren sich möglichst nicht überschneiden. Die verschiedenfarbigen Fluorochrome werden dann alternierend über Laserlicht angeregt, welches zu ihrem Anregungsspektrum passt (hier 647 nm Laserlicht für Farbkanal 1 und 488 nm Laserlicht für Farbkanal 2). Die Detektion der Fluoreszenzsignale erfolgt über denselben Mikroskopfilter mit derselben Kamera. Die Farbzuordnung erfolgt über das anregende Laserlicht. Zur Aktivierung wird jeweils 405 nm Laserlich verwendet. Für jeden einzelnen Farbkanal ist das Prinzip gleich wie bei einer Einfarben-dSTORM-Aufnahme. Probe: Primäre humane Fibroblasten infiziert mit humanen Cytomegalieviren. Alpha Tubulin gefärbt mit Alexa647 (Farbkanal 1, rot) virales Protein pp65 gefärbt mit Alexa488 (Farbkanal 2, grün).

dieser Abschnitte wird ein STORM-Bild erstellt. Somit erhält man STORM-Bilder von verschiedenen Zeitintervallen. Dabei muss immer ein Kompromiss zwischen der räumlichen und der zeitlichen Auflösung eingegangen werden. Je länger man die zeitlichen Abschnitte wählt, desto besser ist die räumliche Auflösung, aber desto schlechter ist die zeitliche Auflösung und umgekehrt.

Der STORM Aufnahmepuffer kann sich auf die Vitalität der Zellen negativ auswirken. Einige organische Fluorochrome wie ATTO655 oder ATTO680 können ohne einen solchen Puffer für Lebendzell-STORM verwendet werden. Bei ihnen genügt das zelluläre Milieu, um das Blinken zu ermöglichen. Bei diesen Fluorochromen wird kein Aktivatorfluorochrom benötigt. Die STORM-Aufnahmen erfolgen dann nach dem Prinzip der direkte stochastische optische Rekonstruktionsmikroskopie (dSTORM siehe 2.3.6.).

2.3.6   Direkte stochastische optische Rekonstruktionsmikroskopie (dSTORM)

Eine spezielle Variante der stochastischen optischen Rekonstruktionsmikroskopie (STORM) ist die direkte stochastische optische Rekonstruktionsmikroskopie (dSTORM). Diese basiert auf denselben Prinzipien wie STORM, dem Versetzen eines Großteils der Fluorochrome in einen zeitweiligen nicht fluoreszierenden dunklen „aus" Zustand und die genaue mathematische Ortsbestimmung von den wenigen zeitgleich fluoreszierenden Molekülen mittels Computersoftware.

Der wesentliche Unterschied zu STORM ist die Art der verwendeten Fluorochrom. Während man bei STORM immer ein Fluorchrom-Paar bestehend aus Aktivator und Reporter verwendet, wird bei dSTORM auf den Aktivator verzichtet. Es werden also konventionelle Fluorochrome verwendet, die auch bei anderen fluoreszenzmikroskopischen Markierungstechniken zum Einsatz kommen.

Für dSTORM werden die gleichen Pufferbedingungen wie für STORM verwendet (◼Tab. 2.1). Unter diesen Pufferbedingungen und der Verwendung von starken Lasern als Lichtquellen lassen sich viele organische Fluorochrome (meist Cyanin- oder Rhodamin-Farbstoffe) zeitweilig in einen nicht fluoreszierenden dunklen „aus"-Zustand versetzen. Aus diesem können sie spontan ohne Aktivierung zurück in den fluoreszierenden Zustand reagieren. Da diese Reaktion meist zu langsam für dSTORM Aufnahmen ist, wird hier genau wie bei STORM ein Aktivierungslaser verwendet, der die Rückreaktion vom nicht fluoreszierenden „aus"-Zustand in den fluoreszierenden „an"-Zustand beschleunigt. Im Gegensatz zu STORM ist dieser nicht auf ein spezielles Aktivator-Fluorochrom gerichtet. Stattdessen wird für die meisten dSTORM Farbstoffe 405 nm Laserlicht verwendet. Das Prinzip von dSTORM ist in ◼ Abbildung 2.13a dargestellt.

Einige Fluorochrome benötigen keinen speziellen Puffer für dSTORM Aufnahmen. Dazu gehören Cage-Farbstoffe, die erst nach Aktivierung durch violettes Licht (meist wird ein 405 nm oder ein UV-Laser verwendet) ihre gewünschte Fluoreszenz zeigen. Diese Farbstoffe zeigen kein Blinken, bei dem sie mehrfach an- und ausgehen, sondern können nur einmal von einem nicht fluoreszierenden in einen fluoreszierenden Zustand versetzt werden. Die Leistung des Aktivierungslasers wird so gewählt, dass immer nur eine kleine Fraktion aller Fluorochrome aktiviert wird. Mit Hilfe eines starken Lasers werden dann die aktivierten Fluorochrome angeregt und ihre Fluoreszenz detektiert. Durch die hohe Lichtintensität werden die aktivierten Fluorochrome gebleicht. Danach erfolgt die erneute Aktivierung einer kleinen Fraktion aller Fluorochrome durch violettes Laserlicht.

Weiterhin sind auch Farbstoffe verfügbar, die ein echtes Blinken ohne speziellen Aufnahmepuffer zeigen. Diese Fluorochrome wechseln dann mehrfach zwischen einem fluoreszierenden und einem nicht fluoreszierenden Zustand. Beispiele hierfür sind der organische Farbstoff Abberior Flip565 sowie

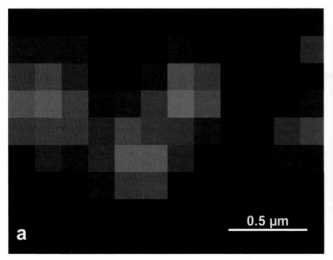
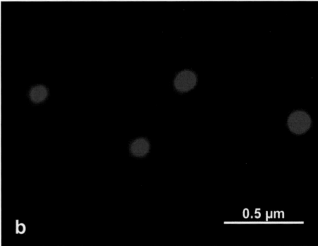

◼ **Abb. 2.14** dSTORM mit QuantumDot Nanokristallen. Das Glykoprotein B humaner Cytomegalieviren wurde mit QuantumDot Nanokristallen (QDot 655) markiert. **a)** Auflösungsbegrenztes Bild der Mikroskopkamera (Pixelgröße 160 nm). **b)** Dazugehöriges dSTORM-Bild. Die Größe der Viruspartikel, die etwa 160 nm bis 200 nm beträgt, lässt sich mit dSTORM richtig darstellen.

◻ Tab. 2.2 Fluorochrome für dSTORM

Name	Anregungs-/Emissionsmaxima	Bemerkung
Alexa488	491 nm / 517 nm	
Rhodamine123	500 nm / 518 nm	
Dy505	500 nm / 525 nm	
Atto488	501 nm / 523 nm	
Cage500	501 nm / 524 nm	Funktioniert ohne STORM-Puffer. Kein MEA oder ß-Mercaptoethanol verwenden.
Pico Green	502 nm / 522 nm	Interkalator, auch für Lebendzell-STORM geeignet
Qdot525	< 300 nm / 525 nm	Funktioniert ohne STORM-Puffer.
SNAP-Cell 505-Star	504 nm / 532 nm	Für Lebendzell-STORM
Atto520	516 nm / 538 nm	
Cage532	518 nm / 548 nm	Funktioniert ohne STORM-Puffer. Kein MEA oder ß-Mercaptoethanol verwenden.
Rhodamine6G	526 nm / 556 nm	
Alexa532	532 nm / 552 nm	
Atto532	532 nm / 553 nm	
Dy530	535 nm / 556 nm	
Cy3	550 nm / 570 nm	
Cage552	552 nm / 574 nm	Funktioniert ohne STORM-Puffer. Kein MEA oder ß-Mercaptoethanol verwenden.
SNAP-Cell TMR-Star	554 nm / 580 nm	Für Lebendzell-STORM
Flip565	558 nm / 283 nm	Funktioniert ohne STORM- Puffer. Kein MEA oder ß-Mercaptoethanol verwenden.
Cy3B	559 nm / 570 nm	
ATTO565	563 nm / 592 nm	
Cy3.5	581 nm / 596 nm	
Qdot605	< 300 nm / 603 nm	Funktioniert ohne STORM-Puffer.
Cage590	586 nm / 607 nm	Funktioniert ohne STORM-Puffer. Kein MEA oder ß-Mercaptoethanol verwenden.
ATTO590	594 nm / 624 nm	
Cage635	630 nm / 648 nm	Funktioniert ohne STORM-Puffer. Kein MEA oder ß-Mercaptoethanol verwenden.
Qdot655	< 300 nm / 654 nm	Funktioniert ohne STORM-Puffer.
Alexa-Fluor647	649 nm / 670 nm	
Cy5	649 nm / 670 nm	
Dy654	654 nm / 675 nm	
ATTO655	663 nm / 684 nm	
TMP-ATTO655	663 nm / 684 nm	Für Lebendzell-STORM
ATTO680	680 nm / 700 nm	
ATTO700	700 nm / 719 nm	
Atto740	740 nm / 764 nm	
Cy7	747 nm / 776 nm	
Alexa750	749 nm / 775 nm	
DyLight750	752 nm / 778 nm	

Referenzen: 1) Dempsey et al. 2011, 2) van de Linde 2011, 3) Benke & Manley 2012

fluoreszierende Nanokristalle, die sogenannten QuantumDots (◻ Abb. 2.14).

In ◻ Tabelle 2.2 ist eine Liste von Fluorochromen zu finden, die sich für dSTORM verwenden lassen.

2.3.6.1 Mehrfarben-dSTORM

Bei dSTORM werden für eine Mehrfarbenaufnahme Fluorochrome verwendet, deren Anregungsspektren sich möglichst nicht überschneiden. Die verschiedenfarbigen Fluorochrome werden dann alternierend über Laserlicht angeregt, welches zu ihrem Anregungsspektrum passt. Das Ein- und Ausschalten der Laserlinien erfolgt über einen AOTF. Die Detektion der Fluoreszenzsignale erfolgt über denselben Mikroskopfilter mit derselben Kamera. Die Farbzuordnung erfolgt über das anregende Laserlicht: 488 nm Laserlicht regt hauptsächlich grüne Fluorochrome an (z. B. Alexa 488, Atto488), 647 nm Laserlicht regt hauptsächlich infrarote Fluorochrome an (z. B. Alexa647, Cy5). Eventuell auftretender „Crosstalk", also die ungewollte Anregung von zwei verschiedenfarbigen Fluorochromen mit demselben Anregungslicht, lässt sich mittels geeigneter Software korrigieren.

Bei Mehrfarbenaufnahmen müssen für jeden Farbkanal eigene Parameter für die Berechnung der Fluorochrom-Positionen eingestellt werden, da die unterschiedlichen Fluorochrome unterschiedliche Intensitäten haben können.

Für eine Mehrfarben-dSTORM Aufnahme in 3D muss für jedes Fluorochrom eine eigene 3D-Kalibrierungskurve verwendet werden. Zusätzlich muss die chromatische Aberration in der dritten Dimension korrigiert werden. Diese kann mit Hilfe von fluoreszierenden Kügelchen (Beads), die zur Probe gegeben werden, durchgeführt werden.

2.4 GSDIM: Depletion des Grundzustandes

Voraussetzung zur Erzeugung von Bildern durch Lokalisation einzelner Ereignisse ist, dass die Ereignisse selten genug vorkommen, damit sie sicher zu trennen sind. Das GSDIM-Verfahren (Ground State Depletion followed by Indivdual single Molecule return) verwendet den Fluoreszenzmolekülen inhärente Eigenschaften, um diese Verteilung sicher zu stellen. Das vereinfacht sowohl den apparativen Aufbau und eröffnet Super-Auflösung für viele kommerzielle Fluoreszenzfarbstoffe. Hinzu kommt, dass die Regeneration selbsttätig abläuft, also keine zusätzlichen Mittel nötig sind, um die einzelnen Fluoreszenzemitter an- oder abzuschalten. Somit handelt es sich um ein asynchrones Verfahren, was in der Regel zu kürzeren Bildaufbauzeiten führt.

2.4.1 Fluoreszenzzustände

Um das Konzept zu verstehen, wie man mit einer Abreicherung des Grundzustandes in der Fluoreszenz einzelne Moleküle zur Lokalisation sichtbar machen kann, soll hier nochmals kurz auf die Energiezustände und den Fluoreszenzprozess eingegangen werden. Ein zur Fluoreszenz befähigtes System – meist wird es sich dabei um organische chemische Moleküle handeln – kann bei geeigneter Struktur des Elektronensystems Energiequanten absorbieren. Für den Fall der Fluoreszenz interessiert uns die Absorption von Lichtquanten (Photonen). Bei einem solchen Absorptionsvorgang verschwindet das anregende Photon, und das elektronische System wird von einem niedrigen Zustand - unter normalen Bedingungen dem Grundzustand – in einen höher angeregten Zustand überführt. In der Regel ist der angeregte Zustand der sogenannte Singulett S1 Zustand. Die genaue Herkunft dieser Bezeichnung stammt aus der Quantentheorie und soll hier nicht näher beleuchtet werden. Nach einer gewissen Zeit wird dieser angeregte Zustand spontan wieder zerfallen. Dabei wird ein weiteres Photon ausgesandt – die Fluoreszenz-Emission, und das System befindet sich anschließend wieder im Grundzustand. Da während des angeregten Zustandes schon ein kleiner Teil der Energie als Wärme verloren geht, ist das emittierte Photon von niedrigerer Energie als das anregende. Sichtbar wird das durch die Verschiebung der Farben von kürzerwelligen (blaueren) zu längerwelligen (röteren) Photonen. Diese Verschiebung ist als „Stokes-Shift" bekannt und ermöglicht die Trennung von Anregung und Emission, ist also ein zentrales Phänomen bei Fluoreszenzmessungen.

Der Prozess der Absorption und Emission kann sehr oft wiederholt werden. Üblicherweise kann man bei der Belichtung eines einzelnen Moleküls mehrere Tausend Fluoreszenzphotonen erzeugen. Bei den allermeisten Fluorochromen tritt nach einer gewissen Zahl von solchen Fluoreszenz-Zyklen ein anderes Phänomen auf: Aus dem angeregten Zustand kehrt das System nicht unter Aussendung eines Lichtquants in den Grundzustand zurück, sondern gelangt in einen Dunkelzustand. Es gibt unterschiedliche reversible Dunkelzustände, die aber prinzipiell alle für dieses Verfahren verwendet werden können, am bekanntesten ist der sogenannte „Triplett-Zustand". Die Wahrscheinlichkeit für einen Übergang in einen solchen Dunkelzustand ist durch quantenmechanische Parameter bestimmt und damit ein zufälliges Ereignis, etwa wie der radioaktive Zerfall. Ob ein Molekül also gleich bei der ersten Anre-

gung in einen Dunkelzustand übergeht, oder erst nach 100 000 Fluoreszenzanregungen, lässt sich nicht vorhersagen. Aber die mittlere Zahl von Fluoreszenzemissionen vor einem solchen Übergang charakterisiert den Fluoreszenzfarbstoff.

Im Gegensatz zu den angeregten Zuständen, die nur wenige Nanosekunden lang andauern, sind Dunkelzustände oft deutlich langlebig, typischerweise im Bereich von Millisekunden. Während dieser Zeit kann kein Anregungsphoton absorbiert und kein Fluoreszenzphoton emittiert werden. Dennoch ist das Molekül nicht zerstört, sondern kehrt nach einiger Zeit wieder in den Grundzustand zurück – von wo aus es wieder wie neu für den Fluoreszenzprozess zur Verfügung steht. Im Grunde schaltet das Molekül also stochastisch selbsttätig ein und aus (weshalb eine weitere Lichtquelle für die Aktivierung nicht nötig ist).

2.4.2 Verarmung des Grundzustandes

In Abhängigkeit von der Beleuchtungsintensität kann man nun unterschiedliche Verhaltensweisen eines Ensembles von Fluoreszenzmolekülen beobachten. Bei ganz geringer Intensität werden nur wenige Moleküle des Ensembles gelegentlich ein Lichtquant absorbieren und Fluoreszenz emittieren. Da alle Moleküle angeschaltet sind, lässt sich bei überlappenden Punktverwaschungsfunktionen (PSF) nichts über die Struktur unterhalb der Beugungsbegrenzung aussagen. Ein beugungsbegrenztes Bild lässt sich nur über sehr lange Integration erzeugen. Die Wahrscheinlichkeit, dass Moleküle im Dunkelzustand sind, ist verschwindend gering. (◘ Abb. 2.15a)

Erhöht man die Beleuchtungsstärke, dann nimmt auch die Fluoreszenz zu, und man kann ohne lange Mittelungen direkt Fluoreszenzbilder erzeugen. (◘ Abb. 2.15b und c) Diese sind beugungsbegrenzt.

Bei weiterer Erhöhung der Intensität wird die Emission wieder abnehmen. Das rührt daher, dass nun immer mehr Moleküle in den Dunkelzustand übergehen. Diese Moleküle stehen also für die Zeit im Dunkelzustand nicht zur Verfügung, und obwohl die Beleuchtung stärker wird, nimmt die messbare Fluoreszenz weiter ab. (◘ Abb. 2.15d)

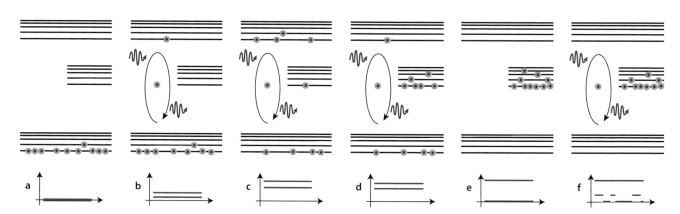

◘ **Abb. 2.15** Zum Prinzip der Verarmung des Grundzustandes und Einzelmolekül-Rückkehr. Einzelheiten siehe Text.

Wird eine bestimmte Beleuchtungsstärke überschritten, kann man alle Moleküle in den Dunkelzustand überführen. (◘ Abb. 2.15e) Dann ist das Bild völlig schwarz. Hier hat man nun das ganze Ensemble aus dem Grundzustand in den Dunkelzustand überführt – und damit den Grundzustand geräumt (*depleted*). Unter dieser Bedingung kommt es – wie oben beschrieben, nur nach vergleichsweise langer Zeit zu einer Rückkehr in den Grundzustand. Dieser Übergang ist von der Beleuchtung unabhängig. Ein solches Molekül steht dann also eine gewisse Zeit lang (bis es wieder in den Dunkelzustand übergeht) für Fluoreszenz zur Verfügung (◘ Abb. 2.15f). Man sieht dann die Emission eines einzelnen Moleküls vor einem dunkeln Hintergrund. Da das Molekül einige tausend Photonen vor dem nächsten Dunkelereignis erzeugen kann, wird im aufgezeichneten Bild ein gut definiertes Beugungsbild eines einzelnen Moleküls sichtbar. Dieses Beugungsbild steht zur Lokalisierung nach der Methode wie (oben) beschrieben zur Verfügung.

2.4.3 3D-GSDIM

Wie in den anderen Verfahren, kann man auch hier dreidimensionale Informationen extrahieren, indem eine zylindrische Linse eingesetzt wird, die einen kontrollierten Astigmatismus erzeugt. Aus der Orientierung des Astigmatismus kann man auf die axiale Position des Emitters zurückrechnen (▸ Kap. 2.3.4)

2.5 STED – Stimulierte Emissions-Depletion

Das erste Verfahren, mit dem zumindest theoretisch die optische Auflösungsgrenze beliebig unterschritten werden kann, ist als STED (*Stimulated Emission Depletion*) bekannt geworden ist. Dabei werden Eigenschaften des Materials (hier: der Fluoreszenzmoleküle) ausgenutzt – nachdem die optischen Möglichkeiten erschöpft waren. Die physikalischen Gesetze des durch optische Linsen fokussierten Lichtes bleiben dabei freilich unangetastet. In der Tat werden sie sogar in zweifacher Weise ausgenutzt.

2.5.1 Stimulierte Emission

Licht kann mit Materie prinzipiell auf dreierlei Weise interagieren. Ein Lichtquantum kann absorbiert werden, wobei das absorbierende Molekül in einen höheren Anregungszustand übergeht – das ist das Phänomen der Anregung. Von diesem angeregten Zustand kann das Molekül seine Energie wieder in Form von Licht abgeben. Wenn durch einen inneren Prozess schon ein kleiner Teil der Energie als Wärme verloren gegangen ist, handelt es sich um das Phänomen der Fluoreszenz-Emission – wobei das Licht der Emission in den roten Spektralbereich verschoben ist. Beide Wechselwirkungen begründen das Phänomen der Fluoreszenz. Eine dritte Wechselwirkung tritt

auf, wenn das bereits angeregte Molekül nochmals von einem Lichtquant angestoßen wird, diesmal aber mit einer langen Wellenlänge, aus dem Emissions-Spektrum des Moleküls. In diesem Falle wirkt das zweite Lichtteilchen wie ein Auslöser, der die angespannte Energiesituation im angeregten Molekül zusammenfallen lässt, etwa so, wie eine kleine Berührung eine Mausefalle zuschnappen lässt. Dabei wird das auslösende Lichtteilchen unverändert wieder freigesetzt, dazu gleichzeitig ein zweites Lichtteilchen, das exakt dieselben Eigenschaften wie das auslösende Quantum hat. Die Emission wird also durch einen Stimulus von außen induziert, weshalb man von stimulierter Emission spricht. Da – ausgehend von einem induzierendem – nun zwei Lichtteilchen mit derselben Farbe, Richtung und Polarisation austreten, spricht man auch von Lichtverstärkung. Dieses Phänomen ist das zentrale Konzept von Lasern.

2.5.2 Rastermikroskopie

Wie bei der konfokalen Mikroskopie kann man, anstatt das gesamte Feld gleichzeitig auszuleuchten, auch einen möglichst kleinen Punkt beleuchten. Diesen Punkt muss man, um ein zweidimensionales Bild zu erhalten, mittels schneller Spiegelsysteme über das Bildfeld bewegen – in gleicher Weise etwa wie in Röntgenröhren oder Raster-Elektronmikroskopen. Das gängige STED Verfahren benutzt eine solche Rastermethode, und darum werden STED-Systeme in eleganter Weise aus konfokalen Mikroskopen abgeleitet. Dabei ist das Ziel, den Beleuchtungspunkt zur Anregung der Fluoreszenz möglichst klein zu machen. Der kleinste Durchmesser eines Beleuchtungspunktes wird durch die physikalischen Gesetze der Wellenoptik vorgegeben (▸ Kap. 1). Einerseits wirkt die Farbe auf den Durchmesser; er wird umso kleiner, je kürzer die Wellenlänge des Anregungslichtes ist (blauer Teil des Spektrums). Ebenso kann man mit größerer numerischer Apertur des Mikroskopobjektivs den Fleck verkleinern. Da aber die numerische Apertur nicht beliebig groß und die Wellenlänge nicht beliebig kurz werden kann, gibt es eine physikalische Schranke: das beugungsbegrenzte Beleuchtungs-Scheibchen. Tatsächlich handelt es sich dabei um ein komplex strukturiertes Muster (◘ Abb. 1.5), wir können aber hier mit hinreichender Güte von einem kleinen Scheibchen sprechen.

Machen wir in Gedanken eine Momentaufnahme des Beleuchtungsvorganges. Das Anregungslicht erzeugt in dem beleuchteten Fleck eine größere Anzahl angeregter Moleküle. Die Anzahl hängt von den physikalischen Eigenschaften der Moleküle und von der Intensität des Beleuchtungslichts ab. Wenn nichts weiter geschieht, werden die angeregten Moleküle nach und nach ihre Energie wieder abgeben und dabei Fluoreszenzphotonen aussenden. Diese können wir mit den Detektoren des Rastermikroskops nachweisen. Ganz offensichtlich kommen die emittierten Photonen aus der gesamten angeregten (beugungsbegrenzten) Fläche. Die Feinheit, mit der wir Strukturen im Präparat nachweisen können, hängt von der Größe dieser Fläche ab. Die Größe des Flecks ist auflösungsbestimmend. Je feiner der Fleck, desto besser die Auflösung. Ebenso, wie man mit einer feinen Nadel kleinere Details als mit einem groben Spatel erspüren kann. Während des Rastervorganges tastet also die beugungsbegrenzte Lichtnadel das Präparat ab.

2.5.3   Toroide Fokusformen

Das oben beschriebene beugungsbegrenzte Scheibchen kann man nur erzeugen, wenn das Licht homogen und ungestört in das Objektiv eintritt. Wird ein Teil des Lichtes aufgehalten (physikalisch: phasenverschoben), etwa indem es durch eine zusätzliche Strecke Glas hindurchtreten muss, wird die Form des Fokusscheibchens verändert. Normalerweise führt dies zu unerwünschten Abbildungsfehlern und Auflösungsverlusten. Es ist nun möglich, durch geeignete optische Elemente, sogenannte Phasenplatten, eine große Anzahl ganz verschiedener, aber genau definierter Fokusformen zu erzeugen. Auf Details dieses interessanten optischen Aspektes kann hier nicht eingegangen werden. Die für das STED-Verfahren interessante Fokusform ist ein Ring. Mittels einer geeigneten Phasenplatte kann tatsächlich ein (beugungsbegrenzter) Lichtring in der Fokusebene erzeugt werden. Die Mitte dieses Rings ist ein Punkt, der theoretisch völlig dunkel und unbeleuchtet bleibt. Der mittlere Durchmesser dieses Ringes hängt wieder von der Farbe, also der Wellenlänge des verwendeten Lichtes und der numerischen Apertur des Mikroskopobjektivs ab. Von der unbeleuchteten Mitte zum Durchmesser hin nimmt die Intensität in berechenbarer Weise zu.

2.5.4   Die Überschreitung der Auflösungsgrenze

Wie lässt sich nun mit den oben beschriebenen Komponenten ein System erzeugen, das eine Auflösung liefert, die höher ist als die Beugungsbegrenzung? Dazu muss die Lichtnadel kleiner gemacht werden, in diesem Falle also die Fläche der angeregten Moleküle. Dies kann man erreichen, indem man die Anregung löscht, bevor die Moleküle ein Fluoreszenzphoton abgeben konnten. Weil man den Radius der kreisförmigen Fläche verkleinern möchte, ist dies mit einem ringförmigen Fokus möglich, wenn die Farbe des Lichtes die oben beschriebene stimulierte Emission erlaubt. Also wird die Auflösung erfolgreich verbessert, wenn nach (bzw. schon zeitgleich mit der Anregung) das Anregungsscheibchen mit einem Ring überlagert wird, der die stimulierte Emission auslöst. Dieser kombinierte Fokus, das Anregungsscheibchen und der STED-Ring, werden simultan über die Probe bewegt, indem die Strahlen vor der Einkoppelung in die Rasterspiegel präzise überlagert werden. Diese Herausforderung wurde von Entwicklungsingenieuren meisterlich gelöst: eine automatische Justagevorrichtung entlastet den Benutzer von jeglicher Sorge um die Strahlkontrolle.

Ebenso, wie das Anregungsscheibchen in Wahrheit ein komplexes Muster vorstellt, aber sehr gut durch eine einfache Kreis-

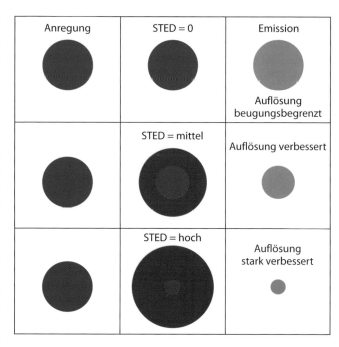

☐ **Abb. 2.16** Das Zusammenwirken der Strahlen im STED Mikroskop. Blau: das beugungsbegrenzte Anregungsscheibchen. Rot: der beugungsbegrenzte STED-Ring, dessen Dicke von der Intensität des STED-Strahls abhängt. Grün: die verkleinerte Fläche, aus der Fluoreszenzemission nachgewiesen wird: je intensiver der STED-Strahl, desto kleiner das Emissionsscheibchen und damit desto höher die Auflösung.

scheibe angenähert werden kann, lässt sich auch das komplex strukturierte Muster des STED-Strahls durch einen einfachen Ring mit einem mittleren Durchmesser und einer Dicke beschreiben. Der Durchmesser hängt nur von der Wellenlänge und der numerischen Apertur ab, die Dicke aber von der Intensität des STED-Lichtes. Je höher die Intensität, desto dicker wird der Ring, und desto kleiner das verbleibende innere Scheibchen. Theoretisch kann also durch genügend hohe Intensität des Lichtes, das die stimulierte Emission bewirkt, die verbleibende Fläche auf einen dimensionslosen Punkt reduziert werden. Das STED Verfahren ist damit inhärent von unbegrenzter Auflösung.

2.5.5   Lebendzell-STED-Mikroskopie

STED-Bilder entstehen durch unmittelbare Reduktion der fluoreszierenden Probenfläche. Man braucht also ein Feld nur einmal abzutasten und hat dann sofort ein Bild mit der gewünschten Auflösung. Vielfache Aufnahmen von partikulären Bildern, wie das bei anderen Superresolution-Verfahren, insbesondere in der Lokalisationsmikroskopie nötig ist, müssen nicht erstellt werden. Auch muss das Bild nicht erst mathematisch erzeugt werden, sondern entsteht sofort, sozusagen mit Lichtgeschwindigkeit. Neben gewöhnlichen fixierten Präparaten ist STED daher als echtes Superresolution-Verfahren auch für lebende Präparate, etwa Zellkulturen, Gewebeschnitte, Biopsien oder sogar lebende Säugetiere, geeignet.

Was benötigt wird, sind fluoreszierende Präparate. Die meisten gängigen Fluorochrome können verwendet werden, für Lebendzell-Aufnahmen werden fluoreszierende Proteine eingesetzt, oder andere Präparationen verwendet (z. B. Halo-Tag usf.). Eine ganze Reihe von binären Kombinationen von Flu-oreszenzmarkern lassen sich mit derselben STED-Wellenlänge aufnehmen – gegebenenfalls bei gleichzeitiger Fluoreszenz-anregung mit verschiedenen Anregungsfarben. So sind auch zweifach-Färbungen mit gesicherter Kolokalisation in höchster Auflösung möglich.

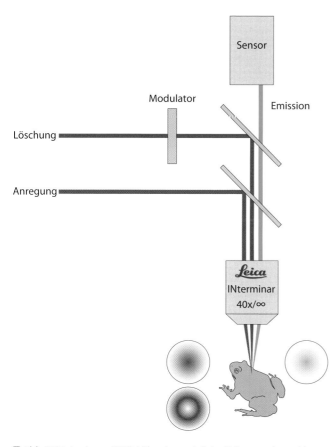

Abb. 2.17 In einem STED-Mikroskop wird das Präparat mit zwei ko-axialen Strahlen beleuchtet: die Fluoreszenz-Anregung mit beugungs-begrenzter PSF aus einem Punkt, also dem Airy-Muster (hier in blau) und die STED-Löschung mit einer beugungsbegrenzten toroiden PSF (rot). Die Emission stammt aus einem Areal, das beliebig viel kleiner als die angeregte Fläche ist (grün).

2.5.6 3D-STED

Das Ziel aller dieser Entwicklungen ist ie unbegrenzte Auf-lösung sowohl axial als auch radial, ohne Einschränkungen der Feldgröße und des Arbeitsabstandes. Das STED-Verfahren erlaubt frei in das Präparat hineinzufokussieren (was bei TIRF nicht möglich ist), hat aber – in der Version für laterale Super-Auflösung – zunächst keine verbesserte Auflösung in der Tiefe. Ein ähnlicher Ansatz für unbegrenzte Auflösung in der z-Rich-tung lässt sich mit entsprechend geformten Phasenmodulatoren erzeugen, allerdings auf Kosten der lateralen Auflösung. Zur Lösung dieser Herausforderung wurde schließlich ein Modul entwickelt, das beide Verfahren harmonisch verknüpft. Der Strahl zur Löschung wird durch einen regelbaren Teiler in zwei Strahlen aufgespalten. Im ersten Teilstrahl führt man eine Vortex-Phasenmaske ein (das ist das Optimum für laterale Auflösungsverbesserung). Der andere Teilstrahl wird mit einer Phasenmaske versehen, die ideal für axiale Auflösungsverbesse-rung ist. Anschließend werden beide Strahlen wieder vereinigt, und man erhält eine Intensitätsverteilung, die einem hohlen Berliner Pfannkuchen ähnelt. Diese Struktur löscht nun ange-regte Zustände in allen Richtungen um das Zentrum herum, wobei das Zentrum selbst freilich ausgespart bleibt. Durch den regelbaren Teiler kann man das Verhalten in xy- bzw. z-Rich-tung steuern und etwa für isomorphe Auflösung optimieren. Oder für kleinstes Volumen, oder für beste laterale oder axiale Auflösung. Das ursprüngliche Ziel, beugungsunbegrenzte Auf-lösung in allen Richtungen, bei freier Wahl der Tiefenschärfe, ist damit Wirklichkeit geworden.

Handelsübliche Geräte bieten zurzeit Auflösungen bestätigt unter 50 nm. Das ist vier- bis fünfmal besser als die beugungs-

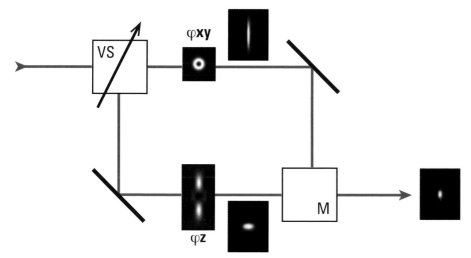

Abb. 2.18 Komposit-Strahlengang zur Erzeugung isomorpher Punktverwa-schungsfunktionen von beliebiger Klein-heit. Licht zur Löschung der angeregten Zustände wird in zwei Teile aufgespalten. Die Teilung ist kontinuierlich regelbar (VS). Im oberen Teil wird ein Donut-Fokus (φxy) erzeugt, mit dem die laterale Auflösung beeinflusst wird. Ein Profil der PSF ist ne-ben dem Strahl angedeutet. Im zweiten Teil wird ein z-Depletion-Fokus (φz) er-zeugt, der die axiale Auflösung verbessert. Die Strahlen werden gemischt (M) und führen z. B. zu einer isotropen Emission.

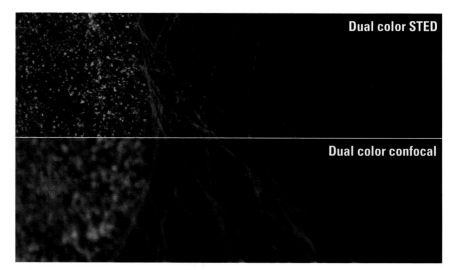

◻ Abb. 2.19 Oben eine Aufnahme mit gSTED und unten eine konfokale Aufnahme. Histon3 in grün und Mikrotubuli in rot. HeLa Zellen angefärbt mit Chromeo 505 und BD HorizonV55. Obwohl die konfokale Aufnahme schon eine drastische Verbesserung zu einem gewöhnlichen Weitfeld-Fluoreszenzbild (ohne Abbildung) darstellt, ist der Gewinn durch STED enorm. Feine Strukturen werden erst hier sichtbar.

begrenzte Auflösung. Laborversionen unter Verwendung ausgefeilter Fluoreszenzemitter berichten Auflösungen von unter 3 nm mit einer Positionierungsgenauigkeit von 0,1 nm – was für eine Kombination von STED mit der Lokalisationsmikroskopie interessant wird. Da ständig neue Farbstoffe getestet und für die Verwendung gut befunden werden, lohnt es sich, die aktuellen Einsatzmöglichkeiten bei Leica Microsystems in Mannheim nachzufragen:

http://www.leica-microsystems.com/products/confocal-microscopes/

Die STED Mikroskopie ist erst wenige Jahre alt. Sicher werden in der nahen Zukunft noch spannende Neuerungen und Verbesserungen zu erwarten sein. Aktuell ist eine neue Variante verfügbar geworden: *gated*-STED. Dieses Verfahren kombiniert die oben beschriebene Auflösungsverbesserung mit der Auswahl von Fluoreszenzanregungen mit langer Lebensdauer. Ohne auf die Details einzugehen, sei hier angemerkt, dass lange Lebensdauern bevorzugt im Inneren der durch STED verkleinerten Anregungsscheibe vorkommen. Deshalb kann man durch Auswahl dieser Emissionen die „Lichtnadel" weiter verkleinern.

2.5.7   Präparationshinweise

- Standard-Fluoreszenzfärbeverfahren sollen sorgfältig ausgeführt werden – höhere Auflösung erfordert hohe Qualität des Präparats
- Es muss sichergestellt werden, dass das Präparat nicht bei der Wellenläge des STED-Lichts absorbiert
- Es sind vom Hersteller zugelassene STED-Objektive zu verwenden
- Die verwendeten Farbstoffe sollen an der Stelle der Depletion keine Absorption aufweisen.

Antikörperfärbung für STED
Alle Schritte der Färbeprozedur haben einen Einfluss auf das mikroskopische Ergebnis. Hier wird die Färbung am Beispiel von kultivierten Zellen erläutert – als Leitfaden für das eigene Färbeprotokoll, das für die STED Experimente verwendet werden soll.

Material:
- Phosphatpuffer (PBS), pH 7,4
- 2 % Paraformaldehyd (PFA) in PBS
- 0.1 % Triton X-100 in PBS
- Rinderserumalbumin (BSA)

Durchführung:
1. mit PBS 3x spülen
2. mit 2% PFA in PBS für 15 min fixieren
3. mit PBS 3x spülen
4. mit PBS 3x 5 min waschen
5. für 10 min mit 0,1 % Triton in PBS permeabilisieren
6. 3x spülen mit PBS
7. Blockieren mit 2% BSA in PBS für 1 Stunde
8. Inkubation mit dem primären Antikörper für 1 Stunde
9. mit PBS für 5 min 3x waschen
10. Inkubation mit dem sekundären Antikörper für 1 Stunde
11. 3x waschen mit PBS für 5 min
12. auf Objektträger aufziehen und abdecken
13. Lagerung bei 4° C

Genauere Beschreibungen und Erläuterungen für die einzelnen Schritte sind zu finden unter:

http://www.leica-microsystems.com/science-lab/quick-guide-to-sted-sample-preparation/

2.6   Literatur

Ash EA, Nicholls G (1972) Super-resolution aperture scanning microscope. *Nature 237*: 510–513

Bates M, Huang B, Dempsey GT, Zhuang X (2007) Multicolor super-resolution imaging with photo switchable fluorescent probes. *Science 317*: 1749-1753

Benke A, Manley S (2012) Live-cell dSTORM of cellular DNA based on direct DNA labeling. *ChemBioChem 13* (2): 298-301

Berning S., Willig KI, Steffens H, Gregor C, Herholt A, Rossner MJ, Hell SW (2012) Nanoscopy in a living mouse brain. *Science 335* (3): 551

Dempsey GT, Vaughan J, Chen K, Bates M, Zhuang X (2011) Evaluation of fluorophores for optimal performance in localization-based superresolution imaging. *Nat. Methods 8*: 1027-1036

Gustafsson MGL (2000). Surpassing the lateral resolution limit by a factor of two using structured illumination microscopy. *J. Microsc. 198*: 82-87.

Hell SW, Stelzer EHK (1992) Fundamental improvement of resolution with a 4Pi-confocal fluorescence microscope using two-photon excitation. *Opt. Commun. 93*: 277-282.

Hell SW, Wichmann J (1994) Breaking the diffraction resolution limit by stimulated emission: stimulated-emission-depletion fluorescence microscopy. *Opt. Lett. 19* (11): 780–782

Heilemann M, van de Linde S, Mukherjee A, Sauer M (2009) Super-resolution imaging with small organic fluorophores. *Angew. Chem. Int. Ed. 48*: 6903–6908

Heilemann M, van de Linde S, Schuttpelz M, Kasper R, Seefeldt B, Mukherjee A, Tinnefeld P, Sauer M (2008) Subdiffraction-resolution fluorescence imaging with conventional fluorescent probes. *Angew. Chem. Int. Ed. 47*: 6172-6176.

Huang B, Wang W, Bates M, Zhuang X (2008) Three-dimensional superresolution imaging by stochastic optical reconstruction microscopy. *Science 319*: 810-813

Jones S, Shim SH, He J, Zhuang X (2011) Fast, three-dimensional super-resolution imaging of live cells. *Nat. Methods 8*: 499-505

Klein T, Löschberger A, Proppert S, Wolter S, van de Linde S, Sauer M (2011) Live-cell dSTORM with SNAP-tag fusion proteins. *Nat. Methods 8*: 7–9

Nassenstein H (1970) Superresolution by diffraction of subwaves. *Opt. Comm. 2*: 231-234

Rust MJ, Bates M, Zhuang X (2006) Sub-diffraction-limit imaging by stochastic optical reconstruction microscopy (STORM). *Nat. Methods 3*: 793-795

Schermelleh L, Carlton PM, Haase S, Shao L, Winoto L, Kner P, Burke B, Cardoso MC, Agard DA, Gustafsson MGL, Leonhardt H and Sedat JW (2008). Subdiffraction multicolor imaging of the nuclear periphery with 3D structured illumination microscopy. *Science 320*: 1332-1336.

van de Linde S, Heilemann M, Sauer M (2012) Live-cell super-resolution imaging with synthetic fluorophores. *Annu. Rev. Phys. Chem. 63*: 519–540

van de Linde S, Löschberger A, Klein T, Heidbreder M, Wolter S, Heilemann M, Sauer M (2011) Direct stochastic optical reconstruction microscopy with standard fluorescent probes. *Nat. Protoc. 6* (7): 991–1009

Vicidomini G, Moneron G, Han KY, Westphal V, Ta H, Reuss M, Engelhardt J, Eggeling C, Hell SW (2011) Sharper low-power STED nanoscopy by time gating. *Nat. Methods 8*: 571–573

Vogelsang J, Cordes T, Forthmann C, Steinhauer C, Tinnefeld P (2009) Controlling the fluorescence of ordinary oxazine dyes for single-molecule switching and superresolution microscopy. *Proc. Natl. Acad. Sci. U. S. A. 106* (20): 8107-8112

Wildanger D, Patton BR, Schill H, Marseglia L, Hadden JP, Knauer S, Schönle A, Rarity JG, O'Brien JL, Hell SW, Smith JM (2012) Solid immersion facilitates fluorescence microscopy with nanometer resolution and sub-ångström emitter localization. *Adv. Mater. 24*: OP309-OP313

Wombacher R, Heidbreder M, van de Linde S, Sheetz MP, Heilemann M, Cornish VW, Sauer M (2010) Live-cell super-resolution imaging with trimethoprim conjugates. *Nat. Methods 7*: 717–719

Probengewinnung zur mikroskopischen Untersuchung und Präparation

Maria Mulisch, Ulrich Sauer

Die meisten biologischen und medizinischen Untersuchungsobjekte sind zu groß und/oder zu dick, um sie direkt zu mikroskopieren. Normalerweise muss man die Zellen oder Gewebeteile, die von Interesse sind, zunächst aus ihrem Umfeld isolieren. Dabei sollen die morphologischen und biochemischen Eigenschaften möglichst erhalten bleiben.

Zellen lassen sich direkt durch verschiedene Abstrich- und Abtupfverfahren gewinnen oder durch Mazerationsmethoden aus einem Gewebeverband lösen. Aus Suspensionen können sie durch Filtration oder Zentrifugation angereichet werden. Ihre spezifischen Eigenschaften werden genutzt, um sie zu sortieren und in getrennten Fraktionen anzureichern.

Organ- oder Gewebeproben werden mit feinen Scheren, speziellen Nadeln, Rasierklingen oder scharfem Skalpell entnommen. Durch verschiedene Schnitttechniken lassen sie sich direkt oder nach Fixierung (▶ Kap. 5) weiter verkleinern und für die direkte Beobachtung, für Färbungen und Lokalisationsstudien oder für die weitere Präparation (z. B. für die TEM) vorbereiten.

Die Gewinnung von Proben für biochemische Untersuchungen kann die mikroskopische Beobachtung und Kontrolle erfordern. Dazu werden hier ebenfalls einige Techniken (Zellfraktionierung, Lasermikrodissektion) vorgestellt, auch wenn die Mikroskopie dabei zumeist nur eine (wichtige) Nebenrolle spielt.

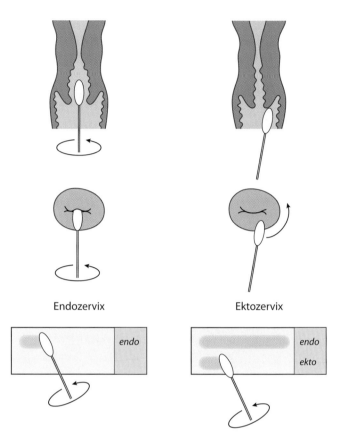

■ **Abb. 3.1** Vorgehensweise beim Zervikalabstrich.

3.1 Abstrichpräparate

Von zugänglichen Epitheloberflächen lässt sich Material abnehmen und auf einem Objektträger abstreichen. Diese einfache, nicht-invasive Untersuchungsmethode hat enorme Bedeutung in der Präventivmedizin erlangt und repräsentiert die Grundlage der Cytodiagnostik. Die meisten Präparate werden wohl in der Gynäkologie vom Vaginal- und Zervikalepithel (Epithel der Vagina, der Portio vaginalis cervicis und des Canalis cervicis uteri) angefertigt, doch auch Abstriche anderer Schleimhäute, wie Mundschleimhaut, Tonsillenoberfläche, Conjunctiva etc. sowie von Wundrändern exulzerierter Areale, sind üblich.

Die Abnahme des Zellmaterials, zusammen mit aufgelagertem Schleim, Detritus, Bakterien und anderem, erfolgt mit einem Wattetupfer oder einem Holz- oder Plastikspatel oder endoskopisch mit einer Bürste. Ist die Epitheloberfläche schon makroskopisch mit Schleim oder Belägen bedeckt, werden diese erst vorsichtig entfernt, bevor man das Zellmaterial für die eigentliche Untersuchung gewinnt. Dieses Material wird dann auf den Objektträger gebracht, indem man den Wattetupfer abrollt oder den feuchten Spatel abstreift (■ Abb. 3.1)

Es ist entscheidend, die Ausstriche vor der Fixierung nicht eintrocknen zu lassen, um Schrumpfungen und Zerreißungen zu vermeiden.

Üblich sind folgende Fixierungen:
— Sprayfixierung z. B. mit Merckofix (Abstand Sprayflasche zum Präparat: 30 cm)

— in eine Küvette mit 96 % Ethanol (oder 1:1 verdünnt mit Ether) einstellen für mindestens 30 min bis maximal mehrere Tage. Alternative Fixantien sind 99 % Isopropanol oder 90 % Aceton

Durch Zusatz von Eisessig (bis 3 %) kann man bei stark bluthaltigen Abstrichen die Erythrocyten hämolysieren und so den Überblick verbessern.

Gefärbt wird nach Papanicolaou (A10.108).

3.2 Ausstrichpräparate

3.2.1 Ausstriche von Zellsuspensionen

Zellsuspensionen werden zur mikroskopischen Untersuchung ausgestrichen. Dazu kann man einfach mit einer Platinöse einen Tropfen der Suspension aufnehmen und auf einem Objektträger durch Hin- und Herbewegen der Öse oder durch kreisende Bewegung verteilen. Punktatflüssigkeiten, Harnsediment oder Sperma kann in dieser Weise aufgebracht werden, die Verteilung der zellulären Elemente ist allerdings oft recht unregelmäßig. Eine gleichmäßige Verteilung der suspendierten Partikel erzielt man dagegen durch den Objektträgerausstrich, wie er als Blutausstrich (■ Abb. 3.2) beschrieben ist (A3.1). Die gleichmäßige Verteilung ist Voraussetzung für quantitative Auswertungen.

Nach dem Lufttrocknen eines Ausstriches folgt meist eine Fixierung in Methanol (z. B. vor einer Giemsa-Färbung, A10.104). Will man mit der May-Grünwald-Lösung (A10.103) zuerst färben, so ist die Fixierung mit Methanol nicht nötig, da die Farbstofflösung selbst Methanol enthält. Der getrocknete Ausstrich kann aber auch in Ethanol oder in gleichen Teilen Ethanol und Ether fixiert werden. In allen Fällen stellt man die trockenen Objektträger für 10 min in eine Küvette mit dem Fixiermittel, zieht sie dann heraus und stellt sie schräg auf einen Streifen Filterpapier, wo sie wieder trocknen.

Zur Hitzefixierung von Ausstrichen fasst man den Objektträger mit einer Pinzette und zieht ihn 2–3-mal durch die Flamme eines Bunsenbrenners (Reduktionsflamme). Die Dauer der Hitzeeinwirkung wird bei dieser Vorgehensweise allein durch die Erfahrung bestimmt.

Zur Fixierung noch feuchter Ausstriche verwendet man Formoldämpfe oder Osmiumdämpfe (▶ Kap. 5). Dazu werden die frisch hergestellten Ausstriche in eine feuchte Kammer gebracht, die das gewählte Fixiermittel enthält.

Anleitung A3.1

Blutausstrich

Material:

- unbeschichtete, fettfreie Objektträger
  Man legt die Objektträger in eine Ether-Ethanolmischung und reibt sie vor Gebrauch mit einem sauberen Leinenlappen ab. Die Ausstrichfläche niemals mit dem Finger berühren!

Durchführung (◨ Abb. 3.2):

1. Bluttropfen (oder einen Tropfen der Zellsuspension) auf einen Objektträger A (etwa 1,5 cm von dessen Ende entfernt) geben
2. zweiten Objektträger B schräg auf die Mitte von A setzen
3. Objektträger B an den Tropfen heranziehen, bis er ihn berührt
4. warten, bis sich die Flüssigkeit durch die Kapillarwirkung in der Kante zwischen Objektträger A und B gleichmäßig auseinanderzieht
5. Objektträger B in unverändert schräger Stellung über den Objektträger A schieben, so dass die Flüssigkeit im Winkel zwischen A und B auf dem Objektträger A ausgestrichen wird. Die Bewegung muss gleichmäßig und nicht zu rasch, aber doch zügig erfolgen. Nach dem Ausstreichen nimmt man Objektträger A auf und sorgt durch Hin- und Herbewegen für rasche Lufttrocknung.

Folgendes ist zu beachten:

- Die Dicke des Ausstrichs hängt vom Winkel (in ◨ Abb. 3.2 mit α bezeichnet) zwischen den Objektträgern A und B ab. Je kleiner dieser Winkel ist, desto dünner wird der Ausstrich. Ein Winkel von etwa 45° bringt gute Resultate. Lässt man auf dem getrockneten Ausstrich Licht reflektieren, so sollte er grünlich aufleuchten. Erscheint der Ausstrich dagegen rot, so ist er zu dick geraten.
- Das Volumen des aufgesetzten Bluttropfens soll so bemessen sein, dass die Flüssigkeit noch vor dem Absetzen des vorgeschobenen Objektträgers B aufgebraucht ist. War das Volumen zu groß, bleibt ein dicker, nur langsam antrocknender Rand am Ende des Ausstrichs stehen. War das Volumen zu gering, wird der Ausstrich zu kurz.
- Erfolgt das Vorschieben des Objektträgers B zu hastig oder ruckartig, kann der Flüssigkeitsfilm abreißen. Der

Ausstrich wird umso dicker, je langsamer der Vorschub erfolgt.

- Erfolgt das Vorschieben des Objektträgers B nicht gleichmäßig und zügig, wird der Ausstrich unterschiedlich dick.
- Der Objektträger B zum Ausziehen des Tropfens sollte möglichst geschliffene Kanten besitzen.
- Nach dem Aufsetzen des Bluttropfens muss sofort ausgestrichen werden.

Bei einem gelungenen Ausstrich bedecken die Blutkörperchen in dünner Schicht und voneinander separiert die Oberfläche. Übereinanderliegen und Verkleben der Blutkörperchen ist meist eine Folge zu großer Bluttropfen. Deformierte Blutkörperchen oder zerquetschte Leukocyten weisen auf falsche Bewegung des ausstreichenden Objektträgers hin. Stechapfelformen der Erythrocyten treten bei langsamem Trocknen des Ausstrichs auf. Dies ist wiederum eine Folge von zu dickem Ausstreichen und/oder zu großem Bluttropfen. Benetzt der Flüssigkeitsfilm den Objektträger nicht gleichmäßig, so waren auf der Oberfläche noch Fettspuren vorhanden.

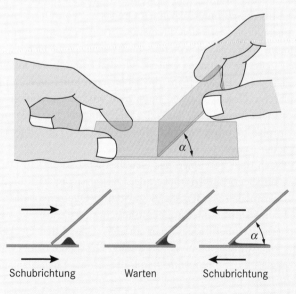

◨ **Abb. 3.2** Blutausstrich.

3.2.2   Organausstriche

Zur Herstellung von Organausstrichen streicht man mit der Kante eines Objektträgers über eine frische Schnittfläche des zu untersuchenden Organs und stellt dann aus dem so gewonnenen Medium ein Ausstrichpräparat her, wie es für Blut beschrieben wurde. Die noch feuchten Ausstriche werden beliebig für 10 min fixiert, zum Studium des hämatopoetischen Systems am günstigsten nach Helly oder Maximow (▶ Tabellen im Anhang).

3.3   Tupf- oder Abklatschpräparate

Tupft man die frische Schnittfläche eines unfixierten Organs auf die Oberfläche eines gut gereinigten Objektträgers, so bleibt eine Anzahl isolierter Zellen auf der Glasoberfläche haften. Bei weichen Geweben, wie z. B. Milz, Lymphknoten oder Knochenmark, genügt es, das Material aufzutupfen; im Fall von konsistenteren Geweben streift man mit der Oberfläche unter mildem Druck über den Objektträger. Meist lässt man das Präparat lufttrocknen und färbt mit der Lösung nach May-Grünwald (A10.103). Diese äußerst einfache und schnelle Untersuchungsmethode kann als Ersatz oder zur Ergänzung der Schnellschnittdiagnostik Verwendung finden.

3.4   Isolationspräparate (Zupfpräparate)

Kleine Gewebeproben können durch Zerzupfen mit Präpariernadeln in einem Tropfen von 0,75 % Kochsalzlösung so weit zerteilt werden, dass die entstehenden Fragmente, Zellgruppen und Einzelzellen nach Auflegen eines Deckglases mikroskopiert werden können. Der Grad des Zerzupfens hängt von der Struktur des zu untersuchenden Organs ab. Von Organen mit einfach zu isolierenden Elementen, (z. B. Thymus, Lymphknoten, Milz) hat man bereits nach kurzer Zeit ausreichend viele zelluläre Elemente isoliert, wie die Trübung des Flüssigkeitstropfens, in dem man arbeitet, anzeigt. Konsistentere und kohärente Organe dagegen muss man ausdauernd zerzupfen, geordnete Strukturen, wie z. B. Skelettmuskel, zerreißt man nicht planlos, sondern zieht immer senkrecht zur Längsrichtung der Fasern.

Nach dem Zerzupfen des Gewebes wird sofort ein Deckglas aufgelegt. Ein Andrücken des Deckglases muss auf jeden Fall vermieden werden, da es sonst zum Quetschen und damit zur Formveränderung empfindlicher Strukturen kommt. Sicherheitshalber bringt man an den Ecken der Deckgläser Wachsfüßchen an. Ist zu wenig Flüssigkeit unter dem Deckglas, lässt man vom Rand her etwas Kochsalzlösung zufließen.

3.5   Isolation von Zellen

3.5.1   Entnahme von adhärenten Zellen aus Zellkulturen

Zellmonolayer werden mit einem Kunststoffspatel vorsichtig von der Unterlage gekratzt.

Adhärente Zellen aus Kulturschalen können durch eine kurze (3–5 min) Inkubation (37 °C) mit Trypsin-EDTA-Lösung (z. B. 0,05 % Trypsin, 0,02 % EDTA in Ca^{2+}- und Mg^{2+}-freiem PBS, pH 7,8) abgelöst und isoliert werden.

3.5.2   Anreicherung von Suspensionszellen

Suspensionszellen werden durch sanfte Zentrifugation angereichert. Zur Aufkonzentrierung von Protozoen o. ä. ist schonend zu zentrifugieren (ca. 100–500 U/min). Gut geeignet sind z. B. Cytozentrifugationskammern zur Anreicherung. Der Überstand wird dekantiert.

Alternativ kann die Suspension durch einen Polycarbonatfilter entsprechender Maschenweite (5,0 μm, Nucleopore) filtriert werden.

Einzellige, aktiv schwimmende Organismen können auch aufkonzentriert werden, indem man ausnutzt, dass sie bestimmte Bedingungen ihrer Umgebung meiden oder bevorzugen. *Paramecium* (Ciliat) beispielsweise wird angereichert, indem man die Kultur in einen Kolben mit englumigem Flaschenhals gibt (◘ Abb. 3.3). Der Kolben wird bis etwa zur Mitte des Halses gefüllt. Darauf wird ein lockerer Wattebausch gelegt, darüber bis zum Rand frisches Medium gegeben (◘ Abb. 3.3a). Die Zellen schwimmen entlang des Sauerstoffgradienten nach oben und sammeln sich nach einigen Stunden über der Watte; Detritus und Bakterien bleiben in dem Kolben zurück (◘ Abb. 3.3b). Weitere Möglichkeiten der Anreicherung von Einzellern sind in ▶ Kapitel 5.2.6.1 beschrieben.

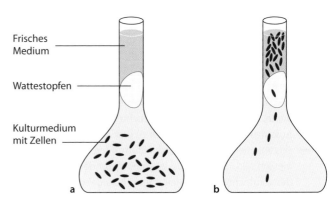

Frisches Medium

Wattestopfen

Kulturmedium mit Zellen

a   b

◘ **Abb. 3.3** Methode der schonenden Aufkonzentrierung von Paramecien. **a)** Direkt nach Einfüllen der Kultur. **b)** Ansammlung der Zellen in frischem Medium nach acht Stunden

3.5.3 Zellsuspensionen von Epithelien

Mit Hilfe von Calciumentzug und durch milde Behandlung mit proteolytischen Enzymen lassen sich Epithelien rasch ablösen und bis zu Einzelzellsuspensionen aufbereiten. Besonders einfach gestaltet sich die Prozedur bei Hohlorganen, die mit der zur Isolation verwendeten Lösung gefüllt werden können.

Zuerst wird die Oberfläche mit gekühlter 0,9 % (w/v) Kochsalzlösung gewaschen. Dazu verwendet man eine Injektionsspritze mit feiner Kanüle. Der relativ scharfe Flüssigkeitsstrahl entfaltet genügend mechanische Kraft, um auch fest anhaftende Schleimsubstanzen grob abzulösen. Anschließend bringt man die Oberflächen in die Isolationsmedien. Hohlorgane werden mit den Medien gefüllt und abgeklemmt (z. B. Darmsegmente). Während die Isolationsmedien einwirken, kann man die Oberflächen von Zeit zu Zeit deformieren, z. B. ein gefülltes Hohlorgan zwischen Daumen und Zeigefinger sanft kneten. Man behandelt 15–20 min. bei 37 °C und spült dann mit 0,9 % gekühlter Kochsalzlösung. Hohlorgane werden mehrmals gefüllt und entleert, Oberflächen werden wie beim Reinigen mit Kochsalzlösung abgespritzt. Die gesammelten Wasch- und Inkubationslösungen mit den darin enthaltenen Zellen werden zentrifugiert und der Bodensatz in einer geeigneten Lösung resuspendiert.

Beim Ansetzen des Isolationsmediums geht man von einem Basismedium (❏ Tab. 3.1) aus, in dem dann verschiedene Enzyme gelöst werden können.

3.5.3.1 Isolationsmedium
im Basismedium werden gelöst:
- 0,15% Hyaluronidase (Sigma, Typ II)
  oder
- 0,33 % Dispase (Protease aus *Bacillus polymyxa*, Boehringer)
  oder
- 0,33 % Pronase (Sigma)

❏ **Tab. 3.1** Basismedium zur Herstellung von Zellsuspensionen nach Towler et al. 1970.

96,0 mm NaCl	18,0 mM KH$_2$PO$_4$
50,0 mm Na-Citrat	5,6 mM Na$_2$HPO$_4$
1,5 mm KCl	0,25 % BSA (Rinderserumalbumin)

pH 7,2

❏ **Tab. 3.2** EDTA-Medium nach Harrison und Webster 1969.

96,0 mm NaCl	8,0 mM KH$_2$PO$_4$
5,6 mm Na$_2$HPO$_4$	1,5 mM KCl
10,0 mm EDTA (Ethylendiamintetraacetat)	

pH 6,8

Ein anderes, nur durch Calciumentzug wirksames Medium wurde von Harrison und Webster (1969) angegeben (❏ Tab. 3.2).

Die Wirksamkeit aller genannten Medien ist durchaus vergleichbar. Das Ablösen von Zellen kann noch mechanisch durch vorsichtiges Schaben der Oberflächen (bei geeignetem Relief) mit einem Gummistempel unterstützt werden. Sind in der erzielten Zellsuspension noch größere Zellverbände und wünscht man auch diese zu trennen, bringt man sie nochmals in eine der erwähnten Isolierflüssigkeiten. Man saugt die Suspension mit einer Pasteurpipette mehrmals hoch und spritzt sie wieder aus.

3.5.4 Herstellung von zellwandlosen Pflanzenzellen (Protoplasten)

Protoplasten dienen als Ausgangsmaterial einer Vielzahl von biologischen Experimenten, insbesondere der Transformation von Pflanzen. Die Herstellung mit Hilfe von Enzymen (Cellulase, Pektinase), die die Zellwand verdauen, ist relativ einfach und kann auch als Schulversuch durchgeführt werden. Damit die zellwandlosen Zellen nicht platzen, muss man – durch Zugabe von Mannitol und/oder Saccharose – die Osmolarität im Medium der innerhalb der Pflanzenzellen anpassen. Die in der Anleitung angegebenen Konzentrationen beziehen sich auf Tabakblätter. Sollen die Protoplasten weiter kultiviert werden, um sie in fortführenden Experimenten einzusetzen, muss steril gearbeitet werden und müssen Material und Lösungen sterilisiert sein.

Anleitung A3.2

Herstellung von Protoplasten
Material:
- frische Blätter (z. B. Tabak)
- Petrischalen
- Parafilm zum Abdichten der Petrischalen
- Pinzette
- Präpariernadeln
- Schere
- 15 ml Falcon-Röhrchen
- 50 ml Messzylinder
- 10 ml Pipetten (mit weiter Spitze)

Lösungen:
- Puffer A: 0,6 M Mannitol (Sigma)und 0,56 M Saccharose in 25 mm MES (Sigma)-Puffer, pH 5,7
- Puffer B (direkt vor Gebrauch ansetzen): 1% Mazerase (Sigma) und 2 % Cellulysin (Sigma) in Puffer A

Durchführung:
1. Puffer B ansetzen, je 10 ml in eine Petrischale füllen
2. Blätter sorgfältig unter fließendem Leitungswasser abspülen
3. Unterseite der Blätter mit feiner Nadel ankratzen

▼

4. Blätter in kleinere Stücke zerschneiden
5. Blattstücke mit Pinzette auf Puffer B in der Petrischale legen (bis die Oberfläche bedeckt ist). Die Blattstücke sollen mit der Blattunterseite auf der Lösung schwimmen
6. Petrischalen mit Deckel und Parafilm verschließen und über Nacht bei RT inkubieren
7. Protoplasten durch sanftes Schwenken der Petrischale aus dem Zellverband lösen. Die Protoplasten fallen auf den Boden der Petrischale und können z. B. mit Hilfe einer Pipette (mit weiter Spitze) abgesammelt werden. Um größere Mengen an Protoplasten zu gewinnen, können sie durch Gaze gefiltert und sanft zentrifugiert werden. Das Pellet wird dann in Puffer A resuspendiert.

3.5.5 Mazerationsmethoden von Zellverbänden

Mazerationsmethoden zielen darauf ab, in ihrer Form fixierte Einzelzellen aus dem Verband zu lösen, um sie morphologisch studieren zu können. Während die isolierten lebenden Zellen drastische Änderungen ihrer äußeren Form zeigen, sobald sie aus dem Epithelverband gelöst sind, ist dies nach Mazeration durch die gleichzeitig erfolgte Fixierung nicht der Fall. Mazerationsmethoden zählen zu den klassischen Untersuchungstechniken der Histologie, wie sie vor der Einführung der Mikrotome angewandt wurden. Unfixierte Epithelfetzen oder kleine Stücke epithelial ausgekleideter Organe (z. B. Trachea, Harnblase) werden bei 37 °C in die Mazerationsflüssigkeit eingelegt. Dabei soll die Flüssigkeitsmenge etwa dem Volumen des Gewebestücks entsprechen, höchstens aber das Dreifache betragen. Verwendet man mehr Flüssigkeit, so wirkt die Lösung zu stark fixierend. Nach einer gewissen Zeit (gewöhnlich 2–3 Stunden) können die Epithelzellen durch Schütteln, Klopfen oder Zupfen isoliert werden. Man untersucht in der Mazerationsflüssigkeit, in Wasser oder in Glycerin. Farbstoffe können der Untersuchungsflüssigkeit zugesetzt werden (Eosin, Pikrokarmin, Hämalaun).

Das gebräuchlichste Mazerationsmittel für humanes Gewebe ist 30 % Ethanol. Kleine Stücke der epithelbedeckten Gewebe werden in wenig Lösung bis zu 12 Stunden eingelegt.

Epithelzellen und Zellverbände können dann einfach durch Schütteln, Abstreifen mit einem Messer oder Beklopfen der Oberfläche gelöst und abgespült werden. Weitere Isolation erzielt man durch Zerzupfen größerer Epithelbezirke, oder man füllt die Zellsuspension in ein Probenröhrchen, verschließt es mit einem Stopfen und schüttelt sehr kräftig. Die Zellsuspension kann durch Zentrifugieren angereichert werden. Die gewünschte Färbung wird durchgeführt, indem man zwischen den einzelnen Arbeitsgängen immer wieder zentrifugiert. Ein anderes Verfahren sieht vor, die konzentrierte erste Zellsuspension auf einem Objektträger auszustreichen und den noch feuchten Ausstrich eine halbe Stunde in Bouinsche Flüssigkeit (◻ Tab. A1.11 im Anhang) zu stellen, um ihn dann wie ein

Schnittpräparat zu behandeln (Auswaschen in 50 % Ethanol, Wässern, Färben, Entwässern und Eindecken). Andere Mazerationsflüssigkeiten sind stark verdünntes wässriges Osmiumtetroxid (1 %; Mazerationsdauer 24 h), wässrige Chromsäurelösung (1 % bis 0,1 %; Mazerationsdauer 24 h) oder verdünnte Müllersche Flüssigkeit (1:100) (◻ Tab. A1.11 im Anhang).

Die stark verdünnten Lösungen lässt man über Wochen einwirken, es ist dann ein Zusatz von Thymol nötig. Am raschesten mazeriert 1–2 % wässrige Natriumfluoridlösung.

Zur Mazeration von Pflanzengewebe werden die Zellwandbestandteile aufgelöst. Sie erfordert andere Lösungen und Enzyme und eine andere Vorgehensweise. Ein Beispiel dafür ist in ▸ Kapitel 16.3.2 beschrieben.

3.6 Isolation von Gewebeteilen

Gewebe- oder Organproben werden zur direkten mikroskopischen Untersuchung oder zur licht- oder elektronenmikroskopischen Präparation entnommen. Die Probenentnahme von lebenden Patienten erfordert besonders schonende Verfahren, bei denen nur geringe Verletzungen verursacht werden. Häufig muss man sich hier mit wenig Probenmaterial begnügen. Hier wird man eine Biopsie vornehmen.

Proben für pathologische oder biologische Untersuchungen werden häufig von vorfixiertem Material entnommen. Kleine Tiere (Arthropoden, Mollusken, etc.) werden nach Betäubung oder Abtöten direkt in den Fixierungslösungen geöffnet und entsprechend zerteilt. Wirbeltiere können nach Betäubung mit Fixierlösung perfundiert werden, um schwer zugängliche Organe optimal zu erhalten. Die anfixierten Präparate werden anschließend mit einem scharfen Skalpell oder Rasiermesser zugetrimmt und weiter fixiert.

Anleitung A3.3

Feinnadelpunktion

Durchführung (◻ Abb. 3.4):

1. Die Punktionsnadel (12er- bis 16er-Kanüle) wird in den zu untersuchenden Gewebebereich eingeführt (a)
2. durch Zurückziehen des Spritzenstempels erzeugt man Unterdruck (b)
3. die Nadel wird mehrmals rasch vor- und zurück geschoben. Dabei schwenkt man sie leicht fächerförmig (c)
4. durch langsames Vorgleitenlassen des Spritzenstempels wird der Unterdruck ausgeglichen (d)
5. die Punktionsnadel wird herausgezogen (e)
6. die Nadel wird von der Spritze entfernt (f)
7. der Spritzenstempel wird zurück gezogen, um Luft einzusaugen
8. das Zellmaterial in der Kanüle wird auf einen vorher beschrifteten Objektträger gespritzt (g)
9. ausstreichen ohne Druck, nicht zu dick, mit einem zweiten Objektträger (◻ Abb. 3.5). Fixieren des Zellausstrichs innerhalb von Sekunden durch Eintauchen in eine Küvette mit 96 % Ethanol oder durch Sprayfixierung (▸ Kap. 5.2.6.2).

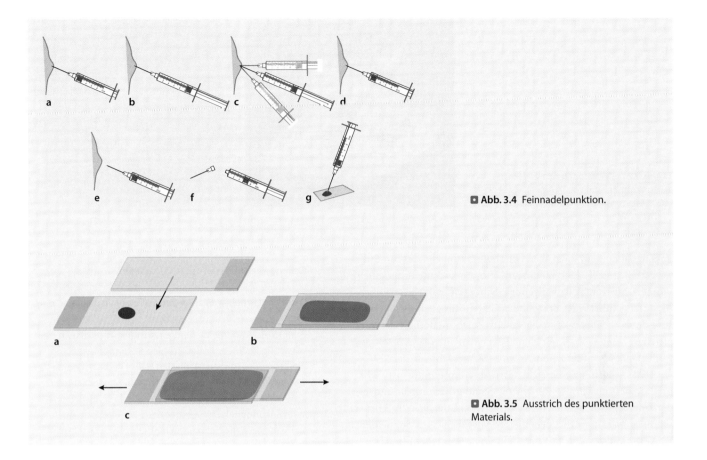

◘ Abb. 3.4 Feinnadelpunktion.

◘ Abb. 3.5 Ausstrich des punktierten Materials.

3.6.1 Biopsie

Je nach Gewebetyp und -lage werden zur Entnahme unterschiedliche Biopsienadeln und -stanzen und unterschiedliche Techniken verwendet.

Die durch die Punktion von Zysten gewonnene Zystenflüssigkeit wird zur Fixierung in ein mit 96 % Ethanol teilgefülltes Gefäß gespritzt (Verhältnis Punktat : Ethanol ca. 1:1).

3.6.2 Native Schnitte

Schnitte von unbehandeltem Gewebe benötigt man insbesondere für Lebenduntersuchungen und physiologische Experimente. Sie sind darüber hinaus geeignet, um Enzymaktivitäten oder Antigene zu lokalisieren.

3.6.2.1 Freihandschnitte

Handschnitte zur Mikroskopie von lebendem Gewebe sind von Pflanzenmaterial normalerweise relativ einfach (► Kap. 16), von tierischem oder humanem Material zumeist schwieriger anzufertigen.

Historische Hinweise zum Herstellen von Rasiermesserschnitten von Humangewebe sind bei Romeis (1968, §§ 135, 136) nachzulesen. Wichtig für den Erfolg ist die Auswahl geeigneter Rasierklingen. Es sollten nur extrem dünne Qualitätsklin-

gen verwendet werden. Man arbeitet unter der Stereolupe und benützt Kork oder eine mit Dentalwachs oder Silikon ausgegossene Petrischale als Unterlage. Stets sollte ziehend geschnitten werden und ohne mit der Schneide auf das Gewebe zu drücken. Um die Gewebe schneidbar zu machen und um Konsistenzunterschiede in den Geweben auszugleichen, kann man die Objekte tief frieren, man sollte dann aber konsequenterweise die Schnitte auch gleich mit einem Kryostaten (► Kap. 9.2.1) anfertigen.

3.6.2.2 Herstellung von Schnitten mit Hilfe des Handmikrotoms

Handmikrotome werden fast ausschließlich für die Bearbeitung von pflanzlichem Material eingesetzt. Es lassen sich damit gleichmäßig dicke Schnitte von relativ festen und nicht zu dünnen Gewebeteilen (Spross, Stängel, Wurzel) herstellen. Die Schnitte können direkt mikroskopiert oder für die hochauflösende Mikroskopie (TEM, REM) präpariert werden.

Die Technik der Handmikrotomie wird in ► Kapitel 16 beschrieben.

3.6.2.3 Herstellung von Schnitten mit Hilfe des Vibratoms

Mit dem Vibratom (◘ Abb. 3.6a) können unfixierte wie auch fixierte Materialien in Schnittdicken von 30–400 µm und mehr sehr schonend geschnitten werden. Die Technik basiert darauf,

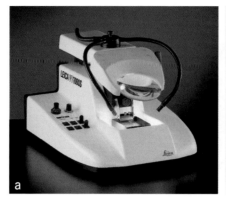
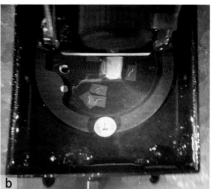

❑ Abb. 3.6 a) Vibratom (Leica VT 1000S),
b) Vibratomschnitte von in Agar eingebettetem Pflanzenmaterial (Gerstenblatt).

dass das auf einem Blöckchen befestigte Gewebe in der mit Puffer gefüllten (z. T. auch kühlbaren) Vibratomwanne unter einer dünnen, horizontal schwingenden (vibrierenden) Messerklinge hindurchgeführt wird. Sowohl das Gewebe als auch das Messer sind dabei in Flüssigkeit eingetaucht. Zartes Material (Nerven, Netzhaut) bettet man vor dem Schneiden in Agar (2–4 % in Puffer) ein, der mitgeschnitten wird (❑ Abb. 3.6).

Der Anwendungsbereich für Vibratomschnitte ist sehr groß. Vibratomschnitte werden für Standardfärbungen und in der Immunhistochemie eingesetzt, sowie in der *in vitro*-Hirnschnittpräparation. Ein detailliertes Vorgehen zum Schneiden von Frischpräparaten mit dem Vibratom ist in A3.4 beschrieben.

Schwer penetrierbare Proben (z. B. kleine Arthropoden, Pflanzenmaterial) können manchmal mit Hilfe des Vibratoms für die Fixierung vorbereitet werden. Vibratomschnitte von frischem oder fixiertem Hirn (A3.4) oder Nervengewebe dienen häufig als Ausgangsmaterial für Immunmarkierungen nach der *preembedding*-Technik (▶ Kap. 19).

Anleitung A3.4

Herstellung von Vibratomschnitten von fixiertem Gehirngewebe

Material:
- feiner Pinsel
- Mikrotiterplatten (netwells)
- Sekundenkleber (Roticoll, Roth)
- fusselfreie Papiertücher (z. B. Kimwipes)
- Rasierklingen
- Vibratom

Lösungen:
PBS oder Phosphatpuffer nach Sörensen, pH 7,4 (siehe Puffertabelle im Anhang)

Durchführung:
1. Halter (Plattform) zum Aufblocken des Gehirns (oder Gehirnteils) aus der Schneidewanne nehmen und die Pufferlösung für die Wanne bereitstellen. Die Titerplatten zum Auffangen der Vibratomschnitte werden mit Puffer gefüllt

▼

2. Gehirngewebe aus der Fixierlösung nehmen und die überschüssige Flüssigkeit mit Kimwipes leicht abtupfen. Dann das Gewebe mit einer Rasierklinge entsprechend der Schnittebene (z. B. transversal oder sagittal) zuschneiden

3. Gehirnstück mit der soeben gemachten Schnittfläche vorsichtig in einen großen Tropfen Sekundenkleber auf dem Halter aufsetzen. Dann den Halter in die Schneidewanne einspannen und vorsichtig Puffer in die Schneidewanne gießen. Gießt man zu früh oder zu schnell, dann kann Sekundenkleber von der Basis der Plattform hochsteigen, was beim Schneiden hinderlich ist. Wartet man zu lange, leidet die Struktur

4. die Klinge wird in den Messerhalter des Vibratoms gespannt. Vor dem ersten Schneidevorgang wird der Messerhalter so hoch gedreht, dass es über dem zu schneidenden Gehirn steht. Die Schnittdicke, die je nach weiterer Anwendung zwischen 20 und 100 µm liegen kann, wird am Gerät eingestellt, sowie auch die Frequenz des Messerschwingens und die Geschwindigkeit für den Vorschub

5. zu Beginn des Schneidens wählt man eine hohe Geschwindigkeit. Je nach Güte der Fixierung verändert man die Parameter. Im Allgemeinen ist die Frequenz immer auf sehr hoher Stufe, die Geschwindigkeit wird eher niedrig gehalten, um das Gewebe möglichst schonungsvoll zu schneiden

6. nach jedem Schneidevorgang wird der Schnitt mit dem Pinsel vom Messer abgenommen und in eine Titerplatte überführt.

Am Ende des Schneidens nimmt man den Probehalter aus der Wanne heraus und kratzt die Reste und den Kleber sauber ab. Das Messer wird herausgenommen, gereinigt und verstaut, der Puffer aus der Wanne entfernt. Die Vibratomschnitte können jetzt weiter verarbeitet werden (z. B. für die Elektronenmikroskopie) oder auf Objektträger aufgezogen werden.

Vibratomschnitte werden aber auch gern von fixiertem Gewebe gemacht, vor allem dann, wenn Kryostatschnitte (▶ Kap. 9) nicht eingesetzt werden können. Bei der Aufarbeitung von

Gehirngewebe für die Elektronenmikroskopie wird das durch Perfusion fixierte Gehirn (A13.15) erst an einem Vibratom in ca. 100 μm dicke Scheiben geschnitten, um dann von diesen Schnitten anhand einer leichten Toluidinfärbung im Puffer die gewünschten Regionen identifizieren und herausstanzen zu können. Diese 100 μm dicken Gewebestückchen werden dann für die Flacheinbettung (▶ Kap. 7) verwendet und in entsprechende Kunstharze eingebettet, von denen dann Ultradünnschnitte angefertigt werden können.

Müssen beim Schneiden von Frischpräparaten, deren Vitalität zu erhalten im Vordergrund steht, diverse Vorkehrungen getroffen werden (A13.5), so ist die Handhabung von fixiertem Material am Vibratom recht einfach.

Für *in vitro*-Hirnschnittpräparate werden sehr dicke Vibratomschnitte (350–400 μm) benötigt, da möglichst viel intaktes Frischgewebe für die weiteren im allgemeinen elektrophysiologischen Untersuchungen erhalten bleiben soll.

3.7 Isolation von Zellkompartimenten und Organellen

Durch Zellfraktionierung können aus einem Zellverband bestimmte Zellkompartimente (z. B. Golgi-Apparat), Organellen (z. B. Mitochondrien) oder Strukturelemente (z. B. Mikrotubuli) isoliert und untersucht werden (Alexander and Griffiths 1993, Dashek 2000, Robinson and Hinz 2001). In aufeinander folgenden Schritten wird das Gewebe zunächst homogenisiert, die Zellverbände und Zellen schonend aufgebrochen, und die Bestandteile dann durch Gelfiltration oder Zentrifugationsverfahren sortiert. Man erhält verschiedene Fraktionen, deren Zusammensetzung und Reinheitsgrad auch elektronenmikroskopisch kontrolliert werden sollte. Dazu werden Proben der Fraktionen fixiert und nach Negativkontrastierung oder Schnittpräparation (▶ Kap. 7) im TEM untersucht.

3.8 Trennen und Sortieren von Zellen

3.8.1 Durchflusscytometrie

Die Durchflusscytometrie (FACS = fluorescence activated cell sorting) ermöglicht das Zählen und die Analyse von physikalischen und molekularen Eigenschaften von Partikeln (z. B. Zellen) in einem Flüssigkeitsstrom. Eine Hauptanwendung besteht darin, mit Hilfe von Fluoreszenzfarbstoff-markierten Proben (Antikörper, Rezeptoren, Streptavidin, etc.) bestimmte Eigenschaften von Zellen oder Zellpopulationen auf Einzelzellebene zu dokumentieren. Mit Hilfe von RNA/DNA-Farbstoffen lassen sich Zellzyklus-Analysen und Apoptose-Assays durchführen. Außerdem gibt es Fluoreszenzfarbstoffe, die eine Analyse des intrazellulären pH-Wertes und des Ionenflusses an Zellmembranen erlauben (▶ Kap. 11).

In der Medizin wird die Durchflusscytometrie meist für die Untersuchung von Zellen des Blutes oder Knochenmarks

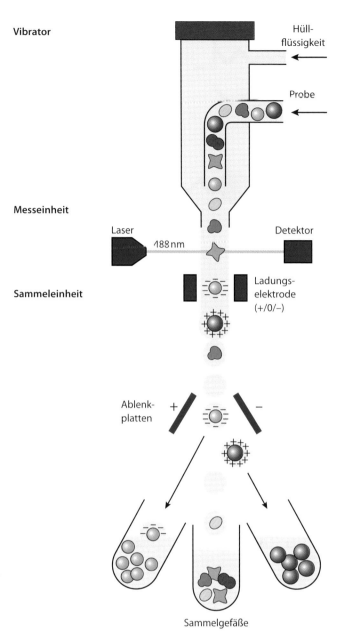

◨ Abb. 3.7 Cell-Sorting im Durchflusscytometer.

eingesetzt. Die dabei gewonnenen Informationen dienen vor allem der Diagnose und Verlaufsbeobachtung von Leukämien (Blutkrebs) und Immunschwächekrankheiten (HIV-Infektion).

Mit einigen FACS-Geräten (z. B. FACStarPlus oder FACSAria, BD Biosciences) ist es möglich, fluoreszenzmarkierte Zellen nicht nur zu charakterisieren, sondern auch zu trennen. Diese FACS-Durchflusscytometer hüllen die Zellen nach dem Gang durch den Laserstrahl in einen Flüssigkeitsfilm, der mit einer positiven oder negativen Ladung versehen ist. Ein elektrisches Feld lenkt die geladenen Tropfen ab und leitet sie in Auffanggefäße. Es lassen sich Zellsubpopulationen, aber auch Einzelzellen in diverse Probengefäße und Kulturplatten steril sortieren. Moderne, leistungsfähige Instrumente erlauben standardmäßig die Analyse und Sortierung von 5000 Partikeln pro Sekunde. Die

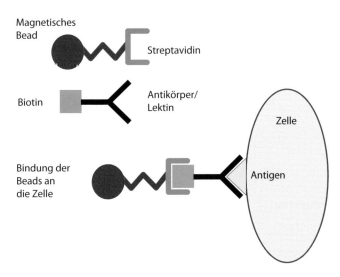

Abb. 3.8 Prinzip der Bindung paramagnetischer *beads* an eine Zelle.

Geschwindigkeit kann unter Umständen mit Zusatzausstattung auf 20 000 Partikel pro Sekunde und mehr gesteigert werden. Dennoch ist das Verfahren aufwendiger und benötigt mehr Zeit als die Isolationsmethode mit paramagnetischen Kügelchen (*beads*).

3.8.2 Zelltrennung mit Hilfe paramagnetischer Kügelchen (*beads*)

Zur Isolation von Zellen mit spezifischen Oberflächeneigenschaften von anderen Zellen, partikulären Verunreinigungen oder aus Medien kann man paramagnetische *beads* (z. B. *Dynabeads* von InVitrogen) benutzen, die mit entsprechenden Bindeproteinen (Antikörpern, Lektinen, Enzymen, etc.) beschichtet sind. Bei der positiven Selektion verwendet man *beads*, die z. B. mit Antikörpern gegen ein bestimmtes Oberflächenprotein der gesuchten Zellen beschichtet sind. Die *beads* werden mit dem Zellgemisch inkubiert und dann mit den daran hängenden Zellen mittels eines Magneten herausgetrennt. Magneten sind bei Herstellern der *beads* erhältlich; ebenso sind NdFeB-Magneten (Neodym-Magnet) aus dem Fachhandel einsetzbar.

Steht für die gesuchten Zellen kein geeignetes spezifisches Bindeprotein zur Verfügung, dann kann man gegebenenfalls eine negative Selektion (*depletion*) vornehmen, indem man mit entsprechend beschichteten *beads* alle anderen Zellen/Partikel aus dem Medium entfernt. Die gewünschten Zellen bleiben in der Lösung zurück und können durch Zentrifugation konzentriert werden.

3.9 Lasermikrodissektion

Unter Lasermikrodissektion versteht man Technologien, mit deren Hilfe unter mikroskopischer Kontrolle mit hoher Präzision aus verschiedensten Präparaten gewünschte Bereiche herausgelöst und für weitergehende Analysen gewonnen werden können. Somit kann die Lasermikrodissektion als Brücke verstanden werden, mit der mikroskopisch morphologische Analysen mit spezifischen molekularen und biochemischen Verfahren weitergeführt werden. Oft geht es dabei um Expressionsuntersuchungen auf RNA-Ebene, aber auch spezielle Analysen von DNA (z. B. Mutationsscreening, Sequenzierung) sowie von Proteinen, Lipiden oder Metaboliten (z. B. Massenspektroskopie) werden durchgeführt (■ Abb. 3.9).

Als Ausgangsmaterial dienen meist gefärbte, histologische Präparate wie zum Beispiel entparaffinierte Schnitte von fixiertem Material oder Kryostatschnitte. Wesentlich dabei ist, dass kein Deckglas verwendet werden kann, um das Schneiden und Isolieren mit dem Laser zu ermöglichen. Darüber hinaus kann je nach System oder Ausstattung nahezu jedes Material verwendet werden, das sich für lichtmikroskopische Präparate eignet und im entsprechenden Auflösungsbereich der verwendeten Objektive (2,5x – 150x) liegt.

Die Spannbreite reicht dabei von Bakterien über Metaphase-Chromosomen-Präparate, einzelne Zellen (auch aus Zellkulturen oder Zellausstrichen) und Zellkolonien zu Gewebearealen aus humanem, tierischem oder pflanzlichem Ursprung. Neben üblichen histologischen Färbungen werden auch Fluoreszenzfarbstoffe (► Kap. 11) eingesetzt, die zum Beispiel in Kombination mit immunhistologischen Färbungen eine sehr spezifische Markierung von Zielzellen oder Strukturen erlauben.

Präparate können je nach System, Material und Anwendung auf speziellen Membranobjektträgern und Membran-Zellkulturschalen oder auf normalen Glasobjektträgern vorbereitet werden. (■ Abb. 3.11). Bei der erwähnten Membran handelt es sich um eine dünne (ca. 2 µm dicke) Plastikfolie mit guter UV-Absorption, die auf der Oberfläche von Glasobjektträgern oder Zellkulturschalen befestigt ist. Sie dient als Hilfsmittel, um eine schnelle, großflächige und schonende Isolation von Zielarealen zu ermöglichen. Wesentlich bei der gesamten Probenvorbereitung ist, dass durch die notwendigen Schritte für die mikroskopische Darstellung keine Schäden an den zu untersuchenden Molekülen entstehen. Speziell für RNA und Proteine muss immer mit sehr schnellen natürlichen Abbauprozessen gerechnet werden, was bei der Auswahl und Entwicklung der Vorbereitungsprozesse vor der Lasermikrodissektion zu berücksichtigen ist.

Ein Lasermikrodissektions-System setzt sich zusammen aus einem motorisierten Lichtmikroskop (optional mit Fluoreszenzeinrichtung), einem in das Mikroskop eingekoppelten Laser und einer computergestützten Steuerung der Funktionen (■ Abb. 3.10). Zum Schneiden hat sich mittlerweile die Verwendung von gepulsten UV-Lasern durchgesetzt, weil nur damit eine klar definierte Schnittlinie zur Trennung von Zielarealen und der Umgebung erzeugt werden kann.

Physikalisches Prinzip des UV-Laserschneidens ist dabei die präzise Fokussierung des Laserstrahls durch das jeweilige Objektiv des Mikroskops auf die Ebene des Präparats. Im optimal eingestellten Laserfokus werden dabei durch die Bün-

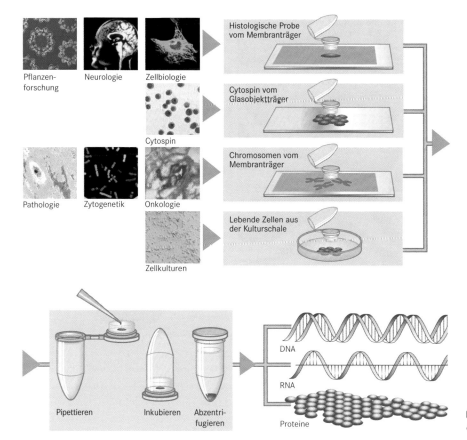

Pflanzen-
forschung

Neurologie

Zellbiologie

Cytospin

Pathologie

Zytogenetik

Onkologie

Zellkulturen

Histologische Probe
vom Membranträger

Cytospin vom
Glasobjektträger

Chromosomen vom
Membranträger

Lebende Zellen aus
der Kulturschale

Pipettieren

Inkubieren

Abzentri-
fugieren

DNA

RNA

Proteine

Abb. 3.9 Anwendungen der Lasermikrodissektion. Bild: Carl Zeiss Microscopy GmbH

Abb. 3.10 Beispiel eines Lasermikrodis-
sektionssystems mit inversem Mikroskop
(PALM MicroBeam, Carl Zeiss Microscopy).
Die blaue Linie veranschaulicht den Strahlengang des UV-Lasers, die gelben Linien
den Verlauf der Hellfeld-Beleuchtung und
der Bildwiedergabe.

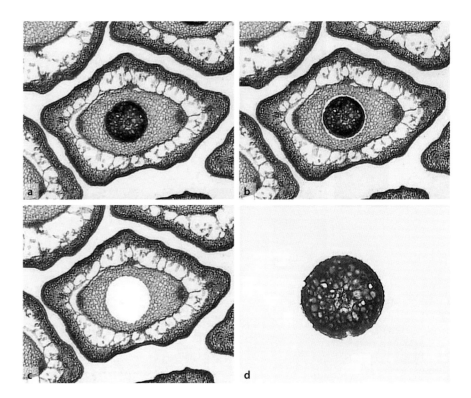

◘ Abb. 3.11 Mikroskopische Aufnahme des Mikrodissektionsprozesses. **a)** Gefärbter Schnitt eines Löwenzahnblattes auf der Objektträgermembran. **b)** Nach dem Einsatz des Lasers erscheint eine helle Lücke um das umfahrene Gewebe. **c)** Schnitt, nachdem der umfahrene Bereich herauskatapultiert wurde. **d)** Herauskatapultierter Gewebeteil im Sammelgefäß. Aufnahme: Carl Zeiss Microscopy GmbH

delung der Photonen lokal sehr hohe Energiedichten erreicht, welche selbst die kovalenten Bindungen organischer Moleküle aufbrechen und somit festes Material direkt verdampfen können. Grundsätzlich wird durch Objektive mit höherer numerischer Apertur und Vergrößerung die Fokussierung des Lasers optimiert und damit ein zunehmend feineres Schneiden ermöglicht. Der Laserfokus kann mit höheren Objektivstärken auf bis unter 1 µm Durchmesser konzentriert werden. Da Laser im UVA-Wellenlängenbereich (z. B. 355 nm) verwendet werden, welche im Nanosekundenbereich gepulst sind, wird bei diesem Prozess keine thermische Energie an die Umgebung freigesetzt.

Die Festlegung der Schnittlinie geschieht an Hand des Mikroskopbildes, das über eine Digitalkamera in der Software dargestellt wird. Wie in einem einfachen Zeichenprogramm wird am Bildschirm die gewünschte Schnittlinie vorgezeichnet und automatisch gespeichert. Die Ausführung des Laserschnittes entlang der Linie erfolgt je nach System entweder durch Ablenkung des Laserstrahls durch Prismen im Strahlengang (Leica) oder durch die computergesteuerte Bewegung des Objekttisches (ZEISS, MMI, Applied Biosystems/ABI). Der Laser schneidet dabei immer Gewebe und Membran gleichzeitig.

Das durch den Schnitt isolierte Zielareal kann dann je nach System auf verschiedene Weise gesammelt werden. Bei den Arcturus Systemen (ABI) wird ein zusätzlicher Infrarot-Laser dazu verwendet das Zielareal an einen thermoplastischen Film im Deckel des Sammelgefäßes anzuschmelzen und dann abzuheben. Bei MMI werden Deckel verwendet, die mit einer klebrigen Silikonmasse gefüllt sind und dann zum „Ab-

stempeln" verwendet werden (Kontaktmethode). Das Leica-System benutzt ein aufrechtes Mikroskop, so dass hier das Zielareal nach dem Schneiden nach unten in ein Auffanggefäß fallen soll. Beim PALM Microbeam von ZEISS erfolgt das Sammeln der Probe berührungsfrei durch ein patentiertes Katapultverfahren, bei dem mit einem defokussierten, stärkeren Laserpuls das Zielareal entgegen der Schwerkraft nach oben transportiert wird, wo es im Deckel eines Sammelgefäßes aufgefangen wird (◘ Abb. 3.11). Dieses spezielle Katapultverfahren von ZEISS bietet auch die einzigartige Möglichkeit, ohne Membran direkt von normalen Glasobjektträgern Proben zu gewinnen. Für diesen Prozess werden von der Computersteuerung defokussierte Laserpulse gleichmäßig über das ganze Zielareal verteilt, um das gewünschte Material stückweise abzuheben (◘ Abb. 3.12). Diese Methode lässt sich sogar noch auf alte Mikroskoppräparate anwenden, sobald das Deckglas schonend entfernt worden ist.

Neben der Möglichkeit, die Proben in einem Flüssigkeitstropfen aufzufangen, bietet ZEISS auch spezielle *AdhesiveCaps* an, die mit einer klebrigen Silikonfüllung im Deckel der Gefäße ein trockenes Sammeln der Mikrodissektate erlauben. Diese „trockene" Methode hat den Vorteil, dass auch über einen sehr langen Zeitraum Material gesammelt werden kann, ohne durch Verdunstung eine Konzentrationsänderung der Pufferlösung oder sogar einen Probenverlust zu riskieren. Speziell für RNA wird dabei durch die Trockenheit ein möglicher enzymatischer Abbau minimiert.

Je nach Ausgangsmaterial und der Sensitivität der geplanten Folgeanalyse kann die notwendige Menge, die gesammelt werden muss, sehr stark variieren. Für DNA-Analysen reichen häu-

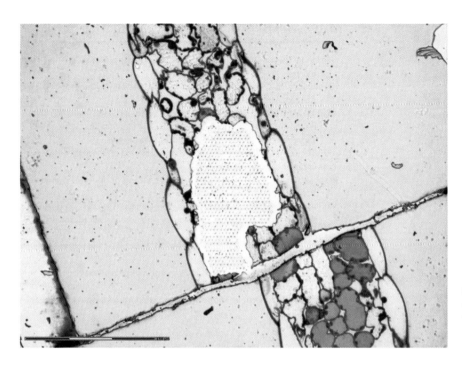

◨ Abb. 3.12 Aufnahme eines gefärbten Semi-dünnschnittes eines in LR White eingebetteten Gerstenblattes. Teile des Schnittes wurden durch den Laser vom Objektträger entfernt. Aufnahme: Carl Zeiss Microscopy GmbH

fig wenige Zellen bis zu einem einzigen Zellkern, wohingegen für RNA- und speziell Protein-Analysen meist sehr viel mehr Probenmaterial benötigt wird, was durch Vereinigen vieler Einzelareale in demselben Gefäß erreicht werden kann. Sobald sich genügend Material im Deckel des Sammelgefäßes befindet, kann das Gefäß geschlossen werden und Mikroextraktionen, z. B. mit kommerziellen Extraktionskits, durchgeführt werden (siehe die Beispielprotokolle für RNA aus Kryostat- oder Paraffinschnitten (A3.5, A3.6), welche für alle Systeme außer Arcturus eingesetzt werden können).

Der besondere Vorteil von Proben, die mit Hilfe der Lasermikrodissektion erzeugt wurden, liegt in der hohen Spezifität der Isolation und der dadurch bedingten besonderen Reinheit des Analysematerials, was auch kleinste Unterschiede zwischen benachbarten Zellen nachweisbar macht.

Anleitung A3.5

RNA-Extraktion aus Mikrodissektaten von FFPE-Schnitten

Material:

- PALM AdhesiveCap 500 (ZEISS, #415190-9201-000)
- Qiagen RNeasy® FFPE Kit (#73504)
- Proteinase K - Lösung (20 mg / ml)
- Tischzentrifuge
- Wärmeschrank mit 56°C
- Heizblock oder Wasserbad mit 80°C
- Eisbad

Durchführung:

1. Zugabe von 150 µl Puffer *PKD* (aus dem Kit) und 10 µl Proteinase K-Lösung zu jedem Sammelgefäß mit Mikro-
▼

dissektaten. Dazu kann bei größerer Probenanzahl direkt vor Gebrauch auch ein Mastermix aus *PKD* und Proteinase K hergestellt werden.

2. Verschließen und – bei Mikrodissektaten in Sammelflüssigkeit – sanftes Mischen und kurzes Abzentrifugieren. Bei Verwendung von *AdhesiveCaps* Umdrehen der Gefäße auf den Kopf und Herunterschleudern der Verdaulösung auf die Cap-Oberfläche.

3. Inkubieren bei 56°C über Nacht (12-16 Stunden) in einem Wärmeschrank. (Wasserbäder oder Heizblöcke sind nicht zu empfehlen, weil dort bei der langen Verdauzeit Flüssigkeit verdunstet und an Gefäßwand oder Deckel kondensiert. Damit ändern sich die Konzentrationsverhältnisse und die Effizienz der Lyse nimmt ab.) *AdhesiveCaps* müssen wiederum „über Kopf" inkubiert werden, um eine gute Bedeckung der Mikrodissektate durch die Pufferlösung zu gewährleisten.

4. Kräftiges Mischen und kurzes Abzentrifugieren.

5. Genau 15 Minuten bei 80°C in einem Heizblock oder Wasserbad erhitzen.

6. Sofort für 3 Minuten im Eisbad schnell abkühlen.

7. Alle weiteren Reinigungsschritte folgen dann genau der Vorschrift im Kit - Handbuch (DNaseI-Verdau, Waschungen etc. bis zum finalen Elutionsschritt).

8. Zur Elution werden 14 µl RNase-freies Wasser verwendet. (Das ergibt eine konzentrierte RNA-Lösung von 12 µl, da als Totvolumen 2 µl in der Reinigungssäule verbleiben.)

9. Die gereinigte RNA kann bei -20°C oder bei -80°C längere Zeit gelagert werden. Wiederholtes Auftauen und Einfrieren ist zu vermeiden.

3

Anleitung A3.6

RNA-Extraktion aus Mikrodissektaten von Gefrierschnitten

Material:
- PALM AdhesiveCap 500 (ZEISS, #415190-9201-000)
- Dunstabzug
- Qiagen RNeasy® Micro Kit (#74004)
- Tischzentrifuge

Durchführung:
1. Vorbereiten der Lyse-Lösung durch Zugabe von 10 µl ß-Mercapto-Ethanol (ßME) pro 1 ml Lysepuffer RLT (beides Bestandteile des Kits). Es werden pro gesammelter Probe 350 µl des Gemisches benötigt. Da ßME gesundheitsschädlich ist, müssen die Herstellung des Gemisches und die folgenden Pipettierschritte unter einem geeigneten Dunstabzug erfolgen.
2. Zugabe je von 350 µl *RLT* mit ßME zu jedem Sammelgefäß mit Mikrodissektaten.
3. Gefäße mit *AdhesiveCaps* verschließen und auf den Kopf stellen. Bei Mikrodissektaten in Sammelflüssigkeit: Mischen und kurzes Abzentrifugieren.
4. Inkubieren bei Raumtemperatur für mindestens 30 Minuten. Die verlängerte Lysezeit ist wichtig, um eine optimale Ausbeute zu erzielen.
5. Kurzes Abzentrifugieren und Transfer des Lysates in RNase-freie 1,5 ml Eppendorf-Gefäße.
6. Die weitere Reinigungsprozedur erfolgt nun wieder genau nach der Vorschrift des Kit-Handbuches (DNase I-Verdau, Waschungen etc. bis zum finalen Elutionsschritt).
7. Zur Elution werden 14 µl RNase-freies Wasser verwendet. Das ergibt eine konzentrierte RNA-Lösung von 12 µl, da als Totvolumen 2 µl in der Reinigungssäule verbleiben.
8. Die gereinigte RNA kann bei -20°C oder bei -80°C längere Zeit gelagert werden. Wiederholtes Auftauen und Einfrieren ist zu vermeiden.

Anfragen zu Verfahren oder Anleitungen rund um die Lasermikrodissektion können auch an lab-muc.microscopy@zeiss.com gerichtet werden.

3.10   Literatur

Alexander RR and Griffiths JM (1993) Basic Biochemical Methods. Wiley-Liss, Inc, New York

Darzynkiewicz Z, Robinson JP, Crissman HA (1994) Flow Cytometry. 2nd Ed., Academic Press, San Diego

Dashek WV (2000) Methods for the Identification of isolated Plant Cell Organelles. In: Dashek WV (Ed.) Methods in Plant Electron Microscopy and Cytochemistry. Humana Press, Totowa, New Jersey

Harrison DD und Webster HL (1969) The preparation of isolated intestinal crypt cells. *Exptl Cell Res* 55: 257–260

Radbruch A (2000) Flow Cytometry and Cell Sorting. Springer Verlag, Heidelberg

Robinson DG and Hinz G (2001) Organelle isolation. In: Hawes C and Satiat-Jeunemaitre B (Eds) Plant Cell Biology, 2nd Edition, Oxford University Press

Romeis B (1968) Mikroskopische Technik. 16. Auflage. R Oldenbourg Verlag, München, Wien

Shapiro, HM (2003) Practical Flow Cytometry 4th Edition. Wiley-Liss, New York

Towler cm, Pugh-Humphreys GP and Porteau JW (1978) Characterization of columnar absorptive epithelial cells isolated from rat jejunum. *J Cell Sci* 29: 53–75

Mikroskopische Untersuchungen von Lebendmaterial

Barbara Nixdorf-Bergweiler

Dieses Kapitel gibt einen Einstieg in die verschiedenen Möglichkeiten, natives Material für lichtmikroskopische Untersuchungen herzustellen. Die Anwendung und der Gebrauch von Nativmaterial spielen eine wichtige Rolle in der medizinischen Diagnostik, den Bio- und den Neurowissenschaften. Unter Nativmaterial versteht man unbehandelt zur Untersuchung gelangendes biologisches Material wie z. B. ungefärbter und unfixierter Blutausstrich, Hirnschnittpräparate und Gewebekulturen, wie auch pflanzliche Präparate. Diese nativen biologischen Materialien sind nur für einen begrenzten Zeitraum lebensfähig, können dann aber in der zur Verfügung stehenden Zeit wichtige Aussagen zum natürlichen (nativen) Zustand der Zelle geben. Mit den neuen modernen Methoden des *Live-Cell Imaging* (▶ Kap. 11.3) können zum Beispiel an nativem Material biologische Moleküle in ihrer Struktur, Funktion und in ihren Wechselwirkungen über die Zeit beobachtet und analysiert werden.

4.1   Arbeiten mit Lebendmaterial

Neben den vielfältigen mikroskopischen Methoden zur Herstellung von Dauerpräparaten können auch Lebendpräparate hergestellt werden. Lebendpräparate sind in ihrer Färbbarkeit wie auch ihrer Haltbarkeit letztendlich begrenzt, unter Einhaltung einer Reihe bestimmter Bedingungen lassen sie sich aber über einen gewissen Zeitraum erhalten und können so experimentell untersucht und beobachtet werden.

4.1.1   Voraussetzungen für das Arbeiten mit Lebendpräparaten

Mikroorganismen und Kleinstlebewesen sowie Zell- und Gewebekulturen sind für die Beobachtung am lebenden Präparat sicherlich einfacher zu handhaben als Säugetiermaterial. Für alle aber gilt, dass die Umgebung, in denen sich die Präparate befinden, ganz essenziell ihren Bedürfnissen angepasst sein muss. Dabei ist besonders darauf zu achten, dass die Umgebungstemperatur, die Gaskonzentrationen von Sauerstoff und Stickstoff sowie der pH-Wert der Lösung, in denen sich die zu untersuchenden Zellen und Gewebe befinden, korrekt an die physiologischen Bedingungen der Präparate angepasst sind (◻ Tab. 4.1). Es geht nicht nur darum, Zellen am Leben zu erhalten, sondern darum, sie optimal zu versorgen.

Parameter physiologischer Lösungen für die Vitalität der Lebendpräparate sind:
- Osmolarität
- pH-Wert
- Temperatur in offenen/geschlossenen Systemen, Perfusionskammern
- Fototoxizität von Farbstoffen/Reagenzien
- UV-Strahlung
- pO_2, pCO_2
- Keimgehalt/Infektionsgefahr/Pathogenität
- Oberflächenbeschaffenheit der Gefäße bzw. Unterlage der Zellen und Gewebe

Beispiele für physiologische Lösungen sind:
- physiologische Kochsalzlösung (0,9 % NaCl in H_2O)
- Ringerlösung sowie spezifische physiologische Lösungen
- Tyrode-Lösung

4.1.2   Präparationsbeispiele für die Herstellung von Lebendpräparaten

4.1.2.1   Kulturen, Mikroorganismen und Kleinstlebewesen

Für eine einfache Beobachtung von z. B. Hefekulturen nimmt man aus der Flüssigkeit einen Tropfen und gibt ihn auf einen sauberen Objektträger. Mit einem Deckglas wird die Probe blasenfrei abgedeckt, sodass die Probe nun für eine kurze Zeit unter dem Mikroskop beobachtet werden kann, bevor sie austrocknet.

Möchte man das schnelle Austrocknen der Probe verhindern, können Vitalpräparate unter Hinzufügen eines Tropfens entsprechender physiologischer Lösung und dem anschließenden Auf-

◻ **Tab. 4.1** Zusammensetzung physiologischer Lösungen für die Präparation von Lebendmaterial.

Komponente	Physiol. NaCl-Lsg.	Ringerlösung	Tyrode-Lsg.	Hanks-Lösung	aCSF
NaCl (g/l)	9,00	9,00	8,00	8,00	7,36
KCl (g/l)	–	0,42	0,20	0,40	0,19
$CaCl_2$ (g/l)	–	0,25	0,20	0,14	0,29
$MgCl_2$ x $6H_2O$ (g/l)	–	–	0,10	0,10	0,19
NaH_2PO_4 x H_2O (g/l)	–	–	0,05	–	0,17
$NaHCO_3$ (g/l)	–	–	1,00	0,35	2,18
Glucose (g/l)	–	–	1,00	1,00	1,98
$MgSO_4$ x $7H_2O$ (g/l)	–	–	–	0,10	–
Na_2HPO_4 x $2H_2O$ (g/l)	–	–	–	0,06	–
KH_2PO_4 (g/l)	–	–	–	0,06	–

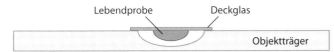

Abb. 4.1 Beobachtung von Lebendmaterial mit der Methode des „hängenden Tropfens". Bei dieser Methode befindet sich die zu untersuchende Lebendprobe in einem Tropfen Flüssigkeit. Der Tropfen ist so an einem Deckglas aufgebracht, dass er über einer Vertiefung im Objektträger hängt; eine Methode, die auch in der Bakteriologie Verwendung findet.

legen eines Deckglases, das mit Wachs oder Vaseline rundherum verschlossen wird, für einige Tage aufbewahrt und beobachtet werden. Eine bekannte Methode wie sie auch in der Bakteriologie noch angewendet wird, ist die Herstellung von Frisch- und Vitalpräparaten in Form eines „hängenden Tropfens". Dabei „hängt" die zu untersuchende Probe von einem Deckglas herab und befindet sich dabei über der Aushöhlung eines geschliffenen Objektträgers. Für diese Technik eignen sich besonders gut einzellige bzw. sehr kleine Lebewesen wie Bakterien, Protozoen, Rotatorien etc. Mit dieser Technik können die Lebendproben über einen längeren Zeitraum beobachtet werden (▣ Abb. 4.1).

Abb. 4.2 Micro-Life-Objektträger zur Beobachtung von Kleinstlebewesen. Der Micro-Life-Objektträger der Glaswarenfabrik Karl Hecht GmbH & Co KG funktioniert nach dem Prinzip zweier kommunizierender Röhren, sodass ein Austrocknen der Probe verhindert werden kann. Er eignet sich besonders gut zur längerfristigen Untersuchung von aquatischen Kleinstlebewesen.

Anleitung A4.1

Arbeiten mit dem „hängenden Tropfen"

Material:

- Objektträger aus Kalk-Natron-Glas mit einer Vertiefung
- Deckglas
- Vaseline
- Pasteurpipette
- Mikroskop

Durchführung:

1. Der Objektträger erhält einen Stützring aus Vaseline
2. ein Tropfen der vorbereiteten Probe wird mit einer Pasteurpipette in die Mitte des Deckglases gebracht und in die Wölbung des Objektträgers gehängt
3. schließt der Ring das Deckglas ab, entsteht eine feuchte Kammer, die über längere Zeit Untersuchungen zulässt (besonders gut für Kleinorganismen im Wasser geeignet)

4.1.2.2 Micro Life-Objektträger für die Untersuchung aquatischer Kleinstlebewesen

Eine brauchbare Alternative hierzu ist die Anschaffung eines speziell entwickelten Objektträgers, in dem eine Längsrille eingebracht ist, in der die Probe beobachtet werden kann. Die Längsrille ist an beiden Enden mit jeweils einem Flüssigkeitsreservoir verbunden, sodass die Probe nicht austrocknen kann (Micro Life-Objektträger der Firma Hecht, ▣ Abb. 4.2).

Mit dem Micro Life-Objektträger hat man die Möglichkeit, Mikroorganismen wie Algen, Wimperntierchen, Amöben, Rädertierchen, Ciliaten, Euglenen, Trompetentierchen, Bärtierchen, Hydren etc. über einen längeren Zeitraum in ihrer natürlichen Umgebung zu beobachten. Neben Fressverhalten können u. a. auch Phototaxis „life" demonstriert werden.

4.1.2.3 Objektträger der Serie „µ slide I" für die Beobachtung von Zellkulturen

Das Prinzip der kommunizierenden Röhre wie bei dem Micro Life-Objektträger für die Beobachtung von Kleinstlebendmaterial findet auch in der Zellkultur Verwendung. Das Antwortverhalten lebender auf dem ‚µ slide' (Ibidi GmbH) aufgebrachter Zellen einer Zellsuspension kann unter verschiedenen Bedingungen direkt mit einem inversen Mikroskop beobachtet werden (▣ Abb. 4.3). So ist es u. a. möglich, die Zellen direkt während der Einspülung neuer Substanzen *in vivo* zu beobachten (http://ibidi.com/xtproducts/en/ibidi-Labware). Eine solche Einrichtung in unterschiedlichen Ausführungen gibt es auch für Gewebekulturen (Zantl und Horn, 2011). Der nur 180 µm dünne Boden der Kammer ermöglicht sehr gute, hochauflösende Mikroskopie. Weitere Beispiele für Kammern zur Untersuchung von Lebendmaterial finden sich unter http://www.olympusconfocal.com/resources/specimenchambers.html.

Anleitung A4.2

Bauen einer feuchten Kammer

Eine feuchte Kammer für die Unterbringung von Lebendmaterial auf Objektträgern zur Aufbewahrung lässt sich sehr gut selber herstellen. Man benötigt dazu eine große Glasschale (30 x 19 cm) mit Deckel, die mit einem feuchten Vlies ausgelegt wird und über die einzelne Plastikstäbe der Länge nach hinein gelegt werden. Die Abstände und Anzahl der einzelnen Plastikstäbe richtet sich danach, wie viele Objektträger mit aufgebrachten Präparaten in der Glasschale aufbewahrt werden sollen. Die Plastikstäbe dienen dabei zur besseren Belüftung der Präparate, die so für viele Stunden am Leben erhalten werden können. Eine solche Kammer eignet sich auch hervorragend zur Untersuchung pflanzlicher Präparate.

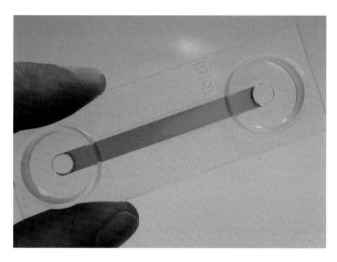

◘ Abb. 4.3 Objektträger der ‚µ slide I'-Serie (ibidi GmbH). Mit diesen speziell für Zellsuspensionen und in weiteren modifizierten Ausführungen auch für Gewebekulturen ausgerichteten Objektträgern der ‚µ slide I'-Serie können direkt am Mikroskop Lebendproben mit guter, hochauflösender Optik untersucht werden.

4.1.2.4   Pflanzliche Präparate

Pflanzenteile lassen sich schneiden, abziehen, schaben oder zupfen (▶ Kap. 16). Die so gewonnenen Präparate lassen sich unter Zufügen einer entsprechenden physiologischen Lösung direkt am Mikroskop betrachten und in einer feuchten Kammer aufbewahren.

4.1.2.5   Hirnschnittpräparate und Gewebekulturen

Hirnschnitte, aber vor allem auch Gewebekulturen, können in physiologischen Medien und den für sie entsprechenden lebenserhaltenden Faktoren für lange Zeit lichtmikroskopisch beobachtet werden. Um native Hirnschnitte möglichst lange *in vitro* am Leben zu erhalten, müssen sie unter ganz bestimmten Bedingungen hergestellt (▶ Kap. 13, A13.5) werden. Die Hirnschnitte werden dann in einer Interface-Kammer oder Submerge-Kammer mit Carbogen-gesättigter, künstlicher Nährlösung (aCSF) umspült und können so über viele Stunden für experimentelle Untersuchungen am Leben erhalten werden. Hirnschnittkammern gibt es in diversen Ausführungen. Eigenschaften, Nutzung und Handhabung werden im ▶ Kapitel 13.4 ausführlich erklärt.

4.2   Durchführung von physiologischen Versuchen und Vitalfärbung

Für die Untersuchung morphologischer Strukturen im lebenden Organismus können – je nach Fragestellung und unter bestimmten Bedingungen – verschiedene Farbstoffe sowie Fluorochrome eingesetzt werden. Diese Farbstoffe (Vitalfarbstoffe) können am lebenden Tier oder an der lebenden Zelle angewendet werden, ohne dass diese Schaden nehmen (Stockinger, 1964). Unter einer Vitalfärbung wird eine Farbmarkierung

lebender Zellen oder Gewebe durch Substanzen verstanden, die die vitalen Zellprozesse nicht schädigen (Roche Lexikon Medizin, 2003). So kann mit der Vitalfärbung die Vitalität von Zellen und Geweben überprüft werden (Horobin, 2002). Es können aber auch bestimmte Organellen oder Zellen und Zellstrukturen in ihrer Motilität über einen längeren Zeitraum durch Markierung mit einer für die Untersuchung spezifische Farbstoffprobe (z. B. spezifische Fluorochrome, MitoTracker, LysoTracker, ▶ Kap. 11) beobachtet werden.

Vitalfärbung von Zellkern und Cytoplasma wird bevorzugt mit Fluorochromen (▶ Kap. 11.2) vorgenommen. Zur Färbung des Zellkernes verwendet man z. B. Acridinorange, das auch vom lysosomalen Kompartiment gespeichert wird (A11.9, A11.10). Für die Darstellung des Cytoplasmas hat sich Fluoresceindiacetat (A11.11) bewährt. Bei Pflanzenzellen lässt sich das Cytoplasma mit Rhodamin B diffus anfärben (1:1 000 in Leitungswasser, für 3–4 min). Hier speichern die Mitochondrien den Farbstoff stärker und treten so leuchtend goldgelb hervor. Besonders die Entwicklung von lichtstarken Fluoreszenzfarbstoffen, die an spezifische definierte Strukturen im lebenden Organismus binden, hat parallel mit der Weiterentwicklung der Fluoreszenzmikroskopie (▶ Kap. 1.1.12–1.1.18) an Bedeutung gewonnen. Auch wenn die Vitalfarbstoffe an lebenden Präparaten angewendet werden, ohne diesen zu schaden, können sie in zu hoch dosierter Form für die Lebendpräparate toxisch sein. Einige Farbstoffe müssen mit besonderer Sorgfalt angewendet werden, da sie wie z. B. Acridinorange extrem giftig sind.

4.2.1   Einteilungen der Vitalfärbung

Die Vitalfärbung lässt sich in drei Kategorien unterteilen:
- intravital: Färbung am lebenden Objekt
- supravital: Färbung an entnommenen lebensfähigen Zellen oder Geweben (z. B. Zellen einer Zellsuspension; *in vitro*-Hirnschnittpräparat in einer Perfusionskammer)
- postvital: Färbung an unfixiertem, aber bereits abgestorbenem Gewebe

Eine andere Einteilung für Vitalfärbungen, wie man es z. B. im medizinischen und tierexperimentellen Bereich vorfindet, wäre die Unterscheidung der Vitalfärbung in *in vivo* und *ex vivo*. Unter einer Vitalfärbung *in vivo* versteht man eine Färbung, die in einem lebenden Organismus angewendet wird, z. B. bei der intravitalen Videofluoreszenzmikroskopie. Unter einer Vitalfärbung *ex vivo* wird eine Färbung an Organen oder Geweben verstanden, die dem Tier vorher entnommen wurden.

4.2.2   Eigenschaften von Vitalfarbstoffen

Die Vitalfarbstoffe können eingeteilt werden in:
- saure Vitalfarbstoffe (Trypanblau, Alizarin, Lithiumkarmin)
- basische Vitalfarbstoffe (Methylenblau, Neutralrot, Janusgrün, Nilblausulfat, Bismarckbraun, Naphtholblau)

- Fluorochrome (Alizarinkomplexon, Tetrazykline, Quinacrin, Fluouresceindiacetat, Acridinorange, Hoechst 33342-Trihydrochlorid, DRAQ5, Rhodamin 6G, Rhodamin B Isothiocyanat, spezifische Organellenmarker)
- indifferente fettlösliche Farbstoffe (Sudan III, Sudanschwarz, Scharlachrot).

Beim Einsatz von Vitalfarbstoffen sollte man bedenken, dass die Farbstoffe häufig nicht beständig sind. Einige Farbstoffe können auch die Plasmamembran intakter Zellen nicht durchdringen, so dass intakte Zellen in diesem Fall ungefärbt bleiben, tote abgestorbene Zellen hingegen gefärbt werden. Diese Eigenschaft macht man sich bei der sogenannten Lebend-Tod-Färbung z. B. bei Spermatozoen oder Hefezellen mit dem Vitalfarbstoff Eosin oder Trypanblau zunutze. Farbstoffe können andererseits auch ganz gezielt zum Färben bestimmter Zellstrukturen eingesetzt werden z. B. Methylenblau für die Kernfärbung und Neutralrot für die Cytoplasmafärbung.

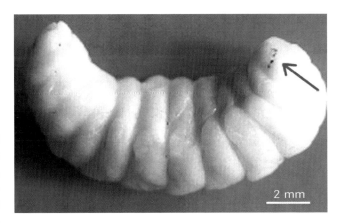

■ **Abb. 4.4** Trypanblaufärbung an einer Insektenlarve. Einstichstellen (Pfeil) im Integument einer Insektenlarve durch hämolymphsaugende Milben. Nur die verletzten Regionen im Integument (blau gefärbt) werden durch Trypanblau gefärbt. Nach 30-minütiger Inkubation in 0,01 % Trypanblau (modifiziert nach Kanbar und Engels, 2004).

Anleitung A4.3

Vitalitätsüberprüfung von Spermatozoenproben oder Hefekulturen durch Lebend-Tod-Färbung mit Eosin
Material:
- Objektträger
- Deckglas
- 0,5 g Eosin in 100 ml 0,9 % (w/v) NaCl
- Pasteurpipette
- Mikroskop

Eosin ist auch als Gebrauchslösung im Handel erhältlich (0,5 % in wässriger Lösung).

Durchführung:
Ein Tropfen der Probe wird auf einen Objektträger mit einem Tropfen Eosinlösung (in 0,9 % NaCl) versetzt und ca. 5 min inkubiert. Nach Auflegen eines Deckglases kann direkt in der Lösung ausgezählt werden oder es wird ein einfacher Ausstrich durchgeführt (▶ Kap. 3.2) und sehr schnell luftgetrocknet. Danach kann ebenfalls ausgezählt werden.

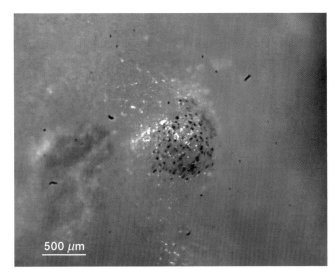

■ **Abb. 4.5** Trypanblaufärbung abgestorbener Epidermiszellen bei der Adventivwurzelbildung von Reis. Bild: M. Mulisch, CAU Kiel

4.2.3 Vitalfarbstoffe für die Untersuchung in der Hellfeldmikroskopie

Am bekanntesten für die Untersuchung lebender Präparate im Hellfeld sind die Vitalfarbstoffe Trypanblau, Neutralrot, Methylenblau, Eosin, Alizarin und Janusgrün.

4.2.3.1 Trypanblau
Trypanblau ist ein anionischer Azofarbstoff, der an Zellproteine bindet. Er färbt als nicht membrangängiger Farbstoff wie Eosin aber nur tote Zellen und wird daher üblicherweise zur Vitalfärbung eingesetzt, mit dem die Lebensfähigkeit von Zellen überprüft werden kann (■ Abb. 4.4 und 4.5).

Daneben verwendet man Trypanblau aber auch in der Hellfeldmikroskopie in Polychromfärbungen, um z. B. kollagenes Bindegewebe darzustellen. So kann in einer intravitalen Anfärbung Amyloid und elastisches Gewebe mit einer Trypanblaulösung dargestellt werden.

Die Farbstofflösung wird intravenös, intraperitoneal oder subkutan injiziert. Für die intravenöse Injektion rechnet man bei kleineren Säugern, wie z. B. Mäusen 0,1–0,3 ml Farbstofflösung auf 20 g Körpergewicht, subkutan dagegen 0,5–1,0 ml; bei Kaninchen auf 1 kg Körpergewicht 3–4 ml intravenös und 10–15 ml subkutan. Frösche erhalten auf 20 g Körpergewicht subkutan 1 ml Farbstofflösung. Für Kaulquappen wird das Trypanblau dem Aquarienwasser zugesetzt (1:5 000 bis 1:10 000). Nach subkutaner Injektion wird der Farbstoff durch Massieren etwas verteilt. Zum Studium von Exkretionsorganen soll nur eine einmalige Farbstoffinjektion verabreicht werden.

4

Die rascheste Verteilung des Farbstoffes erhält man nach intravenöser Applikation, bei der Farbstoff vom reticulohistocytären System aufgenommen wird. Dieses System besteht aus zu Phagocytose und Speicherung von Stoffen/Partikeln befähigten Zellen, die im Wesentlichen dazu dienen, Abfall- und Fremdstoffe zu beseitigen. Bei subkutaner Gabe kommt es zuerst zur lokalen Anfärbung des Bindegewebes. Nach Fixierung des Gewebes in Bouinscher Lösung (▶ Kap. 5) kann das Färbeergebnis auch an gewöhnlichen histologischen Schnitten studiert werden. Ist es nötig das Gewebe zu entkalken, lässt man es in den erwähnten Fixierlösungen und setzt 5 % Trichloressigsäure (Endkonzentration) zu. Als Gegenfärbung verwendet man z. B. Kernechtrot.

Sicherheitshinweis: Trypanblau ist toxisch (karzinogen).

4.2.3.2 Alizarin

Alizarin und das besser lösliche Alizarinrot S (pH 3,7 bis 5,2) eignen sich als Vitalfarbstoff besonders gut für Wirbellose und für die Färbung wachsender Knochen bei Wirbeltieren. Das Alizarinrot S wird dem Aquarienwasser in hoher Verdünnung zugesetzt und kann für die selektive Darstellung des Nervensystems genutzt werden. Die Anfärbung erfolgt relativ rasch. Die Löslichkeit des Alizarins lässt sich durch Zusatz von etwas Urotropin steigern. Beide Farbstoffe können auch zur Supravitalfärbung isolierter Gewebe unter dem Deckglas eingesetzt werden. Haltbare Präparate erzielt man durch Fixieren in Formol und anschließendes Fixieren der Färbung in Kalkwasser. Man entwässert durch die Ethanolreihe (rasches Arbeiten ist nötig) und schließt in entsprechenden Einbettmedien (z. B. Kanadabalsam von Roth) ein. Der verbreitetste Anwendungsbereich von Alizarin und Alizarinrot S ist wohl die vitale Anfärbung von wachsender Knochensubstanz. Schon früh war bekannt, dass die wachsende Knochensubstanz bei jungen Tieren durch Verfüttern von Krapp (die Wurzeln von *Rubia tinctoria*) rot gefärbt wird. Alizarin und Purpurin sind die wesentlichen Elemente dieses Naturfarbstoffes. Für die Vitalfärbung löst man Alizarinrot S am besten zu 1 % in physiologischer Salzlösung und injiziert intravenös oder intraperitoneal. Gefärbt werden die Kalksalze im neugebildeten Knochen;

die Osteocyten und bereits voll ausgebildetes Knochengewebe bleiben ungefärbt.

4.2.3.3 Janusgrün

Janusgrün B (Diazingrün) wird zur Vitalfärbung der Mitochondrien in der Hellfeldmikroskopie angewandt. Man verwendet stark verdünnte Farbstoffe (weniger als 0,05 %) in Ringerlösung oder anderen physiologischen Lösungen. Die Farbstofflösung wird in dünner Schicht auf das Präparat getropft (mit Filterpapier wieder absaugen), das dann unbedeckt für 10 bis 20 Minuten in eine feuchte Kammer (A4.2) kommt. Erst wenn die Färbung genügend stark hervortritt, wird ein Deckglas aufgelegt. Wird das Deckglas sofort aufgelegt, reduzieren die Mitochondrien den Farbstoff zu Leukobase, eventuell tritt dann die rosa Farbe des Diethylsafranins hervor. Gelingt die Anfärbung trotz Anwesenheit von genügend Sauerstoff nicht, muss die Farbstofflösung weiter verdünnt werden. Die Mitochondrien sollen sich tief blaugrün oder grün darstellen.

4.2.3.4 Neutralrot

Man verwendet Neutralrot als Vitalfarbstoff (0,1 % in 0,9 % NaCl) analog zu den Angaben für Trypanblau. Neutralrot ist ein Indikator, der im pH-Bereich zwischen 6,8 und 8,0 von rot auf gelb umschlägt. Als Supravitalfärbung angewandt eignet es sich sehr gut für Zupfpräparate (▶ Kap. 3.4); es wird der Beobachtungsflüssigkeit in sehr starker Verdünnung (1:10 000 bis 1:50 000) zugesetzt; die Färbedauer beträgt 5 bis 10 Minuten.

Ein anderer Anwendungsbereich als Supravitalfärbung betrifft die Differenzierung von Granulocyten vor. Bei dieser Methode wird eine Doppelfärbung mit Neutralrot und Janusgrün angewendet.

Supravitalfärbung für Granulocyten

Herstellen der Farbstofflösung (nach Doan und Ralph, 1950):

- Stammlösung 1: 300 mg Neutralrot in 100 ml 100 % Ethanol lösen
- Stammlösung 2: 200 mg Janusgrün B in 100 ml 100 % Ethanol lösen
- Färbelösung (unmittelbar vor Gebrauch herstellen): 35 bis 40 Tropfen Stammlösung 1 und 5 Tropfen Stammlösung 2 zu 5 ml absolutem Ethanol geben; eventuell von Stammlösung 2 mehr zusetzen (8–10 Tropfen).

Präparation der Objektträger:

- Absolut saubere Objektträger etwas erwärmen
- in die frisch zubereitete Färbelösung tauchen
- Überschuss abfließen lassen, lufttrocknen.

So präparierte Objektträger können mit Trockenmittel in einer Schachtel aufbewahrt werden.

Durchführung:

1. Einen Tropfen der Probe auf ein Deckglas bringen
2. Deckglas umdrehen und auf den Objektträger mit der Farbstoffschicht auflegen. Nicht drücken!
3. Deckglas mit Vaseline umranden oder mit Nagellack abdichten (alternativ kann auch mit Mowiol (A11.13) abgedichtet werden)

Nach mindestens 5 min kann das Präparat untersucht werden.

Mitochondrien färben sich grün, basophile Granulocyten kräftig ziegelrot, eosinophile Granula gelb bis schwach orange, neutrophile Granula rosa und Lysosomen in Monocyten lachsfarben. Die Phagosomen in Makrophagen zeigen das gesamte Farbspektrum des pH-Indikators Neutralrot von rot bis gelb. Für sehr zellreiche Flüssigkeiten, z. B. leukämisches Blut, oder für Abklatschpräparate von Knochenmark oder Blutbildungsherden muss die Farbstoffkonzentration entsprechend der Zellzahl erhöht werden. Da die Farbstofflösungen sehr flüchtig sind, dürfen sie nie offen stehen.

Die folgende Vorschrift für die Supravitalfärbung von Zellsuspensionen ist eine Modifikation der Kombinationsfärbung von Neutralrot und Janusgrün, die zur gleichzeitigen Färbung von Mitochondrien und Sekretkörnchen (Pankreas) in dünnen Objekten (Gewebehäutchen, isolierte Drüsenläppchen, Gewebekulturen) angewendet wird (Romeis, 1989).

Supravitalfärbung von Zellsuspensionen

Herstellen der Färbelösung:

- Stammlösung 1: 1 % Neutralrot in Ringerlösung.
- Stammlösung 2: 1 % Janusgrün in Ringerlösung.
- Färbelösung (unmittelbar vor Gebrauch ansetzen): Zu 15 ml Ringerlösung kommen 10–15 Tropfen Stammlösung 1 und 1 bis 2 Tropfen Stammlösung 2.

▼

Durchführung:

1. Farbstofflösung einfach auf das isolierte oder lebende Gewebe auftropfen
2. 5 bis 10 min unter Luftzutritt warten
3. mit Ringerlösung abspülen
4. Präparate auf Objektträger aufziehen mit einem Deckglas versehen und umranden (z. B. mit Mowiol).

4.2.3.5 Anreicherung von Neutralrot in sauren Zellkompartimenten (Ionenfalle)

In der Biologie versteht man unter einer Ionenfalle die Aufnahme von biomembrangängigen neutralen Stoffen z. B. in die Vakuole von Pflanzenzellen, wo sie in dem dort vorliegenden leicht sauren Milieu (pH ca. 5,8) durch Aufnahme von Protonen ionisiert werden. Dort reichern sie sich als Kationen an und können so die Vakuole nicht mehr verlassen (Sitte, 1972). Im ungeladenen Zustand ist Neutralrot (pH 13 bis 7,5) membranpermeabel und von gelber Farbe. Ab pH 7,4 und saurer wird der Farbstoff protoniert, nimmt rote Farbe an und kann die Membranen nicht mehr durchdringen. Neutralrot reichert sich so in sauren Kompartimenten von Zellen an (Ionenfalle). Beispielsweise kann so die Vakuole von Zwiebelhautzellen mit Neutralrot angefärbt werden, ohne dass die Zellen absterben (A4.8). In tierischen Zellen diffundiert Neutralrot durch die Membran und lagert sich in Lysosomen an (Martínez-Gómez et al. 2008). Durch Schädigungen an Membranen bzw. beim Absterben von Zellen durch cytotoxisch wirksame Substanzen vermindert sich die Aufnahme des Farbstoffes bzw. kann kein Farbstoff aufgenommen werden.

Anreicherung von Neutralrot in der Ionenfalle

Material:

- Zwiebelepidermis
- Reagenzgläser, RG-Ständer, Objektträger, Deckgläschen
- Pipetten, Skalpell, Pinzette
- 0,1 % Neutralrot in H_2O
- 0,1 M Natronlauge
- Leitungswasser
- verdünnte Ammoniaklösung

Herstellen der Farbstofflösung (nach Wild, 1999):

- Stammlösung 1: 100 mg Neutralrot in 100 ml H_2O lösen
- Färbelösung (unmittelbar vor Gebrauch herstellen): Stammlösung im Verhältnis 1 zu 5 mit Leitungswasser verdünnen (bei Bedarf einen Tropfen Natronlauge zufügen). Die Gebrauchslösung ist braunrot.

Durchführung:

1. Ein Stück Zwiebelepidermis frei präparieren
2. Einen Tropfen Neutralrotlösung auf einen Objektträger bringen
3. Ein Stück Zwiebelepidermis für 2-3 Minuten in die Farbstofflösung legen

▼

4. Mit einem Deckgläschen abdecken und im Mikroskop betrachten

5. Mit Filterpapier Flüssigkeit unter dem Deckgläschen absaugen und anschließend mit verdünnter Ammoniaklösung ersetzen.

Aufgrund des gegebenen Konzentrationsgefälles wandert Neutralrot in die Zelle und schließlich in die Vakuole ein, wo es in dem leicht sauren Vakuoleninhalt protoniert wird und sich anreichert. Im mikroskopischen Präparat erscheint die gesamte Zelle hellrot gefärbt, lediglich die Plasmakappen in den spitz zulaufenden Enden der Zellen bleiben ungefärbt (Schritt 4). Beim Durchspülen mit der verdünnten alkalischen Ammoniaklösung wird das Neutralrot in der Vakuole wieder neutralisiert.

4.2.4 Nachweis reaktiver Sauerstoffspezies (ROS)

Ein ganz allgemeines Problem bei der Untersuchung von Lebendpräparaten ist das *Photobleaching* (▶ Kap. 11.3.2.4) und die Phototoxizität in der Fluoreszenzmikroskopie. Hierbei kommt es in der Zelle durch den angeregten Zustand der Fluorophore zur Freisetzung reaktiver Sauerstoffspezies (ROS, *reactive oxygene species*), die mit einer Vielzahl leicht oxidierbarer Moleküle wie Proteinen, Nucleinsäuren, Lipiden und Fluorophoren reagieren können, was letztendlich zum Verlust des Fluoreszenzsignals wie auch zum Zelltod führen kann. Die Produktion von ROS hängt vor allem von den photochemischen Eigenschaften der Fluorophore und der Anregungsenergie ab. Eine optimale Balance zwischen der Bildqualität (hohe Lichtdosis) und der Vitalität der Zellen (niedrige Lichtdosis) ist eine große Herausforderung beim *Live-Cell Imaging* (▶ Kap. 11.3).

Die Vorgänge zur Entstehung toxischer reaktiver Sauerstoffspezies, die aufgrund ihrer erhöhten Konzentration die ROS-produzierende Zelle selbst oder auch umgebende Gewebe schädigen, sind auch als oxidativer Stress bekannt. Auf ganz natürliche Weise entstehen reaktive Sauerstoffspezies aber auch im Organismus als unvermeidbare Nebenprodukte der Zellatmung. Wir wissen heute, dass ROS eine wesentliche Rolle bei Alterungsprozessen spielen, für eine Reihe von Krankheiten mitverantwortlich sind und im Gehirn Signalfunktionen ausüben, wie bei der Signalübertragung, der synaptischen Plastizität und der Gedächtnisbildung (Massaad, 2011). Zu den ROS gehören freie Radikale wie das Superoxidanion $O_2^{\cdot-}$ (neue Bezeichnung: Hyperoxidanion), das hochreaktive Hydroxylradikal OH•, stabile molekulare Oxidanzien wie Wasserstoffperoxid H_2O_2, sowie angeregte Sauerstoffmoleküle (Singulettsauerstoff O_2).

Auch im pflanzlichen Organismus kommt den ROS eine besondere Bedeutung zu, insbesondere dem Wasserstoffperoxid und Stickstoffmonoxid, die sowohl bei der pflanzlichen Abwehr von Pathogenen eine wichtige Rolle spielen als auch

Signalfunktionen ausüben. Da der Nachweis einzelner reaktiver Sauerstoffspezies in Pflanzen recht schwierig ist, wird in vielen Fällen die Produktion der ROS unspezifisch, als extrazellulär gebildetes H_2O_2, gemessen. Mit der Indikatorsubstanz Nitrotetrazoliumblau (NBT) ist es aber möglich, in Pflanzen intrazellulär gebildete ROS direkt nachzuweisen (Choi et al. 2006). NBT ist eine hellgelbe und gut lösliche Substanz, die über die Plasmamembran in die Zellen eindringen kann und spezifisch mit Superoxidanionen-Radikalen ($O_2^{\cdot-}$) unter Bildung eines schwerlöslichen blauen Polymers reagiert. Da Superoxidanionen nur eine kurze Halbwertszeit (wenige Millisekunden) in der Zelle haben, bildet sich das blaue Polymer am Entstehungsort der Radikale. Nach Ausmischung der Blattfarbstoffe lässt sich das Polymer lichtmikroskopisch nachweisen und lokalisieren. Am Beispiel des Modellorganismus *Arabidopsis thaliana* (Acker-Schmalwand) lassen sich anhand eines Stressmodells über NBT Superoxidanionen nachweisen (modifiziert nach M. Mulisch und C. Desel, Praktikumskript, CAU Kiel).

Anleitung A4.9

Nachweis der intrazellulären Produktion von ROS durch eine präzipitierende Indikatorsubstanz

Material:
- *Arabidopsis thaliana*
- Rasierklinge
- 0,5 mg/ml Nitrotetrazoliumblau (NBT) in PBS (Stammlösung: 5 mM)
- 10 mM PBS pH 7,2
- Fixierlösung: 4:1 (v/v) Ethanol/Chloroform; 0,15 % (w/v) Trichloressigsäure
- Mikrotiterplatten
- Agarplatten
- Pasteurpipette
- Lichtmesser
- Stereolupe

Durchführung:

Pflanzenproben von *Arabidopsis thaliana* werden einem Stressmodell (Kühle: 9 °C) unterzogen und mit Kontrollproben (22 °C) verglichen.

1. Zwei 96er Mikrowellplatten markieren, jeweils eine für 9 °C und eine für 22 °C. (Jede Mikrowellplatte enthält Kontroll- sowie NBT-behandelte Pflanzen).

2. Je 8 Gefäße (*wells*) mit jeweils 250 µl Leitungswasser befüllen, dass sich neben jedem befüllten Gefäß ein leeres Gefäß befindet.

3. Die Pflänzchen der Agarplatte entnehmen und die Wurzelspitzen anschneiden.

Zur optimalen Flüssigkeitsaufnahme werden die Wurzeln auf einem Objektträger oder einer Glasplatte mit Leitungswasser beträufelt und mit einer sauberen Rasierklinge angeschnitten. Hierbei sollte zügig gearbeitet werden. Am Besten wird das Schneiden nur in der Flüssigkeit durchgeführt, damit der

▼

Transpirationsstrom nicht durch Luftblasen unterbrochen wird. Die Pflänzchen sollten gleich groß sein. Sie sollten nur mit einer Federstahlpinzette im Wurzel- oder Stengelbereich, aber nicht an den Blättern berührt werden.

1. Jeweils ein Pflänzchen in ein mit NBT bzw. PBS gefülltes Gefäß setzen
   Die Aufnahme von NBT erfolgt sowohl für die 9 °C- als auch für die 22 °C-Proben unter identischen Bedingungen im Dunkeln über 3 h. Ohne die Pflanzen zu berühren, wird das Leitungswasser in den *wells* gegen NBT bzw. in der Kontrollgruppe gegen PBS gewechselt. Die Blätter sollten nicht auf dem Puffer schwimmen, sondern wie aus einer Blumenvase nach oben herausschauen.
2. Nach 3 h Inkubation im Dunkeln wird die NBT-Lösung gegen PBS ausgetauscht. Die Pflanzen einer Mikrowellplatte werden bei 9 °C und unter erhöhter Strahlungsintensität inkubiert, während die Kontrollpflanzen möglichst keinerlei Standortwechsel unterzogen werden sollten.
3. Die Lichtintensität wird an beiden Standorten mit einem Lichtmesser bestimmt.
4. Nach Ablauf der Inkubationszeit werden die Pflänzchen in Fixierlösung aufgenommen und bei RT auf dem Schüttler über Nacht inkubiert.

Das Chlorophyll sollte vollständig aus den Blättern entfernt werden. Gegebenenfalls muss die Fixierlösung 2- bis 3-mal erneuert werden und es wird abermals mehrere Stunden inkubiert. Sind die Blätter vollständig entfärbt, können sie in 80 % ethanolischer Lösung in einer Petrischale mit einer Stereolupe durchgesehen werden.

Zur Anfertigung lichtmikroskopischer Bilder von ganzen Blättchen werden diese schrittweise in PBS überführt, und zwar für 30 Minuten in 50 % Ethanol / 50 % PBS, weitere 30 min in 20 % Ethanol / 80 % PBS und 2 x 30 min 100 % PBS.

4.3 Literatur

Choi HS, Kim JW, Cha YN, Kim C (2006) A quantitative nitroblue tetrazolium assay for determining intracellular superoxide anion production in phagocytic cells. *J Immunoassay Immunochem* 27(1):31-44
Dahl LK (1952) A simple and sensitive histochemical method for calcium. *Proc Soc exp Biol Med* 80:474-479
Doan CA, Ralph P (1950) In: Handbook of microscopical Technique. McClung CE (Ed) pp. 571-585, Paul B Hoeber. New York, NY
Kanbar G, Engels W (2004) Visualisation by vital staining with trypan blue of wounds punctured by Varroa destructor mites in pupae of the honey bee (Apis mellifera). *Apidologie* 35:25–29
Horobin RW (2002) Biological staining: mechanisms and theory. *Biotechnic and Histochemistry* 77(1):3-13
Martínez-Gómez C, Benedicto J, Campillo JA, Moore M (2008) Application and evaluation of the neutral red retention (NRR) assay for lysosomal stability in mussel populations along the Iberian Mediterranean coast. *J Environ Monit* 10:490–499
Massaad CA (2011) Neuronal and vascular oxidative stress in Alzheimer's disease. *Curr Neuropharmacol* 9(4):662-673
Roche Lexikon Medizin (2003) 5. Aufl. Urban und Fischer
Romeis B (1989) Mikroskopische Technik. Böck P (Hrsg) 17. Aufl. Urban und Schwarzenberg, München
Sitte P (1972) Vitalfärbung nach dem Ionenfallen-Prinzip. *BIUZ* 2(6):192-194
Stockinger L (1964) Vitalfärbung und Vitalfluorochromierung tierischer Zellen. In: Alfert M, Bauer H, Harding CV (Hrsg) Protoplasmatologia Handbuch der Protoplasmaforschung. Springer Verlag, Wien
Wild A (1999) Pflanzenphysiologische Versuche in der Schule, Biologische Arbeitsbücher 56. Wiebelsheim: Quelle und Meyer Verlag
Zantl R, Horn E (2011) Chemotaxis of slow migrating mammalian cells analysed by video microscopy. *Methods Mol Biol* 769:191-203

4.4 Nachweisquellen und informative Links

■■ **Arbeiten mit Kleinstlebendmaterial**
http://mhmicroscopy.med.unc.edu/Samples/default.html; Micro Life® Objektträger zu beziehen unter http://www.hecht-assistent.de/de/produktbereich/mikroskopie-ufaerbung/diagnostika-objekttraeger/art/micro-life-3/micro-life-der-lebende-objekttraeger/micro-life-objekttraeger-zur-beobachtung-an-dauerkulturen-von-mikroorganismen-1.html

■■ **Zellkammern für Kulturen für Lebendbeobachtung**
http://www.olympusconfocal.com/resources/specimenchambers.html
http://ibidi.com/xtproducts/en/ibidi-Labware/Flow-Chambers/m-Slide-I

Fixierungen für Licht- und Elektronenmikroskopie

Maria Mulisch

Viele mikroskopische Verfahren (z. B. REM, TEM), histologische Färbungen und Nachweise eignen sich nicht für Lebendmaterial. Daher steht am Anfang vieler Präparationsgänge das Abtöten der Zellfunktionen bei gleichzeitiger Erhaltung der Zellstrukturen, die sogenannte Fixierung. Fixierte Proben können, je nach Eignung und Fragestellung, geschnitten, gefärbt und mikroskopiert werden. Sie können für das REM getrocknet und beschichtet werden (▶ Kap. 8). Oder Sie werden in Paraffin bzw. Kunststoff eingebettet und für licht- oder elektronenmikroskopische Untersuchungen geschnitten (▶ Kap. 6, 7).

5.1   Theorie der Fixierung

Durch die Fixierung möchte man Zellen und Gewebe für die Untersuchung in ihrem natürlichen, momentanen Zustand erhalten. Alle Bestandteile sollen in Größe und Form unverändert und in ihrem normalen Umfeld bleiben. Die Fixierung soll Moleküleigenschaften, Färbbarkeit, Antigenität und Enzymaktivitäten nicht verändern. Und sie soll auf die weitere Präparation vorbereiten, also das Gewebe festigen und schneidbar machen, das heißt nicht brüchig oder aufgeweicht. Die Fixierung ist damit einer der wesentlichen Schritte in der Präparation von biologischem Material für die licht- oder elektronenmikroskopische Untersuchung.

Es gibt keine Fixierungsweise, die gleichmäßig alle der oben genannten Kriterien erfüllt. Die größte Annäherung erhält man sicherlich durch eine Kryopräparation, die jedoch einen hohen Aufwand an Gerätetechnik und Erfahrung erfordert (▶ Kap. 9). Für die meisten Anwendungen, insbesondere für die lichtmikroskopische Untersuchung, wird eine solche optimale Fixierung gar nicht benötigt. Man sollte sich daher vor der Präparation klar darüber sein, welches Ziel man verfolgt, um dafür den einfachsten, preiswertesten oder schnellsten Weg bei guten Ergebnissen zu wählen.

5.1.1   Strukturerhaltung

Die verschiedenen Komponenten von Zellen und Geweben haben unterschiedliche Eigenschaften und reagieren daher auch unterschiedlich auf eine Fixierung. Zum Beispiel sind pH-Wert, Wassergehalt und Osmolarität in Kompartimenten, Organellen und im Cytoplasma nicht gleich. Folglich reagieren sie in verschiedener Weise auf die Fixierungsbedingungen und die nachfolgende Präparation. Fixierungen für eine generell befriedigende Strukturerhaltung sind also nicht optimal für alle Strukturen. Will man eine bestimmte Struktur möglichst lebensnah erhalten, wird man eine auf diese angepasste Fixierung wählen.

Histologische, cytologische oder ultrastrukturelle Untersuchungen stellen unterschiedliche Anforderungen an die Fixierungstechnik. Je höher die erforderliche Auflösung ist, mit der das Präparat betrachtet werden soll, desto besser müssen die Strukturen erhalten und desto genauer müssen die Bedingungen der Fixierung (Osmolarität, pH-Wert, Temperatur, Fixantien) auf das Präparat abgestimmt werden.

5.1.2   Nachweise

Nicht alle Bestandteile eines biologischen Präparates werden durch die chemische Fixierung stabilisiert. Während viele größere Proteine durch Fällung oder Vernetzung erhalten bleiben, werden Lipide mehr oder weniger stark extrahiert. Polysaccharide werden nur indirekt (durch stabilisierende Proteine) fixiert. Kleine Moleküle (Zucker, Peptide, Ionen) gehen bei einer chemischen Fixierung zumeist verloren.

Nachweise von Zellkomponenten, die im Schnittpräparat nicht oder nur sehr aufwendig mit Hilfe von Kryotechniken erhalten werden können, gelingen häufig besser am lebenden Objekt mit Hilfe von spezifischen Fluoreszenzfarbstoffen. Mitochondrien, Golgi-Vesikel oder ER sind mit Hilfe von Fluoreszenzmarkern bereits im Lebendpräparat erkennbar (▶ Kap. 4, 11).

Für eine Immunmarkierung (▶ Kap. 19) müssen die Zugänglichkeit und die Antigenität des zu lokalisierenden Moleküls erhalten werden. Gleichzeitig soll das Antigen am natürlichen Platz bleiben. Die Strukturen müssen so fixiert werden, dass sie im Licht- oder Elektronenmikroskop noch erkannt und zugeordnet werden können.

Nachweise von Enzymaktivität (▶ Kap. 18) erfordern ebenfalls sanfte Fixierungen, die Proteinstruktur und -funktion erhalten, die Enzyme jedoch gleichzeitig in ihrer natürlichen Umgebung festhalten.

Langkettige Nucleinsäuren lassen sich durch Fällung (z. B. durch Wasserentzug) und Vernetzung mit anliegenden Proteinen stabilisieren. Für in situ-Hybridisierungen (▶ Kap. 20) darf die Vernetzung nicht zu stark sein, um den Zugang der Sonde zu ermöglichen. Dies wird in der Regel durch möglichst kurze Fixierungszeiten erreicht. Wichtig ist außerdem, während der Präparation die Aktivität fremder und zelleigener DNasen bzw. RNasen zu unterbinden.

5.2   Fixierungsverfahren

Eine Fixierung kann durch physikalische Einwirkungen oder chemische Substanzen erreicht werden.

5.2.1   Physikalische Fixierung

— **Trocknung:** Durch Wasserentzug werden Proteine denaturiert und wasserunlöslich gemacht. Biologisches Material kann daher durch Trocknung fixiert werden. Vorteilhaft dabei ist, dass keine Substanzen verloren gehen. Die einfache Lufttrocknung führt jedoch zu ungleichmäßigen Schrumpfungen und zum Kollabieren der Zellen. Je dicker das Material ist, desto größer sind die morphologischen

Schäden. Die Methode eignet sich deshalb nur zur Fixierung von dünnen Schnitten (z. B. Kryostatschnitte) oder sehr dünnen Präparaten (z. B. Blutausstrich) für die Lichtmikroskopie. Eine bessere Strukturerhaltung bekommt man durch Gefriertrocknung oder Kritische-Punkt-Trocknung (► Kap. 8).

‒ **Hitzefixierung:** Eine Erhitzung von biologischem Material auf über 55 °C führt u. a. zu einer Denaturierung und damit Ausfällung der meisten Proteine und zu einem schnellen Erlöschen aller Lebensfunktionen. Hitzebehandlung ist daher ein mögliches Verfahren, Zellen oder Gewebe für die Mikroskopie zu fixieren. Bakterienabstriche zum Beispiel werden zur Fixierung häufig auf dem Objektträger über einer Flamme erhitzt. Für eine gute Strukturerhaltung sollte die Hitze allerdings kontrolliert und gleichmäßig einwirken. Gasbläschen, wie sie beim Kochen entstehen, können erheblichen Schaden anrichten.

‒ **Behandlung in der Mikrowelle:** In der Praxis kann man zur Hitzefixierung ein Mikrowellengerät verwenden. Wichtig sind eine genaue Temperaturkontrolle und -regulation im Inneren des Präparates, die mit haushaltsüblichen Mikrowellengeräten nicht erreicht werden. Entsprechend ausgestattete Mikrowellenöfen für den Laborbedarf sind sehr teuer. Sie sind allerdings in der histologischen Präparation vielseitig einsetzbar:
  ‒ Die Mikrowellenbehandlung in Kombination mit einer chemischen Fixierung beschleunigt und erleichtert das Eindringen der Lösungen und die Wirkung der Fixantien auf die Zellkomponenten.
  ‒ Entwässerung und Einbettung biologischer Proben werden durch Mikrowellenbehandlung stark beschleunigt.
  ‒ Mikrowellenbehandlungen können Färbungen und Immunmarkierungen erleichtern.

Ausführliche Anleitungen zum Einsatz von Mikrowellengeräten in der licht- und elektronenmikroskopischen Präparation findet man in der Fachliteratur (z. B. Giberson and Demaree 2001).

‒ **Gefrierfixierung:** Schnelles Abkühlen auf tiefe Temperaturen beendet abrupt die Stoffwechselvorgänge und fixiert Moleküle und Strukturen in lebensnaher Konformation und Lokalisation. Die Kryofixation verlangt ebenfalls kontrollierte Bedingungen, damit es nicht zu zerstörerischer Eiskristallbildung in den Proben kommt. In Kombination mit einer Reihe weiterer Kryotechniken (► Kap. 9) gehört sie zu den Verfahren, mit denen man ein nahezu realistisches Bild der Zelle zum Zeitpunkt der Fixierung erreichen kann.

5.2.2   Chemische Fixierung

Die am meisten verbreitete Methode der Fixierung beruht auf der Wechselwirkung chemischer Substanzen mit den Komponenten von Zellen und Geweben. Je nachdem, wie das biologische Material mit den Fixantien zusammen gebracht wird, unterscheidet man verschiedene Vorgehensweisen.

‒ **Immersionsfixierung:** Die Zellen oder Gewebestückchen werden in die Fixierungsflüssigkeit eingetaucht. Die Fixantien dringen mehr oder weniger schnell von außen nach innen in die Proben ein. Bei ihrem Eindringen verändern sie ihre Umgebung: Manche Substanzen wandern mit der eindringenden Front mit, manche werden ausgeschwemmt, andere vernetzt. Nachfolgende Fixantien finden veränderte Bedingungen vor. Ihnen wird der Weg ins Innere der Probe erschwert. Daher ist bei der Immersionsfixierung die Gefahr von Artefaktbildung (z. B. Quellung, Schrumpfung, Substanzflucht) sehr groß. Sie kann begrenzt werden durch die sorgfältige Auswahl der Proben und die bestmögliche Zusammenstellung eines Fixierungsgemisches, bei dem nachteilige Wirkungen eines Fixativs durch andere ausgeglichen werden, und das zu dem Probenmaterial passt. Wichtig ist weiterhin, dass die Proben in eine ausreichende Menge von Fixierungslösung gelangen und von dieser von allen Seiten umspült werden.

‒ **Injektion von Fixantien:** Das gleichmäßige Eindringen der Fixantien wird verbessert, wenn das Fixans nicht (nur) von außen sondern auch von innen appliziert wird. Man injiziert mit Hilfe einer feinen Kanüle, die in das Gewebe eingeführt wird, und lässt eisgekühlte Fixierungslösung aus einer Spritze mit wenig Druck einsickern. Sehr dichte Gewebeteile kann man damit zusätzlich zur Immersionsfixierung behandeln. Kleine Organismen mit einem festen Chitinpanzer (Insekten, Krebse) oder anderen schwer durchdringbaren Hüllen werden nach Betäubung *in vivo* behandelt und damit im Inneren besser erhalten.
Die Fixierungslösung kann auch *in situ* in Organe injiziert werden. Postmortale Schäden durch die Organentnahme werden damit weitgehend vermieden. Man legt das zu fixierende Organ am betäubten Tier frei und führt die Nadel in zuführende Blutgefäße oder mittig in das Organ selbst ein. Nachdem die kalte Lösung 5–20 min eingewirkt hat, wird das Organ entnommen, zerkleinert und in frisches Fixans gelegt.

‒ **Auftropfen von Fixantien:** Die Präparate werden *in situ* mit Fixierlösung überspült und nach der Entnahme durch Immersionsfixierung nachbehandelt. Damit wird Schädigungen beim Heraustrennen von Geweben entgegen gewirkt.

‒ **Perfusionsfixierung:** Das Fixans wird im narkotisierten Tier über die Gefäße in die Organe transportiert. Das Verfahren gibt ausgezeichnete Resultate, kann aber naturgemäß in vielen Fällen nicht angewendet werden. Man durchspült isolierte Organe vom präparierten Hilus, ganze Versuchstiere vom linken Herzventrikel aus. Dabei kann man den großen vom kleinen Kreislauf trennen oder die obere Körperhälfte isoliert durch Abklemmen der Aorta descendens durchspülen. Stets ist auch für den freien Abfluss des Fixiermittels zu sorgen; also z. B. das rechte Herzohr abschneiden oder die entsprechenden Hohlvenen eröffnen. Nach 15–20 Minuten Perfusion kann man die Organe entnehmen, zerkleinern und in Fixans einlegen.

Als Fixiermittel eignen sich z. B. 5 % Formaldehydlösung, Formol-Alkohol nach Schaffer (◨ Tab. A1.11) und Kaformacet (◨ Tab. A1.12). Für Semidünnschnitte und für elektronenmikroskopische Präparate fixiert man mit 2 % Glutaraldehyd in 0,2 M Pufferlösung. Beispielhaft ist eine Perfusionsfixierung in ▶ Kapitel 13 beschrieben. Ausführliche Anleitungen zur Perfusionsfixierung finden sich z. B. bei Hayat (1989).

5.2.2.1   Mechanismen der chemischen Fixierung

Fixantien wirken auf unterschiedliche Weise stabilisierend auf die Zellkomponenten:

- Sie entziehen Molekülen ihre Hydrathülle und fällen sie damit aus dem Cytoplasma aus. Derart koagulierend wirken zum Beispiel konzentrierte Lösungsmittel (Alkohole, Aceton) und Salze (Ammoniumsulfat). Ausschließlich durch Koagulation fixierte Präparate zeigen eine schlechte Strukturerhaltung. Färbbarkeit und Antigenität sind dagegen meistens gut.
- Sie denaturieren die Proteine, verändern also ihre Tertiär- und Quartärstruktur, und ermöglichen damit neue Bindungen und Vernetzungen untereinander. Dabei können Enzymaktivität oder Antigenität verloren gehen. Denaturierend wirken z. B. starke Säuren (Essigsäure) oder Hitze.
- Sie verbinden sich mit Proteinen oder Lipiden und bilden dabei Brücken zwischen den Molekülen. Je stärker die Moleküle untereinander vernetzt werden, desto besser bleibt die Struktur erhalten, desto geringer werden jedoch auch Enzymaktivität und Antigenität. Vernetzende Fixantien (Aldehyde, Osmiumtetroxid, Kaliumpermanganat, Rutheniumrot) werden bei der Fixierungsreaktion verbraucht. Um eine gute Fixierung zu erhalten, muss daher eine ausreichende Menge an Fixantien eingesetzt und die Lösung während der Fixierungsperiode mehrmals durch frische ersetzt werden.
- Saure Fixantien zerstören manche Zellkomponenten, insbesondere Mitochondrien. Sie fällen Kernproteine und trennen Bindungen zwischen Proteinen und Nucleinsäuren. Das Cytoplasma erscheint netzartig; Spindel und Chromosomen bleiben erhalten. Im Gegensatz dazu erhalten basische Fixantien die Mitochondrien, während viele andere cytoplasmatische Bestandteile verloren gehen.

Häufig verwendet man Fixierungsgemische, bei denen sich die Vor- und Nachteile der Einzelkomponenten ausgleichen.

5.2.2.2   Fixantien für die Licht- und Elektronenmikroskopie

Für lichtmikroskopische Untersuchungen werden normalerweise andere Fixantien eingesetzt als für die Elektronenmikroskopie. Wegen der wesentlich geringeren Auflösung des Lichtmikroskops steht hier weniger die optimale Strukturerhaltung der Präparate als die Färbbarkeit im Vordergrund. Da in der Regel größere Proben präpariert werden, sind ebenfalls

Penetrationsgeschwindigkeit und -tiefe wichtig bei der Auswahl der Fixantien. Nicht zuletzt spielt auch der Preis eine Rolle.

5.2.2.3   Fixantien für die Histologie

Für histologische Zwecke finden eine Vielzahl von Fixierlösungen Verwendung. Lösungen, die für fast alle Organe eingesetzt werden können und daher vielfach eingesetzt werden, sind in ◨ Tabelle A1.11 aufgeführt. Weitere Gemische findet man in ◨ Tabelle A1.12 im Anhang A1.

Formalin und formalinhaltige Lösungen

Formalin bzw. Formol ist eine kommerziell erhältliche, 30–40 % wässrige Formaldehydlösung, die Zusätze zur Stabilisierung (zumeist 10 % Methanol) aber auch Ameisensäure und zu einem hohen Prozentsatz Formaldehyd-Polymere enthält. Für histologische Zwecke wird 40 % Formalin („mind. 37 %") von Merck empfohlen, das verdünnt werden kann. Kommerziell erhältlich ist für die Routinefixierung gepuffertes 4,5 % Formalin (z. B. Roth).

Formalin konserviert Form, Farbe und Struktur der Präparate sehr gut und durchdringt auch größere Präparate. Fette und Lipoide bleiben gut erhalten. Darüber hinaus eignet sich Formalin sehr gut zur Aufbewahrung des fixierten Materials, ohne die Färbbarkeit zu beeinflussen. Es ist daher eines der gebräuchlichsten Fixierungsmittel und in vielen Fixierungsgemischen enthalten (◨ Tab. A1.11 und A1.12 im Anhang).

Formalinfixierte Präparate können mit fast allen anderen Fixierungsgemischen nachfixiert werden. Formalin als Zusatz sollte erst direkt vor Gebrauch zu anderen Fixantien gegeben werden.

Formol ist gut verschlossen (gesundheitsschädigend!) und lichtgeschützt aufzubewahren. Unter Lichteinwirkung bildet sich Ameisensäure. Ein geringer Anteil Säure ist bei den meisten Anwendungen tolerabel, jedoch nicht, wenn das Material für Silbermethoden verwendet werden soll. Säurefreies Formol erhält man, wenn man das Formalin über einer 1–2 cm dicken Schicht von gepulvertem Calciumcarbonat aufbewahrt.

Ethanol und ethanolhaltige Lösungen

Ethanol dringt sehr schnell in Gewebe ein. Da die Entwässerung das Material stark härtet, darf die Fixierung nicht lange durchgeführt werden. Die Präparate schrumpfen sehr stark. Dennoch wird die Ethanolfixierung für spezielle Fragestellungen gern eingesetzt, da sie Substanzen erhält, die mit anderen Mitteln nicht erhalten werden können. Dazu gehören: Schleime, Glykogen, Harnsäure, Eisen, Calcium. Gelöst werden dagegen: Fette und fetthaltige Substanzen, Cholesterinverbindungen, chromaffine Substanzen und viele Enzyme.

Zur Fixierung dient normalerweise 99,9 % Ethanol (Ethanol absolut). Die Fixierungsdauer beträgt je nach Größe der Proben 15 min bis 4 h.

Die Nachteile der Ethanolfixierung können durch Mischung mit anderen Fixantien z. T. ausgeglichen werden (◨ Tab. A1.11 und A1.12 im Anhang).

Fixierung in kalten Lösungsmitteln

Abstriche, Ausstriche, adhärente Zellkulturen oder Aufwuchsorganismen und Kryostatschnitte, die für Immunlokalisationen oder *in situ*-Hybridisierungen vorgesehen sind, können in kalten Lösungsmitteln fixiert werden. Geeignet sind 99,9 % Ethanol, Methanol oder Aceton. Die noch feuchten Präparate auf Objektträgern werden in eine Küvette mit den vorgekühlten (−20 °C) Lösungsmitteln gestellt und im Gefrierschrank für einige Stunden bis zu mehreren Wochen aufbewahrt. Vor der Verwendung werden die Präparate auf 4 °C oder Raumtemperatur erwärmt und in einer absteigenden Lösungsmittelreihe rehydriert.

Pikrinsäure und Pikrinsäure-haltige Lösungen

Pikrinsäure dient als Zusatz in einigen Fixierungsgemischen. Es fördert das Eindringen von Formaldehyd, erhält die Färbbarkeit der Präparate und die Antigenität für Immunmarkierungen. Die Säure wirkt allerdings entkalkend.

Verwendet wird Pikrinsäure als wässrige oder alkoholische gesättigte Lösung. Bei der Aufbewahrung sollte darauf geachtet werden, dass sich im Deckel (insbesondere im Schliffstopfen) keine Kristalle absetzen. Pikrinsäure ist explosiv; die Kristalle können durch Funken entzündet werden.

Anleitung A5.1

Herstellung wässriger, gesättigter Pikrinsäurelösung
1. 50 g Pikrinsäure in 1–2 l-Flasche einwiegen
2. mit 500 ml heißem H_2O übergießen und schütteln
   - Lösung erkalten lassen

Anleitung A5.2

Herstellung alkoholischer, gesättigter Pikrinsäurelösung
1. 10 g Pikrinsäure in 100 ml 99,9 % Ethanol geben
2. häufig schütteln

Quecksilberchlorid (Sublimat) und sublimathaltige Lösungen

Quecksilberchlorid (Achtung: stark giftig!) wird als Zusatz zu einigen Fixierungsgemischen verwendet (Tab. A1.11 und A1.12). Man benötigt eine gesättigte, wässrige Lösung.

Anleitung A5.3

Herstellung einer gesättigten, wässrigen Sublimatlösung
1. 1000 ml H_2O in 2 l-Glaskolben bis zum Kochen erhitzen
2. 60 g Sublimat hinzugeben (Achtung: starkes Aufwallen!)
3. Lösung erkalten lassen

Bei der Fixierung mit Sublimat bildet sich in den Präparaten häufig ein sogenannter „Sublimatniederschlag". Die Entfernung des Niederschlages wird unter A5.7 beschrieben.

Histologische Untersuchungen erfordern manchmal besonders geeignete Fixierungsgemische (Tab. A1.13 im Anhang).

Für nachfolgende Immunmarkierungen muss bei der Fixierung darauf geachtet werden, dass die Antigene dabei nicht zerstort, extrahiert oder ihre Epitope verändert werden. Wie für die *in situ*-Hybridisierung eignen sich dazu nur bestimmte Fixantien (Tab. A1.14 im Anhang), insbesondere gepufferte Formaldehydlösungen. Speziell adaptierte Fixierungsgemische sind auch kommerziell erhältlich (z. B. ImmunoChem Fix von BBC).

Die HOPE-Fixierung

Die HOPE-Fixierung (DCS Innovative Diagnostik-Systeme, Hamburg) eignet sich insbesondere zur schonenden Konservierung von Gewebe, das zur Lokalisation von Nucleinsäuren oder Proteinen vorgesehen ist. Sie ermöglicht nach Herstellerangaben die Immunhistochemie am Paraffinschnitt ohne Antigen-Demaskierung, Enzymnachweise, verbesserte RNA- und DNA-*in situ*-Hybridisierungen und hervorragende Nucleinsäure-Erhaltung für PCR und RT-PCR. Nicht geeignet ist sie für nachfolgende Kunstharzeinbettungen.

HOPE ist abgeleitet von *Hepes-Glutamic acid buffer mediated organic solvent protection effect*. Bei dieser Methode wird das Untersuchungsmaterial zuerst in einer formaldehydfreien Lösung inkubiert und dann durch Acetonentwässerung konserviert. Da die HOPE Fixierung auch in der pathologischen Routine eingesetzt werden kann, ist sie eine echte Alternative zum Formaldehyd. Weitere Vorteile sind ein geringerer Verbrauch und eine bessere Verträglichkeit für den Anwender.

5.2.2.4 Gängige Fixantien für die Elektronenmikroskopie

Für die Elektronenmikroskopie werden normalerweise vernetzende Fixantien (Abb. 5.1) verwendet, die eine gute bis sehr gute Strukturerhaltung ergeben (Tab. A1.15 im Anhang).

Glutaraldehyd (GA)

Glutaraldehyd (chemisch korrekt: Glutardialdehyd) reagiert insbesondere mit Aminogruppen. Es entstehen innerhalb von Sekunden bis Minuten irreversible Quervernetzungen der zellulären Proteine. Da bei der Reaktion Protonen frei werden, sinkt der pH-Wert. Um dies zu vermeiden, wird GA in entsprechendem Puffer (zumeist Na-Cacodylat) verwendet. Üblich zur Fixierung sind Konzentrationen von 2,5–3,5 % GA allein oder 1–2 % GA in Kombination mit anderen Fixantien. Nach der Fixierung kann das Material in 1,5 % GA für Wochen aufbewahrt werden. Niedrigere Konzentrationen (0,1–0,25 %) in Kombination mit Formaldehyd setzt man ein, um Material zu fixieren, an dem Immunmarkierungen durchgeführt werden sollen.

Die Fixierung mit Glutaraldehyd bewirkt eine sehr gute Erhaltung der Feinstruktur. Sie wird normalerweise nicht für histologische Präparate verwendet.

Formaldehyd (FA)

Formaldehyd ist ein wasserlösliches Gas. In Lösung bilden sich sehr schnell Polymere, so dass die Konzentration der

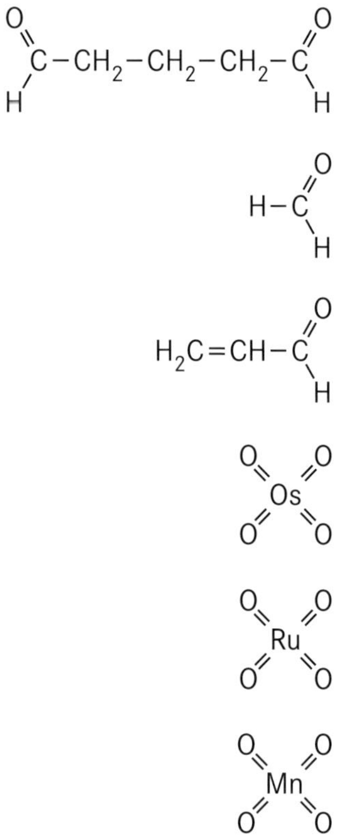

◘ Abb. 5.1 Strukturformeln gängiger Fixantien für die Elektronenmikroskopie.

Formaldehydmonomere kontinuierlich sinkt. Reproduzierbare Ergebnisse erhält man daher nur, wenn frische Lösung verwendet wird. Für Enzymnachweise, Immunmarkierungen, *in situ*-Hybridisierungen und Ultrastrukturuntersuchungen sollte man sich frische Formaldehydlösungen aus Paraformaldehyd ansetzen. Diese Lösungen sind bei −20 °C ca. 6 Monate haltbar.

Die monomeren Formaldehydmoleküle dringen rasch in das Gewebe ein. Die Vernetzung der Proteine erfolgt allerdings recht langsam und ist locker. Darüber hinaus ist sie reversibel; nach der Fixierung sollten die Proben daher nicht zu lange in Wasser oder Puffer verweilen. Die Ultrastrukturerhaltung nach reiner Formaldehydfixierung ist nicht besonders gut. Antigenität und Enzymaktivität vieler Proteine bleiben jedoch erhalten.

Anleitung A5.4

Herstellung von 4 % Formaldehyd aus Paraformaldehyd
1. 1 g Paraformaldehyd in 15 ml Wasser geben
2. auf 60 °C erhitzen und rühren
3. mit einigen Tropfen 1 N NaOH Lösung klären (Tropfen einzeln hinzu geben, jeweils warten; bei pH 7 klärt sich die Lösung rasch)
4. mit H_2O auf 25 ml auffüllen
5. abkühlen lassen
6. gegebenenfalls filtrieren (z. B. durch Faltenfilter)
7. direkt verbrauchen oder Aliquots einfrieren

Formaldehyd sollte gepuffert verwendet werden, da sonst der pH-Wert bei der Fixierung sinkt.

Fixierungsgemische mit Glutaraldehyd und Formaldehyd

Gemische aus FA und GA sind besonders geeignet für die Elektronenmikroskopie. Sie dringen gut ein und ergeben eine sehr gute Strukturerhaltung. Karnovsky (1965) empfahl eine gepufferte Mischung aus 4 % GA und 6 % FA. Diese Mischung hat eine sehr hohe Osmolarität. Für die meisten Anwendungen werden niedrigere Konzentrationen (1–2 % FA mit 1–2,5 % GA) eingesetzt. Dabei kombiniert man häufig mit 0,03 % Pikrinsäure.

Osmiumtetroxid

Osmiumtetroxid (Osmium) reagiert mit ungesättigten Fettsäuren und Amino- und Sulphhydryl-Gruppen anderer Zellkomponenten. Damit stabilisiert es Lipide und Zellmembranen. Proteine werden durch Osmium angegriffen. Es eignet sich daher nur eingeschränkt für Präparate, an denen Immunmarkierungen oder Enzymnachweise geplant sind. Auch für Paraffineinbettungen wird es nicht empfohlen.

Gepuffertes, 0,5–2 % Osmiumtetroxid wird in der Elektronenmikroskopie regelmäßig als zweites Fixans nach Fixierung mit Aldehyden eingesetzt. Für kurze Fixierungszeiten (im Eis bis 1 Stunde) kann man auch GA (1–2 %) und Osmium (1 %) als Gemisch verwenden.

Anleitung A5.5

Fixierung in Osmiumdämpfen
Zellen können fixiert werden, indem man sie für 30–60 min Osmiumdämpfen aussetzt. Man legt einige Osmiumtetroxidkristalle in eine kleine Glasschale, die man in einer größeren Glaspetrischale platziert. Die größere Schale wird als „feuchte Kammer" mit einem wassergetränkten Streifen Filterpapier ausgestattet. Über die Ränder der kleinen Schale legt man den Objektträger mit den Zellen nach unten („hängender Tropfen"). Die große Schale wird mit einem Deckel geschlossen.

Für die Rasterelektronenmikroskopie können Osmiumdämpfe verwendet werden, um die Leitfähigkeit stark zerklüfteter Präparate zu verbessern. Die Dämpfe lässt man dafür über mehrere Tage oder Wochen einwirken.

Anleitung A5.6

Ansetzen von Osmiumlösungen
Osmiumtetroxid wird zumeist in fester Form (0,25–1 g) in Glasampullen geliefert. Die Kristalle lösen sich nur langsam; die Lösung sollte daher spätestens 1 Tag vor Gebrauch angesetzt werden. Im Notfall lässt sich der Vorgang mit Hilfe von Ultraschall beschleunigen. Die Ampulle wird mit Handschuhen angefasst und zunächst gründlich mit Aceton und H_2O von Etikettresten befreit. Man arbeitet unter dem Abzug und mit Schutzbrille und legt die Ampulle auf ein sauberes Stück Alu-

▼

folie. Mit einer Ampullensäge wird das Glas angeritzt, dann in die Folie eingeschlagen und vorsichtig gebrochen. Glas und Osmiumkristalle werden in ein sauberes und gut verschließbares Glasgefäß gegeben. Mit H_2O setzt man eine 1–4 % Stammlösung an. Das Gefäß wird im Abzug lichtgeschützt aufbewahrt, bis die Kristalle gelöst sind. Die Lösung wird dann in Reaktionsgefäße aliquotiert. Diese bewahrt man bis zum Gebrauch in einem gut verschlossenen Behälter bei –20 °C auf.

5.2.2.5 Spezielle Fixierungen
2-Phasen-Fixierung

Zakolar und Erk (1977) entwickelten eine 2-Phasen-Fixierung für *Drosophila*-Eier, die sich auch für andere Präparate mit schwer durchdringbaren Hüllstrukturen (z. B. Wachsschichten) eignet. Dazu wird eine wässrige Fixierungslösung direkt vor Gebrauch 1:1 mit Heptan gemischt, kräftig geschüttelt, und dann das Präparat darin versenkt.

5.2.2.6 Alternative Fixantien für die Immunmarkierung und Enzymlokalisation

Neben den Aldehyden eignen sich weitere Substanzen zur sanft vernetzenden Fixierung von Proteinen. Dazu gehören Carbodiimide, Diethylpyrocarbonat (DEPC), Bisimodo-Ester (z. B. Dimethylsuberimidat = DMS) und Glyoxal. Sie werden einzeln oder in Kombination mit Aldehyden verwendet. Darüber hinaus werden spezielle Fixantien für Immunmarkierungen kommerziell angeboten.

5.2.3 Fixierungsbedingungen und Anforderungen an die Präparate

5.2.3.1 Präparatgröße und Penetration

Je schneller das Fixans in das Gewebe eindringt und es stabilisiert, desto geringer sind die Schäden, die durch Autolyse, Schwellen oder Schrumpfen während der Fixierung verursacht werden. Unterschiedliche Fixantien dringen unterschiedlich schnell ein. Wasserfreie Fixantien penetrieren das Gewebe zumeist langsamer als wasserhaltige. Die Zugabe von Detergenzien zum Fixierungsgemisch, die Erhöhung der Fixierungstemperatur, die Fixierung unter Unterdruck oder in einem Mikrowellengerät können die Penetrationsgeschwindigkeit deutlich erhöhen.

Das Fixans vernetzt und verdichtet das durchdrungene Gewebe; nachfolgendes Fixans gelangt immer langsamer und schließlich überhaupt nicht mehr nach innen. Dicke Präparatstücke werden daher auch bei langen Fixierungszeiten nicht vollständig infiltriert. Es kommt zu Schäden im Inneren des Präparates. Man sollte daher, wenn möglich, dünne (max. 3 mm) Gewebescheiben anstelle von -blöcken fixieren.

5.2.3.2 Menge und Konzentration des Fixans

Fixantien, die bei der Fixierungsreaktion verbraucht werden, müssen in ausreichender Menge eingesetzt werden. Bei einer größeren Präparatmenge erhöht man nicht die Konzentration der Fixantien, sondern das Volumen der Fixierungslösung. Änderungen der Fixanskonzentrationen beeinflussen nämlich neben der Osmolarität auch die Penetrations- und Fixierungsgeschwindigkeit.

Das Volumen einer Fixierungslösung sollte mindestens das Zwanzigfache des Volumens der Probe betragen. Fixiert man für die Elektronenmikroskopie und verwendet gepufferte Lösungen, sollte man das Verhältnis Lösung:Präparat auf 50–100:1 vergrößern.

5.2.3.3 Dauer und Temperatur der Fixierung

Je schneller die Fixierung einsetzt, desto eher werden autolytische Prozesse im Präparat verhindert. Kurze Fixierungszeiten mit schnell eindringenden und wirkenden Fixierungsgemischen führen meist zu besseren Ergebnissen als lang andauernde Fixierungen, bei denen die Präparate zudem häufig hart, brüchig und stark extrahiert werden.

Eine Temperaturerhöhung während der Fixierung beschleunigt das Eindringen und die Reaktionen der Fixantien. Gleichzeitig werden aber auch autolytische Prozesse im Präparat beschleunigt. Für die hochauflösende Licht- und Elektronenmikroskopie fixiert man daher am besten etwas länger bei 4 °C; für histologische Zwecke genügt normalerweise die Fixierung bei Raumtemperatur.

5.2.3.4 Osmolarität und Ionenzusammensetzung

Während wasserfreie, koagulierende Fixantien und Osmiumtetroxid die osmotischen Barrieren in der Zelle aufheben, bleiben diese nach Aldehydfixierung weitgehend intakt. Daher kann es nach reiner Aldehydfixierung während der Entwässerung zu Volumenänderungen in den Präparaten kommen.

Schrumpfen oder Schwellen von Zellkompartimenten oder Zellen kann vermieden werden, wenn man eine isoosmotische Fixierungslösung verwendet. Dafür muss man die Osmolarität des Präparates bzw. der Zielstrukturen kennen. Empfohlen (Hayat 1989) wird z. B. eine Osmolarität von 400 mosm für meristematische Pflanzenzellen (Wurzelspitze), 500–700 mosm für die meisten Säugetiergewebe, 800 mosm für reife Pflanzenzellen und 1000 mosm für marine Organismen. Die Osmolarität der Fixierlösung setzt sich aus der des Puffers und der der Fixantien zusammen; sie kann mit einem Osmometer oder über Gefrierpunkterniedrigung bestimmt werden (Hayat 1989). Zur Erhöhung der Osmolarität setzt man der Aldehydlösung z. B. Saccharose hinzu.

Inner- und außerhalb von lebenden Zellen herrscht ein fein ausgewogenes Gleichgewicht verschiedener Ionenkonzentrationen, das notwendig ist für die Aufrechterhaltung von Funktion und Struktur. Dieses Gleichgewicht wird bei der Zugabe der Fixierlösung erheblich gestört. Um besonders feine und empfindliche Strukturen für die ultrastrukturelle Untersuchung zu erhalten, muss man vor allem in der Anfangsphase der Fixierung Lösungen verwenden, deren Ionenzusammensetzung den natürlichen Verhältnissen um die Zielstruktur entspricht.

5.2.3.5   pH, Puffer und Pufferzusätze

Die Konformation und Löslichkeit von Proteinen in einer Zelle ist abhängig vom pH-Wert. Der pH-Wert der Fixierungslosung sollte daher dem im Zellinneren entsprechen. Die meisten Zelltypen haben einen cytoplasmatischen pH-Wert von etwa 7. Dies ist auch der Wert, bei dem die Fixierungsreaktion von Aldehyden am schnellsten abläuft.

Da während einer Aldehydfixierung der pH-Wert sinkt, wird sie am besten gepuffert verwendet. Der Puffer sollte:

- ausreichend Pufferkapazität besitzen
- die richtige Osmolarität aufweisen
- nicht mit den Fixantien reagieren
- nicht mit Ionen im Fixans oder in der Zelle reagieren
- nicht extrahierend auf die Zellkomponenten wirken

Eine Auswahl von Fixierungspuffern und ihren Eigenschaften ist in ◻ Tabelle A1.16 zusammengefasst.

Die Puffer werden in Konzentrationen von 0,1–0,2 M und mit pH-Werten von 7,2–7,4 verwendet. In der Praxis wird häufig Na-Cacodylatpuffer für die Elektronenmikroskopie und Phosphatpuffer (PBS oder nach Sörensen, siehe Puffertabelle im Anhang) für Immunmarkierungen und die hochauflösende Lichtmikroskopie verwendet.

5.2.4   Praxis der Fixierung für die Lichtmikroskopie

Für Zellmonolayer und Suspensionszellen, dünne Gewebescheiben (bis zu 3 mm dick) oder kleine Stücke aus homogenem und locker aufgebautem Material wählt man normalerweise die Immersionsfixierung. Die Gewebeproben werden in eine ausreichend große Menge vortemperiertes Fixans gegeben, in dem sie frei schwimmen sollten. Watte oder Gaze am Boden verhindert, dass sich die Präparate am Boden oder den Gefäßwänden festsetzen. Ein Watte- oder Gazestopfen über den Proben verhindert ein Auftauchen aus der Flüssigkeit. Die Präparate können auch in Gazesäckchen oder in käufliche Einbettungskassetten verpackt ins Fixans verbracht werden.

Lufthaltige Gewebe (Lunge, Pflanzenmaterial) entgast man im Fixans sofort unter leichtem Unterdruck im Exsikkator. Flächenhafte, dünnschichtige Proben spannt man mit nichtrostenden Nadeln auf Korkstücke, die mit der Präparatseite nach unten auf das Fixans gelegt werden. Müssen größere Präparate durch Eintauchen in Fixierlösung behandelt werden (z. B. Gehirne von Säugetieren, die sich unfixiert nicht ohne Schaden zerschneiden lassen), sind sehr lange Fixierungszeiten zu wählen, oder man fixiert in einem Mikrowellengerät. Auch ultraschallunterstützte Fixierungen sollen bei kurzen Fixierungszeiten eine sehr gute Erhaltung von Struktur und Antigenität erreichen (Chu et al. 2006).

5.2.4.1   Fixierung von fluoreszierenden Proteinen

Fluoreszierende Proteine (GFP, YFP, EGFP etc., ▶ Kapitel 22) werden normalerweise in Lebendmaterial mit Hilfe der Fluo-reszenzmikroskopie lokalisiert. Will man die transformierten Proben jedoch aufbewahren, um sie zu einem späteren Zeitpunkt zu betrachten, oder will man an ihnen noch zusätzlich eine Immunfluoreszenzmarkierung (▶ Kapitel 19) durchführen, ist es notwendig, sie zu fixieren.

Um die Fluoreszenz zu erhalten, dürfen zur Fixierung keine fällenden oder koagulierenden Fixantien (Säuren, Lösungsmittel) eingesetzt werden, da sie die Struktur verändern. Bewährt haben sich 2-4 % (w/v) gepufferte Formaldehydlösung (frisch angesetzt aus Paraformaldehyd) mit einem Zusatz von 0,1 % (v/v) Glutaraldehyd. Die durch Glutaraldehyd verursachte Autofluoreszenz kann durch Zusatz von 50 mm Ammoniumchlorid in einem Waschpuffer verhindert werden.

5.2.4.2   Fixierungsartefakte und Abhilfemöglichkeiten

Je nach Zusammensetzung des Fixierungsgemisches und der Wahl der Fixierungsbedingungen kann es, abhängig vom Präparat, zu einer Vielzahl von Fixierungsartefakten kommen. Dazu gehören: ungenügende Fixierung, Schwellung oder Schrumpfung, Schwammigkeit, Brüchigkeit, Substanzverlust und Verlagerung von Substanzen oder Strukturen. Artefakte können vermindert werden, wenn die Proben möglichst frisch und gut zerteilt fixiert werden, und wenn man Fixans und Fixierungsbedingungen sorgfältig auswählt.

Manche Fixierungen verursachen Rückstände, die anschließend entfernt werden müssen.

Gegen Sublimatniederschläge wirkt die Inkubation des fixiertes Gewebes oder, besser, der Schnitte in alkoholischer Iod-Iodkali-Lösung. Anschließend wird das Iod-Iodkali mit Natriumthiosulfat entfernt (Heidenhain 1908).

Anleitung A5.7

Entfernung von Sublimatniederschlägen aus Schnitten
Die Behandlung der Schnitte wird am besten nach der Entparaffinierung (▶ Kap. 10.5.3.1) während der Alkoholreihe in 80 % Ethanol durchgeführt. Sie sollte unter mikroskopischer Kontrolle erfolgen.

Iod-Iodkali-Lösung
- 2 g Iod
- 3 g Kaliumiodid
in 100 ml 90 % Ethanol lösen

Durchführung
1. Einige Tropfen der Iod-Iodkali-Lösung mit 80 % Ethanol mischen, bis die Lösung hellbraun (kognakfarben) gefärbt ist
2. Schnitte aus 80 % Ethanol in 80 % Ethanol mit Iod-Iodkali-Lösung bringen und so lange behandeln, bis Sublimatniederschläge entfernt sind
3. In 60 % Ethanol überführen und mit der Rehydrierung bis zum H_2O fortfahren
4. Schnitte mit 0,25 % (w/v) Natriumthiosulfat ($Na_2S_2O_3$) in H_2O entfärben.

Nach Formolfixierung können im Gewebe dunkelbraune, kristalline Niederschläge entstehen. Sie lassen sich aus den Schnitten nach Kardasewitsch (1925) mit alkoholischem NH$_4$OH entfernen.

5.2.5 Praxis der Fixierung für die Elektronenmikroskopie

Wegen der hohen Auflösung müssen Fixierungen für die Ultrastrukturuntersuchung wesentlich sorgfältiger durchgeführt werden als für histologische Studien. Man verwendet vernetzende Fixantien (Aldehyde, Osmiumtetroxid) in entsprechenden Puffern und stimmt Ionenzusammensetzung, Osmolarität und pH-Wert sorgfältig auf die Zielstrukturen ab. Für optimale Ergebnisse soll die Präparatgröße 1 mm Dicke nicht überschreiten.

Für eine Immersionsfixierung werden die Proben mit einer Biopsienadel oder – stanze oder einer scharfen Rasierklinge entnommen und sofort in die gekühlte Fixierlösung überführt. Die Lösung wird direkt vor Gebrauch angemischt. Als Gefäße eignen sich für wenige, kleine Proben Reaktionsgefäße, besser aber 5–10 ml Schnappdeckelgläser, in denen sich die Präparate frei bewegen können. Da die Ränder der Präparate bei der Entnahme verletzt werden, können die Präparate etwas größer entnommen und nach kurzer Antifixierung kleiner geschnitten werden. Um Verletzungen durch Pinzetten oder Spatel zu vermeiden, transferiert man die Präparate zum Wechseln der Lösungen möglichst nicht sondern tauscht die Lösungen mithilfe einer Pipette oder einer Spritze mit Kanüle.

Man verwendet für Präparate, die für Ultrastrukturuntersuchungen vorgesehen sind, zumeist Glutaraldehyd (2–4 %) oder eine Mischung von Form- und Glutaraldehyd (z. B. 2 % GA + 1 % FA) in 0,1 M Puffer, pH 7,2–7,4 (PBS, PP nach Sörensen oder Na-Cacodylatpuffer, ◨ Tab. A1.16 im Anhang) zur Vorfixierung. Weitere Fixierungsgemische und -anleitungen sind in ▶ Kapitel 5.2.6 zusammengefasst. Nach mehrmaligem Waschen (z. B. 3× 10 min) im gleichen Puffer schließt sich üblicherweise eine Nachfixierung mit 1–2 % OsO$_4$ (gepuffert oder in H$_2$O) an. Danach wird erneut gewaschen (in Puffer oder H$_2$O). Es schließen sich Entwässerung und Einbettung an (▶ Kap. 7).

5.2.5.1 Fixierungsartefakte und Abhilfemöglichkeiten

Jede Fixierung verursacht Artefakte in biologischen Proben. Sie sind umso deutlicher, je mehr man von den Strukturen sieht, und fallen daher im TEM-Präparat mehr auf als im lichtmikroskopischen Schnitt. Die Fixantien und Fixierungsbedingungen

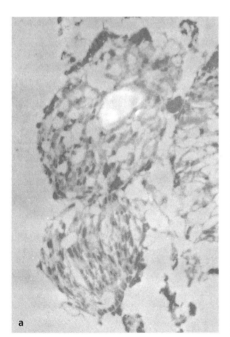
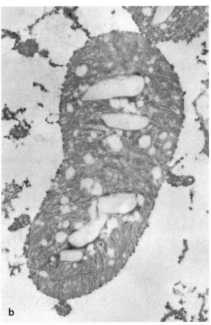
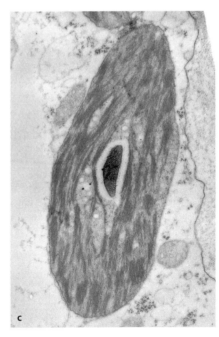

◨ **Abb. 5.2** TEM-Aufnahmen von Ultradünnschnitten unterschiedlich fixierter, aber ansonsten gleich präparierter Moosblättchen (*Physcomitrella*). Dargestellt ist jeweils ein Chloroplast. Strukturerhaltung, Auflösung und Kontrast sind sehr unterschiedlich. **a)** Fixierung mit 2 % Formaldehyd in PBS (pH 7,4). Interne und externe Membransysteme sind weitgehend zerstört, Auflösung und Kontrast sind gering. **b)** Fixierung mit 2 % Formaldehyd in PBS (pH 7,4) mit 0,03 % Pikrinsäure. Form und Kontrast sind besser erhalten, aber interne Membransysteme erscheinen gebläht. **c)** Fixierung mit 2,5 % Glutaraldehyd und 1 % Formaldehyd in PBS (pH 7,4) mit Postfixierung mit 1 % OsO$_4$. Form und Inhalt des Chloroplasten erscheinen kontrastreich und gut aufgelöst.

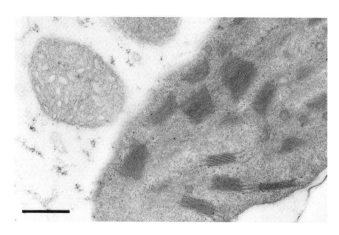

Abb. 5.3 Ultradünnschnitt von gut fixierten Organellen (M = Mitochondrium, C = Chloroplast) einer Zelle aus dem Blatt der Gerste.

Material:
- 2 % (w/v) Na-Alginat in 0,1 M Na-Cacodylatpuffer, pH 7,2
- 50 mm $CaCl_2$ in 0,1 M Na-Cacodylatpuffer, pH 7,2
- Saugflasche angeschlossen an Vakuumpumpe
- Objektträger
- Skalpell oder Rasierklinge

Durchführung:
1. Na-Alginatlösung in Saugflasche füllen und entgasen
2. dichte Zellsuspension 1:1 mit Na-Alginatlösung mischen
3. Mischung auf einem Objektträger in dünner Schicht verteilen
4. Objektträger in $CaCl_2$-Lösung tauchen
5. Gel in kleine Stücke schneiden

für die TEM sind daher sehr sorgfältig zusammenzustellen und einzuhalten.

Für die Interpretation der Ergebnisse von TEM-Untersuchungen ist es wichtig, das „normale" Erscheinungsbild von Zellstrukturen zu kennen und den Einfluss der Fixierung auf diese zu verstehen. Dabei helfen Vergleiche (Form, Größe, Volumen) mit Lebendpräparaten durch lichtmikroskopische Untersuchungen und Vergleiche zwischen unterschiedlich fixierten Proben auf elektronenmikroskopischer Ebene (Abb. 5.2).

Chemisch gut fixierte Präparate erkennt man zum Beispiel daran, dass Membranen durchgängig und Doppelmembranen parallel zueinander verlaufen (Abb. 5.3). Die Mitochondrien sollten keine geschwollenen Zisternen und eine dichte Matrix ohne „Löcher" aufweisen.

5.2.6   Beispielhafte Anleitungen

5.2.6.1   Behandlung von Zellen und Suspensionen

Zellen, isolierte Organellen oder andere kleine Objekte sind in Flüssigkeit oftmals schwierig zu handhaben. Zentrifugation zur Anreicherung sollte vermieden werden, da die Präparate dabei zerbrechen oder verklumpen können. Zur einfachen und zugleich schonenden Handhabung kann man sie schon vor der Fixierung z. B. auf beschichtete Deckgläser kleben, in Alginat einbetten oder in Celluloseschläuche (Abb. 9.10) füllen.

Anleitung A5.9

Alginateinbettung
Das Na-Alginat wird unter Einfluss von $CaCl_2$ zu einem Gel, das die Zellen während der Präparation zusammen hält. Es ist durchlässig für die Fixantien und Einbettmittel. Die Zellen können vor oder nach der Fixierung darin eingebettet werden. Das Gel kann durch Zugabe von 10 mm EGTA jederzeit aufgelöst und die Zellen freigesetzt werden.

▼

Einzelzellen oder Zellmonolayer sind in 15–30 min ausreichend fixiert. Für eingebettete Zellen verlängern sich die Zeiten je nach Größe der Blöckchen.

5.2.6.2   Fixierungen für die Cytodiagnostik

Bei cytologischen Präparaten wird entweder eine Feuchtfixierung oder eine Trockenfixierung durchgeführt. Welche Fixierungstechnik angewendet wird, ist immer von der anschließenden Darstellungstechnik abhängig. Bei der Färbung nach Papanicolaou, bei der HE-Färbung, bei der PAS-Reaktion und bei anderen aus der Histologie bekannten Nachweistechniken muss eine Feuchtfixierung gemacht werden. Die Giemsa-Färbung, die May-Grünwald-Färbung und die Kombination der May-Grünwald- mit der Giemsa-Färbung (= Färbemethode nach Pappenheim) werden an trockenfixierten Präparaten durchgeführt. Die Färbungen werden in ▶ Kapitel 10 dargestellt.

Trockenfixierung
Die auf einen Objektträger überführten Zellen werden an der Luft für einige Stunden getrocknet (= Lufttrocknung). Dabei sollten die Objektträger schräg, mit der Zell-beschichteten Seite nach unten, aufgestellt sein. Zur Stabilisierung der Fixierung erfolgt eine anschließende Behandlung mit Ethanol oder ethanolhaltigen Farbstofflösungen. Beispiel: hitzeempfindliche Bakterien.

Feuchtfixierung
Die frisch gewonnenen und noch feuchten Zellen werden sofort mit geeigneten Fixierflüssigkeiten behandelt. Die Objektträger werden für mindestens 15 bis 20 min in eine mit Fixierflüssigkeit gefüllte Küvette gestellt (Tauchtechnik) oder mit Fixierflüssigkeit besprüht (Sprühtechnik). Wichtig bei der Feuchtfixierung ist, dass das auf den Objektträger übertragene Zellmaterial so schnell wie möglich fixiert wird. Eine Antrocknung der Zellen vor der Fixierung, was bereits nach 30 bis 60 Sekunden passiert, macht die Präparate für die mikroskopische Auswertung unbrauchbar.

Zellpräparate für Immunmarkierungen werden am besten durch Besprühen mit einer Mischung aus Polyethylenglycol

(PEG) und Ethanol fixiert. Die feuchten Präparate werden einfach besprüht, wobei darauf zu achten ist, dass man dem Objektträger nicht zu nahe kommt, da ansonsten die Zellen vom Objektträger gesprüht werden können. Diese Mischung ist unter verschiedenen Namen im Handel erhältlich (z. B. Merckofix, Merck 3981). Das Ethanol fixiert die Zellen und das PEG bildet eine hydrophobe Schicht, die die Zellen schützt und feucht hält. Sobald das PEG fest geworden ist, können die Zellen bei 4 °C bis zum Gebrauch aufbewahrt werden. Das PEG kann durch Eintauchen des Objektträgers in Methanol oder Ethanol (10 min) entfernt werden. Vor immunhistochemischen Färbungen wird dann in PBS oder TBS (siehe Puffertabelle im Anhang) gespült.

Fixieren durch Eintauchen ist möglich mit 96 % Ethanol, mit einem Gemisch aus gleichen Teilen Ethanol und Diethylether, mit hochprozentigem Aceton oder mit einem Gemisch aus 5 Teilen 96 % Ethanol und 1 Teil Glycerin. Daneben steht noch eine Vielzahl von alkoholhaltigen Fixiergemischen zur Verfügung.

Der Zusatz von Eisessig zu den Fixierlösungen führt zur Hämolyse der Erythrocyten und kann bei blutreichen Präparaten von Vorteil sein. In der Praxis gibt man 3 Volumenprozente Eisessig zu den genannten Fixierlösungen.

Hitzefixierung (Fixierung von Bakterien)

Bei cytologischen Präparaten von Körperflüssigkeiten, Exsudaten, Eiter, Wundsekreten, etc. werden häufig bakteriologische Färbungen zum Nachweis von Mikroorganismen durchgeführt.

Bakteriologische Färbetechniken werden üblicherweise an hitzefixierten Präparaten gemacht. Bei der Hitzefixierung wird der Objektträger, mit dem aufgetragenen Material nach oben, mehrmals durch den oberen Teil der Bunsenbrennerflamme gezogen. Nach dem Abkühlen der Objektträger können die so hergestellten Präparate gefärbt werden.

5.2.6.3   Fixierungen für die Elektronen-mikroskopie

Fixierungen von menschlichen oder tierischen Gewebeproben

Gewebeproben von ca. 1 mm Dicke sind nach 2 Stunden Immersionsfixierung in 3,5 % (v/v) Phosphat- oder Cacodylat-gepuffertem Glutaraldehyd und 1 Stunde Postfixierung in 1 % (w/v) OsO_4 ausreichend fixiert.

Fixierung von Pflanzenmaterial

Pflanzenmaterial ist häufig schwierig zu fixieren: Haare und Wachse auf der Kutikula, Einlagerungen in die Zellwände und luftgefüllte Interzellularen verhindern das Eindringen der Lösungen in die Zellen, und großlumige Vakuolen verdünnen die Fixantien. Man schneidet daher möglichst kleine Präparate (gegebenenfalls Vibratomschnitte), wählt schnell eindringende Fixierungsgemische in ausreichender Menge und infiltriert unter Vakuum (80 mbar). Für die Elektronenmikroskopie hat sich für viele pflanzliche Präparate eine Fixierung über Nacht in kaltem,

Cacodylat-gepuffertem 1 % (w/v) Formaldehyd und 2 % (v/v) Glutaraldehyd mit anschließender Osmiumbehandlung (1–2 % (w/v) OsO_4 bei 4 °C über 2–4 h) bewährt.

Fixierung von Meerwasserorganismen

Viele marine Invertebraten und Protozoen lassen sich in einer Lösung von 5 % (v/v) Glutaraldehyd in 0,1 M Cacodylatpuffer (pH 7,8) mit 0,25 M Saccharose sehr gut vorfixieren. Nach der Fixierung wird in Puffer mit absteigender Saccharose-Konzentration (0,25 M, 0,15 M, 0,05 M) gewaschen. Die Postfixierung erfolgt in 2 % (w/v) OsO_4 in 0,1 M Puffer.

Anleitung A5.10

Fixierung von marinen Dinoflagellaten für die Elektronenmikroskopie (nach Ermak and Eakin, 1976)

Material:
- 0,1% Glutaraldehyd in Seewasser
- 0,1 M Sörensen
- Phosphatpuffer, pH 7,2
- PAF = Pikrinsäure-Formaldehyd (nach Stefanini et al. 1967):
  125 ml 16 % Formaldehydlösung (aus Paraformaldehyd) + 150 ml gesättigte, wässrige Pikrinsäure mit 0,1 M Sörensen
- Phosphatpuffer, pH 7,2, auf 1 l auffüllen pH mit 10 M NaOH nachkorrigieren
- SPAFG:
  – 31 g Saccharose in PAF lösen (Endvolumen = 100 ml)
  – Lösung 1:1 mit 6 % Glutaraldehyd mischen
- 1 % (w/v) Uranylacetat in 0,1 M Na-Cacodylatpuffer, pH 7,2

Durchführung:
1. Zellen in 0,1% Glutaraldehyd in Seewasser bei 0 °C über 2 Stunden fixieren
2. Suspension zentrifugieren, Pellet in SPAFG-Lösung resuspendieren
3. 2h bei 0 °C fixieren
4. Zellen 3x jeweils 30 sek mit Sörensen-Phosphatpuffer, pH 7,2, waschen
5. 3 min nachfixieren in 1,5 % (w/v) KMnO4
6. 3x 30 sek mit H_2O waschen
7. Zellen in 1% (w/v) Uranylacetat in 0,1 M Na-Cacodylatpuffer, pH 7,2 überführen und darin über Nacht inkubieren

Danach folgt die Entwässerung und Einbettung.

5.2.7   Aufbewahrung von fixiertem Material

Präparate für histologische oder morphologische Untersuchungen können nach der Fixierung über einige Zeit (2–3 Wochen) in Fixans im Kühlschrank aufbewahrt werden. Dafür eignen sich Fixantien wie verdünntes Formaldehyd (z. B. 5 % Formol), 1,5 % Glutaraldehyd (in Puffer), Bouin oder FAA. Längere Lagerung in Glutaraldehyd höherer Konzentration kann zu einer Überfixierung führen, die das Präparat hart, brüchig und schlecht färbbar werden lässt. Chromat- oder osmiumhaltige Fixantien wirken stark extrahierend auf manche Zellkomponenten.

Zur Aufbewahrung verwendet man dicht verschließbare Gefäße, deren Deckel von den Chemikalien nicht angegriffen wird.

5.2.8   Fixierungs- und Einbettautomaten

Im Handel sind Fixierungs- und Einbettautomaten für die automatische Präparation von histologischen und cytologischen Präparaten erhältlich.

Bewährte Anleitungen für die Präparation biologischer Proben für die TEM mit dem Leica EM TP-Automaten finden sich im Anhang.

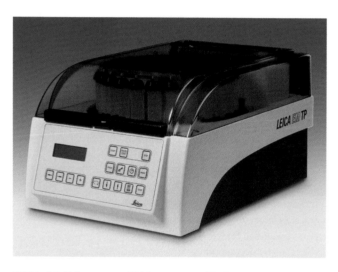

◨ **Abb. 5.4** Fixierungs- und Einbettautomat (EM TP von Leica Microsystems) für licht- und elektronenmikroskopische Präparate.

5.3   Literatur

Chu W-S, Liang Q, Tang Y, King R, Wong K, Gong M, Wei M, Liu J, Feng S-H, Lo S-C, Andriko J-A and Orr M (2006) Ultrasound-acceralted tissue fixation/processing achieves superior morphology and macromolecule integrity with storage stability. *J Histochem Cytochem* 54:503–513

Ermac TH and Eakin RM (1976) Fine Structure of the Cerebral and Pygidial Ocelli in *Chone ecaudata* (Polychaeta: Sabellidae). *J Ultrastruct Res* 54: 243-260

Giberson RT and Demaree RS Jr (Eds) (2001) Microwave techniques and protocols. Humana Press, Totowa, New Jersey

Haidenhain M (1908) Über Vanadiumhämatoxylin, Pikroblauschwarz und Kongo-Korinth. *Z Wiss Mikr* 25:401–410

Hauser M (1978) Demonstration of membrane-associated and oriented microfibrils in *Amoeba proteus* by means of a Schiff base/glutaraldehyd fixative. *Cytobiologie* 18:95–106

Hayat MA (1989) Principles and Techniques of Electron Microscopy. Biological Applications. Third Edition, CRC Press Inc., Boca Raton, Florida

Kardasewitsch B (1925) Eine Methode zur Beseitigung der Formalinsedimente (Paraform) aus mikroskopischen Präparaten. *Z Wiss Mikr* 42:322–324

Karnovsky MJ (1965) A formaldehyde-glutaraldehyde fixative of high osmolarity for use in electron microscopy. *J Cell Biol* 27:137a

Stefanini M, de Martino C and Zamboni L (1967). Fixation of ejaculated spermatozoa for electron microscopy. *Nature* 216: 173-174

Zakolar M and Erk I (1977) Phase-partition fixation and staining of *Drosophila* eggs. *Stain Technology* 52:89–95

Schnittpräparation für die Lichtmikroskopie

Bernd Riedelsheimer, Simone Büchl-Zimmermann, Ulrich Welsch

6.1   Einbettung

6.1.1   Allgemeines

Fixierte Gewebe weisen zum Teil enorme Konsistenzunterschiede auf, z. B. Knorpel, Sehnen, Hohlorgane und Lungengewebe. Um gleichmäßige und dünne Schnitte anfertigen zu können, muss das Gewebe mit einem Medium durchtränkt werden, das eine feste und schneidbare Konsistenz liefert. Dies wird für die Lichtmikroskopie durch gebräuchliche Einbettungsmittel wie Paraffin und Kunststoff erreicht. Celloidin und Gelatine haben heute nur noch geringe Bedeutung.

Anstatt das Gewebe einzubetten, kann man es auch, nativ oder fixiert, tiefgefrieren und Gefrierschnitte anfertigen, siehe hierzu ▶ Kap. 9 Kryopräparationstechniken.

Die einzubettenden Gewebestücke sollten nach dem Zuschneiden in der Regel eine maximale Dicke von 5 mm, eine Länge von 20 mm und eine Breite von 15 mm haben und sich bereits in Einbettkapseln (◻ Abb. 6.1) befinden.

Besonders kleine Objekte (z. B. Curettagematerial) werden vorher in Zigarettenpapier gewickelt und dann in die Einbettkapseln gegeben oder man verwendet spezielle Biopsie-Einbettkassetten mit einer engmaschigen Innenkammer.

Zellsuspensionen (z. B. Bronchialsekret) gibt man häufig zusätzlich zum Fixierungsmittel wenige Tropfen z. B. Rinderserum zu und zentrifugiert ab. Man erhält dadurch ein „zusammengeklebtes" Zentrifugat, das man dann wie ein gewöhnliches histologisches Material bearbeitet.

Da man in einem Arbeitsgang meist eine größere Anzahl von Präparaten gleichzeitig einbettet, müssen die Kapseln eindeutig und mit Bleistift gekennzeichnet/beschriftet sein. Dies ist nötig, da Bleistift in den nachfolgenden Lösungen nicht abgelöst wird und Verwechslungen dadurch ausgeschlossen werden.

Die Gewebeeinbettung erfolgt in der Regel in folgenden Schritten:

1. Auswaschen des Fixierungsmittels aus den Präparaten
2. Entwässern der Präparate
3. Einbringen der Präparate in ein Intermedium (Zwischenflüssigkeit)
4. Durchtränken der Präparate mit dem Einbettungsmittel
5. Ausgießen (in Blöcke gießen) der Präparate im Einbettungsmittel
6. Aushärten der Blöcke

6.1.2   Auswaschen des Fixierungsmittels aus den Präparaten

Reste von Fixierungsmittel in den Präparaten können zu unschönen Artefakten führen (z. B. Formalin- oder Sublimatniederschläge, ▶ Kap. 10.5.3.5). Sie beeinflussen z. T. auch negativ die Qualität der Einbettung und wirken sich störend auf die spätere Färbung der Gewebeschnitte aus (z. B. Pikrinsäure). Das Gewebe sollte daher vor der Entwässerung gründlich ausgewaschen werden.

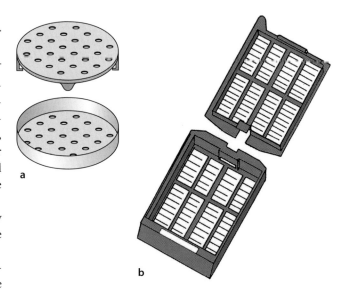

◻ **Abb. 6.1** Einbettkapseln aus Stahlblech (**a**) und Kunststoff (**b**)

Je nach Fixierung wird in Leitungswasser oder in Alkohol ausgewaschen:

- Formalin wird in Leitungswasser ausgewaschen. Da in der Routinehistologie in neutralem (gepuffertem) Formalin fixiert wird, ist das Auswaschen hier nicht mehr von Bedeutung. Zudem wird im Einbettautomaten in niederer Alkoholkonzentration restliches Formalin entfernt.
- Formol-, chrom- oder osmiumhaltige Lösungen wäscht man in Leitungswasser aus.
- Chromfreie Sublimat- oder Trichloressigsäuregemische wäscht man in 90–96 % Ethanol aus.
- Pikrinsäurehaltige Fixanzien werden mit 70–80 % Ethanol mindestens solange ausgewaschen, bis keine gelben Schlieren mehr aus den Präparaten gespült werden. Das Gewebe wird dann normalerweise in den nächst höher konzentrierten Alkohol der Entwässerungsreihe überführt.
- In Carnoy fixiertes Gewebe ist praktisch wasserfrei und wird gleich in den absoluten Alkohol übertragen.

Als Faustregel gilt: Das Auswaschen sollte genauso lange wie das Fixieren dauern.

6.1.3   Entwässern der Präparate

Wenn Präparate in nicht mit Wasser mischbare Einbettmedien (Paraffin, Kunststoff, Celloidin) übertragen werden sollen, müssen sie zuerst entwässert werden (◻ Tab. 6.1). Um dabei Zerreißungen und Schrumpfung möglichst zu vermeiden, erfolgt eine Entwässerung der Präparate (sie befinden sich nach wie vor in den Einbettkapseln und verbleiben darin bis zum Ausgießen in Blöcke) schrittweise in einer Alkoholreihe mit aufsteigender Konzentration: 50-70-80-96-100 % (absolutem) Alkohol.

◘ Tab. 6.1 Die wichtigsten Entwässerungsmittel und ihre Vor- und Nachteile.

Entwässe-rungsmittel	Vorteil	Nachteil
Ethanol	rasche und zuverlässige Entwässerung; billig; überall verfügbar; nicht toxisch	bei längerer Anwendung Schrumpfung und Härtung, Intermedium nötig
Isopropanol (2-Propanol)	geringe Schrumpfung, geringe Härtung	dringt langsam ein; Intermedium nötig
Aceton	rasche Entwässerung	Intermedium nötig; Härtung und Sprödigkeit

Die Dauer in den einzelnen Alkoholstufen richtet sich in erster Linie nach der Dicke der Präparate. Bei maximal 5 mm Dicke genügen 2–4 h in den einzelnen Gefäßen, wenn man per Hand einbettet. Heute erfolgt in der Regel die gesamte Einbettung im Einbettautomaten (◘ Abb. 6.5 und 6.6).

Darin werden die Einbettkapseln mit den Präparaten ständig bewegt und die Verweildauer dadurch deutlich verkürzt (▸ Kap. 6.3 Einbettprotokolle).

Das Gleiche gilt für sehr kleine Präparate wie z. B. Gewebebiopsien.

Die Einwirkungsdauer der höherprozentigen Alkohole soll länger andauern, als es bei den niedrigen Alkoholkonzentrationen der Fall ist.

Erfolgte das Auswaschen der Präparate in Alkohol, so geht man bei der Entwässerung aus der Fixierung sofort in die nächst höhere Alkoholkonzentration. Wurde in stark alkoholhaltigen Flüssigkeiten fixiert, z. B. in Carnoy'scher Flüssigkeit, so hat man schon fast entwässerte Präparate vorliegen und kann direkt in absoluten Alkohol überführen.

Die einzelnen Alkoholverdünnungen sollten öfter gewechselt werden, da sie durch eingeschlepptes Fixiermittel, Wasser und aus den Geweben gelöstes Fett zunehmend verunreinigt sind.

Die Entwässerung der Präparate in aufsteigender Alkoholreihe führt zu einer beträchtlichen Schrumpfung, die etwa 10–15 % des ursprünglichen Volumens ausmacht. Längeres Einlegen, vor allem in höher konzentriertem Alkohol, sollte möglichst vermieden werden (nicht über 24 h), da die Präparate dadurch spröde und schlecht schneidbar werden (Härtung).

6.1.3.1 Alkohol
Vergällter Alkohol

In der Regel wird im histologischen Labor immer vergällter (ungenießbar gemachter) Alkohol verwendet. Als Vergällungsmittel dient meist Petrolbenzin, das bis zu einer Endkonzentration von 1 % beigemengt wird. Petrolbenzin als Vergällungsmittel hat keinen schädlichen Einfluss auf die Entwässerung und Färbung der Präparate.

Für manche Präparationen oder Färbungen ist die Verwendung von unvergälltem Alkohol vorgeschrieben (Einbetten für die Elektronenmikroskopie, Färbung nach Papanicolaou usw.).

Verdünnen von Alkohol

Um durch Verdünnen die gewünschten Konzentrationen von Alkohol oder anderer Flüssigkeiten zu erhalten, verfährt man am einfachsten wie folgt:

1. Gegeben ist eine Lösung von a %, gewünscht wird eine Lösung von b %.
   Man nimmt b Teile der a % Lösung und gibt a minus b Teile des Lösungsmittels zu.
   Ergebnis: a Teile der gewünschten b % Lösung.
   Beispiel: Aus 96 % Alkohol soll 70 % Alkohol hergestellt werden. Man nimmt 70 Teile des 96 % Alkohols und füllt auf 96 Teile mit Aqua dest. auf (d. h. man gibt 96 minus 70, also 26 Teile Aqua dest. zu). Man erhält 96 Teile 70 % Alkohol.

2. Soll aus einer 1:a verdünnten Lösung eine 1:b verdünnte Lösung hergestellt werden, nimmt man a Teile der Lösung 1:a und füllt mit dem Lösungsmittel auf b Teile auf (fügt b minus a Teile des Lösungsmittels zu). Man erhält b Teile der Verdünnung 1:b.
   Beispiel: Aus Formol 1:3 soll Formol 1:20 hergestellt werden. Man füllt 3 Teile der Lösung 1:3 mit Leitungswasser auf 20 Teile auf (gibt 20 minus 3 = 17 Teile des Lösungsmittels zu). Man erhält 20 Teile Formol 1:20.

3. Will man bei der Verdünnung eine bestimmte Menge erhalten gilt:

$$\frac{\text{gewünschte Menge} \times \text{gewünschte, niedere Konzentration}}{\text{vorhandene, hohe Konzentration}}$$

Beispiel: aus 95 % Alkohol soll 1 Liter 70 % Alkohol hergestellt werden.

$$\frac{1000\,\text{ml} \times 70\,\%}{95\,\%} = 736{,}8\,\text{ml}$$

Es werden 736,8 ml 95 % Alkohol und 263,2 ml Wasser gemischt, um 1000 ml 70 % Alkohol zu erhalten.

Die angegebenen Verfahren zur Verdünnung von Alkohol berücksichtigen nicht die eintretende Volumenverminderung des Alkohols. Für die Praxis der Histotechnik sind die zu erwartenden Unterschiede jedoch so gering, dass sie vernachlässigt werden können. Genaue Werte erhält man bei Anwendung der ◘ Tabelle 6.2, bei der die Volumenverminderung des Alkohols berücksichtigt ist.

Ethanol

Absolutes Ethanol, das im Handel angeboten wird, kann noch minimale Mengen Wasser enthalten. Ein Wassergehalt von weniger als 1–2 % ist für die Histotechnologie tolerierbar. Besonders bei der Anwendung von Intermedien (z. B. Xylol, Isopropanol usw.) vor dem Einbringen in Paraffin machen sich

◻ Tab. 6.2 Verdünnungstabelle für Alkohol

		Prozentgehalt des zu verdünnenden Alkohols, 100 ml											
		95%	90%	85%	80%	75%	70%	65%	60%	55%	50%	45%	40%	35%
Prozentgehalt des verdünnten Alkohols	90%	6,41												
	85%	13,33	6,56											
	80%	20,95	13,79	6,83										
	75%	29,52	21,89	14,48	7,20									
	70%	38,15	31,05	23,14	15,35	7,64								
	65%	50,22	41,35	33,03	24,66	16,37	8,15							
	60%	63,00	53,65	44,48	35,44	26,47	17,58	8,76						
	55%	77,99	67,87	57,90	48,07	38,32	28,63	19,02	9,47					
	50%	95,89	84,71	73,90	6304	52,43	41,73	31,25	20,47	10,35				
	45%	117,57	105,34	93,30	81,38	69,54	57,78	46,09	34,46	22,90	11,41			
	40%	144,46	130,80	117,34	104,01	90,76	77,58	64,48	51,43	38,46	25,55	11,7		
	35%	178,71	163,28	148,01	132,88	117,82	102,84	87,93	73,08	58,31	43,59	27,6	14,4	
	30%	224,08	206,22	188,57	171,1	153,61	136,04	118,94	101,71	84,54	67,45	50,6	33,4	17,8

ml Aqua dest., die zu 100 ml des konzentrierten Alkohols zugemischt werden müssen

Beispiel: Man hat 90 % Alkohol und wünscht 70 % Alkohol zu erhalten: Man suche die Vertikalreihe des 90 % Alkohols, verfolge dieselbe abwärts bis zur Horizontalreihe des 70 % Alkohols; an dieser Kreuzungsstelle findet man die Zahl 31,05 (in der Tabelle als Beispiel unterstrichen); man muss also 31,05 ml Aqua dest. zu 100 ml 90 % Alkohol hinzusetzen, um 70% Alkohol zu erhalten.

so geringe Wasseranteile nicht nachteilig bemerkbar. Führt die Zugabe eines Tropfens Ethanol zu etwas Xylol zur Trübung, so ist der Wassergehalt des Ethanol höher als 3 %. Um dem Ethanol noch vorhandene geringe Wassermengen zu entziehen, setzt man wasserfreies Kupfersulfat zu. Das Kupfersulfat bindet Wasser als Kristallwasser und ändert dabei seine Farbe zu Blau. Üblicherweise hat man im Labor in der Vorratsflasche für absoluten Alkohol einen Bodensatz von Kupfersulfat eingebracht, der beim vorsichtigen Abgießen nicht stört.

Isopropanol (Isopropylalkohol)

Isopropanol kann bei der Entwässerung der Präparate, wie auch bei Schnittfärbungen, an Stelle von Ethanol verwendet werden. Das im Handel erhältliche absolute Isopropanol ist ausreichend wasserfrei und reagiert neutral. Es lässt sich mit Wasser und Xylol in jedem Verhältnis mischen.

Differenzierungsschritte bei Färbungen laufen in Isopropanol langsamer ab als in Ethanol. Für das Differenzieren gilt: Isopropanol differenziert langsamer als Ethanol, Ethanol langsamer als Methanol.

Isopropanol ist weniger hygroskopisch als Ethanol. Deshalb müssen die Präparate, wenn man Isopropanol zum Entwässern verwendet, auch längere Zeit in Isopropanol bleiben, als dies bei Ethanol der Fall ist. Man verwendet 3 Portionen (Behältnisse) Isopropanol und rechnet die dreifache Zeit der Ethanolbehandlung. Danach wird in eine Mischung aus Isopropanol und Xylol

1:1 oder Isopropanol und Chloroform 1:1 überführt. Ähnlich wie Isopropanol verhält sich Propanol.

6.1.4 Einbringen der Präparate in ein Intermedium (Zwischenflüssigkeit)

Nach der Alkoholreihe (Entwässerung) kommen die Präparate vor der mit Wasser nicht mehr mischbaren Phase in ein Intermedium. Das Intermedium muss also in der Lage sein, sich mit Alkohol und dem Einbettmittel zu mischen. Das Intermedium entfernt somit den Alkohol aus den Präparaten und ist außerdem auch das Lösungsmittel für das Einbettmittel.

Es ist wichtig, dass der Alkohol restlos entfernt wird.

Als Intermedien werden hauptsächlich Xylol, Isopropanol, Aceton und Chloroform verwendet (◻ Tab. 6.3). Da es sich bei den Intermedien meist um organische Lösungsmittel handelt, sollte beachtet werden, dass einige davon stark toxisch, kanzerogen und gesundheitsschädlich sind.

6.1.4.1 Xylolersatzstoffe

Als Alternativen können heute auch biologische Öle (meist aus Orangen oder Limonen) eingesetzt werden. Sie werden von verschiedenen Herstellern angeboten: z. B. Firma Roth: Roti-Histol (Orangenextrakt) und Firma Medite: Medi-Clear (d-Limonin)

◻ Tab. 6.3 Die wichtigsten Intermedien und ihr Verhalten gegen Celloidin, Paraffin, Alkohol und Wasser

Intermedium:	Celloidin	Paraffin	abs. Alkohol	Wasser	Siedepunkt
Aceton	+	–	+	+	56 °C
Di-Ethylether= Ether	+	–	+	12:1	34 °C
Ethanol	+	–	+	+	78 °C
Chloroform	–	+	+	–	61 °C
Glycerin	–	–	+	+	290 °C
Butanol		+	50 % Alkohol		108 °C
Isopropanol	–	+ (56°C)	+	+	82,8 °C
Methanol	+	–	+	+	67 °C
Methylbenzoat	+	–	80 % Alkohol	–	199 °C
Terpineol	–	–	90 % Alkohol	–	210 °C
Toluol	–	+	+	–	111 °C
Xylol	–	+	+	–	140 °C

+ = mischbar; – = nicht mischbar.

6.1.5 Durchtränken der Präparate mit dem Einbettmittel

Das Einbettmittel (am gebräuchlichsten ist Paraffin, meist mit diversen Zusätzen) mischt sich mit dem Intermedium und ersetzt es, indem es ins Gewebe und in die Hohlräume eindringt. Dazu muss das Einbettmittel in flüssiger Form vorliegen. Paraffin wird deshalb bis zu seinem Schmelzpunkt erwärmt. Auch das Intermedium muss vollständig entfernt sein.

6.1.6 Ausgießen (in Blöcke gießen) der Präparate im Einbettmittel

Nach der Infiltration mit dem Einbettmittel wird das Gewebe (auf die richtige Orientierung ist zu achten) in Blöcke gegossen.

Bei der Paraffineinbettung geschieht dies entweder manuell oder mit einer Ausgießstation (◻ Abb. 6.7). Mit Hilfe von Metall- oder Kunststoffformen oder mit verstellbaren L-förmigen Metallwinkeln (variable Größe) wird das Gewebe ausgegossen (◻ Abb. 6.2 und 6.3). Das Ausgießen in variable Einbettungsrähmchen kommt für Präparate von ungewöhnlicher Form und Größe in Frage. Die ausgegossenen Präparate müssen dann, um sie in die Halterung der Mikrotome spannen zu können, auf einem Holzklötzchen montiert werden (Aufblocken; ◻ Abb. 6.4).

Werden routinemäßig eine große Anzahl von Präparaten hergestellt, verwendet man heute Ausgießformen aus Metall, die sich mit passenden Einbettkassetten (in denen sich die Proben befinden) oder Spannrähmchen kombinieren lassen (◻ Abb. 6.2). Sie dienen gleichzeitig als Blockhalterung und können damit ins Mikrotom eingespannt werden.

◻ Abb. 6.2 Verschiedene Metallformen, Kunststoffkassetten und fertiger Paraffinblock.

6.1.6.1 Ausgießen in Formen mit passenden Einbettkassetten und Spannrähmchen

Präparate der üblichen Größe werden in Formen aus Stahlblech ausgegossen. Es sind unterschiedliche Formen entsprechend der Größe des einzubettenden Präparates im Handel erhältlich (◻ Abb. 6.2). Man wählt eine geeignete Ausgießform und gibt etwas flüssiges Paraffin in die tiefste Aussparung, die spätere Anschnittfläche. Die Einbettkassette aus Kunststoff (in der das Präparat den Einbettautomaten passiert hat) wird geöffnet und der Deckel abgebrochen. Das Präparat wird entnommen, in die Ausgießform gelegt und richtig orientiert. Anschließend legt man die Einbettkassette (sie dient später als Blockhalterung) auf die Ausgießform und füllt bis zur Oberkante mit Paraffin auf. Bei der Verwendung von Einbettkapseln aus Stahlblech wird ähnlich verfahren. die Einbettkapsel wird geöffnet, das Präparat entnommen und in die Ausgießform gelegt und richtig orientiert. Da die Einbettkapsel aus Stahlblech nicht als Blockhalterung verwendet werden kann, legt man ein vorher beschriftetes, sogenanntes Spannrähmchen (aus Kunststoff) auf die Ausgießform und füllt mit Paraffin auf.

Die gefüllte Form wird auf eine Kühlplatte gestellt. Nach etwa 15 Minuten lässt sich der erkaltete und feste Paraffinblock aus der Form nehmen. Danach werden die Metallformen z. B. mit heißem Wasser gereinigt und wieder verwendet.

6.1.6.2 Ausgießen in variable Einbettungsrähmchen

Die variablen Einbettungsrähmchen aus Metall werden auf einer glatten Metallunterlage zum gewünschten Format zusammengestellt und eventuell mit Klammern aneinander fixiert ( Abb. 6.3). Als Unterlage eignet sich Messing, das sich von Paraffin leicht löst; verwendet man eine Glasplatte, muss sie vorher mit etwas Glycerin eingerieben werden. Dann gießt man die so geschaffene Form mit auf 65 °C erwärmtem Paraffin bis knapp unter den oberen Rand aus und setzt das Präparat mit einer erwärmten Pinzette hinein. Dabei wird es sofort orientiert, die Metallplatte (der Boden der Form) ist die Ebene des späteren Anschnittes. Anschließend setzt man die Metallplatte mit der aufliegenden Form in ein flaches Gefäß, z. B. in eine Schale für photographisches Arbeiten. Diese eignen sich besonders gut, da sie am Boden mit Leisten versehen sind und die Metallplatte hohl aufliegt. Ist der Boden des verwendeten Gefäßes glatt, sollte man Glas- oder Metallstreifen unterlegen. Dann gießt man nicht zu kaltes Wasser (Raumtemperatur!) zu, bis der Wasserspiegel an den Oberrand des Einbettungsrähmchens reicht, das Paraffin aber nicht überflutet. Das Paraffin soll zügig erstarren, um Riss- und Blasenbildung an den Seiten und an der Unterfläche zu vermeiden.

Beim Erstarren zieht sich die Oberfläche des Blockes nabelartig ein. Sind die Rähmchen ausreichend hoch (etwa 2 cm), bleibt genügend Paraffin, um das Präparat zu bedecken. Nach dem Erstarren des Paraffins löst man die Einbetträhmchen ab und schneidet die hochstehenden Ränder des Präparats grob zurück.

6.1.6.3 Aufblocken

Zum folgenden Aufblocken verwendet man geeignet große Hartholzklötze (etwa 25 × 30 × 7 mm), die im Handel erhältlich sind. Man hält den Paraffinblock mit der glatten Oberfläche (Anschnittfläche) nach oben zwischen Daumen und Zeigefinger und erhitzt einen flachen Metallspatel im Bunsenbrenner. Nun legt man den heißen Spatel auf die Oberfläche des Holzklötzchens, setzt den Paraffinblock auf, lässt das Paraffin etwas anschmelzen und zieht den Spatel zwischen Holz und Paraffin heraus, während man den Paraffinblock leicht gegen das Holz drückt (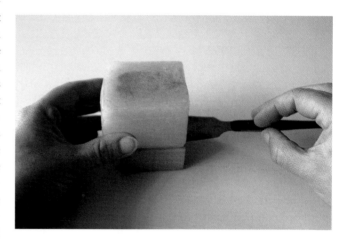 Abb. 6.4). Das geschmolzene Paraffin fixiert das

◻ Abb. 6.3 Variable Einbetträhmchen aus Metall, Messingplatte und fertiger Block.

◻ Abb. 6.4 Aufblocken auf Holzklötzchen.

Blöckchen ausreichend an der Holzunterlage. Die Anschnittfläche sollte parallel zur Oberfläche des Klötzchens liegen. Die Kennzeichnung der Präparate erfolgt sofort! Die Kassette, in der die Präparate durch den Einbettautomaten geführt wurden (oder im Schälchen bei Handeinbettung), enthält den mit Bleistift beschrifteten Papierstreifen, der nun mit Paraffin durchtränkt und gut lesbar ist. Dieser Papierstreifen wird mit einer heißen Pinzette am Paraffinblock festgeschmolzen; der Holzblock wird mit Bleistift analog beschriftet (manchmal brechen die Paraffinblöckchen von ihrer Unterlage! Eine doppelte Kennzeichnung kann nur von Vorteil sein).

6.1.7 Aushärten der Blöcke:

Das Aushärten der Paraffinblöcke erfolgt heute auf Kühlplatten. Kunststoffblöcke härten durch Polymerisationsvorgänge. Celloidinblöcke härten in 70 % Ethanol, in Glycerin-Alkohol oder in Chloroform. Der erwärmte und flüssige Agar härtet bei 30 °C aus.

6.2 Einbettzubehör

6.2.1 Zubehör für die Einbettung von Hand

Glasgefäße mit Deckel für die Entwässerung mit Alkohol und für das Intermedium, Wärmeschrank, Porzellanschalen, Pinzetten, Kühlplatte oder Schale (Fotoschale) mit Eiswürfeln, eventuell ein Paraffinspender, Metallförmchen, Metallwinkel und Messing- oder Glasplatten.

Der technische Ablauf für die Paraffineinbettung von Hand ist in ▶ Kapitel 6.3.1 und 6.1.6 beschrieben.

6.2.2 Einbettautomaten

Einbettautomaten gestatten heute, die Präparationsschritte zum Teil von der Fixierung bzw. Nachfixierung bis zum Durchtränken mit Paraffin in der Zeit zwischen 15.00 Uhr des einen Tages und Beginn des nächsten Arbeitstages durchzuführen. Die Geräte arbeiten nach verschiedenen Prinzipien.

Beim Tauchprinzip befinden sich die Präparatekassetten in einem Korb, der vom Automaten auf- und abbewegt wird, während er in einen Behälter mit einem der verschiedenen Medien taucht. Nach der gewünschten Zeit hebt die Maschine den Korb gänzlich aus dem Behälter und befördert ihn zum nächsten. Meist sind 12 Behälter im Kreis (Karussell) angeordnet (◻ Abb. 6.5). Die Paraffinbäder werden durch Thermostaten und elektrische Heizung auf 60°C gehalten. Die Automaten sind heute meist mit Computern ausgestattet und so sind verschiedene Programme durchführbar. Viele der Geräte lassen sich zusätzlich an ein Abluftsystem anschließen, um gesundheitsschädliche Dämpfe zu vermeiden. Die Kapazität beträgt hier ca. 120 Präparatekassetten.

Beim Einkammersystem (◻ Abb. 6.6) bleibt der Korb mit den Präparatekassetten stets in derselben Kammer und die Flüssigkeiten werden ausgetauscht. Der Vorteil dieser Anordnung ist die größere Variabilität der Programme, die der Automat problemlos durchführen kann, da die gewünschten Medien jeweils neu aus einem Vorratsbehälter in die Kammer gespült werden, während bei den Automaten mit Tauchsystem die Abfolge der Medien und die Medien selbst vorgegeben sind, also bei einer Änderung des Programms auch die Behälter umsortiert oder erneuert werden müssen. Ein weiterer Vorteil ist das geschlossene System, aus dem keine gesundheitsschädlichen Dämpfe entweichen können und eine noch höhere Probenkapazität, bis ca. 300 Kassetten.

Beide Systeme können z. T. mit Temperatur und Vakuum betrieben werden, was zu einer noch schnelleren und besseren Entwässerung und Durchtränkung der Gewebe führt.

6.2.3 Paraffinspender/Ausgießstation

Verschiedene Hersteller bieten sogenannte Paraffinspender an, in denen ein größerer Vorrat von Paraffin flüssig bereitgehalten wird. Die Temperatur ist über Thermostat zu regeln; durch

◻ **Abb. 6.5** Einbettautomat Fa. Bavimed (Tauchprinzip).

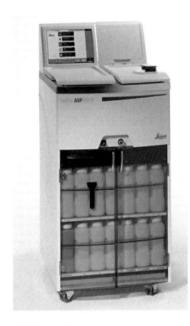

◻ **Abb. 6.6** Einbettautomat Fa. Leica (Einkammersystem).

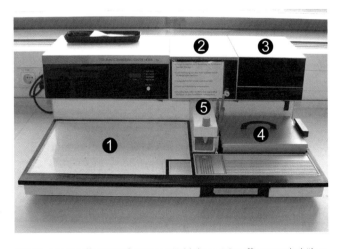

◻ **Abb. 6.7** Paraffinausgießstation: 1 Kühlplatte, 2 Paraffinvorratsbehälter, 3 Vorrat für Metallförmchen, 4 Behälter für die Präparate, 5 Auslasshahn.

einen gewärmten Auslasshahn fließt das Paraffin in die Gieß-formen.

Die konsequente Weiterentwicklung führte zur Konzeption integrierter Arbeitsplätze, sogenannter Ausgießstationen (◻ Abb. 6.7), die über eine Kühlplatte zum Härten des Paraffin-blockes, temperierte Halterungen für Instrumente, temperierte Ablaufrinnen für überfließendes Paraffin, temperierte Arbeits-fläche unter dem Paraffinauslass usw. verfügen. Die Arbeit im histologischen Labor konnte damit entscheidend rationalisiert werden.

6.3 Einbettprotokolle

6.3.1 Paraffineinbettung

Für histologische und pathologische Untersuchungen am Licht-mikroskop hat sich die Einbettung in Paraffin ausgesprochen bewährt und wird daher am meisten angewendet. Es eignet sich für alle Gewebe (auch für Knochen nach Entkalkung), die al-lermeisten Färbemethoden sowie für viele immunhistologische Nachweise.

Die Einbettung erfolgt heute vollautomatisch, ist aber auch manuell durchführbar, z. B. bei einem defekten Einbettautoma-ten oder für die Einbettung von großen Objekten.

Vorteile der Paraffineinbettung:
- leicht schmelzbar und chemisch inaktiv
- bei Raumtemperatur fest
- in Paraffin eingebettetes Material ist unbegrenzt haltbar
- es sind Schnittdicken zwischen 2 und 15 μm möglich
- es lassen sich Serienschnitte und Schnittbänder herstellen
- effiziente Verarbeitung bei recht guter Qualität

Nachteile der Paraffineinbettung:
- Schrumpfung des Gewebes um 8 % bis 20 %
- in Wasser und Alkohol nicht löslich, daher giftige Lösungs-mittel als Intermedien nötig
- relativ hohe Schmelztemperatur und damit Erhitzen des Gewebes, das sich negativ auf verschiedene Nachweisme-thoden auswirkt

Paraffine sind Mischungen aus gesättigten Kohlenwasserstoffen (allgemeine Formel C_nH_{2n+2}), deren Schmelzpunkt mit zuneh-mender Kettenlänge steigt. In der Histologie verwendet man Paraffine mit einer Kettenlänge von 20–35 Kohlenstoffatomen und einem Schmelzpunkt zwischen 52 °C und 60 °C.

Flüssiges Paraffin bildet beim Abkühlen Kristalle. Erfolgt das Abkühlen rasch (Eiswasser, Kühlplatte) erstarrt das Paraf-fin homogen und feinkristallin und die Schneidbarkeit ist gut. Langsames Abkühlen führt zu einer drastischen Volumenver-minderung und die Oberfläche des erstarrenden Paraffinblocks zieht sich dabei stark ein („Paraffinnabel") und es können sich mit Luft gefüllte Spalten bilden. Dies erkennt man an einer Sprenkelung des Paraffins, die sich beim Schneiden störend

auswirkt, da an diesen Stellen die Schnitte ihren Zusammenhalt verlieren und ausbrechen.

Die heute verwendeten Paraffine enthalten verschiedene Zusätze (plastische Polymere, Dimethylsulfoxid = DMSO), die die Sprenkelung verhindern, die Schneidbarkeit verbessern und die Infiltrationsgeschwindigkeit steigern (Lamb 1973).

Der Schmelzpunkt des Paraffins entscheidet auch über die Härte bei Raumtemperatur. Für dicke Schnitte wird man eine weichere (niedriger schmelzende) Sorte, für besonders dünne Schnitte härteres Paraffin verwenden. Härteres Paraffin ist auch bei sehr konsistenten Objekten angebracht. Überhitz-tes Paraffin wird durch Oxidation gelb und beim Abkühlen seifig.

Nach dem Auswaschen des Fixierungsmittels (▶ Kap. 6.1.2) und nach der Entwässerung der Präparate (▶ Kap. 6.1.3) ist die Entfernung des Alkohols von ebenso großer Bedeutung. Sie erfolgt dadurch, dass das Präparat durch ein oder mehrere Intermedien (▶ Kap. 6.1.4) geführt wird, die sowohl mit Alkohol wie auch mit Paraffin mischbar sind.

Von besonderem Vorteil ist ein Intermedium, welches selbst auch Wasser aufnehmen kann (z. B. Methylbenzoat). So können geringe Wasserreste, die bis in die letzte Alkohol-portion verschleppt wurden, noch entfernt werden. Schlechte Schneidbarkeit von Paraffinmaterial, Schrumpfung und Sprö-digkeit ist oft auf Wasser und/oder Alkoholreste zurückzufüh-ren (von Apathy 1912). Die ◻ Tabelle 6.3 gibt einen Überblick zur Mischbarkeit verschiedener Intermedien mit Wasser und Alkohol.

6.3.1.1 Paraffineinbettung über Xylol

Xylol (Dimethylbenzol, $C_6H_4(CH_3)_2$) ist heute das überwiegend verwendete Intermedium bei der Paraffineinbettung. Es besteht aus einem Benzolring mit zwei Methylgruppen (◻ Abb. 6.8), ist farblos und besitzt einen typischen, leicht süßlichen Geruch. Es gehört zu den aromatischen Kohlenwasserstoffen und ist ein organisches Lösungsmittel und somit in der Lage, Lipide aus dem Gewebe zu lösen.

Xylol hellt das Gewebe auf und macht es durchscheinend, härtet aber auch und sollte daher nicht zu lange einwirken.

Xylol ist leicht entzündlich und gesundheitsschädlich (◻ Tab. 25.2) Es steht zudem in Verdacht, kanzerogen zu sein. Xylol gehört zu den wassergefährdenden Stoffen und muss da-her fachgerecht entsorgt werden (▶ Kap. 25.10 und 25.11).

Um die Gefahren von Xylol zu vermeiden, wurden Xylol-ersatzstoffe (▶ Kap. 6.1.4.1) entwickelt.

Das früher anstatt Xylol verwendete Benzol (kanzerogen) und auch Toluol (fortpflanzungsgefährdend) sollten aufgrund

◻ **Abb. 6.8** Xylol.

ihrer hohen Gesundheitsgefährdung nicht mehr verwendet werden.

6.3.1.2 Durchtränken mit Paraffin

Nach zwei Portionen Intermedium Xylol (die zweite Portion ist dann frei von absolutem Alkohol) werden die Präparate in flüssiges Paraffin (Schmelzpunkt ca. 52–60 °C) überführt. Auch hier werden zwei oder drei Portionen flüssiges Paraffin verwendet, um schließlich eine xylolfreie und optimale Infiltration des Gewebes zu erreichen.

Die Dauer des Durchtränkens mit reinem Paraffin beträgt für 3–5 mm dicke Präparate 2 Stunden, für dickere Präparate entsprechend länger. Auch die Konsistenz des Gewebes spielt für die Geschwindigkeit der Durchtränkung eine Rolle. Langes Verweilen im geschmolzenen Paraffin schadet bei gut entwässerten und alkoholfreien Präparaten nicht; sind allerdings Wasser und Alkohol nur unvollständig entfernt, wird die Schneidbarkeit um so schlechter, je länger die Präparate im heißen Paraffin bleiben. Die sprichwörtlich schlechte Schneidbarkeit mancher Objekte, z. B. verhornte Haut, Sehnen oder Knochengewebe, ist oft auf ungenügende Durchtränkung mit Paraffin zurückzuführen entsprechend der allgemein schlechten Durchdringbarkeit solcher Gewebe.

Die hier nachfolgenden Einbettprotokolle für die Paraffineinbettung haben sich so in der Praxis bewährt. Trotzdem sollten alle hier aufgeführten Einbettprotokolle immer als Orientierung angesehen werden und müssen unter Umständen noch an die individuellen Bedingungen und Erfordernisse angepasst werden. Hilfreich bei den verschiedenen Einbettautomaten sind auch die Angaben der Hersteller.

6.3.1.3 Paraffineinbettung von Hand

Die vorher beschriebenen Schritte der Paraffineinbettung können auch von Hand besorgt werden, indem man die Präparate mit einer Pinzette durch die Reihe der einzelnen Medien befördert. Der Vorteil der Einbettung von Hand liegt darin, dass jedes Präparat nach seinen speziellen Erfordernissen angepasst behandelt werden kann (z. B. große Präparate länger, kleine kürzer in einem Medium belassen, seiner Konsistenz entsprechend in einem härteren oder weicheren Paraffingemisch ausgießen usw.). Für den Routinebetrieb allerdings gehört die Handeinbettung der Vergangenheit an. Einbettautomaten in Verbindung mit modernen Paraffinmischungen liefern Präparate mit kaum zu überbietender Gleichmäßigkeit und Qualität. Diese wird in erster Linie durch das ständige Bewegen der Präparate in den einzelnen Medien erreicht, das nicht nur die Geschwindigkeit steigert, sondern erst die gleichmäßige Durchdringung aller Strukturen bewirkt. Die mit einem Pfeil markierten Zeiten können über Nacht ausgedehnt werden, um den Arbeitsgang möglichst dem Rahmen der gewöhnlichen Arbeitszeit anzupassen.

Da längeres Liegen in Isopropanol die Präparate nicht schädigt, lässt sich der Arbeitsgang besser gliedern und der Dienstzeit flexibel anpassen. Ein weiterer Vorteil ist das Fehlen von Xylol.

Anleitung A6.1

Paraffineinbettung, Entwässerung mit Ethanol, Handeinbettung für Gewebescheiben von 3–5 mm

1. Fixieren (5-10 % Formol), über Nacht	12 h →
2. Auswaschen in fließendem Leitungswasser	3 h
3. 50 % Ethanol	2 h →
4. 70 % Ethanol	3 h
5. 96 % Ethanol	4 h
6. 100 % Ethanol	4 h
7. 100 % Ethanol	4 h
8. Methylbenzoat	2 h
9. Methylbenzoat	2 h →
10. Xylol	2 h
11. Xylol-Paraffin 1:1	1 h
12. Paraffin, 60 °C	8 h →
Gesamtzeit mindestens:	47 h

Anleitung A6.2

Paraffineinbettung, Entwässerung mit Isopropanol, Handeinbettung für Gewebescheiben von 3–5 mm

1. Fixieren (5-10 % Formol), über Nacht	12 h
2. Auswaschen in fließendem Leitungswasser	3 h
3. 50 % Isopropanol	2 h
4. 75 % Isopropanol	3 h
5. 90 % Isopropanol	6 h
6. 100 % Isopropanol	4 h
7. 100 % Isopropanol	4 h
8. Isopropanol-Paraffin 1:1, 60 °C	12 h
9. Paraffin, 60 °C	8 h
Gesamtzeit mindestens:	54 h

Anleitung A6.3

Paraffineinbettung im Einbettautomat (Tauchsystem, 24 h) über Xylol, für dünne Gewebescheiben (2-3 mm) und Biopsien

1. 50 % Ethanol	2 h
2. 70 % Ethanol	2 h
3. 70 % Ethanol	2 h
4. 80 % Ethanol	2 h
5. 96 % Ethanol	2 h
6. 100 % Ethanol	2 h
7. 100 % Ethanol	2 h
8. Xylol	2 h
9. Xylol	2 h
10. Paraffin 56-60 °C	2 h
11. Paraffin 56-60 °C	2 h
12. Paraffin 56-60 °C	2 h
Gesamtzeit:	24 h

Anleitung A6.4

Paraffineinbettung im Einbettautomat (Tauchsystem, 48 h) über Xylol für Gewebescheiben von 3–5 mm

1. 50 % Ethanol	4 h
2. 70 % Ethanol	4 h
3. 70 % Ethanol	4 h
4. 80 % Ethanol	4 h
5. 96 % Ethanol	4 h
6. 100 % Ethanol	4 h
7. 100 % Ethanol	4 h
8. Xylol	4 h
9. Xylol	4 h
10. Paraffin 56-60 °C	4 h
11. Paraffin 56-60 °C	4 h
12. Paraffin 56-60 °C	4 h
Gesamtzeit:	24 h

6.3.1.4   Paraffineinbettung über Methylbenzoat-Xylol

Um die Fehlerquelle eventuell unvollständig entwässerter Präparate zu vermeiden, wird zunächst in Methylbenzoat als Intermedium übertragen. Methylbenzoat (Benzoesäuremethylester) beseitigt aus den Präparaten Alkohol und Wasserreste; es wird dann durch Xylol ersetzt, da sich Paraffin nur schlecht in Methylbenzoat löst. Diese Methode ist äußerst empfehlenswert, dauert allerdings länger als die direkte Überführung in Xylol.

Anleitung A6.5

Paraffineinbettung über Methylbenzoat-Xylol

Aus absolutem Ethanol kommen die Präparate in 2–3 Portionen Methylbenzoat. Anfangs schwimmen die Proben, sinken dann aber unter, sobald das Intermedium den Alkohol verdrängt. Bei 3–5 mm dicken Präparaten rechnet man mit 2–6 Stunden für jede der beiden ersten Portionen Methylbenzoat. Danach kann man noch kurz eine dritte Portion Methylbenzoat zwischenschalten, bevor für je 15 Minuten in 2 Stufen Xylol übertragen wird. Anschließend folgt die Behandlung mit einer gesättigten Lösung von Paraffin in Xylol bei 30 °C.

Die Präparate werden im Methylbenzoat durchscheinend, sofern sie nicht unter Zusatz von Schwermetallsalzen fixiert wurden (Letztere bleiben ziemlich undurchsichtig). Die Dauer der Durchtränkung mit Methylbenzoat richtet sich natürlich nach der Größe der Objekte. Es ist von Vorteil, dass auch tagelanges Liegen der Präparate in Methylbenzoat nicht zu übermäßiger Härte oder Sprödigkeit der Objekte führt. Die Behandlung mit Xylol dient nur zum Entfernen des Methylbenzoats.

6.3.1.5   Paraffineinbettung über Isopropanol

Isopropanol kann nicht nur zur Entwässerung Verwendung finden, sondern löst im erwärmten Zustand auch Paraffin und ersetzt damit ein Intermedium (Dietrich 1929; Doxtader 1948). Verfügt man über einen Automaten mit Heizeinrichtung

für genügend Bäder, lässt sich mit Isopropanol eine einfache, ziemlich rasche Einbettung durchführen. Der Vorteil dabei ist, dass Isopropanol die Gewebe wesentlich weniger härtet als Ethanol und Xylol, der Nachteil, dass Isopropanol langsamer eindringt als Ethanol. Dies lässt sich wieder durch Erhöhen der Temperatur ausgleichen, sofern entsprechende Vorrichtungen beim Einbettautomaten angebracht sind; am günstigsten dazu sind Einkammersysteme. Bei Raumtemperatur rechnet man für 1 mm Eindringtiefe 15–30 Minuten, also für 3–5 mm dicke Gewebescheiben 1–1,5 Stunden.

Anleitung A6.6

Paraffineinbettung im Einbettautomat über Isopropanol (Gewebescheiben von 3-5 mm)

1. Fixierung (5 % Formalin)	2 h
2. Auswaschen (Leitungswasser)	2 h
3. 60 % Isopropanol	1,5 h
4. 90 % Isopropanol	1,5 h
5. 100 % Isopropanol	1 h
6. 100 % Isopropanol	1 h
7. 100 % Isopropanol 50 °C	1 h
8. Isopropanol-Paraplast 1:1, 50 °C	1 h
9. Paraplast 60 °C	1 h
10. Paraplast 60 °C	2 h
Gesamtzeit:	14 h

Sind die Präparate ausreichend fixiert und will man das Auswaschen in Leitungswasser sparen, kann man sofort in 60 % Isopropanol übertragen. Die Zeitersparnis reicht aber nicht aus, den Arbeitsgang innerhalb der Tagesarbeitszeit zu erledigen. So ist man auf jeden Fall gezwungen, über Nacht einzubetten und dehnt besser die einzelnen Schritte aus, um die zur Verfügung stehende Zeitspanne vernünftig auszufüllen. Man benötigt einen Einbettautomaten, in dem sich mindestens 3 Schritte bei erhöhter Temperatur durchführen lassen.

6.3.1.6   Paraffineinbettung über Aceton

Obwohl Aceton zu starken Gewebeschrumpfungen führt, kann es wegen seines raschen Eindringens bei der Schnelleinbettung kleiner Objekte, z. B. von Biopsiematerial, angewendet werden.

Anleitung A6.7

Paraffineinbettung im Einbettautomat über Aceton (3 mm große Biopsien)

1. Fixierung (5 % Formalin) 60 °C	10 min
2. Aceton 1	30 min
3. Aceton 2	30 min
4. Aceton 3	30 min
5. Aceton 4	30 min
6. Aceton-Xylol 1:1	10 min
7. Xylol	10 min
8. Paraplast plus 60 °C	30 min
Gesamtzeit:	3 h

Das Fixieren in erwärmtem (bis 80 °C) Formalin bringt überraschend gute Strukturerhaltung (Robinson und Fayen, 1965). Der Fixierungsschritt erfolgt am besten von Hand im Abzug. Alles weitere erfolgt im Einbettautomaten.

6.3.1.7   Paraffineinbettung über Chloroform

Chloroform (Trichlormethan, $CHCl_3$) wird meist als am besten geeignetes Intermedium angegeben. Es ist allerdings im Vergleich zu Xylol wesentlich teurer und muss lichtgeschützt aufbewahrt werden. Chloroform ist toxisch und enthält oft zur Stabilisierung geringe Zusätze von Ethanol. Nur wasser- und ethanolfreies Chloroform kann zur Einbettung verwendet werden! Man lässt es daher längere Zeit über Calciumchlorid stehen, das Wasser und Alkohol bindet.

Verwendung von Chloroform: Aus absolutem Ethanol kommen die Präparate zunächst in 2–3 Portionen Chloroform, dann in eine gesättigte Lösung von Paraffin in Chloroform. Diese Chloroform-Paraffin-Lösung wird auf 38–40 °C erwärmt gehalten. Wegen des hohen spezifischen Gewichtes von Chloroform sinken die Präparate nicht unter. Bei Verwendung von Kassetten und Einbettautomaten, die die Präparate aktiv eintauchen und bewegen, spielt dies aber keine Rolle.

Im Folgenden wird ein allgemeines Einbettungsschema mit 12 Schritten beschrieben, das natürlich den speziellen Erfordernissen anzupassen ist; es soll nur als Richtlinie dienen.

Anleitung A6.8

Paraffineinbettung im Einbettautomat, über Chloroform, Ethanolentwässerung (Gewebescheiben 3-5 mm stark)

		Beginn:
1. Fixierung (5 % Formol, *Bouinsche* Lösung)	2 h	15.00 Uhr
2. 70 % Ethanol	2 h	17.00 Uhr
3. 70 % Ethanol	1 h	19.00 Uhr
4. 96 % Ethanol	1 h	20.00 Uhr
5. 96 % Ethanol	1 h	21.00 Uhr
6. 100 % Ethanol	1 h	22.00 Uhr
7. 100 % Ethanol	1 h	23.00 Uhr
8. 100 % Ethanol	1 h	24.00 Uhr
9. Chloroform (Xylol)	1 h	1.00 Uhr
10. Chloroform (Xylol)	1 h	2.00 Uhr
11. Paraplast 60 °C	2 h	3.00 Uhr
12. Paraplast 60 °C	3 h	5.00 Uhr
Gesamtzeit/Ende:	17 h	8.00 Uhr

Zum Auswaschen des Fixiermittels führt man sofort in niedrig konzentriertes Ethanol über. Wegen des raschen Eindringens von Ethanol können die Entwässerungsschritte kurz gehalten werden. Das klassische Xylol ersetzt man durch Chloroform.

6.3.1.8   Paraffin-Schnelleinbettung für Biopsiematerial im Einbettautomat

Eine weitere Verkürzung der Einbettzeiten und Verbesserung der Durchdringung erreicht man durch Erwärmen aller verwendeten Flüssigkeiten und Anwendung von Unterdruck (Vakuum); dadurch wird die rasche und restlose Beseitigung flüchtiger Medien bei der Paraffindurchtränkung bewirkt. Entsprechend ausgestattete Einbettautomaten ermöglichen die Bearbeitung innerhalb von 2–3 h. Für eine derart rasche Bearbeitung kommen, aufgrund ihrer geringen Größe, in erster Linie Biopsiepräparate in Frage. Paraffin ersetzt man z. B. durch Paraplast plus (Fa. Shandon). Beim gegebenen Schema ist angenommen, dass die Biopsien bereits in der Fixierflüssigkeit eingeliefert werden und so ausreichend fixiert und stabilisiert sind. Ist dies nicht der Fall, bringt man sie 5 Minuten in 5 % Formol bei 80 °C.

Anleitung A6.9

Paraffin-Schnelleinbettung für Biopsiematerial im Einbettautomat mit Vakuum (Einkammersystem)

1. 70 % Ethanol	5 min
2. 70 % Ethanol	12 min
3. 96 % Ethanol	12 min
4. 96 % Ethanol	12 min
5. 100 % Ethanol	12 min
6. 100 % Ethanol	12 min
7. 100 % Ethanol	12 min
8. Xylol	15 min
9. Xylol	15 min
10. Paraplast plus 60 °C	15 min
11. Paraplast plus 60 °C	25 min
Gesamtzeit:	2 h 27 min

6.3.2   Kunststoffeinbettung

Eine Einbettung in Kunststoff wird meist dann angewendet, wenn man, im Vergleich zur Paraffineinbettung, eine bessere Auflösbarkeit und Morphologie von histologischen Schnitten erreichen will. Aufgrund der größeren Härte des Kunststoffs sind mit Rotationsmikrotomen und speziellen Messern Schnitte mit einer Dicke unter 1 µm (Semidünnschnitte) anzufertigen. Weitere Vorteile sind die geringe Schrumpfung und die glatte Schnittfläche ohne Gewebeartefakte.

Für die Bearbeitung von unentkalktem Knochen, Knochenmark (Hartschnitt-Technik) und Knochen mit Implantaten (Schnitt- und Schliff-Technik) ist ebenfalls eine Einbettung in Kunststoff nötig (▶ Kap. 12.2.5).

Für die Elektronenmikroskopie ist die Verwendung von Kunststoffen (Epoxidharze) zur Gewebeeinbettung und zur Herstellung von Ultradünnschnitten (0,03 µm bis 0,1 µm) unumgänglich (▶ Kap. 3.6).

So gibt es von einigen Herstellerfirmen für die verschiedenen Anwendungen entsprechende Kunststoffe und die dazugehörigen Komponenten als Kit zur Einbettung.

Das Prinzip der Kunststoffeinbettung ist das Durchdringen des Gewebes mit einer flüssigen (niedermolekularen) Kunststofflösung. Der Polymerisationsprozess wird dann mithilfe eines Katalysators (chemisch), UV-Licht oder Wärme gestartet und härtet nach Ende des Vorganges zu einer hochmolekularen, festen Substanz aus.

6.3.2.1 Einbetten in Glykolmethacrylat (GMA) = Hydroxyethylmethacrylat (HEMA)

Ein weicher, mit gewöhnlichen Mikrotomen und Messern schneidbarer Kunststoff auf Basis von Glykolmethacrylat wurde von der Fa. Kulzer unter der Bezeichnung Technovit 7100 entwickelt. Das System ist so weit ausgereift, dass Einbettmedium, Ausgießform und Aufblockrähmchen als „Kulzer Histoset" geliefert werden (Abb. 6.9a–e). Technovit ermöglicht es, Schnitte bis herab zu 1 µm herzustellen.

Anleitung A6.10		
Einbettung in Technovit 7100 für weiches Gewebe		
1. Fixierung (4 % neutrales Formaldehyd)		
2. Entwässern in 70 %, 96 % Ethanol		je 2 h
3. 100 % Ethanol		1 h
4. 100 % Ethanol-Technovit 7100, 1:1		2 h
▼		

5. Infiltrationsmedium, je nach Größe der Präparate   bis 24 h
6. Einlegen in die Einbettformen und Ausgießen mit Einbettlösung
7. Polymerisieren bei Raumtemperatur (23 °C)   1 h
8. weiter polymerisieren bei 37 °C   1 h
9. Aufblocken mit Technovit 3040

Herstellen des Infiltrationsmediums:
100 ml Technovit 7100 (Glykolmethacrylat mit Co-Katalysator XCL) mit 1 g Härter I mischen

Herstellen der Einbettlösung:
15 ml des Infiltrationsmediums mit 1 ml Technovit 7100-Härter II mischen

Die Schnitte werden im Wasserbad gestreckt, direkt auf Objektträger aufgezogen und dann auf der Wärmeplatte bei 60 °C angetrocknet. Histologische Färbungen können nun ohne Herauslösen des Kunststoffes durchgeführt werden! Unterlässt man das Erhitzen auf 60 °C, so sind auch enzymhistochemische Reaktionen möglich. Der im System verwendete Beschleuniger (Härter II, ein Barbitursäurederivat) ist im Gegensatz zu früher verwendeten Substanzen (aromatische Amine) nicht toxisch (Gerrits und Smid 1983). Die Konsistenz der Blöcke erlaubt es, Schnittbänder herzustellen.

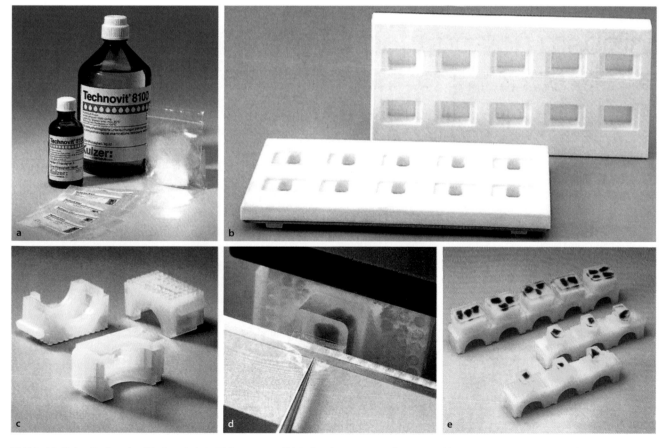

 Abb. 6.9 Kulzer Technovit: **a)** Technovit 8100 Einbettmaterial **b)** Einbettformen aus Teflon **c)** Histobloc Trägerteil **d)** Schnittabnahme vom Messer **e)** Kunststoffblöcke zum Archivieren.

Technovit 8100 ist eine Weiterentwicklung von Technovit 7100 und eignet sich zusätzlich für immunhistologische Untersuchungen. Technovit 8100 ist ebenfalls ein GMA, ist aber sauerstoffempfindlich und speziell für die Kältepolymerisation entwickelt worden (+4 °C). Der Kunststoff muss nicht herausgelöst werden und eignet sich auch für unentkalkte Knochenbiopsien. Das Chemikalienset sowie Zubehör erhalten Sie über die Firma Kulzer. Die genaue Vorgehensweise ist der Anleitung des Kulzer Histosets zu entnehmen.

6.3.2.2 Einbetten in Methylmethacrylat (MMA)

Mit Technovit 9100 Neu hat die Firma Kulzer ein einfach anzuwendendes Polymerisationssystem auf der Basis von Methylmethacrylat (MMA) entwickelt. Es härtet in Kälte aus und wurde speziell zur Einbettung von mineralisierten Geweben (Schnitte und Schliffe) und Weichgewebe mit erweitertem Untersuchungsspektrum in der Lichtmikroskopie entwickelt. So lassen sich daran histologische, immun- und enzymhistochemische Untersuchungen (einschließlich *in situ*-Hybridisierung) durchführen.

Die chemische Polymerisation von Technovit 9100 Neu erfolgt unter Sauerstoffausschluss, mit Hilfe eines Katalysatorsystems aus Peroxid und Amin. Zusätzliche Komponenten wie PMMA-Pulver und Regler ermöglichen eine gesteuerte Polymerisation bei Kälte (−2 °C bis −20 °C), die eine vollständige Ableitung der Polymerisationswärme garantiert. Die Polymerisationsdauer beträgt beim genannten Temperaturbereich und einem Volumen von insgesamt 3–15 ml ca. 18–24 Stunden. Die genaue Vorgehensweise und das Chemikalienset sowie Zubehör erhalten Sie über die Firma Kulzer.

6.3.3 Celloidineinbettung

Die Einbettung in Celloidin weist zwar gegenüber der Paraffineinbettung erhebliche Nachteile auf, kann aber bei speziellen Fragestellungen wie z. B. der Einbettung von ganzen Augen und Gehirnen (▶ Kap. 12) notwendig sein.

Nachteile:
- Die Einbettung ist zeitaufwendig.
- Die Blöcke lassen sich nur im angefeuchteten Zustand schneiden; die Schnitte gelingen nicht so dünn wie bei Paraffin.
- Serienschnitte sind nur schwierig herzustellen; das Aufkleben der Schnitte auf dem Objektträger ist unsicher.
- Für viele Färbungen sind Celloidinpräparate ungeeignet.

Vorteile:
Die Färbungen (z. B. HE), die ausgeführt werden können, werden ohne Herauslösen des Einbettmediums vorgenommen. Damit bleibt die Topographie zarter Strukturen, die räumliche Anordnung in Objekten, die von freien Räumen oder Spaltsystemen durchzogen sind, gewahrt. Morphologisch befriedigende Schnitte durch den Augapfel etwa erhält man nur bei Celloidineinbettung. Ein weiterer Vorteil der Celloidineinbettung ist die

Tatsache, dass das Gewebe nicht, wie bei der Paraffineinbettung unvermeidlich, erhitzt wird; dadurch kommt es zu geringerer Härtung von derbem kollagenen Bindegewebe (Sehnen, entkalkter Knochen, Haut). Des Weiteren ist die Schrumpfung der Gewebe bei Celloidineinbettung geringer.

6.3.3.1 Celloidin und Celloidinlösungen

Celloidin (synonyme Fabrikationsbezeichnungen: Cedukol, Pro-Celloidin, Collodion) ist ein Cellulosedinitrat; es wird durch Behandlung von Cellulose mit verdünnter Salpetersäure gewonnen und ist in Form durchsichtiger Tafeln oder als watteartige Substanz (Cedukol) im Handel; Letztere ist unbedingt vorzuziehen. Celloidin ist unlöslich in Ether, nur sehr schlecht löslich in Ethanol, jedoch gut löslich in einer Mischung von gleichen Teilen Äther und Ethanol. In trockenem, nicht angefeuchtetem Zustand ist Cedukol sehr feuer- und explosionsgefährlich! Die weißen Flocken sind daher in der Originalpackung mit Ethanol angefeuchtet; beim Lagern ist darauf zu achten, dass der Alkohol nicht verdunstet (an kühlem, lichtgeschütztem Ort aufbewahren!). Am besten verwendet man jeweils den gesamten Inhalt einer Packung zur Herstellung der Lösungen.

Anleitung A6.11

Herstellung von Celloidinlösungen

Für die Einbettung benötigt man 2, 4 und 8 % Celloidinlösungen. Man stellt eine 8 % Stammlösung in Ether-Ethanol her, aus der man die Gebrauchsverdünnungen mischt. Verschiedene Fabrikate sind unterschiedlich angefeuchtet verpackt, so z. B. Cedukol der Fa. Merck mit 30 % Ethanol, Pro-Celloidin der Fa. Fluka mit 35 % Isopropanol. Das Celloidin wird daher zuerst mit absolutem Ethanol gewaschen. Dann wird das feuchte Celloidin gewogen; da das Gewicht des Celloidins der Packung bekannt ist, kann man so die Menge des bereits zugesetzten Ethanols ermitteln. Dabei kann ohne weiteres 1 g Ethanol gleich 1 ml Ethanol gesetzt werden; der entstehende Fehler (das spezifische Gewicht von Ethanol ist 0,79) ist klein und hat keinen Einfluss auf das Gelingen. Es wird nun weiter Ethanol zugegeben, dann erst Ether.

$$\text{ml Ethanol:} \quad \frac{\text{Menge Celloidin in g}}{8} \times (46\,\text{ml} - \text{bereits zugesetzte Menge in ml})$$

$$\text{ml Ether:} \quad \frac{\text{Menge Celloidin in g}}{8} \times 46\,\text{ml}$$

So erhält man eine 8 % Stammlösung. Es ist von Vorteil, den Ether nicht sofort zuzugeben, sondern das Celloidin erst im Ethanol etwas quellen zu lassen; es löst sich dann besser. Das Gemisch muss in einer gut verschließbaren Flasche (Schliffstopfen!) aufbewahrt werden, die man stündlich abwechselnd auf den Kopf bzw. Boden stellt oder in einem Rotationsgerät befestigt. Das Celloidin löst sich im Ethanol-Ether-Gemisch innerhalb von Stunden.

Aus der 8 % Stammlösung lässt sich die 4 bzw. 2 % Lösung einfach herstellen, indem 1 Teil der Stammlösung mit 1 Teil Ether-Ethanol, bzw. 1 Teil der Stammlösung mit 3 Teilen Ether-Ethanol verdünnt werden.

Zum Herstellen und Aufbewahren der Celloidinlösungen benützt man Glasflaschen mit Schliffstopfen, die am besten zusätzlich mit angeschliffenen Kappen versehen sind. Der Schliff der Kappe, der mit der Celloidinlösung nicht in Berührung kommt, wird mit Vaseline abgedichtet. Der Schliff der Stopfen wird nicht eingefettet; er muss nach dem Ausgießen von Lösung mit einem Tuch trockengerieben werden.

Zum Ansetzen der Celloidinlösungen müssen Ether und Alkohol unbedingt wasserfrei verwendet werden. Man nimmt am bequemsten Originalpackungen von Di-ethylether DAB 6 und Ethanol absolut, oder die Reagenzien müssen über $CaCl_2$ siccum aufbewahrt werden. Für 1 l Ether setzt man 100–150 g $CaCl_2$ ein (braune Flaschen verwenden, vorsichtig abgießen!).

Prüfung des Ethers auf Wasser: Man schüttelt 2–3 ml Ether im Proberöhrchen mit der gleichen Menge Schwefelkohlenstoff. Trübung zeigt die Anwesenheit von Wasser an.

Prüfung des Ethers auf Alkohol: Man gibt etwas Anilinviolett zu 2–3 ml Ether. Alkoholfreier Ether bleibt farblos.

6.3.3.2   Celloidineinbettung über Ether-Ethanol
Voraussetzungen

Für ein optimales Gelingen der Celloidineinbettung sind sorgfältigste Entwässerung der Objekte und Ansatz der Celloidinlösungen mit wasserfreiem Ether und Ethanol unerlässlich. Isopropanol ist für die Celloidineinbettung unbrauchbar, da Celloidin darin praktisch unlöslich ist (aus diesem Grund eignet sich Isopropylalkohol zur Entwässerung von Celloidinschnitten). Butylalkohol löst nur gequollenes Celloidin, ist also ebenfalls unbrauchbar. In Pikrinsäure fixierte Präparate sind für die Celloidineinbettung ungeeignet.

Durchtränken mit Celloidin

Die in der Ethanolreihe entwässerten Präparate bringt man aus absolutem Ethanol für 4–6 h in ein Gemisch aus gleichen Teilen von Ether und Ethanol. Danach überträgt man in eine 2 % Celloidinlösung (Anleitung A6.11) für mindestens 2 Tage. Nun kommen die Präparate für 2 Tage in die 4 % und schließlich für weitere 4–8 Tage in die 8 % Celloidinlösung.

Die angegebenen Zeiten beziehen sich auf Objekte mit einer Dicke von 3–5 mm, die rasch durchdrungen werden. Für größere oder für schwer durchdringbare Präparate mit dichten Strukturen, wie z. B. für Sehnen, Knochen usw., müssen die Zeiten auf das Doppelte, ja bis auf Wochen ausgedehnt werden. Die Gläser mit den zu durchtränkenden Präparaten sollten vollkommen mit der Celloidinlösung gefüllt sein. Nach Möglichkeit stellt man sie gut verschlossen in einen Exsikkator. Um das Eindringen der Lösung zu erleichtern, kann man eine Rotationstrommel oder ähnliche Apparaturen verwenden.

Eindicken

Nach ausreichendem Durchtränken der Präparate folgt die Phase des Eindickens. Die Präparate kommen in ein geeignet großes Glasschälchen mit senkrechter Wand, in das ausreichend 8 % Celloidinlösung gegossen wird (das Volumen der Lösung wird im Folgenden auf die Hälfte reduziert!). Nach dem Orientieren mit einer Präpariernadel wird das Schälchen in einen Exsikkator gestellt, in dem die Celloidinlösung auf 16 %, also auf die Hälfte ihres Volumens eingeengt werden soll. Als Trockenmittel verwendet man Blaugel, Phosphorpentoxid oder konzentrierte Schwefelsäure. Für die Qualität des Celloidinblocks ist es wichtig, dass der Prozess des Eindickens gleichmäßig abläuft; vor allem soll die Bodenschicht nicht zu weich bleiben. Deshalb muss das Eindicken möglichst langsam erfolgen. Man erreicht dies durch wiederholtes Abdecken der Schälchen. Um das Fortschreiten des Prozesses verfolgen zu können, wird der Stand des Flüssigkeitsspiegels zu Beginn an der Außenseite mit Filzstift markiert; ebenso bringt man eine Marke in halber Höhe an. Die Menge der 8 % Celloidinlösung muss so gewählt werden, dass sich nach dem Eindicken noch eine 2–3 mm hohe Schicht über den Präparaten befindet. Liegen die Objekte zu nahe an der Oberfläche, werden sie durch den Schrumpfungsdruck deformiert. Nachgießen von Celloidinlösung, um fehlendes Volumen auszugleichen, ist nicht zweckmäßig!

Bildet sich beim Eindicken nach einiger Zeit an der Oberfläche des Celloidins ein Häutchen, so ist das Celloidin nicht wasserfrei. Dies ist bereits ein Zeichen dafür, dass keine optimale Schnittfähigkeit erreicht werden kann. Um ein weiteres Einengen auch in der Tiefe des Blockes zu ermöglichen, muss das Häutchen vom Rand des Einbettungsgefäßes mit einem Messer gelöst werden. Wenn im letzten Stadium des Einengens Gasblasen auftreten, setzt man etwas Ether-Ethanol (1:1) zu und bedeckt das Gefäß. Dabei löst sich das Celloidin oberflächlich etwas auf und die Gasblasen können entweichen. Sind wenige, größere Gasblasen vorhanden, kann man sie mit einer Präpariernadel anstechen und so beseitigen.

Härten

Das Härten mit Ethanol erfolgt nach dem Eindicken. Dazu wird das offene Einbettungsgefäß in eine mit Deckel versehene Glasschale gestellt, deren Boden 0,5–1 cm hoch mit 70 % Ethanol bedeckt ist; der Deckel wird geschlossen. Man wartet, bis die Oberfläche des Celloidins im Laufe einiger Stunden unter der Einwirkung der wasserhaltigen Ethanoldämpfe ein Häutchen gebildet hat (Vorhärtung). Dabei kommt es auch zu einer weiteren Volumenverminderung des Celloidins. Schließlich füllt man auch das Einbettungsgefäß selbst mit 70 % Ethanol, das unter Aufnahme des noch im Celloidin befindlichen absoluten Ethanols ein weiteres Entquellen und damit Härtung bewirkt. Nach 24 h ist das Celloidin so fest, dass das Präparat umschnitten und aus dem Einbettungsgefäß gehoben werden kann. Nachhärten und Aufbewahren: Der so erhaltene Block wird nun zur weiteren Härtung noch einige Tage in das mehrfache Volumen 70 % Ethanols gelegt, in dem er auch aufbewahrt wird. Noch stärker härtet ein Gemisch aus 1 Teil Glycerin und 2 Teilen 70 % Ethanol.

Für die Schneidbarkeit des fertigen Celloidinblocks ist der Grad der Eindickung und der Vorhärtung von entscheidender Bedeutung. Ist der Grad der Eindickung zu gering, weil sie vorzeitig unterbrochen wurde oder weil die Celloidinlösung Wasser enthält, so hilft auch nachträgliches Härten des Blockes nicht.

Verwendet man die vorgeschriebenen wasserfreien Lösungen, ist die nach dem Einengen erzielte 16 % Celloidinlösung von zähflüssiger Beschaffenheit. Ist das Celloidin dagegen sulzig-zitterig, so zeigt dies fehlerhafte, wasserhaltige Zusammensetzung der Reagenzien an. In diesem Fall muss so weit eingedickt werden, bis das fehlerhafte Celloidin die Konsistenz eines weichen Radiergummis besitzt; es folgt dann die übliche Härtung mit Ethanol oder Ethanol-Glyzerin. Der fertige Celloidinblock soll die Konsistenz von Hartgummi besitzen und muss in 70 % Ethanol klar bleiben; Trübung zeigt Wassergehalt an.

Zur Härtung des Celloidins kann auch Chloroform verwendet werden. Dazu wird das Einbettungsgefäß mit dem eingedickten 16 % Celloidin und Präparat zusammen mit einem Schälchen Chloroform unter eine Glasglocke oder ein anderes verschlossenes größeres Gefäß gebracht. Nach 1–2 Tagen ist das Celloidin unter der Einwirkung der Chloroformdämpfe gleichmäßig erstarrt. Der Block wird dann herausgeschnitten und in 70 % Ethanol oder in Glyzerin-Ethanol nachgehärtet. Bei der Härtung mit Chloroformdämpfen unterbleibt die Volumenverminderung, die beim Vorhärten mit Ethanol auftritt.

Die zugeschnittenen Celloidinblöcke werden auf Stabilitklötzchen mit 8 % Celloidinlösung geklebt; sie werden in 70 % Ethanol aufbewahrt. Holzklötzchen, wie für Paraffinblöcke, eignen sich nicht, da sie in Ethanol quellen.

Die einzelnen Arbeitsschritte bei der Celloidineinbettung sind in A6.12 nochmals übersichtlich zusammengestellt.

Anleitung A6.12

Celloidineinbettung über Ether-Ethanol
1. Entwässern in aufsteigender Ethanolreihe
2. absolutes Ethanol, unbedingt wasserfrei
3. Ether-Ethanol 1:1 — 4-6 h
4. 2 % Celloidinlösung — 2 d
5. 4 % Celloidinlösung — 2 d
6. 8 % Celloidinlösung — 8 d
7. ausgießen mit 8 % Celloidinlösung
8. eindicken im Exsikkator auf 16 % Celloidinlösung
9. vorhärten mit Dämpfen von 70 % Ethanol
10. härten in 70 % Ethanol oder in Glyzerin-Ethanol.

Der gravierendste Nachteil der Celloidineinbettung besteht im geringen Diffusionsvermögen der hochviskösen Celloidinlösungen. Oft sind Präparate trotz lange dauernder Einwirkung nicht hinreichend mit Celloidin durchtränkt. In solchen Fällen fühlt sich die Schnittfläche des eingebetteten Präparates nicht glatt, sondern rau an. Dementsprechend schlecht ist die Schneidbarkeit dieser Objekte.

Es gibt noch eine ganze Reihe von Varianten der Celloidineinbettung (siehe auch Romeis 17. Auflage), von denen die folgende noch erwähnt sei.

6.3.3.3 Celloidineinbettung über Amylacetat
Amylacetat ($C_7H_{14}O_2$) ist ein ausgezeichnetes Lösungsmittel für Celloidin (Bennett 1940), das zugleich rasch in die Gewebe eindringt. Es gestattet, höher konzentrierte Lösungen als mit

Ether-Ethanol herzustellen, von niedrigvisköser Nitrocellulose (*low viscosity cellulose nitrate*, LVCN) bis 40 % Lösungen. Durch LVCN lässt sich die Durchdringung der Präparate auch bei Einhalten der gewöhnlichen Ether-Ethanol-Technik verbessern; die Verweilzeiten bei den einzelnen Schritten können verkürzt werden (Chesterman und Leach 1949). Niedrigviskoses Celloidin löst sich in Ether-Ethanol bis 20 %, der Präparationsablauf entspricht dem Standardschema (A6.12); man härtet jedoch mit Chloroformdämpfen.

6.3.4 Einbettung in Celloidin-Paraffin

Die kombinierte Celloidin-Paraffin-Methode vereinigt die Vorteile der Paraffineinbettung mit denen der Celloidineinbettung. Für zarte, stark schrumpfende Objekte (z. B. Mesenchym) ist das Verfahren besonders empfehlenswert. Ebenso für die Herstellung von Ganzkörperschnitten von kleinen Tieren, für Gewebe, die aus weichen und harten Komponenten bestehen, und für Gehirn. Je nach Einengung des Celloidins und Schmelzpunkt des Paraffins lässt sich die Härte des Blocks steuern. Für Schnittdicken von 10–15 µm darf die Eindickung des Celloidins nicht so stark erfolgen wie bei der gewöhnlichen Ether-Ethanol-Methode; man wählt dann auch weicheres Paraffin mit einem Schmelzpunkt zwischen 50 und 52 °C. Starkes Eindicken des Celloidins und härteres Paraffin ermöglichen dagegen Schnittdicken bis herab zu 1 µm.

Anleitung A6.13

Celloidin-Paraffin-Methode nach Pfuhl
Bei dieser Methode werden die Präparate wie bei Celloidineinbettung über Ether-Alkohol (▶ Kap. 6.3.3) bis in 4 % Celloidin gebracht. Danach hebt man die Präparate heraus, lässt die Celloidinlösung gut abtropfen und gibt die Präparate direkt in Chloroform, wo sie nach einiger Zeit untersinken; nun werden letzte Wasserspuren in Karbolxylol (10 g Karbolsäurekristalle (Phenol) in 30–100 ml Xylol lösen) entfernt; es folgen 3 Portionen Toluol (gesundheitsschädlich!), Toluol-Paraffin 1:1 und schließlich 2–3 Portionen heißes Paraffin vom gewünschten Härtegrad.

Manche Präparate sinken im Chloroform nicht unter; man setzt in diesem Fall nach 1–2 Tagen die Einbettung trotzdem fort.

6.3.5 Agareinbettung

Das Naturprodukt Agar-Agar stammt aus Rotalgen. Es ist als beigefarbenes Pulver im Fachhandel erhältlich. Von der Firma Microm ist außerdem ein Agareinbettmedium (Histogel) erhältlich, das zur Anwendung nur kurz auf 60 °C erwärmt werden muss.

Ansonsten wird zur Einbettung eine 2 % Agarlösung bei 55–60 °C verwendet, um fixierte Gewebe 4 h zu infiltrieren und für die Gefriermikrotomie zu stabilisieren. Bei 30 °C härtet

Agar in eine mehr oder weniger feste, gallertige Masse aus. Man kann dann die Blöcke zuschneiden und direkt am Gefriermikrotom auffrieren.

Bei der HE-Färbung wird der Agar nicht mit angefärbt.

Bereits vorher fixierte lockere, bröckelige und leicht zerfallende Gewebe oder abzentrifugierte Gewebefragmente, Zell- und Bakteriensuspensionen lassen sich mit Agar zusammenhalten und werden nach dem Abkühlen und Aushärten wie üblich in Paraffin eingebettet.

6.4   Mikrotome und Mikrotomie

Zur Analyse im Lichtmikroskop (Durchlichtverfahren) sind optisch transparente Objekte oder dünn geschnittene Gewebeproben erforderlich. Zur Herstellung von Schnitten mit gleichbleibend geringer Dicke können verschiedene Mikrotomarten zur Anwendung kommen. Die Schnittdicke variiert stark und ist von der Fragestellung, der Präparationsweise und von der eingesetzten Mikrotomart abhängig. Zur Schnittanfertigung werden das Messer und die Gewebeprobe fest am Mikrotom eingespannt und gegeneinander bewegt. Abhängig vom Konstruktionsprinzip wird das Objekt durch das feststehende Messer hindurch bewegt (◘ Abb. 6.10a) oder das Präparat ist fest fixiert und das Messer bewegt sich durch das Präparat hindurch (◘ Abb. 6.10b). Die Bewegung des Messers bzw. des Objektes erfolgt manuell oder durch einen Motorantrieb.

An allen Mikrotomarten sind verschiedene Funktionskomponenten zu finden. Der Mikrotomkörper ist das stabile Grundgerüst der Mikrotome, an dem alle weiteren Bestandteile befestigt sind. Am Objektteil sind verschiedene Halterungssysteme zur Befestigung der Gewebeproben angebracht. Die Objekthalterung kann üblicherweise in verschiedene Ebenen gekippt werden und somit ist das präzise Ausrichten der Ge-

webeproben möglich. Zum Befestigen der Mikrotommesser am Messerteil dienen Schrauben oder spezielle Messerklemmungen. Die Messerhalterung ist bei den einzelnen Mikrotomtypen unterschiedlich gestaltet, wobei die Stellung des Messers auch hier flexibel einstellbar ist. Üblicherweise wirkt der Vorschubmechanismus auf den Objektteil. Durch die Zustellbewegung des Objektes zum Messer hin (Objektvorschub) ist die Herstellung von Schnitten mit variablen Schnittdicken möglich. Bei einigen Mikrotomtypen wirkt der Vorschubmechanismus auf das Messer (Messervorschub). Größere Abstandsveränderungen zwischen Objekt und Messer sind durch die Grobzustellung (Grobvorschub) möglich.

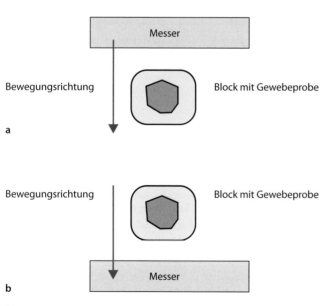

◘ **Abb. 6.10 a)** Schnittherstellung am Rotationsmikrotom, Ansicht von vorne; **b)** Schnittherstellung am Schlittenmikrotom, Ansicht von oben.

◘ **Tab. 6.4** Gebräuchliche Mikrotomarten und ihre Anwendungsgebiete

Mikrotome mit Schlittenführung	Anwendungsgebiet
Schlittenmikrotom	Paraffineinbettungen
Grundschlittenmikrotom = besonders stabiler Schlittenmikrotomtyp	Paraffineinbettungen; Anwendung bei größeren Objekten
Großschnittmikrotom – manuell = Tetrandermikrotom	Paraffineinbettungen; Bearbeitung von sehr großen Objekten
Großschnitt- und Hartschnittmikrotom – Motorantrieb	Paraffineinbettungen; Kunststoffeinbettungen; Bearbeitung von großen und/oder harten Objekten
Rotationsmikrotome	**Anwendungsgebiet**
Rotationsmikrotom – manuell oder mit Motorantrieb	Paraffineinbettungen
Gefriermikrotom (Kryostat) – manuell oder mit Motorantrieb = Rotationsmikrotom in einer Kältekammer	natives Untersuchungsmaterial; fixiertes Material kann auch geschnitten werden
Rotationsmikrotom – Hartschnittmikrotom = sehr stabiles Rotationsmikrotom mit Motorantrieb	Kunststoffeinbettungen
Rotationsmikrotom – Ultramikrotom = sehr stabiles Mikrotom mit minimalem Mikrometervorschub	Kunststoffeinbettungen
Spezialmikrotome	**Anwendungsgebiet**
Vibratom = Mikrotom mit horizontal vibrierender Klinge	natives Gewebe (häufig: Mikrotomie vom Gehirn) Agar-Einbettung möglich
Sägemikrotom = Mikrotom mit rotierender Innenlochsäge	Hartgewebe
Lasermikrotom = berührungsloses Schneiden mit einem Femtosekunden-Laser	natives Untersuchungsmaterial

6.4.1   Mikrotomtypen

6.4.1.1   Mikrotome mit Schlittenführung
Schlittenmikrotom

Beim klassischen Schlittenmikrotom ( Abb. 6.11a und b) wird das Messer auf einem beweglichen Schlitten mit der Hand horizontal über die Blockhalterung und durch den darin befestigten Paraffinblock geführt. Der Messerschlitten bewegt sich auf drei geölten Schlittenbahnen. Der Block wird beim Schneiden durch eine mechanische Transportspindel um die eingestellte Mikrometerzahl angehoben (vertikaler Objekthub). Grössere Abstandsveränderungen zwischen dem Messer und dem Objekt sind durch eine Handkurbel (Grobtrieb) möglich. Bei Schlittenmikrotomen neuer Bauart sind die Schlittenbahnen durch leichtgängige Kreuzrollenführungen ersetzt und die Vorschubmechanik ist mit einem Gehäuse abgedeckt, sodass eine einfache Reinigung möglich ist. Bei manchen Modellen ist der Objektvorschub nicht mehr mechanisch, sondern durch einen Schrittmotor geregelt (elektronische Schlittenmikrotome).

Grundschlittenmikrotom und Tetrandermikrotom

Das Grundschlittenmikrotom und das Tetrandermikrotom sind Sonderkonstruktionen des Schlittenmikrotoms mit einem vertikalen Objekthub, die zum Schneiden von grösseren und härteren Paraffineinbettungen entwickelt wurden.

Beim Grundschlittenmikrotom wird der Block mithilfe eines schweren Transportschlittens, der auf zwei Führungsbahnen montiert ist, durch das feststehenden Messer hindurch bewegt.

Mit dem heute veralteten und deshalb nur noch selten eingesetzten Tetrandermikrotom lassen sich Blöcke von 10 x 15 cm Größe bearbeiten. Durch eine Modifikation der Objekthalterung ist eine weitere Steigerung der maximalen Objektgrösse möglich. Beim Schneiden ist das Objekt unbeweglich

und das Messerteil wird mit Hilfe eines seitlich am Mikrotom montierten Hebels auf Gleitbahnen durch das Präparat hindurch bewegt.

Großschnitt- und Hartschnittmikrotom

Groß- und Hartschnittmikrotome sind Spezialmikrotome für Präparationen, bei denen ganze Organe (die maximale Probengröße liegt bei etwa 20 x 25 x 7 cm) und/oder harte Materialien (z. B. Zähne oder Knochen, in Kunststoff eingebettet) vollmotorisiert geschnitten werden. Oftmals ist dieser Mikrotomtyp mit einem Ultrafräsaufsatz ausgestattet. Mit dem Fräsaufsatz können entweder spiegelglatte Probenoberflächen hergestellt werden, die im Auflichtverfahren mikroskopierbar sind oder die Proben werden so dünn gefräst (die Probenoberfläche wird dabei schichtweise abgetragen), dass eine Auswertung im Durchlichtverfahren möglich ist.

6.4.1.2   Rotationsmikrotome

Bei den Rotationsmikrotomen (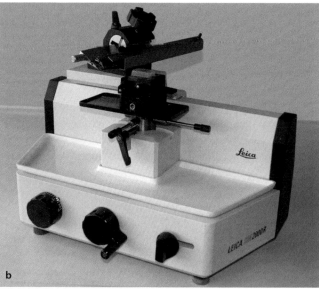 Abb. 6.12) ist das Messer mit nach oben gerichteter Schneide in der Messerhalterung arretiert und die Gewebeprobe (z. B. Paraffinblock, Kunststoffblock oder tiefgefrorenes Gewebe) bewegt sich vertikal durch das Messer hindurch. Der Vorschub wirkt abhängig vom Konstruktionsprinzip auf das Objekt oder auf das Messer. Rotationsmikrotome weisen einen Rückzugmechanismus (= Retraktion) auf. Nach der Schnittherstellung bewegt sich das Objekt vom Messer weg oder die Messerhalterung rückt von der Gewebeprobe weg und bei der nachfolgenden Aufwärtsbewegung schleift das Objekt nicht an der Messerschneide entlang. Die Retraktion führt dadurch zu einer Verlängerung der Klingenlebensdauer. Die Bewegung der Probenhalterung erfolgt durch eine manuell ausgeführte oder durch eine motorbetriebene Bewegung am Schwungrad (Handkurbel). An Rotationsmikrotomen sind sehr konstante Schneidegeschwindigkeiten möglich und durch die

Abb. 6.11 Schlittenmikrotom von Reichert-Jung, älteres Modell (**a**) und von Leica mit moderner Kreuzrollenführung (**b**)

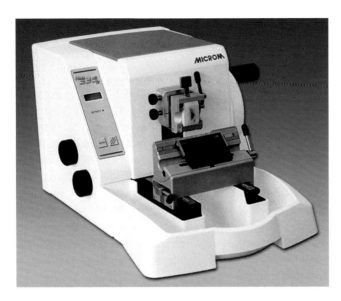

◘ Abb. 6.12 Rotationsmikrotom (Microm).

Mikrotomstabilität sind auch in Kunststoff eingebettete Objekte schneidbar (Hartschnittmikrotom).

Gefriermikrotom (Kryostat)

Gefriermikrotome sind in Kältekammern eingebaute Rotationsmikrotome zur schnellen Schnittpräparation von nativen oder fixierten Gewebeproben. Das Gefriermikrotom wird detailliert im ► Kapitel 9.2.1 „Kryostatschnitte" beschrieben.

Ultramikrotom

Ultramikrotome sind Rotationsmikrotome mit einem besonders geringen und äußerst präzisen Vorschub. Sie werden zur Herstellung von Semidünn- oder Ultradünnschnitten eingesetzt. Auf das Ultramikrotom wird in ► Kapitel 7.1.4 eingegangen.

6.4.1.3 Spezialmikrotome

Für Sonderanwendungen in der morphologischen Präparation sind Spezialmikrotome mit anderen Schneideprinzipien entwickelt worden.

Vibratom

Vibratome sind Mikrotome mit horizontal schwingender (vibrierender) Klinge. Am Vibratom können Monolayer-Schnitte oder dickere Schnitte (30 bis 400 Mikrometer) von nativem Gewebe unter physiologischen Bedingungen hergestellt werden (eine Fixierung oder Einbettung entfällt). Näheres zum Vibratom und seine Anwendung ist in ► Kapitel 3.6.2.3 beschrieben

Sägemikrotom

Sägemikrotome werden zum Bearbeiten von sehr harten und spröden Materialien eingesetzt, die mit anderen Mikrotomen nicht scheidbar sind. Die Funktion des Sägemikrotoms beruht auf einer horizontal angeordneten, rotierenden Innenlochsäge. Die Rotationsgeschwindigkeit der Innenlochsäge ist variabel einstellbar. Beim Sägevorgang wird die Objekthalterung, mit dem auf dem Probenteller aufgeklebten Objekt, gegen die rotierende Säge gedrückt und vollständig durchgeführt. Nach Abschluss des Sägevorganges liegt der entstandene Schnitt auf dem Sägeblatt.

Die Vorschubgeschwindigkeit des Objektes ist ebenfalls regulierbar. Eine eingebaute Wasserkühlung verhindert das Überhitzen des Sägeblattes und zusätzlich wird das entstehende Sägemehl abgespült. Bei der Schnittpräparation am Sägemikrotom kommt es durch die Dicke des Sägeblattes immer zu einem Materialverlust und Serienschnitte sind somit nicht möglich. Die minimal mögliche Schnittdicke liegt zwischen 30 und 50 Mikrometern. Durch einen anschließenden Schleifvorgang kann die Schnittdicke der Sägemikrotomschnitte noch reduziert und die Auflösung bei der mikroskopischen Auswertung gesteigert werden.

Lasermikrotom

Das Lasermikrotom (entwickelt von der Rowiak GmbH, Hannover) ermöglicht ein berührungsloses Schneiden von biologischem Hart- und Weichgewebe ohne eine spezielle Vorbehandlung. Das mechanische Messer ist bei diesem Mikrotomtyp durch einen Femtosekunden-Laser ersetzt und der fokussierte Laserstrahl erlaubt Schnittebenen in beliebiger Form.

6.4.2 Messerarten und deren Anwendungsgebiete

6.4.2.1 Stahlmesser

Als Schneidewerkzeuge wurden in der Mikrotomie lange Zeit ausschließlich Messer aus gehärtetem Kohlenstoff- oder Werkzeugstahl verwendet. Die Stahlmesser sind in verschiedenen Längen im Handel, z. B. 12 cm, 16 cm oder 20 cm, und werden direkt in die Messerhalterungen der Mikrotome eingespannt. Stahlmesser bestehen aus einem dreieckigen Messerkörper mit einem breiten Rücken und einer spitz zulaufenden Schneide. Abhängig von der Form des Messerkörpers (Messerprofil) variiert die Stabilität und das Anwendungsgebiet der Messer. Stahlmesser werden in Typ A (a), B (b), C (c) oder D (d) eingeteilt.

Die Messerschneide wird durch zwei Schliffflächen (Facetten) gebildet, wobei der Winkel zwischen der oberen und der unteren Facette als Facettenwinkel bezeichnet wird und ein charakteristisches Merkmal bei jedem einzelnen Messer ist. Stahlmesser führen nur mit einer unbeschädigten und optimal scharfen Messerschneide zu qualitativ hochwertigen Schnitten. Bei Beschädigungen der Schneide oder nach einer längeren Gebrauchszeit müssen die Stahlmesser zum Nachschleifen an den Hersteller bzw. spezielle Schleifservicefirmen geschickt werden.

Folgende Messerprofile sind bei Stahlmessern möglich (◘ Abb. 6.13):

▪▪ A-/B-Messer
Messerprofil: plankonkav
Messer sind nicht sehr stabil und werden zum Schneiden von weichen Materialien (z. B. pflanzliches Frischmaterial, weiche Paraffineinbettungen) eingesetzt.

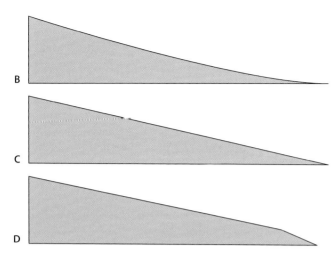

Abb. 6.13 Messerprofile der Stahlmesser.

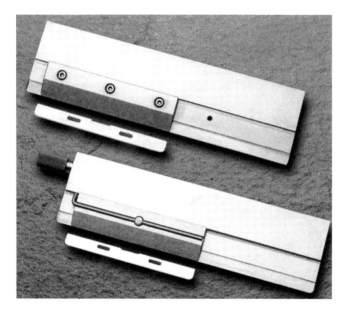

Abb. 6.14 Zwei Modelle von Einmalklingenhaltern mit passenden Einmalklingen für Schlittenmikrotome (Fa. pfm).

■■ **C-Messer**

Messerprofil: biplan bzw. keilförmig
Standardmesser in der Gefrier- und Paraffinmikrotomie.

■■ **D-Messer**

Messerprofil: hobelmesser- bzw. hobelklingenförmig
Messer eignen sich zum Schneiden von härteren Materialien.
Das D-Messer gibt es auch als Hartmetall-D-Messer, wobei die Messerschneide aus einer besonders harten Legierung ist.
Mit Hartmetall-D-Messern sind Kunststoffblöcke schneidbar.

6.4.2.2   Einmalklingen

Die klassischen Stahlmesser wurden in den letzten Jahrzehnten immer mehr von Einmalgebrauchsklingen (Einwegklingen) abgelöst. Einmalklingen sind rasierklingenartige Messer mit variabler Länge aus Carbonstahl oder Wolframcarbid, die in einer schmalen Ausführung (Schmalbandklingen) oder in einer etwas breiteren Ausführung (Breitbandklingen) erhältlich sind. Zusätzlich bieten die Hersteller von Einmalklingen verschiedene Klingenspezifikationen für bestimmte Anwendungsgebiete an, z. B. zum Gefrierschneiden, für extra dünne Schnitte oder für härtere Gewebe. Durch die große Auswahl an verschiedenen Einmalklingentypen und Halterungssystemen lassen sich für die unterschiedlichen Probeneigenschaften optimale Schneideergebnisse erzielen.

Einmalklingen müssen zum Schneiden vibrationsfrei in einen speziellen Klingenhalter (Abb. 6.14) eingespannt werden. Die Klinge wird dabei am Klingenhalter mit einer Anpressplatte fixiert, wobei die Schneide etwa 1 mm aus der Halterung herausragt. Die Anpressplatte ist entweder mit Schrauben an der Halterung befestigt oder zum schnelleren Wechsel der Einmalklingen können die Klingenhalter auch mit einem Schnellspannsystem ausgestattet sein. Zum Klingentausch muss dann nur ein Klemmhebel geöffnet und wieder geschlossen werden.

6.4.2.3   Spezialmesser
Diamantbeschichtete Innenlochsägen

Innenlochsägen werden ausschließlich in der Sägemikrotomie zur Bearbeitung von sehr harten und spröden Materialien verwendet. Die Innenlochsäge ist etwa 300 Mikrometer dick und weist eine zentrale Bohrung auf. Der Bohrungsrand ist mit feinen Diamantsplittern beschichtet.

Glas- und Diamantmesser

Mit Glas- und Diamantmessern werden Semidünn- bzw. Ultradünnschnitte hergestellt. Die Besonderheiten der Glas- und Diamantmesser sind in ► Kap. 7.1.4.2 beschrieben.

6.4.3   Stellung des Mikrotommessers beim Schneiden am Schlitten- und Rotationsmikrotom

Für die Herstellung von qualitativ hochwertigen Schnitten an Schlitten- oder Rotationsmikrotomen ist die Stellung des Mikrotommessers von großer Bedeutung. Bei der Stellung von Stahlmessern oder Einmalklingen in der dazugehörigen Halterung kann die Inklination und die Deklination verändert werden.

6.4.3.1   Deklination

Als Deklination wird die Stellung der Messerschneide in Bezug zur Schneiderichtung angegeben (Abb. 6.15). Die Deklination wird als Winkel angegeben. Der Deklinationswinkel ist als Winkel zwischen der Messerschneide und der Schneiderichtung definiert. In der Mikrotomie unterscheidet man grob zwischen der Querstellung und der Schrägstellung des Messers. Bei Querstellung des Messers beträgt der Deklinationswinkel 90° und das Messer trifft ruckartig auf den Block. Bei der Schrägstellung des Messers ist der Deklinationswinkel größer als 90°

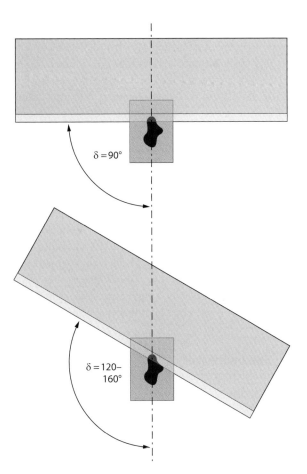

Abb. 6.15 Deklination.

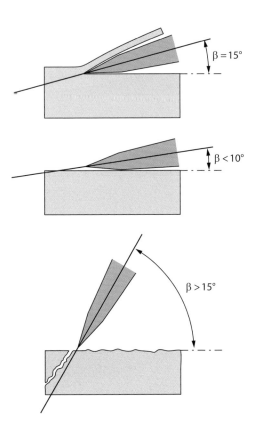

Abb. 6.16 Der Einfluss der Inklination auf den Paraffinblock und die Schnittqualität. Oben: optimale Messerstellung, optimale Schnittqualität, Mitte: Messerstellung zu flach, kein Schnitt oder unregelmäßige Schnittfolge, unten: Messerstellung zu steil, „shatter" am Block und im Schnitt.

und das Messer bewegt sich beim Schneiden ziehend durch den Block. Dadurch sind die beim Kontakt der Messerschneide mit dem Block auftretenden Schneidekräfte geringer und die Schnittdeformationen reduzieren sich.

6.4.3.2   Inklination

Die Inklination ist die Neigung des Messers zur Blockoberfläche. Die Messerneigung wird ebenfalls als Winkel angegeben. Der Inklinationswinkel (ß) ist der Winkel zwischen der Messerachse und der Blockoberfläche. Die Inklination beeinflusst direkt den Freiwinkel. Der Freiwinkel ist als Winkel zwischen der Blockoberfläche und der unteren Facette definiert.

Die korrekte Einstellung der Inklination (■ Abb. 6.16) ist von verschiedenen Faktoren (z. B. Blockkonsistenz, Art des Materials) abhängig und muss im Einzelfall ausprobiert werden. Bei fehlerhaftem Einstellen der Inklination kommt es zu unterschiedlichen Komplikationen. Ist das Messer zu flach eingestellt, schiebt sich der Schnitt zusammen, es entstehen abwechselnd dünne und dicke Schnitte oder es entsteht beim Schneiden überhaupt kein Schnitt. Ist das Messer dagegen zu stark geneigt, treten entweder im Schnitt feine Querwellen (*shatter*) auf oder der Schnitt splittert beim Schneiden. In extremen Fällen kann es passieren, dass Stücke vom Block abgesprengt werden.

6.4.4   Schneidetechnik am Mikrotom

Die Fertigkeiten zur Herstellung von guten histologischen Schnitten kann nicht theoretisch vermittelt werden und erfordert Geschick und Erfahrung. Aus diesem Grund verweisen wir an dieser Stelle auf die Gerätehandbücher, die praktischen Einweisungen der Herstellerfirmen und auf erfahrene Mikrotomanwender.

Grundsätzliche Anmerkungen zum Schneiden:
- Zur Erhaltung der optimalen Schärfe die Schneide mit keinerlei Gegenständen in Berührung bringen.
- Zum Anschneiden von Blöcken bereits benutzte Messerstellen nützen.
- Die zu schneidenden Objekte und das Messer müssen schwingungsfrei arretiert sein.
- Die Ausrichtung der Probe nimmt Einfluss auf den Schneidevorgang.

Die Mikrotommesser sind sehr scharf und können bei unvorsichtiger Handhabung zu Verletzungen führen.

6.5 Leitfaden zur Beurteilung der Präparation

6.5.1 Probleme und Artefakte bei der Schnittpräparation und ihre Abhilfe

Die meisten Probleme und Artefakte der Schnittpräparation für die Lichtmikroskopie sind erst am Ende, also bei der tatsächlichen Schnittherstellung am Mikrotom zu erkennen. Einige Fehler entstehen aber bereits bei der vorausgegangenen Fixie-

rung, Entwässerung und Einbettung und sind daher oftmals nicht wieder gut zu machen. In ◨ Tabelle 6.5 sind Probleme und Artefakte und ihre mögliche Abhilfe aufgelistet.

6.5.2 Beurteilung von Artefakten im Präparat

Unsere heutigen Vorstellungen von Aufbau und Funktion der Zellen und Gewebe sind eine Synthese der Ergebnisse vieler Methoden, wobei insbesondere biochemische und morpholo-

◨ **Tab. 6.5** Probleme und Artefakte bei der Schnittpräparation und ihre Abhilfe.

Problem	Ursache	Abhilfe
Schnitt spaltet sich	Messerscharte; kalkharte Stelle im Gewebe	Messer verschieben; am Block entkalken
Schnitt ist streifig	schartiges Messer	Messer verschieben oder Messer wechseln
Messer „springt", Querrillen im Block (shattermark)	zu hartes Material; Neigungs-(Anstell-)Winkel des Messers zu steil	am Block entkalken; D-Messer benutzen; Neigungs-(Anstell-)Winkel flacher einstellen
abwechselnd dicke und dünne Schnitte, auch Rattermarken im Schnitt und auf dem Block	ungenügende Klemmung an Objekt- und/oder Messerhalter	alle Schraub- und Klemmverbindungen am Objekt- und Messerhalter überprüfen und nachziehen
kein Schnitt oder nur jeder 2. Schnitt kommt	Neigungs-(Anstell-)Winkel des Messers zu flach; zu geringe μm-Einstellung	Neigungs-(Anstell-)Winkel steiler stellen; Schnittdicke erhöhen
Schnitt wird stark gestaucht bzw. zusammengeschoben	Paraffinblock zu warm; Messer zu stumpf	Paraffinblock kühlen; Messer verschieben oder neues Messer
Schnitt rollt sich auf	zu dicke Schnitte; zu hohe μm-Einstellung; Block zu warm	Schnittdicke verringern; Block kühlen
Schnittdicke entspricht nicht der eingestellten μm-Einstellung	Paraffinblock hat sich in der Wärme ausgedehnt	Block kühlen
Paraffin bröckelt, splittert	Paraffin zu langsam gekühlt; Block zu kalt; Messerwinkel zu steil	Block einschmelzen und neu ausgießen; Block anhauchen oder mit Finger erwärmen; Messerwinkel flacher stellen
Gewebe splittert	Block zu kalt	Block anhauchen oder mit Finger erwärmen
Schnitt klebt am Messer	Schnitte sind elektrostatisch aufgeladen; Messer ist mit Fett verunreinigt	Anschnittfläche des Paraffinblocks vor jedem Schnitt anhauchen oder Messerschneide mit einem Wassertropfen bedecken; Messer vorsichtig! reinigen
Gewebe löst sich aus dem Paraffin	Gewebe war beim Ausgießen zu kalt; Gewebe ist noch alkoholhaltig	Block einschmelzen und neu ausgießen; Evtl. Gewebe nochmals zurückführen – Schaden lässt sich nur teilweise beheben
Gewebe bröckelt, bröselt oder lässt sich gar nicht schneiden	Gewebe ist schlecht mit Paraffin durchtränkt	Block einschmelzen und Gewebe noch mal mit Paraffin durchtränken
Gewebe ist hart und spröde und daher schlecht oder gar nicht schneidbar	bei der Entwässerung zu lange im Alkohol hoher Konzentration, und/oder zu lange im Xylol	irreparabel
Schnittfläche rissig, milchig weiß; Gewebe schiebt sich zusammen, Paraffin nicht	Gewebe nicht genügend entwässert, nicht genügend mit Paraffin durchtränkt	Block einschmelzen und neu ausgießen; Evtl. Gewebe nochmals zurückführen – Schaden lässt sich nur teilweise beheben; Block einschmelzen und Gewebe noch mal mit Paraffin durchtränken
schmierige, unschneidbare Stellen im Paraffinblock	Gewebe ist noch intermediumhaltig, schlechte Paraffindurchtränkung	Block einschmelzen und Gewebe noch mal mit Paraffin durchtränken
Niederschläge im Präparat	Fixierung mit Sublimat, Formol und Chromat	Entfernen der Niederschläge (Kap. 10.5.3.5)
schlechte Strukturerhaltung im Präparat	ungenügende Fixierung (z. B. zu spät, zu kurz)	irreparabel

gische Methoden eine wichtige Rolle spielen. Unter Letzteren sind es besonders die verschiedenen histologischen, ultrastrukturellen und histochemischen Methoden, die ein anschauliches Bild von Zellen und Geweben vermitteln. Mit diesen Methoden liegen Erfahrungen aus über 100 Jahren Forschung an gesundem und krankem Gewebe vor.

Die histologischen Techniken vermitteln uns ein sogenanntes Äquivalenzbild der lebenden Zellen und Gewebe. Bei korrekter Anwendung liefern sie verlässliche Ergebnisse, sodass sie bis heute das Kernstück der meisten patho-histologischen Diagnosen sind.

Bei zu spät oder unzureichend fixiertem Gewebe treten typische künstliche Veränderungen – sogenannte Artefakte – auf, die man mit einiger Erfahrung von physiologischen oder pathologischen Veränderungen unterscheiden kann. Für die Beurteilung von histologischen Präparaten ist es von großer Wichtigkeit, mögliche Artefakte im Präparat zu erkennen und richtig zu deuten. Folgende Artefakte sind häufig:

1. Schrumpfungsphänomene, z. B. Schrumpfspalten oder geschrumpfte Zellen können bei der Entwässerung der Präparate entstehen. Schrumpfspalten entstehen z. B. parallel zu Kollagenfaserbündeln oder zwischen Epithelien und Bindegewebe. Schrumpfräume umgeben nicht selten Perikaryen von Nervenzellen oder Knorpelzellen.

2. Helle oder aufgequollene Zellen treten vor allem nach zu später Fixierung auf. Unmittelbar nach dem Tode und dem Funktionsverlust von Membranpumpen strömt Wasser in die Zellen. Auch schleimproduzierende Zellen, z. B. Becherzellen, quellen dann in sogar typischer Weise auf.

3. Bei zu großen Gewebestücken ist oft die Peripherie besser (weil schneller) fixiert als das Zentrum. Dies führt u. a. oft dazu, dass die Randzonen des Präparats anders, oft dunkler, gefärbt sind als das Zentrum.

4. Durch das langsam in das Gewebe vordringende Fixierungsmittel können Zellbestandteile auf eine Seite der Zelle verlagert werden. Dies ist besonders vom Glykogen bekannt („Glykogenflucht").

5. Ungefärbte Vakuolen in Zellen können auf Fetteinschlüsse hindeuten, die bei der Dehydrierung in Ethanol herausgelöst wurden.

6. Scharten im Messer können feine gerade Risse im Präparat erzeugen, die über alle natürlichen Strukturgrenzen hinweglaufen. Ähnliche Risse können durch kalkhaltige oder andere harte Einschlüsse in Zellen oder Gewebe verursacht werden.

7. Unreine Färbelösungen können zu fleckförmigen Farbniederschlägen führen.

8. Mitunter können bei Formolfixierung lokal braune Flecken (Niederschläge) im Präparat entstehen („Formolpigment", ▶ Kap. 10.5.3.5).

6.6   Literatur

Bennett H S, Wyrick A D, Lee S W, McNeil J H (1976) Science and art inpreparing tissues embedded in plastic for light microscopy, with special reference to glycerol methacrylate, glass knifes and simple stains. *Stain Technol* 51: 71–97

Chesterman W, Leach E H (1949) Low viscosity nitrocellulose for embedding tissues. *Quart J Micr Sci* 20: 431–434

Dietrich A (1929) Isopropylalkohol für histologische Zwecke. *Zbl allg Path pathol Anat* 47: 83

Doxtader E K (1948) Isopropyl-Alcohol in the paraffin infiltration technique. *Stain technol* 23: 1–2.

Gerrits P O, Smid L (1983) A new, less toxic polymerization system for the embedding of soft tissues in glycolmethacrylate and subsequent preparing of serial sections. *J Microscopy* 132: 81–85

Lamb R A (1973) Waxes for histology. In: Histopathology, selected topics. (H C Cook, ed), p 123. Bailliére Tindall, London

Robinson H D, Fayen A W (1965) One-hour processing of tissue. *Am J clin Path* 43: 91–92

Romeis B (1968) Mikroskopische Technik. 16. Ed. R Oldenbourg Verlag, München, Wien

Romeis B (1989) Mikroskopische Technik. 17. Ed. R Oldenbourg Verlag, München, Wien, Baltimore

von Apáthy S (1912) Neuere Beiträge zur Schneidetechnik. *Z wiss Mikr*: 449–515

Präparation für die TEM

Maria Mulisch

Präparate für die konventionelle Transmissionselektronenmikroskopie (TEM) müssen vakuumfest, also wasserfrei sein. Sie müssen dem Elektronenstrahl standhalten, dürfen also unter der Belastung nicht schmelzen oder verdampfen. Sie müssen elektronendurchlässig sein, dürfen also eine gewisse Dicke und Dichte nicht überschreiten. Und sie müssen Kontraste aufweisen, damit man Strukturen erkennen kann. Um diese Anforderungen zu erfüllen, werden normalerweise Ultradünnschnitte angefertigt. Nur sehr kleine und dünne Proben (z. B. Viren, Organellen, Elemente des Cytoskeletts) können direkt kontrastiert und betrachtet werden. Wie in der histologischen Technik gibt es kein starres Schema für die Vorgehensweise, sondern die einzelnen Schritte müssen dem Präparat und dem Ziel der Untersuchung jeweils angepasst werden. Die folgenden Seiten sollen dabei eine Einführung und Hilfestellung geben. Ausführlichere Anleitungen und Rezepte zu speziellen Fragestellungen finden sich in der Fachliteratur und in Büchern zur elektronenmikroskopischen Präparationstechnik (z. B. Dashek 2000, Hayat 1989).

7.1   Schnittpräparation

Die Schnittpräparation bereitet zu dicke biologische Proben auf die Betrachtung im TEM vor. Dazu sind normalerweise mehrere Präparationsschritte notwendig: (1) Fixieren, (2) Entwässern, (3) Einbetten, (4) Schneiden und (5) Kontrastieren.

7.1.1   Fixierung

Die chemische Fixierung für biologische Präparate, die elektronenmikroskopisch untersucht werden sollen, ist in ▶ Kapitel 5 beschrieben. Für die Schnittpräparation eignen sich natürlich auch physikalisch fixierte Proben. Sie können z. B. nach HPF und Gefriersubstitution (▶ Kap. 9) konventionell eingebettet und ultradünn geschnitten werden.

7.1.2   Waschen

Zwischen Fixierung und Entwässerung wäscht man die Proben mehrfach gründlich mit Waschpuffer, da Reste der Fixantien mit den Lösungsmitteln wechselwirken können. Als Waschpuffer verwendet man normalerweise den gleichen Puffer, der bei der Fixierung verwendet wurde.

Um nicht-osmierte Proben bei den weiteren Schritten besser sichtbar zu machen, kann man sie nach dem Waschen z. B. in 0,5 % (w/v) Toluidinblau oder 0,5 % (w/v) Uranylacetat (in Waschpuffer) für 30 min. inkubieren und nochmals in Waschpuffer waschen.

7.1.3   Entwässern und Einbetten

Bei der Routinepräparation von biologischen Präparaten für die konventionelle Elektronenmikroskopie werden diese in Kunstharze eingebettet. Die meisten verwendeten Kunstharze sind nicht mit Wasser mischbar (◨ Tab. A1.22 im Anhang). Vor der Einbettung muss dann sämtliches Wasser aus dem Präparat entfernt werden.

7.1.3.1   Entwässerung

Zur Entwässerung dienen Lösungsmittel; verwendbar sind Ethanol, Methanol oder Aceton. Alle extrahieren während der Entwässerung Lipide aus der Probe, schädigen also Membranen und wirken daher auch extrahierend auf andere Zellkomponenten. Ethanol (unvergällt) wird insbesondere für zarte, weiche und empfindliche Präparate empfohlen. Methanol extrahiert stärker; es wird auch wegen seiner Giftigkeit seltener eingesetzt. Aceton ist zumindest vorteilhaft bei pflanzlichen Proben, die durch Zellwände und Wachsauflagerungen nur schwer durchdrungen werden können. Aber auch für tierische und menschliche Gewebe kann Aceton sehr geeignet sein.

Die Extraktion wird vermindert, wenn in der Kälte gearbeitet wird. Man kann vorgekühlte Lösungen im Eisbad verwenden und bei höheren Konzentrationen stufenweise die Entwässerungstemperatur auf −20 °C und darunter absenken. Daran kann sich eine Tieftemperatureinbettung anschließen (▶ Kap. 9), oder die Temperatur wird für das Einbettmittel wieder auf Raumtemperatur erhöht.

Der Wasserentzug verursacht Schrumpfungen im Gewebe. Außerdem verfestigt der erste Kontakt mit dem Lösungsmittel den äußeren Präparatbereich und hemmt ein weiteres Eindringen. Damit das Gewebe überall gleichmäßig schrumpft und gleichmäßig durchdrungen wird, beginnt man mit einer niedrigen Konzentration (30 %) und erhöht sie in kleinen Schritten von 10–20 %. Je nach Größe und Konsistenz des Präparates inkubiert man bei jeder Konzentration 5–30 Minuten, in höheren Konzentrationen eventuell etwas länger. Für Zellmonolayer oder Suspensionszellen kann man die Zeiten noch kürzer wählen; Pflanzengewebe benötigt eventuell längere Entwässerungsperioden. Die Lösungen sollten dabei regelmäßig bewegt und durchmischt werden. Beim Wechseln dürfen die Proben auf keinen Fall trocken fallen.

In der Routinepräparation werden überwiegend Epoxidharze zur Einbettung verwendet. Dafür entwässert man bis in das reine, wasserfreie (über Molekularsieb getrocknete) Lösungsmittel. Im Gegensatz zu Aceton sind Methanol und Ethanol mit Epoxiden nicht vollständig mischbar, sodass ein Intermedium, zumeist Propylenoxid, notwendig ist. Die Verwendung von Propylenoxid ist allerdings nicht unproblematisch: Es kann zum einen in den Zellen Bindungen eingehen und Veränderungen hervorrufen, die z. B. Antigenität und Färbbarkeit beeinflussen. Zum anderen mischt sich Propylenoxid so intensiv in das Harz, dass es daraus kaum mehr zu entfernen ist. Im Harz stört es dessen Polymerisation und führt zu schlechten Schneideeigenschaften. Aceton dagegen wirkt weniger aggressiv auf die Präparatkomponenten ein, löst sich leichter aus Epoxiden und verändert in Restmengen nicht deren Härtung.

Für Immunmarkierungen verwendet man normalerweise Acrylateinbettungen, häufig LR White. Hier kann man die Entwässerungsreihe verkürzen, indem man bereits ab dem 70 %igen Lösungsmittel mit der Einbettung beginnt. Ultradünnschnitte von derart eingebettetem Material zeigen allerdings vermehrt Falten. In der Praxis hat sich die Einbettung ab 90 % Ethanol bewährt. Bei Verwendung von Acrylharzen ist Aceton zur Dehydrierung nicht empfehlenswert, da Spuren von Aceton die Polymerisation stören können.

7.1.3.2   Einbettung von Gewebeproben
Einbettmittel

Für die Elektronenmikroskopie steht eine Vielzahl verschiedener Einbettmittel (◧ Tab. A1.22 im Anhang) zur Verfügung. Am gebräuchlichsten sind Epoxidharze (Epon, Araldit, Spurr) und Acrylate/Methacrylate (insbesondere die Lowicryl-Reihe, LR White und LR Gold). Letztere werden wegen ihrer Eigenschaften insbesondere für Tieftemperatureinbettungen und Immunmarkierungen verwendet. Die Epoxidharze sind zäher und dringen langsamer ein als die Acrylate. Die Polymere sind stärker vernetzt und hydrophob; die Schnitte sind deshalb schlecht zugänglich für wässrige Färbungen und Immunmarkierungen.

Epoxidharze müssen aus mehreren Komponenten (Monomer, Härter, Initiator, Katalysator, Beschleuniger) zusammen gemischt werden. Die Eigenschaften (Härte, Grad der Vernetzung, Viskosität) werden entscheidend durch die jeweiligen Anteile der verschiedenen Komponenten bestimmt. Man sollte die Komponenten daher sehr sorgfältig auswiegen, gut mischen und größere Mengen ansetzen, um reproduzierbare Eigenschaften der Harze zu erhalten. Man kann die Mischungen ohne Qualitätseinbußen portionsweise (z. B. in 10 ml Einmalspritzen) bei –20 °C bis zum Gebrauch lagern. Beim Auftauen ist darauf zu achten, dass kein Kondenswasser in das Harz gelangt. Für die Infiltration ist das vollständige Gemisch zu verwenden, damit alle Komponenten gleichmäßig das Gewebe durchdringen. Sie erfolgt stufenweise in aufsteigenden Konzentrationen des Harzes, gemischt mit getrocknetem Aceton oder dem Intermedium Propylenoxid. Dabei sollte das Präparat sanft und gleichmäßig bewegt werden, z. B. auf einer rotierenden Scheibe oder einem Schüttler. Schrittabstände und Verweildauer hängen vom Präparat ab.

Acrylate/Methacrylate sind zumeist als fertige Mischungen erhältlich, denen zur Polymerisation Katalysatoren zugesetzt werden können. Eines der meistbenutzten Harze dieser Kategorie ist LR White. Es hat ein breites Anwendungsspektrum, ist sehr dünnflüssig, kaum giftig und einfach und sicher in der Handhabung (◧ Tab. A1.11 im Anhang). Präparate, die für Immunmarkierungen vorgesehen sind, sollten ohne Katalysator bei 50 °C oder gekühlt (4 °C) unter UV-Licht polymerisiert werden. Es wurden jedoch auch erfolgreiche Immunmarkierungen an LR White-Präparaten durchgeführt, die nach Zugabe von Benzoylperoxid in der Mikrowelle polymerisiert wurden (Hillmer et al. 1991). Ohne Katalysator muss die Polymerisation unter Sauerstoffabschluss erfolgen.

In ähnlicher Weise wie LR White kann auch Unicryl vielseitig verwendet werden. Unicryl kann unter Sauerstoffeinfluss polymerisieren, schrumpft aber sehr stark. Die Polymerisationsgeschwindigkeit ist unter Anderem von der verwendeten Menge abhängig. Es ist also eine Reihe von Vorversuchen notwendig, um mit Unicryl reproduzierbare Ergebnisse zu erhalten. Im Vergleich zu LR White erhält man schwächere Immunmarkierungen.

Sehr gute Eigenschaften (raue Schnittoberflächen, lockere Vernetzung) für Immunogoldmarkierungen haben insbesondere die Harze der Lowicryl-Serie, die für Tieftemperatureinbettungen (▶ Kap. 9) entwickelt wurden, sowie die Harze GMA (Glykol-Methacrylat) und LA-GMA (low-acid Glykol-Methacrylat).

Eine Vielzahl weiterer Einbettmedien für Immunmarkierungen ist im Handel erhältlich und in der Literatur beschrieben. Sie werden nach Anweisung der Hersteller verwendet.

Einbettformen

Das Gefäß, in dem das Harz polymerisiert, bestimmt die Form des Blöckchens. In erster Linie wird man daher eine Form wählen, die einen in den Präparatehalter des Ultramikrotoms passenden Block produziert. Mit einer Metallsäge, besser noch mit einer schnell drehenden Diamantscheibe (angetrieben z. B. von einem Dremel, Proxon, etc.), ist es aber sehr einfach, einen Kunstharzblock nachträglich entsprechend zurecht zu sägen. Das Material der Einbettform darf nicht durch das Harz angegriffen werden. Es darf nicht so porös sein, dass dünnflüssige Harze (z. B. Unicryl) hinein diffundieren. Es sollte (z. B. für LR white-Einbettungen) keine Weichmacher enthalten und gasdicht sein. Und es sollte so beschaffen sein, dass man den Block später leicht herauslösen kann.

Epoxidharze, Unicryl und die Harze der Lowicryl-Reihe kann man problemlos in Behältern aus Polypropylen (Dosen, Schalen, Reaktionsgefäße, Beemkapseln) polymerisieren lassen; diese vertragen auch den Kontakt mit den Lösungsmitteln und Propylenoxid, sodass man die gesamte Einbettungsreihe darin durchführen kann. Die Reaktionsgefäße müssen allerdings aufgesägt werden, um die Blöcke heraus zu holen.

Die Polymerisation von LR White durch Wärme gelingt am besten in Gelatinekapseln, die hoch aufgefüllt und geschlossen sein müssen, um keinen Sauerstoff in das Harz dringen zu lassen. Falls nötig, kann der Boden der Gelatinekapseln abgeflacht werden (A7.1). Die Gelatinekapseln sind nach der Polymerisation leicht mit heißem Wasser (kurz quellen lassen und dann abspülen) zu entfernen. Reaktionsgefäße sind nur verwendbar, wenn ihre Wandung gasdicht ist (bei den meisten ist das nicht der Fall), oder wenn sie zur Polymerisation in eine sauerstofffreie Umgebung gestellt werden. Man kann dazu einen Exsikkator benutzen, den man nach dem Evakuieren mit Stickstoff begast und dann verschlossen in den Wärmeschrank stellt. Weichmacher im Kunststoff kann allerdings die Polymerisation von LR White stören; die Schnitte werden faltig.

Soll in LR White sauerstofffrei unter UV-Licht in der Kälte polymerisiert werden, stellt man die Präparate in ein Gefäß und umgibt sie mit etwas Trockeneis. Das austretende, schwere

CO$_2$-Gas sinkt auf die Präparate und verdrängt den Sauerstoff. Für die Flacheinbettung unter Sauerstoffabschluss eignen sich Teflonformen, die mit gasundurchlässiger Folie (z. B. Aclar oder Thermanox, z. B. Polaron) bedeckt werden.

Anleitung A7.1

Herstellung von Gelatinekapseln mit abgeflachtem Boden
Material:
- Gelatinekapseln
- Pasteurpipette
- saubere Objektträger
- H$_2$O
- Wärmeplatte 70 °C
- Wärmeschrank 70 °C

Durchführung:
1. Wärmeplatte auf 70 °C aufheizen
2. trockenen Objektträger darauf erwärmen
3. kleinen Tropfen H$_2$O auf Objektträger geben
4. kurz erwärmen lassen
5. Boden einer Gelatinekapsel auf Tropfen setzen, kurz halten
6. wenn Boden weich wird, Kapsel andrücken
7. auf der Platte trocknen lassen
8. nachtrocknen im Wärmeschrank

Silikonformen sind besonders zur Einbettung in Epoxidharze geeignet. Sie erleichtern es, die Proben orientiert einzubetten, sodass sie später in der gewünschten Richtung geschnitten werden können. Die Blöcke lassen sich daraus leicht entfernen. Im Handel ist eine breite Palette verschiedener Formen und Größen erhältlich (◘ Abb. 7.1). Spezielle Formen kann man sich aus Silikonkautschuk (Roth) und passenden Schablonen einfach selbst herstellen.

Vor der Verwendung mit Harzen, die kein Wasser tolerieren, trocknet man die Einbettformen für kurze Zeit im Wärmeschrank bei 60 °C.

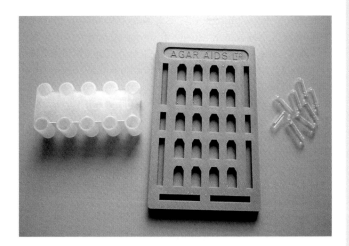

◘ **Abb. 7.1** Verschiedene Einbettungsformen für Kunstharze: Beem-Kapseln (links), Silikonformen (Mitte), Gelatinekapseln (rechts).

Vorgehensweise bei der Einbettung

Beim Umgang mit Einbettmitteln sollten generell lösungsmittelfeste Handschuhe getragen werden. Der Arbeitsplatz ist mit saugfähigem Papier auszulegen. Harzreste werden mit Lösungsmitteln sorgfältig entfernt. Kunstharzabfälle sollten nur auspolymerisiert entsorgt werden.

Die relativ niedrig viskösen Epoxidharze mischt man am besten in Einmalgefäßen an und aliquotiert sie in Einmalspritzen. Anhaftende Reste können mitsamt dem Gefäß in den Wärmeschrank gestellt und nach der Polymerisation weggeworfen werden. Glasgefäße, die wiederverwendet werden sollen, werden mit Lösungsmitteln gründlich vorgereinigt und erst dann in die Spülmaschine gegeben.

Für die Entwässerungs- und Infiltrationsreihe wählt man Gefäße, die gut verschließbar sind, nicht von den Lösungsmitteln, dem Intermedium oder dem Harz angelöst werden und in denen die Präparate frei beweglich sind. Dazu eignen sich z. B. 1,5 ml Reaktionsgefäße oder 5–10 ml Schnappdeckelgläser. Zum Wechsel der Medien kann man Pasteurpipetten oder Einmalpipetten verwenden. Zähflüssige Medien zieht man mit einer Spritze ab. Ist das nicht möglich, transferiert man die Präparate mit einem feinen Spatel in ein anderes Gefäß mit frischem Medium. Es sind Einbettautomaten im Handel, die alle Schritte automatisiert durchführen.

Bevor das Präparat in die Einbettformen überführt wird, sollten kleine Schildchen mit entsprechender Beschriftung (aus Papier, z. B. mit einem Laserdrucker bedruckt) angefertigt und mit einem Tropfen Harz in die Formen gedrückt werden. Für Beem- oder Gelatinekapseln kann man sie um ein passendes Holzstäbchen wickeln und hineinschieben. Dann füllt man die Form weiter mit Harz auf und legt das Präparat hinein. Es kann mit einem Zahnstocher aus Holz oder einer Nadel in die richtige Orientierung geschoben werden. Nach einiger Zeit im Wärmeschrank sollte die Lage und Orientierung noch einmal kontrolliert und gegebenenfalls nachkorrigiert werden.

Anleitung A7.2

Einbettung von Gewebeproben in Epon 812
Die Einbettung eines Blöckchens von tierischem Gewebe (ca.1 mm^3, durchschnittliche Dichte) in Epon 812 kann in folgenden Stufen durchgeführt werden:
1. Entwässerung in Ethanol
   - je 15–30 min in 30 %, 50 %, 70 % Ethanol
   - je 30–60 min in 90 %, 95 % Ethanol
   - 2× 30 min in 100 % Ethanol
2. Überführen in Epon über Intermedium
   - 2× 5 min Propylenoxid
   - 2 h Propylenoxid : Epon 2:1
   - 3 h Propylenoxid : Epon 1:1
   - 4 h Propylenoxid : Epon 1:2
3. Infiltration
   - 4–8 h reines Epon
   - 4–8 h reines Epon (frisch)

▼

4. Polymerisation
   - umbetten in Formen mit reinem Epon und bei 60 °C polymerisieren lassen

Für alle Stufen verwendet man die vollständige Eponmischung (mit Beschleuniger). Für pflanzliche Proben sollten die Schritte bei Entwässerung und Infiltration verlängert und gegebenenfalls Zwischenschritte eingefügt werden.

Anstelle der Schritte 1 und 2 (Entwässerung über Ethanol und das Intermedium Propylenoxid) sind auch folgende Schritte möglich:

1. Entwässerung über Aceton
   - Je 15–30 min in 30 %, 50 %, 70 % Aceton
   - Je 30–60 min in 90 %, 95 % Aceton
   - 2× 30 min in 100 % Aceton
2. Überführen in Epon über Aceton
   - 2 h 100 % Aceton : Epon 2:1
   - 3 h 100 % Aceton : Epon 1:1
   - 4 h 100 % Aceton : Epon 1:2

Anleitung A7.3

Einbettung von Gewebe in Araldit
Araldit-Einbettgemisch

Gemisch	Araldit	DDSA	Beschleuniger 3 %	Beschleuniger 2 %
10 ml	5,2 g	4,8 g	0,3 ml	0,2 ml

1. 2× 20 min Propylenoxid
2. Propylenoxid-Araldit-Gemisch (3 % Beschleuniger) 1:1, über Nacht offen stehen lassen
3. Material in frische Gläschen mit reinem Araldit (2 % Beschleuniger) überführen und ca. 6 h absinken lassen
4. Material in frisches Araldit (2 % Beschleuniger) in Förmchen ausbetten.
   48 h bei 60 °C polymerisieren lassen
   Besser: 12 h bei 45 °C, dann erst auf 60 °C bringen und weitere 48 h polymerisieren lassen

7.1.3.3 Einbettung von Suspensionszellen, kleinen Gewebeteilen oder -schnitten

Suspensionszellen (z. B. Bakterien, Hefen, Blutzellen), die während der Fixierungs- und Entwässerungsschritte noch gut sichtbar und als Pellet einfach zu handhaben sind, bereiten in den niedrig viskösen Einbettmedien Probleme. Zumeist liegen sie darin fein verteilt vor und sinken nur langsam nach unten. Selbst sanftes Zentrifugieren kann zu Beschädigungen führen. Daher wurden verschiedene Möglichkeiten entwickelt, einzelne Zellen, aber auch sehr kleine Gewebeteile oder -schnitte (z. B. Vibratomschnitte) für den einfachen und verlustfreien Transfer zu präparieren.

Am schonendsten für die Zellen ist die Übertragung in Cellulosekapillaren (Leica Microsystems), die man bereits vor der Fixierung vornehmen kann (▶ Kap. 9). Auch eine Einbettung

in Ca-Alginat zu diesem Zeitpunkt ist für viele Zellen geeignet (▶ Kap. 5). Zellen oder Schnitte können nach der Fixierung auf mit Alcianblau oder Polylysin beschichteten Deckgläschen befestigt werden (▶ Kap. 10.5.2); sie werden dann wie Aufwuchspräparate behandelt. Weit verbreitet ist die Einbettung und Konzentration von Suspensionszellen in 2% Agar, die man vor der Entwässerung vornimmt. Die erhöhte Temperatur kann sich allerdings nachteilig auf Ultrastruktur und Antigenität auswirken. Alternativ ist 2–4 % *low-melting*-Agarose (z. B. SeaPrep, FMC) verwendbar, in der die Zellen allerdings weniger fest umschlossen werden.

Anleitung A7.4

Einbettung von Suspensionszellen in Agar
Material:

- 2 % (w/v) Agar (Agar Noble, DIFCO Laboratories), aufgekocht und gelöst in Waschpuffer, im Wasserbad bei 60 °C temperiert
- vorgewärmte Pasteurpipette
- Eisbad
- Zentrifuge mit Rotor für Reaktionsgefäße
- 1,5 ml Reaktionsgefäße
- Objektträger oder Petrischale
- Skalpell
- feiner Spatel

Durchführung:

1. Suspensionszellen im Reaktionsgefäß durch sanftes Zentrifugieren konzentrieren, Überstand weitgehend abnehmen
2. Reaktionsgefäß mit lockerem Zellpellet kurz im Wasserbad auf 52 °C erwärmen
3. Pellet 1:1 mit heißem Agar auffüllen, vorsichtig mischen
4. Zellen in heißer Agarmischung 1–2 min sanft zentrifugieren
5. Mischung im Eisbad abkühlen und fest werden lassen
6. Agarblock aus dem Reaktionsgefäß lösen und auf Objektträger oder in Petrischale stürzen
7. das in Agar eingebettete Zellpellet ausschneiden und mit der Rasierklinge in feine Würfel (ca. 2 mm Kantenlänge) zerteilen
8. Würfel in die 1. Stufe der Entwässerungsreihe überführen.

Falls die Zellsuspension sehr dicht ist, kann die heiße Mischung nach Schritt 3 auch direkt auf eine gekühlte Glasplatte gegossen und nach Erhärten zerteilt werden.

Je nach Größe der Agarwürfel verlängern sich die Entwässerungs- und Einbettungsschritte. Man wählt Zeiten, wie sie für Gewebestückchen gelten.

7.1.3.4 Einbettung und Schnittvorbereitung von Aufwuchspräparaten

Aufwuchszellen müssen vor der Präparation auf Unterlagen angezogen werden, die nicht mit den Fixantien interagieren oder von den verwendeten Lösungsmitteln oder Kunstharzen angegriffen werden. Man verwendet dafür sterile, möglichst unbeschichtete Deckgläser aus Glas oder Thermanox.

Die Einbettung der Aufwuchspräparate in Kunstharz kann auf verschiedene Weise erfolgen:

- Sollen die Präparate in LR White eingebettet werden und dürfen zur Polymerisation nicht mit Sauerstoff in Kontakt kommen, verwendet man schmale Deckglasstreifen, die der Länge nach in die Gelatinekapsel mit Einbettmedium versenkt werden. Für Epoxide kann man die Streifen so dimensionieren, dass sie gerade in ein 1,5 ml Reaktionsgefäß passen.
- Für die Einbettung in Epon oder Araldit werden alternativ mit Kunstharz gefüllte Gelatinekapseln umgekehrt (mit der Öffnung nach unten) auf die bewachsene Seite der Deckgläschen gestülpt. Wenn man die Kanten der Gelatinekapsel mit Beschleuniger bestreicht, kann man so auch für LR White-Einbettungen vorgehen (Steiner et al. 1994).

Während sich Thermanox-Deckgläser notfalls mit dem Präparat zusammen schneiden lassen, muss Glas restlos entfernt werden, um beim Schneiden das Messer nicht zu beschädigen. Dabei geht man folgendermaßen vor:

- Die in den Gelatinekapseln oder Reaktionsgefäßen polymerisierten Präparate löst man aus den Gefäßen (Reakti-

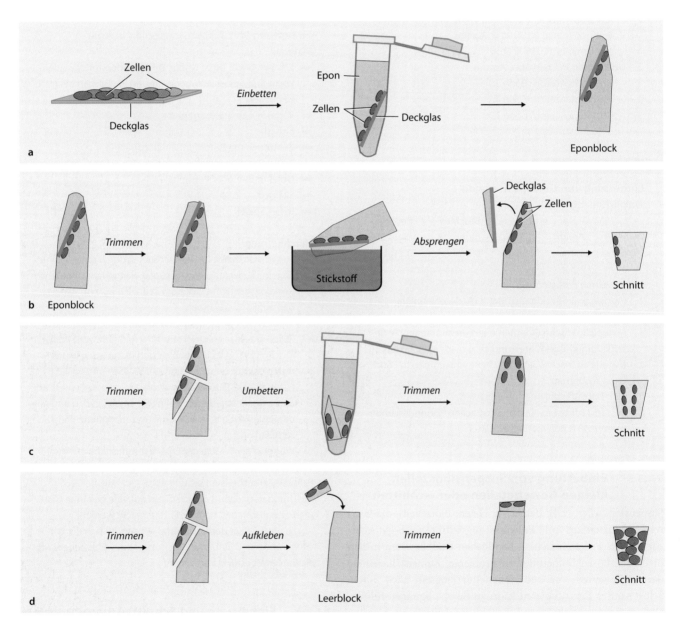

◘ Abb. 7.2 Einbettung adhärenter Zellen auf einem Deckglasstreifen. **a**) Der Deckglasstreifen wird aufrecht mit den Zellen nach oben in ein mit Kunstharz gefülltes Reaktionsgefäß gestellt. **b**) Nachdem das Kunstharz polymerisiert ist, legt man die Deckglaskanten z. B. mit Hilfe einer Rasierklinge frei. Nachdem die Blockspitze kurz in flüssigen Stickstoff getaucht wurde, kann das Deckglas zumeist leicht abgehebelt werden. Dabei hilft ein scharfes Skalpell, das man vorsichtig zwischen Glas und Kunstharz schiebt. Nach Entfernung des Glases bleiben die Zellen im Kunstharz zurück. Sie können direkt geschnitten werden. Eine günstigere Anordnung der Zellen im Schnitt erhält man jedoch nach erneuter Einbettung der zerteilten Präparate (**c**). Man kann die Bruchfläche auch auf ein Leerblöckchen kleben (**d**). Da die Zellen direkt an der Oberfläche des Harzes liegen, erhält man dadurch horizontale Anschnitte.

onsgefäße werden dafür aufgeschnitten oder -gesägt). Von den Rändern des Kunstharzblockes entfernt man soviel Harz, bis die Kanten des Deckglases freigelegt sind. Der so präparierte Block wird kurz in flüssigen Stickstoff getaucht. Sofort setzt man von der Seite her direkt an einer Deckglaskante ein Skalpell an und hebelt die beiden Block hälften auseinander. Normalerweise befinden sich nun auf der einen Bruchfläche die Aufwuchszellen (mikroskopisch kontrollieren), auf der anderen das Deckglas. Die Blockhälfte mit den Zellen kann nun zerteilt und mit den Zellen nach oben auf leere Blöckchen geklebt werden. Wünscht man Querschnitte der Zellen, zerlegt man die Blockhälfte in zwei Teile, legt diese aufeinander (die Zellen zueinander gerichtet) und bettet sie erneut ein (◘ Abb. 7.2).

Die auf dem Deckglas aufpolymerisierten Blöcke taucht man mit dem Deckglas kurz in flüssigen Stickstoff und hebelt das Deckglas mithilfe einer Pinzette oder eines Skalpells ab. Die Zellen sind nun auf der Blockoberfläche direkt schneidbar.

Blöcke aus LR White dürfen nur sehr kurz und flach in flüssigen Stickstoff getaucht werden, da sie leicht zerspringen.

Thermanox-Folien sollten möglichst ebenfalls vor dem Ultradünnschneiden entfernt werden. Zumeist lassen sie sich nach kurzem Erhitzen (Wärmeplatte, 60 °C) oder Abkühlen (in Stickstoff oder auf Trockeneis) leicht abziehen.

7.1.3.5   Orientierte Einbettung, Umbettung und Umorientierung von Präparaten

Häufig sollen Präparate in einer bestimmten Orientierung geschnitten werden. Diese Orientierung kann man – je nach Art des Präparates – auf unterschiedliche Weise erreichen.

Flacheinbettung

Flache Präparate (z. B. Vibratom- oder Kryostatschnitte, dünne Häutchen, Blattstücke) können in einer dünnen Schicht Epoxidharz eingebettet werden. Zur Flacheinbettung verwendet man Schalen aus Polypropylen oder Silikonunterlagen. Besonders flache Schichten erhält man, wenn zwischen 2 Objektträgern oder 2 Folien (z. B. Aclar) eingebettet wird. Die Objektträger sprüht man am besten vorher dünn mit Teflonspray ein, das nach dem Trocknen mit weichem Papier abgerieben wird. Dann lassen sich Glas und Harz nach der Polymerisation problemlos trennen. Die Präparate werden mit einer Rasierklinge ausgeschnitten und auf ein leeres Harzblöckchen geklebt.

Aufkleben und Umorientierung

Semidünnschnitte oder flach eingebettete Präparate werden am besten mit Klebstoff auf ein fertiges Blöckchen ohne Präparat (Leerblöckchen) geklebt. Für Epoxidharze kann 2-Komponentenkleber auf Epoxidbasis verwendet werden. Für alle Einbettmittel hat sich der sekundenschnell klebende Cyanacrylatkleber Roticoll 1 (Roth) bewährt.

Bei dickeren Schichten bestreicht man den Block mit Kleber und presst das Präparat darauf. Dünne Präparate (z. B.

Semidünnschnitte) verbiegen sich leicht; daher belässt man sie am besten auf der Unterlage (z. B. Objektträger) und klebt den Block umgekehrt auf.

Umbettung von Paraffinschnitten

In Paraffin eingebettete Präparate sind für ultrastrukturelle Untersuchungen normalerweise nicht optimal fixiert (▶ Kap. 5) und durch die Einwirkung der starken Lösungsmittel und der lang anhaltend hohen Temperaturen stark extrahiert. Dennoch kann es notwendig werden, zunächst für histologische Untersuchungen vorgesehene Proben später im Elektronenmikroskop zu betrachten. Geeignet dafür ist Formaldehyd- oder Glutaraldehyd-fixiertes Material.

Es können sowohl Schnitte als auch ganze Präparate in Kunstharz umgebettet werden; letztere müssen jedoch auf eine Größe von etwa 1 mm³ verkleinert werden.

Die auf einem Objektträger (besonders geeignet ist ein beschichteter *Multiwell*-Objektträger) angetrockneten Schnitte werden mit Xylol entparaffiniert (2x 10 min) und in einer absteigenden Konzentrationsreihe von Aceton oder Ethanol (pro Schritt etwa 10 min) rehydriert. Nach Waschen in Pufferlösung (z. B. 0,1 M Na-Cacodylatpuffer, pH 7,2) kann wie bei einer normalen Präparation für die TEM verfahren werden: Zunächst erfolgt eine Postfixierung in OsO_4 (z. B. 30 min in gepuffertem 1 % OsO_4) und mehrere Waschschritte mit Pufferlösung. Danach wird in einer aufsteigenden Lösungsmittelreihe (pro Schritt etwa 10 min) dehydriert und eingebettet, wie z. B. in A7.2 beschrieben wird. Man führt die Infiltration in Tropfen auf den Schnitten durch. Auf jeden Schnitt wird schließlich eine mit Harz gefüllte Gelatinekapsel umgekehrt polymerisiert und anschließend (durch Eintauchen in flüssigen Stickstoff) vom Glas abgesprengt.

7.1.3.6   Häufige Probleme durch Fehler bei der Entwässerung und Einbettung und mögliche Abhilfe

Stark geschrumpfte oder ungleichmäßig geschrumpfte Präparate sind zumeist eine Folge falscher Dehydrierung. Die stärkste Schrumpfung findet in den hohen Lösungsmittelkonzentrationen statt. Die Dehydrierung sollte bei niedrigen Konzentrationen beginnen. Die Konzentrationen sollten in kleinen Schritten erhöht werden.

Zu harte oder zu weiche Blöcke weisen auf ein fehlerhaftes Abwiegen der Einbettmittelkomponenten hin. Möglicherweise sind aber auch Komponenten überaltert. Reste von Propylenoxid im Epoxidharz kommen ebenfalls als Ursache gestörter Polymerisation in Frage. Zu weiche Blöcke (Fingernagel verursacht bleibenden Abdruck im Harz) können manchmal durch Behandlung im Wärmeschrank über mehrere Tage bei 60–70 °C nachgehärtet werden.

Eine ungenügende Infiltration des Präparates mit Einbettmittel (Harz im Bereich des Präparats ist bröselig und bricht beim Schneiden heraus) ist die Folge, wenn das Präparat nicht ausreichend fixiert wurde oder/und wenn die Zeiten bei den Entwässerungs- und Einbettreihen zu kurz gewählt wurden

7

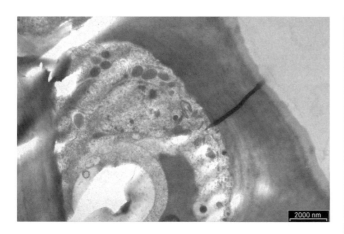

Abb. 7.3 Ultradünnschnitt durch ein ungenügend mit Kunstharz infiltriertes Präparat (Reisstängel). Beim Schneiden sind große Löcher entstanden.

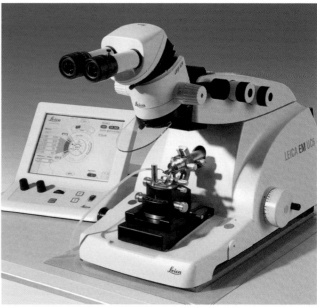

Abb. 7.4 Ultramikrotom Leica EM UC6.

(Abb. 7.3). Ursache ist meistens ein für Standardprotokolle zu großes oder zu dichtes Präparat. Auch eingeschlossene Luft (häufig bei Pflanzenmaterial) verhindert das Eindringen der Medien.

Am besten wiederholt man die Präparation mit verkleinerten Proben (die Dicke sollte 1 mm nicht überschreiten) oder verlängerten Zeiten und bewegt die Proben während der Infiltration. Eingeschlossene Luft wird durch Anlegen eines Unterdruckes während der Fixierung (▶ Kap. 5) entfernt. Schwer durchdringbare Präparate (Pflanzenmaterial, Nematoden, Milben etc.) können nach der Fixierung z. B. mit Hilfe eines Vibratoms weiter verkleinert werden. Abhilfe schafft häufig auch die Einbettung in einen hochviskösen Kunststoff wie LR White, in dem die Präparate über Wochen im Kühlschrank inkubiert werden können.

Ist eine erneute Präparation nicht möglich, kann man versuchen, Dickschnitte (2,5–5 μm) oder Semidünnschnitte (0,5–2 μm) anzufertigen und diese nochmals einzubetten (A7.2): Die auf einem Objektträger angetrockneten Schnitte werden zunächst mit getrocknetem Aceton dehydriert, dann mit jeweils einem Tropfen Epon-Acetonmischung in aufsteigenden Eponkonzentrationen für je 10 min überschichtet und schließlich für 1 h mit reinem Epon infiltriert. Auf den Schnitt wird eine mit Harz gefüllte Gelatinekapsel umgekehrt polymerisiert. Alternativ kann das im Blöckchen angeschnittene oder freigelegte Präparat noch einmal dehydriert und eingebettet werden.

7.1.4   Ultramikrotomie

Für die Ultramikrotomie benötigt man ein Ultramikrotom. Die Geräte sind bei verschiedenen Firmen erhältlich (z. B. Leica EM UC6, Abb. 7.4). Sie ähneln motorisierten Rotationsmikrotomen; zum Schneiden werden jedoch Glas- oder Diamantmesser verwendet. Das Präparat ist an einem beweglichen Arm befestigt und wird abwärts über die Messerkante geführt.

Der Vorschub (bei älteren Geräten über thermische Ausdehnung, bei neuen Geräten mechanisch getrieben) bestimmt die Schnittdicke. Die Schnitte schwimmen von der Messerkante in einen Wassertrog, aus dem sie auf Grids übertragen werden.

Die Ultramikrotomie umfasst neben dem Anfertigen von Semi- und Ultradünnschnitten eine Reihe von Vorbereitungsarbeiten: das Befilmen von Grids, die Herstellung und Pflege der Messer und das Trimmen der Präparateblöckchen.

7.1.4.1   Objektträgernetzchen (Grids)

Als Objektträger für Ultradünnschnitte dienen Metallnetzchen, deren Durchmesser (2–5 mm) passend zur Halterung im TEM gewählt wird. Meistens werden Kupfernetze verwendet. Für Immunmarkierungen nimmt man Netze aus Nickel oder Gold.

Die Netze sind je nach Verwendungszweck in unterschiedlichen Maschenweiten und Maschenformen erhältlich. Am häufigsten braucht man Grids mit 100, 200 oder 300 quadratischen Maschen. Darüber hinaus werden für Serienschnittanalysen oder Übersichtsaufnahmen oft Grids mit einer großen, zentralen, ovalen Öffnung verwendet. Je größer die Maschenweite, desto weniger störende Stege begrenzen das mikroskopische Bild, desto weniger Unterstützung und Stabilität haben aber auch die Schnitte. Daher sind weitmaschige Grids eher für niedrige, engmaschige für hohe Vergrößerungen geeignet.

Zur Stabilisierung der Schnitte dienen Trägerfolien, die auf die Grids aufgebracht werden. Sie werden meistens aus Formvar oder Pioloform oder/und durch Aufdampfen von Kohle hergestellt. In dünnen Schichten (Kohle: 10–15 nm, Formvar: 20–30 nm) aufgetragen, sind sie mechanisch genügend stabil, um die Schnitte aufnehmen zu können, und gleichzeitig genügend elektronentransparent, um das elektronenmikroskopische Bild nicht zu stören. Beschichtete Grids kann man fertig kaufen oder selbst herstellen.

Befilmen von Grids mit Pioloform

Das Verfahren wird für eine Befilmungsapparatur (■ Abb. 7.5) beschrieben, die man ähnlich kaufen oder beim Glasbläser herstellen lassen kann. Sie besteht im Wesentlichen aus einem zylindrischen Glasgefäß, in das bequem ein Objektträger passt, und einem gläsernen Ablaufrohr, das mit 2 Zweiwegehähnen zur Regulation der Ablaufgeschwindigkeit ausgestattet ist.

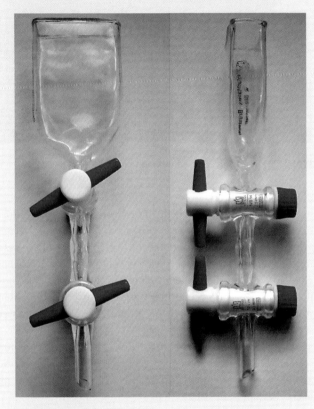

■ **Abb. 7.5** Glastrichter zum Befilmen.

Die befilmten Grids können über Wochen aufbewahrt werden. Es ist daher günstig, sich einen Vorrat davon anzulegen.

Material:
- Objektträger
- Kernseife
- A. bidest.
- Befilmungsapparatur (■ Abb. 7.5)
- große Glaspetrischale (Durchmesser > 20 cm)
- Glasstab oder Messpipette
- 0,8–1,5 % (w/v) Pioloform (Plano) in Chloroform (kann mehrfach verwendet werden)
- Parafilm auf etwas über Objektträgergröße geschnitten
- unbefilmte Grids
- feine Pinzette (vorzugsweise mit gebogener Spitze)
- Skalpell oder Rasierklinge

Durchführung (■ Abb. 7.6):
1. Objektträger mit wenig Seife feucht reinigen
2. Seife mit einem sauberen, fusselfreien Baumwolltuch abreiben
3. Pioloformlösung in Befilmungsapparatur (■ Abb. 7.5) geben (Ablaufhähne geschlossen)
4. Objektträger hineinstellen (er sollte ca. 1 cm aus der Flüssigkeit ragen)
5. Behälter zum Auffangen der Pioloformlösung unter den Ablauf stellen und Hähne soweit öffnen, dass die Lösung in gleichmäßig dünnem Strahl abläuft. Beim Ablaufen legt sich eine Pioloformfolie auf den Objektträger. Je langsamer sich der Lösungsspiegel im Gefäß senkt, desto dünner wird die Folie, da die Chloroformdämpfe im Gefäß die Folie auf dem Objektträger anlösen. Man muss mehrere Versuche machen, um die für das Gefäß und die Konzentration angepasste Geschwindigkeit zu ermitteln. Diese kann man dann für weiteres Befilmen beibehalten

▼

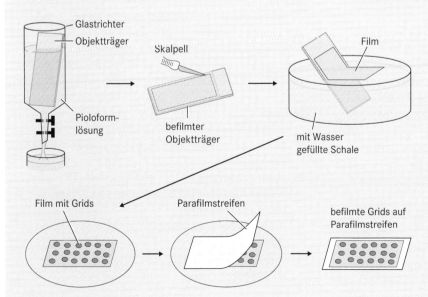

Glastrichter
Objektträger
Skalpell
Film
Pioloform-lösung
befilmter Objektträger
mit Wasser gefüllte Schale
Film mit Grids
Parafilmstreifen
befilmte Grids auf Parafilmstreifen

■ **Abb. 7.6** Vorgehensweise zum Befilmen (Erklärung im Text).

6. Objektträger aus der Apparatur nehmen (am unbefilmten Ende halten)

7. man stützt den Objektträger schräg auf eine saubere Unterlage und ritzt mit dem Skalpell oder einer Rasierklinge den Film etwa 1 mm vom Rand ringsherum an

8. die Glaspetrischale wird bis über den Rand mit A. bidest gefüllt. Dann streift man den Wasserberg und aufschwimmenden Staub mit einem sauberen Glasstab ab

9. der Objektträger (angeritzte Folie nach oben) wird ohne Wasserberührung auf den Rand der Petrischale gestützt und nach unten in einem Winkel von etwa 45° langsam in das Wasser geschoben. Man kann dabei beobachten, wie sich die Folie zuerst an der vorderen Kante löst und aufschwimmt, während der Objektträger immer tiefer eintaucht. Die Folie sollte grau reflektieren und keine Schäden aufweisen. Goldene oder gar farbige Folien sind zu dick und nicht zu gebrauchen

10. hat sich die Folie vollständig vom Objektträger gelöst, kann man diesen vorsichtig aus dem Wasser ziehen

11. man legt nun behutsam mit der Pinzette Grid neben Grid mit der rauen (matten) Seite nach unten auf die Folie und achtet dabei darauf, die Folie nicht zu beschädigen

12. ist die Folie dicht belegt mit Grids, legt man darauf ein Stück Parafilm

13. sobald die Folie über die ganze Fläche am Parafilm haftet, wird der Parafilm aus dem Wasser gezogen und mit der befilmten Seite nach oben in eine Petrischale gelegt. Der Deckel auf der Schale schützt vor der Kontamination mit Staub

Anstelle der Befilmungsapparatur kann man auch ein Becherglas mit Pioloformlösung verwenden. Der Objektträger wird hineingestellt und dann mit gleichmäßiger Geschwindigkeit herausgezogen. Da jedes Zittern sich auf die Filmdicke auswirkt, ist es allerdings schwierig, auf diese Weise gleichmäßige und reproduzierbare Beschichtungen zu erzielen.

7.1.4.2 Glas- und Diamantmesser

Für die Ultramikrotomie verwendet man Glas- oder Diamantmesser. Glasmesser sind preiswert und relativ einfach herzustellen. Sie sind aber nicht lange haltbar, ihre kurze brauchbare Schneide wird schnell stumpf, und insbesondere inhomogenes oder hartes Material lässt sich mit ihnen nicht gut schneiden. Diamantmesser (Abb. 7.7) sind sehr teuer, aber bei guter Pflege lange haltbar, können mehrfach nachgeschliffen werden und produzieren Semidünnschnitte wie Ultradünnschnitte auch von schwierigen Präparaten. In der Praxis werden daher heute überwiegend Diamantmesser verwendet.

Glasmesser werden aus speziellem Glas gebrochen. Man kauft Glasstreifen (z. B. von Plano), die mithilfe eines „*Knifemakers*" (z. B. von Plano) zunächst in Quadrate und dann in Dreiecke gebrochen werden. Je nach Einstellung des *Knifemakers* erhält man aus jedem Quadrat 1–2 brauchbare Messer. Die als Schneide geeignete Kante eines Glasmessers erkennt

◘ Abb. 7.7 Diamantmesser, eingespannt in ein Ultramikrotom.

man an einer bogenförmigen Linie im linken oberen Drittel der Bruchfläche (◘ Abb. 7.8). Um die Messerkante wird mit Wachs ein fertiger Trog (z. B. Plano) befestigt. Der Trog wird mithilfe eines Pinsels oder Skalpells von außen mit flüssigem Dentalwachs abgedichtet. Die Schneidekante ist sehr empfindlich. Sie bricht schon bei leichter Berührung oder einem harten Aufsetzen des Messers. Bis zum Gebrauch sollten Glasmesser staubgeschützt aufbewahrt werden.

Diamantmesser sollten nach jeder Benutzung gereinigt werden. Dabei muss man sehr behutsam vorgehen; denn die Schneide kann – wie bei Glasmessern – bei Querbelastung leicht brechen.

Anleitung A7.6

Reinigung von Diamantmessern
Da Diamantmesser immer wieder benutzt werden, sind sie eine häufige Quelle für Schnittkontaminationen. Der Trog sollte regelmäßig geleert und sorgfältig gereinigt werden. Auch die Schneide muss häufig von Schnittresten befreit werden, um benetzbar zu bleiben.

Methode 1
1. restliche Schnitte von der Messerkante lösen
2. Messerwanne leeren, mit Filterpapier trocknen (Schneide nicht berühren!)
3. Messer in den Messerblock des Ultramikrotoms stellen
4. Polystyrolstäbchen mit perfekt entfetteter Rasierklinge dachförmig zuspitzen
5. in 100 % Ethanol eintauchen und mit Handbewegung ausschütteln
6. Stäbchen über die Schneide ziehen, ohne zu viel Druck auszuüben

▼

Methode 2
1. restliche Schnitte von der Messerkante lösen
2. Messerwanne leeren
3. Wanne und Messer mit H$_2$O spülen
4. Wasser mit sauberer Druckluft wegblasen

Methode 3 (wenn Schnitte oder Schmutz an der Schneide kleben)
1. Messer in H$_2$O mit 1–2 Tropfen Spülmittel einlegen, über Nacht einwirken lassen
2. Messer herausnehmen, und mit H$_2$O spülen
3. Wanne an der Luft trocknen lassen
4. Messerschneide nach Methode 1 reinigen

7.1.4.3 Trimmen

Vor dem Schneiden wird der Kunstharzblock mit einer scharfen, entfetteten Rasierklinge oder einer Diamantfräse so zugespitzt (getrimmt), dass die gewünschte Präparatstelle freigelegt wird. Für gute Schneidbarkeit und um später Schnittbänder zu erhalten, die sich gut handhaben lassen, bringt man den Block dabei in eine bestimmte Form.

Dazu wird der Block in einen Präparatehalter fest eingespannt und unter dem Auflichtmikroskop (am Mikrotom, einer Fräse oder an einem separaten Arbeitsplatz) bearbeitet. Man trimmt eine flache (> 90°) Pyramide zu, an deren Spitze das Präparat liegt. Die Oberfläche der Pyramide mit der zu schneidenden Region soll trapezförmig gestaltet werden (◘ Abb. 7.9). Leeres Einbettungsmittel um das Präparat ist möglichst vollständig zu entfernen. Die kürzere Kante des Trapezes bildet beim Schneiden die Unterkante, die als erste auf die Messerschneide trifft. Um die Schnittstauchung gering zu halten, orientiert man das Präparat beim Trimmen so, dass schmale, lange Präparate hochkant geschnitten werden können (◘ Abb. 7.9).

Zum Trimmen per Hand eignen sich am besten Wilkinson-Rasierklingen, die man durch Brechen halbiert oder viertelt (Vorsicht: Pflaster bereit halten!) und beidhändig oder in einer Hand hält. Man schneidet von oben nach unten dünne Scheiben und formt zunächst die Pyramide möglichst eng um das Präparat. Dann trägt man mit einer frischen Klinge dünne, gerade Schnitte

von der Oberfläche ab, bis das Präparat erreicht ist. Zum Schluss wird die Oberfläche mit einer frischen Klinge verkleinert. Dabei ist darauf zu achten, dass Ober- und Unterkante des Trapezes gerade und parallel verlaufen. Diese Feinarbeiten können auch mithilfe eines Glasmessers im Ultramikrotom durchgeführt werden.

7.1.4.4 Anfertigen und Auffangen der Schnitte

Für ein konventionelles TEM werden normalerweise Ultradünnschnitte von 50–70 nm Dicke benötigt, um bei hohen Vergrößerungen scharfe Bilder zu erhalten. Dünnere Schnitte sind sehr kontrastarm.

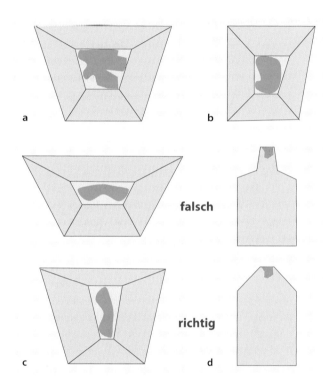

◘ **Abb. 7.9** Richtiges und falsches Trimmen der Pyramide zum Ultradünnschneiden. **a–c**) Aufsicht. Die untere Pyramidenkante trifft zuerst auf das Messer. Die Schnittfläche wird zu einem Trapez (**a, c**) oder einseitig angeschrägt (**b**) getrimmt. **c**) Das Trapez sollte eher schmal als breit geformt werden. **d**) Seitenansicht. Die Pyramide sollte eher flach als steil getrimmt werden.

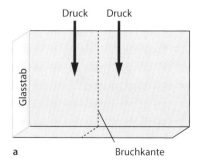
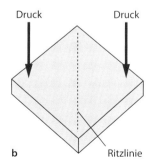
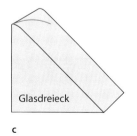
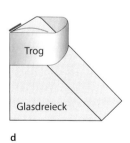

◘ **Abb. 7.8** Prinzip der Glasmesserherstellung. **a**) Durch Anritzen (gestrichelte Linie) und seitlichen Druck (Pfeile) werden aus dem Glasstab quadratische Glasstücke gebrochen. **b**) Diese werden diagonal angeritzt (gestrichelte Linie); dabei bleiben die Kanten frei. Durch seitlichen Druck (Pfeile) entstehen dreieckige Glasstücke (**c**). **c**) Glasdreieck. **d**) Glasmesser mit Trog. Die bogenförmige Linie an der Bruchkante kennzeichnet den Schneidebereich (rot markiert)

Semidünnschnitte (0,5–2 µm) dienen zur Orientierung im Gewebe und der Vorabkontrolle von Fixierung und Einbettung im Lichtmikroskop. Sie werden nach dem Schneiden auf Objektträger übertragen und meistens gefärbt.

Anleitung A7.7

Ultramikrotomie: Vorbereitung am Ultramikrotom

1. Messer in den Messerhalter stecken, festschrauben und Schneidewinkel einstellen (meistens 6°)
2. Präparathalter mit Kunstharzblock in den Präparatarm einspannen. Die Schnittfläche sollte so orientiert werden, dass die parallelen Kanten des Trapezes horizontal ausgerichtet sind. Die kürzere Kante sollte unten liegen, also als erstes mit dem Messer in Kontakt kommen
3. Messerhalter per Hand dem Block im Präparatarm bis auf etwa 1 mm annähern und in dieser Position festschrauben. Um die Annäherung gut kontrollieren zu können, bringt man den Block auf Messerhöhe und beobachtet zunächst von der Seite her, später durch die Lupe am Gerät
4. Schneidefenster einstellen: Die Schneidephase sollte etwa 4 mm oberhalb der Messerkante beginnen und kurz unterhalb der Messerkante enden
5. Messertrog mit A. bidest füllen. Mit Hilfe einer Spritze mit sauberer Nadel füllt man zunächst den Trog übervoll, um sicherzustellen, dass die Messerschneide vollständig benetzt wird. Dann wird Wasser abgezogen, bis das Wasser vor der Schneidekante silbrig reflektiert
6. Messerhalter manuell dem Präparat annähern, bis auf dessen Oberfläche bei Unterflurbeleuchtung nur noch ein schmaler Lichtsaum sichtbar ist. Der Saum sollte überall gleich dick sein. Ist dies nicht der Fall, stehen Messer- und Präparatkante nicht parallel zueinander, und die Messerstellung muss durch Drehen des Messerblocks nachjustiert werden
7. durch langsames Auf- und Abschwenken des Präparates über die Messerkante überprüfen, ob Blockoberfläche und Messerkante vertikal parallel zueinander stehen. Durch Kippen des Präparates kann dies korrigiert werden
8. nach dem Ausrichten von Blockfläche und Messerkante fährt man mit der Annäherung fort, bis der Lichtsaum verschwindet. Das Messer ist nun noch etwa 1 µm vom Präparat entfernt

Nun kann man mit dem Schneiden beginnen.

Anleitung A7.8

Anfertigen von Semidünnschnitten (0,5–2 µm)
Semidünnschnitte werden mit Glasmessern oder Histo-Diamantmessern geschnitten.

1. Semidünnschnitte (0,5–2 µm dick) schneiden und mit einer sauberen Platindrahtöse oder Glaskugel (geschmolzene Spitze einer Pasteurpipette) aus dem Wassertrog fischen
2. Schnitt auf einen Wassertropfen auf einem Objektträger übertragen (der Schnitt sollte schwimmen)

▼

3. Objektträger auf eine Heizplatte (ca. 80 °C) legen und antrocknen lassen. Dadurch breitet sich der Schnitt flach aus und haftet später fest auf dem Objektträger
4. färben und eindecken (z. B. mit CVMount, Leica Microsystems)

Mit speziellen Histo-Diamantmessern, deren Trog groß genug ist zum Eintauchen von Objektträgern, können Serienschnitte angefertigt und aufgefangen werden. Damit die Schnitte zu einem Band zusammenhaften, wird die (beim Schneiden) untere Pyramidenfläche am Block dünn mit Klebstoff (Pattex Compakt, leicht verdünnt mit Xylol) bestrichen. Diese Maßnahme hilft auch bei der Herstellung von ultradünnen Schnittbändern.

7.1.4.5 Färben von Semidünnschnitten

Semidünnschnitte (Epoxidharze, LR White) werden normalerweise vor der Betrachtung angefärbt. Als Routinefärbung eignet sich insbesondere die Färbung nach Richardson (A7.10).

Anleitung A7.9

Färbung von Semidünnschnitten nach Richardson
Lösungen:
Stammlösung 1:1 % (w/v) Azur II in H_2O
Stammlösung 2:1 % (w/v) Methylenblau in 1 % (w/v) Borax (Na-Borat) in H_2O

Stammlösungen 1:1 mischen und in einer Spritze mit aufgestecktem Membran-Filter (0,22 µm) aufbewahren.

Durchführung:

1. getrocknete Schnitte auf dem Objektträger mit einigen Tropfen Farblösung bedecken und auf der Wärmeplatte für ca. 30 sec. erhitzen (70 °C).
2. Farblösung mit H_2O aus einer Spritzflasche gründlich abspülen
3. Schnitte erneut auf der Wärmeplatte trocknen.

Die Strukturen färben sich in unterschiedlichen Blautönen.

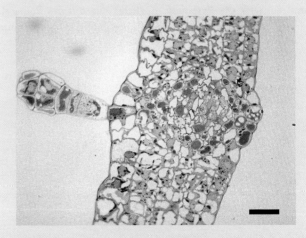

◻ **Abb. 7.10** Semidünnschnitt (Kakaoblatt), gefärbt nach Richardson. Die Balkenlänge entspricht 10 µm.

Polychromatische Färbung von Semidünnschnitten nach Tolivia et al. (1994)

Die Färbung ist geeignet für 0,5–1,0 µm Schnitte von Epoxid-harzeinbettungen.

Lösungen:

- Lösung A: 2 % (w/v) $KMnO_4$ in H_2O
- Lösung B: 5 % (w/v) Oxalsäure in H_2O
- Lösung C:
  - 12,5 ml Cabol-Methylenblau (Fluka)
  - 12,5 ml Cabol-Gentianviolett (Fluka)
  - 10,0 ml 96 % Ethanol
  - 12,5 ml H_2O
  - 2,5 ml Pyridin
- Lösung D:
  - 5 g Pararosanilin (Merck)
  - 97 ml H_2O
  - 1 ml Eisessig
  - 2 ml 5 % (w/v) Phenol in H_2O

Durchführung:

alle Schritte werden bei Raumtemperatur durchgeführt.

1. Schnitte 30 sec mit Lösung A behandeln (entfernt OsO_4)
2. 5–10 sec mit H_2O waschen
3. 1 min in Lösung B bleichen
4. 1 min mit H_2O waschen
5. färben in Lösung C für 1 min (Blaufärbung)
6. 30 sec waschen mit H_2O
7. färben in Lösung D für 1 min (Rotfärbung)
8. 30 sec waschen mit H_2O
9. Schnitte bei Raumtemperatur trocknen
10. Schnitte in Eukalyptol (Probus) klären und eindecken

Ergebnis:

Epithelzellen: blau bis violett; Bindegewebe: pink bis rot; Muskeln: blaugrau; neuronale Zellen: blauviolett bis dunkelblau.

Anfertigen von Ultradünnschnitten (50–70 nm)

1. Schnittdicke am Ultramikrotom einstellen, bis die Schnitte auf der Wasseroberfläche grau (50 nm), silbern (60 nm) oder blassgolden (70 nm) reflektieren (Abb. 7.11). Bei dem Schneidevorgang werden die Schnitte mehr oder weniger stark gestaucht. Zum Strecken von Epoxyharz-Schnitten verwendet man Chloroform- oder Chloroform-Xylol(1:1)-Dämpfe: Ein mit dem Lösungsmittel getränktes Holzstäbchen (Zahnstocher) wird behutsam einige Millimeter über die Schnitte geführt. Die Streckung lässt sich an der Veränderung der Reflexionsfarben beobachten. Die Schnitte dürfen nicht überstreckt werden; dies kann zu Rissen oder Falten führen. Acrylschnitte sollten nicht mit Lösungsmitteldämpfen behandelt werden. Die Dämpfe lösen den Kunststoff an, die

 Abb. 7.11 Farbig reflektierende Schnitte schwimmen auf dem Wasser im Trog eines Diamantmessers. Der Präparatehalter mit dem geschnittenen Block ist oberhalb der Messerkante arretiert.

Schnitte werden sehr weich, verziehen sich und werfen Falten. Die hydrophilen Harze strecken sich zumeist allein durch den Kontakt mit Wasser.

2. Sind genügend Schnitte für ein Grid im Trog (je nach Größe 5–20), bereitet man das Auffangen vor. Zur Manipulation der Schnitte benötigt man eine saubere Wimper, die an einem Griff (z. B. Zahnstocher oder Glasstab) befestigt ist. Anstelle einer Wimper können auch andere feine Haare mit einer möglichst abgerundeten Spitze (z. B. Schnurrhaare von Hund oder Katze, Igelhaare etc.) verwendet werden. Mit der Wimper bewegt man die Schnitte von der Messerkante weg und „fegt" sie zusammen. Vorsicht: Die Schnitte möglichst nicht seitlich berühren, da sie leicht an der Wimper festkleben und mit ihr aus dem Wasser gezogen werden.

3. Zum Übertragen der Schnitte auf das Grid gibt es verschiedene Techniken:
   - Schnitte von oben aufnehmen: Grid mit der befilmten Seite nach unten über die Wasseroberfläche führen und die Schnitte „abtupfen". Man kann den Rand des Grids vorher leicht anknicken, damit es parallel zur Wasseroberfläche gehalten werden kann. Diese Technik ist relativ einfach, die Ergebnisse sind jedoch nicht optimal. Wenn das Grid beim Aufnehmen eintaucht, bilden sich in den Schnitten mehr oder weniger starke Falten oder die Schnitte legen sich übereinander. Durch das Abtupfen wird außerdem Schmutz von der Wasseroberfläche übertragen.
   - Schnitte von unten aufnehmen: Man taucht das Grid in den Trog unter die Schnitte und zieht es mitsamt den Schnitten heraus. Mit unbefilmten Grids ist dies mit etwas Übung einfach durchzuführen. Bei Verwendung von befilmten Grids werden die Schnitte durch die Oberflächenspannung von dem auftauchenden Grid weg getrieben. In diesem Fall müssen die Schnitte mit einer Öse oder Wimper über dem Grid festgehalten werden. Zum Auffangen von Schnittbändern hält man das Grid senkrecht unter ein Bandende. Dieses Ende

fasst man mit einer Wimper und klebt es an die auftauchende Gridkante. Zieht man nun das Grid senkrecht aus dem Trog, nimmt es das Schnittband mit.

Von unten aufgenommene Schnitte sind normalerweise sauberer und ärmer an Falten als von oben aufgenommene Schnitte.

Am besten kontrolliert man sofort am Mikrotom, ob die Schnitte auf das Grid übertragen wurden.

4. Grid mit den Schnitten nach oben auf ein Filterpapier in eine Petrischale legen. Der Deckel der Petrischale schützt während der Trocknung vor Staub.

5. Die Schnitte können getrocknet in einer Gridbox aufbewahrt oder direkt nachkontrastiert werden.

7.1.4.6 Probleme bei der Ultramikrotomie und Möglichkeiten der Abhilfe

Das Anfertigen von Ultradünnschnitten erfordert ein intaktes, vibrationsfrei aufgestelltes und korrekt eingestelltes Ultramikrotom in einem von Staub, Zugluft und Publikumsverkehr abgeschirmten Raum, es erfordert ein schartenfreies und sauberes Diamantmesser, und nicht zuletzt erfordert es viel Übung und Geschicklichkeit. Die meisten Probleme treten beim Schneiden dann auf, wenn eine dieser Voraussetzungen fehlt. Die häufigsten Fehler und Möglichkeiten der Abhilfe sind in ◘ Tabelle 7.1 zusammengefasst. ◘ Abb. 7.12 zeigt Schnitte mit typischen Artefakten.

◘ Tab. 7.1 Häufige Probleme und Fehlerquellen bei der Ultramikrotomie

Wellenförmige Verdickungen des Schnittes parallel zur Messerkante („Chatter")

Ursache	Fehlerquelle	Abhilfe
– niederfrequente (< 1000 Hz) Vibrationen	– Messer nicht richtig befestigt	– Messer festschrauben
	– stumpfe Messerschneide	– neuen Schneidebereich wählen – Nachschliff (Diamantmesser) – Messertausch (Glasmesser)
	– Block nicht richtig befestigt	– Block festschrauben
	– Block ragt zu weit aus dem Halter	– Block tiefer in den Halter schieben
	– Pyramide zu steil getrimmt (< 90°)	– nachtrimmen (> 90°)
	– Schneidebereich beginnt zu dicht über dem Messer	– Schneidefenster sollte 1 sec vor dem Schnitt beginnen
– hochfrequente (> 1000 Hz) Vibrationen	– stumpfe Messerschneide	– neuen Schneidebereich wählen – Nachschliff (Diamantmesser) – Messertausch (Glasmesser)
	– Kunstharz nicht vollständig polymerisiert	– Block für einige Tage nachpolymerisieren
	– Präparate nicht von Harz durchdrungen	– Präparation wiederholen
	– Schnittgeschwindigkeit zu hoch	– Schnittgeschwindigkeit herabsetzen
	– Anschnittfläche zu groß (> 1 mm²)	– Anschnittfläche verkleinern
	– schwer schneidbare Präparate (z. B. Hartgewebe, Fettgewebe, Pflanzen)	– untere Schneidekante verkürzen (Dreieckschnitte)
– kurzzeitige Vibrationen	– Berührung des Ultramikrotoms beim Schneiden	– Berührung vermeiden
	– Trittschallübertragung beim Schneiden	– Aufstellung (Dämmung) des Gerätes überprüfen

Unregelmäßige Schnittdicken

Problem	Fehlerquelle	Abhilfe
– in der Schnittfolge abwechselnd dickere und dünnere Bereiche in einem Schnitt	– falsch getrimmt: zu viel präparatfreier Bereich im Schnitt	– Schnittfläche bis auf das Präparat verkleinern – Diamantmesser benutzen
– in der Schnittfolge abwechselnd dicke und dünne Schnitte ▼	– Zugluft – Temperaturschwankungen im Raum – Vorschub zu gering eingestellt	– Gerät vor Zugluft und Temperaturschwankungen geschützt aufstellen – Vorschub vergrößern

Tab. 7.1 *Fortsetzung*

Sonstige Probleme		
Problem	**Fehlerquelle**	**Abhilfe**
– starke Schnittstauchung	– Schnitte nicht gespreitet	– Schnitte durch Lösungsmitteldämpfe oder Wärme spreiten
	– Kunstharz ist zu weich	– Block einige Tage nachpolymerisieren lassen
	– Schneidegeschwindigkeit ist zu hoch	– Schneidegeschwindigkeit herabsetzen
– Scharten parallel zur Schneiderichtung	– stumpfes oder beschädigtes Messer	– Schneidebereich oder Messer wechseln
	– harte Inhaltsstoffe im Präparat	– härteres Einbettmittel verwenden
– Scharten nicht parallel zur Schneiderichtung	– stumpfe Rasierklinge beim Trimmen verwendet	– Nachtrimmen mit neuer Klinge
– Schnitte haften nicht im Band zusammen	– Ober- und Unterkante der Schnittfläche nicht parallel – Unterkante der Schnittfläche unregelmäßig – Unterkante der Schnittfläche sehr kurz	– korrekt trimmen
	– Unterkante der Schnittfläche nicht parallel zur Messerkante	– Präparat und Messerkante parallel zueinander ausrichten
	– statische Aufladungen	– statische Aufladungen der Schnitte beseitigen (Antistatik-Pistole)
– Messerschneide benetzt nicht	– Messerkante schartig oder schmutzig	– Wasserspiegel anheben und Schnittreste mit Wimper abstreifen – Messer reinigen oder wechseln
– beim Schneiden springen Wassertropfen auf die Schnittfläche	– hydrophiles Einbettungsmittel (z. B. Lowicryl)	– Wasserspiegel im Trog senken – Block mit Filterpapier trocknen – Messerwinkel erhöhen
	– Messerschneide stumpf oder schmutzig	– Messerschneide säubern oder wechseln
	– statische Aufladungen	– statische Aufladungen der Schnitte beseitigen (Antistatikpistole)

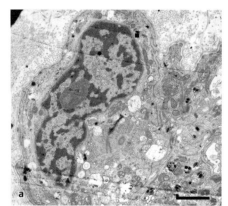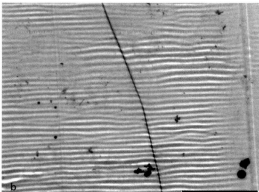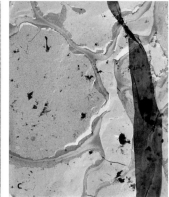

Abb. 7.12 Beispielhafte Schnittfehler. **a**) Riefen im Schnitt durch Messerscharten (Balken = 2 µm). Aufnahme: S. Dähnhardt-Pfeiffer, Kiel. **b**) Chatter im Ultradünnschnitt. **c**) Falten und Schmutz (aus dem Wassertrog). Durch ungenügende Einbettung dieses Pflanzengewebes bricht das Präparat im Bereich der Zellwände zusätzlich aus.

7.2 Kontrastierungstechniken für die Transmissionselektronenmikroskopie (TEM)

7.2.1 Einführung

Biologische Proben bestehen im Wesentlichen aus Atomen mit niedrigem Molekulargewicht (Stickstoff, Sauerstoff, Wasserstoff, Kohlenstoff), deren Elektronendichte nur geringfügig voneinander abweicht. Im TEM-Bild eines unbehandelten Ultradünnschnittes einer Zelle heben sich somit deren Strukturen nur wenig voneinander und von dem umgebenden Einbettmedium ab.

Durch Atome mit niedrigem Molekulargewicht werden die Elektronen im TEM unelastisch gestreut (▶ Kap. 1.2). Dadurch entstehen unscharfe und kontrastarme Bilder mit niedriger Auflösung. Mit steigendem Molekulargewicht nimmt der Anteil unelastisch gestreuter Elektronen zu, die kontrastreiche, scharfe Bilder mit hoher Auflösung erzeugen. Zur Kontrastierung biologischer Präparate werden daher bevorzugt Schwermetallionen verwendet.

Bettet man das Präparat in Schwermetallionen ein, heben sich Umriss und Textur elektronentransparenter Strukturen von einem elektronendichten Hintergrund ab (Negativkontrast,

▢ Abb. 7.13, 7.14, 7.15). Die Bedampfung mit Metallen (Rotationsbedampfung, Schrägbedampfung, ▢ Abb. 7.16, 7.17) bildet die Oberfläche reliefartig ab. Zur Positivkontrastierung (▢ Abb. 7.18) werden Präparatblöckchen oder -schnitte mit Schwermetallsalzlösungen behandelt, um selektiv bestimmte Komponenten damit zu „färben".

Die Kontrastierung ist ein entscheidender Schritt in der Präparation von biologischem Material für die TEM. Sie gibt Hinweise auf die chemische Zusammensetzung und erlaubt Aussagen über Form, Größe und Dichte von Zellkomponenten.

7.2.2 Negativkontrastierung

Die Negativkontrastierung für die TEM ist mit der Behandlung eines Zellausstrichs durch Tusche (▢ Tab. 16.1) oder Opalblau für die Lichtmikroskopie vergleichbar: Kleine, elektronentransparente Partikel (Viren, Bakterien, isolierte Zellstrukturen) werden in eine elektronendichte Matrix eingebettet (▢ Abb. 7.13).

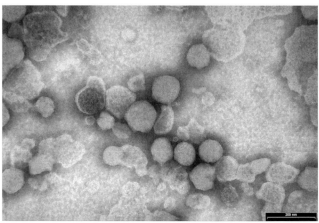

▢ **Abb. 7.15** Negativkontrastierte Exosomen. Kontrastmittel: 1 % (w/v) wässriges Phosphorwolframat.

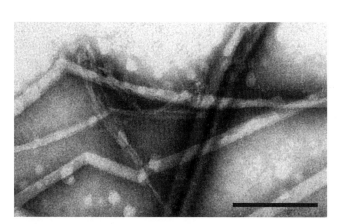

▢ **Abb. 7.13** Negativkontrastierte Chitinfibrillen. Kontrastmittel: 1 % (w/v) Uranylacetat in H$_2$O. Die Balkenlänge entspricht 1 µm.

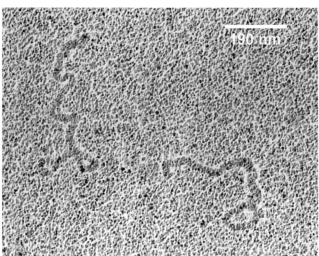

▢ **Abb. 7.16** Plasmid (Rotationsbedampfung). Präparation wie in A7.12 beschrieben. Aufnahme: Zentrale Mikroskopie, CAU, Kiel

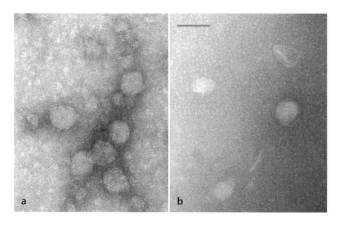

▢ **Abb. 7.14** Viren nach Negativkontrastierung mit Uranylacetat (**a**) und Nanovan (**b**). Die Balkenlänge entspricht 50 nm.

Sie erscheinen hell auf dunklem Untergrund. Da das Kontrastmittel in kleine Vertiefungen und Poren des Präparates eindringen kann, werden nicht nur Form und Größe sondern auch die Oberflächenskulpturierung hervor gehoben. Die Einbettung stabilisiert das Präparat gleichzeitig gegen Schädigungen durch Trocknung und Elektronenbeschuss im TEM.

Das Verfahren ist schnell und einfach. Es eignet sich zur Identifizierung von Viren und Bakterien in der medizinischen Diagnostik ebenso wie zur Aufklärung der Struktur von Makromolekülen mit Hilfe der hochauflösenden Elektronenmikroskopie. In Kombination mit Immunogold-Markierungstechniken (▶ Kap. 19) erweitert sich das Spektrum möglicher Anwendungen.

7.2.2.1 Kontrastierungslösungen

Entscheidend für das Gelingen einer Negativkontrastierung ist, dass die Schwermetallionen nicht in das Präparat eindringen und nicht an seine Komponenten binden. Sie sollten klein genug sein, um alle Vertiefungen des Präparates zu erreichen, und sich in einem dichten, gleichmäßigen Film um die Partikel legen, der im Elektronenstrahl stabil bleibt. Darüber hinaus sollten die verwendeten Salze gut löslich in Wasser sein.

Am meisten verbreitet sind Phosphorwolframat und Uranylacetat.

Phosphorwolframat (PW)

Die Kontrastierung mit PW führt zu reproduzierbaren Ergebnissen. Die Moleküle sind relativ groß und dringen in kleinere Präparatvertiefungen nicht ein; der erzeugte Kontrast ist geringer als bei Verwendung von Uranylionen ($[UO_2]^{2+}$). PW lässt sich problemlos mit Puffern hoher Salzkonzentration mischen und ist in neutraler Lösung lange haltbar. Es stabilisiert die Präparate nicht; empfindliches Material sollte daher vor der Kontrastierung fixiert werden. Die fertigen Präparate sind nur unter Vakuum haltbar.

Zur Herstellung von PW wird Phosphorwolframsäure mit 0,1 M KOH neutralisiert. Angewendet wird es in 0,5–3% Lösung bei einem pH von 6,7–8.

Uranylacetat (UA)

Negativkontrastierungen mit UA führen häufig, selbst auf einem Grid, zu sehr ungleichmäßigen Ergebnissen. Im Elektronenstrahl können sich Kristalle bilden. Die Moleküle sind kleiner und erzeugen deutlich mehr Kontrast im Vergleich zu PW. UA ist sehr gut wasserlöslich. Die Lösung ist im Kühlschrank licht- und sauerstoffgeschützt bei einem pH-Wert unter 6,0 mehrere Wochen haltbar. UA fixiert und stabilisiert Lipide und Proteine und dringt erst nach einigen Minuten Anwendung in die Zellen ein. Die fertigen Präparate sind fast unbegrenzt haltbar.

Zur Herstellung wird käufliches Uranylacetat-Dihydrat in H_2O gelöst. Angewendet wird es in Konzentrationen von 0,2–2 % bei einem pH von 2–5.

Uranylacetat ist radioaktiv und hochgiftig. Umgang (Handschuhe!), Lagerung und Entsorgung erfordern entsprechende Sicherheitsmaßnahmen.

Da viele Anbieter kein Uranylacetat mehr im Sortiment führen, kann es Schwierigkeiten bereiten, Uranylacetat für elektronenmikroskopische Anwendungen zu erwerben. Es sind verschiedene Alternativen auf dem Markt. Für die Negativkontrastierung bietet sich z. B. Nanovan (Nanoprobes) an. Die Negativkontrastierung mit Nanovan ergibt relativ weiche Kontraste und eignet sich daher insbesondere für Immunogoldmarkierungen oder sehr feine Präparate. Die ◘ Abbildung 7.14 zeigt einen Vergleich mit Uranylacetat am gleichen Präparat.

7.2.2.2 Vorgehensweise

Die Ergebnisse einer Negativkontrastierung sind je nach Präparat, Kontrastmittel, pH-Wert, Pufferlösung, Temperatur und Dauer der Anwendung unterschiedlich. Es ist daher sinnvoll, im Zweifel unterschiedliche Verfahren parallel anzuwenden und die Vorgehensweise bei unbekannten Präparaten jeweils zu optimieren.

Die Partikel, die man darstellen möchte, sollten in genügend hoher Konzentration, möglichst aufgereinigt von Begleitmaterial und in einem stabilisierenden Medium (z. B. Puffer, Kulturmedium) vorliegen. Je nach Menge an Begleitmaterial und Größe sollte die Konzentration von Viren beispielsweise mindestens 10^5–10^8 Partikel pro ml betragen. Die Anreicherung kann durch Zentrifugation oder Filtration erfolgen. Detaillierte Anleitungen dazu findet man z. B. bei Hayat (1989).

Die Kontrastierung findet auf befilmten Grids statt. Da die trocknenden Kontrastmittel eine starke mechanische Belastung für den Film darstellen, sollte man engmaschige Grids (z. B. 200 mesh) verwenden und den Film durch zusätzliche Kohlebedampfung verstärken. Entsprechende Grids sind auch fertig im Handel erhältlich (z. B. Plano).

Die Grids werden während der Kontrastierung mit Umkehrpinzetten gehalten und die Lösungen mit Pipetten aufgetropft und mit Filterpapier abgezogen. Alternativ kann man die Grids auf Tropfen der Lösungen legen, die man auf einem Stück sauberen Parafilm aufbringt.

Unempfindliches Material kann direkt mit der Kontrastierlösung gemischt und auf dem Grid getrocknet werden (1-Schritt-Methode). Bessere Resultate erzielt man zumeist, wenn die Partikel zunächst auf dem Grid adhäriert und erst danach mit verschiedenen Lösungen behandelt werden (2-Schritt-Methode).

1-Schritt-Methode

Das Grid wird mit einer Umkehrpinzette gegriffen und diese so abgelegt, dass die befilmte Seite des Grids nach oben zeigt. Die Partikelsuspension wird 1:1 mit PW oder UA gemischt und sofort auf das Grid getropft. Der Tropfen sollte groß sein und die Ränder des Grids benetzen. Nach ca. 10–90 Sekunden zieht man mit Hilfe eines Stücks Filterpapier den Tropfen bis auf einen dünnen Film ab. Das Grid wird bei Raumtemperatur getrocknet und dann direkt (PW) oder später (UA) im TEM betrachtet.

Der Vorteil der Methode ist ihre Schnelligkeit. Ihr Nachteil ist, dass große Partikel langsamer auf dem Grid adhärieren als kleine Partikel. Die Behandlungszeit kann jedoch nicht beliebig verlängert werden, um alle Partikelgrößen zu erfassen, da das Kontrastiermittel dann in die Präparate eindringt und zu unerwünschten Ergebnissen führt.

2-Schritt-Methode

Ein oder mehrere Grids werden mit der befilmten Seite nach unten auf die Partikelsuspension (in einem Tropfen oder einer Petrischale) gelegt, bis genügend Partikel adhäriert sind (bis zu 30 min). Man kann die Suspension auch direkt auf das Grid tropfen. Bei empfindlichen Präparaten kann nun eine Fixierung erfolgen. Dazu legt man das Grid (mit der befilmten Seite nach unten) für einige Minuten auf das Fixans (z. B. 1 % gepuffertes Glutaraldehyd) oder hält es über Osmiumtetroxid-Dämpfe. Nach mehrmaligem Waschen auf Tropfen von H_2O oder Puffer wird es mit einer Umkehrpinzette gegriffen und wie in der 1-Schritt-Methode beschrieben kontrastiert.

Das Verfahren hat mehrere Vorteile: (1) Da beliebig Waschschritte eingefügt werden können, kann man die Partikel in Lösungen suspendieren, die ihre Stabilität gewährleisten, sich aber nicht mit der Kontrastierung vertragen. (2) Man kann lange Adhäsionszeiten wählen und somit alle Größenklassen der Partikel einer Suspension erfassen. (3) Die Methode ist – ohne Fixierungsschritt oder mit einer sanften Fixierung (z. B. 1 % Formaldehyd) kombiniert – für anschließende Nachweise (z. B. durch Enzymverdau, Immunogoldmarkierung) geeignet. Für Immunogoldmarkierungen werden Grids aus Nickel oder Gold verwendet.

Anleitung A7.12

Darstellung von Exosomen im TEM durch Negativkontrastierung

Material:

- Exosomenpräparation in PBS (Proteinkonzentration ca. 1 µg/µl)
- Fixans: 4 % (w/v) Formaldehyd aus Paraformaldehyd in PBS, pH 7,2
- kohlebedampfte, 300 *mesh* Ni-Grids

▼

- 1 % (v/v) Phosphorwolframat, pH 7,2
- feine Umkehrpinzette
- Filterpapier

Durchführung:

1. Exosomen 1:1 mit Fixans verdünnen, 15 min einwirken lassen
2. Je 5–10 µl Suspension auf kohlebedampfte Ni-Grids tropfen
3. 1–2 min. adhärieren lassen
4. Überstand mit Filterpapier absaugen
5. 10 µl Phosphorwolframat hinzugeben
6. nach 10 sek bis auf dünnen Film absaugen
7. trocknen lassen und direkt im TEM betrachten

7.2.2.3   Probleme und Problemlösungen

Die folgende ◘ Tabelle 7.2 fasst häufige Probleme bei der Negativkontrastierung zusammen und gibt Anregungen zur Behebung der Probleme.

7.2.3   Bedampfung

Die Schrägbeschattung und die Rotationsbedampfung mit Metallen (z. B. Platin) sind alternative Techniken zur Negativkontrastierung, kleine biologische Strukturen schnell und direkt für die Abbildung im TEM zu präparieren. Man benötigt dazu allerdings eine Bedampfungsanlage. Die Strukturen müssen so stabil sein, dass sie bei der Trocknung nicht kollabieren. Geeignet sind z. B. Zellulose- oder Chitinfibrillen oder Makromoleküle wie DNA (◘ Abb. 7.16, 7.17).

Die Schrägbeschattung führt zu einer Anlagerung von elektronendichtem Metall an den Kanten, die der Kanone zuge-

---

◘ **Tab. 7.2** Häufige Probleme und Lösungsmöglichkeiten bei der Negativkontrastierung

Problem	Fehlerquelle	Abhilfe
– Partikel nicht auffindbar	– zu dünne Partikelkonzentration	– Partikel anreichern
	– zu viele Begleitpartikel und Verunreinigungen	– Partikel aufreinigen (z. B. durch Immunoadsorptionsverfahren)
	– zu dicke Schicht von Schwermetallsalzen	– Konzentration der Kontrastierlösung verringern – dünnere Schichten eintrocknen lassen
	– Partikel werden bei der Präparation zerstört	– Partikel vor der Kontrastierung fixieren
– interne Strukturen der Partikel sind sichtbar	– Kontrastierlösung dringt in die Partikel ein	– Kontrastierlösung kürzer einwirken lassen – pH-Wert der Lösung überprüfen – 2-Schritt-Methode verwenden
– feine Strukturen der Partikel sind zugelagert	– zu dicke Schicht von Schwermetallsalzen	– Konzentration der Kontrastierlösung verringern – dünnere Schichten eintrocknen lassen
– Folie zerreißt	– Folie zu instabil	– kohlebedampfte Grids verwenden – Grids mit geringerer Maschenweite verwenden
– Kristalle überlagern die Partikel	– Schwermetallsalze kristallisieren aus	– pH-Wert der Lösung überprüfen – fertige Präparate vor dem Betrachten einige Minuten im TEM nachtrocknen lassen

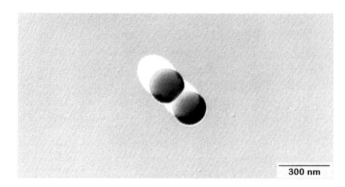

300 nm

Abb. 7.17 Schrägbedampfte Latexkugel. Aufnahme: S. Dähnhardt-Pfeiffer, Kiel

wandt sind, während Bereiche im „Schatten" der Strukturen unbedampft und damit elektronentransparent bleiben. Je nach Beschattungswinkel erhält man ein mehr oder weniger stark ausgeprägtes Reliefbild des Präparates im TEM. Je dünner die Präparate sind, desto flacher muss der Beschattungswinkel gewählt werden.

Mit Hilfe der Rotationsbedampfung können auch sehr feine, fädige Strukturen dargestellt werden. Es wird rings um das Präparat ein feiner, elektronendichter Saum erzeugt, der den Umriss hervorhebt.

Die Bedampfungstechniken können mit anderen Kontrastierungstechniken und Immunogoldverfahren (▶ Kap. 19) kombiniert werden.

Anleitung A7.13

Darstellung von Plasmid-DNA im TEM
Material:
- Plasmid-DNA (4-10 ng/µl) in Spreitungspuffer:
  Spreitungspuffer: 10 mM Tris-HCl pH 7,5
                      0,1 mM EDTA pH 8,0
                      100 mM NaCl
                      30 µm Spermin
                      70 µm Spermidin
- 2% (w/v) wässriges Uranylacetat
- Filterpapier
- frisch mit Kohle bedampfte 300 mesh-Grids
- Umkehrpinzette
- Bedampfungsanlage (geeignet zur Rotationsbedampfung)

Durchführung:
1. 10 µl der Plasmidlösung auf das Grid pipettieren
2. 1 min adsorbieren lassen
3. überstehende Flüssigkeit mit Filterpapier abziehen
4. sofort 20 µl Uranylacetat auftropfen
5. nach 20 sec Überstand absaugen
6. Grid auf Filterpapier trocknen lassen
7. Rotationsbedampfung (Winkel 10°)
8. bei 20 000× im TEM abbilden

7.2.4 Positive Kontrastierungen

Für die Abbildung im TEM müssen biologische Präparate normalerweise mit Schwermetallionen kontrastiert werden. Generelle Kontrastierungstechniken dienen dazu, die Zellstrukturen (Membranen, Cytoskelett, Chromatin, etc.) unselektiv hervorzuheben, um sie scharf und gut aufgelöst darstellen zu können. Mit spezifischen Nachweisen können bestimmte chemische Gruppen (z. B. Phosphat- oder Zuckerreste), Ionen (Ca^{2+}), Radikale (Reaktive Sauerstoffspezies = ROS), Antigene (▶ Kap. 19) und Enzyme (Wohlrab und Gossrau 1992) identifiziert und lokalisiert werden.

Die Kontrastierung kann zu unterschiedlichen Zeitpunkten der Präparation durchgeführt werden: (1) vor der Einbettung des Präparates, also während oder nach der Fixierung („*en bloc*-Kontrastierung") oder (2) an Ultradünnschnitten (Schnittkontrastierung). Jede Methode hat Vor- und Nachteile, die nachfolgend aufgeführt werden. Bei der Auswahl müssen auch die Art des Präparates und das Untersuchungsziel berücksichtigt werden.

7.2.4.1 Generelle Kontrastierungen
Für generelle Kontrastierungen werden zumeist Osmiumtetroxid (für Lipide und Proteine), Uranylacetat (für Lipide, Nucleinsäuren, Proteine), Bleicitrat (bindet an reduziertes Osmium, Proteine, Glykogen) und Phosphorwolframat (für Polysaccharide, Glykoproteine, Proteine) einzeln oder in aufeinanderfolgenden Schritten verwendet.

en bloc-Kontrastierung
Eine generelle Kontraststeigerung erreicht man schon durch die Verwendung von Osmiumtetroxid oder Tannin bei der Fixierung (▶ Kap. 5). Der Kontrast wird weiter verbessert, wenn man die Präparate zusätzlich nach 2–3 Waschschritten in 0,5–2 % Uranylacetat (in Waschpuffer) über Nacht bei 4 °C inkubiert. Alternativ kann 0,5 % Uranylacetat in 50–70 % Ethanol oder Methanol für 30 min während der Entwässerung verwendet werden.
- Der größte Vorteil dieser Kontrastierungsmethode ist, dass später weniger Schritte bei der Schnittkontrastierung notwendig sind, und damit die Gefahr von Schnittkontamination oder –verlust verringert wird.
- Bei nicht-osmierten Präparaten erleichtert die *en bloc*-Kontrastierung das Auffinden und Trimmen der Probe im Kunstharzblöckchen. Dafür wird an Stelle von Uranylacetat auch 1 % Safranin oder 0,5 % Toluidinblau im Waschpuffer verwendet.
- Nachteile sind: Abhängig vom Präparat kann die Methode zu starker Extraktion und Verlagerung von Zellkomponenten führen. Das Gewebe kann hart, brüchig und schlecht schneidbar werden. In der Probe können sich unter Umständen Präzipitate bilden (insbesondere bei Verwendung von Phosphat- und Cacodylatpuffern). Auch eine ungleichmäßige Kontrastierung macht eventuell das gesamte Präparat unbrauchbar für die Untersuchung. Spezifische

Nachweise werden durch die *en bloc*-Kontrastierung möglicherweise erschwert oder verhindert. Unterschiedliche Kontrastierungen des gleichen Präparates sind nicht mehr möglich.

Schnittkontrastierung

Die Schnittkontrastierung mit Uranylacetat (falls nicht *en bloc* kontrastiert wurde) und Bleicitrat ist am weitesten verbreitet und wird für Ultrastrukturuntersuchungen und nach Immunogoldmarkierungen routinemäßig angewendet.

- Der Vorteil der Kontrastierung am Schnitt ist, dass aufeinanderfolgende Schnitte derselben Probe unterschiedlich behandelt werden können. Die Schwermetallionen dringen schnell in den gesamten Schnitt ein und führen zu gleichmäßigen und reproduzierbaren Kontrastierungen.
- Die Methode erfordert allerdings etwas Geschicklichkeit im Umgang mit den Grids, sehr saubere Materialien und CO_2-freie und gefilterte Lösungen, um eine Kontamination der Schnitte zu vermeiden.

Uranylacetat wird in wässriger (gesättigt oder 1–2 % in H_2O) oder alkoholischer Lösung (0,5–1 % in 50–70 % Ethanol oder Methanol) verwendet. Für wässrige Lösungen beträgt die Kontrastierdauer 5–20 min.; in alkoholischen Lösungen reichen kürzere Zeiten. Acrylat-/Methacrylatschnitte (z. B. LR White) werden in wässriger Lösung nachkontrastiert. Als Ersatz für Uranylacetat bei der Schnittkontrastierung wird von Plano UAR(*uranyl acetate replacement*)-Lösung angeboten. Das Kontrastmittel wurde von Nakakoshi et al. (2011) eingeführt. Nach unseren Erfahrungen ergibt die Kontrastierung von osmierten Proben mit UAR sehr gute Ergebnisse. Nur mit Aldehyden fixierte Präparate werden allerdings mit UAR kaum kontrastreicher (◘ Abb. 7.18).

Bleicitrat nach Reynolds (1963) eignet sich insbesondere zur Kontrastierung von osmierten Proben und wird gern in Kombination mit Uranylacetat verwendet. Bei der Herstellung, Lagerung und Verwendung sollte es nicht mit CO_2 in Kontakt kommen. Es entsteht unlösliches Bleicarbonat, das zu einer starken Verschmutzung der Schnitte führt. Man verwendet daher frisch abgekochtes A. bidest. zur Herstellung und für die Waschschritte.

Anleitung A7.14

Schnittkontrastierung mit Uranylacetat und Bleicitrat

Material
- saubere Pinzette
- Dentalwachs oder Parafilm
- staubfreie Petrischalen mit Deckel
- Filterpapiersegmente
- mit Filterpapier ausgelegte Petrischale
- frisch abgekochtes A. bidest. in Spritzflasche
- 2 % (w/v) Uranylacetat, direkt vor Gebrauch zentrifugiert
- Bleicitrat nach Reynolds, zum Gebrauch filtriert (Millipore-Filter)

Herstellung von Bleicitrat nach Reynolds:
- 1,33 g Bleinitrat ($Pb(NO_3)_2$)
- 1,76 g Natriumcitrat ($Na_3(C_6H_5O_7) \times 2H_2O$)
- 30 ml frisch abgekochtes und abgekühltes (CO_2-freies) A. bidest

Lösung in 50 ml Flasche füllen und über 30 min regelmäßig kräftig schütteln, bis eine milchige Suspension entstanden ist.

▼

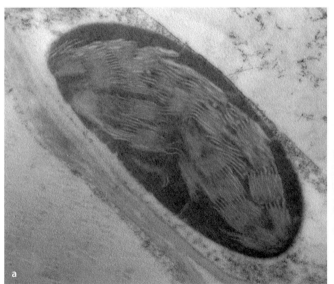 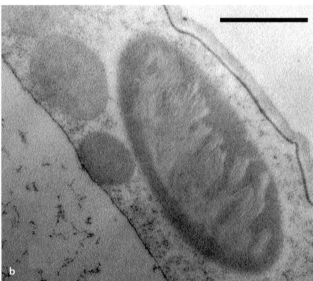

◘ **Abb. 7.18** Chloroplasten nach HPF-Fixierung und Gefriersubstitution ohne OsO4. Die Ultradünnschnitte wurden mit (**a**) Uranylacetat und (**b**) UAR-Lösung (30 min, 1:4 verdünnt) nachkontrastiert. Die Balkenlänge entspricht 1 μm.

Frische NaOH-Plätzchen einzeln nacheinander hinzugeben und schüttelnd lösen. Wenn die Suspension klar wird, mit CO_2-freiem A. bidest auf 50 ml auffüllen.

Zur Aufbewahrung eignen sich Einmalspritzen, in denen die Lösung CO_2-frei lagern kann, und die zur Anwendung mit Vorsatzfiltern ausgestattet werden.

Durchführung
Um die Kontrastierzeiten reproduzierbar und möglichst kurz zu halten, sollten jeweils nur wenige Grids gleichzeitig kontrastiert werden. Für größere Gridmengen gibt es im Handel (z. B. Plano) spezielle Ausstattungen (Gridhalter in unterschiedlicher Form) sowie Kontrastierautomaten (Leica).

1. Ein Streifen Dentalwachs (oder sauberer Parafilm) wird in einer Petrischale platziert und darauf so viele Tropfen Uranylacetat pipettiert, wie Grids nachkontrastiert werden sollen

2. mit der Schnittseite nach unten legt man auf jeden Tropfen 1 Grid und lässt es dort für 5–10 min liegen

3. die Grids werden einzeln abgenommen und sofort mehrfach in CO_2-freies A. bidest getaucht. Man sollte dafür ein großes Becherglas verwenden, in dem die Grids ca. 1 min sanft hin und her geschwenkt werden. Danach werden die Grids vom Rand her mit Filterpapier abgesaugt, aber nicht getrocknet

4. in einer 2. Petrischale wird Dentalwachs ausgelegt und mit mehreren NaOH-Plätzchen umrandet, um eine CO_2-freie Atmosphäre zu schaffen (Deckel jeweils nur kurz öffnen und nicht in die Schale atmen!). In diese Schale werden Tropfen von Reynolds Bleicitrat pipettiert, und die Grids für 5 min darauf gelegt

5. anschließend wird wie in 3. beschrieben gründlich gewaschen

6. die Grids werden mit der Schnittseite nach oben in eine Petrischale auf Filterpapier gelegt und bei RT getrocknet

Schnittkontamination durch die Kontrastierung und mögliche Abhilfen

Erscheinen die Schnitte nach der Kontrastierung schmutzig, kann dies verschiedene Ursachen haben.

Diffuse, flächige, mehr oder weniger elektronendichte Flecken auf den Schnitten deuten auf fettigen Schmutz hin, der durch Fingerberührung oder verschmutztes Wasser verursacht sein kann. Peinliche Sauberkeit beim Ultradünnschneiden und Nachkontrastieren verhindert diese Art von Kontamination.

Nadelförmige Kristalle auf den Schnitten sind auf Uranylacetat zurückzuführen. Hat man wässriges Uranylacetat verwendet, können die Kristalle durch Filtrieren der Lösung vor der Verwendung verhindert und durch mehrfaches Waschen kontrastierter Grids in A. bidest entfernt werden. Kristalle, die sich durch Verwendung alkoholischer Lösungen von Uranylacetat gebildet haben, sind von Schnitten nicht mehr abzulösen. Sie sind vermeidbar, wenn man kurze Kontrastierzeiten wählt.

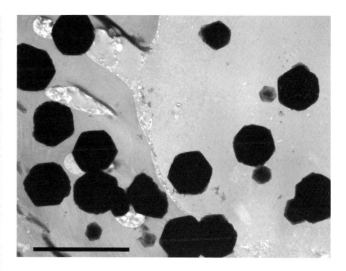

Abb. 7.19 Blei-Präzipitate (schwarze Kugeln) auf einem Ultradünnschnitt. Die Größe der Kristalle weist darauf hin, dass die Bleicitratlösung vor der Anwendung nicht filtriert wurde. Die Balkenlänge entspricht 10 µm.

Runde, elektronendichte Partikel auf den Schnitten (Abb. 7.19) stellen Bleicarbonat dar, das sich aus Bleicitrat und CO_2 aus der Luft gebildet hat. Bleicarbonat ist unlöslich in Wasser. Der Niederschlag löst sich in wässrigem Uranylacetat (nach ca. 10 min.).

7.2.4.2 Spezifische Nachweise

Abhängig von der Präparationsweise, den Kontrastierlösungen und den Bedingungen, die bei der Kontrastierung herrschen, binden die Schwermetallionen an bestimmte Substanzgruppen in den Proben. Darauf beruhen sehr viele Nachweismethoden, die in älteren Reviews oder Methodensammlungen für die TEM zusammengefasst sind (z. B. Hayat 1989, Spicer and Schulte 1992). Die Ergebnisse der meisten dieser Techniken sind allerdings nicht immer verlässlich; sie sollten in jedem Fall durch andere Techniken kontrolliert werden. Dazu eignen sich auf mikroskopischer Ebene Markierungen mit Hilfe von Antikörpern (▸ Kap. 19), Enzymen, Lektinen, Fluoreszenzfarbstoffen etc., die durch biochemische Untersuchungen oder Elementanalysen ergänzt werden sollten.

In diesem Rahmen wird nur eine kleine Auswahl der histochemischen Kontrastierungsverfahren für die Abbildung im TEM vorgestellt.

Nachweis von Ionen

Kleine, diffusible Moleküle wie Ionen lassen sich am sichersten in Kryopräparaten (▸ Kap. 9) im EFTEM (▸ Kap. 1) nachweisen. Durch konventionelle Fixierungen und Schnittpräparationen werden sie weitgehend ausgewaschen.

Ca^{2+}- und Na^+-Ionen können durch eine Fixierung mit Pyroantimonat gefällt und sichtbar gemacht werden (Mentré and Halpern 1988a, b). Um eine Änderung der Ionenmenge und -verteilung beim Ultradünnschneiden zu verhindern, wurden die Schnitte darüber hinaus in A. bidest aufgenommen, das nicht mit Glas in Kontakt gekommen war, und das mit KOH auf einen pH von 8,0 eingestellt wurde (Mentré and Halpern 1988b).

Nachweis von reaktiven Sauerstoffspezies (ROS)

ROS (H$_2$O$_2$, Sauerstoffradikale) sind Bestandteile des normalen Zellstoffwechsels. Sie haben regulatorische Funktionen und sind Stressindikatoren. Da sie sehr kurzlebig sind, werden sie lichtmikroskopisch mit Hilfe von Fluoreszenzfarbstoffen oder Farbreaktionen nachgewiesen (► Kap. 4). Für die Elektronenmikroskopie müssen sie am Ort ihrer Entstehung gefällt und kontrastreich sichtbar gemacht werden. Peroxide bilden mit Ceriumchlorid elektronendichte Präzipitate, die nach Aldehyd- und Osmiumfixierung an Ultradünnschnitten im TEM nachweisbar sind (◘ Abb. 7.20).

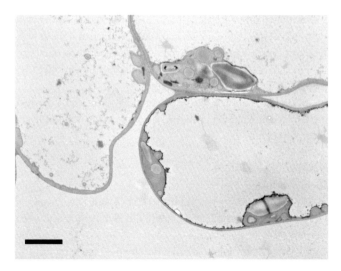

◘ **Abb. 7.20** ROS-Lokalisation (schwarzes Präzipitat) in Blättern von *Arabidopsis thaliana* im TEM. Die Vakuole der rechten Zelle ist von einem schwarzen Saum umgeben. Die Balkenlänge entspricht 10 µm. Aufnahme: C. Desel, CAU, Kiel

Nachweis von Zuckern

Für den Nachweis von Zuckerresten (◘ Abb. 7.21) zur Lokalisation und Identifikation von Glykoproteinen, Kohlehydraten, sauren Mucopolysacchariden und anderen Glykokonjugaten sind eine Vielzahl histochemischer Methoden beschrieben (zusammenfassende Arbeiten siehe z. B. Hayat 1989, Neiss 1986, Spicer and Schulte 1992). In neueren Arbeiten werden an ihrer Stelle insbesondere Lektine verwendet (► Kap. 19). Direkt oder indirekt markiert mit Enzymen, Fluoreszenzfarbstoffen oder kolloidalem Gold werden sie für die licht- wie auch für die elektronenmikroskopische Analyse verwendet (Brooks et al. 1997).

Die Schnittkontrastierung zum Nachweis saurer Glykokonjugate mit Rutheniumrot und Phosphorwolframat (Hirabayashi et al. 1990) ist relativ einfach durchzuführen.

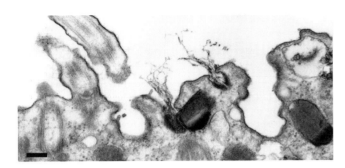

◨ Abb. 7.21 Selektive Kontrastierung von Polysacchariden auf der Zellmembran und in Vesikeln eines Ciliaten durch Nachfixierung mit Rutheniumrot und OsO₄. Die Glykokalyx und die Vesikelinhalte (vor und während der Abgabe nach außen) erscheinen tiefschwarz. Nachkontrastierung der Schnitte mit Uranylacetat und Bleicitrat. Die Balkenlänge entspricht 0,2 μm.

Anleitung A7.17

Nachweis saurer Glykokonjugate mit Rutheniumrot und Phosphorwolframat auf Ultradünnschnitten (LR White) für die Abbildung im TEM (Hirabayashi et al. 1990)

Material:
- Goldgrids mit Ultradünnschnitten von LR White eingebettetem Material (aldehydfixiert, nicht osmiert)
- Petrischale mit Parafilm ausgelegt
- 3 % (v/v) Essigsäure, pH 2,5
- 0,05 % (w/v) Rutheniumrot in 3 % Essigsäure
- 2 % (v/v) Phosphorwolframsäure (pH 2,0)
- A. dest

Durchführung:
Die Lösungen werden als Tropfen (30–50 μl) auf Parafilm oder Dentalwachs aufgebracht. Die Grids werden mit der Schnittseite nach unten auf die Tropfen gelegt und mit einer feinen Pinzette transferiert.
1. Grids 3× für jeweils 10–20 min auf Tropfen von 3 % Essigsäure legen
2. Grids auf 0,05 % Rutheniumrot für 90–120 min bei RT inkubieren
3. 3× waschen wie in Schritt 1
4. 5–15 min auf 2 % Phosphorwolframsäure legen
5. 3× waschen für jeweils 10–20 min in A. dest

ohne weitere Kontrastierung im TEM betrachten

Anleitung A7.18

Färbung von Glykosaminoglykanen mit Kupfermeronischem Blau (Cupromeronic Blue, cmB) (nach Scott 1985)

Kupfermeronisches Blau ist ein intensiv farbiges und elektronendichtes kationisches Reagens, mit dessen Hilfe sulfatierte Proteoglykane, Hyaluronan (Hyaluronsäure) und andere Polyanionen licht- und elektronenmikroskopisch bei biche-

▼

---

mischen, biologischen oder medizinischen Fragestellungen sichtbar gemacht werden können. Die Färbung ist besonders für die Elektronenmikroskopie gut geeignet und bringt hier sehr saubere Nachweise. Die folgende Anleitung bezieht sich nur auf die Elektronenmikroskopie.

Die Färbelösung muss lichtgeschützt aufbewahrt und verwendet werden. In alkalischen Lösungen (pH > 8) ist cmB instabil. Kontakt mit metallischem Material (z. B. Grids, Metallspateln, Pinzette) ist zu vermeiden.

Material:
- Fixierungslösung: 3,5 % (v/v) Glutardialdehyd (GA) in Phosphatpuffer nach Sörensen, pH 7,4 (Ansatz siehe Puffertabelle im Anhang)
- Waschpuffer I: 1 % GA in 0,2 M Acetatpuffer, pH 5,6
- Waschpuffer II: 0,2 M Acetatpuffer, pH 5,6 (Ansatz siehe Puffertabelle im Anhang)
- 1 % CMB-Lösung: 0,1 g CMB (Sigma) in 9 ml 0,2 M Acetatpuffer und 1 ml 25 % GA lösen. MgCl₂-Lösung nach ◨ Tabelle 7.3 zugeben
- 0,5 % Natriumwolframatlösung: 0,05 g Na₂WO₄ × 2H₂O in 10 ml 0,2 M Acetatpuffer lösen, MgCl₂ × 6H₂O wie in ◨ Tabelle 7.3 zugeben
- 0,5 % Natriumwolframatlösung in Ethanol: 0,05 g Na₂WO₄ × 2H₂O in 10 ml 30 % Ethanol lösen

Durchführung:
1. Fixierung in Fixierungslösung für ca. 2 h.
   Wenn ein Vorverdau mit Enzymen durchgeführt wird, muss nach der Fixierung zunächst über mehrere Stunden in häufig gewechseltem Phosphatpuffer gewaschen werden. Danach erfolgt mehrmaliges Waschen im jeweiligen Puffer, dem eventuell Lysin zur Bindung von freiem Glutaraldehyd hinzugefügt werden muss.
2. 3× 10 min in Waschpuffer I waschen
3. Färbung in der cmB-Lösung unter Zusatz von verschiedenen Konzentrationen von MgCl₂ über Nacht. Die Proben müssen nur gerade bedeckt sein
4. für 6–8 h in Waschpuffer I mit MgCl₂-Zusatz alle 20 min waschen
5. 2× waschen in Waschpuffer II, über Nacht in Waschpuffer II aufbewahren
6. 1 h in 0,5 % Natriumwolframatlösung inkubieren

◨ Tab. 7.3 Elektrolytkonzentration

Elektrolytkonzentration	MgCl₂ ×6 H₂O (g/10 ml)
0,06 M	0,122
0,3 M	0,61
0,5 M	1,015
0,7 M	1,42
0,9 M	1,83

▼

7. 24 h in Natriumwolframatlösung in Ethanol inkubieren
8. dehydrieren in aufsteigender Ethanolreihe und einbetten in Epoxidharz

Ergebnis:

Lichtmikroskopie: Polyanionen sind intensiv blau gefärbt.

Elektronenmikroskopie: Bei der Farbreaktion entstehen unterschiedlich große und verschieden gestaltete, meist nadelförmige, sauber begrenzte Präzipitate (□ Abb. 7.22).

Gleiche Färbeergebnisse lassen sich mit Cuprolinic Blue (British Drug House) erzielen.

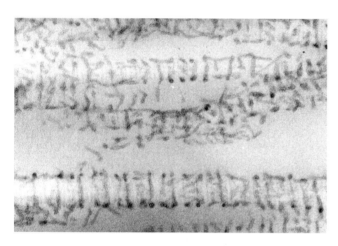

□ **Abb. 7.22** Färbung von Glykosaminoglykanen mit Kupfermeronischem Blau (Cupromeronic Blue, cmB) nach Scott. TEM-Aufnahme: U. Welsch

7.3   Literatur

7.3.1   Zusammenfassende Literatur

Bozzola JJ and Russell LD (1998) Electron Microscopy. Principles and Techniques for Biologists. Jones & Bartlett Publishing

Brooks SA, Leathem AJC and Schumacher U (1997) Lectin Histochemistry. A concise practical handbook. BIOS Scientific Publishers Limited, Oxford

Dashek WV (Ed) (2000) Methods in Plant Electron Microscopy and Cytochemistry. Humana Press

Glauert AM and Lewis PR (Eds) (1998) Biological Specimen Preparation for Transmission Electron Microscopy (Practical Methods in Electron Microscopy). Portland Press Ltd

Hayat MA (1989) Principles and Techniques of Electron Microscopy. Biological Applications. Third Edition, CRC Press Inc., Boca Raton, Florida

Hayat MA (2000) Principles and Techniques of Electron Microscopy. Biological Applications. Fourth Edition, Cambridge University Press

Hayat MA and Miller SE (1990) Negative Staining. McGraw-Hill Inc., US

Lewis PR (1977) Staining Methods for Sectioned Material. Practical Methods in Electron Microscopy, vol 5, Elsevier Science Ltd.

Neiss WF (1986) Ultracytochemistry of intracellular membrane glycoconjugates. Advances in Anatomy, Embryology and Cell Biology vol. 99, Springer-Verlag, Berlin, Heidelberg, New York

Scott JE (1985) Proteoglycan Histochemistry – a Valuable Tool for Biochemists. *Coll Rel Res* 5, 541–598

Wohlrab F und Gossrau R (1992) Katalytische Enzymhistochemie. Grundlagen und Methoden für die Elektronenmikroskopie. Gustav Fischer Verlag, Jena

7.3.2   Einzelpublikationen

Bestwick CS, Brown IR, Bennet MHR and Mansfield JW (1997) Localization of hydrogen peroxide accumulation during the hypersensitive reaction of lettuce cells to *Pseudomonas syringae* pv *phaseolicola*. *The Plant Cell* 9:209–221

Brilakis HS, Hann CR and Johnson DH (2001) A comparison of different embedding media on the ultrastructure of the trabecular meshwork. *Curr Eye Res* 22(3):235–244

Hillmer S, Joachim S and Robinson DG (1991) Rapid polymerization of LR-white for immunocytochemistry. *Histochemistry* 95:315–318

Hirabayashi Y, Sakagami T and Yamada K (1990) Electron microscopic visualization of acidic glycoconjugates by means of postembedding procedures using ruthenium red and tungstate. *Acta Histochem Cytochem* 23:165–173

Mentré P and Halpern S (1988a) Localization of cations by pyroantimonate. I. Influence of fixation on distribution of calcium and sodium. An approach by analytical ion microscopy. *J Histochem Cytochem* 36:49–54

Mentré P and Halpern S (1988b) Localization of cations by pyroantimonate. II. Electron probe microanalysis of calcium and sodium in skeletal muscle of mouse. *J Histochem Cytochem* 36:55–64

Nakakoshi M, Nishioka H and Katayama E (2011) New versatile staining reagents for biological transmission electron microscopy that substitute for uranyl acetate, *Journal of Electron Microscopy* 60(6): 401-407

Reynolds ES (1963) The use of lead citrate at high pH as an electron opaque stain in electron microscopy. *J Cell Biol* 17:208

Richardson KC, Jarrett L and Finke EH (1960) Embedding in epoxy resins for ultrathin sectioning in electron microscopy. *Stain Technology* 35:313

Spicer SS and Schulte BA (1992) Diversity of cell glycoconjugates shown histochemically: a perspective. *J Histochem Cytochem* 40:1–38

Steiner M, Schöfer C and Mosgoeller W (1994) *In situ* flat embedding of monolayers and cell relocation in the acrylic resin LR White for comparative light and electron microscopy. *Histochem J* 26:934–938

Tolivia J, Navarro A and Tolivia D (1994) Polychromatic staining of epoxy sections: a new and simple method. *Histochemistry* 101:51–55

Präparation für die konventionelle Rasterelektronenmikroskopie (REM)

Maria Mulisch

8.1   Präparate für die REM

Die REM dient insbesondere zur Darstellung von Oberflächen. Dies können natürliche oder künstlich geschaffene Oberflächen sein. Mit einer Auflösung von 0,1 µm bis einige Millimeter und einer hohen Tiefenschärfe (▶ Kapitel 1) können ganze Tiere (z. B. Insekten) sehr viel detailreicher und übersichtlicher als im Lichtmikroskop abgebildet werden. Aber auch Gewebe- oder Organteile, pflanzliche und tierische Strukturelemente, bis hin zu Zellen, Organellen oder Partikeln und Aggregaten eignen sich zur Untersuchung (◘ Abb. 8.1). Darüber hinaus werden Abdrücke von Oberflächen im REM abgebildet.

Den inneren Aufbau biologischer Präparate kann man im REM anhand von Ausgüssen, Schnitten (◘ Abb. 8.2) oder Brüchen analysieren. Obwohl die Auflösung geringer ist als bei der Transmissionselektronenmikroskopie, können die mit Hilfe des REM gewonnenen Informationen Erkenntnisse aus licht- und transmissionselektronenmikroskopischen Untersuchungen sinnvoll ergänzen und ihre Interpretation sehr erleichtern.

Die REM eignet sich auch zur Analyse und Lokalisation von Molekülen (z. B. durch Röntgenmikroanalyse, Immunogoldmarkierung u. a.). Die entsprechenden Techniken sind in der Literatur (z. B. Goldstein et al. 2003) ausführlich dargestellt.

8.2   Präparationsschritte

Ein Präparat für die konventionelle REM (im Hochvakuum) muss sauber, hochvakuumbeständig, elektronenstabil und leitfähig sein. Es muss darüber hinaus genügend Sekundärelektronen liefern können (▶ Kapitel 1). Alle diese Voraussetzungen finden sich nur bei wenigen biologischen Materialien. Daher sind zumeist mehrere Schritte notwendig, um ein geeignetes Präparat für das REM zu erzeugen.

Die Präparationsschritte umfassen normalerweise:
- Reinigung der Oberfläche
- Stabilisierung der Strukturen
- Trocknung
- Versehen mit leitfähiger Oberfläche (Sputtern)

Für harte und trockene Präparate (z. B. Chitinpanzer, Nussschalen, Pollen) sind weniger Präparationsschritte notwendig als für zarte Proben mit weichen Oberflächen (Gewebeproben, Protozoen).

Hochwertige, moderne REM erlauben auch die Untersuchung von Proben bei geringeren Drücken (0,02–1,33 mbar) und geringen Beschleunigungsspannungen. Damit können feuchte sowie nicht leitfähige Proben ohne weitere Präparationsschritte in das Gerät eingebracht werden.

Die Präparation wird ebenfalls vereinfacht durch Geräte mit Kühltisch und Kryotransfereinheit. Die in flüssigem Stickstoff eingefrorenen Proben weisen zudem weniger Artefakte auf als nach chemischer Fixierung und Trocknung.

Die Größe der Probe ist im Wesentlichen limitiert durch den Probenhalter bzw. die Probenkammer des Gerätes.

8.2.1   Reinigung

Die Reinigung der Oberfläche sollte möglichst direkt vor der Fixierung geschehen. Anschließend ist eine Reinigung zumeist nicht mehr möglich.

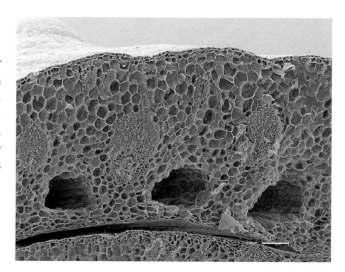

◘ Abb. 8.2 Anschnitt eines Reisstängels.

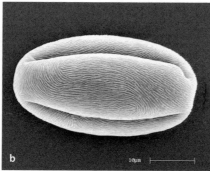

◘ Abb. 8.1 Verschiedene Präparate im REM: **a)** Flügelschuppen (Nachtfalter), **b)** Pollen (*Rosa rugosa*), **c)** Kopf von *Musca domestica* (Stubenfliege).

Trockene Präparate werden durch Pressluft und einen weichen Pinsel behutsam von Staub und Flusen befreit. Feine Stäube können damit meist nicht entfernt werden. Hier helfen manchmal Bäder in verdünnten Lösungsmitteln oder Detergenzien, unter Umständen im Ultraschallgerät. Wenn möglich, sollte man bei Insekten frisch geschlüpfte Exemplare präparieren, da diese noch sauber sind und keine Beschädigungen aufweisen.

Wasserorganismen oder Kulturzellen werden mehrmals in gefiltertem, proteinfreien Medium oder isotonischem Puffer resuspendiert oder gespült. Auf diese Weise werden auch Schleimschichten von den Präparaten entfernt. Oberflächenproteine können enzymatisch abgebaut werden; dabei muss man allerdings behutsam vorgehen, um darunter liegende Lagen nicht anzugreifen.

Fette, Öle und Wachse entfernt man mit Lösungsmitteln (Xylol, Chloroform). Auch Knochen sollten vor der Präparation vollständig entfettet werden.

8.2.2 Stabilisierung

Damit Oberflächen bei der Trocknung nicht kollabieren, muss nicht nur die Oberfläche, sondern das gesamte Präparat stabilisiert werden. Weiche biologische Präparate (Zellen, Gewebe, Protozoen, Invertebraten) werden zur Stabilisierung im Allgemeinen wie für die Transmissionselektronenmikroskopie (▶ Kap. 5) fixiert.

Normalerweise benutzt man dazu chemische Fixantien wie für die Transmissionselektronenmikroskopie (▶ Kap. 5), obwohl der Anspruch an die Erhaltung der internen Strukturen geringer ist. Fixierungsgemische, die Schwellungen oder Schrumpfungen verursachen, sind zu vermeiden. Gängig sind isotonische, gepufferte Mischungen aus Formaldehyd und Glutaraldehyd und Nachfixierung mit 1 % OsO_4. Man kann auch mit Sublimat ($HgCl_2$) oder in OsO_4- oder Formaldehyd-Dämpfen (▶ Kap. 5) nachfixieren.

Um Bewegungsvorgänge z. B. von Cilien oder Flagellen einzelliger Organismen darzustellen, ist eine Kryofixation

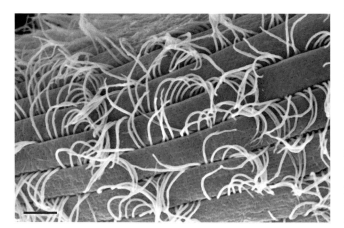

◨ Abb. 8.3 In der Bewegung „eingefrorene" Cilien eines Ciliaten nach Kryofixation, Gefriersubstitution und CPD im REM.

(▶ Kap. 9.3.2) mit anschließender Gefriersubstitution (Barlow and Sleigh 1979) vorteilhaft (◨ Abb. 8.3).

Anleitung A8.1

Fixierung von adherenten Zellen für die Untersuchung im REM

Material:
- Aclar- oder Thermanox-Folie (Plano)
- Mikrotiterplatte
- Zellen und Kulturmedium
- feine Pinzette
- Schere, Skalpell oder Stanze
- Gefäße für die Präparation, z. B. 5 ml Schnappdeckelgläser
- Fixierlösung I (z. B. 2,5 % Glutaraldehyd in PBS)
- Waschpuffer (z. B. PBS, siehe Puffertabelle im Anhang)
- Fixierlösung II (z. B. 1 % OsO_4 in H_2O)
- Ethanol- oder Acetonreihe (30, 50, 70, 90, 100 %)
- Körbchen für die Kritische-Punkt-Trocknung

Durchführung:
1. Folie so zurechtschneiden, dass sie in Vertiefungen der Mikrotiterplatte und in das Körbchen für die Trocknung passt
2. Folienstücke in die Vertiefungen der Mikrotiterplatte legen
3. mit Zellen aus Zellkultur animpfen
4. Zellen wie üblich heranziehen
5. mit Zellen bewachsene Folienstücke in Fixierlösung I versenken, für 1h bei RT fixieren
6. 3x 10 min in Waschpuffer waschen
7. für 1 h (oder über Nacht bei 4°C) in Fixierlösung II fixieren
8. 3x 10 min in Waschpuffer waschen
9. im letzten Waschschritt das Körbchen in das Gefäß mit dem Puffer stellen und die Folie mit den Zellen darin versenken
10. über aufsteigende Konzentrationsreihe Ethanol (Aceton) je 20 min entwässern (dabei auf keinen Fall trocken fallen lassen)
11. (geschlossenes) Körbchen mit Folie darin schnell in die bereits mit 100 % Ethanol (Aceton) gefüllte Kammer der CPD-Anlage transferieren
12. Kritische-Punkt-Trocknung starten

Die Folie mit den Zellen wird nach der Trocknung mithilfe von doppelseitigem Klebeband auf dem Präparatehalter befestigt.

8.2.3 Freilegen interner Strukturen

Durch Abziehen von Deckschichten mit Hilfe von Hand-, Vibratom- oder Kryostatschnitten oder Brüchen können interne Strukturen freigelegt und im REM betrachtet werden (◨ Abb. 8.2).

Zur Herstellung von Brüchen verwendet man getrocknetes oder gefrorenes Material.

8

Dünnschichtige Präparate lassen sich sehr gut brechen, nachdem sie zwischen zwei Deckgläsern oder Objektträgern eingefroren wurden. Direkt nach dem Einfrieren sprengt man mit einem gekühlten Skalpell, das zwischen die Gläser geschoben wird, diese auseinander. Zur besseren Haftung kann man die Glasoberflächen vor dem Auftragen der Präparate mit Polylysin (A10.4) oder Alcianblau beschichten.

8.2.4 Abdruckverfahren

Wenn die Oberfläche nicht für die direkte Abbildung im REM geeignet ist, gibt es eine Reihe von Möglichkeiten, von ihr Abdrücke herzustellen (Reimer und Pfefferkorn 1973). Dies betrifft z. B. sehr große Präparate, die nicht beschädigt werden dürfen, Proben, die sich bei einer Entnahme stark verändern, oder biologische Objekte, die sich nicht ohne Artefaktbildung fixieren oder trocknen lassen.

Als Material für Abdrücke eignen sich unter anderem vakuumfeste Klebstoffe (z. B. Epoxide), die nach dem Trocknen als Film abgezogen, besputtert und betrachtet werden können. Sie zeigen ein negatives Bild der Oberfläche. Verwendet man lösliches Material für die Abdrücke (z. B. Wachse, Polystyrol, Acetylcellulose), kann man die Matrize nach Metallbeschichtung in entsprechenden Lösungsmitteln auflösen; das verbleibende Metall zeigt ein positives Abbild der Oberfläche.

8.2.5 Trocknung

Nur wenige biologische Objekte sind wasserfrei (z. B. trockene Pflanzenteile wie Pollen und Samen, Chitinstrukturen von Insekten). Feuchte Präparate können für kurze Zeit im REM betrachtet werden, wenn sie sehr stabile Oberflächen auf-

weisen (Pflanzenteile, Insekten) oder nach der Fixierung mit Glycerin imprägniert wurden (Ensikat and Barthlott 1993). Normalerweise werden die Präparate nach der Fixierung getrocknet.

8.2.5.1 Imprägnierung mit Glycerin

Der Dampfdruck von Glycerin ist niedrig; daher ist es im Hochvakuum relativ beständig. Die elektrische Leitfähigkeit von Glycerin genügt, um Aufladungen zu verhindern, sodass auch keine Beschichtung notwendig ist. Vorteile der Methode sind (1) kurze Präparationsdauer, (2) mögliche Betrachtung des selben Präparats im REM und im Lichtmikroskop, (3) feine, lose Strukturen auf der Oberfläche bleiben erhalten. Wenig geeignet sind Präparate mit weichen Oberflächen, da diese kollabieren können, sowie solche mit Cilien oder Mikrovilli, die leicht verklumpen.

Vorgehensweise: Nach der Fixierung entwässert man in einer aufsteigenden Glycerinreihe bis ins reine Glycerin. Die Objekte werden kurz auf Filterpapier abgetupft, um überschüssiges Glycerin zu entfernen, und mit Leitsilber aufgeklebt.

8.2.5.2 Lufttrocknung

Die langsame Trocknung an der Luft führt bei wasserhaltigen Objekten meist zu Oberflächenveränderungen. Die Oberflächenspannung an der Phasengrenze zwischen Wasser und Luft führt zum Kollabieren der Strukturen und verursacht Schrumpfungen und Falten (◘ Abb. 8.7a). Um diese Artefakte zu vermindern, überführt man die fixierten Präparate vor einer Lufttrocknung besser stufenweise in Lösungsmittel (Ethanol, Methanol, Aceton). Diese Trocknungsweise eignet sich dennoch nur für relativ stabile Objekte.

8.2.5.3 Gefriertrocknung

Nach einer Kryofixation (▶ Kap. 9.3.2) wird das Präparat im Vakuum in einer Gefriertrocknungsanlage getrocknet. Diese Art der Trocknung kann insbesondere für kleine Proben verwendet werden, bei denen die Gefahr der Eiskristallbildung beim Einfrieren geringer ist als bei großen Präparaten.

8.2.5.4 Kritische-Punkt-Trocknung

Die meisten biologischen Objekte werden heute mit Hilfe der Kritische-Punkt-Trocknung (*critical point drying*, CPD) für die REM präpariert. Dafür steht eine breite Palette von Geräten verschiedener Anbieter zur Verfügung.

Die CPD umgeht den Kritischen Punkt (CP), bei dem eine flüssige in die gasförmige Phase übergeht, durch die gleichzeitige Erhöhung von Druck und Temperatur (◘ Abb. 8.4). Jenseits des CP treten keine Oberflächenspannungen mehr auf. Nach langsamer Druckverminderung und Temperaturabsenkung erhält man ein trockenes Präparat ohne Schädigung der Oberfläche.

Um den CP von Wasser (P_k = 220 bar, T_k = 374 °C) zu umgehen, müssten Druck und Temperatur sehr stark erhöht werden. Besser geeignet sind flüssige Gase wie Freon 13 (P_k =

40 bar, $T_k = 39\,°C$) oder CO_2 ($P_k = 74$ bar, $T_k = 31\,°C$). Die modernen Geräte arbeiten mit CO_2.

Für die CPD werden die Präparate durch eine aufsteigende Konzentrationsreihe in getrockneten Alkohol (Ethanol, Methanol) oder Aceton überführt. Sie werden im Lösungsmittel in die Probenkammer des Gerätes gebracht. Dabei ist es wichtig, dass die Proben während des Transfers und in der Kammer nicht trockenfallen.

Im Gerät werden die Präparate zunächst gekühlt. Dann wird nach und nach das Lösungsmittel durch flüssiges CO_2 ersetzt. Man kontrolliert dabei durch ein Sichtfenster den Flüssigkeitsspiegel (die Präparate dürfen nicht trockenfallen) und den Austauschprozess (Schlierenbildung bei unvollständigem Austausch). Enthält die Kammer reines CO_2, kann mit der CPD begonnen werden. Nachdem der CP erreicht wurde, stellt man die Heizung aus und öffnet das Ablassventil. Das CO_2 sollte möglichst langsam (über einige Stunden) entweichen.

Die Präparate werden normalerweise nicht isoliert in der Probenkammer behandelt, sondern man verwendet perforierte Behälter, in die man die Präparate möglichst schon vor der Entwässerungsreihe einfüllt. Je nach Größe der Objekte werden grob- oder feinmaschige Netze, Siebe oder Membranen verwendet. Man kann sie in unterschiedlichen Maschenweiten und Größen fertig kaufen oder selbst herstellen. Die Behälter schützen die Präparate vor auftretenden Turbulenzen und erlauben es, mehrere unterschiedliche Objekte gleichzeitig zu trocknen. Feinporige Behälter behindern allerdings den Austausch der Flüssigkeiten. Man muss sie nach jeder CO_2-Zugabe längere Zeit in dem Gemisch liegen lassen, bevor man einen erneuten Austausch beginnt.

8.2.6   Befestigen der Präparate

Für die Rasterelektronenmikroskopie müssen die Präparate nach der Trocknung auf passenden Präparatehaltern (Objektteller) befestigt werden. Die Teller sind zumeist aus Aluminium, um Wärme und Elektronen gut ableiten zu können. Auf den Tellern werden die Präparate durch leitfähiges Material geerdet. Dazu verwendet man z. B. vakuumfeste Kleber, doppelseitiges Klebeband oder Leitsilber, die im Handel erhältlich sind (z. B. Plano oder Polysciences).

Sehr kleine Präparate (Suspensionszellen, Protozoen) kann man bereits vor oder direkt nach der Fixierung auf beschichteten Deckgläsern (Gelatine, Polylysin etc., ▶ Kap. 10.5.2) befestigen. Nach der Trocknung werden die Deckgläser auf den Präparatehaltern wie Aufwuchspräparate z. B. mit doppelseitigem Klebeband befestigt.

Eine sehr glatte Oberfläche (❏ Abb. 8.5) entsteht durch Verwendung von Anlegeöl für Blattvergoldungen (Schmincke, Mixtion rapid 3). Das Öl trocknet, ohne zu schrumpfen. Es eignet sich insbesondere zur Befestigung sehr kleiner, partikulärer Präparate (Pollen, Protozoen). Das Öl wird mit einem feinen Pinsel sehr dünn auf den Aluminiumteller gestrichen. Nach kurzem Antrocknen (je nach Alter des Öls 10–30 min.; mit einer Nadel prüfen, ob sich ein fester Film darauf gebildet hat) streut man die getrockneten Präparate auf.

Beim Aufkleben der Präparate sollte man darauf achten, dass die Proben die Beweglichkeit des Objekttellers im REM (Drehen, Kippen) nicht einschränken. Objektteile, die man untersuchen möchte, orientiert man möglichst horizontal oder leicht gekippt, damit sie im REM vom Elektronenstrahl erfasst werden können.

8.2.7   Sputtern

Wenn die Elektronen von der Probe nicht abfließen können, kommt es zu Aufladungen, die das Bild stören (❏ Abb. 8.7b).

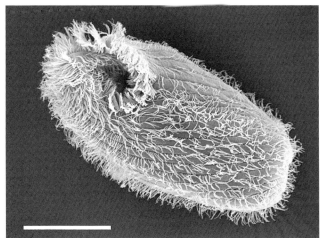

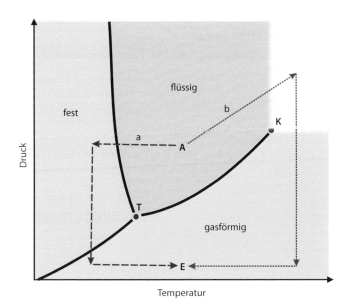

❏ **Abb. 8.4** Phasendiagramm für Flüssigkeiten. Druck und Temperatur bestimmen den festen, flüssigen oder gasförmigen Zustand. Die Gefriertrocknung verfolgt vom Ausgangspunkt (A) den Weg **a** (gestrichelte Linie) um den Tripelpunkt (T) zum Endpunkt (E). Bei der CPD wird der Kritische Punkt (K) durch Erhöhung von Druck und Temperatur umgangen (**b**, gepunktete Linie). Nach Reimer und Pfefferkorn (1973)

❏ **Abb. 8.5** *Climacostomum* (Ciliat) auf Anlegeöl für Blattvergoldungen. Der Balken entspricht 100 µm.

Die Beschichtung mit Metallen ist für die meisten biologischen REM-Präparate notwendig. Moderne Rasterelektronenmikroskope, die mit sehr niedrigen Beschleunigungsspannungen arbeiten können, bilden auch unbeschichtete Proben störungsfrei ab.

Sehr dünne und gleichmäßige Metallschichten werden durch Sputtern (Kathodenzerstäubung) erzeugt. Für die Beobachtung im REM ergeben sich dadurch folgende Vorteile:

- verringerte Schäden im Präparat durch den Elektronenbeschuss
- erhöhte Wärmeleitfähigkeit des Präparates
- verringerte Aufladung des Präparates
- verbesserte Emission von Sekundärelektronen
- verringerte Eindringtiefe des Elektronenstrahls

8.2.7.1   Prinzip des Sputterns

Aus einem Gas (zumeist Argon) werden Ionen erzeugt und in einem elektrischen Feld auf ein sogenanntes Target beschleunigt. Das Target besteht aus demselben Material (Metall) wie die aufzubringende Schicht. Aus dem Target schlagen die Ionen Atome heraus, welche sich dann auf dem Substrat ablagern. Für die optimale Beschichtung sind die Wahl des geeigneten Ionisierungsgases und des Target-Materials ausschlaggebend.

8.2.7.2   Sputter-Coater

Sputter-Coater verschiedener Bauart sind bei Herstellern von Elektronenmikroskopie-Zubehör erhältlich (z. B. Plano). Im Prinzip sind sie folgendermaßen aufgebaut (◻ Abb. 8.6):

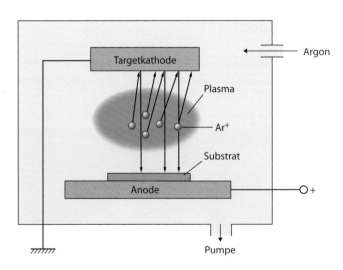

◻ **Abb. 8.6** Vereinfachter Aufbau des Sputterverfahrens. Innerhalb des Behälters befindet sich die positiv geladene Anode mit dem Präparat (Substrat) und die negativ geladene Kathode (als Target) sowie Argon als Restgas. Nach Anlegen einer Spannung werden Elektronen zur Anode hin beschleunigt, stoßen mit den dazwischen liegenden Argonatomen zusammen und ionisieren diese. Die Argonatome werden dann zur Kathode hin beschleunigt und schlagen Atome aus dem darüberliegenden Target. Zwischen den Elektroden entsteht ein stationäres Plasma. Die Atome des Targets verteilen sich in der Kammer und erzeugen eine dünne Schicht auf dem Präparat.

Innerhalb einer Kammer (Glasröhre) befindet sich eine Diodenanordnung mit einer positiv geladenen Anode und einer negativ geladenen Kathode. Die Kammer wird evakuiert und mit einem Edelgas (meist Argon) geflutet. Zwischen der Anode und der Kathode wird eine Spannung im Bereich von 150 bis 3000 V angelegt. Die Elektronen werden zur Anode hin beschleunigt, stoßen mit den dazwischenliegenden Argonatomen zusammen und ionisieren diese. Die ionisierten Argonatome werden zur Kathode hin beschleunigt und schlagen neutrale Atome aus dem darüber liegenden Target. Daneben werden Sekundärelektronen freigesetzt, die weitere Argonatome ionisieren. Die herausgeschlagenen, neutralen Atome des Targets verteilen sich gleichmäßig in der gesamten Kammer und erzeugen eine dünne Schicht auf dem Präparat.

8.2.7.3   Wahl des Target-Materials

Chrom als Target-Material produziert sehr dünne und gleichmäßige Filme auf dem Präparat. Allerdings benötigt man ein hohes Vakuum zum Sputtern. Mit Chrom bedeckte Präparate können im REM durchsichtig wirken, da manchmal auch Strukturen unter der Oberfläche abgebildet werden.

Magnetron-Sputter-Coater hoher Qualität können Platinfilme mit Korngrößen von 1–2 nm auftragen. Platin emittiert im Vergleich zu Chrom mehr Sekundärelektronen.

Silber hat eine sehr gute Leitfähigkeit und ist darüber hinaus relativ preiswert. Der Film kann mit „Farmers reducer" wieder entfernt werden, um das Präparat in seinen ursprünglichen Zustand zurück zu bringen.

Am meisten verbreitet sind Targets aus Gold/Palladium (80:20) oder reine Goldtargets. Sie eignen sich für viele Routineanwendungen.

8.2.7.4   Schichtdicken

Die Dicke (in Ångström) eines in Argon gesputterten Au-/Pd-Films bei 2,5 kV auf ein 50 mm entferntes Präparat wird folgendermaßen berechnet:

Dicke (D) = 7,5 x I x t
I = Stromstärke (mA)
t = Dauer (Minuten)
Durchschnittlich benötigt man 2–3 Minuten bei U = 2,5 kV und I = 20 mA.

8.2.8   Techniken für stark zerklüftete Objekte oder hohe Auflösung

8.2.8.1   Imprägnierung mit OsO₄

Stark behaarte oder stark zerklüftete Objekte (z. B. Insektenbeine oder -Mundwerkzeuge) lassen sich durch Sputtern nicht gleichmäßig beschichten. Das führt zu Aufladungen und Auflösungsverlusten im REM. Zur Abhilfe werden die getrockneten Präparate mehrere Wochen mit Osmiumdämpfen behandelt. Alternativ eignet sich die OsO_4-THC-Methode (A8.3).

Die OsO$_4$-TCH-Methode

Nach Vorfixierung in Aldehyd und Waschen in Puffer inkubiert man etwa 15 min in 2 % (w/v) OsO$_4$ (in H$_2$O), wäscht gründlich mehrmals in H$_2$O und gibt dann das Präparat in eine gesättigte wässrige, frisch gefilterte Lösung von TCH (Thiocarbohydrazid). Dieser Vorgang wird mehrmals wiederholt.

Durch diese Methode erreicht man eine sehr feine Beschichtung, die z. B. für Cytoskelettpräparationen geeignet ist (Wallace and Fischman, 1979).

8.2.8.2 Abdecken mit Aluminiumfolie

Aufladungen an der Oberfläche stark poröser oder unbehandelter Präparate kann man nach Ohnesorge und Holm (1978) verhindern, indem man das Präparat mit einer Aluminiumfolie bedeckt, die nur ein feines Loch für die Betrachtung aufweist.

8.2.9 Aufbewahrung der Präparate

Getrocknete und besputterte Präparate können in einem luftdicht verschlossenen Gefäß (z. B. Gefrierdose) über einem Trocknungsmittel jahrelang aufbewahrt werden.

8.3 Artefakte

Häufige Fehlerquellen bei der rasterelektronenmikroskopischen Präparation sind:

- Schmutz (Verklebungen, Aufladungen) auf den Präparaten
- Trocknungsartefakte (Schrumpfungen, Falten, Risse; ◘ Abb. 8.7a), hervorgerufen durch:
  - einfache Lufttrocknung
  - ungenügende Entwässerung vor der CPD

- ungenügender Austausch der Lösungsmittel gegen CO$_2$ in der CPD-Anlage
- Druck oder Temperatur bei der CPD zu niedrig
- Artefakte durch falsche Beschichtung (Sputtering)
  - zu dicke Beschichtung (Oberflächendetails werden verdeckt)
  - zu dünne Beschichtung (verringerte Auflösung und Bildstörungen durch Aufladungen; ◘ Abb. 8.7b)
- Artefakte durch falsche Befestigung
  - Präparat bewegt sich unter Elektronenbeschuss (verringerte Auflösung und Bildstörungen)
  - nicht leitende Befestigung (verringerte Auflösung und Bildstörungen durch Aufladungen; ◘ Abb. 8.7b)

8.4 Literatur

Barlow, D.I. and Sleigh, M.A. (1979) Freeze substitution for preservation of ciliated surfaces for scanning electron microscopy. *J. Microscopy* 115: 81–95.

Goldstein J, Newbury DE, Joy DC, Lyman CE, Echlin P, Lifshin E, Sawyer LC and Michael JR (2003) Scanning Electron Microscopy and X-ray Microanalysis. 3. Ed Springer

Eisenbeis G und Wichard W (1985) Atlas zur Biologie der Bodenarthropoden, Gustav Fischer Verlag.

Ensikat HJ and Barthlott W (1993) Liquid substitution: a versatile procedure für SEM specimen preparation of biological materials without drying or coating. *J. Microscopy* 172: 195-203.

Flegler SL, Heckman JW, Klomparens KL (1995) Scanning and Transmission Electron Microscopy: An Introduction Oxford University Press, USA

Hayes TL (1973) Scanning Electron microscope Techniques in Biology. In: Koehler, J.K (Ed) Advanced Techniques in Biological Electron Microscopy. Springer-Verlag, Berlin, Heidelberg, New York.

Kessel RG and Shih CY (2012) Scanning Electron Microscopy in BIOLOGY: A Students' Atlas on Biological Organization, reprint of the original 1st ed. 1976, Springer.

Kohl H und Colliex C (2007) Elektronenmikroskopie: Eine anwendungsbezogene Einführung, Wissenschaftliche Verlagsgesellschaft.

Ohnesorge J und Holm R (1978) Rasterelektronenmikroskopie – Eine Einführung für Mediziner und Biologen. Scanning Electron Microscopy – An Introduction for Physicians and Biologists. 2nd Ed. Georg Thieme Publishers Stuttgart.

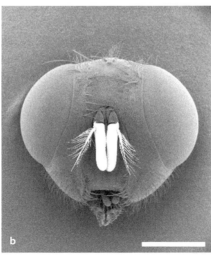

◘ **Abb. 8.7** Beispiele von Artefakten bei der Präparation für das REM. Kopf von Weibchen von *Lucillia* (Goldfliege). **a)** Trocknungsartefakt. Das Auge rechts ist eingefallen. **b)** Aufladungen an den Antennen. Der Balken entspricht 1200 µm. Aufnahme: H. Döring, Universität Köln

Pennycook SJ and Nellist PD (Eds) (2011) Scanning Transmission Electron Microscopy: Imaging and Analysis, Springer New York.

Reimer L und Pfefferkorn G (1973) Raster-Elektronenmikroskopie. Springer-Verlag, Berlin, Heidelberg, New York.

Rosenbauer KA und Kegel BH (1978) Rasterelektronenmikroskopische Technik, Päparationsverfahren in Medizin und Biologie, Thieme Verlag

Schatten H (Ed) (2012) Scanning Electron Microscopy for the Life Sciences (Advances in Microscopy and Microanalysis), Cambridge University Press.

Schmidt PF (2013) Praxis der Rasterelektronenmikroskopie und Mikrobereichsanalyse, 2., vollständig neubearbeitete Auflage, Expert-Verlag

Wallace IP and Fischman DA (1979) High resolution scanning electron microscopy of isolated and in situ cytoskeletal elements. *J Cell Biol* 83: 249–254.

Wichard W, Arens W und Eisenbeis G (1995) Atlas zur Biologie der Wasserinsekten, Gustav Fischer Verlag.

8

Kryotechniken

Rudolph Reimer

9.1   Einleitung

Unter dem Begriff Kryotechniken werden verschiedene Präparations- und Mikroskopieverfahren zusammengefasst, bei denen mit wasserhaltigem biologischen Material gearbeitet wird, dessen strukturelle Komponenten durch Gefrieren fixiert, also immobilisiert wurden. Alle Kryoverfahren basieren auf dem Prinzip, den bis zu 80-prozentigen Wasseranteil von Zellen und Geweben durch spezielle Gefriermethoden in einen Festkörper zu überführen, mit dem Ziel, die Probe bis zur erfolgten Abbildung möglichst „lebensnah" zu erhalten. Es wird zwischen reinen Kryomethoden und Misch- oder Hybridtechniken unterschieden (◘ Abb. 9.1).

Konventionelle Präparationsmethoden basieren auf chemischer Fixierung (▶ Kap. 5.2.2). Die Fixierung ist notwendig, um alle biologischen Prozesse zu stoppen und die räumliche Topo-

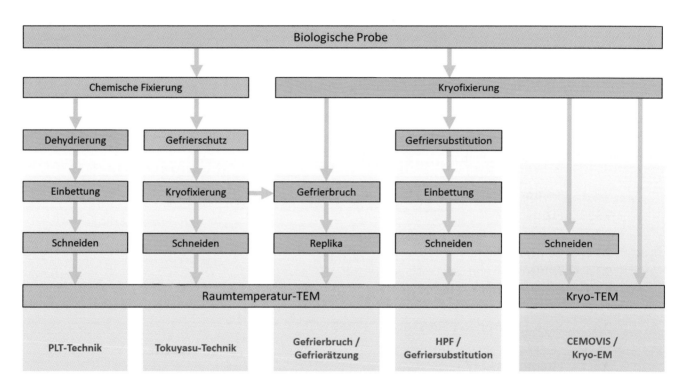

◘ **Abb. 9.1** Übersicht der Kryotechniken in der Elektronenmikroskopie. Dargestellt sind die verbreitetsten Methoden: PLT-Technik, Tokuyasu-Technik, Hochdruckgefrieren (HPF von *„High Pressure Freezing"*) mit anschließender Gefriersubstitution, Gefrierbruch bzw. Gefrierätzung, Kryo-Elektronenmikroskopie sowie Kryo-Elektronenmikroskopie von vitrifizierten Schnitten (CEMOVIS von *„Cryo-Electron Microscopy Of Vitreous Sections"*). Raumtemperatur-Präparationsschritte sind orange, Kryo-Bedingungen hellblau gekennzeichnet.

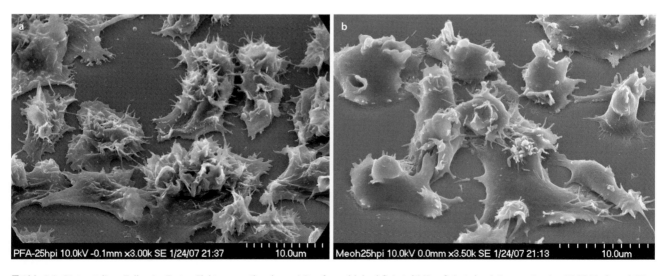

◘ **Abb. 9.2** *Dictyostelium*-Zellen im Raster-Elektronenmikroskop. **a)** Paraformaldehyd-fixiert, **b)** Kryofixiert durch Immersion in −78 °C Methanol. Die relativ langsame Aldehyd-Fixierung führt zu einer deutlichen Veränderung der Zellmorphologie. Die schnelle Kryoimmersion in Methanol fixiert die Oberflächen der Zellen in ihrer nativen Form. Bilder: Monica Hagedorn, BNI Hamburg.

logie der zellulären Bestandteile über die nachfolgenden Präparationsschritte zu erhalten. Schaut man sich den auf Diffusion basierenden Prozess der chemischen Fixierung genauer an, stellt man fest, dass er im Verhältnis zu biologischen Prozessen relativ langsam und selektiv abläuft. Die morphologischen Veränderungen durch eine chemische Fixierung werden deutlich im Vergleich mit kryofixierten Präparaten (◩ Abb. 9.2).

Die Zellen reagieren zeitlich um Größenordnungen schneller auf das Fixativ, als sie fixiert werden. So verändert sich zuerst die äußere Zellmorphologie, obwohl das Fixativ die Oberflächen direkt erreichen kann. Aber noch deutlicher verändert sich die Ultrastruktur im Zellinneren aufgrund der notwendigen Diffusionszeit (Beispiel: *Paramecium*, ◩ Abb. 9.3). Das Cytoplasma wird regelrecht umorganisiert. Es finden also pathophysiologische Veränderungen als Reaktion der lebenden Zelle auf das Fixativ statt – die Zelle wird nicht in ihrem nativen Zustand fixiert, sondern langsam abgetötet. Neben diesen pathophysiologischen Vorgängen, welche zur Veränderung der Morphologie führen, finden chemische Prozesse statt, die zu Fixativ-typischen Artefakten wie Membran-Ondulationen oder -Invaginationen führen können. Durch das Quervernetzen der Proteine mit Aldehyden kommt es zu lokal unterschiedlich starken Schrumpfungen bzw. Verdichtungen bestimmter Cytoplasmabestandteile. Die Membranen werden dabei onduliert und teilweise desintegriert, bei größeren Membransystemen kann es sogar zu einer vollständigen Umorganisation kommen.

Die chemische Fixierung ist aber nur eine Ursache für Artefakte in der Elektronenmikroskopie. Ein weiterer entscheidender Faktor ist die notwendige Dehydrierung der Proben bei Temperaturen über 0 °C. Zellen bestehen bis zu 80 % aus Wasser, welches in hohem Maße die Struktur bestimmt. Entzieht man der Probe das flüssige Wasser oder ersetzt es durch organische Lösungsmittel, führt dies zu massiven strukturellen Veränderungen, angefangen mit Veränderungen im mikroskopischen Bereich, wie Schrumpfungen, bis zu Veränderungen der Nano-Topologie der Proteine und deren Struktur. Aus diesem Grund baut die moderne Strukturbiologie sehr stark auf reinen Kryotechniken wie Kryo-EM (▶ Kap. 9.4) auf.

9.2 Kryopräparation für die Lichtmikroskopie

Prinzipiell können die im folgenden ▶ Kapitel 9.3 beschriebenen Kryo-Präparationsmethoden nicht nur für die Elektronenmikroskopie, sondern auch für die Lichtmikroskopie verwendet werden. So lassen sich z. B. kryoprozessierte und in Methacrylat eingebettete Proben verhältnismäßig gut mit Antikörpern, interkalierenden Farbstoffen oder Phalloidin markieren (◩ Abb. 9.12b) und eignen sich deshalb auch für die korrelative Licht- und Elektronenmikroskopie. Auch sogenannte Tokuyasu-Schnitte (▶ Kap. 9.3.5) können korrelativ mit beiden bildgebenden Verfahren untersucht werden (◩ Abb. 9.16).

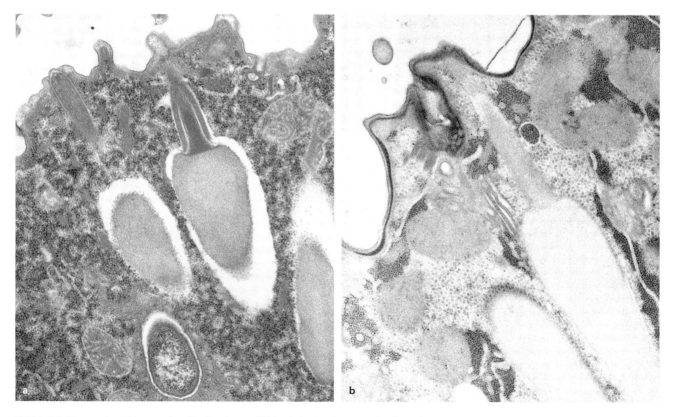

◩ **Abb. 9.3** *Paramecium* **a)** konventionell präpariert und **b)** hochdruckgefroren und gefriersubstituiert. Neben den typischen Schrumpfungsartefakten fällt bei der konventionellen Präparation, im Vergleich zur Kryofixierung, ein kaum organisiertes Cytoplasma auf. Bilder: Heinrich Hohenberg, HPI Hamburg

Selbst vitrifizierte Proben können mit entsprechend ausgestatteten Kryo-Lichtmikroskopen analysiert werden. Hierfür sind z. B. ein spezieller, mit flüssigem Stickstoff gekühlterKryo-Probentisch und eine zusätzliche Objektiv-Wärmeisolierung notwendig.

Eine Sonderstellung nimmt die sog. Kryostat-Gefrierschnitt-Technik ein. Streng genommen handelt es sich hierbei nicht um eine strukturerhaltende Kryopräparation, sondern um eine Schnell-Präparationsmethode aus dem Bereich der Histopathologie.

9.2.1   Kryostatschnitte

Die Gefrierschnitt-Technik ist eine seit über 100 Jahren etablierte Methode aus der Histopathologie. Eingeführt 1905 von dem amerikanischen Pathologen Louis B. Wilson, gehört sie auch heute noch zu der Standardpräparation für die intraoperative Diagnostik (z. B. für Mohs-Chirurgie, mikroskopisch kontrollierte Chirurgie). Ursprünglich wurde die Probe dafür in Holundermark eingebettet, in der kalten (-29 °C) Winterluft gefroren und per Hand mit einem Rasiermesser geschnitten. Die Schnitte wurden mit Methylen-Blau angefärbt, mit Saline gewaschen und in einer Glucose-Lösung auf Objektträgern montiert (Gal, 2005). Heute benutzt man für die Herstellung von Gefrierschnitten hochentwickelte gekühlte Mikrotome, die Kryostate (☐ Abb. 9.4).

Neben der deutlich schnelleren Präparationszeit im Vergleich zu Paraffinschnitten, weisen Kryostatschnitte zudem eine wesentlich bessere Erhaltung der Antigenität auf. So lassen sich Markierungen mit vielen Antikörpern, die für Paraffin-eingebettetes Material nicht verwendbar sind, an Kryostat-Schnitten problemlos durchführen. Darüber hinaus eignen sich Kryostat-Schnitte aufgrund der guten DNA- und RNA-Erhaltung hervorragend für die Mikrodissektionstechnik (▶ Kap. 3.9). Lipide werden aufgrund der fehlenden Lösungsmittelbehandlung ebenfalls gut präserviert (☐ Abb. 9.5).

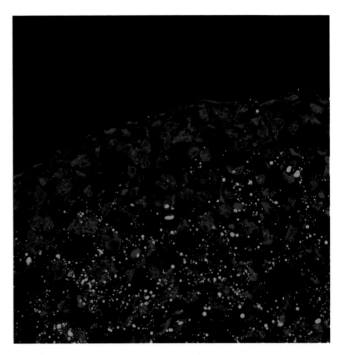

☐ **Abb. 9.5** Kryostatschnitt eines *in vitro* gezüchteten Leber-Divertikels im konfokalen Laser-Rastermikroskop. Rot: Actin (Phalloidin-TRITC); blau: Zellkerne (Hoechst 33258); grün: Lipidtröpfchen (Bodipy). Bild: Kathrin Rösch, HPI Hamburg

9.2.2   Einfrieren der Proben

Die einzufrierenden Proben sollten nach der Entnahme aus ihrer natürlichen oder Kultivierungsumgebung so schnell wie möglich chemisch fixiert oder eingefroren werden, da eine schnell eintretende Austrocknung bzw. Autolyse bei Gewebe oder eine Milieu- und Temperaturänderung bei kultiviertem Material zu feinmorphologischen Veränderungen führen kann.

Die Geschwindigkeit des Einfriervorgangs und die Dicke der zu gefrierenden Probe bestimmt die Größe der unvermeid-

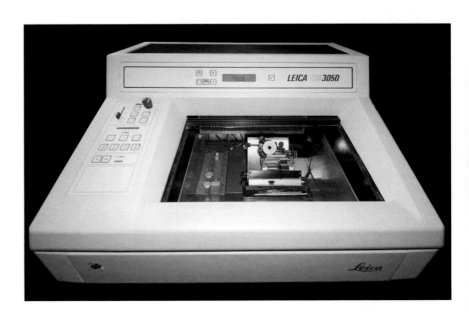

☐ **Abb. 9.4** Kryostat cm3050 von Leica.

lich auftretenden Eiskristalle, welche die Gewebemorphologie – je nach Größe der entstehenden Kristalle – nachhaltig zerstören. Eiskristalle enthalten ausschließlich Wasser, das sie dem umgebenden Gewebe entziehen, mit der Folge, dass sich Ionen und alle löslichen Zellbestandteile außerhalb der Kristalle aufkonzentrieren. Zudem haben die Kristalle ein größeres Volumen als Wasser, sodass die Zellbestandteile komprimiert und Zellmembranen verschoben und durchlöchert werden. Die Bildung größerer Eiskristalle ist also auf jeden Fall zu vermeiden. In der Praxis gilt:

- Die Eiskristalle sollten nicht größer sein als die Auflösung des benutzten bildgebenden Verfahrens
- Die Kristalle sollten nicht größer sein als die zu detektierenden Probendetails

Das heißt, bei der Lokalisation ganzer Zellen innerhalb eines Gewebes sind Eiskristalle weniger problematisch. Kritisch ist, wenn man innerhalb einzelner Zellen durch Markierung oder Färbung die Verteilung spezifischer Bestandteile örtlich genau lokalisieren möchte.

Eine langsame Abkühlung führt zu großen Eiskristallen und somit zu typischen „Schweizer Käse"-Artefakten. Deshalb muss die Probe entweder mit Gefrierschutzmittel versehen, oder möglichst schnell abgekühlt werden. Generell gilt: Je höher die Abkühlungsgeschwindigkeit, desto kleiner die Kristalle. Deswegen reicht es nicht, die Probe in flüssigen Stickstoff als Einfriermedium (LN_2: -196 °C) einzutauchen. Flüssiger Stickstoff zeigt das sogenannte Leidenfrost-Phänomen: Hierbei bildet sich zwischen der warmen Probe und dem kalten Flüssiggas eine isolierende Schicht aus gasförmigen Stickstoff. Die Folge ist eine geringe Abkühlrate für die gesamte Probe. Um das Leidenfrost-Phänomen zu umgehen, werden für das Einfrieren der Proben geeignete großmolekulare Einfriermedien (Kryogene), wie LN_2-gekühltes Isopentan, oder mit Trockeneis gekühltes Ethanol verwendet.

Alternativ können die Gewebestücke unter Verwendung eines Kryogen-Einbettungsmittels wie z. B. „Tissue-Tek® O.C.T. compound" auch direkt im Kryostaten eingefroren werden. Hierfür verwendet man Edelstahlblöcke mit Vertiefungen, die als Wärmeleiter dienen und direkt im Kryostaten gekühlt werden.

Anleitung A9.1

Herstellung von Kryostatschnitten
Einfrieren
Materialien:
- Dewar mit Flüssig-Stickstoff (LN_2)
- Isopentan
- Kühlbehälter mit Trockeneis
- kleine Petrischälchen
- Pinzette
- Optimal Cutting Temperature compound (OCT) z. B. Sakura Tissue-Tek® O.C.T. compound
- Tissue-Tek® Cryomold® Schälchen bzw.

▼

- Tragant Pulver (Merck 8405)
- Korkplättchen

Die Probe kann in OCT Medium frisch oder in 4% PFA fixiert bzw. mit Saccharose gefriergeschützt eingefroren werden. Alternativ zum OCT-Medium benutzt man Tragant (stark hydrophiles Binde- und Klebemittel). Die Einbettung von frischem Gewebe in Tragant wird für enzymatische Studien bevorzugt. Darüber hinaus eignet sich die Tragant-Einbettung besonders gut für Muskelgewebe.

Die Probe wird kurz (ein paar Minuten) in einer Petrischale in OCT inkubiert. Anschließend wird die Probe in frisches OCT in einem Cryomold-Schälchen überführt und richtig positioniert (die Anschnittfläche ist der Boden des Cryomold-Schälchens). Das Medium sollte die Probe leicht bedecken. Luftblasen vermeiden.

Ein Metallbehälter wird zu ca. 2/3 mit Isopentan gefüllt und in einem Flüssigstickstoff-gefüllten Dewargefäß mindestens zehn Minuten abgekühlt. Die Probe wird mit einer Pinzette in das Isopentan getaucht und ca. 20 s lang unter leichter Bewegung eingefroren.

Die eingefrorene Probe kann kurzfristig auf Trockeneis und langfristig im –80 °C Gefrierschrank gelagert werden. Hierfür sollte sie, um eine Gefriertrocknung zu vermeiden, luftdicht in Folie verpackt sein.

Alternativ: Tragantmasse vorbereiten. Pulver in ddH_2O geben, gut vermischen und quellen lassen. Die gequollene homogene Masse muss formbar sein. Sie kann aliquotiert und bei –20 °C gelagert werden. Die Probe wird in die auf einem Korkplättchen zu einer Pyramide geformte Tragantmasse eingebettet und orientiert. Anschließend wird die Probe in Isopentan gefroren.

Herstellen der Kryostatschnitte

Vor dem Schneiden muss die Probe mindestens 30 min im Kryostaten temperiert werden. Die optimale Temperatur der Kammer und des Messers variieren je nach Gewebetyp und sind abhängig davon, ob das Gewebe chemisch fixiert oder mit Gefrierschutzmitteln behandelt wurde. Typische Werte sind z. B. –28 °C für die Kammer und –21 °C für das Messer. Ideale Parameter müssen empirisch anhand der Tabellen-Richtwerte (siehe Bedienungsanleitungen zu den Kryostaten) ermittelt werden.

Bei adäquater Temperatur lässt sich die Probe sehr gut schneiden und die Schnitte können auch ohne Pinsel direkt auf SuperFrost-Objektträger aufgenommen werden. Bei zu hoher Temperatur werden die Schnitte zusammengerollt oder zu zerknitterten Stapeln zusammengeschoben. Ist die Temperatur zu niedrig, werden die Schnitte spröde und bröckelig. Je höher der Wasseranteil im Gewebe ist (z. B. Gehirn), desto eher tendieren die Schnitte zum Bröckeln.

Neben dem Einhalten der idealen Temperatur muss für perfekte Schnitte das Messer sauber sein und darf keine Scharten aufweisen. Sowohl Verschmutzungen an der Klinge,

▼

als auch Scharten führen zu vertikalen Streifen und Rissen. Mechanisch nicht gut fixierte Teile am Messerblock können zu Vibrationen führen und horizontale Streifen verursachen. Kryostat-Hersteller (z. B. Leica) bieten sehr detaillierte Anleitungen und Videos zu Kryostat-Schnitttechnik auf ihren Internetseiten an.

9.3 Kryopräparation für die Elektronenmikroskopie

Die Kryopräparation für die Elektronenmikroskopie (EM) lässt sich in reine Kryo- und Kryohybrid-Methoden unterteilen (◻ Abb. 9.1).

Prinzipiell beginnt jede EM-Präparation mit einer Fixierung des biologischen Materials: entweder chemisch durch geeignete Fixative oder physikalisch durch Einfrieren. Chemische Fixierung und Kryoprozessierung stehen aber nicht unvereinbar nebeneinander.

Chemisch fixierte Proben können auch ohne vorheriges Gefrieren, bei sukzessive abfallenden Temperaturen, dehydriert und bei tiefen Temperaturen in Methacrylat eingebettet, das mittels UV-Licht polymerisiert wird. Diese Vorgehensweise wird als PLT-Technik bezeichnet (vom englischen „*Progressive Lowering of Temperature*"), siehe ▶ Kap. 9.3.1. Diese PLT-Dehydrierung und Acrylat-Einbettung bei tiefen Temperaturen hat große Vorteile gegenüber der Prozessierung bei Raumtemperatur und kann mit relativ geringem apparativen und somit finanziellen Aufwand durchgeführt werden. PLT-prozessierte Proben zeigen eine bessere Strukturerhaltung, insbesondere bei fetthaltigem Material, und lassen sich besser markieren als konventionell verarbeitete und Epoxidharz-eingebettete Präparate.

Eine noch bessere Antigen-Erhaltung und vor allem -Zugänglichkeit bietet die Tokuyasu-Technik (▶ Kap. 9.3.5), benannt nach dem Erfinder Kiyoteru Tokuyasu. Für diese Technik wird die Probe zunächst auch chemisch fixiert, danach mit hochkonzentriertem Gefrierschutz versehen und kann deswegen eiskristallfrei sogar in flüssigem Stickstoff eingefroren werden. Das gefrorene Material wird dann bei tiefen Temperaturen (-120 °C) ultradünn geschnitten. Die Ultradünnschnitte werden auf TEM-Grids aufgenommen, aufgetaut und können anschließend mit Immunogold markiert werden. Sie bleiben dabei immer im feuchten Zustand und werden nur im letzten Schritt in einer Methylzellulose-Schutzschicht getrocknet. Für die Durchführung der Tokuyasu-Technik ist ein Kryo-Ultramikrotom notwendig.

Reine Kryo-Techniken verzichten gänzlich auf die chemische Fixierung. Das bedeutet in der Praxis, die biologische Probe wird mittels spezieller Techniken und Methoden im Lebend- oder Vitalzustand eingefroren. Je nach Probenmaterial steht zu diesem Zweck eine ganze Palette verschiedenster Techniken und Apparaturen zur Auswahl, beschrieben in ▶ Kapitel 9.3.2. Bei allen Einfriertechniken ist das generelle Ziel, das Wasser in der Probe amorph zu gefrieren, also ohne

Eiskristalle. Bilden sich Eiskristalle, wird die zelluläre Feinstruktur zerstört. Kristallin frierendes Wasser entmischt das Cytoplasma, indem es Proteine, Lipide und auch Ionen zwischen den Eiskristallen konzentriert und Membranen zerstört (◻ Abb. 9.6).

Kryofixiertes Material kann auf verschiedene Art und Weise für die Elektronenmikroskopie vorbereitet werden.

Bei der Gefriersubstitution wird das gefrorene Wasser bei Temperaturen um die −90 °C gegen ein flüssiges Lösungsmittel ausgetauscht, das bereits Kontrast- und Fixierungsmittel enthält. Alle Zellkomponenten befinden sich dabei weiterhin im eingefrorenen nativen Status. Nach der Gefriersubstitution, dem Herauslösen des gefrorenen Wassers und dem gleichzeitigen Einbringen von Kontrast- und Fixierungsmitteln bei tiefen Temperaturen wird die Probe ebenfalls unter Kryobedingungen in Methacrylat eingebettet, das UV-polymerisiert wird. Danach kann sie bei Raumtemperatur konventionell ultradünn geschnitten und mikroskopiert werden. Auf diese Art präpariertes Material zeigt eine hervorragend erhaltene Ultrastruktur und eignet sich gut für Markierungen am Schnitt (◻ Abb. 9.12).

Bei der Gefrierbruch- bzw. Gefrierätztechnik (▶ Kap. 9.3.4) wird die vitrifizierte Probe zuerst unter Kryo-Bedingungen gebrochen. Der Bruch verläuft meistens entlang von hydrophoben Grenzflächen, wie den Innenseiten von Membranbilayern. Auf die entstehenden Bruchflächen wird bei tiefen Temperaturen eine dünne kontrastreiche Schicht Platin schräg aufgedampft, welche mit einer dickeren elektronentransparenten Schicht Kohle stabilisiert wird. Die Schräg-Bedampfung erzeugt den finalen Kontrast der Probe, welcher von der Topographie des Bruches abhängt. Der nur wenige Nanometer dicke Platin-Kohle-Film stellt eine Replika der Bruchoberfläche dar. Diese kann nach dem Auftauen und Wegätzen des biologischen Materials im Transmissionselektronenmikroskop hochaufgelöst analysiert werden. Bei der Gefrierätztechnik wird vor dem Metall-Bedampfen ein Teil des Wassers auf der Bruchoberfläche wegsublimiert, um die durch Wasser verdeckten Strukturen freizugeben.

Für fundamentale Fragen aus der Strukturbiologie reichen die oben beschriebenen Kryo-Hybridmethoden oft nicht mehr aus, da sie alle die biologischen Strukturen nicht im reinen Zustand, sondern mit Kontrastmitteln „dekoriert" darstellen. Kontrastmittel sind notwendig, da biologisches Material im Elektronenmikroskop so gut wie keinen Eigenkontrast aufweist. Dennoch ist es nicht unmöglich, unkontrastierte biologische Proben im TEM darzustellen. Dies ist die Domäne der Kryo-Elektronenmikroskopie (▶ Kap. 9.4). Viren- oder Molekül-Suspensionen können in ultradünnen Wasserschichten eiskristallfrei eingefroren und in einem Kryo-TEM direkt aufgenommen werden (◻ Abb. 9.21). Das Signal zu Rausch-Verhältnis ist dabei aufgrund der Transparenz der biologischen Proben für Elektronenstrahlen extrem schlecht, kann aber mit speziellen Techniken verbessert werden (▶ Kap. 9.4). Dickere Proben können für die Kryo-Elektronenmikroskopie ultradünn geschnitten werden. Die Kombination aus Kryo-

Ultradünnschnitttechnik von vitrifizierten Proben mit Kryo-Elektronenmikroskopie wird als CEMOVIS (von *Cryo-Electron Microscopy Of Vitreous Sections*) bezeichnet. Diese Art der Elektronenmikroskopie ist extrem aufwendig und wird von nur wenigen Laboren weltweit betrieben.

9.3.1   PLT

Die *Progressive Lowering of Temperature* (PLT) Entwässerung ist eine Kryo-Hybridmethode, bei der die Temperatur des Lösungsmittels sukzessive mit dessen steigender Konzentration verringert wird. Sie wird hauptsächlich verwendet, um bei der Probenentwässerung eine geringere Extraktion der löslichen Gewebekomponenten zu erzielen. Dadurch bleibt die Feinstruktur besser erhalten und die Immunogold-Markierbarkeit verbessert sich auch, insbesondere bei geringer Antigen-Konzentration. Darüber hinaus zeigen stark lipidhaltige Gewebe nach PLT-Prozessierung deutlich weniger Artefakte.

Für die PLT-Entwässerung muss die Probe zunächst chemisch fixiert werden. Hierfür können geringere Konzentrationen an Fixativen und kürzere Fixationszeiten verwendet werden, was die Antigen-Zugänglichkeit verbessert. Weiterhin kann auf OsO_4 verzichtet werden, da die Einbettung ebenfalls bei tiefen Temperaturen und nicht, wie bei der konventionellen Epoxidharz-Einbettung bei 60 °C stattfindet. Der Verzicht auf OsO_4 führt ebenso zu einer wesentlich besseren Antigenität der Probe.

Für die Durchführung einer PLT-Entwässerung werden die Proben in einer geeigneten Apparatur (z. B. Leica AFS) gem. ◘ Tabelle 9.1 prozessiert. Die entwässerten Proben werden für die Einbettung in kleine (0,5 ml) Reaktionsgefäße mit frischem Lowicryl übertragen und luftdicht verschlossen. Die Polymerisation wird durch Bestrahlung mit UV-A Licht (365 nm) gestartet. Eine indirekte, diffuse Beleuchtung mit UV-Licht zu Beginn der Reaktion begünstigt eine homogene Polymerisation. Hierfür wird der Ständer mit den Proben in einem mit Ethanol gefüllten Metallgefäß platziert. Die Reaktionsgefäße mit den Proben werden mit Alufolie abgedeckt, sodass das UV-Licht nur durch Reflexe an den Metallgefäßwänden die Probe erreicht. Diese indirekte Beleuchtung wird über Nacht durchgeführt. Am nächsten Tag wird die Alufolie entfernt und die Proben direkt mit UV für 48 Std. beleuchtet. Zum Schluss werden die geöffneten Reaktionsgefäße unter einem Abzug bei Raumtemperatur mit UV oder in der direkten Sonne im Freien so lange „end-polymerisiert", bis sich der typische Lowicryl-Geruch verflüchtigt hat.

Für die Herstellung von Lowicrylen werden die jeweiligen Komponenten (◘ Tab. 9.2) unter einem Abzug in Glas- oder Polypropylen-Gefäßen abgewogen (nicht in Polystyrol). Nach gründlichem Durchmischen – der Initiator muss komplett gelöst sein – kann das Lowicryl bei –20 °C über mehrere Monate gelagert werden.

Die Monomer-Mischung von HM20 muss absolut wasserfrei vorliegen. Dies kann durch das platzieren eines mit Mo-lekularsieben (0,3 nm; Merck 105704) gefüllten Dialyseschlauches in der Monomerflasche sichergestellt werden.

9.3.2   Einfrieren der Proben

Oberstes Ziel bei der physikalischen Fixierung von biologischen Proben, dem Einfrieren, ist die Erhaltung des amorphen Zustandes des Wassers in der gefrorenen Probe. Dieser „glasartige" Zustand des gefrorenen Wassers wird als Vitrifikation bezeichnet. Hierzu muss jedoch angemerkt werden, dass der Begriff „vitrifiziert" in der Elektronenmikroskopie meist mit „gut gefroren" gleichgesetzt wird. Dies bedeutet, dass die Schäden an der biologischen Feinstruktur, welche durch Eiskristalle verursacht werden, unterhalb der Auflösung des Elektronenmikroskops liegen und somit nicht detektierbar sind.

Ob sich in der Probe beim Gefrieren Eiskristalle bilden, ist maßgeblich abhängig von der Menge der vorhandenen eiskristallformenden Kristallisationskeime, also der Dicke der Probe und deren Wassergehalt und von der Geschwindigkeit, mit welcher der Probe Wärme entzogen wird (Vanhecke et al. 2008). Der erste Parameter kann durch Zugabe von Gefrierschutz-

◘ **Tab. 9.1** Beispiel einer PLT-Entwässerung mit anschließender Lowicryl-Einbettung

Schritt	Temperatur (°C)	Medium	Dauer
1	0	30 % Ethanol	30 min
2	-20	50 % Ethanol	60 min
3	-20	70 % Ethanol	60 min
4	-35	95 % Ethanol	60 min
5	-35	100 % Ethanol	60 min
6	-35	100 % Ethanol	60 min
7	-35	50% Lowicryl in Ethanol	60 min
8	-35	70% Lowicryl in Ethanol	60 min
9	-35	100 % Lowicryl	über Nacht
10	-35	100 % Lowicryl	6 Std
11	-35	100 % Lowicryl / UV-Polymerisation	48 Std

◘ **Tab. 9.2** Zusammensetzung von gebräuchlichen Lowicrylen

Bezeichnung	Vernetzer	Monomer-Mischung	Initiator (Benzoin Methyl Ether)
K4M	3,0 g	19,0 g	110 mg
HM20	3,3 g	18,7 g	110 mg
K11M	1,1 g	20,9 g	110 mg

mitteln so weit verringert werden, dass keine Eiskristallbildung mehr stattfindet.

Für das Einfrieren von biologischen Proben für die Elektronenmikroskopie gibt es eine Reihe unterschiedlicher Methoden.

Mit Hilfe der sogenannten „bare grid"-Methode (Adrian *et al.,* 1984) werden extrem dünne Schichten von Makromolekül- oder Virus-Suspensionen direkt auf einem EM-Trägernetzchen durch Kryogen-Immersion (▶ Kap. 9.3.2.1) gefroren. Dabei lassen sich Schichten aus amorphem Eis von bis zu 300 nm Dicke erzeugen, die für Elektronenstrahlen transparent sind.

Beim Gefrieren unter atmosphärischem Druck ohne Gefrierschutzmittel erreicht man eiskristallfreie Schichtendicken von maximal 10–20 μm. Diese Grenze lässt sich auch nicht durch sehr hohe Kühlraten, z. B. durch Metallspiegel- (Heuser et al. 1979) oder Propan-Jet-Gefrieren (Müller et al. 1980) umgehen. Um höhere Schichtdicken eiskristallfrei zu frieren, bedarf es eines Druckes von 2045 bar (▣ Abb. 9.8). Unter diesem Druck (▶ Kap. 9.3.2.2) lassen sich z. B. native Gewebe von bis zu 100–200 μm Dicke, also um einen Faktor zehn höher als bei atmosphärischem Druck, kryofixieren.

Die Qualität der Kryofixierung hängt im Wesentlichen von drei Faktoren ab: der Abkühlgeschwindigkeit, der Dicke der Probe und der Konzentration an löslichen Stoffen in der Probe, welche als Gefrierschutz agieren. Die Konzentrationen von gelösten Stoffen können im biologischen Material lokal stark variieren, deswegen ist die Qualität der Kryofixierung gerade bei dickeren Proben nicht immer vorhersehbar. Schlecht gefrorene Proben sind für ein ungeschultes Auge oft nicht eindeutig als solche erkennbar, da die Größe der Artefakte ebenfalls von sehr groß bis nahezu unsichtbar variiert (▣ Abb. 9.6).

9.3.2.1   Kryogen-Immersion

Die einfachste und schnellste Art, geeignete biologische Proben zu vitrifizieren, stellt die Kryogen-Immersion dar. Sie wird routinemäßig z. B. für strukturbiologische Kryo-EM-Untersuchungen von aufgereinigten Makromolekül- oder Virussuspensionen verwendet. Da das manuelle Eintauchen der Probe in ein Kryogen zu langsam ist, existieren hierfür zahlreiche proprietäre und kommerzielle Lösungen (z. B. ▣ Abb. 9.7), welche elektromagnetische, pneumatische oder federgetriebene Eintauch-Vorrichtungen haben. Als Kryogene werden meistens verflüssigtes Propan (Siedepunkt –42 °C, Schmelzpunkt –188 °C) und verflüssigtes Ethan (Siedepunkt –89 °C, Schmelzpunkt –183 °C) verwendet. Die mittlere Abkühlgeschwindigkeit, mit der die Probe eingefroren wird, ist bei diesen Flüssiggasen um einen Faktor 20–30 höher als bei flüssigem Stickstoff.

Für das Einfrieren der Probe wird zunächst gasförmiges Propan bzw. Ethan zum Verflüssigen in ein mit LN₂-gekühltes Metallgefäß eingeleitet. Die Probensuspension wird auf ein mit Lochfolie bespanntes TEM-Grid (▣ Abb. 9.21) gegeben und anschließend nahezu komplett mit einem Stück Filterpapier abgesaugt. Dabei bildet das Wasser durch die Oberflächenspannung in den Löchern der hydrophilen Folie einen dünnen Film aus, der die gelösten bzw. suspendierten Partikel enthält. Das TEM-Grid wird möglichst schnell, um Verdunstungen zu vermeiden, in das Kryogen getaucht und anschließend in flüssigen Stickstoff überführt. Die vitrifizierte Probe kann daraufhin sofort im Kryo-TEM untersucht werden.

Sicherheitshinweis

Bei der Arbeit mit verflüssigten entflammbaren Gasen ist extreme Vorsicht geboten! Selbst das Entzünden von Kleinstmengen kann verheerende Folgen haben. Der Flammpunkt von flüssigem Ethan liegt bei –130 °C, der von flüssigem Propan bei –104 °C. Diese Gase bilden explosive Gemische in der Luft bei einer Konzentration von lediglich 2–3%. Bei Temperaturen von unterhalb –183 °C kondensiert zusätzlich Sauerstoff aus der Luft, welcher die Explosionsgefahr verstärken kann. Alle Arbeiten mit Propan/Ethan müssen unter einem geeigneten Abzug (funkenfrei) durchgeführt werden. Die verflüssigten Kryogene sollten nicht gelagert, sondern durch Verdampfung unter dem Laborabzug oder durch vorsichtiges Ausschütten im Freien entsorgt werden.

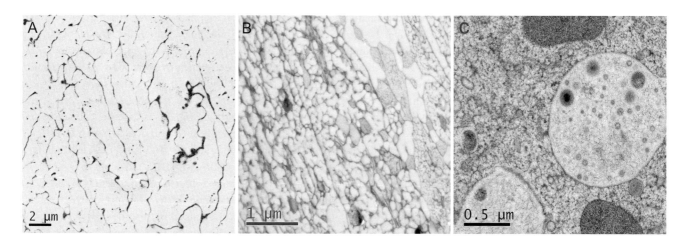

▣ **Abb. 9.6** Typische Bilder von Gefrierschäden im TEM. Deutlich erkennbare Segregationsmuster, verursacht durch Eiskristallbildung. Die Größe dieser Muster variiert von sehr groß (**a**) bis sehr fein (**c**) je nach Eiskristall-Größe. So erkennt man z. B. im Bild (**c**) trotz Schäden noch viele feine Details.

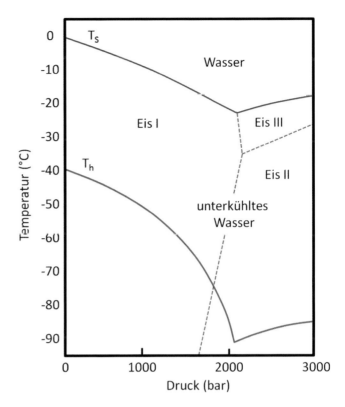

Abb. 9.8 Phasendiagramm des Wassers (nach Kanno et al. 1975). Dargestellt sind die Temperaturkurven für die homogene Nukleation (Th, blau) und die Schmelztemperatur-Kurve (TS, rot).

Abb. 9.7 Vollautomatische, klimatisierte Immersions-Gefrieranlage Vitrobot. Bild: FEI

9.3.2.2 Kryofixierung unter hohem Druck (High-Pressure-Freezing)

Die Hochdruckgefrier-Fixierung, engl. *High-Pressure-Freezing* (HPF, Moor 1987), ist die einzige Möglichkeit, dickere Proben (bis zu 200 μm) ohne Gefrierschutzmittel eiskristallfrei im nativen Zustand zu gefrieren. Das Phasendiagramm des Wassers (■ Abb. 9.8) verdeutlicht das physikalische Prinzip, auf dem diese Methode beruht: Bei einem Druck von 2045 bar liegt der Schmelzpunkt des Wassers bei –22 °C und die minimale Temperatur, bei welcher eine homogene Nukleation stattfindet, bei –92 °C.

Unter diesen Bedingungen sind die Nucleationsrate und das Eiskristallwachstum drastisch verringert, denn der hohe Druck unterbindet die Ausdehnung des Wassers beim Gefrieren und verhindert damit indirekt die Kristallbildung (Wasser hat die höchste Dichte bei 4°C). Als Folge wird keine Wärme durch Kristallbildung (Kristallisationswärme) frei und dementsprechend muss auch weniger Wärme pro Zeit durch Kühlen entzogen werden. Somit können auch bei geringeren Abkühlraten dickere Schichten adäquat gefroren werden. Dies erlaubt Proben mit einer Schichtdicke von bis zu 200 μm eiskristallfrei zu gefrieren. Das Wasser kristallisiert hierbei nicht als Eis I mit

geringerer Dichte, sondern als Eis II bzw. Eis III mit höherer Dichte als flüssiges Wasser.

Für das Hochdruckgefrieren existieren diverse kommerzielle Apparaturen, deren Bedienung sich stark unterscheidet. Da alle Anlagen mit extrem hohen Drücken arbeiten, kann schon aus Sicherheitsgründen hier nicht auf Bedienungsdetails eingegangen werden. Für den Betrieb sind unbedingt die Sicherheits- und Bedienungshinweise der entsprechenden Hersteller zu befolgen.

Auch die Probenvorbereitung ist ist auf die jeweiligen Geräte zugeschnitten. Es wird jedoch grundsätzlich zwischen der Präparation von Geweben und Suspensionen unterschieden. Generell müssen Gewebeproben an die Größe des Probenträgers angepasst werden (Dicke < 200 μm). Als Wärmeleitmedium kann z. B. 1-Hexadecen oder 20% BSA benutzt werden. Gewebe-Bioptate sollten möglichst schnell präpariert und kryofixiert werden, um fortschreitende autolytische Prozesse zu stoppen. Hierfür können z. B. Mikrobiopsie-Verfahren eingesetzt werden (Hohenberg et al., 1996). Pflanzengewebe (■ Abb. 9.9) muss vorher in 8% Methanol unter Vakuum entgast werden. Da Methanol jedoch zu Schäden an den Membranen (insbesondere an den Thylakoidmembranen in den Chloroplasten) führt, sollten diese vorher mit 0,1–0,2 mm Glycin-Betain stabilisiert werden (Zhao et al. 1992).

Die Präparation von Suspensionen ist weitaus schwieriger, denn die klassischen Techniken wie Zentrifugation und Martix-Einbettung (Gelatine bzw. Agarose) verändern das natürliche

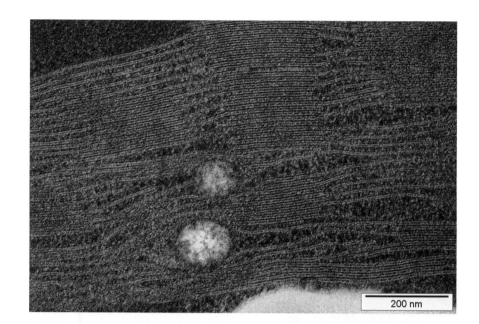

▢ Abb. 9.9 Thylakoide (Granastapel) eines Chloroplasten aus Gerste nach HPF. Bild: Maria Mulisch, CAU Kiel

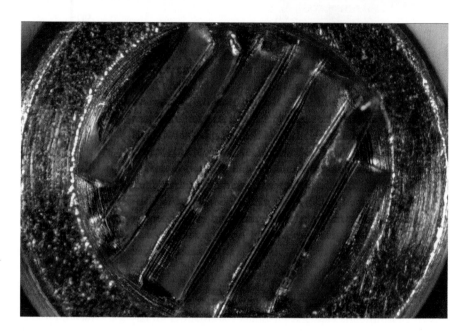

▢ Abb. 9.10 Heparinisiertes Blut in Zellulose-Mikrokapillaren in einem mit 1-Hexadecen gefüllten Al-Probenträger, präpariert für das Hochdruckgefrieren in einer Baltec/Abra HPM010-Anlage.

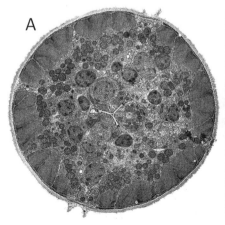
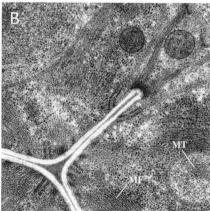
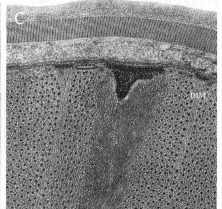

▢ Abb. 9.11 *C. elegans* nach Hochdruckgefrieren und Gefriersubstitution in einer Zellulose-Mikrokapillare. **a**) Übersicht, **b**) Ausschnitt aus der Mitte, **c**) Ausschnitt von der Peripherie. Bilder: Heinrich Hohenberg, HPI Hamburg

Gefüge und somit auch die Morphologie z. B. von Zellen und sind zeitaufwendig. Eine sehr praktikable Lösung für die Präparation von allen Arten von Suspensionen (von Molekülen bis zu kleinen Organismen) ist die Verwendung von Zellulosekapillaren (Hohenberg et al. 1994), in die das suspendierte Material mit Hilfe von Kapillarkräften eingesogen und eingeschlossen wird. In ◘ Abbildung 9.10 ist eine für das Hochdruckgefrieren in Zellulosekapillaren vorbereitete Blutprobe dargestellt.

Schwer handhabbare, sehr bewegliche Kleinstlebewesen wie Ciliaten oder Nematoden können in Mikrokapillaren ebenfalls eingefangen und im nativen Zustand eingefroren werden (◘ Abb. 9.11).

9.3.3 Gefriersubstitution

Als Gefriersubstitution wird eine Entwässerung bei tiefen Temperaturen bezeichnet, bei der das gefrorene Wasser durch ein Lösungsmittel ausgetauscht wird. Die Morphologie der biologischen Probe bleibt dabei stets als eingefrorener „Schnappschuss" des Lebendzustandes erhalten. Nach dem Austausch des freien Wassers durch ein organisches Lösungsmittel kann die Probe entweder bei Raumtemperatur in ein Epoxidharz oder bei tiefen Temperaturen in Lowicryl eingebettet und polymerisiert werden. Anschließend können bei Raumtemperatur Ultradünnschnitte für die konventionelle Elektronenmikroskopie angefertigt werden. Das auf diese Art präparierte Material ist nicht nur durch eine „lebensnahe" Morphologie gekennzeichnet, sondern eignet sich auch sehr gut für Markierungen und kann somit sowohl für licht- als auch für elektronenmikroskopische Untersuchungen eingesetzt werden (◘ Abb. 9.12).

Die Gefriersubstitution wird in einer automatisierten Substitutionsanlage (z. B. Leica AFS) durchgeführt. Je nach Probe muss für ein optimales Ergebnis ein passendes Protokoll ausgesucht werden. Es existieren zahlreiche Protokolle mit variablen Lösungs-, Kontrast- und Einbettungsmitteln sowie verschiedenen Inkubationszeiten. Einige Protokolle sind z. B. im „*Leica EM AFS Recipe Book*" zusammengefasst.

◘ **Tab. 9.3** Beispielprotokoll für die Gefriersubstitution

Schritt	Reagenz	Temperatur (°C)	Zeit (Std)
1	2% OsO$_4$ in Aceton	−90	26
2	2% OsO$_4$ in Aceton	−90	15
3	2% OsO$_4$ in Aceton	−60	8
4	2% OsO$_4$ in Aceton	−60	15
5	2% OsO$_4$ in Aceton	−30	8
6	Aceton	−30	0,5
7	Aceton	−30	0,5
8	50% Epon in Aceton	+4	3
9	75% Epon in Aceton	+20	12
10	100% Epon	+20	12
11	100% Epon + 1,5% BDMA	+20	1
12	Polymerisation	+60	72

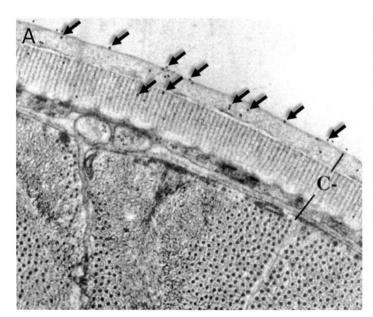

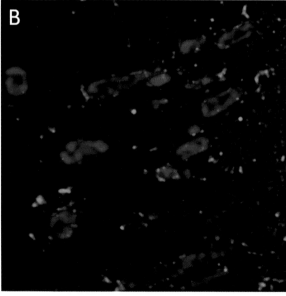

◘ **Abb. 9.12** Markierbarkeit von kryoprozessierten und in Methacrylat eingebetteten Proben: **a**) Immunogold-Markierung von Cuticulin (Pfeile). Ultradünnschnitt eines hochdruckgefrorenen, gefriersubstituierten HM20-eingebetteten *C. elegans* im TEM. Bild: Heinrich Hohenberg, HPI, Hamburg; **b**) Ultradünnschnitt von hochdruckgefrorener, gefriersubstituierter HM20-eingebetteter humanen Haut (Stratum granulosum), markiert mit Hoechst 33258 (blau), Phalloidin-TRITC (rot) und polyklonalem Anti-Glycosylceramid Antikörper (grün).

Ein typisches Protokoll für die Gefriersubstitution von Zellsuspensionen ist in ◘ Tab. 9.3 dargestellt.

Die Inkubationszeiten sowohl für die Substitution als auch
für die Einbettung müssen probenspezifisch angepasst werden. So unterscheiden sich z. B. Zellwand-haltige Organismen
(Pilze bzw. Pflanzen) deutlich von Mammalia-Zellen oder
-Geweben in Bezug auf die Penetrationsdauer. Deshalb sollte
gerade bei Pflanzen darauf geachtet werden, die Zeiten nicht
zu kurz zu wählen (mindestens je 36 Std für Substitution und
Einbettung).

Anleitung A 9.2 (nach Hohenberg, 1994)

Universeller Transportbehälter für Substitutions-
proben

Um den Transfer der relativ kleinen Substitutionsproben und
den Austausch der Medien zu erleichtern (und gleichzeitig
Beschädigungen oder Verlust der Objekte zu verhindern),
kann ein einfacher Transferbehälter wie folgt hergestellt
werden (◘ Abb. 9.13): Aus einer blauen Pipettenspitze (1)
wird ein Behälter, wie in (3) gezeigt, ausgeschnitten und an
dessen Boden ein Edelstahlnetzchen (3b; 100 mesh) einge-
schmolzen; der Steg (3a) dient zum Übertragen. Der Behälter
kann durch einen – auf die gleiche Weise hergestellten –
Deckel (2) verschlossen werden. Beim Transfer von einem
Substitutionsgefäß ins andere (◘ Abb. 9.11a, 1–3) wird die
Probe immer in dem geschlossenen Gefäß (4) übertragen.
Das geschieht bei in Epon einzubettenden Proben bis zur
ersten 100% Epon-Stufe. Werden Proben in Lowicryl eingebettet, so wird auch die Polymerisation im Eppendorf-Gefäß
durchgeführt, d. h. die Probe muss während der Substitution

nicht transferiert werden, es werden lediglich die unterschiedlichen Medien ausgetauscht (◘ Abb. 9.13b, 1–4). Die
Probe wird in diesem Fall in 183 K kaltem Aceton nach Entfernen des 1-Hexadecen in den Transferbehälter überführt
und dort mit einem Rest Aceton am Boden des Behälters
durch Eintauchen in LN₂ festgefroren. Der Transferbehälter wird dann «verkehrtherum» in das Substitutionsgefäß
gestellt (◘ Abb 9.13b, 1), das Aceton schmilzt und die Probe
sinkt auf den Gefäßboden. Nach ca. 5 Minuten wird der
Transferbehälter erneut umgedreht und wieder „richtighe-
rum" in das Substitutionsgefäß gestellt (◘ Abb. 9.13b, 2). Von
nun an fungiert der Netzchenboden des Transferbehälters als
Siebeinsatz, durch den alle Lösungen schnell ausgetauscht
werden konnten, ohne dass weiter auf die jeweilige Lage der
Probe geachtet werden muss. Man kann „blind" arbeiten und
die Flüssigkeiten ohne Probenverlust absaugen. Zudem geht
der Austausch schnell vonstatten, ohne Wasserdampfkonta-
mination und ohne Einatmen der toxischen Acrylat-Dämpfe.

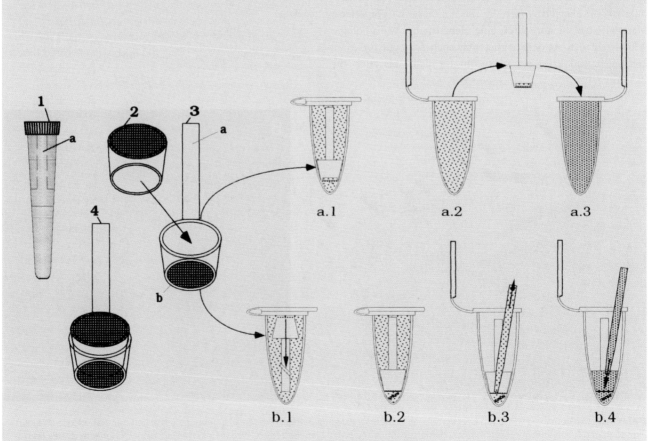

◘ **Abb. 9.13** Anfertigung und Handhabung von Transferbehältern für die Gefriersubstitution.

9.3.4 Gefrierbruch und Gefrierätzung

Die Gefrierbruchtechnik erlaubt die Darstellung von ultrastrukturellen Details, welche im Wesentlichen vom Gefrierbruchverhalten der Probe und ihrer Komponenten bestimmt werden. Die Bruchebene verläuft bevorzugt durch die hydrophobe Innenseite von Membranbilayern (◨ Abb. 9.14).

Im Innern der Membran werden nach Gefrierbruch die intramembranösen Partikel sichtbar. Die Verteilung und Größe dieser Partikel ist spezifisch für die jeweiligen Membranbruchflächen, und die Veränderung dieser spezifischen Muster gibt Hinweise auf die dynamische Veränderung der Membran. Es ist zu beachten, dass der Bruchverlauf nur in wenigen Fällen steuerbar ist und eher willkürlich durch die genannten Schwachstellen des biologischen Materials verläuft. Immunmarkierungen an gefriergebrochenem Material sind möglich, aber nur an chemisch fixierten und gefriergeschützten Proben.

Eine an den Gefrierbruch anschließende partielle Sublimation des Wassers von der Bruchoberfläche wird als Gefrierätzung bezeichnet. Durch eine leichte Erwärmung (auf –100 °C) der gefrorenen Probe wandern die Wassermoleküle in der Hochvakuumanlage in Richtung einer mit flüssigem Stickstoff temperierten Kühlfalle. Dabei werden einige Nanometer Wasser abgetragen und somit verdeckte Strukturen sichtbar.

9.3.5 Gefrierschnitte

Das Ultradünnschneiden bei tiefen Temperaturen kann methodisch in zwei verschiedene Ansätze unterteilt werden:

1. Die Gefrierschnitt-Technik nach Tokuyasu (1980), bei welcher die Probe chemisch fixiert und mit Gefrierschutz versehen wird
2. CEMOVIS (von „*Cryo Electron Microscopy Of Vitreous Sections*"), wobei natives und ohne Gefrierschutz gefrorenes Material verwendet wird

Bei der Tokuyasu-Technik wird die Probe vor dem Einfrieren chemisch fixiert und mit Gefrierschutz versehen. Danach kann die Probe bei Normaldruck Eiskristall-frei gefroren und bei tiefen Temperaturen ultradünn geschnitten werden. Der Schnitt wird anschließend aufgetaut, Immunogold-markiert, kontras-

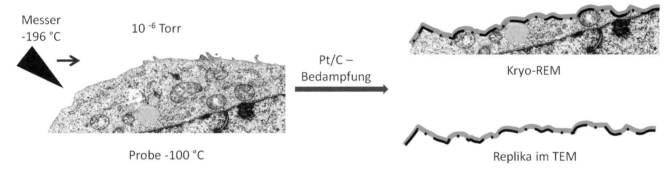

◨ **Abb. 9.14** Gefrierbruch-Präparation. Die gefrorene Probe wird unter Kryo-Bedingungen aufgebrochen, z. B. mit einem Metallmesser. Nach einer Pt/C-Bedampfung, ebenfalls bei tiefen Temperaturen, kann das Präparat entweder in ein Kryo-REM transferiert, oder – nach dem Entfernen des biologischen Materials – als Oberflächen-Replika im TEM mikroskopiert werden.

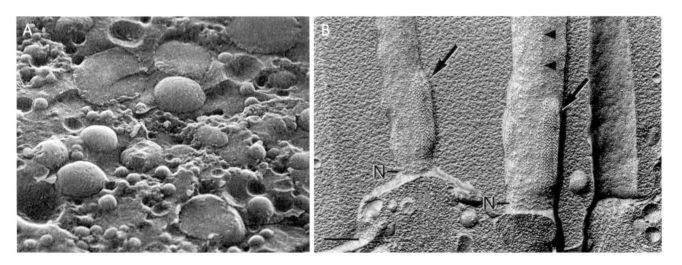

◨ **Abb. 9.15** Gefrierbruch-Präparationen. **a)** Lebergewebe nach Hochdruckgefrieren. Der Bruch quer durch das Cytoplasma eines Hepatocyten legt eine Vielzahl kleinerer und größerer Vesikel frei. Kryo-REM-Bild: Heinrich Hohenberg, HPI Hamburg. **b)** Partikelaggregate (Pfeile) an der Cilienbasis des Ciliaten *Eufolliculina uhligi*. N: „*ciliary necklace*". Replika im TEM. Die Balkenlänge entspricht 200 nm. Bild: Maria Mulisch, CAU Kiel

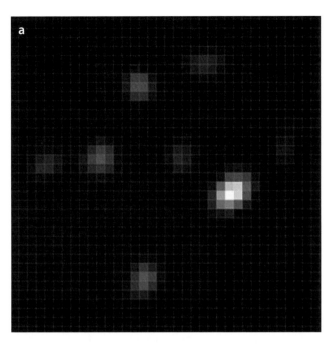

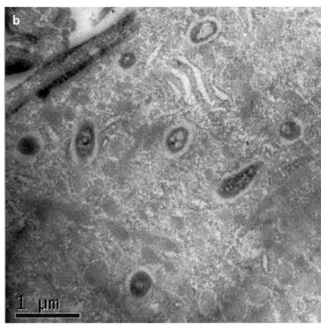

▣ Abb. 9.16 mCherry-markierte Bakterien in einem 70 nm dicken Tokuyasu-Kryoschnitt, aufgenommen mit einer hochempfindlichen Fluoreszenz-kamera (**a**) und dasselbe Areal nach Uranylacetat-Kontrastierung im TEM (**b**).

9

tiert und, mit einer Schutzschicht aus Methylzellulose versehen, getrocknet und mikroskopiert.

Die Tokuyasu-Schnitttechnik ist die Methode der Wahl für Immunogold-Markierungen. Eine so gute Antigen-Zugänglichkeit gepaart mit der sehr guten Strukturerhaltung der Probe bietet keine andere Präparationstechnik. Da die Probe bei der Präparation nicht dehydriert wird, können auch fluoreszente Proteine für korrelative Zwecke verwendet werden (▣ Abb. 9.16). Hierbei muss jedoch beachtet werden, dass die Signalstärke der Fluoreszenzproteine in den nur ca. 70 nm dünnen Schnitten relativ gering ist. Deswegen ist eine empfindliche Kamera (z. B. EM-CCD) notwendig.

Anleitung A9.3

Gefrierschnitt-Technik nach Tokuyasu

1. Die Probe wird in 4% PFA /0,1% GA in PBS fixiert (2 Std.)
2. Die Probe wird gewaschen mit 0,1% Glycin in PBS (3 x 2 min)
3. Gewebestücke werden zu kleinen Blöcken getrimmt (2 mm Kantenlänge).
   Adhärente Zellen werden abgeschabt und zentrifugiert (3 min, 1000 x g). Das Pellet wird in 12% Gelatine in PBS resuspendiert und 20 min lang bei 37 °C inkubiert. Anschließend werden die Zellen herunterzentrifugiert und die Gelatine auf Eis ausgehärtet (10 min). Der untere Teil des Eppendorf-Röhrchens mit dem Pellet wird mit einer Rasierklinge abgeschnitten und halbiert. Die Gelatine kann nun entnommen und zu kleinen Blöckchen getrimmt werden (2 mm Kantenlänge).
4. Die Blöckchen werden in 2,3 M Saccharose in PBS unter Rotation bei 4 °C inkubiert (2–24 Std)
5. Ein Blöckchen wird auf einem Aluminium-Pin platziert und die überschüssige Flüssigkeit seitlich mit einem Filterpapier fast vollständig entfernt.

6. Die Aluminium-Pins mit den Proben werden durch Eintauchen in LN$_2$ eingefroren und können dort nahezu unbegrenzt gelagert werden
7. Das Mikrotom wird auf –80 °C vorgekühlt und eine Anschnittfläche von ca. 500 µm x 500 µm getrimmt (bei 200 nm Vorschub und 100 mm/s Schnittgeschwindigkeit).
8. Semidünnschnitte (200 nm) können bei –80 °C, Ultradünnschnitte (70 nm) bei –120 °C hergestellt werden. Je nach Probenkonsistenz kann die Temperatur variieren. Das Mikrotom wird hierbei auf 1–2 mm/s eingestellt. Semidünnschnitte, aufgenommen auf einem Glas-Objektträger, können mit Methylenblau gefärbt und im Hellfeld-Lichtmikroskop untersucht werden.
9. Die Schnitte werden vom Messer mittels eines linsenförmigen Tropfens aus Saccharose/Methylzellulose [1:1 Mischung aus 2,3 M Saccharose in PBS und 2% Methylzellulose in H$_2$O] in einer Draht-Öse abgenommen (▣ Abb. 9.17a)

▼

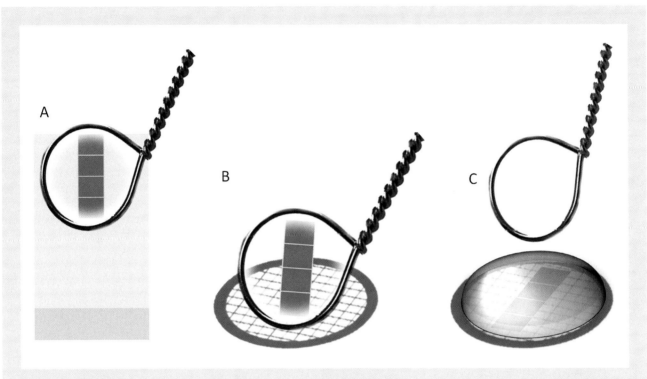

Abb. 9.17 Aufnahme der Tokuyasu-Kryoschnitte vom Diamantmesser und das Übertragen auf TEM-Grids. **a)** Nach Ausbreiten der Schnitte auf der Messeroberfläche (durch Herunterziehen mit einer Wimper) können diese mittels einer Öse, gefüllt mit einem 1:1 Gemisch von Methylcellulose/Saccharose, abgenommen werden. **b)** Nach dem Auftauen bei Raumtemperatur werden die Schnitte direkt auf ein befilmtes EM-Grid übertragen. **c)** Die Öse wird vorsichtig entfernt und die Schnitte verbleiben auf dem EM-Grid unter einer Schicht Methylzellulose/Saccharose.

Abb. 9.18 Einbettung der Kryoschnitte in Methylcellulose. Entscheidender Schritt: das Ausdünnen der Methylzellulose -Schutzschicht. Die Öse wird im 45° Winkel mit den Schnitten nach unten vorsichtig über ein trockenes Stück Filterpapier geführt. Je mehr Methylcellulose abgezogen wird, desto dünner wird der Film auf dem Grid.

10. Der Tropfen mit den Schnitten wird bei Raumtemperatur auf Formvar-/Kohle-beschichtete TEM-Grids übertragen (Abb. 9.17 B und C). In diesem Zustand können die Schnitte über mehrere Monate im Kühlschrank gelagert werden.

Immun-Markierung
1. Die Schnitte auf den TEM-Grids werden von der Saccharose/Methylzellulose-Lösung (5 x 2 min 0,1% Glycin in PBS) und ggf. von der Gelatine (20 min in 0,1% Glycin in PBS bei 37 °C) befreit. Die Inkubation erfolgt auf 100 µl Tröpfchen auf Parafilm. Dabei ist zu beachten, dass die Rückseite der Grids stets trocken bleibt.
2. Blockieren mit 1% BSA in PBS (5 min)
3. Inkubation mit dem primären Antikörper in PBS/1% BSA (20 min, 5 µl Tröpfchen). Die Verdünnung des Antikörpers (um 0,2 µg/ml) und die Inkubationszeit können variieren.
4. Waschen in PBS/1% BSA (5 x 2 min, 100 µl Tröpfchen)
5. Inkubation mit Protein A-Gold in PBS/1% BSA (20 min, 5 µl Tröpfchen)
6. Waschen in PBS ohne BSA (5 x 2 min, 100 µl Tröpfchen)
7. Inkubation in 1% Glutaraldehyd (5 min, 100 µl Tröpfchen)
8. Waschen in ddH$_2$O (10 x 1 min, 100 µl Tröpfchen)
9. Kontrastieren in Uranylacetat (5 min, 100 µl Tröpfchen)
10. Schützen mit Methylzellulose-Uranylacetat (5 min, 100 µl Tröpfchen auf Eis)
11. Überschüssige Methylzellulose-Uranylacetat-Lsg. auf Filterpapier abziehen (Abb. 9.18) und Trocknen. Das Präparat kann nun mikroskopiert werden.

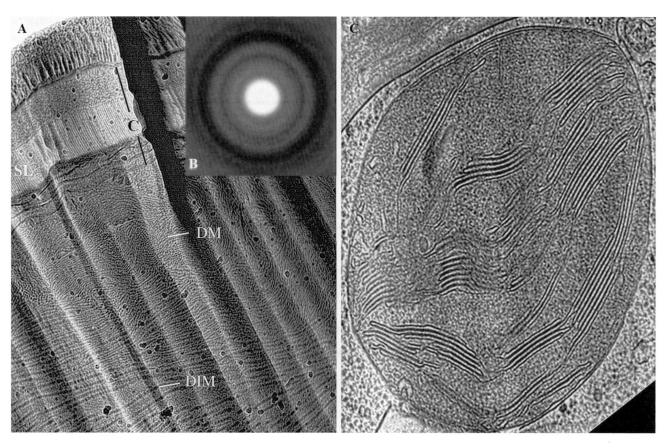

◘ Abb. 9.19 a) Gefroren-hydratisierter Ultradünnschnitt eines Nematoden im Kryo-TEM. Alle strukturellen Details sind vergleichbar mit denen, die in gefriersubstituierten Nematoden zu sehen sind (◘ Abb. 9.11). Der *„striated layer"* (SL) der Cuticula (C) des Nematoden mit den darunterliegenden Muskelzellen und ihren dicken (DIM) und dünnen (DM) Muskelfilamenten. **b**) Das Elektronendiffraktogramm des Kryoschnittes zeigt die Vitrifikation des zellulären Wassers. **c**) Chloroplast einer Blatt-Parenchymzelle von *Malus domestica*. Gefroren-hydratisierter Ultradünnschnitt im Kryo-TEM. Bilder: Heinrich Hohenberg, HPI Hamburg

Die Kryo-Elektronenmikroskopie von vitrifizierten Schnitten (CEMOVIS von „*CryoElectronMicroscopyOfVitreousSections*") ist eine weitaus aufwendigere Technik, verglichen mit der Tokuyasu-Methode (Al-Amoudi et al. 2004). Sie erfordert sehr viel Erfahrung und soll hier deshalb nicht näher im Detail beschrieben werden. Generell gilt für Proben, die ohne Gefrierschutz kryofixiert wurden (z. B. durch Hochdruckgefrieren), dass der Schneideprozess wesentlich störanfälliger ist im Vergleich zu den homogen gefrorenen Saccharose-haltigen Tokuyasu-Präparaten. Die Proben sind durchweg inhomogen gefroren und der höhere und partiell kristallisierte Wasseranteil führt vermehrt zu Brüchen und Stauchungen, also zu inhomogenem Schneideverhalten. Selbst sehr dichte (*C. elegans*, ◘ Abb. 9.19a) oder mit natürlichem Gefrierschutz versehene Proben (Blatt eines Apfelbaums, ◘ Abb. 9.19b) lassen sich nicht ohne Stauchungen und Risse schneiden.

Aufgrund der großen Schwierigkeiten, Kryoschnitte von vitrifiziertem Material in befriedigender Qualität und ausreichenden Mengen herzustellen, ist CEMOVIS nicht für Routineuntersuchungen oder gar für Gewebeproben geeignet. Diese Technik ist jedoch prinzipiell die einzige Möglichkeit, dickere Proben in ihrem nativen Zustand zu untersuchen und eignet

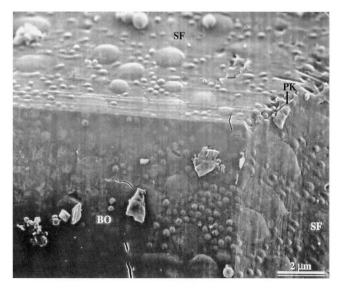

◘ Abb. 9.20 Kryo-REM einer getrimmten Pyramide einer Spermiensuspension. Die mittels Diamanten getrimmten Seitenflächen (SF) der gefroren-hydratisierten Suspensionspyramide zeigen durchweg ein reines Schnittmuster mit Messermarken wie an der Blockoberfläche (BO). An der gesamten Pyramidenkante (PK) sind Gefrierbrüche zu erkennen. Bild: Heinrich Hohenberg, HPI Hamburg

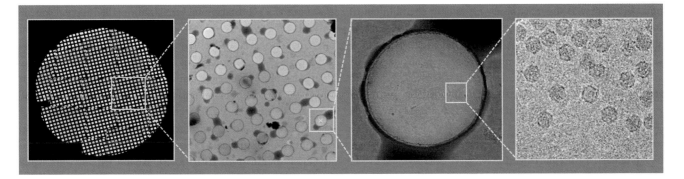

Abb. 9.21 Kryo-TEM von Viruspartikeln. Dargestellt sind verschiedene Vergrößerungen eines Quantifoil® Lochfolien-EM-Grids. Nach entsprechender Präparation (vgl. ► Kap. 9.3.2.1) lassen sich die Partikel in ihrem nativen Zustand in einem dünnen Film vitrifizierten Wassers darstellen (letztes Bild). Bilder: FEI

sich somit z. B. für grundlegende Fragen in der Strukturbiologie. Für die Darstellung von vitrifizierten Ultradünnschnitten ist ein Kryo-Transmissions-Elektronenmikroskop notwendig.

9.4 Kryo-Elektronenmikroskopie

Unter dem Begriff Kryo-Elektronenmikroskopie (Kryo-EM) werden Techniken wie Kryo-Rasterelektronenmikroskopie (-REM), Kryo-Transmissionselektronenmikroskopie (-TEM) und Kryo-Elektronentomographie zusammengefasst.

Die Kryo-REM erlaubt es, Oberflächen von gefrorenen Proben in ihrem nativen Zustand darzustellen. Auf diese Technik wird hier nicht im Detail eingegangen, da sie nur für sehr spezielle Fragestellungen geeignet ist. Kryo-REM eignet sich z. B. hervorragend, um die Auswirkungen von Kryo-Manipulationen an gefrorenen Proben zu kontrollieren (■ Abb. 9.20).

Die Kryo-TEM bzw. -Tomographie ist die einzige Möglichkeit, biologische Proben in ihrer nativen Form mit höchster Auflösung abzubilden. Voraussetzung dafür ist der Verzicht auf Fixative und Kontrastmittel. Nicht kontrastierte biologische Objekte wie Zellen oder deren Bestandteile sind jedoch Phasenobjekte – sie verursachen lediglich Laufzeitunterschiede bei den sie durchdringenden Wellen. Das macht biologische Proben praktisch transparent für die Hellfeld-Elektronenmikroskopie. Deshalb werden bei der konventionellen Transmissions-Elektronenmikroskopie und auch bei der Anwendung von Kryo-Hybrid-Methoden immer Kontrastmittel wie Uranylacetat oder Osmiumtetroxid eingebracht. Die Schwermetalle dekorieren die biologischen Strukturen und erzeugen somit im Mikroskop detektierbare Helligkeitsunterschiede, den Amplitudenkontrast. Durch eine leichte negative Defokussierung (Unterfokussierung) des Objektes werden auch im Hellfeldmikroskop Phasenobjekte und somit z. B. Zellbestandteile deutlicher sichtbar. Dieser Unterfokus-Phasen-Kontrast wird durch einen Interferenzeffekt verursacht, der zwar zu einer Steigerung des Kontrastes, aber auch gleichzeitig zu Auflösungsverlusten führt.

Zusätzlich zu dem geringen Kontrast von nativen biologischen Proben kommt bei der Kryo-TEM ein weiteres Problem hinzu: Die sehr geringe Stabilität der vitrifizierten Präparate im Elektronenstrahl. Damit die Proben nicht beschädigt werden, erfolgt die Aufnahme im sogenannten „low dose" Modus. Hierbei dürfen nur 1–10 Elektronen pro Quadrat-Angström auf die Probe einfallen. Weniger einfallende Elektronen bedeuten weniger Streuung und somit wiederum weniger Kontrast. Das Signal-Rausch Verhältnis von Kryo-EM Aufnahmen ist deshalb sehr gering (■ Abb. 9.21).

Dennoch lassen sich aus Kryo-TEM-Daten Strukturen mit einer Auflösung im Bereich von 3–5 Angström mit Hilfe mathematischer Techniken (Mittelungsverfahren) rekonstruieren. So werden bei der sogenannten *„single particle"*-Methode (Frank 2002) Bilder von mehreren hunderttausend hoch-aufgereinigten Partikeln, z. B. Viren oder Molekülkomplexen, aufgenommen. Diese Bilder stellen das gleiche Teilchen aus verschiedenen Perspektiven dar. Durch Klassifizierung und Mittelung bekommt man praktisch rauschfreie hochaufgelöste Ansichten des Partikels von verschiedenen Seiten. Diese werden dann zu einem 3D-Modell verrechnet. Ein ähnliches, als *„subtomogram averaging"* bekanntes Verfahren (Briggs 2013) lässt sich auch bei der Kryo-Elektronentomographie anwenden. Hierbei werden 3D-Datensätze von bestimmten Strukturen wie z. B. Flagellenmotoren aus mehreren Tomogrammen gemittelt und somit das Signal-zu-Rausch-Verhältnis und letztendlich die Auflösung deutlich erhöht. Generell sei darauf hingewiesen, dass bei diesen mathematischen Verfahren enorme Rechenleistungen erforderlich sind.

Auch die Weiterentwicklung der Gerätetechnik führt zu Verbesserungen der Kryo-TEM-Bildqualität. Hier sind zum einen die Phasenplatten (Danev und Nagayama 2008) zu erwähnen, welche zu einer Erhöhung des Kontrastes der nativ vitrifizierten Proben beitragen und somit Auflösungsverlust eliminieren, der durch die sonst übliche Defokussierung entsteht. Zum anderen führte die Entwicklung von direkt detektierenden CMOS Kameras (Bai et al. 2013) zur Beseitigung einer Reihe von Bildartefakten, die durch Szintillatoren und Faseroptiken erzeugt werden.

Die Kryo-Elektronenmikroskopie/-Tomographie schließt als Komplementärmethode die Auflösungslücke zwischen der

konventionellen Elektronenmikroskopie und den höchstauf-
lösenden strukturbiologischen Methoden, wie der Röntgen-
Beugung, und ist somit ein fester Bestandteil der modernen
struktur- und systembiologischen Forschung.

9.5   Literatur

Adrian M, Dubochet J, Lepault J & McDowall AW (1984) Cryo-electron microscopy of viruses. *Nature* 308: 32–36

Al-Amoudi A, Chang JJ, Leforestier A, McDowall A, Salamin LM, Norlén LP,
Richter K, Blanc NS, Studer D, Dubochet J (2004) Cryo-electron microscopy of vitreous sections. *EMBO J* 23: 3583-8

Bai XC, Fernandez IS, McMullan G, Scheres SH (3013) Ribosome structures to
near-atomic resolution from thirty thousand cryo-EM particles. *Elife* 2:
e00461.

Briggs JA (2013) Structural biology in situ–the potential of subtomogram
averaging. *Curr Opin Struct Biol* 23: 261–267

Danev R, Nagayama K. (2008) Single particle analysis based on Zernike phase
contrast transmission electron microscopy. *J Struct Biol* 161: 211–218

Echlin, P (1992) Low temperature microscopy and analysis. Plenum Press,
New York.

Frank J (2002) Single-particle imaging of macromolecules by cryo-electron
microscopy. *Annu Rev Biophys Biomol Struct* 31: 303–19

Gal AA (2005) The Centennial Anniversary of the Frozen Section Technique at
the Mayo Clinic. *Arch Pathol Lab Med* 129: 1532–1535

Griffiths G(1993) Fine Structure Immunocytochemistry. Springer-Verlag

Hayat MA (1981) Fixation for Electron Microscopy. Academic Press, New York

Heuser JE, Reese TS, Jan LY, Dennis MJ, Evans L (1979) Synaptic vesicle exocy-
tosis captured by quick-freezing and correlated with quantal transmitter
release. *J Cell Biol* 81: 275–300

Hohenberg H, Tobler M, Müller M (1996) High-pressure freezing of tissue ob-
tained by fine-needle biopsy. *J Microsc* 183: 133–139

Hohenberg H, Mannweiler K, Müller M (1994) High-pressure freezing of cell
suspensions in cellulose capillary tubes. *J Microsc* 175: 34–43

Kanno H, Speedy RJ, Angell CA (1975) Supercooling of Water to -92 °C Under
Pressure. *Science* 189: 880–881

Moor H (1987) Theory and practice of high-pressure freezing. In: Cryotechniques in Biological Electron Microscopy, 175–191, Steinbrecht RA,
Zierold K (eds), Springer Verlag

Müller M, Meister N, Moor H (1980) Freezing in a propane jet and its application in freeze-fracturing. *Mikroskopie* 36: 129–40

Peters PJ, Bos E, Griekspoor A (2006) Cryo-Immunogold Electron Microscopy.
In: Current Protocols in Cell Biology, John Wiley & Sons.

Schwartz H, Hohenberg H, Humbel B (1992) Freeze Substitution in Virus
Research: A Preview. In:Immuno-Gold Electron Microscopy in Virus Diagnosis and Research, Hyatt AD, Eaton B (eds). CRC Press

Tokuyasu KT (1973) A technique for ultramicrotomy of cell suspensions and
tissues. *J Cell Biol* 57: 551–565

Tokuyasu KT (1980) Immunochemistry on ultrathin frozen sections. *Histochem J* 12: 381–403

Vanhecke D, Graber W, StuderD (2008) Close-to-Native Ultrastructural Preservation by High Pressure Freezing. *Meth Cell Biol* 88: 151–164

Webster P, Webster A (2007) Cryosectioning fixed and cryoprotected biological material for immunocytochemistry. In: Methods in molecular biology.
Electron microscopy: methods and protocols, Kuo J, (ed). 369: 257–289

Zhao Y, Aspinall D, Paleg LG (1992) Protection of Membrane Integrity in *Me-
dicago sativa* L. by Glycinebetaine against the Effects of Freezing. *J Plant
Physiol* 140: 541–543

Zierold, K (1987) Cryo-ultramicrotomy. In: Cryotechniques in Biological
Electron Microscopy, Steinbrecht RA, Zierold K (eds), Berlin Heidelberg,
Springer-Verlag, 132–148

Färbungen

Bernd Riedelsheimer, Simone Büchl-Zimmermann

10.1   Allgemeines zur Färbung

Als histologische Färbung im eigentlichen Sinn bezeichnet man die Art der Schnittfärbung, bei der ein Farbstoff, der in Lösung angeboten wird, an definierte Gewebestrukturen bindet. Die Färbezeit wird entscheidend von der Konzentration der Farbstofflösung und von der Färbetemperatur bestimmt. Auch die Schnittdicke beeinflusst den Ablauf der Färbungen. Große, umfangreiche Schnitte geben häufig ungleichmäßige Resultate. Dies hängt meist damit zusammen, dass solche Schnitte nicht vollständig plan auf dem Objektträger liegen und sich gewellte oder blasige Areale unterschiedlich zur Umgebung anfärben. Sehr wichtig ist es, bei Vergleichsschnitten auf übereinstimmende Schnittdicke zu achten.

Die Art der Fixierung hat Einfluss auf die Färbung. Eine Reihe von Färbungen lässt sich nur dann erfolgreich ausführen, wenn das Präparat nach einer bestimmten Fixiermethode vorbehandelt wurde. Vielfach erklären sich unbefriedigende Resultate aus dem Umstand, dass diese Grundregel nicht beachtet wird. So kann man z. B. nach Fixierung in Flemmingscher Flüssigkeit nur schwer mit Hämalaun färben, während die Färbung mit Safranin oder mit Eisenhämatoxylin an demselben Material sehr gut gelingt. Nach Formolfixierung dagegen färbt sich der Schnitt sehr gut mit Hämalaun, aber schlecht mit Safranin, usw. Nicht nur die Fixierung, sondern auch die weitere Vorbehandlung der Gewebe ist für die Färbbarkeit von Bedeutung. Langes Liegen z. B. in Ethanol vermindert die Färbbarkeit, ebenso lange dauerndes Entkalken oder langes Chromieren.

Fixierung und Vorbehandlung sind nicht nur für den Ausfall der Färbungen, sondern auch für ihre Haltbarkeit von Bedeutung. So können durch Spuren von Säure, die nach ungenügendem Auswaschen im Präparat zurückgeblieben sind, Färbungen mit säureempfindlichem Farbstoff schon nach kurzer Zeit zerstört werden. Zurückgebliebene Iodspuren können nicht nur Färbungen mit Teerfarben, sondern auch solche mit Hämatoxylin gefährden. Sehr schädlich sind auch Säurespuren, die nach dem Reinigen der Objektträger zurückgeblieben sein können.

Auch andere Verfahren laufen unter der Bezeichnung Färben, wie z. B.:

- Lösen eines Farbstoffes in Gewebekomponenten, ohne dass der Farbstoff unmittelbar bindet (etwa bei der Fettfärbung).
- Injektion von unlöslichen Pigmenten (etwa Tusche) in den Organismus und Beobachtung der Verteilung des Pigmentes im histologischen Präparat.
- Injektion gefärbter Substanzen (Gelatine) in natürliche Hohlräume des Organismus und Beobachtung im histologischen Schnitt.
- Bildung einer gefärbten, unlöslichen Verbindung im Schnitt, die aber selbst nicht als Farbstoff für Gewebestrukturen wirkt (z. B. die Berlinerblau-Reaktion).

10.2   Farbstoffe

10.2.1   Der sichtbare Anteil des Spektrums, Farben und Licht siehe Kapitel 1.1.2

10.2.2   Klassifizierung von Farbstoffen

Heute werden in der Histologie fast nur noch synthetische Farbstoffe verwendet. Diese werden auch Anilinfarben genannt, da früher die meisten synthetischen Farben als Anilinderivate oder beim Aufarbeiten des Steinkohlenteers anfielen. Synthetische Farben sind klar definierte organische Verbindungen; ihre Zahl wächst ständig.

Zwischen dem Auftreten bestimmter Atomgruppen im Molekül und dem Phänomen der Farbigkeit besteht ein eindeutiger Zusammenhang. Solche Gruppen werden Chromophore genannt. Im Wesentlichen handelt es sich dabei um folgende chemische Gruppen:

▪▪ Chromophore Gruppen:

C=C	Ethylen
C=O	Carbonyl
C=S	Sulfin
C=N	Carbimin
N=N	Azo
N=O	Nitroso
NO_2	Nitro

Von besonderer Bedeutung für die Farbe eines Moleküls sind die Zahl und die Anordnung von Kohlenstoffdoppelbindungen zueinander und zu anderen chromophoren Gruppen, wobei in kräftig gefärbten Verbindungen konjugierte Doppelbindungen auftreten, wie sie etwa im Chinon (◻ Abb. 10.1) exemplarisch gegeben sind:

Aromatische Verbindungen, die chromophore Gruppen enthalten, werden Chromogene genannt. Dies sind Verbindungen, mit deren Hilfe gefärbte Lösungen hergestellt werden können, die aber meist nicht an ein Substrat binden, um es zu färben. Die Einführung auxochromer Gruppen verleiht dem so entstehenden Farbstoffmolekül eine elektrische Ladung (positiv oder negativ geladene = basische oder saure Farbstoffe) oder ermöglicht direkte, kovalente Bindung des Farbstoffmoleküls an das Substrat.

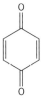

◻ **Abb. 10.1** Formel Chinon.

■ ■ Auxochrome Gruppen:

Basebildende

NH₂	Amino
NH(CH₃)	Methylamino
N(CH₃)₂	Dimethylamino
NH	Imido

Säurebildende

COOH	Carboxyl
OH	Hydroxyl
NO₂	Nitro
SO₂OH	Sulfo

Chromogen + basebildende auxochrome Gruppe gibt einen basischen Farbstoff, Chromogen + säurebildende auxochrome Gruppe gibt einen sauren Farbstoff. Es können auch mehrere und unterschiedlich geladene auxochrome Gruppen an einem Farbstoffmolekül auftreten.

Die Bindung der auxochromen Gruppen und damit die Bindung des Farbstoffes an das Substrat kann direkt erfolgen, oder unter Einschaltung eines zwei- oder dreiwertigen Metallions, das unter Ausbildung einer Chelatbindung das Farbstoffmolekül indirekt an der auxochromen Gruppe fixiert. Die so am häufigsten verwendeten Metallionen sind Aluminium, Wolfram, Eisen, Molybdän, Chrom und Kupfer.

Die Anordnung der chromophoren Gruppen zu aromatischen Grundgerüsten der Farbstoffe lässt nur eine beschränkte Variabilität bei der Bildung einfacher Skelette mit zwei oder drei Ringstrukturen zu. Diese einfachen Verbindungen sind Grundlage für eine Einteilung der synthetischen Farbstoffe; nach ihnen ist die Auflistung in ▶ Kapitel 10.2.3 geordnet. Die 9 wichtigsten Repräsentanten sind in ◨ Abbildung 10.2 dargestellt.

10.2.3 Wichtige Farbstoffe

Eine Auflistung der wichtigsten Farbstoffe finden Sie in einer Tabelle im Anhang (Die wichtigsten Farbstoffe). Sie ist nach den in ◨ Abbildung 10.2 und ▶ Kapitel 10.2.5 genannten Gesichtspunkten geordnet. Zusätzlich sind alternative Benennungen, die offizielle Benennung im Colour Index, die Nummer im Colour Index und die Ladung der Farbstoffe angegeben.

10.2.4 Ladung der Farbstoffe

Durch die Addition auxochromer Gruppen an Chromophore erhalten diese nicht nur färbende Eigenschaften, sondern häufig auch die Eigenschaften eines Säureanions oder Basekations,

a Azofarbstoffe

b Oxazin

c Azin

d Thiazin

e Xanthen

f Acridin

g Anthrachinon

h Nitrofarbstoffe

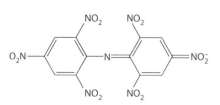

i Triphenylmethan

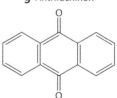

◨ **Abb. 10.2** Formeln der neun wichtigsten Repräsentanten synthetischer Farbstoffe.

d. h. der gefärbte Anteil des Moleküls liegt in wässriger Lösung negativ oder positiv geladen vor (▶ Kap. 10.2.2).

Der basische Farbstoff ist entweder eine freie Farbbase oder das Salz einer solchen mit positiver Ladung der auxochromen Gruppen, der saure Farbstoff ist eine freie Farbsäure oder ein Salz einer solchen mit negativer Ladung der auxochromen Gruppen. Dies muss aber nicht bedeuten, dass die Lösung eines sauren Farbstoffes sauer reagiert, die eines basischen Farbstoffes alkalisch, sondern der pH-Wert der Lösungen stellt sich nach den Regeln der Salzhydrolyse ein.

Je mehr salzbildende Gruppen ein Farbstoff besitzt, desto intensiver ist gewöhnlich seine Färbekraft. Es können auch säure- und basebildende Gruppen zugleich ein Chromophor besetzen; die Natur des Farbstoffes wird dann durch die resultierende Nettoladung bestimmt. Farbstoffe, bei denen sich negative und positive Gruppen die Waage halten, nennt man amphotere Farbstoffe.

Das Chromogen kann aber auch anstelle säure- oder basebildender Gruppen durch indifferente Gruppen (= O, –OCH$_3$, –OC$_2$H$_5$) färbende Eigenschaften bekommen. Farbstoffe, die keine salzbildenden Gruppen enthalten, bezeichnet man als indifferente Farbstoffe.

Bei Mischung der wässrigen Lösungen eines sauren und eines basischen Farbstoffes fällt oft ein neuer, durch Vereinigung der Farbsäure und Farbbase gebildeter, sog. neutraler Farbstoff aus. Bleibt eine solche Vereinigung (Salzbildung) aus, liegt nur ein sog. neutrales Farbgemisch vor, das weder chemisch noch in seiner färberischen Wirksamkeit mit einem neutralen Farbstoff identisch ist (Michaelis 1902).

Auxochrome Gruppen ändern im Allgemeinen die Farbe des Chromogens nicht; sie haben die Aufgabe, färbende Eigenschaften zu vermitteln, d. h. das Chromogen durch elektrostatische Anziehung oder kovalente Bindung am Substrat zu fixieren. Ohne auxochrome Gruppen könnte das Chromogen nur als Fettfarbstoff eingesetzt werden, der sich entsprechend seinem Löslichkeitsprodukt in Ölen, Fetten oder Wachsen anreichert (lysochrome Eigenschaft; *solvent dye*).

Die Verbindung zwischen Farbe und Substrat kann direkt über die auxochromen Gruppen erfolgen oder indirekt über zwei- und dreiwertige Metallionen, die Komplexbindungen mit dem Farbstoffmolekül, aber auch mit Seitengruppen der Substratmoleküle eingehen. In dieser Eigenschaft werden gewöhnlich Ionen folgender Metalle verwendet: Aluminium, Eisen, Chrom, Wolfram, Molybdän, Kupfer. Sie werden als Salzlösung (Beize) angeboten, die sich mit dem Farbstoffmolekül zum Farblack verbindet, wobei sich der Farbton häufig ändert (Farbwechsel = metachromer Effekt; z. B. Hämatein ist braunrot, der Eisenkomplex dagegen schwarzblau).

Prinzipiell kann man beim Färben unter Anwendung von Beizen in dreierlei Weise verfahren:

— Erst beizen und dann färben. Der Farbstoff formt dann den Farblack mit der an bestimmte Strukturen gebundenen Beize.
— Beize und Farbstofflösung werden gemischt und die Gewebe simultan mit dem entstandenen Farblack und der restlichen Beize behandelt.

— Erst färben und dann mit der Beizenlösung nachbehandeln.

In der Praxis wird die an zweiter Stelle genannte Technik am häufigsten verwendet; So laufen z. B. alle Hämalaunfärbungen in dieser Art ab. Der Vorgang der Bindung des Farblackes an das Substrat dürfte nicht einfach elektrostatisch sein, sondern in erster Linie der Bindung des Metallions an das Gewebe folgen (siehe dazu die Diskussion bei Lilie 1977).

Will man feststellen, ob ein Farbstoff sauer oder basisch ist, fügt man die wässrige Lösung des Farbstoffes zu einer gesättigten wässrigen Lösung von Pikrinsäure. Entsteht dabei ein Niederschlag, so handelt es sich um einen basischen Farbstoff, entsteht kein Niederschlag, ist es ein saurer Farbstoff (Michaelis 1902).

Entsprechend der Trennung in saure, basische und neutrale Farbstoffe führte Ehrlich (1877) die Unterscheidung von acidophilen (oxyphilen), basophilen und neutrophilen Strukturen ein. Dies ging von der Auffassung aus, dass basische Farbstoffe von sauren Gewebebestandteilen und saure Farbstoffe von basischen Gewebeanteilen bevorzugt gebunden werden. Diese Begriffe sind allgemeines Sprachgut geworden. Es ist aber wichtig anzumerken, dass Basophilie (und ebenso Oxyphilie) keine absolute Eigenschaft des Gewebes ist, sondern wegen der amphoteren Natur der Eiweißkörper von pH und Ionenkonzentration der Lösungen abhängt, in denen gefärbt bzw. in denen beobachtet wird. Die Zusammenhänge werden durch die elektrostatische Färbetheorie erklärt (▶ Kap. 10.2.6.3).

Beispiele für saure Farbstoffe: Eosin, Erythrosin, Kongorot, Lichtgrün, Orange, Säurefuchsin. Saure Farbstoffe finden in erster Linie zur Darstellung des Cytoplasmas und von Sekretgranula Verwendung. Meist sind sie in Wasser besser als in Ethanol löslich.

Beispiele für basische Farbstoffe: Fuchsin, Gentianaviolett, Methylenblau, Methylviolett, Thionin, Toluidinblau. Sie dienen im wesentlichen zur Färbung des Kernchromatins, färben unter besonderen Bedingungen aber auch andere Strukturen, wie bestimmte Granula, Schleim, Nisslschollen usw. Basische Farbstoffe sind häufig in Ethanol besser löslich als in Wasser.

Beispiele indifferenter Farbstoffe: Sudanfarbstoffe und Scharlach R, wie sie für die Fettfärbung Verwendung finden.

Beispiel eines neutralen Farbstoffes: Eosinsaures Methylenblau.

Beispiel eines neutralen Farbstoffgemisches: Säurefuchsin und Orange.

▪▪ Kennzeichnung von Farbstoffen

Den Farbstoffnamen werden oft kennzeichnende Buchstaben zugeordnet, die sofort eine nähere Orientierung ermöglichen. Es werden Großbuchstaben verwendet, die folgende Bedeutung haben:

A: für Acetatseide
B: blaustichig
C: chlorecht
D: zum Drucken

F: klare Töne

G: grünstichig

H: hitzebeständig

J: gelblich (jaunâtre)

L: lichtecht

M: Mischung

N: neu

R: rotstichig

RR: stark rotstichig

S: löslich (soluble)

T: tiefer Farbton

W: wasserlöslich

Y: gelblich (yellowish)

Um die Intensität dieser Eigenschaften hervorzuheben, werden die Symbole doppelt genannt (z. B. RR) oder mit Ziffern verwendet (z. B. 6R).

Üblicherweise werden Farbstoffe mit Trivialnamen benannt, da chemische Bezeichnungen zu kompliziert wären. In Klammern gesetzte Zahlen verweisen auf die Nummer im Colour Index der Biological Stain Commission: z. B. Gallocyanin (C.I. 51030) oder kurz Gallocyanin (*51030*).

10.2.5 Färbevokabular

Schnittfärbung: Das Gewebe wird eingebettet (z. B. in Paraffin) und nach dem Schneiden direkt oder nach Entfernung des Einbettmittels gefärbt (übliche Färbemethode).

Stückfärbung (*whole mount*): Das Gewebe wird zuerst gefärbt, dann eingebettet, geschnitten und mit einem Einschlussmedium eingedeckt.

Progressive Färbung: Der Schnitt bleibt nur so lange in der Farblösung, bis er genügend angefärbt ist (z. B. Hämalaun, Sudan).

Regressive Färbung: Der Schnitt wird zunächst überfärbt, um dann durch Differenzierungsvorgänge die überschüssigen Farbanteile wieder zu entfernen (z. B. Eosin, Eisenhämatoxylin n. Weigert, Resorcinfuchsin, Azokarmin). Differenzierungsmittel sind z. B. Wasser, Ethanol, Säuren, Basen u. Metallsalzlösungen.

Differenzieren: Bei regressiven Färbungen werden überschüssige Farbanteile (nach vorheriger Überfärbung) durch Differenzierungsmittel (z. B. Ethanol, Säuren, Wasser) bis zur optimalen Farbintensität wieder entfärbt. Meist bei Bindegewebefärbungen.

Dabei ist folgendes zu beachten:
- Differenzierung immer im Mikroskop kontrollieren
- Unterbrechung der Differenzierung: Die Differenzierung muss vor der Mikroskopkontrolle immer unterbrochen

werden, um eine weitere Differenzierung zu verhindern. Daher: immer in Aqua dest. gründlich spülen, um das Differenzierungsmittel und eventuelle Farbschlieren (falscher Farbeindruck) zu entfernen.
- Kenntnis der Gewebe: Wo befindet sich Bindegewebe, an dem sich die Differenzierung beurteilen lässt? z. B. in der Organkapsel, in Blutgefäßen (Arterien) und im Interstitium.
- Richtige Mikroskopeinstellung: die Kondensorblende (Aperturblende) darf nicht geschlossen sein, sonst entsteht ein zu dunkles Bild und somit eine Farbverfälschung.

Succedane Färbung: Mehrere Farbstoffe werden nacheinander angeboten und es kommt zur differenzierten Anfärbung unterschiedlicher Gewebeanteile mit den einzelnen Farbstoffen (z. B. Hämalaun–Eosin).

Simultane Färbung: Mehrere Farbstoffe werden gleichzeitig (in einer Lösung) angeboten und es kommt zur differenzierten Anfärbung unterschiedlicher Gewebeanteile mit den einzelnen Farbstoffen (z. B. van Gieson-Gemisch, Giemsa).

Doppel- und Mehrfachfärbung: Darunter versteht man eine Färbemethode, bei der zwei oder mehr Farbstofflösungen miteinander kombiniert werden (z. B. Azan).

Direkte (substantive) Färbung: Der Farbstoff kann ohne Vorbehandlung und ohne Zusatz (einer Beize) verwendet werden.

Indirekte (adjektive) Färbung: Die Farbstoffe färben erst nach einer Vorbehandlung mit Beize. Zu diesen Farbstoffen gehören u. a. Hämatoxylin, Karmin, Orcein, Resorcinfuchsin.

Beize: Eine Beize setzt Gruppen zur Verbindung mit dem Farbstoff frei; der Farbstoff alleine würde nicht färben! Beize + Farbstoff bilden einen sogenannten „Lack". Dadurch wird eine stabile Färbung erreicht (▶ Kap. 10.2.6.4).

Beizmittel:
- Metallsäuren u. -salze als Oxidationsmittel: z. B. Chromsäure, Phosphormolybdänsäure
- Oxidationsfördernde Substanzen: z. B. Pikrinsäure, Anilin, Phenol
- Alaunsalze: z. B. Chromalaun, Kaliumaluminiumalaun, Kaliumammoniumalaun.

Einzeitige indirekte Färbung: Beize und Farbstoff werden in einer Lösung angeboten (Lack).

Zweizeitige indirekte Färbung: Beize und Farbstoff werden getrennt angeboten.

Metachromasie: Einzelne Gewebeanteile färben sich in einem vom Farbton der Farblösung abweichenden Farbton an. Metachromatische Farbstoffe sind z. B. Methylenblau, Toluidin u.

Thionin (violett, färbt aber Schleim und Mastzellgranula rot) (▶ Kap. 10.6.6).

Basophil. Man spricht von basophilen Strukturen im Gewebe, wenn ein basischer Farbstoff (meist positiv geladen) an saure Gewebebestandteile (negativ geladen) bindet z. B. Hämalaun (+)→Zellkern (–) (▶ Kap. 10.6.5).

Acidophil (eosinophil): Man spricht von acidophilen (eosinophilen) Strukturen im Gewebe, wenn ein saurer Farbstoff (meist negativ gelaen) an basische Gewebebestandteile (positiv geladen) bindet. z. B.: Eosin (–)→Cytoplasma (+).

Imprägnation: Eine Sonderform der Färbung unter Verwendung von Metallsalzen (Silbernitrat, Goldchlorid, Chromsalze), die an den Gewebestrukturen Metallniederschläge bilden.

Argentaffin: Gewebe reduziert direkt Silbersalze (Silbernitrat), also ohne Vorbehandlung.

Argyrophil: Durch Einwirken eines Reduktionsmittels (z. B. Formalin, Tannin) schwärzen sich bestimmte Strukturen mit Silber. (z. B. übliche Silberimprägnationsverfahren nach Bielschowsky, Gomori).

Endpunktfärbung: zeitunabhängige Färbung (z. B. Methylenblau, Kresylechtviolett).

Dispersität: Farbstoffmolekülgröße

Diffusibilität: Eindringgeschwindigkeit eines Farbstoffes ins Gewebe.

10.2.6   Färbetheorien

Die Anwendung der Farbstoffe wurde rein empirisch ermittelt. Dem Mechanismus der Farbstoffbindung liegen komplexe, für verschiedene Farbstoffe auch unterschiedliche physiko-chemische Prozesse zugrunde, die zum Teil immer noch weitgehend ungeklärt sind.

Zum leichteren Verständnis wurde in drei Färbetheorien eingeteilt, obwohl die Übergänge sicher fließend sind.

10.2.6.1   Chemische Färbungen

Die Färbung läuft als chemische Reaktion zwischen dem Farbstoff und dem im Gewebeschnitt vorhandenen Substrat ab. Auf diese Art und Weise ist auch ein Stoffnachweis im chemischen Sinne möglich (z. B. Berlinerblau Reaktion zum Nachweis von Eisen).

10.2.6.2   Physikalische Färbungen

- Abhängig von der Löslichkeit: Es wird die Löslichkeit eines Farbstoffes in verschiedenen Lösungsmitteln ausgenutzt. So lösen sich z. B. Fettfarbstoffe leichter in den Gewebelipiden als im angebotenen Lösungsmittel der Farbstofflösung. Man nimmt an, dass auch Adsorptionsphänomene bei diesem Prozess eine Rolle spielen (Zugibe 1970).
- Abhängig von der Dichte der Gewebestrukturen: In dichten Gewebestrukturen ist die Anzahl der Strukturlücken im Gewebe größer als in locker gefügtem Gewebe. Daher werden dichte Strukturen stärker gefärbt und es lässt sich der Farbstoff auch schwerer wieder herauslösen. Auf diese Weise erklärt man die „Färbbarkeit" von Elastin durch Orcein, ein Farbmolekül, das keine chemische Affinität für Elastan zeigt (Gabe 1976).
- Abhängig von der Dispersität: Hier ist die Farbstoffgröße dafür verantwortlich, wohin und in welcher Geschwindigkeit eine Diffusion der Farbstoffmenge in die Strukturlücken erfolgt. Großdisperse Farbstoffe benötigen länger als kleindisperse, um in enge Maschen zu gelangen. Von entscheidender Bedeutung ist hier der Faktor Zeit.

10.2.6.3   Physiko-chemische Färbungen

Die Theorie der elektrostatischen Adsorption der Farbstoffe geht davon aus, dass ein gegebener Farbstoff als Farbbase (positiv geladenes Farbstoffion) oder als Säure (negativ geladenes Farbstoffion) vorliegt. Die Gewebestrukturen des histologischen Schnittes repräsentieren im wesentlichen Eiweißkörper (Proteine und Glykoproteine, Nucleoproteine), die als Ampholyte positiv oder negativ geladen sein können, je nach dem pH-Wert ihres isoelektrischen Punktes und dem pH des umgebenden Mediums. So zeigt sich, dass der betrachtete Eiweißkörper in einer Umgebung, die – relativ zum pH seines isoelektrischen Punktes – sauer ist, positiv geladen sein wird, beim pH des isoelektrischen Punktes eine ausgewogene, wenn auch geringe Anzahl positiver und negativer Ladungen trägt, und endlich bei einem pH, der – relativ zum pH seines isoelektrischen Punktes – alkalisch ist, negativ geladen sein wird. Daraus folgt, dass ein positiv geladener Farbstoff diesen Eiweißkörper in einer Lösung, die saurer ist als der isoelektrische Punkt, nicht färben wird, beim pH des isoelektrischen Punktes nur schwach, bei pH-Werten darüber aber stark anfärben wird. Das Umgekehrte gilt für Farbstoffe mit negativer Ladung. Zu weiteren Details siehe Romeis (1989).

10.2.6.4   Theorie der indirekten Färbungen (Beizen)

Indirekte Färbemethoden schließen prinzipiell zwei Probleme ein: Die Bindung eines Beizenstoffes a) an das Substrat und b) an das Farbstoffmolekül. Dabei sind drei Vorgangsweisen denkbar:

- Die Beize erst auf das Substrat einwirken zu lassen und dann zu färben,
- Beize und Farbstofflösung zu mischen und mit dem entstehenden Farblack zu färben, und
- erst zu färben und dann die Beize einwirken zu lassen (Baker 1958, 1960, 1962).

Die zuletzt genannte Art der Färbung wird in der histologischen Technik nur selten angewendet. Farblacke wirken stets als basische Farbstoffe. Als Beizen werden meist Salzlösungen (Sulfate oder Alaunsalze) von Aluminium, Chrom, Eisen oder ähnlich guten Komplexbildnern verwendet. Diese Ionen bilden mit den Farbstoffmolekülen Chelatverbindungen, indem sie sich an eine Hydroxylgruppe, die einem Elektronendonator (z. B. einer Ketogruppe) benachbart ist, anstelle des Wasserstoffes anlagert. Die Bindung der Metallionen an das Substrat dürfte im wesentlichen Phosphat- und Carboxylpositionen betreffen. Dies wird jedenfalls dadurch bekräftigt, dass Desaminieren die Färbbarkeit der Schnitte nicht beeinflusst, wohl aber Methylieren. Allerdings ist die Färbbarkeit der Zellkerne mit Hämalaun oder Eisenhamatoxylin nach Entfernen von Nucleinsäuren noch immer gegeben, sodass Lillie und Fullmer (1976) auch eine Bindung an nicht saure Gruppen annehmen, z. B. an Argininreste, im Falle des Zellkernes an Arginin der Histone.

Differenzierung und Entfärbung nach indirekten Färbungen erzielt man durch Behandlung mit der Beizenlösung; dabei kommt es zu einer Rückverteilung der komplex gebundenen Farbstoffmoleküle vom substratgebundenen Metallion an die frei in der Beize im Überschuss verfügbaren Metallionen.

Damit ist offensichtlich, dass bei gleichzeitigem Anbieten von Beize und Farbstoff in einer Lösung dem Mischungsverhältnis entscheidende Bedeutung zukommt, denn die Färbelösung wirkt bei Überschuss an Beizenstoff als ihre eigene Differenzierungslösung; damit können gut reproduzierbare Färbeergebnisse gewährleistet werden. Bei geeignetem Mischungsverhältnis ist es möglich, die Hintergrundfärbung praktisch auszuschließen; ein Überfärben ist unter diesen Bedingungen nicht möglich.

Differenzieren und Entfärben nach indirekten Färbungen ist auch durch Behandeln mit Säuren oder Oxidationsmitteln (Kaliumpermanganat) möglich.

10.3   Herstellen der Farblösungen

Viele Hersteller (z. B. Fluka, Merck, Sigma) bieten gebrauchsfertige Farblösungen an. Dennoch ergibt sich häufig die Notwendigkeit, selber Farblösungen herzustellen. Verwendet werden wässrige oder ethanolische Farbstofflösungen.

Zur Herstellung wässriger Farblösungen wird nur neutral reagierendes Aqua destillata verwendet. Um Schimmelbildung in wässrigen Farblösungen zu vermeiden, kann man 100 ml Farblösung etwas (1–3 ml) Formol, Kampfer oder einige Thymolkristalle zusetzen. Letzteres soll allerdings bei Thiazinfarbstoffen (z. B. Kristallviolett) schädlich für die Färbekraft sein. Ohne Nachteil ist es auch, den Farblösungen etwas feinpulverisiertes Silber zuzusetzen (van Walsem 1932).

Zur Bereitung ethanolischer Farblösungen nimmt man reines (unvergälltes) 90–96 % Ethanol.

In manchen Fällen sieht die Vorschrift das Lösen der Farbstoffe in Anilinwasser vor, wodurch die Färbekraft erhöht wird. Die Wirkung des Anilins beruht darauf, dass die Löslichkeit des Farbstoffes erheblich verbessert wird.

Anleitung A10.1

Herstellen von Anilinwasser

1. 5–10 ml Anilin (Anilinöl, Aminobenzol) und 100 ml Aqua d. mischen und kräftig schütteln
2. Durch ein mit Wasser angefeuchtetes Filterpapier filtrieren

Anilindämpfe sind giftig!

In manchen Fällen ist es bei der Herstellung einer Färbelösung wichtig, die Reihenfolge, in der die einzelnen Bestandteile gelöst werden sollen, einzuhalten. Dies ist in den Rezepten stets vermerkt. Ferner kann es notwendig sein, eine frisch bereitete Färbelösung erst bestimmte Zeit „reifen" zu lassen, bis sie verwendungsfähig ist.

Gewöhnlich sind Farbstofflösungen in gut verschlossenen Flaschen haltbar. In Fällen, wo stets eine frische Lösung angesetzt werden muss, ist dies ausdrücklich in den Vorschriften vermerkt. Auf jeden Fall sind die Lösungen in der Vorratsflasche besser haltbar als in der Färbeküvette, wo es rasch zum Verdunsten des Lösungsmittels kommen kann, wo durch die Verwendung Farbstoff entzogen wird und wo mit den Schnitten andere Lösungsmittel als Verunreinigung eingeschleppt werden. So wird man eine Färbelösung, die vorerst nicht mehr benützt wird, in die Vorratsflasche zurückfüllen und vor einer weiteren Verwendung filtrieren. Bleiben die Färbelösungen dagegen in den Küvetten am Arbeitstisch stehen, soll man sie regelmäßig wechseln.

Die Menge an Farbstofflösung, die angesetzt werden soll, hängt von der Haltbarkeit und dem geschätzten Verbrauch ab.

Zur Aufbewahrung der Farbstofflösungen verwendet man am besten Glasflaschen. Man sollte stets darauf achten, die Flasche möglichst zur Menge passend zu wählen, sodass eine möglichst kleine Flüssigkeitsoberfläche von möglichst wenig Luft überlagert ist. Auf jeden Fall muss auf den Etiketten der Farbstoffflaschen der Inhalt und das Datum der Herstellung vermerkt und wenn nötig, mit entsprechenden Gefahrenpiktogrammen (▶ Kap. 25.10) versehen werden.

10.4   Färbezubehör

10.4.1   Färbeküvetten

Um eine Färbung durchzuführen, werden die Farbstofflösungen in Färbegefäße gefüllt und die zu färbenden Objektträger darin eingestellt. Um ein Verdunsten der Lösungen zu verhindern, sind alle mit einem passenden Deckel versehen.

Es gibt verschiedene Ausführungen von Färbeküvetten (◘ Abb. 10.3):

- Färbeküvette nach Coplin für 10 Objektträger und ca. 60 ml
- Färbeküvette nach Hellendahl für 8–16 Objektträger und ca. 80 ml
- Färbeküvette nach Schiefferdecker für 10–20 Objektträger und ca. 100 ml

Abb. 10.3 Färbezubehör: Färbeküvetten nach Coplin (**a**), nach Hellendahl (**b**), nach Schiefferdecker (**c**) und Glasküvette (**d**) mit Färbeeinsatz (**e**) aus Glas oder Metall.

— Glaskasten (ca. 200 ml) mit Färbeeinsatz aus Metall (für 10 OT) oder aus Glas mit abnehmbarem Drahtbügel (für 10–20 OT)

Beachten: Beim Färben in der Mikrowelle sollten keine Materialien aus Glas (Bruchgefahr!) und Metall (Funkenschlag!) verwendet werden. Die meisten Färbeküvetten und -einsätze sind auch in Kunststoffausführungen erhältlich.

Abb. 10.4 Linearer Färbeautomat (Hersteller: Medite).

10.4.2   Färbebänke, Tropfflaschen und sonstiges Zubehör

Färbebänke bestehen aus einer Färbewanne und einem aufsteckbaren und zum Teil kippbaren Gestell. Die Objektträger werden auf das Gestell gelegt und mit der Farblösung aus einer Tropfflasche oder mit einer Pipette betropft. Danach wird die überflüssige Farbe in die Färbewanne abgekippt.

Weitere hilfreiche Utensilien beim Färben sind Briefmarkenpinzetten aus Metall und Kunststoff, Pipetten aus Glas und Kunststoff, Zellstoff und Einmalhandschuhe.

10.4.3   Färbeautomaten

Färbeautomaten werden bei großem Probenanfall für histologische und cytologische Routinefärbungen, aber auch für Spezialfärbungen, erfolgreich eingesetzt. Selbst das Entparaffinieren, die absteigende und die aufsteigende Ethanolreihe, sowie das fließend Wässern werden von den Geräten übernommen. Häufig mit integrierter Absaugung der gesundheitsschädlichen Dämpfe.

10.4.3.1   Färbeautomat „Karussell"

Hier sind die Färbestationen wie bei einem Karussell angeordnet und die Objektträger werden in großen Färbeeinsätzen

Abb. 10.5 Programmierbarer Universalfärbeautomat(Hersteller: Medite).

weitertransportiert, z. B. 24 Färbestationen mit einer Kapazität von bis zu 1300 Objektträgern pro Stunde.

10.4.3.2   Linearfärbeautomat

Über einen frei wählbaren Zeittakt, der für alle Stationen gleich ist, werden die Objektträger wie bei einem Fließband von einer Färbestation zur nächsten transportiert. Dadurch kann das Gerät kontinuierlich mit neu zu färbenden Präparaten (je nach Modell einzeln oder in Färbeeinsätzen) bestückt werden. Es können pro Stunde zwischen 500 bis 1000 Objektträger gefärbt werden.

10.4.3.3 Programmierbarer Universalfärbeautomat

Durch eine hohe Anzahl von Stationen (in einem Koordinatensystem angeordnet) und einem eingebauten Computer können automatisch und gleichzeitig mehrere Färbungen bearbeitet werden.

10.5 Behandlung der Schnitte vor und nach dem Färben

Dünn geschnittene Gewebeproben werden zur Analyse im Lichtmikroskop nach der Schnittherstellung und der ggf. notwendigen Schnittstreckung auf Objektträger übertragen. Objektträger haben eine genormte Größe von 76 x 26 mm und eine Dicke von 1–1,2 mm. Sie sind mit ungeschliffenen oder mit geschliffenen Kanten erhältlich und staubgeschützt verpackt. Saubere Objektträger sind Grundvoraussetzung für das Haften der Schnitte auf dem Objektträger und für die Haltbarkeit der gefärbten Präparate.

Üblicherweise werden im Labor Objektträger mit mattierten Enden (Mattrand) verwendet, da damit die Beschriftung sehr einfach möglich ist. Der Mattrand wird mit Bleistift oder mit einem speziellen Beschriftungsstift beschriftet. Die Beschriftung ist gegen Wasser, organische Lösungsmittel, sämtliche Farbstofflösungen und sonstige in der Histologie gebräuchlichen Lösungen beständig. Somit ist die eindeutige Zuordnung des Gewebes dauerhaft gewährleistet.

10.5.1 Schnittmontage und Trocknung

Nach der Schnittherstellung gibt es unterschiedliche Methoden der Schnittmontage. Welche Technik bei der Schnittmontage zur Anwendung kommt, ist abhängig von der Art des Schnittes.

10.5.1.1 Paraffinschnitte

Paraffinschnitte werden nach der Schnittherstellung in ein auf 35–40 °C erwärmtes und mit Aqua dest. gefülltes Wasserbad (☐ Abb. 10.6) gebracht, wo sie sich auf der Wasseroberfläche strecken. Zur Schnittmontage taucht man einen Objektträger schräg ein, bringt diesen von unten an den Schnitt und entnimmt den Schnitt durch Hochheben des Objektträgers. Zum leichteren „Auffischen" der Schnitte kann auch ein Pinsel oder eine Präpariernadel zu Hilfe genommen werden.

Nach der Aufnahme kann der Schnitt durch das verbleibende Restwasser noch auf dem Objektträger positioniert werden. Zur Schnitttrocknung überführt man die Schnitte in den Wärmeschrank. Werden anschließend klassische Färbungen durchgeführt, trocknen die Schnitte mindestens 20 Minuten bei 60 °C. Sollen leicht denaturierbare Komponenten nachgewiesen werden (z. B. Antigene oder Enzyme) trocknen die Schnitte üblicherweise für mehrere Stunden bzw. über Nacht bei nur maximal 40 °C.

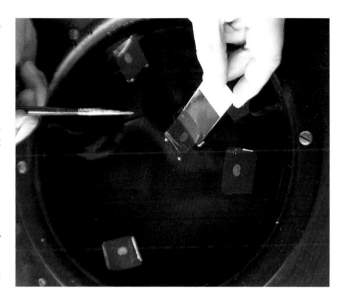

☐ **Abb. 10.6** Wasserbad und Schnittaufnahme auf einen Objektträger.

10.5.1.2 Gefrierschnitte

Gefrierschnitte werden direkt mit einem Objektträger vom Messer des Gefriermikrotoms abgenommen. Dazu wird der Objektträger möglichst parallel dem auf dem Messer liegenden Schnitt angenähert. Ist der Objektträger nahe genug über dem Schnitt, schmilzt dieser am Glas an. Der Objektträger darf bei dieser Abnahmetechnik nicht vollständig auf dem Schnitt und dem Messer aufliegen, da ansonsten Reste des Materials auf dem Messer zurückbleiben. Die Gewebereste zeigen sich auf dem Messer als helle Auflagen. Treten Schnittreste am Messer auf, kann das Messer vorsichtig mit etwas Aceton gereinigt werden. Die Schnitttrocknung erfolgt im Wärmeschrank bei 60 °C oder 40 °C, abhängig von der nachfolgenden Darstellungsmethode.

10.5.1.3 Kunststoffschnitte

Schnitte von in Glykolmethacrylat eingebettetem Material werden von der Messerschneide vorsichtig mit einer Pinzette abgenommen (Kontakt mit der Messerschneide vermeiden) und zur Schnittstreckung in ein auf Raumtemperatur eingestelltes Wasserbad gebracht. Nach der Schnittstreckung erfolgt wiederum die Montage auf Objektträger und die Schnitttrocknung.

Methylmethacrylat-Schnitte werden mit einer Pinzette auf einen Objektträger überführt und zunächst mit 96 % Ethanol überschichtet. Das Ethanol macht das Einbettmedium weicher und fungiert als Streckflüssigkeit. Anschließend werden die Schnitte mit Polyethylenfolie bedeckt und der Überschuss an Streckflüssigkeit mit einem Filterpapier abgesaugt. Um eine vollständige Haftung zu erzielen, sollten die Schnitte aufeinander gestapelt und im Wärmeschrank bei 37 °C mit Gewichten beschwert oder mit Klammern zusammengepresst werden. Nach 1 bis 2 Tagen ist die Schnitttrocknung abgeschlossen. Zum Färben muss die Folie abgezogen werden.

Zum Schneiden von mit Epoxidharzen eingebetteten Objekten kommen Glas- oder Diamantmesser zur Anwendung. Beide Messertypen sind mit einer trogähnlichen Vorrichtung versehen, die mit Aqua dest. gefüllt wird, sodass die Schnitte direkt von der Messerschneide auf die Wasseroberfläche gleiten können. Die Schnitte werden nach der Schnittherstellung mit einem kleinen Glasstäbchen, dessen Ende kugelförmig abgeschmolzen ist, von der Wasseroberfläche genommen und auf einen Tropfen Aqua dest., der sich auf einem Objektträger befindet, überführt. Dort strecken sich die Schnitte und können anschließend noch im Wärmeschrank oder auf einer Wärmeplatte getrocknet werden.

10.5.2 Beschichtungsmöglichkeiten der Objektträger

Die Objektträger können zur besseren Schnitthaftung mit speziellen Medien beschichtet werden. Die Art des verwendeten Beschichtungsmediums ist dabei von der nachfolgenden Darstellungstechnik abhängig.

Einige Hersteller bieten gebrauchsfertige, sogenannte Adhäsivobjektträger an, die mit Poly-L-Lysin beschichtet oder silanisiert sind. Diese Objektträger können direkt aus der Verpackung verwendet werden und sind für große Labors mit einem hohen Schnittaufkommen ideal.

10.5.2.1 Eiweißglycerin

Das Aufbringen einer dünnen Eiweißglycerinschicht auf den Objektträger ist die klassische Methode, um die Schnitthaftung zu erhöhen. Nur beim Kontakt mit starken Säuren oder Laugen lösen sich die Schnitte ab. Die bessere Schnitthaftung ist bedingt durch die Proteindenaturierung bei der Schnitttrocknung im Wärmeschrank und der Alkoholbehandlung vor der Färbung. Damit der Film möglichst dünn und gleichmäßig ist, benützt man zum Auftragen ein nicht fusselndes Tuch, auf das man einen kleinen Tropfen Eiweißglycerin (selbst hergestellt oder käuflich erworben) gibt.

Bei der Beschichtung mit Eiweißglycerin ist nachteilig, dass sich das Medium mit einigen Farbstoffen anfärbt, was bei der mikroskopischen Auswertung störend ist. Zudem sind die Präparate nicht für den Nachweis von Antigenen mit Hilfe von Antikörpern geeignet.

Anleitung A10.2

Herstellung von Eiweißglycerin
1. einem Hühnereiweiß 1 Thymolkristall zugeben
2. Eiweiß schaumig schlagen und stehen lassen
3. klare Flüssigkeit abfiltrieren
4. dem Filtrat die gleiche Menge Glycerin zusetzen

10.5.2.2 Chromalaungelatine

Die Beschichtung mit Chromalaungelatine ist ebenfalls eine bereits lange gebräuchliche Methode und die Schnitthaftung ist bedingt durch die Proteindenaturierung. Nachweise von antigenen Strukturen sind möglich. Bei den klassischen Färbetechniken färbt sich der aufgebrachte Proteinfilm allerdings sehr stark an.

Anleitung A10.3

Objektträgerbeschichtung mit Chromalaungelatine
1. 1 g Gelatine in 200 ml Aqua d. bei etwa 60 °C lösen
2. 0,1 g Chrom-III-Kaliumsulfat oder Chrom-III-Aluminiumsulfat hinzufügen
3. Lösung in eine Küvette überführen
4. Objektträger in einen Küvetteneinsatz stellen und in die Lösung tauchen
5. Objektträger bei Raumtemperatur oder im Wärmeschrank trocknen lassen

10.5.2.3 Poly-L-Lysin

Das Aufbringen von Poly-L-Lysin zur besseren Schnitthaftung ist momentan die wahrscheinlich gebräuchlichste Technik, da sich das Beschichtungsmedium weder anfärbt, noch die nachfolgenden Darstellungsmethoden negativ beeinflusst. Die sehr gute Schnitthaftung ist bedingt durch die Anziehungskräfte zwischen den unterschiedlichen Ladungen der im Beschichtungsmedium enthaltenen Aminosäure Lysin (ein Kation) und den Gewebekomponenten.

Anleitung A10.4

Objektträgerbeschichtung mit Poly-L-Lysin
1. Poly-L-Lysin-Stammlösung (1 %) 1:10 mit Aqua d. verdünnen
2. Objektträger mit einem Tropfen Gebrauchslösung beschichten und verreiben oder Objektträger im Küvetteneinsatz in die Lösung eintauchen
3. Objektträger trocknen lassen

Die Lösung kann auch höher konzentriert bzw. unverdünnt verwendet werden!

10.5.2.4 Silanisierung

Bei der Silanisierung von Objektträgern bindet eine Silanverbindung kovalent an die Glasoberfläche und dient als Haftvermittler zwischen Objektträger und Gewebeschnitt. Die Silanisierungslösung (3-Aminopropyltrimethoxysilan) kann von Merck oder Sigma-Aldrich bezogen werden.

Anleitung A10.5

Silanisierung von Objektträgern
1. 1,0 ml 3-Aminopropyltrimethoxysilan (APES) in 50 ml Aceton lösen
2. Lösung in eine Küvette überführen
3. Objektträger in einen Küvetteneinsatz stellen und 20 sec in die Lösung tauchen
4. mit 2 Portionen Aceton und 2 Portionen Aqua. d. spülen
5. Objektträger bei Raumtemperatur oder im Wärmeschrank trocknen lassen

10.5.3 Behandlung der Schnitte unmittelbar vor der Anfärbung

Um die Anfärbung der am Gewebeaufbau beteiligten Komponenten möglich zu machen, müssen die histologischen Schnitte noch speziell vorbehandelt werden. Die Vorbehandlung ist im Wesentlichen von der durchgeführten Einbettungstechnik und der gewünschten Darstellungstechnik abhängig.

10.5.3.1 Vorbehandlung von Paraffinschnitten

Um den Zugang der Farbstoffe zum Gewebe zu ermöglichen, muss zunächst das Einbettmedium aus den Schnitten entfernt werden. Zum Entparaffinieren verwenden wir Xylol oder ein anderes, weniger gesundheitsgefährdendes Ersatzmedium (▶ Kap. 6.1.4). Damit das im Gewebeschnitt enthaltene Paraffin vollständig entfernt wird, sollte die Lösung in zwei bis drei Portionen (Küvetten) verwendet werden. Dabei ist es ratsam, die Küvetten der Reihenfolge nach zu beschriften (Xylol-I/Xylol-II/Xylol-III). Die Verweilzeit der Schnitte pro Küvette liegt zwischen 5 und 10 Minuten. Die Entparaffinierungslösung muss in regelmäßigen Abständen erneuert werden. Wie häufig die Lösungen ausgetauscht werden müssen, ist abhängig von der Anzahl der histologischen Schnitte, die entparaffiniert wurden. Wer etwas sparsam sein möchte, wechselt immer die am stärksten verunreinigte erste Portion aus, verschiebt die nachfolgenden Küvetten um eine Position nach vorne und stellt in der letzten Küvette frische Lösung zur Verfügung.

Nach Abschluss der Entparaffinierung werden die Schnitte an die bei den Darstellungstechniken eingesetzten wässrigen oder alkoholischen Lösungen angepasst. Dazu behandelt man die Schnitte mit Alkohol in absteigender Konzentration, um schrittweise den Schnitten immer mehr Wasser zuzuführen. Zur Bewässerung können vergälltes Ethanol, Propanol (Propylalkohol) oder Isopropanol (Isopropylalkohol) eingesetzt werden. Die absteigende Alkoholreihe beginnt mit 100 % Alkohol, der aufgrund der entstehenden Verunreinigung mit Xylol in zwei Portionen verwendet wird, und setzt sich mit 96 %, 90 %, 80 % und 70 % Alkohol fort. Abschluss der Bewässerung ist Aqua dest. In jeder der aufgeführten Alkoholkonzentration bleiben die Schnitte zwischen 2 und 5 Minuten.

Werden zur Färbung alkoholische Farbstofflösungen eingesetzt, so wird nur bis zu der Alkoholkonzentration bewässert, die auch zum Ansetzen des Farbstoffes benutzt wurde.

10.5.3.2 Vorbehandlung von Gefrierschnitten

Gefrierschnitte können ohne Vorbehandlung mit wässrigen Farbstofflösungen behandelt werden. Werden Gefrierschnitte mit alkoholischer Farblösung behandelt (z. B. bei Fettfärbungen), ist vor der Inkubation mit der Farbstofflösung eine Vorbehandlung mit der darin enthaltenen Alkoholkonzentration empfehlenswert.

10.5.3.3 Vorbehandlung von Celloidinschnitten

Celloidin stört meist die nachfolgende Darstellungstechnik nicht und kann im Gewebe bleiben. Die flotierende Schnitte kommen von der Schneideflüssigkeit (70 % Alkohol) in 50 % Alkohol und dann in Aqua dest.. Sollte sich Celloidin störend auf die Färbung auswirken, kann das Einbettmedium durch eine Inkubation mit Äther-Alkohol (1+1) oder Aceton entfernt werden.

10.5.3.4 Vorbehandlung von Kunststoffschnitten

Ob und in welcher Weise Kunststoffschnitte vor der Darstellungstechnik behandelt werden müssen, hängt vom zur Einbettung verwendeten Kunststoff ab:

Glykolmethacrylatschnitte

Schnitte von mit Glykolmethacrylat eingebettetem Material müssen nicht speziell vorbehandelt werden. Alle Färbe- und Nachweistechniken können direkt mit dem ersten Behandlungsschritt begonnen werden.

Methylmethacrylatschnitte

Bei Methylmethacrylatschnitten, die am Rotations- oder Sägemikrotom angefertigt wurden, muss der in den Schnitten enthaltene Kunststoff vollständig entfernt werden. Das Entplasten erfolgt mit Aceton, Xylol oder im Wärmeschrank (bei 37 °C) mit 2-Methoxyethyl-Acetat. Die Entplastungszeit ist von der Schnittdicke abhängig und wird üblicherweise über Nacht (12 h) oder länger vorgenommen. Nach der vollständigen Kunststoff-Entfernung müssen die Schnitte gründlich mit Aqua dest. gespült und durch die absteigende Alkoholreihe geführt werden. Werden zur Färbung alkoholische Lösungen eingesetzt, so wird wiederum nur bis zu der Alkoholkonzentration bewässert, die auch zum Ansetzen des Farbstoffes benutzt wurde.

Epoxidharzschnitte

An Epoxidharzschnitten können Färbungen mit basischen Farbstoffen in alkalischer Lösung ohne Entfernen des Kunststoffes gemacht werden. Um in den Farbstofflösungen einen pH-Wert zwischen 9,5 und 11 zu realisieren, müssen die Farblösungen mit 1 % wässriger Boraxlösung oder 2 % wässriger Natriumcarbonat-Lösung hergestellt werden. Für Färbungen mit anderen Farbstoffen und bei histochemischen oder immunologischen Nachweistechniken ist es nötig, das Einbettmedium vollständig zu entfernen. Zum Entplasten eignet sich eine gesättigte Lösung von Natriummethylat in Methanol oder eine gesättigte Natriumbzw. Kaliumhydroxidlösung in absolutem Ethanol.

10.5.3.5 Entfernung von Fixierniederschlägen

Durch die Behandlung mit bestimmten Fixiermitteln (ungepuffertes Formol, sublimathaltige oder chromhaltige Fixative) kann es in der Gewebeprobe zur Bildung von Niederschlägen (Fixierniederschlägen) kommen (◻ Abb. 10.7). Auftretende Niederschläge entfernen wir vor der Färbung, da sie zu Verwechslungen mit Pigmenten führen können und die mikroskopische Analyse stören.

Entfernung von Formolniederschlag

Formolniederschlag entsteht durch das Einwirken von ungepuffertem Formol auf Hämoglobin. Bei sehr blutreichen Gewebeproben zeigt sich im Gewebe ein körnig brauner Niederschlag.

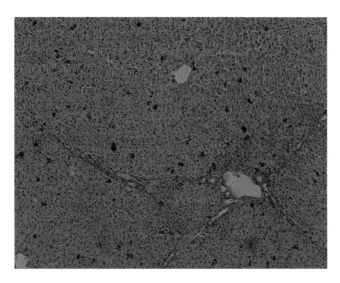

■ Abb. 10.7 Sublimatniederschläge, Leber, Schwein, HE, Vergr. x10 (Foto: Dr. S. Warmuth, MTA-Schule München).

Anleitung A10.6

Methode nach Verocay

1. Behandlung mit einer Lösung aus 1 Teil 1 % KOH und 99 Teilen 80 % Ethanol (15 min bis 4 h)
2. Schnitte entparaffinieren und vollständig bewässern
3. mikroskopische Kontrolle (alle Niederschläge entfernt?)
4. in fließendem Leitungswasser für 5–10 min auswaschen

Anleitung A10.7

Methode nach Kardasewitsch

1. Schnitte entparaffinieren und vollständig bewässern
2. Inkubation mit einer Lösung von 1-5 % Ammoniak (3 Teile) in 70 % Ethanol (97 Teile) (15 min bis 4 h)
3. mikroskopische Kontrolle
4. in fließendem Leitungswasser für 5–10 min auswaschen

Anmerkung: Die Behandlung mit Ammoniak in Ethanol löst auch Malariapigment und durch die alkalische Lösung neigen die Schnitte zum Abschwimmen.

Anleitung A10.8

Methode mit Pikrinsäure

1. Schnitte entparaffinieren und aus Ethanol in eine gesättigte, alkoholische Lösung von Pikrinsäure bringen
2. Inkubationszeit für feine Niederschläge 2 Stunden; sonst länger
3. mikroskopische Kontrolle

Anmerkung: Mit dieser Methode halten die Schnitte besser auf dem Objektträger. Auch hier wird Malariapigment gelöst.

Anleitung A10.9

Entfernung von Sublimat- (Quecksilber-)Niederschlag

1. Schnitte entparaffinieren und absteigende Alkoholreihe bis 70%
2. Iodalkohol-Behandlung, bis die Niederschläge entfernt sind (20 min bis 24 h)
3. mit Aqua dest. spülen
4. in 0,25 % Natriumthiosulfat-Lösung schwenken, bis die Schnitte farblos sind
5. mit fließendem Leitungswasser auswaschen (10–15 min)
6. mit Aqua dest. spülen

Lösungen:

1. Lugolsche Lösung: 2g Kaliumiodid in 5 ml Aqua dest. lösen, dazu 1g Iod lösen und mit Aqua d. auf 300 ml auffüllen.
2. Iodalkohol: 70 % Ethanol werden einige Tropfen Lugolsche Lösung zugegeben, bis der Alkohol cognacbraun gefärbt ist.

Anleitung A10.10

Entfernung von Chromatniederschlag

Setzt man die Gewebeproben bei der Fixierung mit chromhaltigen Flüssigkeiten oder bei der Weiterbehandlung mit Alkohol der Einwirkung von Sonnenlicht aus, so bilden sich oft Chromat-Niederschläge.

Methode 1: Kleinere Niederschläge lassen sich vor dem Einbetten durch langes Wässern in Leitungswasser entfernt werden.

Methode 2: Bei ausgeprägten Niederschlägen werden die Schnitte mit Salzsäure-Alkohol behandelt (1 % HCl in 96 % Ethanol).

10.5.4 Behandlung der Schnitte nach der Färbung

Gewöhnlich endet eine Darstellungstechnik mit dem gründlichen Spülen, um alle noch im Schnitt befindliche Farbstoffreste oder Differenzierungsflüssigkeiten zu entfernen und dem luftdichten Einschließen mit Eindeckmedien (Eindecken). Durch die variierenden Eigenschaften der Eindeckmedien unterscheidet sich das Vorgehen bei der Herstellung von Dauerpräparaten. Bei hydrophilen Eindeckmedien kann sofort eingedeckt werden, bei hydrophoben Medien muss das Präparat erst durch die aufsteigende Alkoholreihe entwässert und der Alkohol anschließend mit dem im Eindeckmedium enthaltenen Lösungsmittel ersetzt werden. Während Färbungen mit Hämatoxylin sehr stabil sind, werden manche synthetischen Farbstoffe während der Entwässerung stark angegriffen. In diesen Fällen versucht man, die Zeit der Einwirkung des Ethanols möglichst zu verkürzen oder durch Anwendung anderer Flüssigkeiten zu ersetzen.

10.5.4.1 Fixieren der Färbung

Bei Färbungen mit basischen Thiazinfarbstoffen (z. B. Toluidin-blau oder Methylenblau) oder basischen Anilinfarbstoffen (z. B. Fuchsin oder Methylengrün) kann die Farbe im Schnitt fixiert werden.

Anleitung A10.11

Fixieren der Färbung Methode 1
Schnitte für mehrere Stunden in eine 5 % wässrige Lösung von Ammoniummolybdat oder in eine 5 % wässrige Lösung von Ammoniumpikrat einstellen. Nach erfolgter Fixierung einige Minuten in Aqua dest. auswaschen und während einer Minute durch die aufsteigende Alkoholreihe in Xylol bringen.

Anleitung A10.12

Fixieren der Färbung Methode 2
Eine andere Art der Nachbehandlung, die für basische Ani-linfarben wie Fuchsin oder Methylgrün empfohlen wurde, ist die Fixierung mit Tannin (Schuberg, 1910):
Schnitte nach dem Spülen mit Aqua dest. in eine 10 % wässrige Tanninlösung einstellen (3–5 min). Gründlich Spü-len mit Aqua dest. und mit 2–3 % wässriger Lösung von Natrium-Kaliumtartrat (Brechweinstein) inkubieren, bevor nochmals mit Aqua dest. ausgewaschen wird.

10.5.4.2 Einschließen der Präparate

Zur dauerhaften Haltbarmachung werden die Präparate mit einem Einschluss- bzw. Eindeckmedium beträufelt und mit einem Deckglas bedeckt, sodass die Präparate luftdicht abgeschlossen sind. Das verwendete Eindeckmedium darf dabei weder die An-färbung der Strukturen, noch die Strukturmorphologie negativ beeinflussen. Um eine optimale Auswertung im Lichtmikroskop zu ermöglichen, ist der Brechungsindex des Einschlussmittels wichtig. Die genauen Brechungszahlen der Eindeckmedien wer-den vom jeweiligen Hersteller der Medien angegeben.

Eindeckmedien werden grundsätzlich in zwei verschiedene Typen eingeteilt:

- Mit Wasser mischbare Medien (hydrophile Einschluss medien). Sie können direkt nach dem letzten Färbeschritt und dem anschließenden Spülen mit Aqua dest. verwendet werden.
- Nicht mit Wasser mischbare Medien (hydrophobe Eindeck-medien). Hier müssen die Präparate vor dem Einschließen vollständig entwässert werden. Dies erfolgt über eine Alko-holreihe mit aufsteigender Konzentration (50/70/80/96 und 100 % Alkohol). Meist ist danach auch noch eine Behand-lung mit dem im Eindeckmedium vorkommenden Lösungs-mittel (Xylol o.ä.) nötig, damit eine Verbindung zwischen dem Gewebeschnitt und dem Medium möglich ist.

▪▪ Praktisches Vorgehen
Um das Medium aufzubringen und das Deckglas aufzulegen, gibt es keine standardisierte Vorgehensweise, sondern jeder entwickelt seine eigene Technik.

Im Wesentlichen läuft das Eindecken folgendermaßen ab:
1. Ein geeignet großer Tropfen des Eindeckmediums wird mit Hilfe eines Glasstabes oder direkt aus einer Tropfflasche auf den Schnitt bzw. auf das Deckglas gebracht.
2. Befindet sich das Medium auf dem Schnitt, so legt man vorsichtig das Deckglas auf.
3. Wurde der Mediumtropfen auf das Deckglas gebracht, so dreht man das Deckglas zügig um, sodass der Tropfen nach unten hängt und legt das Deckglas wiederum vorsichtig auf den Schnitt.

Um das Auftreten von Luftbläschen zu vermeiden, sollte das Deckglas immer mit einer Kante im spitzen Winkel zum Objekt-träger hin aufgesetzt werden. Beim Aufsetzen sollte unbedingt die Seitenkante vom Deckglas außerhalb des Gewebeschnittes sein, damit dieser nicht beschädigt wird. Das Deckglas da-nach vorsichtig absenken. Um das Verrutschen des Deckglases zu verhindern, kann eine Präpariernadel zu Hilfe genommen werden. Unter keinen Umständen darf das Deckglas ruckartig auf den Schnitt fallen, da dadurch eine Vielzahl von Luftblasen entsteht. Zum gleichmäßigen Verteilen des Mediums zwischen Deckglas und Schnitt, kann wiederum durch leichten Druck mit der Präpariernadel nachgeholfen werden.

▪▪ Hinweise zum Eindecken
Beim Eindecken der Präparate muss das verwendete Deckglas größer als der Schnitt sein. Zudem sollte darauf geachtet werden, dass der Raum zwischen Deckglas und Schnitt vollständig und gleichmäßig mit dem Eindeckmedium ausgefüllt ist. Ein zu viel an Medium muss vermieden werden, da die Auswertung im Mikros-kop durch den dadurch auftretenden Deckglasfehler beeinträchtigt wird. Damit sich der Mediumfilm gleichmäßig zwischen Deckglas und Schnitt verteilt, können die Präparate mit kleinen Bleigewich-ten beschwert werden, die nicht schwerer als etwa 15 bis 20 g sein sollten, da sonst das Deckglas beschädigt werden kann.

Nach dem Eindecken dürfen keine Luftbläschen im Me-dium vorhanden sein. Sind dennoch einmal Bläschen beim Eindecken entstanden, können diese durch vorsichtiges Drü-cken mit der Präpariernadel auf das Deckglas entfernt werden. Sehr schonend entfernt man Luftbläschen, indem die Präparate sofort nach dem Eindecken in einen Exsikkator überführt werden. Die Objektträger sollten dabei leicht schräg im Exsik-kator liegen. Nachdem der Exsikkator einige Minuten an die Wasserstrahlpumpe angeschlossen war, sind die Luftbläschen verschwunden und man kann wieder Luft zutreten lassen.

Nach dem Auflegen des Deckglases, darf das Deckglas nur noch geringfügig und vor allem vorsichtig verschoben werden, da sonst die Schnitte beschädigt werden.

Die Trocknung der eingedeckten Präparate erfolgt üblicher-weise bei Zimmertemperatur. Die für jedes Eindeckmedium vor-gegebene Aushärtezeit sollte beachtet werden, um ein Verrutschen der Deckgläser zu vermeiden. Die Aushärtezeit mancher Medien kann durch Verwendung eines Umluft-Wärmeschrankes verkürzt werden. Die optimale Temperatur ist hierbei vom verwendeten Medium abhängig und muss empirisch ermittelt werden.

Einschlussmittel für wasserfreie Präparate

Wegen der sehr guten Haltbarkeit der Präparate werden gefärbte Schnitte üblicherweise mit Harzen eingedeckt. Harze sind zäh-viskose Substanzen, deren chemische Zusammensetzung sehr stark variiert. Neben den natürlichen Harzen, die von Pflanzen, insbesondere von Bäumen abgesondert werden, können Harze auch künstlich hergestellt werden. Diese synthetischen Harze werden als Kunstharze oder Kunststoffe bezeichnet. Zum Einschließen der Präparate verwendete man früher Kanadabalsam, ein natürliches Harz, das im Handel noch erhältlich ist, aber im Labor kaum noch eingesetzt wird. In der modernen Histologie verwendet man Kunstharze auf der Basis von Polystyrol, Mischacrylaten oder ähnlichem, die ein flüchtiges Lösungsmittel enthalten. Die Eindeckmedien werden in flüssiger Form auf den Schnitt gebracht. Durch das Verdunsten des enthaltenen Lösungsmittels härten die Medien aus und die Schnitte sind luftdicht eingeschlossen.

Die Medien sind unter verschiedenen Handelsnamen bei unterschiedlichen Herstellern oder Vertriebshändlern erhältlich, z. B.:

Leica: CV Ultra-Eindeckmedium (kompatibel mit Xylol und Isopropanol)
Medite: Mountex (alkohol- und isopropanollösliches Medium), Pertex (kompatibel mit Xylol)
Merck: Entellan/Entellan Neu (Xylolhaltiges Eindeckmedium)
Bio-Optica: BioMount (Xylol kompatibel)
Fluka: DPX (DePeX) (Xylolhaltiges Eindeckmedium)
Chroma: Malinol (Naturharz, kompatibel mit Xylol; gut geeignet für dicke Schnitte/Totalpräparate)
Fluka: DPX („Mountant for Histology", Xylol kompatibel)

Da sich die zum Eindecken verwendeten Kunststoffe nicht mit Wasser verbinden können, müssen die Schnitte zum Eindecken vollkommen wasserfrei sein. Im Labor wird dies durch eine aufsteigende Alkoholreihe nach der Farbstoffbehandlung erzielt. Zur Entwässerung können Ethanol, Propanol oder Isopropanol eingesetzt werden. Da sich einige Kunststoffe auch nicht mit Alkohol verbinden können, muss der Alkohol aus den Schnitten entfernt und durch ein Medium ersetzt werden, mit dem sich das Eindeckmedium verbinden kann. Somit schließt sich nach der Entwässerung eine Behandlung mit einem geeigneten Medium an, welches auch als Intermedium (Zwischenflüssigkeit) bezeichnet wird. Als Intermedium muss das im Eindeckmittel verwendete Lösungsmittel eingesetzt werden. Meist ist dies Xylol oder ein Xylolersatzstoff.

Wurde die Entwässerung nicht sorgfältig genug vorgenommen, kommt es beim Übertragen der Objektträger in das Intermedium zum Auftreten einer milchigen Trübung. In diesem Falle müssen die Präparate zurück in die Alkoholreihe gebracht und die Entwässerung wiederholt werden. Grundsätzlich ist immer darauf zu achten, dass der Alkohol und das verwendete Intermedium absolut frei von Verunreinigungen sind.

■ ■ **Praktisches Vorgehen**

Das Eindeckmedium füllt man am besten aus dem Originalgefäß in einen weithalsigen Behälter, der mit einer übergreifenden, innen angeschliffenen Kappe verschlossen werden kann.

Zum Auftragen des Eindeckmittels auf den Schnitt wird üblicherweise ein kleiner Glasstab mit abgerundetem Ende verwendet. Sehr wichtig zum Eindecken ist die „richtige" Konsistenz des Mediums. Ist das Medium zu zähflüssig, kann es durch Zugabe des Lösungsmittels wieder verdünnt werden.

Zum Eindecken wird der Objektträger mit dem Schnitt aus dem Intermedium genommen und waagrecht auf eine Unterlage gelegt. Mit Hilfe des Glasstabes wird eine angemessene Menge des Eindeckmediums (ca. 0,5 ml) auf den Schnitt oder auf das Deckglas aufgebracht. Nach dem vorsichtigen Auflegen des Deckglases und der homogenen Verteilung des Mediums zwischen Objektträger und Deckglas lässt man das Präparat waagrecht liegen. Zum Trocknen benötigt das Medium etwa 20 bis 30 Minuten. Das Erhärten des Kunststoffes kann im Wärmeschrank beschleunigt werden. Die eingedeckten Präparate müssen vollkommen transparent sein. Flecken oder Trübungen zeigen Verunreinigungen mit Wasser an. In solchen Fällen muss das Deckglas abgelöst und die Objekte nochmals vollständig entwässert werden.

■ ■ **Flüssiges Deckglas**

Zum luftdichten Einschließen der Schnitte kann auch ein sogenanntes „flüssiges Deckglas" verwendet werden. Beim Eindecken mit flüssigen Deckgläsern werden keine Deckgläser eingesetzt, sondern die Präparate werden mit einem flüssigen Medium homogen beschichtet. Dazu bringt man einige Tropfen des Mediums auf das noch feuchte Präparat und verteilt es gleichmäßig. Nach dem Verdunsten des Lösungsmittels bildet sich über den Schnitten eine feste und schützende Mediumschicht.

Eine andere Möglichkeit besteht darin, das flüssige Deckglas mit einem speziellen Sprühgerät aufzutragen. Das Sprühgerät ist mit einer elektrischen Pumpe ausgestattet und ermöglicht somit, gleichzeitig eine Vielzahl von Präparaten mit einem gleichmäßig dünnen Film zu besprühen.

Präparate, die mit einem flüssigen Deckglas dauerhaft haltbar gemacht wurden, können nach Herstellerangaben sowohl mit Trockenobjektiven als auch mit Ölimmersionsobjektiven mikroskopiert werden. Die Empfehlungen bezüglich des Immersionsöls müssen dabei unbedingt eingehalten werden.

Flüssige Deckgläser sind z. B. von Merck unter der Bezeichnung Merckoglas und von DAKO unter Ultramount-Einschlussmedium im Handel. Einige Vertriebshändler bieten auch das Produkt DIATEX an.

Einschlussmittel für wasserhaltige Präparate

Mit Wasser mischbare Medien werden immer dann verwendet, wenn die Präparate nach der Darstellungstechnik nicht mehr mit Alkohol, Xylol oder anderen Lösungsmitteln in Kontakt kommen dürfen. Ein Kontakt würde zur Extraktion der angefärbten Substanz (z. B. beim Fettnachweis) oder des gefärbten Endproduktes (z. B. Enzym-Substrat-Reaktionen in der Histochemie bzw. Immunhistologie) führen.

■ ■ **Glycerin**

Glycerin ist ein sirupartiges, und stark wasseranziehendes Medium. Der Brechungsindex von wasserfreiem Glycerin liegt bei n

= 1,470 bis 1,475. Mit zunehmendem Wassergehalt sinkt der Brechungsindex allerdings deutlich. Glycerin wird in der modernen Histologie nur noch selten verwendet, da viele Färbungen nach dem Einschließen in Glycerin instabil sind. In der Fluoreszenzmikroskopie wird in einigen Fällen noch mit Glycerin eingedeckt.

▪▪ **Praktisches Vorgehen beim Eindecken mit Glycerin**
Zum Einschließen mit Glycerin wird der auf dem Objektträger montierte Schnitt mit einem Tropfen Glyzerin beträufelt und anschließend das Deckglas luftblasenfrei aufgelegt. Das seitlich herausquellende Glycerin wird sofort mit Filterpapier abgesaugt. Um Glycerinpräparate für längere Zeit haltbar zu machen, stellt man ein umrandetes Präparat her (▶ siehe nachfolgende Spalte). Durch die Umrandung wird das Präparat luftdicht abgeschlossen, sodass weder das Glycerin langsam verdunsten, noch das Glycerin Wasser aus der Luft aufnehmen kann.

▪▪ **Glyceringelatine nach Kaiser (1880)**
Eine Mischung aus Glycerin und Gelatine wurde von Kaiser zum ersten Mal in der Histologie zum Eindecken verwendet. Ein wesentlicher Nachteil von Glyceringelatine ist die rasche Zerstörung von Kernfärbungen mit Hämatoxylinfarbstoffen (z. B. Hämalaun, Eisenhämatoxylin). Die Zerstörung wird auf den sauren pH-Wert des Eindeckmediums zurückgeführt.

Glyceringelatine kann selbst hergestellt oder gebrauchsfertig im Handel bezogen werden.

Anleitung A10.13

Herstellen von Glyceringelatine
7 g Gelatine in 42 ml Aqua d. quellen lassen
50 g Glycerin
0,5 g Karbolkristalle zusetzen

Auf dem Magnetrührer oder im Wasserbad 10 bis 15 Minuten erwärmen und gut durchmischen, bis alles gelöst ist. Ist die Lösung nicht klar, heiß filtrieren

---

▪▪ **Praktische Vorgehensweise beim Eindecken mit Glyceringelatine**
Zum Eindecken mit Glyceringelatine muss die Gelatine durch Erwärmen auf 35 bis 40 °C verflüssigt werden. Dazu wird der Glasbehälter einige Minuten auf die Wärmeplatte oder in ein Wasserbad gestellt. Die flüssige Glyceringelatine wird dann mit einem kleinen Glasstab auf den Objektträger oder das Deckglas überführt. Nach dem Auflegen des Deckglases und der homogenen Verteilung des Mediums benötigt die Gelatine etwa 20 bis 30 Minuten zum Erstarren. Danach schabt man mit einer Rasierklinge vorsichtig den Überstand rings um das Deckglas ab und umrandet die Präparate (Vorgehensweise ▶ siehe unten „Umranden der Präparate"), damit sie längere Zeit haltbar sind.

Durch sehr häufiges Erwärmen der Glyceringelatine kommt es gelegentlich vor, dass die Gelatine beim Abkühlen nicht mehr vollständig erstarrt. Um dies zu vermeiden, erwärmt man nicht die gesamte Glyceringelatine im Originalgefäß, sondern bringt von der erstarrten Masse ein kleines Stückchen auf das Deckglas. Das Deckglas wird dann zum Verflüssigen der Gelatine auf eine Wärmeplatte gelegt.

▪▪ **Karion**
Das von Merck vertriebene „Karion F" flüssig ist ein mit Wasser mischbarer Sorbitsirup. Karion kann alleine oder im Gemisch mit Gelatine zum Eindecken verwendet werden. Beim Eindecken verfährt man wie bei Glycerin und Glyceringelatine nach Kaiser beschrieben.

Anleitung A10.14

Herstellen von Kariongelatine
7 g Gelatine in 42 ml Aqua d. quellen lassen
50 g Karion F flüssig zugeben

Auf dem Magnetrührer oder im Wasserbad 10 bis 15 Minuten erwärmen und gut durchmischen.

Harze (Hydrophile Kunststoffe)
Alle Eindeckmedien auf Basis hydrophiler Kunstharze haben einen neutralen pH-Wert und somit wird die Anfärbung mit säure-empfindlichen Farbstoffen nicht abgeschwächt oder komplett zerstört.

Mit Wasser mischbare Kunststoffe, sind unter verschiedenen Bezeichnungen im Handel erhältlich: z. B. Aquatex von der Firma Merck, Mount quick von der Firma Bio-Optica, Immumount von der Firma Shandon oder Medi-Mount von der Firma Medite.

▪▪ **Praktisches Vorgehen beim Eindecken mit hydrophilen Kunststoffen**
Zum Eindecken wird aus der Tropfflasche eine angemessene Menge des Eindeckmediums auf den Objektträger oder auf das Deckglas getropft. Beim Aufbringen des Tropfens dürfen keine Luftblasen im Medium entstehen. Nach dem Auflegen des Deckglases und der Verteilung des Mediums, lässt man die Schnitte ca. 20 bis 30 Minuten waagrecht liegen, damit das Medium trocknen kann. Um die Haltbarkeit der Präparate zu verlängern, müssen die Präparate anschließend noch umrandet werden.

Umranden der Präparate
Präparate, die in ein flüssiges (Glycerin oder Karion F) oder mit einem nicht vollständig aushärtendem Medium eingedeckt sind, müssen umrandet werden. Umranden heißt, der Spalt zwischen Deckglas und Objektträger wird ringsum mit einer geeigneten Substanz luftdicht verschlossen. Unterlässt man diese Schutzmaßnahme, so werden die Präparate entweder durch Austrocknung oder durch die Aufnahme von Wasser (Luftfeuchtigkeit) in wenigen Wochen zerstört.

Zum Umranden verwendet man Substanzen, die durch das Verdunsten des Lösungsmittels aushärten und einen durchgängigen Film aufbauen. Sehr gut geeignet sind Lacke (z. B. Nagellacke, Abdecklacke zur Korrektur von Schreibfehlern) oder die im Labor gebräuchlichen, nicht mit Wasser mischbare Eindeckmedien.

▪▪ Praktisches Vorgehen beim Umranden

Das Umrandungsmittel wird beim Umranden am einfachsten mit einem Pinsel aufgetragen. Damit sich die zum Umranden verwendete Substanz mit der Oberfläche von Deckglas und Objektträger optimal verbinden kann, müssen die Glasoberflächen sauber und trocken sein. Sollte das Eindeckmedium über den Rand des Deckglases hervorgequollen sein, muss das überschüssige Medium mit Filterpapier abgesaugt werden. Zusätzlich kann das Glas mit einem feinen Lappen, der mit einem geeigneten Lösungsmittel getränkt ist, gereinigt werden.

Erneutes Eindecken/Reparatur

Bei jedem der aufgeführten Einschlussverfahren sollte das Einschließen von Luftbläschen vermieden werden. Kommt es dennoch einmal zu einigen störenden Luftbläschen im Präparat, so kann das Eindecken wiederholt werden. Das auf dem Objekt befindliche Deckglas wird dabei durch Einstellen in das im Eindeckmedium vorhandene Lösungsmittel (z. B. Wasser, Xylol) vom Objektträger gelöst. Das Entfernen des Deckglases dauert einige Minuten, Stunden oder Tage, abhängig davon, wie lange das Präparat schon eingedeckt war. Die Präparate sollten so lange im Lösungsmittel bleiben, bis das Deckglas von selbst zu Boden sinkt. Ein zu frühes aktives Abziehen oder Abheben des Deckglases führt in den meisten Fällen zu Beschädigungen der Schnitte. Nach dem vollständigen Ablösen des Deckglases kann wieder eingedeckt werden.

Das Auftreten von Trübungen oder Flecken in hydrophoben Eindeckmedien deutet auf Verunreinigungen mit Wasser oder Alkohol hin. Das bedeutet, die Entwässerung der Objekte und der Alkoholersatz ist nicht vollständig gelungen und die Präparate sind nur begrenzt haltbar. Nach dem Ablösen des Deckglases müssen die Präparate zuerst wieder die absteigende Alkoholreihe durchlaufen, bevor erneut eine vollständige Entwässerung (aufsteigende Alkoholreihe) und die Behandlung mit dem Intermedium vorgenommen werden kann. Danach wird erneut eingedeckt.

▪▪ Reparatur beschädigter histologischer Präparate

Sofern das eigentliche histologische Präparat nicht beschädigt ist, kann es auf einen neuen Objektträger überführt werden. Dazu trennt man zunächst mit einem Diamantschneider die beschädigten Teile des Objektträgers relativ nahe an den Deckglasrändern ab. Anschließend wird der restliche Objektträgerteil (also der Anteil mit dem Präparat) mit Eindeckmedium auf die Mitte eines neuen Objektträgers geklebt. Nach dem Trocknen ist die mikroskopische Auswertung des Objektes trotz des doppelten Objektträgers möglich und das so reparierte Präparat lässt sich auch dann noch in einem Präparatekasten archivieren.

Behandlung verblasster Präparate

Verblasste Präparate können nach Ablösen des Deckglases (Einlegen in Xylol, bis das Deckglas abschwimmt, danach noch weitere Stunden, bis das Eindeckmittel gänzlich abgelöst ist) wieder gefärbt werden. Um die Färbbarkeit aufzufrischen, werden die Präparate über die absteigende Alkoholreihe in Wasser

gebracht und dann mit Wasserstoffperoxid oder Benzoylperoxid (wirksamere Methodik) inkubiert.

Anleitung A10.15

Auffrischen der Färbbarkeit

Methode 1: Schnitte in 3 % Wasserstoffperoxid für 3 min einstellen;

Methode 2: Schnitte in 10 % Lösung von Benzoylperoxid in Aceton für 15 min einstellen

Anmerkung: Auch bei lange gelagerten, auf Objektträger montierten Paraffinschnitten oder bei cytologischen Ausstrichpräparaten ist die Methodik geeignet.

10.6   Färbemethoden

Vorab hier noch einmal zur Erinnerung die Arbeitsschritte (Paraffinmethode) bis zum fertigen histologischen Dauerpräparat (◻ Abb. 10.8):

1. Entnahme und Zuschnitt von frischem Gewebe
2. Fixierung
3. Entwässerung und Einbettung in Paraffin
4. Schnittanfertigung am Mikrotom
5. Aufziehen des Paraffinschnittes auf einen Objektträger und anschließendes Trocknen im Wärmeschrank bei max. 60 °C
6. Entparaffinieren des Schnittes in Xylol
7. Ethanolreihe absteigender Konzentration
8. Färben des Schnittes
9. Ethanolreihe aufsteigender Konzentration und Xylol
10. Der gefärbte Schnitt wird mit einem Eindeckmedium und einem Deckglas eingedeckt (Dauerpräparat).

Um Schnittpräparate färben zu können, müssen sie meist einer Vorbehandlung unterzogen werden. Ebenso müssen sie nach dem Färben z. T. nachbehandelt werden, um Dauerpräparate zu erhalten. Siehe hierzu ► Kapitel 10.5.

Alle hier verwendeten und wichtigen Farbstoffe mit ihren synonymen Bezeichnungen, dem Colour index (C.I.) sowie ihrer Ladung sind in ◻ Tab. A1.18 zu ihrer genauen Identifizierung angegeben.

Das Untersuchungsziel bestimmt meistens die Auswahl der färberischen Nachweismethode, siehe hierzu ◻ Tab. A1.20. In einer weiteren Tabelle im Anhang (◻ Tab. A1.19) finden Sie alphabetisch die Nachweismethoden (Färbungen) mit den dazugehörigen Untersuchungszielen.

Die Zeitangaben in den nachfolgenden Färbemethoden können immer nur Richtwerte darstellen. Die für jedes Labor optimale Färbedauer muss individuell ermittelt werden.

10.6.1   Kernfarbstoffe und Kernfärbungen

Vor Darstellung der Routinefärbungen und der zahlreichen Spezialfärbungen sollen zunächst die Prinzipien der typischen

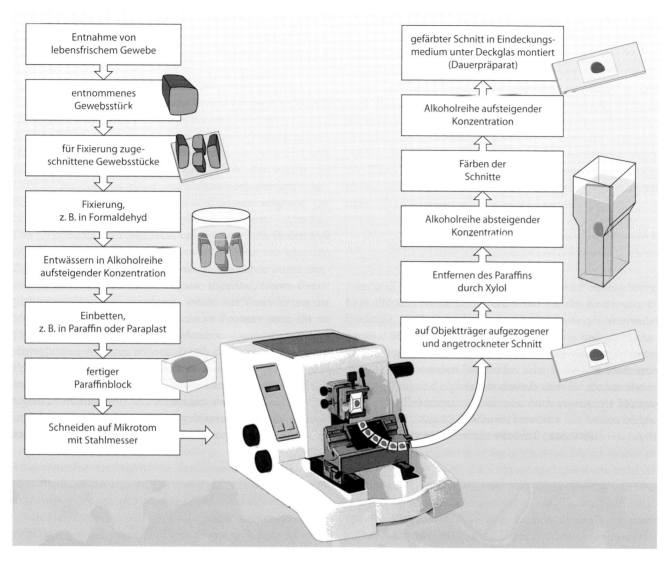

Abb. 10.8 Präparatherstellung.

Zellkern- und Cytoplasmafärbungen sowie Pigmentfärbungen dargestellt werden, die auch für sich allein gebraucht werden können (▶ Kap. 10.6.1–10.6.4). Für die Beurteilung gesunden und pathologisch veränderten Gewebes ist eine saubere Kernfärbung unerlässlich. Die Struktur des Zellkernes, z. B. hinsichtlich der Menge und Verteilung von Eu- und Heterochromatin, gibt Auskunft über die Zellaktivität. Geschädigte oder absterbende Zellen können an der Kernstruktur erkannt werden, und generell kann jeder Zelltyp im Körper des Menschen an seiner Kernstruktur erkannt werden. Das trifft auch auf bösartige Tumorzellen zu, die durch einen zumeist heterogenen Zellkern charakterisiert sind. Im Grunde läuft das Meiste in der Diagnostik über die Analyse der Kernstruktur. Aus all diesen und weiteren Gründen sind Kernfärbungen – vielleicht speziell in medizinischen Laboren – besonders wichtig. Kernfärbungen können sich auch in histochemischen und immunhistochemischen Präparaten als sehr hilfreich bei der Orientierung im Schnitt erweisen.

10.6.1.1 Hämatoxylin

Hämatoxylin ist wohl der am häufigsten verwendete Kernfarbstoff überhaupt.

Hämatoxylin und Hämatein

Hämatoxylin ist ein Naturfarbstoff, der durch Etherextraktion aus dem zerkleinerten roten Kernholz des in Mittelamerika heimischen Campechebaumes (Blauholz, *Haematoxylon campechianum*) gewonnen wird. Es bildet farblose oder gelbliche Prismen, die in kaltem Wasser schwer, in heißem Wasser, Ethanol oder Ether dagegen leicht löslich sind. Der wirksame Farbstoff ist allerdings nicht das Hämatoxylin selbst, sondern sein Oxidationsprodukt Hämatein. Durch Verlust zweier Wasserstoffatome entsteht bei der Oxidation die chinoide Struktur des Chromatophors (**Abb. 10.9**).

Die Oxidation von Hämatoxylin zu Hämatein (Reifen) geschieht allein durch den Luftsauerstoff im Verlauf einiger Wochen, kann aber durch Zusatz von Oxidanzien unmittelbar

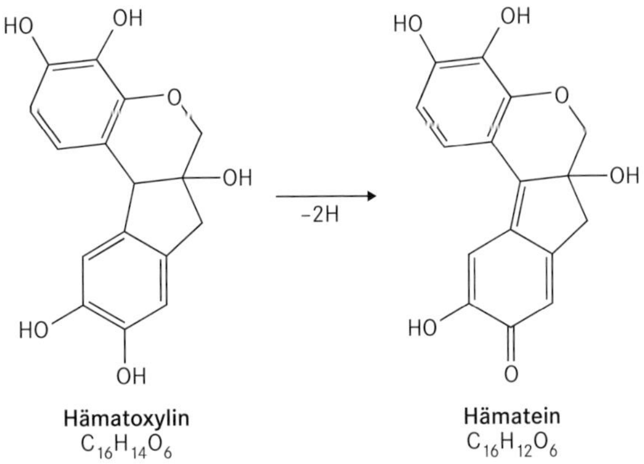

Abb. 10.9 Oxidation von Hämatoxylin zu Hämatein.

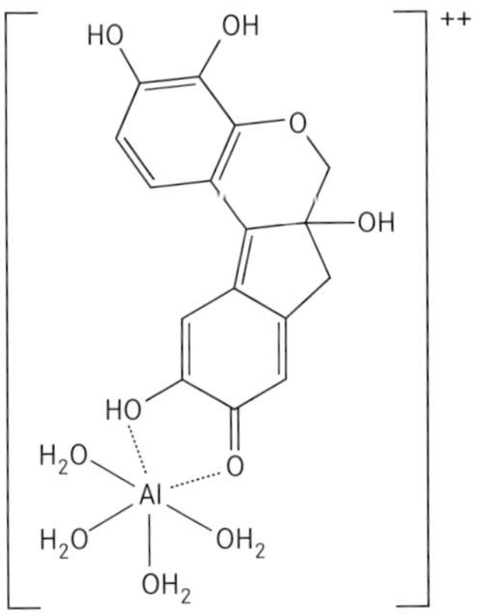

Abb. 10.10 Formel Hämalaun.

erzielt werden (künstliche Reifung). Dabei ist darauf zu achten, dass der Farbstoff nicht durch weitere Oxidation gebleicht wird (Überreife).

Zur Oxidation von 1 g Hämatoxylin zu Hämatein benötigt man z. B.: 200 mg Kaliumiodat (KJO_3) oder 197 mg Natriumiodat ($NaJO_3$).

Heute kann sowohl Hämatoxylin als auch Hämatein gekauft werden.

10.6.1.2 Hämatoxylinlacke

Hämatein ist ein schwach negativ geladener Farbstoff. Der isoelektrische Punkt liegt bei pH = 6,5. Hämateinlösungen sind gelbbraun gefärbt. Sie sind für die histologische Technik praktisch ohne Nutzen. Erst durch Zusatz verschiedener Alaunsalze entstehen Hämatoxylinlacke (eigentlich Hämateinlacke), die stark positiv geladen sind und sich zur progressiven Anfärbung vor allem der Zellkerne eignen. Bei der Ausbildung der Farblacke kommt es zu Komplexverbindungen von Hämatein mit den jeweiligen Metallionen der Alaune (Aluminium, Chrom, Eisen usw.). Die Farbe der Hämatoxylinlacke ist abhängig vom pH-Wert: Unter pH = 3 erscheinen die Lösungen rotbraun, bei höheren pH-Werten tritt die bekannte, charakteristische blauviolette Farbe auf. Meist färbt man in saurer Lösung und führt dann den Hämatoxylinlack durch Spülen in Leitungswasser oder in schwachen Basen in seine blaue Form über (Bläuen).

Dies bedeutet zugleich eine Fixierung der Färbung, da die Hämatoxylinlacke bei höherem pH schlechter löslich sind.

Hämatoxylinlacke des Aluminiums, die mit gewöhnlichem Alaun (Kalialaun, $KAl(SO_4)_2 \cdot 12H_2O$) oder Ammoniumalaun ($NH_4Al(SO_4)_2 \cdot 12H_2O$) gebildet sind, werden unter der Bezeichnung Hämalaun verwendet; mit anderen Alaunsalzen gebildete Lacke erhalten meist die Bezeichnung nach dem verwendeten Metallion, z. B. Eisenhämatoxylin, Chromhämatoxylin usw.

10.6.1.3 Hämalaune

Die Formel (■ Abb. 10.10) zeigt, dass einzig das Aluminiumion für die Bildung des Hämalauns maßgeblich ist. Es wird auch klar, dass Hämalaune keine Beizenfarbstoffe im eigentlichen Sinn darstellen, sondern, wie alle Hämateinlacke, Komplexverbindungen von Metallionen.

Hämalaun als positiv geladener Farbstoff ist geeignet, ganz allgemein Basophilie einer Struktur anzuzeigen. Die selektive Kernfärbung, die man bei Hämalaunfärbungen fast ausschließlich wünscht, wird durch die Acidität der Farbstofflösung und durch einen gewissen Überschuss an Alaun erreicht: Aluminiumionen und andere Kationen konkurrieren mit dem Farbstoff um die Bindung an negativ geladene Valenzen, und das saure Milieu reduziert die Dissoziation von Carboxylgruppen im Gewebe.

Auch Ethanol- und Glycerinzusätze reduzieren die Ionisation der Gewebebestandteile und tragen zur Selektivität der Färbung bei. Ferner verhindern Ethanol und Ansäuern eine rasche Überoxidation des Hämateins. Glycerin wirkt dem Verdunsten der Färbelösung entgegen. Beide Zusätze sind damit geeignet, zur Stabilisierung der Lösungen beizutragen (Puchtler und Sweat 1964).

Es gibt zahlreiche Methoden zur Färbung mit Hämalaun, hier werden kurz die gebräuchlichsten aufgeführt. Bei der Auswahl spielen z. T. Labortraditionen, aber auch persönliche Erfahrungen eine Rolle. Weitere Vorteile sind bei den einzelnen Methoden aufgeführt.

Saures Hämalaun n. Mayer (1920)

Dieser Hämalaunansatz ist sofort nach der Bereitung verwendbar und liefert eine sehr selektive, starke, blaue Kernfärbung. Die Färbelösung ist sehr bequem zu handhaben, da sie praktisch nicht überfärbt, aber auch schon nach kurzer Zeit (5 Minuten) eine kräftige Anfärbung bewirkt. Mayers Hämalaun ist Standard im Routinelabor und wird daher auch als fertige Färbelösung von der chemischen Industrie angeboten.

Anleitung A10.16

Herstellen von Mayers Hämalaun aus Hämatoxylin

1. 1 g Hämatoxylin in 1000 ml Aqua d. lösen
2. 200 mg Natriumiodat ($NaJO_3$) und
3. 50 g Kalialaun in der Hämatoxylinlösung unter Schütteln lösen; die so erhaltene Lösung soll blauviolett sein

4. 50 g Chloralhydrat und
5. 1 g Zitronensäure werden zugegeben; nun schlägt der Farbton zu rotviolett um

Die Färbelösung ist sofort gebrauchsfertig, sie ist in verschlossener Flasche über lange Zeit stabil. Vor Gebrauch filtrieren

Hämalaun n. Harris (1900)

Die Hämalaunlösung nach Harris ist namentlich in den USA weit verbreitet. Im cytodiagnostischen Labor wird der erste Färbeschritt nach der Vorschrift von Papanicolaou mit Harris' Hämalaun durchgeführt; so dürfte diese Hämateinlösung wohl die am weitesten verbreitete und am häufigsten benützte überhaupt sein. Als Oxidationsmittel wird Quecksilberoxid verwendet. Gebrauchte Lösungen müssen unbedingt der sachgerechten Chemikalienentsorgung (▶ Kap. 25.11) zugeführt werden und dürfen nicht in den Ausguss gekippt werden!

Anleitung A10.17

Herstellen von Harris' Hämalaun

1. 5 g Hämatoxylin in 50 ml Ethanol (100 %) unter Erwärmen lösen (im Wasserbad oder Wärmeschrank bei 56 °C)
2. 100 g Kalialaun oder Ammoniumalaun in 950 ml Aqua d. unter Rühren und Erhitzen lösen
3. in die noch heiße Alaunlösung die Hämatoxylinlösung unter ständigem Rühren eingießen und aufkochen lassen
4. die Lösung von der Flamme nehmen
5. 2,5 g Quecksilberoxid (gelb oder rot) zugeben. Vorsicht! Schäumt auf!
6. rasch im Wasserbad abkühlen
7. 4 ml Eisessig zusetzen
8. in gut verschließbare Flasche filtrieren

Vor dem Gebrauch muss die Färbelösung nochmals filtriert werden. Man kann zu 75 ml der Färbelösung 25 ml Glyzerin zusetzen und mit Eisessig bis etwa 3 % ansäuern (Rerabek 1960).

Um das giftige Quecksilberoxid zu vermeiden, kann die Oxidation des Hämatoxylins auch mit Natriumiodat vorgenommen werden. Wie schon in ▶ Abschnitt 10.6.1.1 festgehalten, sind dabei 197 mg $NaJO_3$ pro Gramm Hämatoxylin nötig, um die vollständige Überführung in Hämatein zu bewirken. Man wird aber weniger Oxidationsmittel einwiegen, also z. B. nur die Hälfte oder etwas mehr als die Hälfte, um nicht alles Hämatoxylin sofort zu reifen. Damit erzielt man eine über längere Zeit gleichmäßig arbeitende Färbelösung. Nach Vacca (1985) verwendet man 370 mg Natriumiodat für den 5 g Hämatoxylin enthaltenden Ansatz (siehe oben), also weniger als die Hälfte der errechneten Menge.

Hämalaun n. Delafield (1885)

Die Rezeptur nach Delafield ist dadurch ausgezeichnet, dass sie kein Oxidationsmittel enthält, obwohl sie von Hämatoxylin ausgeht. Man muss daher zumindest einige Tage durch Licht und Luftsauerstoff oxidieren lassen und erhält auch danach nur eine wenig konzentrierte Färbelösung: 4–24 Stunden Färbedauer sind nötig. Dafür ist die Lösung sehr haltbar (es wird kontinuierlich Hämatoxylin nachoxidiert), wofür auch der Zusatz von Glycerin und Methanol sorgt.

Anleitung A10.18

Herstellen von Delafields Hämalaun (klassisches Verfahren)

1. 4 g Hämatoxylin werden in 25 ml Ethanol (100 %) gelöst
2. 400 ml einer gesättigten wässrigen Lösung von Ammoniumalaun (40 g auf 400 ml) werden mit der Hämatoxylinlösung gemischt
3. die Mischung 3–4 Tage offen und im Licht reifen lassen
4. filtrieren
5. dem Filtrat 100 ml Glycerin und
6. 100 ml Methanol zusetzen
7. nach einigen Tagen diese Vorratslösung nochmals filtrieren

Zum Färben verwendet man die Vorratslösung in einer Verdünnung von 1:100 mit Aqua d. Um die Zeit zur Herstellung

◩ Tab. 10.1 Zusammensetzung der wichtigsten Hämalaunlösungen

Autor	Hämatoxylin, Hämatein	Oxidations-mittel	Al+++ als	Stabilisatoren	Säurezusatz
Mayer (Kap. 10.6.1.3)	0,1 %	$NaJO_3$	Kalialaun	0,5 % Chloral-Hydrat	0,1 % Zitronensäure
Harris (Kap. 10.6.1.3)	0,5 %	HgO	Kalialaun oder Ammoniumalaun	5 % Ethanol *	0,4 % Essigsäure
Delafields Stammlösung (Kap. 10.6.1.3)	0,65 %	Luft	Ammoniumalaun	5 % Ethanol 16 % Methanol 16 % Glycerin	–
Ehrlich (Kap. 10.6.1.3)	0,6 %	$NaJO_3$	Kalialaun	30 % Ethanol 30 % Glycerin	3 % Essigsäure

* Nach Rerabek (1960): Zusätze bis 25 % Glycerin

der Delafieldschen Hämalaunlösung zu verkürzen, verwendet Puchtler (1982) Natriumiodat als Oxidationsmittel

---

Anleitung A10.19

Herstellen von Delafields Hämalaun (beschleunigtes Verfahren)

1. 5 g Hämatoxylin in 250 ml 96 % Ethanol lösen
2. 10 ml einer 10 % wässrigen Natriumiodatlösung zumischen.
3. 10 min warten
4. 800 ml einer gesättigten wässrigen Lösung von Ammoniumalaun zufügen (beim Einwiegen von 10 % Ammoniumalaun erhält man eine gesättigte Lösung)
5. 1 min kräftig durchmischen
6. 200 ml Glycerin zusetzen
7. filtrieren

Die Färbelösung ist sofort verwendbar

Saures Hämalaun n. Ehrlich (1886)

Auch diese Hämalaunlösung wird im Originalrezept ohne Oxidationsmittel angesetzt. Daher braucht es mindestens 2 Wochen, bis sie verwendbar wird.

Anleitung A10.20

Herstellen von Ehrlichs Hämalaun

1. 2 g Hämatoxylin in 100 ml 96 % Ethanol lösen (eventuell etwas erwärmen)
2. 3 g Kalialaun in 100 ml Aqua d. unter Aufkochen lösen
3. in die noch warme Alaunlösung 100 ml Glycerin mischen
4. die Hämatoxylinlösung in kleinen Portionen unter ständigem Rühren zumischen
5. 10 ml Eisessig zusetzen

Die Lösung wird in einem unverschlossenen, nur mit Papier bedeckten Gefäß aufbewahrt, dabei von Zeit zu Zeit geschüttelt (Reifung); sie ist lange Zeit haltbar

---

Will man nicht mindestens 2 Wochen warten, kann man dies durch Verwenden von Hämatein anstelle des Hämatoxylins (0,25–0,5 g Hämatein) erreichen. Eine andere Möglichkeit bietet sich, wie im vorausgegangenen Abschnitt gezeigt, durch Zusatz eines Oxidationsmittels, z. B. Natriumiodat (auf 1 g Hämatoxylin 0,2 g $NaJO_3$). Die Lösungen werden dadurch sofort gebrauchsfertig.

Hämalaun nach Ehrlich gibt eine sehr kräftige, distinkte, dunkelblaue Kernfärbung.

10.6.1.4   Färben mit Hämalaunlösungen

Mit Hämalaunlösungen färbt man am besten progressiv. Da die Lösungen meist angesäuert sind und reichlich verschiedene Elektrolyte enthalten, ist die Gefahr des Überfärbens gering. Mit Mayers Hämalaun oder mit Hämalaun nach Harris erzielt

man in etwa 5 Minuten eine schöne Kernfärbung, die auch nach 8 Minuten nicht zu stark ausfällt und erst ab 12 Minuten als zu kräftig empfunden wird. Diese Zeitangaben sollen nur die Breite des Brauchbaren illustrieren, Sie schwanken natürlich mit dem Alter und der Konzentration der Farbstofflösungen. In der Praxis ist man über den Zustand der verwendeten Färbelösung orientiert und wird die Färbezeiten entsprechend angleichen. Andernfalls kontrolliert man zeitweise den Stand der Färbung, indem man einen Objektträger aus der Färbelösung nimmt, in Aqua d. und Leitungswasser spült und unter dem Mikroskop betrachtet. Je nach Ergebnis kann die Färbung unterbrochen oder fortgesetzt werden. Dabei ist zu beachten, dass erst in Leitungswasser die blaue Farbe des Hämalauns hervortritt. Um diesen Effekt ohne Zeitverzug zu erzielen, nimmt man warmes Leitungswasser zum Bläuen.

Anleitung A10.21

Hämalaunfärbung
Allgemeines:

1. Die Hämalaunfärbung ist im Wesentlichen eine Kernfärbung, färbt aber auch andere Zell- und Gewebekomponenten an. Bei Verwendung alter Färbelösungen kann es zur grauen oder zart graublauen Anfärbung des Hintergrundes kommen.
2. Jedes Differenzieren der Färbung oder ein Entfärben der Schnitte muss im sauren Milieu durchgeführt werden. Man verwendet dazu schwache Säuren, etwa 2 % Essigsäure, 0,1–0,25 % HCl oder die übliche Salzsäure-Ethanol-Mischung. Die Farbe des Hämalauns und damit auch seine Löslichkeit schlägt etwa bei pH = 3 um.
3. Um das Bläuen zu beschleunigen, kann zum Spülen warmes Wasser verwendet werden, oder man bedient sich schwach alkalischer Lösungen, wie 0,1 % Ammoniak- oder Natriumbicarbonatlösungen.
4. Will man eine reine Kernfärbung erzielen, bringt man die Schnitte nach der Färbung kurz in 0,1-1 % wässrige Kalialaunlösung und wäscht dann wie gewöhnlich in fließendem Leitungswasser aus. Auch zur Korrektur von Überfärbung kann die Alaunlösung benützt werden.
5. Auf keinen Fall soll nach dem Färben sofort in Leitungswasser oder in eine alkalische Spüllösung überführt werden. Besonders wenn viele Objektträger dicht im Färbegestell stehen, wird eine beträchtliche Menge der Hämalaunlösung anhaften, und es kann beim Eintauchen in eine alkalische Lösung zum Ausflocken des Farbstoffes und zur Niederschlagsbildung kommen.
6. Farbstoffbindung: Aufgrund ihrer positiven Ladung zeigen die Hämalaune vorerst Affinität für negativ geladene Gewebekomponenten, entsprechend der elektrostatischen Färbetheorie. Diese initiale, schwache elektrostatische Bindung des Farbstoffes geht aber dann über in stabile kovalente Bindungen. Aus diesem Grund können die Hämalaune auch nicht durch einfaches Spülen mit Ethanol aus den Schnitten entfernt werden.

7. Die Fixierung des Hämalaunmoleküls bzw. des Hämatoxylinlackes ganz allgemein wird dabei im Falle der DNA als koordinative Bindung des Aluminiums (Metalls) an zwei benachbarte oder auch ein einziges Phosphoratom interpretiert. Allerdings binden die Hämalaune auch an Kernmaterial, nachdem die Nucleinsäuren entfernt wurden, z. B. nach Säureentkalken des Gewebes.

Methode:

1. Einstellen der Schnitte in die Hämalaunlösung, etwa 8 min
2. Abspülen in Aqua d. oder in 0,1 % HCl, bis keine Farbstoffwolken mehr abgehen,
3. Bläuen in Leitungswasser, etwa 5 min

War die Farbe beim Spülen in Aqua d. noch rotbraun, so wird sie im Leitungswasser blau. Dabei ändert sich mit dem pH-Wert (der pH der Färbelösungen ist stets im sauren Bereich) nicht nur die Farbe, sondern auch die Löslichkeit des Hämalauns, das im neutralen und alkalischen Milieu nur schlecht wasserlöslich ist. So bedeutet das Bläuen der Schnitte auch Fixieren der Färbung

Ergebnis:
Zellkerne, Ergastoplasma, Mucin, Bakterien, Kalk, saure Grundsubstanz und manche Sekretkörnchen: blau, violett
Lösungen: siehe ▶ Anleitung A10.16 bis A10.20

10.6.1.5 Eisenhämatoxyline

Während die zuvor aufgeführten Hämalaunlösungen bei richtiger Anwendung hauptsächlich reine Chromatinfärbungen geben, lassen sich mit Eisenhämatoxylinlösungen oft auch andere Gewebebestandteile und cytologische Details selektiv anfärben. Die Kernfärbung mit Eisenhämatoxylin zeigt große Resistenz gegen Differenzierungslösungen oder gegen weitere saure Färbelösungen. Sie sind daher den Hämalaunen dann vorzuziehen, wenn die Kernfärbung durch eine Reihe aggressiver oder saurer (Färbe-)Lösungen erhalten werden soll.

Anleitung A10.22

Eisenhämatoxylinfärbung nach Heidenhain (1892)
Allgemeines:
1. Diese Methode ergibt eine außerordentlich klare Kernfärbung und stellt auch manche cytoplasmatische Strukturen sehr sauber dar.
2. Zum Aufkleben der Schnitte sollte man keine Eiweiß enthaltenden Mittel verwenden, da sich diese mitfärben; am besten nur mit Wasser aufziehen.

Prinzip:
Man beizt bei dieser zweizeitigen Färbemethode die Gewebeschnitte erst in einer Eisenalaunlösung, die von den verschiedenen Strukturen unterschiedlich stark aufgenommen

▼

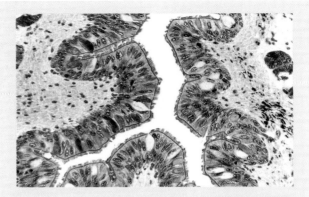

Abb. 10.11 Eisenhämatoxylinfärbung nach Heidenhain, Epithel der Tuba uterina.

wird. Bei der nachfolgenden Einwirkung einer Hämateinlösung bildet sich ein schwarzer Farblack. Auch dieser wird beim anschließenden Differenzieren mit Eisenalaunlösung von den einzelnen Gewebebestandteilen in unterschiedlichem Maß festgehalten: Die Methode arbeitet also regressiv.

Methode:
1. Vorbehandlung: Die Schnitte kommen aus dem destillierten Wasser in eine 2,5 % wässrige Lösung von Eisenalaun (1:4 verdünnte Stammlösung A). Das Beizen dauert 3–12 h oder länger.
2. Spülen in Aqua d.
3. Färben in der verdünnten Hämatoxylinlösung (Stammlösung B 1:1 mit Aqua d. verdünnt) 1–36 h. Die Schnitte werden dabei pechschwarz.
4. Differenzieren in derselben Eisenalaunlösung, die schon zum Beizen der Schnitte verwendet wurde. Die Wirkung der Differenzierungslösung erkennt man rasch an den von den Präparaten abgehenden Farbstoffwolken. Das Fortschreiten des Prozesses prüft man nach kurzem Auswaschen in Aqua d. im Mikroskop. Nähert man sich bereits dem gewünschten Färbeergebnis, ist zu empfehlen, die Differenzierungslösung weiter mit Aqua d. zu verdünnen (bis 1:5), um ihre Aggressivität zu mildern. Ist die richtige Färbeintensität erreicht, wäscht man in fließendem oder oft gewechseltem Leitungswasser 15-60 min aus
5. aufsteigende Ethanolreihe, Xylol. Eindecken der Präparate

Ergebnis:
Neben Kernchromatin, Nucleolen und Sekretgranula treten die bei der Differenzierung berücksichtigten Strukturen schwarz auf gelblich getöntem Grund hervor. So können Mitochondrien, Centrosomen, Spindelapparat oder Querstreifung der Muskulatur kontrastreich dargestellt werden.

Lösungen:
Stammlösungen:
A. **Eisenalaunlösung:** 10 % in Aqua d. ohne Erwärmen ansetzen (Eisenalaun = Ammonium-Eisen(III)-Sulfat).

▼

B. **Hämateinlösung:** 0,5 g Hämatoxylin in 10 ml 96 % Ethanol lösen und die Lösung mit 90 ml Aqua d. verdünnen. Die Lösung muss 4-5 Wochen lang unter Luftzutritt reifen. Vor Gebrauch wird mit Aqua d. 1:1 verdünnt. Nach dem Färben wird die Lösung wieder zurückfiltriert. Sie kann mehrfach gebraucht werden und wird mit der Zeit sogar besser.

Ist keine gereifte Lösung zur Verfügung, oder kann man die entsprechende Zeit nicht aufbringen, ist die künstliche Reifung des Hämatoxylins möglich. Auf 0,5 g Hämatoxylin sind 98,5 mg Natriumiodat zuzusetzen (▶ Kap. 10.6.1.1).

Anleitung A10.23

Eisenhämatoxylinfärbung nach Weigert (1904)
Allgemeines:
1. Die Eisenhämatoxylin-Färbung nach Weigert liefert eine distinkte und dauerhafte Kernfärbung, vor allem auch an entkalktem Material, bei dem Hämalaune nicht optimal arbeiten.
2. Auch die Hintergrundfärbung von Celloidin bleibt bei dieser Methode gering, sie lässt sich rasch mit 0,1 % Salzsäure beseitigen.
3. Bei richtiger Färbedauer ist es unnötig zu differenzieren; bei Überfärbung verwendet man 0,1 % Salzsäure.
4. Als Gegenfärbungen werden gerne genommen: Cölestinblau (Gray et al., 1956), Pikrinsäure-Säurefuchsin (van Gieson, 1889), Pikrinsäure-Ponceau S (Curtis, 1905), Pikrinsäure-Thiazinrot (Domagk 1932).

Prinzip:
Das Fe-Ion spielt bei dieser einzeitigen Färbung eine doppelte Rolle, indem es einmal als Oxidationsmittel für Hämatoxylin dient, zum anderen als Beize und damit als Grundlage zur Farbstoffbindung. Die Salzsäure macht die Färbelösung widerstandsfähiger gegen Oxidation und verhindert auch die Präzipitation des Hämatoxylinlackes.

Methode:
1. Als Färbelösung mischt man die Stammlösungen zu gleichen Teilen möglichst unmittelbar vor Gebrauch. Da die Mischung begrenzt haltbar ist, setzt man nur jeweils 5–10 ml davon an und füllt sie in ein Tropffläschchen
2. Überführen der Präparate in Aqua d.
3. Die waagrecht liegenden Schnitte mit einigen Tropfen der Färbelösung bedecken, 1–2 min färben
4. Auswaschen in fließendem Leitungswasser
5. Eventuell Gegenfärbung anschließen
6. Aufsteigende Ethanolreihe, Xylol und eindecken

Ergebnis:
Zellkerne: blauschwarz

▼

Lösungen:
1. Stammlösung A (Hämatoxylinlösung): 1 g Hämatoxylin in 100 ml 96 % Ethanol. Die Lösung sollte eine Woche reifen. Sie ist praktisch unbegrenzt haltbar. Eventuell muss zum Lösen des Hämatoxylins etwas erwärmt werden.
2. Stammlösung B (Eisenchloridlösung): 1,5 g Eisen(III)-chlorid wasserfrei (oder 2,48 g $FeCl_3.6H_2O$) in 100 ml Aqua d. lösen und 1 ml konz. Salzsäure zusetzen.

Beim Mischen der Stammlösungen ändert sich die Farbe von blauschwarz über purpur zu braunschwarz.

10.6.1.6 Weitere Kernfärbungen

Anleitung A10.24

Kernfärbung mit Kernechtrot-Aluminiumsulfat (Domagk 1932)
Allgemeines:
1. Das Kernechtrot als Aluminiumlack angewendet, gibt eine selektive rote Kernfärbung und ist nicht mit dem einfachen Kernechtrot zu verwechseln, das als Plasmafarbstoff wirkt.
2. Die Kernfärbung mit Kernechtrot-Aluminiumsulfat ist eine häufig benützte Gegenfärbung nach histochemischen Reaktionen, bei denen schwarze Reaktionsprodukte entstehen, aber auch nach Versilberungen oder zur Berlinerblau-Reaktion.
3. Umgekehrt sind nach der Kernfärbung verschiedene Gegenfärbungen möglich, wie z. B. mit Anilinblau, Anilinblau-Orange oder Lichtgrün. Nach Färbung mit Kernechtrot-Aluminiumsulfat lässt sich auch die Gram-Färbung anschließen.

Methode:
1. Gefärbt werden die Schnitte für 5–10 min bei Raumtemperatur
2. abspülen in Aqua d.
3. aufsteigende Ethanolreihe, Xylol und eindecken

Ergebnis:
Zellkerne: rot

Lösungen:
Kernechtrot-Aluminiumsulfat-Färbelösung:
1. 5 g Aluminiumsulfat in 100 ml Aqua dest. lösen.
2. Die Aluminiumsulfatlösung erhitzen und 0,1 g Kernechtrot einrühren, bis sich der Farbstoff gelöst hat.
3. Erkalten lassen, filtrieren.

Kernfärbung mit Thiazinfarbstoffen

Thionin, Toluidinblau O und Methylenblau geben sehr klare Kernfärbungen in kräftig blauem Farbton. Die Farbstoffe werden als 1 % wässrige Lösungen verwendet, die beinahe auch als gesättigte Lösungen bezeichnet werden können. Ein anderes Verfahren beginnt mit dem Ansetzen einer gesättigten, wässrigen Lösung (über Nacht), der man dann die gleiche Menge 96 % Ethanol zusetzt. Diese sehr intensive Stammlösung wird zum Färben mit der 20–50-fachen Menge Aqua d. nach Bedarf verdünnt.

Die Färbezeit ist umgekehrt proportional zur Farbstoffkonzentration und wird sich aus der Praxis ergeben. Bei konzentrierten Lösungen für rasche Übersichtsfärbungen genügen 10-20 Minuten. Mit sehr verdünnten Lösungen kann man bis zu 24 Stunden färben. Sie werden zur gleichzeitigen Beurteilung der metachromatischen Effekte Verwendung finden (► Kap. 10.6.6). Im Falle des Überfärbens kann einfach mit Salzsäure-Ethanol differenziert werden.

Besonders die Färbungen mit Thionin, weniger die mit Toluidinblau 0, sind gegen Ethanol empfindlich und im Einschlussmittel wenig stabil; sie blassen rasch ab. Um die Färbung zu stabilisieren, kann sie durch Fixieren (5–10 Minuten) in 5 % wässrigem Ammoniummolybdat haltbarer gemacht werden (► Kap. 10.5.4.1). Trotz all dieser Maßnahmen sind aber Hämatoxylinfärbungen für Material, das archiviert werden soll, vorzuziehen.

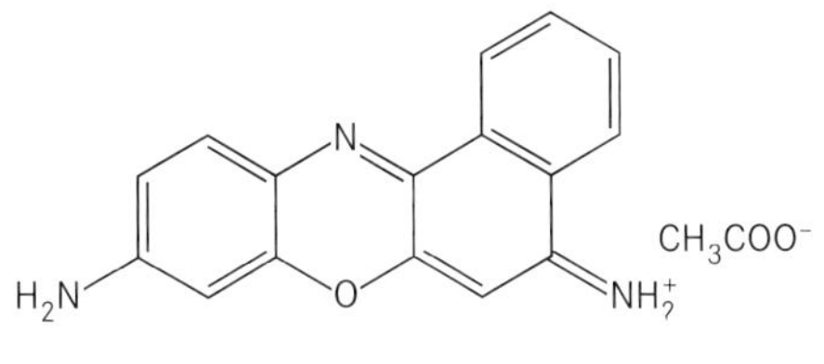

Kernfärbung mit Kresylechtviolett (Kresylviolettacetat)

Kresylechtviolett, das zur klassischen Nissl-Technik verwendet wird, lässt sich allgemein auch als Kernfarbstoff einsetzen. Wie bei den Thiazinfarbstoffen kommt es als 1 % wässrige Lösung zur Anwendung, man differenziert dann mit 96 % Ethanol.

Reicht Ethanol allein zum Differenzieren nicht aus oder schreitet der Prozess zu langsam fort, säuert man etwas an (einige Tropfen Essigsäure, oder man nimmt Salzsäure-Ethanol).

Eine kräftiger färbende Lösung erhält man, wenn Kresylechtviolett über Nacht in Aqua dest. als gesättigte Lösung angesetzt und dann mit der gleichen Menge 96 % Ethanol verdünnt wird. Diese Stammlösung muss für den Gebrauch zumindest 1:2 mit Aqua d. verdünnt werden.

Kresylechtviolett färbt die Kerne violett, Nissl-Schollen und Ergastoplasma blau, Mucin, Mastzellen und Amyloid rot. Es zeigt ausgeprägte metachromatische Eigenschaften.

Als Chlorid ist das chemisch definierte Farbstoffkation sehr schlecht löslich und kommt daher als Acetat in den Handel. Es wird diesem Umstand vielfach Rechnung getragen und der Farbstoff mit vollem Namen als Kresylviolettacetat bezeichnet. Die alte Benennung Kresylechtviolett bleibt für andere Salze des Farbstoffkations sowie für undefinierte Farbstoffgemische älterer Fabrikation.

Kernfärbung mit Gentianaviolett (Kristallviolett)

Auch Gentianaviolett wird in 1 % wässriger Lösung als Kernfarbstoff verwendet und kann – wie die zuvor erwähnten Farbstoffe – als Stammlösung vorbereitet werden (Ansetzen einer gesättigten wässrigen Lösung, diese dann 1:2 mit 96 % Ethanol verdünnen), die dann vor der Färbung nach Bedarf, mindestens

◘ Abb. 10.12 Formel Kresyl(echt)violettacetat.

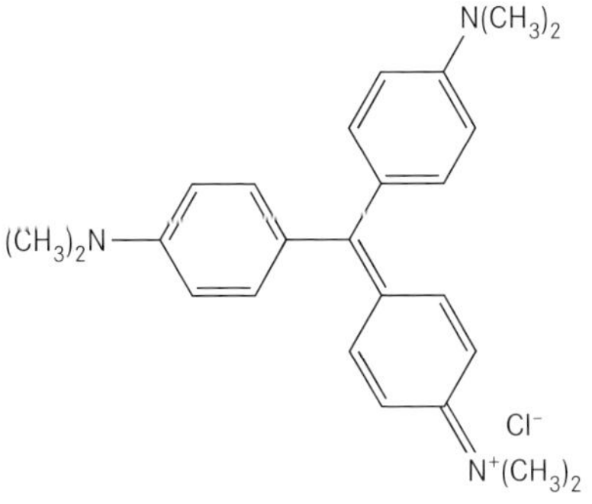

◘ Abb. 10.13 Formel Kristallviolett

aber zu gleichen Teilen mit Wasser gemischt wird. Differenzieren in Ethanol oder Salzsäure-Ethanol.

Als definierter Farbstoff erbringt Kristallviolett (Hexamethylpararosanilin) im Wesentlichen die gleichen Färbungen, die man aus den Gentianaviolett-Rezepturen erwartet, vor allem auch bei Anwendung der Gramschen Gentianaviolettlösung (Fibrinfärbung nach Weigert, A10.55).

10.6.2 Cytoplasmafarbstoffe und Cytoplasmafärbungen

Viele histologische Methoden erfordern eine Färbung des Cytoplasmas, was oft für die Diagnose hilfreiche Hinweise erbringt.

10.6.2.1 Färbung mit Eosin und Erythrosin

Eosin dürfte die meist gebrauchte Plasma- oder Gegenfärbung sein. Es wird in 0,1 % wässriger Lösung angewendet. Man färbt 5–15 Minuten, wäscht in Aqua d. aus und differenziert in 80 % Ethanol. Um die Färbeintensität zu steigern, kann man 1 Tropfen Eisessig auf 100 ml Färbelösung zusetzen.

Von den zahlreichen Bezeichnungen für verschiedene Eosinpräparate sind heute nur noch folgende relevant: Eosin Y (Eosin yellow, Eosin gelblich, Eosin wasserlöslich). Diese entsprechen chemisch dem Tetrabrom-Fluorescein. Es ist das Präparat der Wahl. Der Zusatz „wasserlöslich" bedeutet, dass es auch wasserlöslich ist, es löst sich ebenso in Ethanol. In starker Verdünnung zeigt die Farbstofflösung gelbgrünliche Fluoreszenz, auf die man vorteilhaft beim Auswaschen nach der Färbung achtet: Hält man den Objektträger in günstiger Neigung gegen das Licht, so sieht man die fluoreszierenden Schlieren im ablaufenden Spülmittel.

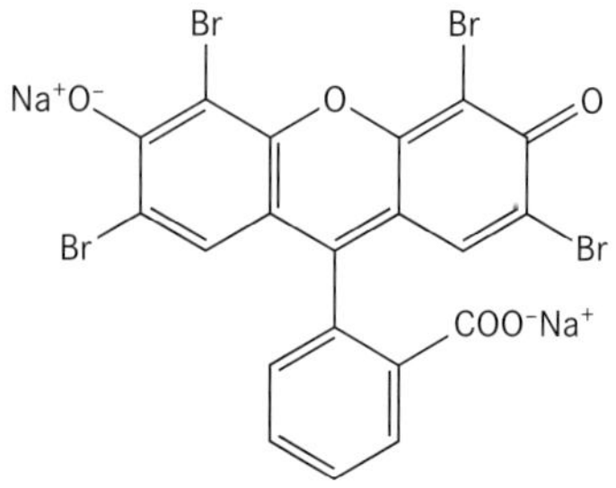

Abb. 10.14 Formel Eosin Y.

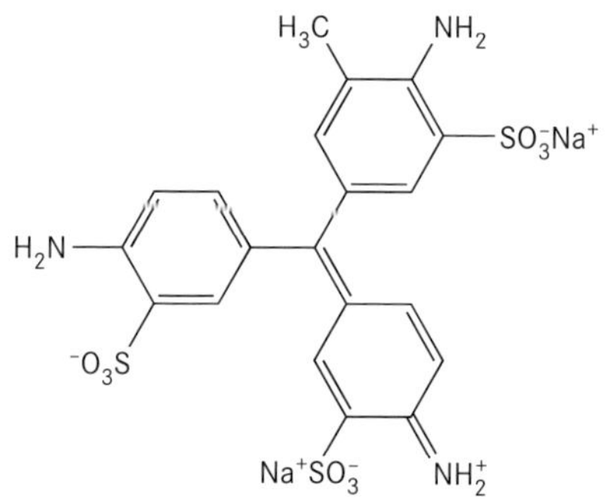

Abb. 10.17 Formel Säurefuchsin.

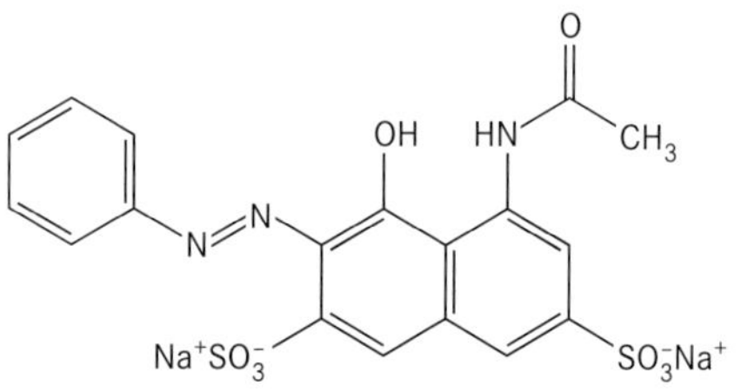

Abb. 10.15 Formel Azophloxin.

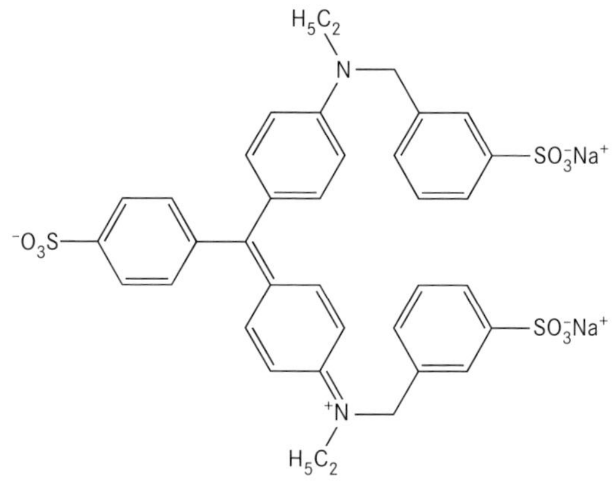

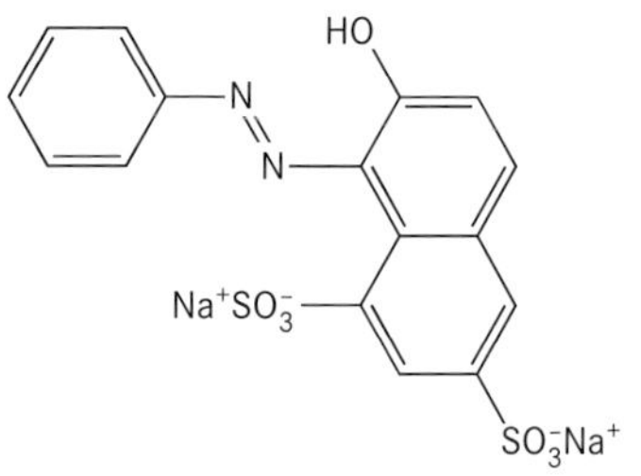

Abb. 10.16 Formel Orange G.

Abb. 10.18 Formel Lichtgrün.

10.6.2.3 Färbung mit Orange G

Ein weiterer Azofarbstoff, der als Plasma- und Gegenfärbung weite Verbreitung findet, ist das Orange G. Meist wird es in Kombination mit anderen Farbstoffen bei Mehrfachfärbungen eingesetzt, so z. B. in der Vorschrift nach Papanicolaou.

Zur Plasmafärbung verwendet man Orange G als 0,5–1 % wässrige Lösung. Nach 5–10 Minuten Färbung spült man in Aqua d. und kann dabei durch längeres Wässern auch differenzieren. Dann werden die Schnitte durch die Ethanolreihe geführt und eingedeckt.

10.6.2.4 Färbung mit Säurefuchsin (Fuchsin S) und Lichtgrün

Die beiden chemisch nahe verwandten Farbstoffe (sie gehören zur Triarylmethan-Gruppe) werden als Plasmafarbstoffe in 0,5–1 % wässriger Lösung verwendet, der auf 100 ml ein Tropfen Eisessig zugesetzt werden kann. Nach der Färbung (5–10 Minuten) wird in Aqua d. ausgewaschen, entwässert und eingedeckt.

Beide Farbstoffe werden als Bestandteil von Bindegewebefärbungen häufig gebraucht. Am bekanntesten ist die Verwendung von Säurefuchsin in der Färbung nach van Gieson, Lichtgrün ist ein Bestandteil der Färbung nach Papanicolaou. Andere Bezeichnungen für Säurefuchsin sind Fuchsin S, Säurefuchsin 0 oder Rubin S. Lichtgrün führt oft den Zusatz SF. Von den verschiedensten Fabrikationsbezeichnungen ist Lissamingrün SF gut bekannt.

Neben Eosin Y wird in manchen Rezepturen Eosin B angeführt, das einen deutlich ins Blaue gehenden Farbton zeigt. Es gibt keinen Grund, weshalb es Eosin Y vorzuziehen wäre. Ethyl- und Methyleosin gleichen im Farbton stark dem Eosin Y, jedoch sind sie ausschließlich in Ethanol löslich.

Werden im Eosinmolekül Brom- gegen Iodatome ausgetauscht, erhält man die Erythrosine. Das heute erhältliche und allein gebrauchte Präparat ist Erythrosin B (Tetraiodo-Fluorescein), in dem alle Brom-Atome ausgetauscht sind. Erythrosin B ist ausgezeichnet wasserlöslich (bis 10 %). Es wird identisch wie Eosin Y angewendet.

10.6.2.2 Färbung mit Azophloxin

Azophloxin wird in 0,05 % wässriger Lösung, also sehr gering konzentriert, angewendet. Vor der Verwendung wird mit Essigsäure (1 Tropfen auf 100 ml Farbstofflösung) schwach angesäuert. Die Färbedauer beträgt 5–10 Minuten. Nach dem Färben wird in Aqua d. gespült, entwässert und eingedeckt. Der Farbstoff ist gut lichtbeständig. Man muss darauf achten, dass die Schnitte nicht überfärbt werden.

10.6.3 Fluoreszenzfarbstoffe

Wie bei den anderen Farbstoffen auch, sollte man physikalisch-chemisch drei Gruppen unterscheiden:

- basische (kationische) Fluorochrome: z. B. Acridinorange, Acridingelb, Coriophosphin, Fuchsin, Pyronin
- saure (anionische) Fluorochrome: z. B. Eosin
- neutrale, undissoziierte und häufig lipidlöslich Fluorochrome: z. B. Rhodamin B

Voraussetzung für den Einsatz von Fluorochromen ist eine Fluoreszenzeinrichtung am Mikroskop (▶ Kap. 1.1.12)

Verwendung finden Fluoreszenzfarbstoffe bei Vitalfärbungen (▶ Kap. 4.2), Immunmarkierungen (▶ Kap. 19.3.6) und zum Färben von Substanzen, Strukturen oder Bakterien, die sonst schwer zu sehen sind bzw. leicht übersehen werden können (z. B. *Mycobacterium tuberculosis*; siehe A10.66 und A10.115)

Zu beachten:

- Pikrinsäure- und schwermetallhaltige Fixierungslösungen (wie z. B. Sublimat) verhindern die Fluoreszenz; man sollte daher Formol, Formol-Ethanol oder Carnoysches Gemisch zur Fixierung verwenden.
- Paraffinreste im Präparat können Fluoreszenz vortäuschen, daher die Schnitte immer gründlich entparaffinieren.
- Zum Aufkleben der Schnitt kein Eiweißglycerin verwenden, es zeigt ebenfalls Fluoreszenz.
- Fluoreszenzfarbstoff in dunklen Flaschen aufbewahren. Genauso müssen die Präparate während der Färbung im Dunkeln stehen, da die UV-Strahlen einen bleichenden Effekt besitzen.
- Ein Nachteil der Fluoreszenzmethode ist das rasche Verblassen der Färbung. Die Präparate müssen innerhalb von 24 Stunden ausgewertet werden.
- Zum Eindecken der Präparate müssen synthetische Eindeckmedien wie z. B. Entellan (Merck) verwendet werden. Kanadabalsam, Caedax oder DePeX zeigen auch Fluoreszenz.

10.6.3.1 Acridinorange

Der Farbstoff eignet sich, wie auch andere Fluorochrome, aufgrund der sehr niedrigen Farbstoffkonzentration (1:10 000) gut zur Vitalfärbung, da die Zellfunktionen kaum beeinträchtigt werden.

Natürlich können auch fixierte Zellen und Gewebe mit dem Farbstoff gefärbt werden, so lassen sich z. B. Infarktareale im Herzmuskel oder Tumorzellen im Liquor darstellen.

10.6.3.2 Coriphosphin O

Zur Kernfärbung benutzt man eine 0,1 % wässrige Coriphosphin-O-Lösung; Kerne zeigen gelbe Fluoreszenz.

10.6.3.3 Auramin-Rhodamin

Die Fluoreszenzfärbung mit Auramin-Rhodamin von Tuberkelbakterien (*Mykobacterium tuberculosis*) erleichtert erheblich das Auffinden der Bakterien im Gewebeschnitt, ist damit eine Arbeitsersparnis und gibt außerdem eine größere Sicherheit, vor allem der negativen Aussage. Säurefeste Stäbchen fluoreszieren goldgelb-grünlich vor dunklem Hintergrund. Es gibt zahlreiche Modifikationen dieser Methode (A10.66 und A10.115).

Weitere Fluoreszenzfarbstoffe sind in ◘ Tab. A1.21 und ◘ Tab. 19.3 aufgeführt.

10.6.4 Pigmente

10.6.4.1 Allgemeines

Pigmente sind Stoffe, die infolge ihrer Eigenfarbe in den ungefärbten, lebenden Zellen und Geweben bereits zu erkennen sind (natürliche Pigmente). Häufig sind sie bereits makroskopisch sichtbar: Haar- und Augenfarbe, Pigmentierung der Haut, bestimmte Kerngebiete des Zentralnervensystems und rote Blutkörperchen.

Im Organismus kann man zwischen endogenen (im Körper entstandene) und exogenen (von außen in den Körper gelangte) Pigmenten unterscheiden.

Die endogenen Pigmente lassen sich wiederum in hämatogene und nicht hämatogene (autogene) trennen. Zu den hämatogenen Pigmenten zählen Hämoglobin und seine Abkömmlinge (Hämosiderin, Hämatoidin), das Malariapigment und die Gallenfarbstoffe Bilirubin und Biliverdin. Zu den autogenen (nicht hämatogenen) Pigmenten gehören die Lipofuscine und Melanine.

Bei den exogenen Pigmenten unterscheidet man anorganische (Kohlen- und Metallstaub, Farbstoff z. B. durch Tätowierung) und organische (Lipochrome).

Einen Überblick über die wichtigsten Pigmente und ihr Verhalten gibt ◘ Tabelle 10.2.

10.6.4.2 Löslichkeit der Pigmente in Säuren und Laugen

Die Prüfung der Löslichkeit der Pigmente in Säuren und Laugen erfolgt einfach dadurch, dass man den zu untersuchenden Schnitt mit einem Tropfen des Reagens bedeckt und nach dem Auflegen eines Deckglases untersucht.

Als Laugen verwendet man: Natronlauge, Kalilauge, Ammoniak und Sodalösungen.

Als Säuren verwendet man: Salz-, Schwefel-, Salpeter- und Essigsäure.

10.6.4.3 Bleichen der Pigmente mit H_2O_2

Bleichbarkeit ist typisch für Melanin und Lipofuscin. Hämosiderin und Hämatoidin werden nicht gebleicht. Das Bleichen dient auch zur Entfernung der braunen Eigenfarbe des Materials, um dann die Färbbarkeit beurteilen zu können. Dies ist besonders für die Trennung von Lipofuscin und Melanin von Vorteil: man bleicht nur so lange, bis das Pigment stark abgeblasst ist, aber noch sichtbar bleibt. Färbt man dann mit Nilblau (A10.25), so tritt der Unterschied zwischen dem ge-

◻ Tab. 10.2 Wichtige Pigmente und ihr Verhalten

Pigment	Morphologie	Lokalisation	Bausteine	Eisen-Reaktion	Fett-Färbung	PAS	AgNO₃	Eigen-Fluoreszenz	Bleichen mit H₂O₂	Säuren	Laugen
Hämosiderin	Körner oder Schollen von gelber bis brauner Farbe	intrazellulär	Eisen, Glykoproteid	+	-		+	+	-	-	+	-
Hämatoidin	Körner oder Kristalle von rötlicher oder gelbbrauner Farbe	extrazellulär	Bilirubin	-					-	+	+
Malaria-Pigment	Körner von braunschwärzlicher Farbe, doppelbrechend	intrazellulär	Hämoglobin-abkömmling	(+)	-		-		+	+	+
Lipofuscin	Körner von gelblich bräunlicher Farbe	in Parenchymzellen	ungesättigte oxidierte Fettsäuren	-	(+)	+	+ (braun)	+	(+)	-	-
Melanin	kristallähnliche kleinste Nadeln oder Körper von bräunlicher Farbe	intrazellulär	Tyrosin-Abkömmling	-	-	-	+ (schwarz)	-	+	-	(+)
exogene Pigmente	Kohle (Anthrakose): schwarze schollige Ablagerungen	intra- und extrazellulär	z. B. Kohle, Metall, Farbstoff (Tätowierung)	-					-		
Formalin-Pigment	Körner von braunschwärzlicher Farbe	extrazellulär	Protoporphyrin	-	-	-		-	-		+

gefärbten Lipofuscin und dem ungefärbten Melanin deutlich hervor.

Wasserstoffperoxid ist ein zuverlässiges und schonendes Bleichmittel. Man verwendet 3–5 % Lösungen. Je nach Art des Pigments werden Schnitte in 1–3 Tagen gebleicht; längere Behandlung wirkt mazerierend und soll daher vermieden werden. Um zu einer schnelleren Bleichung des Melanins zu kommen, setzt man einer 3 % Wasserstoffperoxidlösung 0,5 % KOH zu; man erreicht dann in ebenso vielen Stunden ein Ergebnis, wozu ohne Kalilauge Tage nötig sind (Strauss 1932). Um die alkalische Perhydrollösung nicht so aggressiv zu erhalten, kann man auch 1 % Na_2HPO_4 zusetzen. Nach dem Bleichen wird kurz in 1 % Essigsäure neutralisiert und in Wasser ausgewaschen.

Anleitung A10.25

Färbung mit Nilblausulfat
1. Entparaffinieren, absteigende Ethanolreihe, Aqua d.
2. Nilblausulfat, gesättigte, wässrige, frisch angesetzte Lösung, 30 min
3. in Aqua d. spülen
4. in 10 % Wasserstoffperoxid bleichen, 24 h
5. fließendes Leitungswasser, 5 min
6. Eindecken in Glycerin-Gelatine

Ergebnis: Melaninkörnchen bleiben farblos, Lipofuscin ist blau gefärbt.

10.6.4.4   Nachweis/Verhalten einzelner Pigmente
Argentaffine Reaktion

Auch mithilfe der argentaffinen Reaktion lassen sich Pigmente differenzieren. Außerdem hebt sie die chromaffinen Zellen im Nebennierenmark und die enterochromaffinen Zellen im Darmtrakt hervor, die Katecholamine oder Serotonin enthalten. Bei der Prüfung des Verhaltens von Pigmenten gegen Silbersalze muss zwischen Argentaffinität und Argyrophilie (▶ Kap. 10.2.5) unterschieden werden. Zum Testen auf Argentaffinität verwendet man z. B. die Methode nach Fontana-Masson.

Anleitung A10.26

Argentaffine Reaktion nach Fontana-Masson
Allgemeines:
1. Die Technik lässt sich auch für Gefrierschnitte anwenden.
2. Kleine Gewebestücke können als Ganzes behandelt werden (dabei ist es aber vorteilhaft, sie erst durch die Ethanolreihe und wieder zurück zu führen, damit alles Fett, das das Eindringen der Silberlösung stark behindert, entfernt wird).
3. Das Tönen in Goldchloridlösung kann auch unterbleiben. Die Oxidation mit Lugolscher Lösung hat den Zweck, die falsche positive Reaktion von Sulfhydrylgruppen zu unterbinden; kommen solche Gruppen nicht vor oder ist ihre Lokalisation bekannt, kann dieser Schritt unterbleiben.
4. Durch Steigern der Temperatur (60 °C) kann man die Inkubationszeit stark verkürzen (auf etwa 2 Stunden).

▼

Methode:

1. Schnitte entparaffinieren und in Leitungswasser bringen; Gefrierschnitte gut in Aqua d. auswaschen
2. Lugolsche Lösung, 10 min
3. 5 % wässrige Natriumthiosulfatlösung, 2 min
4. gut in Aqua d. auswaschen, mehrere Portionen
5. Präparate in Fontanasche Silberlösung bringen. Die Präparate bleiben im gut verschlossenen Gefäß, das im Dunkeln stehen muss (Gefäß mit Alufolie umwickeln) über Nacht oder bis 24 h
6. in mehreren Portionen Aqua d. spülen
7. tönen in 0,2 % Goldchloridlösung, etwa 3 min
8. spülen in Aqua d.
9. fixieren in 5 % wässriger Natriumthiosulfatlösung, 2 min
10. ausspülen in fließendem Leitungswasser.
11. Gegenfärbung der Kerne mit 1% Kernechtrot-Aluminiumsulfat, 2 min
12. auswaschen in Aqua d.
13. aufsteigende Ethanolreihe, Xylol und eindecken

Ergebnis:

Zellkerne: rot

Melanin und andere argentaffine Granula: schwarz (Dazu zählen chromaffine Granula der chromaffinen und enterochromaffinen Zellen, Lipofuscinkörnchen).

Lösungen:

A. Lugolsche Lösung: 2g Kaliumiodid in 5 ml Aqua d. lösen, dazu 1g Iod lösen und mit Aqua d. auf 300 ml auffüllen.
B. Natriumthiosulfat 5 %, wässrig
C. Fontanasche Silberlösung (Fontana, 1926):
    1. Zu einer 5 % Silbernitratlösung in Aqua d. fügt man tropfenweise Ammoniak aus einer Pipette unter ständigem Rühren zu. Die entstehenden Niederschläge lösen sich nach Zusatz einer ausreichenden Menge von Ammoniak unter Bildung eines Komplexes wieder auf. Es soll nur so viel Ammoniak zugesetzt werden, dass sich der Niederschlag gerade wieder auflöst; nicht im Überschuss!
    2. Hat sich der Niederschlag eben aufgelöst, setzt man dieser Lösung unter ständigem Rühren wieder 5 % Silbernitratlösung tropfenweise zu, bis die auftretende Trübung nicht mehr verschwindet, sondern eine zarte Opaleszenz bestehen bleibt. Die fertige Flüssigkeit sollte nicht mehr nach Ammoniak riechen
D. Goldchlorid 0,2 %
E. Kernechtrot-Aluminiumsulfat-Färbelösung: 5 g Aluminiumsulfat in 100 ml Aqua d. lösen. Die Aluminiumsulfatlösung erhitzen und 0,1 g Kernechtrot einrühren, bis sich der Farbstoff gelöst hat. Erkalten lassen, filtrieren.

Hämosiderin (Siderin)

Ein goldgelbes bis braunes, eisenhaltiges Pigment, das vor allem beim gesteigerten Abbau von Erythrocyten aus Hämoglobin oder durch vermehrte Zufuhr von exogenem Eisen (Siderin) entsteht.

Die Nachweismethoden für Hämosiderin sind daher gleichzeitig auch Eisennachweise (Tab. 10.2 und ▶ Kap. 10.6.10.5).

Hämatoidin

Es ist ein gelb-braunes, eisenfreies, extrazelluläres Pigment und findet sich in Thromben, Extravasaten, apoplektischen Herden und im Gewebe ikterischer Neugeborener.

Gmelinsche Reaktion: Bei Zusatz von konzentrierter Schwefelsäure werden die Kristalle feuerrot, dann violett – blau – grün.

Malariapigment

Braunschwarze Körnchen, doppelbrechend, die von Malariaplasmodien offenbar aus dem Blutfarbstoff gebildet werden und sich intrazellulär in den Organen ablagern. Sie enthalten schwach reagierendes Eisen. Malariapigment löst sich auch in ethanolischer Pikrinsäure (Tab. 10.2).

Lipofuscin (Chromolipoid)

Die gelbbraunen Pigmente (Abb. 10.19) entstehen wahrscheinlich durch Oxidation aus ungesättigten Lipiden und sind somit lipidhaltig; mit fortschreitender Oxidation werden sie immer dunkler. Es fehlt bei Neugeborenen, kann aber unter Umständen schon im Kindesalter auftreten. Die Menge und Verbreitung nimmt in den meisten Fällen erst mit dem Alter wesentlich zu. Synonym wird es daher auch als Alters- oder Abnutzungspigment bezeichnet. Häufig kommt es in Herz-, Leber- und Ganglienzellen vor. Lipofuscin zeigt gelbe bis gelbrote Eigenfluoreszenz. Weiteres Verhalten siehe Tab. 10.2.

Melanin

Braun bis braunschwarze Körnchen die in den Melanocyten gebildet werden. Unterschiede im Melaningehalt bedingen beim Menschen die für jede Rasse charakteristische Hautfarbe. Außer in der Epidermis finden wir es auch in Haaren, der Substantia nigra (ZNS) und der mittleren Augenhaut (Abb. 10.20). In Fällen pathologischer Veränderungen findet man Melanin und

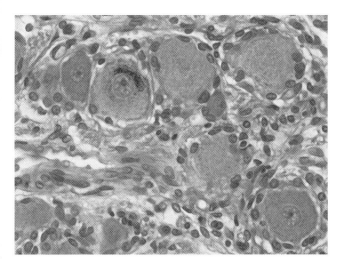

 Abb. 10.19 Lipofuscin, Spinalganglion, Mensch, HE, Vergr. ×40.

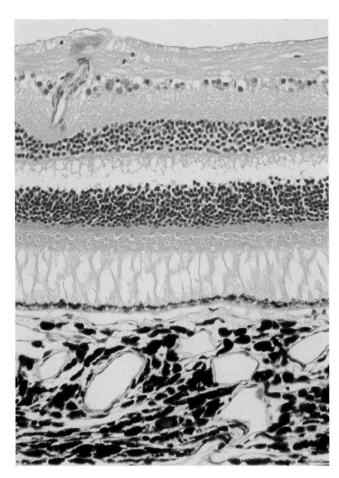

◨ **Abb. 10.20** Melanin, Retina, Rhesusaffe,HE, Vergr. ×20.

seine Vorstufen in Melanomen und anderen Tumoren. Seine Eigenschaften sind in ◨ Tabelle 10.2 zusammengefasst.

Exogene Pigmente

Zu den von außen in den Körper gelangten exogenen Pigmenten gehört der Kohlenstaub. Mit der Atemluft wird er eingeatmet, in den Lungenalveolen von den Alveolarmakrophagen aufgenommen oder auf dem Lymphweg abtransportiert. In der Lunge und den regionalen Lymphknoten kommt es deshalb im Laufe des Lebens zu einer zunehmenden Pigmentierung (Anthrakose).

Lipochrome sind exogene Pigmente, die mit der Nahrung zugeführt werden und die gelbliche Farbe des Fettgewebes, des Corpus luteum, der Nebennierenrinde und auch des Eidotters bedingen. Es sind recht labile Farbstoffe, die chemisch in die Gruppe der Carotinoide gehören und im menschlichen Organismus nicht häufig zu finden sind. Charakteristisch ist die bei Zusatz von konzentrierter Schwefelsäure auftretende Blaufärbung. Carotinoide zeigen eine grüne Eigenfluoreszenz.

10.6.5   Basophilie

Der Begriff Basophilie beschreibt die Farbstoffbindung eines kationischen (basischen), nicht umladbaren Farbstoffes an ne-

gativ geladene Gewebestrukturen. Typische basophile Komponenten in einer Zelle sind Zellkern (reich an Desoxyribonucleinsäure) und ribosomenbesetztes endoplasmatisches Reticulum (reich an Ribonucleinsäure). Deutlich basophile, d. h. rER-reiche Felder in Nervenzellen sind die Nissl-Schollen. Die Bindung des basischen Farbstoffs sollte im Idealfall stöchiometrisch erfolgen. In der Praxis wird die Basophilie von folgenden technischen Gegebenheiten beeinflusst:

— Fixierung

  Nach Formalinfixierung wird ein Ansteigen der Basophilie beobachtet (wahrscheinlich durch Reaktion des Formaldehyds mit Aminogruppen.

— Temperatur

  Die Färbetemperatur nimmt nicht nur Einfluss auf die Geschwindigkeit der Verteilung des Farbstoffes und damit auf die Färbezeit, sondern auch auf die Farbstofflösung. Vielfach bilden sich in konzentrierten Färbelösungen Aggregate von Farbstoffmolekülen; Temperatursteigerung wirkt der Zusammenlagerung von Farbstoffmolekülen entgegen, sie verhindert damit eine Aggregation und schlechte Diffusibilität der Farbstoffmoleküle.

— Farbstoffkonzentration

  Die Farbstoffbindung nimmt mit steigender Farbstoffkonzentration zu, bis ein Sättigungswert erreicht ist.

— Ionenstärke der Farbstofflösung

  Der Zusatz von Salzen zur Färbelösung mindert ganz allgemein die Färbbarkeit der Proteine, einmal durch Zurückdrängen der Dissoziation und elektrischen Ladung der Proteine, zum anderen dadurch, dass mit Hilfe der Salze Farbstoffmoleküle zu kolloidalen Partikeln aggregieren können, die dann entsprechend schlechter in die Gewebe eindringen. Beide Effekte treten z. B. bei der Durchführung der kritischen Elektrolytkonzentrationsmethode mit Alcianblau als Farbstoff auf.

— pH der Färbelösung

  Dieser Effekt, der in ▶ Kapitel 10.2.6.3 unter dem Begriff der „elektrostatischen Adsorption" besprochen wird, ist seit langem bekannt. Der Zusatz von alkalischen Substanzen fördert die Färbbarkeit mit basischen Farbstoffen, andererseits wird die Bindung saurer Farbstoffe durch den Zusatz von Säuren intensiviert. Dies entspricht den Forderungen der elektrostatischen Färbetheorie.

Um aussagekräftige Ergebnisse zur Basophilie zu erzielen, darf man nur basische Farbstoffe benutzen. Meist werden Methylenblau, Toluidinblau O oder Thionin verwendet. Zu beachten ist, dass diese Thiazinfarbstoffe auch das Phänomen der Metachromasie zeigen (▶ Kap. 10.6.6). Die Färbung selbst ist bei niedrigem pH durchzuführen. Anschließend muss in einer Pufferlösung gespült werden, die denselben pH-Wert wie die Färbelösung aufweist. Danach kann entweder 1) mit Ammoniummolybdat fixiert, rasch durch die Alkoholreihe geführt und ein Dauerpräparat hergestellt werden oder 2) – und besser – in wässrigem Medium zur Beurteilung des Färbeergebnisses eingeschlossen werden. Am besten nimmt man hierzu dieselbe

Pufferlösung, in der der Farbstoff gelöst und mit der gespült wurde.

Gut brauchbar zur Beurteilung der Basophilie ist Toluidinblau O, das folgendermaßen eingesetzt wird.

Anleitung A10.27

Beurteilung der Basophilie mit Toluidinblau O

1. Entparaffinieren der Schnitte, absteigende Ethanolreihe, in Leitungswasser bringen
2. bei Zimmertemperatur 5 min in einer 0,2 % Lösung von Toluidinblau O in 0,2 M Na-Acetatpuffer pH 4,2 (siehe Puffertabelle im Anhang) färben
3. rasch in der Pufferlösung spülen (Acetatpuffer, pH 4,2)
4. Deckglas auflegen und sofort das Färbeergebnis beurteilen. Oder 5 min in 5 % wässriger Lösung von Ammoniummolybdat fixieren, in Leitungswasser spülen, aufsteigende Ethanolreihe, Xylol und eindecken.

Als Ergebnis findet man basophile Strukturen blau (orthochromatisch) angefärbt, daneben aber auch violett, rotviolett oder rot (metachromatisch) gefärbte Zellen oder Substanzen, die ebenfalls als basophil einzustufen sind. Zur Metachromasie ▶ Kapitel 10.6.6.

Führt man die Färbung korrekt durch, dann sind folgende Substanzen basophil: saure Polysaccharide (Glykosaminoglykane), Nucleinsäuren, Oxidationsprodukte von Lipiden und Harnsäurederivate.

■ ■ **Spezielle Hinweise zur Bewertung der Färbeergebnisse:**
1. Carboxylgruppen der Polysaccharide verlieren bei niedrigem pH Wert (ca. bei pH 1,5) ihre basophile Färbbarkeit.
2. Sulfatierte Polysaccharide behalten ihre oft metachromatische Basophilie auch noch bei extrem niedrigen pH Werten, bei denen jede andere Färbung ausbleibt.
3. Nucleinsäuren sind durch Basophilie bis unter pH 3,0 gekennzeichnet.
4. Oxidationsprodukte von Lipiden, insbesondere von Chromolipiden, zeigen orthochromatische Basophilie noch bei pH Werten von 2,5 und 3,0.
5. Harnsäure und Urate zeigen basophile Färbeeigenschaften erst bei pH 4,0 und höher.

Eine große Orientierung zur Verteilung von wichtigen basophilen Strukturen in Zellen und extrazellulärer Matrix gibt auch die Routinefärbung mit Hämatoxylin und Eosin, die basophile Komponenten blau-violett färbt.

Eine ausführliche Darstellung zur Basophilie findet sich in Romeis (1989).

10.6.6   Metachromasie

Unter metachromatischer Färbung einer Struktur versteht man die Färbung in einem anderen Farbton, als er der verwendeten, verdünnten Farbstofflösung entspricht. So färben sich z. B. saure

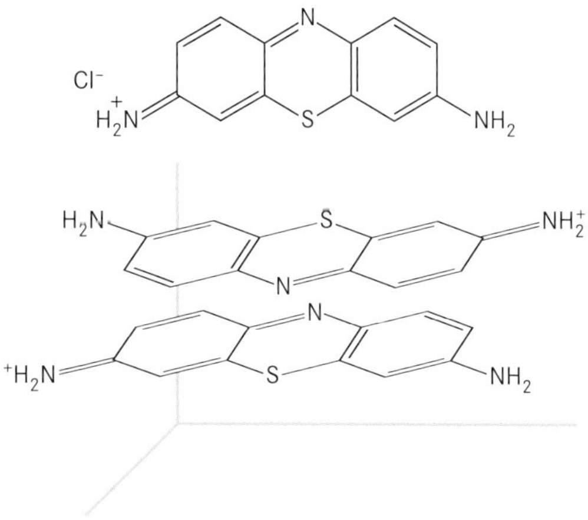

■ **Abb. 10.21** Formel von Thionin und Dimer des Thionins.

Schleimsubstanzen mit dem blauen Farbstoff Toluidinblau O nicht blau (d. h. orthochromatisch), sondern metachromatisch rotviolett an. Die meisten metachromatischen Färbungen sind für Thiazinfarbstoffe angegeben und untersucht, daneben kommen aber auch metachromatische Effekte bei der Färbung von Amyloid mit Triphenylmethanfarben (Kristallviolett) vor, und Fluoreszenzfarbstoffe können die Erscheinung der Fluoreszenzmetachromasie zeigen (Acridinorange färbt DNA gelbgrün und RNA rot).

Die Fähigkeit eines Gewebes oder einer Zelle, metachromatische Effekte hervorzurufen, wird als **Metachromotropie** bezeichnet.

Allgemein handelt es sich bei metachromatischen Färbeffekten um eine Verschiebung des Maximums im Absorptionsspektrum zu kürzeren Wellenlängen, sodass in den Präparaten eine Farbverschiebung zum langwelligen Teil des Spektrums hin beobachtet wird.

Die Metachromasie erklärt sich folgendermaßen: Die flachen Moleküle der Thiazinfarbstoffe (z. B. Thionin oder Toluidinblau O) zeigen die Tendenz, sich zu Dimeren, Trimeren und ausgedehnten Farbstoffmicellen zusammenzulagern (■ Abb. 10.21). Dabei kommt es zur Interferenz der π-Elektronen aus den äußeren Elektronenschalen der einzelnen Farbstoffmoleküle, die als Di- und Polymere nun eine gemeinsame Elektronenwolke besitzen. Dies bewirkt eine energetisch stabile Lage der Di- und Polymere und führt somit zur Verschiebung des Absorptionsspektrums zu kürzeren Wellenlängen (Scheibe und Zanker 1958).

Metachromasie ist nur möglich, wenn
- das orthochromatische und das metachromatische Absorptionsmaximum des Farbstoffes möglichst weit auseinander liegen (z. B. Toluidinblau O orthochromatisch 630 nm, metachromatisch 480–540 nm)
- die reagierende Substanz im Gewebeanteil ein hohes Molekulargewicht besitzt, also wenn Leitstrukturen vorhanden sind, die sehr viele und dicht beieinander liegende (Abstand nicht größer als ca. 0,4 nm) negative Ladungen tragen (z. B. Proteoglykane bzw. Glykosaminoglykane).

Die Micellenbildung der Farbstoffmoleküle entlang einer Leitstruktur, die negative Ladungen reichlich und dicht angeordnet trägt (Abstand der negativen Valenzen unter 0,4 nm) führt schließlich auch zur Änderung des polarisationsoptischen Verhaltens nach Durchführung der Färbung („Topo-optische Reaktion" nach Romhány (► Kap. 10.9)

- die reagierende Substanz im Gewebeanteil viele freie anionische (saure) Gruppen aufweist (alle dissoziierten freien Gruppen können metachromatisch reagieren) und diese anionischen Gruppen nahe zusammenliegen.

Metachromatische Färbung beobachtet man an polyanionischen Glykoproteinen (Glykosaminoglykane, Mucine, insbesondere an sulfatierten), also in vielen Schleimzellen, Knorpelgrundsubstanz und Mastzellgranula.

Es sind zwei Dinge zu beachten:

- Zum Nachweis metachromatischer Färbeeigenschaften müssen ausschließlich stark verdünnte Farbstofflösungen verwendet werden, da starke Konzentrationen schon per se zu metachromatischen Effekten führen.
- Durch die Entwässerung und anschließende Xylolbehandlung kommt es immer zu einer Abschwächung der Metachromasie. In seltenen Fällen kann die Anfärbung vollständig verloren gehen. Die Beurteilung der Metachromasie von sauren Schleimen und den Glykosaminoglykanen der Grundsubstanz verschiedener Binde- und Knorpelgewebe oder in pathologischen Gewebeablagerungen sollte daher bereits direkt nach dem Spülen der Schnitte im Mikroskop erfolgen.

Die einzelnen metachromatisch färbbaren Gewebebestandteile verhalten sich sehr unterschiedlich hinsichtlich der Intensität der metachromatischen Effekte sowie hinsichtlich der Stabilität dieser Farberscheinungen. Die systematische Analyse von Umständen, die die metachromatische Färbbarkeit einer bestimmten Struktur stören, erlaubt es, die Stärke der Metachromotropie, das heißt die Stärke der Fähigkeit, Metachromasie zu erregen, zu beschreiben und gewisse Rückschlüsse auf die Natur des zugrundeliegenden Stoffes zu ziehen (Graumann 1961). Dabei ist prinzipiell zu unterscheiden zwischen Einflüssen auf die negativen Valenzen des Substrates, an die die Farbstoffmoleküle binden sollen, und der Interaktion der gebundenen Farbstoffmoleküle untereinander, sobald sie sich wegen der dichten Lagerung dieser Valenzen zu Polymeren aneinanderlagern. Das erste Phänomen ist durch verschiedene Methoden zu analysieren, das zweite betrifft die Metachromasie im eigentlichen Sinn, ihre spezifische Abhängigkeit von der anionischen Ladungsdichte und der Aggregatlänge der gebildeten Farbstoffmicellen. Im Folgenden werden zwei Varianten der Färbetechnik detailliert dargestellt.

■ ■ **Bestimmung der Färbbarkeit in der pH-Reihe**
Bei unterschiedlichem pH-Wert der Färbelösung und der Spülflüssigkeiten werden die anionischen Gruppen der Eiweißkörper entsprechend dem pH ihres isoelektrischen Punktes

verfügbar sein. Ebenso ist zu erwarten, dass die sauren Gruppen entsprechend ihrer Dissoziationskonstante vorliegen: Es wird also mit sinkendem pH-Wert erst die Dissoziation der Carboxylgruppen, dann der Phosphat- und schließlich der Sulfatgruppen zurückgedrängt; entsprechend sinkt die Farbstoffbindung, z. B. für Toluidinblau, und damit auch die Möglichkeit einer metachromatischen Färbung.

Das Färbeergebnis hat damit zwei Fragen gleichzeitig zu beantworten:

- Ist die untersuchte Struktur metachromatisch färbbar (d. h. ist die Dichte der negativen Ladungen groß genug für einen metachromatischen Färbeeffekt) und
- werden diese negativen Ladungen von Carboxyl-, Phosphat- oder Sulfatgruppen beigesteuert?

Das Problem ließe sich beantworten, indem man gesondert einmal die Basophilie der Struktur prüft, zum anderen die metachromatische Färbbarkeit. Diese Überlegung gilt jedoch nur, wenn die Farbstoffbindung ausschließlich an eine Art von negativen Valenzen erfolgt. Tragen dagegen verschiedene Gruppen, z. B. Carboxyl- und Sulfatgruppen an den Glykosaminoglykanen eines Proteoglykans, zur metachromatischen Farbreaktion bei, kann die Analyse allein durch Betrachtung der Metachromasie bei unterschiedlichen Bedingungen durchgeführt werden.

Nach Graumann (1961) verwendet man Toluidinblau O in einer Konzentration von 0,01 % in abgestuften pH-Werten eines einheitlichen Puffers und färbt 30 Minuten bei Raumtemperatur. Spülen und Beurteilung erfolgt jeweils im gleichen Puffer. Die Farbstoffkonzentration wird nie genau einzuhalten sein, da alle käuflichen Produkte Verunreinigungen enthalten. Wichtig ist nicht die Art des Puffers, sondern dass immer ein Puffer gleicher Molarität verwendet wird. Graumann et al. (1966) verwenden HCl-Natriumacetatpuffer nach Walpole für den Bereich pH = 1,6–1,9 und Zitronensäure-Phosphatpuffer nach McIlvaine für den Bereich pH = 2,2–5,0 (siehe Puffertabelle im Anhang).

Die Zusammenstellung der Färbeergebnisse bei Variation des pH-Wertes der Farbstofflösung wird dann etwa wie in ■ Tabelle 10.3 dargestellt aussehen.

■**Tab. 10.3** Färbeergebnis mit Toluidinblau O in verschiedenen Geweben des Menschen in Abhängigkeit vom pH-Wert

	pH-Wert	1,2	1,4	2,2	2,7	3,2	3,8	4,4	5,1
Becherzellen	Trachea	–	–	–	–	–	+–	+–	+–
	Duodenum	–	–	–	–	+–	+	+	++
	Coecum	–	–	–	+–	+	+	++	++
	Rectum	–	+–	+–	+–	+	+	++	++
	Trachealknorpel	–	+–	+	++	++	++	++	++
	Mastzellgranula	+–	+	+	+–	++	++	++	++

■■ Bestimmung der Färbbarkeit in der Salzkonzentrationsreihe

Die Wirksamkeit von Salzen, die der Färbelösung zugesetzt werden, beruht auf der Konkurrenz der Salzkationen mit den Farbstoffkationen um die verfügbaren negativen Ladungen des Substrates. Die Färbbarkeit ist um so geringer zu erwarten, je höher die zugesetzten Salzkonzentrationen sind. Nach Graumann (1961) verwendet man 0,01% Lösungen von Toluidinblau O mit Zusätzen von 0,012 bis 0,5 M $CaCl_2$. Der pH-Wert der Färbelösungen muss immer mit demselben Puffer angesetzt sein, z. B. auf pH = 4,5. Für systematische Untersuchungen orientiert man sich am besten an der bereits erwähnten pH-Reihe und bestimmt so eine günstige Ausgangsposition, bei der alle interessierenden Substrate noch metachromatische Färbeffekte geben. Die Abstufungen der Salzkonzentrationsreihe wählt man dann in Schritten um jeweils 0,25 M Unterschied; die Färbezeit beträgt 1 Stunde bei Raumtemperatur.

Die Methode zeigt starke Parallelen zur sogenannte „kritischen Elektrolytkonzentrationsmethode" für die Färbung mit Alcianblau zur Bestimmung der Art der negativen Valenzen, die zur Farbstoffbindung zur Verfügung stehen. Durch die Beobachtung einer eventuell auftretenden metachromatischen Färbbarkeit erlaubt sie zusätzliche Aussagen über die Dichte der negativen Ladungen.

Außerdem kann die Färbbarkeit in einer Ethanolkonzentrationsreihe oder in einer Farbstoffverdünnungsreihe bestimmt werden (Romeis 1989). Das Arbeiten mit einer pH-Reihe oder einer Salzkonzentrationsreihe erfordert oft Geduld und Erfahrung. Bei der Analyse von Mucinen oder Glykosaminoglykanen – auch in pathologischen Ablagerungen – sollten auch andere Methoden, z. B. der Lektinhistochemie oder der Immunhistochemie, eingesetzt werden.

Durch Vorbehandlung der Gewebe lassen sich neue negative Valenzen einführen (induzieren) oder freisetzen (demaskieren), die dann zu metachromatischen Färbeffekten Anlass geben können. So ist die Überführung von Sulfhydryl- und/oder Disulfidgruppen in Sulfat- oder Thiosulfatgruppen möglich (durch Oxidation oder Thiosulfatierung), die eine metachromatische Färbung hervorrufen. Durch HCl-Hydrolyse lassen sich Carboxamidogruppen spalten, sodass neue negative Valenzen für die Färbung zur Verfügung stehen. Die theoretisch zu fordernde Metachromasie der Zellkernsäuren wird durch Proteine maskiert, sodass sie stets nur orthochromatisch gefärbt werden.

10.6.7   Übersichtsfärbungen

Außer der Routine-Standard-Färbung Hämalaun-Eosin (HE) eignen sich auch Mehrfachfärbungen (z. B. Azan, van Giesson oder Masson-Goldner (▶ Kap. 10.6.9.1) aufgrund ihrer Farbkontraste gut für Übersichtspräparate. Sie sind jedoch zeitaufwendiger und schwieriger durchzuführen als die HE-Färbung.

Anleitung A10.28

Hämalaun-Eosin-Färbung (HE)

Allgemeines:

1. wichtigste Färbung in der Histologie
2. wird generell bei jedem Präparat angewendet
3. liefert gute und aussagefähige Übersichtsbilder
4. schnell und einfach anzuwenden
5. dient zur Unterscheidung von Zellkernen und Cytoplasma: Hämalaun ist der positiv geladene Kernfarbstoff (basisch), Eosin ist der negativ geladene Cytoplasmafarbstoff (sauer)
6. für alle gängigen Einbettmedien wie Paraffin bzw. Paraplast und Kunststoffe geeignet
7. gut im Färbeautomaten einsetzbar
8. eine modifizierte HE-Färbung (mit sehr kurzen Färbezeiten) eignet sich gut für die Schnellschnittdiagnostik (A10.29)

Prinzip:

Hämatoxylin ist eine „Farbvorstufe", die noch nicht färbt, und muss daher durch Oxidation in das färbende Hämatein überführt werden. Wie in den ▶ Kapiteln 10.6.1.1 bis 10.6.1.4 dargestellt, geschieht dies durch stehen lassen an der Luft (natürliche Reifung) oder schneller durch chemische Oxydationsmittel (künstliche Reifung) wie hier mit Natriumiodat. Hämatein bildet mit den Aluminiumionen (Beize) einen so genannten Farblack, den jetzt positiv geladenen, basischen Farbstoff Hämalaun. Dieser lagert sich an die negativ geladenen Phosphatgruppen der Nucleinsäuren (DNA) des Zellkerns an und bildet schwer lösliche Verbindungen.

Hämalaun liegt durch die Zitronensäure in saurer Lösung vor. Dadurch werden die negativ geladenen Carboxylgruppen im Cytoplasma abgesättigt, und somit kommt es zu einer selektiven Kernfärbung durch das positiv geladene Hämalaun. Die meisten Kernfarbstoffe sind positiv geladen und daher basische Farbstoffe. Mit Hämatoxylin überfärbte Schnitte können mit HCl-Ethanol wieder vollständig entfärbt werden.

Eosin (Tetrabrom Fluorescein-Natrium) ist der wichtigste Cytoplasmafarbstoff und liegt in leicht saurer Lösung vor (▶ Kap. 10.6.2). Die meisten Proteine im Cytoplasma haben einen niedrigen IEP (isoelektrischen Punkt) und sind daher negativ geladen. Die H^+-Ionen der sauren Lösung geben jetzt dem Cytoplasma eine positive Ladung, sodass sich das negativ geladene Eosin gut anlagern kann.

Somit färbt Eosin in leicht saurer Lösung die positiv geladenen Proteine des Cytoplasmas und der extracytoplasmatischen Strukturen wie z. B. Kollagen.

Eine Vorbehandlung der Gewebe mit Säure (z. B. bei Entkalkung) verstärkt die Eosinfärbung durch H^+-Ionenanlagerung an den Aminogruppen der Proteine im Cytoplasma.

Bei Überfärbung mit Eosin, ist eine Differenzierung mit 70 % Ethanol möglich.

▼

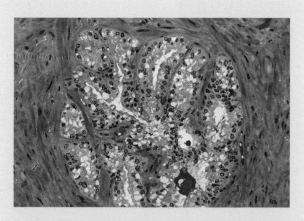

◨ **Abb. 10.22** HE-Färbung, Prostata, Mensch, Vergr. ×250.

Methode:
1. Entparaffinieren in Xylol I 5–10 min; in Xylol II 5–10 min
2. rehydrieren über absteigende Ethanolreihe:

100 % Ethanol	2–5 min
100 % Ethanol	2–5 min
96 % Ethanol	2–5 min
96 % Ethanol	2–5 min
70 % Ethanol	2–5 min

3. in Aqua d. oder Leitungswasser gründlich spülen
4. Hämalaun nach Mayer (Kernfärbung), 5–10 min
5. „bläuen" in fließendem, sauberen Leitungswasser, 10–15 min (alkalisch, also pH > 7) es kommt zur Farbänderung von rot nach blau und zur Stabilisierung der Farbe durch die pH-Änderung
6. Eosin, wässrig 0,1 % (Cytoplasmafärbung), 1–5 min (leicht überfärben, da in der aufsteigenden Ethanolreihe Eosin wieder entzogen wird)
7. Aqua d. (differenzieren) kurz abspülen
8. dehydrieren in aufsteigender Ethanolreihe: 70 % Ethanol kurz abspülen

96 % Ethanol	1 min
96 % Ethanol	1 min
100 % Ethanol	2–5 min
100 % Ethanol	2–5 min

9. aufhellen der Schnitte und vollständige Entfernung des Ethanols: Xylol I, 2–5 min und Xylol II, 2–5 min
10. eindecken der Schnitte mit xylollöslichem Eindeckmedium und Deckglas (Dauerpräparat)

Ergebnis:
Zellkerne, Knorpelgrundsubstanz, Kalk, Bakterien: blau
Cytoplasma, Kollagenfasern, Erythrocyten: rot

Lösungen:
A. saures Hämalaun nach Mayer:
1 g Hämalaun (Hämatoxylin) in 1000 ml Aqua d. lösen
0,2 g Natriumiodat (NaJO₃) (künstliche Reifung)
50 g Kaliumaluminiumsulfat = Kalialaun (Beize)
50 g Chloralhydrat (giftig! verhindert weitere Oxidation)

▼

1 g Zitronensäure zur blauen Farblösung geben, die jetzt in rotviolett umschlägt
Die Farblösung ist sofort gebrauchsfertig und gut verschlossen lange Zeit haltbar

B. Eosin 0,1 %, wässrig (schwach saurer Fluorescein-Farbstoff):
0,1 g Eosin Y („gelblich") in 100 ml Aqua d. lösen und mit 1 Tropfen Eisessig auf 100 ml Farblösung ansäuern (man sollte nicht stärker ansäuern, da sonst die Hämalaunfärbung leidet!)
oder:
Eosin 1 % ethanolisch:
1 g Eosin Y in 100 ml 50 % Ethanol lösen und 1 Tropfen Eisessig zufügen

10.6.8 Schnellfärbungen

Schnellfärbungen werden verwendet, um eine rasche und brauchbare Orientierung, Kontrolle oder eine sofortige Diagnose eines Gewebeschnittes zu erhalten. Sie werden zum Beispiel in der Pathologie zur Schnellschnittdiagnostik und in der Elektronenmikroskopie zum Färben von Semidünnschnitten verwendet.

Anleitung A10.29

Schnellschnitt HE-Färbung
Allgemeines:
Ziel der Schnellschnitt HE-Färbung in der Pathologie ist, innerhalb kürzester Zeit an einem Gefrierschnitt, während der Patient im Operationssaal liegt, eine aussagefähige Diagnose (nach ca. 10–15 Minuten) durch den Pathologen zu erstellen, und somit das weitere Vorgehen der Operation zu beeinflussen. Selbstverständlich ist die Qualität eines Schnellschnittes nicht mit der eines in Paraffin eingebetteten und herkömmlich HE gefärbten Präparates zu vergleichen, aber meist ausreichend für eine schnelle Diagnose. Das Restmaterial der Schnellschnittuntersuchung muss dann in Paraffin eingebettet und wie üblich weiter bearbeitet werden, um die Diagnose zu überprüfen und abzusichern.

Methode:
1. Der Objektträger mit dem aufgezogenen Schnellschnitt (Gefrierschnitt) wird eingestellt in:
2. Hämalaun nach Mayer, 1 min
3. bläuen in fließendem Leitungswasser, 2–3 min (eventuell warmes Wasser verwenden, dann nur 1 min)
4. Eosin 0,1 % wässrig, 30 sec
5. Aqua d., kurz abspülen
6. aufsteigende Ethanolreihe (Objektträger jeweils mehrmals schwenken, dann gut abtropfen lassen)

▼

7. Xylol (Objektträger darin bewegen), ca. 30–60 sec (auch länger)
8. mit Einschlussmedium (z. B. DePeX) eindecken.

Ergebnis:
Zellkerne, Knorpelgrundsubstanz, Kalk, Bakterien: blau
Cytoplasma, Kollagenfasern, Erythrocyten: rot

Lösungen: siehe A10.28 HE-Färbung

■■ Schnellfärbungen für Semidünnschnitte
Semidünnschnitte sind 0,5 bis 1 µm dicke Kunststoffschnitte (Epoxidharze, LRwhite), die an einem Ultramikrotom mit Glas- oder Diamantmessern geschnitten werden.

Zur orientierenden Übersicht und Kontrolle von Anschnitten für die Elektronenmikroskopie werden die Semidünnschnitte mit verschiedenen Schnellfärbungen gefärbt. Als Farbstoffe dienen z. B. Toluidinblau und Methylenblau.

Siehe dazu ◘ Tab. A1.18, ◘ Tab. A1.19 und ◘ Tab. A1.20.

10.6.9 Bindegewebefärbungen

10.6.9.1 Trichromfärbungen:

Da bei diesen Färbemethoden drei Farbstoffe verwendet werden, spricht man von Trichromfärbungen. Sie dienen nicht nur zur Darstellung der Kollagenfibrillen, sondern eignen sich auch zur Abgrenzung gegen Epithelgewebe und/oder Muskelgewebe.

Der Färbemechanismus beruht neben der elektrostatischen Farbstoffbindung auf der Dispersität und der damit verbundenen Diffusibilität des Farbstoffes. Und natürlich ist auch die Gewebetextur für das Eindringen und Auswaschen der Farbstoffe während des Färbens und Differenzierens von erheblicher Bedeutung.

Alle verwendeten Farbstoffe sind negativ geladen.

Der erste Färbeschritt färbt z. B. Erythrocyten und Bindegewebe; während des folgenden Differenzierens wird der Farbstoff schneller aus dem Bindegewebe gewaschen, das so für die Besetzung mit weiteren anionischen Farbstoffen frei wird, während die Erythrocyten noch mit dem ersten Farbstoff angefärbt bleiben. Man sieht, dass dem Differenzieren die größte Bedeutung zukommt; der wichtigste Differenzierungsschritt ist – dem Zweck der Färbung entsprechend – das Differenzieren vor dem Anfärben der Bindegewebefasern, also vor der letzten Färbelösung der Serie. Daher liefern jene Trichrommethoden die klarsten Ergebnisse, die einen getrennten Differenzierungsschritt vor der Anfärbung des Fasermaterials vorsehen.

Für die immer am Anfang stehende Kernfärbung muss man berücksichtigen, dass bei manchen Trichromfärbungen (z. B. van Gieson, Masson-Goldner) die anderen beiden Farbstoffe im sauren pH angeboten werden. Hämalaune sind wegen ihrer Säurelöslichkeit daher ungeeignet. Deswegen verwendet man hier vor allem die stabilen Eisenhämatoxyline.

Anleitung A10.30

Van Gieson-Färbung

Allgemeines:
1. Eine Dreifachfärbung, die jedoch den Nachteil hat, dass sie leicht verblasst. Daher wird alternativ statt Säurefuchsin (empfindlich gegen Säuren und Alkalien) häufig **Thiazinrot** verwendet (Variante nach Domagk).
2. Günstige Fixierungen sind Susa, Helly, aber auch Formol und Bouin (◘ Tab. A1.11 und A1.12)

Prinzip:
Als Kernfarbstoff verwendet man das stabile und relativ säurefeste Eisenhämatoxylin nach Weigert, ein Eisenhämateinlack, der nicht durch die aggressive Pikrinsäure wieder gelöst werden kann.

Das van-Gieson-Gemisch (Pikrofuchsin) besteht aus zwei Farbstoffen (simultane Färbung), die sich in ihrer Dispersität, Diffusibilität und in ihrer Konzentration deutlich unterscheiden.

Hier wird progressiv gefärbt: Bei der kurzen Färbezeit diffundiert die feindisperse, hochkonzentrierte Pikrinsäure in alle Strukturen des Gewebes und färbt sie gelb. Das grobdisperse, schwach konzentrierte Säurefuchsin kann während dieser Zeit nur in die sehr weiten Strukturlücken des kollagenen Bindegewebes eindringen, wo es die Pikrinsäure überlagert. In diesem Moment muss die Färbung unterbrochen werden, sonst erhält auch das Cytoplasma einen deutlich roten Ton.

Methode:
1. Entparaffinieren, absteigende Ethanolreihe bis 70 % Ethanol
2. Eisenhämatoxylin n. Weigert (kräftig), 5–10 min
3. Aqua d. (zur Vermeidung von Hämateinniederschlägen), kurz abspülen
4. Mikroskopkontrolle (Zellkerne: dunkelblau / grau; Cytoplasma: möglichst ungefärbt oder leicht grau)
   Ist das Cytoplasma zu stark angefärbt: differenzieren in 0,5 % HCl-Ethanol, nur einige Sekunden
5. in Leitungswasser (alkalisch) zur Unterbrechung der Differenzierung spülen
6. im fließenden Leitungswasser bläuen (Stabilisierung), 10 min
7. van-Gieson-Gemisch (Pikrofuchsin), 1–3 min
8. in 70 % Ethanol und in 96 % Ethanol, kurz abspülen oder abtrocknen zwischen Filterpapier (Pikrinsäure ist im niederprozentigen Ethanol löslich!)
9. 96 % Ethanol, 2 x 100 % Ethanol, Xylol, eindecken.

Variante: (nach Domagk, 1932)
7. hier wird (statt in Pikrofuchsin) in **Pikrinsäure-Thiazinrot** gefärbt, 3–5 min
8. Aqua d., abspülen
9. 2 x 96 % Ethanol, gründlich spülen
10. 2 x 100 % Ethanol, Xylol, eindecken.

▼

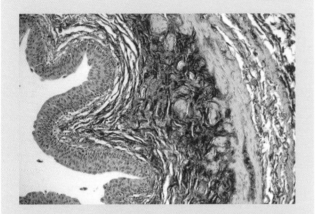

Abb. 10.23 Formel Thiazinrot R.

Abb. 10.24 van Gieson-Färbung, Ureter, Rhesusaffe, Vergr. ×125.

Beachten:
Bei beiden Methoden ist es wichtig, dass die Pikrinsäure im 96 % und im 100 % Ethanol gut ausgewaschen wird, um ein schnelles Verblassen der Färbung zu verhindern.

Ergebnis:
Zellkerne: schwarzblau, schwarzbraun
Kollagenes Bindegewebe: rot
Cytoplasma, Muskulatur, Epithel und Gliafibrillen: gelb
Schleim, Hyalin, Kolloid u. Amyloid färben sich abgestuft in Tönen zwischen gelb und rot.

Lösungen:
1. Eisenhämatoxylin n. Weigert:
   Stammlösung Weigert A (Chromogen): 1 g Hämatoxylin in 100 ml 96 % Ethanol lösen.
   Stammlösung Weigert B (Beize u. Oxidationsmittel): 1,16 g $FeCl_3$ in 99 ml Aqua d. lösen und 1 ml 25 % HCl zugeben. Beide Lösungen unbegrenzt haltbar.
   Gebrauchslösung: Weigert A und Weigert B zu gleichen Teilen mischen. Lösung nur ca. 1 Woche haltbar!
   Tipp: Eine vorzeitige Überoxidation wird verhindert, wenn man etwas weniger Weigert B verwendet und diese in Weigert A gegeben wird.
2. 0,5 % HCl-Ethanol: 980 ml 70 % Ethanol + 20 ml 25 % HCl
3. van-Gieson-Gemisch (Pikrofuchsin):
   A. Stammlösung Pikrinsäure (wässrig, gesättigt): In 1000 ml Aqua d. gibt man bei Raumtemperatur soviel

Pikrinsäurekristalle, bis die Lösung über einem Bodensatz steht.
   B. 1 % wässrige Säurefuchsinlösung
   Man mischt zu 100 ml gesättigter wässriger Pikrinsäurelösung (vorher filtrieren)
   5 ml 1 % wässrige Säurefuchsinlösung.
   Tipp: Durch Zusatz von 0,25 ml konzentrierter HCl kann die Unterscheidung von Muskel- und Bindegewebe noch brillanter ausfallen.
4. **Pikrinsäure-Thiazinrot:** (Variante nach Domagk)
   60 ml gesättigte, wässrige Pikrinsäure werden mit 5 ml einer 1 % wässrigen Thiazinrotlösung gemischt.

Anleitung A10.31

Masson-Goldner-Färbung
Allgemeines:
1. Diese Trichromfärbung gelingt besonders gut nach Bouin-Fixierung, aber auch an Formol-, Zenker-, Maximow- und Stieve-fixiertem Material.
2. Einer der Differenzierungsschritte wird dadurch gespart, dass die nächstfolgende Farbstofflösung das Differenzierungsmittel (Phosphorwolframsäure) zugesetzt enthält, dass also mit der nächsten Färbelösung differenziert wird (Goldner 1938).

Methode:
1. Entparaffinieren, absteigende Ethanolreihe, Aqua d.
2. Eisenhämatoxylin n. Weigert (Zellkerne): nicht überfärben! 2–3 min
3. fließendes Leitungswasser, 10 min
4. Azophloxin (oder Ponceau-Säurefuchsin), 5 min
5. 1 % Essigsäure (sammeln der Schnitte) abspülen
6. Phosphorwolframsäure-Orange G, 15 sec–30 min (differenzieren, bis das Bindegewebe weitgehend entfärbt ist. Man beobachtet die Gefäßadventitia zur Beurteilung; gewöhnlich reichen einige Minuten.)
7. 1 % Essigsäure, abspülen (Unterbrechung der Differenzierung, sammeln der Schnitte, Mikroskopkontrolle)
8. Lichtgrün, 1–3 min
9. 1 % Essigsäure auswaschen.
10. aufsteigende Ethanolreihe, Xylol, eindecken.

Ergebnis:
Zellkerne: braun-schwarz
Cytoplasma, Muskulatur: ziegelrot
Erythrocyten: orangegelb
Bindegewebe und saure Mucine: grün

Lösungen:
1. Eisenhämatoxylin n. Weigert: siehe van-Gieson-Färbung (A10.30)
2. Ponceau-Säurefuchsin-Färbelösung: 0,2 g Ponceau de Xylidine und 0,1 g Säurefuchsin werden in 300 ml Aqua d. gelöst; dazu kommen 0,6 ml Eisessig.

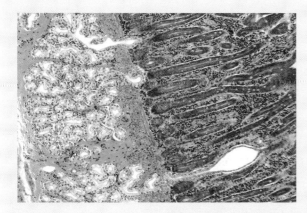

◻ Abb. 10.25 Masson-Goldner-Färbung, Duodenum, Katze, Vergr. ×125.

3. Azophloxinfärbelösung: 0,5 g Azophloxin in 100 ml Aqua d. lösen; dazu kommen 0,2 ml Eisessig.
4. Orange G-Differenzierungslösung: 3–5 g Phosphorwolframsäure (oder auch Phosphormolybdänsäure) und 2 g Orange G in 100 ml Aqua d. lösen.
5. Lichtgrün-Färbelösung: 0,1-0,2 g Lichtgrün in 100 ml Aqua d. lösen; dazu kommen 0,2 ml Eisessig.

Info:
Das Überfärben der Cytoplasmastrukturen mit einer der in Punkt 4 der Methode angegebenen Lösungen verhindert man, wenn nach Schritt 3 das Präparat für 5–15 Sekunden in 0,5 % Phosphorwolframsäurelösung getaucht wird; danach spült man gut in 3 Portionen Aqua d. (3–5 min) und fährt mit Punkt 4 fort.

Anleitung A10.32

Azanfärbung nach Heidenhain
Allgemeines:
1. Die Kernfärbung erfolgt hier mit dem sauren Azokarmin, einem basischen Anilinfarbstoff; das Bindegewebe wird mit Anilinblau gefärbt. Von diesen beiden Farbstoffen ist der Name Azan abgeleitet worden.
2. Am besten eignen sich sublimathaltige Fixierungen wie Zenker, aber auch Bouin und Formalin sind möglich.

Prinzip:
Azokarmin färbt zunächst diffus das ganze Gewebe. Bei der Beizung mit Phosphorsäure (große Hydrationshülle), die sich wie ein saurer grobdisperser Farbstoff verhält, dringt diese in die Strukturlücken des Bindegewebes ein, tritt in Konkurrenz mit dem Azokarmin und verdrängt es wieder (Entfärben des Bindegewebes). In den Zellkernen wird Azokarmin jedoch durch den hohen Gehalt an basischen Proteinen fester gebunden und daher nur schwer wieder entfernt.

▼

Die anschließende Färbung mit dem Gemisch aus dem feindispersen Orange-G und dem grobdispersen Anilinblau basiert auf der unterschiedlichen Dispersität und Diffusionsgröße der beiden sauren Farbstoffe. Orange-G dringt in alle Strukturen des Gewebes ein, wird aber im Parenchym vom Azokarmin farblich überdeckt; Anilinblau färbt nur das Bindegewebe.

Methode:
1. Entparaffinieren, absteigende Ethanolreihe, Aqua d. (eventuelle Sublimatniederschläge müssen vorher entfernt werden: A10.9)
2. vorgewärmte Azokarminlösung bei 56 °C, 10–15 min
3. Aqua d., abspülen
4. in Anilinethanol, differenzieren, bis nur noch die Zellkerne gefärbt sind; der Vorgang lässt sich beschleunigen, wenn dem Anilinethanol etwas Aqua d. zugesetzt wird.
5. Essigsäure-Ethanol, 30–60 sec (auswaschen des Anilins und Unterbrechung der Differenzierung. Wenn das Gewebe noch zu stark rot ist, Präparat wieder zurück in Anilinethanol)
6. beizen in 5 % wässriger Phosphorwolframsäure, 1–3 h (das Bindegewebe wird dabei noch weiter entfärbt)
7. Aqua d., abspülen
8. Anilinblau-Orange-G-Essigsäure (1:3 verdünnt), 1–3 h
9. Aqua d., kurz abspülen
10. 96 % Ethanol, differenzieren
11. weiter in der aufsteigenden Ethanolreihe, Xylol und eindecken.

Variante 1: Nach Schritt 8, also aus der Färbelösung kann man sofort in 96 % Ethanol eintauchen, um ein zu rasches Ausziehen der Farbstoffe zu vermeiden. Langsamere Differenzierung erreicht man auch durch Verwendung eines Isopropanol-Ethanol-Gemisches anstelle von Ethanol.
Variante 2: Die Verweildauer in der Phosphorwolframsäure und in der Anilinblau-Orange-G-Gebrauchslösung kann jeweils auf ca. 15 Minuten reduziert werden, wenn man bei 60 °C im Wärmeschrank färbt.
Variante 3: Schritt 8 kann auf 1 bis 3 Minuten verkürzt werden, wenn man die Anilinblau-Orange-G-Essigsäure unverdünnt zur Färbung verwendet.

Ergebnis:
Zellkerne: rot
Kollagenes und retikuläres Bindegewebe: blau
Muskelgewebe (je nach Fixierung): rötlich bis orange
Erythrocyten: rot
Fibrin: rot
Gliafibrillen: rot
saure Mucine: blau
Sekretkörnchen der Drüsenzellen: gelb, rot oder blau (je nach Beschaffenheit)

▼

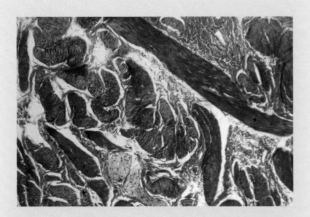

◘ Abb. 10.26 Azanfärbung, Harnblase, Mensch, Vergr. ×125.

Lösungen:

1. Azokarminfärbelösung: 0,1 g Azokarmin G in 100 ml Aqua d. aufschwemmen, kurz aufkochen und nach Abkühlen auf Zimmertemperatur filtrieren. Die Lösung ist bei Raumtemperatur trüb, da nicht der gesamte Farbstoff gelöst ist. Zuletzt wird der Lösung 1 % Eisessig zugesetzt. Das wasserlösliche Azokarmin B wird in 0,25-1 % Lösung angewandt; auch hier wird der Lösung 1 % Eisessig zugesetzt.
2. Anilinblau-Orange G-Färbelösung: 0,5 g Anilinblau wasserlöslich und 2 g Orange G in 100 ml Aqua d. lösen, 8 ml Eisessig zusetzen, aufkochen und nach dem Erkalten filtrieren. Zur Färbung verdünnt man diese Stammlösung 1:1 bis 1:3 mit Aqua d.
3. Anilinethanol: 1 ml Anilinöl auf 1000 ml 96 % Ethanol.
4. Essigsäure-Ethanol: 1 ml Eisessig auf 100 ml 96 % Ethanol.

Anleitung A10.33

Ladewig-Färbung

Allgemeines:

1. Sie ist eine Modifikation der Mallory-Heidenhain-Methode.
2. Eine Trichromfärbung zur Unterscheidung von Parenchym und kollagenem Bindegewebe und zur Fibrindarstellung.
3. Eine geeignete Fixierung ist Formalin.

Prinzip:

Zur Kernfärbung dient das stabile und relativ säurefeste Eisenhämatoxylin nach Weigert, ein Eisenhämateinlack, der nicht durch die nachfolgenden Farbstoffe wieder gelöst werden kann.

Das feindisperse und hoch konzentrierte Säurefuchsin diffundiert schnell in alle Strukturen des Gewebes. Das grobdisperse, schwach konzentrierte Anilinblau kann während dieser Zeit nur in die sehr weiten Strukturlücken des kollagenen Bindegewebes eindringen und überlagert dort das

▼

Säurefuchsin. Da beide Farbstoffe in einer Lösung gemischt sind, ist nur eine kurze Färbezeit nötig.

Methode:

1. Entparaffinierte Schnitte kommen aus 70 % Ethanol
2. Eisenhämatoxylin nach Weigert, 10 min
3. Phosphorwolframsäure 5 % wässrig (beizen), 3–5 min
4. in Leitungswasser, gut spülen
5. Aqua d., gut spülen
6. Ladewig-Färbelösung, 2–4 min
7. Aqua d., kurz abspülen (sonst werden feinste Bindegewebefäserchen wieder entfärbt)
8. 96 % Ethanol, kurz abspülen
9. vollständig entwässern, Xylol, mit Eindeckmedium eindecken.

Ergebnis:

Zellkerne: dunkelgrau, dunkelbraun
Bindegewebe: blau, blauviolett
Parenchym: graublau, graubraun
Muskulatur: braunrot
Nervengewebe: graublau, graubraun
Fibrin: leuchtend zinnoberrot
Schleim und Sekrete: blau
Amyloid: hellblau
Hyalin: rot
Erythrocyten: hellrot-orange, gelb

Lösungen:

1. Eisenhämatoxylin n. Weigert: siehe van-Gieson-Färbung (A10.30)
2. Ladewig-Färbelösung: 1 g Säurefuchsin und 0,5 g wasserlösliches Anilinblau und 2 g Goldorange in 100 ml Aqua d. lösen und 8 ml Eisessig zugeben und zusammen aufkochen; nach dem Erkalten filtrieren.
3. Phosphorwolframsäure: 5 g Wolframatophosphorsäure in 100 ml Aqua d. lösen; kann mehrmals verwendet werden, bis sie sich rot verfärbt.

Anleitung A10.34

Masson-Trichrom-Färbung

Allgemeines:

Wie bei den meisten Trichromfärbungen bringt Formalin als Fixierung nicht immer die besten Ergebnisse. Besser eignen sich sublimathaltige Fixierungen und Bouin.

Prinzip:

Siehe Trichromfärbungen (10.6.9.1)

Methode:

1. Entparaffinieren, absteigende Ethanolreihe, Aqua d.
2. Celestinblaulösung, 5 min
3. Aqua d., spülen

▼

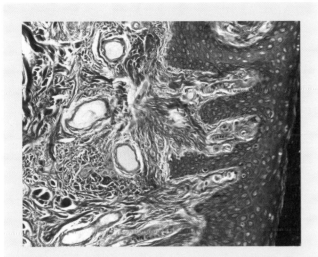

Abb. 10.27 Masson-Trichrom-Färbung, Fingerbeere, Mensch, Vergr. ×125.

4. Hämalaun n. Mayer, 5 min
5. fließendes Leitungswasser, bläuen, 10 min
6. Säurefuchsinlösung, 5 min
7. Aqua d., spülen
8. Phosphormolybdänsäure 1 %, 5 min; danach abtropfen lassen!
9. Methylblau-Lösung, 2–5 min
10. Aqua d., spülen
11. Essigsäure 1 %, 2 min
12. 70 % Ethanol (evtl. noch weiter differenzieren)
13. weiter entwässern, Xylol, eindecken.

Ergebnis:
Zellkerne: blau-schwarz/grau-violett
Cytoplasma, Muskulatur,Erythrocyten, Fibrin: rot
Kollagen, Reticulin, Basalmembran, Osteoid: blau
Elastin: hellrot

Lösungen:
1. Celestinblaulösung:
   25 g Ammoniumeisen-II-Sulfat in 500 ml kaltem Aqua d. unter Rühren lösen, 2,5 g Celestinblau B dazugeben und einige Minuten aufkochen. Abkühlen lassen, filtrieren und 70 ml Glycerin zugeben. Die Lösung ist 5 Monate haltbar.
2. Hämalaun nach Mayer (A10.28)
3. Säurefuchsinlösung:
   0,5 g Säurefuchsin in 100 ml Aqua d. lösen und 0,5 ml Eisessig zugeben.
4. Phosphormolybdänsäure 1 %: 1,0 g Phosphormolybdänsäure + 100 ml Aqua d.
5. Methylblau-Lösung:
   2,0 g Methylblau in 100 ml Aqua d. lösen + 2,5 ml Eisessig zugeben.
6. Eisessig 1 %

10.6.9.2 Darstellung von elastischen Bindegewebefasern
Komponenten des elastischen Fasersystems

Am elastischen Fasersystem eines Organs, z. B. der Dermis, lassen sich verschiedene Faserqualitäten unterscheiden: elastische Fasern, Elauninfasern und Oxytalanfasern.

Elektronenmikroskopisch entsprechende Strukturen:
- Elastische Fasern: überwiegend homogenes Material (Elastin), grobe Strukturen von wenig Mikrofibrillen an der Oberfläche begleitet.
- Elauninfasern: zartere Fasern, wenig homogenes Elastin, in Strängen aufgelockert und von reichlich Mikrofibrillen an der Oberfläche begleitet.
- Oxytalanfasern: Bündel von Mikrofibrillen an der Oberfläche der elastischen Fasern.

Es soll daran erinnert werden, dass während der Entwicklung erst Bündel von Mikrofibrillen auftreten (Oxytalanfasern), in die dann etwas amorphes Elastin eingelagert wird (Elauninfasern), bis schließlich grobe elastische Fasern und Membranen entstehen, die praktisch nur aus Elastin mit spärlich aufgelagerten Mikrofibrillen bestehen.

Färbung von Mikrofibrillen der elastischen Fasern und Oxytalanfasern

Mikrofibrillen an der Oberfläche der elastischen Fasern und gebündelt als Oxytalanfasern lassen sich aufgrund ihres hohen Gehalts an Disulfidgruppen nachweisen, sofern genügend Material für die lichtmikroskopische Identifikation vorliegt. Am Beispiel der *„lymphatic anchoring filaments"* oder der Lamina propria der Hodenkanälchen wurde dies gezeigt (Böck 1978 c).

Zum Nachweis der Disulfidgruppen und damit zur Anfärbung der Mikrofibrillenbündel oxidiert man mit Peressigsäure oder führt eine Thiosulfatierung durch; die entstandenen Sulfat- bzw. Thiosulfatgruppen weist man durch Färben mit Alcianblau in Gegenwart von 0,8 M $MgCl_2$ nach (A10.47).

Es findet sich Cystin sowohl im homogenen elastischen Material wie auch in den Mikrofibrillen, die die Oberfläche der elastischen Fasern mehr oder weniger dicht bedecken, doch ist

Tab. 10.4 Lichtmikroskopische Unterscheidungskriterien von Komponenten des elastischen Fasersystems

Färbung	Grobe elastische Fasern	Elaunin-fasern	Oxytalan-fasern
saures Orcein	+	+	+
Resorcinfuchsin	+	+	+
Permanganat-Aldehydfuchsin	+	+	+
Verhoeffs Hämatoxylin	+	–	–

der Gehalt an Cystin im Material der Mikrofibrillen rund 10mal so hoch wie im reinen Elastin (Ross 1973). Dieser Konzentrationsunterschied bewirkt, dass die Oberflächen der elastischen Fasern mit den erwähnten Techniken für Disulfidgruppen anfärbbar sind, das zentral gelegene reine Elastin dagegen nicht. Zarte elastische Fasern, bei denen die Oberfläche relativ zum Volumen zunimmt, färben sich ebenfalls positiv, das ungefärbte Zentrum dagegen ist nicht mehr zu erkennen.

Anleitung A10.35

Resorcinfuchsinfärbung nach Weigert (1898)

Allgemeines:

1. Sogenannte **Elastikafärbung** zur Darstellung von elastischen Bindegewebefasern.
2. Sie lässt sich mit verschiedenen Färbemethoden kombinieren, z. B. mit der van Gieson-Färbung und der Goldner Färbung.
3. Als Fixierungen eignen sich Formalin, Formalingemische, Ethanol und Sublimat.
4. Ältere Farblösungen färben nicht mehr selektiv die elastischen Fasern, sondern z. B. auch Basalmembranen.
5. Resorcinfuchsin färbt regressiv.

Prinzip:

Elastische Fasern besitzen sehr schmale Strukturlücken und gehören mit zu den strukturdichtesten Anteilen im Organismus. Sie bestehen aus Elastin (einem polymeren Protein) und Fibrillin (einem Glykoprotein), sie sind stark sauer und binden aus einer ethanolischen, stark sauren Lösung den feindispersen Beizen-Farbstoff Resorcinfuchsin über Grenzflächenadsorption und elektropolar. Das erklärt teilweise das starke Haften des Farbstoffes.

Methode:

1. Entparaffinierte Schnitte kommen aus 80 % Ethanol
2. in Resorcinfuchsinfärbelösung, 10–30 min
3. auswaschen in fließendem Leitungswasser, 1 min
4. differenzieren in 96 % Ethanol
5. Mikroskopkontrolle: elastische Fasern erscheinen violett auf rosa Grund
6. 100 % Ethanol, Xylol, eindecken.

Variante: (mit Kernfärbung)
Nach Schritt 3

4. Gegenfärbung mit Kernechtrot-Aluminiumsufat, 5–10 min
5. in Leitungswasser, abspülen
6. Aqua d., abspülen
7. entwässern des Schnitts und gleichzeitiges Differenzieren des Resorcinfuchsins in 70–80 % Ethanol oder differenzieren in 0,5 % HCl-Ethanol, dann gründlich in Leitungswasser (alkalisch) wässern
8. abspülen in 96 % Ethanol
9. vollständiges Entwässern in 2 x 100 % Ethanol, Xylol, eindecken

▼

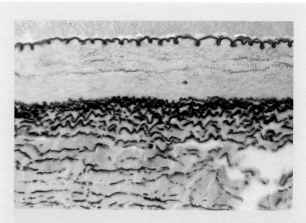

■ **Abb. 10.28** Resorcinfuchsinfärbung nach Weigert, Arterie vom muskulären Typ, Mensch, Vergr. ×250.

Ergebnis:

elastische Fasern: dunkelviolett
mit Kernfärbung Zellkerne: rot
und Cytoplasma: hellrot

Lösungen:

1. Resorcinfuchsinlösung:
   A. 0,5 g basisches Fuchsin (kein Säurefuchsin!) und 1,0 g Resorcin in 50 ml Aqua d. unter Erwärmung lösen.
   B. 2,0 g FeCl 3 (Eisen-III-chlorid) in 10 ml Aqua d. lösen.
   Die Lösungen A und B zusammen geben, erhitzen und 5 Minuten bei kleiner Flamme kochen lassen. Danach abkühlen und filtrieren, dann die Flüssigkeit verwerfen! Den Niederschlag mit dem Filterpapier in einen Erlenmeyerkolben geben, mit 70 - 100 ml 96 % Ethanol übergießen, auf der Heizplatte vorsichtig bis zum Kochen erhitzen, dabei löst sich der Niederschlag auf. Nach Erkalten 0,7 ml konz. HCl zugeben und dann filtrieren. Die Lösung ist im Kühlschrank einige Monate für Elastinfärbungen verwendbar.
2. Kernechtrot-Aluminiumsulfat:
   0,1 g Kernechtrot in 100 ml 5 %, wässriger Aluminiumsulfat-Lösung heiß lösen.
   Nach Erkalten filtrieren, evtl. 1–2 Tropfen Eisessig zugeben (zum pH-Ausgleich; Verhinderung von Pilzbildung).

Anleitung A10.36

Orceinfärbung

Allgemeines:

1. Das saure Orcein (nach Taenzer-Unna, 1891) bringt die elastischen Fasern bis in die feinsten Verzweigungen scharf und vollständig zur Darstellung.
2. Die meisten Fixierungen sind anwendbar.
3. Nach Bouin-Fixierung bleiben auch die Kerne violett gefärbt.
4. Die Färbung ist gut mit farblich kontrastierenden Kernfärbungen kombinierbar.

▼

5. Bei Überfärbung lässt sich die überschüssige Farbe durch längeres Differenzieren in hochprozentigem Ethanol, oder noch stärker in Methanol, wieder entfernen.

Prinzip: siehe Resorcinfuchsin A10.35

Methode:
1. Entparaffinieren, absteigende Ethanolreihe und in Aqua d. bringen
2. Orceinfärbelösung, 30–60 min
3. in Aqua d. spülen
4. in 96 % Ethanol kurz spülen
5. in 96 % Ethanol differenzieren, bis der Hintergrund farblos ist
6. weiter entwässern, Xylol und eindecken.

Variante: (mit Kernfärbung)
Nach Schritt 3
4. Hämalaun n. Mayer, 5–10 min
5. Bläuen in fließendem Leitungswasser, 10–15 min
6. aufsteigende Ethanolreihe bis 70 oder 80 % Ethanol
7. in 96 % Ethanol differenzieren
8. weiter in der aufsteigenden Ethanolreihe, Xylol, eindecken.

Ergebnis:
elastische Fasern: rotbraun
mit Kernfärbung Zellkerne: blau

Lösungen:
1. Orceinfärbelösung: 1 g Orcein in 100 ml 70 % Ethanol lösen und 1 ml 25 % Salzsäure zugeben. Die Lösung ist sofort gebrauchsfertig.
2. Hämalaun: siehe HE-Färbung (A10.28)

Anleitung A10.37

(Permanganat-)Aldehydfuchsinfärbung
Allgemeines:
1. Aldehydfuchsin färbt die elastischen Fasern sehr schön an (man beginnt dann gleich mit Schritt 6 der nachfolgenden Methode).
2. Um jedoch zusätzlich auch eine kräftige und zuverlässige Anfärbung der feinen Oxytalanfasern mit Aldehydfuchsin zu erhalten, werden die Schnitte mit angesäuertem Permanganat voroxidiert.
3. Da die stark saure Aldehydfuchsinlösung fast selektiv auch an Sulfatgruppen bindet, kann sie zur Darstellung stark sulfatierter Mucine (Schleime) verwendet werden. Dieses Ergebnis entspricht damit einer Alcianblaufärbung bei pH 1,0 (A10.46). Der Farbkontrast des Aldehydfuchsins ist sogar besser als der des Alcianblaus. Der Nachteil besteht darin, dass für Aldehydfuchsin keine systematischen Untersuchungen zur Farbstoffbindung bei

variierten pH-Werten oder bei Zusatz weiterer Elektrolyte vorliegen.
4. Sehr gut lässt sich Aldehydfuchsin mit Alcianblau pH 2,5 (A10.45) kombinieren: Zuerst wird mit Aldehydfuchsin gefärbt (siehe folgende Methode ab Schritt 6) und dann wird die Alcianblaufärbung pH 2,5 angeschlossen. Sulfatierte Mukosubstanzen färben sich purpurn, Carboxylgruppen tragende Mukosubstanzen blau, dazwischen existieren alle Mischfarben (Spicer und Meyer 1960).

Methode:
1. Schnitte entparaffinieren, absteigende Ethanolreihe und in Aqua d. bringen
2. angesäuerte Permanganatlösung, 3 min
3. in Leitungswasser kurz spülen
4. in 3 % Oxalsäure differenzieren
5. in Leitungswasser spülen
6. in Aqua d. spülen
7. Aldehydfuchsinfärbelösung, 5–10 min
8. in 3 Portionen 70 % Ethanol abspülen
9. weiter in der aufsteigenden Ethanolreihe, Xylol und eindecken.

Ergebnis:
Elastische Fasern: kräftig violett

Variante:
Nach Punkt 8 der obigen Methode sind Gegenfärbungen möglich, z. B. mit Thiazinrot-Pikrinsäure.

Lösungen:
1. Aldehydfuchsinlösung (nach Gabe, 1953):
   1 g basisches Fuchsin (Pararosanilin, kein Säurefuchsin!) in 200 ml kochendem Aqua d. lösen, die Lösung noch eine weitere Minute am Kochen halten.
   Auf Raumtemperatur abkühlen lassen, filtrieren.
   Dem Filtrat 2 ml konz. HCl zumischen, ebenso 2 ml Paraldehyd; die Mischung bei Raumtemperatur in einem offenen Becherglas stehenlassen. Gewöhnlich dauert die Umwandlung von Fuchsin zu Paraldehydfuchsin 3–4 Tage. Man prüft, indem man einen Tropfen der Lösung auf Filterpapier fallen lässt und die Farbe des Diffusionshofes beurteilt. Vom unveränderten Fuchsin stammt dessen rote Peripherie, von Paraldehydfuchsin das violette Zentrum. Der rote Rand wird mit der Zeit immer schmäler. Schließlich findet man einen violetten Niederschlag im Zentrum, umgeben von einer blassvioletten Zone, keinen roten Rand.
   Nun die Mischung abfiltrieren, den Niederschlag auf dem Filter im Wärmeschrank trocknen (24 Std. bei 50 °C, damit sich die letzten Spuren von Paraldehyd und HCl verflüchtigen).
   Stammlösung: Aus diesem Niederschlag eine gesättigte Farbstofflösung in 70 % Ethanol bereiten. Diese Lösung ist haltbar.

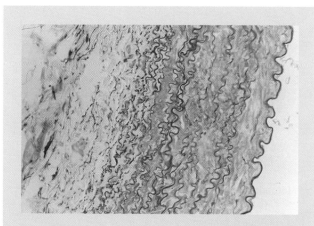

Abb. 10.29 (Permanganat-)Aldehydfuchsinfärbung, Arteria mammaria, Mensch, Vergr. ×250.

Färbelösung: 25 ml der Stammlösung mit 75 ml 70 % Ethanol verdünnen und 1 ml Eisessig zusetzen.
Der pH der Lösung soll 2,2 betragen. Die Färbelösung ist 1 Monat haltbar. Sie kann auch fertig bezogen werden.

2. Angesäuerte Permanganatlösung:
   1 Teil 2,5 % wässrige Lösung von Kaliumpermanganat
   1 Teil 5 % Schwefelsäure
   7 Teile Aqua d.
3. Oxalsäure (oder Kaliumdisulfit) 3 %

Anleitung A10.38

Verhoeffs Hämatoxylinfärbung

Allgemeines:
Mit *Verhoeffs* Hämatoxylin färben sich nur die groberen, reifen, elastischen Fasern!

Methode:
1. Schnitte entparaffinieren, absteigende Ethanolreihe und in Aqua d. bringen
2. Verhoeffs Hämatoxylin, 1 h (die Schnitte sind dann gänzlich geschwärzt)
3. 2–3 Portionen Leitungswasser spülen
4. in 2 % Eisen(III)-Chloridlösung differenzieren (die Schnitte werden in der Lösung geschwenkt)
5. in Leitungswasser die Differenzierung stoppen;
6. mikroskopische Kontrolle (wurde zu stark differenziert, in der Färbelösung nochmals 30 min überfärben und wieder von vorne beginnen)
7. in Leitungswasser spülen
8. 5 % Natriumthiosulfatlösung, 1 min
9. in Leitungswasser spülen, 5 min
10. aufsteigende Ethanolreihe, Xylol und eindecken.

Variante:
Nach Schritt 7 Gegenfärbung nach van Gieson (A10.30), 3–5 min

▼

Ergebnis:
Elastin und Zellkerne: blauschwarz
bei Gegenfärbung mit van Gieson
Kollagen: rot
alles andere: gelb

Lösungen:
Verhoeffs Hämatoxylin:
In der angegebenen Reihenfolge mischen:
20 ml 5 % ethanolische Hämatoxylinlösung und
8 ml 10 % Eisen(III)-Chloridlösung und
8 ml Iod-Iodkalium-Lösung (2 g Kaliumiodid, 1 g Iod und 100 ml Aqua d.)
Die Mischung soll stets frisch bereitet werden!

Anleitung A10.39

Elastika van Gieson-Färbung

Allgemeines:
1. Die Resorcinfuchsinfärbung lässt sich sehr gut mit der van Gieson-Färbung kombinieren. Nachfolgend wurde allerdings das van Gieson Gemisch (Pikrofuchsin) durch **Pikrinsäure-Thiazinrot** ersetzt.
2. Geeignete Fixierungen sind Formalin und Ethanol.

Prinzip:
Siehe Resorcinfuchsin- und van Gieson-Färbung (A10.35 u. A10.30)

Methode:
1. Entparaffinieren, absteigende Ethanolreihe bis 80 % Ethanol
2. Resorcinfuchsinlösung, 20–30 min
3. im fließenden Leitungswasser Farbe gut abspülen
4. Aqua d.
5. in 80 % Ethanol differenzieren
6. in Aqua d. Differenzierung unterbrechen
7. Mikroskopkontrolle (elastische Fasern sind dunkelviolett auf hellrosa Grund)
8. Eisenhämatoxylin n. Weigert (Kernfärbung), 2–3 min
9. in Aqua d. abspülen
10. fließendes Leitungswasser, 10 min
11. Pikrinsäure-Thiazinrot, 2–5 min
12. kurz in Aqua d. abspülen
13. kurz in 70 % Ethanol abspülen
14. kurz in 2 Portionen 96 % Ethanol abspülen
15. vollständig entwässern, Xylol, eindecken.

Ergebnis:
Zellkerne: schwarzblau / schwarzbraun
Elastische Fasern: schwarzviolett
Kollagene Fasern: rot
Muskulatur, Cytoplasma: gelb

▼

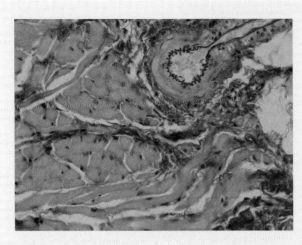

Abb. 10.30 Elastika van Gieson-Färbung, Zunge, Meerschwein, Vergr. x40 (Foto: Dr. S. Warmuth, MTA-Schule München).

Lösungen:

1. Resorcinfuchsinlösung: (A10.35)
2. Eisenhämatoxylin nach Weigert: (siehe van Gieson-Färbung A10.30)
3. Pikrinsäure-Thiazinrot: 7,5 ml einer 1 % wässrigen Thiazinrotlösung werden mit 100 ml gesättigter wässriger Pikrinsäurelösung gemischt.

10.6.9.3 Darstellung von retikulären Bindegewebefasern

1. Zur Fixierung eignen sich alle üblichen Fixierungsmethoden.
2. Durch Metallimprägnationsmethoden werden die retikulären Bindegewebefasern (argyrophile Fasern, Kollagen III) tiefschwarz oder braunschwarz scharf und klar sichtbar gemacht.
3. Alle Methoden haben ihren Ursprung in der Neurofibrillendarstellung nach Bielschowsky (1904). Sowohl für die Darstellung der retikulären Fasern als auch für die Neurofibrillen gibt es viele Modifikationen.
4. Alle Methoden folgen einem Schema:
   – Vorbehandlung mit einem Oxidationsmittel.
   – Sensibilisierung des Gewebes mit Metallsalzen.
   – Imprägnation mit ammoniakalischer Silberlösung (Silberionen schlagen sich an den Metallsalzen nieder).
   – Entwickeln des Niederschlags mit Reduktionsmitteln.
   – Bei den meisten Methoden erfolgt noch das Tonen mit Goldchlorid (das stabiler ist und die Fasern noch kontrastreicher zur Darstellung bringt)
   – Fixierung mit Natriumthiosulfat (verhindert Nachschwärzung durch Licht).
   – Gegenfärbungen z. B. mit Kernechtrot-Aluminiumsulfat sind möglich.

Bei allen Silberimprägnationsmethoden ist Folgendes zu beachten:

– Alle verwendeten Glasgefäße müssen vorher gründlich gereinigt werden, da sich auch an Schmutzpartikel Silber abscheidet.
– Bei der Vorbereitung der Lösungen und bei der Durchführung der Methode dürfen keine Metallinstrumente verwendet werden.
– Die richtige Herstellung der ammoniakalischen Silbernitratlösung (immer frisch ansetzen!) ist entscheidend für den Erfolg der Methode: enthält sie zuviel Ammoniak, sind die Fasern unvollständig imprägniert, enthält sie zuwenig, wird der Untergrund fleckig und zu dunkel.
– Glasgefäße, in denen ammoniakalische Silbernitratlösung hergestellt wurde, immer sofort ausspülen, da die angetrocknete Schicht spontan explodieren kann!
– Die Behandlung der Schnitte mit Silbernitratlösung sollte nach Möglichkeit im Dunkeln durchgeführt werden, da sich unter Lichteinfall ungewollte Silberniederschläge bilden können.

Anleitung A10.40

Silberimprägnation nach Bielschowsky
Allgemeines:

1. Zweizeitige Versilberung zur Darstellung retikulärer Fasern (Kollagen III) und Neurofibrillen.
2. Eignet sich für Formol und alle gängigen Fixierungsmittel.
3. Sie ist möglich an Paraffin-, Gefrier- und Celloidinschnitten.

Prinzip:

Aus Metallsalzlösungen lagern sich Metallionen (Silber-Ionen) auf dem entsprechend vorbehandeltem Gewebe ab; anschließend werden diese Ag+-Ionen zu metallischem Silber reduziert und schwärzen dadurch die nachzuweisenden Gewebestrukturen.

Methode: (Keine Metallinstrumente verwenden!)

1. Entparaffinieren, absteigende Ethanolreihe, Aqua d.
2. in 0,25 % Kaliumpermanganatlösung oxidieren, 3 min
3. in Aqua d. spülen
4. 1 % Kaliumdisulfitlösung, 1 min
5. Leitungswasser, 5 min und dann in 2–3 Portionen Aqua d. auswaschen.
6. 2 % Silbernitratlösung, 24 h (die Gefäße dabei z. B. mit Alufolie umhüllen, also dunkel halten)
7. kurz in 2 Portionen Aqua d. eintauchen, 3–5 sek die Objektträger dabei hin und her bewegen, (lässt man die Präparate zu lange im Wasser, erhält man keine Imprägnierung der Fasern mehr!)
8. ammoniakalische Silberlösung (siehe unten), 5-10 min (Lösung muss immer frisch zubereitet werden!)

▼

9. Silberlösung abtropfen lassen und kurz in 2 Portionen Aqua d. 5–10 sek (lässt man die Präparate zu lange im Wasser, erhält man keine Imprägnierung oder unvollständige Imprägnierung der Fasern!)

10. reduzieren in Formol (siehe unten), 5 min (die Schnitte färben sich dabei dunkelgrau bis schwärzlich)

11. in Leitungswasser auswaschen, 15 min und dann in Aqua d. spülen

12. tonen in Goldchloridlösung (siehe unten), 5–15 min

13. fixieren in 5 % Natriumthiosulfat, 30 sec (nicht länger, da sonst die feinsten Fasern an Schärfe verlieren)

14. fließendes Leitungswasser, 15–30 min

15. aufsteigende Ethanolreihe, Xylol und eindecken

Ergebnis:

retikuläre Fasern: schwarz

Neurofibrillen: schwarz

Kollagene Fasern: braun

Lösungen:

1. 0,25 % Kaliumpermanganatlösung (Lösung nur begrenzt haltbar, sie muss lila sein)

2. 1 % Kaliumdisulfitlösung nur begrenzt haltbar; eine geruchlose Lösung ist unbrauchbar! Aber Vorsicht beim Riechen – stechender Geruch!)

3. 2 % Silbernitratlösung

4. Formol: 1 Teil 36 % Formol und 9 Teile Leitungswasser

5. Goldchloridlösung: 5 Tropfen einer 1 % wässrigen Goldchloridlösung auf 10 ml Aqua d. , dazu 2 Tropfen Eisessig.

6. 5 % Natriumthiosulfatlösung

7. Ammoniakalische Silberlösung:

   a) In ein 25 ml fassendes Becherglas gibt man 1 g Silbernitrat und füllt 10 ml Aqua d. nach. Den Becher mit einem Magnetstab versehen und auf dem Magnetrührer langsam laufen lassen.

   b) 5 Tropfen 40 % Natronlauge zusetzen. Es bildet sich sofort ein braunschwarzer Niederschlag von Silberoxid.

   c) Nun setzt man tropfenweise konz. Ammoniak zu, bis sich der Niederschlag bis auf wenige Körnchen gelöst hat. Anfangs kann man 3–5 Tropfen auf einmal zusetzen, sobald sich die Niederschlagswolke aber auflockert, nur noch vorsichtig Tropfen für Tropfen zusetzen. Dabei wartet man nach jedem Tropfen 10 sec, bis sich die Wirkung zeigt (Vorsichtige verdünnen Ammoniak 1:1 mit Aqua d.!). Ein Überschuss an Ammoniak ist peinlich zu vermeiden!

   d) Zuletzt füllt man mit Aqua d. auf 20 ml auf.

Die Lösung ist nicht lange haltbar und sollte immer frisch angesetzt werden!

Silberimprägnation nach Gomori

Allgemeines:

1. Die Modifikation von Gomori (1937) arbeitet zuverlässig, schnell und liefert besser reproduzierbare Ergebnisse als die Originalmethode nach Bielschowsky.

2. Zur Fixierung eignen sich alle üblichen Fixierungsmethoden.

3. Hier wird bei der Herstellung der ammoniakalischen Silbernitratlösung das alte Fontanasche Prinzip des „Rücktitrierens" der Silberlösung verwendet, wodurch sich der optimale Gehalt an Ammoniak (der mitentscheidend für das Gelingen der Imprägnation ist) leichter treffen lässt als bei direktem Ammoniakzusatz (vgl. die Herstellung der Silberlösung nach Bielschowsky A10.40).

4. Durch die hier verwendeten Eisensalze werden die retikulären Fasern am schönsten dargestellt.

Prinzip: siehe Methode nach Bielschowsky (A10.40)

Methode: (Keine Metallinstrumente verwenden!)

1. Entparaffinieren, absteigende Ethanolreihe, Aqua d.

2. in 0,5 % Kaliumpermanganatlösung oxidieren, 1–2 min

3. Leitungswasser, 5 min

4. 2 % Kaliumdisulfitlösung, 1 min

5. Leitungswasser, 5–10 min

6. in 2 % Eisenammoniumsulfatlösung (Eisenalaun, jeweils frisch bereiten!) sensibilisieren, 1 min

7. in Leitungswasser auswaschen, 3–5 min und dann 2 Portionen Aqua d. jeweils 2 min

8. ammoniakalische Silbernitratlösung (siehe unten), 1 min

9. in Aqua d. rasch abspülen, 5–10 sek die Dauer des Spülens bestimmt die Imprägnation; ist sie zu kurz, fällt die Imprägnation zu dicht aus, ist sie zu lange, umgekehrt.

10. reduzieren in Formol (siehe unten), 5 min

11. Leitungswasser, 5 min

12. in 0,1 % Goldchloridlösung tonen, mind. 10 min

13. Aqua d. abspülen

14. in 2 % Kaliumdisulfitlösung reduzieren, 1 min

15. in 1 % Natriumthiosulfatlösung fixieren, 1 min (nicht länger, da sonst die feinsten Fasern entfärbt werden)

16. fließendes Leitungswasser, 15–30 min

17. aufsteigende Ethanolreihe, Xylol, eindecken.

Variante 1:

nach Schritt 16: Kernfärbung mit Kernechtrot-Aluminiumsulfat, 3–5 min (A10.35)

Variante 2 (nach Lendrum):

Schritt 4: bleichen in 5 % Oxalsäure bis sie farblos sind

Schritt 14: entfällt

▼

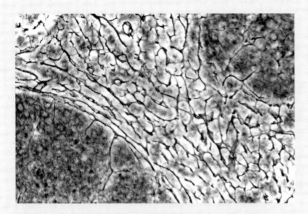

◻ **Abb. 10.31** Silberimprägnation nach Gomori, retikuläre Bindegewebefasern, Lymphknoten, Mensch, Vergr. ×250.

Ergebnis:

retikuläre Fasern (Kollagen III): grauschwarz/schwarz

Kollagene Fasern: rötlich-braun

(Zellkerne: rot)

Lösungen:

1. 0,5 % Kaliumpermanganatlösung (muss lila sein, bei Braunfärbung unbrauchbar)
2. 2 % Kaliumdisulfitlösung
3. 2 % Eisenammoniumsulfatlösung (= Eisenalaun) frisch bereiten
4. ammoniakalische Silberlösung
   a) Zu 10 ml einer 10 % Silbernitratlösung, die man in einem 25 ml Becherglas auf dem Magnetrührer stehen hat, setzt man 2 ml 10 % Kalilauge zu. Es entsteht sofort ein Niederschlag.
   b) Tropfenweise Ammoniak zusetzen, wobei man nach jedem Tropfen einige Sekunden die Wirkung abwartet, bis der Niederschlag wieder vollständig gelöst ist; aber nicht mehr zusetzen.
   c) Anschließend gibt man wieder tropfenweise Silbernitratlösung zu, bis die entstehenden Niederschläge oder besser Schlieren nur noch langsam verschwinden.
   d) Mit Aqua d. auf das Doppelte des Volumens auffüllen.
5. Formol: 1 Teil 36 % Formol und 9 Teile Leitungswasser
6. 0,1 % Goldchloridlösung
7. 1 % Natriumthiosulfatlösung

Silberimprägnation nach Gordon und Sweets (1936)

Allgemeines:

Diese Technik ist weit verbreitet, wohl wegen der Stabilität der Silberlösung, die wochenlang verwendbar ist. Der Beginn des Verfahrens entspricht der Methode von Gomori,

▼

unterschiedlich ist der Ansatz der ammoniakalischen Silberlösung.

Methode: (Keine Metallinstrumente verwenden!)

1. Entparaffinieren, absteigende Ethanolreihe, Aqua d.
2. in 0,5 % Kaliumpermanganatlösung oxidieren, 1–2 min
3. Leitungswasser, 5 min
4. 2 % Kaliumdisulfitlösung, 1 min
5. Leitungswasser, 5–10 min
6. in 2 % Eisenammoniumsulfatlösung (Eisenalaun, jeweils frisch bereiten!) sensibilisieren, 5 min
7. in Leitungswasser auswaschen 3-5 min und dann 2 Portionen Aqua d. jeweils 2 min
8. in der ammoniakalischen Silberlösung (siehe unten) unter Hin- und Herschwenken imprägnieren, 4–5 sek
9. in mehreren Portionen Aqua d. gründlich auswaschen
10. in Formol reduzieren, 30-60 sec (auch hier werden die Schnitte in der Flüssigkeit geschwenkt)
11. in Aqua d. spülen
12. in 0,1 % Goldchloridlösung tonen, mind. 10 min
13. Aqua d. abspülen
14. in 2 % Kaliumdisulfitlösung reduzieren, 1 min
15. in 1 % Natriumthiosulfatlösung fixieren, 1 min (nicht länger, da sonst die feinsten Fasern entfärbt werden)
16. fließendes Leitungswasser, 15–30 min
17. aufsteigende Ethanolreihe, Xylol, eindecken.

Ergebnis:

retikuläre Fasern (Kollagen III): grauschwarz/schwarz

Kollagene Fasern: rötlich-braun

Lösungen:

1. 0,5 % Kaliumpermanganatlösung (muss lila sein, bei Braunfärbung unbrauchbar)
2. 2 % Kaliumdisulfitlösung
3. 2 % Eisenammoniumsulfatlösung, frisch ansetzen.
4. Ammoniakalische Silberlösung:
   a) Zu 5 ml 10 % wässriger Silbernitratlösung kommt tropfenweise Ammoniak (auf dem Magnetrührer arbeiten), bis das zuerst geformte Präzipitat gerade wieder gelöst ist.
   b) 5 ml einer 3,1 % Natronlauge zusetzen; es entsteht wieder ein Präzipitat.
   c) Unter ständigem Rühren wird wieder tropfenweise konz. Ammoniak zugesetzt, bis der Niederschlag eben gelöst ist (bis auf wenige Körnchen am Boden des Gefäßes).
   d) Mit Aqua d. auf 50 ml auffüllen.
5. Formol: 1 Teil 36 % Formol und 9 Teile Leitungswasser
6. 0,1 % Goldchloridlösung
7. 1 % Natriumthiosulfatlösung

Anleitung A10.43

Abschwächen und Beseitigen von Silberimprägnationen

Für den Fall, dass misslungene Imprägnationen von den Schnitten gänzlich entfernt oder zu stark ausgefallene Imprägnationen abgeschwächt werden sollen, stehen mehrere Möglichkeiten zur Verfügung.

Zum Differenzieren hält man überfärbte Schnitte in eine 0,5-1 % starke Lösung von Kaliumcyanid; 2–10 Sekunden reichen meist aus. Um das Reagens langsamer arbeiten zu lassen, genügt es, stärker zu verdünnen. Ähnlich arbeitet eine Lösung von 0,5–1 % Kaliumpermanganat. Nach Bielschowsky verwendet man zum Differenzieren ein Gemisch aus 10 ml 1 % Ferricyankaliumlösung, 10 ml 1 % Urannitratlösung und 100 ml Aqua d. Diese Lösung wird erst nach dem Fixieren der Silberimprägnation angewendet; anschließend wird sorgfältig ausgewaschen.

Bekannt ist das Abschwächen von Versilberungen mit Farmerschem Abschwächer; es werden einfach der Natriumthiosulfatlösung, die zum Fixieren verwendet wird, einige Tropfen einer Ferricyankaliumlösung zugesetzt (20 %) und gut durchgemischt; den Zusatz eher gering wählen und Geduld beim Differenzieren aufwenden, da das Präparat sonst rasch fleckig wird.

Vollständige Beseitigung der Versilberung erreicht man durch Oxidation mit Kaliumpermanganat und anschließendes Bleichen mit Kaliumdisulfit, also durch denselben Vorgang, der die gewöhnlichen Silberimprägnationen einleitet.

10.6.10 Stoffnachweise

10.6.10.1 Kohlenhydrate

Kohlenhydrate (Zucker) kommen weit verbreitet im Körper vor z. B. in Form von Glykogen in Leber und Muskulatur, als Bausteine der Zellmembran (Glykoproteine und Glykolipide), in Sekreten (Mucine), oder sie sind wichtige Komponenten der Bindegewebematrix (Proteoglykane) und sind am Aufbau von Plasmaproteinen beteiligt.

Zucker treten in zwei Erscheinungsformen auf: als reiner Zucker oder als kohlenhydrathaltige Komplexe (Glykokonjugate, vor allem Glykoproteine und Glykolipide).

Polysaccharide (Glykane) sind lineare oder verzweigte Aggregate einfacher Zucker (Monosaccharide) in glykosidischer Bindung, die bei Hydrolyse dieser Bindungen mehr als 10 Monosaccharide liefern. Das bekannteste Polysaccharid ist das aus Glukoseeinheiten aufgebaute Glykogen.

Glykoproteine sind glykosylierte Proteine. Manchmal wird ziemlich willkürlich zwischen Glykoproteinen (geringer Zuckeranteil) und Mucinen (Schleime, hoher Zuckeranteil) unterschieden, aber im Allgemeinen spricht man heute insgesamt nur noch von Glykoproteinen. Mucine sind also hochmolekulare Glykoproteine mit hohem Zuckeranteil.

Glykoproteine geben typischerweise eine positive PAS-Reaktion. Zahlreiche Glykoproteine finden sich an den Zellmembranen als Glykocalyx. Weiterhin findet man Glykoproteine in Basalmembranen und in den PAS-positiven Zellen des Hypophysenvorderlappens sowie in schleimsezernierenden Zellen.

◻ Tab. 10.5 Einfache Übersicht über Kohlenhydrate und ihre histochemischen Nachweise

Art	Ort	Reaktion
I. Polysaccharide 1. Glykogen	Leberzellen, Skelett- und Herzmuskel, Vaginalepithel, Deciduazellen	PAS +; Bests Karmin +; diastasesensitiv
2. Stärke, Zellulose	Pflanzenzellen	PAS +
II. Allgemeiner Nachweis von Kohlenhydraten (vorwiegend Glykoproteinen) ohne Carboxyl- und Sulfatgruppen; neutrale Glykoproteine, Immunglobulin	Oberflächendrüsenzellen des Magens, Becherzellen des Dünndarms Kolloid der Schilddrüse, Glandula vesiculosa, Russell-Körperchen	PAS +; diastaseresistent
III. Polyanionische Glykoproteine (saure Mukopolysaccharide) 1. stark sulfatiert	Knorpelgrundsubstanz, manche Schleime, z. B. in den Becherzellen des Colons	PAS – mit Alcianblau färbbar bei pH 1,0, und mit Alcianblau und der kritischen Elektrolyt-Konzentrationsmethode nach Scott und Dorling.
2. reich an Hydroxylgruppen (vor allem Neuramin = Sialinsäure)	Grundsubstanz vieler Bindegewebe und vieler Schleime	PAS + oder PAS – mit Alcianblau färbbar bei pH 4,0 bis pH 2,5, nicht bei pH 1,0. Alcianblau mit der kritischen Elektrolyt-Konzentrationsmethode nach Scott und Dorling
IV Glykolipide	verbreitet z. B. in Zellmembranen	morphologisch schwer nachweisbar, z. T. mit Lektinen oder Lipidfärbungen

Polyanionische Glykoproteine (saure Mukopolysaccharide) kommen verbreitet in der extrazellulären Grundsubstanz des Bindegewebes vor. Beispiele sind Proteoglykane, die typische Seitenketten aus polymeren Disacchariden tragen, die Glykosaminoglykane genannt werden.

Obwohl praktisch alle Kohlenhydrate an Protein gekoppelt vorkommen, nimmt die histologische Untersuchung auf diesen Umstand meistens keine Rücksicht, vernachlässigt den Proteinanteil und verfährt so, als existierten die verschiedenen Kohlenhydratanteile als unabhängige Moleküle, was aber nur unter seltenen Umständen zutrifft. Der Proteinanteil ist oft immunhistochemisch nachweisbar, z. B. bei Proteoglykanen.

Der Überblick in ◘ Tabelle 10.5 hat sich für die praktische Arbeit bewährt. Hier sind die verschiedenen mit einfachen Färbemethoden unterscheidbaren Glykoproteine zusammen mit ihrem Vorkommen aufgelistet; die entsprechenden Methoden werden in den folgenden Abschnitten angegeben.

Aus dieser Liste geht hervor, dass zur Analyse der verschiedenen Glykoproteine folgende Färbereaktionen anzuwenden sind:

— PAS-Reaktion zum Nachweis von unsubstituierten 1,2-Glykolen; substituierte Glykolgruppen reagieren nicht.
— Färbung mit Alcianblau zum Nachweis von polyanionischen Glykoproteinen, wobei zwischen Polyanionen mit Sulfat- und Carboxylgruppen unterschieden werden kann; die Färbung wird bei unterschiedlichem pH-Wert oder unter Zusatz unterschiedlicher Konzentrationen von $MgCl_2$ durchgeführt.
— Prüfung auf Resistenz gegen Neuraminidase (Sialidase) von *Vibrio cholerae* und anderen Bakterien.

Daneben sind noch weitere Techniken verbreitet, die auch die oft komplexe Architektur der Glykokonjugate im Gewebe sichtbar machen können, z. B. die Kombination von PAS-Reaktion und Alcianblau.

▪▪ Fixieren von Glykoproteinen, auch Mucinen

Es eignet sich neutrales Formalin, alle Mischungen aus Ethanol und Formalin, Formol-Calcium oder Carnoys Gemisch.

Anleitung A10.44

PAS-Reaktion

(*periodic acid Schiff reaction* = Periodsäure-Schiff-Reaktion)

Allgemeines:

1. Allgemeiner histochemischer Test für Kohlenhydrate (Polysaccharide, Glykoproteine)
2. Wichtige und weit verbreitete „Spezialfärbung" in der Histologie; sie ist unter anderem in der Karzinom-, Sarkom- und Lymphom-Diagnostik und bei der Differenzierung von Nierenkrankheiten von Bedeutung.
3. Die Fixierung ist beliebig; zum Nachweis von Glykogen Alkoholfixierung.

▼

4. Die PAS-Reaktion ist auch mit anderen Färbungen kombinierbar, am häufigsten wohl mit der Alcianblaufärbung.

Prinzip:

Durch die Periodsäure werden unsubstituierte 1,2-Glykole zu Aldehyden oxidiert. Diese Aldehyde reagieren dann mit dem Schiffschen Reagens (fuchsinschweflige Säure) und der Farbstoff Fuchsin wird frei (Aldehyde binden das Sulfit, Fuchsin wird frei) und führen so zu einer Anfärbung von leuchtend rot bis magenta.

Auch Strukturen, bei denen die Hydroxylgruppen der 1,2-Glykole durch Amino- oder Alkylaminogruppen ersetzt sind, reagieren positiv.

Methode 1 nach McManus (1948):

1. Entparaffinieren, absteigende Ethanolreihe, Aqua d.
2. 0,5 % wässrige Periodsäure, 5–10 min (nicht länger)
3. in Leitungswasser und Aqua d. gut spülen
4. Schiffsches Reagens bei Raumtemperatur, 15 min
5. spülen in 3 Küvetten SO_2-Wasser (Sulfitwasser), je 2 min (entfärbt und entfernt das unspezifische Fuchsin und vermeidet eine Pseudoreaktion)
6. fließendes Leitungswasser, 10 min
7. Aqua d.
8. eventuell Gegenfärbung mit Hämalaun (kurz), 1-5 min
9. Bläuen in fließendem Leitungswasser, 10 min
10. aufsteigende Ethanolreihe, Xylol, eindecken

Methode 2 nach Hotchkiss (1948):

Um auch wasserlösliche Polysaccharide nachweisen zu können, wurden von Hotchkiss ethanolische Lösungen der Reagenzien verwendet.

Beste Fixierung: Ethanol oder Ethanolgemische z. B. Carnoy.

1. Entparaffinieren, absteigende Ethanolreihe bis 70 % Ethanol
2. ethanolische Periodsäure bei Raumtemperatur, 5 min
3. ethanolische Reduktionslösung, 1 min
4. in 70 % Ethanol spülen
5. Schiff-Reagens, 10–15 min
6. spülen in 3 Küvetten SO_2-Wasser (Sulfitwasser), frisch! je 2 min (entfärbt und entfernt das unspezifische Fuchsin und vermeidet eine Pseudoreaktion)
7. fließendes Leitungswasser, mindest. 10 min
8. Aqua d.
9. eventuell Gegenfärbung mit Hämalaun (kurz), 1–5 min
10. bläuen in fließendem Leitungswasser, 10 min
11. aufsteigende Ethanolreihe, Xylol, eindecken

Ergebnis:

PAS-positive Substanzen: leuchtend rot (magenta, pink, hellviolett)

Zellkerne: blau

PAS-positive Substanzen sind z. B.:

▼

Glykogen, neutrale Mucine, Glykolipide, Basalmembranen, Hyalin, Kolloid der Schilddrüse, Pilzhyphen, Chitin, Cellulose, Kollagen, insbesondere das der retikulären Fasern (Kollagen Typ III)

Lösungen:

1. 0,5 % wässrige Periodsäure (McManus)
2. Periodsäure ethanolisch (Hotchkiss):
   0,2 M Natriumacetatlösung (27,2 g Natriumacetat in 1000 ml Aqua d.)
   0,4 g Periodsäure in 10 ml Aqua d. lösen und 5 ml 0,2 M Natriumacetatlösung
   zugeben. Dann mit 35 ml absolutem Ethanol mischen. In brauner Flasche bei Raumtemperatur aufbewahren. Sobald es sich braun verfärbt, ist es nicht mehr zu verwenden.
3. Reduktionsflüssigkeit (Hotchkiss):
   1 g Kaliumiodid und 1 g Natriumthiosulfat (Pentahydrat) in 20 ml Aqua d. lösen und 30 ml absolutes Ethanol zumischen, dann 0,5 ml 2 N HCl zugeben.
4. SO_2-Wasser (Sulfitwasser) für beide Methoden:
   18 ml einer 10 % wässrigen Lösung von Kalium- oder Natriumdisulfit (Natriummetabisulfit) mit 300 ml Aqua d. mischen und dann 15 ml 1 N HCl zufügen. Vor Gebrauch immer frisch herstellen!

Beachten:

Das Sulfitwasser wäscht, nach Sichtbarmachung der Aldehyde durch Schiff-Reagens, den Überschuss an fuchsinschwefliger Säure aus. Geschieht das nicht, oxidiert es rasch, d. h. aus der Leukoform des Fuchsins wird wieder die farbige Pararosanilinform. Das ist kein Schiff-Komplex, sondern eine unspezifische Reaktion (Pseudo-PAS-Reaktion)!

Es ist daher falsch, den Schnitt mit Leitungswasser oder wässrigen Oxidationsmitteln auszuwaschen, da so aus der unspezifisch adsorbierten Leukoform Fuchsin entsteht!

5. Schiff-Reagens (für beide Methoden):
   5 g Pararosanilin = Parafuchsin (säurefrei) in 150 ml 1 N HCl lösen.

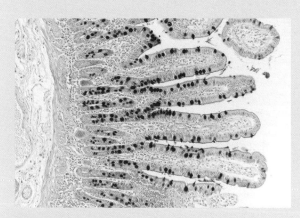

Abb. 10.32 PAS-Reaktion, Becherzellen im Duodenum, Mensch, Vergr. ×125.

5 g Kalium- oder Natriummetabisulfit in 850 ml Aqua d. lösen und zur vorigen Lösung zugeben. 24 Stunden stehen lassen, es erfolgt ein Farbwechsel von rot nach blassgelb. Danach 3 g Aktivkohlepulver zugeben und mindestens 2 Minuten schütteln, dann 2 x filtrieren, es ergibt ein farbloses, klares Filtrat.
Lösung in dunkler Flasche und im Kühlschrank aufbewahren!
Schiffsches Reagens muss immer einen Überschuss an schwefliger Säure enthalten (stechender Geruch), um vor Zersetzung bewahrt zu werden.
Bei rötlicher Färbung ist das Reagens unbrauchbar!

Alcianblaufärbungen

■■ **Allgemeines**

1. Alcianblau 8GS (8GX), ein wasserlöslicher Phthalocyaninfarbstoff, wurde von Steedman (1950) zur selektiven Färbung von Mucinen eingeführt. Die undifferenzierte Methode (Alcianblau 8GS pH 2,5) ermöglicht nur den Nachweis saurer Glykoproteine, z. B. Mucine, ohne Unterscheidung von Carboxyl- und Sulfatgruppen.
2. Um zwischen Carboxyl- und Sulfatgruppen zu unterscheiden, gibt es zwei Möglichkeiten:
   – Alcianblau 8GS (pH 1,0) für stark sulfatierte Schleime und andere Polyanionen (Lev und Spicer 1964), für carboxylgruppenreiche Glykoproteine Alcianblau 8GS bei pH 2,5. Sinnvoll ist immer der Vergleich beider Methoden.
   – Alcianblau 8GS, kritische Elektrolyt-Konzentrationsmethode (Scott und Dorling 1965). Diese sehr verlässliche Methode erlaubt im Vergleich von Serienschnitten die Analyse verschiedener carboxylierter und sulfatierter elektrisch negativ geladener (saurer) Gewebekomponenten, z. B. von Mucinen und Glykosaminoglykanen.
3. Günstig ist häufig eine zusätzliche Information, ob das untersuchte Material darüber hinaus PAS-positiv oder -negativ reagiert. Dazu dient die Kombination von Alcianblau 8GS mit der PAS-Reaktion (◘ Tabelle 10.5).
4. Zellkerne werden von Alcianblau nicht angefärbt; man kann sie mit Kernechtrot-Aluminiumsulfat gegenfärben.
5. Fixierung: gepuffertes Formol, Fixierungsgemische mit Ethanol und Formalin.

Anleitung A10.45

Alcianblau 8GS (pH 2,5) für anionische Mucine und andere Polyanionen (Steedman 1950)

Prinzip:

Alle sauren Mucine und andere Makromoleküle sind negativ geladen (durch Sulfatestergruppen und/oder Carboxylgruppen der Uronsäuren). Sie binden daher den kationischen (positiv geladenen) Farbstoff Alcianblau 8GS.

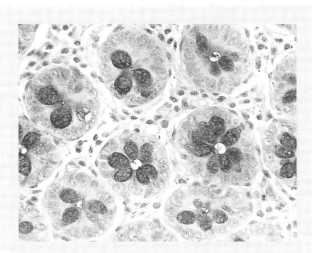

◨ **Abb. 10.33** Alcianblaufärbung, pH 2,5, Colon, Mensch, Vergr. ×250.

Methode:
1. Entparaffinieren, absteigende Ethanolreihe, Aqua d.
2. 3 % Essigsäure, 3 min
3. Alcianblaulösung, 30 min
4. in 3 % Essigsäure abspülen
5. in Aqua d. waschen
6. Gegenfärbung mit Kernechtrot, 3–5 min
7. in Aqua d. waschen
8. aufsteigende Ethanolreihe, Xylol, eindecken

Ergebnis:
Saure Mucine, Heparin (Mastzellen) und Glykosaminogly-kane: türkis-blau
Zellkerne: hellrot
Hintergrund: zartrosa
Eine Unterscheidung von Sulfat- und Carboxylgruppen ist nicht möglich!

Lösungen:
1. Alcianblaulösung:
   1 % Alcianblau 8GS in 3 % Essigsäure
   (pH-Wert der Färbelösung soll etwa 2,5 betragen)
2. Kernechtrot-Aluminiumsulfat-Lösung:
   0,1 g Kernechtrot in 100 ml 5 %, wässriger Aluminiumsul-fat-Lösung heiß lösen. Nach Erkalten filtrieren

Anleitung A10.46

Alcianblau 8GS (pH 1,0) für stark sulfatierte Mucine und andere Polyanionen (Lev und Spicer 1964)
Prinzip:
Der pH-Wert der Farbstofflösung wird so weit gesenkt, dass die Dissoziation der Carboxylgruppen unterdrückt wird und nur noch Sulfatgruppen negative Valenzen für die Färbung beisteuern.

▼

Methode:
1. Entparaffinieren, absteigende Ethanolreihe, Aqua d.
2. 0,1 N HCl, 3 min
3. Alcianblaulösung, 30 min
4. kurz in 0,1 N HCl spülen.
5. Schnitte mit Filterpapier abpressen
6. aufsteigende Ethanolreihe, Xylol, eindecken

Variante 1:
Nach Schritt 5. können mit Kernechtrot-Aluminiumsulfat (A10.45) die Zellkerne gegengefärbt werden.

Variante 2:
Nach Schritt 5. kann die PAS-Reaktion zur Anwendung kom-men (A10.44)

Ergebnis:
Nur stark sulfatierte Mucine, Glykosaminoglykane u. ä.: leuchtendblau (türkis-blau)
Zellkerne: hellrot

Lösung:
Alcianblaulösung: 1 % Alcianblau 8GS in 0,1 N HCl,
Der pH-Wert der Färbelösung soll 1,0 betragen.

Anleitung A10.47

Alcianblau 8GS, kritische Elektrolytkonzentrations-methode (Scott und Dorling 1965)
Prinzip:
Bei höherem pH-Wert wird durch Zusatz unterschiedlicher Konzentrationen eines anderen Elektrolyts ($MgCl_2$) die Disso-ziation der Carboxylgruppen (z. B. von Neuraminsäure) unter-drückt, sodass nur Sulfatgruppen färbbar bleiben.

Methode:
1. Entparaffinieren, absteigende Ethanolreihe, Aqua d.
2. über Nacht in 0,05 % Alcianblau 8GX unter Zusatz ver-schiedener Konzentrationen von $MgCl_2$ färben (siehe unten)
3. spülen in Aqua d.
4. aufsteigende Ethanolreihe, Xylol, eindecken

Ergebnis:
Folgende Mucine werden bei Blaufärbung nachgewiesen:
bei 0,06 M $MgCl_2$: Carboxylgruppen und Sulfatgruppen gefärbt
0,3 M $MgCl_2$: nur noch Sulfatgruppen gefärbt
0,5 M $MgCl_2$: nur noch stark sulfatierte Mucine und Glykosa-minoglykane gefärbt
0,7 M $MgCl_2$: nur noch ein stark sulfatiertes Glykosaminogly-kan des Bindegewebes gefärbt
0,9 M $MgCl_2$: nur Keratansulfat gefärbt.

▼

Lösungen:

A. 0,025 M Na-Acetatpuffer von pH 5,8 ansetzen, Alcianblau 8GS 0,05 % im Puffer lösen.

B. Von dieser Farbstofflösung Portionen zu 100 ml abteilen. Zu jeder dieser Portionen wie folgt MgCl$_2$ geben:

0,06 M MgCl$_2$ 1,2 g

0,3 M 6,1 g

0,5 M 10,15 g

0,7 M 14,2 g

0,9 M 18,3 g pro 100 ml

Beachten:

Nur einwandfreie Farbstoffpräparate dürfen verwendet werden. Der Farbstoff sollte bis zu 5 % in Wasser löslich sein und von höheren Konzentrationen von Magnesiumchlorid (bis 2 M) nicht ausgefällt werden.

Anleitung A10.48

Kombination von Alcianblau 8GS mit der PAS-Reaktion

Mit Hilfe der bereits beschriebenen Alcianblau-Technik ist also eine differenziertere Unterscheidung der sauren Glykoproteine, insbesondere der Mucine und Glykosaminoglykane möglich (sulfatiert/carboxyliert). Eine wichtige zusätzliche Information bietet die Kombination von Alcianblau 8GS mit der PAS-Reaktion. Hier zeigt sich, ob das untersuchte Material darüber hinaus PAS-positiv oder PAS-negativ reagiert. (◖Tab. 10.5).

Von Bedeutung ist die Alcianblau-PAS-Methode z. B. auch in der Diagnostik von Lungentumoren und Lungenmetastasen, sowie bei Erkrankungen des Gastrointestinaltraktes.

Methode:

1. Entparaffinieren, absteigende Ethanolreihe, Aqua d.
2. in Alcianblau 8GS färben, entweder bei pH 2,5 oder pH 1,0; 30 min am besten alternierend Schnitte entsprechend den oben zu den jeweiligen Methoden gegebenen Anweisungen behandeln
3. in Aqua d. auswaschen, 5 min
4. in 0,5 % frisch zubereiteter Periodsäure oxidieren, 5–10 min und weiter verfahren, wie bereits für die PAS-Reaktion (A10.44) beschrieben

Ergebnis:

Polysaccharide und neutrale Glykoproteine: rot PAS-negative saure Mucine und Glykosaminoglykane: leuchtend blau (bei pH 1,0 nur die sulfatierten, bei pH 2,5 auch nicht sulfatierten) Sekrete oder Matrixkomponenten mit sowohl PAS+- als auch sauren Anteilen: in entsprechenden Mischfarben

Lösungen:

Siehe Alcianblau 8GS (A10.45, A10.46) und PAS-Reaktion (A10.44)

Enzymverdauung

Zur Untersuchung verschiedener Formen saurer Mucine und Glykosaminoglykane sind Vorverdauungsversuche vorteilhaft (◖Tab. 10.6 und 10.7).

Man untersucht jeweils zwei Schnitte, von denen einer nur im Lösungsmittel des Enzyms inkubiert wird, der andere die Enzymbehandlung erfährt. Anschließend färbt man zur Darstellung saurer Mucine oder Glykosaminoglykane (Proteoglykane) z. B. mit Alcianblau bei pH 2,5 oder pH 1,0 und prüft den Abfall der Färbbarkeit nach Enzymbehandlung.

Beispiele der Enzymverdauung

■ ■ **Verdauen mit Chondroitinase ABC**

Zirka 60 mU/ml in 0,05 M Tris-Acetat Puffer pH 8,0 + 0,05 M NaCl. Inkubation für 24 h bei 37 °C (Wärmeschrank oder Wasserbad, Temperatur genau einstellen und kontrollieren).

◖ **Tab. 10.6** Identifizierung saurer Mucine und anderer Polyanionen

Substanz	Alcian-blau pH 1,0	Alcianblau pH 2,5 nach Hyaluronidaseverdauung (H)	
		Testikuläre H	Streptomyces H
Hyaluronsäure	−	−	−
Chondroitinsulfat A	+	−	+
Chondroitinsulfat C	+	+	+
Chondroitinsulfat B (Dermatansulfat)	+	+	+
Heparansulfat, Heparin	+	+	+
Keratansulfat	−	+	+
Mucine (u. ä.) mit Neuraminsäure (Sialo-mucine) nicht sulfatiert	−	+	+
sulfatiert	+	+	+

-: negatives Färbeergebnis, +: positives Färbeergebnis

◖ **Tab. 10.7** Enzymwirkung im Vorverdau

Enzym	spaltet
Testikuläre Hyaluronidase	Hyaluronsäure Chondroitin Chondroitinsulfate
Streptomyces Hyaluronidase	Hyaluronsäure
Chondroitinase ABC	Chondroitinsulfat A Chondroitinsulfat B (Dermatansulfat) Chondroitinsulfat C
Heparinase	Heparin, Heparansulfat
Neuraminidase (Sialidase) von Vibrio cholerae, Clostridium perfringens, Streptococcus pneumoniae u. a.	Sialinsäure

■ ■ **Verdauen mit testikulärer Hyaluronidase**

2 Std. bei 37 °C mit 0,01-0,05 % testikulärer Hyaluronidase vom Rind, gelöst in Phosphatpuffer n. Sörensen von pH 6,7 oder in Na-Acetatpuffer von pH 6,0, behandeln (siehe Puffertabelle im Anhang).

■ ■ **Verdauen mit *Streptomyces*-Hyaluronidase**

24 h bei 37 °C mit 1500 TRU/10 ml Streptokokken-Hyaluronidase, gelöst in Na-Acetatpuffer von pH 5,0 unter Zusatz von 0,1 M NaCl, behandeln. Die *Streptomyces*-Hyaluronidase gilt als spezifischer als die testikuläre Hyaluronidase.

■ ■ **Verdauen mit Neuraminidase (Sialidase)**

24 h bei 37 °C mit 1000 U/10 ml Neuraminidase, gelöst in Na Acetatpuffer von pH 5,5 unter Zusatz von 0,1% $CaCl_2$, behandeln.

Man überschichtet die Schnitte am Objektträger mit wenig Enzymlösung und legt sie in eine feuchte Kammer. Als Alternative zur Neuraminidasebehandlung empfiehlt sich die von Lamb und Reid (1969) eingeführte preiswerte Methode der Hydrolyse von Neuraminsäure mit Schwefelsäure, die sowohl Neuraminidase-sensitive wie Neuraminidase-resistente saure Glykoproteine (z. B. Mucine) erfasst.

Anleitung A10.49

Schwefelsäurehydrolyse von Neuraminsäure

1. Schnitte entparaffinieren und in Ethanol bringen
2. mit Celloidin überziehen (unter A10.50)
3. 2 h bei 60 °C mit 0,1 N H_2SO_4 behandeln
4. in fließendem Leitungswasser auswaschen
5. Celloidin in Ether-Ethanol (1:1) entfernen
6. mit Alcianblau 8GS bei pH 2,5 färben (A10.45).

Glykogen

Glykogen, ein Polymer der Glucose dient als wichtige Energiereserve, die rasch zu Glucose hydrolysiert werden kann. In der lebenden Zelle ist Glykogen in Form submikroskopischer Partikeln (β- und α-Granula) im Cytoplasma verteilt. Durch geeignete Fixiermittel wird das Glykogen in Form lichtmikroskopisch sichtbarer Körnchen im Cytoplasma festgehalten.

Anleitung A10.50

Karminfärbung nach Best
Allgemeines:

1. Die Karminfärbung nach Best ist unspezifisch und besitzt keinen histochemischen Aussagewert, ist aber eine zuverlässige, empirische Färbemethode, die kräftige und klare Bilder liefert.
2. Es färben sich auch Schleim, Fibrin, Mastzellgranula, Osteoid und Amyloid rot an. Bei sorgfältiger Untersuchung wird man diese Substanzen aber nicht mit Glykogen verwechseln. Im Zweifelsfall führt man vor der Färbung mit Bests Karmin einen Amylasetest (Speicheltest, A10.51)

▼

durch. Glykogen wird durch Amylase selbst aus Celloidinschnitten innerhalb einer Stunde vollständig gelöst.

3. Fixierung: Es ist darauf zu achten, dass keine wasserhaltigen Fixierungen verwendet werden, da Glykogen teilweise wasserlöslich ist. Am besten wird in Ethanol fixiert (Achtung: Substanzflucht, d. h. das Glykogen verlagert sich bei Eindringen der Fixierungslösung auf eine Seite der Zelle, wo es durch die Zellmembran aufgehalten wird) oder in ethanolischen Formalinlösungen. Sehr gut fixieren die Lison-Vokaersche Glykogenfixierung sowie die Gemische nach Schaffer und Rossman (◘ Tab. A1.11).
   Die Fixierung sollte bald nach der Entnahme und im Kühlschrank bei 4° C erfolgen, um zu verhindern, dass Glykogen durch intrazelluläre Enzyme abgebaut wird (Glykolyse). Ungeeignet zur Fixierung sind Chromsäure und -salze.
4. Paraffinschnitte müssen je nach Fragestellung vor dem Färben mit einem Celloidinhäutchen überzogen werden, damit das Glykogen in der wässrigen Phase der Färbung nicht ausgewaschen wird.
5. Glykogen lässt sich auch mit der PAS-Reaktion (A10.44) darstellen.

Methode:

1. Entparaffinieren, absteigende Ethanolreihe, Aqua d.

Variante: Celloidinieren
Nach dem 100 % Ethanol der absteigenden Reihe
Ether-Ethanol (96 %) zu gleichen Teilen, ca. 1 min
Celloidinlösung 0,5 % in Ether-Ethanol 1:1, ca. 1 min
Lösung vom Objektträger ablaufen lassen, sobald der Celloidinüberzug zu erstarren beginnt,
in 70–80 % Ethanol zum Härten einstellen, ca. 5 min abspülen und sammeln der Schnitte in Aqua d. (Celloidinlösung ist nur einige Tage flüssig. Durch das wasserhaltige Ethanol und die Luftfeuchtigkeit beginnt das Celloidin bald zähflüssig bis geleeartig zu werden)

2. kräftige Kernfärbung z. B. mit Hämalaun, 15 min
3. in Leitungswasser bläuen, 5 min
4. Karmin n. Best Gebrauchslösung, 5–20 min
5. Differenzierungslösung wenige Sekunden bis Minuten, (am besten 2 Portionen) bis keine Farbwolken mehr abgehen. **Nicht in Wasser spülen!**
6. in 80 % Ethanol (zur Unterbrechung der Differenzierung) spülen
7. vollständig entwässern in 2 x 100 % Ethanol, Xylol, eindecken.

Ergebnis:
Glykogen: intensiv rot
Zellkerne: blau
Cytoplasma: hellblau

▼

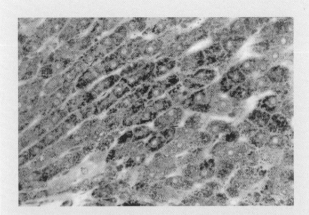

Abb. 10.34 Glykogennachweis mit Bestschem Karmin, Leber, Mensch, Vergr. ×450.

Lösungen:
1. Karmin n. Best-Stammlösung:
   2 g Karmin und 5 g Kaliumchlorid in 60 ml Aqua d. unter Erwärmen lösen. 1 g Kaliumcarbonat zugeben und vorsichtig aufkochen lassen (schäumt stark!).
   Einige Minuten kochen lassen. Die Farbe schlägt dabei nach dunkelrot um.
   Nach dem Erkalten setzt man 20 ml Ammoniak zu.
   Aufbewahren in gut verschlossener Flasche im Kühlschrank.
   Die Lösung ist etwa 2 Monate haltbar.
2. Karmin n. Best-Gebrauchslösung:
   20 ml Stammlösung von Bests Karmin filtrieren, dazu 30 ml Ammoniak und 30 ml Methanol geben.
   Die Lösung ist nur wenige Tage haltbar.
3. Differenzierungslösung:
   80 ml Ethanol und 40 ml Methanol mischen, dazu 100 ml Aqua d.

Beachten:
Es ist wichtig, darauf zu achten, dass aus der Stammlösung oder später aus den zur Färbung verdünnten Lösungen möglichst wenig Ammoniak verdunsten kann. Unbefriedigende Resultate mit älteren Farbstofflösungen sind in erster Linie auf einen zu geringen Gehalt an Ammoniak zurückzuführen.

Anleitung A10.51

Diastase- oder Amylase- Reaktion (Speicheltest)
Allgemein:
1. Zur Sicherung des Ergebnisses „Glykogen" der PAS-Reaktion benetzt man ein Kontrollpräparat vor der PAS-Reaktion mit Diastase, α-Amylase oder Speichel (enthält Amylase): das entsprechende Enzym baut eventuell vorhandenes Glykogen (oder Stärke) ab; die Reaktion wird hier negativ ausfallen. Andere, ebenfalls mit PAS reagierende Substanzen dagegen bleiben unverändert erhalten.

▼

2. Man behandelt gleichzeitig 2 Schnitte: ein Schnitt kommt in die Enzymlösung, der Zweite in das verwendete Lösungsmittel, aber ohne Enzym. Danach werden beide Schnitte zusammen gefärbt.

Methode:
1. Präparat aus Aqua d.
2. einen Schnitt mit Diastase oder α-Amylase-Lösung bei Raumtemperatur 2 h behandeln. Den zweiten Schnitt nur mit Aqua d. (ohne Enzym) behandeln.
3. PAS-Reaktion (A10.44) mit beiden Schnitten durchführen.

Variante mit Speichel:
1. Präparat aus Aqua d.
2. Den Objektträger in eine Petrischale auf feuchtes Filterpapier legen (Feuchte Kammer), mit reichlich Speichel bedecken, die Schale schließen und für 30–60 min in den Wärmeschrank bei 37 °C einstellen.
3. Danach gut in Wasser spülen und eine PAS- Reaktion vornehmen.

Ergebnis:
Die nach der Enzymbehandlung noch positiv reagierenden Substanzen können nicht Glykogen sein.

Lösungen:
1. Diastase: 0,1-1 g Diastase in 100 ml Aqua d. lösen.
2. α-Amylase: 0,5 % in Aqua d. gelöst; anschließend stellt man den pH durch Zusatz von etwas Essigsäure (10 %) auf 5,5 bis 6,0 ein.

Nachweis von Kohlenhydraten und Glykokonjugaten mit Hilfe von Lektinen

Lektine sind Proteine oder Glykoproteine, die mit großer Spezifität und Selektivität Kohlenhydrate (Monosaccharide, Oligosaccharide) binden bzw. sich sehr selektiv an Kohlenhydrate binden. Lektine werden natürlicherweise von allen Lebewesen produziert. Sie sind keine Enzyme oder Antikörper. Die meisten der zahlreichen kommerziell erhältlichen Lektine stammen aus Pflanzen. In Schmetterlingsblütlern können in reichem Maße Lektine vorkommen, die z. B. stickstofffixierende Bakterien binden. Manche Lektine („Agglutinine") erkennen selektiv Blutgruppenzucker und können spezifisch Erythrocyten mit diesen Zuckern agglutinieren und daher zur Blutgruppendiagnostik herangezogen werden. Sie können auch zur Analyse des normalen und pathologischen Kohlenhydratmusters von Zellen eingesetzt werden, was z. B. bei der Analyse der Zellerkennung in der Embryonalentwicklung und im Rahmen des Zusammenspiels von Leukocyten und Endothelien wichtig ist. Aberrante Glykosylation ist ein häufig anzutreffendes Merkmal von Krebszellen. Viele Rezeptormoleküle besitzen funktionell wichtige Kohlenhydratkomponenten. Auch Bakterien können Lektine exprimieren. *Escherichia coli* z. B. haftet an Epithelzellen des Darms mittels eines Lektins, das Oligosaccharideinheiten

◻ Tab. 10.8 Häufig genutzte Lektine, Herkunft, Abkürzung und Zuckerspezifität

Lateinischer Name der Pflanze bzw. des Tieres, aus der/dem das Lektin stammt	Deutscher Name	Abkürzung	Zuckerspezifität Hemmzucker
Mannosebindende Lektine			
Canavalia ensiformis	Jackbohne, Riesenbohne	ConA	α-man > α-glc
Lens culinaris	Linse	LCA	α-man
Galaktosebindende Lektine			
Arachis hypogaea	Erdnuss	PNA	β-gal(1→3)galNAc
Ricinus communis	Rizinus	RCA oder RCA$_{120}$	β-gal
Fucosebindende Lektine			
Ulex europaeus	Ginster	UEAI	α-L-fuc
Lotus tetragonolobus (Tetragonolobus purpureas)	Rote Spargelerbse	LTA	α-L-fuc
N-Acetylgalaktosamin-bindende Lektine			
Glycine max	Sojabohne	SBA	galNAc
Helix pomatia	Weinbergschnecke	HPA	galNAc
N-Acetylglukosamin-bindende Lektine			
Triticum vulgaris	Weizenkeim	WGA	(glcNAc)$_2$, NeuAc
Datura stramonium	Stechapfel	DSA	(glcNAc)$_2$
Sialinsäure(Neuramin)-bindende Lektine			
Maackia amurensis	Asiatisches Gelbholz	MAA	Sialinsäure
Sambucus nigra	Holunder	SNA	α-NeuNAc(2→6)gal/galNAc
Limulus polyphemus	Pfeilschwanzkrebs	LPA	NeuNAc

auf der Oberfläche der Zielzellen erkennt. Lektine können als Sonden in verschiedenen Analysetechniken eingesetzt werden, z. B. Affinitätsreinigung, Blutgruppenserologie, Zelltypisierung und -sortierung, Geldiffussionstechniken, Lektin-Blotting u. a. sowie im morphologischen Bereich in der Lektinhistochemie.

Anleitung A10.52

Lektinhistochemie

Prinzip:

Die Methodik ähnelt der immunhistochemischer Nachweise, aber hier wird anstelle eines Primärantikörpers (der ein Antigen in bzw. an Zellen oder in der Gewebematrix erkennt) ein spezifisches Lektin eingesetzt, das an einen Zucker oder ein Oligosaccharid an Zellen oder in der Gewebematrix bindet. Der Nachweis der Bindung kann mit verschiedenen Methoden erfolgen, z. B. durch ein markiertes Lektin. Die Markierung kann mit einem Enzym, z. B. Meerrettichperoxidase oder alkalischer Phosphatase, oder mit einem fluoreszierenden Marker, wie z. B. Fluorescein-Isocyanat (FiTS) oder Texas Rot (TR) erfolgen. Bei Einsatz verschiedener

fluoreszenzfarbstoffmarkierter Lektine können elegant auch Doppel- oder sogar Dreifachmarkierungen verschiedener Zucker in einem Gewebeschnitt vorgenommen werden. Oft werden auch biotinylierte (mit Biotin markierte) Lektine verwendet. Diese verbinden sich mit Avidin (oder Streptavidin), an das ein Marker gekoppelt ist. Normalerweise ist dieser Marker ein Enzym oder Fluoreszenzfarbstoff. Sehr deutliche, kräftige Zuckernachweise erhält man mithilfe der sogenannten Avidin-Biotin-Komplex-Methode (ABC). ABC ist ein Gemisch aus Avidin und markiertem Biotin, wobei drei der vier Biotinbindungsstellen des Avidin mit dem Marker besetzt sind. Eine Biotinbindungsstelle bleibt frei und kann sich mit dem Biotin, das als Marker an das Lektin gekoppelt ist, verbinden. Falls geeignete Antikörper gegen ein Lektin erhältlich sind, sind schließlich die bekannten indirekten, mehrstufigen Nachweismethoden einsetzbar, wie z. B. die Peroxidase-Anti-Peroxidase (PAP) oder die Alkalische-Phosphatase-Anti-Alkalische-Phosphatase (APAAP) Methode. Mit der Lektinhistochemie können auch Oligosaccharide an lebenden Zellen mit der konfokalen Mikroskopie nachgewiesen werden. Kohlenhydrate können u. U. auch immunhistochemisch nachgewiesen werden, jedoch gibt es hierfür bisher nur wenige verlässliche Antikörper. Die Affinität der Kohlenhydrat-Anti-Kohlenhydrat-Antikörper-Bindung ist oft gering (▶ Kap.19).

Methode:
1. Entparaffinieren mit Xylol 2 x 10 min und Xylol-/Ethanolgemisch 5 min. Anschließend erfolgt die Hydrierung in 100 %/96 %/80 %/70 % Ethanol und Aqua d.
2. Endogene Peroxidaseblockierung: Entparaffinierten Schnitt 10 min in 3 % H_2O_2 in Pufferlösung (siehe unten) bei Raumtemperatur inkubieren, danach 10 min in Pufferlösung spülen.
3. Schnitt 15 min 1 % BSA (Bovines Serum Albumin) in Pufferlösung in einer feuchten Kammer bei Raumtemperatur inkubieren. Danach Pufferlösung abfließen lassen und Objektträger (außerhalb des Schnittes) vorsichtig abtupfen (nicht spülen und nicht antrocknen lassen).
4. Schnitt mit biotinmarkiertem Lektin inkubieren, optimale Verdünnung je nach Spezifität austesten, mit Pufferlösung 60 min, bei Raumtemperatur in einer feuchten Kammer (Verdünnung nach Angabe des Herstellers z. B. von Sigma, oder Verdünnungsreihe von 1:1000 bis 1:10).
5. Inkubationslösung abkippen und Objektträger 3x 5 min in Pufferlösung spülen.
6. Inkubation mit Avidin-Biotin-Komplex (ABC), dessen Biotin mit Peroxidase markiert ist, z. B. im Vectastain ABC Standard Kit*). Inkubationszeit 45 min, bei Raumtemperatur in einer feuchten Kammer. Ansatz entsprechend Vectastain-Protokoll, je nach benötigter Menge ABC-Komplex vorbereiten und mindestens 30 min bei Raumtemperatur vor der Inkubation stehen lassen.
7. 3 x 5 min in Pufferlösung spülen.
8. 10 min Inkubation in DAB: Pro 1 ml DAB (aus DAB-Tablette angesetzt) gibt man kurz vorher 2 µl 30 % H_2O_2 zu.
9. Nach dem Spülen mit Aqua d. erfolgt die Dehydrierung bis zum 100 % Ethanol, Xylol und mit Eindeckmedium (z. B. DePeX) eindecken.

Variante:
Variante mit peroxidasemarkiertem Lektin (nach Schritt 3):
4. Schnitt mit peroxidasemarkiertem Lektin inkubieren. Optimale Verdünnung je nach Spezifität austesten mit Pufferlösung, 60 min bei Raumtemperatur in einer feuchten Kammer (Verdünnung nach Angabe des Herstellers z. B. von Sigma, oder Verdünnungsreihe von 1:1000 bis 1:10).
5. Inkubationslösung abkippen und Objektträger 3x 5 min in Pufferlösung spülen.
6. 10 min Inkubation in DAB: Pro 1ml DAB (aus DAB-Tablette angesetzt) gibt man kurz vorher 2µl 30 % H_2O_2 zu.
7. Nach dem Spülen mit Aqua d. erfolgt die Dehydrierung bis zum 100 % Ethanol, Xylol und mit Eindeckmedium (z. B. DePeX) eindecken.

▼

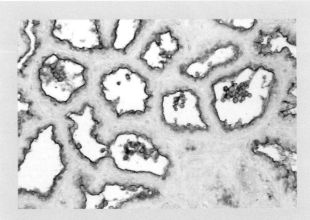

Abb. 10.35 Lektinhistochemischer Nachweis von DGal-GalNAc (N-Acetylgalaktosamin) mit Peroxidase-markiertem Erdnusslektin (PNA), markiert ist die apikale Zellmembran laktierender Milchdrüsenendstücke des Afrikanischen Elefanten. Vergr. ×250.

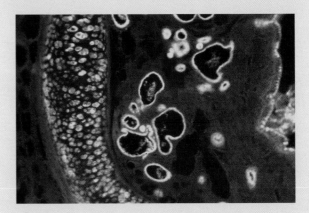

Abb. 10.36 Nachweis von D-GlucNAc (N-Acetylglucosamin) mit Fluoreszenzfarbstoff (FiTC)-markiertem Weizenkeimlektin (WGA); positive Reaktion in verschiedenen Geweben eines Bronchus der Weddellrobbe: Becherzellen des Oberflächenepithels, Bronchialdrüsen und in der territorialen Matrix des Knorpels. Vergr. ×125.

Ergebnis nach beiden Varianten:
Spezifische Bindungsstellen des Lektins an Zucker: braune Farbreaktion
Kontrolle: Vorinkubation mit spezifischem Hemmzucker, also dem Zucker, der im Gewebe nachgewiesen werden soll. Diese Zucker, z. B. α-D-Mannose oder α-D-Galaktose, sind kommerziell erhältlich. Die Farbreaktion sollte idealerweise negativ sein, zumindest aber deutlich schwächer.

Lösungen:
0,01 M PBS pH 7,3

Stammlösungen:
Lösung A: 27,6 g NaH_2PO_4 H_2O / 1000 ml Aqua bidest. = 0,2 M
Lösung B: 35,6 g Na_2HPO4 $2H_2O$ / 1000 ml Aqua bidest. = 0,2 M

▼

Für 1 Liter PBS-Puffer:

8,77 g NaCl (0,15 M) in ca. 900 ml Aqua bidest. lösen, von Lösung A 10 ml zugeben und mit Lösung B auf pH 7,3 einstellen (ca. 40 ml), mit Aqua bidest. auf 1000 ml auffüllen. Im Kühlschrank lagern!

Info: *Vectastain-ABC-Komplex der Firma Vector, Vertrieb über Linaris, Biologische Produkte GmbH, Hotelstr. 11, D-97877 Wertheim-Bettingen www.linaris.de

10.6.10.2 Amyloid

- Amyloid zeigt sich lichtmikroskopisch als homogene, eosinophil anfärbbare Masse, die im Verlauf verschiedener pathologischer Veränderungen extrazellulär abgelagert wird. Betroffen sind z. B. vor allem Milz, Leber, Niere und Herz.
- Elektronenmikroskopisch ist es ein Geflecht von charakteristischen Proteinfibrillen.
- Die Bezeichnung „Amyloid" leitet sich von den färberischen Eigenschaften dieser Substanz ab, die Ähnlichkeiten mit dem Verhalten der Stärke (amylum; amyloid = stärkeähnlich) aufweist.
- Derzeit lassen sich biochemisch rund ein Dutzend verschiedene Amyloide unterscheiden. Somit lässt sich heute immunhistologisch eine Typisierung der Amyloidosen vornehmen, z. B. AA = Amyloid-A-Protein, ATTR = Transthyretin, AL = Leichtketten und Aβ2 M = β2-Mikroglobulin.
- Für den färberischen Nachweis von Amyloid sind vor allem die Kongorotfärbungen nach Bennhold und Puchtler von Bedeutung.
- Die nachfolgend angegebenen Kongorotfärbungen werden durch die Einbettung nicht beeinflusst.
- Als Fixierung eignet sich am besten Ethanol, aber auch jedes übliche Fixierungsmittel kann verwendet werden.
- Paraffinschnitte sollten ohne Eiweißglycerin aufgeklebt werden, um Irritationen zu vermeiden.
- Amyloid zieht nicht nur in fixiertem, sondern auch in frischem Zustand Kongorot an und bindet es fest.
- Nach Kongorotfärbung wird Amyloid doppelbrechend. Die kombinierte Anwendung der Kongorotfärbung **und** der Polarisationstechnik (▶ Kap. 10.9) ist eine sichere Methode zum Nachweis von Amyloid im Gewebe.

Anleitung A10.53

Kongorotfärbung nach Bennhold (1922)
Prinzip:
Der kolloidale Farbstoff Kongorot lagert sich an die parallel liegenden Amyloidfibrillen an. Dabei soll eine salzartige Bindung (Methode n. Bennhold) bzw. eine Wasserstoffbrückenbildung (Methode n. Puchtler) entstehen.

Durch die gerichtete Anlagerung der Farbstoffmoleküle ist im Polarisationsmikroskop eine Doppelbrechung

(Dichroismus) des Amyloids sichtbar und erscheint grün (▶ Kap. 10.9).

Methode:
1. Entparaffinieren, absteigende Ethanolreihe, Aqua d.
2. Kongorotlösung 1 % wässrig, 15–20 min (Gefrierschnitte: 20 sec)
3. in Lithiumcarbonat, gesättigt wässrig, differenzieren, 15 sec
4. in 80 % Ethanol entfärben, bis Kongorotschlieren herablaufen
5. sofort in Aqua d. abspülen. Ist der Schnitt nicht gleichmäßig entfärbt, Schritte 3 und 4 wiederholen
6. in Leitungswasser auswaschen, 15 min
7. eventuell Gegenfärbung mit Hämalaun n. Mayer, 3 min
8. spülen in Aqua d. und bläuen in Leitungswasser
9. aufsteigende Ethanolreihe, Xylol, eindecken.

Ergebnis:
Amyloid: lachsrot; (grün im polarisierten Licht)
Zellkerne: blau

Lösungen:
1. 1 % wässrige Kongorotlösung
2. gesättigte, wässrige Lithiumcarbonatlösung
3. Hämalaun n. Mayer (A10.28)

Anleitung A10.54

Kongorotfärbung nach Puchtler (1962)
Die ethanolische Kongorotfärbung nach Puchtler et al. umgeht den Differenzierungsschritt mit Lithiumcarbonat (Originalmethode nach Bennhold). Sie ist zudem reproduzierbarer und besitzt hohe Spezifität. Trotzdem sollte auch hier die Ergebnissicherung im Polarisationsmikroskop erfolgen.

Prinzip: siehe A10.53

Methode:
1. Entparaffinieren, absteigende Ethanolreihe, Aqua d.
2. Hämalaun n. Mayer (Kernfärbung), 5 min
3. in Aqua d. spülen und bläuen in fließendem Leitungswasser, 10 min
4. Inkubationslösung (kurz vor Gebrauch herstellen!), 20 min
5. Kongorot-Lösung (frisch zubereitet und filtriert!), 50 min, innerhalb von 15 Minuten benützen!
6. rasch 3 x in absolutem Ethanol entwässern, Xylol, eindecken

Ergebnis:
Amyloid: lachsrot; (grün im polarisierten Licht)
Zellkerne: blau

▼

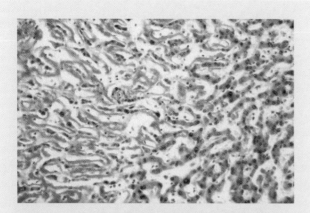

Abb. 10.37 Amyloid mit Kongorotfärbung, Leber, Mensch, Vergr. ×250 (Foto: Prof. Diebold, Pathologie Luzern).

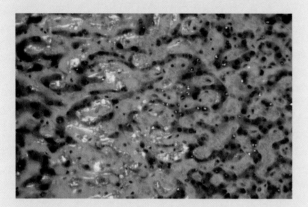

Abb. 10.38 Amyloid im polarisierten Licht, Leber, Mensch, Vergr. ×250 (Foto: Prof. Diebold, Pathologie Luzern).

Lösungen:

A. Inkubationsstammlösung: 30 g NaCl in 1000 ml 80 % Ethanol (gesättigte Lösung), nach 24 h gebrauchsfertig

B. Kongorotstammlösung: 30 g NaCl in 1000 ml 80 % Ethanol + 5 g Kongorot; nach 24 h gebrauchsfertig

   1. Inkubationslösung; 100 ml Inkubationsstammlösung + 1 ml 1 % NaOH

   2. Kongorotlösung: 100 ml Kongorotstammlösung + 1 ml 1 % NaOH

Die Gebrauchslösungen sind nur 1 x zu verwenden!

10.6.10.3 Fibrin

Fibrin ist der Faserstoff des Blutes, ein hochmolekulares, nicht wasserlösliches Protein, das bei der Blutgerinnung durch enzymatische Einwirkung entsteht. Außerhalb des Gefäßsystems tritt Fibrin als homogene, eosinophile Ablagerung auf. Es reagiert PAS positiv, in der Azan-Färbung und in der Karminfärbung nach Best wird es rot, in der Ladewig-Färbung leuchtend zinnoberrot dargestellt. Keine dieser Anfärbungen ist jedoch spezifisch. Fibrinoid wird bei Gewebezerfall frei und ist eine extrazellulär liegende Substanz und verhält sich färberisch wie Fibrin.

Fibrinfärbung nach Weigert (1887)

Allgemeines:

1. Es handelt sich um eine modifizierte Bakterienfärbung nach Gram.
2. Sie besitzt keine spezifische Reaktion für Fibrin, da sich auch Keratin, Schleim und Amyloid anfärben.
3. Zur Fixierung eignen sich am besten Formalin oder Ethanol. Sind die Präparate in chromhaltigen Flüssigkeiten fixiert, müssen die Schnitte vor der Färbung 10 Minuten in 0,3 % Kaliumpermanganatlösung gebracht werden. Dann entfernt man den entstandenen Braunstein in 5 % Oxalsäure, die man einwirken lässt, bis die Präparate entfärbt sind. Danach wird gründlich in fließendem Leitungswasser ausgewaschen.

Prinzip:

Wahrscheinlich entstehen im Fribrin-, Keratin- oder Schleimmolekül durch die Nachbehandlung mit Iod aus –SH HS- -S-S-Brücken. Dieses Reaktionsprodukt ist zur Farbbildung vermutlich erforderlich. Die Färbung kommt dann mit den bei der Differenzierung im Schnitt verbliebenen Methylviolettresten zustande.

Methode:

1. Entparaffinieren, absteigende Ethanolreihe und in Aqua d. bringen
2. Kernfärbung mit Kernechtrot-Aluminiumsulfat, 10 min
3. in Aqua d. auswaschen
4. abpressen mit Filterpapier.
5. auftropfen von Gentianaviolettlösung oder Methylviolettlösung, 15–20 sec
6. abpressen mit Filterpapier
7. auftropfen von Lugolscher Lösung, 15–20 sec
8. abschütteln, abpressen mit Filterpapier
9. differenzieren in Anilinöl-Xylol, 1:1, bis das Fibrin distinkt violett hervortritt
10. Anilinöl in Xylol sorgfältig auswaschen (sonst verdirbt die Färbung in kurzer Zeit)
11. mit Einschlussmittel aus Xylol eindecken

Ergebnis:

Fibrin u. grampositive Bakterien: violett
Zellkerne: rot

Lösungen:

1. Gentianaviolettlösung (Gram)
   A. Zu 100 ml Anilinwasser gibt man 11 ml einer gesättigten Lösung von Gentianaviolett in 96 % Ethanol. Die Lösung ist nur etwa 10 Tage haltbar!
   B. Anilinwasser stellt man her, indem 5–10 ml reines Anilin (Anilinöl) mit 100 ml Aqua d. kräftig geschüttelt werden; anschließend filtriert man die Mischung durch ein zuvor mit Wasser befeuchtetes Filter. (Anilin und seine Dämpfe sind giftig!) oder

▼

Methylviolettlösung

A. Stammlösung I: 33 ml Ethanol mit 9 ml Anilin mischen, dazu Methylviolett im Überschuss

B. Stammlösung II: gesättigte wässrige Lösung von Methylviolett

C. Gebrauchslösung: Unmittelbar vor Gebrauch mischt man 3 ml Stammlösung I mit 27 ml Stammlösung II. Beide Stammlösungen sind jahrelang haltbar.

2. Lugolsche Lösung: 1 Teil Iod, 1 Teil Iodkalium und 3 Teile Aqua d.

3. Kernechtrot-Aluminiumsulfat-Lösung: siehe A10.24

Info:

Das eigentliche Differenzierungsmittel ist Anilinöl; durch Xylol wird das Herauslösen des Farbstoffes gestoppt. Liegen sehr dünne Schnitte vor oder will man langsamer differenzieren, variiert man die Anilinöl-Xylolmischung, indem man den Xylolanteil steigert (bis zum Verhältnis 1:3). Durch derartiges Variieren des Differenzierungsschrittes lässt sich die Färbemethode sehr gut zur Darstellung anderer fibrillärer Strukturen verwenden, wie z. B. Bindegewebefasern, Knochenfibrillen, Sharpeysche Fasern, Tonofibrillen und Interzellularbrücken. Methodisch muss die Differenzierung unter dem Mikroskop verfolgt werden.

Durch Ethanol oder Aceton wird der Farbstoff vollkommen aus den Schnitten gelöst.

10.6.10.4 Lipide

Im Gewebe kommen meist Gemische verschiedener Lipide (Fette) vor, oft gebunden an Protein (Lipoproteine) oder Zucker (Glykolipide) als Bestandteile von Zellmembranen oder tröpfchenförmige Ablagerungen im Cytoplasma.

- Zum Fettnachweis eignen sich Gefrier- und Kryostatschnitte.
- Gute Fixierung der Fette ergibt gepuffertes 4–8 % Formalin, Formalin-Calcium-Gemisch nach Baker und Ciacciosches Gemisch (☐ Tab. A1.11 und A1.12)
- Lipide und Lipoide sind unlöslich in Wasser und gut löslich in organischen Lösungsmitteln wie z. B. Ethanol, Xylol, Aceton, Chloroform. Soll im Gewebe ein Fettnachweis durchgeführt werden, dürfen daher weder zur Fixierung noch zur Nachbehandlung organische Lösungsmittel (in höheren Konzentrationen) verwendet werden.
- Eindecken aus Aqua d. mit wasserlöslichen Eindeckmitteln (z. B. Glyceringelatine)
- Fettfarbstoffe fallen sehr leicht aus, da die Lösungsmittel leicht verdunsten und somit kommt es in den Präparaten zu unerwünschten Farbstoffniederschlägen.
- Glykolipide werden mit der PAS-Reaktion (A10.44) in Gefrierschnitten nach Fixierung in Formol-Calcium nach Baker nachgewiesen.

Beachten: Gefäße, auch während des Färbens, immer gut verschlossen halten; Farbstofflösung nicht erwärmen und vor Gebrauch filtrieren.

■ ■ Prinzip Lipidnachweis

Die Anfärbung der Lipide ist rein physikalisch und progressiv. Der Farbstoff diffundiert aus einer niedrig konzentrierten Lösung in das Substrat (Fett), in dem er sich besser löst als in seinem Lösungsmittel (70 % Ethanol). Lipide können nur nachgewiesen werden, wenn sie in ausreichender Konzentration vorkommen und nicht an Eiweiß gebunden sind.

Anleitung A10.56 ☐

Sudan-III-Hämalaun-Färbung

Methode:

Lose Gefrierschnitte aus Aqua d. (oder Leitungswasser)

1. 50 % Ethanol, 1–3 min
2. färben in Sudan-III-Lösung, 15–30 min
3. 50 % Ethanol (kann auch unterbleiben), kurz spülen
4. Aqua d., kurz spülen und sammeln der Schnitte
5. Kernfärbung in Hämalaun n. Mayer, 3–5 min
6. bläuen in mehrfach gewechseltem Leitungswasser, 10 min
7. auf Objektträger aufziehen und mit wasserlöslichem Eindeckmedium eindecken.

Variante:

nach Schritt 4: Schnitte auf Objektträger aufziehen und trocknen lassen
Kernfärbung in Hämalaun, 7–10 min
bläuen, 10 min
Aqua d., eindecken

Ergebnis:

Lipide: rot bis orange
Zellkerne: blau

Lösungen:

1. Sudan-III-Lösung:
0,2 bis 0,3 g Sudan III mit 100 ml heißem 70 % Ethanol übergießen; das Gefäß gut verschließen, schütteln und einige Stunden im Wärmeschrank bei 60 °C lösen lassen. Abkühlen lassen und filtrieren.

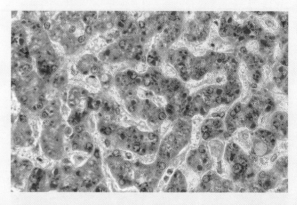

☐ **Abb. 10.39** Lipiddarstellung mit Sudan III, Fettleber, Mensch, Vergr. x40.

▼

Zur Verbesserung der Färbekraft können kurz vor der Verwendung zu 20 ml der Lösung 2–3 ml Aqua d. zugesetzt werden. Sobald sich die Lösung etwas trübt, was nach kurzer Zeit der Fall ist, kann sie verwendet werden.

2. Hämalaun u. Mayer (A10.28)

Info:

Der Farbstoff Sudan III ist ein heterogenes Gemisch aus Sudanrot, Sudanorange (das die beste Löslichkeit in Ethanol hat) und Sudangelb in unterschiedlichen Konzentrationen.

Anleitung A10.57

Sudanschwarz B

Der schwarze Farbstoff gibt eventuell einen besseren Kontrastunterschied bei sehr kleinen Lipideinschlüssen. Auch Markscheiden treten kontrastreich hervor.

Methode:

Lose Gefrierschnitte gibt man in Aqua d. (oder Leitungswasser)

1. 50 % Ethanol, 1–3 min
2. färben in Sudanschwarz B, 5–10 min
3. Aqua d., kurz spülen und sammeln der Schnitte
4. Kernfärbung in Kernechtrot-Aluminiumsulfat, 5–10 min
5. Aqua d., spülen
6. auf Objektträger aufziehen und mit wasserlöslichem Eindeckmedium eindecken.

Ergebnis:

Lipide: blau-schwarz

Zellkerne: rot

Lösungen:

1. Sudanschwarz B:
   1 g Sudanschwarz B wird mit 100 ml 70 % Ethanol übergossen und bis zum Kochen erhitzt. Dann abkühlen lassen und filtrieren.
2. Kernechtrot-Aluminiumsulfat (A10.24)

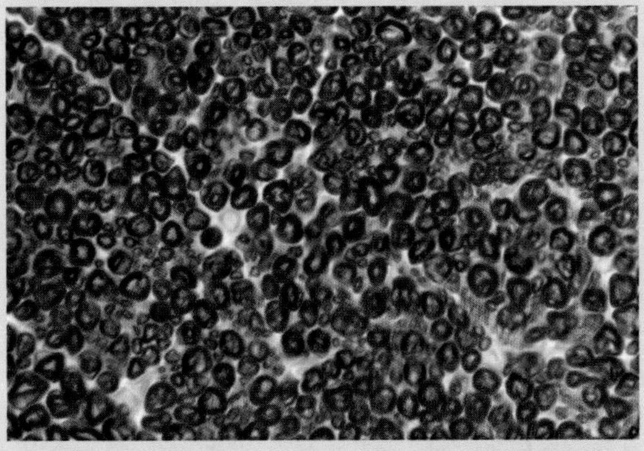

Abb. 10.40 Sudanschwarz B, Markscheiden peripherer Nerv, Mensch, Vergr. ×250.

Anleitung A10.58

Osmiumtetroxid

Osmiumtetroxid ist fettlöslich und bildet schwarze Reaktionsprodukte durch Anlagerung an –C=C-Bindungen.

Methode:

1. Gefrierschnitte aus formolfixiertem Gewebe gibt man in Aqua d.
2. Aqua d., spülen
3. 1 % wässrige Osmiumtetroxid-Lösung, 24 h (es erfolgt eine Schwärzung)
4. in Leitungswasser (mehrfach wechseln) gut auswaschen, einige Stunden
5. 70 % Ethanol, einige Stunden
6. Aqua d., spülen
7. Schnitt aufziehen und mit wasserlöslichem Eindeckmedium eindecken oder entwässern und mit xylollöslichem Eindeckmedium eindecken.

Ergebnis:

Fetteinschlüsse: schwarz, vor gelb bis braun gefärbtem Hintergrund

10.6.10.5 Eisen

1. Die histochemischen Einsenreaktionen erfassen nur ionisiertes Eisen. Das in organische Verbindungen eingelagerte Eisen kann dagegen nicht nachgewiesen werden.
2. Als ionisiertes Eisen können nachgewiesen werden: zweiwertiges Eisen mit der Turnbullblau Methode, dreiwertiges Eisen mit der Berlinerblau-Methode, zwei- und dreiwertiges Eisen mit der Methode nach Quincke. Blaue Körnchen oder Schollen zeigen das nachgewiesene Eisen.
3. Da Eisen bei der Autolyse frühzeitig die Zellen verlässt, ist eine umgehende Fixierung wünschenswert.
4. Als Fixierung eignen sich Ethanol, 10 % neutrales Formalin und Bouin.
5. Wie bei allen histochemischen Reaktionen sollte immer ein positiver Testschnitt mitgeführt werden.
6. Keine Metallinstrumente (Pinzetten, Färbeschaukeln, etc.) beim Nachweis von Eisen verwenden.

Anleitung A10.59

Berlinerblau-Reaktion nach Perls

Allgemeines:

1. Die von Perls bereits 1867 eingeführte Reaktion ist ein histochemischer Nachweis für dreiwertiges Eisen und kann im Gewebeschnitt noch 2 ng Eisen anzeigen.
2. Hämosiderin, ein zellulär gebundenes Abbauprodukt des Hämoglobins, wird mit dieser Reaktion nachgewiesen.

▼

3. Am besten eignen sich formalinfixierte Präparate.
4. Für Paraffin- und Gefrierschnitte geeignet.
5. Es ist günstig, die Reaktion bei 37 °C auszuführen, da die Farbstoffniederschläge dann schärfer definiert sind.
6. Die Reaktionslösung erst kurz vor Gebrauch mischen und nur ein Mal verwenden.

Prinzip:

Fe III-Ionen werden mit Hexacyanoferrat-II (gelbes Blutlaugensalz) im sauren Milieu als Berlinerblau, einem blauen Farbkomplex, nachgewiesen.

$$4\ Fe^{III}Cl_3 + 3\ K_4\ [Fe^{II}(CN)_6]\ =\ Fe_4^{III}[Fe^{II}(CN)_6]_3 + 12\ KCl$$
gelbes Blutlaugensalz   Berlinerblau

Methode:

1. Paraffinschnitte entparaffinieren, absteigende Ethanolreihe, Aqua d.
2. Reaktionslösung (immer frisch ansetzen), 15 bis maximal 60 min
3. sorgfältig in Aqua d. auswaschen
4. Gegenfärbung mit Kernechtrot-Aluminiumsulfat, 5–10 min
5. in Aqua d. abspülen
6. aufsteigende Ethanolreihe, Xylol und eindecken.

Ergebnis:

Dreiwertiges Eisen: blaue Körnchen

Zellkerne: rot

Cytoplasma: rosa

Lösungen:

1. Reaktionslösung:
   2 % gelbes Blutlaugensalz (Hexacyanoferrat-II, Ferrocyankalium) und 1 % HCl zu gleichen Teilen.
2. Kernechtrot-Aluminiumsulfat:
   0,1 g Kernechtrot in 100 ml 5 % wässriger Aluminiumsulfat-Lösung heiß lösen. Nach Erkalten filtrieren, evtl. 1–2 Tropfen Eisessig zugeben (zum pH-Ausgleich; Verhinderung von Pilzbildung).

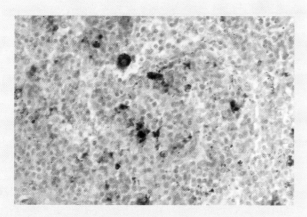

Abb. 10.41 Eisennachweis, Berlinerblau-Reaktion, Milz, Mensch, Vergr. ×250.

Anleitung A10.60

Turnbull-Blau-Reaktion

Allgemeines:

1. Histochemischer Nachweis von zweiwertigem Eisen
2. Die Reaktion ist von geringerer Bedeutung, da zweiwertiges Eisen selten im Organismus vorkommt. Hämosiderin reagiert nicht! (siehe Berlinerblau-Reaktion)
3. Die Fixierung ist beliebig, am besten Ethanol oder Formalin.

Prinzip:

Fe II-Ionen werden mit Hexacyanoferrat-III (rotes Blutlaugensalz) im sauren Milieu als Turnbull-Blau, einem blauen Farbkomplex, nachgewiesen.

$$3\ Fe^{II}Cl_2 + 2\ K_3\ [Fe^{III}(CN)_6]\ =\ Fe_3^{II}[Fe^{III}(CN)_6]_2 + 6\ KCl$$
rotes Blutlaugensalz   Turnbull-Blau

Methode:

1. Paraffinschnitte entparaffinieren, absteigende Ethanolreihe, Aqua d.
2. Reaktionslösung (immer frisch ansetzen), 15–60 min
3. sorgfältig in Aqua d. auswaschen
4. Gegenfärbung mit Kernechtrot-Aluminiumsulfat, 5–10 min
5. in Aqua d. abspülen
6. aufsteigende Ethanolreihe, Xylol und eindecken.

Ergebnis:

zweiwertiges Eisen: blaue Körnchen

Zellkerne: rot

Cytoplasma: rosa

Lösungen:

1. Reaktionslösung:
   20 % rotes Blutlaugensalz (Hexacyanoferrat-III, Ferricyankalium) und 1 % HCl zu gleichen Teilen.
2. Kernechtrot-Aluminiumsulfat: siehe A10.59

Anleitung A10.61

Quincke-Reaktion

Allgemeines:

1. Zur Darstellung sowohl von zwei- wie dreiwertigem Eisen.
2. Voraussetzung dafür ist eine Vorbehandlung mit Ammoniumsulfid.
3. Vorsicht: Ammoniumsulfid ist giftig!

Prinzip:

Durch Vorbehandlung mit Ammoniumsulfid wird das dreiwertige Eisen, das nicht mit Ferricyankalium (rotes Blutlaugensalz) reagieren würde, in zweiwertiges Eisen, d. h. Schwefeleisen, umgewandelt. Jetzt kann es mit Turnbull-Blau nachgewiesen werden. Ohne diese Vorbehandlung

▼

würde nur das spärlich vorhandene zweiwertige Eisen reagieren.

Methode:
1. Entparaffinieren, absteigende Ethanolreihe, Aqua d.
2. 10 % Ammoniumsulfid, 1–24 h
3. Reaktionslösung (immer frisch ansetzen), 15–60 min
4. sorgfältig in Aqua d. auswaschen
5. Gegenfärbung mit Kernechtrot-Aluminiumsulfat, 5–10 min
6. in Aqua d. abspülen
7. aufsteigende Ethanolreihe, Xylol und eindecken.

Ergebnis:
zwei- und dreiwertiges Eisen: blaue Körnchen
Zellkerne: rot
Cytoplasma: rosa

Lösungen:
1. 10 % Ammoniumsulfid: vor Gebrauch herstellen.
2. Reaktionslösung: siehe A10.60
3. Kernechtrot-Aluminiumsulfat: siehe A10.59

10.6.10.6 Calciumsalze (Kalk)

1. Calcium kommt im Organismus in gelöster Form als Chlorid, Sulfat oder Lactat vor, ungelöst als Carbonat, Phosphat oder Oxalat. Die unlöslichen Calciumsalze findet man gewöhnlich im Knochengewebe und Zahn, aber auch im hyalinen Knorpel, Fibrinoid, Acervulus und unter pathologischen Bedingungen. Mit Hämatoxylin färben sie sich tief dunkelblau (Oxalat ausgenommen).
2. Ein Gesamtnachweis von Kalk ist nur am nicht entkalkten Präparat möglich.
3. Zum Kalknachweis am unentkalkten Hartmikrotomschnitt- oder Dünnschliffpräparat kann man entweder eine der morphologischen (unspezifischen) Färbungen anwenden oder mit histochemischen Methoden Calcium nachweisen.
4. Die beste Fixierung ist Ethanol. Zu bedenken ist, dass viele der gebräuchlichen Fixierungsmittel entkalkend wirken (säurehaltige Fixierungsmittel lösen Calcium).

Anleitung A10.62

Versilberung nach Kossa
Allgemeines:
1. Die originale von Kossa-Versilberung der Calciumsalze (s. Romeis, 1968, § 1680) wurde von Krutsay (1963) modifiziert und ist in dieser Form für kunstharzeingebettete Hartmikrotomschnitte empfohlen worden und auch für Dünnschliffpräparate anwendbar (Schenk, 1965).
2. Die einheitliche Schwärzung aller mineralisierten (v. a. calciumphosphathaltigen) Gewebeanteile ergibt sehr kontrastreiche Bilder, überdeckt aber strukturelle Unter-

▼

schiede wie lamelläre oder geflechtartige Kollagenfibrillenanordnung.
3. Die Methode ist unspezifisch, da mit Silber-Ionen auch Fettsäuren, Chloride, Phosphate, Sulfate und Carbonate reagieren.
4. Wichtige Details zu Silberimprägnationen finden Sie im ▶ Kapitel 10.6.9.3
5. Die Fixierlösungen sollen keine Calciumsalze enthalten und neutral sein.
6. Durchführung an Gefrier-, Kunststoff- und Paraffinschnitten möglich.

Prinzip:
Calcium in den Carbonaten und Phosphaten wird gegen Silberionen ausgetauscht und anschließend zu metallischem Silber reduziert.

Methode: (Keine Metallinstrumente verwenden)
1. Die Schnitte entplasten und in Aqua d. bringen.
2. Silbernitratlösung 5 % wässrig (im Dunkeln), 30–60 min
3. in 3 Portionen Aqua d. spülen
4. Reduzieren in Natriumcarbonat-Formaldehyd-Lösung, 2 min
5. in Leitungswasser wässern (öfter wechseln), 10 min
6. 5 % Natriumthiosulfatlösung (fixieren), 5 min
7. in Leitungswasser gründlich wässern, 5–15 min
8. in Aqua d. spülen
9. Gegenfärbungen z. B. mit Kernechtrot-Aluminiumsulfat (3 min), Lichtgrün oder Toluidinblau 0 sind möglich.
10. aufsteigende Ethanolreihe, Xylol, eindecken.

Variante 1:
6. Differenzieren mit Farmerschem Abschwächer, 0,5–1 min (mikroskopische Kontrolle, bis unspezifische Niederschläge entfernt sind).

Die meisten Versilberungen können, wenn sie zu stark ausgefallen sind, mit dem aus der fotografischen Technik bekannten, subproportionalem Farmerschem Abschwächer differenziert werden. Dieses Vorgehen eignet sich auch für Kalknachweisfärbung an kunstharzeingebetteten Hartmikrotomschnitten (Plenk 1975), wobei in der angegebenen Konzentration bei 0,1–1 min Einwirkungszeit zunächst nur unspezifische Silberniederschläge entfernt werden, während feinere spezifische Präzipitate an den Mineralisationsfronten erhalten bleiben. Dadurch wird der Kontrast erhöht und Gegenfärbungen ergeben bessere Resultate.

Herstellen von Farmerschem Abschwächer:
A. 10 g Kaliumhexacyanoferrat (III) in 100 ml Aqua d.
B. 10 g Natriumthiosulfat in 100 ml Aqua d.
1 Teil Lösung A und 9 Teile Lösung B mischen.
Die Lösung muss immer frisch angesetzt werden!

▼

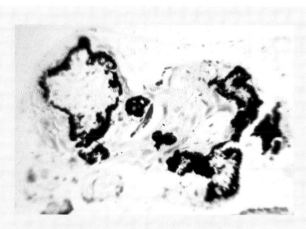

Abb. 10.42 Nachweis von Kalk mit der Silberimprägnation nach Kossa, Knochen, Mensch, Vergr. ×125.

Ergebnis:

Mineralisierte Knorpel- und Knochengewebe: schwarz
Mineralisationsfronten (z. B. unter Osteoidsäumen): schwarz granuliert

Je nach Gegenfärbung kontrastreiche Darstellung von Osteoidsäumen, Zellen und Weichgeweben.

Lösungen:

1. Silbernitrat-Lösung: *5 g Silbernitrat in 100 ml Aqua d.* lösen.
2. Natriumcarbonat-Formaldehyd-Lösung:
   5 g Natriumcarbonat (wasserfrei) in 25 ml 35-40 % Formaldehyd (evtl. filtrieren) und 75 ml Aqua d. lösen.

Anleitung A10.63

Alizarinrotfärbung

Allgemeines:

1. Histochemischer, ausreichend spezifischer Calciumnachweis mit Alizarinrot S (Dahl 1952).
2. Paraffinschnitte; auch an kunstharzeingebetteten Hartmikrotomschnitten erprobt.
3. Auf der Affinität des Alizarinrots zu Calcium beruht auch die Anwendung als intravitaler Marker für die Licht- und Fluoreszenzmikroskopie.
4. Fixierung: Formalin oder Formalin-Ethanol. Die Fixierlösungen müssen neutral sein (saure Fixierlösungen setzen Calcium frei) und dürfen keine Calciumzusätze haben.

Prinzip:

Alizarinrot S formt mit zweiwertigen Kationen (Ca^{++}) Chelatverbindungen.

Empfindlichkeit: 0,0004 µg/mm^2. Sr, Ba, Be, Pb und Cd verhalten sich dem Ca analog. Allerdings kommt neben Calcium keines dieser Elemente im Organismus in entsprechenden Konzentrationen vor, um verwechselt werden zu können

▼

Methode:

1. Schnitte entparaffinieren oder entplasten und in Aqua d. bringen.
2. Alizarinrot-S-Lösung, 5–10 min
3. Aqua d., kurz abspülen.
4. differenzieren in saurem Ethanol, 5–10 sec
5. 2 x 100 % Ethanol, Xylol, eindecken.

Ergebnis:

Calciumsalze: intensiv rötlich-orange auf blassrosa Untergrund

Lösungen:

1. saures Ethanol:
   1 Teil konz. HCl auf 10 000 Teile 96 % Ethanol.
2. Alizarinrot S:
   0,5 g Alizarinrot S (Chroma oder Fluka) + 45 ml Aqua d. Unter ständigem Rühren durch Zusatz von 5 ml einer 1:100 verdünnten 28 % Ammoniaklösung lösen. pH 6,36-6,40 evtl. durch weitere Ammoniaklösung einstellen.

10.6.10.7 Proteine

Die Nachweise von Proteinen, z. B. Insulin, Actin, Keratin, Kollagen Typ IV, CD 8 und Occludin, erfolgt heute im Allgemeinen mit Hilfe der Immunhistochemie.

Für einzelne Aminosäuren existieren histochemische Nachweismethoden (Romeis 1989), die aber heute kaum noch verwendet werden und durch biochemische Analyseverfahren abgelöst wurden.

10.6.11 Nachweis von DNA (Desoxyribonucleinsäure)

Anleitung A10.64

Feulgen-Reaktion

Allgemeines:

1. Die von Feulgen 1924 eingeführte histochemische Reaktion ist spezifisch für DNA, da unter gleichen Bedingungen RNA herausgelöst wird.
2. Sie erlaubt die cyto-photometrische Quantifizierung über die Absorptionsmessung des Reaktionsproduktes, da bei optimaler Hydrolysezeit die an den Aldehydgruppen entstehende Farbreaktion proportional dem DNA-Gehalt ist. (Anwendung: DNA-Verteilungsmuster bei malignen Tumoren).
3. Vergleichbare Ergebnisse erhält man nur bei konstanten Untersuchungsbedingungen: Art der Fixierung, pH-Wert, Dauer und Temperatur der Hydrolyse und Qualität des Schiffschen Reagens.
4. Grundsätzlich sind für quantitative Abschätzungen Fixierlösungen, die Pikrinsäure enthalten, nicht zu verwenden, da DNA extrahiert wird.

▼

5. Die vorausgegangene Fixierung beeinflusst die Bindung der DNA an nucleare Proteine. Damit ist auch die Hydrolysedauer (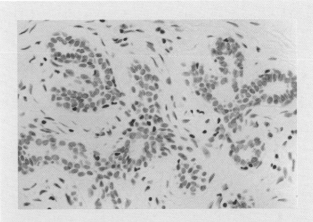 Tabelle 10.9) von der Fixierung stark abhängig (Fehlermöglichkeit bei zu kurzer oder zu langer Hydrolyse).
Ungeeignet sind Fixierungen wie Carnoy, Susa und Zenker, obwohl die Anfärbung prinzipiell möglich ist.

6. Generell ist die Reaktion für Ausstriche, Gefrier- und Paraffinschnitte geeignet. Gewebe, das nicht durch Ethanol entwässert wurde, enthält noch störende Plasmale (Aldehyde von Phospholipiden) die durch 96 % Ethanol (24 Stunden einwirken lassen) entfernt werden müssen.

7. Cytologische Ausstrichpräparate werden z. B. in 96 % Ethanol fixiert, die Hydrolysezeit (mit 5 N HCl bei 22 °C) beträgt dann 45 Minuten.

8. Soll die Reaktion nur als histologische Färbung (formalinfixiert) durchgeführt werden, so genügt eine Hydrolysezeit von 40 Minuten mit 5 N HCl bei Raumtemperatur (22 °C).

9. Es ist stets ein Kontrollschnitt mitzuführen: er wird während der Hydrolyse in Wasser eingestellt und danach wie üblich weiterbehandelt. Es dürfen sich dann keine Zellkerne darstellen.

10. Für histologische Zwecke kann man eine Gegenfärbung mit 0,1 % Lichtgrün oder Orange G anschließen.

Prinzip:

Durch leichte salzsaure Hydrolyse werden die Bindungen zwischen den Kohlenhydraten (Desoxyribose) und den Purinbasen (Adenin und Guanin) der DNA gelöst. Dabei geht die Ringform der Desoxyribose in die gerade, offene Kettenform über, die eine Aldehydgruppe trägt. Die so entstandene Apurinsäure ist ein Polyaldehyd. Da die Säure die Purinbasen abspaltet, werden die Aldehydgruppen demaskiert und können über Bisulfitbindungen das Schiffsche Reagenz koppeln. Dabei wird Fuchsin frei. Es kommt zu einer tief purpurroten (pink) Anfärbung.

Methode:

1. Schnitte in Xylol entparaffinieren.
2. Die Schnitte durch die Ethanolreihe in Aqua d. bringen
3. In kalter 1 N HCl spülen
4. In vorgewärmte 1 N HCl (60 °C) zum Hydrolysieren, Hydrolysezeiten siehe Tabelle 10.9
5. In Aqua d. gut spülen.
6. Schiffsches Reagens, 10–60 min
7. Spülen in 2 Küvetten Sulfitwasser, 2 x 3 min
8. In Leitungswasser waschen, 10 min
9. Entwässern durch die Ethanolreihe, Xylol und eindecken.

Variante (für rein histologische Zwecke):
Nach Schritt 8: Gegenfärbung mit 0,1 % Lichtgrün oder Orange G, 1–10 min

▼

Abb. 10.43 Feulgen-Reaktion, DNA, nichtlaktierende Mamma, Mensch, Vergr. ×250.

Ergebnis:

DNA: tief purpurrot (pink)
(Cytoplasma: grün oder orange)

Lösungen:

1. Schiffsches Reagens:
   A. 0,5 g Pararosanilin in 15 ml 1 N HCl lösen.
   B. 0,5 g Natriumbisulfit (Natriumdisulfit) in 85 ml Aqua d. lösen.
   C. Beide Ansätze A und B mischen, bei Raumtemperatur 24 h stehen lassen.
   D. 0,3 g Aktivkohle zugeben, 15 sec kräftig schütteln, filtrieren. Die Lösung ist zuerst zart rosa, die Farbe verschwindet aber bald.
   Schiffsches Reagens kann auch fertig im Handel bezogen werden.

Beachten:

Schiffsches Reagens wird in brauner Flasche im Kühlschrank aufbewahrt. Es muss stets einen Überschuss an schwefeliger Säure enthalten (stechender Geruch), um vor Zersetzung bewahrt zu werden.
Wird die Farbe des Reagens rötlich, ist es nicht mehr verwendbar.

2. Sulfitwasser:
   A. Zu 200 ml Leitungswasser mischt man
   B. 10 ml N HCl und
   C. 10 ml einer 10 % wässrigen Lösung von Kalium- oder Natriumbisulfit (-disulfit, -pyrosulfit). Diese Lösung kann im Vorrat gehalten werden. Die Spülflüssigkeit (Sulfitwasser) soll vor Gebrauch jeweils frisch angesetzt werden.

3. 1 N HCl:
   100 ml konz. HCl (zur Analyse, spezifisches Gewicht 1,19) plus 900 ml Aqua d.

4. Lichtgrün:
   0,1 g Lichtgrün mit Aqua d. auf 100 ml auffüllen, ansäuern.

◨ **Tab. 10.9** Optimale Hydrolysezeiten für mit 1 N HCl bei 60 °C nach verschiedenen Fixierungen

Fixierung	Hydrolysezeit
Formalin	8 Minuten
Ethanol 80 %	5 Minuten
Formol-Ethanol-Eisessig	7 Minuten
Helly	8 Minuten
Flemming	16 Minuten
(Carnoy	6–8 Minuten)
(Susa	18 Minuten)
(Zenker	5 Minuten)

10.6.12 Darstellung von Bakterien, Pilzen, und Protozoen im histologischen Schnitt

Nachfolgend aufgeführt sind nur einige wichtige Methoden zum Nachweis von Bakterien, Pilzen und Protozoen im histologischen Schnitt.

Anleitung A10.65

Gram-Färbung
Allgemeines:
1. Die Technik nach Gram (1884) erlaubt den grundsätzlichen Nachweis von Bakterien, ihre Morphologie (Kokken, Stäbchen) und die rasche Unterscheidung von Mikroorganismen in Gram-positiv und Gram-negativ.
2. Kritisch bei der Gram-Färbung ist die Differenzierung. Beim Differenzieren sollen ausschließlich die Gram-negativen Bakterien vollständig entfärbt werden. Differenziert man zu kurz, so bleiben sie noch mit Kristallviolett angefärbt. Differenziert man zu lange, entfärben sich neben den Gram-negativen auch die Gram-positiven Bakterien.
3. Das Mitführen eines Testschnittes mit Gram-positiven und Gram-negativen Bakterien ist zur Überprüfung der korrekten Anfärbung empfehlenswert.
4. Die Farbstofflösungen für die Gram-Färbung können auch gebrauchsfertig von verschiedenen Herstellern bezogen werden.

Prinzip:
Das Gewebe wird zunächst mit dem positiv geladenen Anilinfarbstoff Kristallviolett (Gentianaviolett) behandelt. Durch die nachfolgende Einwirkung der Iodlösung (Beize) bildet sich in den Mureinschichten der Bakterienzellwand ein Farbstoff-Iod-Komplex. Dieser Komplex ist bei Gram-positiven Bakterien sehr stabil und lässt sich durch eine anschließende Differenzierung nicht so leicht entfärben. Gram-negative Bakterien hingegen lassen sich entfärben. Mit einer Gegenfärbung mit Karbolfuchsin oder Safranin werden dann auch die Gram-negativen Bakterien angefärbt.

▼

Methode:
1. Entparaffinieren, absteigende Ethanolreihe, Aqua d.
2. Kristallviolettlösung (Gentianaviolett), 2–3 min
3. mit Aqua d. spülen
4. Lugolsche Lösung, 1 min
5. mit Aqua d. spülen
6. Objektträger in der Differenzierungslösung schwenken, bis keine Farbwolken mehr abgehen
7. in Aqua d. gründlich spülen
8. Gegenfärbung mit Karbolfuchsin oder Safranin, 1 min
9. in Aqua d. spülen
10. aufsteigende Ethanolreihe, Xylol, eindecken.

Ergebnis:
Gram-positive Bakterien, Fibrin, Keratin, Kalk: dunkel-violett
Gram-negative Bakterien: rötlich-orange

Lösungen:
1. Kristallviolettlösung (Gentianaviolett):
   0,8 g Ammoniumoxalat in 90 ml Aqua d. lösen; 2 g Kristallviolett in 20 ml 96 % Ethanol lösen; beide Lösungen mischen. Diese Lösung ist 2–3 Jahre haltbar.
2. Lugolsche Lösung:
   2 g Kaliumiodid in 5 ml Aqua d. lösen. 1 g Iod zugeben und mit Aqua d. auf 300 ml auffüllen.
3. Differenzierungslösungen:
   a) Aceton. Wirkt sehr rasch und ist daher ungünstig. Wenige Sekunden.
   b) Ethanol. 96–100 % Ethanol lässt man 20–30 Sekunden einwirken. Das Ergebnis ist besser zu steuern und gleichmäßiger. 96 % Ethanol wirkt rascher als absolutes Ethanol.
   c) Anilin-Xylol (2:1) differenziert noch langsamer und daher gleichmäßiger als Ethanol.
4. Karbolfuchsinlösung (giftig):
   1 g basisches Fuchsin + 10 ml absolutes Ethanol lösen und dann mit 100 ml 5 % Phenolwasser (5 g Phenol in 100 ml Aqua d.) mischen. Diese Lösung 1:10 mit Aqua d. verdünnen.
5. Safraninlösung:
   0,6 g Safranin O in 100 ml 20 % Ethanol lösen.

◨ **Abb. 10.44** Gram-Färbung, Erreger: *Clostridium perfringens*, z. B. bei Colitis, Mensch, Vergr. ×1000 (Foto: Dr. Assmann, Pathologie LMU München).

Ziehl-Neelsen-Färbung

Allgemeines:

1. Zum Nachweis säurefester Bakterien (z. B. Mycobakterien: *M. tuberculosis*, *M. leprae*, atypische Mycobakterien) im Schnittpräparat. Es kann jedoch nicht festgestellt werden, ob es sich um vermehrungsfähige oder bereits abgestorbene Mycobakterien handelt.
2. Für histologische Präparate sind alle Arten von Fixierungen geeignet, die nicht betont Lipide aus den Geweben lösen (also z. B. Carnoy vermeiden).
3. Immer einen positiven Testschnitt mitführen.
4. Farblösungen und Schnitte nicht kochen, Schnitt nicht austrocknen lassen.
5. Unter dem Abzug arbeiten, da die entstehenden Phenoldämpfe giftig sind.

Prinzip:

Mycobakterien besitzen in ihrer Zellwand einen hohen Lipid- und Wachsanteil. Dadurch werden die üblichen Farbstoffe nur sehr langsam oder überhaupt nicht angenommen. Um eine Anfärbung der Mycobakterien durch die Bildung eines Farbstoffkomplexes (hier Mycolat-Fuchsin-Komplex) zu beschleunigen, muss die Farblösung bis zur Dampfbildung erhitzt werden. („Schmelzen" der Wachshülle und Eindringen des Farbstoffes).

Haben sich die Mycobakterien einmal angefärbt, lassen sie sich selbst mit intensiven Differenzierungsmitteln wie Salzsäure-Ethanol nicht wieder oder kaum entfärben. (daher die färberische Bezeichnung säurefest).

Sie erscheinen rot im mikroskopischen Präparat, während alle nicht säurefesten Mikroorganismen sich in der Farbe des Gegenfarbstoffes (Methylenblau, Malachitgrün) anfärben.

Methode:

1. Entparaffinieren, absteigende Ethanolreihe, Aqua d.
2. Karbolfuchsinlösung auftropfen und den Objektträger durch die Bunsenflamme ziehen, erhitzen, bis Dämpfe aufsteigen, 3x. Dazwischen den Objektträger immer wieder abkühlen lassen!
3. Farbstoff in Leitungswasser abspülen
4. Differenzieren in 1 % HCl in 70 % Ethanol, bis keine Farbstoffwolken mehr abgehen, 1–3 min
5. abspülen und eventuell gegenfärben z. B. 1 % Methylenblau, 1 min
6. den Farbstoff abspülen
7. noch einmal in Aqua d. spülen
8. aufsteigende Ethanolreihe, Xylol und eindecken.

Variante 1:

2. Schnitte auf eine Färbebank legen, mit Karbolfuchsin vollständig bedecken. Von unten erhitzen, bis die Lösung zu dampfen beginnt, 2x wiederholen.
3. in Karbolfuchsinlösung 60 °C einstellen und stehen lassen, 1–24 h

4. Schnitte in der Farblösung abkühlen lassen, in Leitungswasser abspülen und sammeln
5. differenzieren in 1 % HCl-Ethanol, bis keine Farbwolken mehr abgehen und bis das Gewebe wieder vollständig entfärbt ist
6. unterbrechen der Differenzierung in Leitungswasser, Mikroskopkontrolle: Nur die Mycobakterien sollen rot gefärbt sein!
7. fließend wässern (gründliches Auswaschen der Säure)
8. kurze Gegenfärbung in 0,1 % Methylenblau, ca. 1 min
9. abspülen in Aqua d. und abtrocknen zwischen Filterpapier
10. entwässern in 100 % Isopropanol, Xylol, eindecken.

Variante 2:

2. In Karbolfuchsinlösung bis zur Dampfbildung in der Mikrowelle erhitzen. Vorsicht, kocht leicht über, 4 x 10 sec bei 500 Watt, 2 Minuten bei 90 Watt
3. in heißer Karbolfuchsinlösung stehen lassen bis 24 h dann weiter wie bei Variante 1 Schritt 4

Ergebnis:

säurefeste Bakterien: rot
andere Bakterien und Mikroorganismen: blau
Gewebe: hellblau
Erythrocyten: rötlich

Lösungen:

1. Karbolfuchsin: 1 g basisches Fuchsin + 10 ml absolutes Ethanol mit 100 ml 5 % Phenolwasser mischen
2. Methylenblau: 0,1 g in 100 ml Aqua d. lösen
3. 1% HCl-Ethanol: 2 ml 25 % HCl + 48 ml 70 % Ethanol

Info:

Eine neue, modifizierte Ziehl-Neelsen-Färbung (Merck Art.-Nr. 164 50) kommt ohne Erhitzen der Karbolfuchsinlösung aus. Sie enthält DMSO (Dimethylsulfoxid). Schädliche Phenoldämpfe werden damit vermieden.

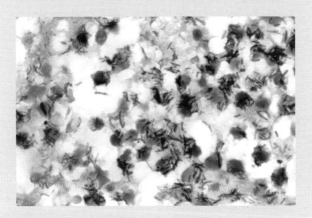

☐ **Abb. 10.45** Ziehl-Neelsen-Färbung, *Mycobacterium tuberculosis*, Lungentuberkulose, Mensch, Vergr. ×1000 (Foto: PD Adam, Pathologie Würzburg)

Anleitung A10.67

Auraminfärbung

Allgemeines:

1. Fluoreszenzmethode zum Nachweis säurefester Bakterien (siehe Ziehl-Neelsen-Färbung) im histologischen Schnitt.
2. Auramin kann auch mit Rhodamin kombiniert werden.
3. Für histologische Präparate sind alle Arten von Fixierungen geeignet, die nicht betont Lipide aus den Geweben lösen (also z. B. Carnoy vermeiden).
4. Immer einen positiven Testschnitt mitführen.
5. Farblösungen und Schnitte nicht kochen, Schnitt nicht austrocknen lassen.
6. Unter dem Abzug arbeiten, da giftige Dämpfe entstehen.
7. Saubere Reagenzien, sorgfältiges Arbeiten und eine staubfreie Atmosphäre sind wichtig, um eine artifizielle Fluoreszenz zu vermeiden.
8. Beachten: die gefärbten Schnitte müssen innerhalb von **24 Stunden** beurteilt werden, da die Fluoreszenz danach immer schwächer wird und verloren geht!

Prinzip:

Die Methode beruht auf dem gleichen Prinzip wie die Ziehl-Neelsen-Färbung (A10.66). Der angebotene Fluoreszenz-Farbstoff lässt sich nicht mehr aus der Zellwand herauslösen.

Methode 1:

1. Entparaffinieren, absteigende Ethanolreihe, Aqua d.
2. mit Auraminlösung bedecken, den Objektträger durch die Bunsenflamme ziehen, erhitzen, bis Dämpfe aufsteigen, 3x. Dazwischen den Objektträger immer wieder abkühlen lassen
3. Farbstoff abgießen und mit fließendem Leitungswasser abspülen
4. in HCl-Ethanol differenzieren, bis keine Farbstoffwolken mehr abgehen, ca. 1–3 min
5. abspülen in Leitungswasser
6. mit Methylenblaulösung gegenfärben, 1 min und dann mit Aqua d. gründlich spülen
7. Schnitte über aufsteigende Ethanolreihe und Xylol, eindecken.

Ergebnis:

säurefeste Stäbchen: grünliche Fluoreszenz
Hintergrund: dunkel

Lösungen:

1. Auraminlösung: 0,1 g Auramin O in 10 ml 95 % Ethanol lösen. 3 g Phenolkristalle durch leichtes Erwärmen verflüssigen und in 87 ml Aqua d. lösen. Beide Lösungen mischen. In dunkler Flasche aufbewahren. Haltbarkeit etwa 1 Woche.
2. HCl-Ethanol: 4 ml 25 % Salzsäure und 96 ml 70 % Ethanol mischen

Methode 2:

1. Entparaffinieren, absteigende Ethanolreihe, Aqua d.
2. Auramin-Rhodamin-Lösung 60 °C im Wärmeschrank, 10 min
3. in fließendem Leitungswasser spülen
4. differenzieren in HCl-Ethanol, 2 min
5. in fließendem Leitungswasser spülen
6. 0,5 % Kaliumpermanganatlösung, 2 min
7. in fließendem Leitungswasser spülen und mit Filterpapier trocknen
8. kurz in 80 % Ethanol spülen
9. 96 % Ethanol, 100 % Ethanol, Xylol und eindecken.

Ergebnis:

säurefeste Stäbchen: rötlich-goldene Fluoreszenz
Hintergrund: dunkel, ungefärbt
artifizielle Fluoreszenz: gelb
Das Absorptionsmaximum von Auramin O liegt bei 460 nm.
Das emittierte Licht hat die Wellenlänge 550 nm.

Variante:

Die Auramin-Rhodamin-Färbung lässt sich gut mit der van Gieson-Färbung kombinieren. Damit lassen sich zusätzlich alle Gewebestrukturen sichtbar machen.
nach Schritt 7 schließt man die van Gieson-Färbung an (A10.30)

Lösungen:

1. Auramin-Rhodamin-Lösung:
   1,5 g Auramin O, 0,75 g Rhodamin B, 75 ml Glycerin, 10 ml geschmolzene Phenolkristalle (verflüssigt bei 50 °C) und mit 50 ml Aqua d. mischen.
2. HCl-Ethanol: 4 ml 25 % Salzsäure und 96 ml 70 % Ethanol mischen.
3. 0,5 % Kaliumpermanganatlösung

Anleitung A10.68

Modifizierte Giemsa-Färbung

Allgemeines:

1. Das Bakterium *Helicobacter pylori* tritt häufig bei Magenschleimhautentzündungen auf, und steht damit meist am Anfang einer pathogenetischen Kette, die zu Ulzera und Magenkarzinomen führen kann.
2. Die modifizierte Giemsa-Färbung ist ein einfacher, schneller und mit geringem färberischen Aufwand durchzuführender Nachweis von *Helicobacter pylori* im histologischen Schnittpräparat.
3. Wichtig ist, immer einen positiven Kontrollschnitt bei der Färbung mitzuführen.
4. *Helicobacter pylori* lässt sich auch in einer qualitativ guten HE-Färbung bei sorgfältiger Untersuchung erkennen. Außerdem kann man es auch mit Methylenblau, mit der Versilberung nach Warthin-Starry und immunhistologisch nachweisen.

Methode:
1. Entparaffinieren, absteigende Ethanolreihe, Aqua d.
2. Giemsa-Gebrauchslösung, 30 min
3. in Aqua d. abspülen
4. aufsteigende Ethanolreihe, Xylol, eindecken.

Ergebnis:
Helicobacter pylori: blau/grau
Zellkerne: blau
Hintergrund: rosa/hellblau

Lösungen:
Die Giemsa-Stammlösung bezieht man am besten industriell gefertigt.
Gebrauchslösung: 1:20 mit Aqua d. verdünnen und 2 Tropfen konzentrierte Essigsäure zugegeben. Immer frisch ansetzen!

Anleitung A10.69

Warthin-Starry-Silberimprägnationsmethode
Allgemeines:
1. Mit Hilfe dieser Silberimprägnation lassen sich gut Spirochaeten, Listerien und Legionellen im Paraffinschnitt nachweisen. Die Methode eignet sich auch gut zum Nachweis des klinisch wichtigen *Helicobacter pylori*. Von der ursprünglich von Warthin und Starry 1920 veröffentlichten Methode liegen inzwischen viele Varianten vor, wir bringen hier eine einfach zu handhabende Variante, die z.T. auf den Angaben einer Laborvorschrift der Pathologie der Universität Würzburg beruht.
2. Gewebefixierung in Formalin
3. 3–5 μm dicke Paraffinschnitte
4. Nach Möglichkeit einen positiven Testschnitt mitführen
5. Bei der Silberimprägnation sind generell wichtige Details zu beachten, die im ▶ Kapitel 10.6.9.3 aufgeführt sind

Methode für 5 Schnitte: (Keine Metallinstrumente verwenden!)
1. Schnitte entparaffinieren, absteigende Ethanolreihe, Aqua d.
2. Schnitte für 30 min in 1 % Silbernitratlösung bei 50 °C in den Brutschrank stellen
3. auch die Gelatine in den Brutschrank stellen, damit sie flüssig wird; außerdem das Mischgefäß und die 3 Messzylinder
4. Heizplatte einschalten und auf 50 °C erwärmen; eine Glasplatte auf die 50 °C warme Heizplatte legen
5. 10 min vor Ablauf der 30 min (Schritt 2, Inkubation der Schnitte in Silbernitrat) die folgenden Entwickler-Stammlösungen im Messzylinder abmessen und wieder in den Brutschrank stellen:
   a) 3 ml Silbernitrat 2 %
   b) 4 ml Hydrochinon 0,15 %
   c) 7 ml Gelatine 5 %

▼

6. nach Ablauf der 30 minütigen Inkubation der Schnitte in Silbernitrat:
   Schnitte aus der 1 % Silbernitratlösung aus dem Brutschrank nehmen und auf die Glasplatte legen, die Entwickler-Stammlösungen (a–c) im Mischgefäß zusammenschütten und sofort auf die Schnitte aufbringen (man kann die zusammengeschüttete Lösung der Reagenzien auch in eine 50 °C warme Küvette stellen, muss dann entsprechend mehr Lösung herstellen)
7. entwickeln, bis eine bräunliche Farbe entsteht, Vorsicht! Die Entwicklung erfolgt sehr schnell (siehe Hinweise)
8. in Aqua d. (50 °C) stellen und gründlich spülen
9. kurz in Leitungswasser wässern
10. aufsteigende Ethanolreihe, Xylol und eindecken

Hinweise:
Die Entwicklung ist der kritische Schritt bei dieser Methode; unterentwickelt sind die Präparate zu blass und die Bakterien zu dünn, überentwickelt ist der Hintergrund zu dunkel und die Bakterien sind zu dick. Man kann Über- bzw. Unterentwicklung schon mit dem bloßen Auge abschätzen. Empfehlenswert ist daher, mindestens drei Objektträger mit den Gewebeschnitten zu färben und drei verschiedene Entwicklungszeiten auszuprobieren. Wenn die Objektträger mit einer Pinzette in eine Küvette gestellt werden sollen, muss die Pinzette zuvor mit Paraffin beschichtet werden oder es muss eine Kunststoffpinzette verwendet werden.

Ergebnis:
Spirochaeten, *Helicobacter* und andere Bakterien: schwarz
Hintergrund: gelblich bis bräunlich.

Lösungen:
1) 1 % Silbernitratlösung (Lösung dunkel halten)
2) Entwickler-Stammlösungen:
   Alle Lösungen werden mit saurem Aqua d. angesetzt, pH 3,7–4,0: In 1 l Aqua d. 3–4 Kristalle Zitronensäure auflösen.
   a) Silbernitratlösung 2 %: 1 g Silbernitrat in 50 ml saurem Aqua d. lösen

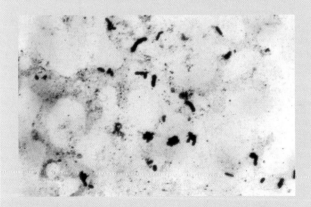

▣ **Abb. 10.46** Warthin-Starry-Silberimprägnation, *Helicobacter pylori*, Magen, Mensch, Vergr. ×1000 (Foto: PD Adam, Pathologie Würzburg).

b) Hydrochinonlösung 0,15 %:
0,015–0,022 g auf 10 ml saures Aqua d. im Brutschrank bei 54 °C lösen, löst sich nicht bei Zimmertemperatur.

c) Gelatine 5 %:
2,5 g Gelatine kurz mit absolutem Ethanol anfeuch-
ten, 50 ml saures Aqua d. dazu mischen, 10 min auf
dem Schüttler mischen, in den Brutschrank stellen
bei 54°C (Gelatine schmilzt bei 42°C, erstarrt bei
26°C), Thymolkristalle zugeben (Haltbarkeit!)

▪▪ PAS-Reaktion

Pilzhyphen im Gewebe und Hefezellen lassen sich mit der PAS-
Reaktion (A10.44) nachweisen

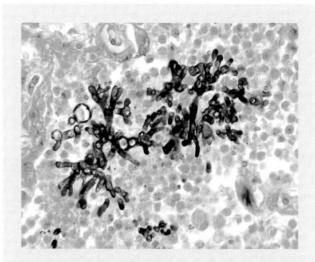

⬛ Abb. 10.48 Pilzhyphen, Grocott-Versilberung, Vergr. ×250
(Foto: Prof. Diebold, Pathologie Luzern).

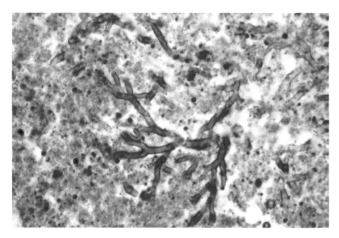

⬛ Abb. 10.47 *Aspergillus*-Hyphen, PAS-Reaktion, Vergr. ×450 (Foto: Dr.
Feyerabend, Pathologie Kiel).

lagert hat. Diese sind durch die Oxidation mit Chromsäure
entstanden (Schritt 2).

Das Hydrolysegleichgewicht wird in saurer Lösung durch
die Bildung von NH_4^+ nach rechts verschoben. Die H^+-Ionenkon-
zentration der Lösung nimmt ab. Damit die Lösung nicht alkalisch wird, benötigt man die Borsäure. Durch diese sehr wenig
dissoziierte Säure werden wieder langsam H^+-Ionen in die
Lösung abgegeben. Somit werden ein Gleichgewichtszustand
und der damit verbundene Stillstand der Reaktion verhindert.

Methode (Keine Metallinstrumente verwenden!):

1. Entparaffinieren, absteigende Ethanolreihe, Aqua d.
2. 5 % Chromtrioxid ($Cr^{VI}O_3$, „Chromsäure"), 60 min
3. gut auswaschen unter fließendem Leitungswasser, 10 min
4. 1 % $Na_2S_2O_5$, 1 min (oder $K_2S_2O_5$, Natrium- oder Kaliumbisulfit)
5. auswaschen unter fließendem Leitungswasser, 5 min
6. gut spülen in 3 Portionen Aqua d.
7. Reaktionslösung zur Versilberung (bei 45–60 ° C im Dunkeln (Brutschrank), 60 min, Mikroskopkontrolle ohne Abspülen der Schnitte! (evtl. zurück in die Reaktionslösung)
8. kurz abspülen in 2 Portionen Aqua d.
9. Tönung in 0,1 % Goldchlorid (Tetrachlorgoldsäure), 5 min
10. Abspülen in Aqua d.
11. 2–5 % Natriumthiosulfat, 2 min (NaS_2O_3 bildet mit nicht
reduzierten Silberionen einen wasserlöslichen Komplex)
12. auswaschen unter fließendem Leitungswasser, 5 min
13. (Gegenfärbung mit Kernechtrot 4 min, Eosin, Lichtgrün,
Orange G)
14. aufsteigende Ethanolreihe, Xylol, eindecken.

Ergebnis:
Pilze, *Pneumocystis carinii*: schwarz
(retikuläre Fasern: schwarz-rot)
Gewebe und Zellkerne: je nach Gegenfärbung

Anleitung A10.70

Versilberung nach Grocott

Allgemeines:

1. In der Pathologie am Paraffinschnitt häufig verwendete
Versilberung zur Darstellung von Pilzen und vor allem
von *Pneumocystis carinii*, das eine Pneumonie bei Säug-
lingen und Erwachsenen mit Immunschwäche (besonders häufig bei AIDS-Kranken) verursachen kann.
2. Bei der Silberimprägnation sind generell wichtige Details
zu beachten, die im ▶ Kapitel 10.6.9.3 aufgeführt sind

Prinzip:
Hexamethylentatramin (Urotropin, Methamin, $C_6H_{12}N_4$ + 4
H_2O) hydrolysiert beim Erhitzen in wässriger Lösung langsam zu Formaldehyd (6 HCHO) und Ammoniak (4 NH_4^+ +
4 OH^-).

HCHO reduziert $AgNO_3$ zu metallischem Silber (einzeitige Versilberung), das sich an den Aldehydgruppen ange-

▼

▼

Lösungen:

1. Chromtrioxid-Lösung: $Cr^{VI}O_3$ oder „Chromsäure", 5 %, wässrig.
2. Natriumbisulfit oder Kaliumbisulfit: $Na_2S_2O_5$, 1 %, wässrig.
3. Goldchloridlösung: $(AuCl_4) \cdot 4\,H_2O$ (Tetrachlorgold^{III}-Säure), 1 %, wässrig.
4. Natriumthiosulfat: NaS_2O_3, 2–5 %, wässrig
5. Methamin-Silbernitrat-Vorratslösung: 5–6 g Methamin (Hexamethylentatramin) gelöst in 100 ml Aqua d., dazu 5 ml $AgNO_3$-Lösung 5 %. Der entstandene weißliche Niederschlag löst sich wieder beim Schütteln. Die Lösung ist im Kühlschrank monatelang haltbar.
6. Methamin-Silbernitrat-Gebrauchslösung: 25 ml Vorratslösung + 25 ml Aqua d. + 2 ml 3 % wässrige Boraxlösung (Natriumtetraborat). Nur einmal verwenden.

10.6.13 Darstellung von Blutzellen im histologischen Schnitt

Zur Fixierung von Organen und Embryonen für hämatologische Untersuchungen eignet sich besonders das Maximowsche Gemisch (⬛ Tab. A1.11)

Man fixiert 2–6 mm dicke Gewebescheiben 6–24 Stunden bei Raumtemperatur und wäscht dann 24 Stunden in fließendem Wasser aus. Es folgen Entwässerung in der aufsteigenden Ethanolreihe – in 80 % Ethanol die Sublimatniederschläge entfernen (A10.9) – und weiter wie gewöhnlich Einbettung in Paraffin.

Maximow (1909) empfiehlt auch, die Fixierlösung zuerst auf 37 °C zu erwärmen, die noch lebenswarmen Gewebe einzubringen und dann erkalten zu lassen. Keimscheiben präpariert man in warmer Ringerlösung ab und träufelt dieser dann die Fixierlösung zu. Bei Embryonen über 1,5 cm Größe muss die Hautdecke geöffnet werden. Die Fixierdauer bei Keimscheiben beträgt 15 Minuten, bei Embryonen bis 3 mm eine Stunde, bei größeren bis 6 Stunden. Der oben angegebenen Mischung nach Maximow kann man noch 10 ml einer 2 % Osmiumtetroxidlösung zusetzen. Empfehlenswert ist ferner das Formol-Ethanolgemisch nach Schaffer (⬛ Tab. A1.11), das auch die Granula der Mastzellen sehr gut erhält.

■ ■ **Beachten:**

Nicht verwenden soll man die Orthsche Flüssigkeit, sowie Formalin allein, das die Leukocytengranula schlecht erhält. Durch Zusatz von Essigsäure oder Trichloressigsäure kommt es zum Austreten von Hämoglobin aus den Erythrocyten, ebenso beim langsamen Einfrieren frischer Präparate.

Giemsa-Färbung

Allgemeines:

1. Die beste Fixierung ist das Gemisch nach Maximow. Aber auch Formal-Fixierung ist möglich. Für immunhistologische Nachweise ist eine Fixierung mit gepuffertem Formalin notwendig.
2. Es sollten möglichst dünne Schnitte hergestellt werden.
3. Auch hier ist es unbedingt nötig, das zur Färbung verwendete destillierte Wasser zumindest abzukochen oder mit Phosphatpuffer n. Sörensen (0,1 M, pH 7,0) zu versetzen (1:10). Der richtige pH-Wert ist entscheidend für das Gelingen der Färbung.

Prinzip:

Die Giemsa-Lösung enthält Eosin, Methylenblau, Methylenazur, Methylenviolett. Als Lösungsmittel werden Methanol und Glycerin verwendet. Diese Mischung basischer Teerfarbstoffe und ihrer Salze mit Eosin färben das Cytoplasma und die Zellkerne je nach dem pH entsprechend an.

Methode:

1. Entparaffinieren, absteigende Ethanolreihe, Aqua d.
2. in neutralem Aqua d. spülen
3. frisch verdünnte Giemsa-Lösung, 2–12 h (1 ml der Stammlösung auf 50 ml Aqua d.)
4. die überfärbten Schnitte in Aqua d. abspülen
5. differenzieren und entwässern in folgenden Mischungen: 95 ml Aceton + 5 ml Xylol, dann 70 ml Aceton + 30 ml Xylol, dann 30 ml Aceton + 70 ml Xylol
6. Zuletzt über Xylol eindecken

Variante:

Ab Schritt 5 differenzieren in 0,5-1 % Essigsäure, einige Sekunden (möglichst frisch verdünnt!)

6. stoppen der Differenzierung und sammeln der Schnitte in Aqua d. (mind. 2 Küvetten)
7. Abtrocknen zwischen Filterpapier
8. Rasch entwässern in 2x 100 % Ethanol, Xylol, eindecken

Ergebnis:

Die Färbung liefert Ergebnisse, wie sie von den Blutausstrichen bekannt sind:

Zellkerne: rotviolett

eosinophile Granula: rötlich-rotbraun

basophile Granula: blau

neutrophile Granula: rotviolett

Cytoplasma der Lymphocyten: blau

Cytoplasma der Monocyten: blau, evtl. mit feinen purpurroten Azurkörnchen

Erythrocyten: blassrötlich

Thrombocyten: blau mit violettem Innenkörper

Zellkerne von Blutparasiten und Protozoen: leuchtend rot

Bindegewebe, Muskulatur, Epithel: rosa

▼

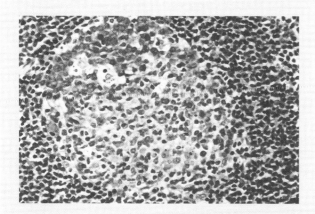

Abb. 10.49 Giemsa, sekundärer Lymphfollikel in einem Lymphknoten, Mensch, Vergr. ×250.

Lösungen:

Die Giemsa-Stammlösung bezieht man am besten industriell gefertigt.

Die Gebrauchslösung muss **immer frisch** und mit **neutralem Aqua d.** im Verhältnis 1:50 angesetzt werden. Fällt der Farbstoff beim Verdünnen aus, ist die Lösung unbrauchbar. Ursachen können sein: eine alte, verdorbene Stammlösung, unsauberes Glasgefäß oder Pipette bzw. ein zu saurer pH-Wert des Aqua d.

Anleitung A10.72

Panoptische Färbung nach Pappenheim

Allgemein:

1. Wie die gewöhnliche Giemsa-Färbung, so kann auch die kombinierte May-Grünwald/Giemsa-Technik (panoptische Färbung nach Pappenheim) für Schnittpräparate angewendet werden.
2. Die Methode eignet sich wegen ihrer scharfen Differenzierung und reichen Tonabstufung nicht nur für hämatologische Fragen, sondern auch als Übersichtsfärbung.
3. Die Gewebe werden nach Maximow oder Helly fixiert (☐ Tab. A1.11 u. A1.12) und in Paraffin eingebettet.
4. Als Färbelösungen verwendet man am besten die kommerziell erhältlichen Stammlösungen. Wesentlich ist, darauf zu achten, dass der pH-Wert des destillierten Wassers am Neutralpunkt liegt; am besten sollte man mit Phosphatpuffer n. Sörensen (0,1 M) von pH 7,0 im Verhältnis 1:10 mischen.

Prinzip:

Siehe Giemsa-Färbung (A10.71)

Methode:

1. Schnitte entparaffinieren, absteigende Ethanolreihe, Aqua d.
2. Spülen in neutralem Aqua d.
3. Vorfärben mit vor Gebrauch verdünnter May-Grünwald-Lösung (1:8 mit Aqua d.), bei 35 °C im Wärmeschrank, 20 min

▼

4. Die Farblösung ablaufen lassen und mit vor Gebrauch verdünnter Giemsa-Lösung (1:75 mit Aqua d.) bei 35 °C im Wärmeschrank, 40 min
5. Eventuell kurzes Differenzieren in 0,15 % Essigsäure.
6. Auswaschen in Aqua d.
7. Abpressen mit Filterpapier.
8. Entwässern in Aceton-Ethanol (1:1).
9. Aufhellen in Xylol und eindecken.

Ergebnis:

Die Färbung der Blutzellen erscheint wie im Ausstrichpräparat, das Bindegewebe ist stärker gefärbt als bei Giemsa.
Zellkerne: rötlich-violett
eosinophile Granula: bräunlich-orange bis ziegelrot
basophile Granula: ultramarin mit Stich ins Violette
neutrophile Granula: bläulich-rosa bis bräunlich
Cytoplasma der Lymphocyten: lichtblau
Cytoplasma der Monocyten: lichtblau, evtl. mit feinen purpurroten Azurkörnchen
Erythrocyten: rosa

Lösungen:

Am besten verwendet man kommerziell hergestellte Stammlösungen (May-Grünwald- und Giemsa-Lösung), dadurch erhält man auch eine Standardisierung des Färberesultates.

10.6.14 Darstellung des Nervengewebes

10.6.14.1 Färbung von Kern- und Nissl-Substanz

Anleitung A10.73

Nissl-Färbung mit Kresylviolett

Allgemeines:

1. Mit der Nissl-Färbung werden sogenannte Nissl-Schollen (Tigroidsubstanz), wobei es sich um raues endoplasmatisches Reticulum handelt, und Zellkerne von Nervenzellen zur Darstellung gebracht.
2. Gute Ergebnisse zur Färbung von Kern- und Nissl-Substanz erzielt man vor allem mit dem basischen Farbstoff Kresylviolett. Es können aber auch Thionin Toluidinblau und Methylenblau verwendet werden, wenn man dann die Färbung mit 4 % Ammoniummolybdat fixiert.
3. Um eine Farbverstärkung bei Formalin fixiertem Material zu erreichen, werden die Schnitte mit Disulfit vorbehandelt (Methode 1).

Prinzip:

Es kommt zu einer elektrostatischen Anlagerung des basischen Farbstoffes an die sauren Gruppen der Nucleinsäuren der Zellkerne, die in saurem Milieu (pH um 4) erfolgt. Analog färben sich auch die Nissl-Schollen (raues endoplasmatisches Reticulum).

▼

Methode 1:

1. Entparaffinieren, absteigende Ethanolreihe, Aqua d.
2. Kaliumdisulfit 50 %, 15–20 min
3. in Aqua d. spülen
4. Kresylviolett 1,5 % in Acetatpuffer bei Raumtemperatur, 20 min
5. abspülen in Acetatpuffer (pH 4,6)
6. differenzieren in 70 % Ethanol
7. differenzieren in 2 x 96 % Ethanol
8. unterbrechen der Differenzierung in 100 % Ethanol Mikroskopkontrolle!
9. vollständiges Entwässern in 100 % Ethanol, Xylol, eindecken.

Methode 2: Schnellfärbung mit Kresylviolett

1. Entparaffinieren, absteigende Ethanolreihe, Aqua d.
2. Kresylviolett 1 % wässrig, bei Raumtemperatur, 10 min (oder: 0,1 % wässrig, bei 60 °C, 5 min)
3. in Aqua d. abspülen und sammeln
4. in 2 x 96 % Ethanol differenzieren, einige Sekunden
5. Unterbrechen der Differenzierung und vollständiges Entwässern in 100 % Ethanol (2 Küvetten), einige Minuten
6. Xylol, eindecken.

Ergebnis:

Zellkerne und Nissl-Schollen: rotviolett/violett
Cytoplasma und restliches Gewebe: hellviolett/hellblau

Lösungen:

Für Methode 1:

1. Kaliumdisulfit 50 %: 50 g $K_2S_2O_5$ mit Aqua d. auf 100 ml auffüllen. (zum besseren Lösen die Flüssigkeit erwärmen.)
2. Kresylviolett 1,5 %
   in Acetatpuffer: 1,5 g Kresylviolett in 98 ml Aqua d. lösen, 1 ml 1 M Natriumacetat (siehe nachfolgend) und 1 ml 1 M Essigsäure zusetzen pH-Wert der fertigen Lösung ist ca. 4,6
   1 M Natriumacetat wasserfrei: 82 g/l
   1 M Natriumacetat-Trihydrat: 136 g/l
3. Acetatpuffer: siehe Pufferlösungen im Anhang.

Für Methode 2: Kresylviolett 1 % wässrig: 1 g Kresylviolett in 100 ml Aqua d. lösen

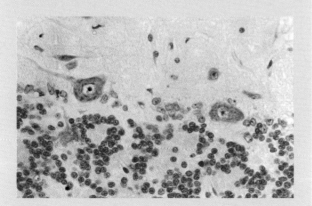

Abb. 10.50 Nissl-Färbung, Kleinhirn, Mensch, Vergr. ×450.

10.6.14.2 Darstellung von Nerven- und Gliazellen einschließlich ihrer Fortsätze

An erster Stelle ist die Silberimprägnationstechnik von Camillo Golgi (1873) zu nennen, mit der sich einzelne Nerven- und Gliazellen und deren Fortsätze darstellen lassen. Es gibt eine Reihe von Modifikationen der Golgi-Methode. Sie betreffen Veränderungen der Fixierlösung, Austausch des Silbers gegen ein anderes Metall oder Veränderung des nach der Originalmethode erzeugten Silberniederschlages, um mehr Haltbarkeit zu geben. Wie bei allen Silberimprägnationen sind auch hier für das Gelingen einige wichtige Dinge zu beachten (▶ Kap. 10.6.9.3).

Anleitung A10.74

Rasche Methode von Golgi, modifiziert nach Kallius (1892)

Um die Präparate haltbar zu machen, empfiehlt Kallius, den entstandenen Silberniederschlag zu reduzieren.

Allgemeines:

1. Ein Nachteil der Golgi-Methode ist, dass sich die Imprägnation niemals auf alle, sondern immer nur auf einzelne Zellen erstreckt; dadurch ist das Bild wohl unvollständig, gleichzeitig aber auch übersichtlicher als es bei Darstellung aller Zellen sein könnte.
2. Besonders zuverlässig gelingt die Methode, wenn Material von Embryonen oder sehr jungen Tieren verwendet wird; dies hängt wahrscheinlich damit zusammen, dass die Reagenzien dann am besten eindringen können.
3. Von großer Bedeutung für das Ergebnis ist die Dauer des Chromierens. Es sind dazu keine Richtlinien anzugeben, da die Zeitdauer für alle Objekte verschieden ist und rein empirisch ermittelt werden muss. Gewöhnlich gibt man für Ganglienzellen des Zentralnervensystems (ZNS) 3–5 Tage, für Glia 2–3 Tage und für Nervenfasern 5–7 Tage an. Bei zu kurzer Dauer erscheint nur ein diffuser Niederschlag von Silberchromat, bei zu langer Dauer findet man nur scharf begrenzte Kristalle ohne Imprägnation. Deshalb wird empfohlen, genügend Stücke des Gewebes zu chromieren und in abgestuften Zeitintervallen zu entnehmen.
4. Verminderung der Silberniederschläge:
   Die Präparate sind gewöhnlich von einem dicken Mantel von Silberniederschlägen umgeben, der einen großen Teil des Präparates verdecken kann. Es ist daher zweckmäßig, die Präparate vor dem Einlegen in die Silberlösung mehrmals kurz in eine 10 % Gelatinelösung zu tauchen, um sie so mit einem Gelatinemantel zu umhüllen. Auf diesem schlägt sich nun das oberflächliche Silber nieder; nach der Versilberung werden die Präparate durch kurzes Eintauchen in warmes, mit Silberchromat gesättigtes Wasser, vom Gelatinemantel und damit zugleich von den anhaftenden Niederschlägen befreit.

▼

Prinzip:
An die mit Kaliumdichromat fixierten Zellen lagert sich Silber an und es entsteht Silberchromat. Dieses Silbersalz wird zu metallischem Silber mit Hydrochinonentwickler reduziert und stabilisiert. Und so kommt es zu einer schwarzen Anfärbung der Zellen.

Methode (Keine Metallinstrumente verwenden):
1. Möglichst frisches Gewebe in Golgi-Fixierlösung bei 20–25 °C einlegen; die Gewebe sollen in 2–3 mm dicke Scheibchen von 5–10 mm² Fläche geschnitten sein. Man bestimmt die optimale Zeit der Fixierung empirisch, indem man vom 2. bis zum 7. Tag alle 12 h eine Probe entnimmt
2. Die entnommenen Gewebe mit Filterpapier abtupfen und in eine mehrmals erneuerte 0,75 % Silbernitratlösung eintauchen, bis keine Schlieren mehr abgehen und kein Niederschlag mehr erscheint. Dann Einlegen in 100 ml einer 0,75 % Silbernitratlösung für 1–2 Tage (auch bis 6 Tage) bei Zimmertemperatur, oder bei 35 °C (aber nicht höher), am besten im Dunkeln
3. 1–2 Stunden in mehreren Portionen von 40 % Ethanol auswaschen
4. Übertragen in 80- und 96 % Ethanol
5. Rasiermesserschnitte anfertigen oder mit dem Vibratom Schnitte von 20–100 µm Dicke herstellen (▶ Kap. 3.6.2.1 u. 3.6.2.3); man kann auch Gefrierschnitte anfertigen, indem man die Stücke nach dem Härten in Ethanol (Schritt 4) wieder zurück ins Wasser bringt
6. Sorgfältiges, mehrmaliges Auswaschen der Schnitte in 80 % Ethanol, um das überschüssige Silber zu entfernen, dessen Verbleib ein unangenehmes Nachdunkeln der Präparate zur Folge hätte
7. Schnitte einige Minuten in Hydrochinonentwickler geben; im Entwickler werden die Schnitte dunkelgrau bis schwarz
8. Waschen in 70 % Ethanol
9. 20 % wässrige Natriumthiosulfatlösung für 5 Minuten; der Untergrund der Schnitte entfärbt sich, während imprägnierte Strukturen tiefschwarz hervortreten
10. Auswaschen in mehrfach gewechseltem Wasser für 12 bis 24 Stunden
11. Aufsteigende Ethanolreihe, Xylol und eindecken

Ergebnis (in gelungenen Präparaten):
einzelne Nerven- und Gliazellen mit ihren Fortsätzen: tiefschwarz auf hellem Grund

Lösungen:
1. Golgi-Fixierlösung:
   40 ml einer 2,5–3,5 % Kaliumdichromatlösung und 10 ml einer 1 % Osmiumtetroxidlösung mischen.
2. 0,75 % Silbernitratlösung
3. Hydrochinonentwickler
   5 g Hydrochinon, 40 g Natriumsulfit und 75 g Kaliumcarbonat in 250 ml Aqua d. lösen. Die Lösung ist in brauner

Flasche, gut verschlossen aufbewahrt, haltbar. Gebrauchslösung: 20 ml des Entwicklers werden mit 250 ml Aqua d. verdünnt; unmittelbar vor Gebrauch mischt man 1–2 Teile dieses verdünnten Entwicklers mit 1 Teil 96 % Ethanol (fällt bei zu starkem Ethanolzusatz Kaliumcarbonat aus, setzt man einfach noch etwas unverdünnten Entwickler zu).
4. 20 % wässrige Natriumthiosulfatlösung

Anleitung A10.75

Golgi, Modifikation nach Bubenaite (1929) an formolfixiertem Material mit anschließender Paraffineinbettung
Diese Modifikation ist zu empfehlen, da sie sehr zuverlässig arbeitet und gute Resultate liefert.

Methode (Keine Metallinstrumente verwenden):
1. Man fixiert in 4 % Formol für 1–2 Tage; aber auch jahrelang in Formol liegendes Material ist verwendbar
2. Dann chromiert man 4 Tage in 1,25 % Kaliumdichromatlösung bei Raumtemperatur (die Gewebe liegen dabei auf Watte, um der Flüssigkeit von allen Seiten Zutritt zu ermöglichen)
3. Abtupfen der Gewebe mit Filterpapier
4. Flüchtiges Abspülen mit 0,75 % Silbernitratlösung
5. 3–4 Tage einlegen in 0,75 % Silbernitratlösung bei Raumtemperatur. Die Silbernitratlösung jeden Tag frisch ansetzen und immer dunkel stellen
6. Rasche Einbettung in Paraffin
7. Herstellen von 5–100 µm dicken Paraffinschnitten
8. Schnitte in Xylol entparaffinieren und aus sauberem Xylol eindecken

Ergebnis:
einzelne Nerven- und Gliazellen mit ihren Fortsätzen: tiefschwarz auf hellem Grund

◻ **Abb. 10.51** Golgi-Methode, Purkinjezellen, Cerebellum, Hund, Vergr. ×250.

Anleitung A10.76

Golgi-Collonier-Methode an Vibratomschnitten und Slice-Kulturen für die Licht – und Elektronenmikroskopie

Wir sind Herrn Prof. M. Frotscher (Freiburg) für die Überlassung dieser Methode sehr dankbar.

Allgemeines:

1. Mit der Golgi-Collonier-Methode lässt sich die lichtmikroskopische Golgi-Methode (Darstellung von Nervenzellen mit ihren Fortsätzen) gut mit der Elektronenmikroskopie kombinieren.

2. Die Methode kann man an Vibratomschnitten (▶ Kap. 3.6.2.3) und an Slice-Kulturen durchführen. Slice-Kulturen sind organotypische Hirnschnittkulturen, eine etablierte Technik, bei der nicht dissoziierte Zellen, sondern 100–200 μm-Schnitte (Slices) *in vitro* inkubiert werden (▶ Kap. 4). Der Vorteil dabei ist, dass die Organotypie weitestgehend erhalten bleibt.

Prinzip:

An den mit Kaliumdichromat imprägnierten Zellen lagert sich Silber an. Daraus wird ein schwerlösliches Silbersalz (Silberchromat), das durch O_2-Einwirkung zu metallischem Silber reduziert wird. Daraus resultiert die schwarze Färbung der Zellen.

Methode:

Zunächst verfährt man für die Licht- und Elektronenmikroskopie gleichermaßen:

1. Fixierung:
   a) Fixierung *in vivo*:
      Perfusion der Tiere mit dem Golgi-Fixativ (1) für 20 Minuten. Danach Präparation der gewünschten Region und Nachfixierung im Golgi-Fixativ (1) über Nacht bei 4 °C. Für die Weiterführung der Methode werden die Gewebeblöcke aus dem Fixativ genommen und in 0,1 M Phosphatpuffer (3) für 30 Minuten mit mehrmaligem Wechsel gespült, mit 5 % Agar (4), der nicht zu heiß sein darf, ummantelt und auf dem Vibratom in einer Dicke von 100 bis 200 μm geschnitten. Die Gewebeblöcke können im Golgi-Fixativ bei 4 °C längere Zeit (Wochen bis Monate) aufbewahrt werden.
      oder
   b) Fixierung *in vitro*:
      Die Fixierung erfolgt auch hier mit dem Golgi-Fixativ (1). Die Flüssigkeit wird abgesaugt und sofort durch das Golgi-Fixativ ersetzt. Dabei ist zu beachten, dass sowohl das Golgi-Fixativ als auch die folgenden Lösungen immer von unten und oben an die Kulturen gegeben werden müssen. Nach 5 und 30 Minuten wird das Golgi-Fixativ nochmals gewechselt. Fixiert wird dann bei Zimmertemperatur für mindestens 2 Stunden. Danach werden die Kulturen für die Weiterverarbeitung für 30 Minuten in 0,1 M Phosphatpuffer mit mehrmaligem Pufferwechsel gespült und mit einem Pinsel vor-

sichtig von der Membran gelöst. Werden die Kulturen nicht sofort weiterverarbeitet, können sie im Golgi-Fixativ bei 4 °C über Wochen aufbewahrt werden.

2. Erstellen des Agargewebeblocks (Päckchen packen):
   Die 5 % Agar-Agar-Lösung (4), die klar und durchsichtig sein sollte, wird im Wasserbad warm gehalten. Mit einem Skalpell wird für jede einzelne Kultur oder jeden Vibratomschnitt ein Parafilmstück abgetrennt. Das Parafilmstück sollte nur wenig größer als die Kultur oder der Vibratomschnitt sein. Das geschnittene Parafilmstück wird auf einen Objektträger oder eine Glasunterfläche gelegt und dann werden die Kulturen oder die Vibratomschnitte mit einem Pinsel vorsichtig auf den Parafilm gelegt und feucht gehalten (mit Phosphatpuffer). Die mit Kulturen oder Vibratomschnitten beladenen Parafilmstücke werden nun auf einer Glasfläche übereinander gestapelt und mit einem Parafilmstück abgeschlossen. Pro Block werden maximal 5–8 Kulturen oder 10 Vibratomschnitte gepackt. Vor der Ummantelung mit Agar wird der Block leicht angedrückt und überschüssiger Phosphatpuffer mit Filterpapier abgesaugt.
   Der verwendete Agar sollte klar und nicht zu heiß sein und wird zuerst vorsichtig von außen angegossen und erst dann wird der Block nach und nach vollständig von oben her eingebettet. Ist der Agar erkaltet, dreht man den Block um und überschichtet auch die Unterseite. Als letzter Schritt wird nun mit einem Skalpell überflüssiger Agar entfernt und der eigentliche Agargewebeblock erstellt. Der Abstand vom Agarrand zum Parafilm sollte nicht mehr als 1–2 mm betragen.

3. Kaliumdichromatimprägnierung:
   Die Imprägnierung erfolgt in einer 3 % Kaliumdichromatlösung mit 5 % Glutaraldehyd (5) für 120–144 h (5–6 Tage) bei 7 °C im Dunkeln. Der pH-Wert dieser Imprägnierungslösung liegt zwischen 4,0 und 5,0. Pro Agargewebeblock (Päckchen) werden 50 ml Lösung eingesetzt. Nach 3 Tagen wird die Imprägnierungslösung (Kaliumdichromat-Glutaraldehydlösung) erneuert.

4. Silberimprägnierung:
   Die Agargewebeblöcke (Päckchen) werden aus der Imprägnierungslösung genommen, kurz mit Fließpapier abgetupft und dann mit einer Plastikpinzette in eine frisch angesetzte, 0,75 % Silbernitratlösung (6) überführt. Bei mehrmaligem Wechsel der Silbernitratlösung werden die Agargewebeblöcke (Päckchen) so lange gespült, bis die Lösung klar bleibt. Danach werden die Agargewebeblöcke (Päckchen) für 1,5 bis 2 Tage in frischer Silbernitratlösung bei Zimmertemperatur im Dunkeln belassen.

Beachten:

Da das Produkt der Silberimprägnierung wasserlöslich ist, sollte direkt anschließend die Dehydrierung erfolgen.

▼

Keinesfalls sollten die Schnitte über längere Zeiträume in wässriger Lösung bleiben, da sonst das Silber herausgewaschen wird.

5. Dehydrierung und Auspacken der Agargewebeblöcke (Päckchen):

Die Agargewebeblöcke (Päckchen) werden mit einer Plastikpinzette aus der Silbernitratlösung genommen, kurz abgetupft und in eine aufsteigende Glycerin-Kaliumdichromatreihe (7) von 20, 40, 60 und 80 % überführt für jeweils 15 Minuten. Die Glycerin-Kaliumdichromatlösungen werden erst kurz vor Gebrauch angesetzt und müssen bei 4 °C im Dunkeln aufbewahrt werden (Lichtempfindlichkeit!). Die Inkubation der Päckchen in der 20, 40 und 60 % Glycerin-Kaliumdichromatlösung erfolgt in flachen Schälchen bei 4 °C im Dunkeln. In der 60 % Glycerin-Kaliumdichromatlösung werden die Agargewebeblöcke (Päckchen) ausgepackt. Die Päckchen können aber einfachheitshalber auch erst im 100 % Glycerin ausgepackt werden. Die Agarumhüllung wird mit Hilfe eines Skalpells entfernt und die einzelnen Kulturen oder Schnitte werden vorsichtig mit einem Pinsel vom Parafilm abgelöst und in die 80 % Glycerin-Kaliumdichromatlösung gebracht. In dieser Lösung erfolgt die mikroskopische Kontrolle der Silberimprägnation.

Wird bei der mikroskopischen Kontrolle festgestellt, dass sich keine Neurone gefärbt haben, kann eine Wiederholungsimprägnierung erfolgen. Die Kulturen bzw. Schnitte werden in einer absteigenden Glycerin-Kaliumdichromatreihe (8) von 80, 60, 40 und 20 % für jeweils 5 Minuten bei Zimmertemperatur rehydriert. Dann 4x in Aqua bidest. gespült und mindestens! 1 Stunde in 1 % Natriumthiosulfat (9) inkubiert. Nach mehrmaligem Spülen in 0,1 M Phosphatpuffer kann dann die Wiederholungsimprägnierung erfolgen. Die Päckchen können sofort oder auch am nächsten Tag gepackt werden. Werden die Päckchen erst am nächsten Tag gepackt, bleiben die Schnitte in 0,1 M Phosphatpuffer über Nacht im Kühlschrank.

Für die Lichtmikroskopie verfährt man nun weiter wie folgt:

War die Färbung erfolgreich, kommen die Kulturen bzw. Schnitte in 100 % Glycerin;

Danach werden die Kulturen bzw. Schnitte mehrmals in 0,1 M Phosphatpuffer gewaschen, anschließend auf gelatinebeschichtete Objektträger aufgezogen und über Nacht getrocknet. Danach erfolgt die Entwässerung über eine aufsteigende Ethanolreihe (50, 70, 80, 90, 2x 100 %) jeweils für 5–10 Minuten. Dann 2x Ethanol-Xylol-Gemisch 1:1 für jeweils 5–10 Minuten und 2x Xylol jeweils 5 Minuten und dann eindecken.

Um eine noch bessere optische Qualität für die Beurteilung in der Lichtmikroskopie zu erreichen, kann eine Gold-

tönung nach 100 % Glycerin angeschlossen werden. Siehe dazu Punkt 6. Goldtönung, beim Verfahren für die Elektronenmikroskopie.

Ergebnis:
Nervenzellen mit ihren Fortsätzen: schwarz

Für die Elektronenmikroskopie verfährt man weiter wie folgt:

War die Färbung erfolgreich, kommen die Kulturen bzw. Schnitte auf einen Objektträger mit 100 % Glycerin und ein paar Krümel Kaliumdichromatpulver und werden, abgedeckt mit einem Deckgläschen, bei 4 °C im Dunkeln aufbewahrt.

Spätestens nach 2 Tagen wird eine Goldtönung mit nachfolgender Epon- oder Durcupan-Flacheinbettung angeschlossen. Dadurch werden die Kulturen bzw. Schnitte jetzt auch der EM-Analyse zugänglich gemacht.

6. Goldtönung:

Ziel der Goldtönung ist es, das wasserlösliche, grobkörnige, metallische Silber durch relativ kleine Goldpartikel zu ersetzen, um die imprägnierten Zellen für die Elektronenmikroskopie zugänglich zu machen und außerdem eine bessere optische Qualität für die Beurteilung in der Lichtmikroskopie zu erreichen.

Als erster Schritt erfolgt die Illumination. Die Kulturen bzw. Schnitte werden hierzu in eine Petrischale mit 100 % Glycerin überführt und in der Mitte der Schale gelagert. Diese Petrischale wird in eine größere Petrischale eingesetzt. In die große Petrischale wird vorsichtig Aqua bidest. eingefüllt. Die Temperatur des Glycerins sollte 21 +/-0,5 °C betragen. Die Temperaturregelung erfolgt über Zugabe von Eisstückchen zum Aqua bidest. Die Illumination wird mit einer Kaltlichtquelle mit doppeltem Schwanenhals durchgeführt. Die Lichtfaserleiter werden dabei in einem Abstand von 7 cm von oben und unten auf die Kulturen eingestellt. Beleuchtet wird für mindestens 2 Stunden bei maximal möglicher Lichtintensität. Nach ca. 1 Stunde werden die Kulturen im Glycerin vorsichtig mit einem Pinsel gewendet. Nach der Illumination werden die Kulturen bzw. Schnitte in einer absteigenden Glycerin-Kaliumdichromatreihe hydriert, in 80, 60 und 40 % Glycerin-Kaliumdichromat für jeweils 2 Minuten und in 20 % Glycerin-Aqua bidest. für 3 x 2 Minuten.

Die Hydrierung muss im Dunkeln und auf Eis stattfinden. Die Inkubationszeiten sollten nicht überschritten werden. Die Goldtönung (Substitution von Silber durch Gold) erfolgt in einer Goldchloridlösung (10) aus 20 % Glycerin und 0,05 % Goldchlorid im Dunkeln auf Eis oder bei 4 °C im Kühlschrank für mindestens 1 Stunde. Anhand der Farbveränderung von tiefschwarz zu braun kann die Reaktion kontrolliert werden. Die Goldtönung wird in 3 Reaktionsschritten abgestoppt und findet bei 4 °C und im Dunkeln statt: 2 x 2 Minuten Aqua bidest., 4 Minuten

▼

10

0,05 % bis 0,1 % Oxalsäure (11) (Goldchlorid wird zu metallischem Gold reduziert), 1 Minute Aqua bidest. Die Oxalsäurelösung muss frisch angesetzt werden und kalt sein.

Als nächster Schritt wird mit einer frisch angesetzten, 1 % Natriumthiosulfatlösung (9) das überschüssige Silber herausgelöst.

Es ist zu beachten, dass für die Oxalsäurelösung wie auch für die Natriumthiosulfatlösung neue Gefäße verwendet werden und verwendete Pinsel zwischen den beiden Reaktionsschritten unbedingt mit Aqua bidest. gespült werden. Die Differenzierung im Natriumthiosulfat erfolgt bei Zimmertemperatur unter mikroskopischer Kontrolle und kann bis zu 2 Stunden dauern.

Ist die Differenzierung ausreichend, werden die Schnitte bzw. Kulturen kurz in Aqua bidest. gespült und danach bis zur Epon-Flacheinbettung in 0,1 M Phosphatpuffer bei 4 °C aufbewahrt. Die Einbettung sollte so schnell wie möglich erfolgen.

Zur lichtmikroskopischen Beurteilung müssen die Schnitte nicht unbedingt in Kunstharz eingebettet werden.

Es ist möglich, nach der Goldtönung die imprägnierten Schnitte oder Kulturen aus 0,1 M Phosphatpuffer auf gelatinebeschichtete Objektträger aufzuziehen, zu trocknen und anschließend über eine aufsteigende Ethanolreihe und Toluol mit wasserfreiem Eindeckmittel (z. B.: Hyper-Mount Fa. Shandon, Best.-Nr. 99909120) einzudecken.

7. Nachfixierung, Kontrastierung, Entwässerung und Flacheinbettung:

Die Nachfixierung und eine gleichzeitige Kontrastierung erfolgt in 1 % Osmiumtetroxid (12) in 0,1 M Phosphatpuffer mit 6,8 % Saccharose für 20 Minuten. Anschließend wird für 20 Minuten 5x mit 0,1 M Phosphatpuffer gespült. Dehydriert wird in einer aufsteigenden Ethanolreihe, reinst (13) von 50, 70, 90, 96 und 2 x 100 % für jeweils 10 Minuten.

Bei 70 % Ethanol kann ein Blockstaining (14) mit 1 % Uranylacetat in 70 % Ethanol für 60 Minuten eingefügt werden.

Anschließend werden die Schnitte bzw. Kulturen über 100 % Propylenoxid für zweimal 10 Minuten in Gemische aus Propylenoxid-Epon im Verhältnis 3:1, 1:2 und 1:3 für jeweils 20 Minuten in reines Epon (15) überführt. Nach einer Stunde wird das Epon (15) nochmals gewechselt. Die Präparate sollten mindestens 3 Stunden bei Zimmertemperatur in reinem Epon (15) belassen werden. Danach kann die Flacheinbettung durchgeführt werden. Die Präparate werden auf einen mit Formentrennmittel (16) beschichteten Objektträger in einen Tropfen Epon übertragen. Darauf wird ein ebenfalls mit Formentrennmittel beschichtetes Deckgläschen vorsichtig luftblasenfrei aufgelegt.

Der Epontropfen sollte so groß sein, dass er gerade mit dem Deckgläschen abschließt.

Liegt das Deckgläschen nicht plan auf, kann durch Auflegen eines kleinen Bleigewichtes nachgeholfen werden. Zur Auspolymerisation kommt das Material für mindestens 24 Stunden bei 60 °C in den Wärmeschrank. Statt Epon kann auch Durcupan (17) verwendet werden.

Lösungen:

(1) Golgi-Fixativ (für Licht- und Elektronenmikroskopie) Paraformaldehyd 1 %, Calciumchlorid 0,002 % und Glutaraldehyd 1 % in 0,1–0,12 M Natrium-Kalium-Phosphatpuffer. Das Fixativ sollte vor der Fixierung frisch angesetzt werden. Die Fixierungslösung hat einen pH zwischen 7,3 und 7,4. Ansatz für 500 ml: 5 g Paraformaldehyd werden zu 328 ml Aqua bidest. gegeben und unter dem Abzug auf dem Magnetrührer auf 70 °C erhitzt. Die jetzt noch milchig aussehende Lösung wird mit ein paar Tropfen 1 M NaOH geklärt. Dabei ist zu beachten, dass nur soviel 1 M NaOH verwendet wird, wie zur Klärung notwendig ist. Die Paraformaldehydlösung wird nun auf Eis abgekühlt und dann filtriert. Danach Zugabe von 150 ml Natrium-Kaliumphosphatpuffer 0,4 M (2) filtriert; 2 ml Calciumchlorid 0,5 % in Aqua bidest. filtriert.

Die 20 ml Glutaraldehyd (Glutardialdehyd) 25 %, hoch rein (Serva, 23114) werden erst kurz vor der Fixierung zugegeben und müssen gut vermischt werden.

Für Perfusionen sollte man nach Zugabe des Glutaraldehyds das gesamte Fixativ über eine Millipore-Membran (0,2 μm) filtrieren.

(2) Natrium-Kaliumphosphatpuffer 0,4 M
Ansatz für 500 ml: 5,3 g Natriumdihydrogenphosphat Monohydrat und 28,0 g di-Kaliumhydrogenphosphat wasserfrei werden in 200 ml Aqua bidest. gelöst und anschließend durch weitere Zugabe von Aqua bidest. auf ein Gesamtvolumen von 500 ml gebracht. Die Lösung muss anschließend pH kontrolliert werden. Der pH sollte zwischen 7,3 und 7,4 liegen.

(3) Phosphatpuffer 0,1 M
Ansatz für 1000 ml 0,2 M Phosphatpuffer:
Lösung I: 28,40 g di-Natriumhydrogenphosphat wasserfrei lösen in 1000 ml Aqua bidest. Lösung II: 8,28 g Natriumdihydrogenphosphat Monohydrat lösen in 300 ml Aqua bidest. Es wird soviel Lösung II zu Lösung I gegeben bis ein pH von 7,30 bis 7,35 erreicht ist. Um den 0,1 M Phosphatpuffer zu erhalten verdünnt man den 0,2 M Phosphatpuffer im Verhältnis 1:2 mit Aqua bidest.

(4) Agar-Agar 5 %
5 g Agar-Agar reinst (Merck, 1615.010) zu 100 ml Aqua bidest. geben und unter Erwärmen lösen. Die Agarlösung sollte zum Gebrauch klar und durchsichtig sein.

(5) Imprägnierungslösung (Kaliumdichromat 3 % mit Glutaraldehyd 5 %)

▼

Ansatz für 100 ml: 60 ml Kaliumdichromat 5 % ISO, 20 ml Glutaraldehyd 25 % (Serva, 23114), 20 ml Aqua bidest.
Ansatz Kaliumdichromat 5 % für 1000 ml: 50g Kaliumdichromat krist. reinst werden in 1000 ml Aqua bidest. gelöst. Diese Lösung kann bei Zimmertemperatur und im Dunkeln 1–2 Monate aufbewahrt werden. Vor Gebrauch sollte die Lösung filtriert werden.

(6) Silbernitratlösung 0,75 %
Ansatz für 100 ml: 0,75 g Silbernitrat zu 100 ml Aqua bidest. geben und im Ultraschallbad (oder immer gut auf einem Rüttler bewegen) für 3–5 Minuten lösen. Die Silbernitratlösung sollte erst kurz vor Gebrauch angesetzt werden und muss dunkel aufbewahrt werden.

(7) Aufsteigende Glycerin-Kaliumdichromat-Reihe
Ansatz für 50 ml: 20 %: 10 ml Glycerin wasserfrei + 40 ml Kaliumdichromat 5 %, 40 %: 20 ml Glycerin wasserfrei + 30 ml Kaliumdichromat 5 %, 60 %: 30 ml Glycerin wasserfrei + 20 ml Kaliumdichromat 5 %, 80 %: 40 ml Glycerin wasserfrei + 10 ml Kaliumdichromat 5 %, Im 100 % Glycerin können die Schnitte oder Kulturen auf Objektträgern mit Deckglas bei 4 °C aufbewahrt werden.

(8) Absteigende Glycerinreihe
Ansatz für 50 ml: 80 %: 40 ml Glycerin wasserfrei + 10 ml Kaliumdichromat 5 %, 60 %: 30 ml Glycerin wasserfrei + 20 ml Kaliumdichromat 5 %, 40 %: 20 ml Glycerin wasserfrei + 30 ml Kaliumdichromat 5 %, 20 %: 10 ml Glycerin wasserfrei + 40 ml Aqua bidest.

(9) Natriumthiosulfatlösung 1 %
Ansatz 100 ml: 1 g Natriumthiosulfat-Pentahydrat in 100 ml Aqua bidest. lösen. Die Lösung kurz vor Gebrauch ansetzen.

(10) Goldchloridlösung (Goldchlorid 0,05 % in Glycerin 20 %)
Ansatz für 20 ml: Goldchlorid 1 % 1 ml, Glycerin 100 % 4 ml, Aqua bidest. 15 ml.
Das 1 % Goldchlorid wird als Stammlösung hergestellt und bei 4 °C in einer dunklen Flasche aufbewahrt. Wegen der hygroskopischen Neigung des Goldchlorids wird die Substanz beim Herstellen der Stammlösung in Aqua bidest. gelöst.

(11) Oxalsäurelösung 0,1 %
Ansatz für 100 ml: 0,1 g Oxalsäure wird in 100 ml Aqua bidest. gelöst. Zum Gebrauch frisch ansetzen.

(12) Osmiumtetroxidlösung 1 % in 0,1 M Phosphatpuffer mit 6,8 % Saccharose
Osmiumtetroxid liegt als 4 % Stammlösung vor. Hergestellt wird diese Stammlösung, indem man Osmiumtetroxid 99,9 %, kristallin in 25 ml Aqua bidest. bei Zimmertemperatur löst. Gut verschlossen kann die Stammlösung dann über Wochen bei 4 °C aufbewahrt werden. Zur Herstellung der 1 %

Osmiumtetroxidlösung wird die 4 % Stammlösung im Verhältnis 1:4 mit 0,1 M Phosphatpuffer, dem 6,8 % Saccharose zugesetzt wurde, verdünnt.

(13) Aufsteigende Ethanolreihe
Zur Dehydrierung wird eine Ethanolreihe mit den Konzentrationen von 50, 70, 90, 96 und 100 % erstellt. Dazu verwendet wird Ethanol reinst. und Aqua bidest. Dem 100 % Ethanol kann ein Trocknungsmittel beigefügt werden.

(14) Blockstaining mit Uranylacetat 1 % in Ethanol 70 %
Ansatz für 100 ml: 1 g Uranylacetat wird unter leichtem Erwärmen in 100 ml Ethanol 70 % gelöst. Ist die Lösung abgekühlt, wird sie filtriert und kann dann in einer dunklen Flasche bei 4 °C über Wochen aufbewahrt werden.

(15) Epon-Gebrauchslösung
Epon 812 wird bei der Firma Serva seit 2004 unter der Bezeichnung Glycidether geführt. Es werden zuerst Gemische aus Glycidether 100 (Serva, 21045) und 2-Dodecenyl-succinicacidanhydride = DDSA (Serva, 20755) und Glycidether und Methylnadicanhydride = MNA (Serva, 29452) hergestellt.
Lösung A: 186 ml Glycidether + 300 ml DDSA
Lösung B: 250 ml Glycidether + 222 ml MNA
Die Lösungen A und B werden jeweils sehr gut gemischt und dann gut verschlossen bei -20 °C aufbewahrt.
Zur Herstellung der Epon-Gebrauchslösung werden die Lösungen A und B aufgetaut.
Die beiden Lösungen A und B dürfen erst nach vollständigem Auftauen bei Zimmertemperatur geöffnet werden.
Ansatz für 200 ml Epon-Gebrauchslösung: 100 ml Lösung A + 100 ml Lösung B + 3 ml 2,4,6,-Tris(dimethylaminomethyl)phenol (Serva, 36975) werden für ca. 10 Minuten sorgfältig mit einem Glasstab gerührt. Die Gebrauchslösung kann gut verschlossen bei -20 °C aufbewahrt werden.

(16) Formentrennmittel-Beschichtung
Um nach der Flacheinbettung das Material der Elektronenmikroskopie zugänglich machen zu können, muss das eingebettete Material vom Objektträger ablösbar sein. Hierzu werden sowohl Objektträger als auch Deckglas mit Formentrennmittel (z. B. von hobby time, Artikel-Nr. 21321) überschichtet.

(17) Durcupan ACM Fluka, Komponenten A, B, C, D
A-Komponente 100 g
B-Komponente 100 g
C-Komponente 3 g
D-Komponente 3 g

Komponenten A, B und D gut zusammenmischen, dann C-Komponente dazugeben. Mindesten 5 Minuten rühren, bis absolut schlierenfrei. Unter dem Abzug arbeiten!

10.6.14.3 Darstellung von Neurofibrillen mit Silberimprägnationsverfahren

Für ein gutes Gelingen gelten dieselben Voraussetzungen über einwandfrei gesäuberte Glaswaren, reines Aqua d. und gute Chemikalien, wie für die Versilberung der Gitterfasern (siehe ▶ Kap. 10.6.9.3).

Anleitung A10.77

Neurofibrillendarstellung nach Bielschowsky-Gros-Schultze

Allgemeines:

1. Diese Modifikation der Bielschowsky-Methode wird an Gefrierschnitten ausgeführt und hat den Vorteil, dass man den Verlauf der Imprägnation und Reduktion unter dem Mikroskop verfolgen kann.
2. Für Paraffinschnitte ist ebenso eine Modifikation anwendbar (siehe nachfolgend).
3. Voraussetzung ist eine Fixierung in Formol (4-10 %). Auch der pH-Wert der Formollösung spielt eine wichtige Rolle; nach Seki erhält man die elektivsten Resultate, wenn die Formollösung pH 6,6 bis 6,8 aufweist. Bei niedrigerem pH-Wert kommt es zu schwachen Schwärzungen, bei höherem pH-Wert auch zur Anfärbung von Cytoplasma und Zellkernen. Bei unbefriedigenden Resultaten wird man also den pH-Wert der Formollösung überprüfen.
4. Durch eine Vorbehandlung mit Pyridin (siehe Variante) wird die Reaktion des Bindegewebes und der Glia weitestgehend unterdrückt und die Axone kommen besser zur Darstellung.

Eine genaue Abstimmung des Ammoniakgehaltes bei der ammoniakalischen Silberlösung (Schritt 7) wird unnötig. Die Versilberung gelingt durch diese Modifikation auch an Paraffinschnitten.

Prinzip:

Aus Metallsalzlösungen lagern sich Silberionen auf dem Gewebe ab; anschließend werden diese Ag+-Ionen zu metallischem Silber reduziert und schwärzen dadurch die nachzuweisenden Gewebestrukturen.

Methode am Gefrierschnitt (Keine Metallinstrumente verwenden!):

1. Fixieren der möglichst lebensfrischen Gewebe in 4–10 % Formol, mindestens 10 Tage. Nach 2–3 Tagen schneidet man aus dem gehärteten Gewebe 2–3 mm dicke Scheiben.
2. in fließendem Wasser auswaschen, 2–3 h
3. in mehrfach gewechseltem Aqua d. weiter auswaschen, 4–18 h
4. Gefrierschnitte herstellen (▶ Kap. 9.3.5) und in Aqua d. auffangen (dabei nicht länger als 1–2 h auswaschen).
5. Imprägnieren der Schnitte in 20 % Silbernitratlösung, 1 h, die Lösung dabei dunkel stellen.
6. Übertragen in Formol-Leitungswasser (1:4). Die Schnitte müssen einzeln übertragen und im Formolschälchen

▼

ständig bewegt werden. Sobald im Formolgefäß weiße Wolken auftreten, in ein zweites, frisches Gefäß übertragen usw. Es ist wichtig, Niederschläge zu vermeiden; daher bereitet man 4–6 Schälchen vor. Gesamtdauer des Reduzierens: 4–7 min

7. Übertragen in ammoniakalische Silberlösung. Zur Reaktion gibt man 4–5 ml der Lösung in ein Uhrglasschälchen und setzt auf je 1 ml einen Tropfen Ammoniak zu. Man beobachtet dann den aus Formol in das Schälchen übertragenen Schnitt bei schwacher Vergrößerung. Erfolgt noch Anfärbung von Bindegewebe und Kernen, ist ein neuer Schnitt in ein weiteres Schälchen mit mehr Ammoniakzusatz zu übertragen, z. B. 3 Tropfen auf 2 ml usw., bis man erreicht, dass ausschließlich die Achsenzylinder tiefschwarz auf farblosem Grund erscheinen. Bei zarten Präparaten muss der Ammoniakzusatz unter Umständen vermindert werden. Ist die Imprägnation wie gewünscht entwickelt:
8. Sofort in Ammoniak-Aqua d. (7:8) übertragen, 1 min
9. Übertragen in ein Schälchen mit Aqua d., das durch Zusatz einiger Tropfen einer 1 % Goldchloridlösung schwach gelblich gefärbt ist. Die Schnitte bleiben hier, bis sie rotviolett gefärbt sind (30–45 min).
10. Auswaschen in Leitungswasser.
11. 1–5 min in 5 % Natriumthiosulfat bringen.
12. 30–45 min in Leitungswasser auswaschen.
13. Entwässern in aufsteigender Ethanolreihe, Xylol und eindecken.

Variante mit Pyridin:

Man kann Gefrier- und sogar Paraffinschnitte noch vor Schritt 5 der angegebenen Methode 24 Stunden in unverdünntes Pyridin einstellen und anschließend wie üblich auswaschen, bis kein Pyridingeruch mehr wahrnehmbar ist. Der Arbeitsgang wird anschließend wie beschrieben weiter fortgesetzt.

Ergebnis:

Neurofibrillen und Axone: schwarz
Bindegewebe: bräunlich-violett

Die Methode gibt auch für periphere multipolare (sympathische) Nervenzellen, bipolare Nervenzellen der Spinalganglien und periphere Nervenfasern allgemein sehr gute Resultate.

Lösungen:

1. 20 % Silbernitratlösung
2. Formol-Leitungswasser (1:4)
3. ammoniakalische Silberlösung:
   zu 5 ml einer 20 % Silbernitratlösung wird tropfenweise Ammoniak zugesetzt, bis der Niederschlag eben wieder verschwunden ist – dabei stets schwenken oder rühren! – dann auf 20 ml mit Aqua d. auffüllen.

▼

4. Ammoniak-Aqua d. (7:8)
5. 1 % Goldchloridlösung
6. 5 % Natriumthiosulfat

Info:

Ein wichtiger Faktor für das Gelingen ist das zum Verdünnen des Formols und das zum Auswaschen verwendete Wasser.

Sozusagen „standardisiertes" Leitungswasser kann man herstellen, indem man gleiche Teile a) Aqua d. mit 61,1 mg NaCl pro 1l und b) Aqua d. mit 135 mg K_2SO_4 pro 1l mischt.

Modifikation für Paraffinschnitte:
Methode (Keine Metallinstrumente verwenden):

1. Man fixiert (am besten einige Monate) in Formol und bettet in Paraffin ein.
2. Die Schnitte werden aufgezogen, entparaffiniert und kommen zur Nachfixierung aus Aqua d. für 24 h in Formol (1:9).
3. Danach wird rasch in Aqua d. abgespült und in eine Petrischale (feuchte Kammer) gelegt,
4. 20 % Silbernitratlösung auftropfen und 1 h bei 35–40 °C einwirken lassen.
5. Dann spült man rasch in Aqua d. ab.
6. ammoniakalische Silbernitratlösung einige Minuten auftropfen
7. wieder rasch in Aqua d. abspülen.
8. einige Minuten in 1–4 % Formol reduzieren.
9. aufsteigende Ethanolreihe, Xylol und eindecken.

Ergebnis:

Neurofibrillen und Axone: schwarz
Bindegewebe: bräunlich-violett

Lösungen:

1. 20 % Silbernitratlösung
2. Ammoniakalische Silbernitratlösung:
   Zu 1 ml 20 % Silbernitratlösung fügt man tropfenweise Ammoniak, bis der anfangs gebildete Niederschlag gerade wieder gelöst ist.

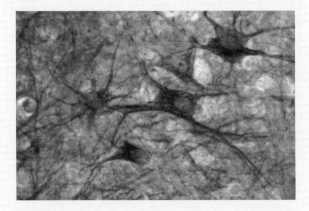

◘ **Abb. 10.52** Neurofibrillendarstellung nach Bielschowsky, Rückenmark Vorderhorn, Mensch, Vergr. ×450.

Anleitung A10.78

Neurofibrillendarstellung nach Cajal
Allgemeines:

Die von Ramón y Cajal angegebenen Methoden zur Darstellung der Neurofibrillen werden vorwiegend als Stückimprägnationsmethoden ausgeführt. Von Nachteil ist, dass meist nur eine mittlere Zone des Stücks brauchbar ist, da die Silberlösung in die tiefen Zonen nicht eindringt, während die Außenzone infolge zu starker Schwärzung ausscheidet. Der Erhaltungszustand der Präparate ist oft nicht gut, da es zu starken Schrumpfungen kommt.

Diese Nachteile sind bei neueren Modifikationen, die zuerst mit Formol fixieren und später erst mit Silbernitratlösungen imprägnieren, behoben. Die Einwirkung der Silberlösungen muss stets unter Lichtabschluss erfolgen (braune Glasflaschen, Hülle aus Pappe oder Alufolie). Die Gewebestücke sollen nicht über 3 mm dick sein.

Prinzip:

Das Prinzip besteht darin, dass die frisch entnommenen Gewebestückchen entweder unmittelbar oder nach Fixierung in Ethanol mit Silbernitratlösung durchtränkt werden; die dabei auftretenden Silberverbindungen werden in einem weiteren Schritt mit Pyrogallussäure oder Hydrochinon reduziert.

Methode 1 (Keine Metallinstrumente verwenden!):

Für Embryonen, neugeborene und kleine adulte Tiere. Dargestellt werden Pyramidenzellen im Großhirn, Körnerzellen im Kleinhirn.

1. Die frisch entnommenen Gewebe kommen für 3–5 Tage bei 35 °C direkt in eine 0,75–3,0 % Silbernitratlösung. Man imprägniert, bis die Stücke tabakbraun sind.
2. abspülen in Aqua d., 1 min
3. reduzieren in Reduktionslösung, 24 h
4. in Aqua d. spülen, 5 min
5. in Celloidin oder Paraffin einbetten (dabei soll die Entwässerung möglichst rasch erfolgen) usw.

Für Embryonen nimmt man die 0,75 % Silberlösung, für Gewebe von erwachsenen Tieren die 3 % Lösung, für Wirbellose die 6 % Lösung. Für 2–3 Stückchen rechnet man 80–100 ml Silberlösung.

Lösungen:

1. 0,75-3,0 % Silbernitratlösung
2. Reduktionslösung:
   1–2 % Pyrogallussäure-Lösung oder Hydrochinon, der 5 ml neutrales Formol auf 100 ml zugesetzt sind

Methode 2 (Keine Metallinstrumente verwenden!):

Für marklose und markhaltige Nervenfasern, perizelluläre Endapparate, sensorische Endigungen (Endkörperchen),

▼

motorische Nervenendigungen und für große und mittlere Nervenzellen des Groß- und Kleinhirns und des Rückenmarks.

1. Gewebe in 96 % oder in absolutem Ethanol fixieren, 24 h
2. Gewebe in 2–3 mm dicke Scheibchen zerteilen
3. in 1–1,5 % Silbernitratlösung imprägnieren (bei 30–35 °C), 5–7 Tage
4. in Aqua d. abspülen, 1 min
5. reduzieren in Reduktionslösung (siehe Methode 1), 24 h
6. spülen in Aqua d., 5 min
7. einbetten (siehe Methode 1)

Stellt man fest, dass die Imprägnation der Schnitte zu hell ausgefallen ist, behandelt man sie für 5–10 Minuten mit folgender Mischung: auf 100 ml Aqua d. 3 g Ammoniumsulfocyanid, 3 g Natriumsulfit und einige Tropfen 1 % Goldchloridlösung.

Setzt man dem Ethanol, das zur Fixierung dient, 2 % Veronal oder Chloralhydrat zu, so erfordert die Imprägnierung nur 5 Tage und gewinnt an Sicherheit; außerdem wird sie dann für Material anwendbar, das lange in Ethanol lag.

Methode 3 (Keine Metallinstrumente verwenden!):
Für Neurofibrillen im Rückenmark, sensible und sympathische Ganglien.

1. Die Gewebe werden 24 Stunden in 95 % oder absolutem Ethanol fixiert, dem auf 50 ml 1–12 Tropfen konz. Ammoniak zugesetzt sind, und zwar: für Großhirn 1–3 Tropfen, Kleinhirn 4 Tropfen, Rückenmark und Medulla 8–12 Tropfen, periphere Endigungen 2–3 Tropfen.
   Wurde zuviel Ammoniak zugesetzt, wird die Imprägnierung zu blass. Schrumpfungen kann man verhindern, indem man zuvor in 70 % Ethanol bringt und erst danach in Ethanol überführt.
2. Nach der Fixierung wird mit Filterpapier abgetrocknet und in Silberlösung überführt usw. (wie bei Methode 2 beschrieben).

Methode 4 (Keine Metallinstrumente verwenden!):
Für marklose Fasern des ZNS, perizelluläre Endapparate, Moosfasern im Kleinhirn.

1. Die Gewebe werden in verdünntem Formol (15 ml Formol, 85 ml Wasser) fixiert
2. in fließendem Leitungswasser auswaschen, 6–12 h
3. Gewebe in 96 % Ethanol (dem 10 Tropfen Ammoniak auf 100 ml zugesetzt sind), 24 h
4. dann weiter, wie in Methode 2 beschrieben

Methode 5 (Keine Metallinstrumente verwenden!)
Für Embryonen und für Nervenendigungen bei Adulten.

1. Die Gewebe werden in 70 % Pyridin oder in einem Gemisch aus 40 Teilen Pyridin und 30 Teilen 95 % Ethanol fixiert, 24 h

2. in fließendem Leitungswasser auswaschen, bis der Pyridingeruch verschwunden ist, 12–24 h
3. 96 % Ethanol, 6–12 h
4. weiter wie in Methode 2 beschrieben

Methode 6 (Keine Metallinstrumente verwenden!):
Für motorische Endplatten, perizelluläre Endigungen, Kleinhirn.

1. Die Gewebe werden in folgender Mischung fixiert: 5 g Chloralhydrat in 75 ml Aqua d. lösen, dann 25 ml Ethanol zumischen; 24 h
2. abspülen in Aqua d., 1 min
3. einlegen in Ethanol mit 8 Tropfen konz. Ammoniak auf 100 ml, 24 h
4. fließendes Leitungswasser, 12–24 h
5. spülen in mehreren Portionen Aqua d., 2–5 h
6. weiter wie in Methode 2 beschrieben

Methode 7 für Gefrierschnitte:
Für Großhirn, Kleinhirn, Sinnesepithelien, motorische Endplatten.

1. Die Gewebe werden in Formol 1:4 fixiert, mindestens 3 Tage
2. Gefrierschnitte in einer Dicke von 30–40 µm herstellen und in Formol auffangen
3. schnell in Aqua d. auswaschen, einige min
4. Silberlösung: die Schnitte sollen hellbraun werden, innerhalb von 4–6 h (ist dies nicht der Fall, erwärmt man die Lösung einige Minuten)
5. einzelne Schnitte in Ethanol eintauchen, je 2–4 sec
6. einzeln reduzieren in Reduktionslösung, 1–3 min
7. gründlich auswaschen in Leitungswasser
8. vergolden und fixieren wie gewöhnlich
9. aufziehen auf Objektträger, abpressen mit Filterpapier, aufhellen mit Terpineol und einschließen.

Wenn die Methode bei markhaltigen Fasern der weißen Substanz versagt, behandelt man die Gefrierschnitte vor dem Silberbad 2 Stunden mit 50 % Ethanol, dem man auf 20 ml 8–10 Tropfen konz. Ammoniak zusetzt. Danach wird ausgewaschen und in das Silbernitrat-Pyridinbad (wie oben beschrieben) gebracht.

Lösungen:

1. Silberlösung: 12 ml 2 % Silbernitratlösung zu 5–6 ml 96 % Ethanol mischen und 7–10 Tropfen reines Pyridin zusetzen.
2. Reduktionslösung: 0,3 g Hydrochinon in 70 ml Aqua d. lösen, 20 ml Formol und 15 ml Aceton zusetzen.

Neurofibrillendarstellung nach Bodian

Allgemeines:

1. Zur Darstellung der Neurofibrillen des zentralen und peripheren Nervensystems am Paraffinschnitt eignet sich die Methode von Bodian (1936), die auch an Serienschnitten auszuführen ist.
2. Wichtig ist die Fixierung in einem Formol-Eisessig-Ethanol-Gemisch: 5 ml Formol, 5 ml Eisessig und 90 ml 80 % Ethanol.
3. Schnitte von altem Formolmaterial stellt man vor der Imprägnation über Nacht in 5 % Essigsäure, um so das Mitfärben der kollagenen Fasern zu unterdrücken.
4. Zur Imprägnation wird hier Protargol oder Albumosesilber verwendet.
5. Bei der Verwendung von Celloidinschnitten muss das Celloidin vor der Imprägnation entfernt werden.
6. Gegenfärbung mit Azan ist möglich.

Beachten:

Fixieren in einem Formol-Eisessig-Ethanol-Gemisch! (siehe oben). Die Protargollösung kann nur einmal benützt werden!

Prinzip:

In Gegenwart von metallischem Kupfer (Katalysator) schlägt sich an den Nervenfasern metallisches Silber nieder, das reduziert und anschließend fixiert wird.

Methode (Keine Metallinstrumente verwenden!):

1. Entparaffinieren, absteigende Ethanolreihe, Aqua d.
2. imprägnieren in frisch angesetzter Silberlösung (Protargol oder Albumosesilberlösung) bei 37 °C, 24 h (Lösung nur 1x verwenden!)
3. in Aqua d. kurz abspülen
4. Reduktionslösung (Hydrochinon-Formaldehydlösung), 10 min. Die zuerst gelblichen Schnitte werden in der Lösung tabakbraun
5. gut auswaschen in 3 Küvetten Aqua d., ca. 4 min (nicht zu lange auswaschen, da sonst reduziertes Silber mit entfernt wird)
6. Goldchloridlösung, 1–5 min; die tabakbraunen Schnitte werden wieder entfärbt
7. rasch abspülen in 2 Küvetten Aqua d.
8. 2 % Oxalsäurelösung (bis die Schnitte lila werden), ca. 5 min
9. gut auswaschen in Aqua d. (1–2 x wechseln), ca. 3 min
10. Natriumthiosulfatlösung 5 % (fixieren), ca. 5 min
11. auswaschen in Aqua d.
12. aufsteigende Ethanolreihe, Xylol, eindecken.

Variante:

Wünscht man die erzielte Imprägnation zu verstärken, kann man doppelt imprägnieren. Man bringt die

▼

Schnitte nach dem Auswaschen des Hydrochinons (Schritt 5) in eine zweite, frische Protargol- oder Albumosesilberlösung mit neuem Kupfer und wiederholt die ganze Behandlung.

Ergebnis:

Nervenfasern: grau-lila/grau-schwarz
Hintergrund: hell

Lösungen:

1. Silberlösung: 1 g Albumosesilber oder Protargol, 100 ml Aqua d., 6 g Kupferspäne (-blech, -netz)
   Herstellung der Lösung: 100 ml Aqua d. auf 37 °C erwärmen, 1 g Albumosesilber auf die Oberfläche streuen und ohne Rühren auflösen lassen. Saubere, blanke Kupferspäne in eine Küvette legen, Schnitte einstellen und mit der warmen Albumosesilberlösung übergießen. Frisch ansetzen! Vor Licht schützen!
   Oder Kupferspäne in eine Küvette legen, Schnitte einstellen, Aqua d. zufügen und Albumosesilber auf die Oberfläche streuen und ohne Rühren bei 37 °C inkubieren (Objektträger müssen vollständig mit Lösung bedeckt sein!)
   Reinigen des Kupfers: Entfernen der oberflächlichen Oxidschicht durch 65 % Salpetersäure; dann gründlich unter fließendem Wasser spülen, um alle Säurereste zu entfernen, abspülen in Aqua d.
   Kupfer kann als Blechstreifen, Granulat oder Draht verwendet werden. Besonders wirksam ist ein Kupfernetz, da durch die große Oberfläche die im Silberbad stattfindenden elektrolytischen Prozesse sehr beschleunigt werden, sodass eine Imprägnation von einigen Stunden ausreicht.
2. Reduktionslösung: 1 g Hydrochinon (Merck Art. 4610) in 100 ml Aqua d. und 5 ml 37 % Formaldehydlösung zugeben.
3. Goldchloridlösung: 1 g Gold(III)-chlorwasserstoffsäure-Lösung (Tetrachlorgold(III)säure gelb), 100 ml Aqua d. und 3 Tropfen Eisessig.

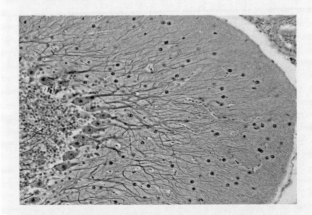

◨ Abb. 10.53 Silberimprägnation nach Bodian, Kleinhirn, Mensch, Vergr. x20.

4. Oxalsäure 2 %: 2 g Oxalsäure mit Aqua d. auf 100 ml auffüllen.

5. Natriumthiosulfat 5 %: 5 g Natriumthiosulfat-5-hydrat mit Aqua d. auf 100 ml auffüllen.

Info:

Zum Spülen und zum Ansetzen der verschiedenen Lösungen (Entwickler, Goldchlorid) empfehlen Adam und Czihak (1964) anstelle von Aqua d. die Verwendung folgender standardisierter Salzlösung:

Lösung A: 17 ml Eisessig auf 1000 ml Aqua d.

Lösung B: 16 g Natriumacetat auf 1000 ml Aqua d. Vor Gebrauch vereinigt man 12 Teile der Lösung A mit 3 Teilen der Lösung B und mischt die so entstandene Lösung mit Aqua d. 14:11.

10.6.14.4 Darstellung der Markscheiden (Myelinscheiden)

Das Myelin der Oligodendrogliazellen (Zentralnervensystem, ZNS) oder Schwannschen Zellen (Peripheres Nervensystem, PNS) ist eine komplexe Substanz aus Protein, Phospholipid, Cholesterin und Zerebrosid, die durch die Prozeduren der Paraffineinbettung zum großen Teil herausgelöst wird; übrig bleibt ein als Neurokeratin bekanntes Lipoprotein, das – histologisch gesehen – das Neurokeratingerüst bildet. Bei der Darstellung der Markscheiden hat man demnach zwischen Färbemethoden zu unterscheiden, bei denen die Lipide noch vor der Paraffineinbettung stabilisiert und aufbereitet werden müssen (Weigert-Typ), und solchen, die nach Paraffineinbettung des unbehandelten Materials selektiv das Neurokeratingerüst anfärben [Luxol-Fast Blue-(Echtblau-)Typ].

Anleitung A10.80

Markscheidenfärbung nach Kultschitzky

Allgemeines:

1. Die grundlegende Methode der Markscheidenfärbung stammt von Weigert (1897); im Anschluss daran haben sich zahllose Modifikationen etabliert. Es empfiehlt sich die nach Kultschitzky, die praktisch wichtigste Modifikation der Weigertschen Originalmethode. Die Einbettung erfolgt in Ethanol-Celloidin.

2. Weigert unterscheidet bei seiner Methode vier wesentliche Abschnitte: 1. primäre Beizung, 2. sekundäre Beizung, 3. Färbung und 4. Differenzieren.

3. Bei den Modifikationen wird meist auf die doppelte Vorbeizung, die das Material oft sehr brüchig macht, verzichtet.

4. Wichtig für das Gelingen der Färbung ist allerdings die ausreichende Chromierung des Materials. Es besteht die Möglichkeit des Nachchromierens (siehe unten).

5. Bei dem Verfahren nach Weigert und allen Modifikationen lässt sich nur normales Myelin anfärben; die Markscheiden frisch degenerierender Nerven müssen

▼

nach der Methode von Marchi dargestellt werden (► Kap. 10.6.14.5).

Prinzip:

Durch Vorbehandlung mit chrom- und kupferhaltigen Flüssigkeiten wird die Löslichkeit der Lipide der Markscheiden gegen die während der Einbettung angewandten Flüssigkeiten vermindert. Außerdem entstehen Verbindungen, die bei der nachfolgenden Behandlung mit Hämatoxylin fest haftende Farblacke bilden, durch die dann die Markscheiden intensiv gefärbt hervortreten.

Methode:

1. Gewebe in 10 % Formol fixieren

2. 3–6 Wochen in Müllerscher Flüssigkeit chromieren oder 4–5 Tage in Weigerts Neurogliabeize einlegen

3. entwässern und Celloidineinbettung über Ether-Ethanol durchführen (► Kap. 6.3.3)

4. Färbelösung 12–24 h

5. Differenzierungslösung: Das Herauslösen des Farbstoffes erfolgt nur sehr langsam. Die gesamte Prozedur kann 4–12 h dauern; nach der ersten Stunde muss man die Flüssigkeit 1–2-mal wechseln

6. gründlich in Leitungswasser auswaschen.

7. aufsteigende Ethanolreihe, Xylol und eindecken.

Ergebnis:

Markscheiden, Erythrocyten, Fibrin, Elastin und Kalk: schwarz bis blau-schwarz

graue Substanz: hellgelb.

Info:

Für das Gelingen der Färbung ist sehr wichtig, dass das Material genügend chromiert war. Ist dies nicht der Fall, kann man die Schnitte zum Nachchromieren 8–14 Tage in Müllersche Flüssigkeit bringen und sie danach 24 Stunden in 1 % Chromsäure legen. Vor der Färbung spült man mit Aqua d. ab.

Lösungen:

1. Müllersche Flüssigkeit:
   2,5 g Kaliumdichromat in 100 ml Aqua d. lösen und dann 1 g Natriumsulfat einrühren und lösen.

2. Weigerts Neurogliabeize:
   2,5 g Fluorchrom oder Chromalaun in 100 ml Aqua d. durch Kochen lösen; wenn die Mischung kocht, löscht man die Flamme, setzt 5 ml Eisessig und dann unter fortwährendem Rühren mit einem Glasstab 5 g feingepulvertes neutrales Kupferacetat zu.

3. Färbelösung:
   10 ml 10 % gereifte ethanolische Hämatoxylinlösung, 90 ml Aqua d. und 2 ml Eisessig

4. Differenzierungslösung:
   100 ml konzentrierte wässrige Lithiumcarbonatlösung und
   10 ml 1 % wässrige Kaliumferricyanidlösung

Silberimprägnation der Markscheiden nach Gallyas (1979)

Allgemeines:

1. Die Silberimprägnation nach Gallyas ist eine moderne, zuverlässige und im Vergleich zu immuncytochemischen Nachweistechniken kostengünstige Methode zur Darstellung von myelinisierten Nervenfasern. Sie kann daher vorteilhaft für Großflächen- und Serienschnitte zum Einsatz kommen. Zudem bringt sie die feinsten Fasern zur Darstellung.
2. Die beste Fixierung ist 4 % Paraformaldehyd (einige Tage bis Monate), auch Formalin ist möglich.
3. Geeignet für Paraffin-, Gefrier- und Celloidinschnitte, 5–100 μm Schnittdicke.
4. Unter dem Abzug arbeiten und wie bei allen Silberimprägnationen immer sauberes Glasgeschirr usw. verwenden (▶ Kap. 10.6.9.3).
5. Am besten werden auch alle Arbeitsschritte auf einem Schüttler oder noch besser im Schüttelwasserbad durchgeführt, da sowohl die Imprägnation mit Silberlösung (sollte im Dunkeln erfolgen), als auch die Entwicklung ein temperaturabhängiger Schritt ist, je wärmer, umso schneller laufen die Reaktionen ab.

Prinzip:

Durch reduzierende Substanzen im Gewebe werden Silberionen zu metallischem Silber reduziert. Das reduzierte Silber wird, wie beim fotographischen Prozess, mit Hilfe eines Entwicklers sichtbar gemacht. In einem vorbehandelnden Schritt (Essigsäureanhydrid) werden die meisten Substanzen (z. B. Proteine) oxidiert.

Als reduzierende Substanzen bleiben nur die ungesättigten Fettsäuren des Myelins erhalten. Gleichzeitig wird das Gewebe durch Pyridin entfettet, um eine Infiltration mit hydrophilen Substanzen zu ermöglichen.

Methode: (Keine Metallinstrumente verwenden)

1. Entparaffinieren, absteigende Ethanolreihe bis zu 96 % Ethanol und hier über Nacht stehen lassen.
2. Vorbehandlung mit Pyridin/Essigsäureanhydrid (2:1) 60 min (Richtwert); beachten: wenn das Pyridin gelblich wird, Lösung neu ansetzen!
3. Aqua d. (darf nicht mehr nach Pyridin riechen) 3 x 10 min
4. Imprägnation mit Silberlösung 23 °C: 45 min (oder 20 °C: 60 min) im Dunkeln (z. B. mit Alufolie umwickeln) und auf einem Schüttler oder im Schüttelwasserbad imprägnieren.
5. Essigsäure 0,5 % 2 x 5 min
   Zum Stoppen der Imprägnation und zum Auswaschen von nicht beabsichtigten Niederschlägen im Gewebe (Hintergrund), am besten auf einem Schüttler.
6. Aqua d. kurz spülen
7. Entwickler ca. 4–5 min
   Mikroskopkontrolle: feine Fasern müssen sichtbar sein. Farbe wechselt von honiggelb, rehbraun, zu schwarz-

▼

braun. Die Entwicklung kann jederzeit in 0,5 % Essigsäure unterbrochen werden.
8. Essigsäure 0,5 % (zum Stoppen der Entwicklung) 1–2 min
9. Säubern in Kaliumhexacyanoferrat II 1–2 min
10. Aqua d. 2 x kurz spülen
11. Fixieren in Natriumthiosulfat 2 % 1 min
12. in fließendem Leitungswasser wässern 20 min (falls sich die Schnitte lösen, statt dessen 3 x 5 min in Aqua d.)
13. aufsteigende Ethanolreihe, Xylol und eindecken in DePeX oder besser in Malinol.

Variante für Gefrierschnitte:

1. Gefrierschnitte auf gelatinisierte Objektträger aufziehen und gut trocknen lassen.
2. anschließend in 70 % Ethanol waschen 25 min
3. Schnitte wenden und nochmals in 70 % Ethanol waschen 25 min
4. über Nacht in 96 % Ethanol einstellen.
5. absteigende Ethanolreihe bis Aqua d., 2 x wechseln.
6. ab hier alle Arbeitsschritte auf dem Schüttler ausführen: man verfährt weiter wie oben unter Schritt 2 beschrieben.

Ergebnis:

Markscheiden: schwarz
(Hintergrund: gelb-braun)

Lösungen:

1. Pyridin-Essigsäureanhydrid (2:1):
   160 ml Pyridin + 80 ml Essigsäureanhydrid
   Die Lösung ist mehrmals verwendbar und längere Zeit haltbar. Wenn das Pyridin gelblich wird, immer eine frische Lösung ansetzen!
2. Silberlösung:
   Für 500 ml Ansatz in Aqua d.
   0,475g Ammoniumnitrat
   0,5 g Silbernitrat und
   1,5–2,5 ml 1 M NaOH langsam tropfenweise zugeben, bis pH 7,6 erreicht wird.
   Lösung immer frisch ansetzen! Bis zur Verwendung ins Dunkle stellen und nur 1 x verwenden! Die Temperatur überprüfen und während der Inkubation im Dunkeln halten (Alufolie).
3. Entwickler:
   Er besteht aus 3 Stammlösungen, die bis zu ihrer Verwendung dunkel gestellt werden. Außerdem saubere Gefäße benutzen!
   Stammlösung A:
   Natriumcarbonat (wasserfrei) 5 %: 7,5 g/150 ml Aqua d. (Vorrat: 50 g/1000 ml Aqua d.)

   Stammlösung B: frisch ansetzen!
   In 150 ml (250 ml) Aqua d. zuerst
   0,3 g (0,5 g) Ammoniumnitrat dann
   0,3 g (0,5 g) Silbernitrat dann
   1,5 g (2,5 g) Wolframkieselsäure lösen.

▼

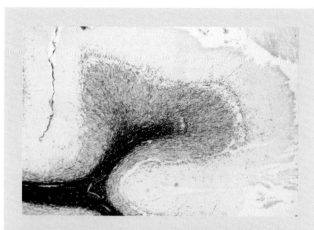

Abb. 10.54 Darstellung der Myelinscheiden nach Gallyas, Kleinhirn, Mensch, Vergr. ×25

Stammlösung C:
unmittelbar vor Gebrauch mischt man: 45 ml von Stammlösung B und 0,15 ml Formol (37 %)

Der zu verwendende Entwickler wird **unmittelbar vor Gebrauch** aus den
3 Stammlösungen gemischt:
A: 150 ml (10 Teile) auf Magnetrührer
B: 105 ml (7 Teile) ganz langsam zu A schütten!
C: 45 ml (3 Teile) ganz langsam zu A+B schütten!
Die Lösung wird bei Zugabe von B und C zuerst leicht trüb, klärt sich aber wieder, wenn alles langsam gemischt wurde.
4. Essigsäure 0,5 %: 5 ml Eisessig auf 995 ml Aqua d.
5. Kaliumhexacyanoferrat II; 0,5 g in 240 ml
   Die Lösung kann mehrmals verwendet werden:
6. Natriumthiosulfat 2 %: 5 g in 250 ml; täglich neu ansetzen!

Info:
Gefäße, die einen Niederschlag durch das Silbernitrat erhalten haben, können mit verdünnter Schwefelsäure gereinigt werden.

Anleitung A10.82

Markscheidenfärbung nach Weil am Paraffinschnitt
Allgemeines:
Die 1928 von Weil entwickelte Technik lässt sich für Paraffin- oder Celloidinschnitte anwenden, die vor der Einbettung nicht besonders behandelt wurden. Für die Darstellung des Neurokeratingerüsts geeignet.
   Es wird Formalin-fixiertes Material verwendet.

Methode:
1. Entparaffinieren, absteigende Ethanolreihe, Aqua d.
2. in Färbelösung färben bei 55 °C 10–30 min
3. abwaschen in Leitungswasser

▼

4. 4 % wässrige Eisenammoniumsulfatlösung, differenzieren, bis die Färbung des Hintergrundes gelöst ist.
5. waschen in 3 Portionen Leitungswasser
6. weiter differenzieren in Differenzierungslösung, Mikroskopkontrolle.
7. waschen in 2 Portionen Leitungswasser.
8. waschen in stark verdünnter Ammoniaklösung
9. auswaschen in Aqua d.
10. in 96 % Ethanol bringen, danach in 2 Portionen Ethanol
11. 2 Portionen Xylol und eindecken.

Ergebnis:
Markscheiden: schwarz bis blau-schwarz

Lösungen:
1. Färbelösung:
   10 ml einer 10 % ethanolischen (6 Monate gereiften) Hämatoxylinlösung werden mit 90 ml Aqua d. verdünnt. Unmittelbar vor Verwendung mischt man gleiche Teile dieser verdünnten Hämatoxylinlösung und einer 4 % wässrigen Lösung von Eisenammoniumsulfat. Nicht filtrieren, nur einmal verwenden!
2. 4 % wässrige Eisenammoniumsulfatlösung
3. Differenzierungslösung: 10 g Borax und 12,5 g Kaliumferricyanid in 1000 ml Aqua d.
4. verdünnter Ammoniak: 6 Tropfen auf 100 ml Wasser.

Anleitung A10.83

Markscheidenfärbung nach W. H. Schultze am Gefrierschnitt
Allgemeines:
1. Dies ist wohl die einfachste und daher empfehlenswerteste Methode; sie wurde von W. H. Schultze (1917) angegeben.
2. Die Methode arbeitet auch bei sehr altem Formolmaterial zuverlässig und schwärzt die feinsten Markscheiden kontrastreich.
3. Von formolfixiertem Material werden Gefrierschnitte hergestellt.

Methode:
1. 0,2 % wässrige Osmiumtetroxidlösung 30–120 min
2. in Aqua d. gut spülen
3. filtrierte 1 % p-Phenylendiamin-Lösung 15–60 min
   man färbt, bis der Schnitt ganz schwarz geworden ist
4. 0,3 % Kaliumpermanganatlösung 15–30 sec
5. in Leitungswasser abspülen
6. Differenzierungslösung 0,5–10 min
   ist die Differenzierung nicht ausreichend, wiederholt man die Oxidation mit Permanganat usw.
7. auswaschen in fließendem Leitungswasser
8. aufsteigende Ethanolreihe, Xylol und eindecken.

▼

Ergebnis:

Markscheiden: braun-schwarz

Lösungen:

1. 0,2 % wässrige Osmiumtetroxidlösung
2. 1 % p-Phenylendiamin-Lösung, filtrieren
3. 0,3 % Kaliumpermanganatlösung
4. Differenzierungslösung:
   1 % Oxalsäure und 1 % Kaliumsulfit, 1:1 mischen

Anleitung A10.84

Markscheidenfärbung mit Luxol Fast Blue nach Klüver-Barrera (1953)

Allgemeines:

1. Der Farbstoff Luxol Fast Blue (Luxolblau, Luxol-Echtblau) zeigt spezifische Affinität für Neurokeratin, sodass sich damit eine einfache Methode der Markscheidenfärbung durchführen lässt.
2. Durchführbar an formalin- oder ethanolfixiertem und paraffineingebettetem Gewebe.
3. Die ca. 10 µm dicken Paraffinschnitte schwimmen sehr leicht ab, daher mit Celloidin überziehen oder auf Adhäsionsobjektträger aufziehen.
4. Neben einer Kombination von Markscheidenfärbung mit Kernfärbung (nachfolgende Methode) sind auch andere Kombinationsmöglichkeiten für die Färbung mit Luxol Fast Blue geeignet, z. B.: Kresylviolett (Nissl), PAS und Goldner.

Prinzip:

Luxol Fast Blue, ein basisches Kupfer-Phthalocyanin mit einer komplizierten Ringstruktur, ähnlich dem Chlorophyll oder Hämoglobin, bindet an den Markscheiden über die Cholinbausteine der Phospholipide. In saurer ethanolischer Lösung verbinden sich die Aminogruppen des Luxol Fast Blue mit Ketogruppen und anderen großen Strukturmolekülen des Gewebes zu großen Polymerisationsaggregaten, die schwer oder nur teilweise wieder zu lösen sind. Als Differenzierungsmittel wird Lithiumcarbonat verwendet; der gelöste Farbstoff wird dann mit 70-80 % Ethanol ausgewaschen.

Methode:

1. Entparaffinieren, absteigende Ethanolreihe bis 96 % Ethanol
2. Luxol Fast Blue-Färbelösung bei Raumtemperatur 24 h; bei 60 °C 12 h; in der Mikrowelle bei 90 Watt 2–3 min
3. abspülen in Aqua d.
4. 0,05 % Lithiumcarbonatlösung 3–10 sec
5. dann weiter differenzieren in 70–80 % Ethanol 10–30 sec
6. abspülen in Aqua d. (Unterbrechung der Differenzierung) die Schritte 4 und 5 können mehrfach wiederholt werden; man differenziert, bis graue und weiße Substanz

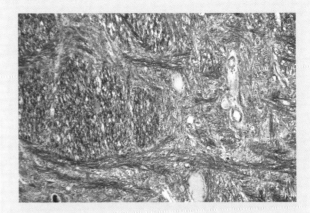

Abb. 10.55 Markscheidenfärbung mit Luxol Fast Blue, Medulla, Mensch, Vergr. ×125.

unterschieden werden können; aber nicht zu stark differenzieren: Mikroskopkontrolle!

7. Gegenfärbung der Kerne, z. B. mit Harris' Hämatoxylin 1–2 min
8. abwaschen in Aqua d. und bläuen in Leitungswasser 5–10 min
9. entwässern in je 2 Portionen 96 % und 100 % Ethanol; Xylol und eindecken.

Ergebnis:

Markscheiden: leuchtend blau
graue Substanz: blassgrün
Zellkerne: dunkelblau

Lösungen:

1. Luxol Fast Blue-Färbelösung:
   0,1 g Luxol Fast Blue MBSN in 100 ml 96 % Ethanol lösen und 0,5 ml 10 % Essigsäure zusetzen.
   Die Farbstofflösung ist jahrelang haltbar.
2. 0,05 % Lithiumcarbonatlösung
3. Harris Hämatoxylin/Hämalaun (Anleitung A10.17)

Anleitung A10.85

Markscheidenfärbung mit Luxol Fast Blue und Kresylviolett (Nissl)

(Kombinierte Zell- und Markscheidenfärbung)

Methode:

Nach Beendigung der Differenzierung der Luxol Fast Blue-Färbung (Schritt 5 der Anleitung A10.84) wird die Nissl-Färbung (Schnellfärbung) mit Kresylviolett angeschlossen (A10.73).

Ergebnis:

Markscheiden: blaugrün/türkis
Nissl-Substanz und Zellkerne: rot-violett/violett

▼

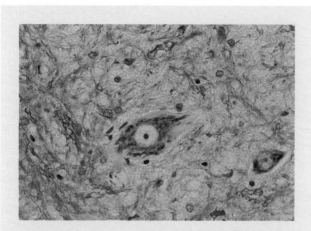

❐ **Abb. 10.56** Kombinierte Zell- und Markscheidenfärbung Luxol Fast Blue und Nissl, Rückenmark, Mensch, Vergr. x40.

Anleitung A10.86

Markscheidenfärbung mit Luxol Fast Blue und PAS
Methode:
Nach Beendigung der Differenzierung der Luxol Fast Blue-Färbung (Schritt 5 der Anleitung A10.84) wird eine PAS-Färbung angeschlossen (A10.44).

Ergebnis:
Markscheiden: blau
Basalmembranen (Kapillaren): rot
Zellkerne: blau

Anleitung A10.87

Markscheidenfärbung mit Luxol Fast Blue und Goldner
Methode:
Nach Beendigung der Differenzierung der Luxol Fast Blue-Färbung (Schritt 5 der Anleitung A10.84) wird die Goldner-Färbung angeschlossen (A10.31)

Ergebnis:
Markscheiden: blau
Zellkerne und Gliafasern: rot
Bindegewebe: grün

10.6.14.5 Darstellung degenerierender markhaltiger Nervenfasern

Wird eine Nervenfaser unterbrochen oder wird das zugehörige Perikaryon zerstört, degeneriert der periphere Anteil sekundär, wobei sich der Achsenzylinder sowie die Markscheide verändern. In der Markscheide beginnt sich bereits nach wenigen Tagen das Myelin in Fett umzuwandeln, ein Vorgang, der sich über die gesamte Länge der Markscheide gleichzeitig abspielt. Nach 2–3 Wochen findet man anstelle der Markscheide eine

Kette von Fetttröpfchen. In der folgenden Zeit wird dann dieses Fett abgebaut.

Frühstadien der Markscheidendegeneration sind am besten polarisationsoptisch (▸ Kap. 10.9) zu erfassen. Schon nach 24 Stunden lassen sich im polarisierten Licht an den Markscheiden nach der Durchtrennung der Bahnen die ersten degenerativen Veränderungen erkennen (Prikett und Stevens 1939).

Anleitung A10.88

Marchi-Methode zur Darstellung der degenerierenden Nervenfasern
Prinzip:
Legt man frisches oder in Formol fixiertes Nervengewebe in Osmiumtetroxidlösungen beliebiger Konzentration, so schwärzt sich das Gewebe mit der Zeit vollständig. Beizt man das Gewebe aber vorher mit Kaliumdichromat, Kaliumchlorat oder Natriumiodat, so färbt sich nur fettig entartetes Myelin; das restliche Gewebe bleibt vergleichsweise ungefärbt.

Methode:
1. Fixierung und Beizung: Einlegen in reichlich Müllersche Flüssigkeit, kleine Objekte im Ganzen, größere in Scheiben geschnitten. Die Flüssigkeit ist in der ersten Woche jeden 2. Tag, später jede Woche zu wechseln. Dauer: 3–4 Wochen.
2. Das Material in 1–3 mm dicke Scheiben zerlegen; die Scheiben können in Serie übereinander gelegt werden, wobei zwischen die Scheiben mehrere Lagen von Filterpapier kommen.
3. Das ganze wird in ein Gefäß mit Schliffstopfen gebracht, das mit Marchi-Gemisch gefüllt wird.
4. Sobald das Osmiumtetroxid (des Marchi-Gemisches) verbraucht ist, muss die Flüssigkeit erneuert werden. Täglich sollte vorsichtig umgeschüttelt werden; Dauer der Imprägnation: 8–14 Tage. Die Scheiben sollen dunkel, beinahe schwarz sein.
5. 1–2 Tage in fließendem Wasser auswaschen, danach 2–3 h in Aqua d.
6. entwässern mit Aceton, 4 Portionen, je 45 min
7. aufhellen in Petroläther, 2 Portionen, je 30 min
8. mit Paraffin infiltrieren und Blöcke gießen.
9. Paraffinschnitte anfertigen; Schnitte in Xylol entparaffinieren und eindecken.

Ergebnis:
Degenerationsherde: stark geschwärzt

Lösungen:
1. Müllersche Flüssigkeit:
   2,5 g Kaliumdichromat in 100 ml Aqua d. Lösen, dann 1 g Natriumsulfat einrühren und lösen.
2. Marchi-Gemisch: 2 Teile Müllersche Flüssigkeit, 1 Teil 1 % Osmiumtetroxid.

▼

10.6.14.6 Darstellung peripherer markhaltiger Nervenfasern

Anleitung A10.89

Zupfpräparate von frisch entnommenen Nerven

Um Zupfpräparate (▶ Kap. 3.4) frisch entnommener Nerven herzustellen, legt man einen auspräparierten Faszikel auf einen trockenen Objektträger und breitet das Gewebe mit Hilfe von zwei Präpariernadeln zu einem weißen Häutchen aus. Dabei wird die entnommene Faser mit einer Nadel an einem Ende festgehalten, während man mit der Spitze der zweiten Nadel den Nerv entlangstreift und so die Hüllstrukturen ab- und herauszieht. Die Nervenfasern breiten sich fächerartig aus.

Die Markscheiden bleiben glatt konturiert, wenn man 1–2 Tropfen 0,5 % Osmiumtetroxidlösung zusetzt. Die osmierten Präparate kann man mit Wasser abspülen und in Glyceringelatine einschließen.

Osmierung:

Markscheiden (Myelin) werden durch die Behandlung mit Osmiumsäure fixiert und gleichzeitig geschwärzt. Dadurch werden auch die Ranvierschen Schnürringe (Unterbrechung der Myelinscheide des Axons) und nach spezieller Fixierung auch die Schmidt-Lantermannschen Einkerbungen sichtbar.

Anleitung A10.90

Darstellung von Myelin und Ranvierschen Schnürringen

1. Man fixiert den frisch entnommenen Nerv, am besten an einer Leitstruktur befestigt (z. B. noch in situ an ein Zündholz binden!), für 24 h in 0,5 % Osmiumtetroxid.
2. Danach wäscht man 30 min in Leitungswasser aus.
3. Übertragen in Glycerinwasser und dann in Glycerin.
4. Den Nerv zerfasert man nun auf dem Objektträger. Es ist dabei nur das Stück zwischen den beiden Ligaturen zu gebrauchen.
5. Einschließen in Glycerin oder Glyceringelatine.

Ergebnis:
Myelin: schwarz
Achsenzylinder: hellgelblich
Ranviersche Schnürringe: treten deutlich hervor.

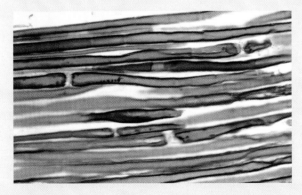

■ **Abb. 10.57** Osmierung, Ranviersche Schnürringe, peripherer Nerv, Mensch, Vergr. ×450.

Anleitung A10.91

Darstellung der Schmidt-Lantermannschen Einkerbungen

Um Dauerpräparate zu erhalten, in denen die Schmidt-Lantermannschen Einkerbungen der Markscheide ihre Form behalten, fixiert man Nervenstücke 24–36 Stunden in einem Gemisch von 20 % Formol und 1 % Osmiumtetroxidlösung, 1:1 (Sannomya, 1927). Durch die hohe Formolkonzentration wird das Aufquellen der Substanz, die die Kerben füllt, verhindert und sichtbar gemacht.

Nach der Fixierung verfährt man weiter mit Schritt 2 wie unter A10.90 angegeben.

Darstellung der Axone peripherer Nerven:

Darstellungsmöglichkeiten für Axone peripherer Nerven sind die Silberimprägnationen nach Bielschowsky-Gros-Schultze (A10.77) und Bodian (A10.79), die an Paraffinschnitten durchführbar sind.

10.6.14.7 Darstellung von Gliazellen

Anleitung A10.92

Gliafaserfärbung nach Holzer
Allgemeines:
1. Die Gliafaserfärbung nach Holzer (1921) ist bei menschlichem Material gut anwendbar; sie versagt aber bei tierischem Material leider manchmal in unvorhersehbarer Weise.
2. Die spezifische Darstellung des gliafibrillären Proteins ist immunhistochemisch vorzunehmen.

Prinzip:
Kristallviolett wäre an sich in wässriger Phase ein grobdisperser Farbstoff und würde somit nur in grobe Strukturmaschen eindringen. Da er hier aber in einer Mischung mit Ethanol und Chloroform benutzt wird, liegt er feindispers vor, und kann so in die feinen Gliafasern eindringen.

Methode:
1. Material in 4 % Formol mindestens 5 Tage, oder besser in einer Mischung aus gleichen Teilen von 4 % Formol und 96 % Ethanol, mindestens 12 Tage fixieren. Im letzten Fall überträgt man 2–3 Tage vor dem Schneiden in 4 % Formol.
2. Gefrierschnitte, aber auch Paraffinschnitte oder Celloidinschnitte werden hergestellt:
   Gefrierschnitte legt man vor der Färbung 12–24 h in 50 % Ethanol.
   Von Celloidinschnitten muss das Celloidin entfernt werden (12–24 h in Methanol bringen)
3. Schnitte in 50 % Ethanol bringen; Gefrierschnitte auf Objektträger aufziehen und mit Filterpapier abpressen.
4. Frisch zubereitete Beize 3 min
5. Objektträger mit einem Tupfer sorgfältig trockenwischen, sodass nur noch der Schnitt und dessen Umge-

▼

bung, wie sie dem aufgesetzten Deckglas entspricht, feucht bleiben.

6. Die Schnitte mit etwas Ethanol-Chloroform (2:8) bedecken, warten, aber die Schnitte nicht trocknen lassen! Sobald die graue und weiße Substanz in der Aufsicht gleichmäßig erscheinen.

7. Auftropfen der Färbelösung mit einer Pipette für 5–15 sec!

   Man tropft nur so viel Farblösung auf, wie eben zum Bedecken des Schnittes nötig ist. Die Farblösung muss stets gut verschlossen gehalten werden; ist sie zu stark eingedickt, gibt man wieder etwas Ethanol-Chloroform zu. Die Konzentration kann schwanken; auch die Hälfte der angegebenen Konzentration reicht aus.

8. Abspülen der Färbelösung mit 10 % Kaliumbromidlösung. Man verwendet am besten eine Spritzflasche. Die Spülflüssigkeit wird auf den schräg gehaltenen Objektträger gespritzt, bis das gleich zu Anfang entstandene grünlich-metallische Farbhäutchen vollständig entfernt ist und das Präparat gleichmäßig samtartig schwarzblau aussieht (wo das Häutchen nicht ganz entfernt ist, bekommt man im Präparat störende Farbniederschläge).

9. Abpressen mit Filterpapier.

10. Differenzieren mit Anilinöl-Chloroform. Die Dauer des Differenzierens schwankt zwischen Sekunden und mehreren Minuten; man achtet auf das Verschwinden der zuerst vorhandenen milchigen Trübung.

11. Unterbrechen der Differenzierung mit Xylol; den Schnitt mehrmals übergießen, dann abtupfen, nochmals Xylol zugeben und in Balsam einschließen.

Man beachte, dass das Spülen mit Bromkali (Schritt 8) die Aufhellung des Präparates bewirkt, was aber erst bei der Behandlung mit Anilinölchloroform (Schritt 10) zu erkennen ist. Ist der Schnitt zuletzt diffus blau gefärbt, kontrolliert man vor dem Einschließen noch im Mikroskop und wiederholt eventuell die Differenzierungsschritte nach Abpressen mit Filterpapier.

Ergebnis:
Gliafasern: blauviolett
Zellkerne und Cytoplasma: leicht blau

Lösungen:
1. Beize: frisch zubereiten!
   Mischung aus 1 Teil 0,5 % wässriger Phosphormolybdänsäure und 3 Teilen 96 % Ethanol
2. Ethanol-Chloroform (2:8)
3. Färbelösung:
   1 g Kristallviolett in 2 ml Ethanol + 8 ml Chloroform lösen.
4. 10 % Kaliumbromidlösung
5. Anilinöl-Chloroform:
   4 ml Anilinöl, 6 ml Chloroform und 1 Tropfen 1 % Essigsäure; die Mischung ist nur kurz haltbar; ist sie trüb, muss vor Gebrauch filtriert werden!

10.6.14.8 Darstellung von Neurosekret und Zellen in der Hypophyse

Anleitung A10.93

Chromhämatoxylin-Phloxin-Färbung

Allgemeines:
1. Die von Gomori (1941) ursprünglich zum Studium der Langerhansschen Inseln entwickelte Färbetechnik wurde von Bargmann (1949,1950) zur Darstellung von Neurosekret verwendet.
2. Zur Fixierung eignet sich gut Bouin, aber auch Formol oder Susa.
3. Die Einbettung erfolgt in Paraffin.

Prinzip:
Das stark positiv geladene Chromhämatoxylin, ein Hämatoxylinlack, bindet an die negativ geladenen Kernstrukturen und an das Neurosekret und färbt beides schwarzblau. Die Gegenfärbung erfolgt mit Phloxin.

Methode:
1. Entparaffinieren, absteigende Ethanolreihe, Aqua d.
2. beizen bei 37 °C 12–24 h
3. wässern in Leitungswasser, bis die Gelbfärbung verschwunden ist
4. Oxidationslösung 2–3 min
5. spülen in Aqua d.
6. bleichen in Oxalsäure oder Natriumdisulfit, 3 %
7. auswaschen in fließendem Wasser.
8. Chromhämatoxylin (filtriert!) 10 min
9. differenzieren in HCl-Ethanol, 1:200, ca. 30 sec
10. fließend wässern 2–3 min
11. Gegenfärbung in 0,5 % Phloxinlösung 2–3 min
12. 5 % Phosphorwolframsäure 1–2 min
13. fließend wässern 5 min
14. differenzieren in 90 % Ethanol.
15. 96 % Ethanol, absoluter Ethanol, Xylol und eindecken

Ergebnis:
Neurosekret und Zellkerne: schwarz-blau
Acidophile (α-)Zellen: rot
Basophile (β-)Zellen: grau-blau

Lösungen:
1. Beize:
   Bouinsche Flüssigkeit (◪ Tab. A.11), der auf 100 ml 3–4 g Chromalaun zugesetzt sind.
2. Oxidationslösung:
   1 Teil 2,5 % Kaliumpermanganatlösung, 1 Teil 5 % Schwefelsäure und 6–8 Teile Aqua d.
3. 3 % Oxalsäure oder Natriumdisulfit
4. Chromhämatoxylin:
   50 ml 1 % wässrige Hämatoxylinlösung, 50 ml 3 % Lösung von Chromalaun, 2 ml 5 % Kaliumdichromatlösung, 1 ml 5 % Schwefelsäure.

▼

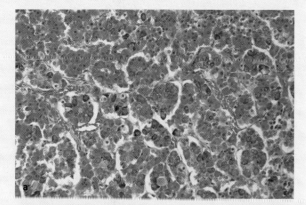

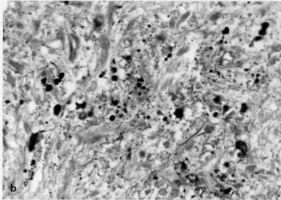

◘ Abb. 10.58 a) Chromhämatoxylin-Phloxin (Gomori), Adenohypophyse, Mensch, Vergr. ×20, **b)** Chromhämatoxylin-Phloxin (Gomori), Neuroskret, Neurohypophyse, Mensch, Vergr. ×40.

Die Mischung benötigt 48 h zum Reifen und ist im Kühlschrank 2 Monate haltbar. Vor Gebrauch filtrieren.

5. HCl-Ethanol 1:200 (mit konz. HCl)
6. 0,5 % Phloxinlösung
7. 5 % Phosphorwolframsäure

10.6.14.9 Immunhistologische Nachweise des Nervengewebes

Bestimmte Bausteine und Regionen der Nervenzellen bzw. des Nervengewebes lassen sich heute mit immunhistologischen Methoden selektiv darstellen. Dabei kommen ganz spezifische Antikörper zum Einsatz (◘ Tab. 10.10).

◘ Tab. 10.10 Relevante Antikörper für das Nervengewebe

Antikörper:	Zellen:
Neurofilament	Nervenzellen
GFAP (glial fibrillary acidic protein)	Astrocyten
S 100 Protein	Gliazellen, Schwannsche Zellen
NSE (neuronspezifische Enolase)	Neuroendokrine Zellen
Synaptophysin	Präsynaptische Vesikel

Entsprechende Informationen zu den Methoden finden Sie im ► Kapitel 19, Immunlokalisation.

10.6.15 Färbungen an Kunststoffschnitten

10.6.15.1 Allgemeines

Es gibt folgende Aufgabenstellungen, die es erforderlich machen in Kunststoff einzubetten und somit auch Kunststoffschnitte zu färben:

1. Es werden sehr dünne Schnitte (1 bis 2 μm) benötigt, um eine bessere Auflösung im Lichtmikroskop und somit auch eine bessere und genauere Beurteilung des Gewebes zu erreichen.
2. Es sind Schnitte von harten und unentkalkten Präparaten (z. B. Knochen, Horn, Panzer von Krebsen, usw.) herzustellen und zu färben (► Kap. 12.2 Präparation von Hartgewebe).
3. Für die Elektronenmikroskopie werden Semidünnschnitte als Übersichtspräparate gebraucht und sollen gefärbt werden. (► Kap. 7.1.4.4). Für die hier angegebenen Schnellfärbungen für Semidünnschnitte muss der Kunststoff vor der Färbung nicht aus dem Schnitt entfernt werden!

Folgende Nachteile der Kunststoffschnitte (je nach Art und Hersteller) gilt es zu berücksichtigen:

1. Es können aus technischen Gründen nur kleine Gewebestücke (Kantenlänge 0,5 cm) in Kunststoff eingebettet werden.
2. Kunststoffschnitte können sich zum Teil störend anfärben. Der Kunststoff muss eventuell vor dem Färben aus dem Schnitt entfernt werden.
3. Das Gewebe im Kunststoffschnitt färbt sich nicht an und muss vorher „geätzt" werden.
4. Nicht alle Färbungen (insbesondere Trichromfärbungen) sind an Kunststoffschnitten anwendbar.
5. Die Färbezeiten bei Kunststoffschnitten sind länger und experimentell zu ermitteln.

10.6.15.2 Entfernen des Kunststoffs (entplasten) aus dem Gewebeschnitt

Polymethylmethacrylat- (PMMA) und Epoxidharzschnitte sind nach dem Entfernen des Kunststoffes sicherlich leichter und differenzierter färbbar. Das Herauslösen des Einbettmediums fördert jedoch das Abschwimmen oder das Herausfallen von (nicht durchtränkten) Schnittanteilen.

Anleitung A10.94

Entfernen von Polymethylmethacrylat (PMMA)
Polymethylmethacrylat (PMMA) kann in Lösungsmitteln wie Xylol (4 h bei 55 °C im Brutschrank) oder besser in 2–4 Bädern Methylglykolacetat (Merck 806061) = Methylcellosolveacetat (Fluka 860) für je 20–60 min (evtl. über Nacht) bei Zimmertemperatur herausgelöst werden. Die Schnitte sollen

▼

dabei nicht bewegt werden (Gefahr des Abschwimmens!). Die Bäder sind häufig zu erneuern.

Sollten die Schnitte in den Lösungsmitteln oder beim Färben doch abschwimmen, kann dem letzten Bad 1 % Celloidin zugesetzt werden, das dann wie eine dünne Folie den Schnitt festhält und nach dem Färben und Entwässern (zwischen 100 % Ethanol und Xylol oder) durch kurzes Einstellen in Methylglykolacetat entfernt werden kann.

Die entplasteten Schnitte werden über 70 % und 40 % Ethanol für jeweils 5 min in Aqua d. gebracht (hydratisiert).

Anleitung A10.95

Entfernen von Epoxidharz

Epoxidharze können mit Natriummethylat herausgelöst werden.

Die Schnitte werden in 10 % methanolische Lösung von Natriummethylat (Merck 806538) für 5–10 min eingestellt, dann in eine 10 % Lösung von Natriummethylat in Methanol-Aceton 1:1 für weitere 5 bis 10 min gebracht, dann 5 min in Aceton gewaschen und über die absteigende Ethanolreihe ins Aqua d.

Anleitung A10.96

Entkalken und Ätzen des Kunststoffschnittes

Für entplastete Hartgewebe-PMMA-Schnitte empfiehlt sich bei bestimmten Färbereaktionen (z. B. Giemsa, Versilberung nach Gomori) eine zarte Schnittentkalkung, da der vorhandene Kalk die genannten Färbungen stören kann.

Zum **Entkalken** werden die Schnitte aus Aqua d. für 5 bis 10 min in 5 % Essigsäurelösung gestellt und dann vor der Färbung wieder gründlich in Aqua d. gespült.

Bei nicht entplasteten Schnitten und Dünnschliffen wird ein oberflächliches „Anätzen" empfohlen.

Zum „**Ätzen**" werden die nicht entplasteten Schnitte (Schliffe) für 1 bis 4 Minuten zuerst in 0,1% Ameisensäure gestellt, gründlich in Aqua d. gespült und dann für 60 bis 120 Minuten in 20 % Methanol gebracht, danach wieder gründlich in Aqua d. gespült.

Die Methanolbehandlung verbessert die Zell- und Weichgewebefärbung!

Zu lange Dauer führt aber zum Verquellen und Herauslösen des Einbettmediums. Ameisensäure dagegen entkalkt die Oberfläche, verbessert daher die Färbbarkeit der mineralisierten Hartgewebematrix und beeinträchtigt die Zell- und Kernfärbung. Die angegebenen Zeiten entsprechen einem gut standardisierten Kompromiss.

10.6.15.3 Färben ohne Entfernen des Kunststoffs aus dem Schnitt

Bei Kunststoffen auf der Basis von Glykolmethacrylat, wie z. B. im Falle von Technovit 9100 (Heraeus Kulzer), HistoResin (Leica) oder LR-White hard (London Resin Company) ist das Entfernen des Kunststoffs aus dem Schnitt nicht erforderlich.

Anleitung A10.97

HE-Färbung (stellvertretend) am Kunststoffschnitt (Technovit 9100)

Methode:

1. Kunststoffschnitte färben in Hämatoxylin nach Gill* 15 min (Farbstofflösung vorher filtrieren)
2. bläuen in Leitungswasser 10 min
3. Aqua d. spülen
4. Eosin 2–5 min
5. entwässern über Ethanol 96 % und 100 %
6. Xylol und eindecken.

* Nach Färbung mit Hämatoxylin (1) kann die Kunststoffmatrix mit 0,5 ml HCl (36 %) in Ethanol 70 % entfärbt werden: kurz eintauchen und danach schnell in Leitungswasser weiter verarbeiten (2).

Ergebnis:

Zellkerne: blau
Basophiles Cytoplasma: blau
Acidophiles Cytoplasma: rosa
Muskel- und Bindegewebe: rosa

Lösungen:

1. Hämatoxylin nach Gill:
   6 g Hämatoxylin (C.I. 75290), 0,6 g Natriumiodat, 52,8 g Aluminiumsulfat, 690 ml Aqua d., 250 ml Ethylenglykol und 60 ml Eisessig.
2. Eosin: 0,5 g Eosin Y-ethanolisch (C.I. 45380), 100 ml 96 % Ethanol, 2 Tropfen Eisessig

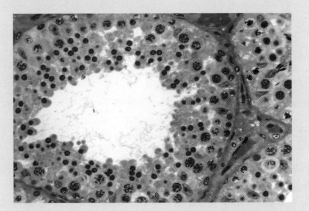

◨ **Abb. 10.59** HE-Färbung am Kunststoffschnitt, Hoden, Rhesusaffe, Vergr. ×450.

So können z. B. mit Technovit 9100 folgende Nachweise durchgeführt werden:

Diverse immunhistochemische und enzymhistochemische Reaktionen, HE, PAS, Feulgen, Giemsa, Berlinerblau n. Perls, Methenaminsilber n. Jones, Toluidinblau, Nissl, und Methylgrün-Pyronin. Wir verweisen hier auf die „Verfahren zur Färbung von Gewebe, das in 2-Hydroxyethyl-Methacrylat eingebettet wird" von P. O. Gerrits erhältlich bei der Firma Heraeus Kulzer GmbH Wertheim.

10.6.16 Stückfärbung

Die Stückfärbung ist eine Färbetechnik, bei der kleine Tiere *in toto*, ganze Organe, Häutchenpräparate oder Gewebestückchen nach oder bei der Fixierung gefärbt oder mit Silber imprägniert werden (vor allem in der Neurohistologie: Nerven- und Gliazellen). Danach erfolgen erst die Einbettung und die Schnittanfertigung. Paraffinschnitte werden nur noch entparaffiniert und aus frischem Xylol eingedeckt.

Anleitung A10.98

Ethanolisches Boraxkarmin zur Stückfärbung
Allgemein:
Diese Färbelösung eignet sich besonders gut, da nur Zellkernmaterial angefärbt wird und das Cytoplasma gänzlich ungefärbt bleibt. Es kommt praktisch zu keinem Abfall der Farbintensität von der Oberfläche der Präparate zum Zentrum hin. Da das Cytoplasma den Farbstoff nicht annimmt, unterbleibt jedes Überfärben. Es ist allerdings nötig, die Präparate nach der Färbung sehr gut auszuwaschen (differenzieren), um die wegen der ausgedehnten Färbezeit reichlich vorhandene, aber nicht spezifisch gebundene Farbe zu entfernen.

Die Farbe der Präparate ändert sich während der Behandlung mit Salzsäure-Ethanol von blaurot zu karminrot. Zur Fixierung ist Sublimat besonders gut geeignet. Die Chromatinfärbung wird dann sehr exakt.

Wässrige Lösungen von Boraxkarmin eignen sich zur Stückfärbung weniger gut, da sie während der langen Färbezeit mazerierend wirken.

Methode:
1. Fixierte Gewebe gründlich in 70 % Ethanol auswaschen (2 Tage).
2. Aus dem Ethanol für 1–3 Tage in die Farblösung bringen.
3. Nach völliger Durchdringung mit der Farblösung (eventuell Kontrolle durch Einschneiden) auswaschen der Farblösung in Salzsäure-Ethanol (70 % Ethanol mit Zusatz von 0,25–0,5 % konz. HCl), bis keine Farbstoffwolken mehr abgehen (Faustregel: ebenso lange auswaschen wie gefärbt wurde).
4. Auswaschen in 70 % Ethanol ohne HCl.
5. Ethanolreihe und einbetten (Celloidin, Paraffin).

Ergebnis:
Zellkerne: leuchtend rot
(Cytoplasma: evtl. schwach rot)

Lösung:
Boraxkarmin:
2–3 g Karmin in einer Reibschale mit 4 g Borax (Natriumtetraborat) fein verreiben. Verwendet man Karminsäure, die besser löslich ist, kann dies unterbleiben.
In 100 ml Aqua d. unter längerem Kochen lösen.
Nach dem Erkalten 100 ml 70 % Ethanol zusetzen, öfter schütteln.
Nach einigen Wochen abfiltrieren. Die Lösung ist gut haltbar.

Anleitung A10.99

Saures Hämalaun zur Stückfärbung
Saure Hämalaunlösungen (▸ Kap. 10.6.1.3) eignen sich auch für die Stückfärbung.

Methode:
1. Nach der Fixierung färbt man in saurem Hämalaun 24–48 h
2. auswaschen in Aqua d. und in Leitungswasser 24–48 h
3. anschließend Ethanolreihe und Einbettung (z. B. Paraffin).

Ergebnis:
Zellkerne: blau bis violett
Mucin, Bakterien, Kalk: blau

Anleitung A10.100

Hämatoxylinlack mit Osmiumtetroxid (Schultze 1910)
Diese Färbemethode wurde von O. Schultze (1910) als Stückfärbung angegeben.
1. Sehr kleine Gewebestücke werden 24–48 h in 1–2 % wässriger Osmiumtetroxidlösung fixiert
2. anschließend einige Minuten in Aqua d. waschen (aber nicht länger als 24 h).
3. danach kommen die Gewebe in 0,5 % Hämatoxylinlösung in 70 % Ethanol, die man vorher 2–3 Tage lang in offener Flasche bei 35–40 °C hat reifen lassen.
   Die Färbelösung schwärzt sich beim Einbringen der Präparate rasch und wird so lange immer wieder ersetzt, bis sie ihre braune Farbe behält (etwa 2–3-mal).
4. Gewebe 2 Tage bei Zimmertemperatur stehen lassen
5. gründlich in 70 % Ethanol auswaschen, bis sich die Waschflüssigkeit nicht mehr bräunt.
6. danach in der aufsteigenden Ethanolreihe entwässern und über Terpineol (z. B. Fa. Merck) in Paraffin einbetten.

Die Schnitte sollen möglichst dünn angefertigt werden. Es kommt zur kontrastreichen Darstellung von cytologischen Details wie Zellgrenzen, Kittlinien, Tonofibrillen, Mitochondrien, sekretorischen Granula, Struktur der quergestreiften Muskulatur; auch das Chondron wird dargestellt.

Die Methode eignet sich sehr gut zur Kombination mit Bestschem Karmin, um Glykogen nachzuweisen. Die Karminfärbung wird an aufgeklebten Schnitten durchgeführt. Präparate, die zu dunkel geraten sind, können in 3 % Wasserstoffperoxid gebleicht werden.

10.6.17 Medizinische Cytodiagnostik

10.6.17.1 Allgemeines und Zellentnahmeverfahren

Die cytologische Diagnostik erfolgt im Gegensatz zur Histologie bzw. Histopathologie nicht an Geweben, sondern an isoliert liegenden Einzelzellen. Im Rahmen cytologischer Untersuchungen können mit geringem technischem Aufwand und auf eine für den Patienten nicht oder nur wenig invasive Weise frühzeitig Erkrankungen diagnostiziert werden.

Die Cytodiagnostik wird grundsätzlich in zwei Bereiche geteilt:

Exfoliativcytologie:

In der Exfoliativcytologie werden Zellen mikroskopisch analysiert, die sich von inneren oder äußeren Körperoberflächen physiologisch abschilfern, oder die Ablösung vom Epithelzellverband wird initiiert.

So können von leicht zugänglichen Körperoberflächen, wie z. B. von der Schleimhaut des Zervixkanals und der Gebärmutter, mit einem Watteträger o. ä., Zellen ohne eine Schädigung des Zellverbandes abgetragen werden. An physiologisch abschilfernden Schleimhäuten können aus den entsprechenden Körperflüssigkeiten bzw. Ausscheidungsprodukten, wie z. B. Urin und Sputum, Zellen gewonnen werden.

Auch durch das Spülen von Hohlorganen (z. B. Harnblase, Bronchien, Alveolarbereich) und der Präparation der Spülflüssigkeiten (Lavagen) lassen sich Zellen des oberflächlich gelegenen Epithelgewebes auf Objektträgern isolieren.

Punktionscytologie:

Unter Punktionscytologie versteht man die cytologische Untersuchung von Zellen, welche durch die Punktion von Organen, Gewebebereichen oder soliden Raumforderungen entnommen werden.

Die Punktion wird mit Hilfe von 2 bis 12 ml-Spritzen und Punktionsnadeln mit 0,6 bis 0,9 mm Durchmesser durchgeführt. Nach dem Einstich wird durch das Zurückziehen des Spritzenkolbens ein Unterdruck erzeugt, durch den die Zellen in die Kanüle gesaugt werden.

Damit repräsentative Zellen in ausreichender Menge vorliegen, sollte bei der Zellaspiration die Kanüle im Organ mehrmals vor- und zurückgeführt und die Punktionsrichtung fächerartig gewechselt werden, ohne das Gewebe zu verlassen.

Bevor die Punktionsnadel aus dem Gewebe entfernt wird, ist es wichtig, den Unterdruck im Kolben aufzuheben, damit die aspirierten Zellen nicht in das Spritzenlumen gesogen werden.

Diese auch als Feinnadelaspiration bezeichnete Technik ist bei oberflächlich gelegenen Organen, z. B. der Schilddrüse, der Speicheldrüse, der Lymphknoten, der Mamma oder der Prostata, möglich.

Zur Durchführung der Feinnadelpunktion ist die Verwendung eines Einhandspritzenhalters empfehlenswert. Der Spritzenhalter ermöglicht den Punktions- und Aspirationsvorgang mit einer Hand, wobei die andere Hand für die Fixation der zu punktierenden Stelle frei bleibt.

Zu beachten ist: Die Punktion von Körperhöhlen und der damit verbundenen Entnahme von Körperhöhlenflüssigkeit, z. B. Urin, Liquor cerebrospinalis und Synovialflüssigkeit, oder Ergüssen gilt nicht als Punktionscytologie, da die in den Flüssigkeiten enthaltenen Zellen von Epitheloberflächen exfoliiert sind.

10.6.17.2 Präparateherstellung

Das durch Punktion oder Exfoliation gewonnene cytologische Material muss sofort nach der Entnahme möglichst vollständig auf Objektträger überführt werden. Hierzu werden am besten Objektträger mit Mattrand verwendet, da sie eine dauerhafte Beschriftung mit Bleistift oder mit einem speziellen Stift ermöglichen und Verwechslungen vorbeugen.

Die Übertragung des Materials sollte möglichst flächenhaft sein, damit keine Zellüberlagerungen entstehen und cytomorphologische Details gut erkennbar sind. Welche Technik zur Zellüberführung zur Anwendung kommt, ist vom jeweiligen Untersuchungsmaterial abhängig, insbesondere von der Konsistenz und dem Zellgehalt.

Abstrichpräparate von Schleimhäuten

Die meisten Präparate dieser Art werden in der Gynäkologie vom Übergangsbereich der Ektozervix zur Endozervix angefertigt. Doch auch Abstriche der Mundschleimhaut, der Tonsillenoberfläche, der Bindehaut des Auges oder von ulzerierenden Wundrändern sind üblich.

Das mit Hilfe von Wattetupfern, Holz- oder Kunststoffspateln oder kleinen Bürsten gewonnene Zellmaterial wird nach der Entnahme direkt auf Objektträger überführt. Optimalerweise wird der Übertrag durch Abrollen bzw. Auftragen des Abnahmeinstrumentes in eine Richtung bewerkstelligt. Dabei sollte kein allzu starker Druck ausgeübt werden, um eine mechanische Deformation der Zellen zu vermeiden. Zellüberlagerungen sollten ebenfalls vermieden werden, da die Einzelzellen im Mikroskop nur schlecht sichtbar und beurteilbar sind.

Spezielle Abstrichspatel oder Miniaturbürsten sind wegen der höheren Anzahl entnommener und auf den Objektträger übertragbarer Zellen Wattetupfern vorzuziehen. Auch der Erhaltungszustand der Zellen ist meist deutlich besser als bei der Entnahme mit dem Watteträger.

Tupfpräparate

Auch durch das Abtupfen mit einem Objektträger kann Zellmaterial auf diesen überführt werden. Der Vorteil dieser Methode liegt darin, dass Zellen gewonnen werden können, die größtenteils noch in ihrer ursprünglichen Anordnung liegen.

Tupfproben können von physiologisch zugänglichen Oberflächen (z. B. bei Hautveränderungen) oder von frisch entnommenen Bioptaten hergestellt werden. Zum Übertragen der Zellen auf den Objektträger tupft man an mehreren Stellen sanft auf. Zu starkes Aufdrücken oder Wischen sollte unbedingt vermieden werden, da es die Zellen deformiert.

Organausstriche

Zur Herstellung von Organausstrichen gibt es zwei Techniken. Entweder man streicht mit der Objektträgerkante über eine möglichst frische Schnittfläche des zu untersuchenden Organs und streicht das Zellmaterial dann anschließend auf einem frischen Objektträger aus, oder der Objektträger wird mit der gesamten Oberfläche auf die Schnittfläche gelegt und in eine Richtung gleichförmig abgezogen.

Blutausstriche

Um die zellulären Bestandteile des Blutes mikroskopisch beurteilen zu können, müssen die Zellen in einer dünnen Schicht und voneinander separiert die Oberfläche eines Objektträgers bedecken.

Blutausstriche können auf unterschiedliche Art und Weise angefertigt werden. Die am häufigsten praktizierte Technik ist die Schubmethode (Anleitung A3.1).

Dabei wird ein kleiner Tropfen Kapillarblut oder gut gemischtes EDTA-Blut ca. 1 cm vom Rand entfernt auf einen fettfreien Objektträger getropft. Der Objektträger wird dann mit der einen Hand festgehalten und mit der anderen Hand wird ein Deckglas mit geschliffenen Kanten oder eine Ausstrichhilfe an den Blutstropfen herangeführt. Wenn sich das Blut gleichmäßig an der Kante des Deckglases bzw. der Ausstrichhilfe verteilt hat, das Blut zügig und gleichmäßig in Längsrichtung über den Objektträger schieben. Es empfiehlt sich beim Ausstreichen ein Winkel von etwa 45°.

Auf folgende Fehlermöglichkeiten ist bei der Ausstrichanfertigung zu achten:

- Zu dicke Ausstriche entstehen durch zu große Blutstropfen, durch falsche (zu große) Winkel zwischen Deckglas/Ausstrichhilfe und Objektträger und durch ein zu langsames Ausstreichen.
- Zu dünne Ausstriche resultieren aus zu kleinen Blutstropfen, einem zu geringem Ausstreichwinkel und durch zu hastiges Ausstreichen.
- Erfolgt das Vorschieben des Deckglases/der Ausstrichhilfe zu ruckartig, kann der Blutfilm abreißen!
  Wird das Deckglas/die Ausstrichhilfe nicht mit gleichmäßiger Geschwindigkeit über den Objektträger bewegt, entstehen im Ausstrichpräparat Stufen.
- Lücken im Ausstrich deuten auf vorhandene Fettspuren auf dem Objektträger hin.
- Nach dem Aufbringen des Bluttropfens muss sofort ausgestrichen werden, da sonst Gerinnsel und Blutklumpen resultieren.

Ausstriche von Flüssigkeiten oder Sekreten

Körperflüssigkeiten und Sekrete, die von Epitheloberflächen abgeschilferte Zellen enthalten, müssen zur mikroskopischen Untersuchung ebenfalls auf Objektträgern ausgestrichen werden. Das Ausstreichen dieser zellhaltigen Flüssigkeiten ist technisch mit der Herstellung von Blutausstrichen identisch. Wenn das entnommene Untersuchungsmaterial nur eine geringe Zellzahl aufweist, sind Methoden zur Zellanreicherung, wie die Sedimenttechnik oder die Cytozentrifugation notwendig.

Bei der Sedimenttechnik wird das Untersuchungsmaterial in ein Zentrifugenröhrchen überführt und zentrifugiert. Nach dem Abkippen des Überstandes (Dekantieren) wird das verbleibende Sediment auf einen Objektträger überführt und ausgestrichen.

Bei der Cytozentrifugation hingegen werden die zellulären Bestandteile direkt auf den Objektträger zentrifugiert. Da die Zellen danach auf einer kleinen Fläche des Objektträgers konzentriert vorliegen, können diagnostisch relevante Zellen schnell erfasst werden.

Cytozentrifugen werden von verschiedenen Herstellern angeboten. Neben den ausschließlich für die Cytozentrifugation nutzbaren Zentrifugen werden auch multifunktionale Zentrifugen angeboten, die durch spezielles Zubehör umrüstbar sind.

Knochenmarkausstriche/Quetschpräparate

Das bei der Knochenmarkpunktion aspirierte Material wird aus der Spritze auf einen in einer Petrischale schräg gestellten Objektträger langsam herausgespritzt. Vom ablaufenden Knochenmarkblut können Ausstriche angefertigt werden. Die enthaltenen Knochenmarkbröckel werden mit der Ecke eines Deckgläschens auf Höhe des Objektträgerrandes separiert, mit einem Deckglas abgenommen und auf neue Objektträger aufgetragen. Anschließend können von den Bröckeln mit folgenden Techniken Präparate hergestellt werden:

- Flächenhafte Ausstrichtechnik: Nach dem Aufsetzen der Deckglaskante wird mit leichtem Druck das Deckglas gleichmäßig über den Objektträger gezogen.
- Mäanderförmige Ausstrichtechnik: Mit der Spitze eines Deckglases werden die Bröckel aufgenommen und anschließend durch eine mäanderförmige Bewegung auf dem Objektträger ausgestrichen.
- Quetschtechnik: Ein zweiter Objektträger wird vollständig auf den ersten aufgelegt, sodass die Mattränder gegenüberliegend sind. Danach beide Objektträger durch Auseinanderziehen trennen.

Ausstriche von Feinnadelaspirationsmaterial

Organe, die physiologisch keine Zellen von ihrer Oberfläche abgeben, müssen mit feinen Nadeln punktiert werden, und durch Unterdruck können dann mehrere hundert Zellen in die Injektionsnadel aspiriert werden (Anleitung A3.3; ◘ Abb. 3.4 und 3.5).

Zum Aufbringen der Zellen auf einen Objektträger wird zunächst die Kanüle von der Spritze entfernt und die Spritze mit Luft gefüllt. Danach setzt man die Kanüle wieder auf und bläst durch Drücken des Spritzenstempels die Zellen auf den Objektträger. Dieser Vorgang kann einige Male wiederholt werden, damit auch alle Zellen überführt werden.

Zum Ausstreichen des Zellmaterials können zwei Techniken zur Anwendung kommen. Entweder man setzt die Kante eines frischen Objektträgers oder eines Deckglases auf das aspirierte Material und zieht die Kante gleichmäßig unter leichtem Druck im 45°-Winkel über den Objektträger. Oder man legt einen zweiten Objektträger auf den ersten. Das Gewicht des Objektträgers drängt die Zellen zunächst leicht auseinander und zum flächenhaften Verteilen der Zellen wird dann der aufgelegte Objektträger, seitlich zum Rand hin, vom darunter liegenden abgezogen.

10.6.17.3 Fixierung

Bei cytologischen Präparaten wird entweder eine Feuchtfixierung oder eine Trockenfixierung durchgeführt. Welche Fixierungstechnik angewendet wird, ist immer von der anschließenden Darstellungstechnik abhängig. Bei der Färbung nach Papanicolaou, bei der HE-Färbung, bei der PAS-Reaktion und bei anderen aus der Histologie bekannten Nachweistechniken, ist eine Feuchtfixierung erforderlich. Die Giemsa-Färbung, die May-Grünwald-Färbung und die Kombination der May-Grünwald- mit der Giemsa-Färbung (Färbemethode nach Pappenheim) werden an trockenfixierten Präparaten durchgeführt.

Beachten: Eine Fixierung mit Formalin ist in der Cytologie nicht üblich!

Trockenfixierung

Bei der Trockenfixierung werden die auf einen Objektträger überführten Zellen an der Luft für einige Stunden getrocknet (Lufttrocknung). Um eine Verunreinigung mit Staubpartikeln o. ä. zu vermeiden, sollte der Objektträger mit dem Zellmaterial nach unten in Schrägstellung aufgestellt sein. Die Trockenfixierung stellt nur einen vorübergehenden Fixierungszustand dar. Erst durch die anschließende Behandlung mit Ethanol oder ethanolhaltigen Farbstofflösungen erfolgt die endgültige Fixierung.

Feuchtfixierung

Feuchtfixierung bedeutet, die frisch gewonnenen und noch feuchten Zellen werden sofort mit geeigneten Fixierflüssigkeiten behandelt. Die Objektträger werden dabei für mindestens 15 bis 20 Minuten in eine mit Fixierflüssigkeit gefüllte Küvette gestellt (Tauchtechnik) oder mit Fixierflüssigkeit besprüht (Sprühtechnik). Wichtig bei der Feuchtfixierung ist, dass das auf den Objektträger übertragene Zellmaterial so schnell wie möglich fixiert wird. Eine Antrocknung der Zellen vor der Fixierung, was bereits nach 30 bis 60 Sekunden passiert, macht die Präparate für die mikroskopische Auswertung unbrauchbar.

Fixieren durch Eintauchen ist möglich mit 96 % Ethanol, mit einem Gemisch aus gleichen Teilen Ethanol und Diethylether, mit hochprozentigem Aceton oder mit einem Gemisch aus 5 Teilen 96 % Ethanol und 1 Teil Glyzerin. Daneben steht noch eine Vielzahl von alkoholhaltigen Fixiergemischen zur Verfügung. Alkohol kann zur Fixierung in Form von Ethanol, Isopropanol oder Methanol eingesetzt werden.

Der Zusatz von Eisessig zu den Fixierlösungen führt zur Hämolyse der Erythrocyten und kann bei blutreichen Präparaten von Vorteil sein. In der Praxis gibt man 3 Volumenprozent Eisessig zu den genannten Fixierlösungen.

Die im Handel erhältlichen Sprühfixative enthalten Ethanol und Polyethylenglykol als Trägersubstanz. Die feuchten Präparate werden einfach besprüht, wobei darauf zu achten ist, dass man dem Objektträger nicht zu nahe kommt, da ansonsten die Zellen vom Objektträger gesprüht werden können.

Nach etwa 10 Minuten ist das im Spray enthaltene Ethanol verdunstet und das Polyethylenglykol bleibt als Schutzfilm auf dem Objektträger zurück. Vor der anschließenden Färbetechnik muss der Schutzfilm durch Einstellen in Aqua d. oder schwach prozentiges Ethanol abgelöst werden.

Hitzefixierung (Fixierung von Bakterien)

Bei cytologischen Präparaten von Körperflüssigkeiten, Exsudaten, Eiter, Wundsekreten, usw. werden häufig bakteriologische Färbungen zum Nachweis von Mikroorganismen (bakteriologisches Originalpräparat) durchgeführt.

Bakteriologische Färbetechniken werden üblicherweise an hitzefixierten Präparaten gemacht. Bei der Hitzefixierung wird der Objektträger, mit dem aufgetragenen Material nach oben, mehrmals durch den oberen Teil der Bunsenbrennerflamme gezogen. Nach dem Abkühlen der Objektträger können die so hergestellten Präparate gefärbt werden.

Bei sehr hitzeempfindlichen Bakterien wird nur durch Lufttrocknung fixiert.

10.6.17.4 Färbemethoden

Anleitung A10.101

Färbung mit Methylenblau von Aus- oder Abstrichpräparaten

Die Behandlung der Aus- oder Abstrichpräparate mit dem basischen (positiv geladenen) Methylenblau führt zu einer Anfärbung von negativ geladenen Strukturen und Substanzen. Die Färbung macht Zellkerne, die Chromatinstruktur und die Nucleolen deutlich sichtbar. Cytoplasmatische Kriterien sind schwierig zu beurteilen, da das Cytoplasma nur sehr leicht angefärbt wird. Die Methylenblau-Färbung kann auch als schnell durchführbarer Nachweis für Bakterien und Pilze eingesetzt werden.

Zur Methylenblaufärbung können luftgetrocknete, hitzefixierte oder feuchtfixierte Präparate verwendet werden:
bei Fixierung durch Luft/Hitze: keine Vorbehandlung
bei Fixierung mit hochprozentigem Ethanol: Bewässerung durch absteigende Ethanolreihe
bei Fixierung mit Fixierspray: Spülen mit Aqua d.

Methode:
1. Methylenblaulösung 30 sec bis einige min
2. vorsichtig in Essigsäure differenzieren, bis das Cytoplasma entfärbt ist, Mikroskopkontrolle
3. vollständig entwässern, 2 Portionen Xylol und eindecken

Ergebnis:
Zellkerne : intensiv blau
Bakterien/Pilze: blau
Cytoplasma: blassblau

Beachten: Metachromatische Strukturen (Strukturen mit einer sehr hohen negativen Ladungsdichte) können sich rötlich-lila anfärben.

Lösungen:
1. Methylenblaulösung nach Löffler: 0,5 g Methylenblau in 30 ml 95 % Ethanol lösen und 100 ml 0,01 % Kalilauge (KOH) zugeben
2. Differenzierungsflüssigkeit: 0,1 bis 1,0 % Essigsäurelösung

Hämalaun-Eosin-Färbung für cytologische Präparate

Die Standardfärbetechnik der Histologie kann auch für cytologische Präparate eingesetzt werden, um zwischen basophilen und eosinophilen Komponenten zu unterscheiden.

Hämalaun färbt dabei als positiv geladener (basischer) Farbstoff alle im Präparat vorkommenden negativ geladenen Strukturen und Substanzen durch elektrostatische Adsorption an. Eosin, ein negativ geladener (saurer) Farbstoff färbt alle positiv geladenen Komponenten an.

Methode:
Zur Färbung müssen feuchtfixierte Abstrichpräparate verwendet werden:
bei Fixierung mit hochprozentigem Ethanol: Bewässerung durch absteigende Ethanolreihe
bei Fixierung mit Fixierspray: gründliches Spülen mit Aqua d.
1. Hämatoxylinlösung, 3–5 min
2. fließendes Leitungswasser etwa 5 min
3. differenzieren in HCl-Lösung: 1–2 x eintauchen genügt
4. Eosin-Gebrauchslösung, 2 bis 4 min
5. kurz Spülen in Aqua d.
6. vollständig entwässern, 2 Portionen Xylol und eindecken

Ergebnis:
basophile Strukturen/Komponenten: blau-violett
eosinophile Strukturen/Komponenten: rötlich-orange

Lösungen:
1. Harris Hämatoxylin: gebrauchsfertige Lösung
2. Differenzierungsflüssigkeit: konz. HCl mit 70 % Ethanol auf etwa 0,1 % verdünnen.
3. Eosinstammlösung: 1,0 g Eosin in 100 ml Aqua d. lösen.

Arbeitslösung: Stammlösung 1:10 mit Aqua d. verdünnen und 1 bis 2 Tropfen Eisessig zugeben.

Info: Anstelle von Harris Hämatoxylin kann auch Hämalaun nach Mayer oder Hämatoxylin nach Gill verwendet werden!

May-Grünwald-Färbung für cytologische Präparate

Die Färbetechnik nach May-Grünwald ist eine einfache Differentialfärbung für fixierte Blut- und Knochenmarkausstriche. Sie kann aber auch bei allen anderen cytologischen Präparaten, wie z. B. Sputum und Urin, zur Anwendung kommen.

Die May-Grünwald-Lösung enthält die Farbstoffe Eosin und Methylenblau. Der basische Teerfarbstoff Methylenblau bildet in der Farbstofflösung mit Eosin ein Salz, das Methyleneosinat.

Methylenblau und Methyleneosinat sind schlecht in Wasser löslich und zur Herstellung der Farbstofflösung wird deshalb Methanol verwendet. Um reproduzierbare Färbeergeb-

nisse zu erzielen, verwendet man am besten die kommerziell erhältlichen Farbstofflösungen, die zur Färbung unverdünnt eingesetzt werden.

Die Färbung selbst wird üblicherweise durch Tropftechnik vorgenommen. Dazu wird auf die waagerecht liegenden Objektträger die Farbstofflösung aufgebracht, sodass der Objektträger vollständig mit dem Farbstoff bedeckt ist. Natürlich kann die Färbung auch in Küvetten durchgeführt werden.

Methode:
Zur Färbung werden luftgetrocknete Ab- oder Ausstrichpräparate verwendet!
1. May-Grünwald-Stammlösung 3–5 min
2. etwa 1 ml Puffer auf die Objektträger geben 5–10 min
3. Farblösung vom Objektträger abkippen
4. gründlich mit Puffer spülen 2 x 1 min
5. Präparate lufttrocknen lassen und eindecken

Ergebnis:
Zellkerne blau-violett (rötlich)
Cytoplasma rötlich-orange/grau-blau/blau

Ergebnis bei der Färbung von Blutausstrichen:
Kerne der Leukocyten/Erythrocytenvorstufen: blau-violett (rötlich)
Cytoplasma der Erythrocyten: rötlich
Cytoplasma der Lymphocyten: blau
Cytoplasma der Monocyten: taubenblau
Eosinophile Granula: ziegelrot
Basophile Granula: blau-violett (kräftig)
Neutrophile Granula: hell violett (rötlich)
Thrombocyten: violett

Lösungen:
1. May-Grünwald-Lösung: gebrauchsfertige Lösung
2. Spüllösung:
   Phosphatpuffer nach Sörensen pH = 6,8 bis 7,0 (siehe Puffertabelle im Anhang)

Info: Die zur Färbung benötigte Pufferlösung lässt sich einfacher herstellen, wenn Puffertabletten (z. B. Puffertabletten nach Weiss) verwendet werden. Bei den Puffertabletten sind alle in Aqua d. zu lösenden Festsubstanzen zu einer Tablette zusammengepresst.

Zur Pufferherstellung muss dann die Tablette in der angegebenen Menge Aqua d. aufgelöst werden.

Giemsa-Färbung für cytologische Präparate

Die Giemsa-Färbung, eine Modifikation der Romanowsky-Färbung, ist ebenfalls eine einfache Differentialfärbung für cytologische Präparate. Im Rahmen der Malaria-Diagnostik

▼

▼

ist die Färbetechnik, am Blutausstrich oder am Dicken Tropfen durchgeführt, unerlässlich.

Die zur Färbung eingesetzte Giemsa-Lösung enthält die Farbstoffe Azur A, Azur B, Methylenblau und Eosin. Wie bei der May-Grünwald-Lösung bilden auch hier die basischen Farbstoffe Salze mit dem Eosin. Somit entstehen Azur-A-Eosinat, Azur-B-Eosinat und Methylenblau-Eosinat. Die entstehenden Azur-Eosinate bewirken die für die Giemsa-Färbung typische rötlich-violette Anfärbung des Zellkernchromatins (Giemsa-Effekt).

Damit sich die basischen Teerfarbstoffe und die entstehenden Salze in der Farbstofflösung optimal lösen, wird Methanol als Lösungsmittel benutzt. Als Stabilisator ist Glycerin zugesetzt.

Zur Färbung werden die im Handel erhältlichen Standardlösungen verwendet. Diese Lösungen sind höher konzentrierte Stammlösungen, die zum Gebrauch mit geeigneten Puffern verdünnt werden müssen. Üblicherweise wird zum Verdünnen ein Puffer verwendet, dessen pH-Wert zwischen 6,8 und 7,2 liegt.

Der pH-Wert der Pufferlösungen ist wichtig, da er Einfluss auf das Färbeergebnis hat. Bei Überschreitung des pH-Bereiches wird das Färbeergebnis blaustichig, beim Unterschreiten ist eine Rotstichigkeit zu beobachten.

Zur Färbung werden luftgetrocknete Präparate eingesetzt. Da die Giemsa-Gebrauchslösung durch die Verdünnung nur noch einen geringen Anteil an Methanol aufweist, wird unmittelbar vor Färbedurchführung eine Fixierung mit Methanol vorgenommen.

Methode:
1. Präparate in Methanol stellen 5–10 min
2. Giemsa-Gebrauchslösung 15–45 min
3. Farblösung vom Objektträger abfließen lassen
4. mit Puffer gründlich spülen 2 x 1 min
5. Präparate trocknen lassen und eindecken

Ergebnis:
Zellkerne: rötlich-violett (blau)
Cytoplasma: rötlich/rötlich-braun/grau-blau/blau

Ergebnis bei der Färbung von Blutausstrichen:
Zellkerne der Leukocyten/Erythrocytenvorstufen: rötlich-violett (blau)
Cytoplasma der Erythrocyten: rötlich
Cytoplasma der Lymphocyten: blau
Cytoplasma der Monocyten: grau-blau
Eosinophile Granula: rot bis rötlich-braun
Basophile Granula: dunkel violett (kräftig)
Neutrophile Granula: hell violett (rötlich)
Thrombocyten: blau-violett

Lösungen:
1. Phosphatpuffer nach Sörensen (siehe Puffertabelle im Anhang)
▼

Hinweis: Die zur Färbung benötigte Pufferlösung lässt sich einfacher herstellen, wenn Puffertabletten (z. B. Puffertabletten nach Weiss) verwendet werden.
2. Giemsa-Gebrauchslösung: 5 ml Stammlösung und 95 ml Pufferlösung mischen

Anleitung A10.105

Färbung nach May-Grünwald-Giemsa (Pappenheim-Färbung)

Die von Pappenheim (1912) entwickelte Kombination der May-Grünwald-Färbung mit der Giemsa-Färbetechnik ist eine sehr wichtige Färbung in der Cytodiagnostik. In der hämatologischen Morphologie wird sie beispielsweise bei allen Blutausstrichen als Standardtechnik durchgeführt.

Bei der Pappenheim-Färbung wird zunächst mit der May-Grünwald-Lösung gearbeitet. Nach der Einwirkzeit wird ohne Spülschritt die Giemsa-Lösung aufgebracht.

Methode:
Zur Färbung luftgetrocknete Ab- oder Ausstrichpräparate einsetzen!
1. Präparate in Methanol stellen 5–10 min
2. May-Grünwald-Gebrauchslösung 5–8 min
3. Farblösung vom Objektträger abfließen lassen
4. Giemsa-Gebrauchslösung 10 min
5. mit Puffer gründlich spülen
6. Präparate trocknen lassen und eindecken

Ergebnis:
Zellkerne: rötlich-violett (blau)
Cytoplasma: rötlich-orange/grau blau/hell blau

Ergebnis bei der Färbung von Blutausstrichen:
Kerne der Leukocyten/Erythrocytenvorstufen: rötlich-violett (blau)
Cytoplasma der Erythrocyten: rosa

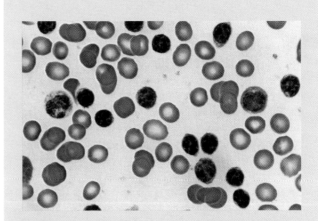

◻ Abb. 10.60 Blutausstrich, Mensch, May-Grünwald-Giemsa (Pappenheim), Vergr. ×1000.

▼

Cytoplasma der Lymphocyten: hell blau

Cytoplasma der Monocyten: grau-blau

Eosinophile Granula: ziegelrot bis orange

Basophile Granula: dunkel violett

Neutrophile Granula: hell violett

Lösungen

1. Phosphatpuffer nach Sörensen pH = 6,8 bis 7,0 (siehe Puffertabelle im Anhang)
2. May-Grünwald-Gebrauchslösung: Stammlösung 1:2 mit Puffer verdünnen, Lösung filtrieren.
3. Giemsa-Gebrauchslösung: Stammlösung 1:10 mit Puffer verdünnen, Lösung filtrieren.

Alternative Färbemethoden

Neben der klassischen Färbung durch den Einsatz von Farbstofflösungen sind cytologische Färbetechniken auch mit Hilfe von Färbefolien oder durch die Verwendung von mit Farbstoff beschichteten Objektträgern möglich.

Diese alternativen Methoden sind besonders für kleine Labore geeignet, die nur gelegentlich cytologische Präparate bearbeiten.

Anleitung A10.106

Färbetechnik mit Färbefolie (entspricht der Färbung nach Giemsa):

Bei dem von der Firma Merck angebotenen Produkt Sangodiff werden die luftgetrockneten und mit Methanol fixierten Präparate mit einem Tropfen Puffer befeuchtet. Anschließend legt man eine transparente, mit modifizierten Farbstoffen beschichtete Folie auf. Nach einer Einwirkzeit von 20 Minuten ist die Anfärbung der Bestandteile abgeschlossen. Die Aus- oder Abstriche können sofort mit Folie mikroskopiert werden. Das Färbeergebnis entspricht der klassischen Färbung nach Giemsa. Beim Mikroskopieren mit Folie können Farbschlieren und Artefakte auftreten. Optimalerweise nimmt man die Folie vor der mikroskopischen Auswertung ab, spült sorgfältig mit Puffer und lässt den Ausstrich lufttrocknen. Abschließend kann das Präparat noch eingedeckt werden.

Anleitung A10.107

Färbetechnik mit farbbeschichteten Objektträgern (entspricht der Färbung nach Pappenheim):

Die Firma Waldeck bietet unter dem Produktnamen Testsimplets mit Farbstoffen beschichtete gebrauchsfertige Objektträger an.

Zur Färbedurchführung gibt man einen kleinen Tropfen Blut auf ein Deckglas und legt dieses auf das Farbfeld des Objektträgers. Das Blut sollte sich gleichmäßig zwischen Deckglas und Objektträger verteilen. Die homogene Vertei-

▼

lung kann ggf. mit einer Präpariernadel oder mit einem Stift unterstützt werden. Nach einer Inkubationszeit von 5–15 Minuten kann mikroskopiert werden, wobei die Ergebnisse der konventionellen Färbung nach Pappenheim entsprechen. Nachteilig bei der Methode ist die auf 4 Stunden zeitlich beschränkte Haltbarkeit der gefärbten Präparate, die ein erneutes Mikroskopieren unmöglich macht.

Anleitung A10.108

Färbung nach Papanicolaou

Die von Papanicolaou (1941) empirisch erarbeitete Färbetechnik ist die Standardtechnik in der gynäkologischen Cytodiagnostik und kommt auch in der außergynäkologischen Cytologie oftmals zur Anwendung.

Die Papanicolaou-Färbung ist für feuchtfixierte Präparate entwickelt und zeichnet sich durch eine sehr transparente Cytoplasmaanfärbung aus, sodass auch in überlagerten Zellbereichen die Zellen beurteilt werden können.

Für die Kernanfärbung wird Harris Hämatoxylin (Originalmethode) oder Gill's Hämatoxylin verwendet. Mit der Hämatoxylin-Lösung kann progressiv oder regressiv (mit Differenzierungsschritt) gearbeitet werden.

Für die Anfärbung des Cytoplasmas werden mehrere konkurrierende Farbstoffe verwendet. Der Färbeeffekt von Orange G zeigt sich deutlich bei keratinosierten Zellen im Abstrich. Bei den anderen Zellen hat das Orange G wahrscheinlich einen Reifeeffekt auf die nachfolgende Cytoplasmaanfärbung mit dem polychromen Farbstoffgemisch. Die genaue Wirkungsweise von Orange G auf das Färbeergebnis ist umstritten und einige Labors lassen den Färbeschritt mit Orange G aus Zeitgründen auch weg.

Das polychrome Farbgemisch (Eosin-Azur-Lösung) setzte sich ursprünglich aus Eosin, Lichtgrün und Bismarckbraun (Vesuvin) zusammen. Da Bismarckbraun keine färbeentscheidende Wirkung hat, ist es in den momentan käuflich zu erwerbenden Gemischen nicht mehr vorhanden. Lichtgrün ist in manchen Gemischen durch Fast Green FCF ersetzt.

Die differente Anfärbung des Cytoplasmas ist durch die unterschiedliche Größe der Farbstoffmoleküle (Lichtgrün ist ein großes, Eosin ein kleines Molekül) und der lockeren bzw. dichteren Beschaffenheit des Cytoplasmas von unreifen und reifen Zellen zu erklären.

Im Handel sind die polychromen Eosin-Azur(EA-)Lösungen in verschiedenen Farbstoffverhältnissen erhältlich. Die Varianten sind mit EA 31, EA 50 und EA 65 bezeichnet. In der gynäkologischen Cytologie sind die Lösungen EA 31 und EA 50 gebräuchlich. EA 50 enthält Eosin und Lichtgrün in gleichen Mengenverhältnissen. EA 31 enthält mehr Lichtgrün und betont somit die Cyanophilie der Zellen etwas stärker.

In der nicht-gynäkologischen Cytodiagnostik wird die Polychromlösung EA 65 eingesetzt. Das Farbstoffgemisch ist

▼

wiederum in zwei unterschiedlichen Zusammensetzungen erhältlich und färbt das Cytoplasma entweder rot oder blau-grün.

Methode:
Die Färbung ist zur Anwendung nach einer Feuchtfixierung entwickelt:
Fixierung mit hochprozentigem Ethanol: Bewässerung durch absteigende Ethanolreihe
Fixierung mit Fixierspray: Spülen mit Aqua d.

1. Harris Hämatoxylin 3–5 min
2. differenzieren in HCl-Lösung oder HCl-Ethanol-Gemisch 1–2 x eintauchen (konzentrierte HCl mit Aqua d. oder 70 % Ethanol auf etwa 0,1 % verdünnen)
3. bläuen in fließendem Leitungswasser wenige min
4. Aufsteigende Ethanolreihe (50 %, 70 %, 80 % und 96 %), jeweils ca. 30 sec
5. Orange G-Färbelösung 3–5 min
6. spülen in 3 Portionen 96 % Ethanol jeweils 2 x eintauchen
7. Polychrome Eosin-Azur-Lösung 3–5 min
8. spülen in 3 Portionen 96 % Ethanol, jeweils 2 x eintauchen
9. vollständig entwässern in 2 Portionen 100 % Ethanol jeweils ca. 2 min
10. 2 Portionen Xylol, jeweils 2 min
11. eindecken

Ergebnis:
Zellkerne: kräftig blau-violett
cyanophiles Cytoplasma: blau-grün
eosinophiles Cytoplasma: rosa-orange
Keratin-haltiges Cytoplasma: kräftig orange
Erythrocyten: leuchtend rötlich-orange

Ergebnis der exakten Cytoplasmaanfärbung der Vaginal-/ Zervikal- und Endometriumzellen:
Basalzellen (treten kaum auf): intensiv cyanophil
Parabasalzellen: intensiv cyanophil
Kleine Intermediärzellen: schwach/transparent cyanophil
Grosse Intermediärzellen: schwach cyanophil/Transparenz nimmt zu
Superficialzellen: rosa-orange (eosinophil)
Zervikalzellen: variabel: rötlich bis bläulich
Endometriumzellen: stark cyanophil

Lösungen:
Die zur Papanicolaou-Färbung benötigten Farbstofflösungen werden gebrauchsfertig im Handel von verschiedenen Herstellern angeboten und es bringt keinerlei Vorteile, die Färbelösungen selbst herzustellen.
Beim Bezug der gebrauchsfertigen Lösungen muss auf die eventuell differierende Bezeichnung der Lösungen geachtet werden:
Papanicolaous Lösung 1: Harris Hämatoxylin oder Gills Hämatoxylin

◨ **Abb. 10.61** Gynäkologischer Vaginalabstrich, Mensch, Färbung n. Papanicolaou, Vergr. ×450.

Papanicolaous Lösung 2a: Orange G-Farbstofflösung
Papanicolaous Lösung 3a: Eosin-Azur-Gemisch 31
Papanicolaous Lösung 3b: Eosin-Azur-Gemisch 50
Papanicolaous Lösung 3c: Eosin-Azur-Gemisch 65
Färbeeffekt (Cytoplasma): rot
Papanicolaous Lösung 3d: Eosin-Azur-Gemisch 65
Färbeeffekt (Cytoplasma): blau-grün

Anleitung A10.109

Färbung nach Shorr
Die Ergebnisse der Shorr-Färbung sind der Papanicolaou-Färbung ähnlich. Die Technik nach Shorr (1941) liefert allerdings keine so klare und transparente Anfärbung des Cytoplasmas. Der Vorteil der Färbung liegt beim geringeren Zeitaufwand, da es sich um eine Ein-Schritt-Methode handelt.

Die Shorr-Färbung wird in der gynäkologischen Cytodiagnostik zur Beurteilung der Hormonlage eingesetzt, da sie die Unterschiede zwischen eosinophilen und cyanophilen Zellen sehr deutlich sichtbar macht. Das an Ausstrichen ermittelte Verhältnis von eosinophilen und cyanophilen Zellen, über ein Zyklusintervall vom etwa 5. bis 20. Tag, erlaubt Rückschlüsse auf die Hormonwirkung.

Anmerkung:
Eine klarere Darstellung der Zellkerne erhält man durch eine vorangestellte Behandlung mit Hämatoxylin nach Harris, Hämatoxylin nach Gill oder Hämalaun nach Mayer. Durch die Kernanfärbung minimiert sich allerdings der Zeitvorteil der Methode nach Shorr.

Methode:
Zur Färbung müssen feuchtfixierte Abstrichpräparate verwendet werden!
Fixierung mit hochprozentigem Ethanol: Bewässerung durch absteigende Ethanolreihe

▼

Fixierung mit Fixierspray: gründliches Spülen mit Aqua d.

1. Shorr Färbelösung 2–5 min
2. kurz spülen mit 70 %, 80 %, 90 % Ethanol
3. vollständig entwässern in 2 Portionen 100 % Ethanol jeweils 1–2 min
4. 2 Portionen Xylol jeweils 2 min
5. mit einem hydrophoben Medium eindecken

Ergebnis:
Zellkerne: braun-rot
cyanophiles Cytoplasma: blau-grün
eosinophiles Cytoplasma: leuchtend rot

Lösung:
Shorr-Färbelösung:
0,5 g Biebrich Scarlet (Biebricher Scharlach, Ponceau B) in 100 ml 50 % Ethanol lösen und dann 0,25 g Orange G, 0,075 g Fast Green FCF oder Lichtgrün, 0,5 g Phosphorwolframsäure, 0,5 g Phosphormolybdänsäure zugeben und gründlich lösen.
1 ml Eisessig zugeben und nochmals mischen.

Info: Die Farblösung nach Shorr kann auch gebrauchsfertig von verschiedenen Herstellern bezogen werden.

Anleitung A10.110

Berlinerblau-Reaktion für cytologische Präparate

Die Berlinerblau-Reaktion ist eine sehr spezifische Nachweistechnik für Eisen-III-Ionen. Basis des Nachweises ist eine chemische Reaktion, die am cytologischen Präparat abläuft, wenn Eisen-III-Ionen enthalten sind. Die Eisen-III-Ionen reagieren in Anwesenheit von Salzsäure mit dem angebotenen Kaliumhexacyanoferrat-II (gelbes Blutlaugensalz) und es entsteht ein blaues Reaktionsprodukt.

Methode:
Zur Färbung müssen feuchtfixierte Abstrichpräparate verwendet werden. Fixierung mit hochprozentigem Ethanol: Bewässerung durch Ethanolreihe, Fixierung mit Fixierspray: gründliches Spülen mit Aqua d.

1. Reaktionslösung 15–30 min
2. spülen mit Aqua d.
3. Kernechtrot-Aluminiumsulfat 5–10 min
4. spülen mit Aqua d.
5. vollständig entwässern, 2 Portionen Xylol und eindecken

Ergebnis:
Eisen-III-Ionen: blau
Zellkerne: rötlich
Cytoplasma: rötlich (heller)

Lösungen:
1. 1 % Salzsäure: 37 % oder 25 % Salzsäure mit Aqua d. entsprechend verdünnen (1:37 oder 1:25).
▼

2. Gelbes Blutlaugensalz: 2,0 g Kaliumhexacyanoferrat-II in 100 ml Aqua d. lösen.
3. Reaktionslösung: 1 % Salzsäure und 2 % Kaliumhexacyanoferrat-II-Lösung zu gleichen Teilen mischen (1+1).
4. Beachten: Die Reaktionslösung muss immer frisch zubereitet werden und kann nur einmal verwendet werden!
5. Kernechtrot-Aluminiumsulfat: 0,1 g Kernechtrot in 100 ml 5 % Aluminiumsulfat-Lösung heiß lösen und 1 bis 2 Tropfen Eisessig zugeben.

Anleitung A10.111

PAS-Reaktion für cytologische Präparate

Die PAS-Reaktion (PAS = Abkürzung für *periodic acid Schiff reagent*) ist eine Darstellungstechnik für Kohlenhydrate bzw. kohlenhydrathaltige Strukturen und Substanzen.

Die Darstellungstechnik ist äußerst spezifisch, da eine chemische Reaktion abläuft. (siehe A10.44)

Methode:
Zur Färbung feuchtfixierte Abstrichpräparate verwenden.

1. Periodsäurelösung 5–10 min
2. gründlich spülen in Aqua d.
3. Schiffsches Reagenz 10–20 min
4. spülen in 3 Küvetten SO_2-Wasser, je 2 min
5. spülen in fließend Leitungswasser etwa 5 min
6. Aqua d.
7. Hämatoxylinlösung 3–5 min
8. fließend Leitungswasser etwa 5 min
9. aufsteigende Ethanolreihe, 2 Portionen Xylol und eindecken

Ergebnis:
Zellkerne: blau-violett
kohlenhydrathaltige Komponenten: pink

Lösungen:
1. Periodsäure: 0,5 bis 1,0 g Periodsäure in 100 ml Aqua d. lösen
2. Schiffsches Reagenz:
   5,0 g Pararosanilin in 150 ml 1 M HCl lösen;
   5,0 g Kaliumdisulfit ($Na_2S_2O_5$) in 850 ml Aqua d. lösen
   beide Lösungen mischen und 24 h stehen lassen,
   0,3 bis 0,5 g Aktivkohle zugeben und kräftig schütteln
   Lösung nach 1 min filtrieren.
3. SO_2-Wasser (Sulfitwasser): 18 ml einer 10 % wässrigen Lösung von Kalium- oder Natriumdisulfit (Natriummetabisulfit) mit 300 ml Aqua d. mischen und dann 15 ml 1 N HCl zufügen. Vor Gebrauch immer frisch herstellen
4. Hämatoxylin nach Harris oder Gill: gebrauchsfertige Lösung

Beachten: Das Schiffsche Reagenz kann auch gebrauchsfertig bezogen werden! Verfärbt sich das Schiffsche Reagenz rötlich, ist es nicht mehr zu verwenden!

Anleitung A10.112

Feulgen-Reaktion für cytologische Präparate

Die Feulgen-Reaktion ist die Standardfärbetechnik zum Nachweis von DNA (▶ Kap. 10.6.11). Durch eine anschließende Bildanalyse kann der DNA-Gehalt (Anzahl der Chromosomen) von Zellen quantifiziert werden. Bei der DNA-Cytometrie wird photometrisch die Absorption der Zellkerne bestimmt und mit Referenzzellen (Zellen mit normalen DNA-Gehalt) verglichen.

Durch die DNA-Quantifizierung können Tumorzellen sehr früh identifiziert werden, da sie eine numerische und/oder strukturelle Chromosomenaberration (= Malignitätskriterium) aufweisen.

Methode:
Zur Färbung müssen feuchtfixierte Ab- und Ausstrichpräparate verwendet werden.
1. 1 M Salzsäure bei 60 °C im Wärmeschrank 15–60 min
2. gründliches Spülen mit mehreren Portionen Aqua d.
3. Schiffsches Reagenz 30–60 min
4. spülen in 2 Küvetten Sulfitwasser, je 3 min
5. spülen in fließendem Leitungswasser etwa 5 min
6. aufsteigende Ethanolreihe, 2 Portionen Xylol und eindecken

Ergebnis:
DNA: kräftig pink
alle anderen Strukturen: ungefärbt

Anmerkung:
Sehr wichtig für die cytomorphologische Auswertung ist die Reproduzierbarkeit der Darstellung. Aus diesem Grunde sollte die Feulgen-Reaktion immer nach Standardprotokoll unter Verwendung von exakt gleich hergestellten Lösungen durchgeführt werden. Zudem muss zur Auswertung das Eindeckmedium vollständig ausgehärtet sein, da der Brechungsindex ansonsten variiert und die Auswertung unter unterschiedlichen Bedingungen erfolgt. Am besten wird immer ein definierter Zeitraum zwischen dem Eindecken und dem Auswerten eingehalten.

Lösungen:
1. Salzsäure: 1 M Lösung gebrauchsfertig kaufen
2. Schiffsches Reagenz: siehe A10.44 PAS-Reaktion
3. Sulfitwasser: 200 ml Aqua d. und 10 ml 1 M HCl und 10 ml 10 % Natriumdisulfit-Lösung

Anleitung A10.113

Fluorchromierung mit Acridinorange für cytologische Präparate

Die Färbung mit dem Fluoreszenzfarbstoff Acridinorange ist an feuchtfixierten Präparaten eine rasch durchzuführende Darstellungstechnik für DNA und RNA. Um die Färbung aus-

werten zu können, muss im Labor ein Fluoreszenzmikroskop zur Verfügung stehen.

Fluoreszenzfarbstoffe (Fluorochrome) absorbieren kurzwelliges Licht und emittieren Licht mit einer längeren Wellenlänge. Zur mikroskopischen Auswertung werden die Präparate mit Licht der Wellenlänge 470 nm angeregt. Das abgegebene Licht hat die Wellenlänge von 530 bis 650 nm. Die mit Acridinorange angefärbten Strukturen leuchten gelb-grün oder rot-orange auf dunklem Hintergrund.

Methode:
Fixierung mit hochprozentigem Ethanol: absteigende Ethanolreihe bis Aqua d.
Fixierung mit Spray: mit Aqua d. gründlich abspülen
1. Präparate kurz in 1 % Essigsäure spülen
2. in Aqua d. spülen
3. in Phosphatpuffer (pH 6,0) einstellen 2 min
4. mit Färbelösung behandeln 3 min
5. überschüssigen Farbstoff abfließen lassen
6. in 2 Portionen Pufferlösung waschen je 2 min
7. in Phosphatpuffer mit einem Deckglas einschließen, umranden und sofort mikroskopieren (Färbung ist nicht beständig)

Ergebnis:
DNA-haltige Strukturen: gelb-grüne Fluoreszenz
RNA-haltige Strukturen: rot-orange Fluoreszenz
Mastzellgranula/Saurer Schleim: rot-orange Fluoreszenz

Beachten: Zeigt sich keine scharf begrenzte Fluoreszenz, kann nach der Acridinorange-Lösung für etwa 30 sec mit Calciumchloridlösung (1,1 g $CaCl_2$ in 100 ml Aqua d.) differenziert werden.

Lösungen:
1. Essigsäurelösung: 1,0 ml Eisessig in 100 ml Aqua d. mischen
2. Phosphatpuffer nach Sörensen (siehe Puffertabelle im Anhang)
3. Acridinorangestammlösung: 0,1 % wässrige Acridinorangelösung
4. Acridinorangefärbelösung: Stammlösung 1:10 mit Sörensen-Phosphatpuffer pH 6,0 verdünnen

Anleitung A10.114

Gram-Färbung für cytologische Präparate

Die Färbetechnik nach Gram ist eine wichtige Differentialfärbung in der Bakteriologie. Sie ermöglicht den grundsätzlichen Nachweis von Bakterien im Untersuchungsmaterial sowie die Differenzierung aufgrund von morphologischen Charakteristika (Stäbchen, Kokken, ...) und dem Färbeergebnis (Gram-positive oder Gram-negative Bakterien).

Bei der Färbung werden zunächst die fixierten Ausstriche (Feuchtfixierung oder Hitzefixierung) einige Minuten mit dem positiv geladenen Anilinfarbstoff Kristallviolett (Gentianaviolett) behandelt. Durch die nachfolgende Einwirkung der iodhaltigen Lugolschen Lösung (Beizen) bildet sich in den Mureinschichten der Bakterienzellwand ein Farbstoff-Iod-Komplex.

Dieser Komplex ist bei Gram-positiven Bakterien sehr stabil und lässt sich durch eine anschließende Differenzierung mit Ethanol oder Aceton nicht mehr entfernen. Gram-negative Bakterien hingegen geben den Komplex beim Differenzieren schnell ab und entfärben sich somit.

Um auch die Gram-negativen Bakterien sichtbar zu machen, schließt sich eine Gegenfärbung mit Karbolfuchsin an. Anstelle des giftigen Karbolfuchsins kann auch Safranin eingesetzt werden.

Kritisch bei der Gram-Färbung ist das Differenzieren der Präparate. Beim Differenzieren sollen ausschließlich die Gram-negativen Bakterien vollständig entfärbt werden. Differenziert man zu kurz, so bleiben die Gram-negative Bakterien noch mit Kristallviolett angefärbt. Differenziert man zu lange, entfärben sich neben den Gram-negativen auch die Gram-positiven Bakterien.

Kontrollpräparate für die Gram-Färbung:
Das Mitfärben von Präparaten mit Gram-positiven (z. B. Staphylokokken) und Gram-negativen (z. B. *Escherichia coli*) Bakterien ist zur Überprüfung der korrekten Anfärbung empfehlenswert.

Methode:
1. Kristallviolett-Lösung auf das Präparat auftropfen 2–3 min
2. Farblösung abgießen und mit Aqua d. spülen
3. Lugolsche Lösung aufbringen etwa 1 min
4. Lugolsche Lösung abgießen und gründlich mit Aqua d. spülen
5. Objektträger in der Differenzierungsflüssigkeit schwenken, bis keine Farbwolken mehr abgehen (wenige Sekunden)
6. mit Aqua d. gründlich spülen
7. Gegenfärbung mit Karbolfuchsin- oder Safranin-Lösung 1 min
8. in Aqua d. abspülen
9. Präparate trocknen lassen und eindecken

Ergebnis:
Gram-positive Bakterien: dunkel violett
Gram-negative Bakterien: rötlich-orange

Lösungen:
1. Kristallviolettlösung:
   0,8 g Ammoniumoxalat in 80 ml Aqua d. lösen,
   2,0 g Kristallviolett in 20 ml 96 % Ethanol lösen,
   ▼ beide Lösungen mischen.

2. Lugolsche Lösung:
   2 g Kaliumiodid in 5 ml Aqua d. lösen,
   1 g Iod zugeben und
   mit Aqua d. auf 300 ml auffüllen.
3. Differenzierungsflüssigkeit:
   Aceton (wirkt sehr rasch!) oder
   Ethanol 70–100 % oder
   Aceton-Ethanol-Gemisch (1 + 1)
4. Karbolfuchsinlösung:
   1 g basisches Fuchsin in 10 ml Ethanol (95 %) lösen
   5 g Phenolkristalle durch leichtes Erwärmen verflüssigen und in 100 ml Aqua d. lösen.
   Lösungen vereinigen und 1:10 mit Aqua d. verdünnen.
5. Safraninlösung 0,6 g Safranin O in 100 ml 20 % Ethanol lösen.

Info: Die Farbstofflösungen und der Entfärber können auch gebrauchsfertig von verschiedenen Herstellern bezogen werden!

Anleitung A10.115

Ziehl-Neelsen-Färbung für cytologische Präparate

Mit Hilfe der Ziehl-Neelsen-Färbung können säurefeste Stäbchen, wie z. B. Mycobakterien, nachgewiesen werden. Bei der Färbung werden zunächst die Präparate mit heißem Karbolfuchsin behandelt. Anschließend überprüft man die Resistenz der Anfärbung gegen die Extraktion mit Salzsäure-Ethanol. Mycobakterien können durch die Behandlung mit HCl-Ethanol nicht oder nur sehr schlecht wieder entfärbt werden.

Diese Eigenschaft wird als Säurefestigkeit bezeichnet. Die Säurefestigkeit beruht auf dem Vorhandensein einer sehr lipidreichen Zellwand (wachsartige Hülle).

Methode:
1. feucht- oder hitzefixierte Präparate mit Karbolfuchsinlösung bedecken
2. den Objektträger vorsichtig dreimal bis zur Dampfbildung durch die Flamme eines Bunsenbrenners ziehen; Präparat zwischendurch immer abkühlen lassen (Achtung: giftige Dämpfe)
3. Farbstoff abgießen und mit fließendem Leitungswasser abspülen
4. mit Salzsäure-Ethanol-Gemisch differenzieren, bis keine Farbstoffwolken mehr abgehen (Dauer ca. 1–3 min)
5. erneutes Abspülen mit Leitungswasser
6. mit Methylenblaulösung gegenfärben 1 min
7. gründlich mit Aqua d. spülen
8. Präparate trocknen lassen und ggf. eindecken

Ergebnis:
Säurefeste Stäbchen: fuchsinrot
Hintergrund: hellblau

▼

Beachte: Beim Nachweis von säurefesten Stäbchen kann keine Aussage gemacht werden, ob es sich im Präparat um Tuberkulosebakterien oder atypische/ubiquitäre Mycobakterien handelt. Zudem kann nicht unterschieden werden, ob es sich um noch vermehrungsfähige oder um bereits abgestorbene Mycobakterien handelt.

Lösungen:

1. Karbolfuchsinlösung:
   1 g basisches Fuchsin in 10 ml Ethanol (95 %) lösen,
   5 g Phenolkristalle durch leichtes Erwärmen verflüssigen und in 100 ml Aqua d. lösen und dann beide Lösungen mischen.
2. Salzsäure-Ethanol-Gemisch:
   4 ml 25 % Salzsäure
   und 96 ml 70 % Ethanol mischen.
3. Methylenblaulösung:
   0,5 g Methylenblau in 30 ml 95 % Ethanol lösen und 100 ml 0,01 % Kalilauge (KOH) zugeben.

Anleitung A10.116

Auraminfärbung für Mycobakterien in cytologischen Präparaten

Der Nachweis von säurefesten Bakterien gelingt auch durch die Behandlung mit dem Fluoreszenzfarbstoff Auramin O. Die Methode beruht auf dem gleichen Prinzip wie die Ziehl-Neelsen-Färbung. Der im ersten Schritt angebotene Farbstoff lässt sich nicht mehr aus der Zellwand herauslösen.

Das Absorptionsmaximum von Auramin O liegt bei 460 nm. Das emittierte Licht hat die Wellenlänge 550 nm, somit zeigen sich angefärbte Bakterien goldgelb auf dunklem Hintergrund.

Anmerkung:

Auramin kann zum Nachweis von säurefesten Bakterien auch mit Rhodamin kombiniert werden.

Methode:

1. feucht- oder hitzefixierte Präparate mit Phenol-Auramin-Lösung bedecken
2. den Objektträger vorsichtig dreimal bis zur Dampfbildung durch die Flamme eines Bunsenbrenners ziehen; Präparat zwischendurch immer abkühlen lassen (Achtung: giftige Dämpfe)
3. Farbstoff abgießen und mit fließendem Leitungswasser abspülen
4. mit Salzsäure-Ethanol-Gemisch differenzieren, bis keine Farbstoffwolken mehr abgehen (Dauer ca. 1-3 min)
5. erneutes Abspülen mit Leitungswasser
6. mit Methylenblau-Lösung gegenfärben 1 min
7. gründlich mit Aqua d. spülen
8. Präparate trocknen lassen und ggf. eindecken

▼

Ergebnis:

Säurefeste Stäbchen: grünliche Fluoreszenz
Hintergrund: dunkel

Lösungen:

1. Phenol-Auramin-Lösung:
   0,1 g Auramin O in 10 ml Ethanol (95 %) lösen,
   3 g Phenolkristalle durch leichtes Erwärmen verflüssigen und in 87 ml Aqua d. lösen,
   beide Lösungen mischen.
   Lagerung: in dunkler Flasche aufbewaren! Haltbarkeit: etwa eine Woche
2. HCl-Ethanol-Gemisch: 4 ml 25 % Salzsäure und 96 ml 70 % Ethanol mischen.

10.7 Artefakte

☐ Tab. 10.11 Artefakte und Probleme beim Färben und die Ursachen

Artefakt, Problem	Ursache
Färbung fällt zu blass aus	alte, verbrauchte Farblösungen; falsch angesetzte Farblösungen; neue Farblösungen, die noch nicht angesäuert sind (z. B. Eosin, Azokarmin); zu starke, zu lange Differenzierung; zu lange Verweildauer in der aufsteigenden Ethanolreihe;
Färbung fällt zu kräftig aus	zu dicker Schnitt; zu wenig differenziert; Konzentration der Farblösungen zu hoch, durch falsches Ansetzten oder durch Verdunsten der Lösungsflüssigkeit;
Paraffinschnitte schwimmen während der Färbung ab	zu dicker Schnitt; Luftblasen unter dem Schnitt oder Falten im Schnitt; kein, zu wenig oder zuviel Eiweißglycerin; zu kurz im Wärmeschrank; zu niedrige Wärmeschranktemperatur; abrupte Temperaturwechsel; Konzentrationssprünge; aggressive Chemikalien (z. B. Turnbull).

10.8 Herstellen mikroskopischer Injektions- und Korrosionspräparate

Die histologischen Routinepräparate vermitteln im Wesentlichen ein zweidimensionales Bild eines Gewebes oder Organs. Für das funktionelle Verständnis ist aber sehr oft auch die Kenntnis der dreidimensionalen Anordnung von Gewebe- oder Organstrukturen wichtig, z. B. im Falle der kleinen Blutgefäße, speziell der Kapillaren. Letztere gehen ja im histologischen Routinepräparat sogar oft als gut erkennbare Strukturen verloren. Sehr eindrucksvoll lässt sich die räumliche Anordnung von Mikrogefäßen in Injektions- oder, z. B. im Falle der Atemwege, in Korrosionspräparaten analysieren. Letztere können im Rasterelektronenmikroskop vertieft analysiert werden.

10.8.1 Injektionspräparate

10.8.1.1 Tuscheinjektion

Anleitung A10.117

Tuscheinjektion

Zur Darstellung von Hohlräumen innerhalb bestimmter Organe, wie z. B. von Gefäßen, Drüsengängen usw., werden gefärbte Injektionsmittel in das Hohlraumsystem injiziert. Dazu verwendet man im einfachsten Fall Tinte oder verdünnte Tusche (Pelikantusche), die nach Präparation des Gefäßstammes oder Ausführungsganges mit einer Knopfkanüle und Injektionsspritze unter vorsichtigem Druck langsam injiziert werden. Den Erfolg der Injektion erkennt man sofort an der entsprechenden Verfärbung des Gewebes. Das Gefäß oder der Gang werden dann abgeklemmt und das Organ fixiert. Kleine Organe werden präpariert, oder man stellt Häutchenpräparate bzw. Rasiermesserschnitte her, die dann aufgehellt und eingeschlossen werden. Natürlich kann man auch das Gewebe einbetten und Mikrotomschnitte anfertigen.

Vorteile der Methode sind die mühelose Füllung auch der feinsten Gefäße; die Markierungssubstanz diffundiert nicht in die Umgebung und die Injektion kann bei Raumtemperatur vorgenommen werden. Nach Verdünnung mit Wasser oder physiologischer Kochsalzlösung lässt sich aber das Pigment in den Lumina auch durch die Fixierung nicht am Ort binden und kann speziell aus weiten Lumina bei der Schnittpräparation verlorengehen. Um dem abzuhelfen, mischt man die Tusche mit Hühnereiweiß 1:1 oder mit Serum 2:3. Die Verdünnung mit physiologischer Kochsalzlösung wird im Verhältnis 1:2 bis 1:3 vorgenommen. In allen Fällen muss die Injektionslösung vor Gebrauch gut filtriert werden. Empfehlenswert ist, die verdünnte Lösung 6-mal zu filtrieren und danach noch zu zentrifugieren. Als Fixierlösung verwendet man 5% Formol oder Schaffers Formol-Ethanol. Es ist nicht nötig, die Organe vor der Injektion blutfrei zu spülen. Von Vorteil ist allerdings, die Versuchstiere zu heparinisieren.

Frisch entnommene Organe oder Operationspräparate lassen sich oft nur schwer injizieren. Für mikroskopisch-anatomische Studien ist es dann günstig, die Objekte 1–2 Tage im Kühlschrank zu lagern.

10.8.1.2 Gelatineinjektionen

Anleitung A10.118

Gelatineinjektion

Die Injektion von gefärbten, gelatinehaltigen Substanzen muss in der Wärme vorgenommen werden. Organe, die bereits erkaltet sind, müssen vor der Injektion in körperwarmer Ringerlösung (s. Anhang) vorgewärmt werden. Die

▼

Gelatinelösungen gelieren bereits beim Erkalten und füllen die injizierten Lumina nach der Fixierung zuverlässig aus (s. ◘ Abb. 10.62). Zur Färbung verwendet man Berlinerblau, Deckweiß, Karmin, Kobaltblau, Tusche oder Zinnober. Die Injektion wird wie unter A10.117 beschrieben durchgeführt; Organe und Injektionsmasse müssen aber auf 40 °C erwärmt sein (Einstellen in ein Wasserbad).

Für Schnittpräparate benötigt man eine transparente Injektionsmasse wie Karmingelatine oder Berlinerblaugelatine, für Aufhellungspräparate (A10.122) verwendet man die Gelatinemasse nach Spanner (1925), siehe Anleitung A10.121.

Herstellen von Karmingelatine.
1. 1 g Karmin in 1–2 ml Ammoniak und 6–8 ml Aqua d. lösen.
2. Diese Lösung auf dem Sandbad so lange erhitzen, bis sich der überschüssige Ammoniak verflüchtigt hat (die dunkel-rote Farbe wird dabei heller).
3. Erkalten lassen und filtrieren.
4. 50 g Gelatine einen Tag lang in Wasser quellen lassen.
5. Überschüssiges Wasser abtropfen lassen.
6. Die gequollene Gelatine allein im Wasserbad bei 60 °C schmelzen.
7. Von der Farblösung unter ständigem Rühren so viel zusetzen, bis ein kräftiger Farbton erreicht ist.
8. 5–10 % Glycerin und
9. 3–5 % Chloralhydrat zusetzen.
10. Zuletzt heiß durch Flanell filtrieren.

Vor der Injektion bringt man die Masse im Wasserbad bei 40 °C wieder zum Schmelzen.

Die entscheidende Schwierigkeit bei der Herstellung von Karmin-Gelatine besteht darin, den Neutralisationspunkt zu erreichen. Ist zuviel Ammoniak in der Injektionslösung, so diffundiert der Farbstoff durch die Gefäßwand in die Umgebung. Bei saurer Reaktion dagegen fällt das Karmin mehr oder weniger grobkörnig aus, wodurch kleine Gefäße unvollständig injiziert werden können. Im Idealfall ist das Karmin in kolloidaler Lösung.

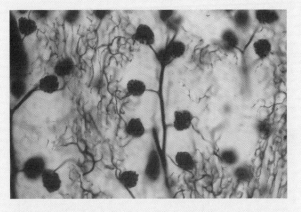

◘ **Abb. 10.62** Gelatineinjektion, Blutgefäße, Nierenrinde, Kaninchen, Vergr. ×125.

Anleitung A10.119

Gelatineinjektion mit Boraxkarmingelatine

Das Verfahren von Krause (1909) sieht das Färben der Gelatineblätter mit Boraxkarmin vor.

Herstellen von Boraxkarmin:
1. 100 g Borax in 2 l Aqua d. unter Erhitzen lösen.
2. 15 g Karmin zusetzen.
3. Kochen.
4. Abkühlen lassen.
5. Filtrieren.

Herstellen von Boraxkarmin-Gelatine:
1. 100 g Gelatineblätter in Aqua d. 2 h quellen lassen.
2. 30 min in einem Sieb abtropfen lassen.
3. 2-3 Tage in Boraxkarminlösung färben.
4. Die Farblösung abtropfen lassen und die Gelatineblätter in Leitungswasser waschen.
5. Die gefärbten Gelatineblätter einzeln in eine große Menge 2 % Salzsäure (5-10 l) tauchen, bis die carmosinrote Farbe in Kirschrot umschlägt (nicht länger!).
6. 1 h in fließendem Leitungswasser waschen.
7. Abtropfen lassen und die Gelatineblätter auf dem Wasserbad unter Zusatz von etwas Kampfer schmelzen.

Die Injektion wird wie unter A10.117 durchgeführt (siehe auch A10.118)

Anleitung A10.120

Gelatinelösung blaugefärbt

Eine blaugefärbte Gelatinelösung erhält man durch Zusatz von wasserlöslichem Berlinerblau (käufliches Farbstoffpräparat). Die Herstellung erfolgt wie für Karmin-Gelatine beschrieben. Die Berlinerblaulösung wird auf 60 °C erhitzt und heiß mit der geschmolzenen Gelatine gemischt; Zusatz von Glycerin und Chloralhydrat erfolgt wie bei Karmingelatine. Das Abblassen der Farbmasse in der Ethanolreihe verhindert man durch Zusatz von etwas Eisenchlorid. Hat man dies versäumt, erlangen die Präparate ihre blaue Farbe beim Aufhellen mit Nelkenöl wieder. Man kann das Berlinerblau auch durch Einlegen der Präparate in Palladiumchlorürlösung in eine tief-braune Farbe überführen, die dann unverändert erhalten bleibt.

Die Injektion wird wie unter A10.117 durchgeführt (siehe auch A10.118).

Anleitung A10.121

Gelatinelösung mit Iodkalium

Um Gelatinelösungen zu erhalten, die bei tieferen Temperaturen noch flüssig sind, setzt man Iodkalium zu. *5* g Iodkalium, zu 100 ml einer 5 % Gelatinelösung gegeben, erhält diese noch bei 17 °C flüssig. Durch Zusatz von mehr Iodka-

▼

---

lium kann die Masse auch noch bei tieferen Temperaturen flüssig gehalten werden.

Die Anfärbung der Gelatinelösung erfolgt nach den zuvor gegebenen Rezepturen.

Die Injektion wird wie unter A10.117 durchgeführt (siehe auch A10.118).

Die Verwendung gefärbter Gelatinemassen ist zur Herstellung von Totalpräparaten oder sehr dicken Schnitten, die nicht mehr gefärbt werden sollen oder können, unumgänglich. Sollen die injizierten Hohlraumsysteme dagegen in histologischen Schnitten studiert werden, verwendet man einfacher ungefärbte Gelatinelösungen und färbt diese erst im Schnitt (Eberl-Rothe 1951). Es genügt, eine 5- bis höchstens 10 % reine Gelatinelösung zu injizieren; danach wird fixiert und histologisch aufgearbeitet. In den Schnitten färbt sich Gelatine mit Thiazinrot leuchtend rot, mit Hämalaun blau, mit Weigertscher Markscheidenfärbung schwarz.

Die Herstellung einer Gelatinemasse für Aufhellungspräparate (Spanner 1925), die nicht transparent sein muss, ist weniger aufwendig: Man löst 2 Blatt Speisegelatine in 100 ml warmem Wasser, setzt etwas Thymol zu und rührt den gepulverten Farbstoff ein (Deckweiß, Zinnober oder Kobaltblau). Ein nachträgliches Filtrieren ist nicht nötig. Man fixiert in 5 % Formol und bleicht eventuell in 10 % H_2O_2. Das Entwässern und Aufhellen erfolgt nach Spalteholz (A10.122). Von Präparaten, die mit Zinnober- oder Deckweißgelatine injiziert wurden, lassen sich auch gute Röntgenbilder gewinnen.

Anleitung A10.122

Aufhellen von Injektionspräparaten (nach Spalteholz)

Aufhellungspräparate sind durchsichtige makroskopische Präparate (z. B. Embryonen), in denen man gefärbte Gewebe oder Hohlraumsysteme *in situ* studieren kann. Unter Aufhellung versteht man eine Bleichung der Präparate mit Wasserstoffperoxid. Durch Angleichung des Brechungsindex der Aufbewahrungslösung an den des Präparates entsteht der Transparenzeffekt. Das Licht im Präparat (an den Grenzen von festem Gewebe und Aufbewahrungslösung) bricht sich immer weniger, wenn die Brechungsindices sich annähern. Die Farbe des Präparates wechselt so immer mehr ins vollkommen Transparente. Eine vorausgehende Differenzierung bestimmter Gewebe erreicht man durch Färbung. Mit Injektionspräparaten stellt man Hohlsysteme dar (z. B. Blutgefäße). Heute kann man die Aufbewahrungslösung durch die sehr viel robusteren, polymerisierbaren Kunststoffharze ersetzen, wenn sie einen entsprechenden Brechungsindex aufweisen (z. B. Epoxid- und Polyesterharze).

Die von Spalteholz (1914) perfektionierte Methode sieht folgende Schritte vor: Die in Formol fixierten Objekte werden gut in fließendem Wasser ausgewaschen und in H_2O_2 gebleicht, dann in der Ethanolreihe entwässert und in Benzol übertragen. Nach 2–3-maligem Wechsel kommen sie in die

▼

Aufhellungsflüssigkeit, die in ihrer Zusammensetzung je nach Objekt etwas variiert. Es handelt sich um Mischungen aus Wintergrünöl und Benzylbenzoat; folgende Zusammenstellung gibt das jeweilige Mischungsverhältnis an:

Objekt	Wintergrünöl	Benzylbenzoat
Knochengewebe, adult	5	3
größere Embryonen	2	1
kleinere Embryonen	3	1
kleinste Embryonen oder dicke Schnitte	5	1

Die Präparate werden auch in den zur Aufhellung verwendeten Mischungen eingeschlossen. Dazu werden die eventuell noch enthaltenen Benzol- und Luftreste durch Evakuieren mit einer Wasserstrahlpumpe entfernt. Injektions-Präparate werden meist nach Injektion gefärbter Substanzmischungen in das Gefäßsystem oder nach Anfärbung der Skelettelemente hergestellt. Für mikroskopische Untersuchungen schließt man sie auf einem Objektträger bzw. einer passenden Glasplatte innerhalb eines Ringes ein, oder man bringt sie für Demonstrationszwecke in ein anatomisches Sammlungsgefäß.

Anstelle von Mischungen aus Wintergrünöl und Benzylbenzoat kann man auch Tetralin und Naphthalin verwenden. Dazu löst man unter Erwärmen 32 g Naphthalin in 100 ml Tetralin und lässt es auf Raumtemperatur abkühlen. Dabei fällt ein Teil des Naphthalins wieder aus; die überstehende gesättigte Lösung (etwa 25 % Naphthalin) kann durch weiteres Verdünnen mit Tetralin auf den gewünschten Brechungsindex eingestellt werden:

25 % Naphthalin (gesättigte Lösung) $n_D = 1{,}561$
20 % Naphthalin $n_D = 1{,}558$
10 % Naphthalin $n_D = 1{,}554$
5 % Naphthalin $n_D = 1{,}549$

Nach einer ähnlichen Methode wird Naphthalin in Xylol gelöst; die Brechungsindizes folgender verschieden konzentrierter Lösungen sind:

gesättigte Lösung von Naphthalin $n_D = 1{,}539$
30 % Naphthalin $n_D = 1{,}531$
20 % Naphthalin $n_D = 1{,}522$
10 % Naphthalin $n_D = 1{,}509$

Die gesättigte Lösung von Naphthalin in Xylol eignet sich zum Aufhellen von Hautpräparaten.

10.8.1.3 Kautschukinjektion

Anleitung A10.123

Kautschukinjektion
Das Grundprodukt aller Kautschukmassen (Hesatex, Jatex, Latex PHE, Revertex, Revultex) ist Latex-Gummimilch. Kautschuklatex kann gefärbt werden (Berlinerblau, Tusche), oder durch die Zugabe von Kontrastmittel für röntgenologische

▼

Untersuchungen verwendet werden (Kaman, 1964). Die Injektionsmasse ist wasserähnlich dünnflüssig und dringt in die feinsten Gefäße gut ein; sie ist in kaltem Zustand zu verwenden. Durch Fixieren mit Formol oder Ethanol wird Latex in eine elastische, gummiartige Masse verwandelt, ebenso durch verdünnte Säuren. So kann man Extravasate während der Injektion durch Betupfen mit verdünnter Essigsäure verschließen. Die Kautschukmasse ist schneidbar und widersteht Korrosionslösungen (20–30 % Salzsäure), sodass sich die Masse auch zum Anfertigen von Korrosionspräparaten eignet (▶ Kap. 10.8.2). Mazerierte Gefäßausgüsse mit Kautschuk sind elastisch (können zum Studium verformt werden), dauerhaft und werden in flüssigem Medium aufbewahrt (man verwendet dazu Formol-Phenol-Wasserlösungen). Vor allem topographische Übersichtspräparate werden durch Kautschukinjektionen hergestellt. Feinere Details studiert man am besten bei auffallendem Licht auf schwarzer Unterlage mit dem Stereomikroskop.

10.8.2 Korrosionspräparate

Unter Korrosionspräparaten (Injektionsreplica) versteht man Objekte, bei denen Hohlraumsysteme mit einer korrosionsbeständigen Masse gefüllt wurden, das organische Material danach durch starke Laugen, Säuren oder spezielle Mazerationslösungen (Pepsinlösungen, Eau de Javell) entfernt wurde, um den Ausguss zu zeigen (◻ Abb. 10.63). Das bereits erwähnte Latex (A10.123) gehört ebenfalls zu den Korrosionsmassen; deren wesentlichste Vertreter sind aber polymerisierende Kunststoffe.

Heute stehen zahlreiche dünnflüssige Monomere zur Verfügung, die durch den Zusatz von Beschleunigern rasch und bei relativ niedrigen Temperaturen zur Polymerisation gebracht werden können. Die Kunststoffausgüsse zeigen gute Formkonstanz und liefern Präparate, die auch im Rasterelektronenmik-

◻ **Abb. 10.63** Korrosionspräparat, Lunge, Bronchialausguss, Weddell-Robbe, Vergr. ×5.

roskop untersucht werden können. Eine übersichtliche Darstellung der Entwicklung und Möglichkeit dieser Technik wurde von Lametschwandtner et al. (1984) gegeben.

Der wesentliche Unterschied zwischen Injektions- und Korrosionspräparaten besteht darin, dass die begrenzenden Strukturen der Ausgüsse, wie z. B. Gefäßwände, im ersten Fall mitbeurteilt werden können, bei der Korrosion dagegen verlorengehen.

Von den zahlreichen zur Injektion verwendeten Kunststoffen, wie Butylbutyrat, Epoxidharze, Mercox, Methylmethacrylat, Microfil, Technovit 8001, Polyesterharze, Polyvinylchlorid, sind im Folgenden die Techniken für Mercox CL und Araldit CY 223 beschrieben.

Anleitung A10.124

Gefäßinjektion mit Mercox CL

Das Produkt Mercox wurde eigens für Gefäßinjektionen entwickelt. Es dürfte sich dabei um vorpolymerisiertes Methylmethacrylat handeln (Bezugsquelle: Ladd Research, 83 Holly Court Williston, VT 05495, USA). Man wählt Mercox CL2B, das Grundharz blaugefärbt, oder Mercox CL2R, das Grundharz rotgefärbt, dazu den Beschleuniger MA, eine weiße Paste. Die Gewichtsverhältnisse in der Mischung aus Mercox CL und Beschleuniger bestimmen die Härtung (Polymerisationszeit). Nach Lametschwandtner (1987) ist folgende Mischung am günstigsten:

Injektionsmasse:
1. 0,4 g Beschleuniger MA in ein Becherglas bringen.
2. 20 ml Mercox CL (rotes oder blaues Grundharz CL-2R oder CL-2B) zugießen.
3. Mit einem Glasstab rühren, bis sich der Beschleuniger gelöst hat.

Da nach dem Mischen von Harz und Beschleuniger bei Raumtemperatur nur 4–5 min Arbeitszeit zur Verfügung stehen, muss man die fertige Masse sofort in die Injektionsspritze aufziehen und mit der Injektion beginnen. Es bleiben 2–3 min für die eigentliche Injektion. Danach härtet der Kunststoff in 5–10 min aus. Wählt man mehr Beschleuniger, z. B. 1,5–2,0 g, so reduziert sich die Arbeitszeit auf 2–3 min; die Substanz polymerisiert in 6–8 Minuten. Es ist daher nötig, das Tier bzw. das Organ bereits vor dem Mischen der Injektionsmasse fertig vorbereitet zu haben.

Methode:
1. Narkose des Tieres (Diethylether, Nembutal, Chloroform).
2. Heparinisieren.
3. Präparieren der Gefäße, die das betreffende Gebiet versorgen; Einbinden einer Kanüle in die Arterie, Eröffnen des Venenabflusses.
4. Das Gefäßbett mit isotoner Salzlösung freispülen (Ringerlösung); der Druck dabei soll dem mittleren arteriellen Blutdruck entsprechen. Man benützt eine Infusionsflasche, die entsprechend hoch befestigt wird.

▼

4a. Eventuell Perfusionsfixierung, z. B. bei Embryonen.
5. Mischen des Harzes, Füllen der Injektionsspritze.
6. Injektion des Harzes. Beim Anschluss der Spritze, am besten über einen kurzen Schlauch, unbedingt darauf achten, dass keine Luftblasen in das System kommen. Ein Dreiweghahn vor der Kanüle ist am günstigsten; auch ist von Vorteil, eine motorgetriebene Injektionseinrichtung zu benützen.
7. Die gelungene Injektion erkennt man an der Verfärbung des Gewebes; die Injektion ist beendet, wenn Harz aus den Venen abfließt.
8. Nach der Injektion das Präparat 15 min bei Raumtemperatur liegen lassen; während dieser Zeit polymerisiert das Harz. Über das Fortschreiten der Polymerisation informiert man sich durch Prüfen der Festigkeit der Schläuche, in denen Reste der Injektionsmasse zurückgeblieben sind.
9. Das injizierte Präparat zum vollständigen Polymerisieren über Nacht in ein 60 °C warmes Wasserbad legen.
10. Mazerieren in 20 % NaOH oder KOH bei 40 °C. Der Mazerationslösung wird etwas Detergens (Spülmittel, Seifenlauge) zugesetzt. Nach 3 h wird das Präparat mit warmem Leitungswasser gespült; die ersten groben Gewebeanteile schwimmen ab. Dann neue Lauge zusetzen und weiter mazerieren, spülen und so fort.
11. Zuletzt, wenn nötig, das Präparat teilen und unter dem Präpariermikroskop die letzten Gewebereste mit einer Injektionsspritze abspülen; der Gefäßausguss schwimmt dabei stets im Leitungswasser. Kalk wird in 2 % HCl aufgelöst.
12. In Aqua d. waschen und trocknen. Sind Untersuchungen der Ausgüsse im Rasterelektronenmikroskop geplant, erfolgt am besten Gefriertrocknung der Präparate.

Die erzielten Ausgusspräparate repräsentieren das gesamte Gefäßbett; alle Kapillaren sind gefüllt. Im Rasterelektronenmikroskop kann gezeigt werden, dass sogar die Form der Endothelzellen wiedergegeben wird (über die weiteren Präparationsschritte für rasterelektronenmikroskopische Untersuchungen siehe Lametschwandtner et al. 1980).

Anleitung A10.125

Gefäßinjektion mit einem Gemisch aus Mercox CL und Methylmethacrylat

Der Vorteil von Mercox CL liegt darin, dass es bereits vorpolymerisiert ist; damit entfällt die umständliche Vorpolymerisation, die bei direkter Verwendung von monomerem Methylmethacrylat vorgenommen werden müsste. Diese Bequemlichkeit erkauft man durch eine etwas höhere Viskosität des Präparates. Um diesen Nachteil zu beseitigen, mischten Ohtani und Murakami (1978) 20-30 % monomeres

▼

Methylmethacrylat zu. Lametschwandtner (1987) empfiehlt folgende Mischung:

Dünnflüssige Mercoxmasse:
1. 0,25 g Beschleuniger MA in ein Becherglas bringen.
2. In 4 ml monomerem Methylmethacrylat lösen (mit einem Glasstab einrühren).
3. 16 ml Mercox CL (rotes oder blaues Grundharz CL-2R oder CL-2B) zumischen.

Danach steht eine Arbeitszeit von 10–15 min zur Verfügung.

Die Verarbeitung erfolgt wie unter A10.124 beschrieben, die Mischung füllt sicher das gesamte Kapillarsystem.

Der Injektionsdruck kann natürlich über ein T-Stück zwischen Spritze und Kanüle gemessen werden; er entspricht aber nicht dem tatsächlich während der Injektion im Gefäßsystem herrschenden Druck. Die Messung ist daher ohne Aussagewert. Um eine vollständige Füllung des gesamten Kapillarsystems zu gewährleisten, wird der Druck während der Injektion bewusst unphysiologisch hoch gehalten; die Abstimmung des Drucks und damit auch des Flusses ist eine Frage der Erfahrung.

Anleitung A10.126

Injektion von Araldit CY 223

Hanstede und Gerrits (1982) suchten eine Injektionsmasse, die sich auch für sehr große Organe, z. B. die menschliche Leber, eignet. Wegen der raschen Polymerisationszeit von Mercox (A10.124) kann die Injektion so großer Gefäßbezirke Schwierigkeiten bereiten. Darüber hinaus sollte die Injektionsmasse nach Einbettung des Gewebes auch die Anfertigung histologischer Schnitte ermöglichen, damit am Schnitt das durch Injektion voll entfaltete Gefäßlumen quantitativ beurteilt werden kann. Nach dem Austesten verschiedener Kunststoffe empfehlen sie Araldit CY 223.

Injektionsmasse:
1. 100 g Araldit CY 223 werden mit
2. 3 g Pigment gemischt (kann entfallen; als rotes Pigment: Mikrolith Scharlach A-T, als blaues Pigment: Mikrolith Blau 4G-T), dazu
3. 40 g Härter HY 2967.

Injektion: wie unter A10.124 beschrieben

Polymerisation: erfolgt bei Raumtemperatur innerhalb von 60 Minuten, bei 40 °C in 17 Minuten, bei 60 °C in 5 Minuten.

Mazeration: siehe ▶ Kapitel 10.8.2

Um von den injizierten Organen auch histologische Schnitte herzustellen, wird in 4 % Paraformaldehydlösung fixiert und in Glykolmethacrylat eingebettet (Details zur Einbettung siehe bei Hanstede und Gerrits, 1982).

10.9 Einsatz der Polarisationsmikroskopie für die medizinische Diagnostik

Josef Makowitzky

Die Polarisationsmikroskopie kann bei verschiedenen molekularbiologischen und ultrastrukturellen Fragestellungen mit den topo-optischen Reaktionen neben der Elektronenmikroskopie und Fluoreszenzmikroskopie wesentliche Erkenntnisse hervorbringen (Makovitzky 1984, 1992, 2003, Inuoe und Kisilevsky 1996, Inoue et al. 2002)

Die Polarisationsmikroskopie ist für die Analyse von Kristallen (Urat, Lipid, Calciumpyrophosphat, Gold und Silber, ◻ Abb. 10.64a und b), Fremdkörpern, Nierensteinen, verschiedenen Aspiraten, Bakterien, Pilzen, Kollagen-, elastischen Fasern, und Muskelzellen, RNA, DNA, Poly- und Oligosaccharidketten wie Amyloidablagerungen einsetzbar. Dies ist nicht zuletzt den von Romhányi beschriebenen topo-optischen Reaktionen zu verdanken.

Alle Entdeckungen, die durch Polarisationsmikroskopie in der Biologie vor der Entwicklung des Elektronenmikroskops (EM) erschlossen wurden, sind nachträglich durch die Elektronenmikroskopie weitgehend bestätigt worden, z. B. die ma-

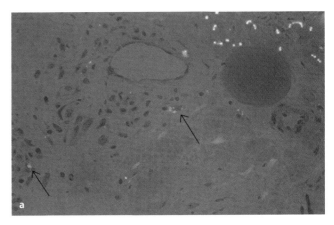

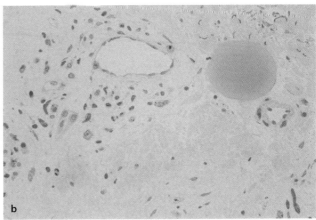

◻ **Abb. 10.64** **a)** Semidünnschnitt lichtoptische Aufnahme, **b)** polarisationsoptische Aufnahme ×160, Färbung: Toluidinblau/Azur C II (Material von Prof. Dr. L. Jonas, Universität Rostock Elektronenmikropisches Labor) Doppelbrechende Goldpartikel mit gelber Polarisationsfarbe, weiße Areale oberhalb des Corpus Amylaceum: doppelbrechende Artefakte.

kromolekulare Struktur der Kollagenfibrillen und filamentöse Ultrastruktur der Muskelfasern, die radiäre Orientierung der Lipidmoleküle in der Myelinscheide, die fibrillär-mizellare Textur des Amyloids, die linear-fibrilläre Struktur der Cellulose. Bezüglich einzelner Strukturdetails bleiben die Ergebnisse der Polarisationsmikroskopie unübertroffen (Makovitzky 2003).

Die Methode ist zuverlässig und kostengünstig und in der Realität können die erschlossenen submikroskopischen Strukturanalysen überzeugen.

10.9.1 Grundlagen der Polarisationsmikroskopie

Biologische Strukturen besitzen vorwiegend ein micellares, anisotropes Strukturaufbauprinzip. Anisotrope Objekte beeinflussen in verschiedenen Richtungen hindurchgehendes Licht verschieden. Das durchgehende Licht erscheint polarisiert, im einfachsten Fall linear polarisiert, d. h. in zwei Anteile zerlegt, deren Schwingungsrichtungen senkrecht aufeinander stehen. Die beiden Anteile des Lichts pflanzen sich mit verschiedener Geschwindigkeit fort und werden daher unterschiedlich stark gebrochen. Dieses Phänomen wird als Doppelbrechung bezeichnet. Die Stärke der Doppelbrechung ist bedingt durch die Differenz der Brechungsindices und die Dicke des anisotropen Körpers. Sie findet ihren Ausdruck in verschiedenen Gangunterschieden der beiden Lichtanteile, welche ihrerseits die verschiedenen Polarisationsfarben bedingen.

Die Doppelbrechung an mikroskopischen Präparaten wird zwischen gekreuzten Polarisationsfiltern (Polars) im Polarisationsmikroskop untersucht. Liegt ein anisotropes Objekt mit seinen Schwingungsrichtungen parallel zu denen des Polarisators oder Analysators, so herrscht Dunkelheit. Das vom Polarisator kommende Licht durchläuft das Objekt unbeeinflusst. Diese „Auslösch-Stellung" wird als Normallage bezeichnet. Bei Drehung des Objekts aus der Normallage leuchtet es entsprechend seiner Doppelbrechung, am stärksten bei +45° und -45°.

Liegt die Schwingungsrichtung des langsameren und zugleich stärker gebrochenen Lichtanteils eines Objekts parallel zu seiner Längsrichtung, spricht man von positiver, im anderen Fall von negativer Doppelbrechung, (Pérez 1996). Zur Bestimmung der positiven oder negativen Doppelbrechung eines Objektes bringt man noch ein zweites Objekt von bekannter Doppelbrechung und bekannten Schwingungsrichtungen, z. B. die Gipsplatte Rot I, derart in den Strahlengang, dass die Schwingungsrichtung des stärker gebrochenen Anteils unter +45° steht. Stimmen die Schwingungsrichtungen der beiden Objekte überein, so addiert sich ihre Doppelbrechung. Es entsteht ein höherer Gangunterschied bzw. eine Polarisationsfarbe höherer Ordnung. Ein blaues Objekt mit der langen Achse der Indexellipse der Gipsplatte Rot I liegt parallel zur langen Achse der Indexellipse des zu untersuchenden Objektes (Additionslage, Vorzeichen linear positiv). Bei senkrecht aufeinander stehenden Schwingungsrichtungen subtrahiert sich dagegen die Doppelbrechung, es entsteht ein geringerer Gangunterschied

bzw. eine Polarisationsfarbe niederer Ordnung (gelbes Objekt, Subtraktionslage. Vorzeichen linear negativ).

Nur wenige biologische Strukturen besitzen eine starke originäre Doppelbrechung (z. B. Stärkekörner), d. h. eine direkt messbare Anisotropie. Die meisten biologischen Strukturen verfügen über eine latente oder sehr schwache Doppelbrechung, die nur mit Hilfe der sog. topo-optischen Reaktionen sichtbar zu machen ist. Ein Bespiel ist die Doppelbrechung von menschlichen Erythrocyten-Schatten (in Aqua d. hämolysierte Erythrocyten): Ungefärbt beträgt der Gangunterschied 0,4 nm, nach der Färbung mit der Toluidinblau als topo-optische Reaktion beträgt der Gangunterschied 40 nm (Romhányi et al. 1974, Makovitzky und Geyer 1977, Gliesing 1987).

Die Präparate für eine polarisationsoptische Untersuchung müssen sorgfältig entparaffiniert werden. Zurückgebliebene Paraffinkristalle stören das Bild und die Analyse, da sie selbst doppelbrechend sind. Besonders bleiben Paraffinkristalle in den Erythrocyten und Zellkernen zurück. Die Entfernung der Paraffinkristalle ist besonders wichtig bei der selektiven Darstellung des Amyloids. Gleichartige Störfaktoren sind die Formalinpigmentkristalle.

10.9.2 Topo-optische Reaktionen

Topo-optische Reaktionen sind solche Reaktionen, die durch orientierte Anlagerung von Farbstoffmolekülen oder von primär farblosen Verbindungen an micellare Strukturen den originären anisotropen Effekt auf das Mehrfache erhöhen (Romhányi 1978, Makovitzky 1984).

In der modernen Polarisationsmikroskopie unterscheiden wir farblose topo-optische Reaktionen (mit chemischen Strukturen wie z. B. Phenol, Anilin) und topo-optische Reaktionen mit Farbstoffen (Romhányi 1978).

Romhányi beschrieb die Begriffe additive und inverse topo-optische Reaktion.

Die Kongorotfärbung des Amyloids ist ein klassisches Beispiel für die additive topo-optische Reaktion, dabei ändert sich das originäre Vorzeichen des Amyloids nicht. In Bezug auf die Längsachse ist der größere Brechungsindex, linear positiv.

Die kollagenen Fasern sind im ungefärbten Zustand in Wasser oder in Kanadabalsam eingedeckt linear positiv, d. h. in Bezug auf die Länge besitzen sie den größeren Brechungsindex und bei additiver Kompensation werden sie hell.

Die erste „topo-optische" Reaktion war die v. Ebnersche kollagenspezifische Phenolreaktion (1894). Zum Reaktionsmechanismus: Die Phenolmoleküle sind an der Oberfläche senkrecht orientiert gebunden, d. h. bei der additiven Kompensation sind die kollagenen Fasern jetzt dunkel. Aufgrund der polarisationsoptischen Analyse besitzen die Kollagenfasern ein linear negatives Vorzeichen, also ist diese Reaktion eine inversive topo-optische Reaktion. Das Vorzeichen der Muskelfasern ist weiterhin linear positiv.

Diese Reaktion wurde ab den 1950er-Jahren mit der intensiven Kollagen- und Altersforschung wieder entdeckt. Romhányi stellte fest, dass die Reaktion nach einer milden Sulfatierung durch die Blockierung der OH-Gruppen von Hydroxyprolin verschwindet und durch eine Desulfatierung wieder erscheint, d. h. dass die Phenolringe an die freien OH-Gruppen der Hydroxyprolinmoleküle der Kollagenfasern binden und sich senkrecht auf die lange Achse der Kollagenfasern anlagern. Dies bedingt die Inversion der originären linear-positiven Doppelbrechung, sodass das Vorzeichen danach linear negativ ist.

Diese Reaktion ist für die Routine-Histologie sehr gut einsetzbar z. B. bei der Differenzialdiagnose der kollagenen Kolitis/Enteritis.

Anleitung A10.127

Phenolreaktion (v. Ebner 1894)

1. entparaffinieren der Präparate, absteigende Alkoholreihe
2. Entwässerung der Präparate in aufsteigender Alkoholreihe
3. Xylol und danach Terpineol
4. eindecken der Präparate mit Phenol-Canadabalsam (1:1, V:V).

Durch die topo-optische Reaktion der elastischen Fasern in der Gefäßwand fand Romhányi die spiralig-fibrilläre Ultrastruktur der elastischen Fasern, wobei die mittlere isotrope Zone durch die optische Kompensation der miteinander gekreuzten anisotropen Fasern entsteht.

Diese Methode ist einsetzbar in der Altersforschung: Die elastischen Fasern der Neugeborenen zeigen gegenüber Erwachsenen eine stark erhöhte Doppelbrechung mit der Toluidinblau-Präzipitationsmethode (A10.130) und eine stark erhöhte Empfindlichkeit gegen Elastase (Romhányi 1958).

Anleitung A10.128

Anilinreaktion (Romhányi 1958)

1. Schon entparaffinierte Schnitte werden mit absolutem Alkohol entwässert.
2. abtupfen, dann 5 sec mit Amylacetat behandeln, dann wieder abtupfen.
3. Anilinöl auf das Präparat; mit einem Deckglas eindecken und mit Canadabalsam das Deckglas umranden (luftdicht verschließen). Das Präparat darf nicht austrocknen!

10.9.2.1 Die Bedeutung der durch Kongorotfärbung verursachten Anisotropie in der Histologie

Bennhold (1922) beschrieb als Erster die Färbung des Amyloids mit Kongorot. 1927 haben Divry und Florkin erstmals die Kongorot-Anisotropie an senilen Plaques nachgewiesen. Romhányi beschrieb (1942, 1943) nach der Imbibitionsanalyse (n. Ambronn) die linear positive Doppelbrechung des ungefärbten Amyloids. Nach der Kongorotfärbung registrierte er eine fünffach stärkere Intensität der Doppelbrechung als ohne den Farbstoff und eine additive topo-optische Reaktion, d. h. die Farbstoffmoleküle sind an der Oberfläche parallel orientiert

gebunden und das Vorzeichen der originären Doppelbrechung hat sich nicht verändert. Die registrierte tiefgrüne Polarisationsfarbe hängt mit der Schnittdicke zusammen. Für die selektive Amyloiddarstellung sind mehrere Kongorotmethoden bekannt (Bennhold 1922, Puchtler et al. 1962, Stokes 1976). Die wässrige Kongorot-Methode nach Romhány hat den Vorteil (◘ Abb. 10.65a und b), dass die Kongorotmoleküle im hydrophoben Medium an der Oberfläche von Amyloid und kollagenen Fasern parallel orientiert gebunden sind. Im hydrophilen Medium (Gummi arabicum) zeigen die Amyloidablagerungen weiterhin die optimale Farbstoffbindung mit grüner Polarisationsfarbe, dagegen sind die kollagenen Fasern isotrop oder schwach negativ (Romhányi 1971).

Für eine schnelle Differenzierung steht die $KMnO_4$- oder die Performiat-Methode zur Verfügung (Bély 2003, Bély und Makovitzky 2006, ◘ Abb. 10.65a und b) oder nach der $KMnO_4$-Oxidation folgt die Trypsin-Verdauung. Die sogenannten

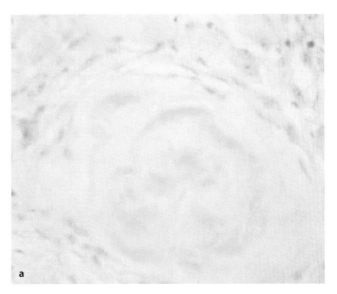

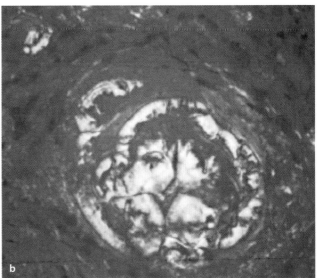

◘ **Abb. 10.65 a)** lichtoptische Aufnahme, **b)** polarisationsoptische Aufnahme X 160, Färbung Hämalaun-Kongorot nach Romhányi.

primären Amyloidablagerungen (AL) behalten ihre Doppelbrechung, sie sind verdauungsresistent. Die sekundären Ablagerungen (AA) zeigen nur Kongophilie, aber keine Doppelbrechung (keine orientierte Farbstoffbindung). Nach der Voroxidation kombiniert mit Trypsin-Verdauung werden nur die sekundären Ablagerungen selektiv entfernt (Romhányi 1972). Diese Entdeckung war der Ausgangspunkt für die moderne Immunhistochemie des Amyloids.

Die Kongorotfärbung verursacht auch eine Kongophilie und Anisotropie der elastischen Fasern, die im hydrophilen Medium eingedeckt sind.

Mit Kongorot sind außerdem Echinococcuscysten, Lebensmittelreste (bei Aspirationspneumonie), Cellulose und Pilze doppelbrechend mit grüner Polarisationsfarbe. Die Amyloidablagerungen zeigen außerdem mit Eosin, Pinacyanol, N, N´-Diethylpseudoisocyaninchlorid, Kresyl- und Methylviolett, Rivanol, Siriusrot, Safranin und Toluidinblau und verschiedenen Thiazinfarbstoffen (Makovitzky 2004) eine auffallende Anisotropie.

Anleitung A10.129

Kongorotmethode nach Romhányi (1971, 1979)
1. Präparate entparaffinieren, absteigende Alkoholreihe und überführen in Aqua d.
2. Kernfärbung mit Hämalaun (▶ Kap. 10.6.1.3)
3. spülen mit Aqua d.
4. Färbung mit Kongorotlösung für 10 min
5. spülen der Schnitte im fließenden Leitungswasser 20–30 min
6. eindecken mit Gummi arabicum

Ergebnis:
Lichtoptisch registriert man an den Amyloidablagerungen eine Kongophilie, polarisationsoptisch eine tiefgrüne Polarisationsfarbe.

Lösungen:
1. 0,1% Kongorotlösung, wässrig, frisch angesetzt

10.9.2.2 Metachromasie als inverse topo-optische Färbungsreaktion (Toluidinblau-Präzipitations-Methode nach Romhányi 1963)

Einige Strukturkomponenten, die nach der Toluidinblaufärbung eine schwache Anisotropie zeigen, lassen mit der Präzipitationsmethode eine Verstärkung der Anisotropie erkennen. Lichtoptisch sieht man anstelle von Blau eine rote Farbe (Metachromasie). Man hat als Erklärung dafür eine micellare Farbstoffaggregation vermutet (Sylvén 1954, Zanker 1981 und persönliche Mitteilung, Fischer und Romhányi 1977).

- Die Metachromasie entsteht als Ergebnis einer parallelcoplanaren Assoziation von Farbstoffmolekülen.
- Nur diejenigen Polyanionen sind metachromotrop, bei denen die Entfernung zwischen den farbstoffbindenden Gruppen unter 0,5 nm liegt, andernfalls besteht Orthochromasie.

Die Arbeiten von Romhányi (1963, 1978) und Módis (1974, 1978) (Cornea und Knorpelgewebe) haben geklärt, dass die drei Phänomene der Metachromasie (Änderung der spektralen Absorption, Dichroismus, Doppelbrechung) alle auf dem gleichen molekularen Effekt, und zwar auf der dicht orientierten Anlagerung von Farbstoffmolekülen an die chromotropen Strukturen beruhen.

Anleitung A10.130

Topo-optische Reaktion mit Toluidinblau nach Romhányi (1963)
Methode:
1. sorgfältige Entparaffinierung (24 h bei 75–80 °C) in Xylol im Wärmeschrank und dann absteigende Alkoholreihe
2. in Aqua d. überführen
3. färben mit einer 0,1 % Toluidinblaulösung 10 min
4. nach dem Färben werden die Präparate mit Filterpapier abgepresst (Schnitte dürfen nicht austrocknen!)
5. Schnitte mit frischer Präzipitationslösung vorsichtig kurz abspülen
6. luftblasenfrei eindecken mit Gummi arabicum (siehe Lösungen)

Lösungen:
1. 0,1 % Toluidinblaulösung bei verschiedenen pH Werten
2. Präzipitationslösung:
   1 % wässrige Kaliumiodidlösung (7 Teile) und 1 % Kaliumferricyanidlösung (1 Teil, V:V) frisch herstelllen!
3. beim Eindecken mit Gummi arabicum werden zu 10 ml Gummi arabicum [filtriert] 4–5 Tropfen der oben beschriebenen Präzipitationslösung zugegeben

---

Mit dieser Methode kann man z. B. die Doppelbrechung von DNA und isolierten DNA-Fibrillen, Cornea und Sklera, Knorpelgewebe, extrazellulärer Matrix und Kollagen untersuchen. Ferner können verschiedene Biomembranen (Erythrocyten, Lymphocyten, Thrombocyten) und auch Tumorzellen mit dieser Methode submikroskopisch analysiert werden. Man konnte zeigen, dass die Glykoproteine an der Oberfläche der Erythrocytenmembran nicht nur für die Bindung, sondern auch für die gleichzeitige orientierte Bindung der Farbstoffmoleküle verantwortlich sind. Die Digitoninbehandlung, die Sialidase- und Trypsinverdauung, chemische Hydrolyse und Sialinsäure-Extraktion beeinflussen den Konformationszustand der Glykokalyx, und damit die Membrandoppelbrechung (Makovitzky und Geyer 1977, Geyer und Makovitzky 1980, Makovitzky 1984). Geyer (1982) beschrieb die Toluidinblau-Präzipitations-Methode als empfindlichste Reaktion für die Beurteilung der Erythrocytenglykokalyx.

Die Nucleinsäuren sind optimal bei pH 4,5 zu untersuchen (Jobst 1962). Kellermayer und Jobst (1971) zeigten, dass das nucleolusassoziierte Chromatin in einer zirkulär orientierten Form vorliegt, und dass mit Hilfe der topo-optischen Reaktion die orientierte Struktur der einsträngigen DNA in formalinfixierten Zellkernen selektiv dargestellt werden kann. 1975 fanden die gleichen Autoren nach der Behandlung mit nicht-ionischen Detergenzien ein um die Kerne der HeLa-Zellkulturen herumliegendes, feines kontinuierliches Netzwerk, das identisch mit dem kontraktilen Filament (Aktin-Cytoskelett) ist. Die Glykosaminoglykane sind bei einem pH-Wert unter 3,5 zu färben (Romhányi 1963). Nach Módis (1974, 1991) können sie bei pH 5,2 mit der Toluidinblau-Präzipitations-Methode, kombiniert mit der kritischen Elektrolyt-Konzentrationsmethode (CEC), bei 0,1 M (Magnesiumchlorid-)Hyaluronsäure, 0,5 M Chondroitinsulfat, 1 M Keratansulfat, 1,8 M Heparansulfat selektiv licht- und polarisationsoptisch dargestellt werden.

In einer pH-Reihe können entsprechend der Dissoziation verschiedene Gruppen selektiv dargestellt werden: bei pH 1 die SO_3- und SO_4-Gruppen, bei pH 3 vorwiegend die PO_4-, bei pH 5 die COOH-Gruppen.

Romhányi (1963) konnte mit der Toluidinblau-Präzipitations-Methode eindeutig zeigen, dass die Glykosaminoglykane mit den Kollagenfasern vernetzt sind und eine strukturelle Einheit bilden. Die Bindegewebematrix ist also nicht amorph, sondern die beiden Komponenten sind miteinander in einer hochorganisierten Weise verbunden. Nach Romhányi (1966) mit der Toluidinblau-Präzipitations-Methode gefärbte Kollagenfasern haben entweder das Vorzeichen linear positiv (Stenokollagen) oder linear negativ (Porokollagen). Nach Stromschlägen sieht man hier Veränderungen des Kollagens, die wichtig für die Routinediagnostik sind. Mit der v. Ebnerschen Phenolreaktion kann man die beiden Fasertypen nicht voneinander unterscheiden.

Mit der Toluidinblau-Präzipitations-Methode kann man beachtliche Einblicke in die molekulare und strukturelle Organisation des Ergastoplasmas (raues endoplasmatisches Reticulum) gewinnen. (Romhányi und Deák 1967, 1969). Für die anisotrope Färbung der RNA im Ergastoplasma haben sich drei Bedingungen als entscheidend erwiesen:

- der Redoxzustand der Struktur,
- die Anwesenheit der Strukturlipoide und
- die höhere Ionenstärke der Farbstofflösung.

Für die submikroskopische Strukturanalyse ist die Rivanol topo-optische Reaktion sehr gut einzusetzen (Färbungsprinzip wie bei der Toluidinblau-Präzipitationsmethode). Die beiden Reaktionen wurden auch elektronenmikroskopisch adaptiert (Somogyi und Sótonyi 1970, Geyer et al. 1977)

10.9.2.3 Aldehyd-Bisulfit-Toluidinblau-(ABT)-Reaktion, Permanganat-Toluidinblau-(PBT)-Reaktion und Sialinsäure-spezifische topo-optische Reaktion

Sie gehören zur zweiten Generation der topo-optischen Reaktionen. Hierbei werden die Farbstoffmoleküle bindenden Gruppen erst durch spezifische chemische Reaktionen erzeugt.

Für die ABT-Reaktion – eine polarisationsoptische PAS-Reaktion – ist die Voraussetzung das Vorkommen periodreaktiver, linear orientierter OH-Gruppen (vicinale, benachbarte oder 1,2-glykolytische OH-Gruppen). Sie ist eine inversive, selektive, topo-optische Reaktion der Kohlenhydratketten. Die nach Periodsäureoxidation entstandenen CHO-Gruppen werden mit $NaHSO_3$ oder $Na_2S_2O_5$ selektiv blockiert, die entstandenen OSO_3-Gruppen sind mit Toluidinblau, und/oder 1,9 Dimethyl Methylenblau, Azur A, und Azur B (Thiazin-Farbstoffe) bei pH 1 selektiv zu färben.

Die ABT-Reaktion ist geeignet, die Orientierung der Oligosaccharid- und Polysaccharidkomponente zu bestimmen. Die Reaktionsintensität übertrifft die der PAS-Reaktion. Mit Hilfe dieser Reaktion können die linear orientierten OH-Gruppen in den Zuckermolekülen selektiv dargestellt und analysiert werden (Theorie bei Romhányi 1978, Romhányi et al. 1975, Fischer 1976, 1977, Fischer und Emödy 1976).

Cellulose, Pektine, Bakterien, Pilze und die bakterielle Phagocytose können mit der ABT-Reaktion polarisationsoptisch analysiert werden.

Wenn die Toluidinblau-Moleküle in Bezug auf die Oberfläche senkrecht orientiert vorliegen, dann sind die Zuckerketten parallel orientiert, wenn sie waagerecht angeordnet sind, dann liegen die Zuckerketten in Bezug auf die Oberfläche senkrecht orientiert vor (Romhányi et al. 1975, Fischer 1976). Die ABT-Reaktion signalisiert die entgegengesetzte Kompensation des Schleimfilms und der mukociliären Zone (Németh 1976). Eine nach der Periodsäureoxidation durchgeführte milde Sulfatierung nach Romhányi et al. (1973, 1974) und Färbung mit Toluidinblau bei pH 1 ist eine kollagenspezifische topo-optische Reaktion.

Die Entfernung zwischen den beiden OH-Gruppen beträgt 0,2–0,5 nm. Wenn die Entfernung größer ist als 0,5 nm, gibt es keine Doppelbrechung und Metachromasie, sondern Orthochromasie. Der Auflösungsbereich der Polarisationsmikroskopie liegt damit indirekt zwischen 0,2–0,5 nm!

Fischer hat 1979 die $KMnO_4$-Bisulfit Toulidinblau-Reaktion (PBT-R) ausgearbeitet, mit deren Hilfe die molekulare Orientierung von RNA und Elastin polarisationsoptisch analysiert werden kann.

Die sogenannte CIB-Reaktion (Chemically Intensified Basophilic Reaction, nach Scott et al. 1969 und Módis 1991) ist wichtig für die selektive orientierte Darstellung der folgenden Glykosaminoglykan-Komponenten: Hyaluronsäure, Chondroitin- und Dermatansulfat (Richter und Makovitzky 2006) z. B. in Amyloidablagerungen.

Anleitung A10.131

ABT-Reaktion nach Romhányi et al. (1975)

Methode:

1. Entparaffinieren der Präparate, absteigende Alkoholreihe, Aqua d.
2. Behandlung der Präparate bei Raumtemperatur (RT) mit 1 % Periodsäure, 30 min
3. spülen mit Aqua d., ganz kurz
4. einstellen der Präparate in $Na_2S_2O_5$-Lösung, 45 min
5. spülen mit Aqua d.
6. Färbung mit 0,1 % Toluidinblau-Lösung bei pH 1, 8 min (oder mit den Thiazinfarbstoffen: Azur A, B, C, 1,9 Dimethyl Methylenblau (1,9 DmMb) oder Methylenblau)

▼

7. die Reaktion weiterführen wie bei der Toluidinblau-Präzi-pitations-Methode (A10.130)

Lösungen:
1. 1 % wässrige Periodsäure
2. gesättigte wässrige $Na_2S_2O_5$-Lösung
3. 0,1 % Toluidinblau-Lösung (in 0,1 N HCl) bei pH 1

Elektronenmikroskopische Darstellung der ABT-Reaktion siehe bei Sótonyi et al. 1983.

Anleitung A10.132

KOH-PAS-Reaktion nach Reid et al. (1976), polarisationsoptisch die KOH-ABT-Reaktion nach Fischer (1976) für die selektive Darstellung von O-Acylradikalen

Methode:
1. Entparaffinierte Schnitte oder Ausstrichpräparate mit 70 % Ethanol spülen
2. Schnitte bei RT mit ethanolischer KOH-Lösung behandeln, 30 min
3. 2 x Spülen mit 70 % Ethanol
4. 2 x Spülen mit Aqua d.
5. Danach die ABT-Reaktion durchführen (A10.131)

Lösungen:
1. ethanolische KOH-Lösung: 0,5 % KOH Lösung in 100 ml 70 % Ethanol

---

Die Sialinsäure-spezifische topo-optische Reaktion ist eine milde PAS-Reaktion, die für O-acyl-Sialinsäure spezifische Reaktion ist eine KOH-milde PAS Reaktion mit polarisationsoptischer Anlehnung an die ABT-Reaktion (Makovitzky 1978, 1980).

Mit dieser Reaktion kann man die Lage der OH-Gruppen und damit der Sialinsäuremoleküle z. B. an der Membranoberfläche analysieren: Die linear orientierten OH-Gruppen und damit die Sialinsäuremoleküle liegen an der Oberfläche senkrecht oder parallel ausgerichtet.

So wie die Sialinsäure kann auch die O-acyl-Sialinsäure in entgegensetzter Lokalisation an der Oberfläche von Pilzen vorhanden sein (Makovitzky 2003, Gährs et al. 2006)

Anleitung A10.133

Sialinsäure-spezifische topo-optische Reaktion (Makovitzky 1979, 1980)

Methode:
1. Schnitte entparaffinieren, absteigende Alkoholreihe, Aqua d. oder Ausstrichpräparate
2. bei 4 °C in 0,01 % Periodsäure einstelllen, 10 min
3. spülen mit Aqua d.
4. gesättigte $Na_2S_2O_5$-Lösung, 60 min

▼

---

5. gründlich spülen mit Aqua d.
6. färben mit filtrierter 0,1% 1,9 Dimethyl-Methylenblau-Lösung bei pH 1, 7–8 min
7. aufsaugen der Farbstofflösung mit Pipette und mit Filterpapier vorsichtig abtrocknen
8. mit oder ohne Präzipitationslösung stabilisieren
9. eindecken mit Gummi arabicum (mit oder ohne Präzipitationslösung siehe A10.130)

Lösungen:
1. 0,01 % Periodsäure, frisch ansetzten
2. gesättigte $Na_2S_2O_5$-Lösung
3. 0,1% 1,9 Dimethyl-Methylenblau-Lösung bei pH 1 (auch Azur B ist geeignet)
4. Präzipitationslösung 1:7, V:V (Kaliumiodid/Kaliumferricyanid 1 ml auf 20 ml mit Aqua d. verdünnen.

Anleitung A10.134

KOH-Sialinsäure-spezifische topo-optische Reaktion, Anlehnung an die KOH-mPAS-Reaktion nach Culling 1974 (Makovitzky 1979, 1984)

Methode:
Die ersten Schritte (1 bis 4) wie bei der KOH-ABT-Reaktion (A10.131)
Anschließend die Sialinsäure-spezifische topo-optische Reaktion (A10.133) durchführen

---

Anleitung A10.135

O-acyl-Sialinsäure-spezifische topo-optische Reaktion nach Culling et al. 1978, Makovitzky 1984.

Methode:
1. Schnitte entparaffinieren, absteigende Alkoholreihe, Aqua dest. oder Ausstrichpräparate
2. bei RT in 1 % Periodsäure einstellen, 60 min
3. Spülen mit Aqua dest.
4. Reduzieren bei 37 °C mit 1 % Natriumborhydrid-Lösung, 30 min
5. Spülen mit Aqua dest.
6. Behandlung mit 1 % Periodsäure, 1–4 h
7. Spülen mit Aqua dest.
8. Einstellen der Präparate in $Na_2S_2O_5$-Lösung, 60 min
9. Anschließend Durchführung der Sialinsäure spezifischen topo-optischen Reaktion (A10.133)

Lösungen:
1. 1 % Periodsäure, frisch ansetzen
2. 1 % Natriumborhydrid-Lösung
3. gesättigte $Na_2S_2O_5$-Lösung

■ ■ **Topo-optische Versilberungsreaktionen:**
Gallyas hat 1981 topo-optische Versilberungsreaktionen beschrieben (Argyrophilie III).

Die in dieser Reaktion neu entstandenen Silber-Granula sind aufgrund der optischen Analyse parallel ausgerichtet, die nicht orientierten Strukturen zeigen keinen Doppelbrechungseffekt.

Aufgrund der zusammenfassenden Arbeiten von Gallyas 1981, 1981a und Gallyas et al. 1980 sind folgende Gefäßwandkomponenten selektiv zu untersuchen:

- die Glykosaminoglykane (GAG) der bindegewebigen Matrix mit der Toluidinblau-topo-optischen Reaktion bei pH 3,5
- die vicinalen (benachbarten) OH-Gruppen der Polysaccharide mit der ABT-Reaktion
- die Kollagenfasern nach der Periodsäure-Oxidation, danach milde Sulfatierung und Färbung mit der Toluidinblau-Präzipitations-Methode bei pH 1,0
- die elastischen Fasern mit der PBT-(Kaliumpermanganatbusulfit-Toluidinblau-)Reaktion (bei Fischer 1980).

Anleitung A10.136

Topo-optische Versilberungsreaktionen (nach Gallyas 1981)

Damit können dargestellt werden:

1. die elastischen Fasern
2. die glatten Muskelfasern

Selektive Darstellung der elastischen Fasern

Methode:

1. ein Präparat für Acetylierung, ein Präparat für Propylierung entparaffinieren, absteigende Alkoholreihe
2a. Acetylierung bei RT, 16–20 h
2b. Veresterung bei 56 °C, 16–20 h
3. 2 x waschen in Aqua d.
4. Physikochemische Entwicklung bis zur bestimmten Farbintensität (bei mikroskopischer Kontrolle): bei acetylierten Präparaten, 10–15 min; bei isopropylierten Präparaten, 4–7 min
5. 2 x waschen in 1 % Essigsäure, insgesamt 30 min
6. aufsteigende Alkoholreihe, Xylol und einschließen der Präparate in Canadabalsam

Lösungen:

1. Lösung für Acetylierung:
   Gemisch von Pyridin und Essigsäureanhydrid 3:2 (V:V)
2. Lösung für Veresterung:
   In 100 ml abs. Isopropanol 0,02 g Periodsäure lösen, Zugabe von 2 ml Aceton. Diese Lösung muss jedes Mal frisch hergestellt werden.
3. Entwicklerstammlösung A:
   In 1000 ml Aqua d. werden 50 ml Natriumcarbonat gelöst.
4. Entwicklerstammlösung B:
   In 1000 ml Aqua d. werden nacheinander folgend Chemikalien gelöst: 2,0 g Ammoniumnitrat, 2,0 g Silbernitrat, 10,0 g Silikowolframsäure und 2 ml 40 % Formalin.

▼

5. Entwicklerlösung: Zur Lösung A wird unter ständigem Rühren Lösung B gegeben.
6. 1 % Essigsäure

Selektive Darstellung von glatten Muskelfasern

Methode:

1. Präparate gründlich entparaffinieren, absteigende Alkoholreihe
2. Veresterung bei 56 °C, 16–20 h .
2. 2 x waschen in 96 % Ethanol
3. 2 x spülen in Aqua d.
4. Physikochemische Entwicklung bis zur bestimmten Farbintensität, 3–5 min
5. 2 x waschen in 1 % Essigsäure, insgesamt 30 min
6. aufsteigende Alkoholreihe, Xylol und einschließen der Präparate in Canadabalsam

Lösungen:

1. Lösung für die Veresterung:
   0,5 ml konzentrierte Schwefelsäure in 100 ml N-Butylalkohol gelöst
2. Entwicklerlösung: siehe oben
3. 1 % Essigsäure

10.10   Literatur

Baker J R (1958) Prinicples of biological microtechnique: A study of fixation and dying. Methuen and Co Ltd, London 1958.

Baker J R (1960) Experiments on the action of mordants. 1. „Single bath" mordant dyeing. *Quart J Micr Sci* 101: 255–272.

Baker J R (1962) Experiments on the action of mordants. 2. Aluminiumhaematein. *Quart J Micr Sci* 103: 493–517.

Bancroft J D (1975) Histochemical techniques. 2nd Ed Butterworths, Boston.

Bargmann W (1949) Über die neuroskretorische Verknüpfung von Hypothalamus und Neurohypophyse. *Z Zellforsch* 34: 610–634.

Bargmann W, Hild W, Ortmann R, Schiebler Th H (1950) Morphologische und experimentelle Untersuchungen über das hypothalamisch-hypophysäre System. *Acta neuro-veget* 1: 233–275.

Bennhold H (1922) Eine spezifische Amyloidfärbung mit Kongorot. *Müchn Med Wochenschr* 2: 1537–1538.

Bielschowsky M (1904) Die Silberimprägnation der Neurofibrillen. *J Psychol Neurol* 4: 227–236.

Böck P (1978) Histochemical demonstration of disulfide-groups in the lamina propria of human seminiferous tubules. *Anat Embryol* 153: 157–166.

Bodian D (1936) A new method for staining nerve fibers and nerve endings in mounted paraffin sections. *Anat Rec* 65: 89–97.

Babenaite J (1929) Über einige Erfahrungen mit der Golgi-Methode. *Z wiss Mikr* 46: 359–360.

Colour Index 4th Edition Society of Dyers (SDC) and Colourists. Bradford, England.

Curtis F (1905) Méthode de coloration élective du tissu conjonctif. *C R Soc Biol (Paris)* 58: 1038–1040.

Dahl L K (1952) A simple and sensitive histochemical method for calcium. *Proc Soc exp biol Med* 80: 474–479.

Delafield J (1885) Zusammensetzung des *Delafield*schen Hämatoxylins; nach Prudden J M, 1885. *Z wiss Mikr* 2: 88.

Domagk G (1932) Ein Beitrag zu den Kernechtfärbungen und der Haltbarkeitsmachung empfindlicher Färbungen. *Zbl allg Path pathol Anat* 55: 248–250.

Eberl-Rothe G (1951) Zur Technik der Gefäßinjektion. *Mikroskopie* 6: 52–54.

Ehrlich P (1877) Beiträge zur Kenntnis der Anilinfärbungen und ihrer Verwendung in der mikroskopischen Technik. *Arch Mikrosk Anat* 13. 263–277.

Ehrlich P (1886) (Kein Titel; behandelt saure Hämatoxylinlösung) *Z wiss Mikrosk* 3: 150.

Feulgen R, Rossenbeck H (1924) Mikroskopisch-chemischer Nachweis einer Nucleinsäure vom Typus der Thymonucleinsäure und die darauf beruhende elektive Färbung von Zellkernen in mikroskopischen Präparaten. *Z Physiol Chem* 135: 203–248.

Feulgen R, Voit K (1924) Über einen weit verbreiteten festen Aldehyd. *Pflügers Arch Ges Physiol* 206: 389–410.

Fontana A (1926) Über die Silberdarstellung des *Treponema pallidum* und andere Mikroorganismen in Ausstrichen. *Dermatol Z* 46: 291–293.

Freudenberg N, Kortsik C, Ross A 2002, Grundlagen der Zytopathologie, Kurzlehrbuch und Atlas der allgemeinen/speziellen Zytodiagnostik Karger-Verlag

Gabe M (1953) Sur quelques applications par la fuchsine-paraldehyde. *Bull Micr Appl* 3: 153–162.

Gabe M (1976) Histological techniques. Springer-Verlag, New York, Heidelberg, Berlin.

Gallyas F (1979) Silver staining of myelin by means of physical development, *Neurol Res* 1: 203–209

Goldner J (1938) A modification of the Masson trichrom technique for routine laboratory purpose. *Am J Path* 14: 237–243.

Golgi C (1894) Untersuchungen über den feineren Bau des zentralen und peripheren Nervensystems. G Fischer, Jena.

Gomori G (1937) Silver impregnation of reticulum in paraffin sections. *Am J Path* 13: 993–1002.

Gomori G (1941) Observations with differential stains on human islets of Langerhans. *Am J Path* 17: 395–406.

Gordon H, Sweets H H (1936) A rapid method for the silver impregnation of reticulum. *Am J Path* 12: 545–551.

Gram C (1884) Über die isolierte Färbung der Schizomyceten in Schnitt- und Trockenpräparaten. *Fortschr Med* 2: 185–189.

Graumann W (1961a) Bestimmung der „Stärke der Metachromotropie". *Acta histochem*, Suppl II: 217–220.

Graumann W (1961b) „Stärke der Metachromotropie", eine Meßgröße zur histochemischen Charakterisierung schleim bildender Drüsenzellen. *Histochemie* 2: 244–254.

Graumann W, Arnold M, Gleissner U (1966) Histologische und spektralphotometrische Untersuchungen zur Bestimmung der „Stärke der Metachromotropie". *Acta histochem* 23: 276–287.

Gray P, Pickle F M, Maser M D, Hayweiser L J (1956) Oxazine dyes I. Celestine Blue B with iron as a nuclear stain. *Stain Technol* 31: 141–150.

Hanstede J G, Gerrits P O (1982) A new plastic for morphometric investigation of blood vessels, especially in large organs such as the human liver. *Anat Rec* 203: 307–315.

Harris H F (1900) On the rapid conversion of hematoxylin into hematein in staining reactions. *J Appl Microsc* 3: 770–780.

Heidenhain M (1892) Über Kerne und Protoplasma. Festschrift zum 50-jährigen Doktor-Jubiläum von Geheimrat A v Koelliker. pp 109–166, Tafeln 9–11. W Engelman, Leipzig.

Holzer W (1921) Über eine neue Methode der Gliafaserfärbung. *Z ges Neurol* 69: 354–363.

Hotchkiss R D (1948) A microchemical reaction resulting in the staining of polysaccharide structure in fixed tissue preparations. *Arch Biochem* 16: 131–141.

Kaiser E (1880) Verfahren zur Herstellung einer tadellosen Glyceringelatine. *Biol Zbl* 1: 25.

Kallius E (1892) Ein einfaches Verfahren, um Golgi'sche Präparate für die Dauer zu fixieren. *Anat Hefte* 2: 269–276.

Kaman J (1964) Zum Problem der Herstellung mikrokorrosiver Präparate bei Verwendung von Kautschuklatex. *Mikroskopie* 19: 303–309.

Kardasewitsch B (1925) Eine Methode zur Beseitigung der Formalinsedimente (Paraform) aus mikroskopischen Praeparaten. *Z wiss Mikr* 42: 322–324.

Klüver H, Barrera E (1953) A method for the combined staining of cells and fibers in the nervous system. *J Neuropath exp Neurol* 12: 400–403.

Krause R (1909) Die Herstellung von transparenter roter Leiminjektionsmasse. *Z wiss Mikr* 26: 1–4.

Krutsay M (1963) Methode zur Darstellung einzelner Kalziumverbindungen in histologischen Schnitten. *Acta histochem* 15: 189–191.

Kultschitzky N (1890) Über die Färbung der markhaltigen Nervenfasern in den Schnitten des Centralnervensystems mit Hämatoxylin und mit Karmin. *Anat Anz* 5: 519–524.

Lamb D, Reid L (1969) Histochemical types of acidic glycoprotein produced by mucous cells of the tracheo-bronchial glands in man. *J Path* 98: 213–229.

Lametschwandtner A (1987) Persönliche Mitteilungen.

Lametschwandtner A, Lametschwandtner V, Weiger T (1984) Scanning electron microscopy of vascular corrosion casts – technique and applications. *Scanning Electron Microsc* 1984; II: 663–695.

Lametschwandtner A, Miodonski A, Simonsberger P (1980) On the Prevention of Specimen charging in scanning electron microscopy of vascular Corrosion Casts by attaching conductive bridges. *Mikroskopie* 36: 270–273.

Lev R, Spicer S S (1964) Specific staining of sulphate groups with alcian blue at low pH. J Histochem Cytochem *12*: 309.

Lillie R D (Ed) (1977) Conn's biological Stains. 9th Ed. Williams & Wilkins, Baltimore.

Lillie R D, Fullmer H M (1976) Histopathologic technic and practical histochemistry, 4th Ed. McGraw-Hill, New York.

Maximow A (1909) Über zweckmäßige Methoden für cytologische und histogenetische Untersuchungen am Wirbeltierembryo, mit spezieller Berücksichtigung der Celloidinschnittserien. *Z wiss Mikr* 26: 177–190.

Mayer P (1920) Zoomikrotechnik. Bornträger, Berlin.

Mc Manus J F A (1948) Histological and histochemical uses of periodic acid. *Stain Technol* 23: 99–108.

Michaelis L (1902) Einführung in die Farbstoffchemie für Histologen. Karger, Berlin.

Ohtani O, Murakami T (1978) Peribiliary portal System in the rat liver as studied by the injection replica scanning electron microscope method. *Scanning Electron Microsc* 1978; II: 241–245.

Papanicolaou G N (1941) Some improved methods for staining vaginal smears. *J Lab Clin Med* 26: 1200–1205.

Pappenheim A (1912) Zur Blutzellfärbung im klinischen Bluttrockenpräparat und zur histologischen Schnittpräparatfärbung der hämatopoetischen Gewebe nach meiner Methode. *Folia Haematol* 13: 337–344.

Plenk H sen. (1928) Histologischer Atlas von Zupfpräparaten unfixierter menschlicher Organe und Gewebe. Verlag Julius Springer, Wien.

Plenk H jr. (1975) Differentiation of silver-calciumsalt staining methods using a photographic reducer. *Mikroskopie* 31: 73–76.

Prickett C O, Stevens C (1939) The polarized light method for the study of myelin degeneration as compared with the Marchi and Sudan III methods. *Am J Pathol* 15: 241–250.

Puchtler H (1982) aus Vacca, L L, Laboratory manual of Histochemistry. Raven press, New York, 1985.

Puchtler H, Sweat F (1964) On the mechanism of sequence iron-hematein stains. *Histochemie* 4: 197–208.

Puchtler H, Sweat F, Levine M (1962) On the binding of Congo red by amyloid. *J Histochem Cytochem* 10: 355–363.

Rerabek J (1960) Leitfaden der Gewebezüchtung. G Fischer, Jena.

Romeis B (1968) Mikroskopische Technik. 16. Ed. R Oldenbourg Verlag, München, Wien.

Romeis B (1989) Mikroskopische Technik. 17. Ed. R Oldenbourg Verlag, München, Wien, Baltimore

Ross R (1973) The elastic fiber. A review. *J Histochem Cytochem* 21: 199–208.

Sannomiya (1927) Morphologische Studien über die Schmidt-Lantermann'schen Einkerbungen. *Fol anat jap* 5: 243–255.

Scott J E, Dorling J (1965) Differential staining of acid glycosaminoglycans (mucopolysaccharides) by alcian blue in salt solution. *Histochemie* 5: 221–233.

Shorr E (1941) A new technique for staining vaginal smears. III. A single differential stain. *Science* 94: 545.

Spalteholz W (1914) Über das Durchsichtigmachen von menschlichen und tierischen Präparaten nebst Anhang über Knochenfärbung. 2. erw. Aufl. S Hirzel, Leipzig.

Spanner R (1925) Der Pfortaderkreislauf in der Vogelniere. *Gegenbaurs Morphol Jahrb* 54: 560–632.

Spicer S S, Meyer D B (1960) Histochemical differentiation of acid mucopolysaccharides by means of combined aldehydefuchsin-alcian blue staining. *Am J Clin Path* 33: 453–460.

Scheibe G, Zanker V (1958) Physikochemische Grundlagen der Metachromasie. *Acta histochem Suppl* 1: 6–35.

Schenk R K (1965) Zur histologischen Verarbeitung von unentkalkten Knochen. *Acta anat* 60: 3–19.

Schuberg A (1910) Zoologisches Praktikum. W Engelmann, Leipzig.

Schultze O (1910) Über die Anwendung von Osmiumsäure und eine neue Osmiumhämatoxylinmethode. *Z wiss Mikr* 27: 465–475.

Schultze W H (1917) Über das Paraphenylendiamin in der histologischen Färbetechnik und über eine neue Schnellfärbemethode der Nervenmarkscheiden am Gefrierschnitt. *Zentralbl Pathol* 36: 639–640.

Soost H.-J. (1978) Lehrbuch der klinischen Zytodiagnostik, Thieme

Soost H.-J., Baur S., Smolka H. (1990) Gynäkologische Zytodiagnostik, Lehrbuch und Atlas, 5. überarb. und erw. Auflage, Thieme

Steedman H F (1950) Alcian blue 8GS: a new stain for mucin. *Quart J micr Sci* 91: 477–479.

Strauss A (1932) Über die Bleichung des Melanins. *Z wiss Mikr* 49: 123–125.

Takahashi M. (1987) Farbatlas der onkologischen Zytologie, Dt. Übersetzung der 2. engl. Auflage, Perimed-Fachbuchverlag-Gesellschaft

Unna P G (1891) Notiz, betreffend die Tänzer'sche Orceinfärbung des elastischen Gewebes. *Monatsh prakt Dermat* 12: 394–396.

van Gieson J (1889) Laboratory notes of technical methods for the nervous system. *N Y Med J* 50: 57–60.

van Walsem G C (1932) Praktische Notizen aus dem mikroskopischen Laboratorium. No 73. Über die oligodynamische Wirkung gewisser schwerer Metalle und deren Verwertung in der Mikroskopie. *Z wiss Mikr* 49: 469–470.

Warthin A.S., Starry A.C. (1920) A more rapid and improved method of demonstrating spirochaetes in tissues. *American Journal of Syphilis, Gonorrhea and Veneral Diseases.* 4, 97.

Weigert C (1887) Über eine neue Methode zur Färbung von Fibrin und von Mikroorganismen. *Fortschr Med* 5: 228–232.

Weigert C (1897) Die Markscheidenfärbung. *Ergeb Anat Entwickl Gesch* 6: 3–25.

Weigert C (1898) Über eine Methode zur Färbung elastischer Fasern. *Zbl Pathol* 9: 289–292.

Weigert C (1904) Eine kleine Verbesserung der Hämatoxylin-van Gieson-Methode. *Z wiss Mikr* 21: 1–5.

Weil A (1928) A rapid method for staining myelin sheaths. *Arch Neurol Psychiatr* 20: 392–393.

Zugibe F T (1970) Diagnostic Histochemistry. C V Mosby Co, St Louis.

10.10.1 Literatur zu Kapitel 10.9

Bély M (2003) Differential diagnosis of amyloid and amyloidosis by histochemical methods of Romhányi and Wright. *Acta histochem* 105: 261-265.

Bely M, Makovitzky J (2006) Sensitivity and specifity of Congo red staining according to Romhányi. Comparison with Puchtler or Bennhold methods. Acta histochem 108:175-180.

Bennhold H (1922): Eine spezifische Amyloidfärbung mit Kongorot. *Münch med Wschr* 69: 1537-1538.

Divry P, Florkin M présentée par Jean Firket (1927) Sur les propriétés optiques de l,amyloide. *Comptes rendus des seances de la Soc Biol* (Paris) 97: 1808-1810.

von Ebner V (1894) Über eine optische Reaktion der Bindesubstanzen auf Phenole. Sitz Ber Akad Wiss Wien math nat Kl 103: 162-188.

Fischer J (1976): Demonstration of microorganism in tissues by the ABT and KOH-ABT topooptical recations. *Acta Morph Acad Sci Hung* 24: 203-214.

Fischer J (1977): Optical polarization reveals different ultrastructural molecular arrangement of polysaccharides in the yeast cell walls. *Acta Biol Acad Sci Hung* 28: 49-58.

Fischer J (1979) Optical studies on the molecular arrangement of RNA in tissues with selective topo-optical reaction of RNA. *Histochemistry* 59: 325-333.

Fischer J (1979a) Ultrastructure of elastic fibres as shown by polarization optics after the topo-optical permanganate bisulfite-toluidine blue (PBT) reaction. *Acta histochem* 65: 87-98.

Fischer J, Emödy L (1976) Molecular order of carbohydrate components in cell walls of bacteria, fungi and algae according to the topo-optical reactions of the vicinal OH groups. *Acta microbiol Acad Sci Hung* 23: 97-108.

Fischer J. Romhányi Gy (1977) Optical studies on the molecular sterical mechanism of metachromasia. Acta histochem 59: 29-39.

Gallyas F (1981) An argyrophyl III method for demonstration of elastic fibres and membranes. *Microsc Acta* 84: 135-138.

Gallyas F (1981a) An argyrophyl III method for the demonstration of smooth cells in light and polarization microscopy. *Microsc Acta* 84: 139- 142

Gallyas F, Romhányi Gy, Fischer J (1980) :Módszerek a külonbözö érfali szerkezetelemek szelektiv feltüntetésére. *Morph Ig Orv Szle* 20: 107-117.

Gährs W, Tigyi Z, Emödy L, Makovitzky J (2006) Selektive Darstellung der linear orientierten Hydroxyl-Gruppen und deren Bedeutung in der Membran humanpathogener Mikroorganismen. *Biospektrum* 12:173-174.

Geyer G (1982): How sensitive may cytochemical methods detect alteration of the glycocalyx? *Bas appl Histochem* 24: 3-15

Geyer G, Makovitzky J (1980). Erythrocyte membrane topo-optical staining reflects glycoprotein conformational changes. *J of Microscopy* 119: 407-414

Geyer G, Linss W, Makovitzky J(1978) Electron Microscopic Toluidine Blue Staining of he Erythrocyte Membrane. Anat Anz 143: 291-295.

Gliesing M (1986): Topo-optische Untersuchungen an der Membran intakter und alterierter Erythrozyten. Doktorarbeit. Friedrich Schiller Universität Jena

Inoué S, Kisilevsky R (1986) high resolution ultratsructural study of experimetal murine AA Amyloid. *Lab Invest* 74: 670-683.

Inuoé S, Kuroiwa M, Kisilevsky R (2002) AA protein in experimental murine AA amyloid fibrils: a high resolution ultrastructural and immunohistochemical study comparing aldehyde-fixed and cryofixed tissue. Amyloid. 29:225-125.

Jobst K (1962) A magnukleinsavak submikroszkópos szerkezetére és histochémiájára vonatkozó vizsgálatk (Über die submikroskopische Struktur und Histochemie der Kernnukleinsäuren) Thesis. Budapest

Kellermayer M, Jobst K (1971): Perinucleolar chromatinlike bodies in small lymphocytes. *Folia Biol* 17: 59-60.

Kellermayer M, Jobst K (1975) Cytoplasmic Protein Network in HeLa Cells. *Histochem* 44: 193-195.

Makovitzky J (1979) Topo-optical examination of lymphocyte membrane (a polarization microscopic study), in: Glycoconjugates. Proc of the 5th international Symp Kiel 1979. pp 195-196. G Thieme Publishers, Stuttgart

Makovitzky J (1980) Ein topo-optischer Nachweis von C_8 und C_9-unsubstituierten Neuraminsäureresten in der Glykokalyx von Erythrocyten. *Acta histochem:* 66: 192-196

Makovitzky J (1984) Polarization optical Analysis of Blood Cell Membranes. In: Progr Histo- and Cytochemistry Vol 15 N 3 Gustav Fischer Verlag

Makovitzky J (1992) The Importance of Romhányi,s topo-optical reactions to submicrosco-copic structure research. Scientific and Technical Information Vol X. pp 98-100.

Makovitzky J (2003) Polarisationsmikroskopie in der submikroskopischen Strukturforschung: Geschichte und Theorie. *Biospektrum* 9: 375-376

Makovitzky J, Geyer, G (1977) Untersuchungen über die Toluidinblaufärbung der Glykokalyx. *Histochem* 50: 261-270

Módis L (1974) Topo-optical investigations of mucopolysaccharides. (acid glycosaminoglycans) II. Part 4 In: Handbuch der Histochemie. (Graumann u Neumann, Hrsg) Stuttgart. G. Fischer Verlag.

Módis L (1978) The molecular structure of the interfibrillar matrix in connective tissue. Review article. *Acta Biol Acad Sci Hung* 29: 197-226.

Módis L (1991) Organization of the extracellular matrix: polarization approach (The author had dedicated this book to George Romhányi, em Professor of pathology,Pécs, Hungary, one of the pioneers of the polarization microscopy). Boca Raton. CRC Press.

10

Németh À (1976) Topo-optical Study of the pulmonary ciliary membrane surface. *Acta Morph Acad Sci Hung* 24: 247-259.

Pérez J Ph (1996) Optik Spektrum Verlag GmbH Heidelberg Berlin Oxford

Richter S, Makovitzky J (2006) Topo-optical visualization reactions of carbohydrate-containing amyloid deposits in the respiratory tract. *Acta histochem.* 108: 181-191.

Puchtler H, Sweat F, Levine M (1962) On the binding of Congo red by amyloid. *J Histochem Cytochem* 10: 355-364.

Romhányi Gy (1942): Az amyloid submicroskopos szerkezetéröl (Über die submikrosko-pische Struktur des Amyloids.) In: 11. Verhandlungsband der Ungarischen Gesellschaft für Pathologie. Ed Bézi István S 102-104 und S 179. Bethlen Gábor Irodalmi és nyomdai Rt. Budapest

Romhányi G (1943) Über die submikroskopische Struktur des Amyloids. *Zbl allg u spez Pathologie* 80: 411

Romhányi G (1958) Submicroscopic structure of elastic fibres as observed in the polari-sation microscope. *Nature* 182: 930-931.

Romhányi G (1963) Über die submikroskopische strukturelle Grundlage der metachroma-tischen Reaktion. *Acta histochem* 15: 201-233.

Romhányi G (1966) On the ultrastructure of the intercellular substance established on the basis of polarization optical examination of topo-optical reactions (Hungarian) DSc Thesis. Pécs

Romhányi Gy (1971) Selective differentiation between amyloid and connective tissue structures based on the collagen-specific topooptical staining reaction with Congo red. *Virch Arch Abt A Path Anat* 354: 209-222.

Romhányi Gy (1972) Differencies in ultrastructural organisation of amyloid as revealed by sensitivity or resistance to induced proteolysis. *Virch Arch Abt A Path Anat* 357: 29- 52.

Romhányi Gy (1978) Ultrastructure of biomembranes as shown by topo-optical reactions. *Acta biol Acad Sci Hung* 29: 311-365.

Romhányi Gy (1979) Selektive Darstellung sowie methodologischen Möglichkeiten der Analyse ultrastruktureller Unterschiede von Amyloidablagerugen. *Zbl allg Path* 123: 9-16.

Romhányi Gy, Deák Gy (1967) Ultrastructure of the Ergastoplasm of Pancreas Acinar cell as revealed by topo-optical staining reactions. *Acta Biochim Biophys Acad Sci Hung* 2: 115-129.

Romhányi Gy, Deák Gy (1969) Dependence of the topooptical staining reaction of the ergastoplasm of the liver cells on the redox state. *Acta histochem* 33: 308-322.

Romhányi Gy, BukovinszkyA,Deák Gy (1973) Sulfation as a collagen-specific reaction.The ultra-structure of sulfate collagen, basement membranes and reticulin fibers as shown by topo-optical rections. *Histochem* 36. 123-138.

Romhányi Gy, Bukovinszky,A, Deák Gy,(1974) Selective proteolytic sensitivity of sulphate collagen and basement membranes. *Histochem* 42: 199-209.

Somogyi E; Sótonyi P (1970) Electron microscopic demonstration of Romhányi,s Rivanol reaction. *Acta Morph Acad Sci Hung* 15: 327-333.

Sótonyi P, Somogyi E (1983) Cytochemical demonstration of molecular form of cardiac glycosides in the heart muscle. *Acta histochem* 72: 117-122.

Stokes G (1976) An improved Congo red method for amyloid. *Med Lab Sci* 33: 79-80.

Sylvén B (1958) On the interaction between metachromatic dyes and various substrates of biological interest. *Acta histochem Supl*1:79-84.

Zanker V (1981) Grundlagen der Farbstoff-Substrat Beziehungen in der Histochemie. *Acta histochem Suppl* 24:151-168.

Zanker V: persönliche Mitteilung.

Fluoreszenzfärbungen

Maria Mulisch, Barbara Nixdorf-Bergweiler

11.1   Einführung

Trifft Licht einer bestimmten Wellenlänge (Anregungswellenlänge) auf ein Molekül, werden Photonen absorbiert und Elektronen des Moleküls auf ein energetisch höheres Niveau gehoben, also angeregt. Fallen sie auf ihr ursprüngliches Niveau zurück, wird die freiwerdende Energie als Wärme und Photonen (Licht) abgegeben. Dies bezeichnet man als Fluoreszenz. Insbesondere Moleküle mit konjugierten Doppelbindungen zeigen Fluoreszenz; hier bewegen sich die Elektronen über mehrere Atome und sind daher leicht anzuregen.

Das abgestrahlte Fluoreszenzlicht ist energieärmer, also langwelliger als das eingestrahlte Licht (Stokessche Regel), da

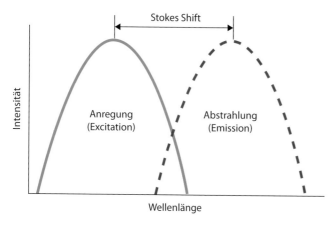

◨ **Abb. 11.1** Das Spektrum des emittierten Lichtes ist bei der Fluoreszenz gegenüber dem eingestrahlten Licht verschoben (*Stokes Shift*).

Energie in Form von Wärme verloren geht. Die Verschiebung der Abstrahlungs- zur Anregungswellenlänge beträgt etwa 20–50 nm. Diese Differenz der beiden Wellenlängen wird als Stokes-Differenz (*Stokes Shift*) bezeichnet (◨ Abb. 11.1).

11.2   Fluorochrome

Fluorochrome sind Moleküle, die Licht eines bestimmten Spektrums absorbieren, und einen Teil des absorbierten Lichts als langwelligere Strahlung wieder abgeben. Das Absorptions- und das Emissionsspektrum sowie die Intensität (Amplitude) des emittierten Lichts sind charakteristische Eigenschaften des jeweiligen fluoreszierenden Moleküls (◨ Abb. 11.2).

Man unterscheidet verschiedene Arten der Fluoreszenz:
- Primärfluoreszenz (Autofluoreszenz)
- Sekundärfluoreszenz (Fluorochromierung)

Neben den typischen Fluoreszenzfarbstoffen wie DAPI oder Acridinorange (◨ Tab. 11.1) werden eine Reihe von anderen fluoreszierenden Markern zur Detektion und Lokalisation von Zellstrukturen eingesetzt. Dazu gehören beispielsweise Quantum Dots, eine neue Klasse von Fluorochromen. Diese Nanokristalle sind besonders stabil und leuchtkräftig. Sie werden, gekoppelt an Proteine, Antikörper oder Nucleinsäuren, für eine Vielzahl von fluoreszenzbasierten Nachweisen (Immunmarkierung, *in situ*-Hybridisierung, *Live-cell imaging*) erfolgreich eingesetzt (Alivisatos et al. 2005). *Qdot®* nanocrystals (Invitrogen) sind in vielen verschiedenen Farben erhältlich.

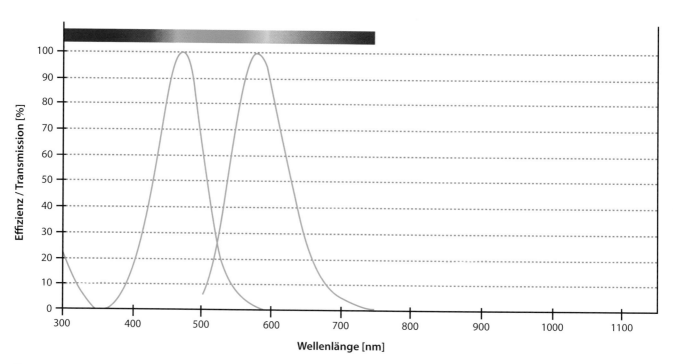

◨ **Abb. 11.2** Absorptions- und Emissionsspektrum sowie die Intensität (Amplitude) des emittierten Lichts sind charakteristische Eigenschaften des jeweiligen fluoreszierenden Moleküls.

◻ Tab. 11.1 Eigenschaften ausgewählter Vitalfarbstoffe für die Fluoreszenzmikroskopie

Vitalfarbstoff (Synonyme)	Bezugsquelle	Eigenschaften und Verwendung	Einsatzbereich	Anregung/Emissionsmaxima
Alizarinrot S (Alizarin Carmine, Anthracenfarbstoff)	Roth 0348.1, SigmaAldrich 05600-25G	mineralisierte Bereiche, Knochenfärbung, Bakterienplasmafärbung	supravital	530–560 nm/580 nm
Trypanblau (Benzaminblau)	Roth CN76.1 Sigma-Aldrich 93590-25G, T8154-20ML	tote Zellen, elastisches Bindegewebe	intravital	543 nm/560 nm
Acridinorange (Rhodulinorange, Basic Orange 3RN, Anthracenfarbstoff)	Enzo Life Sciences ENZ-52405, InVitrogen A3568, Roth 0249.1	DNA-interkalierender Farbstoff, Lysosomen; lebender Kern: grün, toter Kern: rot	in vivo	470 nm/530–650 nm
Fluoresceindiacetat (Xanthenfarbstoff)	SigmaAldrich F7378	zellpermeabel, lebende Zellen	intravital, supravital	450–490 nm/520 nm
DAPI	InVitrogen D1306, VWR 1.24653.0100 von Merck Millipore	zellpermeabler Nucleinsäure-Farbstoff	intravital	358 nm/461 nm
Hoechst 33342, Trihydrochlorid, Trihydrat	Enzo Life Sciences ALX-620-050, InVitrogen H1399	zellpermeabler Nucleinsäurefarbstoff	intravital, supravital	350 nm/461 nm
Hoechst 33258, pentahydrate (Bisbenzimide)	InVitrogen H1398, SigmaAldrich B2883	zellpermeabler Nucleinsäurefarbstoff	intravital, supravital	352 nm/461 nm
DRAQ5	Abcam ab108410, Biostatus DR50050-50µl	lebende Zellen; Nucleinsäurefarbstoff, Färbung bis 4 h stabil	intravital, supravital	647 nm/665 nm bis infrarot
Rhodamin 6G	InVitrogen R634, SigmaAldrich 83697	Nucleinsäurefarbstoff, akkumuliert in Zellkernen und Mitochondrien	in vivo	528 nm/576 nm
Alexa Fluor 488	Abcam, InVitrogen, Enzo Life Sciences, VWR Alexa-Farbstoffe	konjugiert an diverse Antikörper	in vivo	495 nm/519 nm

Immunfluoreszenztechniken verwenden fluoreszenzgekoppelte Antikörper (▶ Kap. 19).

Bei der Analyse lebender Zellen (*Live-cell imaging*) werden neben Reporter-Proteinen (▶ Kap. 22) auch sogenannte „*tags*" eingesetzt. Tags (engl. „Etiketten") sind Polypeptide mit hoher Affinität zu einem Nachweissystem (z. B. Antikörper, Enzyme etc.). Sie werden z. B. in der Biochemie als Affinitäts-Tags zur Proteinreinigung eingesetzt. Die Gensequenz des Tags wird derart in die Sequenz des nachzuweisenden Proteins einkloniert, dass das exprimierte Protein das Tag am C- oder am N-terminalen Ende trägt. Es gibt mittlerweile eine Vielzahl von Tags (z. B. FlAsH-, TMP-, SNAP-*tag*), die in der Zellbiologie routinemäßig eingesetzt werden (Jing and Cornish 2011). Tags können spezifisch mit synthetischen Sonden wie z. B. Fluorochromen markiert werden.

Spezifische Fluorochrome werden zur Markierung von Organellen in lebenden Zellen eingesetzt (z. B. MitoTracker für Mitochondrien) oder für pH- oder Ionenkonzentrationsmessungen (▶ Kap. 11.3).

11.2.1 Primärfluoreszenz (Autofluoreszenz)

Manche Substanzen in Zellen und Geweben zeigen eine Eigenfluoreszenz. Diese Primärfluoreszenz oder Autofluoreszenz kann „natürlich" sein, also durch natürlich in der Zelle vor-

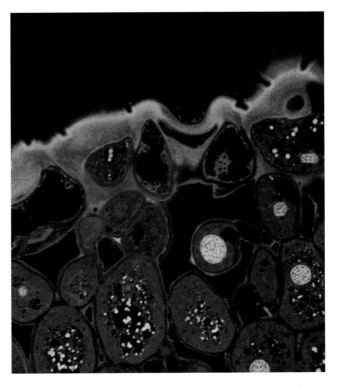

◻ Abb. 11.3 Autofluoreszenzen (UV-Anregung) eines Semidünnschnittes durch ein Mistelblatt. Zellkerne und manche Zellwände emittieren blaues Licht, die Cuticula und Lipidtropfen in den Zellen fluoreszieren gelbgrün.

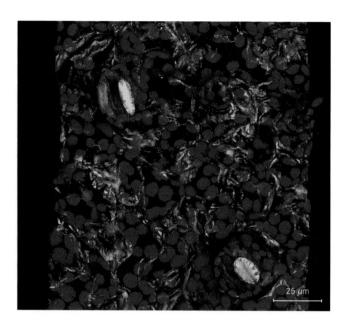

Abb. 11.4 Autofluoreszenz von Chloroplasten (rot) und Wandmaterial (gelbgrün) in einem lebenden Blatt. 3D-Rekonstruktion aus einem z-Stapel von 2-Kanal-CLSM-Aufnahmen (Leica SP5). Aufnahme: C. Desel, CAU Kiel

handene Moleküle mit vielen konjugierten Doppelbindungen (z. B. Flavine, Porphyrine) hervorgerufen werden (Abb. 11.3). In Pflanzen zeigt insbesondere das Chlorophyll in den Chloroplasten bei Anregung mit blauem oder grünem Licht eine starke rote Fluoreszenz (Abb. 11.4). Chlorophyll ist aus einem Porphyrin-Ring mit zahlreichen Doppelbindungen aufgebaut.

Autofluoreszenz kann auch durch die Präparation (z. B. durch eine Fixierung mit Aldehyden, Behandlung mit Tween-haltigen Pufferlösungen) hervorgerufen werden. Es ist daher sehr wichtig, z. B bei Immunfluoreszenzmarkierungen, Kontrollpräparate genau den gleichen Behandlungen zu unterziehen wie das zu untersuchende Präparat, um Fehlinterpretationen zu vermeiden.

Will man mit Fluorochromen oder fluorochromierten Antikörpern bestimmte Strukturen in den Zellen lokalisieren, kann die Autofluoreszenz im Präparat sehr störend sein, insbesondere, wenn man Fluorochrome verwendet, deren Emissionsspektrum sich mit dem der autofluoreszierenden Moleküle in der Zelle überlappt.

Es ist manchmal möglich, die Autofluoreszenz durch die Wahl entsprechender Filter im Fluoreszenzmikroskop auszublenden. Alternativ kann man versuchen, sie durch geänderte Fixierungen (Verzicht auf Aldehyde) zu verhindern oder durch eine Behandlung mit OsO_4, $CuSO_4$, $NaBH_4$ oder manchen Farbstoffen (Sudanschwarz, Toluidinblau) zu reduzieren oder auszulöschen.

Jede Fluoreszenz bleicht durch intensive Beleuchtung mit der Zeit aus. Der einfachste Weg, sie zu reduzieren, ist daher, die Präparate auf Objektträgern vor der Immunmarkierung über 1–2 Tage unter eine starke Lichtquelle (sichtbares Licht oder langwelliges UV) zu legen. Man kann dazu eine mit

Aluminiumfolie ausgekleidete Box verwenden, auf der die Beleuchtung aufliegt. Wenn zusätzlich ein Emissionsfilter zwischen Beleuchtung und Präparat eingeschoben wird, können selektiv bestimmte Wellenlängenbereiche ausgeblichen werden, während andere, eventuell interessante Bereiche unverändert bleiben (Neumann and Gabel 2002). Nach eigener Erfahrung ist allerdings das Ausbleichen von Eigenfluoreszenz in Pflanzenmaterial auf diese Weise sehr langwierig.

Anleitung A11.1

Reduktion der Autofluoreszenz mit Osmiumtetroxid

1. Behandlung der Präparate für 5 min in 0,2 % (w/v) OsO_4
2. danach unter fließendem Wasser auswaschen

Anleitung A11.2

Reduktion der Lipofuscin-Fluoreszenz durch Sudanschwarz

Lipofuszin entsteht als Abfallprodukt durch oxidativen Stress an Proteinen (Proteinoxidation) und Lipiden (Lipidperoxidation). Das Pigment findet sich mit wachsendem Alter in einer Vielzahl von Gewebetypen von Säugetieren (z. B. Nervengewebe, Herzmuskelzellen). Es verursacht selbst nach Paraffineinbettung eine starke Eigenfluoreszenz, deren Spektrum sich mit dem der gebräuchlichen Fluorochrome überlappt. Neben handelsüblichen Präparaten (z. B. Autofluorescence Eliminator Reagent von Chemicon) kann z. B. Sudanschwarz zur Reduktion der Autofluoreszenz eingesetzt werden.

1. 0,3 g Sudanschwarz in 100 ml 70 % Ethanol lösen (2 h lichtgeschützt rühren lassen)
2. Objektträger mit Schnitten nach der Inkubation mit Sekundärantikörper für 10 min mit der Sudanschwarz-Lösung behandeln
3. Schnitte gründlich (5–8 x) in PBS waschen

Anleitung A11.3

Reduktion von Aldehyd-induzierter Autofluoreszenz mit Natrium-Borhydrid

Fixantien, die Aldehyde enthalten, reagieren mit Aminen zu fluoreszierenden Produkten (Schiffsche Basen). Insbesondere die Fixierung mit Glutaraldehyd kann daher zu starker Autofluoreszenz führen; wenn möglich, sollte Formaldehyd zur Fixierung verwendet werden. Die Glutaraldehyd-induzierte Autofluoreszenz kann durch Reduktion der Schiffschen Basen mit Hilfe von Natrium-Borhydrid vermindert werden (Clancy and Cauller 1998, Tagliaferro et al. 1997).

Material:
- Waschpuffer (PBS oder TBS), pH 7,2
- Eis
- Küvette
- 1mg/ml $NaBH_4$ in Waschpuffer (direkt vor Gebrauch eisgekühlt ansetzen)
- ▼

Durchführung:

Alle Schritte sollten in Eis durchgeführt werden.

1. Glutaraldehydfixiertes Gewebe 3x kurz in Waschpuffer spulen
2. für 10 min in NaBH$_4$ inkubieren
3. Lösung durch frisches NaBH$_4$ ersetzen, weitere 10 min inkubieren
4. 3x kurz in Waschpuffer spülen

Zellmonolayer werden entsprechend kürzer (2x 4 min), Paraffinschnitte länger (3x 10 min) in NaBH$_4$ inkubiert

11.2.2 Sekundärfluoreszenz (Fluorochromierung)

Die Färbung von Zellen oder Zellstrukturen mit Fluoreszenzfarbstoffen bezeichnet man als Fluorochromierung. Zur Fluorochromierung können natürliche oder synthetisch hergestellte Farbstoffe verwendet werden (◨ Tab. A1.21). Wie andere Farbstoffe müssen sie spezifisch an bestimmte Strukturen (z. B. Zellkerne) binden oder sich selektiv in den zu untersuchenden Organellen (z. B. Mitochondrien) oder Kompartimenten (z. B. ER) anreichern.

Ein bestimmter Fluoreszenzfarbstoff hat charakteristische Anregungs- und Emissionsspektren, die man für die Filterwahl des Fluoreszenzmikroskops kennen muss. Diese Spektren sind im Datenblatt des Fluorochroms zu finden. Eine Übersicht der maximalen Anregungs- und Emissionswellenlängen sowie weitere Informationen für mehr als 200 natürliche und synthetisch hergestellte Farbstoffe sind im „Handbook of Biological Dyes and Stains" (Sabnis, 2010) nachzulesen. Die Fluorochromierung erfolgt wie mit Farbstoffen für die Hellfeldmikroskopie (▸ Kapitel 10).

11.2.3 Mehrfach-Fluorochromierung

Häufig färbt man ein Präparat mit zwei oder mehreren Fluorochromen (◨ Abb. 11.9), oder es zeigt zusätzlich eine Autofluoreszenz. Um die unterschiedlichen Fluoreszenzen getrennt detektieren zu können, müssen

— die Fluoreszenzfarbstoffe getrennt angeregt werden können
— die Emissionsspektra deutlich getrennt sein
— sich überschneidende Emissionsspektra rechnerisch getrennt werden können

Vor jedem Experiment muss daher auf Autofluoreszenz getestet und sie gegebenenfalls ausgeschaltet werden.

11.2.4 Anleitungen für einfache Fluoreszenzfärbungen

Es gibt eine Vielzahl von Fluoreszenzfarbstoffen und -färbungen. Im Folgenden werden nur einige wichtige davon vorgestellt.

Anleitung A11.4

Färbung von Chitin und Cellulose mit Calcofluor white

Calcofluor white ist ein unspezifischer Fluoreszenzfarbstoff, der an Cellulose (in pflanzlichen Zellwänden) und Chitin (in Zellwänden der Pilze, in der Cuticula von Insekten) bindet. Der Farbstoff ist ungiftig und bindet rasch, sodass damit unter anderem schnelle Nachweise pathogener Pilze möglich sind (Monheit et al. 1984).

Lösungen:

— Stammlösung: 10 mg Calcofluor white (Sigma-Aldrich) in 1 ml A. dest.
— Gebrauchslösung: Stammlösung 1:100 in entsprechendem Medium verdünnen

Durchführung:

Inkubation der lebenden Präparate in Gebrauchslösung bei Raum-/Kulturtemperatur

Die lebenden Präparate können in einem Fluoreszenzmikroskop unter Anregung von Blaulicht oder UV (Anregung 355 nm, Emission 433 nm) beobachtet werden.

11.2.4.1 Zellkernfärbungen

Fluoreszenzfärbungen und -markierungen werden häufig mit einem fluoreszierenden Kernfarbstoff gegengefärbt.

Anleitung A11.5

Zellkernfärbung am lebenden Präparat mit Hoechst oder DRAQ5

für Hoechst-Farbstoffe (Dibenzimide H33342 trihydrochlorid oder Hoechst 33258):

Die Vitalfarbstoffe Hoechst 33342, 33258, sowie DRAQ5 werden zum Anfärben von Lebendpräparaten z. B. in Zellkulturen, intravitaler Videofluoreszenz oder auch bei der Durchflusscytometrie (▸ Kap. 3.8) genommen. Diese Vitalfarbstoffe können aber auch an fixierten Zellen angewendet werden. DRAQ5 ist ein neuer DNA-Fluoreszenzmarker im Infrarotbereich. Für die Anregung wird kein UV-Laser benötigt, was die Zellen schont. Zudem sind zahlreiche Kombinationen von Fluorochromen mit diesem Farbstoff möglich (z. B. mit GFP, Rhodamin).

Lösungen für die Färbungen mit Hoechst:

— Stammlösung: 2 mg Hoechst-Farbstoff pro 1 ml DMSO bei 4 °C lichtgeschützt aufbewahren
— Gebrauchslösung (5 mM): zu 1,4 ml Stammlösung wird 1 ml PBS hinzugefügt

Durchführung:

1. Inkubation mit Hoechst-Farbstoff (5 mm) 5 min bei Raumtemperatur
2. 3× Waschen mit PBS für je 5 Minuten

▼

Die lebenden Zellen können in einem Fluoreszenzmikroskop unter Anregung von UV beobachtet werden, wenn der Farbstoff an die DNA bindet und so ein blaues Fluoreszenzsignal abgibt. Da UV-Licht für Zellen schädlich ist, ist die Beobachtungszeit zeitlich sehr eingeschränkt.

Lösungen für die Färbung mit DRAQ5:
Stammlösung: 5 mm DRAQ5 (biostatus.com)

Durchführung:
1. Zellen mit 10 µm DRAQ5 (1:5000) in PBS für 5 min bei 37 °C oder mindestens 30 min bei RT inkubieren
2. Einbetten in Mowiol-DABCO oder anderen Fluoreszenzeinbettmedien

Die Anregung von DRAQ5 liegt bei 633, die Emission bei 684-735 nm.

DRAQ5 sowie die Nachfolgeprodukte APOPTRAK [DRAQ5NO] und CyTRAK Orange haben den Vorteil, dass innerhalb kürzester Zeit (bei DRAQ5 nach fünf Minuten) die Vitalität von Zellen nachgewiesen werden kann. Zudem können die Zellen bis zu vier Stunden lang beobachtet werden, ohne dass die Zellen Schaden nehmen (Abb. 11.5).

Für die Videofluoreszenzmikroskopie lebender Zellen eignet sich der Vitalfarbstoff DRAQ5 besonders gut. Im Vergleich zu Hoechst zeigt er kaum *Bleaching* und gibt zudem eine bessere räumliche Verteilung von DNA-Konzentrationen wieder (Martin et al. 2005, 2007). Der Vitalfarbstoff Hoechst bindet bevorzugt an A/T-reiche DNA und markiert somit evtl. nur Teilbereiche des Genoms.

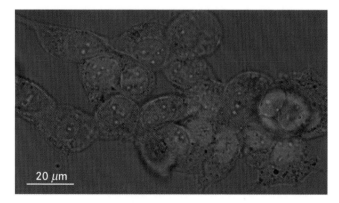

 Abb. 11.5 Zellkernfärbung mit DRAQ5 an lebenden HEK-Zellen. Konfokales Bild einer lebenden Zellkultur von HEK293-Zellen mit DRAQ5, erhältlich von ALEXIS Biochemicals. Die Umrisse der Zellen sind im CLSM mit Durchlicht visualisiert. Bild: T. Huth, CAU Kiel.

11.2.4.2 Zellkernfärbung mit DAPI

Ein weiterer bekannter Farbstoff zur Markierung von Zellkernen ist DAPI (Diamidino-phenylindol-dihydrochlorid), der allerdings in lebende Zellen nur bedingt eindringt. Mundschleimhautzellen, Moose und Algen lassen sich aber sehr gut lebend mit DAPI färben. Im Allgemeinen wird DAPI vor allem zur Gegenfärbung an fixierten Zellen bzw. Schnitten eingesetzt (z. B. 300 ng/ml in PBS für 10 min im letzten Spülschritt). Einigen Einbettmedien (z. B. VECTASHIELD Mounting Medium with DAPI, ProLong Gold antifade reagent with DAPI, von Molecular Probes), die auch ein Ausbleichen des Fluoreszenzsignals verzögern, ist DAPI in geringer Konzentration (1,5 µl/ml) zugesetzt, so dass die Zellkerne mit dem Eindecken gefärbt werden.

Anleitung A11.6

Zellkernfärbung am Semidünnschnitt mit DAPI
Lösungen:
- Stammlösung: 0,1 % (w/v) DAPI in H_2O, bei 4 °C lichtgeschützt aufbewahren
- Gebrauchslösung: für LR White: 1:10 000, für HM20: 1:1000 in H_2O

Durchführung:
1. Inkubation der Semidünnschnitte für 1–3 Minuten bei Raumtemperatur
2. 1× Waschen mit H_2O für 1 Minute
3. Einbetten in Mowiol-DABCO oder anderen Fluoreszenzeinbettmedien

Die Schnitte werden in einem Fluoreszenzmikroskop unter Anregung von UV beobachtet.

11.2.4.3 Zellkernfärbung mit To-Pro 1 oder Yo-Pro 1

Yo-Pro 1 und To-Pro 1 (Molecular Probes) eignen sich sehr gut zur Fluoreszenzfärbung von Zellkernen fixierter Präparate, die mit Hilfe des CLSM untersucht werden sollen. Im Gegensatz zu DAPI benötigt man bei diesen Farbstoffen keinen UV-Laser. Die Anregung von To-Pro 1 liegt bei 514 nm, (Yo-Pro 1 bei 491 nm), die Emission bei 533 nm (Yo-Pro 1 bei 509 nm). Im Vergleich zu To-Pro 1 bindet Yo-Pro 1 neben DNA auch an RNA, sodass bei Yo-Pro 1 vor der Färbung eine RNase-Behandlung des Präparates notwenig ist. Beide Farbstoffe sind sehr sensitiv und bleichen kaum aus. Bei Immunfluoreszenzmarkierungen können sie gemischt mit dem zweiten Antikörper eingesetzt werden.

Anleitung A11.7

Zellkernfärbung am Semidünnschnitt mit Yo-Pro 1 oder To-Pro 1
Lösungen:
- Stammlösung (wie geliefert) bei 4 °C lichtgeschützt aufbewahren (vor Anwendung auf RT erwärmen)
- Gebrauchslösung: für LR White-Schnitte 1:10 000 in PBS

Durchführung:
nur für Yo-Pro 1:
1. 30 min. RT 20 µg/ml RNaseA
2. 3× Waschen mit PBS für je 3 Minuten

▼

Für Yo-Pro1 und To-Pro 1:

3. Inkubation der Semidünnschnitte für 15 Minuten bei Raumtemperatur
4. 3× Waschen mit PBS für je 1 Minute
5. Einbetten in Mowiol oder anderen Fluoreszenzeinbettmedien

(■ Abb. 11.6)

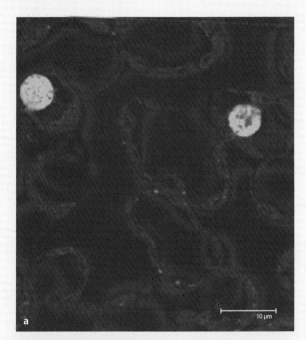

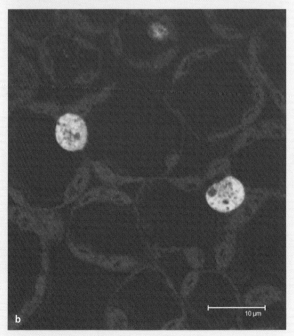

■ **Abb. 11.6** Fluoreszenzaufnahmen eines Semidünnschnittes eines Gerstenblattes, gefärbt mit To-Pro 1 (**a**) und Yo-Pro 1 (**b**) nach Anleitung.

DNA-Färbung am Blattquerschnitt mit SYBR Green

SYBR Green I markiert doppelsträngige DNA mit einem starken Fluoreszenzsignal. Deutlich schwächer werden auch einzelsträngige DNA und RNA gebunden. Das Anregungsmaximum liegt bei 494 nm, das Emissionsmaximum bei 521 nm.

Lösungen:
- frisch angesetztes 4 % (w/v) Formaldehyd (FA) aus Paraformaldehyd (PFA)
- 2x SSC-Puffer (siehe Puffertabelle im Anhang), pH 7,4
- 50% Glycerin in 2x SSC-Puffer

Durchführung:
1. Blattquerschnitte sofort nach dem Schnitt in FA überführen, für 20 min unter Unterdruck infiltrieren und über Nacht bei 4°C fixieren
2. 3× Waschen mit 2x SSC-Puffer
3. Färbung mit SYBR Green (1:10 000 in 2x SSC) für 30 min bei RT
4. 1x Waschen mit 2x SSC.
5. Schnitte in 2x SSS/50% Glycerin
6. auf einen Objektträger überführen und mit Deckglas bedecken

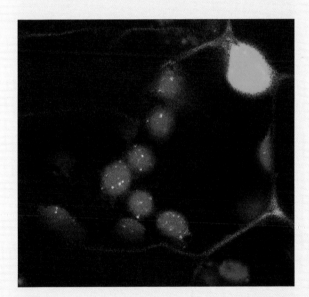

■ **Abb. 11.7** SYBR Green-Färbung von DNA in einer Blattzelle von Gerste. Kern und Nucleoide in den Chloroplasten sind grün gefärbt. Chlorophyll in den Plastiden fluoresziert rot und die Zellwände haben eine grüne Eigenfluoreszenz. Aufnahme: C. Desel, CAU Kiel

11.2.4.4 Acridinorange

Acridinorange färbt RNA (orangefarbene Fluoreszenz) sowie DNA (gelbgrüne Fluoreszenz) (■ Abb. 11.8). Die Anregung kann zwischen 430 und 500 nm erfolgen; Emissionsmaxima liegen bei 530 nm (gelbgrün) und 650 nm (rot). Der Farbstoff eignet sich zur Unterscheidung von DNA und RNA in fixierten und unfixierten Proben und zu Vitalfärbungen. Zur Darstellung von DNA und DNA-reichen Strukturen gibt es zahlreiche Färbevorschriften. Acridinorange kann auch zur Färbung von Mikroorganismen verwendet werden.

Anleitung A11.9

Färbung von Nucleinsäuren mit Acridinorange

Lösungen:
- Stamm: 0,1% AO in DEPC-Wasser
- Gebrauchslösung.: 1:10 in Sörensen-Phosphatpuffer (siehe Puffertabelle im Anhang), pH 6

Durchführung:
1. 2 min in Sörensen-Phosphatpuffer
2. 3 min in Färbelösung
3. 2x je 2 min mit Sörensen-Phosphatpuffer waschen
4. ansehen in Sörensen-Phosphatpuffer (-> beliebig zu wiederholen)

zur Differenzierung der Kerne: 30 sec. in 11% $CaCl_2$ in H_2O

☐ **Abb. 11.8** Acridinorange-gefärbter Schnitt durch eine Gersten-Karyopse. Die RNA fluoresziert rot, die Zellkerne leuchten gelb.

Anleitung A11.10

Supravitalfluorochromierung mit Acridinorange

Herstellen der Acridinorangelösung:

Stammlösung:
- 1 mg Acridinorange in Hanks Medium (☐ Tab. A1.2) lösen
- pH mit verdünnter HCl oder NaOH auf pH 7,3 einstellen

Färbelösung:
- 1 ml der Stammlösung zu 99 ml Hankscher Lösung geben.
- nochmaliges Überprüfen des pH, eventuell nachjustieren.

Durchführung:
1. Deckglaskulturen oder Zellsuspensionen in Hanks Medium waschen (Zellsuspensionen zentrifugieren und wieder aufschwemmen)

▼

2. 5 min in die Färbelösung einstellen oder in der Färbelösung suspendieren
3. wieder abwaschen wie in 1
4. Deckgläser mit Kulturen umkehren und auf einen Objektträger bringen
5. Zellsuspensionen auf Objektträger tropfen und mit einem Deckglas einschließen
6. Deckgläser umranden

11.2.4.5 Markierung von lebenden Zellen mit Fluoresceindiacetat

Die Technik erlaubt, lebende Zellen mit einer intakten Zellmembran selektiv zu markieren und damit von toten Zellen zu unterscheiden. Fluoresceindiacetat (FDA) selbst fluoresziert nicht. Die lipophile und somit zellpermeable Ausgangsform kann Zellmembranen penetrieren, ohne sie zu zerstören. Sie wird von Esterasen des Cytoplasmas gespalten, sodass Fluorescein entsteht. Dieses ist polar und kann daher die Zellmembran nicht wieder nach außen durchdringen. Intakte Zellen fluoreszieren daher, während das Fluorescein in defekten Zellen über deren Zellmembran wieder austreten kann.

Anleitung A11.11

Fluorochromierung von Zellen mit Fluoresceindiacetat

Lösungen:
- Stammlösung: 1 mg FDA (F7378 Sigma Aldrich) in 1 ml Aceton lösen; im Kühlschrank aufbewahren.
- Gebrauchslösung: Stammlösung 1: 1 000 mit PBS verdünnen.

Durchführung:
1. Zellsuspensionen oder mit Trypsin-EDTA abgelöste Deckglaskulturen (10^{-4} M EDTA und 0,05 % Trypsin in PBS) vorbereiten
2. Zellen in Suspension in PBS waschen, zentrifugieren
3. Zellen (etwa 10^6 Zellen/ml) in PBS resuspendieren
4. 1 ml Zellsuspension mit 0,1 ml Färbelösung mischen (oder aliquote Anteile, je nach Verfügbarkeit)
5. einen Tropfen der Suspension auf den Objektträger bringen, mit einem Deckglas einschließen und umranden

Man regt mit einer Wellenlänge zwischen 440 und 480 nm an; das emittierte Licht des Fluorescein hat sein Maximum bei 520 nm. Intakte Zellen entwickeln sofort grüne Fluoreszenz, deren Intensität mit der Zeit bis zu einem Maximum ansteigt.

Anleitung A11.12

Vitalitätsprüfung adhärenter Zellkulturen mit Fluoresceindiacetat und Propidiumiodid

Fluoresceindiacetat (FDA) färbt Zellen mit intakter Zellmembran, Propidiumiodid (PI) ist ein Fluoreszenzfarbstoff, der selektiv die DNA nekrotischer Zellen anfärbt.

Lösungen:

Stammlösungen:

- 5 mg FDA/ml in Aceton lösen
- 0,5 mg PI/ml Ringerlösung

Stammlösungen in 1 ml Aliquots bei −20 °C einfrieren

Gebrauchslösung: jeweils 20 µl der FDA-Stammlösung und 20 µl der PI-Stammlösung in 1,2 ml Ringerlösung geben (gebrauchsfertige Färbelösung ist nur begrenzt haltbar (ca. 30 min), für jede Färbung frisch ansetzen.

Durchführung der Vitalfärbung:

1. Kulturmedium von der Zellkultur vorsichtig entfernen
2. einige Tropfen der Färbelösung auf die Zellen geben, bis die gesamte zellhaltige Fläche in der Kulturschale mit der Lösung bedeckt ist
3. nach 10 sec Färbelösung vorsichtig dekantieren
4. Zellkulturschale am Fluoreszenzmikroskop unter UV-Licht mit Blauanregung (z. B. FITC Filtersatz) betrachten und dokumentieren

Das Prinzip dieser Vitalfarbstoffe: In einer vitalen Zelle wird FDA von Esterasen in der Zellmembran umgesetzt. Es erzeugt eine grün fluoreszierende Färbung. Bei nekrotischen oder toten Zellen ist die Membran weitaus permeabler, dadurch können PI-Moleküle in die Zelle eindringen, sich an DNA und RNA der Zelle heften und diese rot-orange färben.

11.2.5   Probleme bei der Fluoreszenzmikroskopie

- *Bleaching:* Die fluoreszenzmarkierten Strukturen bleichen aus
- *Quenching:* Bei sehr hoher Farbstoffkonzentration kommt es zum Auslöschen der Fluoreszenz
- *Cross-Talk:* Mehrere Fluoreszenzfarbstoffe in einer Probe werden nur unzureichend getrennt
- *Double Staining:* Anregungs- und Emissionsbereiche überschneiden sich
- Probleme bei der Färbung

11.2.5.1   Bleaching

Insbesondere die Anregung des intensiven Laserlichts im CLSM zerstört mit der Zeit das Fluorochrom. Die Fluoreszenzintensität nimmt daher, abhängig von der Stabilität des Fluorochroms, mehr oder weniger schnell ab.

Bei Verwendung mehrerer Fluorochrome in einem Präparat kann unterschiedlich schnelles Ausbleichen zu Fehlinterpretationen führen.

Das *Bleaching* wird vermindert, wenn man

- stabilere Fluorochrome wählt
- Fluorochrome wählt, die durch energiearmes (langwelliges) Licht angeregt werden (z. B. Rotlichtlaser)
- schnell und bei geringer Licht- oder Laserintensität arbeitet
- das Präparat in spezielle Medien (*Anti-Fading*) einbettet, die das Ausbleichen verzögern. Dazu kann auch Ascorbinsäure eingesetzt werden. *Anti-Fading* Medien können allerdings nur bei fixierten Proben eingesetzt werden.

Das *Bleaching* ist für spezielle Fluoreszenztechniken wie FRAP oder FLIM (▶ Kap. 11.3) wichtig.

Anti-fading-Einbettmedien für Fluoreszenzpräparate

Das Polyvinylacetat Mowiol 4-88 dient in Mischung mit Glycerin als wasserlösliches Einbettmittel. Dieses wird mit *anti fading*-Agenzien wie p-Phenylendiamin, DABCO oder N-Propylgallat versetzt. Damit wird das Ausbleichen der Fluoreszenz unter der Belichtung insbesondere der Laser im CLSM vermindert. Kommerziell erhältliche Einbettmedien sind z. B. ProLong Gold Antifade Reagent (Molecular Probes) über In-Vitrogen (LifeTechnologies™), Fluoromount W von Serva, Fluoromount-GT, Citifluor-Antifadent Mountant Solution, sowie CFM-1 Plus Einbettmedium (Citifluor) von Science Services (EMS Germany) oder Vectashield Mounting Medium (Vector Laboratories) von Linaris.

Anleitung A11.13

Herstellung von MOWIOL mit DABCO

Material:

- Mowiol 4-88 (Calbiochem)
- DABCO (1,4-Diazabicyclo-[2.2.2]octane, Sigma)
- Glycerin (p.A.)
- 200 mm Tris-HCl, pH 8,5
- 50 ml Becherglas
- 50 ml Zentrifugenröhrchen
- 1,5 ml Reaktionsgefäße
- Magnetrührer
- Schüttelwasserbad
- Pipetten und sterile Spitzen

Durchführung:

1. 6 g Glycerin in ein 50 ml-Röhrchen geben
2. 2,4 g Mowiol hinzufügen
3. 6 ml Wasser dazu geben
4. das Gemisch mindestens zwei Stunden bei Raumtemperatur schütteln
5. 12 ml 0,2 M Tris-HCl (pH 8,5) hinzugeben
6. bei 53 °C so lange schütteln (variiert von 30 min bis über Nacht), bis fast alles gelöst ist
7. nicht gelöste Reste abzentrifugieren (bei mittlerer Drehzahl ca. 20 min)
8. Überstand abgießen und mit 0,1 % (w/v) DABCO versetzen

▼

9. in 1,5 ml Reaktionsgefäße aliquotieren
10. bei –20 °C aufbewahren. Bei 4 °C hält sich die Lösung etwa 1 Monat.

Anwendung:

Pro Objektträger werden ca. 20 µl Lösung benötigt.
1. jeweils 1 Tropfen Mowiol/DABCO auf das Präparat geben
2. mit einem Deckglas luftblasenfrei bedecken
3. Einbettung bei 4°C lichtgeschützt fest werden lassen

Die Präparate sollten kühl, abgedeckt und lichtgeschützt aufbewahrt werden.

Die Konzentration von DABCO kann man für die Beobachtung im CLSM auf 2,5 % erhöhen. An Stelle von DABCO wird auch 2 % N-Propylgallat (Sigma) verwendet. Da die Einbettung in Mowiol wasserlöslich ist, lässt sich das Deckglas leicht wieder entfernen, falls dies notwendig ist.

11.2.5.2 Quenching

Bei hoher Farbstoffkonzentration kann Energie strahlungsfrei zwischen Molekülen weitergegeben werden, sodass kaum Fluoreszenzlicht abgegeben wird. Hohe Konzentrationen von Fluorochromen erscheinen daher oft zu niedrig konzentriert.

Durch Konzentrationsreihen muss die jeweils optimale Fluorochrom-Konzentration herausgefunden werden.

Das *Quenching* kann für bestimmte Anwendungen (FRET) gezielt eingesetzt werden.

11.2.5.3 Cross-Talk / Bleed through

Bei Verwendung mehrerer Fluorochrome in einem Präparat (◨ Abb. 11.9) können zwei Probleme auftreten:
- *Cross Talk:* Bei großer Überlappung der Anregungsspektren kommt es zur gleichzeitigen Anregung mehrerer Farbstoffe.
- *Bleed through:* Bei großer Überlappung der Emissionsspektren kann der Photomultiplier die Fluorochrome nicht mehr unterscheiden.

Daher sollte man bei der Auswahl der Fluorochrome auf deutlich getrennte Spektren achten und vor der Mehrfachfluochromierung auch jedes Fluorochrom einzeln einsetzen und betrachten. Auch Autofluoreszenz kann bei Fluorochromierungen zu *Cross-talk* und *Bleed through* führen.

11.2.5.4 Probleme bei der Fluoreszenzmarkierung

Bei der Fluorochromierung des Präparates muss sichergestellt werden, dass das Fluorochrom an die Zielstrukturen in die Zellen gelangt.

Membranen toter (bzw. fixierter) Zellen sind für polare Fluorochrome leichter zu durchdringen als die Membranen von lebenden Zellen. Dies kann ausgenutzt werden, um durch die Färbung lebende und tote Zellen zu unterscheiden.

Membranpermeable Farbstoffe dringen problemlos in alle Zellen ein; dagegen müssen polare Fluorochrome z. B. durch Mikroinjektion in die Zielzelle gebracht werden.

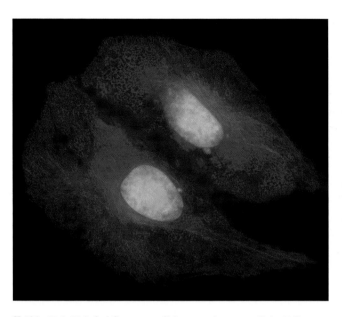

◨ **Abb. 11.9** Mehrfachfluoreszenzfärbung an humanen HeLa-Zellen. Rot: α-Tubulin-Untereinheit im Cytoskelett von Microtubuli; grün: DNA im Nucleus markiert mit Hoechst 33342; blau: GFP-markiertes Synaptotagmin III, das auf der Zelloberfläche kleinere zusammenhängende Areale bildet. Bild: J.C. Simpson, EMBL Heidelberg

Manche Farbstoffe benötigen bestimmte Umgebungsbedingungen (pH, Ionenkonzentrationen), um zu fluoreszieren. So werden die Fluorochrome unpolarer Farbstoff-Ester erst in der Zelle durch Esterasen freigesetzt (A11.11, A11.12).

11.3 Live-Cell Imaging

Unter „*Live-Cell Imaging*" versteht man die Untersuchung lebender Zellen, Gewebeschnitte oder Organismen mittels Fluoreszenzmikroskopie. Es ermöglicht Einblicke in fundamentale zelluläre Prozesse und Gewebefunktionen auf der Ebene von Molekülen, Organellen und Zellen (Goldman et al. 2010). Durch die rasante technologische Entwicklung von Fluoreszenz-gekoppelten Proteinen und synthetischen Fluorophoren, sowie einer hoch technisierten Optik mit ganz neuen Möglichkeiten zur Beobachtung physiologischer Prozesse, ist das *Live-Cell Imaging* zu einem wichtigen Werkzeug in den Neuro- und Biowissenschaften sowie im medizinischen Bereich geworden (Coutu und Schroeder 2013, Mizukami et al. 2014).

11.3.1 Probleme beim Live-Cell Imaging

Live-Cell Imaging ist im Allgemeinen mit kultivierten Zelllinien (z. B. HEK-Zellen, HeLa-Zellen), Primärzellkulturen (z. B. Hautzellen, Nervenzellen), akuten Schnittpräparaten (z. B. Hirnschnitten) oder ganzen Organen oder Organismen möglich. Eine wichtige Aufgabe ist es, die Zellen in einem gesunden Zustand während der Experimente zu halten, da sie aus ihrer natürlichen Umgebung gebracht werden und unter Phototoxizität leiden.

11.3.1.1 Extrazelluläre Lösungen

Es werden verschiedene Arten von künstlichen extrazellulären Lösungen (Ringer-Lösung oder ACSF, artifizielle cerebrospinale Flüssigkeit) und Medien verwendet, um Zellen mit essenziellen Ionen und anderen Cofaktoren zu versorgen, damit ihre physiologischen Funktionen erhalten bleiben. Die Zusammensetzung verwendeter Medien für das *Live-Cell Imaging* reicht von sehr einfachen salzigen Lösungen, wie z. B. einer Ringer-Lösung, bis hin zu hoch komplexen Lösungen, wie sie z. B. bei akuten Schnittpräparaten eingesetzt werden.

Auf jeden Fall muss die verwendete Lösung gepuffert sein, da sich der pH-Wert eines Mediums unter verschiedenen Umweltbedingungen dramatisch verändern kann (im Allgemeinen liegt der pH-Wert bei 7,2–7,4). In vielen extrazellulären Lösungen wird dies durch die Zugabe von 10–20 mm HEPES (4-(2-Hydroxyethyl)-piperazin-1-ethan-sulfonsäure) erreicht. Das vertragen aber viele Zellen nicht, es sei denn, man führt der Lösung gleichzeitig fortlaufend Kohlendioxid zu (normalerweise in Form von Carbogen: 95 % Sauerstoff und 5 % Kohlendioxid). Diese Methode wird häufig für *in vitro* Schnittpräparate verwendet, da sie im Vergleich zu Zellkulturen eine weitaus höhere Stoffwechselrate aufweisen.

Für Zellkulturen gibt es spezifische Gefäße und Kammern für Brutschränke, in denen vor allem Luftfeuchte und Temperatur konstant gehalten werden können. Schon kleinste Übersäuerungen, z. B. durch Stoffwechselprodukte der Zellen, können zu einer starken Beeinträchtigung der Zellvitalität führen. Kommt es zu einer Alkalisierung des Mediums, so führt das ebenso meist zum sofortigen Absterben der Zellen. Kontrollierte Wachstumsbedingungen und Aufbewahrung sind daher von entscheidender Bedeutung für die Vitalität der Zellen. Der pH-Wert im Kulturmedium kann in Brutschränken, die über eine CO_2-Zufuhr einen Kohlendioxidgehalt von 5-7 % aufrecht erhalten, sehr gut konstant gehalten werden. Es ist jedoch abzuwägen, ob eine rein chemisch gepufferte extrazelluläre Lösung ausreicht, die Zellen in einem gutem Zustand zu halten oder ob es notwendig ist, zusätzlich mit Kohlendioxid zu begasen, und/oder ob die Präparate in eigens für sie entwickelten Klimakammern unterzubringen sind. Das alles hängt von verschiedenen Faktoren ab, z. B. der Art der Probe, die verwendet wird, oder der Dauer der Experimente. In vielen Fällen reicht eine chemisch gepufferte Lösung für Zellkulturen und kurzzeitigen Experimenten aus. Arbeiten mit lebenden Schnittpräparaten hingegen erfordern in der Regel eine ausreichende Kohlendioxidversorgung, da der metabolische Umsatz der Zellen wesentlich höher ist. Für viele Zelltypen und langwierige Experimente ist eine Klimakammer obligatorisch.

Mit der Entwicklung spezieller Kammern für Dispersions- und adhärente Zellkulturen, komplexe Gewebe, Hirnschnittpräparate oder ganze Organismen, wie z. B. Embryonen, konnten auch die Lebensbedingungen im Fluoreszenzmikroskop für diese Präparate optimiert werden. Eine gute Übersicht über ein reichhaltiges Angebot an Kammern für das *Live-Cell Imaging* findet sich unter http://www.olympusfluoview.com/resources/specimen-chambers.html. Hochspezialisierte Bildaufnahmesysteme für normale Fluoreszenz im Weitfeldmodus, konfokale Laser-Scanning-Mikroskopie, sowie *spinning-disk*-Technologie bieten ein breites Angebot für das *Live-Cell Imaging*. Dennoch muss man immer Kompromisse zwischen der bestmöglichen Bildqualität und einem möglichst optimalen Zustand der Zellen machen.

11.3.1.2 Phototoxizität

Vor allem bei Anregung synthetischer Fluoreszenzfarbstoffe treten Schäden an den Zellen auf, die durch einfallendes Licht von Lasern oder Hochdruck-Entladungslampen verursacht werden (Phototoxizität). Im angeregten Zustand reagieren viele dieser Fluorochrome mit molekularem Sauerstoff und produzieren freie Radikale. Um Phototoxizität zu vermeiden, sollte man eine Anregung von möglichst niedriger Lichtintensität und kurzer Dauer wählen. In Langzeitversuchen ist eine hohe Framerate oft unnötig. Hier kann die Taktfrequenz der Bildaufnahme oft von z. B. 10 Bildern pro Sekunde auf 1 Bild pro Sekunde oder sogar noch weniger abgesenkt werden. Das verringert erheblich die Dosis des einfallenden Lichts auf die Probe und damit die Phototoxizität (Hoebe et al. 2007). Man kann auch die Bildaufnahme-Einstellungen verändern, da sich in den meisten Fällen die geringe Intensität der Fluoreszenzsignale durch spezifische Kamera-Funktionen wie Binning oder Gain verstärken lässt, was die Bildqualität erheblich verbessert. Durch die Verwendung von besonders lichtempfindlichen Kameras in lichtschwacher Umgebung, z. B. den electron multiplying (EM)-CCD Kameras, kann die Bildqualität ebenso optimiert werden. Dadurch kann ein besseres Signal-Rausch-Verhältnis und eine bessere Signalqualität erzielt werden, ohne die Anregungsdauer oder Lichtintensität zu ändern, was letztendlich die Phototoxizität minimiert. Zusätzlich lässt sich durch die Wahl geeigneter Fluorophore im langwelligen Anregungsspektrum Phototoxizität ebenso vermindern, da die zugeführte Energie auf die Probe niedriger ist im Vergleich zu Fluorophoren mit kurzen Anregungswellenlängen. Fluoreszierende Proteine (z. B. das grün fluoreszierende Protein, GFP) sind in der Regel nicht phototoxisch, da sich ihre photoaktive Stelle tief im Inneren des Proteins befindet und durch eine Polypeptidhülle bedeckt ist.

11.3.1.3 Focus Drift

Vor allem in Langzeitexperimenten kann das Auftreten einer Verschiebung des Fokus (*Fokusdrift*) zum Problem werden. Dies lässt sich durch spezifische bildgebende Mikroskope mit entsprechender Software und/oder Hardware vermeiden, die für einen kontrollierten Autofokus sorgen. Es gibt vielfältige Ursachen für eine Fokus-Verschiebung. Eine Übersicht dazu findet sich unter: https://www.microscopyu.com/articles/livecellimaging/focusdrift.html.

11.3.2 Fluorochrome zum Life-Cell Imaging

Mithilfe von nicht-toxischen, zellpermeablen Fluoreszenzfarbstoffen können physiologische Vorgänge oder bestimmte Kompartimente im Fluoreszenzmikroskop oder im CLSM *in vivo* in

Echtzeit dargestellt werden. So lassen sich die Lebendproben (Gewebe, einzelne Zellen, Zellkompartimente oder Zellstrukturen) in ihren Veränderungen, Bewegungen und/oder physiologischen Zuständen mit entsprechenden Bildaufnahmesystemen quantitativ erfassen und aufzeichnen (Lakowicz et al. 1992, Flors 2013). Für die Untersuchung spezifischer Zellstrukturen und Organellen gibt es ein großes Angebot an Markern für das *Live-Cell Imaging*.

Die zellpermeablen Fluoreszenzfarbstoffe können selektiv Mitochondrien, Lysosomen, endoplasmatisches Reticulum oder den Golgi-Apparat in lebenden Zellen markieren und sind geeignet, physiologische Zustände (Ionenkonzentrationen, pH, Membranpotentiale) zu messen. Molecular Probes bietet hierzu z. B. die Organellenfarbstoffe MitoTracker, MitoFluor, LysoTracker, LysoSensor, RedoxSensor, ER-Tracker und BODIPY Sphingolipide an. Jeder dieser Marker kann mit unterschiedlichen Fluorophoren bestückt für das *Live-Cell Imaging* eingesetzt werden und ist zudem noch mit anderen Fluoreszenzmarkern, wie dem fluoreszierenden Proteinen (FP, ▶ Kapitel 22) gut zu kombinieren.

11.3.2.1　Organellenmarker

Die MitoTracker, Organellenmarker für Mitochondrien von Molecular Probes, können an lebenden Zellen, Geweben oder Organismen eingesetzt werden (◘ Tab. 11.2). Sie unterscheiden sich in ihren Anregungs- und Emissionsspektren, ihrer Fixierbarkeit und in ihren Wirkungsmechanismen. Bei den Mito-Trackern handelt es sich um Farbstoffe, die bei Akkumulation im Mitochondrium an Thiolgruppen mitochondrialer Proteine binden und bei Anregung entsprechend ihrer spektralen Charakteristik fluoreszieren. Die Wahl des MitoTrackers hängt von der Fragestellung ab. So kann mit ihnen die mitochondriale Aktivität, ihre Lokalisation und Anzahl sowie ihre Morphologie in lebenden Zellen bestimmt werden. Diese Zellen können nach dem Experiment fixiert werden und so auch für eine ge-

wisse Zeit als Dauerpräparat zur weiteren Quantifizierung und Analyse zur Verfügung stehen. Andere MitoTracker wiederum sind farblose, nicht-fluoreszierende Substanzen, die erst dann fluoreszieren, wenn sie in einer atmungsaktiven Zelle oxidiert werden und in ein Mitochondrium aufgenommen sind wie z. B. MitoTracker Green FM (M7514, Molecular Probes über Life Technologies). Die Hintergrundfluoreszenz ist hier vernachlässigbar gering, und da auch keine zusätzlichen Waschschritte bei der Präparation angewendet werden müssen, können die Mitochondrien direkt nach der Farbstoffapplikation *in vivo* analysiert werden (◘ Abb. 11.10).

Mit dem RedoxSensor Red CC-1-Farbstoff können Mitochondrien und Lysosomen in lebenden Zellen markiert werden, wobei die Art der Markierung vom Redoxpotential im Cytosol der Zelle abhängt. So werden in proliferierenden Zellen vor allem Mitochondrien mit RedoxSensor Red CC-1 markiert.

Lysosomen und andere säurehaltigen Zellkompartimente wie *trans*-Golgi-Vesikel, Endosomen, diverse vesikuläre Strukturen sowie Pflanzenvakuolen können mit LysoTracker oder LysoSensor in lebenden Zellen markiert werden (◘ Abb. 11.11). Auch hier gibt es von Molecular Probes ein reichhaltiges Angebot an Fluoreszenzfarbstoffen, die ebenso wie die MitoTracker sehr spezifisch eingesetzt werden können.

Mit dem ER-Tracker DiO wird ER sehr selektiv in lebenden Zellen markiert (◘ Abb. 11.12). Auch eine spätere Fixierung des Präparats zur weiteren Analyse ist gut möglich. Für die Markierung des Golgi-Apparats in lebenden Zellen haben sich vor allem fluoreszenzgekoppelte Ceramide und Sphingolipide bewährt.

Die in ihren spektralen Eigenschaften konzentrationsabhängigen Marker BODIPY FL C_5-ceramide, BODIPY FL C_5-sphingomyelin und BODIPY FL C_{12}-sphingomyelin eignen sich nicht nur zur Lokalisation und strukturellen Darstellung des Golgi-Apparats, sondern sind auch hervorragende Marker für

◘ Tab. 11.2 Auswahl einiger Organellenmarker von Molecular Probes für das Live Cell Imaging am Beispiel diverser Präparate

Fluoreszenzfarbstoff	Artikel#	Organellen	Färbung [Konzentration, Inkubationszeit, Temperatur] am Lebendpräparat	Spektrale Eigenschaft
MitoTracker® Green FM[1]	M7514	Mitochondrien	50 nm für 45 min bei RT an Muskelzellen (Frosch)	E_{exc} 488 nm E_{em} 516 nm
MitoTracker® Red cm-H_2XRos[2]	M7513	Mitochondrien	1200 nm für 45 min bei RT an Muskelzellen (Frosch)	E_{exc} 543 nm E_{em} 560 nm
MitoTracker® Red cmXRos	M7512	Mitochondrien	1 µm in H_2O für 30 min bei RT an Wurzelzellen (Medicago Truncatula)	E_{exc} 543 nm E_{em} 580 nm
LysoTracker® Red DND-99	L7528	chromaffine Granula	1 µm für 15 min bei RT an chromaffine Zellen (Rind)	F_{exc} 577 nm E_{em} 590 nm
DiOC$_5$®	D272	Endoplasmatisches Reticulum	0,5 µm für 30 min bei RT, Wurzelzellen (M. Truncatula)	E_{exc} 577 nm E_{em} 590 nm
BODIPY® FL C_5-ceramide complexed to BSA	B22650	Golgi-Apparat	2,5 µm für 15 min bei 37° C CHO Zellen (Zelllinie)	E_{exc} 505 nm E_{em} 617 nm

[1] MitoTracker® Green FM ist nicht-fluoreszierend in wässriger Lösung

[2] MitoTracker Red cm-H_2XRos, eine chemisch reduzierte Form des Tetramethylrosamins, fluoresziert nur, wenn es in eine atmungsaktive Zelle eintritt, wo es in oxidierter Form in die Lipidmembran des Mitochondrium eingelagert wird.

E_{exc} Anregungsmaximum, E_{em} Emissionsmaximum, nm Nanomolar, µm Mikromolar, RT Raumtemperatur

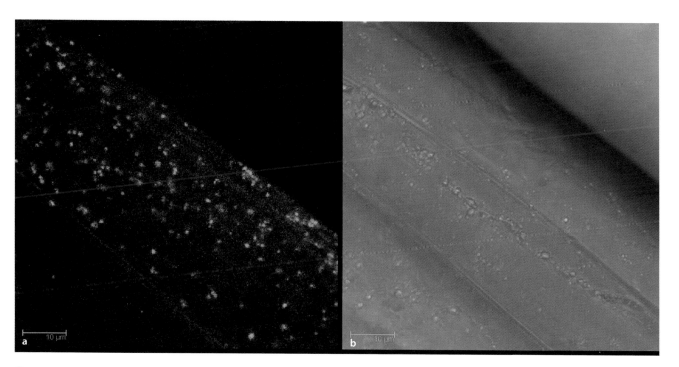

Abb. 11.10 Mit MitoTracker gefärbte Mitochondrien in einer lebenden Zwiebelepithelzelle. **a)** Fluoreszenzaufnahme (CLSM SP5), **b)** Hellfeldbild. Der Maßstab entspricht 10 μm. Aufnahme: C. Desel, CAU Kiel

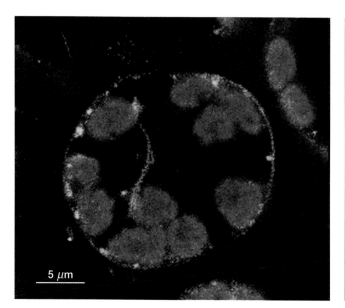

Abb. 11.11 Nachweis von Vesikeln mit saurem Lumen in einem Gerstenprotoplast mit LysoTracker Red DND-99 (Molecular Probes), dargestellt im CLSM. Gelb: LysoTracker Red ; rot: rote Autofluoreszenz der Chloroplasten. Aufnahme: C. Desel, CAU Kiel

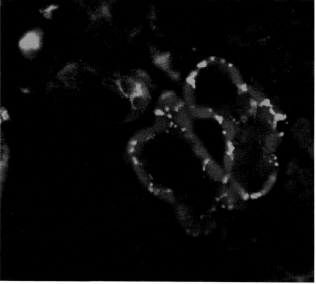

Abb. 11.12 Querschnitte von einem lebenden Gerstenblatt, das mit DiO (1:10 000) gefärbt wurde. Das Chlorophyll in den Chloroplasten zeigt rote Eigenfluoreszenz, das endoplasmatische Reticulum fluoresziert grün. 2-Kanal-CLSM-Bild (Überlagerung). Aufnahme: C. Desel, CAU Kiel

Transportprozesse und Metabolismus von Sphingolipiden in lebenden Zellen (**Tab. 11.2**).

11.3.2.2 Calcium Imaging

Mit Hilfe von calciumsensitiven Fluoreszenzfarbstoffen kann der Calciumgehalt in Zellen gemessen werden. Besonders etabliert ist die Calciummessung in Neuronen mittels konfokaler

Fluoreszenzmikroskopie (▶ Kap. 1) Über die Veränderungen intrazellulärer Calciumkonzentrationen lassen sich bei Neuronen Rückschlüsse auf die neuronale Aktivität der Zelle ziehen.

In einem aktiven Neuron gelangt externes Calcium ins Cytosol und wird im endoplasmatischen Reticulum (ER) gespeichert. Ab einer bestimmten Konzentration im ER wird es wieder ins Cytosol zurückgegeben. Genauso kann auch calciuminduzierte Transmitterausschüttung an chemischen Synapsen beobachtet werden. Präsynaptischer wie auch postsynaptischer Calciumeinstrom bei neuronaler Aktivität führt zur Erhöhung des Calciumspiegels in den Dendriten, dem Axon und dem Zellkörper des Neurons.

Um das Calcium „sichtbar" zu machen, benötigt man Farbstoffe, die, bei gleichbleibender Anregungswellenlänge, ihr Emissionsspektrum verändern, sobald sie Calcium binden. Im Allgemeinen werden calciumsensitive Fluoreszenzfarbstoffe in Form von Acetoxymethylesterderivate in die Zelle eingebracht. Der Acetoxymethyl (AM)-Ester ist ungeladen und kann durch die Zellmembran hindurch leicht in das Zellinnere eindringen, wo dann die lipophile Gruppe des Farbstoffs durch unspezifische Esterasen abgespalten wird. In der gespaltenen Form ist der Farbstoff geladen und kann dann die Zellmembran nicht mehr durchqueren, er bleibt also in den Zellen „gefangen". Beispiele für calciumsensitive Fluorophore sind Fura-2-AM, Fluo-3-AM und Fluo-4, das aus einem Derivat der Fluorophore Fluorescein und einem Derivat des Calciumchelators BAPTA (*1,2-bis(o-aminophenoxy) ethane-N,N,N',N'-tetraacetic acid*), besteht. Der Fluo-4 AM-Ester ist farblos und nicht fluoreszierend, erst die Hydrolyse bewirkt, dass der Farbstoff Ca^{2+}-Ionen binden kann und dann fluoresziert. Einen ausführlichen Überblick über das *Calcium Imaging* findet sich in Grienberger und Konnerth (2012).

11.3.2.3 Analyse von oxidativem Stress in lebenden Zellen

Verschiedene Anbieter bieten Kits an, mit denen man in Echtzeit die Bildung reaktiver Sauerstoff- oder Stickstoffspezies (ROS/RNS) in lebenden Zellen fluoreszenzmikroskopisch beobachten kann. Das Kit von Enzo Life Sciences' beinhaltet als Hauptkomponente ein „*Oxidative Stress Detection Reagent*" (Green). Dieses ist zellpermeabel und nicht fluoreszierend. Es reagiert mit einer breiten Palette reaktiver Spezies. Dabei bildet sich ein grün fluoreszierendes Produkt, das auf die Bildung der verschiedenen Typen von ROS/RNS hinweist. Das „*Image-iT LIVE Green Reactive Oxygen Species Kit*" (www.probes.com) kann ebenfalls ROS in lebenden Zellen fluorochromieren. MitoSOX Red ist eine besonders selektive Sonde für Superoxid in den Mitochondrien (www.probes.com).

11.3.2.4 Weitere Methoden des Live-Cell Imaging (FLIM, FLIP, FRAP, FCS, TIRFM, FRET und BRET)

Bei den neuen Technologien und Anwendungen des *Live-Cell Imaging* unterscheidet man die zeitabhängigen Methoden wie FLIM, FLIP, FRAP und FCS von den abstandsabhängigen Methoden TIRFM, FRET und BRET (Fricker et al. 2006, Millis 2012). Auf die Messverfahren dieser Methoden wird in den ► Kapiteln 1 und 23 eingegangen.

Fluorescence Lifetime Imaging Microscopy (FLIM)
Eine weitere Methode zur Bestimmung der intrazellulären Ionenkonzentration anhand ionensensitiver Fluoreszenzfarbstoffe

ist die Analyse der Fluoreszenzlebenszeit des Fluoreszenzsignals durch die FLIM-Technik. Die Fluoreszenzlebenszeit, also die mittlere Verweildauer der Elektronen im angeregten Zustand (gemessen im Nano- oder Picosekundenbereich) ändert sich, wie auch die Fluoreszenzintensität, mit der Ionenkonzentration. Beide Parameter sind also von der Ionenkonzentration abhängig, aber die Fluoreszenzlebenszeit enthält wesentlich mehr Information (Bastiaens und Squire, 1999). So ist die Fluoreszenzlebenszeit im Gegensatz zur Fluoreszenzintensität nicht abhängig von der Farbstoffkonzentration und dem Zellvolumen und sie ist für einen bestimmten Zelltyp konstant. Jeder Fluorophor hat seine eigene, ganz bestimmte Fluoreszenzlebensdauer. Durch die zeitaufgelöste Analyse des Fluoreszenzsignals mit der FLIM-Technik kann man absolute Konzentrationen der Ionen bestimmen, für die selektive Fluoreszenzfarbstoffe zur Verfügung stehen (z. B. Gilbert 2006). Für die Bestimmung der intrazellulären Chloridkonzentration hat sich z. B. der Cl⁻-sensitive Fluoreszenzfarbstoff N-(Ethoxycarbonylmethyl)-6-methoxyquinolinium-Bromid (MQAE, Molecular Probes) bewährt.

Fluorescence Loss In Photobleaching (FLIP) und fluorescence Recovery After Photobleaching (FRAP)
Für die Untersuchung aktiver Bewegungen oder die Diffusion intrazellulärer oder membrangebundener Moleküle stehen beim *Live Cell Imaging* zwei fluoreszenzmikroskopische Methoden zur Verfügung: FLIP (*fluorescence loss in photobleaching*) und FRAP (*fluorescence recovery after photobleaching*). Die Methode des „*Photobleaching*" wurde von Axelrod et al., (1976) eingeführt und wird seitdem mit immer versierteren technischen Erneuerungen verbessert (Day und Schaufele 2005, Bates et al. 2006, Staras et al. 2012). Beim *Photobleaching* wird ein kleiner fluoreszenzmarkierter Membranabschnitt in einer Gewebeprobe mit einem Laser derart gewebeschonend bestrahlt, dass keine Fluoreszenz mehr in diesem Membranabschnitt vorhanden ist (FLIP). Die Region ist „ausgebleicht". In der Erholungsphase (FRAP) wandern dann aus der Umgebung fluoreszenzmarkierte Moleküle der benachbarten Membranregionen in den fluoreszenzgebleichten Membranabschnitt ein. Diese Mobilität markierter Moleküle kann mit der FLIP/FRAP-Methode bestimmt werden. Mit Hilfe dieser Mikroskopietechnik lassen sich z. B. die kinetischen Eigenschaften von Proteinen in lebenden Organismen (z. B. Embryonen) sowie in verschiedenen Geweben charakterisieren (Ficz et al. 2005). Eine ausführliche Beschreibung findet sich bei Ishikawa-Ankerhold et al. (2012).

Fluorescence Correlation Spectroscopy (FCS)
Die Fluoreszenz-Korrelations-Spektroskopie (FCS) ist eine höchstempfindliche optische Messmethode in der konfokalen Laser-Scanning-Mikroskopie, die aus Fluktuationen in der Fluoreszenzintensität für sehr kleine Bereiche Informationen gewinnt und im Allgemeinen zur Messung der Dynamik von Molekülen in hoch verdünnten Probenlösungen angewendet wird. Die FCS-Methode spielt eine wichtige Rolle bei der Be-

stimmung von chemischen Reaktionsraten, Durchflussraten, Diffusionskoeffizienten, Molekulargewichten und molekularen Aggregationszuständen (Rigler 2001). Die hohe Sensitivität der Methode kann aber auch nachteilig sein, da leicht Artefakte auftreten können. Bei der Untersuchung zur Dynamik einzelner Moleküle spielt diese Methode allerdings eine sehr wichtige Rolle. FCS wird vermehrt angewendet (Schwille et al. 1999, Gennerich 2003).

Total Internal Reflection Fluorescence Microscopy (TIRFM)

Die TIRFM-Methode zählt zu den abstandsabhängigen Methoden und eignet sich bevorzugt für die Beobachtung von Prozessen und Strukturen auf oder in der Nähe von Zelloberflächen bis zu einer Tiefe von ca. 100 nm (▶ Kap. 1). TIRFM basiert auf dem optischen Phänomen der internen Totalreflexion und kann auch an lebenden Zellen angewendet werden (Seisenberger et al. 2001, Hedde und Nienhaus 2013).

Fluorescence Resonance Energy Transfer (FRET)

Die Interaktionen zwischen Molekülen bilden die Grundlage aller Prozesse in lebenden Zellen. Mit der FRET-Methode können Distanzen zwischen Biomolekülen bestimmt und Interaktionen von Molekülen detektiert werden. Dazu werden in die Biomoleküle Sonden (Fluorophore) eingeführt, die allerdings eine Reihe von Bedingungen erfüllen müssen. Da bei der FRET-Methode die von einem Donor-Fluorophor aufgenommene Energie durch intermolekulare Dipol-Dipol-Kopplung auf einen Akzeptorfluorophor übertragen wird, müssen die Anregungsspektren beider Fluorophoren weit genug voneinander entfernt sein. Zu den klassischen Fluorophor Donor/Akzeptor-Paaren zählt z. B. CFP (*Cyan Fluorescent Protein*) und YFP (*Yellow Fluorescent Protein*). Fluorophor BODIPY493/503 und Texas-Red eignen sich auch sehr gut für FRET (Palmisano, 2004). Die FRET-Methode ermöglicht es, in lebenden Zellen den Abstand zweier Moleküle zueinander im Nanometer-Bereich zu bestimmen (Presley 2005).

Bioluminescence Resonance Energy Transfer (BRET)

Die Methode des BRET basiert auf den gleichen physikalischen Eigenschaften wie die des FRET, nur dass bei BRET das biolumineszente Protein Luciferase als Donormolekül eingesetzt wird. Dadurch entfällt die Fluoreszenzanregung, und Fehlerquellen wie z. B. Messartefakte aufgrund von Emissionslicht oder Ausbleichen werden vermieden. Bei der BRET-Methode wird als Akzeptorfluorophor GFP (*Green Fluorescent Protein*) eingesetzt. Mit der nicht invasiven fluoreszenzbasierenden Detektionstechnik können Molekülinteraktionen wie z. B. die der G-Protein vermittelten Signalkaskaden in lebenden Zellen analysiert werden (Hebert et al. 2006).

Multi-Spectral-Imaging (MSI)

Für das *Live-Cell Imaging* bietet sich vor allem das konfokale Fluoreszenzmikroskop (▶ Kap. 1) an, da es ein breites Spektrum an Anregungsmöglichkeiten besitzt und technisch viele

Möglichkeiten eröffnet. Insbesondere auf dem Gebiet der Bildaufnahme und Datenerfassung ist in den letzten Jahren die Entwicklung neuer Techniken enorm vorangeschritten. Hier sei nur exemplarisch der Einsatz multispektraler Bilderfassungs- und Auswertemethoden genannt, wie es z. B. mit dem CRi MAESTRO (Cambridge Research & Instrumentation) oder auf dem MAESTRO aufbauenden FMT 3D-Fluoreszenz Tomographie-System (PerkinElmer Inc.) für *in vivo*-Fluoreszenzmessungen entwickelt wurde. Mit diesen sogenannten Multi-Spectral-Imaging(MSI)-Systemen erscheint das Fluoreszenzsignal hell und deutlich auf fast schwarzem Untergrund. Besonders in der Tumorforschung, wo das Signal des fluoreszenzmarkierten Tumors meistens durch die Autofluoreszenz des umgebenden Gewebes teilweise oder ganz überdeckt wird, ist ein hoch sensitives System für die Signalerkennung, wie es das MSI darstellt, sehr wertvoll.

11.4 Literatur

Alivisatos AP,Gu W and Larabell C (2005) Quantum dots as cellular probes. *Annu Rev Biomed Eng* 7: 55–76

Axelrod D, Koppel DE, Schlessinger J, Elson E, Webb WW (1976) Mobility measurement by analysis of fluorescence photobleaching recovery kinetics. *Biophys J* 16:1055–1069

Bastiaens PI, Squire A (1999) Fluorescence lifetime imaging microscopy: spatial resolution of biochemical processes in the cell. *Trends Cell Biol* 9(2):48-52

Bates IR, Wiseman PM, Hanrahan JW (2006) Investigating membrane protein dynamics in living cells. *Biochem Cell Biol* 84(6):825-31

Clancy B, L.J Cauller LC (1998) Reduction of background autofluorescence in brain sections following immersion in sodium borohydride. Journal of Neuroscience Methods, Volume 83: 97–102

Coutu DL, Schroeder T (2013) Probing cellular processes by long-term live imaging – historic problems and current solutions *J Cell Sci* 126: 3805-3815

Day RN, Schaufele F (2005) Imaging molecular interactions in living cells. *Mol Endocrinol* 19(7):1675-1686

Ficz G, Heintzmann R, Arndt-Jovin DJ (2005) Polycomb group protein complexes exchange rapidly in living Drosophila. *Development* 132(17): 3963-3976

Fricker M, Runions J,Moore I (2006) Quantitative Fluorescence Microscopy: From Art to Science. *Annu Rev Plant Biol* 57:79–107. Review

Flors C (2013) Super-resolution fluorescence imaging of directly labelled DNA: from microscopy standards to living cells. *J Microscopy* 251(1): 1–4

Gennerich A (2003) Fluoreszenskorrelationsspektroskopie und Rasterkorrelationsmikroskopie molekularer Prozesse in Nervenzellen. Dissertation, Georg-August-Universität zu Göttingen.

Gilbert D (2006) Chlorid-basierte Signalverstärkung in Capsaicin-sensitiven Schmerzzellen. Dissertation, Ruprecht-Karls-Universität Heidelberg.

Goldman RD, Swedlow JR, Spector DL (2010) Live Cell Imaging: A Laboratory Manual. Cold Spring Harbor Laboratory Press

Grienberger C, Konnerth A (2012) Imaging Calcium in Neurons. Neuron 73(5):862-885

Hebert TE, Gales C, Rebois RV (2006) Detecting and imaging protein-protein interactions during G protein-mediated signal transduction in vivo and in situ by using fluorescence-based techniques. *Cell Biochem Biophys* 45(1):85-109. Review

Hedde PN, Nienhaus GU (2013) Super-resolution localization microscopy with photoactivatable fluorescent marker proteins. *Protoplasma* Oct 27 [Epub ahead of print]

Hoebe RA, Van Oven CH, Gadella TWJ, Dhonukshe Jr. PB, Van Noorden CJF, Manders EMM (2007) Controlled light-exposure microscopy reduces photobleaching and phototoxicity in fluorescence live-cell imaging. *Nature Biotechnol* 25:249-253

Ishikawa-Ankerhold HC, Ankerhold R and Drummen GPC (2012) Advanced Fluorescence Microscopy Techniques–FRAP, FLIP, FLAP, FRET and FLIM. *Molecules* 17(4):4047-4132. Review

Jing C and Cornish VW (2011) Chemical tags for labeling proteins inside living cells. *Accounts of Chemical Research* 44: 784-792

Lakowicz JR, Szmacinski H, Nowaczyk K, Berndt KW, Johnson ML (1992) Fluorescence lifetime imaging. *Analytical Biochem* 202: 316-330

Martin RM, Leonhardt H, Cardoso MC (2005) DNA labeling in living cells. Cytom Part A 67A:45-52

Martin RM, Tunnemann G, Leonhardt H, Cardoso MC (2007) Nucleolar marker for living cells. *Histochem Cell Biol* 127:243-251

Millis BA (2012) Evanescent-Wave Field Imaging: An Introduction to Total Internal Reflection Fluorescence Microscopy. *Methods Mol Biol* 823:295-309

Mizukami S, Hori Y, Kikuchi K (2014) Small-molecule-based protein-labeling technology in live cell studies: probe-design concepts and applications. *Acc Chem Res* 47(1):247-56

Monheit JE, Cowan DF, Moore DG (1984) Rapid detection of fungi in tissues using calcofluor white and fluorescence microscopy. *Arch Pathol Lab Med* 108: 616-8

Palmisano R (2004) Fluoreszenz-Resonanz-Energie-Transfer-basierter spezifischer Nachweis von mRNA in vitro und in situ. Dissertation, Universität Bielefeld

Presley JF (2005) Imaging the secretory pathway: the past and future impact of live cell optical techniques. *Biochim Biophys Acta* 1744(3):259-272. Review

Rigler R, Elson E (2001) Fluorescence Correlation Spectroscopy. Springer Verlag, New York

Sabnis RW (2010) Handbook of biological dyes and stains: synthesis and industrial applications. John Wiley & Sons, Inc. Hoboken, New Jersey

Schwille P, Haupts U, Maiti S, Webb WW (1999) Molecular Dynamics in Living Cells Observed by Fluorescence Correlation Spectroscopy with One- and Two-Photon Excitation. *Biophys J* 77:2251-2265

Seisenberger G, Ried MU, Endress T, Buning H, Hallek M, Brauchle C (2001) Real-time single-molecule imaging of the infection pathway of an adeno-associated virus. *Science* 294(5548):1929-1932

Staras K, Mikulincer D, Gitler D (2013) Monitoring and quantifying dynamic physiological processes in live neurons using fluorescence recovery after photobleaching. *J Neurochem* 126:213–222

Tagliaferro P, Tandler CJ, Ramos AJ, Saavedra JP and Brusco A (1997) Immunofluorescence and glutaraldehyde fixation. A new procedure based on the Schiff-quenching method. *Journal of Neuroscience Methods* 77: 191–197

■   **Bezugsquellen und informative Links**

Zellkammern für Kulturen:
   http://www.olympusfluoview.com/resources/specimenchambers.html
   http://mhmicroscopy.med.unc.edu/links.html#chambers-dishes
   http://www.emsdiasum.com/microscopy/products/preparation/chamber.aspx
   http://ibidi.com/xtproducts/en/ibidi-Labware/Open-Slides-Dishes:-ibidi-Standard-Bottom

Rezepte für DRAQ5:
   http://www.abcam.com/draq5%E2%84%A2-5mm-ab108410.html protocol booklet
   http://www.biostatus.com/kb_results.asp?ID=8

Rezept für FDA, DAPI, PI, HOECHST 33342:
   https://www.dojindo.com/Protocol/CellStaining_Protocol.pdf

Farbstoff-Eigenschaften:
   http://www.b2b.invitrogen.com/site/us/en/home/References/Molecular-Probes-The-Handbook.html

Organellenmarker:
   http://www.lifetechnologies.com/de/de/home/brands/molecular-probes.html
   http://www.activemotif.com/catalog/618.html?gclid=CL-thc_Xm7w-CFQMQ3godSwoAlA
   http://events.meetingbridge.com/href/05123441154
   http://biotium.com/product-category/applications/cell-biology/cellular-structure-imaging

Live Cell Imaging:
   http://www.olympusfluoview.com/resources/livecells.html
   http://zeiss-campus.magnet.fsu.edu/referencelibrary/livecellimaging.html
   http://ibidi.com/applications/Live-Cell Imaging
   http://www.microscopyu.com/articles/livecellimaging/index.html
   http://www.promega.de/resources/product-guides-and-selectors/protocols-and-applications-guide/cell-imaging
   http://www.biostatus.com/category_s/1873.htm
   http://las.perkinelmer.com/content/livecellimaging/about.asp

Free Movies zum Live Cell Imaging:
   http://learn.genetics.utah.edu/content/cells/videos http://www.cellimagelibrary.org/images/43451 http://www.cellimagelibrary.org/images/43705 http://www.perkinelmer.com/pages/020/imaging/jove-onlinevideopresentations.xhtml
   http://www.microvessels.com/innovative-microscopy/Live-Cell Imaging-cellular.html
   http://zeiss-campus.magnet.fsu.edu/galleries/video/csu

FLIM – Fluoreszenz Lifetime Imaging Microscopy (Fluoreszenz-Lebenszeit-Mikroskopie):
   http://www.becker-hickl.de/pdf/flim-olymp-man11_.pdf

FRET – Fluoreszenz-Resonanz-Energie-Transfer:
   http://online-media.uni-marburg.de/chemie/bioorganic/vorlesung1/kapitel3.html Seite 15

FRAP – Fluoreszenz Recovery After Photobleaching und FLIP – Fluoreszenz Loss In Photobleaching: http://www.embl.de/eamnet/downloads/courses/FRAP2005/tzimmermann_frap.pdf http://www.bio.davidson.edu/Courses/Molbio/FRAPx/FRAP.html

FCS – Fluorescence correlation spectroscopy:
   http://zeiss-campus.magnet.fsu.edu/referencelibrary/fcs.html
   http://www.leica-microsystems.com/science-lab/fluorescence-correlation-spectroscopy

Calciumsensitive Fluoreszenzfarbstoffe:
   http://www.biomol.de/lp/calcium-assay.html?gclid=CK-tmNiBnbw-CFYlF3god4GlAXg

Multi-Spectral-Imaging (MSI):
   http://www.perkinelmer.com/technologies/in-vivo-imaging-analysis/default.xhtml
   http://bme.columbia.edu/files/seasdepts/biomedical-engineering/pdf-files/Maestro_2_Brochure.pdf
   http://www.jove.com/video/50450/4d-multimodality-imaging-of-citrobacter-rodentium-infections-in-mice

Präparationstechniken und Färbungen von speziellen Geweben

Ulrich Welsch, Bernd Riedelsheimer, Simone Büchl-Zimmermann

12.1 Präparation spezieller Gewebe

12.1.1 Paraffineinbettung von großen Objekten

Die Paraffineinbettung ermöglicht auch histologische Schnitte durch ganze Organe, z. B. Uterus, Niere, Lungenlappen oder Gehirnhemisphären usw., herzustellen. Die Einbettung muss dazu von Hand erfolgen, die Durchdringung der großen Objekte erfordert lange Inkubationszeiten. Schon das Fixieren der Objekte wirft Probleme auf. Es genügt nicht, die Organe einfach in das Fixiermittel zu legen; auch die Perfusionsfixierung von einem Hilusgefäß aus wird nicht immer zuverlässig alle Bereiche erfassen. Daher ist zu empfehlen, vom frischen Gewebe mit dem Hirnmesser etwa 1 cm dicke Scheiben zu schneiden und diese durch Immersion zu fixieren. Damit es dabei nicht zu den bekannten Krümmungen und zum welligen Verziehen der Objekte kommt, bedient man sich entsprechend großer Drahtgitter (Abb. 12.1), die an den beiden Oberflächen der Organscheibe als starre Leitstrukturen befestigt werden. Die in ihrer Größe angepassten quadratischen oder rechteckigen Gitter fixiert man mit Gummiringen oder mit Wäscheklammern, sodass ein „Sandwich" entsteht. Für eine häufigere Anwendung empfiehlt sich, einen Rahmen aus stärkerem Draht und Haken für die Befestigung der Arretierung an den Rändern des Gitters aufzulöten. Verwendet man an Stelle von Gummiringen dünnen Draht, so kann man die Gitter auch zur Entwässerung und zum Durchtränken mit Paraffin belassen und erhält so optimal plane Gewebescheiben.

Häufig wird empfohlen, die Organe erst anzufixieren, um so besser schneiden zu können. Da aber der Beginn der Fixierung entscheidend ist, sollte man die Scheiben möglichst sofort, am frischen Gewebe schneiden. Man fixiert dann 1–2 Tage und wäscht wie gewöhnlich in fließendem Leitungswasser die

Fixierlösung aus. Da Großflächenschnitte kaum für die Diagnostik in Frage kommen, sind Schnellverfahren zur Einbettung nicht nötig. Der Ablauf der Entwässerung und die Überführung in Paraffin folgt grundsätzlich dem üblichen Schema; es gilt die Faustregel: zwei Stunden der Rezeptur für Präparate üblicher Größe werden durch einen Tag ersetzt. Das lange Verweilen in absolutem Ethanol und Xylol würde allerdings zu erheblicher Härtung der Präparate führen. Die Schritte in absolutem Ethanol und gegebenenfalls Xylol reduziert man daher trotz der Größe der Präparate auf je 3 Stunden. Als Intermedien kommen Methylbenzoat oder Chloroform zur Anwendung; jeweils am besten für 3× 3 Tage. Die übermäßige Härtung der Präparate wird vermieden, indem man über Isopropylalkohol entwässert. Dabei wird das langsamere Eindringen des Isopropylalkohols durch Arbeiten im Wärmeschrank (45 °C) und durch öfteren Wechsel des Mediums ausgeglichen. Zur Einbettung eignet sich das bei 56–58 °C schmelzende Paraplast.

12.1.2 Bearbeitung (Fixierung, Einbettung und z. T. Färbung) spezieller Organe

Hier wird besonders auf die Bearbeitung von ZNS, Sinnesorganen (Auge, Gehör- und Gleichgewichtsorgan, Geruchsorgan), Respirationstrakt, Haut mit Hartgeweben (Chitin, Hautknochenplättchen von Reptilien), Geschlechtsorganen und embryologischen Präparaten näher hingewiesen.

12.1.2.1 Zentralnervensystem
Fixierung und Einbettung

Gehirn und Rückenmark fixiert man meist in Ethanol, 10 % Formol, Kaliumdichromat oder Müllerscher Flüssigkeit. Man wird das Gewebe möglichst lebensfrisch fixieren, am besten durch Perfusionsfixierung von der Arteria carotis communis aus. Bei längerem Liegen in Formol kommt es zur Hydrolyse der Phosphatide. Die daher in formolfixierten und mit Ethanol nachbehandelten Präparaten häufig auftretenden metachromatisch färbbaren Kugeln (Galaktolipid) lassen sich durch Einstellen der Schnitte in ca. 45 °C heißes Leitungswasser entfernen.

Eine große Zahl von Methoden lässt sich am besten am Gefrierschnitt ausführen. Für cytologische Studien kommt meist Paraffineinbettung zur Anwendung, für faseranatomische und cytoarchitektonische Untersuchungen wird das Celloidinverfahren (▶ Kap. 6.3.3) angewandt. Bei großen Gehirnscheiben erfordert die Celloidineinbettung mehrere Monate; in 2 % Celloidin müssen die Präparate mindestens 6–8 Wochen, in 4 % 2–4 Wochen eingelegt werden.

Für die Perfusionsfixierung (A13.15), wie sie bei der Mehrzahl der experimentellen Untersuchungen möglich ist, empfiehlt sich die Vorbehandlung mit einem Antikoagulans: 2000 IU Heparin pro kg Körpergewicht werden 5–10 Minuten vor Beginn der Fixierung intravenös injiziert. Zu Beginn der Perfusion wird das Blut mit Hilfe einer isotonen Kochsalzlösung ausgewaschen, ein Umstand, der vorteilhaft auch zur Vasodilatation führt. Die Gefäßerweiterung kann man zusätzlich

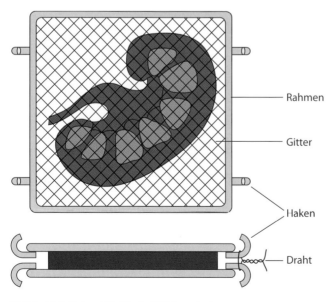

Rahmen

Gitter

Haken

Draht

 Abb. 12.1 Einbetthilfe für Großflächenschnitte.

fördern, indem man Natriumnitrit (1 ml einer 1% Lösung) oder Natriumnitroprussid (1 ml einer 1% Lösung) zur Heparininjektion mischt. Als Salzlösung wird z. B. 0,9 % NaCl- oder Ringerlösung verwendet, auch 8,5 % Saccharoselösung ist geeignet. Das Vorspülen mit diesen Mitteln soll nicht zu lange andauern (30–60 sec Durchfluss genügen), die Flüssigkeiten sollen auf 40 °C erwärmt sein.

Als allgemeine Fixierlösung der Wahl kann 4–5 % Formaldehyd in 0,15 M Natriumkakodylatpuffer (pH 7,4) verwendet werden. Die Formaldehydlösung sollte aus Paraformaldehyd hergestellt werden, nicht aus Formollösungen (sie enthalten Methanol und Ameisensäure). Auch das Fixiermittel soll auf 40 °C erwärmt werden, um Gefäßkontraktionen zu vermeiden. Zur Verhinderung einer Ausweitung des Extrazellulärraumes kann die Fixierlösung noch 5 % Saccharose oder 0,9 % NaCl enthalten. Insgesamt durchspült man 15–20 Minuten; anschließend wird auspräpariert und bis zu einer Woche lang weiter immersionsfixiert.

Organe, die nicht perfusionsfixiert werden können, z. B. menschliche Gehirne, sind am besten zu lamellieren (in 0,5–0,8 cm dicke Scheiben schneiden); dann erfolgt Immersionsfixierung für mindestens 1 Woche. Es wurde empfohlen, bei primärer Immersionsfixierung mit geringen Aldehydkonzentrationen zu beginnen (z. B. 4 %), da diese besser eindringen sollen, und erst nach einiger Zeit auf 6 und 10 % Formaldehyd zu steigern. Die Paraffineinbettung wird keine Probleme aufwerfen, wenn sie für Gewebegrößen bis zu wenigen cm³ angewendet wird. Um günstige Penetrationsverhältnisse zu erreichen, wählt man Paraplast plus anstelle von Paraplast. Bei sehr großen Präparaten, die dann auch nicht in den üblichen Kassetten eingeschlossen werden können, verfährt man nach den Angaben von Kraus (1960):

Anleitung A12.1

Paraffineinbettung des menschlichen Gehirns

1. Fixieren in neutralem 10 % Formol (wie oben erwähnt, mit 4 % Formol beginnen, nach einem Tag 6 %, nach einem weiteren Tag 10 % Formol), insgesamt 14 Tage.
2. Entweder hat man schon vorher lamelliert oder man lamelliert das fixierte Material in der gewünschten Art.
3. Entwässern in 80 % Ethanol, 3 Wochen.
4. 95 % Ethanol, 2 Wochen.
5. absoluter Ethanol, 2 Wochen. Dabei wechselt man die Flüssigkeiten entsprechend häufig, jeweils mindestens 3–4-mal.
6. Übertragen in 4–5 große, mit reichlich Chloroform gefüllte Gefäße bei Raumtemperatur; Oberfläche der Gewebe mit Zellstoff überdecken. Chloroform 1 für 14 h, Chloroform 2 für 10 h, Chloroform 3 für 14 h, Chloroform 4 für 4 h. Treten in der letzten Portion Chloroform noch Alkoholschlieren auf, muss nochmals gewechselt werden.
7. Übertragen in eine Mischung von gleichen Teilen Chloroform und Paraffin (42–44 °C), 4–8 h.
8. Im Wärmeschrank bei 56–58 °C durchtränken mit Paraffin (Schmelzpunkt 42–44 °C), 4× 12 h.

9. Danach ebenso durchtränken mit Paraffin (Schmelzpunkt 48–50 °C).
10. Ausgießen mit frischem Paraffin (Schmelzpunkt 48–50 °C); dabei das Objekt mit der Schnittfläche nach unten positionieren, es soll von einer 3–4 cm hohen Paraffinschicht überdeckt sein. Das Paraffin lässt man bei Raumtemperatur ohne besonderes Abkühlen langsam erstarren. Nach 12 h kann man mit einem Großschnittmikrotom (Tetrander, Hersteller: Jung) schneiden, Schnittdicke 10–20 µm.

Bei Verwendung eines Vakuum-Einbettungsgerätes können die Zeiten auf die Hälfte reduziert werden. Zum Aufkleben sehr großer Schnitte (z. B. Hemisphärenschnitte) streckt man auf erwärmtem Aqua d. bei 35 °C. Der Schnitt wird nach 30–45 Sekunden auf einem unbeschichteten Trägerglas aufgefangen; das überschüssige Wasser lässt man ablaufen und legt das Glas auf eine auf 35 °C vorgewärmte Heizplatte. Mit einem angefeuchteten feinen Pinsel wird nun das noch unter dem Schnitt befindliche Wasser und eventuell vorhandene Luftblasen herausgedrückt, die Falten werden flach gestrichen. Nach einigen Minuten ist der Schnitt trocken; er haftet dann gut und kann bei Raumtemperatur nachgetrocknet werden.

Als Einbettungsschema für 1 cm³ große Stücke von Hirngewebe empfiehlt Gruber (1981) das folgende Vorgehen:

Anleitung A12.2

Paraffineinbettung von kleinen (1 cm Durchmesser) Präparaten

1. Gewebe in Formalin (siehe oben) 1 Woche fixieren
2. in fließendem Leitungswasser auswaschen — 1 d
3. 70 % Ethanol — 3 h
4. 96 % Ethanol — 3 h
5. Butanol — 1,15 h
6. Butanol — 2,8 h
7. Butanol-Paraplast plus (1:1) — 15 h
8. 3 Durchgänge Paraplast plus durchtränken bei 60 °C — je 3 h
9. ausgießen in Paraplast plus

Zur Celloidineinbettung, z. B. eines ganzen Katzenhirns, gibt Gruber (1981) die folgende Anleitung (siehe auch Celloidineinbettung, ▶ Kap. 6.3.3):

Anleitung A12.3

Celloidineinbettung von mäßig großen Präparaten (Katzenhirn)

1. Fixieren in Formalin (siehe oben), 1 Woche.
2. 24 h in fließendem Leitungswasser spülen.
3. 1 Woche in 70 % Etahnol, dann
4. 2× 1 Woche in 96 % Etahnol entwässern.
5. 2× 1 Woche in absolutem Ethanol und

6. 2× 1 Woche in Ether-Ethanol (1:1) weiter entwässern.
7. 2 % Celloidin in Ether-Ethanol, 1 Woche durchtränken.
8. In 4 % Celloidin in Ether-Ethanol weiter 1 Woche einlegen.
9. 8 % Celloidin in Ether-Ethanol, 2 Wochen durchtränken.
10. In ein Einbettungsgefäß bringen, das 8 % Celloidin mindestens 3-mal so hoch enthält wie der Gewebeblock misst. Das Gefäß mit einem Trocknungsmittel in den Exsikkator bringen und das Celloidin durch Abdampfen des Lösungsmittels auf 16 % eindicken (Markierungen am Gefäß setzen).
11. Dann wird das Einbettgefäß in einen geschlossenen Behälter gebracht, dessen Boden mit 70 % Ethanol bedeckt ist. Die Härtung des Celloidinblocks benötigt etwa 4 Tage.
12. Ausschneiden des Celloidinblocks und in 70 % Ethanol einlegen.

12.1.2.2 Sinnesorgane
Auge

Die Fixierung des Augapfels (Bulbus oculi) im Ganzen gelingt am besten durch Perfusion. Man durchspült von der Arteria carotis communis aus zuerst mit isotoner Kochsalzlösung, dann mit dem gewünschten Fixiermittel, z. B. mit den Lösungen von Bouin, Helly, Carnoy oder mit Susa (◨ Tab. A1.11 und A1.12). Auch in den Konjunktivalsack tropft man Fixierlösung oder legt einen mit Fixierung durchtränkten Wattebausch ein. Nach beendeter Perfusion wird der Bulbus oculi freigelegt, herausgenommen und weiterbehandelt.

Ist Perfusionsfixierung nicht möglich, fixiert man den Bulbus oculi *in toto* durch Immersion in Glutaraldehyd-Formaldehyd-Gemisch nach Yanoff (1973): A) 1 % Glutaraldehyd: 1,67 g NaH_2PO_4 und 16,9 g Na_2HPO_4 in 960 ml Aqua d. lösen, dann 40 ml 25 % Glutaraldehydlösung zumischen. B) 10 % Formalin: 4 g NaH_2PO_4 und 6,5 g Na_2HPO_4 in 900 ml Aqua d. lösen, dann 100 ml Formol (etwa 36 %) zugeben. C) Gebrauchslösung: Gleiche Teile der Lösungen A und B mischen.

Dieses Gemisch dringt sehr gut ein; ganze Bulbi – auch mit anhaftenden Weichteilen – fixiert man 24 Stunden, nicht länger. Anschließend wird 6–24 Stunden in fließendem Wasser gewaschen und weiter wie üblich verfahren. Die Nachbehandlung bei anderen Fixierlösungen erfolgt wie in den entsprechenden ◨ Tabellen A1.11 und A1.12 angegeben.

Orientieren und Zerteilen

Um den Bulbus oculi später in der gewünschten Richtung anschneiden zu können, markiert man schon beim Herauslösen den oberen Pol durch Einschlingen eines Fadens. Das Aufschneiden des Bulbus oculi erfolgt durch zwei horizontal geführte parallele Schnitte, die die obere und untere Zirkumferenz der Iris berühren, also jeweils ein kleines Stück der Cornea an den beiden Hälften des Bulbus oculi belassen. Im mittleren Block befinden sich dann die Papilla nervi optici und die Macula lutea in der Äquatorialebene. Im Falle pathologisch-histo-

logischer Untersuchung wird man natürlich die Schnittebenen entsprechend kippen, um die interessierenden Läsionen in den mittleren Block zu bekommen.

Wenn Schnitte durch das ganze Auge gewünscht sind, erfolgt die Einbettung am besten in Celloidin (▶ Kap. 6.3.3).

Um Zeit zu gewinnen, wählt man eine abgekürzte Celloidin-Paraffin-Einbettung (Jankovsky 1959):

Anleitung A12.4	
Abgekürzte Celloidin-Paraffin-Einbettung von Augen	
1. Den Bulbus oculi 25 h in fließendem Leitungswasser auswaschen	
2. 60 % Ethanol	24 h
3. 70 % Ethanol	24 h
4. 80 % Ethanol	24 h
5. Den Bulbus halbieren (wurde in Sublimat fixiert) 48 h in Iodalkohol Quecksilberniederschläge entfernen, bei Verwendung des Glutaraldehyd-Formaldehyd-Gemisches (siehe oben) entfällt dies.	
6. 90 % Ethanol,	2× 12 h
7. absolutes Ethanol,	2× 12 h
8. Ether-Ethanol, 1:1	2× 12 h
9. 2 % Celloidin	48 h
10. 4 % Celloidin	24 h
11. 6 % Celloidin	24 h
bei gleichzeitiger Härtung durch Chloroformdämpfe: Dazu füllt man eine Glasschale von 6–7 cm Durchmesser und 4–5 cm Tiefe etwa zur Hälfte mit der Celloidinlösung und legt das Präparat ein. Das Schälchen wird in einen etwa 1 l fassenden Glaszylinder gestellt, dessen Boden 2–3 cm hoch mit wasserfreiem Chloroform bedeckt ist. Der Zylinder wird mit einem Deckel luftdicht verschlossen. Nach 24 h ist das Celloidin so weit gehärtet, dass es mit dem Messer zugeschnitten werden kann, man lässt einen 1 cm breiten Streifen Celloidin um das Objekt stehen.	
12. Einlegen in wasserfreies Chloroform,	2× 6 h
13. Den Block in flüssiges Paraffin (Schmelzpunkt 56–58 °C) einlegen, das Paraffin einmal wechseln.	
14. Ausgießen mit frischem Paraffin (▶ Kap. 6.1.6).	

Die Blöcke werden mit quer gestelltem B-Messer (▶ Kap. 6.4) trocken geschnitten. Um die Schnitte faltenfrei aufzuziehen, kommen sie für je 1 Minute 2-mal in Xylol, dann für je 2 Minuten 2-mal in 90 % und schließlich in 70 % Ethanol. Danach breiten sie sich im Wasser gut aus und werden wie Celloidinschnitte behandelt.

Moderne Paraffintechniken erlauben die rasche Bearbeitung der Präparate im Einbettautomaten.

Bei Verwendung eines modernen Einbettautomaten kann nach der Fixierung folgendes Schema als Orientierung dienen: je 1 Stunde 80% Ethanol, je 1 Stunde 3-mal 96% Ethanol, 3-mal absolutes Ethanol, 3-mal Methylbenzoat und schließlich je 2 Stunden 2-mal Paraplast (Plus) oder Anleitung A12.5.

Anleitung A12.5

Paraffineinbettung von Augen des Menschen für die Routine im Einbettautomaten (Gewebescheiben von 3–5 mm)

Wir danken dem Histololgielabor der Augenklinik der LMU München für die freundliche Überlassung dieses Einbettprotokolls.

Die Fixierung von OP-Material erfolgt in 10 % Formalin; ganze Bulbi oculi sollten 4–5 Tage fixieren. Vor der Entwässerung wird das Fixans 10–15 Minuten in fließendem Leitungswasser ausgewaschen.

Entwässerung:	70 % Ethanol	2 h
	70 % Ethanol	2 h
	96 % Ethanol	1 h
	96 % Ethanol	1 h
	96 % Ethanol	2 h
	absolutes Ethanol	1 h
	absolutes Ethanol	1 h
Intermedium:	absolutes Ethanol-/Xylolgemisch 1:1	1 h
	Xylol	1 h
	Xylol	1 h
Einbettmedium:	Paraplast Plus*	1 h
	Paraplast Plus*	2 h
Gesamtzeit:		16 h

*Paraplast Plus: Kendall; Anbieter: Plano REF 8889-502004

Die Färbung der Schnittpräparate erfolgt nach den allgemeinen Methoden; für Celloidinschnitte eignet sich Hämatoxylin-Eosin (A10.28) und van Gieson-Färbung (A10.30).

Bei der Untersuchung von **Iris** und **Ziliarkörper** kann das Pigment stören. Zur Entfernung des Pigments siehe ►Kapitel 10.6.4.3. Bei Experimenten behilft man sich durch Verwendung albinotischer Tiere. Die **Zonulafasern** stellt man kontrastreich durch Aldehydfuchsin nach Permanganatoxidation (A10.37) dar (Böck 1978b). Die **Linse** lässt sich am besten nach Celloidineinbettung schneiden. Für Paraffineinbettung ist als Intermedium Methylbenzoat zu empfehlen. Trotzdem kommt es oft zum unangenehmen Splittern der Schnitte, besonders im zentralen Linsenbereich. Man behilft sich, indem man die Schnittfläche des Paraffinblockes nach jedem Schnitt mit einem weichen Pinsel, der mit heißem Paraffin getränkt ist, bestreicht. Linsenfasern färbt man am besten mit einer Azanmethode (A10.32). Zur Isolierung von Linsenfasern verwendet man 1–2 % Natriumfluoridlösung.

Morphologische Studien an der **Netzhaut** kann man nur nach Perfusionsfixierung durchführen. Noch besser ist es, den Bulbus oculi zur Fixierung am „Äquator" vorsichtig zu halbieren oder zumindest zu eröffnen und den Glaskörper zu entfernen, um auch bei Immersionsfixierung befriedigende Resultate zu erhalten. Zur Übersichtsfärbung verwendet man z. B. die Azanmethode.

Gleichgewichts- und Gehörorgan:

Die Fixierung des Gehörorgans soll, wenn möglich, unbedingt durch Perfusion erfolgen. Man verwendet dazu neutrales Formalin, Glutaraldehyd-Formaldehyd-Gemisch oder das speziell von Wittmaak angegebene Gemisch: 85 ml 5 % Kaliumdichromatlösung mit 10 ml Formol und 5 ml Eisessig mischen, dazu 100 ml Aqua d. geben. Damit fixiert man 24 h bei 37 °C oder 2 Tage bei Raumtemperatur. Ist Perfusionsfixierung nicht möglich, wird man wenigstens die Dura mater abziehen und die Paukenhöhle breit eröffnen. Bei menschlichem Material kann man versuchen, einen Katheter durch die Tuba Eustachii einzuführen und so die Paukenhöhle mit Fixierlösung zu füllen. Bei der Verarbeitung des Präparates macht es in der Regel Schwierigkeiten, die Organe korrekt zu orientieren. Am besten gelingt dies bei Nagern, hier wieder bei Meerschweinchen und besonders gut bei Nutria, da die Cochlea ungewöhnlich groß ist und am Tegmen tympani scharf gezeichnete Vorsprünge aufwirft. Ideal orientiert man die Schnittebenen so, dass die Schnecke zuerst parallel zum Modiolus getroffen wird. Hat man dann alle mittleren, die gesamte Modiolusachse enthaltenden Schnitte aufgefangen, bettet man das Objekt um und schneidet von der Spitze beginnend senkrecht auf den Modiolus. Um bei größeren Tieren das Ausmaß der Präparate durch Entfernen unwichtiger Teile zu reduzieren, geht man wie folgt vor: Das Schläfenbein wird zwischen Sulcus sigmoideus und Warzenfortsatz festgeklemmt und erst die Schuppe in einer dem Tegmen tympani gleichlaufenden Ebene abgesägt. Ein zweiter Schnitt wird durch dessen Mitte senkrecht zur oberen Felsenbeinkante geführt; ein dritter Schnitt läuft dazu parallel hinter dem Sulcus endolymphaticus. Nun kann man das Präparat entsprechend diesen beiden Schnitten in den Schraubstock spannen; mit der Zange entfernt man die vordere untere Wand des äußeren Gehörganges bis an das Trommelfell und trennt mit der Säge das Dach des äußeren Gehörganges und die Schuppenwurzel parallel zum Trommelfell ab. Zum Schluss kann man noch den oberen Bogengang mit dem Meißel eröffnen.

Zum Entkalken verwendete man früher 10 % Salpetersäure, die über einen Zeitraum von 14 Tagen täglich erneuert wurde. Eine schonendere Methode ist die Entkalkung mit EDTA (►Kap. 12.2.4.5).

Zur Färbung von Übersichtspräparaten kommen alle gängigen Techniken in Frage. Feinere Strukturen werden am besten durch Eisenhämatoxylinmethoden (nach Heidenhain oder Weigert, A10.22, A10.23) dargestellt. Für Versilberungen (A10.40) sind Formalinpräparate Voraussetzung.

Zur Darstellung der **Otolithen** müssen saure Fixierlösungen vermieden werden (sie werden schon durch Zusätze von Eisessig gelöst). Verwendet man Kaliumdichromat-Formol, bleiben sie in vollständiger Größe erhalten (3% Kaliumdichromat 80 ml + neutrales Formol 20 ml unmittelbar vor Gebrauch zufügen; auswaschen in Leitungswasser).

Geruchsorgan

Beim Fixieren der Nasenschleimhaut muss man sich vergewissern, dass nicht etwa zurückgehaltene Luftblasen das Eindringen der Lösungen verhindern. Man wird daher am besten sowohl perfusionsfixieren als auch die Nasenhöhle von irgendeiner Seite eröffnen, um die Fixierlösung von der Oberfläche her einwirken zu lassen. Als Fixierlösungen kommen neben neutralem Formalin Kaliumdichromatgemische oder Bouinsche Lösung in Frage (◨ Tab. A1.11 und A1.12 im Anhang). Soll der knöcherne Anteil der Nasenhöhle mit geschnitten werden, muss man nach dem Fixieren entkalken (▶ Kap. 12.2.4). Für feinere Untersuchungen ist es allerdings besser, die Schleimhaut mit einem Skalpell von der knöchernen Unterlage zu lösen.

Riechepithel findet man beim Frosch im Cavum principale und Recessus medialis des Cavum inferius, bei Reptilien im dorsalen Teil der Nasenhöhle, bei Vögeln von der hinteren Hälfte der Dorsalfläche der mittleren Muschel über das Nasenhöhlendach bis zur Mitte des Septums, bei Säugetieren auf der im oberen hinteren Teil der Nasenhöhle gelegenen Riechmuschel, beim Menschen auf dem mittleren Teil der oberen Muschel und dem gegenüberliegenden Abschnitt des Nasenseptums.

Neben den Übersichtsfärbungen ist Eisenhämatoxylin (nach Heidenhain, A10.22) sehr günstig. Die Becherzellen und Schleimdrüsen färbt man z. B. mit der PAS-Reaktion (A10.44). Die Sinneszellen werden durch Silberimprägnation dargestellt (Methode von Bielschowsky oder Gros-Schultze, A10.40, A10.77); sie sind auch durch vitale Methylenblaufärbung gut nachweisbar.

12.1.2.3 Respirationstrakt

Pharynx, Larynx und Trachea fixiert man am günstigsten nach Bouin, mit Susa oder nach Zenker (◨ Tab. A1.11); es ist darauf zu achten, dass die Flüssigkeiten vollständig in die Luftwege eindringen und nicht durch zurückgebliebene Luftblasen abgehalten werden. Bei älteren Tieren sind die knorpeligen Anteile der Wandung häufig verkalkt und daher ohne Entkalkung schwer schneidbar. In solchen Fällen präpariert man die Schleimhaut besser ab oder entkalkt das Gewebe. Für Übersichtspräparate vom Kehlkopf, die die anatomischen Zusammenhänge zeigen sollen, ist Einbettung in Celloidin (▶ Kap. 6.3.3) vorzuziehen.

Zur Schnittfärbung eignen sich Hämatoxylin-Eosin, Azan, Alcianblau-PAS, zur Darstellung des Bindegewebes die Methode nach Goldner (siehe die jeweiligen Kapitel). Zur Fixierung der **Lunge** stehen verschiedene Möglichkeiten offen:

- Fixierung durch Gefäßperfusion vom Truncus pulmonalis aus zeigt das voll entfaltete Kapillarnetz. Es ist dabei zweckmäßig, vor dem Eröffnen des Thorax die Trachea abzuklemmen, damit auch die Alveolen entfaltet bleiben.
- Fixierung durch Füllen der Luftwege bei geschlossenem Thorax. Zu diesem Zweck bindet man eine Kanüle in die Trachea ein; mit der angeschlossenen Spritze füllt man die Lungen etwas, aspiriert das Fixativ und füllt wieder, um die eingeschlossene Luft wenigstens teilweise zu entfernen; gleichzeitig wird der Thorax beim Aspirieren etwas komprimiert. Nach 15–20 Minuten können die Lungen entnommen werden; Trachea oder Hauptbronchien hat man vorher abgeklemmt, die Organe werden dann weiter in die Fixierlösung eingelegt.
- Sind die Lungen unfixiert entnommen und will man die Alveolen dennoch entfaltet fixieren, ist nach dem Einbin-

den einer Kanüle der Druck, unter dem das Fixiermittel in den Bronchialbaum gespritzt wird, zu kontrollieren. Am einfachsten verwendet man eine weiche Schlauchverbindung zum angeschlossenen Vorratsgefäß mit Fixierlösung, das geeignet postiert wird, um 20 cm Flüssigkeitssäule zu erreichen.

- Eine gute Darstellung der Lungengefäße erreicht man durch Stauung, wenn am narkotisierten Tier, solange das Herz noch schlägt, der linke Vorhof und etwas später der Truncus pulmonalis abgeklemmt werden.

Im Lungengewebe zurückgebliebene Luft bereitet oft beträchtliche Schwierigkeiten: Die zerteilten Präparate sinken in der Fixierlösung nicht unter, und Luftblasen im Gewebe beeinträchtigen auch das Durchdringen mit den verschiedenen Flüssigkeiten während der Einbettung. Man hilft sich durch Evakuieren: Die Gefäße mit den in der Fixierlösung schwimmenden Lungenproben werden in einen Exsikkator gebracht; man evakuiert vorsichtig mit einer Wasserstrahlpumpe oder mit einer mechanischen Pumpe mit Reduzierventil (nicht zu drastisch, da die Flüssigkeit sonst aufschäumt und die Präparate aus der Flüssigkeit geschleudert werden!). Hat man einige Minuten evakuiert, wird wieder belüftet, und die Gewebe sinken sofort unter. Zur Färbung der epithelialen Auskleidung der Luftwege eignen sich z. B. Azan oder Alcianblau-PAS (A10.32, A10.48). Über die Anfärbung retikulärer (argyrophiler) und elastischer Fasern siehe die jeweiligen Abschnitte.

12.1.2.4 Haut
Epidermis

Zur Fixierung von Haut für Übersichtspräparate eignet sich Formolfixierung; man überträgt aus der Formalinlösung direkt in 80 % Ethanol zur Entwässerung. Bei der Paraffineinbettung ist es wichtig, sorgfältig zu entwässern und die Dermis gut zu durchtränken; schlecht durchtränkte Präparate lassen sich nur schwer oder gar nicht schneiden. Als Intermedium eignet sich am besten Methylbenzoat (▶ Kap. 6.1.4); man lässt es 3–4 Tage einwirken; danach überträgt man für 1–2 Stunden in Xylol, das 1–2-mal gewechselt wird, anschließend für 2–3 Stunden in Xylolparaffin usw. Die Hautstücke dürfen nicht lange in hochprozentigem Ethanol liegen (über 80 %), da sie dabei sehr hart und spröde werden. Muss man die Präparate aufbewahren, ist es besser, sie gleich in Formol zu belassen oder sie nach Durchlaufen der Alkoholreihe in Methylbenzoat aufzubewahren.

Spezielle harte Differenzierungen der Epidermis

Um Schnittpräparate vom Nagel herzustellen, fixiert man eine Endphalanx in Formol, entkalkt (▶ Kap. 12.2.1) und schneidet am besten mit dem Gefriermikrotom. Soll eingebettet werden, eignet sich Celloidin. Dicke, harte Nägel lassen sich z. B. durch Einlegen (ca. 18–20 Tage im Dunkeln) in „Chlordioxid neutral" (Fa. Chroma) schneidbar machen.

Zur Fixierung der chitinhaltigen Außenhülle von Wirbellosen eignen sich am besten Gemische von hochprozentigem Alkohol mit Eisessig, z. B.: 48 ml Ethanol, 48 ml Formol und

4 ml Eisessig. Gute Ergebnisse erzielt man auch mit den Lösungen nach Carnoy und Bouin (◗ Tab. A1.11). Wenn möglich, verwendet man frisch gehäutete Tiere, da dann das Schneiden des noch nicht erhärteten Chitins am besten gelingt.

Die Erweichung von Chitin und anderen tierischen Hartsubstanzen wie Keratin, Tunicin und dergleichen (Nagelsubstanz, Hufhorn, Igelstacheln) führt man am besten nach Ullrich und Adam (1965) mit „Chlordioxid neutral" (Fa. Chroma) aus. Man fixiert in Bouin und legt die Objekte zum Erweichen in die unverdünnte Lösung, für 18–20 Tage im Dunkeln. Danach wird in 30 % Ethanol 30 Minuten ausgewaschen und das Gewebe für je 30 Minuten in 70- und 80 % Ethanol übertragen. Entwässert wird in Ethanol-Aceton (3:1, dann 1:1 und 1:3) jeweils für 30 Minuten, schließlich in reinem Aceton bis zum Untersinken der Objekte. Als Intermedium kommt n-Butylalkohol zum Einsatz, der besser als Xylol oder Methylbenzoat in kleinste Strukturräume der Probe eindringt. Auch im n-Butylalkohol bleiben die Objekte bis zum Untersinken (einen Tag lang). Beim Einbringen in Paraffin dehnt man die Zeitabstände aus; zuerst bringt man die Objekte in weiches (45–50 °C), dann in hartes (57–60 °C) Paraffin; letzteres wird einmal gewechselt, für beide Durchgänge beträgt die Eindringdauer je 24 Stunden. Die angefertigten Schnitte werden mit Celloidin (A10.50) überzogen, um das leichte Abheben des Chitinpanzers zu verhindern. Als Färbungen haben sich Goldners Trichrom und PAS-Alcianblau (A10.31, A10.48) bewährt.

Beim Herstellen von Totalpräparaten kleiner, chitinumkleideter Objekte, z. B. Insekten, empfiehlt es sich, aus dem 80- oder 90 % Ethanol in Terpineol zu übertragen, in dem die oft vorhandenen Luftbläschen in Kürze verschwinden. Terpineol wird einmal gewechselt; danach schließt man in Balsam ein. Terpineol lässt die Extremitäten nicht so spröde werden wie etwa Xylol, wodurch sie weniger leicht abbrechen. Bei der Untersuchung der Hautdecke der Wirbeltiere kommen dieselben Methoden zur Anwendung wie bei der Untersuchung der menschlichen Haut. In einzelnen Fällen machen es besondere Hartgebilde, wie Hautknochen und dergleichen, notwendig, die Präparate nach dem Fixieren zu entkalken (▶ Kap. 12.2.4) oder für die Hartmikrotomie vorzubereiten (▶ Kap. 12.2.5).

Bei stark ausgebildeten Hornsubstanzen verwendet man „Chlordioxid neutral" (siehe oben).

12.1.2.5 Geschlechtsorgane
Weibliche Geschlechtsorgane, Eizellen

Für die Untersuchung von Eizellen an frisch totem Gewebe liefern Wirbellose, wie Seeigel oder Seesterne, das geeignetste Material. Auch Oocyten von Säugetieren lassen sich gewinnen, indem man ein frisch entnommenes Ovar durchschneidet, die Schnittfläche mit etwas 0,9 % Kochsalzlösung benetzt und mit einem Skalpell über die Schnittfläche schabt. Durch den sanften Druck lösen sich aus vielen Follikeln die Oocyten heraus und sind dann mit der Flüssigkeit tropfenweise auf den Objektträger zu bringen. Will man die so isolierten Oocyten fixieren, bringt man sie in Sublimat-Eisessig oder Flemmingsche Lösung (◗ Tab. A1.11 und A1.12). Reife Eizellen der Fische, Amphibien

und Reptilien sind wegen ihrer Größe und ihres Dottergehaltes zu undurchsichtig, um im durchfallenden Licht untersucht zu werden. Präparate dafür lassen sich gewinnen, indem man unreife Anteile der Ovarien (die dorsal gelegen sind und heller wirken) ausschneidet und in 0,9 % Kochsalzlösung isoliert.

Für Übersichtspräparate der Ovarien wie zur Darstellung der Keimzellen fixiert man in Bouin oder nach Helly, Carnoy oder Stieve (◗ Tab. A1.11 und A1.12). Kleine Organe, z. B. von Maus oder Ratte, können auch in Flemmingscher Lösung fixiert werden. Größere Ovarien werden lamelliert. Um die Kernstrukturen zu studieren, färbt man mit Eisenhämatoxylin oder führt die Feulgen-Reaktion (A10.64) durch; Bindegewebe der Ovarien werden am besten durch die Azanfärbung (A10.32) dargestellt, für die Grundsubstanz eignet sich die Alcianblau-PAS-Reaktion (A10.48).

Die **Tuba uterina** wird zur Untersuchung wie ein Darmpräparat behandelt. Der schlauchförmige **Uterus** kleiner Tiere kann im Ganzen in Bouin oder nach Stieve fixiert werden, bei größeren Tieren legt man Teilstücke ein oder man füllt das Uteruslumen ebenfalls mit Fixierlösung (z. B. Formalin)

Zur Fixierung des menschlichen Uterus eignen sich neben dem Gemisch nach Zenker folgende Mischungen (Stieve 1927):

A. 18 ml Formol, 80 ml 96 % Ethanol und 2 ml Eisessig;
B. 20 ml Formol, 76 ml gesättigte wässrige Sublimatlösung und 4 ml Eisessig;
C. 70 ml Müllersche Flüssigkeit, 30 ml gesättigte wässrige Sublimatlösung und 1–3 ml Eisessig.

Am günstigsten ist Mischung B nach Stieve. Zweck all dieser Mischungen ist es, eine Variante zu finden, bei der die Lösungen das große und kompakt gebaute Organ gut durchdringen. Besteht die Möglichkeit einer Perfusionsfixierung, erübrigen sich solche Gesichtspunkte, und man fixiert einfach mit Formalinlösungen.

Zur Immersionsfixierung zerteilt man das Organ: Zunächst führt man einen Querschnitt senkrecht zur Längsachse, etwas oberhalb des inneren Muttermundes. Der Zervikalteil kommt dann als Ganzes in die Fixierlösung, der Körper wird durch weitere Querschnitte in 1 cm dicke Scheiben zerlegt, die mindestens 12–16 Stunden in der Fixierlösung bleiben.

Schwangere Uteri fixiert man in Hellyscher Flüssigkeit; das Fruchtwasser wird mit einer Rekordspritze abgesaugt und durch Formol (1:4) ersetzt. Nach 12 Stunden schneidet man ein Fenster (etwa 2 x 2 cm) ein, lässt die Flüssigkeit ablaufen und legt das ganze Organ wieder zurück in reichlich Hellysche Fixierlösung.

Zur Darstellung von Bindegewebe und Muskulatur im Uterus verwendet man am besten Azanfärbung oder eine andere polychrome Bindegewebefärbung (Pikrinsäure-Thiazinrot, A10.30).

Für die Untersuchung des **Vaginalabstriches** siehe ▶ Kapitel 3.1 und 10.6.17.

Männliche Geschlechtsorgane, Spermien

Um **Spermien** von niederen Wirbeltieren im lebenden Zustand zu studieren, zerschneidet man den Hoden eines geschlechtsreifen Tieres in einem mit isotoner Kochsalzlösung gefüllten Schälchen in kleine Stücke. Einen Tropfen der trüb aussehenden Flüssigkeit bringt man dann auf den Objektträger, bedeckt mit einem Deckglas und untersucht am besten mit Phasenkontrast oder im Dunkelfeld. Setzt man Aqua d. zu, wird die Bewegung der Spermien bald eingestellt, Zusatz von schwach alkalischen Lösungen dagegen wirkt ähnlich wie bei Flimmerzellen aktivierend.

Bei höheren Wirbeltieren durchschneidet man, um reife Spermien zu gewinnen, den Nebenhoden und mischt die hervorquellende milchige Flüssigkeit mit etwas isotoner Kochsalzlösung. Spermien sind positiv rheotaktisch, d. h. sie schwimmen immer gegen die Strömung. Bringt man Spermien unter ein Deckglas und erzeugt mit einem Stückchen Filterpapier, das man an die Deckglaskante hält, eine Strömung, so lässt sich das Phänomen schön beobachten. Als **Belebungsflüssigkeit** für menschliche Spermien dient ein Gemisch aus 8 Teilen 5,4 % Dextroselösung und 2 Teilen 1/8 N (0,125 M) Magnesiumchlorid-, -sulfat- oder -hydroxidlösung. Zur Supravitalfärbung verwendet man 1 % wässrige Brillantkresylblaulösung.

Zum **Fixieren der Spermien** eignet sich Osmiumtetroxid. Man bringt einen Tropfen der spermienhaltigen Flüssigkeit auf einen Objektträger, dreht diesen um und lässt Osmiumdämpfe 5–10 Minuten auf den hängenden Tropfen einwirken, bevor man ihn ausstreicht. Man kann auch einen Tropfen der Osmiumtetroxidlösung und der Flüssigkeit mit den Spermien vermischen und dann davon Ausstrichpräparate herstellen. Die Ausstriche werden luftgetrocknet und mit Gentianaviolett, Eisenhämatoxylin, Opalblau, Safranin oder andere Farbstoffe gefärbt. Beim **Färben mit Opalblau** bleiben die Spermien ungefärbt (◘ Abb. 12.2), ähnlich einer Negativdarstellung. Zweckmäßig ist es, den Objektträger vor der Färbung einige Male durch die Flamme zu ziehen. Beim Ausstreichen unfixierter Spermien kann es zur Zerstörung feinerer Strukturen kommen.

Um **Schnittpräparate** von einem **Ejakulat** herzustellen, mischt man das verflüssigte Ejakulat und die Fixierlösung (z. B. 4 % Formol) und zentrifugiert ab. Es bildet sich dabei ein Pellet, das bei vorsichtigem Hantieren ausreichend fest zusammenhält, um mit den verschiedenen zur Einbettung nötigen Flüssigkeiten durchtränkt zu werden; zwischendurch zentrifugiert man immer wieder und gießt die Überstände ab.

Für Übersichtspräparate von **Hoden** fixiert man kleine Organe nach Bouin, in Susa oder nach Stieve (◘ Tab. A1.11). Unangenehm sind die häufig auftretenden Schrumpfungsspalten zwischen Hodenkanälchen und intertubulärem Bindegewebe. Diese sind weniger auf die Fixierung als auf das nachfolgende Entwässern zurückzuführen. Methylbenzoat als Intermedium ist zu empfehlen. Formolfixiertes Material bringt man nicht unmittelbar in Ethanol, sondern für 1–3 Tage in 3 % Kaliumdichromatlösung und wäscht dann in 50 % Ethanol aus. Bei größeren Organen erhält man nur durch Perfusionsfixierung befriedigende Ergebnisse. Legt man erst das ganze Organ für 30–60 Minuten in die Fixierlösung, um danach Scheiben zu schneiden, so bringt dies kaum einen Vorteil: Die Lösungen

dringen nur unwesentlich durch die Tunica albuginea ein, beim Aufschneiden quellen die Hodenkanälchen wie beim unfixierten Organ vor und reißen so vom umgebenden zarten Bindegewebe ab.

Zur Darstellung von **Lipid** (in den Leydigschen Zwischenzellen) fixiert man in Bakers Formol-Calcium (◘ Tab. A1.11) und fertigt Gefrierschnitte an; oder man schneidet sofort das native Gewebe im Kryostaten. Der Nachweis der Lipide erfolgt dann wie in ▶ Kap. 10.6.10.4 ausgeführt. Die intrazellulären **Eiweißkristalle** in den Leydigschen Zwischenzellen und den Sertolischen Stützzellen bleiben am besten nach Alkoholfixierung oder nach Formol-Alkohol (Schaffer) erhalten. Für spermiogenetische Untersuchungen fixiert man am besten isolierte Hodenkanälchen in Sublimat-Eisessig oder nach Carnoy (◘ Tab. A1.11) und führt Kernfärbungen (z. B. Eisenhämatoxylin, ▶ Kap. 10.6.1.5) durch.

Das Akrosom der Spermien lässt sich nach Bouinfixierung gut mit der Tannin-Eisen-Methode nach Salazar (1923) studieren:

Anleitung A12.6

Tannin-Eisen-Reaktion
1. Schnitte entparaffinieren und in Aqua d. bringen.
2. Auswaschen, bis Pikrinsäure vollständig entfernt ist.
3. Einstellen in essigsaure Tanninlösung (siehe unten); die Zeit variiert von Organ zu Organ, oft genügen 1–2 min.
4. Abspülen in Aqua d.
5. Einstellen in 3–4 % wässrige Eisenalaunlösung. Das Fortschreiten der Färbung wird unter dem Mikroskop verfolgt.
6. Zuletzt in Aqua d. auswaschen, entwässern und über Xylol in Balsam einschließen.

Ergebnis:
Tanninophile Substanzen sind schwarz gefärbt (Körnchen im Cytoplasma, Bindegewebefasern); Kerne bleiben ungefärbt. Sie können vor der Tanninbehandlung durch Kernechtrot-Aluminiumsulfat (A10.24) angefärbt werden. Die tanninophilen Strukturen sind auch PAS-positiv.

Herstellen der Tanninlösung:
1. 2 Teile Aqua d. und 1 Teil Eisessig mischen.
2. In der Mischung so viel Tannin lösen, bis die Lösung bernsteinfarben ist.
3. Ein Thymolkristall zusetzen.

Anleitung A12.7

Darstellung von Mitochondrien der Spermien mit der Färbetechnik nach Regaud
Die Mitochondrien der Spermien stellt man am besten nach der von Regaud angegebenen Färbetechnik dar: Man fixiert 1–4 Tage in einer Mischung aus 100 ml 3 % Kaliumdichromat, 5 ml Eisessig und 20 ml Formol, wäscht danach nicht aus,

▼

sondern chromiert die Präparate sofort 8 Tage lang in 3 % Kaliumdichromatlösung. Danach erst wird 24 Stunden in Leitungswasser ausgewaschen und in Paraffin eingebettet. Die Schnitte werden 10 Tage in 5–10 % Eisenalaunlösung gebeizt. Man wäscht die Präparate danach einige Minuten in Aqua d. und färbt 24 Stunden mit Hämatoxylin (1 g Hämatoxylin in 10 ml Ethanol lösen, dann 10 ml Glyzerin und 80 ml Aqua d. zugeben). Nach der Färbung differenziert man in 5 % Eisenalaunlösung.

Zur selektiven Darstellung von **Spermien im Schnittpräparat** von Hodengewebe siehe Anleitung A12.8

Anleitung A12.8

Anfärben von Spermien im Schnittpräparat (nach Berg)
Das Hodengewebe fixiert man in 5–10 % Formol
1. Schnitte entparaffinieren und in Aqua d. bringen.
2. 3 min in Karbolfuchsin (siehe unten) färben.
3. Dann die Schnitte ohne Spülen in gesättigte wässrige Lösung von Lithiumcarbonat bringen, 3 min
4. Differenzieren in Eisessig-Ethanol (5:95), 5 min
5. Spülen 2 mal mit Ethanol, je 1 min
6. Gegenfärbung in alkoholischem Methylenblau, 30 sec (0,5 % Methylenblau in Ethanol).
7. Rasch 2 mal mit Ethanol abspülen.
8. Aufhellen in Xylol und einschließen.

Ergebnis:
Spermatozoen sind leuchtend rot gefärbt, Erythrozyten rosa, alle anderen Strukturen blau bis violett.

Herstellen von Karbolfuchsin:
A. 5 g Phenol in 84 ml Aqua d. lösen.
B. 1 g Neufuchsin zumischen, zuletzt
C. 10 ml Ethanol.

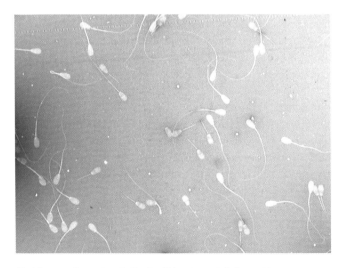

◨ **Abb. 12.2** Spermien, Bulle, Opalblau, Negativfärbung, Vergr. ×450.

12.1.2.6 Embryologische Präparate
Vögel

Das zugänglichste Material für die Untersuchung von Vogelembryonen sind **Hühnereier**, von denen allerdings die ersten Furchungsstadien schwer zu gewinnen sind, da sie sich noch im unteren Teil des Eileiters zusammen mit der Bildung von Eiweiß und Schalenhäuten vollziehen. Beim frisch gelegten Ei sind meist schon die beiden ersten Keimblätter sichtbar. Um frühere Stadien zu erhalten, muss man also die Henne töten.

Um die weitere Entwicklung der gelegten Eier zu verfolgen, werden sie bebrütet. Dazu bedient man sich eines Brutapparates; man kann aber auch einen gewöhnlichen Thermostaten verwenden. Die Temperatur wird auf 38 °C eingestellt; sie soll 39 °C nicht überschreiten; eine vorübergehende Absenkung der Temperatur ist von geringerer Bedeutung. Im Inneren des Brutraumes wird eine flache Schale mit Wasser aufgestellt, da die Eier sonst austrocknen. Darüber hinaus muss für den Zutritt frischer Luft gesorgt werden, am einfachsten, indem man mehrmals am Tag kurz die Tür des Thermostaten öffnet. Die Eier müssen täglich um etwa 90° um ihre Längsachse gedreht werden (zur Kontrolle markiert man eine Seite des Eies mit Bleistift). Die Drehung muss stets in einer Richtung erfolgen. Durch zu häufiges Drehen können besonders in frühen Stadien Missbildungen entstehen, z. B. zwei oder drei Medullarrohre usw. Es ist auch wichtig, die Eier täglich etwas abzukühlen, anfangs 2–5 Minuten lang, gegen Ende der Bebrütung (in der 3. Woche) für 15–30 Minuten. Bekommt man die Bruteier zugeschickt, lässt man sie vor dem Ansetzen 24 Stunden an einem kühlen Ort in horizontaler Lage ruhig liegen. Die Bebrütungszeit beträgt bei Hühnern 21 Tage.

Lagebestimmung der Keimscheibe: Nimmt man das Ei, ohne es zu drehen, in horizontaler Lage aus dem Brutschrank, so schwimmt die Keimscheibe oben auf der Dotteroberfläche. Legt man das Ei so vor sich, dass der stumpfe Pol nach links, der spitze nach rechts zeigt, teilt die Verbindungslinie der Pole die Keimscheibe in eine vordere, dem Beschauer abgewandte, und eine hintere, dem Beschauer zugewandte Hälfte.

Um bequem am Ei hantieren zu können, schneidet man sich ein Stück Styropor zu (etwa 10 x 10 cm), das man zentral aushöhlt, um so das Ei sicher ablegen zu können. Zur **Lebendbeobachtung** der ersten Entwicklungsstadien markiert man die Lage der Keimscheibe zunächst mit Bleistift an der Schale. Danach legt man entsprechend der Markierung einen Ring (Innendurchmesser 2 cm) aus Teflon oder Gummi auf, der mit Kollodium oder Schnellkleber befestigt wird. Danach entfernt man Schale und Eihaut innerhalb des Ringes (die Schale präpariert man am besten mit einer Fräse an; bewährt haben sich Spielwerkzeuge mit Bohrhalter und elastischer Welle). Der Raum wird mit Eiweiß von einem anderen Ei aufgefüllt und ein Deckglas aufgelegt, das durch den Überschuss an Eiweiß fest anklebt; danach legt man das Ei wieder in den Brutschrank zurück.

Fixieren der Keimscheibe: Soll der Keim fixiert werden, muss erst die Eiweißhülle entfernt werden. Dazu hält man das Ei über ein Gefäß und trägt zuerst eine kleine Kalotte der Schale ab (mit einer spitzen, gekrümmten Schere einstechen und die Schale ausbrechen). Diese Öffnung erweitert man immer mehr, wobei man das Eiweiß langsam durch Neigen des Eies abfließen lässt. Dabei muss man besonders auf die Chalazien (Eischnüre) achten und diese nacheinander abschneiden, indem man sie durch passendes Neigen des Eies mit dem Eiweiß zum Ausfließen bringt und dabei mit der Schere immer wieder durchschneidet, um ein Mitreißen der Dotterkugel oder gar das Zerreißen der Dotterhaut zu vermeiden. Ist so das meiste Eiweiß entfernt, taucht man den Schalenrest in eine auf 37 °C erwärmte 0,9 % isotone Kochsalzlösung und lässt die Dotterkugel herausrollen. In der Region der Keimscheibe kann man mit einem Pinsel noch anhaftende Reste von Eiweiß entfernen. Dann umschneidet man den Rand der Keimscheibe (Sinus terminalis), fängt den Keim mit einem Löffel auf und bringt ihn in die Fixierlösung. Eine andere Möglichkeit ist, die Dotterkugel sofort in die Fixierlösung zu kippen, was vor allem für jüngste Stadien günstiger ist. Man fixiert dann die Keimscheibe in Verbindung mit der Dotterkugel und umschneidet erst im gehärteten Präparat. Gewöhnlich lässt sich dann auch die Dotterhaut ohne Schwierigkeiten ablösen. Als Fixierflüssigkeit eignet sich vor allem die Bouinsche Lösung, für Untersuchung der Blutbildung die Lösung nach Maximow (◻ Tab. A1.11).

Größere Embryonen (2–4 cm Länge) fixiert man bei eröffneten Leibeshöhlen; bei noch älteren Stadien fixiert man umfangreiche Organe besser isoliert.

Herstellen von Totalpräparaten: Keimscheiben und junge Embryonen kann man nach Stückfärbung in alkoholischer Boraxkarminlösung (▶ Kap. 10.6.16) auch als Totalpräparat einschließen. Man bringt sie dazu durch Alkohol und Xylol in Balsam, muss aber entsprechende Distanzleisten unter dem Deckglas anbringen, um das Quetschen des Präparates zu verhindern. Die Altersbestimmung des Hühnerkeimes kann dem Atlas von Hamburger und Hamilton (1951) entnommen werden.

Säugetiere

Allgemeines

Für systematische entwicklungsgeschichtliche Untersuchungen an Säugetieren verschafft man sich am einfachsten Embryonen von **Mäusen, Ratten, Meerschweinchen** oder **Kaninchen**. Paart man die Tiere zur Zeit des Höhepunktes der Brunstperiode, so fällt es nicht schwer, Embryonen von definiertem Alter zu bekommen. Über den Stand des Brunstzyklus, bei dem man zwischen Diöstrus, Proöstrus, Östrus und Metöstrus unterscheidet, orientiert man sich mit Hilfe der Vaginalausstrichmethode. Der Höhepunkt des Brunstzyklus (Östrus), der mit dem Sprung der reifen Follikel zusammenfällt, ist durch das Schollenstadium des Vaginalabstriches charakterisiert: Die Zellen des Ausstrichs bestehen zu diesem Zeitpunkt praktisch ausschließlich aus großen, schuppenartigen, verhornten Plattenepithelzellen, die sich bei Färbung mit Hämatoxylin-Eosin (A10.28) intensiv rot darstellen und keine Kerne zeigen. Während dieses Stadiums trifft man im Ovar auf sprungreife, große Follikel; die Uterushörner

sind groß, durchscheinend, mit Sekret gefüllt und hyperämisch. Beim Übergang zum Metöstrus erfolgt der Follikelsprung. Im Diöstrus (Ruhestadium) findet man im Vaginalausstrich etwas Schleim, mit wenigen Leukocyten und Epithelzellen vermengt. Im Proöstrus (Proliferationsphase) herrschen polygonale, kernhaltige Epithelzellen vor, im Metöstrus (Abbauphase) überwiegen segmentkernige Leukocyten. Unmittelbar nach der Begattung findet man bei den Nagern die Vagina durch einen weißen Pfropf verschlossen, der aus erstarrtem Samenblasensekret besteht.

Maus

Der Brunstzyklus der Maus dauert zwischen 5 und 8 Tage, wobei Ernährung, Jahreszeit und ähnliches eine Rolle spielen. Über das Stadium orientiert man sich anhand des Abstriches. Die Tragzeit der Maus beträgt durchschnittlich 20 Tage, die Wurfgröße 5–7 Junge. Geschlechtsreife tritt mit 35–40 Tagen, Zuchtreife mit 60–90 Tagen ein.

Den **Vaginalausstrich** führt man mit Hilfe einer kleinen Platinöse aus, die jedes Mal vor Verwendung ausgeglüht wird. Man streift die Wandung der Scheide in der Tiefe leicht ab und streicht den Inhalt der Öse auf einem Objektträger aus. Eine Berührung des Vestibulums ist zu vermeiden, da dessen Epithel unabhängig vom Ovarialzyklus verhornt. Die Abstriche lässt man lufttrocknen, stellt sie dann 5 Minuten in saures Hämalaun (nach Ehrlich oder Mayer), spült in fließendem Leitungswasser 5 Minuten und färbt 5 Minuten mit 1 % wässriger Eosinlösung. Danach spült man in Aqua d., lässt trocknen und deckt mit Immersionsöl ein. Die Abstriche müssen täglich angefertigt werden.

Ratte

Der durchschnittliche Brunstzyklus der Ratte dauert 14 Tage. Die Tragzeit beträgt 20–21 Tage, die Größe des Wurfes 6–7 Junge. Geschlechtsreife tritt mit 50–65 Tagen, Zuchtreife mit 15–20 Wochen ein. Der Vaginalabstrich wird wie bei der Maus vorgenommen; eine Hilfsperson ist nötig.

Meerschweinchen

Der durchschnittliche Brunstzyklus des Meerschweinchens beträgt 16 Tage, die Brunst dauert höchstens 24 Stunden! Die Tragzeit beträgt 60–63 Tage, die Größe des Wurfes 2–4 Junge. Zuchtreife ist erst ab vollendetem 5. Monat erreicht.

Kaninchen

Beim Kaninchen besteht kein regelmäßiger Brunstzyklus, da ohne Koitus keine Ovulation erfolgt. Die Brunst des Tieres lässt sich nach unruhigem Verhalten, dem Herumtragen von Heu und Stroh usw. vermuten; man lässt dann die Häsin decken. Die Tragzeit des Kaninchens beträgt 28–32 Tage; meist wird am 31. Tag geworfen. Zuchtreife besteht ab dem 6. Lebensmonat.

Säugetiere: Präparieren jüngster Entwicklungsstadien

Reife Oocyten der **Maus** erhält man durch Anstechen der Follikel, wobei man das ganze Ovar unter Ringerlösung taucht. Ihr Durchmesser beträgt mit Zona pellucida 100–120 μm. Man sticht mehrere Follikel an und gießt dann die Flüssigkeit in eine Petrischale aus, die auf eine schwarze Unterlage gestellt wird. Unter dem Stereomikroskop (manche bringen dies auch mit bloßem Auge zustande) saugt man die Oocyten mit einer Pasteurpipette auf. Es ist für das Erkennen von Vorteil, dass die Zellen der Corona radiata zumindest teilweise haften bleiben. Sie lassen sich durch mehrfaches Aufsaugen und Ausspritzen mechanisch entfernen.

Das Eindringen des Spermiums findet bei der Maus 5–10 Stunden *post coitum* statt; Vorkerne sind nach 18–22 Stunden zu sehen. Das erste Furchungsstadium ist nach 26 Stunden, das zweite nach 50 Stunden, 8 Blastomeren sind nach 60 Stunden, 16 Blastomeren nach 72 Stunden zu erwarten. Nach 80 Stunden gelangt die Blastula in den Uterus, wo sie keine besondere Orientierung bevorzugt. Nach dem 4. bis 5. Tag nistet sich der Keim gegenüber dem Mesenterialansatz ein; in Querschnitten vom Uterus bekommt man ab dieser Zeit Längsschnitte durch den Embryo.

Beim Kaninchen kommt es 10 Stunden *post coitum* zur Ovulation. Mit der Zona pellucida misst die reife Oocyte etwa 170 μm, wobei auf letztere allein 50 μm entfallen. Die erste Furchung findet 1–2 Tage nach der Begattung in den Tuben statt. Nach 4–5 Tagen findet man den Keim im Uterus, wo er sich am 7. bis 8. Tag einnistet; er ist dann etwa erbsengroß.

Das Aufsuchen und Isolieren nicht implantierter Entwicklungsstadien nimmt man bei Maus, Kaninchen und anderen Labortieren so vor, dass man das Tier dekapitiert, die inneren Genitalorgane entnimmt und in körperwarme Ringerlösung bringt. Dann spritzt man – je nach Stadium – Tuben und Uterus vom distalen Ende her mit Hilfe von Pipetten mit warmer Ringerlösung aus (z. B. 4-mal je 1 ml), wobei die einzelnen so erhaltenen Fraktionen in getrennten Schälchen aufgefangen werden. Meist findet man die Keime bereits im ersten Schälchen schwimmen. Die Tuben, die vielfach gewunden sind, lassen sich nach Abpräparieren der Mesenterien strecken und so leicht durchgängig machen.

Um Embryonen *in situ* zu fixieren, spannt man die entnommenen Tuben mit Uterus auf einer Wachsplatte aus und überschichtet mit Fixierlösung (am besten mit Bouin, siehe ◘ Tab. A1.11 im Anhang). Die Fruchtknoten zeichnen sich durch die Wand der Organe deutlich ab; nun entfernt man den muskulären Wandanteil darüber mit einer gekrümmten Schere. Zum Schneiden orientiert man die Längsachse des Uterus senkrecht zur Schnittebene.

Säugetiere: Präparieren älterer Entwicklungsstadien

Embryonen größer als 3 mm sollen, um eine gute Fixierung zu erreichen, aus den Eihäuten genommen werden. Man verwendet die üblichen Fixierlösungen, verdünnt sie aber mit Wasser oder besser Pufferlösungen 1:1. Überschreiten die Embryonen die Größe von 15 mm, ist es empfehlenswert, die Bauchdecken abzutragen und so die Eingeweide freizulegen; bei noch größeren Embryonen werden die Organe entnommen und

einzeln fixiert. Die Durchführung einer Perfusionsfixierung ist natürlich ideal, bleibt aber dem Geschick des Untersuchers überlassen.

12.2 Präparation von Hartgewebe für die Histologie

12.2.1 Allgemeines

Schwer schneidbare Objekte sind Untersuchungsmaterialien, die mit den üblichen histologischen Präparationstechniken, d. h. im Rahmen der Paraffin- oder Gefriertechnik, nicht präpariert werden können. Grund dafür sind die im Objekt enthaltenen Hartsubstanzen, die eine Schnittherstellung hier unmöglich machen.

Alle Untersuchungsmaterialien, die Hartsubstanzen enthalten, werden als Hartgewebe bezeichnet.

In der Biologie kommen als Hartgewebe Knochen, Zähne und andere Gewebe mit Kalkeinlagerungen vor. Im Knorpelgewebe können ebenfalls Kalkeinlagerungen in unterschiedlichem Maße auftreten. Die Härte resultiert aus den in die Interzellularsubstanz eingelagerten anorganischen Salzen, wobei Calciumphosphat (Wirbeltiere) und Calciumcarbonat (Wirbellose) mengenmäßig am stärksten vertreten sind.

Auch stark keratinhaltige (verhornte) Objekte bereiten bei der Schnittherstellung Probleme. Das Keratin ist ein Strukturprotein, welches die Gewebe resistenter gegen physikalische und chemische Einflüsse macht.

Das im Exoskelett von Arthropoden (Gliederfüßler) enthaltene Chitin erschwert die Schnittanfertigung ebenfalls. Teilweise tritt Chitin in Kombination mit Kalkeinlagerungen auf (z. B. bei Krebsen), was die Mikrotomie in hohem Maße erschwert.

In seltenen Fällen müssen Untersuchungsmaterialien mit Implantaten präpariert werden. Implantate bestehen meist aus Kunststoff, Keramik oder Metall. In einzelnen Fällen können auch Materialien mineralogischer Herkunft (◘ Abb. 12.3) vorkommen.

◘ Abb. 12.3 Schliff durch den Stiel einer Seelilie (Seirocrinus) aus dem Jura von Holzmaden, Vergr. ×10.

12.2.2   Präparationsmöglichkeiten

Die besonderen physikalischen Eigenschaften des harten Untersuchungsmaterials erfordern eine spezielle Bearbeitungsmethodik. Um Hartgewebe für die Auswertung im Lichtmikroskop zu präparieren, stehen grundsätzlich vier Möglichkeiten zur Auswahl:

- Eingelagerte Kalksalze herauslösen (Entkalkung) bzw. Keratin und Chitin durch die Behandlung mit geeigneten Lösungen erweichen und eine Paraffin-Präparation anschließen. Danach ist die Herstellung der Schnitte an Schlitten- oder Rotationsmikrotomen möglich. Sollen Gefrierschnitte angefertigt werden, so erfolgt dies direkt nach Abschluss der Entkalkung oder Erweichung. Diese Präparationsmethoden sind die Standardtechnik in Routinelaboren. Der Präparationsablauf stellt bei kleinen Objekten meist nur einen geringen zeitlichen Mehraufwand dar, ein zusätzlicher apparativer Aufwand ist nicht notwendig.
- Hartgewebe nach der Fixierung in Kunststoffe einbetten. Die entstandenen Kunststoffblöcke können dann an Rotationsmikrotomen geschnitten werden, oder an Sägemikrotomen werden mit Hilfe einer diamantbeschichteten Innenlochsäge Trenn-Dünnschnitte hergestellt. Die kunstharzeingebetteten Präparate haben durch die gleichzeitige Erhaltung von mineralisierten Anteilen und Weichgewebe einen sehr hohen morphologischen Informationswert.
- Die extrem harten Implantate können nach der Kunststofffeinbettung ausschließlich mit dem Sägemikrotom bearbeitet werden.
- Von mazerierten, d. h. von Weichgewebe befreiten, nativen oder fixierten Knochen und Zähnen können durch Schlifftechniken transparente Präparate angefertigt werden. Solche Präparate werden als Dünnschliffpräparate oder kurz Schliffe bezeichnet (◨ Abb. 12.4).

12.2.3   Fixierung von Hartgewebe

12.2.3.1   Allgemeines

Wie bei allen anderen Gewebearten auch, ist die Fixierung der hartsubstanzhaltigen Gewebe ausschlaggebend für den guten Erhaltungszustand der morphologischen Strukturen. Bei der Fixierung von Knochengewebe und Zähnen sollten einige Besonderheiten beachtet werden. Das Eindringen der Fixiermittel in Knochengewebe wird durch das umgebende Weichgewebe verlangsamt und zusätzlich durch die mineralisierten Gewebeanteile erschwert, welche die Binnenstrukturen des Knochens (z. B. Osteocyten, Inhalt der Haversschen Kanäle oder das Knochenmark) abschirmen. Wenn möglich sollte deshalb immer eine Perfusionsfixierung durchgeführt werden. Die Perfusionstechnik wird im Tierversuch unter Vollnarkose vorgenommen. Bei Untersuchungsmaterial des Menschen oder anderer großer Säugetiere erfolgt die Perfusionsfixierung rasch nach dem Tod oder z. B. nach der Amputation von Gliedmaßen.

◨ **Abb. 12.4** Zahnschliff, Vergr. ×100.

Die ebenfalls mögliche Immersionsfixierung von Objekten mit Knochengewebe ist in vielen Fällen unbefriedigend. Um das Ergebnis zu verbessern, sollte das umgebende Weichgewebe, soweit es nicht für das Untersuchungsziel wichtig ist, vollständig abpräpariert werden. Zusätzlich sollte das Objekt schonend in 2–5 mm dicke Scheiben zersägt werden. Zum möglichst schonenden Zerkleinern der Hartgewebe verwendet man üblicherweise wassergekühlte Kreis- oder Bandsägen mit exakt vorschiebbarer Präparathalterung. Um die Orientierung nicht zu verlieren, sollte vor dem Zerkleinern des Präparates eine fotografische oder zeichnerische Dokumentation des Präparates erfolgen.

Da Zahnschmelz und Dentin eine schnelle Diffusion der Fixierlösung in die Pulpa unmöglich machen, muss der Fixiervorgang unbedingt im Kühlschrank durchgeführt werden, weil dadurch die Strukturerhaltung des Pulpagewebes verbessert wird. Zur Beschleunigung der Fixierung sollte die Mark- bzw. Pulpahöhle aufgesägt bzw. mit einer Zange vorsichtig aufgebrochen oder angebohrt werden.

12.2.3.2   Fixierflüssigkeiten im Detail

Zur Fixierung von mineralsalzhaltigen Objekten sollten optimalerweise nur Fixierflüssigkeiten zur Anwendung kommen, die keine Säuren enthalten, denn die enthaltenen Säurebestandteile lösen die Mineralsalze heraus. Ein weiteres Problem bereiten säurehaltige Fixierungslösungen bei Untersuchungsmaterialien, die intravital mit Fluorochromen behandelt wurden. Durch die säurehaltigen Fixative kommt es zu einer Abschwächung oder vollständigen Auslöschung des Fluoreszenzsignals.

Viele der gebräuchlichen Fixative sind mehr oder weniger stark säurehaltig und somit nur eingeschränkt oder gar nicht zur Fixierung geeignet. Folgende Fixative haben sich bei der morphologischen Präparation von Hartgeweben bewährt:

Ethanol

Ethanol (70–100 %) gewährleistet eine ausreichende Erhaltung des Weichgewebes und greift Fluorochrommarkierungen nicht an.

12

Formollösungen

Die Formalinlösungen sind üblicherweise mit Methanol und Calciumcarbonat versetzt, um die Bildung von Ameisensäure zu verhindern.

Trotz der Calciumcarbonat-Zugabe ist es grundsätzlich empfehlenswert, neutral gepufferte Formol-Lösungen zur Fixierung zu verwenden. Auch sollte die Fixierdauer so kurz wie möglich gehalten werden, da die Kapazität der Pufferlösung beschränkt ist. Bei längerer Fixierungszeit kommt es zu Entkalkungen und zum Ausbleichen von intravital verabreichten Fluorochromen.

(Neutral gepuffertes Formol nach Lillie (1954) und Formol-Calcium nach Baker (1958) siehe ◘ Tab. A1.11)

Formol-Alkohol-Gemische

Durch die Verwendung eines Gemisches, werden die Vorteile der Einzelfixative vereint. Die Fixierungsgemische sind für fluorochrommarkierte Objekte geeignet.

(Schaffersche Lösung siehe ◘ Tab. A1.11)

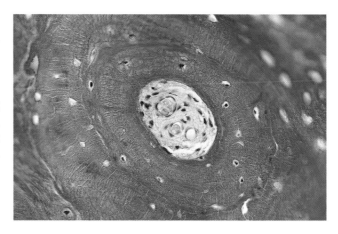

◘ **Abb. 12.5** Knochenschnitt nach Entkalkung, Paraffineinbettung und Masson-Trichrom-Färbung, Felsenbein, Weddell-Robbe, Vergr. ×240.

Anleitung A12.9

Formol-Alkohol-Lösung nach Burkhardt (1966)

324 ml	Formol 36 %
540 ml	Ethanol oder Methanol (absolut)
130 ml	Barbital-Natrium-Puffer, pH = 7,4
6 g	Glucose

Aufbewahrung in dunkler Flasche!

Barbital-Natrium-Pufferlösung, pH = 7,4

58,1 ml	0,1 M Barbital-Natrium-Lösung
41,9 ml	0,1 N HCl

12.2.4 Entkalkung

Um Knochengewebe, verkalktes Gewebe und Zähne schneidbar zu machen, müssen die eingelagerten Mineralsalze vollständig herausgelöst werden. Dieser Prozess wird als Entkalkung oder Entmineralisation bezeichnet (◘ Abb. 12.5). Bei der Entkalkung wird grundsätzlich zwischen direkter und indirekter Entkalkung unterschieden.

Bei der direkten Entkalkung werden vor der Einbettung die enthaltenen Kalksalze aus dem Untersuchungsmaterial herausgelöst. Der Entkalkung muss immer eine Fixierung vorausgehen, damit der ursprüngliche Zustand der Zellen und der anderen weichgeweblichen Strukturen erhalten bleibt. Bei Verwendung von Fixiermittelgemischen mit entkalkenden Komponenten werden simultan zur Fixierung die enthaltenen Mineralsalze herausgelöst.

Kommen bei einem Paraffinblock während des Schneidens unerwartet verkalkte und somit schlecht schneidbare Stellen zum Vorschein, kann am Block entkalkt werden. Dabei wird der Block mit der Schnittfläche nach unten in eine mit Entkalkungsflüssigkeit gefüllte Schale gelegt oder auf die Schnittfläche wird etwas Entkalkerflüssigkeit aufgebracht. Nach einer ange-

messenen Einwirkzeit (ausprobieren) wird die Entkalkungsflüssigkeit entfernt, die Blockoberfläche kurz gespült und anschließend können einige wenige Schnitte hergestellt werden. Diese nach der Einbettung stattfindende Entkalkung wird als indirekte Entkalkung bezeichnet.

12.2.4.1 Entkalkungsprinzipien

Zur Entkalkung verwendet man Säuren oder Komplexbildner. Säuren setzen die Säuren der im Hartgewebe vorkommenden Mineralsalze frei und es entstehen Verbindungen, die wasser- oder alkohollöslich sind und dann ausgewaschen werden. Bei der Entkalkung mit Komplex- bzw. Chelatbildnern (z. B. mit EDTA = Ethylen-Diamin-Tetra-Acetat) reagieren diese mit den positiv geladenen Calcium-Ionen der im Gewebe eingelagerten Kalksalze und die entstehenden Komplexe sind wasserlöslich.

Entkalkungstechnik

Anleitung A12.10

Praktische Vorgehensweise

1. Gewebestück in ein Gazesäckchen geben
2. Probensäckchen mit einem Faden verschließen
3. Entkalkungsflüssigkeit im Überschuss in ein Gefäß (Glas oder Kunststoff) füllen
4. Präparat in das Entkalkungsmedium geben
5. Faden bzw. Probensäckchen mit Hilfe des Deckels so positionieren, dass das Gewebestück von allen Seiten mit Entkalkungsflüssigkeit umgeben ist
6. die Entkalkungsflüssigkeit regelmäßig wechseln, da sie beim Entkalkungsprozess verbraucht wird

In manchen Labors wird nach Fixierungsabschluss das Material zunächst in Alkoholstufen dehydriert und dann in gleicher Weise wieder vollständig rehydriert. Die durch die Alkoholbehandlung hervorgerufene Härtung und Denaturierung machen das Weichgewebe widerstandsfähiger und die durch den Entkalkungsprozess bedingten morphologischen Veränderungen lassen sich reduzieren.

12.2.4.2 Entkalkungszeit

Eine Entkalkung ist dann abgeschlossen, wenn das Gewebe vollständig entmineralisiert ist, d. h. wenn alle enthaltenen Kalksalze entfernt sind und der anschließende Schneidevorgang nicht mehr beeinträchtigt wird. Die Entkalkungsdauer hängt von verschiedenen Faktoren ab. Einfluss nimmt die Materialgröße, die Materialbeschaffenheit, der Mineralsalzgehalt, der Weichgewebeanteil, das verwendete Entkalkungsmedium selbst und die Temperatur, bei der die Entkalkung durchgeführt wird.

Die Entkalkung mit anorganischen Säuren geht im allgemeinen schneller, beeinträchtigt jedoch die Strukturerhaltung und Färbbarkeit stärker, während organische Säuren und Komplexbildner langsamer und schonender entkalken.

Um die vollständige Entkalkung festzustellen, wird eine Stich- oder Schnittprobe gemacht. Das bedeutet, an einer weniger wichtigen Region des Objektes wird mit einer Nadel eingestochen oder der Gewebebereich wird mit dem Skalpell angeschnitten. Das Material sollte sich beim Einstechen bzw. Einschneiden durchgängig knorpel- bzw. gummiähnlich anfühlen.

Nachteilig bei den beiden Methoden ist die regional begrenzte Aussagekraft und die Beschädigung des Gewebes bzw. die Zerstörung von kleinen Gewebebereichen.

Durch den aus der analytischen Chemie bekannten Nachweis von noch in der Entkalkungsflüssigkeit vorhandenen Calcium-Ionen kann der Entkalkungszustand ohne morphologische Schädigungen beurteilt werden.

Dazu gibt man zu 5 ml der Entkalkungsflüssigkeit 2 Tropfen einer Methylrotlösung (0,1 g Methylrot in 100 ml Ethanol) und tropft dann so lange Ammoniak zu, bis die Indikatorfarbe dauerhaft in gelb umschlägt. Danach setzt man 2 ml gesättigte Ammoniumoxalatlösung zu, schüttelt und lässt alles 1 Stunde stehen. Tritt ein Niederschlag von Calciumoxalaten auf, ist die Entkalkung noch nicht vollständig und muss weitergeführt werden.

Ebenfalls möglich sind Sonographie- oder Präparatröntgenaufnahmen, um das Fehlen des Kalkschattens festzustellen. In Routinelabors werden diese Techniken, aufgrund der fehlenden Geräteausstattung allerdings nicht eingesetzt.

12.2.4.3 Beschleunigungsverfahren

Zur Entkalkung muss das Entkalkungsmedium vollständig in das Untersuchungsmaterial diffundieren, um an die enthaltenen Kalksalze zu gelangen.

Eine Beschleunigung des Diffusionsprozesses ist durch die Verbesserung der Zirkulation mittels Rührwerk möglich. Auch die Durchführung der Entkalkung im Wärmeschrank oder in der Mikrowelle führt (durch die höhere Temperatur) zu einer Verkürzung der Entkalkungszeit.

Ultraschallentkalkung

Eine erhebliche Verkürzung der Zeit ist durch die Anwendung eines Ultraschallbades möglich.

Zur Ultraschallentkalkung werden die Objekte in spezielle Probeneinsätze überführt und in eine Ultraschallwanne gebracht. Durch die Ultraschallbehandlung wird die Kristall-

struktur der Mineralsalze aufgebrochen und die Entkalkungsflüssigkeit kann besser mit den enthaltenen Calciumionen reagieren.

Beispiele:

Beckenkammstanzen	konventionell mit EDTA	24 bis 48 Stunden
	Ultraschallbad + EDTA	einige Stunden
Zahn	konventionell mit EDTA	3 bis 12 Wochen
	Ultraschallbad + EDTA	einige Tage

Elektrolytische Entkalkung

Eine andere, ähnlich effektive Alternative ist das Anlegen einer Gleichspannung während der Entkalkung. Dazu werden die Präparate in ein mit Entkalkungsflüssigkeit gefülltes Becken gehängt. Über eine Spannungsquelle wird ein elektrisches Feld aufgebaut und die Ionen wandern dann abhängig von ihrer Ladung zur Anode oder zur Kathode. Diese als elektrolytische Entkalkung bezeichnete Methode führt ebenfalls zu einer erheblichen Verkürzung des Entkalkungsprozesses und ist zudem auch sehr gewebeschonend.

Eine Erhöhung der Entkalkerkonzentration bringt keine Beschleunigung, sondern führt immer zu erheblichen Strukturschäden und beeinflusst die Färbbarkeit der Strukturen negativ!

12.2.4.4 Entkalkungsnachbehandlung

Nach abgeschlossener Entkalkung muss die verwendete Entkalkungsflüssigkeit gründlich aus dem Material gespült werden. Das Ausspülen dauert mehrere Stunden und die verwendete Spülflüssigkeit ist vom verwendeten Entkalkungsmedium abhängig.

Nach der Entkalkung mit anorganischen Säuren kommt es während des nachfolgenden Wässerns meist zu einer Quellung des Weichgewebes, insbesondere des Bindegewebes. Um dies zu verhindern, werden die Materialien zunächst für einige Stunden mit 5 % Kalialaunlösung, 5 % Natriumsulfatlösung oder 5 % Lithiumsulfatlösung behandelt und danach mit Leitungswasser gespült.

Organische Säuren werden mehrmals in Ethanol unterschiedlichster Konzentration sorgfältig ausgespült. Die Anwendung eines quellungshindernden Mediums ist dabei nicht nötig. Nach dem Ausspülen wird die Entwässerung vollständig abgeschlossen, das Gewebe mit dem Intermedium behandelt und anschließend mit Paraffin infiltriert.

Bei Verwendung von Komplexbildnern (z. B. EDTA) erfolgt die Nachbehandlung mit Leitungswasser oder Puffern. Eine Quellung des Weichgewebes tritt nicht auf.

12.2.4.5 Entkalkungsmedien

Als klassische Möglichkeit bietet sich die Entkalkung mit Salpetersäure, Ameisensäure, Pikrinsäure, Salzsäure oder Zitronensäure an. Einige dieser Säuren führen allerdings zu erheblichen morphologischen Beeinträchtigungen und durch Denaturierungsprozesse kommt es zu einer Veränderung der antigenen Strukturen. Zusätzlich wird durch die zum Teil stattfindende DNA-Extraktion die Kernanfärbbarkeit negativ beeinflusst und *in situ*-Hybridisierungen zum Nucleinsäurenachweis sind nicht mehr möglich.

Salpetersäure

Die rasch und relativ schonend entkalkende Säure kommt als 5 % bis 7,5 % wässrige Lösung zur Anwendung. Achtung: Weichgewebequellung!

Trichloressigsäure

Die 5 % wässrige Säure hat neben der entkalkenden auch eine fixierende Wirkung. Durch die teilweise Extraktion von DNA kommt es nach der Trichloressigsäure-Entkalkung zu einer Beeinträchtigung der Kernanfärbbarkeit. Die mit Trichloressigsäure entkalkten Präparate müssen mit 90 bis 96 % Ethanol ausgewaschen werden (sonst starke Quellung des Weichgewebes).

Ameisensäure

Das hauptsächliche, aber nicht ausschließliche Anwendungsgebiet der schonenden Ameisensäure ist die Entkalkung von Zähnen. Um die Quellung der Weichgewebe möglichst gering zu halten, werden die Präparate nach der Entkalkung mit 70 % Ethanol oder mit 1:10 verdünnter Formollösung ausgewaschen.
Ethanol 70 % und konz. Ameisensäure (85 %) zu gleichen Teilen mischen
oder
Formol 1:4 bis 1:10 verdünnt und konz. Ameisensäure zu gleichen Teilen mischen.

Pikrinsäure

Pikrinsäure hat neben der fixierenden auch eine entkalkende Wirkung. Möchte man beides gleichzeitig erreichen, so empfiehlt sich die Anwendung des Gemisches nach Bouin (◘ Tab. A1.11).

Zur ausschließlichen Entkalkung von Hartgewebe wird die Pikrinsäure als gesättigte, wässrige Lösung eingesetzt. Nach Abschluss der Entmineralisation muss die Entkalkungsflüssigkeit gründlich mit 70 % oder 80 % Ethanol ausgewaschen werden.

Zitronensäure

Die Zitronensäure wirkt als Entkalkungsmedium langsam, wobei die Zellerhaltung recht gut ist und alle Färbe- und Nachweismethoden durchführbar sind. Nach abgeschlossener Entkalkung erfolgt die Nachbehandlung mit Leitungswasser.

2 % Zitronensäurelösung und 20 % Natriumcitrat-Pufferlösung zu gleichen Teilen mischen.

Der pH-Wert der Gesamtlösung soll bei etwa pH = 6,0 liegen.

Ethylen-Diamin-Tetra-Acetat (EDTA)

EDTA wird im Handel unter verschiedenen Markennamen (z. B. Komplexon III, Titriplex) angeboten. Das in Wasser gelöste Salz der Ethylen-Diamin-Tetra-Essigsäure ist eine besonders schonende Entkalkungsflüssigkeit. Sie ist eine organische Säure, die als Chelatbildner für lichtmikroskopische und elektronenmikroskopische Untersuchungen gleichermaßen empfehlenswert ist. Nach der Entkalkung muss mit fließendem Leitungswasser nachbehandelt werden und anschließend ist eine Einbettung oder die Präparation am Gefriermikrotom möglich.

■ ■ **EDTA-Lösung:**
250 g EDTA in einen 1000 ml Kolben überführen und mit 200 ml Aqua d. aufschlämmen, vorsichtig erwärmen und unter dauerndem Umrühren 50 ml NaOH (40 %) zusetzen, mit Aqua d. auf etwa 800 ml auffüllen, tropfenweise NaOH (40 %) zugeben, bis eine vollständige Lösung eintritt (pH = 7,4), mit Aqua d. auf 1000 ml auffüllen.

Schnellentkalkungsmedien

Seit einigen Jahren werden von verschiedenen Anbietern (z. B. Medite: new decalc, RDO) neu entwickelte Schnellentkalkungsreagenzien auf der Basis von Komplexbildnern angeboten, die gewebeschonende und vor allem sehr schnelle Ergebnisse zeigen. Auch bei diesen Entkalkungsmedien sind anschließend alle Darstellungstechniken möglich.

12.2.5 Kunststoffeinbettung

12.2.5.1 Allgemeines

Seit der Entwicklung von geeigneten Kunststoffen (Kunstharzen) als Einbettungsmedien können Knochen, Zähne und verkalkte Gewebe auch ohne eine vorangegangene Entkalkung für eine Auswertung im Mikroskop präpariert werden. Durch die Kunststoffeinbettung (► Kap. 6.3.2) können sowohl die anorganischen Komponenten als auch die Weichgewebeanteile erhalten und dargestellt werden.

Die resultierende Härte der Blöcke ermöglicht die Schnittherstellung an geeigneten Rotationsmikrotomen oder die Trenn-Dünnschnitt-Technik am Sägemikrotom. Am Sägemikrotom hergestellte Trenn-Dünnschnitte können danach noch dünner geschliffen werden (Trenn-Dünnschliff-Technik).

12.2.5.2 Trenn-Dünnschnitt-Technik

Um Hartgewebe nach einer Kunstharzeinbettung in sehr dünne, planparallele Scheiben zu zersägen, verendet man meist das Sägemikrotom. Durch das Sägen mit diamant- oder korundbestückten Trennscheiben sind Schnitte mit einer Dicke von 30–100 Mikrometern möglich. Die minimale Schnittdicke am Sägemikrotom beträgt ungefähr 30 Mikrometer.

Nachteilig bei der Sägemikrotomie ist der unvermeidbare Materialverlust, der durch die Dicke der Innenlochsäge bedingt ist.

Sägemikrotomschnitte sind dünn genug, sodass sie direkt im Lichtmikroskop ausgewertet werden können. Im Phasenkontrast-, Dunkelfeld- oder Polarisationsverfahren ist die Auswertung ohne vorausgegangene Färbung möglich. Für die Auswertung im

Durchlichtverfahren müssen die am Zell- und Gewebeaufbau beteiligten Strukturen mit Farbstoffen behandelt werden.

12.2.5.3 Trenn-Dünnschliff-Technik

Durch einen anschließenden Schleif-Vorgang kann die Schnittdicke der Sägemikrotomschnitte noch reduziert und somit das Auflösungsvermögen gesteigert werden.

Diese Technik wird als Trenn-Dünnschliff-Technik bezeichnet. Zum Schleifen und zum nachfolgenden Polieren werden Planschleifgeräte verwendet. Zum Abtragen des Materials werden Diamant-, Korund- oder Siliziumkarbidkörnchen in freier oder gebundener Form eingesetzt.

12.2.5.4 Darstellungstechniken für Trenn-Dünnschnitte oder Trenn-Dünnschliffe

An Trenn-Dünnschnitten oder Trenn-Dünnschliffen sind alle gängigen Färbungen möglich. Bei manchen Kunststofftypen muss allerdings für die Darstellungstechnik der enthaltene Kunststoff aus den Präparaten entfernt werden.

Um optimale Färbeergebnisse zu erzielen, müssen die Färbeanleitungen für Paraffinschnitte geringfügig modifiziert werden. Meistens reicht es aus, die Färbezeiten zu verlängern und/ oder die Konzentrationen der verwendeten Lösungen geringfügig zu erhöhen. Für immunhistologische Nachweise oder für den Nachweis von Enzymen ist es wichtig, dass sich bei der Polymerisation die Proben nicht zu stark erwärmen, da es sonst zu Denaturierung, verbunden mit einem Aktivitätsverlust oder zu Veränderungen der antigenen Strukturen kommt.

12.2.6 Schliffherstellung ohne Vorbehandlung

Von mazeriertem Knochenmaterial, das von Weichgewebe befreit ist, und von Zähnen können sowohl im nativen als auch im fixierten Zustand durch Schleifen transparente Präparate hergestellt werden.

Diese Präparate werden als Dünnschliffpräparate oder Schliffe bezeichnet und haben eine Dicke von 50 bis 100 Mikrometern (■ Abb. 12.6). Sie informieren über den strukturellen

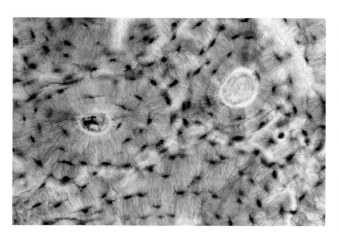

■ **Abb. 12.6** Knochenschliff, Compacta, Vergr. ×240.

Aufbau der verkalkten Bindegewebematrix und geben indirekt und sehr klar Auskunft über die Gestalt der am Aufbau der in der Hartsubstanz enthaltenen Zellen (v. a. der Osteocyten).

12.2.6.1 Handschleiftechnik

Zum Schleifen der Präparate werden Nassschleifpapierbögen mit genau definierter Korngrösse verwendet. Üblicherweise wird zum groben Anschleifen, Schleifpapier mit der Körnung 250 verwendet. Für das Feinschleifen und das nachfolgende Polieren wird mit den Körnungen 400, 600 und 1200 gearbeitet.

Als Vorbereitung für das eigentliche Schleifen werden alle zum Schleifen verwendeten Schleifpapierbögen auf Platten aus Glas oder einem ähnlich stabilen und glatten Material befestigt.

Zusätzlich fertigt man eine Halterung für das zu schleifende Material. Dazu schneidet man Streifen, etwa in der Größe eines Objektträgers, von den Nassschleifpapierbögen ab. Die Streifen werden mit der rauen Seite nach außen, quer um einen Objektträger gefaltet und können an den Streifenenden festgehalten werden.

Indem man beim Schleifvorgang die gleiche Körnung für die Schleifunterlage und für die Streifen verwendet, haftet das Präparat durch den Flüssigkeitsfilm und der Reibung auf dem Halter.

Anleitung A12.11

Praktisches Vorgehen beim Schleifen
1. Hartgewebe mit Kreis- oder Bandsäge in etwa 2 mm dicke Scheiben zerteilen und in 70 % Ethanol entfetten bzw. aufbewahren
2. die Platten mit dem Nassschleifpapier schräg in ein Waschbecken stellen, sodass die Oberfläche des Schleifpapiers durch das herabfließende Wasser feucht gehalten wird
3. die bereits vorbereitete und entfettete Präparatescheibe zwischen dem Schleifpapier und dem Halter platzieren
4. mit langsamen und kreisenden Bewegungen vorsichtig das Präparat auf der Schleiffläche bewegen
5. beim Schleifen stets mit gleichmäßigem Druck arbeiten
6. je dünner das Präparat wird, umso vorsichtiger muss weitergeschliffen werden
7. nach Beendigung des Schleifvorganges muss der Schliff durch Spülen von allen Schleifrückständen befreit werden; durch den Zusatz eines Haushaltreinigers ist dies besonders gründlich möglich
8. das Schliffpräparat abschließend auf einen Objektträger überführen, mit einigen Tropfen Eindeckmedium beträufeln und mit einem Deckglas luftdicht abschließen

---

12.2.6.2 Maschinelle Schleiftechnik

Da das Schleifen sehr zeitaufwendig ist und zum Teil keine zufriedenstellenden Präparate liefert, werden oft Maschinen zum präzisen Schleifen eingesetzt. Planschleifgeräte und Schleifautomaten sind im Handel in unterschiedlichen Ausführungen erhältlich.

12.2.7 Mazeration von Skelettteilen

Die Mazeration (lat. *macerare*: einweichen, d. h. die Entfernung der Weichteile wie z. B. Muskulatur, Sehnen und Fettgewebe) erfolgt am besten in Antiforminlösungen. Antiformin ist eine im Handel erhältliche Natriumhypochloridlösung, die zum Gebrauch 1:20 mit Wasser verdünnt wird. Es genügt, das gewöhnliche Roh-Antiformin zu verwenden.

Präzisionssägen und Präzisionsschleifgeräte werden z. B. von folgendem Anbieter vertrieben:

EXAKT VERTRIEBS GmbH, Robert-Koch-Straße 5, 22851 Norderstedt; www.exakt.de

Anleitung A12.12

Mazeration von Skelettteilen

1. Abpräparieren gröberer Weichteile.
2. Einlegen in Antiforminwasser 1:20 bei 60 °C. Für Skelette kleiner Tiere, wie Maus oder Ratte, genügen 2–4 h; für einen menschlichen Schädel rechnet man 10–12 h
3. Entfernen der mazerierten Weichteile durch Abspritzen mit dem Wasserschlauch, eventuell vorsichtiges Abbürsten.
4. 24 h in fließendem Leitungswasser waschen.
5. Größere Knochen in 2 % Sodalösung 6–12 h entleimen; bei kleinen Objekten ist dies nicht nötig.
6. 24 h in fließendem Leitungswasser waschen.
7. Bleichen in 2 % H_2O_2, 12–24 h
8. Auswaschen in Leitungswasser und trocknen.
9. Entfetten in Xylol bei 60 °C, 24 h
10. Trocknen.

12.3 Literatur

Baker J R (1958) Prinicples of biological microtechnique: A study of fixation and dying. Methuen and Co Ltd, London 1958

Berg J W (1953) Differential staining of Spermatozoa in sections of testis. *Am J Clin Pathol* 23: 513–515

Böck P (1978b) The distribution of disulfide-groups in Descements membrane, lens capsule, and zonular fibers. *Acta histochem* 63: 127–136.

Burkhardt R (1966c) Technische Verbesserungen und Anwendungsbereich der Histobiopsie von Knochenmark und Knochen. *Klin Wschr* 44: 326–334.

Gruber H (1981) General research methods in neuroanatomy. In: Techniques in neuroanatomical research (*Ch Heym, W-G Forssmann*, ed.), pp. 1–20. Springer Verlag, Berlin, Heidelberg, New York

Jankovsky F (1959) Eine Celloidin-Paraffineinbettung für Augen. *Mikroskopie* 14: 157–161

Kraus C (1960) Die Paraffineinbettung des Gehirns. Mikrotom-Nachrichten d Jung AG, Heidelberg 1–19

Lillie R D (1954) Histopathologic technic and practical histochemistry. The Blakiston Company: New York, Toronto

Salazar A L (1923) La méthode tanno-ferrique; mordancage tanno-acétiques. *Anat Rec* 26: 60–64

Stieve H (1927) Der Halsteil der menschlichen Gebärmutter, seine Veränderungen während der Schwangerschaft, der Geburt und des Wochenbettes und ihre Bedeutung. *Z mikr-anat Forsch* 11: 291–441

Ullrich H, Adam H (1965) Ein Beitrag zur Herstellung von Paraffinschnitten hartgepanzerter Insekten. *Mikroskopie* 20: 36–40

Yanoff M (1973) Formaldehyde-glutaraldehyde fixation. *Am J Ophthalmol* 76: 303–304

Neuronale Tracer und ihre Anwendungen (Neuronales Tracing)

Barbara Nixdorf-Bergweiler

Die Untersuchung neuronaler Verbindungen im Nervensystem ist auch heute noch ein wichtiges Gebiet in den Neurowissenschaften. Seit Einführung der klassischen Methode Anfang der 1970er Jahre, mit Meerrettichperoxidase (HRP = *horseradish peroxidase*) neuronale Verbindungen zu markieren, gibt es inzwischen eine Vielzahl von weiterentwickelten Methoden und Farbstoffe mit unterschiedlichen Eigenschaften, die zum besseren Verständnis von neuronalen Strukturen und Verbindungen neuronaler Netzwerke beitragen (Kristensson and Olsson 1971, Köbbert et al. 2000, Lanciego and Wouterlood 2011).

Mit den Farbstoffen (auch Tracer-Substanzen genannt) lassen sich nicht nur neuronale Projektionen nachweisen, sondern auch einzelne Strukturen wie das axonale und dendritische Verzweigungsmuster einer Zelle im Detail aufklären. Tracer-Substanzen werden vor allem zur Aufklärung von neuronalen Verbindungen im zentralen und peripheren Nervensystem verwendet, eignen sich aber auch hervorragend in Verbindung mit elektrophysiologischen Methoden, Immunmarkierungen und molekularbiologischen Untersuchungen.

Die Anwendungsgebiete der Farbstoffe sind weitreichend: Sie werden am lebenden intakten Tier (*in vivo*), am frisch entnommenen Gewebeschnitt (*in vitro*) oder an fixierten Präparaten verwendet. Mit einer feinen Kanüle oder Mikropipette werden unter optischer Kontrolle mit einer Stereolupe Tracer-Substanzen *in vitro* in Oocyten, Gewebekulturen und nativen Gehirnschnitten, *in vivo* in peripher liegende Organe oder Ganglien sowie in ausgewählte Gehirnareale unter Zuhilfenahme einer stereotaktischen Einrichtung (Mikromanipulator) appliziert. Durch Zusatz von Lösungsmitteln wie DMSO (Dimethylsulfoxid) wird eine erhöhte Membranpermeabilität hervorgerufen, wodurch die injizierten Farbstoffe besser in die Zelle eindringen können und dann über verschiedene Transportmechanismen in der Zelle entlang ihrer Fortsätze weitertransportiert werden.

13.1 Retrograde und anterograde Tracer

Farbstoffe können anterograd (vom Zellkörper weg in der Impulsrichtung des Axons) oder retrograd (zum Zellkörper zurück) transportiert werden (◘ Abb. 13.1). Die Geschwindigkeit, mit der eine Substanz transportiert wird (ihre „Laufeigen-

schaft"), hängt aber nicht nur von der Leitungsgeschwindigkeit des Axons ab, sondern vielmehr auch von dem Mechanismus, wie die Farbstoffmoleküle ins Neuron gelangen und welche Proteine, Strukturen und Prozesse des Cytoskeletts am Transport beteiligt sind.

Der schnelle anterograde Transport von Molekülen (synaptische Vesikel, Neurotransmitter, Enzyme) beträgt 200–400 mm/Tag. Der langsame anterograde Transport, der über Tubulin und Neurofilamentproteine vonstatten geht, beträgt 0,1–1,0 mm/Tag. Sind dagegen Actin, Calmodulin oder cytoplasmatische Enzyme am Transport beteiligt, dann können 2–6 mm/Tag zurückgelegt werden.

Beim retrograden Transport werden Strecken von 100–200 mm/Tag zurückgelegt. Der Transport vollzieht sich in prälysosomalen Vesikeln, recycelten Proteinen, HRP, WGA (*wheat germ agglutinin*) und neurotrophen Viren. Eine kurze Übersicht zum axonalen Transport findet sich bei Oztas (2003).

Neuronale Tracer werden im Allgemeinen entweder retrograd oder anterograd transportiert und können je nach Tracer und Injektionsort die Verbindungen auch weit voneinander entfernt liegender Neurone aufzeigen sowie deren Zellkörper und Fortsätze in ihrer Feinstruktur wiedergeben. Viele neuronale Tracer sind aber auch in der Lage, zeitgleich sowohl anterograd als auch retrograd zu laufen (Chen and Aston-Jones 1998). Sie weisen aber in vielen Fällen eine Vorzugsrichtung mit einer schnelleren Laufeigenschaft auf und unterscheiden sich zudem in weiteren Parametern wie z. B. ihrer Sensitivität, neuronale Strukturen detailliert zu markieren (◘ Tab. 13.1).

Einige der in den Neurowissenschaften am häufigsten benutzten neuronale Tracer sind entsprechend ihrer bevorzugten Laufrichtung aufgelistet:

13.1.1 Retrograde Tracer

- FluoroGold (FG)
- Cholera-Toxin B (CTB)
- Lucifer Yellow (LY)
- Cascade Blue® Dye (CB)
- Fast Blue (FB)
- DiI (1,1'-dioctadecyl-3,3,3',3' tetramethylindocarbocyanine perchlorate)

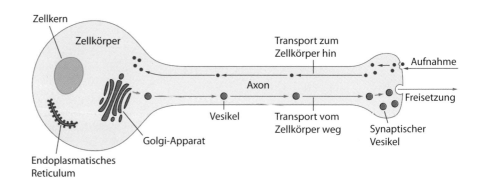

◘ **Abb. 13.1** Retrograder und anterograder Transport in einer Nervenzelle. Den Transport von Substanzen, die über die axonalen Endigungen der Nervenfaser (Axon) aus der Peripherie aufgenommen und hin zum Soma der Nervenzelle transportiert werden, nennt man retrograden Transport. Unter anterogradem Transport versteht man den Transport von Substanzen aus dem Zellkörper heraus bis hin zu den entferntesten Ausläufern der Zelle.

◻ Tab. 13.1 Ausgewählte Tracer und ihre Laufeigenschaften

Nichtfluoreszierende Tracer		Laufeigenschaften		Merkmale und Applikationsformen	
		retrograd	anterograd	*Tracerapplikation nur an lebendem Material*	
Meerrettichperoxidase, (*horse radish peroxidase*)	HRP	XXX	X	langsamer Transport, lange Strecken,	kristallin, Druck, iontophoretisch
Lektin-(*wheat germ-agglutinin*-) gekoppelte HRP	WGA-HRP	XX	XX	schneller Transport, lange Strecken,	Druck
Phaseolus vulgaris-Leucoagglutinin	PHA-L	–	XXX	nur anterograd	iontophoretisch
biotinylierte Dextranamine	BDA	XX	XX	sensitiv	kristallin, Druck, iontophoretisch
Choleratoxin Untereinheit B	CTB	XXX	X	schneller Transport, lange Strecken,	nur Druck
Biocytin, Neurobiotin		X	XXX	sensitiv	iontophoretisch, kristallin, Druck
Kobaltchloridmarkierung		X	X	nur für kurze Laufstrecke	mit Druck oder iontophoretisch
Kobaltchlorid[II]-Lysin		X	XX	lange Transportwege	
Kobaltchlorid[III]-Lysin		XX	XX	schneller Transport, gut für Faserfärbungen	

Fluoreszierende Tracer		Laufeigenschaften		Merkmale und Applikationsformen	
		retrograd	anterograd	*Tracerapplikation nur an lebendem Material*	
fluoreszenzgekoppelte Dextranamine*)					
Cascade-Blue-Dextranamin	CB	X	X	CB, FDA, RDA (FluoroRuby) und TDA werden alle schnell transportiert, hervorragende Laufeigenschaften, Golgi-ähnliche Anfärbungen, leichte Handhabung	dextrankonjugierte Amine können kristallin, mit Druck und iontophoretisch appliziert werden
Fluorescein-Dextranamin	FDA	X	XXX		
Rhodamin-Dextranamin; RDA, Fluoro Ruby®	FR	XXX	XXX		
Texas-Red-Dextranamin	TDA	XXX	X		
FluoroGold	FG	XXX	–	schneller Transport	Druck, iontophoretisch
Fast Blue	FB	XXX	–	schneller Transport	Druck
fluoreszenzgekoppelte Latex-Beads		XXX	–	schneller Transport	Druck, iontophoretisch
carbocyaningekoppelte Farbstoffe (lipophile Tracer)				Tracerapplikation auch an totem und fixiertem Material möglich	
1,1′ dioctadecyl- 3,3,3′,3′ tetramethylindocarbocyanine-perchlorate	DiI	X	XX	passive Ausbreitung, langsamer Transport	kristallin, Druck
3,3′-dioctadecyloxa-carbocyanine-perchlorate	DiO	X	X	DiI ähnlich, aber anderes Spektrum	kristallin, Druck
NeuroTrace™ DiI tissue-labeling paste		X	X	gebrauchsfertige Paste aus DiI	kristallin
Lucifer Yellow (hydrophiler Tracer)	LY	XXX	–	schneller Transport, schnelle Diffusion	iontophoretisch, kristallin

X, XX, XXX geben den Grad der bevorzugten Laufrichtung an, – kein Transport von Farbstoff in die betreffende Richtung, *) nur ein kleiner Teil der im Handel erhältlichen fluoreszenzgekoppelten Dextranamine ist hier dargestellt.

- DiO (3,3'-dioctadecyloxacarbocyanine perchlorate)
- Latex Nanospheres

13.1.2   Anterograde Tracer

- *Phaseolus vulgaris*-Leucoagglutinin (PHA-L)
- biotinylierte Dextranamine
- fluoreszenzgekoppelte Dextranamine (z. B. Fluoro-Ruby®)
- Biocytin, Neurobiotin
- DiI
- DiO

13.1.3   Tracer, die sowohl anterograd als auch retrograd laufen

Ob ein bidirektionaler Tracer überwiegend retrograd oder anterograd transportiert wird oder ob er in beide Richtungen gleich gut und schnell bewegt wird, hängt nicht nur vom Tracer, sondern vom untersuchten Gewebetyp sowie der Aufbereitung der Farbstoffe und ihrer Applikation ab.

- DiI
- DiO
- biotinylierte Dextranamine
- fluoreszenzgekoppelte Dextranamine
- Meerrettichperoxidase (HRP), lektinkonjugierte HRP (WGA–HRP)

In der ☐ Tabelle 13.1 sind einige der am häufigsten verwendeten neuronalen Tracer und ihre bevorzugte Laufrichtung, sowie eine für sie geeignete Applikationsform in einer Übersicht zusammengestellt.

Anhand ausgewählter Beispiele wird die Anwendung von Tracern am lebenden Tier (*in vivo*), am Hirnschnittpräparat (*in vitro*) und an totem fixierten (*post mortem*) Material exemplarisch im Einzelnen beschrieben. Die in einem Experiment notwendigen Arbeitsschritte, sowie spezifische, für den Tracer charakteristische Nachweismethoden, werden vorgestellt.

13.1.4   Lösen, Haltbarkeit und Lagerung der Tracersubstanzen

Die Tracer-Substanzen werden im Allgemeinen in sehr kleinen Verpackungseinheiten im mg-Bereich als Lyophilisat angeboten. Es wird zur späteren Nutzung mit den entsprechenden Lösungsmitteln auf die empfohlenen Konzentrationen verdünnt und aliquotiert. Die Haltbarkeit einer fertigen Lösung ist sehr unterschiedlich. Während z. B. Biocytin, frisch angesetzt, noch am selben Tag verbraucht werden soll, können konjugierte Dextranamine in wässriger Lösung für mehrere Wochen bei 2–6 °C gelagert werden. Die lipophilen Tracer wie DiI und DiO werden bei Raumtemperatur und lichtgeschützt gelagert und sind als Stammlösung mindestens 8 Monate haltbar.

13.1.5   Auswahl des Tracers für ein Experiment

Morphologische Zellstrukturen können mit einem Tracer erfolgreich dargestellt werden, wenn die fluoreszierende Probe oder andere detektierbare Moleküle die Eigenschaft haben, in eine Zelle oder Zellorganelle örtlich begrenzt einzudringen und innerhalb dieser Struktur auch für eine gewissen Zeit zu verbleiben. Wird dieser Tracer in lebenden Zellen oder Geweben angewendet, dann sollte er biologisch inaktiv sowie nicht toxisch sein. Sind diese Voraussetzungen erfüllt, dann können die fluoreszierenden Eigenschaften oder andere zur Erkennung dienenden Merkmale dazu benutzt werden, die Position des Tracers jederzeit zu verfolgen.

Der Anwendungsbereich fluoreszierender Tracer ist sehr vielseitig: So können damit die Fließgeschwindigkeit in Kapillaren untersucht, neuronale Verbindungen aufgeklärt, der Durchtritt von Farbstoff über *gap junctions* verfolgt werden, wie auch Zellteilungen, die Auflösung von Zellen nach Zerstörung der Zellmembran oder die Fusion von Liposomen beobachtet werden. Fluoreszierende Tracer sind auch geeignet, um die Bewegung von markierten Zellen in der Kulturschale, im Geweberverband oder im intakten Organismus zu verfolgen (▶ Kap. 11.3). Die Auswahl eines geeigneten Tracers ist demzufolge nicht nur von der Fragestellung abhängig, sondern auch von der zu untersuchenden Tierart, dem Applikationsort, dem zu untersuchenden Zielgebiet, der Aufnahmeeigenschaften in Neuronen, der Sensitivität des Tracers und seinen Laufeigenschaften.

13.2   Allgemeiner Ablauf eines Versuchs

Die durchzuführenden Schritte einer Farbstoff-Applikation für *in vivo*, *in vitro* und an *post mortem* Material sind in einer Übersicht skizziert (☐ Tab. 13.2). Die allgemeine Übersicht zur Versuchsdurchführung zeigt, dass mit der Anfertigung von Schnittpräparaten (Punkt 6.) die weitere Bearbeitung des Materials vor allem von den histochemischen und immunhistochemischen Nachweismethoden zur Sichtbarmachung des Tracers abhängig ist und weniger davon, wie und unter welchen experimentellen Bedingungen (*in vivo*, *in vitro*, *post mortem*) der Tracer appliziert wurde.

13.3   Techniken zur Tracer-Applikation

Um Farbstoffe in Gewebe zu applizieren, kann man sich dreier verschiedener Methoden bedienen: der kristallinen Anwendung, der Druckapplikation oder der Iontophorese.

13.3.1   Kristalline Anwendung

Bei der kristallinen Anwendung werden die Farbstoffe direkt als Kristalle auf das zu untersuchende Gewebe gegeben. Dazu

Tab. 13.2 Allgemeiner Ablauf eines Versuchs

Anwendung eines Tracers *in vivo*	Anwendung eines Tracers *in vitro*	Anwendung eines Tracers an *post mortem* Gewebe
1. Auswahl eines Tracers entsprechend der Fragestellung und des Tiermodells		
2. Experimenteller Eingriff am Tier für eine Farbstoffapplikation	2. Betäubung und Entnahme des Gehirns	2. Entnahme des Gehirns *post mortem*
3. Postoperative Wartezeit für den Transport des Tracers (Tage bis Wochen)	3. Farbstoffapplikation am *in vitro*-Hirnschnittpräparat	3. Farbstoffapplikation am toten Gewebe
4. Betäubung und Perfusionsfixierung	4. Wartezeit für den Transport des Tracers (einige Stunden)	4. Wartezeit für den Transport des Tracers (Tage bis Wochen)
5. Gehirnentnahme und Immersionsfixierung	5. Immersionsfixierung der Hirnschnittpräparate	weiter bei 6.
6. Anfertigung von Schnittpräparaten (i.e. Gefrier-, Paraffin- oder Vibratomschnitte)		
7. Durchführung histochemischer und immunhistochemischer Nachweismethoden zur Sichtbarmachung des Tracers		
8. Aufziehen der Schnitte auf beschichtete Objektträger		
9. Dehydrieren, Klären und Eindecken der Schnitte		
10. Auswertung der Schnitte am Lichtmikroskop		

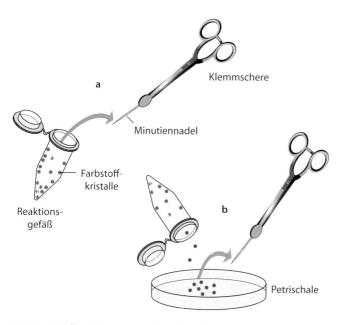

Abb. 13.2 Überführen von Farbstoffkristallen auf eine Nadelspitze. Mit Hilfe einer binokularen Lupe werden mit einer feinen Nadel vorsichtig einige wenige Farbstoffkristalle direkt von der Wand eines Eppendorfgefäßes abgehoben (**a**) oder aus einer flachen Petrischale entnommen (**b**).

werden die Kristalle mit der Hand unter einer Stereolupe auf eine feine Nadel (Minutiennadel, Insektennadel) aufgenommen und vorsichtig in das Gewebe appliziert (▪ Abb. 13.2). Falls die Kristalle auf der Minutiennadel bereits mit bloßem Auge sichtbar sind, sind zu viele Kristalle aufgenommen worden und man muss mit einer zu großen Injektionsstelle rechnen. Die kristal-

line Anwendung ist gut am Hirnschnittpräparat durchführbar, an frei präparierten Nervstümpfen oder auch an *post mortem* Material, an dem das zu untersuchende Gebiet, z. B. eine Cortexoberfläche, frei zugänglich ist.

13.3.2 Druckapplikation

Bei der Druckapplikation (A13.2) werden die Farbstoffe in gelöster Form in eine Glaskapillare überführt. Die Glaskapillaren werden an einem Elektrodenziehgerät (z. B. P-1000 Micropipette Puller, Sutter Instruments) ausgezogen, und die Spitze der Elektrode wird unter optischer Kontrolle an einem Mikroskop auf die gewünschte Öffnung gebrochen. Diese Glaskapillare wird dann in ein spezielles Gerät, den Nanoliter 2000 Injector (WPI, Deutschland) eingesetzt. Der Nanoliter 2000 Injector wiederum wird auf einem Mikromanipulator montiert, damit die Glaskapillare unter optischer Kontrolle genau auf die gewünschte Position im Gewebe justiert werden kann. Mit dem Nanoliter 2000 Injector können sehr kleine definierte Einheiten (2,3 nl bis 69 nl) in jeweils einzelnen Schritten bis zu einem Gesamtvolumen von 5 μl in das Gewebe mit Druck appliziert werden. Ist kein Nanoliter 2000 Injector vonnöten, kann der Farbstoff mit einer 1μl Hamilton-Spritze appliziert werden. Die in einem Halter eingespannte Hamilton-Spritze wird dann manuell betätigt und die entsprechenden Volumina gelangen in das Gewebe. Auf die Öffnung der Metallkanüle kann auch zusätzlich eine Glaskapillare geklebt werden, um bei der Applikation möglichst wenig Gewebe zu verletzen. Eine weitere Möglichkeit der Druckapplikation ist die Methode des „diOlistic labeling", bei der farbstoffbeschichtete Wolframpartikel (Durchmesser <2 μm) mit einem speziellen Gerät, der Gene-Gun (Bio-Rad) in das Zellgewebe über Heliumdruck ballistisch (ca. 10 bar) appliziert werden (Gan et al. 2000, O'Brien and Lummis 2006, Staffend and Meisel 2011). Im Allgemeinen wird diese Methode an Zellkulturen oder Hirnschnittpräparaten von lebendem wie auch fixiertem Material angewendet.

13.3.3 Iontophoretische Injektion

Auch hier müssen die gelösten Farbstoffe in eine Glaskapillare – die Mikroelektrode – überführt werden (A13.2). Diese wird dann mit Hilfe eines ölgetriebenen hydraulischen Mikromanipulators unter visueller Kontrolle an die zu injizierende Stelle bewegt und in das Gewebe, bzw. in ein einzelnes Neuron eingestochen. Der Farbstoff kann dann iontophoretisch über eine Spannungsquelle (z. B. Präzisionsgleichstromquelle Digital Midgard Precision Current Source, Stoelting Company; Neurophore BH-2 System, Harvard Apparatus) in das Gewebe appliziert werden. Bei der Iontophorese, auch Mikroiontophorese genannt, wird eine Spannung an die Mikroelektrode angelegt, sodass sich Ionen und geladene Moleküle entsprechend ihrer Ladung von der Spannungsquelle wegbewegen, aus der Elektrodenspitze austreten und so in das umliegende Gewebe gelangen (◘ Abb. 13.3). Bei der extrazellulären Iontophorese werden die Farbstoffmoleküle in das Gewebe aufgenommen und über aktive Transportmechanismen bewegt. Je nach Fragestellung und Tracer können neuronale Verbindungen, Zellverbände oder auch einzelne Neurone in ihrer Feinstruktur dargestellt werden.

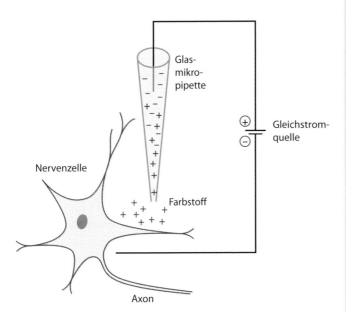

◘ **Abb. 13.3** Schematische Darstellung der Iontophorese. Mit der Iontophorese können Farbstoffe in kleinen Dosen innerhalb eines eng umschriebenen Bereichs von Nervengewebe appliziert werden. Die Farbstoffmoleküle tragen eine elektrische Ladung und werden so entsprechend der angelegten Spannung im elektrischen Feld aus der Elektrode herausbewegt.

Die intrazelluläre Iontophorese wird im Allgemeinen in Kombination mit elektrophysiologischen Methoden angewendet; denn nur so erfährt man, ob man eine Zelle mit der Elektrode penetriert hat und die Elektrode in der Zelle halten kann. Mit der intrazellulären Iontophorese können Zellen entsprechend der angewendeten Farbstoffe selektiv in ihrer Gesamtheit mit all ihren Fortsätzen einschließlich dendritischer Spines detailliert markiert und dargestellt werden. Für eine solche selektive komplette Zellfüllung haben sich bei Säugern die Tracer Biocytin und Neurobiotin besonders gut bewährt. Der Farbstoff Biocytin wird zu 2 % in 1,5 M Kaliumacetat gelöst und mit einem Strom von 3 nA für 3 Minuten (1 nA für 10–15 Minuten) appliziert.

Eine detaillierte Übersicht über Vor- und Nachteile verschiedener Tracer-Applikation sowie deren Anwendung bei bestimmten Tracern findet sich in Mobbs et al. (1994).

Anleitung A13.1

Ziehen der Elektroden (Mikropipetten) für die Tracer-Applikation

Während bei der kristallinen Applikation feine, zum Teil angeschliffene Minutiennadeln ausreichen, müssen bei der Druckapplikation und iontophoretischen Anwendung die gelösten Farbstoffe in Glaskapillaren (Elektroden) überführt werden (◘ Abb. 13.4).

Material:
- Elektrodenziehgerät (z. B. Vertical Micropipette Puller P-30, Sutter Instrument Company)
- Druckluft, hochgereinigt
- Borosilikatglaskapillare mit Filament (1,5 mm Außendurchmesser x 1,17 mm Innendurchmesser)
- Mikroskop
- Objektträger mit Maßeinheiten
- Glasstab für Spitzenkontrolle

Chemikalien:
- Schwefelsäure, konzentriert
- Wasserstoffperoxid (30%)
- H_2O

Durchführung:
1. Glaskapillare aus Borsilikatglas mit konzentrierter Schwefelsäure und Wasserstoffperoxyd (Mischverhältnis 3:1) reinigen, mit destilliertem Wasser spülen und mit hochgereinigter Pressluft trocknen
2. Glaskapillare wird in eine Halterung am Elektrodenziehgerät eingespannt
3. die Heizwendel in der Mitte der Glaskapillare erhitzt das Glas, das an dieser Stelle zu schmelzen beginnt. Aufgrund der Zugspannung wird die Glaskapillare auseinandergezogen, verjüngt und reißt schließlich
4. dabei entstehen zwei Mikropipetten (Elektroden) mit je einer langen ausgezogenen Spitze (ca. 1 μm) an dem einen Ende und einer stumpfen Seite an dem anderen Ende (◘ Abb. 13.4)

▼

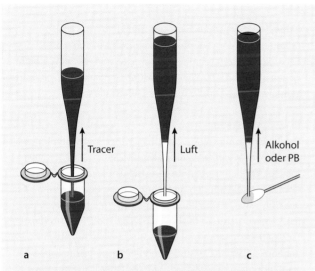

Tracer

Luft

Alkohol oder PB

a   b   c

◻ Abb. 13.4 Befüllen der Elektrode mit Tracer. Um den Tracer in eine Glaskapillare zu überführen, wird der in Flüssigkeit gelöste Tracer direkt aus dem Eppendorfgefäß entnommen. **a)** Dazu wird eine fein ausgezogene Glaskapillare in einen Mikromanipulator eingespannt und unter optischer Kontrolle in die Flüssigkeit eingesenkt. Die Glaskapillare wird dann mittels Nanoliter 2000 Injector mit dem Tracer befüllt. **b)** Am Ende der Befüllung wird kurz Luft in die Pipette gesogen, um ein Verkleben der Spitze mit auskristallisierenden Farbstoffmolekülen zu vermeiden. **c)** In einem weiteren Schritt wird die Pipettenspitze mit Alkohol oder Pufferlösung (PB) getränktem Wattebausch gereinigt.

5. anschließend wird die Spitze der Elektrode für extrazelluläre Tracer-Applikation mit einem Glasstab unter mikroskopischer Kontrolle auf einen Spitzendurchmesser von wenigen µm zurückgebrochen

Geräte zum Elektrodenziehen gibt es in verschiedenen Ausfertigungen, wie auch Glaskapillare in verschiedenen Größen mit Filament oder ohne. Wie gut letztendlich eine Elektrode wird, hängt nicht nur von dem benutzten Glas ab, sondern auch von den Einstellungen der verschiedenen Parameter am Elektrodenziehgerät, die in einem Programm abrufbar sind und entsprechend variiert werden können.

Anleitung A13.2

Befüllen der Elektroden mit Farbstofflösung (Abb. 13.4)
Die gelösten Tracer werden meist in Reaktionsgefäßen in ca. 100 µl-Portionen bei 2–6 °C oder eingefroren gelagert. Wiederholtes Einfrieren und Auftauen sollte vermieden werden Für die meisten Anwendungen einer Farbstoffapplikation sind 3 bis 4 µl Volumen mehr als genug.

Material:
- Stereolupe
- Mikromanipulator
- Nanoliter 2000 Injector (WPI)

▼

- 1,5 ml Reaktionsgefäß
- Mikroliterpipette
- fein ausgezogene Elektroden

Chemikalien:
Farbstoff, gelöst in entsprechendem Medium

Durchführung:
1. der in einem entsprechenden Medium gelöste Tracer kann direkt aus dem Reaktionsgefäß in die Glaskapillare gezogen werden (◻ Abb. 13.4a). Alternativ kann auch erst ein kleiner Tropfen des Tracers in einen abgeschnittenen Deckel eines Reaktionsgefäßes hinein pipettiert werden, was das Aufziehen des Tracers in die Glaskapillare durch eine bessere Sicht erleichtert.
2. die fein ausgezogene Elektrode wird in einen Halter (z. B. Mikromanipulator) eingespannt und unter optischer Kontrolle vorsichtig in die Flüssigkeit abgesenkt. Es ist auch üblich, die Glaskapillare von hinten erst mit Mineralöl zu befüllen, bevor man den Tracer über die feine Spitze in die Kapillare zieht.
3. mit der entsprechenden Vorrichtung am Nanoliter 2000 Injector wird die Pipette langsam befüllt. Damit es nicht zu Farbstoffverklumpungen an der Spitze der Kanüle kommt, empfiehlt es sich, im letzten Schritt, wenn genügend Farbstoff in der Kanüle ist, noch einmal kurz Luft in den spitz zulaufenden Bereich der Kanüle einzusaugen (◻ Abb. 13.4b).
4. anschließend wird dieser Bereich von eventuellen Farbstoffrückständen mit einem in Ethanol oder Na-Phosphatpuffer (PB) getränkten Wattebausch gereinigt (◻ Abb. 13.4c). Für einen lipophilen Tracer, wie z. B. DiI, wird Ethanol zum Klären benutzt, für einen hydrophilen Tracer (z. B. FluoroGold) wird PB benutzt. Diese Lösungen müssen dann vor der eigentlichen Tracer-Applikation aus der Injektionskanüle herausgedrückt werden.

Der Tracer kann aber auch direkt in die Injektionskanüle gefüllt werden. Dazu wird in einer speziellen biegsamen dünnen Kanüle (z. B. MicroFil MF34G von World Precision Instruments, Inc.) der gelöste Farbstoff von hinten in die Injektionskanüle bis möglichst weit in die ausgezogene Spitze hinein, herangeführt. Die Farbstofflösung läuft dann zwischen Filament und innerer Kapillarwand über die entstehende Flüssigkeitsbrücke bis in die Elektrodenspitze hinein.

Anleitung A13.3

Injektion des Tracers in neuronales Gewebe
Vor dem Einbringen der mit Tracer gefüllten Kanüle in bestimmte Gewebe muss unter optischer Kontrolle mit der Stereolupe oder dem Mikroskop überprüft werden, ob der Farbstoff bei Druckanwendung aus der Spitze austritt. Falls der Tracer nicht wie gewünscht aus der Injektionskanüle

▼

austritt, muss die Spitze mit Ethanol oder PB nochmals gereinigt werden. Es kann auch ein größeres Volumen aus der Kanüle gedrückt werden mit einer anschließenden Reinigung der Kanülenspitze. Ist die Kanülenspitze noch nicht zu weit zurückgebrochen, dann kann auch mit einer Mikroschere die Spitze leicht eingekürzt werden. Diese Methode wird sehr oft bei dem Tracer DiI erfolgreich angewendet, da dieser Tracer sehr leicht dazu neigt, in der Elektrodenspitze zu verklumpen. Direkt kurz vor der Applikation wird nochmals eine kleine Menge Tracer zur Kontrolle aus der Mikropipette gedrückt.

In vivo-Applikation

Bei der Druckapplikation oder der iontophoretischen Tracer-Applikation *in vivo* gibt es einige generelle Vorgehensweisen, die eine gute Injektion wahrscheinlich machen.

Durchführung:

1. mit der Spitze der Injektionspipette wird unter optischer Kontrolle die Dura kurz durchstochen, damit beim Eindringen der Kanüle das Gewebe nicht komprimiert wird (alternativ kann auch mit einer Mikroschere oder der Spitze einer feinen Injektionskanüle ein kleiner Schnitt in die Dura gemacht werden). Anschließend wird die Pipette mit dem Farbstoff mittels Mikromanipulator genau auf die Oberfläche positioniert, um die Koordinaten für die Tiefe zu gewährleisten

2. die Injektionspipette wird in die entsprechende Tiefe abgesenkt und für ca. 100 bis 200 µm wieder zurückgezogen. Dadurch wird ein Bereich geschaffen, in dem der Tracer sich bei der Injektion ausbreiten kann. Ansonsten könnte er womöglich an den Seiten der Injektionspipette aus dem Gewebe wieder herausgedrückt werden

3. am Ende einer Farbstoffinjektion sollte die Kanüle noch für einige Sekunden oder Minuten im Gewebe verbleiben. Dadurch wird verhindert, dass beim Herausziehen der Kanüle ein Kanal entsteht, in den der injizierte Farbstoff eindringt und so umliegendes Gewebe mit markiert

Die Tracer-Substanzen sind im Allgemeinen in H_2O oder in Na-Phosphatpuffer gelöst und werden über Druck mit einem Nanoliter 2000 Injector (WPI), per Hand (1µl Hamilton-Spritze), über Iontophorese oder ballistisch mit der Gene-Gun (Bio-Rad) appliziert. Bei der Iontophorese erfolgt die Applikation unter gepulstem Gleichstrom. Dessen Dauer und Stärke kann je nach Tracer, Lösungsmittel und Tierart variieren. Der anterograde Tracer PHA-L wird mit einem positiven Strom von 5 µA in einem 5 Sekunden lang andauernden An-/Aus-Zyklus für insgesamt 10 Minuten appliziert, der retrograde Tracer FluoroGold mit 4 µA und einem An-/Aus-Zyklus von 7 Sekunden und Lucifer Yellow, ebenfalls ein retrograder fluoreszierender Tracer, wird mit nur 1 bis 3 nA für 3 bis 10 Minuten extrazellulär appliziert. Bei einer intrazellulären iontophoretischen Farbstoffapplikation wird der Tracer im Allgemeinen in 2 M Kaliumchlorid oder 2 M Kaliumacetat gelöst und mit

▼

einem Injektionsstrom zwischen 2 und 5 nA für 10 bis 60 Minuten appliziert. Für die intrazelluläre Injektion müssen die Elektrodenspitzen sehr fein ausgezogen sein (2–4 µm), wohingegen für eine extrazelluläre Injektion Glaskapillaren mit Spitzendurchmesser von 10 bis 50 µm üblich sind.

In vitro-Applikation

Bei der Druckapplikation oder der iontophoretischen Tracer-Applikation *in vitro* wird die in einem Halter (Nanoliter 2000 Injector, WPI) eingespannte Farbstoffkanüle unter optischer Kontrolle direkt auf den Hirnschnitt an der gewünschten Position platziert und vorsichtig mit dem Mikromanipulator in die gewünschte Tiefe abgesenkt. Durch die Präparation (Schneiden am Vibratom) ist das Hirngewebe bereits gut zugänglich für die Elektrode, und der Ausgangspunkt für das Eindringen der Elektrode von der Oberfläche des Hirnschnitts aus ist gut einstellbar. Für eine in vitro Tracer-Applikation eignen sich auch hervorragend Kristalle wie z. B. von dem Tracer Fluoro Ruby® (Dextran, Tetramethylrhodamine), die dann mit einer Minutiennadel (▶ Kapitel 13.3.1) lokal auf den Schnitt in das Gewebe eingebracht werden. Bei der Markierung von Neuronen während einer Ganzzellableitung in einem Patch-Clamp Experiment ist es für die spätere Darstellung des Neurons mit seinen Dendriten und dem axonalen Verzweigungsmuster völlig ausreichend, wenn z. B. der Tracer Biocytin in die Pipettenlösung der Ableitelektrode hinzugegeben wird. Biocytin lässt sich nach eigener Erfahrung sehr gut in der Pipettenlösung als Aliquot einfrieren und ist so jederzeit schnell verfügbar.

Post mortem-Applikation

Bei der Injektion eines Tracers in bereits fixiertes Gewebe *post mortem* lassen sich wie bei in vivo- und in vitro-Untersuchungen Kristalle gut applizieren, sofern die entsprechenden Regionen an der Gehirnoberfläche, der Oberfläche von Ganglien bei Wirbellosen oder von Marksträngen, z. B. bei Echinodermen, liegen oder durch geschickte Präparation gut zugänglich gemacht werden können. Für das Tracen an totem Gewebe eignen sich besonders die Farbstoffe der Carbocyanine wie DiI und DiO, die in die Zellmembran inkorporiert werden und sich durch laterale Diffusion innerhalb der Membran sowohl retrograd als auch anterograd ausbreiten. Sie sind wasserlöslich und fluoreszieren. Diese, sowie der Farbstoff Lucifer Yellow, können als einzige Stoffgruppe an totem Gewebe eingesetzt werden. Sie sind aber auch für lebende Zellen geeignet, da sie ungiftig sind und nicht abgebaut werden.

13.4 Perfusionskammer für *in vitro*-Farbstoffapplikationen

Perfusionskammern werden für die Untersuchung am *in vitro*-Hirnschnittmodell verwendet. Akute Gewebeschnitte können für einen längeren Zeitraum in einer feuchten Kammer am Leben erhalten werden, wenn sie mit einem ihren physiologischen

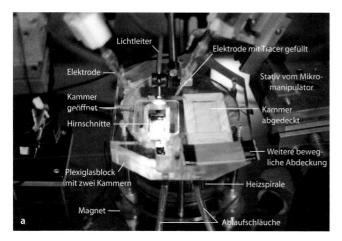

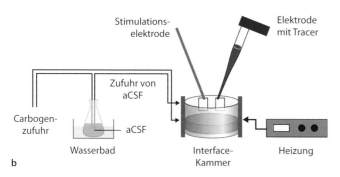

Abb. 13.5 Interface-Kammer (Seitenansicht und schematische Anordnung). In der Aufsicht (**a**) sind die beiden Kammern für die Aufnahme der nativen Hirnschnittpräparate zu erkennen. Die Kammer rechts ist zur Stabilisierung der frisch eingebrachten Schnitte bereits abgedeckt. Die Schnitte in den beiden Kammern werden mit Sauerstoff-angereicherter Nährlösung versorgt (Zufuhr von aCSF) und zusätzlich wird die feuchte Kammer durch direkte Zufuhr ausreichend mit Carbogen begast. **b**) Vereinfachte schematische Darstellung der Versuchsanordnung.

Anforderungen entsprechenden Nährmedium (aCSF: *artificial cerebrospinal fluid*) infiltriert und mit Carbogen (95 % O_2, 5 % CO_2) begast werden. Eine solche Perfusionskammer wurde zuerst 1983 von Kelso et al. beschrieben. Man unterscheidet zwei Typen von Perfusionskammern: die Interface-Kammer und die Submerge-Kammer. Während die Schnitte in einer Submerge-Kammer von Nährlösung, die mit Carbogen begast wird, vollständig umspült werden, liegen die Präparate in einer Interface-Kammer auf einem Netzträgerchen an der Oberfläche. So sind die Präparate in einer Interface-Kammer für den Experimentator leicht zugänglich, was die Applikation von Farbstoffen am nativen Hirnschnitt, sowie die Platzierung einer Vielzahl von Elektroden (bei elektrophysiologischen Ableitungen) erleichtert (Abb. 13.5). Ein Austrocknen der Schnittoberfläche in einer Interface-Kammer wird durch kontinuierliche Bedampfung einer mit Sauerstoff angereicherten Nährlösung verhindert.

Perfusionskammern können im Handel erworben (z. B. Campden Instruments Ltd.) oder selber an den entsprechenden Instituten gebaut werden. Im Allgemeinen besteht eine Interface-Kammer aus ein oder zwei Vertiefungen im Deckel eines breiten Plexiglaszylinders (Abb. 13.5). In diese beiden

Aussparungen kann jeweils ein mit einem Netz aus feinmaschigem Nylon bespannter Plexiglasrahmen eingesetzt werden. Das Netz dient im Versuch als Unterlage für die Hirnschnitte. Die Präparate werden aber nicht direkt auf das Netz gelegt, sondern auf ein für die Kammergröße passend zurechtgeschnittenes hochwertiges Linsenpapier (z. B. WHATMAN Lens Cleaning Tissue 105). Je nach Größe der Interface-Kammer können mehrere Gehirnschnitte pro Kammer aufgenommen werden. Damit die Vitalität der nativen Gehirnschnitte möglichst lange und gut erhalten bleibt, ist es wichtig, dass die mit Sauerstoff angereicherte Nährlösung (aCSF) die Schnitte optimal versorgt und die feuchte Kammer ausreichend mit Carbogen begast wird.

Über vier schlitzförmige Öffnungen im Oberteil des Plexiglaszylinders besteht eine vor Spritzwasser geschützte direkte Verbindung zum unteren Teil des Plexiglaszylinders, der bis zur Hälfte mit H_2O gefüllt ist, das mit einer Heizspirale erwärmt wird. Die Temperatur des Wassers wird über einen Messfühler reguliert und konstant gehalten. Kontinuierlich wird in das destillierte Wasser Carbogen eingeleitet, sodass wasserdampfgesättigtes Gas innerhalb des Plexiglaszylinders aufsteigt, durch die seitliche Belüftungsschlitze die Kammern erreicht und so die Hirnschnittpräparate ausreichend mit Sauerstoff versorgt. Über je einen Zulauf an der Kammer wird in einem speziellen Schlauch künstliche Nährlösung (aCSF), die in einem Wärmebad (z. B. von Memmert oder Julabo GmbH) vorgewärmt und ebenso mit Carbogen begast wird, mit einer Peristaltikpumpe (z. B. Minipuls 3, Gilson International) in die Kammern transportiert (Abb. 13.5). Der Zufluss mit einer Fließgeschwindigkeit von ca. 1,5 bis 2 ml pro Minute wird über eine Rollerpumpe reguliert. Zusätzlich wird der Durchfluss der Nährlösung mit Hilfe von kleinen Stoffresten von feinmaschigem Nylongewebe an der Abflussseite der Kammer einjustiert, damit die nativen Hirnschnittpräparate optimal von Nährmedium seitlich und an ihrer Oberfläche versorgt werden. Die Nährlösung wird nach Durchlaufen der Interface-Kammern jeweils am gegenüberliegenden Ende der Kammern abgeleitet und entsorgt. In einigen Labors wird die abgeleitete Nährlösung wieder mit Carbogen begast und erneut über die Schnitte geleitet, so dass ein geschlossenes System für die Versorgung der Kammer besteht. Dies eignet sich besonders für lang andauernde Experimente. Die Zufuhrschläuche können auch in andere Versuchsmedien getaucht werden.

Lösungen für die Hirnschnittpräparation und Inkubation der Schnitte in der Interface-Kammer
Bei der Tracer-Applikation an Gehirnschnittpräparaten *in vitro* müssen die Hirnschnitte mit einer Lösung (aCSF) perfundiert werden, deren Ionenzusammensetzung der des Liquors des Tieres entspricht. Für die Ratte gilt folgende Zusammensetzung der 10-fach konzentrierten Stammlösung (Tab. 13.3). Die Stammlösungen sind bis zu 14 Tage im Kühlschrank haltbar.

▼

Ansetzen der Lösungen:

- Die Stammlösungen I und II werden getrennt angesetzt und bei Versuchsbeginn 1:5 mit H_2O verdünnt.
- Für 2 l Lösung werden 200 ml Stammlösung I mit 200 ml Stammlösung II und 1600 ml H_2O aufgefüllt und der pH-Wert auf 7,4 eingestellt.

Diese Inkubationslösung findet in Perfusionskammern für Hirnschnitte, bei der Hirnpräparation und dem Schneiden am Vibratom Verwendung. Um das Gewebe aber besser vital zu erhalten, wird für die Präparation im Allgemeinen eine saccharosehaltige aCSF-Lösung hergestellt, die zwar im wesentlichen der normalen aCSF entspricht, wie sie in der Interface-Kammer benutzt wird (◘ Tab. 13.3), in der aber das NaCl (in normaler aCSF: 124 mm NaCl) vollständig durch Saccharose (220 mm) ersetzt wird (0 mm NaCl). Mit dieser Saccharose-aCSF-Lösung möchte man erreichen, dass beim Präparieren die Zellen geschont werden und möglichst wenig „spiken". Eine andere Möglichkeit, das Gewebe möglichst weitgehend zu schonen, ist der Gebrauch einer aCSF-Lösung mit reduzierter Calciumkonzentration (0,5 mm) bei gleichzeitig erhöhter Magnesiumkonzentration (3 mm). Diese Lösung eignet sich auch sehr gut für das Schneiden am Vibratom.

Die Präparations- und Schneidelösungen für das Vibratom werden, nachdem sie zuvor für mindestens 10 Minuten mit Carbogen begast wurden, für 20 Minuten im Eisfach gekühlt, so dass sich eine kleine Eisschicht in den Bechergläsern bildet. Anschließend werden sie mit Carbogen begast, um:

- das exponierte Gehirn während des Herauspräparierens zu benetzen,
- das frei präparierte Gehirn kurz mit aCSF zu spülen,
- die zu schneidenden Hemisphären in sauberer aCSF kurz zu lagern.

◘ Tab. 13.3 Inkubationslösung für *in vitro*-Hippocampuspräparate

Lösung	Inhalts-stoffe	Konzen-tration		10x konzen-triert
künstliche Cerebrospinalflüssigkeit (Ringer-stamm I)	NaCl	124	mM	72,466 g/l
	NaH_2PO_4	1,25	mM	1,725 g/l
	$MgSO_4$	1,8	mM	4,437 g/l
	$CaCl_2$	1,6	mM	2,352 g/l
	KCL	3	mM	2,237 g/l
	Glucose	10	mM	19,817 g/l
künstliche Cerebrospinalflüssigkeit (Ringer-stamm II)	$NaHCO_3$	26	mM	21,843 g/l

13.5   Farbstoffapplikationen in der Interface-Kammer

Bei der Herstellung frischer Hippocampusschnitte vom Gehirn, z. B. der Ratte oder Maus, muss das Gehirn sehr schnell (in weniger als einer Minute ist optimal) aus der Schädelkapsel he-

rauspräpariert werden. Anschließend wird das Gehirn entsprechend zurechtgeschnitten, um die gewünschte Schnittebene des Präparats zu erhalten (◘ Abb. 13.6). Der Hippocampus und anliegende Gehirnbereiche werden dann am Vibratom oder „tissue chopper" (z. B. McIlwain Mechanical Tissue Chopper, Harvard Apparatus) in 400 µm dicke Schnitte geschnitten. Bis zu diesem Punkt sollten nicht mehr als 5 Minuten nach der Dekapitation vergangen sein. Die Schnitte werden nach jedem Schneidevorgang von der Klinge des Vibratoms oder *tissue chopper* in einen Vorratsbehälter oder direkt auf das mit Linsenpapier ausgelegte Netz in der Interface-Kammer überführt. Die Kammer wird abgedeckt und die Schnitte werden, sobald sie in der Kammer sind, mit Carbogen gesättigter Nährlösung umspült und über Lüftungsschlitze mit Carbogen gesättigtem Wasserdampf versorgt (◘ Abb. 13.5). Für ca. eine Stunde bleibt die Kammer abgedeckt, um das notwendige Äquilibrieren der Hirnschnitte an das Medium zu gewährleisten.

Anleitung A13.5

Vorbereitungen für die Hirnschnittpräparation

Es ist wichtig, dass bei Versuchsbeginn alle notwendigen Utensilien bereit stehen: Die Geräte müssen aufgebaut sein, Lösungen angesetzt in entsprechenden Bechergläsern zur Verfügung stehen, diverse Arbeitsmaterialien und Präparierwerkzeuge müssen am richtigen Platz liegen und die Interface-Kammer muss betriebsbereit sein. Die Richtlinien des Tierschutzgesetztes sind bei der Betäubung und anschließender Dekapitation einzuhalten. Die Präparation und das anschließende Schneiden am Vibratom müssen zügig geschehen, wobei das empfindliche Gewebe dennoch schonend gehandhabt werden muss.

Geräte:

- Interface-Kammer
- Carbogen
- Peristaltikpumpe
- Wärmebad mit Thermostat
- Guillotine (oder Schere)
- Vibratom (oder tissue chopper)
- Stereolupe

Material:

- Skalpell oder chirurgische Schere
- Augenschere zum Öffnen der Dura mater
- mikrochirurgische Schere zum Abtrennen der Hirnnerven
- stumpfe und spitze Pinzetten
- Knochenschaber
- Knochensplitterzange
- Narkosegefäß
- Rasierklingen
- feiner Pinsel
- gebogener Spatel
- Klebstoff für den Probenteller (Vibratom)
- diverse Bechergläser

▼

- Erlenmeyerkolben
- Kühlbox mit zerkleinertem Eis
- eisgekühlte Petrischale
- Plastiklöffel
- stumpfe Glaspipette
- fusselfreie Papiertücher

Lösungen:
- aCSF, eisgekühlt für die Präparation
- aCSF, angewärmt für die Interface-Kammer
- Carbogen (95 % O_2, 5 % CO_2)

Chemikalien:
- Ether

Ansetzen der Lösungen:
- Von der angesetzten aCSF wird ein Teil für die Versorgung der Schnitte in der Interface-Kammer benötigt. Dazu wird ein Erlenmeyerkolben mit aCSF gefüllt und in das Wärmebad gestellt, mit Carbogen begast und über einen kleinen elastischen Schlauch zur Interface-Kammer geführt.

Die auf verschiedene Bechergläser verteilte aCSF, die zuvor für ca. 20 Minuten im Eisfach stand, wird für Präparation und Schneiden mit Carbogen begast.

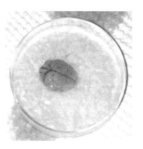

Herauspräpariertes Gehirn in der Petrischale

1. Schritt
Entfernung des Cerebellums und des Frontallappens

2. Schritt Teil a
Entfernen des rechten ventrolarteralen Bereichs

2. Schritt Teil b
Entfernen des linken ventrolarteralen Bereichs

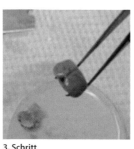

3. Schritt
Herausnahme des Gehirns auf ein Filterpapier

4. Schritt
Aufkleben eines Agarblocks auf die Plattform

Anleitung A13.6

Gehirnentnahme an der Ratte

Durchführung:
1. Zur Anfertigung von *in vitro*-Präparaten wird das Versuchstier in tiefe Ethernarkose versetzt und anschließend dekapitiert
2. Mit einer Schere oder einem Skalpell wird die Kopfhaut eingeschnitten und entlang der Mittellinie von caudal nach rostral durchtrennt, um freien Zugang zum Schädelknochen zu bekommen
3. Die temporale Kaumuskulatur wird mit einem Skalpell beidseitig abgelöst, die Schädeloberfläche mit einem Knochenschaber gesäubert und im Bereich des Foramen magnum beginnend werden mit einer Knochensplitterzange Teile der Schädelkapsel stückweise entfernt
4. Mit einer Augenschere wird die Dura mater eröffnet und mit einer gebogenen feinen Pinzette behutsam entfernt. Die Bulbi olfactorii und Anteile des frontalen Endhirns werden vorsichtig abgetrennt und der verbliebene Hirnanteil mit Hilfe eines gebogenen Spatels vorsichtig aus der Schädelgrube herausgelöst, wobei die Hirnnerven und Gefäße an der Hirnbasis mit einer mikrochirurgischen Schere durchtrennt werden

Das Gehirn wird beim Präparieren mit eisgekühlter, Carbogen-angereicherter Nährlösung beträufelt, nach dem Herauspräparieren kurz in frischer aCSF gespült und dann kurzfristig in eisgekühlte aCSF gegeben.

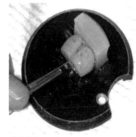

5. Schritt
Aufkleben des Gehirns auf die Plattform

6. Schritt
Trennung der Hemisphären durch einen Schnitt

Leicht auseinander gekippte Hemisphären

Schnittführung im Vibratom

□ **Abb. 13.6** Einzelne Schnittführungen bei der Hippocampus-Präparation. Vorgehensweise wird detailliert im Text beschrieben (Bildmaterial modifiziert nach http://www.med64.com/resources/pdf/AcuteSliceProtocol_5.pdf)

Anleitung A13.7

Hippocampus-Präparation und Schneiden am Vibratom

Material:

- feiner Pinsel
- stumpfe Glaspipette
- Plastiklöffel
- Spatel
- Rasierklingen
- Gewebekleber
- fusselfreie Papiertücher
- Petrischale auf Eis liegend
- kleiner Block aus Agar
- Filterpapier
- Vibratom

Lösungen:

- aCSF
- Carbogen (95 % O_2, 5 % CO_2)

Durchführung der Hippocampus-Präparation:

1. Der Probenteller, die Pufferwanne (Schneidewanne) des Vibratoms und die Petrischale werden auf Eis gelegt und die Bechergläser mit eisgekühlter, Carbogen-begaster aCSF bereit gestellt
2. Die Rasierklinge wird mit Ethanol entfettet und in den Halter des Vibratoms eingespannt
3. Das Gehirn wird mit dem Plastiklöffel vorsichtig aus dem Becherglas gehoben und für die weitere Präparation in eine mit Filterpapier ausgelegte auf Eis liegender Petrischale gelegt und mit eisgekühlter aCSF beträufelt
4. Durch spezifische Schnittführungen werden verschiedene Gehirnareale entfernt, um dann das so vorbereitete Gehirn am Vibratom zu schneiden
   - *1. Schritt*: Entfernen des Cerebellums und ca. 1/3 des Frontallappens
   - *2. Schritt*: Das Gehirn so kippen, dass es auf der frontalen Schnittfläche liegt. Jetzt können die beiden ventro-lateral liegenden Gehirnbereiche in einem Winkel von ca. 20° bis 30° von der horizontalen Ebene ausgehend, mit je einem Schnitt entfernt werden
   - *3. Schritt*: Das Gehirn mit einer Pinzette aus der Petrischale nehmen und auf seine ventrale Seite auf ein trockenes Filterpapier legen
   - *4. Schritt*: Ein Agarblock wird auf den Probenteller (Plattform) mit Sekundenkleber (Cyanacrylatkleber) aufgebracht. Er dient gleichzeitig als Begrenzung und Stütze während des Schneidevorgangs. Weiteren Sekundenkleber zum Aufkleben des Gehirns auf dem Probenteller verteilen
   - *5. Schritt*: Das Gehirn wird mit einer Pinzette vorsichtig vom Filterpapier abgehoben und mit seiner ventralen Unterseite so auf den Probenteller gesetzt, dass seine caudal liegende Region am Agarblock eng anliegt
   - *6. Schritt*: Mit einem medialen Schnitt werden die Hemisphären durchtrennt und leicht zur Seite auf die zu-

vor angeschnitten ventro-lateralen Areale gekippt. Überschüssiger Kleber wird bei Bedarf vorsichtig mit einem fusselfreien Papiertuch entfernt

5. Probenteller (Plattform) in die mit Eiswasser umgebene Schneidewanne setzen
6. Schneidewanne zügig mit eisgekühlter Nährlösung auffüllen, bis die Hemisphären bedeckt sind. Der aCSF in der Schneidewanne wird über kleine flexible Schläuche mit Carbogen begast
7. Das Messer im Vibratom (z. B. Vibroslice 752 M, Campden Instruments; Leica VT1000 S, Leica Biosystems) einspannen und Horizontalschnitte anfertigen
8. Dabei sollte der erste Schnitt 4 bis 5 mm dick sein, um das über dem Hippocampus liegende Gewebe zu entfernen. Dann wird eine Schnittdicke von 350–400µm eingestellt
9. Schnitte, die keinen Hippocampus enthalten, verwerfen
10. Die Hippocampusschnitte werden einzeln mit einem feinen Pinsel und einem leicht angewinkelten kleinen Spatel vorsichtig aus der Schneidewanne des Vibratoms direkt in eine Interface-Kammer transferiert. Sie können aber auch mit dem stumpfen Ende einer Pasteurpipette vorsichtig aufgesogen und so zur Interface-Kammer gebracht werden, wo sie durch leichtes Nachlassen des Drucks auf das Gummihütchen auf das Nylonnetz gleiten. Handelt es sich um kleine Hirnschnittkammern, so werden die Hippocampusschnitte in einem Vorratsgefäß bis zur Messung gesammelt
11. Es werden so lange Schnitte aufgefangen, bis der Hippocampus nicht mehr zu sehen ist
12. Die Rasierklinge wird entsorgt und die Vibratomwanne mit H_2O gespült

Die Interface-Kammer wird kontinuierlich mit angewärmter, mit Carbogen angereicherter Nährlösung durchströmt und begast und kann je nach Größe mehrere Gehirnschnitte pro Seite aufnehmen (◘ Abb. 13.5). Die Schnitte verbleiben für ca. eine Stunde abgedeckt in der Kammer, um das notwendige Äquilibrieren der Hirnschnitte in dem Medium zu gewährleisten, bevor mit einer elektrophysiologischen Messung oder einer Tracer-Applikation begonnen wird. Dabei dient ein mit Papier dicht umwickelter Objektträger als Abdeckung der Kammer (◘ Abb. 13.5). Das Papier soll dabei verhindern, dass Wasserdampf an der Glasoberfläche des Objektträgers kondensiert und als Tropfen auf den Schnitt in die Kammer zurück fällt.

13.6 Anwendungsbeispiele für Tracer-Applikationen

13.6.1 Fluoro Ruby® (FR)

Fluoro Ruby (Tetramethylrhodamine) ist ein an Dextranamin gekoppelter Fluoreszenzfarbstoff, der sowohl anterograd als auch retrograd transportiert werden kann und exzellente Lauf-

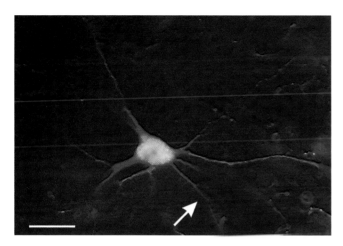

Abb. 13.7 Mit Fluoro Ruby® markiertes Neuron im entorhinalen Cortex (EC) nach kristalliner Applikation in der Area dentata im Hippocampuskomplex der Ratte. Fluoreszenzaufnahme eines Neurons aus der Schicht II im EC, das sein Axon (Pfeil) in die Area dentata projiziert und so durch FR Applikation in dieser Region (AD) retrograd im EC markiert wurde. Maßstab = 30 µm. Bild: T. Dugladze et al. (2001) Humbold Universität, Berlin

eigenschaften hat (Schmued et al. 1990). Fluoro Ruby lässt sich verhältnismäßig einfach und schnell kristallin applizieren und ist daher ein guter Tracer für *in vitro*-Hirnschnittpräparate (z. B. Dugladze et al. 2001). Mit Fluoro Ruby lassen sich Neurone in ihrer gesamten Form, einschließlich Axon und Axonkollateralen sowie dendritischen Verzweigungen und Spines besonders gut darstellen (**Abb. 13.7**).

■ **Lagerung von Fluoro Ruby**

Die Farbstoffkristalle können bei 4 °C für viele Monate aufbewahrt werden. In Lösung gebrachter Farbstoff kann in einem Reaktionsgefäß unter einer Abdeckung von Mineralöl bei –20 °C für mindestens zwei Monate eingefroren werden. Fluoro Ruby muss vor Licht geschützt werden.

■ **Farbstoffeigenschaften**

Fluoro Ruby hat ein Molekulargewicht von 10 500 Dalton, ist sehr gut wasserlöslich und wird in den Zellen schnell transportiert. Der Tracer wird nur von verletzten Nervenzellen aufgenommen und hat gute Transporteigenschaften, d. h. es können mit diesem Tracer auch sehr lange Wege im Nervensystem, wie von peripheren Nerven bis hin zum Gehirn, am lebenden Tier markiert werden.

■ **Überlebensdauer**

Für den Nachweis spezifischer Projektionen im Gehirn muss der Farbstoff für eine bestimmte Zeit im Tier verweilen (Überlebensdauer). Die Überlebensdauer *in vivo* liegt zwischen 6 und 14 Tagen (maximal 30 Tage) je nach Tierart und zu untersuchenden Verbindungen oder Strukturen.

Bei der *in vitro*-Tracer-Applikation in der Interface-Kammer verbleiben die Schnitte nach der Farbstoffinjektion für

8 bis 10 Stunden lichtgeschützt in der Kammer, wo sie von Sauerstoff-angereicherter Nährlösung umspült werden.

■ **Injektionsart und Konzentrationen**

Fluoro Ruby kann durch Iontophorese, Druckapplikation oder einfach in Form von Kristallen in das Gewebe injiziert werden (▶ Kap. 13.3).

Konzentrationen bei der Anwendung:
— Iontophorese: 10 % FR in 0,9 % NaCl (10 mg/100 µl NaCl-Lösung)
— Druckapplikation: 10 % FR in 0,01 M Na-Phosphatpuffer, pH 7,4
— Kristalline Applikation: kleinstmögliche Kristalle wählen, die nur unter dem Stereolupe, aber nicht mit dem bloßen Auge sichtbar sind

■ **Anwendung von Fluoro Ruby am Hirnschnitt**

Für das Tracen neuronaler Verbindungen oder zur Darstellung von Neuronen an einem Hirnschnittpräparat eignet sich besonders gut die Applikation von Kristallen (▶ Kap. 13.3). Die Hirnschnitte müssen nach dem Einbringen in die Interface-Kammer für ca. eine Stunde äquilibrieren, bevor mit der Injektion der Fluoro Ruby-Kristalle begonnen werden kann.

Anleitung A13.8

Injektion mit Fluoro Ruby *in vitro*
Material (für Kristalline Applikation):
— Farbstoff: Tetramethylrhodamine-Dextranamine-Konjugat (Fluoro Ruby, FR)
— Stereolupe
— Minutiennadeln
— Petrischale
— fusselfreie Papiertücher
— Pinsel

Durchführung:
1. Die Farbstoffkristalle werden unter optischer Kontrolle mit einer Minutiennadel in das Gewebe appliziert
2. Überschüssige Kristalle werden nach der Applikation mit dem Pinsel vorsichtig weggespült
3. Die Vertiefungen in der Interface-Kammer, in denen die Hirnschnitte liegen, werden abgedeckt, und die Kammer selbst oder der Raum wird verdunkelt

Die Schnitte verbleiben für 8 bis 10 Stunden in der lichtgeschützten Kammer

Anleitung A13.9

Transfer der Hirnschnittpräparate
Nach 8 bis 10 Stunden werden die Schnitte aus der Kammer genommen und über Nacht (oder auch für mehrere Tage) in einem Fixativ bei 4 °C lichtgeschützt im Kühlschrank bis zur weiteren Aufarbeitung aufbewahrt.
▼

Material:
- Petrischale
- Titerplatte
- 2 Pinzetten
- 2 unterschiedlich gekennzeichnete Pinsel

Lösungen:
- aCSF
- 4 % PBF (Paraformaldehyd in 0,125 M Na-Phosphatpuffer, pH 7,4) für Lichtmikroskopie (LM)
- 4 % PBF versetzt mit 0,5 % Glutaraldehyd für Elektronenmikroskopie (EM)

Durchführung:
Das Fixativ (4 % PBF) muss rechtzeitig angesetzt werden (▶ Kap. 5), damit es bei der Verwendung erkaltet ist.
1. In eine Titerplatte gibt man das Fixativ, die Petrischale wird mit aCSF halb gefüllt und in die Nähe der Kammer gebracht
2. es wird sorgsam darauf geachtet, dass kein Fixativ über Pinsel oder Pinzetten in die Interface-Kammer gelangt, weil sonst in weiteren Experimenten die Vitalität der Schnitte trotz vorherigen Reinigens der Kammer gefährdet ist
3. mit je einer Pinzette werden die Enden des Linsenpapiers ergriffen, auf denen bis zu sechs Hirnschnitte liegen können. Das Linsenpapier wird dann sofort in die mit aCSF gefüllte Petrischale überführt; die Schnitte müssen mit Lösung bedeckt sein
4. die Hirnschnitte werden mit einem Pinsel behutsam vom Linsenpapier gelöst und Schnitt für Schnitt in die mit Fixativ gefüllte Titerplatte überführt

Die Titerplatte wird mit einem Deckel und zusätzlich etwas Alufolie lichtgeschützt abgedeckt und im Kühlschrank über Nacht (oder für mehrere Tage) bis zur weiteren Verarbeitung aufbewahrt

Anleitung A13.10

Gefrierschnitte von Hirnschnittpräparaten am Gefriermikrotom

Um die 400 µm dicken Hirnschnitte mikroskopisch auswerten zu können, müssen sie in noch weitaus dünnere Schnitte von 20 bis 40 µm in einem Kryostaten (▶ Kap. 9) oder einem Gefriermikrotom (z. B. Frigomobil cm 1325, Leica Biosystems) heruntergeschnitten werden. Auch ein Schlittenmikrotom (z. B. Leica SM2010 R, Leica Biosystems) mit einer Vorrichtung für Trockeneis eignet sich gut zum Gefrierschneiden.

Material:
- Gefriermikrotom (Kryostat, Schlittenmikrotom)
- Kaltlichtleuchte
- Titerplatten

▼

- Schnappdeckelgläser
- Pinsel
- Parafilm
- fusselfreie Papiertücher

Lösungen:
- 30 % Saccharose in 0,125 M Na-Phosphatpuffer
- 0,125 M Na-Phosphatpuffer, pH 7,4

Durchführung:
1. Die Schnappdeckelgläser werden entsprechend der Anzahl der Schnitte nummeriert und mit der Saccharose-Pufferlösung als Gefrierschutz befüllt
2. die Hirnschnitte werden mit einem Pinsel einzeln in je ein Glasfläschchen überführt und verbleiben dort für 1 bis 2 Stunden (bzw. bis zum vollständigen Absinken der Schnitte auf den Boden)
3. am Gefriermikrotom wird ein Eissockel aus Na-Phosphatpuffer hergestellt (der etwas größer ist als der Schnitt) und plan geschnitten
4. der Hirnschnitt wird kurz in Puffer gewaschen und mit Hilfe eines Parafilmstreifens auf die Oberfläche des Eissockels aufgebracht und angefroren. Nach ca. fünf Minuten ist das Gewebe gut durchgefroren und man kann mit dem Schneidevorgang beginnen. Dabei werden die Titerplatten nach jedem Schneidevorgang lichtgeschützt abgedeckt, damit der Tracer nicht ausbleicht

Anleitung A13.11

Aufziehen und Einbetten der Fluoreszenzpräparate

Die Schnitte werden noch am selben Tag in einem mit H_2O verdünnten 0,1 M Natriumphosphatpuffer, pH 7,4, im Verhältnis 1:1 aufgezogen, getrocknet und eingebettet.

Material:
- Kaltlichtleuchte
- Wärmeplatte
- fusselfreie Papiertücher
- beschichtete Objektträger (z. B. Objektträger SuperFrost Ultra Plus)
- Glasschale zum Aufziehen der Schnitte
- Pinsel

Lösungen:
- Ethanol (70 %, 95 %, 100 %)
- Xylol
- H_2O
- 0,125 M Na-Phosphatpuffer, pH 7,4
- Einbettmedium

Durchführung:
1. Die in Puffer aufgefangenen Schnitte werden in richtiger Reihenfolge auf einen mit Gelatine beschichteten Objekt-

▼

träger aufgezogen und lichtgeschützt auf einer Wärmeplatte bei 50–60 °C getrocknet

2. für eine bessere Orientierung im Fluoreszenzpräparat nimmt man den letzten oder vorletzten Schnitt aus der Schnittserie heraus und zieht ihn extra auf einen beschichteten Objektträger auf, um ihn später für die Hellfeldbetrachtung mit einer Nissl-Färbung zu färben

3. die anderen auf Objektträger aufgezogenen und getrockneten Fluoreszenzschnitte werden in einer Ethanolreihe kurz (60 sec) entwässert und in Fluoromount oder anderen für Fluoreszenz geeigneten Medien eingebettet

4. alternativ kann auch auf die Ethanolreihe verzichtet werden und die getrockneten Schnitte werden nur kurz (1 min) in Xylol getaucht, bevor sie eingebettet werden, oder man deckelt die Schnitte direkt nach dem Trocknen mit geeigneten Medien ein

- **Photokonversion von Fluoro Ruby (verändert nach Schmued und Snavely, 1993)**

Da Fluoreszenzschnitte mit der Zeit ausbleichen, kann man durch Photokonversion den Fluoreszenzfarbstoff auch in ein lichtstabiles Produkt umwandeln. Allerdings sind die Ergebnisse nicht immer befriedigend. Gelingt sie jedoch, dann können diese Präparate (A13.12) im Hellfeld betrachtet werden oder in einem weiteren Schritt durch Behandlung mit Osmium (A13.13) für die Elektronenmikroskopie aufgearbeitet werden.

Anleitung A13.12

Photokonversion für die Lichtmikroskopie

Material:
- Mikroskop mit Fluoreszenzeinrichtung
- Filtersatz für Fluoro Ruby (Standard TRITC Filter, Anregung 530–560 nm; Sperrfilter 580 nm)
- Objektiv 20×
- fusselfreie Papiertücher
- Spritzenvorsatzfilter (Porendurchmesser 0,2 μm)
- beschichtete Objektträger mit Vertiefung
- Deckgläser
- Glasschale zum Aufziehen der Schnitte
- Pinsel

Lösungen:
- 0,1 M Tris-HCl, pH 8,2
- 3,3'-Diaminobenzidin (DAB 0,1 % in 0,1 M Tris-HCl, pH 8,2), gefiltert
- 1 % Osmiumtetroxid in 0,125 M Na-Phosphatpuffer (für EM), gefiltert
- Ethanol (70 %, 95 %, 100 %)
- Xylol

Durchführung:
1. Die Präparate werden am Gefriermikrotom geschnitten und in Mikrotiterplatten lichtgeschützt aufbewahrt

▼

2. Vorinkubation des Schnitts in einem Tropfen von 0,1 % DAB in Tris-Puffer (gefiltert) auf einem Objektträger für 10 min

3. der Schnitt wird in eine frische DAB-Lösung in einem Objektträger mit einer Vertiefung überführt, mit einem Deckglas teilweise abgedeckt und am Fluoreszenzmikroskop mit einem 20× Objektiv für ca. 30 min bestrahlt. Dabei muss genügend DAB-Lösung den Schnitt in der Vertiefung des Objektträgers bedecken. Gelegentlich kann die verbrauchte DAB-Lösung durch vorsichtiges Absaugen mit frischer DAB-Lösung ausgetauscht werden

4. während der Photokonversion verblassen die fluoreszierenden Strukturen immer mehr und sehen im Hellfeld dunkelbraun aus

5. nach der Photokonversion wird der Schnitt 3-mal für 10 min in Tris-Puffer gewaschen und dann wird wie unter A13.11 bei Punkt 2. fortgefahren

Anleitung A13.13

Photokonversion für die Elektronenmikroskopie
Zur Photokonversion für die Elektronenmikroskopie muss dem Fixativ 0,5 % Glutaraldehyd zugesetzt werden. Die Präparate werden am Vibratom geschnitten. Beide Änderungen dienen dem besseren Erhalt der Ultrastruktur. Des Weiteren kommt nach der Photokonversion ein zusätzlicher Schritt durch Osmierung hinzu, der als Kontrastverstärkung auch in der Lichtmikroskopie eingesetzt werden kann.

1. 400 μm dicken Hirnschnittpräparate, in 4 % PBF (*phospate buffered formaline*) und 0,5 % Glutaraldehyd fixiert, werden am Vibratom in Na-Phosphatpuffer in zehn 40 μm dicke Schnitte geschnitten

2. Schnitte mit Grün-Anregung (530–560 nm) und DAB-Lösung fotokonvertieren

3. Osmierung mit 1 % Osmiumtetroxid in Na-Phosphatpuffer

4. Schnitte werden in einer steigenden Acetonreihe dehydriert und konventionell für die Elektronenmikroskopie weiter aufgearbeitet

Die hier beschriebene Photokonversion lässt sich auch mit leichten Veränderungen an anderen fluoreszierenden Tracern wie Fast Blue, DiI oder Lucifer Yellow durchführen.

Bei Verwendung von Corning-Netwells und Mikrotiterplatten lassen sich die Schnitte leichter handhaben und können von den Lösungen in den Netwells besser durchdrungen werden. Für die Inaktivierung endogener Peroxidasen empfiehlt sich eine Vorbehandlung der frei flotierenden Schnitte mit 0,3 % Wasserstoffperoxid und anschließendem Waschen in Tris-Puffer. Wählt man ein kleineres Objektiv (z. B. 6,3× oder 10× dann verlängert sich die Zeit für die Photokonversion. Die DAB-Lösung, deren Konzentration bis zu 0,15 % erhöht werden kann, sollte immer alle 30 Minuten ausgetauscht werden, wenn die Photokonversion dann noch nicht beendet ist. Nach der Osmierung können die Schnitte für die lichtmikroskopische

Betrachtung auch direkt ohne Dehydrierungsschritt auf beschichtete Objektträger gezogen und dann mit entsprechenden Medien eingebettet werden.

Bemerkung: Der Tracer Fluoro Ruby ist seit seiner Einführung 1990 durch Schmued et al. bis heute ein viel benutzter Tracer in den Neurowissenschaften. Für frühe Stadien akuter Nervenverletzungen und Degeneration hat sich Fluoro Ruby als schneller und sensitiver anterograder Tracer und Marker bewährt. Fluoro Ruby® ist ein eingetragenes Warenzeichen (Histo-Chem, Inc.) und von Chemicom (Millipore) über Merck Millipore erhältlich.

Hinweis: Der Erfolg der fluoreszierenden Tracer und der neue Markt für diese Produkte hat eine Vielzahl neuer, noch stärker fluoreszierender Tracer mit diversen Molekulargewichten hervorgebracht, die für den Endverbraucher förmlich maßgeschneidert sind. Dazu kommt die Entwicklung noch feiner abgestimmter Filter für die Fluoreszenzmikroskopie, die sehr effizient in der Anregung und der Wiedergabe der emittierenden Strahlung der markierten Strukturen sind. Zudem können viele fluoreszierende Tracer über spezifische Antikörper und entsprechende immunhistochemische Aufarbeitung in lichtstabile Produkte überführt werden, was aber nicht bei allen Fluoreszenzfarbstoffen bisher gelang.

13.6.2   Biotinylierte Dextranamine (BDA)

Biotinyliertes Dextranamin (Dextran, Biotin, Lysin fixable) ist ein nicht fluoreszierender Tracer mit hervorragenden Laufeigenschaften, der sowohl retrograd als auch anterograd transportiert wird und sich besonders gut auch für lange Laufstrecken eignet (Veenman et al. 1992, Reiner and Honig 2006, Lazarov 2013). BDA hat viel mit den fluoreszierenden Dextranaminen wie z. B. Fluoro Ruby gemeinsam. So bestehen beide Farbstoffe aus einer Zuckerkomponente und einem Lysinanteil, durch den der Tracer bei der histologischen Aufarbeitung durch Aldehyde im Gewebe fixiert werden kann. Während bei Fluoro Ruby ein Fluorophor als Farbgeber angekoppelt ist und direkt im Fluoreszenzmikroskop angeschaut werden kann, wird bei BDA als Chromogen ein Biotinmolekül an das Dextranamin gebunden. Dieses Biotin ist selbst farblos und muss sowohl für die Lichtmikroskopie als auch für die Elektronenmikroskopie über bestimmte Verfahren noch sichtbar gemacht werden. Somit hat BDA gegenüber den fluoreszierenden Dextranaminen den Vorteil, dass es nicht verblassen kann und anhand immunhistochemischer Methoden (ABC-Methode, ▶ Kap. 19) als lichtstabiles Reaktionsprodukt permanent sichtbar bleibt (◘ Abb. 13.8).

■ **Lagerung von BDA**

BDA kann als Gebrauchslösung von 10–15 % in H$_2$O oder in 0,01 M Na-Phosphatpuffer, versetzt mit 2 % DMSO und unter Beimischung von 2 mm Natriumazid, für viele Monate (mindestens 6) bei 4 °C gelagert werden. Für längerfristige Lagerung wird BDA in H$_2$O bei –20 °C eingefroren.

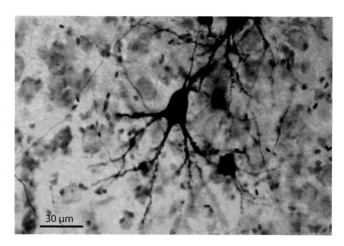

◘ **Abb. 13.8** Mit BDA markiertes Neuron im Gesangskern LMAN (Nucleus lateralis magnocellularis des anterioren Nidopallium) eines weiblichen Zebrafinken nach Druckapplikation in das mediale Striatum. Lichtmikroskopische Aufnahme eines BDA-markierten Neurons, das mit der ABC-Methode und mit einer DAB-Nickel Intensivierung sichtbar gemacht wurde. Durch die Schwermetall-Intensivierung wird ein schwarzes Reaktionsprodukt gebildet. Die feinen axonalen Verzweigungen, die in der linken Bildhälfte zu erkennen sind, stammen von dem gerade noch erkennbaren darüber liegenden Neuron. Maßstab = 30 μm. Bild: B. E. Nixdorf-Bergweiler, Friedrich-Alexander-Universität, Erlangen-Nürnberg

■ **Farbstoffeigenschaften**

BDA gibt es mit verschiedenen Molekulargewichten (3 000 bis 500 000 Dalton). Das Molekulargewicht (MG) und die Wahl des Lösungsmittels bestimmt die Richtungseigenschaft des Tracers. Niedermolekulares BDA (3 000 Da; BDA-3000, Molecular Probes) wird bevorzugt retrograd transportiert, insbesondere in einem saurem Lösungsmittel. BDA mit einem höheren MG (10 000 Da; BDA-10,000, Molecular Probes) dagegen wird bevorzugt anterograd transportiert (Reiner and Honig 2006). Der Tracer wird nur über verletzte Nervenzellen aufgenommen. Die Injektionsstellen sind klein und eng umgrenzt, sodass sehr gezielt auch in sehr kleine Areale injiziert werden kann.

■ **Überlebensdauer**

Die Überlebensdauer *in vivo* liegt zwischen 2 und 14 Tagen (max. 28 Tage) je nach Tierart und zu untersuchenden Verbindungen oder Strukturen.

Bei der *in vitro*-Tracer-Applikation in der Interface-Kammer verbleiben die Schnitte nach der Farbstoffinjektion für 8 bis 14 Stunden in der von Sauerstoff-angereicherter Nährlösung umspülten Kammer.

■ **Injektionsart und Konzentrationen**

BDA kann durch Iontophorese, Druckapplikation oder einfach in Form von Kristallen in das Gewebe injiziert werden (▶ Kap. 13.3).

■ **Konzentrationen bei der Anwendung**

– Iontophorese: 2–15 % BDA (10 000 Da) in 0,01 M Na-Phosphatpuffer, pH 7,4

– Druckapplikation: 20 % BDA in H_2O versetzt mit 2 % DMSO oder 10 % BDA in 0,01 M Na-Phosphatpuffer
– kristalline Applikation: kleinstmögliche Kristalle wählen, die nur unter dem Stereolupe, aber nicht mit dem bloßen Auge sichtbar sind.

■ **Anwendung von BDA *in vitro* und *in vivo***

Der Tracer kann sowohl *in vitro* am Hirnschnitt als auch *in vivo* am lebenden Tier angewendet werden. Wird der Tracer kristallin appliziert, so wird ähnlich vorgegangen wie für Fluoro Ruby beschrieben. Auch Druckapplikationen sowie iontophoretische Injektionen sind an Hirnschnittpräparaten sehr gut durchführbar.

Anleitung A13.14

Injektion von BDA *in vivo*

Bei der *in vivo*-Injektion mit BDA muss das Tier betäubt werden. Als Narkoseform werden Inhalationsnarkose und Injektionsnarkose mit injizierbaren Narkosemitteln angewendet. Experimentelle Eingriffe am lebenden Tier sind genehmigungspflichtig und unterliegen den Richtlinien des Tierschutzgesetzes, entsprechende Anträge müssen bei der Tierschutzbehörde eingereicht werden.

1. Für die Injektion des Tracers BDA *in vivo* wird das betäubte Tier in einen stereotaktischen Kopfhalter (z. B. David Kopf Instruments) eingespannt und die Position des Nullpunkts in der anterior-posterioren Achse innerhalb des stereotaktischen Apparates mit den Mikromanipulatoren eingestellt. Die zu injizierende Region wird aufgesucht und vorsichtig frei präpariert
2. für eine Druckapplikation (▶ Kap. 13.3) befindet sich der Tracer in einer Mikropipette. Die zu applizierende Menge kann zwischen 30–200 nl liegen, hängt aber von verschiedenen Faktoren sowie der Tierart ab und muss entsprechend experimentell ermittelt werden. Bei der Druckapplikation sollte in kleinen Einheiten (z. B. 10 nl) über einen längeren Zeitraum (10–20min) appliziert werden
3. bei der iontophoretischen Applikation wird der Tracer in eine Mikropipette mit einem Spitzendurchmesser von 10–50 μm überführt (▶ Kap. 13.2). Der Tracer wird mit einem „gepulsten" positiven Strom von 2–5 μA über einen Zeitraum von 30–60 min appliziert, in dem der Strom abwechselnd 7 sec an- und 7 sec lang ausgeschaltet ist. Um besonders kleine iontophoretische Injektionen bei kleineren Tieren durchzuführen, wählt man Mikropipetten mit einem Spitzendurchmesser von 2–4 μm und gibt Strompulse für einen Zeitraum von 2–5 min. Am Ende der Injektion verbleibt die Glaskapillare noch für ca. 5–10 min in der Injektionsstelle, damit kein Tracer beim Herausziehen der Kapillare in den Injektionskanal zurückfließen kann. Nach der Tracer-Applikation *in vivo* wird das Tier operativ versorgt und bleibt für einen bestimmten Zeitraum (2–14 Tage) am Leben, damit der Tracer in den neuronalen Strukturen transportiert werden kann (◘ Tab. 13.2).

Anleitung A13.15

Perfusionsfixierung und Gehirnentnahme

Für die Gehirnentnahme wird das Tier mit einer letalen Dosis Pentobarbital-Natrium betäubt und in tiefer Narkose perfundiert. Die Perfusion dient zum einen dazu, die Blutgefäße von Erythrocyten zu befreien, da diese aufgrund ihres endogenen Peroxidasegehaltes bei der Nachweisreaktion mit immunhistochemischen Methoden angefärbt würden. Zum anderen dient die Perfusionsfixierung dazu, das Gewebe optimal in einem möglichst nativen Zustand zu konservieren. So bleiben die nachzuweisenden Zellstrukturen erhalten. Bei der Perfusionsfixierung werden die Organe über das Blutgefäßsystem erst mit physiologischer Kochsalzlösung (0,9 % NaCl) und dann mit einem Fixiermittel durchspült. Dies geschieht entweder über eine Schlauchpumpe oder mittels Infusionsständer.

Material:
– Perfusionseinrichtung
– Wachswanne
– Materialien zur Fixierung des Tieres
– Knochenschere
– Skalpell
– feine Hautschere
– stumpfe Pinzette
– Butterflykanüle

Lösungen:
– Spüllösung: 0,9 % NaCl
– Fixierlösung: 4 % Paraformaldehyd in 0,125 M Na-Phosphatpuffer, pH 7,4 (PBF)
– Postfixierung: 30 % Saccharose in 4 % PBF
– Gefrierprotektionslösung: 30 % Ethylenglykol, 30 % Saccharose in 0,1 M Na-Phosphatpuffer zur längerfristigen Aufbewahrung bei –20 °C

Chemikalien:
Narkosemittel

Durchführung der Perfusionsfixierung:
1. Vor der Perfusionsfixierung werden die Lösungen zum Spülen (0,9 % NaCl) und Fixieren (4 % PBF) in die entsprechenden Behälter gefüllt und eventuell auftretende Luftblasen aus dem Schlauchsystem entfernt
2. das Tier wird in tiefe Narkose versetzt und in einer Wachswanne fixiert
3. mit einer Knochenschere wird mit einem Schnitt entlang der unteren Rippenbögen der Brustkorb geöffnet. Durch einen weiteren Schnitt entlang der Seiten wird das Herz freigelegt und mit einer feinen Schere von umgebenen Geweberesten befreit
4. die Kanüle mit der physiologischen Kochsalzlösung wird in die Spitze des linken Herzventrikels eingeführt, gefolgt von einem kleinen Schnitt in das rechte Atrium, damit das Blut frei abfließen kann

▼

5. nach etwa 1–2 min wird die Spüllösung durch die Fixier-lösung ersetzt. Nach etwa 10–20 min sind die Organe gut fixiert

Durchführung der Gehirnentnahme:
Das Gehirn wird herauspräpariert und über Nacht zur wei-teren Fixierung bei 4 °C in Fixierlösung gegeben, die 30 % Saccharose als Gefrierschutz enthält. Der Zeitraum für die Postfixierung kann bis auf drei Tage ausgedehnt werden.

Anleitung A13.16

Gefrierschnitte an geblockten Gehirnpräparaten
Material:
- Gefriermikrotom
- Kaltlichtleuchte
- Mikrotiterplatten
- feiner Pinsel
- fusselfreie Papiertücher
- schwarzer Fotokarton

Lösungen:
0,125 M PBS (Natriumphosphatpuffer mit 0,9 % NaCl, pH 7,4)

Durchführung:
1. Nach erfolgter Postfixierung in 4 % Paraformaldehyd und 30 % Saccharose werden die Gehirne in der entspre-chenden Orientierung für Lateral-, Transversal- oder Ho-rizontalschnitte auf einen vorbereiteten, plan geschnit-tenen Eisblock im Kryostaten oder am Gefriermikrotom (▸ Kap. 9) aufgefroren
2. Das Gehirn wird in der gewünschten Dicke geschnitten (30–40 μm) und die Schnitte mit einem Pinsel in die mit PB gefüllten Mikrotiterplatten überführt. Zum besseren Erkennen der Präparate beim Einbringen in die Titer-platte, wird diese auf schwarzen Fotokarton gestellt. Dann werden die Schnitte frei flottierend weiter aufgear-beitet.

- **Gefrierprotektionslösung**

Soll das Gewebe erst zu einem späteren Zeitpunkt weiter ver-arbeitet werden, dann kann es für mehrere Wochen bei –20 °C in Titerplatten oder Plastikröhrchen mit Schraubverschluss in einem Gefrierschutz von 30 % Ethylenglykol mit Saccharose in 0,1 M Na-Phosphatpuffer (PB) eingefroren werden. Vor der Weiterverwendung müssen die Schnitte dann reichlich in PB (8×5 min) gespült werden.

- **Immunhistochemische Aufarbeitung für BDA (verändert nach Veenman et al. 1992)**

Um das Chromogen Biotin des Tracers BDA im Gewebeschnitt sichtbar zu machen, bedient man sich der Avidin-Biotin-Per-oxidase-(ABC-)Methode (Hsu and Raine 1981). Das prinzipi-elle Vorgehen zur Lokalisation markierter Zellen anhand der

ABC-Methode ist in ▸ Kapitel 19 beschrieben. Zusätzlich kann das Ergebnis der ABC-Methode noch verbessert werden, indem das Reaktionsprodukt durch die Zugabe von Schwermetallsal-zen in die DAB-Lösung intensiviert wird (DAB-Nickel Methode nach Adams, 1981). Der Farbkomplex wird dann schwarz statt braun. Ein kontrastreicheres Bild der Färbung wird erreicht (◘ Abb. 13.8). Detaillierte Protokolle zur BDA-Aufarbeitung mit einer DAB-Ni Intensivierung finden sich z. B. in von Bohlen und Halbach 1999, Reiner and Honig 2006, sowie Lazarov 2013. Ist die Reaktion bei der DAB-Ni-Intensivierung zu heftig, dann kann auf die langsamer ablaufende Reaktion mit Glucose-Oxidase und β-D-Glucose zurück gegriffen werden (Sakanaka et al. 1987, Shu et al. 1988). Es gibt auch gebrauchsfertige DAB-Substrat-Puffer-Gemische (z. B. LINARIS, Kat. Nr. E108), sowie Intensivierungsmöglichkeiten mit Kobaltchlorid von Histo-prime® (HistoDAB-Cobalt-Chloride HRP-Assesoir, E5000), was die Anwendung sehr erleichtert und effizient macht. Mit dem NeuroTrace™ BDA-10,000 Neuronal Tracer Kit (Molecular Pro-bes) hat man nicht nur den neuronalen Tracer (BDA-10,000), sondern auch die Reagenzien zur Sichtbarmachung des Tracers zur Verfügung.

13.6.3 Choleratoxin B (CTB)

Das bakterielle Cholera Toxin ist ein Guanosintriphosphat-(GTP-)bindendes Protein. Es setzt sich aus zwei A- und sieben B-Untereinheiten zusammen. Um neuronale Verbindungen nachzuweisen, wird ausschließlich die B-Untereinheit benutzt (CTB), die allein nicht toxisch ist. Im Allgemeinen wird der Tracer über Druckapplikationen appliziert und seltener über Iontophorese.

- **Lagerung von CTB**

CTB wird als Gebrauchslösung von 1 % in H_2O angesetzt und kann bis zu einem Jahr bei 2–8 °C aufbewahrt werden, original-verpackt als lyophilisierte Substanz bis zu zwei Jahre.

- **Farbstoffeigenschaften**

Choleratoxin B ist ein nicht fluoreszierender Tracer mit sehr guten retrograden Laufeigenschaften (Luppi et al. 1990).

CTB erweist sich aber auch insbesondere bei der Aufklä-rung retinaler Verbindungen als hervorragender anterograder Tracer, wie z. B. bei der Darstellung von Projektionen der Gan-glienzellen zu den suprachiasmatischen Nuclei (SCN) (Matteau et al. 2003) oder den erst kürzlich entdeckten Projektionen zum mediodorsalen thalamischen Nucleus (de Sousa et al. 2013). CTB ist sehr gut membranpermeabel und kann ohne weitere Zusätze injiziert werden. Bei der Injektion des Tracers ist ein großer Diffusionshof oft unvermeidbar. Im Vergleich zum hochmolekularen anterograden Tracer BDA, der auch noch nach vielen Tagen am Injektionsort nachgewiesen werden kann, ist CTB mit seiner erhöhten Membranpermeabilität und der gesteigerten Transportrate schon nach wenigen Tagen am Injektionsort nicht mehr zu erkennen. CTB, wie auch BDA, kann nur von verletzten Nervenendigungen, bzw. verletzten Zellstrukturen aufgenommen werden.

■ **Überlebensdauer**

Die Überlebensdauer *in vivo* liegt zwischen 2 und 7 Tagen, da der Tracer relativ schnell abgebaut wird.

Bei der *in vitro*-Tracer-Applikation in der Interface-Kammer verbleiben die Schnitte nach der Farbstoffinjektion für 8 bis 14 Stunden in der von Sauerstoff-angereicherter Nährlösung umspülten Kammer (Kreck and Nixdorf-Bergweiler 2005).

■ **Injektionsart und Konzentrationen**

CTB wird vor allem durch Druckapplikation (▶ Kap. 13.3) oder iontophoretisch (Luppi et al. 1990) injiziert. Eine kristalline Applikation ist eher ungeeignet, da an der Injektionsstelle meist ein großer Diffusionshof entsteht.

■ **Konzentrationen bei der Anwendung**

▬ Druckapplikation: 1 % CTB in H_2O, 20–50 nl
▬ Iontophoretische Applikation: 1 % CTB in 0,1 M Na-Phosphatpuffer (pH 6,0), gepulster positiver Strom von 2,5 µA in einem on/off Intervall von 7 sec für 15–30 min.

■ **Anwendung von unkonjugiertem CTB**

Der Tracer kann mit Hilfe eines stereotaktischen Apparates durch Druckapplikationen mit einem Nanoliter 2000 Injector oder durch Iontophorese sowohl *in vitro* am Hirnschnittpräparat (◻ Abb. 13.9) als auch *in vivo* am lebenden Tier angewendet werden.
▬ Cholera Toxin B (Produkt Nr. C9903, Sigma-Aldrich oder List Biological Laboratories, Produkt Nr. 103B)

Nach der Injektion von CTB *in vivo* (A13.14) und einer Überlebenszeit von 2–7 Tagen wird das Tier perfundiert (A13.15), das

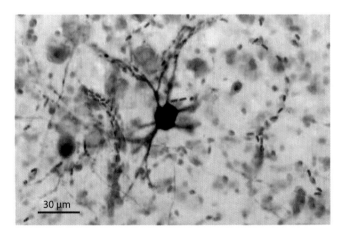

30 µm

◻ **Abb. 13.9** Mit CTB markiertes Neuron im Nidopallium eines weiblichen Zebrafinken nach Druckapplikation am in vitro-Hirnschnittpräparat. Die Choleratoxin B-Untereinheit wurde über einen primären Antikörper immunhistochemisch gebunden und dann mit der ABC-Methode und anschließender Glucose-Oxidase-DAB-Nickel-Intensivierung sichtbar gemacht. Maßstab = 30 µm. Bild: B. E. Nixdorf-Bergweiler, Friedrich-Alexander-Universität, Erlangen-Nürnberg

Gehirn entnommen und nach entsprechender Postfixierung am Kryostaten oder Gefriermikrotom geschnitten (A13.16). Für die *in vitro*-Aufarbeitung nach Injektion mit CTB am 400 µm dicken Hirnschnitt sollte die Postfixierung mit Paraformaldehyd nur zwei Stunden betragen, da sich das CTB bei längerer Fixierung zersetzt.

CTB wird immunhistochemisch an einen primären Antikörper (AK) gebunden.
▬ Anti-Cholera Toxin B Subunit (Goat) (List Biological Nr. 703; Calbiochem Nr. 227040, Merck Millipore), 1:20 000 bis 1:40 000 in 0,125 M PBS mit 0,3% Triton X-100 und Natriumazid (0,1%).

Der Nachweis des primären Antikörpers kann dann über einen
▬ Fluoreszenz-gekoppelten (Molecular Probes) oder einem biotinylierten sekundären Antikörper und der ABC-Methode oder PAP-Technik (▶ Kap. 19) mit anschließender DAB-Nickel-Intensivierung oder über die Glucose-Oxidase-DAB-Nickel-Methode durchgeführt werden.

Für ein lichtstabiles Endprodukt empfiehlt sich aufgrund der höheren Sensitivität die ABC-Methode mit der langsamer ablaufenden Glucose-Oxidase-Intensivierung. Ein Protokoll hierzu befindet sich bei Manns (1998).

Bemerkung: CTB lässt sich am besten mit der immunhistochemischen Avidin-Biotin-Peroxidase-Methode und anschließender DAB-Ni-Methode darstellen. CTB wird auch konjugiert mit anderen Substanzen, wie z. B. der Meerrettichperoxidase (CTB-HRP, Sigma-Aldrich C3741), angeboten. CTB-HRP hat allerdings eine eher granuläre Erscheinungsform und die ganz feinen Fortsätze der Nervenzellen werden nicht so gut dargestellt. CTB-HRP eignet sich aber hervorragend zur Darstellung von Projektionen im peripheren Nervensystem sowie im Hirnstamm.

Des Weiteren ist CTB konjugiert mit kolloidalen Goldpartikeln von 7 nm Durchmesser erhältlich (CTB-gold, List Biological Laboratories, Inc). Von besonderem Interesse sind die Tracer Cholera Toxin Subunit B (Recombinant) Alexa Fluor® Conjugate (Molecular Probes), die es in verschiedenen Anregungswellenlängen (488, 555, 594 und 647 nm) gibt und sehr gut für Doppelmarkierungen in ein und demselben Gewebe verwendet werden können.

13.6.4 *Phaseolus vulgaris* Leucoagglutinin (PHA-L)

Phaseolus vulgaris-Leucoagglutinin (PHA-L) ist ein Pflanzenlektin, das von den Neuronen im zentralen Nervensystem ausschließlich in anterograder Richtung transportiert wird (Gerfen and Sawchenko 1984). Es wird über Iontophorese appliziert und über eine Antikörperreaktion immunhistochemisch sichtbar gemacht (◻ Abb. 13.10). Dabei können individuelle Neurone ähnlich einer Golgi-Färbung (▶ Kapitel 10) mit all ihren Fortsätzen, einschließlich ihrer Dendriten und den dendritischen

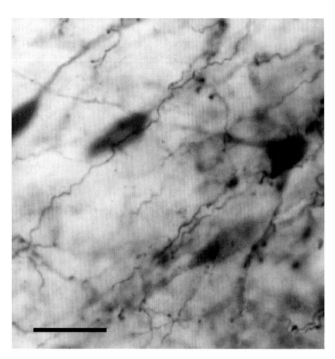

☐ Abb. 13.10 Doppelmarkierung mit PHA-L (anterograd markierte Axone) und FluoroGold (retrograd markierte Neurone) nach iontophoretischer Applikation. Nach iontophoretischer Injektion mit PHA-L in thalamischen Kernregionen der Ratte in vivo lassen sich anterograd markierte Axone (Schwermetall intensivierte DAB Färbung, schwarzes Reaktionsprodukt) in der Amygdala nachweisen. Durch den retrograden Tracer FluoroGold, der ebenso in thalamische Kernregionen appliziert wurde, werden die Neurone in der Amygdala markiert, die in den Thalamus projizieren (DAB Reaktion, braunes Reaktionsprodukt). Maßstab = 20 μm. Bild: E. Wilhelmi, Otto-von-Guericke-Universität, Magdeburg

Spines, sowie auch Axone und ihre axonalen Verzweigungen sehr detailliert dargestellt werden.

■ **Lagerung von PHA-L**

Phaseolus vulgaris-Leucoagglutinin (PHA-L, Sigma-Aldrich, Produkt Nr. L-7019) wird als Gebrauchslösung von 2,5 % (5 mg PHA-L/200 μl) in 0,1 M PBS pH 8 angesetzt. Die Gebrauchslösung kann in 50 μm Aliquots bei −18 °C eingefroren werden. Wiederholtes Auftauen und Einfrieren sollte vermieden werden.

■ **Farbstoffeigenschaften**

Unkonjugiertes PHA-L ist ein nicht fluoreszierender, gut membranpermeabler Tracer, der aufgrund seiner bevorzugten Laufrichtung (ausschließlich anterograd) die efferenten Projektionen auch über sehr lange Strecken vom Injektionsort aus markiert. Der anterograde Transport beträgt 4–6 mm pro Tag.

■ **Überlebensdauer**

Die Überlebensdauer *in vivo* kann ohne weiteres bis zu 18 Tage andauern, da der Tracer nur sehr langsam abgebaut wird. Die Überlebensdauer richtet sich aber auch nach der Entfernung der zu untersuchenden Verbindungen oder Strukturen voneinander.

Bei der *in vitro*-Tracer-Applikation in der Interface-Kammer verbleiben die Schnitte nach der Farbstoffinjektion für 8 bis 14 Stunden in der Kammer.

■ **Injektionsart und Konzentrationen**

Um selektiv markierte Neurone zu erhalten, sollte PHA-L iontophoretisch appliziert werden (▶ Kap. 13.3). Die Injektionsstelle ist klein und durch einen hellen Hof gekennzeichnet. Die Güte der Injektion hängt auch von der strikten Einhaltung der Vorgaben ab. So können eine Spitzenöffnung von mehr als 15 μm, Stromapplikationen von mehr als 5 μA oder gar die Anwendung einer Druckapplikation die hervorragenden Eigenschaften des Tracers zunichte machen.

Konzentrationen bei der Anwendung:
— Iontophoretische Applikation: 2,5 % PHA-L in PBS (pH 8), Spitzendurchmesser der Elektrode 10–15 μm, gepulster positiver Strom von 5 μA in einem on-/off-Intervall von 7 sec für 15–20 min.

■ **Anwendung von unkonjugiertem PHA-L**

Der Tracer wird sowohl am *in vitro*-Hirnschnittpräparat als auch *in vivo* am lebenden Tier mit Hilfe eines stereotaktischen Apparates über Iontophorese appliziert.
— *Phaseolus vulgaris*-Leucoagglutinin (PHA-L , Vector Lab. Kat. Nr. L-1110; Sigma-Aldrich, Kat. Nr. L-7019)

Die Versuchsbedingungen bis zur immunhistochemischen Aufarbeitung (iontophoretische Injektion, Perfusion, Gehirnentnahme und Gefrierschnitte) entsprechen denen für den Tracer BDA (A13.14 bis A13.16).

Nach Waschen und Blockieren endogener Peroxidasen wird PHA-L immunhistochemisch an einen primären biotinylierten gegen PHA-L gerichteten Antikörper gebunden (▶ Kap. 19).
— biotinylierter Anti-PHA(E+L)-Antikörper aus der Ziege (Vector Lab. , Kat. Nr. AS-2224), 1:800 in 1 % normalem Ziegenserum und 0,1 M PBS, pH 7,4

Eine detaillierte Vorgehensweise zur Sichtbarmachung des primären Antikörpers durch die ABC-Methode und einer sich anschließenden DAB-Nickel-Intensivierung sowie eine Liste der verwendeten Lösungen und Chemikalien ist z. B. bei Wilhelmi (2000) nachzulesen. Statt der ABC-Methode kann ebenso gut auch die PAP-Technik (▶ Kap. 19) angewendet werden.

13.6.5 Biocytin, Neurobiotin

Die von Horikawa und Armstrong (1988) eingeführten intrazellulären Tracer Biocytin (Sigma-Aldrich) und Neurobiotin (Vector Laboratories) sind lysingekoppelte Biotinderivate, die aufgrund ihrer chemischen Eigenschaften und ihres geringeren Molekulargewichts sehr gut iontophoretisch in eine Zelle eingebracht werden können. Sie eignen sich besonders gut in Verbindung mit elektrophysiologischen Experimenten, da die Ableitelektrode gleichzeitig als Injektionselektrode für den Tracer benutzt werden kann. Dies ermöglicht die Analyse der funktionellen Eigenschaften, der Form und Struktur der Zelle.

■ **Lagerung von Biocytin, Neurobiotin**

Biocytin (B4261, Sigma-Aldrich) wird laut Herstellerangabe originalverpackt bei –20 °C aufbewahrt. Werden von Biocytin gefrorene Aliquots einer Gebrauchslösung benutzt, dann sollten diese nicht länger als 4–5 Stunden verwendet werden. Frische Aliquots (2 % in 1,5 M KCH_3SO_4) werden mit flüssigem Stickstoff schockgefroren. Bei langsamem Einfrieren kann es schnell zur Bildung von Präzipitaten kommen. Wird Biocytin bei der Patch-Clamp-Technik angewendet, kann es nach eigenen Erfahrungen auch direkt in der Intrazellulärlösung, die für die Ableitung verwendet wird, gelöst und dann als Aliquot eingefroren werden. Die Patch-Lösung besteht im Allgemeinen aus:

- K-Gluconat 170 mm
- HEPES (N-[2-Hydroxyethyl]piperazinyl-N'-[2-ethansulfonsäure] 10 mm
- NaCl 10 mm
- $MgCl_2$ 2 mm
- EGTA (3,6-Dioxaoctanethylendinitrilotetraessigsäure) 0,2 mm
- Mg-ATP (Adenosintriphosphat, Magnesiumsalz) 3,5 mm und
- Na_2-GTP (Guanosintriphosphat, *di*-Natriumsalz) 1 mm.

Die Lösung wird mit KOH auf pH 7,3 eingestellt. Neurobiotin (auch Biotinamid genannt; SP-1120, Vector Laboratories) wird bis zum Ansetzen der Gebrauchslösung bei 4 °C gelagert.

■ **Farbstoffeigenschaften**

Aufgrund des niedrigen Molekulargewichts von Biocytin (372 Da) und Neurobiotin (286 Da) sind die intrazellulären Transporteigenschaften sehr gut und der Tracer erreicht auch sehr feine Fortsätze in großer Entfernung vom Applikationsort. Biocytin und Neurobiotin sind beide wasserlöslich und durch eine hohe Affinität zu Avidin charakterisiert. Beide Tracer liefern etwa gleich gute Ergebnisse, in der Anwendung hat Neurobiotin gegenüber Biocytin den Vorteil, besser löslich zu sein und sich leichter über Iontophorese applizieren zu lassen. Der Tracer kann auch für den Nachweis von *gap junctions* verwendet werden. Auch eignen sich beide Tracer sehr gut für eine Aufarbeitung für elektronenmikroskopische Untersuchungen, um z. B. *gap junctions* im Detail darzustellen. In der Patch-Clamp Technik hat sich Biocytin als Tracer sehr bewährt.

■ **Überlebensdauer**

Die Überlebensdauer *in vivo* liegt bei 1 bis maximal 2 Tage, da beide Tracer relativ schnell abgebaut werden. Bei der intrazellulären *in vitro*-Tracer-Applikation verbleiben die Schnitte nach der elektrophysiologischen Untersuchung und der anschließenden Farbstoffinjektion nur noch kurz in der Interface-Kammer, um eine möglichst gut erhaltene morphologische Struktur des einzelnen markierten Neurons zu erhalten.

■ **Injektionsart und Konzentrationen**

Neurobiotin oder Biocytin können extrazellulär iontophoretisch, über Druck oder kristallin appliziert werden (▶ Kap. 13.3). Die intrazelluläre Injektion erfolgt während der Ableitung selbst – ohne zusätzliche Iontophorese – oder sie wird iontophoretisch appliziert. Biocytin lässt sich bis etwas 1 % gut lösen, Neurobiotin ist auch noch bei einer Konzentration von 5 % gut löslich.

- Intrazelluläre Iontophorese
  - mit scharfer Glasmikroelektrode: 0,5–2 % Biocytin oder Neurobiotin in 1,0 M Kaliumacetat oder Kaliumchlorid (pH 7,0 bis 7,5) oder in einer Lösung aus 0,05 M Tris-HCl und 0,5 M KCl (pH 7,0 bis 7,6). Der Widerstand der Elektroden in Ringerlösung liegt zwischen 60–150 MΩ, die Pipettenspitze hat einen Durchmesser von weniger als 0,5 μm. Die Applikation erfolgt mit einem depolarisierenden Rechteckpuls von 1–5 nA und 150–200 ms Dauer in einer Frequenz von 1–3 Hz für 2–10 min
  - mit einer Patch-Elektrode: 0,2–1 % Biocytin in einer Standard-Pipettenlösung. Die Ableitung von der Zelle sollte länger als 15 Minuten betragen. Während dieser Zeit kann Biocytin bereits in die Zelle übergehen. Unter optischer Kontrolle sollte man darauf achten, dass der Zellkörper intakt bleibt. Soll Biocytin zusätzlich noch durch Iontophorese in die Zelle eingebracht werden, dann wählt man mit 0,5 nA einen etwas niedrigeren Strom.
- Extrazelluläre Iontophorese
  - 1–5 % Biocytin oder Neurobiotin in 2 M Kaliummethylsulfat oder 0,5 M NaCl. Die Glasmikroelektrode hat einen Spitzendurchmesser von ca. 10–20 μm. Der Tracer wird am Hirnschnitt *in vitro* oder *in vivo* in das Gewebe mit einem Stromimpuls von 3–5 μA mit einem An-/Aus-Zyklus von 1–7 sec für insgesamt 10–20 min appliziert.
- Druckapplikation: 5 % Neurobiotin, Biocytin in 0,05 M Tris-HCl pH 7,4, 20–200 nl

■ **Anwendung von Biocytin, Neurobiotin**

Der Tracer ist besonders gut als intrazellulärer anterograder Tracer geeignet und stellt Neurone mit all ihren Fortsätzen wie in einem Golgi-Präparat dar.

- Biocytin (B4261), Biocytinhydrochlorid (B1758) Sigma-Aldrich
- Neurobiotin, Biotinamid (N-(2-aminoethyl) biotinamidhydrochlorid) (SP-1120, Vector Laboratories)

Biocytin bzw. Neurobiotin werden immunhistochemisch mit der ABC-Methode oder der PAP-Technik (▶ Kap. 19) sichtbar gemacht, sodass der Tracer in Form eines lichtstabilen Reaktionsprodukts dargestellt werden kann (◨ Abb. 13.11). Außerdem gibt es verschiedene Methoden zur Intensivierung, wie z. B. die DAB-/Ni-Intensivierung, eine Intensivierung über Osmiumtetroxid oder die Silber-/Gold-Intensivierung. Biocytin lässt sich auch über eine Antikörperreaktion sichtbar machen (A13.17). Eine andere Darstellung verläuft über fluoreszenzgekoppelte

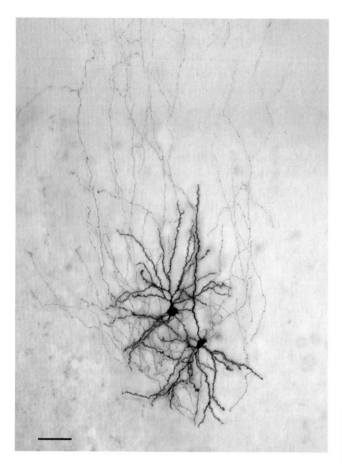

◻ Abb. 13.11 Biocytinmarkierte Neurone am *in vitro*-Slice-Präparat im somatosensorischen Cortex der Ratte, der die Vibrissen repräsentiert (Barrel-Cortex). Die beiden biocytingefüllten Neurone in der Lamina 4 des primären somatosensorischen Cortex sind stark verzweigt und mit zahlreichen Spines übersät. Durch die Biocytinmarkierung lässt sich auch besonders deutlich das axonale Verzweigungsmuster beider Neurone (dünne nach oben gerichtete Fasern) nachweisen. Zahlreiche Axonkollaterale projizieren zu der darüber liegenden Schicht L2/3. Die Neurone wurden über die Ganzzellableitung jeweils einzeln mit Biocytin gefüllt, das zu 0,3 % in die Pipettenlösung der Ableitelektrode hinzugegeben war. Das Präparat wurde nach der Methode A13.17 aufgearbeitet. Maßstab = 50 μm. Bild: D. E. Feldman, University of California, Berkeley

Farbstoffe, z. B. Alexa-Fluor 488 (◻ Abb. 13.12), die an Avidin konjugiert sind.

Für eine immunhistochemische Aufarbeitung für Biocytin oder Neurobiotin am *in vitro*-Hirnschnittpräparat mit der ABC-Reaktion werden die 400 μm dicken Hirnschnitte kurz nach der Tracer-Applikation für mindestens 24 Stunden in 4 % PFA bei 4 °C fixiert. Anschließend werden die Schnitte für 12–24 Stunden in 20 % Saccharose in 0,1 M PBS (pH 7,4) überführt, wobei die Saccharose als Gefrierschutz dient. Die Hirnschnittpräparate können dann in flüssigem Stickstoff schockgefroren und bis zur weiteren Aufarbeitung bei –20 °C für mehrere Wochen gelagert werden. Die Präparate werden am Gefriermikrotom (A13.10) oder Kryostaten 60 μm dick geschnitten.

Für eine EM-Aufarbeitung besteht das Fixativ aus 2,5 % PFA und 0,5–1 % Glutaraldehyd in 0,1 M PB. Es wird ausschließlich

am Vibratom geschnitten, eine Gefrierprotektion (20 % Saccharose/PBS) muss daher nicht durchgeführt werden.

Die Hirnschnitte werden in PBS in Titerplatten aufgefangen und frei flottierend in Corning-Netwells weiter verarbeitet. Nach der immunhistologischen Aufarbeitung werden die Schnitte auf beschichtete Objektträger gezogen, getrocknet, bei Bedarf mit Kresylviolettacetat gegengefärbt (▶ Kap. 10.1) und in DePeX oder anderen Einbettmedien eingedeckt.

Anleitung A13.17

Immunhistochemische Aufarbeitung für Biocytin oder Neurobiotin am in vitro-Hirnschnitt-Präparat mit primären und sekundären Antikörpern nach Bender et al. (2003)
Die Zellen werden intrazellulär mit 0,2–0,4 % Biocytin gefüllt. Nach dem vorsichtigen Herausziehen der Elektrode aus der Zelle werden die Hirnschnitte in 4 % Paraformaldehyd in 0,1 M PB und 20 % Saccharose über Nacht fixiert. Vor dem Schneiden wird das Gewebe in 30% Saccharose/Fixativ gegeben. Das Schneiden (100 μm) am Gefriermikrotom oder im Kryostaten und die anschließende Aufarbeitung sollten innerhalb von 1–2 Tagen erfolgen.

Durchführung der Darstellung von Biocytin nach Bender et al. (2003)
Bei diesem Verfahren wird ähnlich vorgegangen wie bei der Darstellung von CTB über eine Antikörperreaktion, die ABC-Methode wird jedoch hier sequenziell zweimal durchgeführt. Stamm- und Gebrauchslösungen sind in ◻ Tabelle 13.4 wiedergegeben.

1. Schnitte für 2 × 3 Minuten in PB (pH 7,4) waschen und zur Blockierung endogener Peroxidasen für 30 min in die Blockierungslösung geben
2. Schnitte für 2 Stunden in 1 % normalem Kaninchenserum in 0,75 % Triton X-100 in PB inkubieren
3. waschen in PB (2 × 3 min), dann für 1–2 h bei Raumtemperatur und anschließend über Nacht bei 4 °C mit primärem Antikörper inkubieren (0,2 ml pro Einweg-Petrischale: Durchmesser 35 mm, Höhe 10 mm)
4. am nächsten Tag Schnitte wieder in Corning-Netwell überführen, 3 × 3 min in PB waschen und mit sekundärem Antikörper für 2 h inkubieren. Diese Inkubationslösung wird zur Wiederverwendung aufgehoben! Etwa 20 min vor Ende dieses Schritts wird die A+B Lösung angesetzt
5. Schnitte für 3 × 3 min in PB waschen
6. Schnitte in der Avidin+Biotin-Lösung (Vectastain Elite ABC Kit PK-6105, Vector) für 2 h inkubieren. Diese Lösung wird danach entsorgt
7. Waschen der Schnitte in PB (3 × 3 min)
8. es erfolgt eine erneute Inkubation für 30 min in dem bereits verwendeten aufgehobenen biotinylierten sekundären Antikörper aus Schritt 4. Nach ca. 10 min wird eine NEUE Avidin+Biotin-Lösung aus dem Vectastain Elite Kit angesetzt

▼

9. Schnitte 3 × 3 min in PB waschen und für 30 min in der frisch angesetzten A+B Lösung inkubieren
10. Schnitte 2 × 3 min in PB waschen und anschließend 2 × 3 min in Tris-Imidazol-Puffer (◘ Tab. 13.4)
11. Schnitte für 5 min in der DAB Reaktionslösung vorinkubieren. Start der Reaktion mit 30 µl 1 % H_2O_2
12. die Sichtbarmachung des Farbkomplexes dauert ca. 30–40 min
13. Stopp der Reaktion durch Spülen in Tris-Imidazol-Puffer
14. Schnitte auf Fisher-Superfrost-Plus-Objektträger (VWR) in 0,3 % Gelatinelösung ziehen und vollständig trocknen

◘ **Tab. 13.4** Stamm- und Gebrauchslösungen für die immunhistochemische Aufarbeitung von Biocytin

Stammlösungen
0,1 M Natriumphosphatpuffer, pH 7,4 (PB)
primäre Antikörper-Stammlösung: 10 µl Ziege-Anti-Biotin in 1,0 ml PB (Stammlösung bei 4 °C)
1 M Tris: 35,1 g Tris–HCL + 2,68 g Tris Base in 250 ml w/dH$_2$O (Stammlösung bei 4 °C)
0,2 M Imidazol: 6,8 g Imidazol in 500 ml dH$_2$O (Stammlösung bei 4 °C)
Tris-Imidazol-Puffer: 5 ml 1 M Tris + 5 ml 0,2 M Imidazol in 100 ml w/ dH$_2$O
Normalserum: 400 µl normales Kaninchenserum + 300 µl Triton X-100 in 40 ml PB

Gebrauchslösungen	
Waschlösung	PB: 0,1 M Natriumphosphatpuffer (pH 7,4)
Blockierlösung	Blockierung der endogenen Peroxidase: 1,2 ml 30 % H_2O_2 + 5 ml Methanol (absolut) + 45 ml PB
primäre AK-Lösung	10 µl primäre AK Stammlösung + 50 µl normales Kaninchenserum + 5 µl Triton X-100 + 4,9 ml PB
sekundäre AK-Lösung	200 µl biotinylierte Kaninchen-Anti-Ziege-Antikörper (4 °C) + 400 µl normales Kaninchenserum + 40 µl Triton X-100 + 39 ml PB
ABC-Reaktionslösung	Avidin-Biotin (A+B) Lösung: 3 Tropfen (oder 150 µl) von A in 3 ml PB. Leicht schwenken, dann 3 Tropfen von B dazu, leicht schwenken. Für 30 Minuten stehen lassen und kurz vor dem Benutzen 27 ml PB dazugeben.
DAB Reaktionslösung	25 mg DAB-HCL in 30 ml Tris-Imidazol-Puffer
Oxidationslösung	1 % H_2O_2: 333 µl 30 % H_2O_2 in 10 ml dH$_2$O
Gelatinelösung zum Aufziehen der Schnitte	0,3 % Gelatinelösung: 0,6 g Gelatine in 200 ml Tris-Imidazol-Puffer

Falls eine Osmiumintensivierung erwünscht ist, sollte sie jetzt durchgeführt werden: Dazu gibt man ein paar Tropfen 1 % OsO_4 (in H_2O) auf einen Objektträger, sodass jeweils nur die ersten Schnitte auf dem Objektträger bedeckt sind. Dadurch hat man auf ein und demselben Objektträger einen direkten Vergleich zu nichtosmierten Schnitten. Die Lösung lässt man für 3 Minuten einwirken oder bis die erwünschte Dunkelfärbung sich einstellt. Dann werden die Objektträger 3-mal in H_2O gewaschen und anschließend dehydriert.

- Dehydrierung in 70 %, 95 % und 99 % Ethanol für jeweils 30 sec
- Dehydrierung für 1 min in 100 % Ethanol
- Präparate für 2 Minuten in Xylol spülen und über Nacht (oder auch länger, bis 3 Tage) in frischem Xylol aufheben

Schnitte entweder eindecken oder einer weiteren Intensivierung (Silber-/Gold-Intensivierung modifiziert nach Kitt et al. 1988) unterziehen.

Anleitung A13.18

Silber-/Gold-Intensivierung modifiziert nach Kitt et al. (1994)

1. Für die Intensivierung werden die Schnitte aus Xylol heraus rehydriert (1 min 100 %, dann je 30 sec in 99 %, 95 % und 70 % Ethanol, gefolgt von H_2O) und anschließend in 1,42 % Silbernitrat bei 56 °C für 30 min inkubiert
2. Schnitte dann 10 min unter fließendem Leitungswasser spülen
3. Schnitte auf einem Schüttler für 10 min in eine 0,2 % Goldchloridlösung bei Raumtemperatur geben
4. Schnitte für 10 min unter fließendem Leitungswasser spülen. Die Goldchloridlösung wird durch einen Spritzenfilter (Porendurchmesser 0,2 µm) gefiltert und zur Wiederverwendung aufgehoben
5. Schnitte auf dem Schüttler für 5 min in 5 % Natriumthiosulfat tauchen
6. Schnitte für 5 min unter fließendem Leitungswasser spülen, dehydrieren, 2 × 2 min in Xylol tauchen und eindecken

Bemerkung: Wie auch bei anderen Tracern gibt es für Biocytin und Neurobiotin verschiedene Prozeduren, den Tracer sichtbar zu machen. Es empfiehlt sich als Einstieg zuerst die einfache und schnell durchzuführende ABC Methode ohne OsO_4 Intensivierung. Die Methode von Bender et al. (2003) ist ebenfalls einfach anzuwenden, vor allem durch die geringe Biocytinkonzentration von nur 0,4 %; ist sie in der immunhistochemischen Aufarbeitung weitaus aufwendiger, liefert aber eine sehr gute detaillierte Auflösung und eignet sich hervorragend zur Rekonstruktion von Neuronen. Für die konfokale Lasermikroskopie eignen sich vor allem fluo-

▼

reszenzgekoppelte Tracer (■ Abb. 13.12) wie z. B. streptavi-dingekoppeltes Alexa Fluor 488 (1:200 in TBST). Eingebettet werden diese Präparate in Vectashield (Vector) oder andere für Fluoreszenzpräparate geeignete Einbettmedien.

■ **Abb. 13.12** Doppelmarkierung mit fluoreszenzgekoppeltem Biocytin und Cy3-gekoppelten Parvalbumin. Ein einzelnes Neuron (grün) wurde durch die Ganzzellableitung mit Biocytin im Neocortex der Ratte am Hirnschnittpräparat markiert und immunhistochemisch über streptavidingekoppeltem Alexa Fluor® 488 Conjugate im Fluoreszenzpräparat sichtbar gemacht. Das zarte dünne Fasergeflecht im Hintergrund entstammt dem nach unten abzweigenden Axon, von dem sich zahlreiche Kollaterale abzweigen, die wiederum vor allem nach oben und vereinzelt auch zur Seite ziehen. Das Präparat wurde gleichzeitig über eine weitere Antikörperfärbung für parvalbuminexprimierende Zellen mit einem Cy3-gekoppelte Sekundär-Antikörper markiert. Die Zellkörper dieser Neurone sind rot markiert. Maßstab = 50 μm. Bild: J. F. Staiger, Albert-Ludwig-Universität, Freiburg

13.6.6   Carbocyanine (Lucifer Yellow, DiI, DiO, DiA)

Zu den bekanntesten Carbocyaninen, die auch an fixiertem Material angewendet werden können, zählen neben Lucifer Yellow die Fluoreszenzfarbstoffe DiA, DiI und DiO (Godement et al. 1987). Da DiI und DiO unterschiedliche Fluoreszenzen besitzen, können sie auch gemeinsam in ein und demselben Präparat angewendet werden. DiI hat ein Emissionsmaximum von 571 nm und fluoresziert rot, das Emissionsmaximum von DiO liegt bei 507 nm und es fluoresziert grün.

- DiI (1,1'-dioctadecyl-3,3,3',3' tetramethylindocarbocyanine-perchlorate)
- DiO (3,3'-dioctadecyloxacarbocyanine-perchlorate)

Die langkettigen Dialkylcarbocyanine, insbesondere DiI und die Dialkylaminostyrylen Farbstoffe (DiA und sein Analogon) werden als retrograde und anterograde Tracer verwendet. Sie breiten sich durch passive laterale Diffusion aus, sodass eine Zelle in ihrer Gesamtheit mit all ihren Fortsätzen markiert wird. Die Ausbreitungsgeschwindigkeit wird mit 100 bis 400 μm pro Tag angegeben und die Tracer sind über viele Millimeter nachweisbar. Die Carbocyanine werden bei Raumtemperatur und lichtgeschützt gelagert. Als Stammlösung angesetzt sind sie bis zu 8 Monaten haltbar.

■ **Injektion von Carbocyaninen**

Die Carbocyanine DiA, DiI und DiO werden vor allem als Kristalle an fixiertem Material angewendet. Dafür eignen sich fixierte Organe, ganze fixierte Gehirne oder Teilbereiche davon, sowie insbesondere fixierte Hirnschnittpräparate. Vor dem Einbringen des Tracers wird das Gewebe vorsichtig von Paraformaldehyd befreit, indem die zu injizierende Stelle leicht trocken getupft wird. Unter Zuhilfenahme einer Stereolupe wird sie vorsichtig mit einem feinen Skalpell angekratzt, damit die Kristalle besser in das Gewebe eindringen können. Mit einer feinen Insektennadel oder einer feinen Skalpellklinge werden dann 500 bis 800 μm große Kristalle injiziert (A13.19). Überschüssiger Farbstoff wird mit Filterpapier vorsichtig abgetupft, um

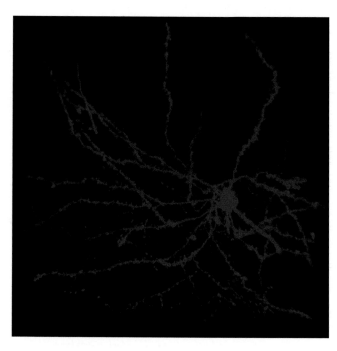

■ **Abb. 13.13** DiI-markiertes Neuron am *In vitro*-Hirnschnittpräparat im Nucleus Accumbens des Syrischen Hamsters. Der Farbstoff wurde mit der Methode des ‚diOlistic labeling' mit dem Helios Gene Gun System (Bio-Rad Laboratories) in den bereits fixierten 300 μm dicken Hirnschnitt appliziert. Es handelt sich um ein typisches GABAerges *medium spiny neuron*, von dessen rundem Zellkörper viele Dendriten abgehen, die zahlreich mit Spines besetzt sind. Das filigran aussehende Axon ist ebenso gut markiert und erstreckt sich als perlenschnurartiges Gebilde teilweise innerhalb des Dendritenbaums. Bild: N. A. Staffend, R. L. Meisel, unveröffentlicht, Minnesota University, USA

starke Hintergrundfärbung zu vermeiden. Der Applikationsort kann anschließend mit abgekühltem Agar-Agar (7 % in H$_2$O) verschlossen werden. Die Farbstoffe können aber auch über eine Gene-Gun (Bio-Rad) unter hohem Druck (diOlistic labeling) in das Gewebe appliziert werden (Gan et al. 2000, O'Brien and Lummis 2006, Staffend and Meisel 2011) (◘ Abb. 13.13).

Anleitung A13.19

Anwendung von DiI an *post mortem*-Material

1. Die Inkubation der Fluoreszenzfarbstoffe in Fixierlösung (4% Paraformaldehyd) kann von 3 Tagen bis zu mehreren Monaten dauern. Dabei sollte das Präparat immer lichtgeschützt in einem gut verschlossenen Gefäß in genügend Fixativ liegen. Die Temperatur kann von 4 °C bis 37 °C gewählt werden, wobei höhere Temperaturen die Qualität des Gewebes evtl. beeinträchtigen

2. für die Aufarbeitung wird der Gewebeblock in abgekühltem Agar-Agar eingebettet, mit Sekundenkleber auf ein Holzblöckchen geklebt und am Vibratom in PBS 80–100 µm dick geschnitten

3. die Schnitte werden mit einem Pinsel auf unbeschichtete Objektträger aufgetragen und noch nass mit einem wasserlöslichen, nicht fluoreszierenden Einbettmedium (z. B. Mowiol, Gelmount) eingedeckt und im Kühlschrank lichtgeschützt bis zur weiteren Verwendung gelagert

4. für eine Orientierung im Präparat empfiehlt sich jeweils einige Schnitte einer Serie für Nissl-Färbung zu verwenden oder einige Schnitte einer DAPI Färbung zu unterziehen

Bemerkung: Um eine möglichst gute Feinstruktur an fixiertem Material zu erhalten, sollte die Zeit zwischen dem Beginn der Fixierung des Materials und der Farbstoffapplikation möglichst gering gehalten werden und bei etwa 2 Tagen liegen.

13.7 Literatur

Adams JC (1981) Heavy metal intensification of DAB-based HRP reaction product. *J Histochem Cytochem* 29(6):775

Bender KJ, Rangel J, Feldman DE (2003) Development of columnar topography in the excitatory layer 4 to layer 2/3 projection in rat barrel cortex. *J Neurosci* 23(25):8759-8770

Chen S, Aston-Jones G (1998) Axonal collateral-collateral transport of tract tracers in brain neurons: false anterograde labelling and useful tool. *Neuroscience* 82(4):1151-1163

de Sousa TB, de Santana MA, Silva Ade M, Guzen FP, Oliveira FG, Cavalcante JC, Cavalcante Jde S, Costa MS, Nascimento ES Jr (2013) Mediodorsal thalamic nucleus receives a direct retinal input in marmoset monkey (Callithrix jacchus): a subunit B cholera toxin study. *Ann Anat* 195(1):32-38

Dugladze T, Heinemann U, Gloveli T (2001) Entorhinal cortex projection cells to the hippocampal formation in vitro. *Brain Res* 905(1-2):224-231

Gan WB, Grutzendler J, Wong WT, Wong RO, Lichtman JW (2000) Multicolor "DiOlistic" labeling of the nervous system using lipophilic dye combinations. *Neuron* 27(2):219-25

Gerfen CR, Sawchenko PE (1984) An anterograde neuroanatomical tracing method that shows the detailed morphology of neurons, their axons and terminals: immunohistochemical localization of an axonally transported plant lectin, Phaseolus vulgaris leucoagglutinin (PHA-L). *Brain Res* 290(2):219-238

Godement P, Vanselow J, Thanos S, Bonhoeffer F (1987) A study in developing visual systems with a new method of staining neurones and their processes in fixed tissue. *Development* 101(4):697-713

Horikawa K, Armstrong WE (1988) A versatile means of intracellular labeling: injection of biocytin and its detection with avidin conjugates. J Neurosci 25:1-11

Hsu SM, Raine L (1981) Protein A, avidin, and biotin in immunohistochemistry. *J Histochem Cytochem* 29(11):1349-1353

Kelso SR, Nelson DO, Silva NL, Boulant JA (1983) A slice chamber for intracellular and extracellular recording during continuous perfusion. *Brain Res Bull* 10(6):853-857

Kitt CA, Hohmann C, Coyle JT, Price DL (1994) Cholinergicinnervation of mouse forebrain structures. J Comp Neurol 341:117

Köbbert C, Apps R, Bechmann I, Lanciego JL, Mey J, Thanos S (2000) Current concepts in neuroanatomical tracing. Prog Neurobiol 62(4):327-351

Kreck G, Nixdorf-Bergweiler BE (2005) Evidence for a cortical-basal ganglia projection pathway in female zebra finches. *NeuroReport* 16(1):21-24

Kristensson K, Olsson Y (1971) Retrograde axonal transport of protein. *Brain Res* 29(2):363-365

Lanciego Jl, Wouterlood Fg (2011) A half century of experimental neuroanatomical tracing. *J Chem Neuroanat* 42(3):157-183. Review.

Lazarov NE (2013) Neuroanatomical tract-tracing using biotinylated dextran amine. *Methods Mol Biol* 1018:323-334

Luppi PH, Fort P, Jouvet M (1990) Iontophoretic application of unconjugated cholera toxin B subunit (CTb) combined with immunohistochemistry of neurochemical substances: a method for transmitter identification of retrogradely labeled neurons. *Brain Res* 534(1-2):209-224

Manns M (1998) Die Ontogenese visueller Lateralisation bei der Taube (Columba Livia): Entwicklung und Plastizität des Systems. Dissertation: Ruhr-Universität Bochum

Matteau I, Boire D, Ptito M (2003) Retinal projections in the cat: a cholera toxin B subunit study. *Vis Neurosci* 20(5):481-493

Mobbs P, Becker D, Williamson R, Bate M, Warner A(1994) Techniques for dye injection and cell labelling, Chapter 14. In Ogden D (Ed) Microelectrode techniques: the Plymouth Workshop handbook. Company of Biologists Limited

O'Brien JA, Lummis SC (2006) Diolistic labeling of neuronal cultures and intact tissue using a hand-held gene gun. *Nat Protoc* 1(3):1517-21

Oztas E (2003) Neuronal tracing. *Neuroanatomy* 2:2-5

Reiner A, Honig MG (2006) Dextran amines: versatile tools for anterograde and retrograde studies of nervous system connectivity. In Zaborszky L, Wouterlood FG, Lanciego JL (Eds) Neuroanatomical Tract-Tracing 3: Molecules, Neurons, and Systems, Springer, New York, pp. 304–335

Sakanaka M, Shibasaki T, Lederis K (1987) Improved fixation and cobalt-glucose oxidase-diaminobenzidine intensification for immunohistochemical demonstration of corticotropin-releasing factor in rat brain. *J Histochem Cytochem* 35(2):207-212

Schmued L, Kyriakidis K, Heimer L (1990) In vivo anterograde and retrograde axonal transport of the fluorescent rhodamine-dextran-amine, Fluoro-Ruby, within the CNS. *Brain Res* 526(1):127-134

Schmued LC, Snavely LF (1993) Photoconversion and electron microscopic localization of the fluorescent axon tracer fluoro-ruby (rhodamine-dextran-amine). *J Histochem Cytochem* 41(5):777-782

Shu SY, Ju G, Fan LZ (1988) The glucose oxidase-DAB-nickel method in peroxidase histochemistry of the nervous system. *Neurosci Lett* 85(2):169-171

Staffend NA, Meisel RL (2011) DiOlistic Labeling in Fixed Brain Slices: Phenotype, Morphology, and Dendritic Spines. *Curr Protoc Neurosci* 59:2.13.1–2.13.15

Staiger JF, Schubert D, Zuschratter W, Kotter R, Luhmann HJ, Zilles K (2002) Innervation of interneurons immunoreactive for VIP by intrinsically bursting pyramidal cells and fast-spiking interneurons in infragranular layers of juvenile rat neocortex. *Eur J Neurosci* 16(1):11-20

Veenman CL, Reiner A, Honig MG (1992) Biotinylated dextran amine as an anterograde tracer for single- and double-labeling studies. *J Neurosci Methods* 41(3):239-254

von Bohlen und Halbach O, Dermietzel R (1999). Methoden der Neurohistologie. Spektrum Akademischer Verlag GmbH, Heidelberg

Wilhelmi E (2000) Die neuronale Verschaltung der thalamo-amygdalofugalen Projektion zum cholinergen basalen Vorderhirn (Substantia innominata). Dissertation: Otto-von-Guericke-Universität Magdeburg

■ **Bezugsadressen und weitere Informationen**

Neuronale Tracersubstanzen, http://www.vectorlabs.com/products. asp?catID=30&locID=0, Fluorescent and Biotinylated Dextrans for Tracing Applications, http://probes.invitrogen.com/lit/catalog/3/ sections/1978.html , http://www.lifetechnologies.com/de/de/home/life-science/cell-analysis/cell-tracing-tracking-and-morphology/neuronal-tracing.html; Fluoro Ruby®, http://www.millipore.com/catalogue/item/ ag335# Lipophilic carbocyanine and aminostyryl tracers http://probes. invitrogen.com/handbook/tables/0346.html

Gehirnschnitt-Präparation zur Herstellung von Hippocampusschnitten, http://www.med64.com/resources/pdf/AcuteSliceProtocol_5.pdf http:// www.jove.com/video/2330/preparation-acute-hippocampal-slices-from-rats-transgenic-mice-for

Corning® Netwells inserts für frei flotierende Schnitte, http://www.sigmaald-rich.com/catalog/search/ProductDetail/SIGMA/CLS3480

Tissue Slice Chamber System, http://www.campdeninstruments.com/pro-duct_list.asp?SubCatID2=415

Stereotaxic Instruments, http://www.stoeltingco.com/neuroscience.html http://www.kopfinstruments.com/

Tissue Slicer, Vibratome, http://www.stoeltingco.com/neuroscience/ histology-physiology/tissue-slicers.html, http://www.harvardapparatus. com/webapp/wcs/stores/servlet/haicat2_10001_11051_37407_-1_ HAI_Categories_N_37406 http://www.campden-inst.com/product_list. asp?SubCatID=1

Nanoliter 2000 Injector von World Precision Instruments (WPI), http://www. wpiinc.cn/en/Products/Browse-By-Category-en/Pumps-and-Microinjec-tionen/Microsyringe-Pumps-en/Nanoliter-2000-Injector-240-V-2.html

Helios Gene-Gun-System, http://www.bio-rad.com/en-us/product/helios-gene-gun-system

Präzisionsgleichstromquellen, Midgard http://www.stoeltingco.com/digital-midgard-precision-current-source-686.html; Neurophore BH-2-System http://www.harvardapparatus.com ,

Elektrodenziehgeräte, http://www.sutter.com/products http://www.heka. com/sales/sales_partners.html http://www.stoeltingco.com/vertical-micropipette-puller-4681.html

Protokolle für neuronales Tracen, http://www.vectorlabs.com/data/proto-cols/PHA-L.pdf , Sakaguchi lab http://www.public.iastate.edu/~zoogen/ dssakagu/Labs/TTRef.pdf http://www.jove.com/video/2081/diolistic-labeling-neurons-from-rodent-non-human-primate-brain

13

Spezielle Präparationsmethoden für tierische Organsysteme und Gewebe

Annegret Bäuerle, Heinz Streble

14.1   Einführung

Zum Verständnis der Baupläne von Tieren sind neben den in anderen Abschnitten dieses Buches ausführlich beschriebenen histologischen Schnitt- und Färbetechniken auch Kenntnisse von Präparationsverfahren nötig, die das Studium ganzer Organsysteme oder von Larval- und Embryonalstadien erlauben. Hierfür geeignete Methoden werden in diesem Kapitel referiert.

Der Umgang mit den Tieren und die Probengewinnung unterliegen selbstverständlich den jeweils aktuell geltenden tierschutzrechtlichen Richtlinien und Genehmigungsverfahren.

14.2   Totalpräparation des Zentralnervensystems (ZNS) von Knochenfischen (Teleostei)

Mit dieser Mazerationstechnik lässt sich das Zentralnervensystem von Fischen darstellen.

> **Anleitung A14.1**
>
> **Totalpräparation des Zentralnervensystems von Knochenfischen**
> **Material:**
> - 15 % Salpetersäure (HNO$_3$)
>
> **Durchführung:**
> 1. Ein ca. 15–20 cm langer Fisch (Goldfisch o.ä.) wird entsprechend den jeweils gültigen tierschutzrechtlichen Regelungen getötet
> 2. Zur Mazeration wird der Fisch als Ganzes 1–2 Tage in einem Becherglas mit Abdeckung in 15 % Salpetersäure (HNO$_3$) eingelegt. Die Mazerationsdauer ist abhängig von der Größe des Fisches. Die Mazeration ist für die anschließende Präparation ausreichend, wenn sich das Gewebe und die Schädelkapsel leicht von den weiß erscheinenden Nerven mit einer Pinzette ablösen lassen.
>
>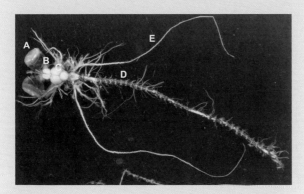
>
> ◻ **Abb. 14.1** Totalpräparat des Nervensystems eines Fisches. A: Augen, B: Sehnerv, C: Gehirn mit Hirnnerven, D: Rückenmark und Spinalganglien, E: Nervus lateralis des Vagus (Seitenlinienorgan).
>
> ▼

3. Den inzwischen sehr weichen Fisch vor der Präparation vorsichtig mit klarem Wasser abspülen.
4. Präparation: Gewebereste lassen sich während der Präparation mit einer Pipette mit Wasser wegspülen.

Ergebnis:
Der hohe Lipidanteil des Myelins schützt bei der Mazeration das Nervensystem. Bei sorgfältiger Präparation mit feinen Pinzetten lassen sich das Gehirn und das Rückenmark mit den ableitenden Nerven sowie die Nerven des Seitenlinienorgans als Totalpräparat darstellen.

Wichtig, beachten:
Sollte bei der Präparation festgestellt werden, dass das Fischgewebe noch zu fest ist und sich nicht von den frei zu präparierenden Nerven löst, hilft nochmaliges Einlegen in 15 % HNO$_3$ für ca. 1 Stunde unter Erwärmen (Wärmeschrank, ca. 40 °, Schutzbrille!) Durch diese Methode kann auch die Mazerationsdauer auf wenige Stunden reduziert werden. Allerdings besteht durch den beschleunigten Zersetzungsprozess die Gefahr, dass das Gewebe für eine weitere Präparation zu weich und letztlich auch das Nervengewebe angegriffen wird. Diese Vorgehensweise kann nur als Notlösung angesehen werden. In diesem Fall ist eine häufigere Kontrolle des Gewebezustands empfehlenswert.

14.3   Herstellung chitinhaltiger Präparate – Bleich- und Mazerationsmethode

Zum mikroskopischen Studium von chitinhaltigen Objekten ist ein Aufhellen bzw. Mazerieren erforderlich, um interpretierbare Präparate zu erhalten, die auch fotografisch dokumentiert werden können. Hierfür stehen zwei Methoden zur Auswahl: Bleichen und Mazeration. Die Methode der Wahl ist objektabhängig.

Das Bleichen sollte speziell bei kleinen, dunkel gefärbten Tieren bevorzugt angewandt werden, wie z. B. Bücherskorpionen, jungen Zecken, jungen Spinnen, Moosmilben, Urinsekten, Blasenfüßen, Staubläusen, Federlingen, Tierläusen, Ameisen, kleinen Mücken und Fliegen sowie Flöhen. Auch für die Herstellung von Präparaten von Insekten-Mundwerkzeugen und die Darstellung von Larven- und Raupenköpfen ist diese Vorgehensweise geeignet.

Bessere Ergebnisse erzielt man mit der Mazerationstechnik bei folgenden Objekten: Teile von Skorpionen und Spinnen – wie z. B. Giftstachel, Scheren, Cheliceren, Pedipalpen, Augenfelder, Beine, Spinnwarzenfelder. Mundwerkzeuge von größeren Insekten, Insektenbeine, Thorax-Längs-und Querschnitte, Lege- und Stachelapparate, Kopulationsapparate und Flügelansatz-Partien sollten ebenfalls mit der Mazerationsmethode bearbeitet werden.

Bleichen chitinhaltiger Präparate

Material:

- Fixativ (z. B. 70 % Ethanol, Formol oder Bouin, siehe ▣ Tabelle A1.11 im Anhang)
- Ethanolreihe (70 %, 90 %, 96 %, 100 %)
- Wasserstoffperoxid (H_2O_2)
- Isopropanol
- Euparal

Durchführung:

1. Säubern von verschmutzen Objekten mit Spülmittel-Wasser oder Alkohol mit einem feinen Pinsel

2. Fixieren mit 70 % Ethanol, Formol oder Bouin
3. Wässern
4. Tiere oder Teile in 3 % Wasserstoffperoxid (H_2O_2) einlegen. Dauer der Bleichung ist objektabhängig. Zur Orientierung: Die Bleichung eines Bienenkopfes dauert 4 Tage
5. Auswaschen mit 70 % Ethanol
6. Hochführen durch Ethanolstufen: 90 %, 96 % bis 100 % Ethanol oder Isopropanol
7. 100 % Ethanol bzw. Isopropanol dreimal wechseln
8. Einschlussharz Euparal

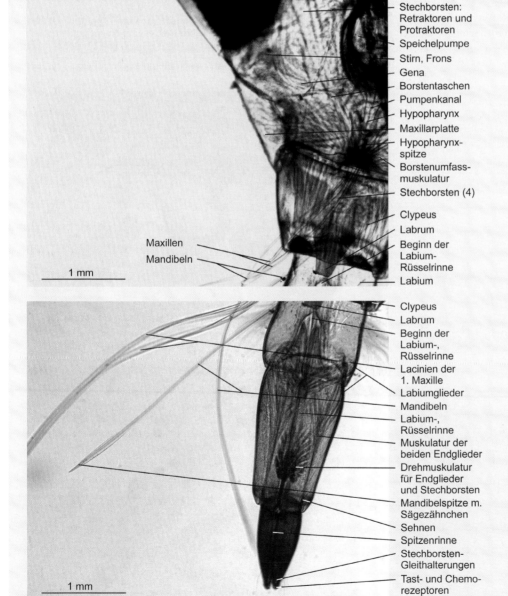

▣ **Abb. 14.2** *Notonecta glauca*, Rückenschwimmer: Gebleichtes Kopfpräparat mit Innenstrukturen. Das obere Bild zeigt die Rüsselbasis, das untere die Rüsselspitze mit 4 Stechborsten.

Mazeration chitinhaltiger Präparate
Material:

- 5 g KOH-Plätzchen werden in 100 ml A. dest. gelöst
- 3 % Essigsäure
- 100 % Ethanol
- Isopropanol
- Einschlussmedium Euparal

Durchführung:

1. Objekte 3–4 Tage bei 40–60° in einem Wärmeschrank mazerieren
2. Objekte anschließend kurz wässern
3. Evtl. Niederschläge (stärkeähnlich) mit 3 % Essigsäure entfernen, mit fließendem Wasser auswaschen
4. Objekt auf einen Objektträger legen, Wasser absaugen
5. Mit einem zweiten Objektträger das Objekt im Bedarfsfall pressen (z. B. Wäscheklammer, Schraubenmutter)
6. In 100 % Ethanol einige Stunden härten, Ethanol mehrmals wechseln

7. Die Presse öffnen und die Stücke mit 100 % Isopropanol restlos entwässern, Isopropanol zweimal wechseln
8. Einschlussmedium Euparal

Ergebnis:

Eine Mazeration mit Kalilauge entfernt die bei der Betrachtung und Fotografie störenden Weichteile. Die Objekte lassen sich pressen und sind dadurch für eine Fotodokumentation geeignet. Probleme mit der Tiefenschärfe entfallen. Gebleichte Objekte sind für die Mikroskopfotografie weniger gut verwendbar. Sie sind jedoch für eine Interpretation von Funktion und Aufbau der Organstrukturen besser geeignet, da Muskeln, Sehnen, Nerven, Drüsen und sämtliche Gewebe intakt bleiben.

Wichtig, beachten:

Kalilauge ist stark ätzend (Vorsicht!). Sie löst sämtliche Weichteile und Gewebe auf. Sklerotisiertes Chitin wird gebleicht. Wasserstoffperoxid wirkt erst bei längerer Einwirkzeit mazerierend, im ersten Schritt nur bleichend auf das Chitin.

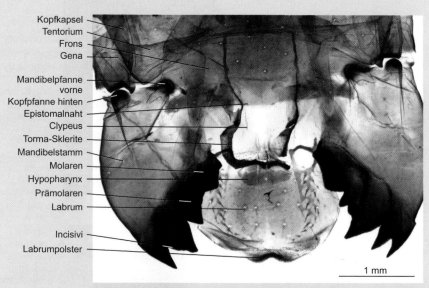

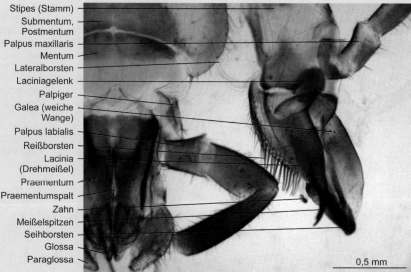

■ **Abb. 14.3** *Blatta orientalis*, Küchenschabe: Mazerationspräparat der Mundwerkzeuge. Oberes Bild: Mandibel-Oberlippenkomplex. Unteres Bild: 1. Maxille und Unterlippe.

14.4 Totalpräparate kleiner zoologischer Objekte

Färbung mit Boraxcarmin sauer nach Grenacher; Boraxcarmin alkoholisch. Zur Stückfärbung: siehe Anleitung A10.98 in diesem Buch. Bezug z. B. von Chroma (2 C 119 Boraxcarmin alkoholisch, Grenacher); wird in unterschiedlichen Mengen geliefert.

Anleitung A14.4

Herstellung von Dauerpräparaten zoologischer, kleiner Objekte

Material:

- Boraxcarmin-Lösung: 4 g Borax (Natriumtetraborat-Deka-hydrat) in 100 ml H$_2$O lösen; erhitzen und dann 3 g zerriebenes Karmin (Chroma 5A176) zugeben; nach Erkalten 100 ml Methanol (90 %) oder Ethanol (96 %) dazu mischen. Eine rein wässrige Lösung mazeriert beträchtlich. Nach tagelangem Stehen abfiltrieren. Verschlossen sehr lange haltbar.
- Formol, AFP, Bouin oder Ethanol als Fixativ
- Ethanol
- Salzsäure
- Isopropanol
- Euparal

Durchführung:

1. Fixierung der Objekte in 10–4 % Formol; AFP (Ethanol 96–100 %, 90 ml + Formol 40 % 5 ml + Propionsäure 5 ml); Bouin (15 ml wässrige Pikrinsäure (1,2 %) + 5 ml konzentriertes Formol + 1 ml Eisessig) oder in 70–90 % Ethanol.
2. Auswaschen des Fixiermittels mit 90 % Ethanol; 3x je 2–24 Stunden 35 % Ethanol, wenigstens so lange, bis die Objekte abgesunken sind.
3. In Boraxcarmin-Lösung zur Färbung 1–3 Tage. Die dunkle Lösung evtl. filtrieren. Färbung mit wenigstens der zehnfachen Menge Farbe gegenüber den Objekten.
4. Farblösung mit 35 % Ethanol verdünnen, bis die Objekte sichtbar werden; Farbe abgießen.
5. Differenzieren in 70 % Ethanol mit Salzsäure (0,2–0,4 % im Alkohol; „salzsaurer Alkohol"). Die Differenzierungsdauer beträgt meist wie die Färbedauer 1–3 Tage. Salzsauren Alkohol drei- bis fünfmal wechseln, bis keine Farbschlieren mehr aus den Objekten kommen.
6. Auswaschen mit 90 % Ethanol 3x je 2–24 Stunden.
7. Isopropanol, 3x je 2–24 Stunden.
8. Einschluss in Euparal von Chroma (3C239).

Beim Verdunsten des Isopropanols und Trocknen des Harzes steigt der Brechungsindex des Euparals von 1,48 auf 1,53. Gelindes Erwärmen beschleunigt den Prozess. Schrumpfungen des Einbettharzes bei dicken Präparaten werden rechtzeitig aufgefüllt, um eine Verbindung der unterschiedlich alten Harze zu gewährleisten. Bei empfindlichen Organismen muss das Deckglas unterlegt werden, mit zwei Objektträgersplittern oder – professioneller – mit schmalen Objektträgerstreifen, Glasröhrchen; Kunststofffäden vertragen sich nicht unbedingt mit Euparal.

Das Chitin von Spinnentieren, Krebsen, Tausendfüßern und Insekten ist für Euparal weitgehend undurchlässig: in völlig unverletzten Tieren können im Mikroskop schwarz erscheinende Gasblasen entstehen.

▼

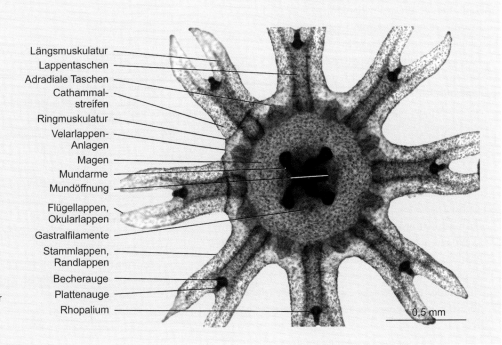

Längsmuskulatur
Lappentaschen
Adradiale Taschen
Cathammal-streifen
Ringmuskulatur
Velarlappen-Anlagen
Magen
Mundarme
Mundöffnung
Flügellappen, Okularlappen
Gastralfilamente
Stammlappen, Randlappen
Becherauge
Plattenauge
Rhopalium

0,5 mm

◻ **Abb. 14.4** Ephyralarve der Ohrenqualle Aurelia aurita gefärbt mit Boraxcarmin.

Bei Teilen von Arthropoden und Organismen mit einzelnen fehlenden Extremitäten treten die Artefakte nicht auf. Zur Sicherheit, wenn möglich, ein Bein abtrennen, um eine Eintrittspforte für das Harz zu schaffen.

Ergebnis:

Nach der Färbung sollten Zellkerne tiefrot, das Cytoplasma leicht hellrot gefärbt sein: zur Sicherung mikroskopische Kontrolle. Hauptvorteile der Dauerpräparate sind die gefärbten Zellkerne. Dunkelfeldbeleuchtung, Phasenkontrast und DIK machen weitere Strukturen gegenüber der Hellfeldbeleuchtung sichtbar. Im Idealfall stehen lebende Organismen und Stadien parallel zum gefärbten Präparat zur Verfügung.

Aufgeführt sind im Folgenden Organismen, die nach Färbung mit Boraxcarmin schöne und sinnvolle Dauerpräparate ergeben. Als Abbildungsbeispiel dient das Präparat einer Ephyralarve von *Aurelia aurita*, der Ohrenqualle; gefärbt mit Boraxcarmin.

Bezugsquelle für marine Tiere: Biologische Anstalt Helgoland.

Geeignet für Totalpräparate und Färbung mit Boraxcarmin sind u. a.:

- Einzellige Tiere (*Opalina, Dendrocometes, Vorticella, Paramecium,* Pansenciliaten, *Spirochona, Spirostomum*).
- Schwämme (*Leucosolenia, Sycon, Halisarca*)
- Nesseltiere (Hydra, Hydrozoenstöckchen, Medusen, Ephyren (◻ Abb.), *Hydractinia*-Polypen, *Alcyonium*-Polypen, Staatsquallen)
- Strudelwürmer (*Dendrocoelum, Microstomum, Catenula*)
- Saugwürmer (*Fasciola, Dicrocoelium, Opisthorchis, Polystomum,* Zerkarien, Miracidien)
- Bandwürmer (*Scolices,* Proglottiden)
- Rädertiere (Süßwasser-Plankton)
- Kratzer (*Pomphorhynchus,* Kratzerlarven)
- Fadenwürmer (*Trichinella* in Muskulatur)
- Schnecken (Veligerlarven, *Creseis*)
- Muscheln (Glochidien, Erbsenmuscheln)
- Tintenfische (Tintenfisch-Entwicklung von *Loligo* und *Alloteuthis,* Sepiahaut)
- Polychaeten (Polychaeten-Larven, Polychaeten-Segmente)
- Egel (*Piscicola, Glossiphonia, Cystobranchus, Theromyzon, Herpobdella, Hemiclepsis, Helobdella*)
- Zungenwürmer (*Raillietiella*)
- Spinnentiere (Jungskorpione)
- Krebse (*Leptodora, Bythotrephes, Artemia, Argulus,* Wasserflöhe, Blattbeine von *Triops,* Muschelkrebse, marine Krebslarven, Schwebgarnelen, Leuchtgarnelen, marines Plankton, *Crangon* (Statolith der 1. Antenne), Amphipoda (*Caprella, Phthisica, Gammarus*))
- Phoronidea (*Actinotrocha*-Larve, Vorderteile von *Phoronis*)
- Moostierchen (*Plumatella, Cristatella, Ancestrula, Cyphonautes*)
- Pfeilwürmer (*Sagitta, Eukrohnia*: total)

- Stachelhäuter (Seeigel-Entwicklung, Larven und Metamorphosen: Bipinnaria, Brachiolaria, Ophiopluteus, Echinopluteus, Auricularia, Doliolaria)
- Appendicularia (*Oikopleura, Fritillaria*)
- Manteltiere, Tunicaten (*Doliolum,* Handschnitte von *Botryllus* und *Aplidium*)
- Lanzettfischchen (*Branchiostoma* (*Amphioxus*) total)
- Fische (Jungfische; Metamorphose von Plattfischen)
- Vögel (Hühnchenentwicklung, Keimscheiben)
- Säugetiere (Frühe, 9–15 Tage alte Embryonen)

14.5 Darstellung von Knorpel und Knochen kleiner Wirbeltiere

Mit Hilfe der Knorpel-Knochenfärbung kann die Skelettentwicklung und der Grad der Ossifikation während der Entwicklung dokumentiert werden. Zum einen dient die Methode der Darstellung der Normogenese des Skelettsystems. Sie kann aber auch zur Dokumentation möglicher Fehlentwicklungen herangezogen werden, um z. B. die Auswirkungen einer Genmutation auf die Skelettentwicklung nachzuvollziehen.

Anleitung A14.5

Knorpel-Knochenfärbung nach Dingerkus und Uhler
Material:
- 10 % Formalin
- Ethanol 96 %, 75 %, 40 %, 15 %
- Eisessig
- Färbelösung: Alcianblau (GN oder GS) 10 mg + 96 % Ethanol 80 ml + Eisessig 20 ml
- Alizarinrot S
- Enzymlösung: gesättigte wässrige Natriumtetraboratlösung (Borax) 30 ml + A. dest. 70 ml + Pankreatin 4 g
- Glyzerin
- 5 % KOH
- H_2O_2
- Thymol

Durchführung:
1. Fixierung der Objekte in 10 % Formalin: wenigstens drei Tage bzw. beliebig lange
2. 2–3 Tage in destilliertem Wasser auswaschen; Wasser öfter wechseln
3. Zur Entfernung von Haut, Eingeweiden, Fettkörpern s. u.
4. 1–2 Tage in Färbelösung
5. 5–6 Tage in 96 % Ethanol auswaschen; Alkohol wechseln
6. die Objekte in 75 %, 40 %, 15 % Ethanol und schließlich in destilliertes Wasser jeweils so lange einlegen, bis sie untergesunken sind
7. Präparate in Enzymlösung für 2–3 Wochen, bis das Fleisch völlig entfärbt ist. Pankreatinlösung jeden zweiten Tag wechseln.
8. Direkt in 0,5 % wässrige Kaliumhydroxid-Lösung, der Alizarinrot S bis zur tiefen Purpurfärbung zugesetzt

▼

14

wurde – Färbedauer 1 Tag oder länger, bis Knochen eindeutig rot

9. 1 Tag in 0,5 % KOH-Glycerin 3:1 (4 Tropfen H_2O_2 auf 100 ml bleichen Pigmente!)
10. 1 Tag in 0,5 % KOH-Glycerin 1:1
11. 1 Tag in 0,5 % KOH-Glycerin 1:3
12. Reines Glycerin
13. Reines Glycerin mit Thymolzusatz (zur Vermeidung von Hefen und Pilzen). Aufbewahrung kühl und dunkel

Ergebnis:
Knorpelgewebe blau, Knochengewebe rot gefärbt. Die blaue Farbe hält jahrzehntelang, die rote schwindet früher.

Wichtig, beachten:
Fische: entschuppen und ausweiden; Kiemen der Kiemenbögen wegen nicht entfernen. Bei Glasaalen Haut einritzen; die Tiere sind keine Larven, sondern drei Jahre alte Fische.

Amphibien und Reptilien: die Haut vollständig abzuziehen, gelingt am ehesten bei Fröschen und Molchen. Eingeweide und Augen entfernen, Muskulatur nicht verletzen. Bei Kaulquappen Darm herauspräparieren. Schädel kleiner Reptilien sind eindrucksvoll für Vergleiche.

Vögel: Bei Feten und Küken Haut abziehen und ausweiden; Restfedern ausrupfen

Säugetiere: Für die Methode am geeignetsten sind junge Gerippe von Kleinsäugern. Deren Skelette bis hin zu den Gehörknöchelchen sind dann unter dem Stereomikroskop ein fesselnder Anblick und Einblick in die anatomischen Gegebenheiten. Die vollständige Entfernung der Haut erfordert Sorgfalt beim Präparieren, anderenfalls sind Pfoten abgerissen oder die Schwanzspitzen noch behaart. Därme, Bauchorgane, Zwerchfell, Lunge, Herz und Thymus werden soweit möglich abpräpariert; ebenso das Nackenfett. Ideal zum Vergleich der Ossifikation und der Knorpelumwandlung sind – der Größe wegen – Jungmäuse.

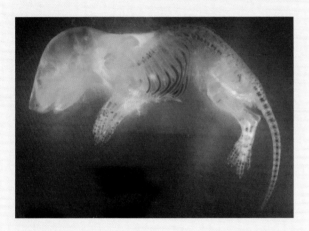

◨ **Abb. 14.5** Knorpel-Knochen-Färbung einer Jungmaus; Glycerinpräparat.

14.6   Literatur

Dingerkus G und Uhler LD (1977) Stain Technology, Vol. 52, No.4; p. 229-232

Kremer BP (2002) Das große Kosmos-Buch der Mikroskopie. Stuttgart: Franckh-Kosmos-Verlag

Streble H und Bäuerle A (2007) Histologie der Tiere. Ein Farbatlas. München: Spektrum Akademischer Verlag

Streble H (2004) Frisch- und Dauerpräparate zum Mikroskopieren. Präparationstechniken. PdN-BioS 8/53, S. 18-21

Streble H (1980) Chitinteile – bleichen oder mazerieren? Mikrokosmos 1/1980, S. 28-29 Stuttgart: Franckh´sche Verlagshandlung

Präparationstechniken und Färbungen von Protozoen und Wirbellosen für die Lichtmikroskopie

Erna Aescht

15.1   Einführung

Morphologie und Systematik, vor allem jene der kleinen wirbellosen Tiere („Evertebraten") und der einzelligen Eukaryoten („Protozoen"), sind keine abgeschlossenen Disziplinen der Zoologie, sondern höchst lebendige, forschungsbedürftige Arbeitsgebiete. Die Bestimmung (unter anderem notwendig für ökologische und phylogenetische Untersuchungen) erfordert wegen der Kleinheit und Transparenz mikroskopische Verfahren. Viele cytologische, anatomische und histologische Methoden werden bei diesen Organismen analog zu den für Wirbeltiere entwickelten Verfahren angewandt. Dennoch gibt es etliche Besonderheiten, auf die näher eingegangen werden soll.

Die exorbitante Heterogenität der Protozoen und Wirbellosen findet ihren Niederschlag in einer Vielfalt von Untersuchungsmethoden, die naturgemäß nur im Überblick dargestellt werden können. Diese Übersichten zur Betäubung, Fixierung

und Konservierung sollen beim Aufbau von unerlässlichen Belegsammlungen helfen (Etikettieren mit Funddatum, -ort und SammlerIn nicht vergessen). Die Schwerpunkte liegen dabei auf der Totalpräparation und der Darstellung wichtiger mikroskopischer Merkmale (◻ Tab. 15.1); denn Voraussetzung für weiterführende biochemische, immunologische, molekularbiologische und ökologische Methoden ist die Identifizierung (Determination), also die Zuordnung von individuellen Organismen zu bestehenden Arten (oder anderen Taxa). Unter Berücksichtigung der Sicherheitsaspekte können viele der Verfahren auch in Schule und Lehre eingesetzt werden, erforderlich sind zumindest ein Auflicht- und/oder Durchlichtmikroskop (weiterführende Literatur: Abraham 1991, Adam und Czihak 1964, Dietle 1983, Echsel und Racek 1976, Fiedler und Lieder 1994, Halton et al. 2001, Hermann 1998, Mayer 1966, Nachtigall 1985, Röttger 1995, Sauer 1980, Vater-Dobberstein und Hilfrich 1982). Vielfach sind jedoch die Schlüsselmerkmale zur

15

◻ **Tab. 15.1** Für Totalpräparate (µm: Durchlichtmikroskop, mm-cm: Stereolupe) geeignete Organismengruppen (alphabetisch) mit wichtigen morphologischen Merkmalen

Taxon	deutscher Name	µm	mm	cm	interessante Strukturen bei Adulten und Entwicklungsstadien
Acari	Milben	+	+		Mundapparat, Geschlechtsorgane
Annelida	Ringelwürmer	+	+	+	Metamere, Borsten, Trochophora-Larve
Anostraca	Feenkrebse		+		Blattbeine (Phyllopodien), Naupliusauge, Greifantennen
Apicomplexa	Sporentiere	+			Apikalkomplex, Sporen (Sporozoiten)
Arthropoda	Gliederfüßer	+	+	+	Mundapparat, Geschlechtsorgane
Bryozoa	Moostiere	+	+	+	Zooide, Tentakelkranz (Lophophor), Cyphonautes-Larve
Caudofoveata	Schildfüßer		+	+	Kalkschuppen, Radula
Chaetognatha	Pfeilwürmer	+	+	+	Kopfkappe, chitinige Mundhaken
Chilopoda	Hundertfüßer		+	+	Giftklauen (Chilopodium)
Ciliophora	Wimpertiere	+			Cilienmuster, Extrusome, Kerndualismus (Mikro- und Makronucleus)
Cnidaria	Nesseltiere		+	+	Nesselzellen (Cnidocyten), Actinula-, Planula-, Ephyra-Larve
Coleoptera	Käfer	+	+	+	Mundapparat, Geschlechtsorgane
Crustacea	Krebstiere	+	+	+	Mundapparat, Spaltbeine (Pleopoden), Nauplius-Larve
Ctenophora	Rippenquallen		+	+	Klebzellen (Kolloblasten), Kämme (Rippen), Cydippida-Larve
Cycliophora		+			Mund mit Wimpernkranz, Pandora-, Choroid-Larve
Flagellata	Geißeltiere	+			Geißel(zahl), Dinokaryon, Kragengeißelzellen, Zelluloseplatten
Foraminifera	Kammerlinge	+	+	+	Kammerung der Kalkschalen
Gastrotricha	Bauchhärlinge	+	+		Schuppen, Stacheln, Haftröhrchen
Gnathostomulida	Kiefermündchen	+	+		Rostrum, Tastborsten (Cilien), Kieferapparat
Heteroptera	Wanzen			+	Mundapparat, Geschlechtsorgane
Homoptera	Gleichflügler	+			Mundapparat, Geschlechtsorgane
Kamptozoa	Kelchwürmer		+	+	Tentakelkranz (Lophophor), Trochophora-Larve

▼

Tab. 15.1 *Fortsetzung*

Taxon	deutscher Name	µm	mm	cm	interessante Strukturen bei Adulten und Entwicklungsstadien
Kinorhyncha	Hakenrüssler	+	+		Stacheln (Skaliden), 13 Oberflächensegmente (Zoniten)
Lepidoptera	Schmetterlinge		+	+	Mundapparat, Geschlechtsorgane
Loricifera	Panzertiere	+			4-teilige Lorica, Stacheln
Mallophaga	Kieferläuse		+		Mundapparat, Geschlechtsorgane
Mesozoa	Mitteltiere	+	+		2 Zelltypen
Micrognathozoa		+			Kieferapparat, Tastcilien
Mollusca	Weichtiere	+	+	+	Reibplatte (Radula), Veliger-, Trochophora-Larve
Monoplacophora	Urmützenschnecken		+	+	Veliger-Larve
Nematoda	Fadenwürmer	+	+	+	Sensilen-Ringe, Chemorezeptoren (Amphiden), Kollagen-Cuticula
Nematomorpha	Saitenwürmer		+	+	Haken, Stilette
Nemertinea	Schnurwürmer		+	+	ausstülpbarer Rüssel (Proboscis), Pilidium-, Schmidtsche Larve
Pantopoda	Asselspinnen		+	+	Rüssel (Proboscis), Eiträger (Ovigeren)
Pauropoda	Wenigfüßer	+	+		Feuchterezeptor (Schläfenorgan, Tömösvary-Organ)
Phoronida	Hufeisenwürmer		+	+	Tentakelkranz (Lophophor), Actinotrocha-Larve
Polyplacophora	Käferschnecken		+	+	Lichtsinnesorgane (Aestheten), Radula, Trochophora-Larve
Placozoa	Plattentiere		+		6 Zelltypen
Planipennia	Netzflügler		+	+	Mundapparat, Geschlechtsorgane
Pogonophora	Bartwürmer		+	+	Tentakel- und Rumpfcilien, einzellige Zotten (Pinnulae)
Porifera	Schwämme		+	+	Kalk- bzw. Kieselnadeln (Spicula), Songinfasern, Kragengeißelzellen (Choanocyten), Kanalsystem, Parenchymula-, Amphiblastula-, Sterroblastula-Larve
Pseudoscorpiones	Bücherskorpione		+		Mundapparat, Geschlechtsorgane
Radiolaria	Strahlentierchen	+	+		Skelettnadeln und Gehäuse aus Strontiumsulfat oder Kieselsäure (Silicat), Axo- oder Filopodien
Rhizopoda	Wurzelfüßer, Amöben	+			Scheinfüße (Pseudopoden, Axo-, Filo-, Lobopodien), Schalen
Rotatoria	Rädertiere	+	+		Räderorgan, Keratincuticula, Kaumagen (Mastax)
Scaphopoda	Kahnfüßer			+	Fangfäden (Captacula), Klebdrüsen, Hüllglockenlarve
Siphanoptera	Flöhe		+		Mundapparat, Geschlechtsorgane
Sipunculida	Spritzwürmer		+	+	Papillen, Stacheln, Tentakelkrone, Trochophora-Larve
Solenogastres	Furchenfüßer		+	+	Schuppen, Kloakenstilett, Hüllglockenlarve
Strepsiptera	Fächerflügler		+		Mundapparat, Geschlechtsorgane
Symphyla	Zwergfüßer		+		Tömösvary-Organ (Feuchterezeptor)
Tardigrada	Bärtierchen	+			Photorezeptorenpaar, Mundstilette, Krallen
Thysanoptera	Fransenflügler	+	+		Mundapparat, Geschlechtsorgane
Trematoda	Saugwürmer		+	+	Miracidium-, Cercarium-Larve
Tunicata	Manteltiere		+	+	Schwanzlarven mit muskulösem Ruderschwanz
Turbellaria	Strudelwürmer	+	+	+	Goettesche-, Müllersche Larve

Artbestimmung nur mit 1000-facher Vergrößerung (Ölimmersion!) erkennbar, die in Schulen oft fehlt.

Nicht behandelt werden die diversen Sammel- und Anreicherungsverfahren für aquatische (limnische, marine; Foissner et al. 1991, Hangay und Dingley 1985, Hartmann 1928, Lee und Soldo 1992, Lincoln und Sheals 1979, Margulis et al. 1990, Piechocki 1966), terrestrische (Dunger und Fiedler 1986, Martin 1977, Millar et al. 2000, Schauff 2005, Smirnov und Brown 2004) und parasitische Lebensformen (Aspöck und Auer 1998, Halton et al. 2001, Justine et al. 2012, Mehlhorn 2012a, b).

15.2 Besonderheiten der Untersuchung

Alle Organismenstämme und -klassen sowie viele Ordnungen umfassen mikroskopisch kleine Vertreter, Entwicklungsstadien bzw. Strukturen, die nur mit dem Auflicht- oder Durchlichtmikroskop beobachtet werden können (☐ Tab. 15.1). Die eigentlichen Bestimmungsmerkmale sind natürlich der Spezialliteratur zu entnehmen. Eine alphabetische Reihung und deutsche Bezeichnungen sollen die Orientierung und Recherche erleichtern.

Wenn irgend möglich, werden die Organismen lebend untersucht. Fixierung und Färbung können notwendig sein, wenn das Material längere Zeit aufbewahrt werden soll bzw. wenn Strukturen darzustellen sind, die am lebenden Organismus nicht deutlich zu erkennen sind (z. B. Zellkerne).

15.2.1 Bedeutung der Lebendbeobachtung

Die mikroskopische Untersuchung von nativem Material kann nach den in ▶ Kapitel 4 angeführten Techniken erfolgen. Eine gründliche Lebendbeobachtung der Protozoen und vieler Mikrometazoen ist unerlässlich, weil gewisse Dinge nur am lebenden Individuum beobachtet werden können, z. B. die Bewegungsweise, Färbung (Pigmentgranula), Nahrungsaufnahme, Bildung und Bewegung der Pseudopodien, Flagellen, Cilien usw. Ein Vergleich des lebenden mit dem präparierten Objekt ist wegen unserer mangelhaften Kenntnisse vom Zustandekommen bestimmter Fixierungs- und Färbeeffekte und der dabei am Objekt hervorgerufenen Veränderungen unbedingt erforderlich. Überdies ist die Anwendung mehrerer Methoden zu empfehlen, da jede einzelne unterschiedliche Strukturen darstellen kann.

Von großer Wichtigkeit ist auch, möglichst viel von dem, was man im Mikroskop sieht, zu zeichnen (Foissner et al. 1991, Honomichl et al. 2013). Dadurch prägen sich nicht nur die gesehenen morphologischen Verhältnisse besser dem Gedächtnis ein, sondern man lernt auch schärfer zu beobachten. Eine detaillierte Erfassung aller Merkmale durch Zeichnen sowie Messen und Zählen ist für eine gesicherte Bestimmung unerlässlich. Mikrophotographien sind nützlich (u. a. für Proportionen, Umrisse, natürliche Färbung), ersetzen aber keine gute Zeichnung.

15.2.2 Herabsetzen der Beweglichkeit von Mikroorganismen

Viele physikalische und chemische Methoden sind bekannt, um die Bewegung von mikroskopisch kleinen Lebewesen zu verlangsamen und sie so leichter beobachten zu können. Bei Arten um 1 mm Größe lässt sich der Bewegungsdrang abbremsen, indem die Viskosität des Untersuchungsmediums erhöht wird. Als bestes zähflüssiges, schleimiges Medium hat sich wasserlösliche Methylcellulose erwiesen. Methylcellulose wird vielfach als (Tapeten-)Kleister verwendet; sie ist daher billig in Drogerien und Farbengeschäften zu bekommen. Sie wird so stark verdünnt in den zu betrachtenden Tropfen mit Medium vorsichtig mit einer Präpariernadel eingerührt, bis eine Konsistenz von Öl oder Honig erreicht ist.

Einfacher ist das Festlegen unter dem Deckglas (das erfordert etwa einen Tag Übung): Ein etwa 0,5 ml großer Tropfen des Probenmaterials wird auf einen Objektträger gegeben. Aus diesem Tropfen werden die zu untersuchenden Arten unter dem Mikroskop bei sehr schwacher Vergrößerung (etwa 40x: Objektiv mit 4-facher Eigenvergrößerung und großem Arbeitsabstand, etwa 1 cm; Okular 10x) mit der Mikropipette aufgenommen und auf einen zweiten Objektträger übertragen. Bei großen Arten kann man auch die Stereolupe benutzen. An den Ecken eines Deckglases oder im entsprechenden Abstand auf dem Objektträger befestigt man mit der Präpariernadel kleine Vaselinefüßchen. Dieses so vorbereitete Deckglas wird nun über den winzigen Tropfen gelegt und die Füßchen werden – unter ständiger mikroskopischer Kontrolle der zu untersuchenden Objekte – mit der Präpariernadel so lange niedergedrückt, bis die Lebewesen zwischen Objektträger und Deckglas gerade so stark eingeklemmt sind, dass sie gut zu beobachten sind.

15.2.3 Vital- und Supravitalfärbungen

Manche Farbstoffe schädigen, in sehr geringer Konzentration angewandt, Lebewesen nicht oder kaum, man spricht hier daher von einer Vitalfärbung im Gegensatz zur Supravital- oder Postvitalfärbung (Überlebendfärbung). Diese erfolgt bei frischen, während oder unmittelbar vor dem Färben abgestorbenen Zellen oder Individuen (▶ Kap. 4). Vitalfarbstoffe wirken je nach Farbstofftyp, Zellart und Lebenszustand der Organismen verschieden.

Am bekanntesten sind die basischen Vitalfarbstoffe Neutralrot, Toluidinblau, Methylenblau, Janusgrün, Nilblausulfat, Brillantkresylblau und Bismarckbraun. Wichtige saure Vitalfarbstoffe sind Trypanblau, Alizarin, Pyrrolblau und Lithiumcarmin. Die Farbstoffe werden in 1 % (w/v) Stammlösung (in H_2O) angesetzt und soweit verdünnt (in H_2O; 1:1000, 1:10 000, 1:100 000 und noch schwächer), dass die Farbe der Lösung gerade noch schwach zu erkennen ist. Die verdünnten Lösungen sind zu filtrieren. Genaue Angaben über Verdünnungen usw. können nicht gegeben werden. Hier müssen eigene Versuche die besten Werte ermitteln. Die Wirkung tritt meist erst nach einigen Stunden ein. Die Präparate mit Lebendfärbungen sind im allgemeinen nicht haltbar! Bringt man gefärbte Tiere in reines Medium, so verliert sich die Färbung wieder.

Für die Ausführung von Lebendfärbungen sind Protozoen, kleine Hohltiere des Meeres, Süßwasserpolypen, Würmer, Rädertiere, Kleinkrebse, Wasserasseln und Mückenlarven geeignet. Der Vitalfarbstoff wird dem Medium zugesetzt, in dem die Objekte untersucht werden sollen. Mit Neutralrot färben sich zum Beispiel saure Nahrungsvakuolen von Ciliaten rot, alkalische gelb bis gelbbraun. Eine Vitalfärbung kann jedoch auch injiziert werden oder von einem „Depot" aus festem Farbstoff erfolgen, das an einer günstigen Stelle im Organismus angebracht wird.

Anleitung A15.1

Supravitale Übersichtsfärbung mit Methylgrün-Pyronin

Mit diesem einfachen Verfahren, das Foissner (1979, 2014) beschrieben hat, können wichtige Zellorganellen (Kernapparat, Tektinstäbchen, Protricho- und Mucocysten) von Protozoen leicht und rasch sehr differenziert dargestellt werden. Es eignet sich wohl auch für viele Wirbellose.

Material

- Objektträger
- Mikropipette
- saugfähiges Papier
- Deckglas
- Stereolupe zum Betrachten
- 1 % (w/v) Methylgrün-Pyronin-Lösung in H_2O

Durchführung

1. Die zu untersuchenden Einzeller mit einer Mikropipette und wenig Medium (etwa 0,02 ml) auf einen Objektträger überführen.
2. Mit einer Pipette so viel Methylgrün-Pyronin-Lösung zusetzen, dass der Tropfen hellblau gefärbt erscheint. Die Farbstofflösung wird durch vorsichtiges Verrühren oder Schwenken des Objektträgers sofort mit der Probe vermischt. War das Präparat schon mit einem Deckglas bedeckt, so kann die Farbstofflösung auch am Rande des Deckglases zugesetzt und mit Filterpapier durchgesaugt werden.
3. Die Untersuchung des Präparates erfolgt unmittelbar nach Zugabe der Farbstofflösung, zuerst ohne Deckglas. So lassen sich sehr schön die Abscheidung der Mucocysten und die Bildung der Tektinhülle verfolgen. Sobald die Einzeller abgestorben sind (meist nach etwa einer Minute), wird das Präparat mit einem Deckglas bedeckt (ev. mit Vaselinefüßchen), damit die feinere Struktur der Mucocysten und der Zellkern bzw. Kernapparat bei Ciliaten untersucht werden können. Die Färbung ist nur etwa 5-10 Minuten beständig, da es mit der Zeit zu einer Überfärbung des Cytoplasmas kommt. Der Kernapparat wird bei voluminösen oder mit Nahrungsvakuolen überfüllten

▼

Einzellern häufig erst nach leichtem Pressen der Zellen mit dem Deckglas deutlich sichtbar.

Färbeergebnisse, z. B. bei Ciliaten: Makronucleus blaugrün oder rot; Mikronucleus blau, selten rot; Nucleolen rosa oder ungefärbt; Cytoplasma und Nahrungsvakuolen abgestuft rosa; Trichocysten hellblau, meist ungefärbt; Mucocysten rot, blau oder ungefärbt. Die blaugrüne Färbung des Kernapparates tritt häufig nicht bei allen Zellen einer Population auf oder erst nach Pressen (siehe oben). Bei etwa der Hälfte der Arten färbt er sich intensiv rot oder rotblau.

15.2.4 Betäubung

Im Wasser lebende Protozoen und Wirbellose sind in der Mehrzahl „weichhäutig" und daher außerhalb ihres natürlichen Mediums sehr unbeständig in der Form und zerfallen leicht. Oft ist auch die Kontraktilität des ganzen Körpers besonders stark entwickelt, z. B. bei Protozoen, Coelenteraten, Mollusken. Mangelhaft gestreckte Wassertiere – das gilt vor allem für marine Arten – sind in den meisten Fällen fast völlig wertlos, denn sie können oft nicht mehr bestimmt werden. Zur Bestimmung ist eine naturgetreue Erhaltung nötig, die nur erreicht werden kann, wenn die Tiere vor dem Abtöten und der Fixierung betäubt werden.

Betäubungsmittel (◘ Tab. 15.2) sind auch bei sogenannten „niederen" Tieren nach ethischen Gesichtspunkten einzusetzen, dabei sind spezifische Eigenschaften der zu betäubenden Lebewesen zu beachten. Oft reagieren schon Individuen der gleichen Art oder nahe verwandte Arten– abhängig von ihrer physiologischen Verfassung – sehr verschieden auf Narkotika. Es sollte deshalb niemals eine größere Materialausbeute nur nach einem Verfahren behandelt werden. Sowohl die Größe und der Ernährungszustand des Objektes als auch die Einwirkungszeit und die Konzentration der Lösungen können den Erfolg beeinflussen. ◘ Tabelle 15.3 liefert daher nur Richtlinien für die Praxis. Die Prüfung, ob die Tiere noch reagieren, erfolgt am besten durch Berühren mit einer spitzen Präpariernadel. Nach der Betäubung wird das Narkotikum abgesaugt und die Objekte werden meist in einem Arbeitsgang getötet und fixiert.

15.2.5 Vorfixierung („Räucherungsmethoden")

Empfindliche Organismen werden aus den frischen Proben pipettiert, auf einen Objektträger in einen kleinen (!) Tropfen gebracht und mit Formoldämpfen behandelt: Der Objektträger wird rasch umgedreht, sodass das Tröpfchen nach unten hängt, und über ein offenes Gefäß mit unverdünntem Formol gelegt. Statt der Formoldämpfe können auch Ioddämpfe angewandt werden: Man erhitzt einige Iodkriställchen im Reagenzglas, bis sich dichte, violette Dämpfe bilden, die dann, da sie schwerer sind als Luft, über das „Objekt" ausgegossen werden können.

□ Tab. 15.2 Wichtige Betäubungsmittel für verschiedene Lebensformen (aquatisch, limnisch und marin, terrestrisch)

Mittel	geeignet für	Zusammensetzung	Bemerkungen
Chloralhydrat (CH)	aquatische Tiere	0,1–5 % (w/v) in H_2O	– Kristalle auf die Wasseroberfläche streuen oder – Dämpfe einwirken lassen oder – 2 % Lösung zusetzen
Chloreton (CT)	aquatische Tiere	1–5 % (w/v) in H_2O	– tropfenweise zusetzen – Verdünnung 1:100–1:5000
Chloroform	aquatische Tiere	5 ml Chloroform in 100 ml H_2O	– tropfenweise zusetzen oder – Dämpfe einwirken lassen
Cori-Gemisch	aquatische Tiere	1 Teil Methanol + einige Tropfen Chloroform + 9 Teile isotone Kochsalzlösung	– Tier einbringen
Demkes Gemisch	aquatische Tiere	5 ml 35 % Formol + 5 ml Eisessig +10 ml Glycerin + 24 ml 96 % Ethanol + 46 ml H_2O	– Tier einbringen und – Gemisch heiß anwenden
Essigether	aquatische/terrestrische Tiere	1,5 % (v/v) in H_2O	– aquatische Tiere: mit H_2O bis 1,5 % mischbar – terrestrische Tiere: einige Tropfen (konzentriert) auf Zellstoff in Probenglas
Ethanol (EtOH) oder Isopropanol (IPA)	aquatische/terrestrische Tiere	96 % (v/v) in H_2O	– aquatische Tiere: Lösung tropfenweise zusetzen, bis eine Konzentration von 5–10 % erreicht ist – terrestrische Tiere: einbringen
Ether (E)	aquatische/terrestrische Tiere	20 ml Ether in 250 ml H_2O	– aquatische Tiere: Lösung tropfenweise zusetzen, bis eine Konzentration von 7–8 % erreicht ist – terrestrische Tiere: einbringen
Formalin (F)	aquatische Tiere	1–4 % (v/v) Formalin in H_2O	– eventuell neutralisieren mit Magnesium- oder Natriumcarbonat, Borax, Natriumhydroxid, -phosphat – terrestrische Tiere
Grays-Gemisch	aquatische Tiere	12 g Menthol + 13 g Chloralhydrat in 500 ml H_2O	Tier einbringen
Kohlendioxyd (CO_2)	aquatische/terrestrische Tiere		– Selters- oder Sodawasser zusetzen oder – Trockeneis einbringen oder – Gas einleiten
Kokain-Hydrochlorid (K)	aquatische Tiere	2 g Kokain in 100 ml 50 % Ethanol	– Kristalle auf die Wasseroberfläche streuen oder – 0,2–2 % Lösung zusetzen
Lo Bianco-Gemisch	marine Tiere	1 Teil Glycerin + 2 Teile 70 % Ethanol + 2 Teile Seewasser	– Tier einbringen
Magnesiumsalze (Mg)	marine Tiere	7 % (w/v) $MgCl_2$ oder 10 % (w/v) $MgSO_4$ in H_2O	– Kristalle auf die Wasseroberfläche streuen oder – Lösung tropfenweise zusetzen
Menthol (M)	marine Tiere		– Kristalle auf die Wasseroberfläche streuen
Methanol (MA)	aquatische Tiere	10 % (v/v) in H_2O	– Lösung tropfenweise zusetzen
Tricaine, MS 222 (MS)	aquatische Tiere	bis zu 11 % löslich in Meer- und Süßwasser	– Lösung tropfenweise zusetzen – Verdünnung 1:100–1:20 000
Rousseletsche Mischung	aquatische Tiere	1 Teil 2 % (w/v) Kokain-Hydrochlorid in H_2O + 1 Teil 90 % Methanol + 1 Teil H_2O	– Tier einbringen
Urethan (U)	aquatische Tiere	1–8 % (w/v) in H_2O	– Kristalle auf die Wasseroberfläche streuen oder – Lösung tropfenweise zusetzen – eine zu starke Konzentration wirkt mazerierend

15

Tab. 15.3 Betäubungs- und Tötungsmittel nach Organismengruppen. Großgruppen sind hervorgehoben (fett gesetzt). Die Zahlen beziehen sich auf den Konzentrationsbereich. Abkürzungen und +: anwendbar vgl. Tabelle 15.2

Taxon	CT	CH	CO_2	E	EtOH	F	K	M	MA	Mg	MS	U	Weitere Betäubungs- und Tötungsverfahren
Protozoa	1	1		+		+	+	+	+	+		1	– 1–3 % Chlorobutol – Nikotin (Tabakrauch)
Porifera	+	1		+			+	+	+			1	
Cnidaria		+	+		5–10	+		+		7–30			– Lo Bianco – Chloroform
Hydrozoa			+		70–96	0,5		+		7–10		2	– 0,5–1 % Nembutal – 0,25 % Hydroxylamin
Anthozoa		+			70–96	+		+		+			Einfrieren
Siphonophora								+		+			Zinksulfat
Ctenophora						+		+		+			Chrom-Osmium
Plathelmin-thes		1		+	10	+	+	+		7	+	1	– Acetonchloroform – Hydroxylamin – Demkes Gemisch Einfrieren
Nemathel-minthes	+		+				+	+		+			– Dichlorethylether – Methylalkohol-Kokain – Wasserstoffperoxyd – Hydroxylamin
Nemertini	+	0,1			10	+	+	5–10		2–3	+		– Chloroform-Ether – Salpeterchlorid (für marine Arten)
Onychophora					60	1							
Rotatoria	0,1		+		+					+			0,1 M Propanol
Acanthoce-phala								+					– alkohol. Menthollösung – Demkes Gemisch
Phoronoidea					5–10								Nikotin (Tabakrauch)
Annelida	+	+			5–10	0,5	+		+	+			– 0,3–1 % Ethyluretan – 1 % Salpetersäure – Chloroform-Ether
Oligochaeta	0,2	2			20	1–2				+			– 2 % Chloroform – Chloraceton 1:500 – Naphtalin
Hirudinea		1,5			5–15					+			1,5 % Chloroform
Polychaeta						+	+			+	+		
Bryozoa	+	2						+		+			– 1 % Stovain (Amyleinhydrochlorid) – 1 % [beta]-Eucain
Kamptozoa					10	4	+		+	7,5			– Diethylether-Chloroform – Cori – 0,2–0,3 % Stovain
Brachiopoda					5–10								
Mollusca		+			5–10	+		+		+			– Diethylether-Chloroform-Dämpfe – 0,5 % Propylenphenoxetol (für marine Arten)
Gastropoda								+				+	– siedendes Wasser – frisch abgekochtes Leitungswasser – Einfrieren

▼

□ Tab. 15.3 *Fortsetzung*

Taxon	CT	CH	CO_2	E	EtOH	F	K	M	MA	Mg	MS	U	Weitere Betäubungs- und Tötungsverfahren
Bivalvia		1			45	2							Einfrieren
Cephalopoda		0,1–0,5				+				+			Chlor- oder Bromethyl injizieren
Scaphopoda		2-3				+							
Solenogastres	+												
Placophora					70								langsamer Austausch des Meerwassers gegen Süßwasser
Arthropoda				+									
Insecta			+	+									– Chloroform (auch als Gemisch) – Kaliumcyanid – Schwefeldioxid
Crustacea	+	0,1		+	10–70	4		+		+	+	+	2 % Strychninsulfat
Arachnida					70–90								
Myriapoda				+	70–80								Chloroform
Echinodermata		1	+		30–70	+	+	+		+			Ethanol-Chloroform
Chordata Wirbellose		1–2			10		+			+			

Es resultiert eine sehr gute Fixierung, doch sind die Ioddämpfe sehr aggressiv und greifen zum Beispiel auch Mikroskopteile an! Die beste, aber auch weitaus teuerste „Räucherungsmethode" ist die mit Osmiumtetroxid-Dämpfen. Man arbeitet ähnlich wie bei der Formolräucherung, verwendet aber eine 1–4 % Osmiumtetroxid-Lösung. Die Dämpfe sind giftig und greifen die Schleimhäute an; daher nur unter dem Abzug arbeiten. Bei der „Räucherung" werden gleichzeitig ohne grobe Fällung die Proteine (daher „Vorfixierung") und die Lipide durch eine direkte Bindung geschwärzt, was zuweilen eine weitere Färbung überflüssig macht.

15.2.6 Fixieren

Bei jeder Fixierung (□ Tab. 15.4) ist zu berücksichtigen, welche nachfolgenden Behandlungen des Präparats geplant sind (▶ Kap. 10, 11). Die Klassiker zur Herstellung von makroskopisch-anatomischen Demonstrationspräparaten und zur Konservierung des Materials für systematische Sammlungen oder zootomische Zwecke sind nach wie vor Piechocki (1966) und Adam und Czihak (1964).

Die Fixierung mit Ethanol bietet den Vorteil, dass die Tiere für eine spätere molekulare Analyse noch genutzt werden können.

□ Tab. 15.4 Wichtige Fixierungs- und Konservierungslösungen (Rezepte siehe Kap. 5, 15.5 und Internet-Hinweise)

Taxon	Geeignete Fixierungsgemische	Konservierungslösungen
Protozoa	– Gemische nach: Bouin(-Duboscq), Flemming, Schaudinn, Stieve, Helly – 1–2 % Osmiumtetroxid	70 % Ethanol
Porifera	– 10 % Formol – lichtmikroskopisch: 96 % Ethanol	– 70–90 % Ethanol – 4–30 % Formol
Cnidaria	– Gemische nach: Bouin, Steedman – 10 % Formol (gepuffert), 1–2 % Osmiumtetroxid – Schnitte: Sublimatessigsäure	– 4 % Formol – 80 % Ethanol – Steedman-Konservierung
Hydrozoa	– Gemische nach: Heidenhain (Susa), Bouin, Zenker-Lavdowsky – Formol – Medusen: Sublimatessigsäure	2–4 % Formol
Anthozoa	– Gemisch nach Steedman – für Histologie: 8 % Formol (gepuffert)	70–80 % Ethanol
Scyphozoa	– Gemisch nach Steedman, 4–10 % Formol (gepuffert)	Steedman-Konservierung
Ctenophora ▼	– Sublimat-Formol nach Heidenhain, 1–2 % Osmiumtetroxid	80 % Ethanol

◼ **Tab. 15.4** *Fortsetzung*

Taxon	Geeignete Fixierungsgemische	Konservierungslösungen
Plathelminthes	– Gemisch nach Bouin, Formol-Eisessig-Ethanol – parasitische: heißes Sublimat – Cestoda: Formol-Ethanol nach Schaffer – Trematoda: Sublimat-Essigsäure – Turbellaria: Sublimat-Salpetersäure, Bouin (kochend übergießen), Glutaraldehyd (2,5 %)	80 % Ethanol
Nemathelmin-thes	– Gemisch nach Gilson, 10 % Formol (gepuffert), Sublimat-Formol nach Heidenhain – parasitische: heißes Sublimat – Nematoda: (Borax-gepuffertes) 4 % Formol	– 80 % Ethanol – 4 % Formol
Annelida	Gemisch nach Bouin, Formol-Ethanol-Eisessig	– 80 % Ethanol – 4 % Formol
Oligochaeta	– Gemische nach: Bouin, Flemming, Zenker – 5–10 % Formol (gepuffert), Formol-Eisessig-Ethanol	– Formol-Eisessig-Ethanol – 80 % Ethanol
Hirudinea	Formol (1:4), Ethanol 70 % oder Formolalkohol	4 % Formol
Polychaeta	Gemisch nach Bouin, 10 % Formol (gepuffert), Formol-Eisessig-Ethanol	– Formol-Eisessig-Ethanol – 80 % Ethanol
Acanthocephala	70 % Ethanol	80 % Ethanol
Kamptozoa	4 % Formol	4 % Formol
Nemertini	– Gemisch nach Carnoy, 5 % Formol, 70 % Ethanol Sublimat-Essigsäure – histologisch: Gemisch nach Bouin, Heidenhains Susa oder Chromosmium-Essigsäure	80 % Ethanol
Nematomorpha	70 % Ethanol, 5 % Formol	
Pentastomida	70 % Ethanol (heiß)	80 % Ethanol
Onychophora	– Formol (1:9), 75 % Ethanol, Formolalkohol – histologisch: Gemisch nach Bouin	80 % Ethanol
Tentaculata	1 Teil 20 % Formol + 1 Teil Zinksulfat, Sublimat-Ethanol	80 % Ethanol
Bryozoa	Gemisch nach Bouin, 10 % Formol (gepuffert), Formol-Ethanol nach Schaffer, Sublimat-Ethanol	– 80 % Ethanol – 4 % Formol
Brachiopoda	70 % Ethanol	80 % Ethanol
Phoronoidea	10 % Formol	– 75 % Ethanol – 4 % Formol
Chaetognatha	– Formol (1:10) – histologisch: Gemisch nach Bouin	Formol
Mollusca	– 3–10 % Formol (gepuffert), Steedman-Fixans, 70 % Ethanol – histologisch: Gemisch nach Bouin, Sublimatessigsäure, Sublimatethanol	– 80 % Ethanol – Steedman-Konservierung
Arthropoda		
Insecta	Gemisch nach Carnoy, Formol-Eisessig-Ethanol, 80 % Ethanol	80 % Ethanol
Crustacea	– Gemische nach: Carnoy, Dubosq-Brazil, Koenik – 10 % Formol, Formol-Eisessig-Ethanol, 80 % Ethanol – Isopoda mikroskopisch: Formol-Ethanol nach Schaffer, Sublimatethanol, Susa nach Haidenhain	70–80 % Ethanol mit Glyzerin 95 : 5
Arachnida	Gemisch nach Carnoy, Formol-Eisessig-Ethanol, 80 % Ethanol	– Formol-Eisessig-Ethanol – 80 % Ethanol
Myriapoda	– Gemisch nach Navaschin – histologisch: AGE, Gemisch nach Koenik	70–80 % Ethanol
Echinodermata	– Gemisch nach Bouin – 10 % Formol (gepuffert), Formol-Ethanol-Eisessig – mikroskopisch: Fixierung nach Heidenhain, 6 % Formol	80 % Ethanol
Chordata Wirbellose	– Gemisch nach Bouin (gepuffert) – Formol (gepuffert), Injektion	80 % Ethanol
Sipunculida, Echiurida	80–96 % Ethanol, Formol (1:3), konz. Sublimat	80 % Ethanol

Das teure Ethanol wird häufig durch Isopropanol (IPA) ersetzt.

◨ Tab. 15.5 Wichtige Färbungen (Rezepte siehe Kap. 10, mit * gekennzeichnete siehe Kap. 15.5 und Internet-Hinweise). Großgruppen sind hervorgehoben (fett gesetzt)

Taxon	bewährte Farbstoffe und Färbungen
Protozoa	– Acridinorange, Alizarinviridin*, Anilinblau-Erythrosin, Bismarckbraun*, Burrischer Tuscheausstrich*, Gentianaviolet, Giemsa, Hämalaun, Karbolfuchsin, Kernechtrot, Methylblau-Eosin*, Methylgrün-Pyronin, Neutralrot*, Opalblau*, Orcein, Protargol, Safranin-Lichtgrün, Triazid* – parasitische: Eisenhämatoxylin, Calcofluor-White*, Giemsa, Versilberung nach Grocott, Lawles*, Lugol, Trichrom (modifiziert nach Weber)*, Ziehl-Neelsen (modifiziert nach Garcia), Pappenheim (*Plasmodium* im Blutausstrich)
Porifera	– Aldehydfuchsin, Boraxkarmin, Hämatoxylin-Eosin – Semidünnschnitt mit Toluidinblau
Cnidaria	– Azan, Boraxkarmin, Giemsa, Lichtgrün, saures Fuchsin oder Eosin, Masson – Nesselkapseln: Alcianblau, AFG
Hydrozoa	Feulgen, Eisenhämatoxylin, Ehrlichs Hämatoxylin, Mallory*, Toluidinblau
Anthozoa	Kalksklerite: Alizarinrot, Muskelfahne: Gömöri*
Mesozoa	Kernechtrot
Plathelminthes	– Azan, Boraxkarmin, Eisenhämatoxylin, Malzacher*, Masson, Pasini* – Leberegel: Tuscheinjektion – Cestoda: Hämatoxlin, Lichtgrün, Essigsäure-Karmin nach Rausch*
Nemathelminthes	– Azan, Baumwollblau*, Eisenhämatoxylin, Essigsäure-Karmin, Kernechtrot, Milchsäure-Karminfärbung*, Pikroindigokarmin* – Semidünnschnitt mit Toluidinblau – Methacrylatschnitte mit HE
Nemertini	– Azan, Boraxkarmin, Eisenhämatoxylin, Mallory*, Trichrom, PAS – Semidünnschnitte mit Toluidinblau
Nematomorpha	Boraxkarmin, Hämalaun, Lichtgrün, Methylblau
Tardigrada	– Boraxkarmin, Lichtgrün – Semidünnschnitte mit Toluidinblau
Acanthocephala	– Azan, Masson – Methacrylatschnitte mit HE
Annelida	– Azan, Boraxkarmin, Kernechtrot, Masson, Trichrom – Semidünnschnitte mit Toluidinblau
Oligochaeta	Baumwollblau*, Benzidin*, Methylblau, Orcein
Hirudinea	Astrablau-Boraxkarmin*, Berlinerblau, Karmalaun*, Orcein
Polychaeta	Direkttiefschwarz*
Onychophora	Kernechtrot
Bryozoa ▼	Boraxkarmin, Giemsa

◨ Tab. 15.5 *Fortsetzung*

Taxon	bewährte Farbstoffe und Färbungen
Brachiopoda	Boraxkarmin
Chaetognata	Direkttiefschwarz*
Mollusca	– Azan, Aldehydfuchsin – Veliger-Larve: Boraxkarmin – Glochidium: Kernechtrot – Schnitte: AFG
Arthropoda	– Boraxkarmin, Lichtgrün – Schnitte: Eisenhämatoxylin – Chitin: Kongorot
Insecta	– Azan, Direkttiefschwarz*, Eisenhämatoxylin, Hämatoxylin-Eosin, Kernechtrot, Lichtgrün, Methylblau – Zuckmücken-Speicheldrüsen: Nigrosin* – Semidünnschnitte mit Toluidinblau
Crustacea	– Alaunkarmin*, Azan, Direkttiefschwarz*, Giemsa – Nauplius-Larven: Alizarinviridin-Chromalaun*
Arachnida	Azan, Kernechtrot
Myriapoda	Kernechtrot, Lichtgrün, Lyonblau*
Echinodermata	– Astrablau-Boraxkarmin*, Azan – Larve, Ei: AFG, Aldehydfuchsin, Boraxkarmin, Masson, Hämatoxylin-Eosin – Semidünnschnitte mit Toluidinblau
Hemichordata	– Kernechtrot, Masson – Larve: Boraxkarmin – Semidünnschnitte mit Toluidinblau
Chordata, Wirbellose	– Azan, Kernechtrot, Boraxkarmin, Periodsäure-Schiff-Reaktion, Masson – Semidünnschnitte mit Toluidinblau – Methacrylatschnitte mit HE

Stehen mehrere Exemplare zur Verfügung, sollte ein Teil der Tiere zusätzlich mit histologisch besseren Fixierungen, z. B. dem kalklösenden Bouin, behandelt werden. Bei Organismen mit Kalkschale ist Formalin als Konservierungsmittel nicht geeignet.

Für viele fragile Organismen sind für die hochauflösende Mikroskopie entwickelte Fixierungs- und Präparationsmethoden besser geeignet (z. B. Smith und Tyler 1984). Diese haben aber den Nachteil, dass nicht alle der klassischen Färbemethoden an mit Kunststoffen eingebettetem Material durchgeführt werden können.

Verschiedenste Verfahren (◨ Tab. 15.5) stehen zur Verfügung, um einzelne Zelltypen nach der Fixierung selektiv anzufärben (▶ Kap. 5).

15.2.7 Vorbehandlung von Weich- und Hartsubstanzen

Hartsubstanzen wie Kalkteile, horn- und hornähnliche Substanzen (Keratin, Spongin) und die sklerotisierte Cuticula von Arthropoden (Chitin) erschweren nicht nur das Schneiden,

15

sondern auch die Untersuchung von mikroskopisch kleinen Totalpräparaten. Diese Substanzen werden durch verschiedene Methoden entfernt.

15.2.7.1 Mazerationsverfahren

Bei der Mazeration werden Zellelemente durch ein Aufweichverfahren voneinander getrennt. Zur Gewinnung von Chitinpräparaten werden die Gewebeteile durch 10–30 % (w/v) KOH vollständig entfernt. Zarte Objekte werden für Stunden oder Tage in gut verschlossenen Glasdosen mit kalter Lauge behandelt; kräftige Präparate (Flöhe, Wanzen, Läuse usw.) sind vorsichtig in mehrmals gewechselter KOH in Probengläsern wenige Minuten zu kochen und nachher in oft gewechseltem Wasser auszuwaschen und über die Isopropanol-Reihe einzubetten.

15.2.7.2 Bleichen und Aufhellen

Soll nicht nur der Körperhabitus deutlich gemacht werden, sondern auch Muskelzüge im Körperinneren, am Auge, in den Fühlern und Beinen usw., Lage und Verlauf des Verdauungsrohres, der Blutbahnen, der Nervenstämme und anderer Einzelheiten, so ist eine Behandlung mit Diaphanol (Chlordioxidessigsäure) einzuschalten, die das Chitin bleicht und schließlich völlig durchsichtig macht. Entfärbt sich das gelbe Diaphanol, so ist es zu erneuern, da farbloses Diaphanol unwirksam ist.

Für Insektenpräparate wird das nachstehende Behandlungsschema empfohlen:

Abgetötetes Objekt in möglichst kleinem, verschlossenem Glasgefäß mit Diaphanol für ca. 8–10 Tage ins Tageslicht stellen. Diaphanol täglich wechseln, bis das Objekt vollkommen weiß gebleicht ist. Auswaschen in mehrmals gewechseltem 80 % Isopropanol oder Ethanol, und Färbung z. B. mit Boraxkarmin.

Zum Aufhellen von Nematoden eignet sich Lactophenol, von Enchytraeiden Chloralhydrat nach Marc-André, für alle Mikroarthropoden Milchsäure (Dunger und Fiedler 1986: 298, 302, 329, 332).

Das Entkalken mikroskopischer Objekte soll unter möglichst weitgehender Schonung der Weichteile erfolgen. Vor dem Entkalken sind die Präparate gut zu fixieren. Fixierend und gleichzeitig entkalkend wirkt 5 % Trichloressigsäure mit 10–20 % Formalin-Zusatz; zum nachfolgenden Auswaschen muss 90–96 % Isopropanol oder Ethanol verwendet werden, da Wasser die Gewebe schädigt. Das Fortschreiten des Entkalkens wird durch Einstechen von Stahl- oder Glasnadeln geprüft. Chlorit- und Chlordioxid-Lösungen bewirken außer einer Erweichung auch eine Bleichung zahlreicher Pigmente, beispielsweise der Röhren von Polychaeten oder der Körperpigmente von Mikroarthoropoden.

15.2.8 Bemerkungen zu den Organismengruppen

Die meisten Protozoen, Strudelwürmer, Rädertiere und Bärtierchen lassen sich nur im lebenden Zustand sicher bestimmen.

Fixiert bestimmbar sind unter anderem einige Wurmgruppen, Krebse, Wassermilben und Insektenlarven. Histologische Präparate für die Lichtmikroskopie können nach den gängigen Methoden (▶ Kap. 6, 10, 12, 14) hergestellt werden.

15.2.8.1 Protozoen, heterotrophe eukaryotische Einzeller

Silbermethoden

Die „Versilberung" von Einzellern wurde von Klein (1926) entdeckt. Sie hat die taxonomische Erforschung der Protozoen, besonders der Ciliaten, revolutioniert und ist auch im Zeitalter der Elektronenmikroskopie ein unabdingbares taxonomisches Hilfsmittel. Je nach Methode können verschiedene corticale und cytoplasmatische Strukturen sehr selektiv dargestellt werden, nämlich braun oder schwarz auf farblosem oder hellbraunem Hintergrund. Allerdings bedarf es oft eines geduldigen Probierens.

Anleitung A15.2

Trockene Silbermethode

Dieses Verfahren wurde von Klein (1926) beschrieben und vielfach modifiziert (z. B. Foissner 2014). Gut geeignet für Misch- und Einzelpräparationen liefert es erste Informationen über die Anordnung der Cilien; imprägniert werden nur corticale Strukturen. Die trockene Silbermethode (so genannt, weil die Zellen vor der Behandlung nicht chemisch fixiert, sondern luftgetrocknet werden) ist das beste Verfahren zur Darstellung des sogenannten „Silberliniensystems" (Basalkörper der Wimpern und die sie verbindenden „Silber"-Linien).

Die trockene Silbermethode eignet sich wenig für Einzeller, die schlecht eintrocknen und dabei zerfließen (z. B. viele Oligotrichen und Hypotrichen). Wegen der raschen Ausführung lohnt es sich immer, sie zu versuchen; oft genügt es, wenn Teile des Silberliniensystems gut erhalten sind. Eine photographische Dokumentation gelingt leicht, weil sich die Zellen bei der Entquellung stark abflachen. Die Präparate sind unbegrenzt haltbar.

Material

- mindestens 20 Stunden altes Hühnereiweiß.
  Hinweise: Das Hühnereiklar (Keimscheibe entfernen!) muss vor Gebrauch mindestens 20 Stunden in einer Weithalsflasche offen an der Luft stehen. In einer verschlossenen Flasche ist das Eiklar 2–3 Tage brauchbar.
- Isopropanolfeuchter Lappen
- Objektträger
- Mikropipette
- 40–60 Watt Glühbirne
- Färbewanne
- Färbekasten
- mitteldickes, neutrales Kunstharz (z. B. Euparal, Eukitt)
- Deckglas
- Stereolupe zum Betrachten

▼

◻ Tab. 15.6 Lösungen zur trockenen Versilberung

Silbernitratlösung	Reduktionsgemisch	Komponente A
1 % (w/v) Silbernitrat in H_2O	20 ml Komponente A 1 ml Komponente B 1 ml Komponente C	10 g Borsäure 10 g Borax 5 g Hydrochinon 100 g Natriumsulfit 2,5 g Metol in 1000 ml Leitungswasser (etwa 40 °C)
Komponente B	**Komponente C**	**Fixierlösung**
0,4 g Metol 5,2 g Natriumsulfit 1,2 g Hydrochinon 10,4 g Natriumcarbonat 10,4 g Kaliumcarbonat 0,4 g Kaliumbromid in 100 ml H_2O	10 % (w/v) Natriumhydroxid in H_2O	50 g Natriumthiosulfat in 1000 ml H_2O

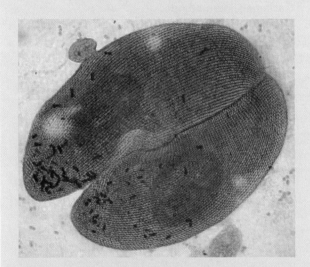

◻ Abb. 15.1 Konjugierende Wimpertiere (*Paramecium* sp.). Trockene Silbermethode, Aufnahme im Durchlicht.

Durchführung

1. 5–10 Objektträger mit Isopropanolfeuchtem Lappen abwischen und mit Fingerkuppe sehr dünn Eiklar auftragen. Etwa 1 min trocknen lassen. Hinweis: Vor Gebrauch nicht umrühren, sondern das Eiklar von der Oberfläche entnehmen. Objektträger anhauchen, dadurch entsteht ein Wasserfilm, auf dem das Eiklar gleitet und sich sehr dünn verteilen lässt. Eine zu dicke Schicht „mauert" die Zellen ein.
2. Untersuchungsmaterial mitsamt dem Medium (Standortwasser, Kulturmedium) aufbringen und bei Zimmertemperatur trocknen lassen. Hinweis: Die Menge und chemische Zusammensetzung des Mediums, Temperatur und die Luftfeuchte beeinflussen das Resultat. Daher immer mehrere Präparate (Punkt 1) machen, d. h.

Tropfen unterschiedlich dick mit einer Nadel ausstreichen (ohne die Eiklarschicht zu verletzen!), und einige Objektträger in der Luft schwenken oder mit einem Föhn trocknen.

3. Getrocknetes Präparat etwa 1 min mit Silbernitratlösung überschichten, ohne Eiklar zu berühren. Hinweise: Dauer der Behandlung und Konzentration der Silbernitratlösung in weiten Grenzen variieren.
4. Silbernitratlösung etwa 3 sec mit H_2O abspülen, indem man es von oberhalb über den Tropfen fließen lässt. Präparat unter Schrägstellung (Färbewanne) bei Zimmertemperatur trocknen.
5. Schichtseite des Präparats in einem Abstand von 3–10 cm für 5–60 sec an eine 40–60 Watt Glühbirne halten (Vorreduktion). Hinweise: Präparate, die in der Sonne oder unter der UV-Lampe reduziert werden, bleichen meist innerhalb weniger Wochen aus.
6. Präparat für etwa 60 sec mit dem Reduktionsgemisch überschichten. Hinweise: Bei richtig eingestelltem Gemisch wird der Eiklarrand rund um den eingetrockneten Tropfen braunschwarz gefärbt. Ist die Imprägnation zu schwach, länger vorbelichten und/oder Anteil von Komponente B und/oder C erhöhen. Ist die Imprägnation zu kräftig, dann mehr Komponente A und/oder weniger bzw. gar nicht vorbelichten.
7. Reduktionsgemisch abgießen und Präparat 5–10 sec in Leitungswasser schwenken. Hinweise: H_2O führt zum Aufquellen und Ablösen der Zellen.
8. Präparat für 5 min fixieren.
9. Präparat für 10 min in dreimal gewechseltem Leitungswasser spülen.
10. Präparat unter Schrägstellung lufttrocknen und in mitteldickes, neutrales Kunstharz einbetten.

15

Silbercarbonatmethode

Dieses Verfahren wurde von Fernandez-Galiano in den
1970er-Jahren entwickelt und von Augustin et al. (1984) und
Foissner (2014) modifiziert. Es eignet sich gut für die Misch-
und Elnzelpraparation und liefert besonders bei hymeno-
stomen (z. B. *Paramecium)*, prorodontiden (z. B. *Urotricha*),
colpodiden (z. B. *Colpoda*) und heterotrichen *(z. B. Stentor)*
Ciliaten hervorragende Ergebnisse. Fixiert wird mit Formalin.
Obwohl dies von vielen Einzellerarten schlecht vertragen
wird und ihre Gestalt sehr schlecht erhalten bleibt, quellen
die Zellen stark und werden so weich, dass sie sehr flach zwischen Objektträger und Deckglas gepresst werden können.
Dies erleichtert die photographische Dokumentation, kann
aber zu Interpretationsfehlern führen. Mit der Silbercarbo-
nat-Methode werden neben der Infraciliatur (Cilien und
ihre Basalkörper) auch gewisse corticale Fibrillensysteme
(besonders die kinetodesmalen Fibrillen) und cytoplasmatische Organellen (Zellkern, Extrusome etc.) angefärbt.
Das Silberliniensystem imprägniert sich nicht. Eine wirklich
befriedigende Methode, Dauerpräparate herzustellen, ist
nicht bekannt.

Material

- Objektträger
- Mikropipette
- auf 60 °C vorgeheizte Wärmeplatte
- saugfähiges Papier
- Deckglas
- Stereolupe

Durchführung

1. 1 Tropfen (etwa 0,05 ml) einer individuenreichen Kultur
   oder auch einzelne Zellen in das Zentrum eines Objektträgers geben. Hinweise: Links und rechts der Mitte des
   Objektträgers mit der fettigen Fingerkuppe einen etwa
   3 cm breiten Streifen abgrenzen, so breiten sich die Reagenzien später nicht über den ganzen Objektträger aus.

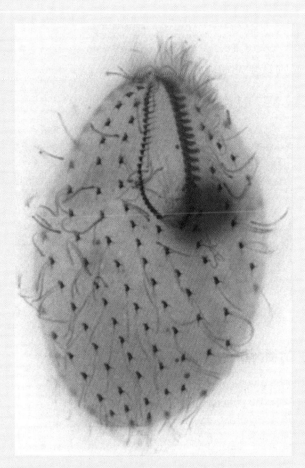

◘ Abb. 15.2 Silbercarbonatfärbung eines Wimpertiers
(*Bryometopus balantidioides*). Aufnahme im Durchlicht:
W. Foissner, Salzburg

◘ Tab. 15.7 Lösungen zur Silbercarbonatmethode

Fixierlösung	Imprägnationsgemisch	Fixierlösung für Imprägnation
0,2 ml Formalin in 10 ml H_2O	0,3 ml Pyridin 2-4 ml ammoniakalische Silberlösung 0,8 ml Proteose-Pepton 16 ml H_2O	5 g Natriumthiosulfat in 100 ml H_2O
Ammoniakalische Silberlösung	**Proteose-Pepton-Lösung**	
50 ml 10 % (w/v) Silbernitratlösung in H_2O 150 ml 5 % (w/v) Natriumcarbonatlösung in H_2O tropfenweise 25 % Ammoniaklösung zugeben bis Präzi- pitat gelöst ist 550 ml H_2O	96 ml H_2O 4 g Proteose-Pepton 0,5 ml Formalin	

▼

2. 1–2 Tropfen Formalin auftropfen und 1–3 min fixieren. Fixans und Probe durch kreisende Bewegung des Objektträger gut vermischen. Hinweise: Arten mit fester Pellicula (oder Ruhecysten) brauchen längere Fixierungszeiten (3 min), solche mit dünner kürzere (1 min oder weniger). Bei schlecht fixierbaren Arten hilft manchmal eine Vorfixierung für 1 min mit Osmiumtetroxid-Dämpfen (Abzug verwenden!). Nach der Räucherung wie üblich mit Formalin fixieren. Alte Kulturen, ionenreiches Material (z. B. Bodenlösung, Salzwasser) oder Faulschlamm-Einzeller imprägnieren sich oft sehr schlecht. Bei ihnen hilft manchmal kurzes Waschen (Standortwasser:H_2O 1:1) vor der Fixierung.

3. Dem Präparat 1–3 Tropfen Imprägnationsgemisch zusetzen, durch kreisende Bewegungen gut vermischen und 10–60 sec reagieren lassen. Hinweise: Die Imprägnationsgüte hängt von mehreren Faktoren ab (Menge des Fixans, Größe der Tropfen, Art des Materials, Reaktionszeit etc.), daher geduldig probieren!

4. Objektträger auf 60-70 °C temperierte Wärmeplatte legen und unter Kreisen so lange belassen (meist 2–4 min), bis sich eine hellbraune Farbe (wie Cognac) einstellt. Jetzt mikroskopisch kontrollieren: Ist die Färbung zu schwach, imprägniert man auf der Wärmeplatte weiter; ist sie zu dunkel, dann Präparat verwerfen und beim nächsten Versuch etwas weniger lang imprägnieren oder etwas weniger Imprägnationsgemisch zusetzen. Imprägnation mit 1 Tropfen Fixierer (Natriumthiosulfat) unterbrechen. Hinweise: Fällt die Imprägnation mehrmals zu schwach aus, gebe man einige Tropfen Pyridin und/oder Silbercarbonatlösung zum Gemisch. Manchmal hilft auch, statt in 1–2 Tropfen in 2–3 Tropfen Formalin zu fixieren.

5. Zur Untersuchung und Dokumentation Zellen mit einer Mikropipette (Tropfen klein halten) auf einen sauberen Objektträger übertragen, um störende Silberniederschläge zu vermeiden. Mittels Deckglas stark komprimieren. Überschüssiges Reagens mit Filterpapier vom Rand des Deckglases her absaugen. Hinweise: Wird sofort untersucht, kann die Fixierung mit Natriumthiosulfat entfallen. Solche Präparate können in der feuchten Kammer mehrere Stunden aufbewahrt werden.

Anleitung A15.4

Protargolimprägnation

Die ersten Protargolmethoden für Ciliaten wurden in den 1960er-Jahren beschrieben; seither gibt es viele Modifikationen, drei bewährte sind in Foissner (2014) detailliert beschrieben. Alle erweisen sich als relativ aufwendig und ihr Gelingen hängt von vielen Faktoren ab. Die hier geschilderte Modifikation erlaubt viele Variationen (Hinweise besonders berücksichtigen; für Details zur Herstellung der Lösungen in ◾Tab. 15.8 muss auf Foissner (2013) verwiesen werden), was die Erfolgswahrscheinlichkeit erhöht. Vďačný und Foissner (2012) führten kleine, aber wichtige Änderungen ein, indem sie H_2O (destilliertes Wasser) durch Leitungswasser ersetzten und einen zweiten Entwickler nach Dieckmann (1995) mit Aceton einführten. Ersteres vermindert das Aufquellen und Ablösen des Eiweißglycerins, durch die zweite Maßnahme wird das Cytoplasma weniger gefärbt und kontrastiert besser. Es lohnt sich auch, weitere Fixantien auszuprobieren.

Die Methoden eignen sich fast für alle Einzeller (sehr selten befriedigende Ergebnisse gibt es, z. B. bei *Paramecium* und *Loxodes)* und benötigen zumindest etwa 20 Zellen. Einzelne Individuen lassen sich damit normalerweise nicht versilbern. Dargestellt werden die Infraciliatur (Cilien und ihre Basalkörper), corticale und cytoplasmatische Fibrillensysteme sowie Zellkerne. Das Silberliniensystem imprägniert sich nicht. Die Präparate sind unbegrenzt haltbar.

Material

- Zentrifuge
- Färbeküvette
- Objektträger
- Diamantschreiber
- saugfähiges Papier
- Deckglas
- Stereolupe

Durchführung

1. Einzeller in Pikrinsäure, Sublimat, Alkohol, Alkohol-Formalin, 4 % Formalin oder anderen Fixantien wie Champy oder Da Fano 10–30 min fixieren. Hinweise: Verhältnis Fixans:Material mindestens 1:1. Alle Fixiergemische ergeben etwas unterschiedliche Ergebnisse, was den Schrumpfungsgrad, die Stabilität und Imprägnierbarkeit betrifft. Bei schwierig zu fixierenden Arten, z. B. manchen Hypotrichen, den Fixantien etwas 2% Osmiumtetroxid zusetzen. Die Fixierungszeit hat innerhalb des angegebenen Rahmens wenig Einfluss auf die Qualität der Präparate.

2. Fixans behutsam (wenige min) abzentrifugieren und Probe drei- bis viermal mit Leitungswasser waschen. Überstand abgießen oder mit Pipette absaugen. Hinweise: Nun gibt es zwei Möglichkeiten: Entweder die Präparation mit Schritt 3 fortsetzen oder die Probe (für je 5 min in 30–50–70 % Isopropanol oder Ethanol) konservieren. Sollen so konservierte Zellen später imprägniert werden, werden sie über 50 % und 30 % Isopropanol oder Ethanol in Leitungswasser zurückgeführt, bevor mit Schritt 3 fortgesetzt wird. Manche Arten imprägnieren sich nach einer

▼

15

Konservierung besser, andere etwas schlechter; also fallweise probieren.

3. Für jede Probe 8 Objektträger (bei knappem Material weniger) vorbereiten, d. h. mit Isopropanol reinigen, trocknen und abflammen, damit sie fettfrei sind (kann Ablösen der Eiweißschicht verhindern). Objektträger auf der Rückseite mit einem Diamantschreiber beschriften. In einer Färbeküvette lassen sich 16 Präparate unterbringen; Probennummern notieren.

4. Auf die Objektträger mit einer Pipette je einen etwa gleich großen Tropfen Eiweißglycerin und Probe geben. Beide Tropfen mit einer Nadel gut vermischen und über das mittlere Drittel des Objektträgers ausstreichen. Hinweise: Die Schichtdicke beeinflusst das Präparationsergebnis stark und soll etwa der Dicke der zu imprägnierenden Zellen entsprechen. In Grenzen variieren, denn bei zu dünner Schicht trocknen die Zellen aus, bei zu dicker besteht Ablösungsgefahr bzw. kann das Ölimmersionsobjektiv nicht mehr eingesetzt werden. Befinden sich in der Probe kleine Fremdkörper (z. B. Sandkörner), diese mit einer Nadel an den Rand des Objektträgers schieben und entfernen.

5. Präparate mindestens 2 h oder 12 h (über Nacht) bei Zimmertemperatur in waagrechter Lage trocknen lassen. Hinweise: Die Präparate können bis 48 h trocknen, längere Zeiten führen zu einem Qualitätsverlust. Auch Präparate, die 2 h bei 60 °C im Wärmeschrank getrocknet werden, haben meist eine schlechtere Qualität.

6. Die getrockneten Präparate (Rücken an Rücken) für 20–30 min in eine Färbeküvette mit 95 % Isopropanol oder Ethanol stellen. Eine weitere Färbeküvette mit Protargollösung (ohne Präparate!) in den Wärmeschrank geben (60 °C). Hinweise: Keine Alkoholreihe verwenden, diese führt zum Ablösen der Eiweißschicht. Wenn das Eiweiß schon etwas älter ist und/oder nicht stark klebt, die Aufenthaltszeit in Ethanol oder Isopropanol auf 15-20 min verkürzen.

7. Die Präparate in 70 % Ethanol oder Isopropanol und von dort in einmal gewechseltes Leitungswasser überführen. In jeder Stufe etwa 5 min belassen.

8. Präparate rasch in Kaliumpermanganat-Lösung stellen. Nach 30 sec erstes Präparatepaar, die weiteren im Abstand von jeweils 15 sec herausnehmen und in Leitungswasser stellen. Hinweise: Die Bleichzeit beeinflusst die Qualität der Präparate (fast jede Art hat ihr eigenes Optimum), daher die Variation. Die Eiklarschicht mit den eingebetteten Zellen soll bei der Permanganatbehandlung leicht quellen, also uneben werden. Bleibt sie ganz flach, so klebt das Eiweiß zu stark, was die Qualität der Präparate mindert. Quillt das Eiweiß sehr stark, dann ist es vermutlich schon zu alt und es besteht die Gefahr, dass es sich ablöst. Für jede Serie frisches Permanganat verwenden.

9. Präparate vom Leitungswasser rasch in Oxalsäurelösung überführen. Nach 60 sec erstes Präparatepaar, die weite-

ren nach 90, 120 und 160 sec, die restlichen im Abstand von jeweils 20 sec herausnehmen und in Leitungswasser stellen. Hinweise: Reihenfolge der Präparate beachten, da jene, die kürzer im Permanganat waren, auch kürzer in der Oxalsäure sein müssen. Die Eiklarschicht wird in der Oxalsäure wieder eben. Hartes Leitungswasser sollte 1:1 mit H_2O gemischt werden.

10. Präparate zweimal in Leitungswasser und einmal in H_2O je 3 min waschen.

11. Präparate in die vorgewärmte Protargollösung stellen. 10–15 min im Wärmeschrank bei 60 °C imprägnieren. Hinweise: Die Protargollösung nur einmal verwenden. Inzwischen folgende sieben Färbeküvetten nebeneinander an das Mikroskop stellen: H_2O – Leitungswasser – Leitungswasser – Fixierer (Natriumthiosulfat) – Leitungswasser – 70 % Isopropanol oder Ethanol – 100 % Isopropanol oder Ethanol.

12. Ein Präparat herausnehmen, 1-2 sec in H_2O waschen, mit Aceton-Entwickler überschichten und leicht schwenken. Sobald sich das Eiklar hellgelb färbt, Entwickler abgießen, Präparat 2 sec in Leitungswasser waschen und Stärke der Imprägnation mikroskopisch kontrollieren: Richtig entwickelt ist, wenn die Infraciliatur nur ganz schwach sichtbar ist. Präparat dann in den Fixierer tauchen, wo es 5 min verbleiben kann. Sind die Zellen nicht oder kaum imprägniert, zweites Präparat mit Natriumsulfit-Entwickler überschichten und Imprägnation mikroskopisch kontrollieren, falls notwendig Entwickler justieren und mit weiteren Präparaten fortfahren. Hinweise: Der Aceton-Entwickler wirkt aus unerfindlichen Gründen nicht bei allen Materialien und Fixantien, beispielsweise wenn die Probe nicht wenige Tage in 70% Alkohol konserviert worden war. Trotzdem lohnt es sich, diesen zuerst auszuprobieren (siehe oben). Steuern lässt sich die Intensität mit der Konzentration der Entwickler und der Einwirkungsdauer. Meist genügen 5–10 sec beim verdünnten Natriumsulfit-Entwickler, während 20 sec bis

◨ **Abb. 15.3** Protargolimprägnation eines Wimpertiers (*Gastronauta aloisi*). Aufnahme im Durchlicht: R. Oberschmidleitner, Linz

5 min, meist 1-2 min beim Aceton-Entwickler erforderlich sind. Manche Arten (z. B. viele Microthoraciden) mit unverdünntem Entwickler behandeln. Die Entwicklung dauert umso länger, je stärker gebleicht wurde. Entwicklung daher mit jenen Objektträgern beginnen, die am kürzesten in Permanganat bzw. in der Oxalsäure waren. Je dünner die Eiklarschicht ist, desto rascher geht die Entwicklung. Ist die Infraciliatur sehr gut erkennbar, werden die fertigen Präparate zu dunkel, da die Intensität der Imprägnation bei der Entwässerung zunimmt.

13. Präparate für 5 min im Fixierer sammeln und von dort für je 3 min in dreimal gewechseltes Leitungswasser überführen. Hinweise: Bei zu langer Wässerung besteht die Gefahr, dass sich das Eiklar vom Objektträger löst. Beides, ausreichende Fixierung wie gutes Auswaschen des Fixans sind für die Stabilität der Präparation entscheidend.

14. Präparate für je 3-5 min in 70 % und 100 % Ethanol oder Isopropanol überführen. 100 % Ethanol oder Isopropanol einmal wechseln.

15. Präparate für je 10 min in einmal gewechseltes Xylol überführen.

16. Präparate einzeln aus dem Xylol nehmen, sofort (nicht trocknen lassen!) mit einem Tropfen neutralem Kunstharz bedecken und Deckglas auflegen. Hinweise: Meist bilden sich sofort nach dem Auflegen des Deckglases einige Luftblasen, die durch vorsichtigen Fingerdruck an den Deckglasrand geschoben werden. Entstehen später Luftblasen, Präparat 1–2 Tage in Xylol stellen (bis das Deckglas von selbst abfällt) und erneut in Harz einschließen.

◻Tab. 15.8 Lösungen zur Protargolimprägnation

Fixierlösungen	Eiweißglycerin	Kaliumpermanganatlösung
nach Bouin (Kap. 5) oder nach Stieve (Kap. 5) oder 50 ml 70% Ethanol 5 ml 37% Formalin für Imprägnation: 50 g Natriumthiosulfat in 1000 ml H_2O	15 ml Hühnereiklar 15 ml Glycerin	0,2% (w/v) Kaliumpermanganat in 100 ml H_2O
Oxalsäurelösung	**Protargollösung**	**Entwicklergemisch**
2,5% (w/v) Oxalsäure in 100 ml H_2O	0,4-0,8% (w/v) Protargol in 100 ml H_2O	5 g Natriumsulfit 1 g Hydrochinon 95 ml H_2O oder 1,4 g Borsäure 0,3 g Hydrochinon 2 g Natriumsulfit 15 ml Aceton

15

15.2.8.2   Evertebrata, Wirbellose

Durch die enorme Diversität innerhalb der Wirbellosen und die völlig unterschiedlichen Lebensräume und Lebensweisen der pelagischen, benthischen, parasitischen und terrestrischen Formen sind allgemeine Angaben zu den Untersuchungsmethoden (◻Tab. 15.2–5) nur bedingt zielführend. Einige Informationen sind in den Einführungen zu den einzelnen Stämmen bzw. Klassen angegeben; für Details muss auf die Spezialliteratur zurückgegriffen werden, da die Beschreibung der genauen Vorgehensweise den Rahmen dieses Kapitels sprengen würde. Im Vordergrund stehen die Anfertigung von Belegpräparaten und Hinweise zur Darstellung interessanter morphologischer Merkmale.

15.2.8.3   Mesozoa, Mitteltiere

Gewebeproben aus den Exkretionsorganen der Kopffüßer werden mit dem Phasenkontrastmikroskop untersucht. Die Bestimmung wird durch das richtige Erkennen des Cephalopoden-Wirtes erleichtert.

15.2.8.4   Porifera, Schwämme

Für die Determination und taxonomische Einordnung der Schwämme spielen auf Gattungs- und Artniveau besonders die Kalk- bzw. Kieselnadeln (Spicula) und die Spongin (Kollagen) fasern eine Rolle. Die isolierten Skelettelemente werden auf einem Objektträger in Kanadabalsam eingebettet. Zur Mazeration des Weichkörpers eignen sich 4–5 % Kalilauge und 0,2–0,5 % Eau de Javelle (Chlorbleichlauge, Natriumhypochlorit, NaOCl) (Kalkschwämme) bzw. konzentrierter Salzsäure (Kieselschwämme) bzw. Salpetersäure (Süßwasserschwämme). Die Spicula-Schnellpräparation, Spicula-Säurepräparation (nur für Silikatnadeln) und die Spongin-Skelett-Präparation beschreiben z. B. Brümmer et al. (2003: 316f.).

15.2.8.5 Cnidaria, Nesseltiere

Zum Studium der Nesselkapseln (Cniden, Nematocysten) wird etwas lebendes Gewebe auf einem Objektträger mit einem Deckglas leicht gequetscht und bei mind. 500-facher Gesamtvergrößerung (besser 1000-facher) untersucht.

Hydrozoa: Die Untersuchung der allgemeinen Morphologie von Süßwasserpolypen erfolgt in Kulturlösung unter einer Stereolupe.

Anthozoa, Blumentiere: Ein Hauptmerkmal der Achtstrahligen Korallen (Octocorallia) ist Verteilung, Form und Größe der Skelettnadeln (Sklerite) in den verschiedenen Abschnitten der Kolonien und der Polypen. Präparate der Sklerite erhält man durch Auflösung der weichen Gewebe in konzentriertem Natriumhypochlorit („Bleiche"). Für Bestimmungs- oder Demonstrationszwecke kann es erforderlich sein, Dünnschliffe anzufertigen.

Scyphozoa, Schirmquallen: Das komplizierte Kanalsystem der Medusen kann man durch Injizieren von Neutralrot in das lebende Tier oder verschiedenfarbiger Tuschen in das fixierte Tier sichtbar machen. Für Merkmale wie Anordnung und Art der Nesselzellen oder die Feinstruktur der Randsinnesorgane (Rhopalien) benötigt man ein Durchlichtmikroskop.

Ctenophora, Rippenquallen: Um die taxonomisch wichtigen Merkmale zu erkennen, muss eine Lupe oder eine Stereolupe verwendet werden, sowie eine geeignete seitliche Lichtquelle und ein dunkler Hintergrund. Konservieren lassen sich Ctenophoren kaum befriedigend, allenfalls die Beroida. Die Lobata hingegen zerfallen bei Kontakt mit Formol.

15.2.8.6 Nemathelminthes, Schlauchwürmer

Gastrotricha, Bauchhärlinge: Die in einem Tropfen Medium isolierten Gastrotrichen verfallen nach mehreren Stunden bis zu einem halben Tag in eine Art Starrezustand, bevor sie absterben. Wenn man dies mit frischen Tieren in einer feuchten Kammer (Petrischalen) geschehen lässt, spart man sich ein toxisches Betäubungsmittel.

Für die meisten Arten ist nach der Lebendbeobachtung eine Mazeration mit Eisessig und Schuppenanalyse unumgänglich. Der beste Brechungsindex ergibt sich in den ersten Minuten (das gleiche gilt für das Einbettungsmittel Glyceringelatine). Statt Eisessig lässt sich auch Karminessigsäure verwenden, wodurch gleichzeitig eine Färbung erreicht wird; nachteilig wirkt sich dabei aber die noch schnellere Verhärtung der Gewebe aus. Die auf diese Weise behandelten Schuppen und Stacheln können dann, genauso wie aufgehellte, aber unzerquetschte Tiere, nach Zugabe von etwas Formol fixiert und in heißer Glyceringelatine eingebettet werden. Diese Präparate, mit Deckglaslack umrandet, halten etwa 5 Jahre.

Nematoda, Fadenwürmer: Bei Nematoden gelingt die Betäubung durch Wärmestarre sehr leicht (Glasschale über eine

□ **Abb. 15.4** Pikroindigokarmin-Färbung eines Fadenwurms (*Oxyuris vermicularis*), Aufnahme im Durchlicht.

Lampe oder Heizung, ca. 60 °C). Die Verwendung von Ethanol ist zur Fixierung von Nematoden nicht zu empfehlen, da viele durch Wasserentzug schrumpfen. Mikroskopische Schnitte werden angefertigt, indem man die Nematoden durch eine Verdünnungsreihe von Ethanol-Glycerin-Lösungen in wasserfreies Glycerin überführt, damit die Exemplare nicht kollabieren.

Rotatoria, Rädertiere: Die Tiere dürfen nicht zu sehr gequetscht werden, da der Habitus dadurch zu stark verändert wird, und die Tiere auch platzen können. Leider gibt es kein Betäubungsmittel, das in gleicher Konzentration bei allen Rädertieren gleich wirkt. Natriumdithionit (Ansatz: 10 mg/ml Medium) ist ein Mittel, das dem Wasser den Sauerstoff entzieht. Die Tiere ersticken und strecken sich dabei.

Präparation des Kaumagens: Der Kaumagen (Mastax) besteht zum Teil aus Chitin und ist deshalb resistenter gegen bestimmte Chemikalien als das restliche Gewebe. Traditionell wird mit 1–10 % Eau de Javelle (s. o.), 4 % Kalilauge oder 4 % Natronlauge mazeriert. Leider sind diese Chemikalien sehr aggressiv und lösen nicht selten Teile des Mastax mit auf, außerdem kann es zur Gasblasenbildung und bei Benutzung von Immersionsöl zu Verseifungen kommen.

Kinorhyncha, Hakenrüssler; **Nematomorpha,** Saitenwürmer: Die Arten lassen sich nur unter dem Mikroskop (möglichst mit Phasenkontrast, besser mit Interferenzkontrast) in angequetschtem Zustand und bei hohen Vergrößerungen eindeutig bestimmen.

15.2.8.7 Plathelminthes, Plattwürmer

Viele Plattwürmer lassen sich nur nach histologischen Schnitten bestimmen.

Turbellaria, Strudelwürmer: Zur Darstellung des Verdauungskanals in mikroskopischen Totalpräparaten entwickelte Lin in den 1930er Jahren eine 5 Arbeitsgänge umfassende Methode (Piechocki 1966: 65).

Cestoda, Bandwürmer: Von den größeren Arten werden lediglich der Kopf (Scolex) mit einigen anhängenden Gliedern und mehrere reife Eier enthaltende Endglieder präpariert. Isopropa-

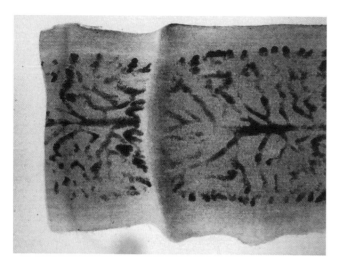

Abb. 15.5 Boraxkarminfärbung von Proglottiden eines Bandwurms (*Taenia solium*), Aufnahme im Durchlicht.

nol oder Ethanol sind als Aufbewahrungsflüssigkeit besser als Formol geeignet, da hier keine so starke Härtung eintritt. Für Kurs- oder Bestimmungszwecke benötigt man gefärbte Übersichtspräparate von Gliedern (Piechocki 1966: 75).

Nemertini, Schnurwürmer: Zum Aufhellen werden kleine Tiere schrittweise in Glycerin überführt, größere Tiere nach Entwässern (Isopropanol-Reihe) in Benzylbenzoat eingebettet. Bei Beunruhigung, z. B. Übergießen mit einer Fixierungsflüssigkeit, knäueln sich die Tiere zusammen. Nach dem Betäuben kann das Strecken mittels Pinzetten oder Präpariernadeln in einem dünnen Flüssigkeitsfilm am Boden von Blockschälchen oder Petrischalen erfolgen. Zu lange Fixierung (>3 h) ist zu vermeiden, um starke Schrumpfung und Hartwerden zu verhindern. Viele Nemertinen lassen sich nur nach histologischen Schnitten bestimmen (Piechocki 1966: 80).

15.2.8.8 Tentaculata, Kranzfühler

Phoronoidea, Hufeisenwürmer: Röhrenlose Exemplare bewahrt man in 4 % Formalin auf, noch in ihren Sekretröhren haftende Exemplare in 75 % Isopropanol oder Ethanol.

Bryozoa, Moostiere: Nur die Arten, die keinen Kalk beinhalten, können in 4 % Formalin aufbewahrt werden. Um unerwünschtes Hartwerden zu verhindern, empfiehlt sich absolutes Ethanol und Glycerin im Verhältnis 1:1 als Aufbewahrungsmedium.

Onychophora, Stummelfüßer: Wegen der besonders guten Formerhaltung ist folgende Tötungsflüssigkeit zu empfehlen: 6 Teile 96 % Isopropanol oder Ethanol, 3 Teile Glycerin und 1 Teil Eisessig.

Sipunculida, Sternwürmer: Die Tiere müssen stets mit ausgestülptem Vorderkörper fixiert werden, denn er weist zahlreiche Bestimmungsmerkmale auf.

15.2.8.9 Mollusca, Weichtiere

Häufig werden die Narkotika bei Mollusken erst nach sehr langer Einwirkungszeit (bis mehrere Tage) wirksam.

Caudofoveata, Schildfüßer: Achtung, Bouin löst die artspezifisch wichtigen Kalkschuppen auf. Die Bestimmung auf Gattungsniveau ist anhand der Radula durch Transparenz (Methylbenzoat, etc.) und Quetschpräparat sowie histologischen Schnittserien (5–10 μm) mit Zellkern-Cytoplasma-Übersichtsfärbungen möglich.

Solenogastres, Furchenfüßer: Die Bestimmung einiger Gruppen ist gemäß geographischer Region weitgehend nach artspezifischen Schuppen möglich, bei Epizoen in Kombination mit dem Wirtstier, sonst nur anhand histologischer Schnittserien.

Placophora, Käferschnecken: Zur Darstellung der Lichtsinnesorgane in der äußeren Schalenschicht (Aestheten) sind entkalkte, histologische Schnitte zusammen mit Schalenschliffen (Plattenschichtung) besonders demonstrativ. Sollen auch die Weichteile möglichst gut erhalten werden, empfiehlt es sich, die Objekte zu paraffinieren.

Gastropoda, Schnecken: Bei Behandlung mit Betäubungs- und Fixiermitteln schleimen die Tiere sehr stark aus der Hypobranchialdrüse. Dieser Schleim ist durch gründliches Wässern zu entfernen. Formalin als Konservierungsmittel ist zu vermeiden, weil sich darin die Schalen verfärben und im Lauf der Zeit auflösen. Der artcharakteristische Liebespfeil, ein dolchförmiges Kalkgebilde der Heideschnecken, kann ungefärbt eingebettet werden.

Radulapräparate: Die „Zahnformen" der Reibplatte (Radula) ermöglichen eine sichere Artbestimmung. Die Radulaplatte wird freigelegt durch fünfminütiges Kochen in 5 % KOH oder durch Mazeration in H_2O. Sie wird dann in etwa 4-stündigen Abständen durch die aufsteigende Ethanol-Reihe in absolutes Ethanol überführt. Nach kurzem Aufenthalt in Xylol wird die Radula mit Hilfe einer Präpariernadel und eines Pinsels auf dem Objektträger ausgebreitet. Je nach Größe der Radula verteilt man einen oder mehrere Tropfen Neutralbalsam darauf und legt ein passendes Deckglas darüber.

Cephalopoda, Kopffüßer: Formalin ist als Konservierungsflüssigkeit nicht zu empfehlen, weil sich darin leicht die Oberhaut der Tiere ablöst und dann im Aufbewahrungsgefäß herumschwimmt, außerdem wird das Knorpelgerüst des Kopfes zerstört.

Bivalvia, Muscheln: Muscheln sind recht schwer ohne Kontraktion zu fixieren. Süßwassermuscheln soll man in 1 % 50 °C warmer Chloralhydratlösung betäuben. Die Temperatur darf nicht höher sein, sonst stirbt das Tier ab!

15.2.8.10 Annelida, Ringel- oder Gliederwürmer

Vorteilhaft ist es, den Boden des Gefäßes, in dem die Narkose durchgeführt wird, mit Wellpappe zu belegen, in deren Rillen die Tiere liegen. Dadurch bleiben sie in gestreckter Lage. So wird nicht nur die Determinierung, sondern auch die platzsparende Aufbewahrung der Objekte wesentlich erleichtert.

Oligochaeta, Wenigborster: Bringt man die Würmer unmittelbar in die Formalinlösung, bleiben sie eingefallen und unansehnlich!

Hirudinea, Blutegel: Starke Salpetersäure tötet die Egel so schnell, dass sie nicht einmal schrumpfen können. Als Konservierungsflüssigkeit ist ausschließlich 4 % Formalin geeignet, da Isopropanol oder Ethanol zu sehr starkem Farbverlust führen.

15.2.8.11 Arthropoda, Gliederfüßer
Arachnida, Spinnentiere im engeren Sinn

Acari, Milben: Zur Feuchtkonservierung findet 70 % Ethanol, dem 2–5 % Glycerin zugesetzt wird, Verwendung; so bleiben die Tiere geschmeidig. Zur Herstellung von mikroskopischen Dauerpräparaten werden die Tiere aus dem Fixierungsgemisch in 10 % Kalilauge überführt und die verhornten Teile artspezifisch lange mazeriert (die Zeiten müssen ausprobiert werden, da völlige Lysis auftreten kann!). Nach der Mazeration wird zunächst mit Eisessig neutralisiert und dann sorgfältig mit H_2O ausgewaschen; der aufsteigenden Ethanol-Reihe folgt das Einschließen.

Araneae, Webspinnen: Da die Farberhaltung in Ethanol bei Zimmertemperatur und Tageslicht unbefriedigend ist, muss das Material zumindest kalt und dunkel aufbewahrt werden. Bei der Verwendung von 2 % (w/v) wässrigem Formol werden die Farben zwar besser erhalten, allerdings leiden die morphologischen Details. Zur Klassifizierung werden oft die Geschlechtsorgane herangezogen. Die Pedipalpen sind bei den Männchen von Bedeutung, wobei das mit einem Stück des Abdomens abgetrennte Organ zuerst in 5–10 % Kalilauge mazeriert wird. Die Dauer beträgt bei Zimmertemperatur einige Tage, bei erhöhter Temperatur im Thermostatschrank einige Minuten. Das Verfahren kann beendet werden, wenn die Muskulatur des Abdomens zerfällt.

Opiliones, Weberknechte: Um die Brüchigkeit einzuschränken, sollen die Tiere 2 Stunden vor der Untersuchung in 50 % (v/v) Ethanol überführt werden.

Solifugae, Walzenspinnen: Abtöten in Formol ist nicht zu empfehlen, da die morphologischen Details verändert werden, was die spätere Determinationsarbeit erschwert. Manche Autoren empfehlen auch die Dämpfe von Ethylacetat oder Chloroform. Hier müssen die Objekte über 50 % in 80 % (v/v) Ethanol gebracht werden.

Crustacea, Krebstiere

Haltbare Dauerpräparate lassen sich von Kleinkrebsen (Hüpferlingen, Blattfüßern und Muschelkrebsen) wie folgt anfertigen: Das lebende Tier wird in wenig Medium unter ein Deckglas

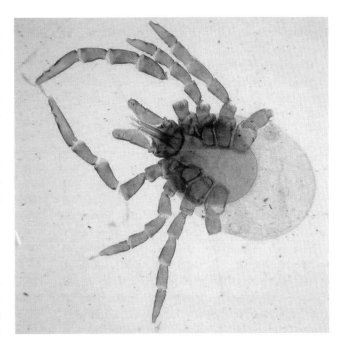

◪ **Abb. 15.6** Chitinpräparat einer Zecke (*Ixodes ricinus*), Aufnahme im Durchlicht.

◪ **Abb. 15.7** Alaunkarmin-Färbung eines Flohkrebses (*Gammarus pulex*), Aufnahme im Durchlicht.

gelegt. Dann tropft man ein wenig 4 % Formalin auf den Objektträger und saugt es mittels Fließpapier von der gegenüberliegenden Seite des Deckglases an den Krebs. Zum Fixieren wird das Objekt mit Hilfe eines Pinsels in ein Blockschälchen gelegt, das ein Gemisch folgender Zusammensetzung enthält: 30 Teile H_2O, 15 Teile 96 % Ethanol, 5 Teile Formalin und 1 Teil Eisessig. Nach jeweils 5 Minuten wird in 50, 70 und 96 % Ethanol überführt. Als Einbettungsmittel dient Euparal oder

Caedax. Damit das Deckglas waagrecht liegt, bringt man vorher Wachsfüßchen an oder legt Deckglassplitter unter.

Große Tiere können durch Injektion der Narkosemittel in die Leibeshöhle betäubt oder getötet werden. Abwerfen der Extremitäten kann meist durch kurzes Einbringen in Süßwasser verhindert werden.

Phyllopoda, Blattfüßer: Bei marinen Arten soll eine Ethanolkonzentration von 10 % nicht überschritten werden.

Ostracoda, Muschelkrebse: Wenn für mikroskopische Präparate durchsichtige Objekte erwünscht sind, wird in 70 % Ethanol, dem 3 % Schwefelsäure zugesetzt wurde, entkalkt.

Cirripedia, Rankenfüßer: Bei Tötung in 10 % Formol muss als Aufbewahrungsflüssigkeit 2 % Formol verwendet werden, da eine stärkere Konzentration die Rankenfüßer-Schalen angreift. Zur Herstellung von Trockenpräparaten wird 24 Stunden in 10 % Formalin fixiert und hierauf ca. 12 Stunden in 3 % Natriumarsenat vergiftet. Nach kurzem Durchziehen durch H$_2$O erfolgt die langsame Trocknung bei Zimmertemperatur.

Isopoda, Asseln: Tötung in 70–80 % Ethanol, das auch zur Dauerfixierung dient. Es ist allerdings notwendig, die Flüssigkeit so oft zu wechseln, bis sie keine Farbtönung mehr aufweist. Formol ist ungeeignet, die Tiere werden darin für eine Bearbeitung zu hart. Trockensammlungen von Isopoden sind abzulehnen, da Mundteile und Pleopoden so stark schrumpfen, dass sie sich zur Determination nicht mehr eignen.

Myriapoda, Tausendfüßer

Das Ethanol darf keinesfalls eine höhere Konzentration als 80 % haben, weil sonst sehr leicht Schrumpfungen auftreten, die manche Strukturen völlig unkenntlich werden lassen. Besonders für Exkursionen empfiehlt sich Navaschins Flüssigkeit (4 ml Formol, 15 ml 1 % Pikrinsäure, 1,5 ml Eisessig), da es dabei zu keiner Überfixierung kommen kann. Zur Mazeration von Extremitäten, Mandibeln und anderen Körperteilen eignet sich kurzes Kochen in 1–2 % Schwefelsäure.

Chilopoda, Hundertfüßer: Abgesehen von den großen Scolopendromorphen lassen sich die übrigen Chilopoden nur als Trockenpräparate herrichten, wenn sie paraffiniert werden.

Diplopoda, Doppelfüßer: Da Diplopoden infolge der Kalkeinlagerungen in ihrem Chitinskelett beim Trocknen keine Veränderungen erleiden, kann man kleine Arten auch als Trockenpräparate auf genadelte Kartonplättchen kleben.

Insecta, Insekten

Die Imagines der meisten Insektengruppen werden trocken aufbewahrt; verwendet man statt dessen einfach die feuchte Konservierung, so sind einige Bestimmungsmerkmale, die in diesen Gruppen eine Rolle spielen, schlecht oder gar nicht mehr

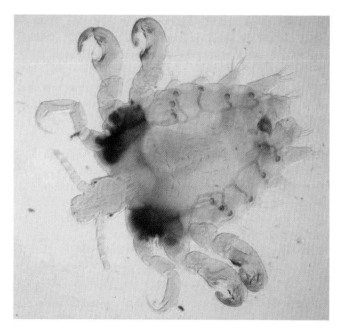

Abb. 15.8 Chitinpräparat einer Filzlaus (*Phthirius pubis*), Aufnahme im Durchlicht.

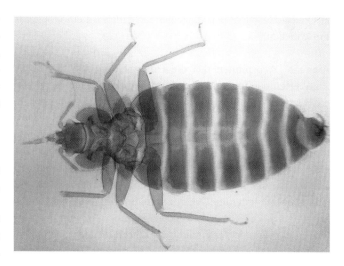

Abb. 15.9 Chitinpräparat einer Bettwanze (*Cimex lectularis*), Aufnahme im Durchlicht.

erkennbar. Die meisten Farbstoffe werden in Ethanol extrahiert, die Behaarung verklebt leicht, die Beschuppung, die besonders bei Stechmücken wichtig ist, verschwindet. Färbungselemente, die durch Wachs bedingt sind, lassen sich nicht mehr nachweisen. Diese Merkmale können aber auch durch unsachgemäße Handhabung bei trockener Aufbewahrung leiden.

15.2.8.12 Echinodermata, Stachelhäuter

Crinoidea, Haarsterne und Seelilien: Formalin ist ungünstig, da es die Kalkplättchen angreift!

Ophiuroidea, Schlangensterne: Bei den Ophiuridea wird die Autotomie durch Süßwassereinwirkung verhindert.

Echinoidea, Seeigel: Um ein Abfallen der Stacheln möglichst zu verhindern, empfiehlt es sich, die Objekte in eine dünne Lösung von PVA-Kunstleim (Holzleim, in Österreich unter dem Handelsnamen „Movicoll" erhältlich) zu tauchen. Dies erzeugt einen dünnen, durchsichtigen Film und fixiert so die Stacheln am Tierkörper.

15.3 Literatur

15.3.1 Originalartikel

Augustin H, Foissner W, Adam H (1984) An improved pyridinated silver carbonate method which needs few specimens and yields permanent slides of impregnated ciliates (Protozoa, Ciliophora). *Mikroskopie* 41: 134–137

Brümmer F, Nickel M, Sidri M (2003) 8. Porifera (Schwämme). In: Hofrichter R (Hrsg.): Das Mittelmeer: Fauna, Flora, Ökologie. Band II/1 Bestimmungsführer: Prokaryota, Protista, Fungi, Algae, Plantae, Animalia (bis Nemertea). Spektrum Akad. Verl., Heidelberg, Berlin: 302–381

Dieckmann J (1995) An improved protargol impregnation for ciliates yielding reproducible results. *Eur J Protistol* 31: 372–382

Fernández-Galiano D (1976) Silver impregnation of ciliated protozoa: procedure yielding good results with the pyridinated silver carbonate method. *Trans Am microsc Soc* 95: 557–560

Foissner W (1979) Methylgrün-Pyronin: Seine Eignung zur supravitalen Übersichtsfärbung von Protozoen, besonders ihrer Protrichocysten. *Mikroskopie* 35: 108–115

Henderson RC (2001) Technique for positional slide-mounting of Acari. *Systematic & Applied Acarology Special Publications* 7: 1-4

Honomichl K, Risler H & Rupprecht R (2013) Wissenschaftliches Zeichnen in der Biologie und verwandten Disziplinen. Springer, Berlin, Heidelberg

Klein BM (1926) Ergebnisse mit einer Silbermethode bei *Ciliaten. Arch Protistenk* 56: 244–279

Klein BM (1958) The „dry" silver method and its proper use. *J Protozool* 5: 99–103

Smith III JPS, Tyler S (1984) Schnittserien von Epoxy-eingebettetem Material für die Lichtmikroskopie: eine für Mikro-Metazoen empfohlene Technik. *Mikroskopie* 41: 259–270

15.3.2 Zusammenfassende Literatur

Abraham R (1991) Fang und Präparation wirbelloser Tiere. Fischer Verl., Stuttgart

Adam H, Czihak G (1964) Arbeitsmethoden der makroskopischen und mikroskopischen Anatomie. In: Grosses Zoologisches Praktikum Teil 1. Fischer Verl., Stuttgart

Aescht E (2010) Präparationstechniken und Färbungen von Protozoen und Wirbellosen für die Lichtmikroskopie. In: Mulisch M, Welsch U (Hrsg.): Romeis Mikroskopische Technik, 18. Aufl. Spektrum Akad./Springer Verl., Heidelberg: 339-361

Aspöck H, Auer H (1998) Tabellen und Illustrationen zur Laboratoriumsdiagnostik von Parasitosen Teil 2: Biologische Grundlagen und Übersicht der Untersuchungsmethoden. Labor aktuell 5/98: 3–10

Dietle H (1983) Das Mikroskop in der Schule. Handhabung, Beobachtungen, Experimente. Kosmos, Stuttgart

Dunger W, Fiedler F (Hrsg.; 1986) Methoden der Bodenbiologie. Fischer Verl., Jena

Echsel H, Racek M (1976) Biologische Präparation. Arbeitsbuch für Interessierte an Instituten und Schulen. Jugend und Volk Verl., München

Fiedler K, Lieder J (1994) Mikroskopische Anatomie der Wirbellosen – Ein Farbatlas. Fischer Verl., Stuttgart, Jena, New York

Foissner W (2014) An update of "basic light and scanning electron microscopic methods for taxonomic studies of ciliated protozoa". *International Journal of Systematic and Evolutionary Microbiology* 64:271-292

Foissner W, Blatterer H, Berger H, Kohmann F (1991) Taxonomische und ökologische Revision der Ciliaten des Saprobiensystems. Band I: Cyrtophorida, Oligotrichida, Hypotrichia, Colpodea. Informationsberichte Bayer. Landesamtes für Wasserwirtschaft 1/91

Günkel NG (2000) Methoden der Mikroskopie in Übersichten. Selbstverlag

Halton DW, Behnke JM, Marshall I (eds.; 2001) Practical exercises in parasitology. Cambridge Univ. Press, Cambridge

Hangay G, Dingley M (1985) Biological museum methods. Volume 2 Plants, invertebrates and techniques. Academic press Australia

Hartmann M (1928) Praktikum der Protozoologie. 5. erw. Aufl. Fischer Verl., Jena

Hermann K (1998) Projekt: Mikroskopie an der Schule. *Mikrokosmos* 87: 181–184

Huber JT (1998) The importance of voucher specimens, with practical guidelines for preserving specimens of the major invertebrate phyla for identification. *Journal of Natural History* 32: 367-385

Justine J-J, Briand MJ, Bray RA (2012) A quick and simple method, usable in the field, for collecting parasites in suitable condition for both morphological and molecular studies. *Parasitology Research* 111: 341-351

Lee JJ, Soldo AT (eds.; 1992) Protocols in protozoology. Allen Press, Lawrence

Lincoln RJ, Sheals JG (1979) Invertebrate animals. Collection and preservation. Br. Mus. (Nat. Hist.), Cambridge Univ. Press

Margulis L, Corliss JO, Melkonian M, Chapman DJ (eds.; 1990) The handbook of the protoctista. Jones & Bartlett Publ., Boston

Martin JEH (1977) Collecting, preparing and preserving insects, mites and spiders. The Insects and Arachnids of Canada, Part 1. Agriculture Canada Publication 1643: 1–182

Mayer M (1966) Kultur und Präparation der Protozoen. Franckh'sche Verlagshandl., Stuttgart

Mehlhorn H. (2012a) Die Parasiten der Tiere : Erkrankungen erkennen, bekämpfen und vorbeugen. Springer Spektrum Verl., Berlin, Heidelberg

Mehlhorn H. (2012b) Die Parasiten des Menschen : Erkrankungen erkennen, bekämpfen und vorbeugen. Springer Spektrum Verl., Berlin, Heidelberg

Millar IM, Uys VM, Urban RP (2000) Collecting and preserving insects and arachnids : A manual for Entomology and Arachnology. ARC-Plant Protection Research Institute, Pretoria

Moore S (1999) Fluid preservation. In: Carter D, Walker AK, Care and Conservation of Natural History Collections. Butterworth, Heinemann, Oxford

Nachtigall W (1985) Mein Hobby: Mikroskopieren Technik und Objekte. BLV Naturführer 140/141

Piechocki R (1966) Makroskopische Präparationstechnik Leitfaden für das Sammeln, Präparieren und Konservieren Teil II Wirbellose (3. Aufl. 1985). Akad. Verlagsges. Geest and Portig K.-G.

Röttger R (Hrsg.; 1995) Praktikum der Protozoologie. Fischer Verl., Stuttgart, Jena, New York

Röttger R, Knight R, Foissner W (eds.; 2009) A course in protozoology. Second revised edition. *Protozoological Monographs* 4

Sauer F (1980) Mikroskopieren als Hobby. Beleuchtungs- und Präparationsverfahren, Fotografie. Kosmos, Franckh'sche Verl.handl., Stuttgart

Schauff ME (ed.) (2005) Collecting and preserving insects and mites: Techniques and tools [updated and modified version]. USDA Misc. Publication No. 1443: 1-68

Schmelz R.M., Collado R. (2010) A guide to European terrestrial and freshwater species of Enchytraeidae (Oligochaeta). *Soil Organisms* 82: 1-176

Schmidt-Rhaesa A (ed.) (2013) Gastrotricha, Cycloneuralia and Gnathifera. Vol. 1: Nematomorpha, Priapulida, Kinorhyncha, Loricifera. Handbook of zoology, Walter de Gruyter, Berlin

Smirnov AV and Brown S (2004) Guide to the methods of study and identification of soil gymnamoebae. *Protistology* 3: 148-190

Vater-Dobberstein B, Hilfrich H-G (1982) Versuche mit Einzellern. Experimentierbuch für Lehrer und Schüler. Franckh'sche Verlagshandl., Stuttgart

Vďačný P, Foissner W (2012) Monograph of the dileptids (Protista, Ciliophora, Rhynchostomatia). *Denisia* 31: 1-529

Wagstaffe R, Fidler JH (1988) The preservation of natural history specimens. Volume one Invertebrates [revised ed.]. Witherby, London

Walker AK, Fitton MG, Vane-Wright RI, Carter DJ (1999) Insects and other invertebrates. In: Carter D, Walker AK, Care and Conservation of Natural History Collections. Butterworth, Heinemann, Oxford: 37–60

■ **Hinweise fürs Internet**

Informative Einführungen und Links für mikroskopierende Anfänger und Fortgeschrittene bieten http://www.berliner-mikroskopische-gesellschaft.de/Einfuhrungskurs_in_die_Mikroskopie.pdf; http://www.educ.ethz.ch/unt/um/bio/tech/mikroskopie/mikro.pdf; http://www.klaushenkel.de/mikrofibel.pdf; http://www.mikroskopie-bonn.de/links/index.html; http://www.nawi-aktiv.de/umaterial/mikroskop/PDFs/Der_Mikroskopfuehrerschein.pdf; http://www.schule.at/portale/biologie-und-umweltkunde/detail/mikroskopie.html; http://www.schule-bw.de/unterricht/faecher/biologie/medik/mikro/.

Sehr ausführliche Informationen zu histologischen Färbemethoden, Farbstoffen und in der Mikroskopie verwendeten Rezepten liefert http://www.aeisner.de.

Für marine Evertebraten finden sich detaillierte Hinweise zur Narkotisierung und Konservierung auf http://www.mbl.edu/BiologicalBulletin/CLASSICS/Russell/Russell-pp58-67.html und http://www.mbl.edu/Biological-Bulletin/ANESCOMP/AnesComp-Tab1.html.

Präparationstechniken und Färbungen von Pflanzengewebe für die Lichtmikroskopie

Anja Burmester

16.1   Einführung

Die pflanzliche Zelle unterscheidet sich von der tierischen Zelle insbesondere durch das Vorhandensein einer Zellwand sowie einer Vakuole. Daher sind für Pflanzenmaterial zumeist andere Techniken anzuwenden als für tierisches Gewebe. Der nachfolgende Präparierleitfaden ist keine umfassende Sammlung aller Verfahren, sondern eine knappe Zusammenstellung erprobter klassischer und moderner Methoden, die überwiegend mit wenig Zeit- und Materialaufwand sichere Ergebnisse liefern und größtenteils auch in der Schule zum Einsatz kommen können. Die ◨ Tabelle 16.1 fasst die gängigsten mikroskopischen Färbemethoden, alphabetisch geordnet, noch einmal zusammen.

16.2   Mikroskopische Technik = Mikrotechnik

16.2.1   Vorbereitung des Untersuchungsmaterials

Für mikroskopische Untersuchungen eignet sich je nach Fragestellung frisches wie auch trockenes Pflanzenmaterial. Getrocknete Pflanzenteile sind ausreichend für grobe anatomische Untersuchungen, wenn nur die Zellwände von Interesse sind. Vor der Weiterverarbeitung muss trockenes Pflanzenmaterial in Wasser aufgeweicht werden. Frische Pflanzenteile werden u. a. für die Zellkern- und Cytoplasmaforschung verwendet, wenn z. B. Teilungs- und Befruchtungsstadien beobachtet werden sollen. Dabei kann das entnommene Pflanzenmaterial entweder sofort mikroskopiert werden oder muss zunächst fixiert werden.

16.2.2   Wahl des Präparates

Je nach Fragestellung entscheidet sich der Mikroskopiker für ein Totalpräparat, ein Schabepräparat, ein Schnittpräparat, ein Zupfpräparat oder einen Epidermisabdruck.

Totalpräparat: Algen, Flechtenthalli und Teile von Moosen können meist als Ganzes auf einem Objektträger in einem Tropfen Wasser mikroskopiert werden.

Schabepräparat: Von pflanzlichen Objekten, bei denen nur kleine Gewebeteile von Interesse sind, werden mit einem scharfen Werkzeug Proben abgeschabt und weiterverarbeitet.

Schnittpräparat: Pflanzenteile werden mit Rasierklinge oder Mikrotom in dünne Scheiben geschnitten.

Zupfpräparat: Mit einer spitzen Pinzette wird Material von einem Objekt abgetragen und mit zwei Präpariernadeln in einem Tropfen Wasser zerzupft.

Oberflächenabdruck: Pflanzliche Objekte mit interessanten Oberflächenstrukturen, insbesondere Blätter höherer Pflanzen, werden dünn mit farblosem Nagellack oder einem Spezialkleber bestrichen. Die getrockneten Lackhäutchen werden mit einer Pinzette abgezogen, auf einen sauberen Objektträger übertragen und mit einem Deckglas abgedeckt. Das Deckglas wird an den Rändern mit transparenten Klebestreifen auf dem Objektträger fixiert. Das Oberflächenrelief des Objektes hat sich auf den Lackstreifen eingeprägt (◨ Abb. 16.1, ◨ Abb. 16.2) und kann z. B. zwecks Auszählung der Stomatadichte von Blättern lichtmikroskopisch untersucht werden. Die Präparate sind unbegrenzt lagerbar.

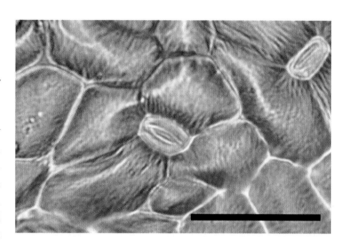

◨ **Abb. 16.1** Spaltöffnung von *Atriplex prostrata*, Blattunterseite. Nagellackabzug. Maßbalken: 50 µm

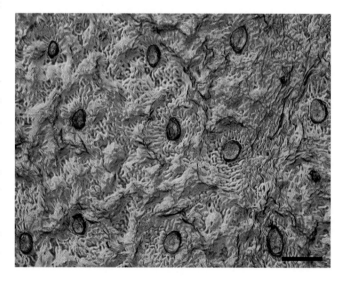

◨ **Abb. 16.2** Honigdrüsenzone von *Nepenthes* sp. Nagellackabzug. Maßbalken: 50 µm

□ Tab. 16.1 Gängige Färbemethoden

Färbemethode	Zellstruktur (Färbeergebnis)	Lösung	Herstellung / Anwendung	Besonderheiten	Verwendetes Material; Fixierung; Einbettung
Alizarinviridin-Chromalaun	Algen Hervorhebung der Chloroplasten (grün) und des Cytoplasmas gegenüber den Zellwänden	Fertiglösung Chroma 1A-382	Algen 2–4 h in der Fertiglösung färben		Färbung bleibt auch in Glyceringelatine als Einbettungsmedium gut erhalten
Alizarinviridin-Safranin nach Lindauer	Cellulose (blaugrün), Holz (rot)	Alizarinviridin: 0,1 g Alizarinviridin in 100 ml 5 % wässriger Chromalaunlösung unter Erhitzen ösen und 3-mal filtrieren: nach dem Erkalten, nach 24 h und nach einer Woche Safranin: Safranin in 50 ml heißem H_2O bis zur Sättigung lösen Essigalkohol: 99 ml Ethanol (96 %) mit 1 ml Eisessig versetzen	Alizarinviridinlösung 2–3 h einwirken lassen; Schnitte 30 sec in H_2O spülen; Safraninlösung mit H_2O 1:10 verdünnen und 20–30 min einwirken lassen; mehrmals mit H_2O spülen; differenzieren in Essigalkohol		
Anilinblau	Cellulose (rot), Kallose (blau)	1,0 g Anilinblau in 100 ml H_2O lösen	5–10 min färben; mit H_2O auswaschen oder Schnitte nach der Färbung direkt in Glycerin überführen	sehr gut zum Nachweis der Siebplatten m Phloem	
Anilinblau-Safranin	Pilzhyphen (blau), Wirtsgewebe = Holz (rot)	1,0 g Safranin in 100 ml H_2O lösen; 2,5 g Anilinblau in 25 ml H_2O; 100 ml wässrige Pikrinsäure	5 min mit Safranin färben; auswaschen mit Leitungswasser; Schnitte mit Anilinblau bedecken und erhitzen; nach dem Abkühlen mit Leitungswasser spülen	Entwässerung in Ethanol (70 %) und absolutem Isopropanol	ausschließlich Kunstharz als Einbettungsmedium verwenden
Astrablau	Cellulose (blau)	0,5 g Astrablau und 2,0 g Weinsäure in 100 ml H_2O lösen und filtrieren	1–5 min färben		
Astrablau-Auramin-Safranin	Cellulose (blau), Holz (gelb – rot); je stärker die Verholzung, desto intensiver der gelbe Farbton	Astrablau: s. o. Auramin: kaltgesättigte Lösung von Auramin in H_2O Safranin: 1,0 g Safranin in 100 ml H_2O lösen	jeweils 1–5 min färben; Schnitte als Letztes in Safranin färben; Schnitte vor dem Mikroskopieren in Salzsäure–Ethanol (3 %, Chroma 31020) auswaschen		
Astrablau-Fuchsin-Färbung nach Roeser	Cellulose (blau), Cutin (orange – braun), Holz (rot)	Astrablau: s. o. Fuchsin: 1 g basisches Fuchsin in 100 ml Ethanol (50 %) lösen; verdünnte Pikrinsäure (Pikrinsäure : H_2O = 1:3)	Schnitte nacheinander für je 5 min in die 3 Lösungen legen		nur Malinol oder Eukitt zum Einschließen verwenden
Auramin-Kristallviolett nach Beck	Cellulose (violett), Holz (gelb)	Auramin: s. o. Kristallviolett: 1,0 g Kristallviolett in Gemisch aus 50 ml H_2O und 50 ml Isopropanol auflösen Färbemittel: beide Lösungen zu gleichen Teilen mischen	Schnitte für 5–10 min im Färbemittel einlegen	Differenzierung mit absolutem Isopropanol	

▸

16

◻ **Tab. 16.1** *Fortsetzung*

Färbemethode	Zellstruktur (Färbeergebnis)	Lösung	Herstellung / Anwendung	Besonderheiten	Verwendetes Material; Fixierung; Einbettung
Basisches Fuchsin	kontrastreiche Darstellung von Pollenkörnern	5 ml Glycerin, 10 ml Ethanol (96 %), 15 ml Leitungswasser und 3 Tropfen einer gesättigten wässrigen Lösung von basischem Fuchsin mischen	Pollen auf einen Tropfen der Farblösung aufstäuben	Färbelösung ist dauerhaft haltbar	Glyceringelatine eignet sich hervorragend als Einbettungsmedium
Burri-Tusche	Negativdarstellung von Pollenkörnern	bakteriologische Tusche oder schwarze Zeichentusche	1 Tropfen Tusche auf einem Objektträger mit 1 Tropfen H$_2$O vermischen; etwas Blütenstaub daneben stäuben und gut miteinander verreiben; die Mischung mit einem 2. Objektträger dünn ausstreichen und an der Luft trocknen lassen		
Chloralhydrat	Aufhellung (Entfernen des Zellinhalts)	80,0 g Chloralhydrat, 50 ml Leitungswasser, 25 ml Glycerin	1–2 Tropfen auf Objektträger geben und 5–10 min einwirken lassen	Lösung darf nicht mit den Metallteilen des Mikroskops in Berührung kommen	nur Glyceringelatine als Einbettungsmedium verwenden
Chlorzinkiod	Cellulose in unverholzten Zellwänden (blauviolett); in den Zellwänden eingelagertes Lignin, Cutin und Suberin färben sich gelblich	5,0 g Kaliumiodid in 14 ml H$_2$O auflösen; 0,125 g Iod auflösen; 30,0 g Zinkchlorid unter Eiskühlung auflösen; filtrieren		Lösung ist maximal einige Wochen haltbar; Farbeffekt ist nicht dauerhaft	nur für Frischmaterial geeignet
Direkttiefschwarz	Darstellung von Pilzhyphen	Gesättigte Lösung von Direkttiefschwarz in Ethanol (70 %) herstellen	Farblösung 5 min auf die Präparate einwirken lassen; in Ethanol (90 %) auswaschen		nur Kunstharz als Einbettungsmedium verwenden
Eisenchlorid	Gerbstoffnachweis (grün – blau)	5 % Eisenchloridlösung (Eisen(III)-chlorid-Hexahydrat)			
Eosin	Cytoplasma (rosa)	0,1 g Eosin Y in 100 ml H$_2$O auflösen und 1 Tropfen Eisessig zugeben	Objekt für 5–15 min in die Färbelösung einlegen; mit H$_2$O spülen; mit Ethanol (80 %) differenzieren		
Eosin (G) mit Anilin als Doppelfärbung	Cellulose (rot), Kallose (blau), Cytoplasma (rosa)	1,0 g Eosin in 100 ml H$_2$O lösen; 1,0 g Anilinblau in 100 ml H$_2$O lösen und 20 Tropfen Essigsäure (15 %) zusetzen; 5,0 ml Anilinlösung und 1,0 ml Eosinlösung mischen	Schnitte für 10 min in das Farbgemisch einlegen; mit H$_2$O auswaschen		
FCA-Färbung nach Etzold	Cellulose (blau), Chloroplasten (grün), Cutin (gelborange), Holz (rot), Kork (ungefärbt), Cytoplasma (rot), Zellkern (rot oder blau)	in 1000 ml H$_2$O 0,1 g Neufuchsin, 0,143 g Chrysoidin und 1,25 g Astrablau lösen und 20 ml Eisessig zugeben		zur Aufbewahrung der Färbelösung eine dunkle Glasflasche verwenden; bei stark wasserhaltigen Pflanzengeweben wie sukkulenten Blättern durch die Essigsäure starke Zellschrumpfungen, bes. bei Einbettung in Glyceringelatine	

Tab. 16.1 *Fortsetzung*

Färbemethode	Zellstruktur (Färbeergebnis)	Lösung	Herstellung / Anwendung	Besonderheiten	Verwendetes Material; Fixierung; Einbettung
Gentianaviolett (= Kristallviolett)	Zellkern (blau)	1,0 g Gentianaviolett in 100 ml H_2O lösen	Differenzierung in Ethanol oder in Salzsäure–Ethanol		
Hämalaun nach Mayer	Zellkern (blau); Algen, Pilze	Hämalaun-Stammlösung: 1,0 g Hämatoxylin in 1000 ml H_2O lösen und 0,2 g Natriumiodat und 50,0 g Kalialaun (= Kaliumaluminiumsulfat-Dodecahydrat) hinzufügen. Hämalaun-Gebrauchslösung: Zu 100 ml Stammlösung 5,0 g Chloralhydrat und 0,1 g Zitronensäure zufügen. Vor Gebrauch filtrieren. Ammoniakalisches Wasser: 100 ml H_2O mit einem Tropfen Ammoniaklösung (konz.) versetzen. Alternativ: Fertiglösung (Merck 1.09249)	Objekte für 10–15 min in die Hämalaun-Gebrauchslösung überführen; kurz mit H_2O spülen; Objekte mehrmals für je 30 min in Ammoniakwasser bläuen	Beizung und Färbung in der gleichen Lösung	
Hämatoxylin-Eosin	Plasma (rosa-rot), Zellkern (blauschwarz-violett)	Hämatoxylin: s. Hämatoxylin nach Mayer oder nach Ehrlich Eosin: 1,0 g Eosin in 100 ml H_2O lösen; Teil der Stammlösung 1:10 mit H_2O verdünnen	5–10 min färben		in Kunstharz einschließen
Hämatoxylin nach Delafield	Cellulose (blau), Pektin (blau), Zellkern (hellblau)	1,0 g Hämatoxylin in 50 ml Ethanol (96 %) lösen und 2 ml wässrige Natriumiodatlösung (10 %) zugeben. Nach 10 min gut durchmischen, 40 ml Glycerin zugeben und filtrieren	Objekte für 2–5 min in die Färbelösung überführen. Bläuen in Ammoniakwasser wie bei Hämalaun nach Mayer beschrieben	Beizung und Färbung in der gleichen Lösung	
Hämatoxylin nach Ehrlich	Cellulose (blau), Zellkern (dunkelblau)	1,0 g Hämatoxylin in 50 ml Isopropanol (96 %) lösen und 50 ml H_2O, 50 ml Glycerin (reinst), 1,5 g Kalialaun und 5 ml Eisessig unter Rühren zufügen. Dann mit 0,2 g Kaliumiodat versetzen und gut mischen	Objekte für 5–10 min in die Färbelösung überführen. 10–15 min in leicht alkalischem Leitungswasser bläuen	vor Gebrauch Lösung in dunkler, nur mit Alufolie verschlossener Flasche mind. 14 Tage reifen lassen	
Iodiodkalium (= Lugolsche Lösung)	Stärkenachweis (blau – violett-schwarz); Eiweiß (gelbbraun)	3,0 g Kaliumiodid in 450 ml H_2O auflösen; darin 1,0 g Iod auflösen	Schnitte in der Färbelösung mikroskopieren		nur Schnitte von frischem Pflanzenmaterial verwenden
Karminessigsäure	Chromosomen (weinrot – violett)	1,0 g Karmin in 100 ml Essigsäure (45 %) lösen und unter Rückfluss 30 min kochen. Lösung nach dem Abkühlen filtrieren	Präparat mit Färbelösung überschichten; Deckglas auflegen; ein oder mehrere Male kurz fast zum Sieden erhitzen; Präparat quetschen		
Kernechtrot	Chloroplasten, Cytoplasma, Pyrenoide, Zellkerne färben sich in verschiedenen Abstufungen rosa – rot	0,1 g Kernechtrot in 100 ml 5 % wässriger Aluminiumsulfatlösung unter Kochen lösen; erkaltete Lösung filtrieren	Objekte für 1–2 Tage in die Farblösung einlegen; gründlich mit H_2O spülen		besonders für mit chromsäurehaltigen Gemischen fixiertes Pflanzenmaterial geeignet

■ Tab. 16.1 *Fortsetzung*

Färbemethode	Zellstruktur (Färbeergebnis)	Lösung	Herstellung / Anwendung	Besonderheiten	Verwendetes Material; Fixierung; Einbettung
Lactophenol-Anilinblau	Cytoplasmaaufhellung von Pilzen; Darstellung von Pollenschläuchen in Griffelgewebe	20 ml H$_2$O mit 20 ml Milchsäure und 20 ml Glycerin mischen; 20,0 g kristallines Phenol in der Lösung auflösen; 0,05 g Anilinblau in der Lösung auflösen	Färbezeit ist vom Objekt abhängig		Pilze in FAE-Gemisch vorfixieren
Lugolsche Lösung (siehe Iodiodkalium)	Stärkenachweis (schwarzblau), Proteinnachweis (gelbbraun)				
Methylenblau	Zellkern	1,0 g Methylenblau in 100 ml H$_2$O lösen	1 Tropfen Färbelösung durch das Präparat hindurchziehen	Differenzierung mit Ethanol (70 %)	
Methylgrün-Essigsäure	Zellkern (grün)	1,0 g Methylengrün in 100 ml H$_2$O lösen; 10 ml Eisessig hinzufügen	10 min färben		Glycerin als Einbettungsmedium verwenden
Phloroglucin-Salzsäure	Ligninnachweis (rot)	160,0 ml Ethanol (96 %), 40,0 ml Salzsäure (32 %), 2,0 g Phloroglucin	1–5 min färben; in Wasser mikroskopieren	Farblösung darf nicht mit den Objektiven in Kontakt kommen	
Resorcinblau	Kallose (kobaltblau)	1,0 g Resorcinol in 100 ml H$_2$O lösen; 0,1 ml Ammoniak (konz.) zufügen	Schnitte 1 min färben	Farbelösung stets frisch ansetzen	Farbnachweis ist nicht stabil
Safranin	verholzte Zellwände (rot), Zellkern (rot)	1,0 g Safranin in 100 ml Ethanol (50 %) lösen	10–30 min färben; in Salzsäure–Ethanol auswaschen	Lösung ist einige Monate haltbar; nur solange verwenden, wie die Lösung noch hellgelb ist	
Safranin–Lichtgrün	Cellulose (grün), Chromatin (rot), Holz (rot), Lignin und Suberin (rot)	Safranin: s. o. Lichtgrün: 0,5 g Lichtgrün in 100 ml Ethanol (50 %) lösen	Objekte in Safranin überfärben, mit Ethanol (50 %) auswaschen; für 1–2 min in Lichtgrünlösung einlegen; mit Ethanol (50 %) auswaschen		Glycerin als Einbettungsmedium verwenden
Sudan III/IV	Lipidnachweis (rot)	25,0 mg Sudan III oder 50,0 mg Sudan IV, 50,0 ml Ethanol (96 %); Lösung filtrieren; mit 50,0 ml Glycerin auffüllen	Schnitte in die Färbelösung einlegen und leicht erwärmen	frisches oder in Formalin fixiertes Pflanzenmaterial; nur wasserlösliche Eindeckmedien verwenden	
Toluidinblau nach Sakai	Cellulose (rot – violett), Holz (grünblau), Kork (grünblau), Plasma (rot), Tannin (grünblau); RNA (grünblau), DNA (rot)	0,05 g Toluidinblau in 100 ml H$_2$O lösen	Schnitte 1–5 min färben; Auswaschen nicht erforderlich	sehr gute Übersichtsfärbung; auch für nicht entparaffinierte Schnitte geeignet	Pflanzenmaterial in Ethanol – Formalin – Eisessig-Gemisch fixieren; Kunstharz zum Einschließen verwenden
Trichrom nach Gomori	Cellulose (grün), Cutin (gelb), Holz (rot), Cytoplasma (hellrot), Zellkern (dunkelrot)	0,6 g Chromotrop 2 R, 0,3 g Fast Green FCF und 0,7 g Phosphorwolframsäure in 100 ml H$_2$O lösen	mind. 1 h färben; Differenzierung in abs. Isopropanol	für feine Einzelheiten (z. B. Zellstrukturen von Pollenkörnern)	Pflanzenmaterial in chromsäurehaltigen Gemischen fixieren

16

16.2.3 Fixierung

Für Pflanzenmaterial können prinzipiell gleiche Fixierlösungen (▶ Kap. 5) wie für tierisches Material verwendet werden. Die Zellwände verhindern aber je nach Zusammensetzung und Dicke ein schnelles Eindringen der Lösungen, weshalb längere Fixierungszeiten gewählt werden sollten. Da Pflanzenmaterial oftmals sehr wasserhaltig ist, sollte es in einem größeren Volumen an Fixierlösung behandelt werden.

In der botanischen Mikrotechnik werden in der Regel saure Fixierlösungen verwendet, welche die Struktur des Cytoplasmas zerstören und die Zellorganellen herauslösen. Saure Fixierlösungen beeinflussen eine nachfolgende Färbung der Präparate nicht negativ. Die Größe der Pflanzenstücke sollte so groß wie nötig und so klein wie möglich gewählt werden, damit das Fixiermittel aufgrund kurzer Diffusionswege schnell in das Objekt eindringen kann. Auf einen Volumenanteil des zu fixierenden Objektes sollten 50 bis 100 Volumenanteile der Fixierflüssigkeit kommen. Als Gefäße eignen sich am besten Polyethylenflaschen. Fixiert wird bei Zimmertemperatur, nur für Chromosomenuntersuchungen wird die Fixierlösung mit den eingelegten Objekten bei 4 °C im Kühlschrank gelagert. Die Gefäße sollten in regelmäßigen Abständen leicht geschüttelt werden, um einen Konzentrationsausgleich zu schaffen.

16.2.3.1 Zustand des zu fixierenden Objektes

Das Objekt muss frisch fixiert werden: entweder direkt im Gelände nach dem Abschneiden von der lebenden Pflanze oder, bei welk gewordenen Pflanzenteilen, nach Wiedererreichen der Turgeszenz, indem die Sprosse oder Blattstiele in Wasser gestellt werden.

16.2.3.2 Objektgröße

In Ethanol oder Ethanolgemische kann Pflanzenmaterial in Originalgröße eingelegt werden (z. B. ganze Blätter oder ganze krautige Pflanzen). Generell gilt eine Fixierung umso eher als abgeschlossen, je kleiner das eingelegte Material ist. Aus diesem Grund sollte die Größe des eingelegten Objekts den nachfolgenden Präparationsschritten bereits angepasst sein.

16.2.3.3 Lufthaltige Objekte

Wässrige Fixierlösungen dringen sehr schlecht in stark lufthaltiges Pflanzenmaterial ein, wie beispielsweise behaarte Blätter und Knospen. Lufthaltige Objekte sollten daher zunächst für ca. 3 min in ein Ethanol-Eisessig-Gemisch gelegt werden. Alternativ werden kleine Pflanzenteile in eine Saugflasche mit etwas Leitungswasser gelegt und solange vorsichtig evakuiert, bis die Pflanzenteile auf den Boden der Saugflasche sinken.

16.2.3.4 Objekte mit schlecht benetzbaren Oberflächen

Bei Pflanzenmaterial mit schlecht benetzbaren Oberflächen, beispielsweise bei Laubblättern mit dicker Cuticula, muss entweder die Oberflächenspannung mit 0,2 % Saponinlösung he-

rabgesetzt werden, oder das entsprechende Pflanzenmaterial wird in einem Ethanolgemisch fixiert.

16.2.3.5 Dauer der Fixierung

Die Fixierzeit ist immer abhängig von der Art und Größe des Pflanzenmaterials. Je größer das eingelegte Pflanzenmaterial, desto länger benötigt das Fixiermittel, um in die Zellen einzudringen. Generell veranschlagt man für die Fixierung einen Zeitraum von drei Tagen bis zu einer Woche. Wenn die Fixierung gleichzeitig konservierend ist, können die Objekte in der Lösung einige Jahre aufbewahrt werden (z. B. in Formol, in Ethanol-Formalin-Eisessig-Gemischen).

16.2.4 Fixierflüssigkeiten

16.2.4.1 Ethanol

Vergälltes Ethanol (96 % und 70 %) ist das gängigste, günstigste und am einfachsten zu handhabende Fixiermittel und für zahlreiche Fragestellungen, bei denen es um eine Aufbewahrung des Pflanzenmaterials für einige Tage geht, hervorragend geeignet. Bei der Fixierung mit hochprozentigem Ethanol treten im Cytoplasma starke Schrumpfungen auf, die Zellwände bleiben aber erhalten. Das Pflanzenmaterial muss mindestens 24 Stunden im Ethanol aufbewahrt werden. Für eine schnellere Entwässerung und um bei sehr wasserhaltigen Objekten zu starke Schrumpfungen zu vermeiden, kann pro drei Teile Ethanol ein Teil Eisessig zugesetzt werden. In Ethanol eingelegtes Material wird spröde, daher sollten die eingelegten Objekte vor der Weiterverarbeitung für einige Minuten in Leitungswasser gelegt werden. Die Färbbarkeit der Objekte wird durch Ethanolfixierung nicht beeinträchtigt.

16.2.4.2 Formol

Für die Fixierung von kleinen Pflanzenstücken (0,5 cm Kantenlänge) wird das Formol nochmals 1:4 bis 1:10 mit Leitungs- oder Seewasser verdünnt. In dieser Fixierlösung sind kleine pflanzliche Objekte nach 8–10 Stunden durchfixiert, sie können jedoch auch einige Jahrzehnte in der Lösung verbleiben, wobei ihre Färbbarkeit mit den Jahren nachlässt. Vor der Weiterverarbeitung muss das Pflanzenmaterial mit fließendem Leitungswasser abgespült werden.

16.2.4.3 Ethanol-Eisessig-Gemische

Ethanol-Eisessig-Gemische sind besonders geeignet zur Fixierung von Objekten, die für Chromosomenuntersuchungen zu Quetschpräparaten verarbeitet werden sollen. Derartiges Pflanzenmaterial kann bis zu einem Jahr in dem Gemisch aufbewahrt werden (danach kann die Färbbarkeit der Chromosomen abnehmen). Zur Vermeidung von Artefakten werden die Objekte in 70 % Ethanol konserviert. Fixierung und Konservierung erfolgen bei 4 °C im Kühlschrank.

Je höher der Anteil an Eisessig ist, desto geringer schrumpft das Cytoplasma. Ethanol-Eisessig-Gemische dringen schnell in die Objekte ein (so sind Wurzelspitzen von *Allium spec.*

nach zwei Stunden durchfixiert). Bei nachfolgender Paraffineinbettung muss zur Vermeidung von Artefakten schnell gearbeitet werden. Nach der Fixierung sollte das Pflanzenmaterial in diesem Fall zwecks Auswaschung und vollständiger Entwässerung in absolutes Isopropanol überführt werden.

Je nach Objekt kann man verschiedene Ethanol-Eisessig-Gemische anwenden, die unter verschiedenen Autorennamen in der Literatur bekannt sind. Eisessig kann durch reine Propionsäure ersetzt werden (gleiche Anwendung und Zusammensetzung).

Ethanol(92 %)-Eisessig-Chloroform (6:3:1): Dieses Gemisch wirkt stark lipidlösend und dringt daher relativ schnell in das pflanzliche Gewebe ein. Es ist gut geeignet für große Objekte. Die maximale Fixierzeit beträgt 1–2 h; die Objekte werden zum Konservieren in 70 % vergälltes Ethanol übertragen. Es können Artefakte im Cytoplasma auftreten, die die Färbbarkeit jedoch nicht beeinträchtigen. Diese Fixierlösung eignet sich insbesondere für cytologische Untersuchungen.

Ethanol(70 %)-Formalin-Eisessig (9:0,5:0,5): Dieses Gemisch, das insbesondere für anatomische Untersuchungen eingesetzt wird, ist geeignet zur Fixierung der meisten Blätter, Sprossachsen und Wurzeln höherer Pflanzen. Für zartes und leicht schrumpfendes Material sollte 50 % Ethanol verwendet werden; auch der Essigsäuregehalt der Fixierlösung kann erhöht werden. Die minimale Fixierzeit beträgt 24 h, die Objekte können aber auch jahrelang in der Fixierlösung aufbewahrt werden (die Reaktionsprodukte der einzelnen Bestandteile ergeben eine gute Konservierungslösung). Die Färbbarkeit wird nur wenig beeinträchtigt. Die Fixierlösung ist sehr gut geeignet für große Materialmengen (Kursmaterial, Exkursionen).

16.2.4.4 Alkohol-Formalin-Eisessig (AFE)

AFE besteht aus 90 Volumenanteilen 96 % Ethanol, 5 Volumenanteilen unverdünnten Formols und 5 Volumenanteilen Eisessig. Von Vorteil ist AFE bei lufthaltigen Pflanzengeweben, da das Ethanol die Luft aus den Interzellularen verdrängt. Nach der Durchfixierung (je nach Größe der eingelegten Objekte nach 2–3 Tagen bis eine Woche) wird das AFE gegen 70 % Ethanol ausgetauscht. Nach mehrmaligem Auswechseln des Ethanols können die Pflanzenteile für mehrere Jahre in 70 % Ethanol aufbewahrt werden.

16.3   Weiterverarbeitung des fixierten Materials

16.3.1   Konservierung

Konservierungsflüssigkeiten erhalten die Strukturen von bereits fixierten Objekten. Einige Fixierungsmittel sind, wie schon bei den entsprechenden Fixierlösungen erwähnt, gleichzeitig Konservierungsmittel.

16.3.1.1 Konservierungsgemisch nach Strasburger

Strasburgersches Gemisch ist bei Botanikern das Konservierungsmittel im Anschluss an die Fixierung. Dieses Konservierungsmittel wird aus gleichen Volumenanteilen 96 % Ethanol, Glycerin und destilliertem Wasser hergestellt. Das Strasburgersche Gemisch macht stark verholztes Material geschmeidiger. In einer dunklen Glasflasche ist eine jahrelange Aufbewahrung möglich, wobei die Färbbarkeit manchmal nachlässt. Für nachfolgende Präparationsschritte kann der Glycerinanteil mit Wasser oder Ethanol ausgewaschen werden.

16.3.2   Mazeration

Die Mazeration ist eine Präparationstechnik für sehr harte Objekte bzw. für Organteile mit stark verkieselten Zellwänden. Mazeriert wird Material insbesondere für anatomische Untersuchungen an höheren Pflanzen, vor allem in der Holzanatomie, beispielsweise zur Längenbestimmung von wasserleitenden Elementen wie Tracheiden. Bestimmte Chemikalien lösen die pektinhaltigen Mittellamellen der Zellen sowie andere Kittsubstanzen im Zellverband auf, so dass die Zellgewebe auseinanderfallen, und die Zellen nach der Behandlung einzeln vorliegen.

16.3.2.1 Natürliche Mazeration

Bei einigen Früchten lösen sich die Mittellamellen der Fruchtfleischzellen bei der Fruchtreife von selbst auf. Kleine Teile des Fruchtfleisches werden auf einen Objektträger in einen Tropfen Wasser übertragen und mit Präpariernadeln leicht auseinandergezupft. Beispiele: Schneebeere (*Symphoricarpus albus*), Liguster (*Ligustrum vulgare*).

16.3.2.2 Physikalische und chemische Mazeration

Kochen in Wasser: Weiches Gewebe z. B. von Früchten und Kartoffeln wird einige Minuten in Leitungswasser gekocht und wie unter „Natürliche Mazeration" beschrieben weiterbehandelt.

Kurzes Erwärmen in verdünnter 10 % Essigsäure oder 5 % Ammoniak: Diese Methode eignet sich für weiche Objekte, deren Gewebe in keinem sehr festen Verband vorliegen.

Chromsäurelösung: 1 % wässrige Lösung von Chromtrioxid mazeriert Blätter, Sprossachsen und auch Holz. Die in kleinen Stücken vorbereiteten Objekte müssen mehrere Tage in der Lösung verbleiben, wobei leichtes Kochen die Mazeration beschleunigt.

Verdünnte Salpetersäure: Kleinste Stücke harter Hölzer werden 1–2 min in 10 % Salpetersäure gekocht. Nach dem Kochen wird gründlich mit Leitungswasser ausgewaschen. Die Konzentration der Salpetersäure und die Kochdauer können je nach Objekthärte variieren; es sollte dabei darauf geachtet werden, dass die Objekte noch in kleinen Stücken auf die Objektträger gebracht werden können, auf denen diese weiter auseinandergezupft werden.

Weitere aggressive Mazerationslösungen sind wässrige Lösungen von Laugen wie NaOH, KOH und Wasserstoffperoxid sowie das Schulzesche Gemisch. Letzteres besteht aus etwas konzentrierter Salpetersäure und einigen Körnchen Kaliumchlorat, welche vorsichtig zusammen mit dem Objekt in einem Reagenzglas erwärmt werden. Nach einigen Minuten wird die Flüssigkeit abgegossen und das Objekt mehrmals mit Leitungswasser gewaschen. Sowohl bei Arbeiten mit den Laugen als auch beim Erhitzen des Schulzesche Gemisches ist wegen der Explosionsgefahr unter dem Abzug zu arbeiten.

Mazerierte Objekte können als Kursmaterial in 70 % Ethanol aufbewahrt werden. Die Verarbeitung zu Dauerpräparaten z. B. durch Einschluss in Glyceringelatine gestaltet sich unproblematisch.

16.4 Herstellen von lichtmikroskopischen Präparaten

16.4.1 Basismaterialien zur Herstellung mikroskopischer Präparate

- Pflanzenmaterial (frisch oder fixiert)
- Lichtmikroskop
- Objektträger (76 × 26 mm, geputzt)
- Deckgläser (18 × 18 mm)
- Taschenmesser
- Lupe
- Schere
- Skalpell
- Unbenutzte Rasierklingen oder Handmikrotom
- Pinzette
- Präpariernadeln
- Feiner Pinsel
- Umschließungsmittel: Holundermark bzw. Styropor
- Wasserglas
- 4 Blockschälchen für die Farbstofflösungen
- 2 Petrischalen
- Papiertaschentücher / Küchenrolle
- Filterpapier

16.4.2 Schnitttechnik

Im Durchlichtmikroskop können nur lichtdurchlässige Scheibchen der pflanzlichen Objekte betrachtet werden. Querschnitte und Längsschnitte, entweder mit einer scharfen Klinge per Hand oder mit einem Mikrotom hergestellt, ermöglichen dem Betrachter im Durchlichtmikroskop einen Einblick in den dreidimensionalen Aufbau der Gewebe.

16.4.2.1 Handschnitte

Handschnitte sind schnell und mit geringem Aufwand an Geräten und Chemikalien hergestellt. Man erhält aber keine Serienschnitte, die z. B. dann benötigt werden, wenn der Verlauf von leitenden Elementen verfolgt werden soll. Außerdem gestaltet es sich schwierig, einen an allen Stellen nahezu gleich dünnen Schnitt herzustellen. Meistens franst ein Handschnitt an seinen Rändern, die meist die dünnste Schnittstelle sind, aus. Beim Umgang mit Rasierklingen besteht immer Verletzungsgefahr!

Im lebenden Zustand ohne weitere Vorbehandlung können von Hand folgende feste Objekte geschnitten werden: Fruchtkörper von Hutpilzen, Thalli von Lebermoosen und Flechten, Braun-, Grün- und Rotalgen, Wurzeln, Sprossachsen und Blätter höherer Pflanzen, saftfrische Hölzer, Blütenorgane, Früchte und teilweise Samen. Auch fixiertes Material ist zur Herstellung von Handschnitten geeignet. Zu weiche Objekte erhalten durch 24 stündige Aufbewahrung in 96 % Ethanol die gewünschte Festigkeit. Durch Ethanoleinwirkung zu spröde Objekte werden durch Einlegen in Leitungswasser weicher.

Harte Objekte mit Kalk- oder Kieselsäureeinlagerungen in den Zellwänden können mit Flusssäure entkieselt werden. Dazu wird eine Plastikflasche zur Hälfte mit 70 % Ethanol gefüllt. In das Ethanol werden wenig Natriumfluorid und wenig konz. Salzsäure gegeben (genaue Konzentration ist nicht entscheidend), bevor das Pflanzenmaterial für einige Stunden bis einige Tage eingelegt wird. Entkalkt wird in einer Mischung aus 97 Teilen 70 % Ethanol und 3 Teilen konz. Salzsäure. Bei beiden Verfahren muss das Pflanzenmaterial vor der Weiterverarbeitung in 70 % Ethanol ausgewaschen werden. Harte Hölzer werden weicher, wenn sie für mindestens eine halbe Stunde in einem Wasser-Glycerin-Gemisch (1:1) gekocht werden.

Eine Reihe pflanzlicher Objekte kann man beim Schneiden ohne weitere Hilfsmittel mit der Hand halten (z. B. sukkulente Blätter, verholzte Sprossachsen). Es gibt aber auch Objekte, die mit einem geeigneten Hilfsmittel umschlossen werden sollten. Das gebräuchlichste Umschließungsmittel ist Holundermark. Dafür werden einjährige Triebe von *Sambucus nigra* gesammelt und das Mark durch Abschälen des harten Mantels freigelegt. Das Mark muss vor dem Verwenden mehrere Wochen durchtrocknen und kann trocken jahrelang in Plastikbeuteln aufbewahrt werden. Weitere gängige Umschließungsmittel sind rohe Möhren, Glycerinseife, Paraffin, 2–6 % Agar und Styropor.

Zum Schneiden mit der Hand eignen sich neue Rasierklingen mit möglichst plankonkaver Klinge (z. B. von Rotbart) oder Rasiermesser. Das wartungsintensivere Rasiermesser begünstigt durch die lange Schneide ziehende Schnitte. Pflanzliche Zellen haben nur einen Durchmesser von ca. 50 μm, sodass in einem Schnitt von 1 mm Dicke etwa 20 Zellen übereinander liegen. Für anatomische Studien sind daher möglichst dünne Schnitte erforderlich, die für Querschnitte genau senkrecht zur Längsachse getroffen sein sollten. Längsschnitte können sowohl in radialer als auch in tangentialer Richtung geführt werden. Bei Blättern werden oft auch Flächenschnitte mikroskopiert. Dazu spannt man das Blatt über den Zeigefinger und hält es mit Mittelfinger und Daumen fest. Mit einer neuen Rasierklinge in der anderen Hand schneidet man dünne, tangentiale Schnitte von der Oberfläche.

Anleitung A16.1

Handschnitttechnik für Quer- und Längsschnitte
(◘ Abb. 16.3)

1. Auflegen der Unterarme bzw. Handgelenke auf die Tischkante, um Zittern zu vermeiden
2. Zu schneidendes Objekt entsprechend der gewünschten Schnittrichtung zwischen die beiden Hälften von längs aufgeschnittenem Holundermark einklemmen oder für kleine Objekte nur mit einer Präpariernadel einen Hohlraum in das Holundermark bohren
3. Quer zum Holundermark mit einer schon benutzten Rasierklinge eine ebene Fläche schneiden
4. Ausgehend von dieser Schnittfläche mit einer neuen, angefeuchteten Rasierklinge möglichst gleichmäßig dünne Schnitte durch das Pflanzenmaterial anfertigen, indem die Rasierklinge mit einer ziehenden Bewegung ohne Druckausübung über das Objekt geführt wird
5. Schnitte mit einem feinen Pinsel von der Klinge abnehmen und sofort in eine Petrischale mit Leitungswasser legen

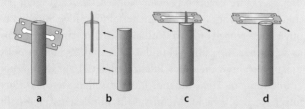

a   b   c   d

◘ **Abb. 16.3** Anleitung zur Anfertigung eines Handschnittes. Holundermark wird mit einer Rasierklinge längs gespalten (**a**). Zwischen die beiden Hälften wird das zu untersuchende Pflanzenmaterial eingebettet (**b**). Überstehendes Pflanzenmaterial wird abgeschnitten (**c**), und anschließend ein möglichst dünner Schnitt durch das Holundermark und das Pflanzenmaterial angefertigt (**d**). Anstelle des Holundermarks kann wahlweise auch hochverdichtetes Styropor verwendet werden.

◘ **Abb. 16.4** Handmikrotom.

◘ **Abb. 16.5** Zylindermikrotom.

16.4.2.2 Handmikrotome

Handmikrotome werden von verschiedenen Herstellern vertrieben und basieren als Schneideinstrumente ebenfalls auf Rasierklingen oder Rasiermessern. Sie sind eine günstige Alternative zum teuren und platzintensiven Schlittenmikrotom. Die Objekte müssen zudem nicht aufwendig in ein Einbettungsmedium eingebracht werden, sondern können sofort in den Präparatevorschub gelegt werden. Die Präparate sollten eine ungefähre Mindestlänge von 40 mm haben und nicht dicker als 12 mm im Durchmesser sein. Jeder Hersteller (z. B. die Firma Euromex) legt „seinem" Mikrotom eine ausführliche Gebrauchsanweisung bei.

16.4.2.3 Schlittenmikrotome

Mit einem Schlittenmikrotom lassen sich dünne Schnitte von gleichbleibender, definierter Dicke und zudem in einer Schnittserie anfertigen. Für Mikrotomschnitte müssen die Objekte aber eine gleichbleibende Konsistenz besitzen, die durch zeitin-

tensive Einbettung (z. B. in Paraffin) oder Einfrieren erzielt wird. Bei der Einbettung wird das pflanzliche Objekt vollständig mit einer Flüssigkeit durchtränkt, die im erstarrten Zustand mindestens ebenso hart wie das Gewebe sein muss. Nur lebende Hölzer können ohne aufwendige Vorbehandlung mit einem handelsüblichen Schlittenmikrotom geschnitten werden.

16.4.3   Weiterverarbeitung des Schnittes zu einem lichtmikroskopischen Präparat

Ein Präparat für das Lichtmikroskop besteht aus einem Objektträger, einem Tropfen Flüssigkeit mit dem zu beobachtenden Objekt sowie einem Deckglas. Zur Herstellung des

Präparates wird zuerst ein Tropfen Flüssigkeit (Leitungswasser oder Einschlussmedium) auf einen Objektträger gebracht. Das Pflanzenmaterial, in der Regel ein Schnitt, wird in den Tropfen gelegt. Als Letztes wird ein Deckglas mit einer Pinzette auf den Objektträger aufgebracht. Dabei wird das Deckglas neben dem Tropfen auf den Objektträger gestellt und langsam abgesenkt, um störende Luftblasen im Präparat zu vermeiden. Das Gewicht des Deckglases sollte genügen, um die Flüssigkeit bis zu den Deckglasrändern zu verteilen. Ein Zuviel an Flüssigkeit wird mit Filterpapier aufgesaugt, ein Flüssigkeitsmangel kann mit einer Pipette am Rande des Deckglases ausgeglichen werden. Bei zu dicken Schnitten hebt sich das Deckglas merklich vom Objektträger ab. In diesem Fall, und wenn die Oberfläche des Deckglases mit Flüssigkeit kontaminiert ist, muss vor dem Mikroskopieren ein neues Präparat hergestellt werden. Während des Mikroskopiervorgangs muss kontinuierlich darauf geachtet werden, dass das Präparat nicht austrocknet.

16.4.3.1 Aufhellung des Präparates

2 % Chloralhydratlösung entfernt den Zellinhalt, sodass unter dem Mikroskop die Zellwände deutlicher hervortreten. Die Aufhellung von Pflanzenteilen mit Chloralhydratlösung lässt sich am einfachsten im Reagenzglas unter dem Abzug durchführen, da die Probe knapp bis zum Siedepunkt erwärmt werden muss. Die aufhellende Eigenschaft von Chloralhydratlösung liegt an dem hohen Brechungsindex und der quellenden Wirkung auf gewisse Gewebebestandteile. Unter dem Mikroskop können die Zellstrukturen der Gewebe dann ohne dunkle Ränder betrachtet werden.

16.4.3.2 Färbemethoden

Farblose, kontrastarme Schnitte werden für eine definierte Zeit in eine Farbstofflösung gelegt. Einige Gewebe nehmen aufgrund der Beschaffenheit ihrer Zellwände die Farbe auf, andere nicht, sodass im Hellfeld des Mikroskops ein Farbkontrast entsteht.

Progressive Färbung: Der Schnitt wird solange in der Farbstofflösung belassen, bis die Färbung die gewünschte Intensität besitzt, für Anfänger oder in der Schule die einfachere Methode.

Regressive Färbung: Der Schnitt wird solange in der Farbstofflösung belassen, bis er einheitlich durchgefärbt ist. Der Schnitt wird danach mit einer anderen Lösung ausgewaschen und dadurch differenziert.

Einfachfärbung: Ein Schnitt wird mit nur einer Farbstofflösung behandelt (z. B. Chromosomen mit Karminessigsäure).

Mehrfachfärbung: Ein Schnitt wird mit mehreren (mindestens zwei) Farbstoffen behandelt (z. B. Astrablau-Auramin-Safranin-Färbung). Dabei kann simultan (gleichzeitig) oder sukzedan (nacheinander) mit den Farblösungen gearbeitet werden. Mehrfachfärbungen sind durch die entstehenden Kontraste ideal für Übersichtspräparate.

Ferner werden Substantive Farbstoffe von indirekten, Adjektiven Farbstoffen unterschieden. Letztere erfordern eine Vorbehandlung der Schnitte mit bestimmten Chemikalien, ein Beispiel hierfür sind Beizenfärbungen. Die Färbekraft eines Farbstoffes kann auch durch Zusatz von Mitteln wie Phenol, Anilin oder Formalin erhöht werden.

Farbstoffe besitzen Trivialnamen, die sich von Hersteller zu Hersteller (z. B. Chroma, Ciba, Merck) unterscheiden. So entspricht Gentianaviolett Methylviolett und umgekehrt, oder der basische Farbstoff Fuchsin heißt auch Magenta. Fuchsin S dagegen ist ein saurer Farbstoff mit völlig anderen Eigenschaften wie sein Namensvetter Fuchsin. Aus diesem Grund gibt es die Schulzeschen Farbstofftabellen bzw. den amerikanischen *color-index*, der in den folgenden Arbeitsanleitungen immer mit angegeben wird. Ferner sind neben dem Farbstoffnamen häufig noch Buchstaben und Zahlen angegeben, die Hinweise auf die Farbschattierung, Löslichkeit oder Lichtechtheit geben. Die Färbelösung sollte für ein gutes Färbeergebnis in einem einwandfreien, frischen und reinen Zustand sein, weshalb bei einigen Farbstofflösungen der Vermerk „frisch angesetzt" zugefügt ist. Ob ein Farbstoff noch „rein" ist, lässt sich auch mit einem Filterpapierstreifen prüfen: Ein Tropfen einer mit einem anderen Farbstoff verunreinigten Farbstofflösung weist an der Peripherie eine andere Farbe auf als im Zentrum.

Man unterscheidet basische (anionische, z. B. Chlorid-Ionen) von sauren (kationische, z. B. Natrium-Ionen) Farbstoffen, da die für die Färbung verantwortliche Substanz in der Regel als Ion vorliegt. Als (nicht allgemeingültige) Faustregel gilt: Basische Farbstoffe färben Zellkerne und verholzte Zellwände, saure Farbstoffe färben Cytoplasma und Cellulose. Es gibt auch neutrale Farbstoffe, die in wässriger Lösung praktisch undissoziiert vorliegen (z. B. Sudan III).

Lösungsmittel für die Farbstoffe ist meistens Leitungswasser bzw. destilliertes Wasser, sodass auf den Einsatz von Puffern verzichtet werden kann. Die Farbstoffe sind überwiegend gesundheitsschädlich, wenn nicht sogar giftig! Daher wird mit kleinsten Konzentrationen und unter den üblichen Sicherheitsmaßnahmen im Labor gearbeitet.

Alle nachfolgend aufgeführten Färbemittel und Färbemethoden sind an der CAU Kiel über mehrere Jahrzehnte sowohl in studentischen Praktika als auch in der Forschung erprobt worden. Nicht zufriedenstellende Ergebnisse resultieren eventuell aus den verwendeten Ausgangssubstanzen oder aber aus der Konzentration der Farbstofflösung bzw. der Färbedauer.

16.4.3.3 Färbung der Präparate

Die Art des Präparates und das darzustellende zelluläre Gewebe bestimmen die auszuwählende Färbung (■ Tab. 16.1). Gefärbt wird entweder direkt auf dem Objektträger oder in einem Blockschälchen. Die in einer mit Wasser gefüllten Petrischale gesammelten Quer- oder Längsschnitte werden mit Hilfe eines feinen Pinsels in ein Blockschälchen mit Färbelösung gelegt. Bei der Färbemethodik direkt auf dem Objektträger wird die

Farbstofflösung mittels eines Fließstoffes (z. B. Filterpapier oder Küchenrolle) unter dem Deckglas durchgezogen. Danach wird auf gleiche Weise mit Wasser gespült, damit kein überschüssiger Farbstoff im Präparat bleibt.

- **Regeln für die Farbstofflösungen und das Färben:**
1. Stets dieselbe Flasche für die gleiche Farblösung verwenden.
2. Auf jeder Farblösungsflasche sollten das ausführliche Rezept und das Datum der Herstellung vermerkt sein.
3. 0,1 % und 1,0 % Lösungen färben gleichmäßiger und intensiver als hochprozentige oder gesättigte Farbstofflösungen. Die Färbedauer ist bei schwach konzentrierten Lösungen aber länger!
4. Zeitangaben in den Rezepten sind Richtwerte, die die Größenordnung der Einwirkzeit angeben (1–2 Minuten oder 1–2 Stunden). Die optimale Färbedauer muss selbst ermittelt werden, denn diese ist abhängig von Alter und Konzentration der Farblösung, von der Vorbehandlung des geschnittenen Pflanzenmaterials und von der Schnittdicke. Dünne Schnitte müssen länger in der Farbstofflösung liegen, da weniger Substrat für die Aufnahme des Farbstoffes zur Verfügung steht. Wärme beschleunigt den Färbevorgang.
5. Beim Übertragen der Schnitte in das Färbeschälchen wird immer etwas Wasser mitgeführt, welches die Farbstofflösung verdünnt. Die Farbstofflösung im Blockschälchen sollte daher regelmäßig ausgetauscht werden.

16.5   Ausgewählte Färbevorschriften

Anleitung A16.2

Nachweis von Stärke
Material:
Iod-Iodkalium-Lösung: 6,0 g Kaliumiodid, 4,0 g Iod in 100 ml H_2O

Durchführung:
1. Schnitte auf Objektträger mit einem Tropfen Iod-Iodkalium-Lösung versehen
2. Schnitte mikroskopieren

Beobachtung:
Stärkekörner treten im Allgemeinen braun gefärbt hervor, während sich der Zellinhalt blauviolett färbt. Eine violette Färbung ist typisch für Stärke, die viel Amylopektin enthält. Überwiegt Amylose, tendiert die Färbung nach Blau. Eiweißkörper sind braun angefärbt. Ist die Färbung zu intensiv ausgefallen, kann die Iod-Iodkalium-Lösung mit Wasser weiter verdünnt werden. Anstatt den Schnitt direkt in der Färbelösung einzulegen, kann die unverdünnte Färbelösung auch nur unter dem Deckglas mit Filterpapier durchgesaugt werden.

Anleitung A16.3

Nachweis von Reserveeiweiß
Material:
- Fuchsin (C.I. 42510)
- 96 % Ethanol

Lösung: 1,0 g basisches Fuchsin in 100 ml 96 % Ethanol

Durchführung:
1. Schnitte für 3–5 Minuten in die Farbstofflösung legen
2. Schnitte in H_2O auswaschen
3. Schnitte mikroskopieren

Beobachtung:
Reserveeiweiß färbt sich rot.

Anleitung A16.4

Nachweis von Lignin
Material:
- Phloroglucin (Merck 1.07069 oder Fertiglösung Chroma 3C-259)
- 96 % Ethanol
- 32 % Salzsäure

Lösung: 2,0 g Phloroglucin in 160 ml 96 % Ethanol und 40 ml Salzsäure

Durchführung:
1. Schnitte für 2–5 min in die saure Farbstofflösung legen
2. Schnitte kurz in H_2O auswaschen und mikroskopieren

Beobachtung:
Verholzte Zellwände und Casparyscher Streifen sind rot gefärbt.

16.6   Hämatoxylinlösungen

Aus einem ätherischen Extrakt des Blauholzes (*Haematoxylon campechianum*) werden die nahezu farblosen Hämatoxylinkristalle gewonnen, die sich unter Sauerstoffeinfluss rotgelb verfärben. Hämatoxylin kann in der botanischen Mikrotechnik als Farbstoff eingesetzt werden, nachdem die Moleküle selbst durch Oxidation (in der Regel mit 0,2 g Natriumiodat auf 1 g Hämatoxylin) zum Hämatein dehydriert wurden und nachdem das zu färbende Schnittpräparat mit Hilfe einer Lösung gebeizt wurde. Beizmittel und Hämatoxylin können dabei in getrennten Lösungen oder in der gleichen Lösung vorliegen, sodass im letztgenannten Fall in einem Arbeitsgang gefärbt und gebeizt wird. Gute Färbeergebnisse erzielt man mit in Ethanol, Formol oder Pikrinsäure fixierten Objekten. Im Anschluss werden zwei häufig durchgeführte Hämatoxylinfärbungen vorgestellt, bei denen sich Beize und Farbstoff in der gleichen Lösung befinden.

16

Anleitung A16.5

Hämalaunfärbung nach Mayer

Die Hämalaunfärbung nach Mayer eignet sich zur Totalfärbung von Algen und Pilzen sowie für Schnitte durch höhere Pflanzen.

Material:

- Hämatoxylin
- 5 % Kalium-Aluminiumalaun-Lösung
- Natriumiodat
- Chloralhydrat
- Zitronensäure

Losung:

- 1 g Hämatoxylin in 1000 ml 5 % Kalium-Aluminiumalaun-Lösung lösen
- Die angesetzte hellrote Lösung mit 0,2 g Natriumiodat oxidieren
- 100 ml von der nun dunkelroten Lösung abnehmen und mit 5 g Chloralhydrat und 0,1 g Zitronensäure versetzen

Durchführung:

1. Schnitte mit H_2O spülen
2. Schnitte für bis 5–10 min in die Färbelösung legen
3. Weinrot gefärbte Schnitte kurz in H_2O auswaschen
4. Schnitte mehrfach in Leitungswasser überführen, bis die Färbung von Weinrot nach Blau umschlägt
5. Schnitte mikroskopieren und eventuell in einem neutralen Kunstharz einschließen
6. Nach Belieben Gegenfärbung mit 1 % ethanolischer Eosinlösung, um auch das Cytoplasma rot anzufärben

Beobachtung:

Kerne dunkelblau, Cytoplasma grau bis rötlich (je nach Gegenfärbung), Zellwände schwach blau gefärbt.

Probleme und Problembehebung:

Wenn eine Blaufärbung der Schnitte, die für die Weiterverarbeitung zu Dauerpräparaten zwingend erforderlich ist, mit Leitungswasser nicht eintritt, können die Schnitte auch mit einer 0,5–0,1 % Natriumhydrogencarbonat-Lösung behandelt werden. Zu dunkelblau gefärbte Schnitte können mit 0,1 % Salzsäure wieder rot gefärbt werden, um dann mit 0,1 % Ammoniaklösung wieder blau gefärbt zu werden. Vor der Einbettung in Kunstharz muss dann mit Leitungswasser ausgewaschen werden.

Material:

- Hämatoxylin
- 96 % Ethanol
- Ammoniakalaun
- Natriumiodat
- Glycerin
- Methanol (absolut)

Die Stammlösung ist sofort gebrauchsfertig und in einer verschlossenen Glasflasche mehrere Jahre haltbar. Sich bildende Niederschläge sollten vor Gebrauch abfiltriert werden.

Durchführung:

1. Schnitte in H_2O spülen
2. Schnitte für 2–3 min in die Stammlösung überführen
3. Schnitte in H_2O auswaschen
4. Schnitte mehrfach in Leitungswasser überführen, bis die Färbung von Weinrot nach Blau umgeschlagen ist
5. Schnitte mikroskopieren und eventuell in einem neutralen Kunstharz einschließen

Ergebnis:

Zellwände dunkelblau, Kerne und Cytoplasma hellblau gefärbt (Plasmagegenfärbung nicht erforderlich).

Probleme und Problembehebung:

Wenn eine Blaufärbung der Schnitte, die für die Weiterverarbeitung zu Dauerpräparaten zwingend erforderlich ist, mit Leitungswasser nicht eintritt, können die Schnitte auch mit einer 0,5–0,1 % Natriumhydrogencarbonat-Lösung behandelt werden. Zu dunkelblau gefärbte Schnitte können mit 0,1 % Salzsäure wieder rot gefärbt werden, um dann mit Ammoniaklösung (0,1 %) wieder blau gefärbt zu werden. Vor dem Einbetten in Kunstharz muss dann mit Leitungswasser ausgewaschen werden.

◻ Tab. 16.2 Lösung Hämatoxylinfärbung nach Delafield

Lösung A	Lösung B
1 g Hämatoxylin in 6 ml 96 % Ethanol lösen	4 g Ammoniakalaun in 100 ml H_2O lösen
Lösung C	**Stammlösung:**
Vereinigen von Lösung A und B	Lösung C mit 0,2 g Natriumiodat, 25 ml Glycerin und 25 ml Methanol (absolut) versetzen

Anleitung A16.6

Hämatoxylinfärbung nach Delafield

Die Hämatoxylinfärbung nach Delafield ergibt neben der Anfärbung von Kernen und Cytoplasma auch die Färbung von unverholzten Zellwänden. Außerdem eignet sich diese Methode sehr gut zur Anfärbung meristematischer Zellwände höherer Pflanzen.

▼

Anleitung A16.7

Astrablau-Auramin-Safranin

Holz-Cellulose-Färbung für Schnitte von frischem oder in AFE-Gemischen bzw. in Ethanol fixiertem Material

Material:

- Astrablau (C.I. 48048)

▼

- Safranin O (C.I. 50240)
- Auramin O (C.I. 41000)
- Weinsäure
- Aceton
- Malinol

Durchführung:
1. Entparaffinierte und in H_2O gespülte Schnitte 1–5 min in Lösung A legen
2. Schnitte in H_2O auswaschen
3. Schnitte 1–5 min in Lösung B legen
4. Schnitte in H_2O auswaschen
5. Schnitte 1–5 min in Lösung C legen
6. Schnitte in H_2O auswaschen
7. Schnitte mikroskopieren oder für die Anfertigung eines Dauerpräparates dreimal in gewechseltem Aceton entwässern
8. Schnitte in Malinol einschließen

Beobachtung:
Cellulosewände deutlich blau, verholzte Zellwände ziegelrot bis schwefelgelb gefärbt. Je stärker der Verholzungsgrad, desto intensiver gelb sind die Zellwände angefärbt.

◻Tab. 16.3 Lösungen Astrablau-Auramin-Safranin

Lösung A	Lösung B
0,5 g Astrablau in 100 ml H_2O lösen, 2,0 g Weinsäure hinzufügen, Lösung filtrieren	gesättigte wässrige Auraminlösung, frisch hergestellt
Lösung C	
0,1 g Safranin in 100 ml H_2O lösen	

Anleitung A16.8

Auramin-Kristallviolett
Holz-Cellulose-Färbung

Material:
- Auramin O (C.I. 41000),
- Kristallviolett (C.I. 42555),
- Isopropanol
- Terpinol
- Malinol

Durchführung:
1. Schnitte für 5–10 min in Lösung C legen
2. Schnitte in H_2O auswaschen
3. Schnitte zur Differenzierung zweimal in gewechseltes absolutes Isopropanol überführen
4. Schnitte in H_2O mikroskopieren oder für die Anfertigung eines Dauerpräparates mit Filterpapier trocknen

▼

5. Schnitte nach der Filterpapiertrocknung zweimal in gewechseltes Terpinol übertragen
6. Schnitte in Malinol einschließen

Beoachtung:
Cellulosewände violett, verholzte Zellwände gelb gefärbt.

◻Tab. 16.4 Lösungen Auramin-Kristallviolett

Lösung A	Lösung B
gesättigte wässrige Auraminlösung, frisch hergestellt	1,0 g Kristallviolett in 50 ml H_2O lösen 50 ml Isopropanol hinzufügen
Lösung C	
Unmittelbar vor der Färbung der Schnitte gleiche Volumenanteile von Lösung A und Lösung B zusammenführen	

Anleitung A16.9

Sudanblau-Safranin-Congorot
Holz-Cellulose-Gummi-Färbung für in AFE-Gemisch fixiertes Pflanzenmaterial

Material:
- Sudanblau (Chroma 1F-625)
- Safranin O (C.I. 50240)
- Congorot (C.I. 22120)
- 96 %, 50 % Ethanol
- Propionsäure
- 40 % Formaldehyd
- 1 % Natriumhypochlorit
- 10 % ethanolische Kaliumhydroxidlösung
- tert. Butanol
- 10 % Ethylglykol
- 4 % wässrige Natriumacetatlösung
- Aceton
- Malinol

Durchführung:
1. Objekt für 24–48 h in Lösung A fixieren
2. Schnitte anfertigen
3. Schnitte in 50 % Ethanol einlegen
4. Schnitte für 5 min in Aceton überführen
5. Schnitte zum Bleichen für 5 min in Lösung B einlegen
6. Schnitte 15 min in Lösung C verseifen
7. Schnitte dreimal in gewechseltem 50 % Ethanol auswaschen
8. Schnitte zum Färben für 30 min bei 55 °C in Lösung F einlegen
9. Schnitte zweimal in gewechseltem 50 % Ethanol auswaschen
10. Schnitte in Malinol einbetten

▼

16

Beobachtung:

Cellulose und Cytoplasma hellrot, verholzte Zellwände und Kork orange, Gummi blau angefärbt.

□ **Tab. 16.5** Lösungen Sudanblau-Safranin-Congorot

Lösung A	Lösung B
90 ml 96 % Ethanol mit 5 ml Propionsäure und 5 ml 40 % Formaldehyd vermischen	1 % Natriumhypochlorit

Lösung C	Lösung D
10,0 g Kaliumhydroxid in 100 ml 50 % Ethanol lösen	0,5 g Sudanblau bei Zimmertemperatur in 10 ml tert. Butanol lösen, 190 ml 96 % Ethanol zufügen, schütteln und filtrieren

Lösung E	Lösung F
2,0 g Safranin O in 100 ml Cellosolve lösen, 50 ml 96 % Ethanol und 50 ml wässriger 4 % Natriumacetatlösung zugeben	0,1 g Congorot in 4 ml 40 % Formaldehyd, 25 ml Lösung D und 0,5 ml Lösung E lösen

Safranin-Lichtgrün
Holz-Cellulose-Färbung

Material:
- Safranin O (C.I. 50240)
- Lichtgrün SF (C.I. 42095)
- 96 % ,70 %, 50 % Ethanol
- Ethanol
- Nelkenöl
- Xylol
- Malinol

Lösung A: 1,0 g Safranin O in 100 ml 50 % Ethanol lösen
Lösung B: 1,0 g Lichtgrün SF in 100 ml Nelkenöl lösen

Durchführung:
1. Schnitte zum Färben für 5–10 min in Lösung A legen
2. Schnitte in H_2O auswaschen
3. Schnitte in aufsteigender Ethanolreihe entwässern
4. Schnitte zum Gegenfärben für 2–5 min in Lösung B legen
5. Schnitte für einige Minuten in Nelkenöl aufhellen
6. Schnitte mikroskopieren oder zur Anfertigung eines Dauerpräparates in Xylol waschen
7. Schnitte in Malinol einbetten

Beobachtung:

Cellulose grün, verholzte Zellwände und Holzfasern rot angefärbt.

Fuchsin-Chrysoidin-Astrablau nach Etzold (FCA-Lösung)
Cellulose-Holz-Cutin-Chloroplasten-Färbung für Schnitte aus Frischmaterial oder durch in Paraffin eingebettetes Pflanzenmaterial

Material:
- Neufuchsin (C.I. 42520)
- Chrysoidin (C.I. 11270)
- Astrablau (C.I. 48048)
- 70 % Ethanol
- absolutes Isopropanol
- Eisessig
- Xylol

Lösung: In 1000 ml H_2O 0,1 g Neufuchsin, 0,15 g Chrysoidin und 1,25 g Astrablau lösen; 20,0 ml Eisessig hinzufügen. Die Farblösung ist in einer dunklen, verschlossenen Glasflasche mehrere Jahre haltbar.

Durchführung:
1. Entparaffinierte Schnitte in H_2O auswaschen
2. Schnitte für 3–6 min in die Farblösung legen
3. Schnitte in H_2O auswaschen
4. Schnitte zur Differenzierung in 70 % Ethanol überführen
5. Schnitte mikroskopieren oder zur Anfertigung eines Dauerpräparates in Glyceringelatine einschließen

Beobachtung:

Cellulose blau, verholzte Zellwände rot (Xylem gelbrot, Sklerenchym tiefrot, Steinzellen orangerot), Cutin gelborange, Chloroplasten grasgrün angefärbt.

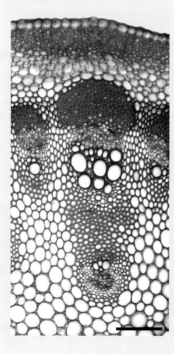

□ **Abb. 16.6** Fuchsin-Chrysoidin-Astrablau-Färbung nach Etzold (FCA-Lösung). Diese Simultanfärbung, hier dargestellt am Beispiel der Sprossachse von *Triglochin maritimum*, eignet sich hervorragend zur gleichzeitigen Kontrastierung von Cellulose (blau) und lignifizierten Zellwänden (Sklerenchym und Xylem = rot) Maßbalken: 100 µm.

Anleitung A16.12

Astrablau-Fuchsin-Färbung nach Roeser

Cellulose-Holz-Färbung für dickere Handschnitte, z. B. durch Nadelblätter von Gymnospermen

Material:

- Astrablau (C.I. 48048)
- Fuchsin (C.I. 42510)
- 50 % Ethanol
- Weinsäure
- Pikrinsäure
- 70 %, 80 % Isopropanol
- Xylol
- neutrales Kunstharz

Durchführung:

1. Entparaffinierte Schnitte in H_2O auswaschen
2. Schnitte für 5 min in Lösung A legen
3. Schnitte in H_2O auswaschen
4. Schnitte für 5 min in Lösung B legen
5. Schnitte in H_2O auswaschen
6. Schnitte für 10–15 sec in Lösung C überführen
7. Schnitte schnell in 70 % Isopropanol abspülen
8. Schnitte zur Differenzierung in 80 % Isopropanol übertragen
9. Schnitte mikroskopieren oder zur Anfertigung von Dauerpräparaten zweimal für jeweils 3 min in absolutem Isopropanol entwässern
10. Schnitte für mindestens 3 min in Xylol überführen
11. Schnitte in neutralem Harz (Malinol oder Eukitt) einschließen

Beobachtung:

Cellulosewände blau bis blaugrün, verholzte Zellwände und Zellkerne tiefrot, Cutin braunrot, Stärke und Plastiden rosa, Chromosomen (im kontrahierten Stadium) rotschwarz angefärbt.

▢ Tab. 16.6 Lösungen Astrablau-Fuchsin-Färbung nach Roeser

Lösung A	Lösung B
0,5 g Astrablau in 100 ml H_2O lösen, 2,0 g Weinsäure hinzufügen, Lösung filtrieren	1,0 g basisches Fuchsin in 100 ml 50 % Ethanol lösen
Lösung C	
25 ml gesättigte, wässrige Pikrinsäurelösung (1,2 %) mit 75 ml H_2O versetzen	

Anleitung A16.13

Pianese-Färbung

Die Pianese-Färbung zeigt Pilzbefall in pflanzlichem Gewebe an. Diese Simultanfärbung eignet sich besonders für Schnittpräparate (Frischmaterial oder AFE-fixiertes Material; Handschnitte oder mit einem Mikrotom angefertigte Paraffinschnitte).

▼

Variante 1

Material:

- Pianese-Farbgemisch (Chroma 11325)
- 50 % Ethanol
- Salzsäure–Ethanol (3 %; Chroma 31020)

Lösung A: 0,6 g Pianese-Farbgemisch in 50 ml 50 % Ethanol lösen, 150 ml H_2O zugeben

Lösung B: Salzsäure–Ethanol (3 %)

Durchführung:

1. Schnitte für 2–3 min in 50 % Ethanol legen
2. Schnitte für 30–60 min in Färbelösung A legen
3. Schnitte zum Auswaschen wiederum in 50 % Ethanol überführen
4. Schnitte zur Differenzierung 30 sec mit Lösung B behandeln
5. Schnitte nochmals mit 50 % Ethanol waschen
6. Schnitte eventuell mit Nelkenöl aufhellen
7. Schnitte mikroskopieren und nach Bedarf einbetten

Beobachtung:

Pilzhyphen erscheinen rosa in grün angefärbtem Wirtsgewebe.

Variante 2

(wenn Pianese-Farbgemisch von Chroma nicht verfügbar)

Material:

- Malachitgrün (C.I. 42000)
- Säurefuchsin (C.I. 42685)
- Martiusgelb (C.I. 10315)
- 96 % Ethanol
- Eisessig
- eventuell Isopropanol (absolut) und Kunstharzlösung

Durchführung (für entparaffinierte Schnitte):

1. Schnitte für mindestens 45 min in Lösung D legen
2. Schnitte kurz in 96 % Ethanol auswaschen
3. Schnitte zur Differenzierung 1 min mit Lösung E behandeln
4. Schnitte mikroskopieren und nach Entwässerung in abs. Isopropanol in einer Kunstharzlösung einschließen

Beobachtung:

Wirtsgewebe grün, Pilzhyphen rosa angefärbt.

▢ Tab. 16.7 Pianese-Färbung Variante 2

Lösung A	Lösung B
0,5 g Malachitgrün in 50 ml H_2O lösen	0,5 g Säurefuchsin in 10 ml H_2O lösen
Lösung C	**Lösung D**
0,01 g Martiusgelb in 1 ml H_2O lösen	Lösungen A, B und C zusammenfügen; auffüllen mit 90 ml H_2O und 50 ml 96 % Ethanol.
Lösung E	
99 ml 96 % Ethanol mit 1 ml Eisessig versetzen.	

Das Karminessigsäure-Quetschverfahren

Für die Untersuchung von Zellkernteilungen an höheren Pflanzen stellen Quetschpräparate von Wurzelspitzen und Antheren die schnellste und einfachste Methode dar (◘ Abb. 16.7). Man erhält mit dem Quetschverfahren die für Chromosomenzählungen notwendigen ganzen, unverletzten Zellen mit kompletter Chromosomenzahl. Mit dem Karminessigsäure-Quetschverfahren können auch Antheridien und Archegonien von Moosen angefärbt werden. Die zahlreichen seit 1880 fortlaufend verbesserten Modifikationen für diese Methodik funktionieren alle nach dem gleichen Prinzip: Das zelluläre Gewebe wird in saurer Lösung mazeriert, dann gefärbt und unter leichtem Druck zwischen Objektträger und Deckglas gequetscht. Wenn mit fixiertem Pflanzenmaterial gearbeitet wird, sollte dieses in einem Ethanol-Eisessig-(Propionsäure-)Gemisch (▶ Kap. 16.2.4.3) eingelegt worden sein, da das Material nicht zu hart sein darf. Die Herstellung von Dauerpräparaten empfiehlt sich wegen des fehlenden natürlichen Zellzusammenhaltes nicht.

Lösung:
- 1,0–2,0 g zerriebenes Karmin (Carminum rubrum optimum) in 100 ml 45 % Essigsäure 30 min in einem Erlenmeyerkolben mit Rückflusskühleraufsatz kochen.
- Die nach dem Erkalten filtrierte Lösung ist in einem verschlossenen Gefäß längere Zeit haltbar, mit frisch angesetzten Lösungen werden jedoch bessere Ergebnisse erzielt.
- Um schwarz statt rot gefärbte Chromosomen zu erhalten, müssen der Farblösung einige Tropfen 1 % Eisenchloridlösung zugesetzt werden

Durchführung:
1. Fixierte oder frische längs halbierte Wurzelspitzen in ein mit Karminessigsäure gefülltes Reagenzglas geben, 5 min unter ständigem Schütteln bis zum Sieden erhitzen

2. Reagenzglasinhalt in eine Petrischale überführen, Wurzelspitzen mit Hilfe einer Präpariernadel auf einen Objektträger in einen Tropfen Karminessigsäure legen
3. Objekt wird mit einem Deckglas abgedeckt
4. auf das Deckglas wird mit der Daumenkuppe, über die Filterpapier gespannt ist, Druck ausgeübt
5. Präparat sofort unter dem Lichtmikroskop untersuchen: Chromosomen und Mitosefiguren sollten im hellroten Cytoplasma dunkelrot angefärbt sein
6. bei nicht überzeugender Anfärbung kann vom Deckglasrand etwas Karminessigsäure zugegeben werden und nochmals kurz erhitzt werden. Die Färbung intensiviert sich aber auch so mit der Zeit, vor allem bei Aufbewahrung des mit Paraffin umrandeten Präparates in einer feuchten Kammer

Beobachtung:
Chromosomen sind dunkelrot gefärbt.

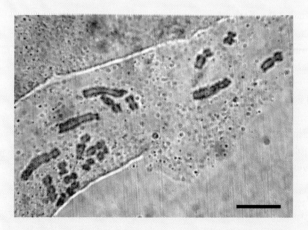

◘ **Abb. 16.7** Karminessigsäure-Quetschverfahren. Mitotische Metaphase-Chromosomen aus einer Wurzelspitze von *Muscari tenuiflorum*. Maßbalken: 10 μm.

▼

16.7 Einschlussmittel für Dauerpräparate

Nach Färbung der Schnitte kann die mikroskopische Untersuchung vorgenommen werden. Dafür ist das Umbetten der Schnitte aus dem färbenden Medium bzw. dem Auswaschungsmedium auf einen Objektträger mittels eines feinen Pinsels notwendig. Unter dem Mikroskop kann nicht in trockenem Milieu gearbeitet werden, da sich die Objekte mit Luft füllen und unter dem Lichtmikroskop schwarz erscheinen würden. Der Objektträger kann zur kurzfristigen Orientierung mit einem Tropfen Wasser vorbereitet sein; um die Schnitte für einen dauerhaften Gebrauch haltbar zu machen, stehen jedoch spezielle Einschlussmedien zur Verfügung. Ein Einschlussmittel beeinflusst durch seine chemischen Eigenschaften die Qualität des Präparates und muss daher bestimmte Kriterien erfüllen: Es soll das Präparat vor Fäulnis schützen, es soll keine Wechselwirkungen mit dem Präparat bzw. mit dessen Färbung eingehen und sein Brechungsindex sollte (bei gefärbten Präparaten) mit dem des Objektes fast identisch sein. Für gefärbte Objekte liegt der optimale Brechungsindex des Einschlussmittels bei 1,53 bis 1,54. Weiterhin sollte das Einschlussmedium keine Eigenstruktur und keine Eigenfluoreszenz aufweisen und einen pH-Wert im neutralen Bereich haben. Nach Übertragen der Schnitte in einen Tropfen Einschlussmedium wird das Präparat mit einem Deckglas abgedeckt. Die Tropfengröße des Einschlussmediums sollte auf die Deckglasgröße angepasst sein und das Deckglas bis zu seinen Rändern ausfüllen; während des Trocknungsvorgangs darf das Einschlussmedium nicht an Volumen verlieren. Durch Temperaturerhöhung wird eine schnellere Trocknung erzielt, wobei eine vollständiges Durchtrocknen meist erst nach zwei bis drei Monaten erreicht ist. Grundsätzlich gibt es kein ideales Einschlussmittel, sondern je nach Objekt, Färbung und Untersuchungsart ist das passende Eindeckmittel auszuwählen. Grundsätzlich werden wasserlösliche und wasserunlösliche Einschlussmedien unterschieden:

16.7.1 Wasserlösliche Einschlussmedien

Wasserlösliche Einschlussmittel sind einfach und schnell anzuwenden; außerdem eignen sie sich gut für leicht schrumpfende Objekte wie Algen und Pilze. Nachteile gegenüber wasserunlöslichen Einschlussmitteln sind ihre kürzere Haltbarkeitsdauer und das Ausbleichen der Färbungen. Man wird immer dann auf sie zurückgreifen, wenn das Präparat nicht mit organischen Lösungsmitteln kontaminiert werden soll. Der niedrigere Brechungsindex als der von harzartigen Einschlussmedien macht wasserlösliche Einschlussmedien auch für ungefärbte Objekte einsetzbar. Während Glycerin dauerhaft flüssig bleibt, verfestigen sich die danach aufgeführten Einschlussmedien.

16.7.1.1 Glycerin
Der Schnitt wird in einen Tropfen Glycerin auf einem Objektträger übertragen, mit einem Deckglas abgedeckt und am Rand mit Klarlack (farbloser Nagellack) oder mit Umrandungslack (beständig gegen Immersionsöl) versiegelt. Schrumpfende Objekte wie Algen müssen zuvor in mit Wasser verdünntes Glycerin (1:1) eingelegt werden. Die Versiegelung hält nur auf einem absolut sauberen Objektträger; ferner darf kein Glycerin unter dem Deckglas hervorquellen. Ein weiteres, sehr gut haftendes Umrandungsmittel ist Kunstharzlösung, die allerdings nicht gegen Immersionsöl beständig ist.

16.7.1.2 Glyceringelatine
Auf einem sauberen Objektträger wird ein etwa erbsengroßes Stück Glyceringelatine (Fertigmischung, z. B. Merck 1.09242) vorsichtig über einer Kerzenflamme bis zur Verflüssigung erhitzt. Beim Erwärmen ist darauf zu achten, dass sich möglichst wenig Bläschen bilden. In die verflüssigte Glyceringelatine wird sofort mittels eines feinen Pinsels der Schnitt übertragen und nach der herkömmlichen Weise mit einem Deckglas abgedeckt (Luftblasen vermeiden). Nach kurzer Zeit erstarrt die Glyceringelatine, und Deckglas und Objektträger sind fest miteinander verbunden. Das Dauerpräparat kann zu Korrekturzwecken (z. B. Lage der Schnitte am Deckglasrand) nochmals leicht über der Kerzenflamme erwärmt werden. Um störende Luftblasen zu entfernen, empfiehlt es sich, den Objektträger bei etwa 45 °C auf eine Wärmebank zu legen. Nach einiger Zeit wandern die Luftblasen an den Deckglasrand. Das Dauerpräparat kann wiederum mit Klarlack odcr Umrandungslack versiegelt werden. Schrumpfende Objekte wie Algen und Moosblättchen müssen vor Anfertigung des Dauerpräparates in mit Wasser verdünntes Glycerin eingelegt werden. In Glyceringelatine eingeschlossene Präparate sind im mitteleuropäischen Klima jahrelang haltbar, allerdings verändern sich die Färbungen mit fortgeschrittener Zeit.

16.7.1.3 Hydromatrix
Bei der Hydromatrix (Bezugsquelle: Micro-Tech-Lab, Hans-Fritz-Weg 24, A-8010 Graz) handelt es sich um ein ungiftiges, umweltfreundliches Kunstharz, das etwa 20 Minuten nach Präparateeinschluss aushärtet. Bedingt durch den hohen osmotischen Wert der Hydromatrix kommt es bei nicht vorfixiertem Frischmaterial häufig zu starken Schrumpfungen.

16.7.2 Wasserunlösliche Einschlussmittel

Festwerdende, wasserunlösliche Einschlussmedien sind beliebt für gefärbte Objekte, da sie stärker aushärten und so einen festen Sitz des Deckglases garantieren. Neben natürlichem Kanadabalsam, der sehr schlecht trocknet, werden synthetische Harze (Kunstharze) angeboten. Diese setzen sich aus Polystyrol oder Methylmethacrylat als Basis und Lösungsmitteln wie Toluol und Xylol als Weichmacher zusammen. Kunstharze sind neutral, sodass Reaktionen mit den gefärbten Schnitten auszuschließen sind. Vor dem Einschluss müssen die Objekte stets stufenweise in hochprozentiges Ethanol oder Xylol überführt werden.

16.7.2.1 Euparal
Die Objekte können direkt aus 92–80 % vergälltem Ethanol in einen auf einem Objektträger aufgetragenen Tropfen Euparal (Bezugsquelle: Carl Roth GmbH & Co., Schoemperlenstraße 1–5, Postfach 100121, 76231 Karlsruhe; Brechungsindex Euparal (l): 1,483, Brechungsindex Euparal (s): 1,535) gegeben werden, ohne dass mit Trübungen zu rechnen ist. Objektträger und Deckglas sind nach einigen Tagen fest miteinander verbunden; unter Wärmeeinwirkung erhärtet Euparal schneller. Als Verdünnungs- und Lösungsmittel für Euparal dient Euparal-Essenz. Weder Euparal noch Euparal-Essenz sind mit organischen Lösungsmitteln verträglich. Euparal wird oft für mit Karminessigsäure angefärbte Quetschpräparate verwendet.

16.7.2.2 Eukitt
Eukitt (O. Kindler GmbH & Co., Ziegelhofstraße 214, 79110 Freiburg; Brechungsindex 1,490) eignet sich besonders für schwach gefärbte Präparate.

16.7.2.3 Malinol
Zum Einbetten in Eukitt und Malinol (Chroma 3C-242; Brechungsindex 1,530) müssen die Objekte nach der letzten Ethanolstufe zunächst in Isopropanol und dann in Xylol eingelegt werden.

- **Bezugsadressen für Farbstoffe:**

Chroma: Waldeck GmbH & Co. Division Chroma, Havixbeckerstr. 62, 48161 Münster; www.chroma.de

Ciba: Ciba Spezialitätenchemie Lampertheim GmbH; www.cibasc.com/germany

Merck: Merck KgaA, Frankfurter Str. 250, 64293 Darmstadt; www.merckvertrieb.de

16.8 Literatur

Amelinckx S (Hrsg) (1996) Handbook of Microscopy. Band I-III. Wiley-VCH, Weinheim

Beyer H und Riesenberg H (1988) Handbuch der Mikroskopie, 3. Auflage Verlag Technik, Berlin

Brucker G, Flindt R, Kunsch K (1979) Biologische Techniken. Quelle & Meyer, Heidelberg

Burck HC (1988) Histologische Technik. Leitfaden für die Herstellung mikroskopischer Präparate in Unterricht und Praxis. Georg Thieme Verlag, Stuttgart

Dafni A (1992) Pollination – A Practical Approach. Oxford University Press, Oxford

Darlington CD (1963) Methoden der Chromosomenuntersuchung. Franckh-Kosmos-Verlag, Stuttgart

Erb B und Matheis W (1983) Pilzmikroskopie. Präparation und Untersuchung von Pilzen. Franckh-Kosmos-Verlag, Stuttgart

Eschrich W (1976) Strasburgers Kleines Botanisches Praktikum für Anfänger. 17. Aufl. Gustav Fischer Verlag, Stuttgart

Esser K (2000) Kryptogamen I – Blaualgen, Algen, Pilze, Flechten. Springer Verlag, Heidelberg

Esser K (1991) Kryptogamen II – Moose und Farne. Praktikum und Lehrbuch. Springer Verlag, Heidelberg

Freund H (1970) Mikroskopie des Holzes und des Papiers. In: Freund H (Hrsg): Handbuch der Mikroskopie in der Technik. Bd. V. Umschau Verlag, Frankfurt

Gerlach D (1993) Botanische Mikrotechnik. 3. Aufl. Georg Thieme Verlag, Stuttgart

Gerlach D und Lieder J (1981) Taschenatlas zur Pflanzenanatomie. Franckh-Kosmos-Verlag, Stuttgart

Gerlach D und Lieder J (1982) Anatomie der blütenlosen Pflanzen. Bakterien, Algen, Pilze, Flechten, Moose und Farnpflanzen. Franckh-Kosmos-Verlag, Stuttgart

Gölthenboth F (1975) Experimentelle Chromosomenuntersuchungen. Quelle & Meyer, Heidelberg

Jung A (1990) Angewandte Mikroskopie. Verlag Grobbel, Fredeburg

Nachtigall W (1998) Mikroskopieren. Technik und Objekte. 3. Aufl. BLV- Verlagsgesellschaft, München

Nultsch W (2001) Mikroskopisch-botanisches Praktikum für Anfänger. 11. Aufl. Georg Thieme Verlag, Stuttgart

Oxlade C und Stockley C (1990) Das Mikroskopierbuch. arsEdition, München

Sanderson JB (1994) Biological Microtechnique. Royal Microscopical Society, Microscopy Handbooks 28, Bios Scientific Publishers, Oxford

Schommer F (1949) Kryptogamenpraktikum. Praktische Anleitung zur Untersuchung der Sporenpflanzen. Franckh'sche Verlagsbuchhandlung, Stuttgart

- **Empfehlenswerte Zeitschriften mit zahlreichen Einzelabhandlungen über mikroskopische Färbetechniken:**

Biologie in unserer Zeit, Wiley-VCH, Weinheim

Naturwissenschaftliche Rundschau, Wissenschaftliche Verlagsanstalt, Stuttgart

Mikrokosmos, Urban und Fischer, Jena

- **Empfehlenswerte Internetadressen:**

www.aeisner.de
www.mikroskopie.de

Cytogenetik

Ulrich Welsch

17.1   Allgemeines

Zum Methodenrepertoire der Cytogenetik gehört die Untersuchung von Chromosomen, beim Menschen der Autosomen 1 bis 22 und der Geschlechtschromosomen, also des Y- und X-Chromosoms. In der Humanmedizin werden oft die Chromosomen von z. B. durch Phythämagglutin stimulierten Lymphocyten oder von Zellkulturzellen untersucht, deren Mitosen während der Metaphase mit Colchicin oder einem Colchicinderivat arretiert wurden. Die Chromosomen werden durch verschiedene Färbeverfahren im Mikroskop sichtbar gemacht. Dabei wird ein für jedes Chromosom typisches Bandenmuster erkennbar, dessen Analyse eine Beurteilung der Chromosomenstruktur erlaubt. Ziel der medizinischen Cytogenetik ist die Feststellung normaler (◘ Abb. 17.1) oder anormaler Chromosomenverhältnisse, vor allem der Chromosomenzahl und der Struktur der Einzelchromosomen. Im Lichtmikroskop lassen sich aber nur grobere Störungen (Deletionen, Duplikationen, Transpositionen) im Chromosomenaufbau erkennen, die mindestens 3 Millionen Basenpaare umfassen. Kleinere Mutationen bis hin zu Punktmutationen müssen mit anderen Methoden, vor allem Nucleotidsequenzanalysen, aufgeklärt werden.

Besonders einfach sind Chromosomen in Zellkulturen zu untersuchen. Behandelt man Zellen, die sich in Mitose befinden, vor dem Fixieren mit hypotonen Salzlösungen, so schwellen sie, und die Chromosomen werden auseinandergezogen. Das Problem der Methode liegt darin, die räumlich getrennten Chromosomen für die mikroskopische Untersuchung wieder in eine Ebene zu bringen (Spreitung). Dies

kann durch Druck geschehen, oder man lässt die Präparate lufttrocknen, wodurch die Zellen samt Inhalt wieder auf die Unterlage zusammensintern. Die im Folgenden beschriebene Technik basiert auf den Ergebnissen von Rothfels und Siminovitch (Paul 1980).

17.2   Chromosomenspreitung

Anleitung A17.1

Chromosomenspreitung
Methode:
1. Zellkulturen auf Objektträgern oder Deckgläsern werden verwendet. 6–8 h vor Verwendung gibt man Colchicin 1:40 000 (Gewicht : Volumen, Endkonzentration!) zum Kulturmedium, um die Metaphasen zu arretieren. Anstelle von Colchicin kann das weniger giftige Colcemid von GIBCO verwendet werden.
2. Einstellen in hypotone Salzlösung bei 37 °C. Für jede Zelllinie muss die optimale Konzentration und Zeit empirisch ermittelt werden. Öfter verwendet wird Hanks Lösung (► Kap. 17.3.3) 1:10 mit Aqua d. verdünnt, 5–45 min (z. B. Fibroblasten 15 min, Epithelzellen 45 min). Bewährt hat sich z. B. für Lymphocyten das Einstellen in 0,4 % KCl (in Aqua d.) für ca. 15 min.
3. Fixieren in Ethanol-Eisessig (3:1) für 15 min.
4. Die Objektträger aus der Fixierlösung ziehen und waagrecht auflegen; lufttrocknen („altern") lassen.
5. Färbung anschließen.

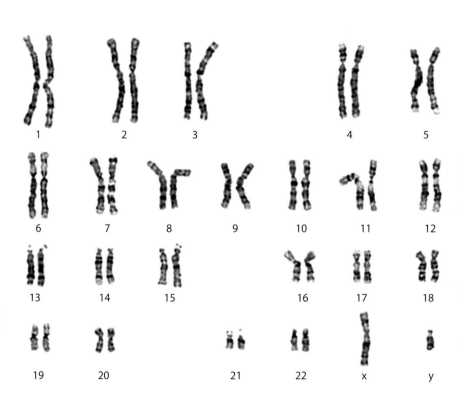

◘ Abb. 17.1 Typisches Karyogramm (Karyotyp) eines normalen männlichen Chromosomensatzes (46,xy) in GTG-Bänderung (G-Bänder durch Behandlung mit Trypsin, Färbung mit Giemsa), Prof. Meitinger/Dr. Maja Hempel, Humangenetik TU München

17.3 Chromosomenfärbungen

17.3.1 Färbung mit Milchsäure-Orcein

Färbung mit Milchsäure-Orcein

Methode:

1. Frische Abstriche von der Wangenschleimhaut unfixiert sofort mit 2–3 Tropfen der Färbelösung bedecken und ein Deckglas auflegen, sodass der Abstrich mit der Färbelösung eingeschlossen ist.
2. 20 min warten.
3. Eventuell überschüssige Färbelösung mit einem Filterpapierstreifen von der Seite her absaugen und das Präparat sofort mit der Färbelösung auswerten.

Ergebnis:

Die Zellen färben sich zartrosa, die Zellkerne etwas dunkler im gleichen Ton; das Barrsche Körperchen erscheint als kräftig rot gefärbte Chromatinmasse an der Kernmembran.

Lösungen:

A. Stammlösung: 1g Orcein in 45 ml Eisessig unter Erhitzen bis zum Kochen lösen, abkühlen lassen und filtrieren.
B. Färbelösung: gleiche Teile der Stammlösung A und 70 % Milchsäure mischen, filtrieren.

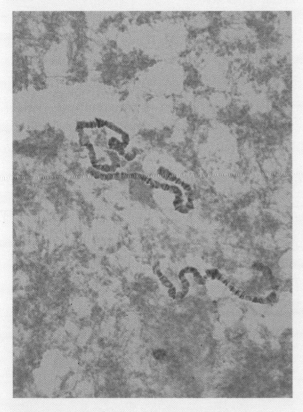

◻ Abb. 17.2 Drosophilia Chromosom, Milchsäure-Orcein, Vergr. ×20

Behandlung von Zellen in Suspension

Methode:

1. Lymphocyten vom Buffy Coat des zentrifugierten Blutes werden 48 oder 72 oder 96 h in GIBCO McCoys Medium 5A mit 15 % Kälberserum und Phytohämagglutinin (GIBCO, Lyophilisat, 1–2 ml rehydriert auf 100 ml Kulturmedium) kultiviert.
2. Colchicin (0,1 µg/ml Medium) wird 2 h vor Verwendung zugesetzt, um die Metaphasen zu arretieren.
3. Nach diesen 2 h wird die hypotone Behandlung in Suspension durchgeführt, indem man die Zellen in einen Überschuss von 0,075 M KCl-Lösung für 16–18 min bringt; diese Zeit schließt 6 min für das Abzentrifugieren mit ein!
4. Danach wird durch Zugießen von Methanol-Eisessig (3:1), das einmal gewechselt wird, insgesamt 25 min fixiert.
5. Die Zellen werden dann vorsichtig resuspendiert und tropfenweise auf einen schräg gehaltenen Objektträger mit einem Film von kaltem Leitungswasser (den Objektträger vorher einfach in ein Gefäß mit kaltem Wasser eintauchen) gegeben. Die aufgetropfte Zellsuspension breitet sich auf dem Wasserfilm aus (unterschiedliche Oberflächenspannung zwischen Wasser und Ethanol), wobei man durch Anblasen des Tropfens nachhelfen kann.
6. Der Objektträger wird dann auf eine 65 °C heiße Wärmeplatte gelegt und getrocknet.
7. Danach sind die Präparate fertig für Färbungen.

Neben den gewöhnlichen Anfärbungen, die sich zum Sichtbarmachen der Geschlechtschromosomen und zum Nachweis von Abweichungen der Anzahl der Chromosomen eignen, kann man heute die Feinstruktur in Form von Querscheiben oder Bandmustern („*banding*") darstellen.

17.3.2 Q-Bänderung mit Quinacrin

Die sehr einfache, von Caspersson et al. (1968) eingeführte Fluoreszenztechnik ist rasch auszuführen:

Färbung mit Quinacrin (QFQ banding)

Methode:

1. Chromosomenpräparation durch Spreiten wie zuvor beschrieben (► Kap. 17.2).
2. Die luftgetrockneten Objektträger in Aqua d. tauchen.
3. In 0,5 % Quinacrinlösung färben, 15 min
4. Spülen in saurem Aqua d. (mit 0,1 N HCl auf pH 4,5 einstellen), 3 Portionen (Küvetten), je 3 min

▼

5. Mit Deckglas in angesäuertem Wasser einschließen, eventuell überschüssiges Wasser mit Filterpapier absaugen, das Deckglas umranden. Sofort untersuchen.

Lösungen:
A. 0,25 g Quinacrindihydrochlorid (Fa. Sigma Chemicals) in
B. 50 ml Aqua d. lösen.
C. Mit 0,1 N HCl (etwa 0,9 %) pH 4,5 einstellen.

Das Anregungsmaximum liegt bei 425 nm; man arbeitet mit einem Schott BG 12 Anregungsfilter (zusammen mit BG 38 Wärmeschutzfilter) und einem Sperrfilter bei 510–530 nm. Der Fluoreszenzfarbstoff bindet bevorzugt an (A-T)-reiche Abschnitte der Chromosomen, während (G-C)-Abschnitte einen auslöschenden Effekt haben. Besonders hell leuchtet der lange Arm des Y-Chromosoms, das mit Quinacrin auch im Interphasenkern nachgewiesen werden kann.

Beachten:
Zur Identifizierung der einzelnen Chromosomen sei auf Schwarzacher (1976) verwiesen.

Erscheinen die Chromosomen zu stark fluoreszierend, sodass die einzelnen Bänder nicht klar hervortreten, sind sie entweder überfärbt, oder die Kultur wurde zu stark mit Colchicin behandelt. Wenn die Chromosomen zu kurz und zu dick sind, muss man die Konzentration oder die Einwirkungsdauer des Colchicins reduzieren. Sind die Chromosomen unscharf, wurde entweder nicht sorgfältig genug gespült, oder die Deckglasdicke ist unpassend. Details über methodische Probleme sind bei Bordelon (1977) diskutiert.

17.3.3   Q-Bänderung mit Hoechst 33258

Der Fluoreszenzfarbstoff Hoechst 33258 gibt ähnliche Resultate wie Quinacrin. Die Fluoreszenzintensität ist allerdings stärker, das Ausblassen weniger rapid. Geringe Differenzen zum Bändermuster, wie es Quinacrin zeigt, finden sich an den Chromosomen 1, 9 und 16.

Die folgende Färbeanleitung richtet sich nach den Angaben von Lin et al. (1978).

Anleitung A17.5

Färbung der Q-Bänderung mit Hoechst 33258 (QFH banding)
Methode:
1. Chromosomenpräparation durch Spreiten wie beschrieben (▶ Kap. 17.2).
2. Die luftgetrockneten Objektträger in 95 % Ethanol einstellen, 10 min
3. In 70 % Ethanol geben, 10 min
4. In Aqua d. waschen, 2 min

▼

5. Aqua d. gut abfließen lassen, wenige Tropfen Actinomycin D-Lösung (siehe unten) auftropfen, mit Deckglas bedecken. 20 min einwirken lassen.
6. Objektträger in Phosphatpuffer (pH 6,8) einstellen; das Deckglas sinkt dabei herunter.
7. Waschen in 2 Portionen Aqua d.
8. Lufttrocknen lassen.
9. Färben in Hoechst 33258 (siehe unten), 10 min unter Lichtabschluss
10. Waschen in 2 Portionen Aqua d.
11. Einschließen in Phosphatpuffer (pH 5,5), das Deckglas umranden, sofort untersuchen.

Lösungen:
A. 16 mg Actinomycin D (Actinomycin C_1, Boehringer) in 100 ml Sörensen-Phosphatpuffer, 1:9 verdünnt (pH 6,8) lösen. Lichtgeschützt aufbewahren.
B. 2,5 µg Hoechst 33258 (Serva) in 50 ml Hanks Lösung (s.u.). Lichtgeschützt aufbewahren!

Herstellen von Hanks BSS (Balanced Salt Solution)
1. $CaCl_2$ (0,14 g/l) $MgSO_4 \times 7H_2O$ (0,10 g/l) und $MgCl_2 \times 6H_2O$ (0,10 g/l) in 100 ml Aqua d. lösen.
2. NaCl (8 g/l), KCl (0,4 g/l), $Na_2HPO_4 \times 2H_2O$ (0,06 g/l), KH_2PO_4 (0,06 g/l), Glucose (1 g/l), Phenolrot (0,02 g/l), $NaHCO_3$ (0,35 g/l) in 800 ml Aqua d. lösen.
3. Unter Rühren Lösung 1 zu Lösung 2 geben
4. Auf 1 l auffüllen.
5. Steril filtern.

Das Anregungsmaximum liegt bei 360 nm. Die Ergebnisse ähneln dem QFQ-Muster, ausgenommen die Chromosomen 1, 9 und 16; es werden die (Adenosin/Thymidin-) A-T-reichen Segmente der Chromosomen dargestellt. Andere Fluoreszenzfarbstoffe, die diese Eigenschaft zeigen, sind DAPI (4,6-diaminido-2-phenylindol-2 HCl, Fa. Sigma) und tertiäres Butylproflavin.

17.3.4   Distamycin A/DAPI- (DA/DAPI-)Färbung

Für Darstellung der A-T-reichen, heterochromatischen Abschnitte (Yqh, 16qh, 1qh, 9qh, 15ph u. a. acrozentrische Varianten).
q: langer Arm der acrozentrischen Chromosomen
p: kurzer Arm
h: Heterochromatin

Anleitung A17.6

Distamycin A/DAPI- (DA/DAPI-)Färbung
Methode:
Chromosomenpräparation durch Spreiten wie zuvor beschrieben (▶ Kap. 17.2).
1. Objektträger mit 0,2 mg/ml Distamycin A-HCl in McIlvaines Puffer, pH 7 (0,33 M Na⁺) bedecken und 15 min einwirken lassen.

▼

17

2. Spülen mit McIlvaines Puffer
3. Färben mit 0,4 µg/ml DAPI in McIlvaines (pH 7), 15 min
   Einfacher: 1–2 Tropfen Vectashield Mounting Medium mit DAPI (Vector Laboratories, USA)
4. Objektträger mit Antifading (Vectashield) eindecken
5. Analyse im Fluoreszenzlicht, Anregung bei 355 nm, Emission 450 nm.

McIlvaines Puffer:

Zitronensäure ($H_3C_6H_5O_7$)	0,63g
Na_2HPO_4	6,19g
oder	
$Na_2HPO_4 \times 7H_2O$	11,69g
oder	
$Na_2HPO_4 \times 12H_2O$	15,80g
Aqua d.	

17.3.5 C-Bänderung mit Giemsa-Färbung

Färbung mit Giemsa-Lösung zeigt ein Bänderungsmuster an den Chromosomen, wenn diese durch Lauge oder Hitze zuerst denaturiert und dann in warmer Salzlösung wieder renaturiert wurden. Die Bezeichnung C-Bänderung bezieht sich auf konstitutives Heterochromatin oder centromerisches Heterochromatin, Bereiche eines Chromosoms, die sich mit diesen Methoden darstellen lassen. Das konstitutive Heterochromatin macht etwa 20 % des menschlichen Genoms aus und ist rund um die Centromerregion aller Chromosomen lokalisiert. Es hat viele besondere Eigenschaften und enthält wenige (wenn überhaupt) strukturelle Gene. Die besonders gute Anfärbbarkeit beruht wahrscheinlich auf dem besonders hohen Gehalt an DNA und Protein. In reichlichem Ausmaß kommt dieses Chromatin in den Chromosomen 1, 9, 16 und im langen Arm des Y-Chromosoms vor. Die C-Banden zeigen polymorphe Varianten dieser Chromosomen, die vererbt werden und zu Vaterschaftsnachweisen herangezogen werden können. Die beschriebene Färbemethode folgt den Angaben von Arrighi und Hsu (1971).

Anleitung A17.7

Giemsa-Färbung der C-Bänderung
Methode:

Chromosomenpräparation durch Spreiten wie zuvor beschrieben (siehe ▶ Kap. 17.2). Gute Ergebnisse lassen sich erzielen, wenn das Chromosomenpräparat 12–24 Stunden („über Nacht") im Brutschrank bei 40–60 °C (oder 3–4 Tage bei Raumtemperatur) „altert".

1. Objektträger 60 min in 0,2 n HCl (Zimmertemperatur)
2. Spülen mit Aqua d.
3. 5 bis 15 min in 50 °C 0,3 M $Ba(OH)_2$ [5 g $Ba(OH)_2 \times 8 H_2O$ in Faltenfilter mit 100 ml Aqua d. in Küvette].
4. Spülen mit Aqua d.

▼

5. 60 min in 2 x SSC (Sodium Chloride, Sodium Citrate, 0,3 M NaCl; 0,03 Trinatriumcitrat) bei 60 °C
6. Spülen mit Aqua d.
7. 5 min in Giemsa-Lösung färben (Fertiglösung von Sigma-Aldrich 1:10 verdünnen).

17.3.6 G-Bänderung mit Giemsa-Färbung

Neben Hitze- und Alkalibehandlung führt eine ganze Reihe weiterer Methoden zum Auftreten feiner Bändermuster an den Chromosomen, die mit Giemsa-Färbung dargestellt werden können. Dazu gehört die Behandlung mit proteolytischen Enzymen, Detergenzien, Harnstoff oder Kaliumpermanganat. Diese Muster sind feiner als die zuvor beschriebenen C-Bänder; sie werden, da sie mit dem Giemsa-Gemisch angefärbt werden, als G-Bänder bezeichnet. Im Folgenden ist die Trypsinmethode nach Wang und Federoff (1972) beschrieben (GTG-Färbung, ▱ Abb. 17.1).

Anleitung A17.8

Giemsa-Färbung der G-Bänderung
Methode:

1. Chromosomenpräparation durch Spreiten wie beschrieben (▶ Kap. 17.2).
2. Die luftgetrockneten Objektträger 10–45 sec in Trypsinlösung einstellen (0,25 % Trypsin in beliebiger, aber Mg^{++}- und Ca^{++}-freier gepufferter Salzlösung, pH 7,0).
3. In isotoner NaCl oder PBS spülen.
4. 1–2 min in Giemsa-Lösung färben (5 ml Giemsa-Stammlösung mit 50 ml Aqua d. verdünnen, dazu 1,5 ml einer 0,1 M Zitronensäurelösung mischen und mit 2 M Natriumdihydrogenphosphatlösung auf pH 7,0 einstellen).
5. Spülen in 2 Portionen Aqua d.
6. Lufttrocknen und eindecken.

17.4 Fluorochromierung

Nach Fluorochromierung fixierter Zellen mit Acridinorange (A10.113) fluoreszieren die Kerne gelbgrün, das Cytoplasma – je nach Ribosomengehalt – mehr oder weniger stark orange.

Eine ähnliche Doppelfärbung erreicht man mit Coriphosphin 0 (2–5 Minuten in einer Lösung 1:10000) und Rosanilinhydrochlorid (Fuchsin, 2–5 Minuten in einer Lösung 1:10 000); die Färbungen werden unmittelbar hintereinander vorgenommen. Das Chromatin leuchtet grüngelb, Nucleolen orange, das Cytoplasma tiefrot (Bukatsch und Haitinger 1940).

17.5 Histonnachweis

Zur selektiven Anfärbung von Histonen eignet sich deren Acidophilie unter definierten, standardisierten Bedingungen (Alfert und Geschwind, 1953). Die zahlreichen positiven Radikale dieser Proteine ermöglichen die Bindung von sauren Farbstoffen noch bei einem pH-Wert, bei dem die Acidophilie anderer Proteine bereits unterdrückt ist. Durch Extraktion der Nucleinsäuren mit Trichloressigsäure vermeidet man eine eventuelle Interaktion dieser Substanzen mit den vom Farbstoff zu besetzenden Gruppen.

17.5.1   Fast Green FCF für Histone

Die Färbung eignet sich für histophotometrische Quantifizierung.

Als Fixierung eignet sich 10 % Formalin. Die Originalmethode hat vielfach Abwandlungen erfahren: Spicer und Lillie (1961), die dasselbe Prinzip für basische Proteine allgemein verwenden, ersetzen Fast Green FCF durch Biebrich Scarlet und lösen in einem Puffer von entsprechendem pH-Wert.

Anleitung A17.9

Fast Green FCF für Histone
Methode:
1. Schnitte entparaffinieren und in Ethanol bringen.
2. Celloidinieren (5 min in eine 0,5-1,0 % Celloidin-Lösung in Ether-Ethanol 1:1, geben, herausziehen, abtropfen, aber nicht trocknen lassen und zum Härten des Celloidins in 70 % Ethanol einstellen).
3. Die Präparate in Aqua d. bringen.
4. 15 min in 5 % Trichloressigsäure bei 90 °C einstellen (die Säure muss schon vorher auf die gewünschte Temperatur gebracht worden sein).
5. Waschen in 70 % Ethanol, 3 Portionen, je 10 min
6. In Aqua d. abspülen.
7. Färben der Präparate in Fast Green FCF, 30 min
8. Waschen in Aqua d., 5 min
9. In 96 % Ethanol und absolutem Ethanol entwässern.
10. Über Xylol mit Eindeckmittel einschließen.

Ergebnis:
Basische Proteine (Histone und Protamine) färben sich selektiv grün.

Lösung:
1. 0,1 g Fast Green FCF in
2. 100 ml Aqua d. lösen.
3. Mit Natriumcarbonatlösung pH 8,1 einstellen (es genügt eine sehr kleine Menge; Natriumcarbonat in Wasser lösen und der Lösung zutropfen).

17.5.2   Dansylchlorid

Eine Fluoreszenzmethode zum Nachweis von Histonen und Protaminen wurde von Ringertz (1968) angegeben. Sie eignet sich für Abstriche oder Zellkulturen. Man fixiert am besten in 10 % neutralem Formol.

Die Extraktion der Nucleinsäuren erreicht man auch mit gesättigter Pikrinsäurelösung, die man bei 60 °C 4 h lang einwirken lässt.

Anleitung A17.10

Fluorochromieren mit Dansylchlorid für Histone
Methode:
1. Formolfixierte Ausstriche oder Kulturen in Aqua d. spülen, mindestens 15 min
2. 5 % Trichloressigsäure bei 90 °C zur Extraktion von Nucleinsäuren, 15 min (▶ Kap. 17.6).
3. Waschen in Aqua d.
4. Färben mit Dansylchlorid, 2 h
5. Spülen in Aqua d., 10 min
6. Entwässern in der Ethanolreihe.
7. Über Xylol in nicht-fluoreszierendes Medium (z. B. Entellan) eindecken.

Ergebnis:
Zellkerne, im UV-Licht betrachtet, emittieren intensiv gelbe Fluoreszenz (unterlässt man die Trichloressigsäurebehandlung, kann auch im Cytoplasma gelbe Fluoreszenz auftreten).

Lösungen:
A. 0,5 g Dansylchlorid (5-(Dimethylamino)-naphthalin-1-sulfonylchlorid; Fa. Merck) in
B. 100 ml 0,035 M Borat-HCl-Puffer (pH 8,3) lösen.

17.6   Extraktionsmethoden für Nucleinsäuren

Um Färbungen, die DNA und/oder RNA nachweisen sollen, zu kontrollieren, sind zahlreiche Verfahren im Gebrauch. Säureextraktionsmethoden sind angezeigt, wenn DNA und RNA entfernt werden sollen; will man dagegen nur eine dieser Komponenten extrahieren, sind enzymatische Methoden zu bevorzugen.

17.6.1   Säureextraktion

17.6.1.1   Perchlorsäure (HClO$_4$)

Anleitung A17.11

Nucleinsäurenextraktion mit Perchlorsäure
Sie extrahiert DNA und RNA, letztere aber schneller. Man arbeitet mit 5%iger Perchlorsäurelösung bei 70 °C; nach 20 min sind DNA und RNA aus den Präparaten entfernt. 5 % Perchlorsäure bei 4 °C über 4–18 h angewendet, extrahiert RNA, die Feulgen-Reaktion wird dagegen unter diesen Bedingungen nicht beeinträchtigt (die Zellkerne können sich aber bei der Methylgrün-Pyroninfärbung rot darstellen; man führt dies auf eine Depolymerisation der DNA zurück). In jedem Fall ist für die spezifische Extraktion von RNA die Verwendung von Ribonucleasepräparaten zuverlässiger.

17.6.1.2 Trichloressigsäure 5–10 % (CCl3 COOH)

Sie extrahiert ebenfalls DNA und RNA; man behandelt die Präparate bei 90 °C für 15 Minuten.

17.6.1.3 Pikrinsäure

Auch Pikrinsäure extrahiert DNA; RNA bleibt in den Präparaten zurück (man inkubiert 4 h bei 60 °C in gesättigter Pikrinsäurelösung).

Diese Tatsache zeigt, dass Pikrinsäure enthaltende Fixierlösungen für histologische Untersuchungen am Zellkern ungeeignet sind.

17.6.2 Enzymatische Extraktion

Entsprechend gereinigte Enzympräparate (Ribonuclease, Desoxyribonuclease) sind im Handel erhältlich. Die Schnittpräparate werden bei 37 °C behandelt; man arbeitet in einer feuchten Kammer und setzt nur wenige Tropfen der Enzymlösung auf den Schnitt (etwa 1 mg des Enzyms pro ml Flüssigkeit). Nach 1 h Einwirkungszeit spült man ausreichend in fließendem Wasser und führt die gewünschten Färbereaktionen durch. Als Lösungsmittel werden für Ribonuclease Pufferlösungen von pH 7,0 bis 7,5 (z. B. Phosphatpuffer), für Desoxyribonuclease von pH 7,3 bis 7,6 (z. B. Tris-Puffer) verwendet. Für den Desoxyribonuclease-Test können auch Magnesiumchlorid (0,2 M) und Calciumchlorid (0,2 M) zur Aktivierung des Enzyms zugesetzt werden.

17.7 Literatur

Alfert M, Geschwind I I (1953) A selective staining method for the basic proteins of cell nuclei. *Proc Natl Acad Sci USA* 39: 991–999.

Arrighi F E, Hsu T C (1971) Localization of heterochromation in human chromosomes. *Cytogenetics* 10: 81–86

Barch MA, Knutsen T, Spurbeck JL (1997) The AGT Cytogenetics Laboratory Manual, Lippincott, Williams and Williams

Bordelon M R (1977) Staining and photography for chromosome banding with the fluorescent dyes quinacrine mustard and Hoechst 33258. *TCA manual* 3: 587–592.

Bukatsch F, Haitinger M (1940) Beiträge zur fluoreszenzmikroskopischen Darstellung des Zellinhaltes, insbesondere des Cytoplasmas und des Zellkerns. *Protoplasma* 34: 515–523.

Caspersson T, Faber S, Foley G E, Kudynowski J, Modest E J, Simonsson E, Wagh V, Zech L (1968) Chemical differentiation along metaphase chromosomes. *Exptl Cell Res* 49: 219–222.

Lin C C, Biederman B, Jamro H (1978) Q-banding methods using quinacrine (QFQ) and Hoechst 33258 (QFH) for chromosome analysis of human lymphocyte cultures. *TCA Manual* 4: 937–940.

Lubs HA, Mc Kenzie W H, Patil S R, Merrick S (1973) New staining methods for chromosomes. *Methods Cell Biol* 6: 345–380

McKinlay Gardner R J, Sutherland G R (2004) Chromosome abnormalities and genetic counseling. 3. editon. Oxford University Press

Paul J (1980) Zell- und Gewebekulturen. Walter de Gruyter, Berlin, New York

Rams S Verma, Arvind B (1995) Human Chromosomes. Principles and Techniques, 2. edition, McGraw-Hill

Ringertz N (1968) Cytochemical demonstration of basic proteins by dansyl staining. *J Histochem Cytochem* 16: 440–441

Schinzel A (2001) Catalogue of unbalanced chromosome aberrations in man, 2. edition. De Gruyter

Schwarzacher H G (1976) Chromosomes in mitosis and interphase. In: Handbuch der Mikroskopischen Anatomie des Menschen (W Bargmann, ed), Vol I/3. Springer-Verlag, Berlin, Heidelberg, New York.

Shaffer L G, Tommerup N (2005) An international System for Human Cytogenetic Nomenclature. Karger Verlag

Spicer S S, Lillie R D (1961) Histochemical identification of basic proteins with Biebrich scarlet at alkaline pH. *Stain Technol* 36: 365–370

Wang H C, Fedoroff S (1972) Banding in human chromosomes treated with trypsin. *Nature New Biol* 235: 52–53

Enzymhistochemie

Ulrich Welsch

18.1   Allgemeines

Die in diesem Kapitel kurz vorgestellten Methoden sind nur ein kleiner Teil der insgesamt beschriebenen enzymhistochemischen Methoden (siehe z. B. Barka und Anderson 1963 sowie Stoward and Pearse 1991). Die Auswahl erfolgte im Wesentlichen nach der Lokalisation der Enzyme in bestimmten Zellkompartimenten, z. B. in Mitochondrien, Lysosomen oder in der Zellmembran, über deren Aktivität sie etwas aussagen. Auch die Einsatzmöglichkeiten dieser Methoden in Human- und Veterinärmedizin spielten bei der Auswahl eine Rolle. Die beschriebenen Methoden sind vor allem an Geweben von Tieren und Mensch anwendbar. Für Pflanzen sind sie im Allgemeinen nicht geeignet, Ausnahmen sind die Methoden für Katalase und Peroxidase.

Enzyme (Fermente) sind katalytisch wirksame Proteine in jeder Zelle und in allen Geweben, die die chemischen Reaktionen aller Stoffwechselvorgänge ermöglichen.

Zum Nachweis eines Enzyms sind mehrere Wege möglich:
1. **Nachweis der enzymatischen Aktivität**, indem ein geeignetes wasserlösliches Substrat angeboten wird, aus dem durch die Enzymreaktion ein oder mehrere wasserunlösliche Produkte entstehen, die ortsgetreu ausgefällt werden und entweder bereits sichtbar sind oder sichtbar gemacht werden können: katalytische Enzymhistochemie.
2. **Nachweis der antigenen Eigenschaften** des Enzymproteins (Immunhistochemie). Für viele Enzymnachweise, z. B. Carboanhydrase, Acetylcholinesterase und NOS (Stickstoffmonoxid-Synthase) stehen heute kommerziell erhältliche Antikörper zu Verfügung.
3. **Lokalisierung von mRNA** durch *in situ*-Hybridisierung
4. **Nachweis der spezifischen Bindung** von Hemmsubstanzen oder Substraten, die markiert sind oder sichtbar gemacht werden können.

Zum Verständnis der Funktion eines Enzyms bei physiologischen und pathophysiologischen Prozessen ist es nicht ausreichend, mRNA durch *in situ*-Hybridisierung zu lokalisieren oder das Protein mit immunhistochemischer Technik nachzuweisen. Ein Nachteil der Immunhistochemie ist z. B., dass sie auch inaktive Enzyme nachweist. Es ist aber bei einem Enzym wesentlich, seine Aktivität zu lokalisieren und diese Aktivität potenziell auch quantifizieren zu können. Bei physiologischen und pathophysiologischen Studien hat sich gezeigt, dass Verteilungsmuster der mRNA und des immunhistochemisch nachgewiesenen Proteins von begrenztem Wert sind, weil die Enzymaktivität oft auf Posttranslationsebene in hohem Maße reguliert ist und weil es eben seine Aktivität ist, die die Funktion eines Enzyms repräsentiert (Boonacker und Van Noorden 2001). Neuere enzymhistochemische Methoden sind in der Lage, Enzymaktivitäten auch in lebenden Zellen nachzuweisen und so Stoffwechselprozesse in idealer Weise sichtbar zu machen („*metabolic mapping*", Van Noorden und Frederiks 2002 sowie Boonacker et al. 2004). Routinemäßig werden enzymhistochemische Methoden unter anderem in der Diagnostik von Leukämien und Muskelerkrankungen eingesetzt.

Im folgenden Abschnitt wird nur auf die unter Punkt 1. genannten Techniken eingegangen, also die klassischen katalytischen enzymhistochemischen Reaktionen. Sie sind besonders sensitiv, kostengünstig, einfach auszuführen und dauern nur 5–60 Minuten (bei Raumtemperatur).

18.1.1   Gewebevorbehandlung

Zum Nachweis der Enzymaktivität ist die Gewebevorbehandlung besonders wichtig. Wenn fixiert werden soll, ist zu bedenken, dass jede Fixierung wenigstens zu einer partiellen Inaktivierung der Enzymaktivität führt. Wann immer möglich, arbeitet man mit frischem, unfixiertem Gewebe, das man einfriert und im Kryostaten schneidet. Den Kryostatschnitt kann man direkt verwenden, gefriertrocknen oder in Aldehydlösungen fixieren (nachfixieren); es stehen damit alle Möglichkeiten offen.

18.1.1.1   Fixierung

Wenn fixiert wird, sollte man in erster Linie ganz frisch entnommenes Gewebe (Biopsiematerial oder Gewebe von Versuchstieren) untersuchen. Die einzelnen Enzyme sind gegen chemische Fixiermittel (Formaldehyd, Glutardialdehyd) unterschiedlich empfindlich. Es ist zu bedenken, dass im fixierten Material niemals die Gesamtaktivität eines Enzyms nachgewiesen werden kann.

Gegen Aldehydfixierung besonders empfindlich sind: Dehydrogenasen, Transferasen, Lyasen, Cytochromoxidasen.

Gegen Aldehydfixierung relativ stabil sind: Hydrolasen, viele Peroxidasen, Tetrazoliumreduktasen. Diese Stabilität gegen Aldehydfixierung ist immer nur eine relative; die Fixierung muss für enzymhistochemische Zwecke stets möglichst kurz sein und bei neutralem pH-Wert und am besten bei 4 °C durchgeführt werden.

Die Art der gewählten Fixierung kann bei ein und demselben Enzym aber auch unterschiedlich sein, je nachdem, welche Technik des Nachweises gewählt wird; d. h. man hat die Gewebevorbereitung den möglichen Reaktionen anzupassen oder man wählt umgekehrt die durchzuführende Reaktion nach dem verfügbaren Material.

Gewebestücke sollen maximal 3–5 mm groß sein und in gekühlten (4 °C) Aldehydlösungen fixiert werden.

Aldehydkonzentrationen: Üblicherweise verwendet man 4 % Formaldehydlösung, z. T. ist auch 1,5–3 % Glutardialdehydlösung möglich. Diese Konzentrationen bieten oft den besten Kompromiss zwischen teilweiser Inaktivierung der Enzymaktivität und guter Strukturerhaltung. Wenn fixiert werden kann, empfiehlt sich normalerweise eine Paraformaldehydlösung, weil es die Enzymaktivität besser erhält als Glutardialdehyd. Formaldehydlösungen werden aus Paraformaldehydpulver hergestellt.

Die Fixierung mit Glutardialdehydlösung kann speziell dann versucht werden, wenn das Gewebe für die Elektronenmikroskopie weiterverarbeitet werden soll. Die Dauer der Fixierung soll möglichst kurz sein. Kurze und vor allem kontrollierte Fixierung erzielt man durch Perfusionsfixierung des Gewebes oder durch Fixieren des Kryostatschnittes. In beiden Fällen genügt es, 10–15 Minuten zu fixieren. Die Fixierung wird durch Spülen mit Pufferlösung beendet.

Bei Immersionsfixierung von Gewebeblöcken richtet sich die Dauer nach Art und Größe des Objektes. Das langsame Vordringen der Fixierlösung schafft in den einzelnen Schichten des Materials unterschiedliche Verhältnisse. Für 5 mm große Gewebestücke rechnet man bei Formaldehydfixierung mit 30 Minuten bis 24 Stunden, bei Glutardialdehydfixierung mit 30 Minuten bis 4 Stunden; um möglichst kurze Fixierungsdauer zu erreichen, ist eine Größe des Gewebestücks von 1–2 mm optimal. Wenn ein größeres Gewebestück, z. B. vom Rückenmark, untersucht werden soll, sollten von ihm 1–2 mm dicke Scheiben angefertigt werden.

Selbstverständlich nimmt die morphologisch stabilisierende Wirkung der Fixierung mit der Dauer der Aldehydeinwirkung zu; die Abnahme der enzymatischen Aktivitäten dagegen ist in den ersten Minuten am stärksten, vermindert sich aber auch für die Restaktivität mit steigender Dauer. Fixierung von Kryostatschnitten (Postfixation) und Ausstrichen (Blutausstriche, Knochenmarkausstrich) erfolgt in den erwähnten Aldehydlösungen bei 4 °C für 5–10 Minuten, alternativ in Aceton bei 4 °C für 5–10 Minuten oder in Chloroform-Aceton (1:1) bei 4 °C für 2–3 Minuten, Ausstriche und native Kryostatschnitte werden getrocknet, bevor sie in die Fixierlösung kommen.

Weiterverarbeitung von fixiertem Gewebe

Nach der Fixierung muss das Gewebestück gewaschen werden. Das Waschen kann in Aqua d., fließendem Wasser, 5–30 % Rohrzucker (Saccharose) oder in einer Mischung aus 30 g Rohrzucker und 1 g Gummi arabicum (Holtsches Gemisch) erfolgen.

Herstellung des Holtschen Gemisches: 30 g Rohrzucker und 1 g Gummi arabicum sorgfältig vermischen; auf 100 ml mit Aqua d. auffüllen und mit einem Magnetrührer lösen.

Das Waschen dauert unterschiedlich lange. Je länger fixiert wurde, desto länger muss ausgespült werden. Gewebeproben, die ca. 2 Stunden fixiert wurden, müssen ca. 2 Stunden gewaschen werden. Erfolgte die Fixierung über 12–24 Stunden, muss ca. 24 Stunden gewaschen werden. Es empfiehlt sich, die Waschflüssigkeit wenigstens 1- bis 2-mal zu erneuern. Manche Enzyme (z. B. Saure Phosphatase und Arylsulfatase) lassen sich auch noch nach wochenlanger Aufbewahrung in der Waschflüssigkeit (im Kühlschrank) nachweisen. Alkalische Phosphatase und ATPase vertragen dagegen längere Waschzeiten nicht. Nach dem Aufbewahren im Holtschen Gemisch kann (muss aber nicht) 12 Stunden gewässert werden.

18.1.1.2 Einfrieren von Gewebe, Kryostatschnitte (Kap. 9)

18.1.1.3 Inkubationsmedien

Es gibt verschiedene Inkubationsmedien.

1. Wässrige Inkubationsmedien können verwendet werden, wenn die Enzyme nicht aus den Zellen oder Geweben im Schnitt diffundieren können, z. B. nach Fixierung, oder wenn Enzyme fest an die Zellmembran oder an die Membranen von Organellen gebunden sind.

2. Inkubationsmedien mit Polyvinylalkohol: Polyvinylalkohol ist ein cytoprotektives inertes Polymer. Zugabe von Polyvinylalkohol zum Inkubationsmedium erlaubt den Enzymnachweis im Gefrierschnitt oder in Zellpräparationen, ohne dass wesentliche Mengen der Enzyme aus Zellen oder Geweben abdiffundieren und verloren gehen. Dadurch lässt sich auch eine Fixierung vermeiden und die so gut wie gesamte Enzymaktivität kann in der Gewebeprobe nachgewiesen werden. Polyvinylalkohol wird in Wasser oder Puffer gelöst, wodurch diese Flüssigkeiten viskos werden. Die Art des Puffers und die Konzentration des Polyvinylalkohols wechseln je nach Nachweismethode. Bei Zugabe von Polyvinylalkohol in das Inkubationsmedium müssen die meisten Reagentien in deutlich höherer Konzentration zugegeben werden als im wässrigen Inkubationsmedium, um ähnliche Reaktionsergebnisse und -geschwindigkeiten zu erreichen. Polyvinylalkohol mit durchschnittlichem Molekulargewicht von 30 000 bis 70 000 gibt verlässliche Resultate. Die besten Ergebnisse werden mit 18 % (w/v) Polyvinylalkohol von Sigma (Sigma-Aldrich Firmengruppe, Taufkirchen, Deutschland) mit durchschnittlichem Molekulargewicht von 30 000 bis 70 000 erreicht, er ist für die Enzymhistochemie das Cytoprotectivum der Wahl (Van Noorden und Frederiks 1992).

3. Abdiffusion von Enzymen aus den Gefrierschnitten kann auch durch Platzierung einer semipermeablen Membran zwischen Schnitt und Inkubationsmedium verhindert werden. Diese zeitaufwendige Technik kann z. B. beim Nachweis der Aktivität von Hydrolasen verwendet werden. Die Methodik ist in Einzelfällen vorteilhaft, meist reicht aber Polyvinylalkohol, um die Abdiffusion zu verhindern (zu Details siehe Van Noorden und Frederiks 1992).

Anleitung A18.1

Zubereitung des Polyvinylalkohol enthaltenden Inkubationsmediums (nach Van Noorden und Frederiks 1992)

1. 18 g Polyvinylalkohol (Sigma-Aldrich) werden in 100 ml Aqua d. oder Puffer gelöst (z. B. Tris-Maleat-Puffer, Natriumacetatpuffer oder Phosphatpuffer, je nach Enzymnachweis, siehe van Noorden u. M. Frederiks, 1992); rühren und erwärmen im Wasserbad, bis die Lösung klar wird.
2. Die klare Lösung bei 60 °C in luftdichten Gläschen aufbewahren.
3. Die benötigte Menge der Lösung wird vor der Inkubation auf 37 °C gekühlt.
4. Herstellung der Inkubationslösung: der Polyvinylalkohol-Pufferlösung werden die entsprechenden Substrate und die anderen Komponenten in gelöster Form als konzentrierte Stammlösungen zugefügt.
   1 ml Polyvinylpufferlösung werden 10 µl konzentrierter Stammlösung (100x höhere Konzentration als in der endgültigen Konzentration) zugefügt.
5. Die einzelnen Komponenten werden einzeln gründlich mit der Polyvinylpufferlösung gemischt. Dabei muss

▼

wegen der Viskosität des Mediums ein Spatel benutzt werden.

6. Inkubation der Gewebeschnitte oder Zellpräparationen in einem Tropfen (100–200 µl) Medium. Bei 10 % Polyvinylalkohol bleibt der Tropfen von alleine auf dem Schnitt. Bei niedriger Polyvinylalkoholkonzentration muss der Schnitt mit einem PAP-Stift (Dako, Glostrup, Dänemark) umrandet werden, wodurch ein Ringwall aus wasserabstoßendem Material gelegt wird.

18.2   Ausgewählte Methoden von Enzymnachweisen

18.2.1   Phosphatasen

Phosphatasen spalten Phosphatgruppen von einem Substrat ab und sind damit quasi Gegenspieler bzw. Antagonisten der Kinasen.

18.2.1.1   Alkalische Phosphatase

Das Enzym katalysiert die hydrolytische Spaltung von Estern der Orthophosphorsäure mit Alkoholen oder Phenolen bei stark alkalischem pH-Optimum (pH 9,2 bis 9,8) und ist an der Zellmembran lokalisiert. Typische Lokalisationen: Leber (Gallekanälchen), Dünndarm (Bürstensaum), Niere (Bürstensaum der proximalen Tubuli, □ Abb. 18.1), Blutkapillaren, Periost, Granula der neutrophilen Granulocyten. Das Enzym ist an aktiven Transportprozessen und an der Knochenbildung beteiligt.

Es existieren verschiedene Nachweismethoden (Bancroft und Stevens 1990, Barka und Anderson 1963, Burstone 1962, Lojda et al. 1976, Van Noorden und Frederiks 1992), darunter insbesondere die simultanen Azokupplungsmethoden. Bei diesen Methoden wird oft mit Hexazonium Pararosanilin gearbeitet, dessen Herstellung im folgenden geschildert wird.

Azokupplungsmethoden können mit stabilen Diazoniumsalzen, wie sie von der Industrie angeboten werden, oder mit

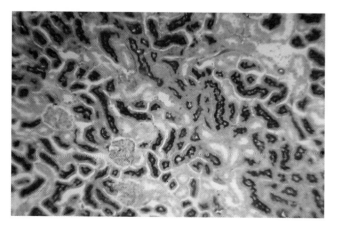

□ **Abb. 18.1** Nachweis der Alkalischen Phosphatase im Bürstensaum (Rotfärbung) der proximalen Tubuli in der Niere der Ratte. x124.

hexazotiertem Pararosanilin, das man selbst herstellt (siehe unten), durchgeführt werden. Lojda et al. (1979) empfehlen die letztere Methode; die Herstellung des hexazotierten Pararosanilins, das sich für die verschiedensten Inkubationsmedien eignet, wird im Folgenden zuerst beschrieben, anschließend werden einige Beispiele für Inkubationsmedien gegeben.

Anleitung A18.2

Herstellen von Hexazonium-Pararosanilin

Für die Präparation eignet sich Pararosanilin (basisches Fuchsin, Rosanilin, Neufuchsin, Magenta III); am besten verwendet man einen Farbstoff, der sich bereits zum Ansetzen von Schiffschem Reagens bewährt hat. Alle Farbstoffpräparate mit Verunreinigungen sind als Ausgangsmaterial für Schiffsches Reagens oder für die Hexazotierung ungeeignet. Die Anleitung richtet sich nach den Vorschriften von Lojda et al. (1964):

A. 400 mg Pararosanilin-HCl (oder Neufuchsin oder basisches Fuchsin) in 8 ml Aqua d. lösen, dann 2 ml konz. HCl zusetzen.
B. 4 % wässrige Natriumnitritlösung (NaNO2) herstellen.
C. Gebrauchslösung: gleiche Teile der Lösungen A und B werden stets unmittelbar vor der Verwendung gemischt.

Die Lösung A ist im Kühlschrank praktisch unbegrenzt haltbar, Lösung B sollte wöchentlich neu angesetzt werden. Werden die beiden Stammlösungen gemischt, sollte sich rasch eine gelbe Färbung der Lösung einstellen. Ist dies nicht der Fall (rotbraune Färbung), kommen als Ursachen in Frage:

1. Lösung A war nicht in verschlossenem Gefäß, HCl ist entwichen; zu wenig HCl im Medium;
2. Lösung B ist zu alt; zu wenig Nitrit im Medium.
3. Sind die vorerwähnten Möglichkeiten ausgeschlossen, handelt es sich um unbrauchbaren Farbstoff. Es ist sinnlos, mit solchen Lösungen die Reaktion zu versuchen. Liegt das Farbstoffpräparat nicht als Hydrochlorid, sondern als freie Farbstoffbase (z. B. p-Rosanilinbase, Chroma) vor, ist es bei der Herstellung von Lösung A wie folgt aufzubereiten: 400 mg Farbstoff mit 2 ml konz. HCl zu einer Paste vermischen, dann erst die 8 ml Aqua d. zusetzen, filtrieren.

Anleitung A18.3

Alkalische Phosphatase, simultane Azokupplungsmethode
Herstellen des Inkubationsmediums:

1. 10–25 mg Naphthol-AS-Phosphat (oder Naphthol-AS-MX-, -AS-D-, -AS-Bl oder -AS-TR-Phosphat) in 0,5 ml Dimethylformamid (Merck) lösen, zu
2. 50 ml 0,1–0,2 M Veronalacetat- oder Tris-HCl-Puffer (pH 8,2 bis 9,2) mischen (Puffertabelle im Anhang).
3. 50 mg stabiles Diazoniumsalz (Fast Blue B, BB, RR, VB, Fast Red TR, Fast Violet B) zumischen (hexazotiertes Pararosanilin, s.u.).
4. Filtrieren.

▼

18

Anstelle der stabilen Diazoniumsalze kann man im obigen Ansatz 0,5 ml frisch hexazotiertes Pararosanilin zusetzen, das man selbst nach den weiter oben gemachten Angaben herstellt; der pH-Wert der Inkubationsmischung muss dann geprüft und mit NaOH nachjustiert werden.

Methode:
1. Man inkubiert unfixierte Kryostatschnitte 5–60 min bei 37 °C oder bei Raumtemperatur. Die Entwicklung des Reaktionsproduktes kann unmittelbar beobachtet werden; eventuell spült man in Aqua d. ab und untersucht im Mikroskop, danach kann weiter inkubiert werden.
2. Die Inkubation wird durch sorgfältiges Spülen in Aqua d. beendet;
3. danach stellt man die Schnitte über Nacht in 4 % Formalinlösung (dabei lösen sich die Gasblasen an der Oberfläche der Schnitte).
4. Am nächsten Tag spült man in Leitungswasser
5. Eine eventuelle Gegenfärbung der Kerne richtet sich nach der Farbe des Reaktionsproduktes, die wieder vom verwendeten Diazoniumsalz abhängt (blau bei den Fast Blue Salzen, rot bei Fast Red und Fast Violet sowie bei selbst hexazotiertem Pararosanilin).
6. Schnitte in Karion oder Glyceringelatine einschließen.

Kontrollen: a) Substrat weglassen und b) in Anwesenheit von 5 mm Tetramisol inkubieren.

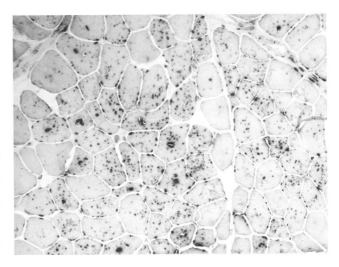

◘ Abb. 18.2 Nachweis der Sauren Phosphatase in Lysosomen (Rotfärbung), Skelettmuskulatur Mensch. x 250. Präparat Prof. C. Sewry, London

18.2.1.2 Saure Phosphatase

Die Saure Phosphatase katalysiert im sauren Milieu die Spaltung von Estern der Orthophosphorsäure mit verschiedenen Alkoholen und Phenolen. Sie ist in erster Linie in Lysosomen lokalisiert, kann aber auch im rauen ER nachgewiesen werden. Sie ist ein guter Marker für Lysosomen, ihre physiologische Funktion ist aber unbekannt. Typische Lokalisationen sind: Milz (Makrophagen), Niere (proximale Tubuli), Dünndarm (Saumepithel), Neurone im ZNS, Adenohypophyse und auch Muskulatur (◘ Abb. 18.2).

Am besten ist es, unfixierte Kryostatschnitte zu verwenden. Besonders saubere Lokalisationen erhält man aber nach (wenige Stunden dauernder) Blockfixierung in gepuffertem Formaldehyd bei 4 °C und anschließender Aufbewahrung in Rohrzucker/ Gummi arabicum, ► Kap. 18.1.1.1, im Kühlschrank).

Zum Nachweis gibt es verschiedene Methoden (Burstone 1962, Lojda et al. 1976), unter denen sich folgende bewährt hat:

Anleitung A18.4

Alkalische Phosphatase, Indoxyl-Tetrazoliumsalzmethode
Herstellen des Inkubationsmediums (nach Van Noorden und Frederiks 1992):
18 g Polyvinylalkohol in 0,1 M Tris-HCl-Puffer pH 9,0 (Puffertabelle im Anhang) lösen.

1 ml polyvinylalkoholhaltigem Medium fügt man als Substrat 7 µl 5-Bromo-4-Chloro-3-Indolylphosphat (Indoxylphosphat, 1 mg in 20 µl Dimethylformamid, Endkonzentration 0,7 mm) hinzu; 10 µl 1-Methoxyphenazin-Metosulfat (15 mg/ml Aqua d.; Endkonzentration 0,45 mm), 10 µl MgCl$_2$ (204 mg/ml Aqua d.; Endkonzentration 10 mm), 10 µl Natriumazid (34 mg/ml Aqua d.; Endkonzentration 5 mm) und 40 µl Tetranitro BT (5 mg unter leichtem Erwärmen gelöst in 20 µl Ethanol und 20 µl Dimethylformamid; Endkonzentration 5 mm).

Methode:
1. Unfixierte Kryostatschnitte in Inkubationsmedium 15 min bei 37 °C inkubieren.
2. Gründlich waschen mit 0,1 M Phosphatpuffer (Sörensen) pH 5,3 (Puffertabelle im Anhang) bei 60 °C.
3. Mit Glyceringelatine eindecken.

Ergebnis:
Das Reaktionsprodukt ist rostbraun.
Kontrollen: a) Substrat weglassen und b) in Anwesenheit von 5 mm L-Tetramisol oder L-4-Bromotetramisol inkubieren.

Anleitung A18.5

Simultane Azokupplung mit Naphthol-AS-Substraten und Pararosanilin
Verwendung von Naphthol-AS-BI- oder Naphthol-AS-TR-Phosphat als Substrat ergibt eine saubere Lokalisation des Enzyms. Die Herstellung des Inkubationsmediums erfolgt so.

Herstellen der Inkubationslösung:
1. 20–25 mg Naphthol-AS-BI- oder Naphthol-AS-TR-Phosphat werden in 1 ml Dimethylformamid gelöst und zu 24 ml 0,1 M Veronalacetatpuffer von pH 6,0 gemischt.
2. 1,5–4,5 ml hexazotiertes Pararosanilin mit 0,1 M Veronalacetatpuffer (pH 6,5) auf 25 ml auffüllen (Puffertabelle im Anhang).

▼

3. In beiden Lösungen den pH prüfen; wenn nötig auf einen Wert zwischen 5,0 und 5,5 einstellen mit 1 N NaOH (oder 1 N HCl).
4. Beide Lösungen mischen.

Methode:

1. Man inkubiert bei 37 °C für 30–60 min, oder 1–2 h bei Raumtemperatur im Inkubationsmedium
2. spülen der Schnitte in Aqua d.
3. einstellen in 5 % Formalin, bis nach einigen Stunden die an den Schnitten haftenden Gasblasen verschwinden.
4. anschließend spülen in Aqua d.
5. eventuell Gegenfärbung mit Hämalaun
6. in Karion oder Glyceringelatine einschließen.

Ergebnis:

Positive Zellen werden granulär rot gefärbt.

Hemmstoffe:

0,0042 bis 0,042 % Natriumfluorid (NaF; 1–10 mm; Merck); 0,28 % Tartrat, Natriumsalz (10 mM; Merck) und andere. Diese Hemmstoffe werden dem Inkubationsmedium zugesetzt.

Anleitung A18.6

Direkte Azokupplung mit stabilen Diazoniumsalzen

Die Einführung stabiler Kuppler kommt nicht nur der Bequemlichkeit des Benützers entgegen (die Ergebnisse sind allerdings in der Regel schlechter als die mit selbst hexazotiertem Pararosanilin erzielten), sie erlaubt durch die Wahl verschiedener Substanzen unterschiedlich gefärbte Reaktionsprodukte nach Wunsch zu erhalten (blau oder violett; auf jeden Fall von rostrot verschieden). Unter Verwendung eines Substrates aus der Naphthol-AS-Reihe wird nach folgender Arbeitsvorschrift vorgegangen (Burstone 1962):

Herstellen des Inkubationsmediums:

1. 5–10 mg Naphthol AS-BI-, Naphthol AS-TR- oder Naphthol-AS-MX-Phosphat in 0,5 ml Dimethylformamid lösen.
2. 30–50 mg Fast Blue B, RR oder Fast Red Violet LB in 50 ml 0,1 M Natriumacetat-Puffer (pH 5,2) lösen (Puffertabelle im Anhang).
3. Mischen und eventuell 1 ml 2 % wässrige Manganchloridlösung (MnCl$_2$, Merck) zusetzen (nicht absolut notwendig).
4. Filtrieren.

Methode:

1. Man inkubiert 30–120 min bei 37 °C im Inkubationsmedium.
2. Danach wird gründlich in Aqua d. gewaschen
3. in 5 % Formalin mehrere Stunden fixieren, bis an den Schnitten haftende Gasblasen entwichen sind
4. nochmals in Aqua d. auswaschen

▼

5. eventuell mit Kernechtrot oder Methylgrün gegenfärben
6. in Karion oder Glyceringelatine einschließen

Ergebnis:

Das Reaktionsprodukt ist blau oder blauviolett.

Hemmstoffe:

0,0042 bis 0,042 % Natriumfluorid (NaF; 1–10 mm; Merck); 0,28 % Tartrat, Natriumsalz (10 mM; Merck) und andere. Diese Hemmstoffe werden dem Inkubationsmedium zugesetzt.

Anleitung A18.7

Direkte Azokupplung mit stabilen Diazoniumsalzen am unfixierten Schnitt

Auch am unfixierten Schnitt (immer Technik der ersten Wahl) lassen sich saubere Lokalisationen erzielen, wenn dem Inkubationsmedium Polyvinylalkohol zugesetzt wird, wie in der Methodik von Van Noorden und Frederiks (1992)

Herstellen von hexazotiertem Pararosanilin:

Anleitung A18.2

Herstellen der Inkubationslösung:

18g Polyvinylalkohol in 100 ml 0,1 M Natriumacetatpuffer (pH 5) lösen (Puffertabelle im Anhang). Zu 1 ml des polyvinylalkoholhaltigen Puffers 2,5 mg Naphthol-AS-BI Phosphat hinzufügen, das in 25 μl Dimethylformamid (Endkonzentration 5 mm) und 80 μl hexazotiertem Pararosanilin (Endkonzentration 10 mm) gelöst ist.

Methode:

1. 10–60 min bei 37 °C in der Inkubationslösung inkubieren
2. Mit 60 °C warmem Aqua d. auswaschen.
3. Mit Glyceringelatine eindecken.

Kontrollen wie bei der vorgenannten Methode.

18.2.1.3 Glucose-6-Phosphatase

Dieses Enzym gilt als Marker des endoplasmatischen Reticulums. Es ist ein Schlüsselenzym bei der Glucosesynthese und spaltet von Glucose-6-Phosphat anorganisches Phosphat ab. Typische Lokalisationen: Leber, Niere.

Anleitung A18.8

Cerium-Diaminobenzidin-Wasserstoffperoxid-Methode nach Jonges et al. 1990
(Van Noorden und Frederiks 1992)

Herstellen des Tris-Maleat-Puffers:

Lösung A:
2,42 g Tris(hydroxymethyl)-aminomethan (M=121 g/mol)
2,32 g Maleinsäure (M=116 g/mol)
in 100 ml Aqua d. lösen.

▼

Lösung B:

0,8 g Natriumhydroxid (M=40 g/mol)

in 100 ml Aqua d. lösen.

Ansatz Puffer:

25 ml Lösung A + x ml Lösung B mit Aqua d. auf 100 ml auffüllen

pH	x ml Lösung B
6,2	15,8
6,4	18,5
6,6	21,3
6,8	22,5
7,0	24,0
7,2	25,5
7,4	27,0
7,6	29,0
7,8	31,8
8,0	34,5
8,2	37,5

Herstellen des Inkubationsmediums
(1. Schritt des Nachweises):

123 mg Ceriumchlorid (Endkonzentration 5 mm) und 260 mg Glucose-6-Phosphat (Endkonzentration 10 mm) in 100 ml 0,05 M Tris-Maleat-Puffer (pH 6,5) lösen.

Herstellen des Mediums für den 2. Schritt des Nachweises:

360 mg Diaminobenzidin (Endkonzentration 10 mm) und 65 mg Natriumazid (Endkonzentration 10 mm) in 100 ml 0,05 M Tris-Maleat-Puffer (pH 8,0). 13 ml Wasserstoffperoxid der Mischung unmittelbar vor Gebrauch zufügen (Stammlösung 30 %, Endkonzentration 4 %).

Methode:

1. Schritt 1: Luftgetrocknete 5–10 µm dicke Kryostatschnitte im Inkubationsmedium 5 min bei Raumtemperatur inkubieren.
2. in 0,05 M Tris-Maleat-Puffer (pH 8,0) auswaschen.
3. Schritt 2: 10 min bei Raumtemperatur mit dem Zweitschrittmedium inkubieren.
4. Mit Aqua d. auswaschen.
5. Mit Glyceringelatine eindecken.

Kontrollen: Inkubation ohne Substrat oder in Anwesenheit von Zitronensäure.

18.2.1.4 Adenosintriphosphatasen (ATPasen)

Die Spaltung von Adenosintriphosphat in Adenosindiphosphat und Phosphat wird von einer Reihe von ATPasen bewirkt, die sich durch ihre Lokalisation, ihr pH-Optimum und unterschiedliche Aktivierbarkeit bzw. Hemmbarkeit auszeichnen. Das freigesetzte Phosphat kann entweder als Calcium- oder Bleisalz gefällt und durch weitere Umwandlung sichtbar gemacht werden. Zu weiteren auch neueren Methoden siehe Van Noorden und Frederiks (1992 und 2002).

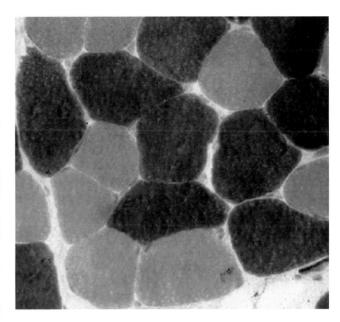

Abb. 18.3 Nachweis der Ca^{2+}-Myosin-ATPase, Skelettmuskulatur, Mensch. Zu erkennen ist die unterschiedliche Enzymaktivität in unterschiedlichen Muskelfasertypen: schwarz hohe, grau schwache Aktivität. x 250. Präparat Prof. C. Sewry, London

Für die Histochemie lassen sich vor allem zwei ATPasen unterscheiden, die Na^+-, K^+-ATPase, die Natriumpumpe in Zellmembranen, und die Ca^{2+}-Myosin-ATPase.

Typische Lokalisation: Skelettmuskelgewebe (■ Abb. 18.3), Herzmuskelgewebe. Allerdings kommt es auch zu unspezifischen Anfärbungen wie z. B. von verkalkten Stellen, Keratingranula (durch Kobalt) und Pigmenten. Diese Reaktionsprodukte können durch Inkubation ohne Substrat als Artefakte identifiziert werden.

Anleitung A18.9

Ca^{2+}-Myosin-ATPase, Calcium-Kobalt-Methode
Herstellen des Inkubationsmediums:

1. 75 mg Adenosintriphosphat in 20 ml Aqua d. lösen. Den pH-Wert mit 1 N NaOH auf etwa 9,4 einstellen.
2. 10 ml 2 % wässrige Lösung von Barbitalnatrium (Merck) zumischen, dann
3. 5 ml 2 % Calciumchloridlösung und
4. 15 ml Aqua d.
5. pH überprüfen, auf einen Wert von 9,4 einstellen.

Hemmstoffe:

Pb^{2+}, Blocker von SH-Gruppen.

Methode:

1. unfixierte, luftgetrocknete Kryostatschnitte bei Raumtemperatur oder bei 37 °C für 15–60 min im Inkubationsmedium inkubieren; die optimale Zeit muss ausgetestet werden.
2. Nach Abschluss der Inkubation wird sorgfältig in Aqua d. gespült
3. 5 min in eine 2 % wässrige Lösung von Kobaltnitrat (oder Kobaltchlorid) einstellen,

▼

4. wieder in Aqua d. spülen

5. in 1 % Ammoniumsulfid das schwarze Kobaltsulfid entwickeln.

6. Danach nochmals in Aqua d. spülen

7. 10 min in 4 % Formaldehyd fixieren (Raumtemperatur, wässrige Lösung)

8. in Karion oder Glyceringelatine einschließen.

Die Schnitte können auch gegengefärbt und/oder entwässert und in Balsam (z. B. DePeX) eingeschlossen werden.

Anleitung A18.10

Na+-, K+-ATPase, Bleisalzmethode

Herstellen des Inkubationsmediums:

1. 20 mg Adenosintriphosphat in 20 ml Aqua d. lösen, pH mit 0,1 N NaOH auf etwa 7,2 einstellen.

2. 20 ml 0,2 M Tris-Maleat-Puffer pH 7,2 (A18.8) zumischen

3. 3 ml 2 % wässrige Lösung von Bleinitrat unter ständigem Rühren tropfenweise zufügen,

4. 5 ml einer 2,5 % Magnesiumsulfatlösung zugeben.

5. Das Medium auf Inkubationstemperatur bringen und filtrieren.

Hemmstoffe:

5 mM Ouabain, Natriumfluorid, Pb^{2+}, Blocker der SH-Gruppe (z. B. p-Chlormercuribenzoesäure.

Methode:

1. Man inkubiert unfixierte, luftgetrocknete Kryostatschnitte bei Raumtemperatur oder bei 37 °C für 10–120 min im Inkubationsmedium.

2. Nach der Inkubation spült man sorgfältig in Aqua d. (bis zu 4x)

3. mit 1 % Ammoniumsulfidlösung (in Aqua d.) für 1–2 min behandeln

4. mit Aqua d. wieder spülen (bis zu 4x),

5. 10 min in 4 % Formaldehyd (RT) nachfixieren

6. in Glceringelatine eindecken

Bei längeren Inkubationszeiten (ab ca. 30 min) sollte das Medium zwischendurch erneuert werden, da es zu nichtenzymatischer Hydrolyse des Substrates kommt (Medium wird trüb!) Kontrolle der nicht-enzymatischen Präzipitate durch Inkubation von hitzeinaktivierten Schnitten: Vor dem 1. Schritt die Schnitte 10 min in 80 °C warmes Aqua d. einstellen.

18.2.2 Carboxylesterhydrolasen

18.2.2.1 Unspezifische Esterasen

Diese Gruppe von Esterasen zeichnet sich durch relativ geringe Substratspezifität aus und arbeitet bei physiologischem pH-Wert; man findet sie im endoplasmatischen Reticulum, in Mitochondrien und in Lysosomen. Als Substrate werden gewöhnlich Naphthyl- oder Indoxylester angeboten. Eine Einengung der nachgewiesenen Enzymaktivitäten ist durch die Verwendung von Hemmsubstanzen möglich (Lojda et al. 1976, 1979). Im Folgenden ist das klassische Inkubationsmedium nach Davis und Ornstein (1959) angegeben. Die Funktion dieses Enzyms ist unbekannt. Typische Lokalisation: Leber, Niere, Darmtrakt, Neurone, Leukocyten, Langerhanszellen, von Interesse bei der Leukämiediagnostik.

Anleitung A18.11

Unspezifische Esterase, Azokupplungsmethode

Herstellen des Inkubationsmediums:

1. 50 ml einer 2,8 % wässrigen Lösung von sekundärem Natriumphosphat (Na_2HPO_4) ansetzen.

2. 1,5-4,5 ml frisch hexazotiertes Pararosanilin zumischen (A18.2).

3. pH prüfen und mit 0,1 N NaOH auf einen Wert um 7,0 einstellen.

4. 10 mg α-Naphthylacetat (1-Naphthylacetat) in 1 ml Aceton lösen und zusetzen.

5. Filtrieren.

Die geeignete Menge des zuzusetzenden Hexazonium-Pararosanilins muss durch Erfahrung gefunden werden. Große Mengen führen zu gelblicher Anfärbung des Hintergrundes und hemmen die Enzymaktivität, geringe Mengen bewirken langsame Kupplung und damit Diffusionsartefakte. Mit steigendem pH-Wert wird das Pararosanilinreagens unstabil; er sollte daher eher unter pH 7,0 eingestellt werden. Bei lysosomaler Lokalisation der Enzyme wählt man pH 5,5–6,0.

Hemmreaktionen:

10 min Präinkubation und Zusatz zum Inkubationsmedium von 0,0003–0,003 % Physostigmin (Eserin, 0,01–0,1 mm, Merck; 0,0002 % Diisopropyl-Fluorophosphat (DFP, 0,01 mM, Merck-Schuchardt, Roth) oder 0,0003–0,03 % Diethyl-p-nitrophenylphosphat (E 600, 0,01–1 mm, Bayer, Sigma). Physostigmin und DFP hemmen die Cholinesterasen, E 600 die Aliesterase (Carboxylesterase, Lojda et al. 1979)

Methode:

1. Routinemäßig: formaldehydfixierte Kryostatschnitte

2. Man inkubiert bei Raumtemperatur oder bei 37 °C für 3–20 min im Inkubationsmedium. Die Entwicklung des rostbraunen Reaktionsproduktes kann direkt verfolgt werden.

3. Nach der Inkubation wird mit Aqua d. sorgfältig gespült

4. anschließend in 5 % Formalin einstellen (am besten über Nacht), damit sich die Gasblasen von den Schnitten lösen.
Ergebnis: kräftig braunrot.

5. Danach spült man wieder in Aqua d. und führt eventuell eine Gegenfärbung der Zellkerne durch;

6. man schließt in ein mit Wasser mischbares Medium ein (Glyceringelatine) oder entwässert und deckt in Balsam (z. B. Entellan, DePeX, o.ä.) ein.

18.2.2.2 Cholinesterasen

Cholinesterasen hydrolysieren Cholinester; man unterscheidet zwischen der spezifischen Acetylcholinesterase und den Cholinesterasen (Pseudocholinesterasen, unspezifische Cholinesterasen). Von histologischem Interesse ist vor allem die Acetylcholinesterase mit ihrer überaus hohen Umsatzrate für Acetylcholin; andere Cholinester werden kaum angegriffen. Die unspezifischen Cholinesterasen dagegen setzen Cholinester der Essigsäure mit derselben – vergleichsweise geringen – Geschwindigkeit um wie etwa Butyrylcholin oder Propionylcholin. Acetylcholinesterase ist im Nervengewebe, z. B. an motorischen Endplatten und an Erythrocyten lokalisiert. Die Methode der Wahl zum Nachweis von Acetylcholinesterase ist die von Karnovsky und Roots (1964) eingeführte Thiocholintechnik (Lojda et al. 1976).

Anleitung A18.12

Acetylcholinesterase, Thiocholinmethode
Herstellen des Inkubationsmediums:
1. 12,5 mg Acetylthiocholiniodid in 2,5 ml Aqua d. lösen.
2. 15,8 ml einer 0,82 % wässrigen Lösung von Natriumacetat zumischen.
3. 0,5 ml 0,6 % Essigsäure zugeben, danach
4. 1,5 ml 2,94 % Natriumcitratlösung und
5. 2,5 ml 0,75 % Kupfersulfatlösung.
6. Zuletzt 2,5 ml 0,165 % Kaliumferricyanidlösung einrühren.

Die Reihenfolge der Reagenzien einhalten und zwischendurch stets gut mischen! Der pH des Inkubationsmediums beträgt 5,5–6.

Methode:
1. Man inkubiert unfixierte Kryostatschnitte, Acetonbehandelte Kryostatschnitte oder formaldehydfixierte Kryostatschnitte bei Raumtemperatur oder im Kühlschrank bei 4 °C im Inkubationsmedium. Die Entwicklung des rotbraunen Reaktionsproduktes kann direkt verfolgt werden. Die Inkubationszeiten werden oft bis zu 3 h ausgedehnt, das Medium muss dann eventuell zwischendurch erneuert werden (Trübung tritt auf).
2. Nach der Inkubation wird in Aqua d. gespült
3. in Glyceringelatine einschließen.

Das angegebene Inkubationsmedium zeigt vorzugsweise Stellen mit Acetylcholinesteraseaktivität (wegen der hohen Umsatzrate des Enzyms entwickelt sich hier das Reaktionsprodukt rasch), aber auch die Lokalisation unspezifischer Cholinesteraseaktivität (Butyrylcholinesterase und andere Esterasen). Ersetzt man im Medium das Substrat Acetylthiocholin durch Butyrylthiocholin, so nimmt die Umsatzrate von Acetylcholinesterase sofort drastisch ab und die Lokalisation der anderen Esterasen tritt in den Vordergrund.

Neben der Substratspezifität kann man sich verschiedene verfügbare **Hemmsubstanzen** zur Differenzierung der Esteraseaktivitäten nützlich machen:

Physostigmin (Eserin): Eine Endkonzentration von 0,01–0,001 mm im Medium hemmt Acetylcholinesterase und Pseudocholinesterase und ermöglicht die Abtrennung dieser Enzymaktivitäten von unspezifischen Esterasen.

DFP (Diisopropylfluorophosphat): Eine Endkonzentration von 0,01–0,001 mm im Medium hemmt Acetylcholinesterase und Pseudocholinesterase; der Zweck gleicht dem bei Physostigminanwendung.

iso-OMPA (Tetraisopropylpyrophosphoramid): 0,01 mm Endkonzentration im Medium hemmt vor allem Pseudocholinesterase; wenn es bei Acetylthiocholin als Substrat mit eingesetzt wird, dient es zur Darstellung von Acetylcholinesteraseaktivität.

Von den Hemmsubstanzen stellt man sich am besten Stammlösungen in der 100-fachen Endkonzentration her, die man dann dem fertig gemischten Medium zusetzt. DFP muss in einer geringen Menge Dimethylformamid gelöst werden; erst dann kann man es in das wässrige Medium bringen. Die Flaschen mit den Hemmsubstanzen müssen unter Verschluss (giftig) und im Dunkeln (lichtempfindlich) aufbewahrt werden!

Anleitung A18.13

Thiocholinmethode zum Nachweis von Acetylcholinesterase mit Polyvinylalkohol nach Kugler 1987
(Van Noorden und Frederiks 1992)

Herstellen des Inkubationsmediums:
1. HEPES-Puffer: 0,8 g NaCl (140 mm); 0,027 g Na_2HPO_4 (1,5 mm); 1,2 g HEPES (50 mm); auf 100 ml mit Aqua d. auffüllen, pH 7,0 – 7,4
   HEPES = 2-(4-(2-Hydroxyethyl)-1-piperazinyl)-ethansulfonsäure)
2. 18 g Polyvinylalkohol in 100 ml HEPES-Puffer (pH 7,0) lösen.
3. 1 ml polyvinylalkoholhaltigem Medium folgende Substanzen zufügen (in der angegebenen Reihenfolge!):
   10 µl Natriumcitrat (882 mg/ml Aqua d.; Endkonzentration 30 mm), 10 µl Kupfersulfat (450 mg/ml Aqua d.; Endkonzentration 18 mm), 10 µl Kalium-Ferricyanid (127 mg/ml Aqua d.; Endkonzentration 3 mm) und 10 µl Acetylthiocholiniodid (88 mg/ml Aqua d.; Endkonzentration 3 mm).
4. pH Wert des Mediums auf pH 6 einstellen (1 N HCl oder 1 N NaOH).

Methode:
1. Unfixierte Kryostatschnitte bei 37 °C 60 min lang im Inkubationsmedium inkubieren.
2. Gründlich mit Aqua d. spülen.
3. In Glyceringelatine eindecken.

Kontrollinkubationen: ohne Substrat, oder mit Hemmstoffen (Physostigmin, Diisopropyl Fluorophosphat, Tetraisopropyl Phosphoramid)

18.2.3   Oxidasen, Peroxidasen

18.2.3.1   Cytochrom-C-Oxidase

Die Cytochrome sind Leitenzyme der inneren Mitochondrienmembran. Die Cytochromoxidase katalysiert bei Anwesenheit von Sauerstoff die Oxidation des reduzierten Cytochroms C (Ferrocytochrom C) zu Ferricytochrom C. Das Enzym wird durch Fixierung inhibiert. Es gilt als Parameter für die oxidative Tätigkeit eines Gewebes. Es existieren verschiedene Nachweismethoden. Gebräuchlich ist die Methode nach Burstone (1962). Typische Lokalisierung: mitochondrienreiche Zellen, z. B. Epithelien der proximalen und distalen Nierentubuli, Belegzellen des Magens (◘ Abb. 18.4), viele Neurone.

Anleitung A18.14

Cytochrom-C-Oxidase

Herstellen des Inkubationsmediums:
1. 10–15 mg p-Aminodiphenylamin (die freie Base, nicht das Hydrochlorid) und
2. 10–15 mg 1-Hydroxy-2-naphthylsäure oder Naphthol-AS-LG in 0,5 ml Dimethylformamid oder 100 % Ethanol lösen.
3. Dazu 50 ml 0,05 M Phosphat(Sörensen)- oder Tris-HCl-Puffer pH 7,2–7,4 mischen (Puffertabelle im Anhang). Alles gut mischen und filtrieren.

Hemmstoffe: Kaliumcyanid (0,0065–0,065 %) und Natriumacid (0,0065 %).

Methode:
1. Man inkubiert im Inkubationsmedium ausschließlich unfixierte native Gefrierschnitte bei 37 °C für 30–120 min.
2. Nach der Inkubation kommen die Präparate für 1 h direkt in 1 % Kobaltnitrat (oder Kobaltacetat) in 5 % Formalinlösung, um das Reaktionsprodukt zu stabilisieren.
3. Anschließend wird in Aqua d. gewaschen
4. In Glyceringelatine einschließen.

Ergebnis:
Positive Strukturen färben sich blaubraun bis schwarzbraun.

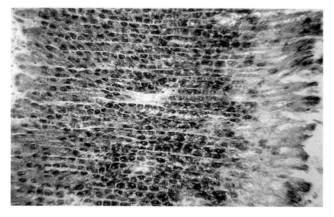

◘ **Abb. 18.4** Nachweis der Cytochromoxidase (Braunfärbung) insbesondere in den zahlreichen, das Bild beherrschenden, mitochondrienreichen Belegzellen (Salzsäurebildung) der Magendrüsen einer Ratte. x125.

18.2.3.2   Peroxidase

Peroxidasen sind Hämoproteine, wie umgekehrt alle Hämoproteine Peroxidaseaktivitäten haben, z. B. Cytochrome, Hämoglobin oder Myoglobin; sie werden dann Pseudoperoxidasen genannt. Peroxidasen katalysieren die Oxidation eines Substrates in Anwesenheit von Wasserstoffperoxid, das dabei zu Wasser reduziert wird. Sie beseitigen Wasserstoffperoxid. Die verschiedenen (echten) Peroxidasen des Organismus, wie z. B. Lactoperoxidase, Myeloperoxidase, Speichelperoxidase oder die Peroxidase der Schilddrüse, unterscheiden sich in ihrer Widerstandsfähigkeit gegen Fixierung, Hitze und Cyanid. Die meistens durchgeführte Nachweismethode beruht auf der Oxidation von Diaminobenzidin (DAB) nach Graham und Karnovsky (1966, Lojda et al. 1976).

Typische Zellen mit hoher Peroxidaseaktivität: neutrophile und eosinophile Granulocyten, Kupfferzellen (Leber).

Da die Aktivität der Peroxidasen je nach Gewebe unterschiedlich stark durch die Fixierung gehemmt wird, empfiehlt sich immer auch eine Reaktion am unfixierten Schnitt. Durch Zusatz von **Hemmsubstanzen** lassen sich verschiedene Peroxidaseaktivitäten differenzieren:

3-Aminotriazol: Eine Endkonzentration von 30 mm im Medium hemmt die Peroxidaseaktivität von Katalase.

KCN: Eine Endkonzentration von 10 mm im Medium hemmt Peroxidasen mit Ausnahme von Myeloperoxidase; höhere Konzentrationen von KCN (50 mm) hemmen alle Peroxidaseaktivitäten.

Liegt nur wenig Reaktionsprodukt vor, kann man die Schnitte nach dem Spülen in Aqua d. in eine 0,5 % Lösung von Kupfer(II)nitrat in Tris-HCl-Puffer von pH 7,6 einstellen, um den Farbkontrast zu erhöhen.

Anleitung A18.15

Peroxidase, Diaminobenzidinmethode

Herstellen des Inkubationsmediums:
1. 10 mg Diaminobenzidin in 10 ml konz. Tris-HCl- Puffer (pH 7,2–7,8) lösen (Puffertabelle im Anhang). Gegebenenfalls das DAB vorher in einigen Tropfen *N, N*-Dimethylformamid oder durch Erwärmen im Puffer lösen.
2. 10 ml einer frisch hergestellten 0,2 % Wasserstoffperoxidlösung zusetzen.
3. pH überprüfen (DAB als Tetrahydrochlorid liefert stark saure Lösungen) und filtrieren.

Methode:
1. Man inkubiert unfixierte oder milde aldehydfixierte Schnitte bei Raumtemperatur oder bei 37 °C für 3–30 min in der Inkubationslösung
2. anschließend in Aqua d. auswaschen.
   Das Reaktionsprodukt ist braun. Da es osmiophil ist, kann es durch Osmiumdämpfe oder in 1 % Osmiumtetroxidlösung geschwärzt werden (dabei kommt es aber auch zur Schwärzung von Lipiden!).
3. Die gewaschenen Schnitte werden in Glyceringelatine eingeschlossen oder entwässert und dann mit Balsam (Eukitt, DePeX, o. ä.) eingedeckt.

18.2.3.3 Katalase

Zur Anfärbung der Peroxisomen stellt man die Peroxidaseaktivität des Leitenzyms Katalase dar. Zum Nachweis der Katalase eignet sich besonders ein von Novikoff und Goldfischer (1969, Lojda et al 1976) angegebenes alkalisches Medium mit Diaminobenzidin als Substrat.

Die Reaktion gelingt am besten nach fünfminütiger Fixierung von Gefrierschnitten bei Raumtemperatur in 0,3 % Glutardialdehyd, aber auch nach Formalinfixierung. Nach Fixierung dreimal in Aqua d. spülen. Man inkubiert frei schwimmende Gefrierschnitte.

Anleitung A18.16

Katalasenachweis in Peroxisomen
Herstellen des Propandiolpuffers:
Lösung A:
21 g Propandiol
in 1000 ml Aqua d. lösen.

Lösung B:
8,7 g NaCl
1,5 g Tris-HCl (Merck)
4,9 g Tris-Base (Merck)
in 175 ml Aqua d. lösen.

Ansatz Puffer:
175 ml Lösung B
62,5 ml Lösung A
mit 100 mg Levamisol mischen.
Diese Lösung mit Tris-Base bzw. Tris-HCl auf pH 9,4 einstellen.

Herstellen des Inkubationsmediums:
1. 20 mg Diaminobenzidin(-Tetrahydrochlorid) in 10 ml 0,2 M Propandiolpuffer (pH 9,4) lösen.
2. 0,2 ml einer frisch zubereiteten 1 % Hydrogenperoxidlösung zusetzen (aus Perhydrol verdünnen).
3. Filtrieren.

Das Medium soll farblos bis zartrosa sein, sofort verwenden.

Methode:
1. Man inkubiert im Inkubationsmedium bei 37 °C für 30 min (bis 2 h).
2. Anschließend wird in Aqua d. gewaschen,
3. eventuell wird das braune Reaktionsprodukt mit 1 % wässriger Osmiumtetroxidlösung geschwärzt,
4. spülen in Aqua d.
5. in Glyceringelatine einschließen.

Zur **Kontrolle** inkubiert man in einem Medium, dem 100 mm (Endkonzentration) Aminotriazol zugesetzt sind. Für die Möglichkeiten, verschiedene Peroxidaseaktivitäten zu unterscheiden (Hämoglobin, Myoglobin, Cytochrome, Myelo-, Sialo- oder Lactoperoxidase), sei auf Böck et al. 1980, Romeis 1989 verwiesen. Typische Lokalisationen: Peroxisomen in Leber und Nierentubuli, auch Erythrocyten reagieren positiv.

Anleitung A18.17

Katalasemethode mit Polyvinylalkohol im Inkubationsmedium
(Van Noorden und Frederiks 1992)

Herstellen des Inkubationsmediums:
1. 0,1 M Glycinpuffer:
   0,75 g Glycin + 0,585 g NaCl auf 100 ml Aqua d. auffüllen. Dann mit ca. 9 ml 1 N NaOH auf pH 10,5 einstellen.
2. 2 g Polyvinylalkohol werden in 100 ml 0,1 M Glycin-Puffer gelöst (pH 10,5). Dieser Lösung werden 76 mg DAB (Endkonzentration 5 mm) und 200 µl Wasserstoffperoxid (Stammlösung 30 %; Endkonzentration 0,06 % oder 18 mm).

Methode:
1. 30 min bei 37 °C im Inkubationsmedium inkubieren.
2. Gründlich auswaschen in Aqua d.
3. mit Glyceringelatine eindecken.

Kontrollen: A18.16

18.2.4 Dehydrogenasen

Dehydrogenasen sind Enzyme, die Substrate oxidieren, indem sie Elektronen des Substrats aufnehmen. Diese Elektronen werden entweder auf ein Co-Enzym wie NAD^+ oder $NADP^+$ oder auf andere Elektronenakzeptoren übertragen. Es gibt viele Dehydrogenasen, die histochemisch alle nach demselben Prinzip mit Variationen der Substrate und/oder Co-Enzyme nachgewiesen werden können (Lojda et al. 1976, 1979 und Van Noorden und Frederiks 1992, 2002)

18.2.4.1 Bernsteinsäuredehydrogenase (Succinatdehydrogenase)

Das Enzym Succinatdehydrogenase (SDH, Bernsteinsäuredehydrogenase) ist ein leicht lösliches eisenhaltiges Flavoprotein

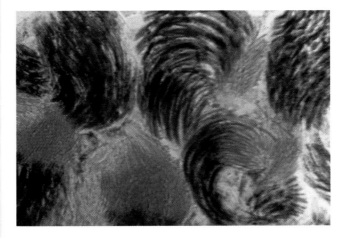

◻ Abb. 18.5 Nachweis der Bernsteinsäuredehydrogenase (dunkelviolett) in den Mitochondrien der Spermienschwänze im Hoden eines Kammmolchs. x250.

und katalysiert in Mitochondrien die reversible Oxidation von Bernsteinsäure zu Fumarat.

Man arbeitet mit unfixierten Kryostatschnitten, die auf dem Objektträger oder auf einem Deckglas aufgetaut und getrocknet sind. Das Enzym ist in Mitochondrien lokalisiert (◘ Abb. 18.5). Die beschriebene Methodik folgt den Angaben von Lojda et al. (1976).

Anleitung A18.18

Succinatdehydrogenase nach Lojda et al. (1976)

Herstellen der Succinatlösung:

1. 270 mg Succinat (Dinatriumsalz, Hexahydrat) in 1 ml Aqua d. lösen, eventuell pH prüfen und auf pH 7,2-7,4 einstellen.
2. Aufbewahren in der Tiefkühltruhe oder im Tiefkühlfach.

Herstellen der Tetrazoliumsalz-Stammlösung:

1. 10 ml 0,1 M Phosphatpuffer (Sörensen) oder 0,2 M Tris-HCl-Puffer, pH 7,2-7,4 (Puffertabelle im Anhang).
2. 10-40 mg Nitro BT (Nitro blue tetrazolium) oder Tetranitro BT in 0,5 ml Dimethylformamid lösen, dann diese Lösung in 9,5 ml Aqua d. mischen.
3. 4 ml einer 0,05 % wässrigen Natriumcyanidlösung oder einer 0,065 % wässrigen Kaliumcyanidlösung (der pH der Lösung wurde mit HCl auf 7,2 gebracht).
4. 4 ml einer 0,05 M Magnesiumchloridlösung (0,47 % wasserfreies oder 1 % kristallines Magnesiumchlorid, Merck).
5. 8 ml Aqua d.

Alle fünf Bestandteile werden gemischt und im Kühlschrank aufbewahrt. Diese Stammlösung kann auch für andere Tetrazoliummethoden Verwendung finden (entsprechend den Arbeitsvorschriften von Lojda et al. 1976).

Herstellen des Inkubationsmediums

1. 2 ml Tetrazoliumsalz-Stammlösung werden mit
2. 0,1–0,2 ml Succinatlösung gemischt.
3. Dazu kommen 0,1–0,3 mg PMS (Phenazinmethosulfat) oder 2–3 Tropfen einer 0,5 % Menadionlösung (Vitamin K3) in Aceton.

Hemmstoff: Malonat

Methode:

2 ml Inkubationslösung sind für Schnitte auf Deckgläsern in kleinen Gefäßen ausreichend; die Proportionen sind sonst entsprechend zu vervielfältigen.

1. Die Kryostatschnitte werden 5–45 min bei Raumtemperatur oder bei 37 °C im Inkubationsmedium inkubiert; ist das Medium mit PMS angesetzt, soll im Dunkeln inkubiert werden. Das Fortschreiten der Reaktion lässt sich unmittelbar verfolgen.
2. Nach der Inkubation wird in Aqua d. gewaschen

▼

3. in 4 % Formalin 5–10 min fixieren
4. in Aqua d. spülen
5. in Glyceringelatine einschließen.

Ergebnis: Das Reaktionsprodukt mit Nitro BT ist dunkelblau, mit Tetranitro BT rotbraun.

Zur **Kontrolle** der Spezifität der Anfärbung inkubiert man in einem Ansatz, in dem die Succinatlösung durch Aqua d. ersetzt ist.

18.2.4.2 Tetrazoliumreduktasen

In Zellen gibt es verschiedene Systeme, die die Co-Enzyme NADH (Nicotinamidadenindinucleotid) und NADPH (Nicotinamidadenindinucleotidphosphat) reoxidieren. Für NADH erfolgt die Reoxidation vor allem in der Atmungskette an der Innenmembran der Mitochondrien, für NADPH im Cytochrom P_{450}-System. Die Oxidation von NADH oder NADPH kann aber auch von Flavinenzymen (Flavoproteinen) katalysiert werden, die früher Diaphorasen genannt wurden. Sie nehmen reversibel Wasserstoff auf und geben ihn an verschiedene Akzeptoren ab, darunter auch künstliche Akzeptoren, wie z. B. Methylenblau, Ferricyanid und Tetrazoliumsalze. Die Flavinenzyme, die für die Reduktion von Tetrazoliumsalzen verantwortlich sind, werden Tetrazoliumreduktasen genannt (NADH-Tetrazoliumreduktase (◘ Abb. 18.6), NADPH-Tetrazoliumreduktase). Zur physiologischen Bedeutung dieser Reduktasen siehe auch Lojda et al. (1976, 1979) sowie Van Noorden und Frederiks (1992). Die NADPH-Tetrazoliumreduktase ist mit der Stickstoffmonoxydsynthase (NOS) assoziiert. Der Nachweis dieser Reduktasen kann grob zur Analyse der Mitochondrienverteilung eingesetzt werden. Diese Enzyme sind primär an der inneren Mitochond-

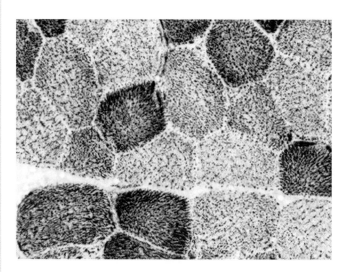

◘ **Abb. 18.6** Nachweis der NADH-Tetrazoliumreduktase, Skelettmuskulatur Mensch; punktförmige Lokalisation in Mitochondrien. Zu erkennen ist die unterschiedliche Intensität der Enzymaktivität in verschiedenen Muskelfasern. x 250. Präparat Prof. C. Sewry, London

rienmembran lokalisiert. Man kann folgende einfache Technik (nach C. Sewry) benutzen: A18.19

18.2.5 Transferasen

18.2.5.1 Glykogenphosphorylase (nach C. Sewry)

Glykogenphosphorylase hat eine Funktion beim Glykogenabbau und ist im rauen ER lokalisiert. Ihr Nachweis spielt eine wichtige Rolle bei der Differenzierung von Erkrankungen der Skelettmuskulatur (◘ Abb. 18.7, 18.8).

◘ **Abb. 18.7** Nachweis der Glykogenphosphorylase (Violettfärbung) in normaler Skelettmuskulatur des Menschen. Zu erkennen ist die unterschiedliche Enzymaktivität in den verschiedenen Muskelfasern. x 250. Präparat Prof. C. Sewry, London

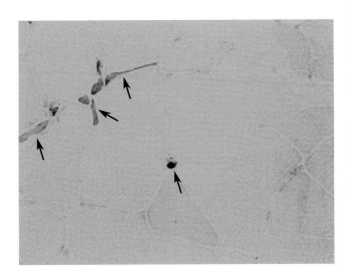

◘ **Abb. 18.8** Nachweis der Glykogenphosphorylase in der Skelettmuskulatur eines Menschen, der an der genetisch basierten McArdle-Muskelerkrankung leidet, die durch Fehlen der Phosphorylase in Skelettmuskelfasern gekennzeichnet ist. Positive Reaktion nur noch in einzelnen glatten Muskelzellen von Gefäßen. x 250. Präparat Prof. C. Sewry, London

---

Anleitung A18.19

Tetrazoliumreduktase

Die Tetrazoliumsalze Nitro BT (NBT) und auch Tetranitro BT können verwendet werden
Stammlösung der Tetrazoliumsalze:
20 mg NBT/20 ml Aqua d.
In Aliquots bei -20 °C aufbewahren.

NADH- (oder NADPH-)Stammlösung:
6,25 ml NitroBT Stammlösung
6,25 ml 0,2 M Tris-HCl-Puffer, pH 7,4 (siehe Puffer-Tabelle im Anhang)
1,25 ml Kobaltchlorid 0,5 M (11,9 g/100 ml)
8,75 ml Aqua d.
In Aliquots bei -20 °C aufbewahren.

Inkubationslösung:
1 ml NADH- (oder NADPH-)Stammlösung und
1 mg NADH (oder NADPH)

Methode:
1. Frische Kryostatschnitte flach in Petrischale legen, in der eine feuchte Atmosphäre herrschen soll.
2. 1–2 Tropfen des Inkubationsmediums auf die Schnitte geben, so dass sie völlig bedeckt sind (ein Kreis um die Schnitte, der mit einem hydrophoben Stift gezogen wird, hilft, das Abfließen des Mediums zu verhindern).
3. und dann 30 min bei 37 °C inkubieren.
4. Spülen in Aqua d.
5. Fixieren für 10 min in 15–20 % Formalinlösung.
6. Erneutes Spülen in Aqua d.
7. Eindecken in Glyceringelatine.

Ergebnis:
Dunkelblaues (NitroBT) oder braunes (TetraNitroBT) Reaktionsprodukt, im Idealfall punktförmig (Mitochondrien). Muskulatur: Typ 1 Fasern färben sich am stärksten, Typ 2A Fasern intermediär und Typ 2B Fasern schwach.

Anleitung A18.20

Glykogenphosphorylase

Inkubationsmedium:
50 mg Glucose-1-Phosphat
10 mg AMP (Adenosin-5-Monophosphat)
25 mg EDTA
20 mg Natriumfluorid
1 g Dextran
6 ml 0,1 M Natriumacetat-Puffer, pH 5,9 (siehe Puffer-Tabelle im Anhang)
1 ml Absolutes Ethanol
Vor Gebrauch auf pH 5,9 einstellen (1 N HCl oder 1 N NaOH).

▼

Lugolsche Lösung:

1 g Iod

2 g Kaliumiodid

100 ml Aqua d.

Kaliumiodid in einer kleinen Menge Aqua d. lösen, das Iod auflösen und den Rest Aqua d. zugeben.

Methode:

1. Kryostatschnitte 1 h bei 37 °C im Inkubationsmedium inkubieren.
2. Schnell in Aqua d. spülen.
3. Einige Minuten in Lugolsche Lösung stellen (bis zur Farbentwicklung).
4. Spülen in Aqua d.
5. Eindecken a) in Glyceringelatine: Reaktionsprodukt verblasst schnell oder b) in einer Alkoholreihe dehydrieren, Xylol und mit synthetischem Eindeckmittel (z. B. Entellan) eindecken.

Ergebnis:

Schachbrettartiges Muster purpur gefärbter Muskelfasern; Typ 2 Fasern dunkler als die anderen Fasern. Keine Aktivität in der Skelettmuskulatur bei der McArdles Muskelerkrankung, lediglich in regenerierenden Fasern und in glatten Gefäßmuskelzellen ist Enzymaktivität erkennbar (■ Abb. 18.7 und 18.8).

18.2.6   Lyasen

18.2.6.1   Carboanhydrase (Carbonat-Dehydratase)

Die Carboanhydrase katalysiert die Reaktion $CO_2 + H_2O \rightarrow H^+ + HCO_3^-$. Dieses Enzym spielt also eine große Rolle bei der H^+-Ausscheidung und H^+-Sekretion. Es kommt z. B. in Nierentubuli (■ Abb. 18.9), den Belegzellen des Magens und den Schaltstücken des Pankreas vor. Gut geeignet für den Nachweis

sind unfixierte Kryostatschnitte. In Geweben mit hoher Aktivität kann 10 min in Aceton fixiert werden, siehe Lojda et al. (1976).

Anleitung A18.21

Carboanhydrase

Inkubationsmedium:

1 ml 2,8 % Kobaltsulfat x 7 Aqua d.

und 6 ml 0,05 M Schwefelsäure

in 25 ml 0,5 % Agar-Agar-Lösung in Aqua d. (Bactoagar, Special Agar-Noble; Difco; Lösung bei 80–90 °C im Wasserbad oder unter wiederholtem Aufkochen über Bunsenbrennerflamme) gut mischen, mit direkt vor Gebrauch hergestellter Lösung aus 1g Natriumcarbonat in 25 ml 2,8 % Natriumsulfat gründlich vermischen, in Petrischalen gießen, gelieren lassen,

Methode:

1. Petrischale mit dem gelierten Inkubationsmedium in den Kryostaten stellen und unmontierte Kryostatschnitte auf das Gel legen. Keine höhere Agar-Agar-Konzentration wählen.
2. 30–60 min bei Zimmertemperatur oder 37 °C inkubieren.
3. Schnitthaltige Agarblöcke mit nassem Skalpell herausschneiden.
4. Auf Objektträger mit der Schnittseite nach unten legen.
5. Gel mit warmem Leitungswasser abspülen, wobei die Schnitte meistens auf den Objektträgern haften bleiben.
6. Spülen in Aqua d.
7. 1–2 min einstellen in 0,5–1 % gelbes Ammoniumsulfid.
8. Spülen in Aqua d.
9. Eindecken in Glyceringelatine.

Ergebnis: Enzymaktive Stellen sind schwarz gefärbt (■ Abb. 18.9).

Kontrollen: Inkubation ohne Natriumcarbonat. Die Carboanhydrase wird selektiv durch 0,0027 % Acetazolamid, Natriumsalz (Diamox) gehemmt.

18.3   Literatur

Bancroft, E. Stevens, A., Theory and Practice of Histological Techniques, Churchill Livingstone, Edinburgh, 3. Aufl. 1990

Barka, T., Anderson, P.J., Histochemistry, Hoeber Medical Division, Harper and Row, Publishers, New York, 1963

Boonacker, E. Van Noorden C.J.F., Enzyme Cytochemical Techniques for Metabolic Mapping in Living Cells, with Special Reference to Proteolysis, *The Journal of Histochemistry & Cytochemistry*, Vol. 49(12): 1473–1486, 2001

Boonacker, E., Stap, J., Koehler, A., Van Noorden, C.J.F., The need for metabolic mapping in living cells and tissues, *Acta histochemica* 106: 89–96, 2004

Burstone, M.S., Enzyme Histochemistry, Academic Press, New York and London, 1962

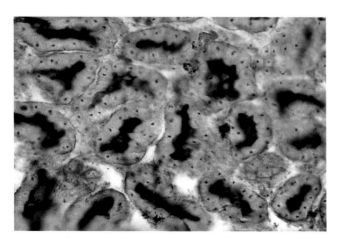

■ **Abb. 18.9** Nachweis der Carboanhydrase im Bürstensaum (Schwarzfärbung) der proximalen Tubuli der Froschniere. x 250.

18

Lojda, Z., Gossrau, R., Schiebler, T.H., Enzymhistochemische Methoden, Springer Verlag, Berlin, 1976

Lojda, Z., Gossrau, R., Schiebler, T.H., Enzyme Histochemical Methods. A Laboratory Manual, Springer Verlag, New York, 1979

Stoward, P.J., Pearse, A.G.E., Histochemistry. Theoretical and Applied., Vol. 3, 4. Auflage, Churchill and Livingstone, Edinburgh, 1991

Van Noorden, C.J.F., Direct comparison of enzyme histochemical and immunohistochemical methods to localize an enzyme, Marine Environmental *Research* 54: 575–577, 2002

Van Noorden, C.J.F., Frederiks W.M., Enzyme Histochemistry, Royal Microscopical Society

Microscopy Handbooks 26, Oxford Science Publications, 1992

Van Noorden, C.J.F., Frederiks, W.M., Metabolic mapping by enzyme histochemistry, In: Microscopy and Histology for Molecular Biologists, J.A. Kiernan, I. Mason (eds), Portland Press, London, 2002

Wohlrab, F., Gossrau, R., Katalytische Enzymhistochemie. Grundlagen und Methoden für die Elektronenmikroskopie, Gustav Fischer Verlag, Jena, 1992

19

Immunlokalisation

Maria Mulisch

19.1   Einführung

19.1.1   Grundlagen

Der spezifische Nachweis von Makromolekülen (Proteine, Polysaccharide, Lipide, Nucleinsäuren etc.) in Zellen und Geweben mit Hilfe von Antikörpern ist von zentraler Bedeutung für die Forschung und Anwendung in Medizin und Biologie. Die Immunhistologie ist heute ein wesentliches Werkzeug für die Pathologie und medizinische Diagnostik, zum Beispiel zur Identifikation und Lokalisation von Tumoren. Entwicklungsbiologen untersuchen mit ihrer Hilfe die zeitlich-räumliche Verteilung von Proteinen bei Wachstum und Differenzierung von pflanzlichen und tierischen Geweben, um die Evolution und Steuerung von Entwicklungsprozessen zu verstehen. Durch die Immuncytologie können Makromoleküle sehr genau und spezifisch innerhalb einer Zelle lokalisiert werden (Abb. 19.1). Damit dient sie zum Beispiel Zellbiologen zur Analyse der Expression bestimmter Gene oder der Wechselwirkungen zwischen Makromolekülen in der Zelle.

Antikörper sind Teil des humoralen Immunsystems von Säugetieren; sie dienen dazu, den Organismus vor eingedrungenen, körperfremden Substanzen (z. B. von Bakterien, Viren oder Parasiten) zu schützen. Die fremde Substanz bindet an Rezeptoren auf der Oberfläche von reifen B-Zellen im Blutplasma und regt sie zur Teilung an. Die Plasmazellen sezernieren Antikörper, die unter anderem Viren inaktivieren, Bakterientoxine neutralisieren, fremde Zellen miteinander verkleben oder zu ihrer Zerstörung führen.

Eine Substanz, die das Immunsystem erkennt, wird als Antigen bezeichnet; löst sie eine Immunantwort aus, nennt man sie Immunogen. Ob eine Substanz eine Immunantwort auslöst und zur Produktion von Antikörpern führt, hängt zum einen von der Substanz, zum anderen von der Tierart ab, in die die Substanz gelangt. Die meisten Antigene sind Proteine, Glykoproteine, Lipoproteine oder große Polysaccharide mit einem Molekulargewicht größer als 10 000 Dalton. Niedermolekulare Stoffe, die für sich keine Immunantwort auslösen (Haptene), können durch Kopplung an einen höhermolekularen Träger immunogen werden. Es werden dann Antikörper gegen den Träger und auch gegen das Hapten gebildet. In ähnlicher Weise kann man durch Zugabe eines Immunogens Antikörper gegen eine nicht immunogene Substanz erhalten.

Den Bereich eines Antigens, an den ein Antikörper spezifisch bindet, nennt man Epitop oder antigene Determinante. Die meisten Antigene haben viele verschiedene Epitope und können entsprechend unterschiedliche Antikörper binden. Die Bindungsstärke zwischen einem Epitop und einer Bindungsstelle eines Antikörpers bezeichnet man als Affinität.

19.1.2   Aufbau und Eigenschaften von Antikörpern

Antikörper gehören zur Proteinfamilie der Immunglobuline (Ig). Sie sind aus jeweils zwei identischen schweren und zwei leichten Polypeptidketten zusammengesetzt, die über Disulfidbrücken miteinander verknüpft sind. Jede Kette besteht aus einer variablen (V-) und einer konstanten (C-)Region.

Man unterscheidet hinsichtlich Größe, Molekulargewicht, Struktur und Funktion fünf Klassen: IgG, IgA, IgM, IgD, IgE (Abb. 19.2).

Die IgG- und IgM-Klassen der Immunglobulin-Moleküle sind besonders geeignet für die Immunmarkierung. IgG-Moleküle sind wie ein Y geformt (Abb. 19.2); IgM-Moleküle bestehen aus jeweils 5 IgG-ähnlichen Molekülen, die durch ein *joining*-Peptid und Disulfidbrücken miteinander verbunden sind (Abb. 19.2). Die zwei kurzen Arme des Y tragen die va-

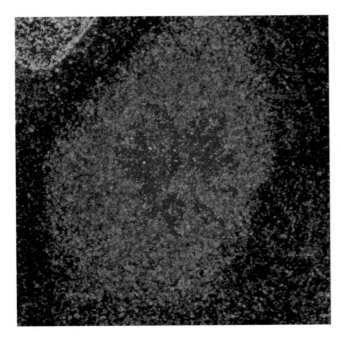

 Abb. 19.1 3-Kanal-Konfokalbild (Leica SP5) von *Xenopus laevis* XC 177-Zellen. Chromosomen (blau, DAPI), Nucleoporin (grün, indirekte Immunmarkierung mit Alexa 488 gekoppeltem Sekundärantikörper), Kinetochore (rot, indirekte Immunmarkierung mit Alexa 546 gekoppeltem Sekundärantikörper. Präparat: Cerstin Franz und Dr. Ian Mattaj, EMBL Heidelberg. Aufnahme: Ulf Schwarz, Leica Microsystems

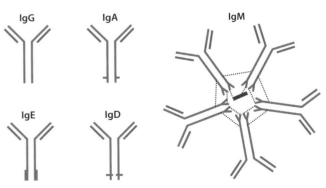

 Abb. 19.2 Ig-Klassen, schematisch. Die Unterschiede betreffen die schweren Ketten (orange). IgG: Gamma-Immunglobulin, IgA: Alpha-Immunglobulin, IgE: Epsilon-Immunglobulin, IgD: Delta-Immunglobulin, IgM: My-Immunglobulin (schwarz: joining-Peptid, gepunktet: Disulfidbrücken)

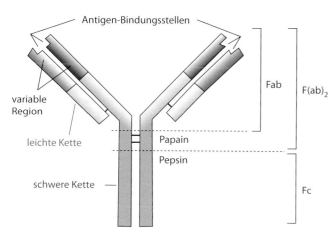

Abb. 19.3 Schema eines IgG-Moleküls. Die variablen Regionen der leichten und der schweren Kette bilden jeweils eine Antigenbindungsstelle. Durch Verdauung mit Papain werden 2 Fab-Fragmente, mit Pepsin wird ein F(ab)2-Fragment freigesetzt.

riablen Regionen, in denen jeweils eine Antigenbindungsstelle liegt. Am Aufbau der Antigenbindungsstelle sind die variablen Regionen der schweren und der leichten Kette beteiligt, wobei die eigentliche Bindungsstelle oftmals nur aus wenigen Aminosäuren besteht, den sogenannten hypervariablen Regionen. Jeweils ein IgG-Molekül ist spezifisch für ein Epitop. Durch Verdau mit den Proteasen Papain oder Pepsin kann das Ig in unterschiedliche Fragmente zerlegt werden (■ Abb. 19.3): in zwei zusammenhängende kurze Arme, die F(ab)$_2$-Fraktion (Fab: *antibody binding fraction*), in einzelne kurze Arme (Fab) und in die Fc-Fraktion (*cristalline fraction* oder *constant fraction*), die aus dem langen Arm besteht. Fab- und F(ab)$_2$-Fragmente werden in der Immunmarkierung häufig an Stelle ganzer Antikörper verwendet. Durch ihre geringe Größe können sie leichter eindringen und in dichterer Packung binden. Darüber hinaus werden unspezifische Bindungen vermindert.

Der Fc-Teil ist in allen IgG-Molekülen einer Unterklasse jeweils bei einer Tierart gleich und trägt eine immunogene Sequenz auf jeder seiner zwei identischen Aminosäureketten. Wenn ein Tier mit IgG einer anderen Tierart immunisiert wird, entwickelt es Antikörper, die überwiegend an den Fc-Anteil des fremden IgG-Moleküls binden. Dadurch wird es möglich, die Bindung eines Antikörpers an das Antigen über einen zweiten Schritt (mit Hilfe eines gegen den ersten Antikörper gerichteten und markierten Antikörpers) verstärkt sichtbar zu machen (indirekte Immunmarkierung, ▶ Kap. 19.3.1).

19.2 Herkunft, Auswahl, Überprüfung und Reinigung von Antikörpern

19.2.1 Herstellung von Antikörpern

Forschungseinrichtungen, die eine Vielzahl verschiedener spezifischer Antikörper benötigen und über entsprechende Tierzuchten, -ställe und Fachpersonal verfügen, stellen die benö-

tigten Antikörper häufig selbst her. Der Aufwand ist erheblich; denn für die Immunisierung sollten nur standardisierte Zuchten und gesunde Tiere (ohne einen hohen Titer an bereits vorhandenen Antikörpern im Serum) verwendet werden. Für viele Anwender in Forschung und medizinischer Diagnostik ist die breite Auswahl an Produkten von kommerziellen Anbietern ausreichend. Die Suche nach einem passenden Antikörper wird durch das Internet, zum Beispiel den „Antibody Explorer", sehr vereinfacht. Antikörper, die nicht im Handel erhältlich sind, kann man von Firmen herstellen lassen; für diese Dienstleistung gibt es ebenfalls viele Anbieter. Diese geben auch Hilfestellung bei der Auswahl, Isolierung und Aufreinigung des Immunogens.

Ein Immunogen sollte frei von Begleitsubstanzen sein. Ein Protein kann z. B. über Gelelektrophorese aus einem Gesamtextrakt isoliert werden. Um von einer bekannten Gensequenz zum Antikörper gegen das Genprodukt zu kommen, kann es gentechnisch hergestellt werden.

19.2.1.1 Polyklonale und monoklonale Antikörper

Für die Herstellung von Antikörpern wird die später nachzuweisende Substanz (z. B. ein Protein) in ein Tier (zumeist Maus oder Kaninchen) injiziert. Wirkt die Substanz als Immunogen, regt sie die reifen B-Zellen des Immunsystems an, jeweils einen Zellklon zu produzieren, der Immunglobuline in das Blut sezerniert. Nach dem ersten Kontakt des Körpers mit einer Fremdsubstanz erfolgt die primäre Immunantwort, bei der zunächst die Konzentration (Titer) an IgM im Plasma ansteigt, gefolgt von einem Anstieg an IgG. Nach wiederholter Injektion erfolgt die sekundäre Immunantwort mit einem sehr starken Anstieg (*boost*) des Antikörpertiters; es werden überwiegend IgG gebildet.

Jeweils ein Immunogen sorgt für die Produktion eines Typs von Antikörper. Große Moleküle wie Proteine setzen sich aus mehreren immunogenen Abschnitten (Epitopen) zusammen, die jeweils zur Produktion eines spezifischen Antikörpers anregen. In dem Blut des immunisierten Tieres finden sich daher entsprechend verschiedene Populationen von Antikörpern gegen die injizierte Substanz. Die Antikörpermischung bezeichnet man als polyklonalen Antikörper, da sie von verschiedenen B-Zellklonen stammt (■ Abb. 19.4).

  Da die polyklonale Antikörpermischung mehrere Epitope eines Antigens erkennt, hat sie für bestimmte Fragestellungen bei der Immunmarkierung Vorteile. Es binden mehr Antikörper an ein Antigen, sodass eine stärkere Markierung resultiert. Polyklonale Antikörper eignen sich u. a. insbesondere, um Proteine mit großer Homologie zu dem Immunogen in einem Präparat oder um homologe Proteine in Geweben unterschiedlicher Arten zu identifizieren. Sie reagieren toleranter auf kleine Änderungen der Epitope, wie sie zum Beispiel durch Glykosylierung oder Polymorphismus oder leichte Denaturierung auftreten. Polyklonale Antikörper werden daher für die Immunhistochemie an fixiertem und eingebettetem Gewebe bevorzugt eingesetzt. Auf der anderen Seite führen sie zu

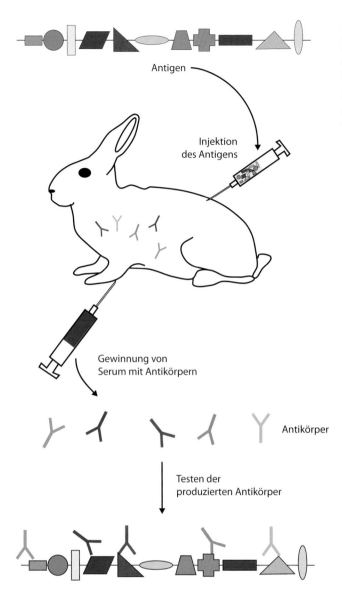

◘ Abb. 19.4 Herstellung polyklonaler Antikörper. Das Antigen (aus verschiedenen Epitopen bestehend) wird in ein Tier (zumeist Kaninchen) injiziert. Das Tier bildet Antikörper, die mit dem Blut entnommen werden. Die Antikörpermischung bindet an verschiedene Epitope des Antigens.

unerwünschten „Kreuzreaktionen", wenn ähnliche Epitope bei verschiedenen Antigenen im Präparat vorhanden sind. Dies sollte man schon bei der Auswahl des Immunogens berücksichtigen.

Um einen Antikörper zu erhalten, der nur ein bestimmtes Epitop erkennt, muss man ihn von nur einem Zellklon produzieren lassen. Allerdings sind antikörperproduzierende B-Zellen nicht mehr teilungsfähig, können also nicht in Kultur vermehrt werden. Zur Herstellung monoklonaler Antikörper (◘ Abb. 19.5) entnimmt man die Milz eines immunisierten Tieres (meistens Maus) mit antikörperproduzierenden Plasmazellen und bringt sie mit Tumorzellen (Myelom) der gleichen Tierart zusammen. Durch künstliche Verschmelzung entstehen unsterbliche, antikörperproduzierende Hybridomazellen. Sie werden aus dem

Gemisch von Milzzellen und Myelomzellen isoliert, vereinzelt, kultiviert und auf Antikörperproduktion getestet. Man erhält schließlich Klone, die jeweils nur einen Typ von Antikörper bilden, der für ein einziges Epitop spezifisch ist. Diese Klone kann man in der Zellkultur oder in Tieren beliebig vermehren, sodass die Antikörper in praktisch unbegrenzter Menge zur Verfügung stehen.

━ Der Vorteil monoklonaler Antikörper für die Immunmarkierung ist ihre hohe Spezifität. Die Markierungen sind normalerweise sehr präzise mit wenig Hintergrund. Bei gleichen Versuchsbedingungen ergeben sie in der Anwendung identische Ergebnisse. Da monoklonale Antikörper jedoch nur jeweils ein bestimmtes Epitop erkennen, binden sie in geringerer Zahl an ein Antigen als polyklonale Antikörper, sodass die Markierung insgesamt schwächer ausfällt. Dies kann man über Verstärkungstechniken (▶ Kap. 19.3.4) ausgleichen. Häufiger als bei polyklonalen Antikörpern ergibt die Immunmarkierung mit einem monoklonalen Antikörper überhaupt kein Signal, z. B. dann, wenn sich das Epitop im Verlauf der Präparation leicht verändert. Daher kann es sinnvoll sein, für die Immunmarkierung mikroskopischer Präparate ein Gemisch aus mehreren monoklonalen Antikörpern einzusetzen, von denen jeder spezifisch ist für ein Epitop des Immunogens.

19.2.1.2 Polyklonale Antikörper aus Hühnereiern

Nicht nur Säugetiere, sondern auch Vögel können Antikörper produzieren. So legen immunisierte Hühner Eier, deren Dotter hohe Konzentrationen (1–10 mg/Ei) an spezifischen Antikörpern vom Typ IgY gegen das Immunogen enthalten. Die Immunisierung erfolgt ähnlich wie bei einem Kaninchen mit einer vergleichbaren Menge an Antigen (20–500 µg) und einem ähnlichen Immunisierungsverlauf. Von Vorteil ist, dass zur Antikörpergewinnung das immunisierte Tier nicht getötet werden muss. Die Eier mit den Antikörpern können kontinuierlich gesammelt und im Kühlschrank für bis zu ein Jahr aufbewahrt werden.

Insbesondere, wenn Antikörper gegen sehr konservierte menschliche Immunogene benötigt werden, die zu keiner oder nur einer geringen Immunantwort in Säugetieren führen, ist es vorteilhaft, sie in Hühnern produzieren zu lassen, da diese phylogenetisch weiter entfernt von den Säugetieren stehen. Darüber hinaus zeigt Hühner-IgY keine Wechselwirkung mit IgG aus Säugern, und es bindet nicht an Fc-Rezeptoren von Bakterien oder Säugetierzellen. Damit sind unspezifische Bindungen reduziert.

Dennoch wird IgY seltener für Immunmarkierungen eingesetzt als IgG. Dies liegt unter anderem daran, dass die Palette angebotener Sekundärantikörper für die indirekte Immunmarkierung relativ beschränkt ist. Auch Protein A kann nicht verwendet werden.

19.2.1.3 Peptidantikörper

Wenn es nicht möglich ist, für die Immunisierung ein vollständiges Protein zu isolieren oder zu produzieren, kann ein Antikörper gegen ein synthetisches Peptid erzeugt werden. Hierzu wird aus Proteindatenbanken ein Abschnitt des Proteins von

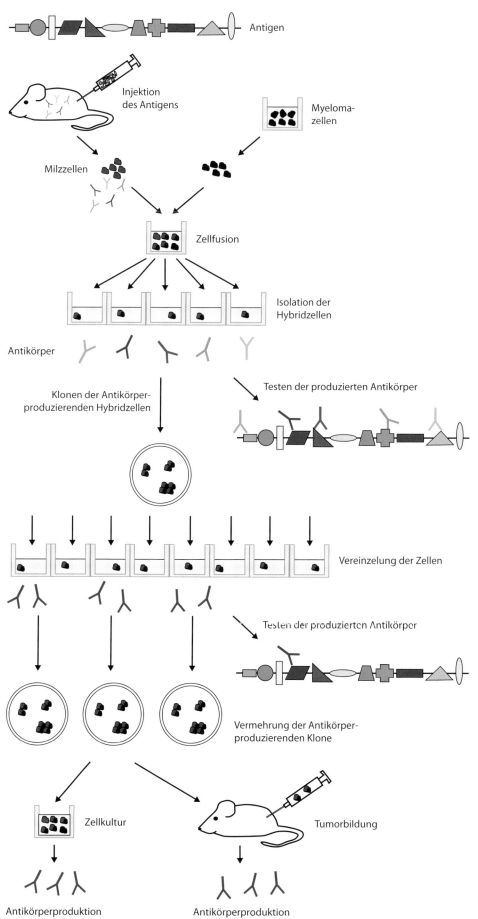

Antigen

Injektion
des Antigens

Myeloma-
zellen

Milzzellen

Zellfusion

Isolation der
Hybridzellen

Antikörper

Klonen der Antikörper-
produzierenden Hybridzellen

Testen der produzierten Antikörper

Vereinzelung der Zellen

Testen der produzierten Antikörper

Vermehrung der Antikörperproduzierenden Klone

Zellkultur

Tumorbildung

Antikörperproduktion

Antikörperproduktion

Abb. 19.5 Herstellung monoklonaler
Antikörper.

ca. 15–20 Aminosäuren ausgewählt. Aminosäuresequenz und Lage des Abschnitts entscheiden über die Qualität (Spezifität, Affinität) des Antikörpers. Die Peptidsynthese und Antikörpergewinnung wird als Auftragsarbeit in darauf spezialisierten Labors durchgeführt.

Antikörper gegen Peptide unterscheiden sich von Antikörpern gegen ein vollständiges Protein:

- Die Spezifität ist ähnlich hoch wie die monoklonaler Antikörper.
- Die Affinität ist meist geringer als die polyklonaler Antikörper gegen das vollständige Protein.
- Die Immunisierung mit synthetischen Peptiden liefert Antikörper, die ausschließlich lineare Epitope erkennen können.

Bei Immunmarkierungen mit ungereinigten Anti-Peptid-Antikörpern können falsch-positive Signale auftreten, die auf Antikörper zurückzuführen sind, die nicht gegen das Peptid sondern gegen ein Trägermolekül gerichtet sind. Das Trägermolekül wird vor der Immunisierung an das Peptid gekoppelt, um es immunogen zu machen. Der Anteil an Antikörpern gegen das Trägermolekül im Serum kann mehr als 10 % betragen. Ein gegen ein Peptid gerichteter Antikörper sollte daher immer affinitätsgereinigt werden.

19.2.1.4 Nanobodies

Im Blut von Kamelen (Hamers et al. 1993) und Haien (Greenberg et al. 1995) entdeckte man Antikörper, die nur aus zwei schweren Peptidketten bestehen, die darüber hinaus noch besonders kurz sind. Dennoch können diese Antikörper Antigene binden. Aus diesen Antikörpern entwickelte man noch kleinere Antikörper, die nur noch aus einer einzigen variablen Domäne bestehen (*single-domain antibodies*) (Nicholis 2007). Diese Antikörper (von der Entwicklerfirma Ablynx „*Nanobodies*" genannt) werden insbesondere für pharmazeutische Anwendungen erforscht.

Besonders kleine Antikörper sind jedoch auch für Immunmarkierungen zu zellbiologischen oder diagnostischen Zwecken interessant, da sie leichter in Gewebe und Zellen eindringen und in dichterer Packung binden können. Kürzlich gelang es, *single-domain antibodies* mit Quantum Dots (▸ Kapitel 11) zu verbinden, und damit sehr kleine „Nanosonden" (*nanoprobes*) zu entwickeln (Sukhanova et al. 2012) (◻ Abb. 19.6).

19.2.1.5 DNA-Immunisierung

Eine Alternative zur Herstellung von Antikörpern ist die genetische Immunisierung (DNA-Immunisierung). Dabei wird zur Immunisierung statt des Proteins eine das Protein codierende Plasmid-DNA eingesetzt. Zellen des zu immunisierenden Tieres nehmen die Plasmid-DNA auf und produzieren das von der DNA codierte Protein in nativer Konformation. Das fremde Protein löst im Wirtstier eine Immunantwort aus, bei der hochspezifische Antikörper erzeugt werden. Weil diese Antikörper das natürlich gefaltete Protein erkennen, sind sie in Anwendungen einsetzbar, bei denen Anti-Peptid-Antikörper versagen.

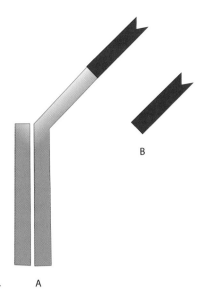

◻ **Abb. 19.6** Schwere-Ketten-Antikörper aus Kamelartigen (A) und Nanobody (B).

19.2.2 Reinigung von Antikörpern

Antikörper werden in unterschiedlichen Reinheitsgraden geliefert: als Serum bzw. Antiserum oder gereinigt nach verschiedenen Verfahren.

Serum bzw. Antiserum bezeichnet das rohe Blutserum – ohne Gerinnungsfaktoren und Erythrocyten – des immunisierten Tieres. Es enthält noch Immunglobuline aller Klassen sowie andere Serumproteine. Da jedes Tier eine Reihe spontan entstandener Antikörper besitzt, sind im Serum neben polyklonalen Antikörpern gegen das Zielantigen Antikörper gegen andere Antigene vorhanden, die bei einer Immunmarkierung unspezifisch binden können. Insbesondere für die Immuncytologie sollte das Rohserum vor der Anwendung von unerwünschten Proteinen gereinigt und die spezifisch bindende Fraktion angereichert werden.

Durch die Aufreinigung mit Hilfe von Protein A- oder Protein G-Säulen werden die meisten Serumproteine, nicht aber die unspezifisch bindenden Immunglobuline aus dem Rohserums entfernt. Protein A aus *Staphylococcus aureus* und Protein G aus *Streptococcus* haben eine hohe Affinität zur Fc-Region von Antikörpern. Gekoppelt an Agarose-Beads (z. B. von Invitrogen) werden sie in Säulen zur Reinigung und Konzentration polyklonaler Antikörper eingesetzt.

Immunglobuline aus Maus oder Ratte können unterschiedlich hohe Affinitäten zu Protein A haben. Dagegen binden Immunglobuline anderer Säugetierspezies einschließlich menschlicher Immunglobuline mit hoher Affinität (◻ Tab. 19.1).

IgY aus Hühnereiern bindet nicht an Protein A oder Protein G. Für die Aufreinigung dieser Antikörper werden andere, zum Teil sehr aufwendige Verfahren eingesetzt. Im Handel sind Kits (z. B EGGstract von Promega, HiTrap IgY Purification HP–Säulen von Amersham) erhältlich, die eine

◻ Tab. 19.1 Bindung von Protein A an IgG-Klassen und -Unterklassen verschiedener Spezies

Spezies	Ig-Klasse und -Unterklasse	Protein-A-Affinität
Mensch	IgG$_1$	+++
	IgG$_2$	+++
	IgG$_4$	+++
	IgM	(+)
Maus	IgG$_1$	(+)
	IgG$_{2a}$	+++
	IgG$_{2b}$	+++
	IgG$_3$	++
Ratte	IgG$_1$	(+)
	IgG$_{2b}$	(+)
	IgG$_{2c}$	+++
Ziege	IgG$_1$	(+)
	IgG$_2$	+
Schaf	IgG$_2$	(+)
Meerschweinchen	IgG$_1$	++
	IgG$_2$	++
Kaninchen	IgG	+(+)
Hund	IgG	++
	IgM	(+)
Rind	IgG$_2$	++

Es werden nur Protein-A-bindende Immunglobuline aufgeführt.
Nach: Lindmark et al. (1983)

bis zu 90 % Aufreinigung der Antikörper aus dem Eidotter versprechen.

Die Affinitätsreinigung mit Hilfe des Immunogens (A19.2) entfernt alle unspezifisch bindenden Fraktionen aus dem Serum und reichert die spezifisch bindenden an. Derart affinitätsgereinigte polyklonale Antikörper binden hoch spezifisch und dicht und sind daher insbesondere für Immunogoldmarkierungen in der Elektronenmikroskopie zu empfehlen.

Monoklonale Antikörper werden von Zellkulturen abgegeben und dann als Hybridomüberstand (*hybridoma supernatant*) gesammelt, oder die antikörperproduzierenden Zellen werden in Mäusen oder Ratten kultiviert, und die Antikörper liegen dann in der relativ unsauberen Ascites-Flüssigkeit (*ascites fluid*) vor. Hieraus sollten sie vor der Anwendung affinitätsgereinigt werden, entweder über Protein A-/G-Säulen oder über die spezifischere Affinitätschromatographie mit Hilfe des Immunogens (Hermanson et al. 1992).

19.2.2.1 Aufreinigung von Sekundärantikörpern für die Immunmarkierung an Pflanzengewebe

Um bei Immunmarkierungen an Pflanzengewebe unspezifische Bindungen des Sekundärantikörpers zu verhindern, kann der verdünnte Antikörper oder Antikörperkomplex direkt vor der Verwendung gegen Pflanzenmaterial präadsorbiert werden. Am besten gelingt dies mit Pflanzenpulver (A19.3). Alternativ können fixierte Hand- oder Vibratomschnitte eingesetzt werden.

19.2.3 Antikörperkonzentrationen

Ungereinigte Antikörperfraktionen variieren enorm in ihrer Konzentration an spezifisch bindenden Antikörpern. Als Anhaltspunkt mögen folgende Angaben von Chemicon gelten.

Gehalt an spezifisch bindenden Antikörpern:
- Antiserum (polyklonale Antikörper): 1–3 mg/ml
- Hybridomüberstand: 0,1–10 mg/ml
- Ascitesflüssigkeit (ungereinigt): 2–10 mg/ml

Um die Antikörperkonzentration in aufgereinigten Fraktionen zu bestimmen, sollten Standard-Protein-Assays angewendet werden, bevor stabilisierende Proteine wie BSA (Rinderserumalbumin) zugesetzt werden.

19.2.4 Lagerung von Antikörpern

Antikörper sollten niemals wiederholt eingefroren und aufgetaut werden. Am besten ist es daher, wenn man sie nach Erhalt unter Sterilbedingungen aliquotiert und nach Angabe des Herstellers lagert. Viele Antikörper können längere Zeit im Kühlschrank aufbewahrt werden. Falls eine Lagerung bei –20 °C vorgesehen ist, sollte schnell (in flüssigem Stickstoff) heruntergekühlt und eingefroren werden. Alternativ empfiehlt es sich, den Antikörper 1:1 mit Glycerin zu versetzen, damit er nicht gefriert.

19.3 Nachweismethoden und Detektion

Die Bindung von Antikörpern an Antigene in Zellen und Geweben kann durch verschiedene Techniken sichtbar gemacht werden. Welche Technik anzuwenden ist, um ein jeweils optimales Ergebnis zu erhalten, hängt von verschiedenen Parametern ab (zum Beispiel Präparationstechnik, Gewebe, Antigenkonzentration, Fragestellung etc.).

19.3.1 Direkte und indirekte Immunmarkierung

Die direkte Immunmarkierung (◻ Abb. 19.7a) ist eine Einschrittmethode: Der Antikörper gegen das zu lokalisierende Antigen ist direkt mit einer Substanz (Marker) gekoppelt, die

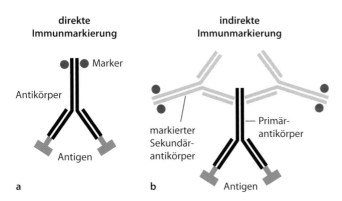

◘ Abb. 19.7 Direkte (**a**) und indirekte Immunmarkierung (**b**).

im Licht- oder Elektronenmikroskop sichtbar ist (z. B. Fluoreszenz, Gold) oder über eine Farbreaktion sichtbar gemacht werden kann (z. B. Enzym).

Bei der indirekten Immunmarkierung (◘ Abb. 19.7b) ist nicht der Primärantikörper gegen das zu lokalisierende Antigen markiert, sondern ein Sekundärantikörper, der an den Primärantikörper bindet. Der Sekundärantikörper wird in einem anderen Tier gegen IgG des Tieres hergestellt, das den Primärantikörper produziert hat, und bindet an die Fc-Region des Primärantikörpers. Wenn zum Beispiel der Primärantikörper in einem Kaninchen produziert wurde, wird als Sekundärantikörper ein Anti-Kaninchen IgG-Antikörper verwendet, der aus einer Ziege oder einem Schaf stammen könnte.

Vorteile der direkten Methode:
- Einfachere und schnellere Durchführung der Immunmarkierung
- Weniger unspezifische Signale und weniger Hintergrundmarkierung
- Für Mehrfachmarkierungen können mehrere Primärantikörper des gleichen Isotyps oder aus der gleichen Tierart in einem Experiment eingesetzt werden.

Vorteile der indirekten Methode:
- Eine Signalverstärkung, da mehrere Sekundärantikörper an einen Primärantikörper binden können.
- Viele verschiedene Antigene können mit nur einem Sekundärantikörper lokalisiert werden. Eine breite Palette markierter Sekundärantikörper ist relativ preiswert über den Handel zu beziehen. Markierte Primärantikörper dagegen sind häufig nicht kommerziell erhältlich.

19.3.2   Auswahl der Antikörper

19.3.2.1   Primärantikörper

Die Tierart, aus der der Primärantikörper stammt, darf nicht identisch sein mit der Tierart, aus der das zu markierende Gewebe stammt. Wenn zum Beispiel Mauszellen mit einem Primärantikörper aus Maus immunmarkiert werden sollen, wird

der Sekundärantikörper Anti-Maus IgG an die endogenen IgG des Präparats binden und damit einen starken, unspezifischen Hintergrund verursachen.

19.3.2.2   Sekundärantikörper

Damit eine optimale Bindung erreicht wird, muss der Sekundärantikörper passend zum Primärantikörper ausgewählt werden:
- Der Sekundärantikörper muss gegen die Spezies gerichtet sein, in der der Primärantikörper produziert wurde.
- Bei einem polyklonalen Primärantikörper (Hauptbestandteil IgG) muss der Sekundärantikörper Anti-IgG sein.
- Bei einem monoklonalen Primärantikörper einer IgG-Unterklasse kann der Sekundärantikörper gegen diese Unterklasse gerichtet oder Anti-IgG (Fab) sein.
- Bei einem monoklonalen Primärantikörper der IgM-Klasse kann der Sekundärantikörper Anti-IgM oder Anti-IgG (Fab) sein.

Bei der Auswahl sind außerdem folgende Spezifizierungen der Antikörper zu beachten:

polyvalent: reagiert mit allen Klassen.
Fc and heavy-chain specific: Klassen-spezifisch, z. B. *γ chain specific*: für IgG
μ chain specific: für IgM
Fab and whole molecule (wm) specific: reagiert mit allen Klassen
Light chain specific: reagiert mit allen Klassen

19.3.3   Indirekte Immunmarkierung über Protein A

Protein A ist eine Zellwandkomponente von *Staphylococcus aureus*. Da es an etliche Ig-Klassen und -Unterklassen verschiedenster Arten bindet (◘ Tab. 19.1), kann man es in vielen immuncytologischen Anwendungen an Stelle eines Sekundärantikörpers einsetzen.

Protein A wird zumeist mit kolloidalem Gold als Marker eingesetzt. Protein A-Gold eignet sich sehr gut für elektronenmikroskopische Anwendungen (vorausgesetzt, es bindet an den Primärantikörper). Im Vergleich zur indirekten Immunmarkierung mit Sekundärantikörpern ergeben sich bei der Methode folgende Vorteile:
- Mit nur einem Reagenz können Antikörper verschiedener Spezies nachgewiesen werden.
- Protein A bindet 1:1 an den Primärantikörper. Dies erlaubt quantitative Nachweise.
- Mit unterschiedlichen Goldgrößen markiertes Protein A kann sehr einfach für Mehrfachmarkierungen eingesetzt werden, selbst wenn die Primärantikörper aus derselben Art stammen.

Bei Verwendung von Protein A wird keine Signalverstärkung erreicht wie bei der Verwendung von Sekundärantikörper.

19.3.4   Die (Strept-)Avidin-Biotin-(ABC-)Technik

Avidin, ein Protein aus dem Hühnereiweiß, und Streptavidin, ein Protein aus *Streptomyces avidinii*, haben ähnliche Eigenschaften. Beide haben eine hohe Affinität für Biotin.

Für die Immunmarkierung wird ein biotinylierter Primärantikörper (direkte Immunmarkierung) oder Sekundärantikörper (indirekte Immunmarkierung) verwendet. Avidin oder Streptavidin werden mit einem biotinylierten Marker (Biotin-Enzym oder Biotin-Gold) gemischt und bilden mit diesem einen Komplex. Beide haben 4 Bindungsstellen für Biotin; tatsächlich können aber aus sterischen Gründen nur maximal 3 Biotinmoleküle an ein Avidin- oder Streptavidinmolekül binden. Der Komplex besteht aus sehr vielen markierten Biotinmolekülen, die durch mehrere (Strept-)Avidin-Biotinmoleküle zusammengehalten werden. Er wird nach der Antikörperinkubation auf das Präparat gegeben und bindet an den biotinylierten Antikörper (◻ Abb. 19.8).

Im Vergleich zu einer „normalen" Immunmarkierung erhält man über (Strept-)Avidin-Biotin ein vielfach verstärktes Signal. Da die Methode so sensitiv ist, ist es möglich, auch geringe Antigenmengen im Präparat zu lokalisieren. Darüber hinaus kann man die Antikörperkonzentration stark herabsetzen und damit unspezifische Signale vermindern.

Streptavidin ist sensitiver als Avidin und verursacht eine geringere unspezifische Hintergrundmarkierung. Im Gegensatz zu Avidin ist es nicht glykosyliert und interagiert daher nicht mit Lektinen oder anderen Kohlenhydrat bindenden Proteinen im Präparat. Daher wird Streptavidin in der Anwendung bevorzugt.

Da Biotin als Vitamin und Coenzym in einer Vielzahl von Geweben (z. B. Leber, Niere, Hirn) vorkommt, muss dieses endogene Biotin vor der Markierung mit dem biotinylierten Antikörper durch eine Behandlung mit Biotin und (Strept-)Avidin geblockt werden.

19.3.5   Lokalisation mehrerer Antigene

In einem Präparat kann man gleichzeitig oder in aufeinanderfolgenden Schritten mehrere verschiedene Antigene immunmarkieren (◻ Abb. 19.9). Am einfachsten nutzt man dafür die direkte Immunmarkierung und verwendet unterschiedlich (z. B. mit verschiedenen Fluorochromen oder verschieden großen Goldpartikeln) markierte Antikörper. Auch die Protein-A-Gold-Technik kann eingesetzt werden.

Verwendet man die indirekte Immunmarkierung, muss gewährleistet sein, dass keine Kreuzreaktionen der Antikörper untereinander oder mit dem jeweils anderen Antigen auftreten können. Dies gelingt, wenn die Sekundärantikörper aus derselben Spezies stammen (und sich damit nicht gegenseitig erkennen) oder wenn Fab-Fragmente als Sekundärantikörper eingesetzt werden. Darüber hinaus sollten die Sekundärantikörper gegen Immunglobuline der Spezies präadsorbiert sein, aus denen die jeweils anderen Primärantikörper stammen. Bei der Auswahl der Sekundärantikörper ist darauf zu achten, dass sie nicht gegen Serumproteine einer Art aufgereinigt wurden, die mit derjenigen nah verwandt ist, aus der der Antikörper stammt. Derartige Antikörper binden möglicherweise nicht mehr an alle IgG-Unterklassen, sodass eine schwächere Markierung resultiert. So ist es zum Beispiel nicht empfehlenswert, Anti-Maus-IgG zu verwenden, das gegen Serumproteine der Ratte aufgereinigt wurde.

Für die Immunelektronenmikroskopie sind Zweifachmarkierungen durch indirekte Immunmarkierung an Ultradünnschnitten auch mit Standardprotokollen möglich, wenn man unbefilmte Grids für die Schnitte verwendet. Man kann dann

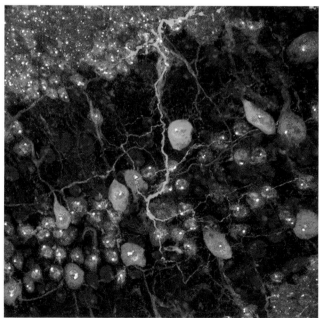

◻ **Abb. 19.9** Mehrfachfluoreszenzmarkierung und DAPI-Färbung (Kerne, blau). 4-Kanal-Aufnahme im CLSM (Leica SP5) von *Drosophila melanogaster* (Larve). Rot: alle Neurone (Cy3), Grün: Zielneurone (Alexa 488), Grau: Nuclei der Neurone (Alexa 594). Präparat: Dr. Christoph Melcher, Forschungszentrum Karlsruhe. Aufnahme: Ulf Schwarz, Leica Microsystems

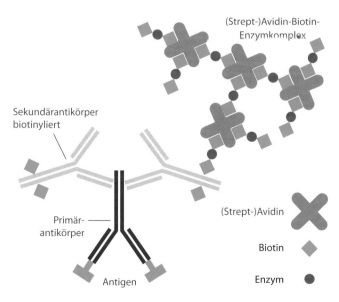

◻ **Abb. 19.8** Schema der ABC-Technik.

durch Auflegen auf Tropfen die Immunmarkierungen für jede Seite der Schnitte separat durchführen (▶ Kap. 19.4.3).

Ausführlichere Informationen zu Mehrfachimmunmarkierungen sind z. B. bei Van der Loos (1999) oder Antikörperanbietern (z. B. DAKO) zu erhalten.

19.3.6   Detektion

Die Detektion der Immunmarkierung erfolgt über Markersubstanzen (◘ Tab. 19.2). Als Marker werden Fluorochrome (Fluoreszenzfarbstoffe), Enzyme oder Goldpartikel eingesetzt.

19.3.6.1   Fluorochromgekoppelte Antikörper

Fluorochromgekoppelte Antikörper werden in der Immuncytologie und Immunhistologie bevorzugt eingesetzt, da sich der Fluoreszenznachweis schnell und einfach durchführen lässt, darüber hinaus sehr empfindlich und im Fluoreszenzmikroskop gut erkennbar ist. Mit einen konfokalen Laser-Scanning-Mikroskop (▶ Kapitel 1) sind die Fluoreszenzsignale zudem sehr genau bestimmten Strukturen zuzuordnen und dreidimensional darzustellen. Die gekoppelten Fluoreszenzfarbstoffe werden in breiten Anregungs- und Emissionsspektren angeboten. Verbreitete Fluorochrome für die Immunfluoreszenz sind in ◘ Tabelle 19.3 aufgeführt; weitere Fluoreszenzfarbstoffe finden sich

◘ Tab. 19.2 Ausgewählte Detektionssysteme

Detektionssystem	Vorteile	Nachteile
Fluoreszenzmarkierung	– schnell lichtmikroskopisch detektierbar – einfach verwendbar in der Konfokalmikroskopie – Möglichkeit von Mehrfachmarkierungen	– schnelles Ausbleichen – mögliche Störung durch Autofluoreszenzen
Alkalische Phosphatase	– sehr sensitiv – unempfindlich gegen Inhibitoren – breite Auswahl an Substraten	– eingeschränkte Pufferverträglichkeit
Meerrettich-Peroxidase	– sehr sensitiv – klein (gute Penetration) – anwendbar für Licht- und Elektronmikroskopie – breite Auswahl an Substraten	– empfindlich gegen Sauerstoff, Natriumazid, u. a. – Hintergrund durch endogene Peroxidasen
Biotin	– erlaubt Detektion sehr kleiner Antigenmengen	– mehrere Schritte notwendig
kolloidales Gold	– mit Silberverstärkung verwendbar für Licht- und Elektronenmikroskopie – Mehrfachmarkierungen möglich	– weniger sensitiv – stärkere Hintergrundmarkierung

◘ Tab. 19.3 Gängige Fluorochrome für Immunfluoreszenzmarkierungen

Bezeichnung	Absorptions-maximum	Emissions-maximum	Besonderheiten	Anwendung
Alexa-Fluorochrome	verschiedene		– fotostabil und leuchtintensiv – geringer Hintergrund	– Immunfluoreszenzmarkierungen
AMCA (Amino-methylcoumarin)	350 nm	450 nm	geringe Überlappung mit Spektren anderer Fluorochrome	– Mehrfachmarkierungen (für den Nachweis des am stärksten exprimierten Antigens)
Cy3 (Indocarbocyanin)	547 nm	561 nm	– fotostabil und leuchtintensiv – geringer Hintergrund – 100-fach stärker als FITC	– TRITC-Filtersatz verwenden
Cy5 (Indodicarbocyanin)	647	665 nm	– fotostabil und leuchtintensiv – geringer Hintergrund – minimale Überlappung zu anderen Fluorochromen	– vor allem für Mehrfachmarkierungen – Anregung durch eine Hg-Dampflampe, Xenonlampe oder einen Krypton/Argonlaser, Verwendung eines Infrarotfilters im Fluoreszenzmikroskop
FITC (Fluorescein-Isothio-cyanat)	495 nm	519 nm	– nicht sehr fotostabil	– Einfach- und Doppelmarkierungen in der Immunfluoreszenz und Durchfluss-cytometrie
DTAF (Dichlortriazinyl-amino-Fluorescein)	492 nm	520 nm	– fotostabiler als FITC	– bei Mehrfachmarkierungen für den Nachweis des stärker exprimierten Antigens nutzen
TRITC (Tetramethylrhoda-mine-isotiocyanat)	550	572		– für Doppelmarkierungen in Kombination mit FITC geeignet

im Anhang. Für die Kopplung von Antikörpern mit Fluorochromen stehen von verschiedenen Firmen Kits zur Verfügung, zum Beispiel das Alexa Fluor Protein Labeling Kit, das Alexa Fluor Monoklonal Labeling Kit and das Zenon IgG Antibody Labeling Kit (Molecular Probes).

Besonders schnell und einfach funktioniert die Markierung von IgG mit der Zenon-Antikörper-Markierungs-Technik (Molecular Probes), mit der Farbstoffe, Haptene und Enzyme selbst bei kleinen Ausgangsmengen gekoppelt werden können. Bei dieser Methode wird ein Komplex gebildet zwischen einem ganzen IgG-Antikörper und einem Fluorochrom-, Hapten- oder Enzym-markierten Fab-Fragment, das gegen die Fc-Region des IgG gerichtet ist. Der markierte Primärantikörper ist ohne weitere Reinigungsschritte zur direkten Immunmarkierung einsetzbar.

Für Mehrfachmarkierungen werden die verschiedenen Antikörper mit Fluorochromen gekoppelt, die jeweils in unterschiedlichen Wellenlängenbereichen angeregt werden und Licht unterschiedlicher Wellenlängen emittieren. Damit ist die Unterscheidung der Antigene sehr erleichtert; Co-Lokalisationen von verschiedenen Antigenen können dadurch insbesondere im CLSM sehr gut dargestellt werden (■ Abb. 19.10).

Problematisch, zumindest beim Einsatz konventioneller Epifluoreszenzmikroskopie, sind Fluoreszenzmarkierungen in Geweben, die Substanzen mit starker Eigenfluoreszenz enthalten. Die Eigenfluoreszenzen können die Spektren der Fluorochrome überlagern und die Lokalisation erschweren oder verhindern (■ Abb. 19.13). In einem solchen Fall sollte man auf ein Fluorochrom ausweichen, das in einem anderen Wellenlängenbereich Licht emittiert. Wenn das nicht möglich ist, kann versucht werden, die Eigenfluoreszenz zu verhindern oder zu vermindern (▶ Kapitel 11). Alternativ bieten sich andere Markersystem an, wie z. B. Gold mit Silberverstärkung.

Da Fluoreszenzfarbstoffe sehr schnell ausbleichen, sollten die Präparate zur Betrachtung in ein Medium eingebettet werden, dass diesen Prozess durch Zusatz von *anti fading*-Agenzien verzögert. Derartige Einbettmittel werden im Handel angeboten, können aber auch einfach selbst hergestellt werden (▶ Kapitel 11). Fluorochrome und fluoreszenzmarkierte Präparate müssen lichtgeschützt aufbewahrt werden.

Bei der Verwendung von Cyaninkonjugaten (z. B. Cy3, Cy5) es ist wichtig, den Gebrauch von Einbettmitteln, die aromatische Amine enthalten, wie z. B. p-Phenylendiamin, zu vermeiden. Sie können mit Cyaninfarbstoffen reagieren, insbesondere mit Cy2, und das halbe Molekül abspalten. Dies zeigt sich in einer schwachen und diffusen Fluoreszenz nach der Lagerung gefärbter Schnitte, bei Cy2 sogar innerhalb von Minuten. Daher sollten zum Einbetten cyaningefärbter Schnitte in wässrigen Medien eher n-Propylgallat oder DABCO zugesetzt werden.

19.3.6.2 Enzymgekoppelte Antikörper

Enzymgekoppelte Antikörper sind nicht direkt sichtbar, sondern müssen in einem weiteren Schritt durch Umsetzung eines geeigneten Substrats unter Bildung eines farbigen, unlöslichen Endproduktes am Ort der Antikörper-Bindung sichtbar gemacht werden. Da das Verfahren sehr empfindlich ist und die Markierung auch über längere Zeit stabil bleibt, werden enzymgekoppelte Antikörper sehr häufig für die Immunhistologie verwendet.

Wichtig für den Erfolg der Enzymreaktion ist die Einhaltung der optimalen Inkubationsbedingungen (Zeit, Temperatur, pH, Puffer, Substratkonzentration). Ebenso wichtig ist es, darauf zu achten, dass eventuell im Gewebe natürlich vorhandene Enzyme deaktiviert werden, um falsch-positive Signale auszuschließen.

Am meisten verbreitet als Marker sind Meerrettich-Peroxidase (*horseradish peroxidase*, HRP) und Alkalische Phosphatase (AP) (A19.1).

Die HRP verwendet Wasserstoffperoxid als Substrat. Dieses wird vor der Immunmarkierung im Überschuss eingesetzt, um endogene Peroxidasen zu blockieren. Nach der Antikörperbindung erfolgt die Umsetzung des Peroxids. Dabei wird der ebenfalls hinzu gegebene Farbstoff 3-3'-Diaminobenzidin-Tetrahydrochlorid (DAB) oxidiert. Es bildet sich ein dunkelbrauner, unlöslicher Niederschlag (■ Abb. 19.11), der durch Zusatz von Schwermetallsalzen (z. B. $NiSO_4$) schwarz gefärbt werden kann. Anstelle von DAB kann auch AEC (3-Amino-9-Ethylcarbazol) verwendet werden, das eine rote, alkohollösliche Färbung ergibt (▶ Kap. 19.6.3).

Die HRP kann für die Licht- und für die Elektronenmikroskopie eingesetzt werden. Wegen ihrer geringen Größe (Molekulargewicht: 40 kDa) dringt sie gut in Gewebe ein und ist daher besonders für *preembedding*-Verfahren geeignet. Die

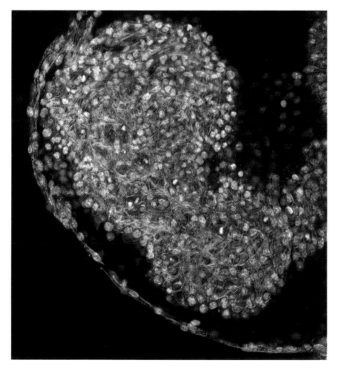

■ **Abb. 19.10** Mehrfach-Immunfluoreszenzmarkierung am embryonalen Mäuseherz. 4-Kanalaufnahme am CLSM (Leica SP5). Cyan: Kerne (DAPI), grün: Actin (Cy2), rot: Myosin (Cy3), blau: uncharakterisiertes Protein (Cy5). Präparat: Dr. Elisabeth Ehler, King's College London, UK. Aufnahme: Ulf Schwarz, Leica Microsystems

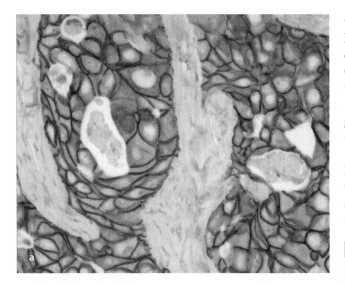

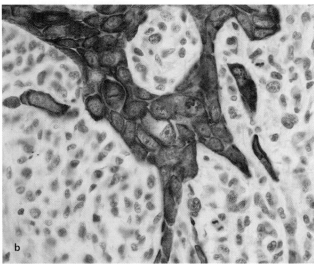

▣ **Abb. 19.11** Immunhistochemische Färbungen (Chromogen: DAB) an Paraffinschnitten. **a)** Mammakarzinomzellverband: atypische Epithelien mit vergrößerten Kernen (blau); Antikörper gegen einen karzinomeigenen zellmembranständigen Wachstumsfaktorrezeptor (braun). **b)** Plattenepithelkarzinom der Lunge; Antikörper gegen Cytokeratin: die Karzinomzellen färben sich cytoplasmatisch braun (blau: Kerne). Aufnahmen: Dr. Bernd Feyerabend, Pathologisches Institut, UKSH, Kiel

Markierung ist sensitiv und dauerhaft, kann aber auch Probleme bereiten:

— Peroxidase wird durch Sauerstoff, Hypochloridverbindungen und Natriumazid inaktiviert. Man sollte immer hochreines Wasser verwenden.

— Insbesondere Pflanzen, aber auch einige tierische Gewebe (z. B. Makrophagen) enthalten endogene Peroxidasen, die unspezifische Signale verursachen können.

Die Alkalische Phosphatasemarkierung ist ebenfalls sehr sensitiv und recht unempfindlich gegen inhibitorische Einflüsse. Es können eine Vielzahl an Substraten, jedoch nicht alle Puffersysteme verwendet werden. Für die Reaktion mit AP wird zumeist 5-Bromo-4-Chloro-Indolyl-Phosphat (BCIP) mit Tetrazoliumsalz (Ni-

tro-Blau-Tetrazoliumsalz, NBT) verwendet. Es ergibt eine rötlich-braune Färbung. Mit TNBT (Tetra-Nitro-Blau-Tetrazolium) ergibt sich eine purpurne Färbung. Fast Red wird zu einem unter Grün-Anregung intensiv rotfluoreszierenden Reaktionsprodukt umgesetzt (Murdoch et al. 1990). Werden wässrige Substrate (z. B. Naphtolphosphat, Fast Red) eingesetzt, sind die Markierungen alkohollöslich; die Präparate dürfen dann nicht entwässert und in lösungsmittelhaltige Medien eingebettet werden.

Endogene Phosphatasen werden durch Zusatz von 1 mm Levamisol blockiert. Da als Markerenzym intestinale AP verwendet wird, und Levamisol alle alkalischen Phosphatasen außer der intestinalen hemmt, sind keine zusätzlichen Blockierungsschritte notwendig.

Anleitung A19.1

Durchführung von Enzymreaktionen
Alkalische Phosphatase (AP)
Material:
— Lösung A: 5 mg BCIP (Dinatriumsalz) gelöst in 100 μl N,N-Dimethylformamid
— Lösung B: 10 mg Tetranitroblau-Tetrazolium (TNBT) gelöst in 200 μl N,N-Dimethylformamid
— Lösung C: 30 ml 0,2 M Tris-HCl (pH 9,5) mit 10 mM $MgCl_2$ und 1 mm Levamisol
— Substratlösung: 100 μl Lösung A + 300 μl Lösung B + 30 ml Lösung C
— 10 ml-Spritze mit Sterilfilteraufsatz

Durchführung:
1. Frisch angesetzte Substratlösung in einer Spritze aufziehen und durch einen Sterilfilter auf die Präparate tropfen
2. unter mikroskopischer Kontrolle 10–30 min inkubieren (Violettfärbung)
3. Abstoppen durch mehrfaches Spülen in H_2O

Mit DAB, NBT, TNBT oder anderen organischen Substraten entwickelte Präparate werden anschließend 3 x für je 3 min in Methanol entwässert, 3 x 3 min in Xylol geklärt und daraufhin mit einem organischen Einbettmedium eingedeckt. Man erhält dadurch ein klareres und deutlicheres Bild der Markierung.

Meerrettich-Peroxidase (HRP)
Material:
— Lösung A: 50 mg Diaminobenzidin (DAB) in 100 ml PBS (pH 7,4)
— Substratlösung: 33 μl 30 % H_2O_2 in 100 ml Lösung A, sorgfältig mischen

DAB kann auch als Stammlösung (50 mg/ml H_2O) angesetzt und aliquotiert eingefroren gelagert werden. Die Substratlösung darf erst kurz vor Gebrauch angesetzt werden. Sie ist aber mehrfach verwendbar und kann lichtgeschützt für 1–2 h aufbewahrt werden. Vorsicht: DAB ist karzinogen! Zusammensetzung der Puffer siehe Tabelle im Anhang.

▼

19.3.6.3 Signalverstärkung durch Enzym-Anti-Enzym-Komplex-Techniken

Die Immunmarkierung mithilfe dieser Techniken erfolgt in drei Schritten: Nach (1) Inkubation mit Primär- und Sekundärantikörper (Brückenantikörper), die beide nicht markiert sind, wird (2) mit einem Enzym-Anti-Enzym-Komplex behandelt. Unmarkierte Antikörper können in engerer Packung binden als markierte. Der Komplex enthält mehrere aktive Enzymmoleküle, die (3) das Substrat umsetzen. Dadurch wird die Markierung mehrfach verstärkt. Die erhöhte Sensitivität erlaubt es, geringe Mengen an Primärantikörpern einzusetzen; der Hintergrund durch unspezifische Bindungen wird stark vermindert.

Peroxidase-Anti-Peroxidase(PAP)-Technik (◼ Abb. 19.12)

Der Enzym-Anti-Enzym-Komplex besteht aus Anti-HRP-Antikörper von derselben Spezies, von der der Primärantikörper

stammt, und HRP. Da die Peroxidase mehrere Bindungsstellen für Antikörper hat, der Antikörper dagegen nur zwei für sein Antigen, bildet sich ein stabiler Komplex, in dem sich zwei Antikörper drei Peroxidasemoleküle teilen. Jedes Antigen wird somit durch mindestens drei aktive Peroxidasemoleküle markiert.

Alkalische Phosphatase-Anti-Alkalische Phosphatase(APAAP)-Technik

In ähnlicher Weise wie bei der PAP-Technik beschrieben kann ein Komplex aus Alkalischer Phosphatase und Anti-Alkalischer Phosphatase zur Signalverstärkung eingesetzt werden.

Tyraminkatalysierte Signalverstärkung

Diese Technik dient dazu, eine Peroxidase-Markierung zu verstärken. Vor der Enzymreaktion werden Tyramin und H_2O_2 auf das Präparat gegeben. Die Peroxidaseaktivität bewirkt, dass sich viele Tyraminmoleküle in enger Nachbarschaft zum Antigen im Präparat ablagern. Bei Verwendung von fluorochromgekoppeltem Tyramin ist das Produkt direkt sichtbar. Biotinyliertes Tyramin kann indirekt durch weitere Schritte (z. B. Inkubation mit Streptavidin-Peroxidase für die Lichtmikroskopie oder mit Streptavidin-Gold für die Elektronenmikroskopie) nachgewiesen und das Signal damit nochmals verstärkt werden. Kits für die tyraminkatalysierte Signalverstärkung sind im Handel (z. B. bei DAKO) erhältlich.

19.3.6.4 Goldmarkierte Antikörper und Silberverstärkung

Kolloidales Gold wurde lange Zeit fast ausschließlich als Marker für die Immunelektronenmikroskopie eingesetzt. Als charakteristisch runde und elektronendichte Partikel erlauben sie im Elektronenmikroskop sehr genaue und leicht detektierbare Lokalisationen des Antigens. Im Lichtmikroskop dagegen erzeugt die Immunogoldmarkierung allein nur eine schwache Rotfärbung im Gewebe, die nur bei hohen Antigen- und Antikörperkonzentrationen erkennbar ist. Die Empfindlichkeit wird entscheidend verbessert durch Silberverstärkungstechniken. Das Silber vergrößert die Goldpartikel, indem es sich darauf ablagert, und verursacht eine schwarzbraune Färbung, die sich im normalen Durchlicht-Hellfeldverfahren deutlich von nichtmarkierten Bereichen abhebt (◼ Abb. 19.13c). In Kombination mit der Silberverstärkung ist die Immunogoldmarkierung ein sehr spezifisches und sensitives Verfahren auch für die Lichtmikroskopie. Die Sensitivität ist allerdings geringer und die Hintergrundmarkierung höher als bei Fluoreszenzmarkierungen.

Verwendung finden insbesondere Goldpartikel von 10–20 nm Durchmesser. Je kleiner die Partikel sind, desto dichter und genauer ist die Markierung, da die kleinen Partikel sich sterisch weniger behindern und tiefer in Gewebe und Schnitte eindringen können. An 1–5 nm große Goldpartikel gekoppelte Antikörper eignen sich auch für *preembedding*-Verfahren (▶ Kap. 19.4.1). Um sie im Elektronenmikroskop deutlicher sichtbar zu machen, wird ebenfalls die Silberverstärkungstechnik eingesetzt (◼ Abb. 19.14).

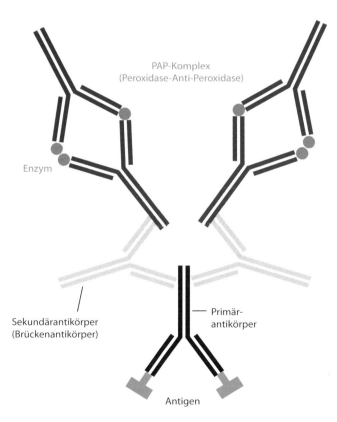

PAP-Komplex
(Peroxidase-Anti-Peroxidase)

Enzym

Sekundärantikörper
(Brückenantikörper)

Primär-
antikörper

Antigen

◼ **Abb. 19.12** Schema der PAP-Technik. Der PAP-Komplex (violett) besteht aus 3 Peroxidasemolekülen und 2 Antikörpern gegen die Peroxidase. An jeden Primärantikörper (schwarz) können über 2 Brückenantikörper (grau) 2 PAP-Komplexe binden. Pro Antigen stehen dann 6 aktive Peroxidasemoleküle zur Verfügung

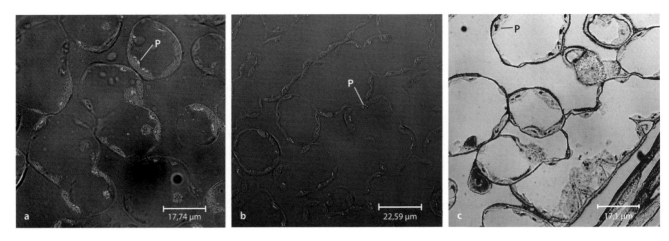

■ Abb. 19.13 Indirekte Immunmarkierungen an Semidünnschnitten (Einbettung: LR White) eines Präparates (Gerstenblätter) mit identischem Primärantikörper und 3 unterschiedlich markierten Sekundärantikörpern, gegengefärbt mit DAPI (**a**, **b**: Kerne, blau). CLSM-Aufnahmen (Leica, SP1). **a)** FITC-gekoppelter Sekundärantikörper. Die grüne Eigenfluoreszenz verdeckt eine eventuell vorhandene grüne Markierung in den Plastiden (P). **b)** Alexa 594-gekoppelter Sekundärantikörper. Nur in den Plastiden (P) sind rote Signale erkennbar. **c)** Goldgekoppelter Sekundärantikörper, Silberverstärkung. Die Markierung (schwarz) ist in den Plastiden (P) aber auch in den Zellwänden lokalisiert.

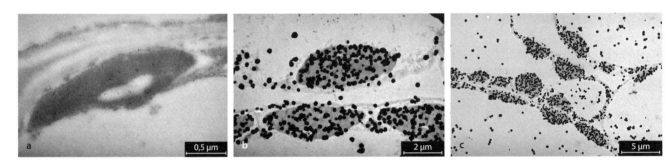

■ Abb. 19.14 Indirekte Immunmarkierung an Ultradünnschnitten eines Gerstenblattes (LR White-Einbettung). Es wurde ein 10 nm-goldgekoppelter Sekundärantikörper verwendet. Durch die Silberverstärkung nehmen die Partikel (schwarze Kugeln) schnell zu. Hintergrundmarkierung (auf den Schnitt verteilt) und spezifische Bindungen (Akkumulation auf den grau erscheinenden Plastiden) werden mit wachsender Entwicklungszeit schwieriger zu unterscheiden **a)** Ohne Silberverstärkung. **b)** Nach 1 min. Silberverstärkung. **c)** Nach 2 min. Silberverstärkung mit der gleichen Lösung wie in **b**.

Kolloidales Gold in definierten und homogenen Partikelgrößen kann man kaufen, ebenso wie goldgekoppelte Antikörper. Es ist jedoch auch relativ einfach und preiswert herzustellen und meist problemlos an Proteine zu koppeln. Die Vorgehensweise sowie verschiedenste Anwendungen werden in einer Reihe von Büchern ausführlich beschrieben (z. B. Hayat 1989, Roth 1983).

Sogenanntes „Nanogold" besteht aus 1,4 nm großen Goldclustern, die sich kovalent an viele Biomoleküle binden lassen. Sie können sogar an Fab-Fragmente gekoppelt werden, was mit größeren Goldpartikeln aus sterischen Gründen nicht möglich ist. Im Handel sind sogar Fab-Fragmente von Antikörpern mit 0,8 nm großen Goldpartikeln. Die Vorteile von mit Nanogold markierten Antikörpern sind offensichtlich: Sie sind stabiler, sie können leichter in Schnitte und Zellen eindringen, und sie bewirken eine dichtere Markierung (Hainfeld und Powell 2000). Damit sind sie insbesondere für Preembedding-Verfahren geeignet.

Kits für die Silberverstärkungstechnik mit ausführlichen Anleitungen für licht- und elektronenmikroskopische Anwen-

dungen sind im Handel (z. B. Aurion, BBInternational, Molecular Probes) erhältlich. Sie bestehen aus zwei bis drei Komponenten, die direkt vor der Behandlung gemischt werden. Die Lösungen können auch selbst hergestellt werden (A19.14).

Je nach Hersteller ist das abgelagerte Silber empfindlich für niedrige pH-Werte, wie sie z. B. bei Nachkontrastierung mit Uranylacetat auftreten, und für den Beschuss mit Elektronen im Elektronenmikroskop. Es kann auch durch OsO$_4$ angegriffen werden. Um Signalverluste zu vermeiden, empfehlen daher manche Hersteller, die Silberverstärkung erst nach Behandlungen mit OsO$_4$ (zum Beispiel in der Nachfixierung) und Uranylacetat durch zu führen. Ist dies nicht möglich, kann Gold- anstelle von Silberverstärkung (z. B. durch GOLDENHANCE-EM von Nanoprobes Inc.) verwendet werden.

Die Silberverstärkung kann vor dem Einbetten und Schneiden der Proben für die Transmissionelektronenmikroskopie oder an Ultradünnschnitten durchgeführt werden. Nach unserer Erfahrung ergibt die Silberverstärkung an Schnitten gleichmäßigere Partikelgrößen und ist daher insbesondere für Mehrfachmarkierungen mit unterschiedlichen Goldpartikelgrößen geeignet.

19

Inzwischen werden auch Antikörper angeboten, die sowohl mit einem Fluorochrom als auch mit Goldpartikeln markiert sind. Nanoprobes Inc. ermöglicht zum Beispiel mit AlexaFluoroNanogold die Lokalisation eines Antigens im Fluoreszenzmikroskop und darauf folgend im Elektronenmikroskop an demselben immunmarkierten Präparat.

19.4 Anforderungen an die Präparate

Immunmarkierungen können an Zellkulturen, ganzen Organismen (z. B. Protozoen, Nematoden), kleinen Gewebestücken oder dünnen Gewebeschnitten (Kryostatschnitte, Vibratomschnitte) durchgeführt und dann direkt betrachtet werden (*whole mount*-Immunmarkierung). Oder sie werden danach für die höher auflösende licht- oder die elektronenmikroskopische Untersuchung fixiert, eingebettet und geschnitten (*preembedding*-Technik). Alternativ erfolgt die Immunmarkierung erst am Ende des Präparationsganges an Schnitten des Paraffin- oder Kunststoff-eingebetteten Materials (Schnittmarkierung oder *postembedding*-Technik). Jede Technik hat, je nach Objekt und Fragestellung, bestimmte Vor- und Nachteile und erfordert eigene Präparationsschritte, die im Folgenden kurz zusammengefasst dargestellt werden.

19.4.1 *Whole mount*-Immunmarkierung und *preembedding*-Verfahren

Die *whole mount*-Immunmarkierung wird häufig angewendet, wenn extrazelluläre Strukturen oder Zelloberflächen markiert werden sollen. Da in diesem Fall oftmals an lebendem, gefrorenem oder nur leicht anfixiertem Material gearbeitet werden kann, die Antigene also nicht durch eine Präparation zerstört oder verändert werden, herrschen optimale Bedingungen für eine Immunlokalisation.

Liegen die nachzuweisenden Antigene intrazellulär, müssen Zellmembranen (und eventuell andere abdichtende Strukturen wie pflanzliche Zellwände) vor der Markierung permeabilisiert werden. Dazu dienen Behandlungen mit Detergenzien (z. B. 0,1 % Triton oder Tween 20), Lösungsmitteln, Enzymen oder wiederholtes Einfrieren und Auftauen. Gleichzeitig muss das Zellinnere durch Fixierung stabilisiert werden. Beide Schritte führen zu Qualitätsverlusten bei der Feinstruktur und – je nach Antigen – bei der Immunlokalisation. Für bestimmte Fragestellungen (z. B. Darstellung von Cytoskelettelementen in Kulturzellen (■ Abb. 19.15) oder in einzelligen Organismen) ist diese Methode dennoch sehr gut geeignet. Man muss allerdings bedenken, dass durch Ionenumverteilungen bei der Permeabilisierung Zielstrukturen zerstört werden können, und dies durch vorheriges Waschen mit entsprechenden Pufferzusätzen verhindern. Beispielsweise sollte man für die Immunlokalisation von Mikrotubuli die Zellen vor der Permeabilisierung mit einem EGTA-haltigen Puffer waschen, da ansonsten die Mikrotubuli durch den Ca^{2+}-Einstrom zerstört werden.

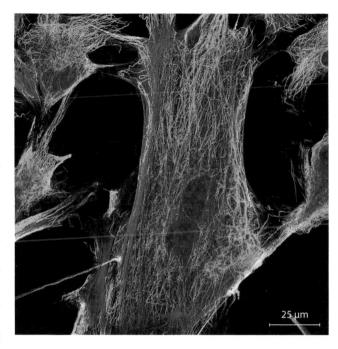

■ **Abb. 19.15** Mehrfach-Immunfluoreszenzmarkierung an Fibroblasten, gegengefärbt mit DAPI (Kerne, blau). 4-Kanal-Aufnahme im CLSM (Leica, SP5). Grün: Tubulin (Alexa 488), Rot: Actin (Phalloidin-TRITC), Cyan: Vimentin (Cy5). Präparat: Dr. Günter Giese, MPI für Medizinische Forschung, Heidelberg. Aufnahme: Olga Levai, Leica Microsystems

Die *whole mount*-Immunmarkierung wird auch bei elektronenmikroskopischen Präparaten angewendet, und zwar insbesondere dann, wenn das Antigen nur eine sanfte Fixierung verträgt, diese jedoch die Ultrastruktur des Gewebes nicht ausreichend erhält. So wird z. B. häufig für die Lokalisation von Antigenen im Gehirn das *preembedding*-Verfahren angewendet: Nach der Immunmarkierung an Kryostat- oder Vibratomschnitten wird das Präparat mit Glutaraldehyd und OsO_4 fixiert, entwässert und in Kunstharz eingebettet.

Um das Eindringen in Zellen und Gewebe zu erleichtern, verwendet man für *preembedding*-Verfahren am besten Fab-Fragmente von Antikörpern und wählt Enzyme (AP oder HRP) oder sehr kleine Goldpartikel (z. B. Nanogold) als Markersysteme.

19.4.2 Markierung an Schnitten

Immunlokalisationen in pflanzlichem und tierischem Gewebe erfolgen zumeist an Schnitten. Bei richtiger Vorbereitung der Präparate finden die Antikörper leichten Zugang zu den Antigenen. Von Vorteil ist auch, dass am selben Material Kontrollexperimente und Markierungen mit unterschiedlichen Antikörpern oder verschiedenen Antikörperverdünnungen parallel durchgeführt werden können. Nachteilig kann sich auswirken, dass Epitope durch Fixierung, Entwässerung und hohe Temperaturen verändert werden, so dass Antikörper nicht mehr binden.

19.4.2.1 Präparate für die Lichtmikroskopie

Geeignet für die Immunhistologie sind insbesondere Kryostatschnitte (▶ Kap. 9.2.1) von frischem oder fixiertem Gewebe, entwachste Schnitte von in Paraffin oder nach Steedman eingebetteten Proben (▶ Kap. 6). Die Schnitte sollten nicht zu dick sein, um ein klares Bild zu erhalten. Sehr dünne Schnitte ergeben häufig zu schwache Signale. Schnittdicken von 2–5 µm sind optimal.

Schnitte von in Kunstharz eingebetteten Präparaten (▶ Kap. 6.3, 7.1) werden nur an der Schnittfläche markiert, wenn man das Einbettmittel nicht herauslöst. Daher kann man insbesondere Immunfluoreszenzmarkierungen auch an sehr dünnen Schnitten durchführen. Verbreitet werden dafür hydrophile Kunstharze (z. B. LR White, LR Gold, Technovit, Methylmethacrylat) für die Einbettung der Proben verwendet.

Damit die Schnitte bei den Markierungsschritten nicht von den Objektträgern abschwimmen, verwendet man beschichtete Objektträger (silanisiert oder mit Polylysin beschichtet, z. B. Superfrost Plus-Objektträger), und lässt die Schnitte darauf bei 30–40 °C oder über Nacht bei Raumtemperatur fest antrocknen. Starkes Erhitzen auf einer Wärmeplatte kann die Antigenität zerstören.

Vorbereitungsmöglichkeiten von biologischem Material für die Immunhistologie sind in den ▶ Kapiteln 5 bis 7 ausführlicher beschrieben.

Anleitung A19.2

Silanisierung von Objektträgern mit APTES

APTES (3-Aminopropyltriethoxysilan, Thermo Scientific) enthält eine Aminogruppe, die sich, z. B. durch Glutaraldehyd-Fixierung, mit Molekülen des Präparates vernetzen lässt. Damit bewirkt man eine sehr stabile Bindung der Präparate (Schnitte, Zellen, Organellen, Proteine, DNA) an den Objektträger.

Material
- gereinigte und getrocknete Objektträger
- 50 ml 2 % (w/v) 3-Aminopropyltriethoxysilan in 100 % Aceton
- 50 ml Becherglas
- stumpfe Pinzette
- Färbeküvette (zum Trocknen)
- Spritzflasche oder Spülgefäß mit 100 % Aceton

Durchführung:
1. Objektträger in Becherglas mit 3-Aminopropyltriethoxysilan stellen
2. nach 30 Sekunden herausziehen und mit Aceton abspülen
3. trocknen lassen

Die beschichteten Objektträger können für späteren Gebrauch gelagert werden

---

19.4.2.2 Präparate für die Elektronenmikroskopie

Antigene sind lichtmikroskopisch zumeist besser detektierbar als elektronenmikroskopisch:

- Die Häufigkeit der Antigene im Ultradünnschnitt ist wesentlich geringer als in Dickschnitten oder Semidünnschnitten für die Lichtmikroskopie.
- Die stringenteren Fixierungsbedingungen maskieren viele Epitope.
- Durch Einbettungen in Kunstharz und die Ultradünnschnitttechnik gehen viele Antigene verloren.

Es ist sinnvoll, Fixierungs-, Einbettungs- und Markierungsprotokolle für die Immunoelektronenmikroskopie an lichtmikroskopischen Präparaten zu entwickeln. Nur wenn bei bestimmten Präparations- und Markierungsbedingungen im Lichtmikroskop ein spezifisches Signal beobachtet wird, besteht die Chance, das Antigen auch elektronenmikroskopisch zu lokalisieren. Häufig muss man einen Kompromiss finden zwischen ausreichender Ultrastrukturerhaltung und Antigenität.

Für die Immunlokalisation auf elektronenmikroskopischer Ebene sind insbesondere Präparate geeignet, die Struktur **und** Antigen erhaltend physikalisch (z. B. durch HPF, ▶ Kapitel 9) oder chemisch (normalerweise durch Formaldehyd) fixiert wurden. Es werden zumeist Kryoschnitte (▶ Kapitel 9) oder Kunstharzschnitte (▶ Kapitel 7) verwendet. Die Einbettung in Kunstharz kann nach Gefriersubstitution (▶ Kapitel 9), PLT (▶ Kapitel 9) in der Kälte oder konventionell bei Raumtemperatur erfolgen. Als Einbettmittel verwendet man häufig Kunststoffe, die bei niedrigen Temperaturen polymerisieren (z. B. Lowicryl, HM20). Für viele Anwendungen ist LR White geeignet, da es mit Hilfe von UV-Licht auch im Kühlschrank polymerisiert.

Die Schnitte werden auf befilmte oder unbefilmte Gold- oder Nickel-Grids gezogen und erst nach der Immunogoldmarkierung nachkontrastiert. Es ist empfehlenswert, die teureren Gold-Grids zu verwenden, da Grids aus Nickel schwierig zu handhaben sind und im TEM starken Astigmatismus verursachen können.

Fixierungen von biologischem Material für die Immuncytologie sind in ▶ Kapitel 5 beschrieben.

19.4.2.3 Präparate für Licht- und Elektronenmikroskopie

Sollen am gleichen Präparat Immunmarkierungen für die Licht- und für die Elektronenmikroskopie durchgeführt werden, sind vorzugsweise Fixierungsbedingungen für die Immunelektronenmikroskopie (▶ Kapitel 5) zu wählen. Die Einbettung erfolgt in Kunstharz (z. B. HM20, LR White). Es ist zwar möglich, in Paraffin eingebettetes Material nachträglich in Kunstharz umzubetten und ultradünn zu schneiden, aber wegen der deutlich schlechteren Ultrastrukturerhaltung nicht empfehlenswert.

19.4.3   Durchführung der Immunmarkierung

Immunmarkierungen sind einfach durchzuführen. Man sollte jedoch einige prinzipielle Regeln beachten:

- Die Präparate dürfen niemals trocken fallen. Daher alle Schritte in einer feuchten Kammer (siehe Anleitung A2.2) durchführen.

- Es ist vorteilhaft, für die Inkubationen und Waschschritte einen langsam rotierenden Schüttler einzusetzen.
- Alle verwendeten Gefäße und Materialien müssen sauber, staub- und fettfrei sein; wenn möglich, sollte auf Einmalmaterial zurückgegriffen werden. Werden Gefäße immer wieder für unterschiedliche Immunmarkierungen eingesetzt, sind anhaftende Proteine jedes Mal gründlich zu entfernen.

Der Präparationsgang für eine indirekte Immunmarkierung besteht schematisch aus folgenden Schritten:

1. Fixierung und Permeabilisierung (bei *whole mount*-Präparaten)
   alternativ: Anfertigung von Schnitten und Aufbringen auf Objektträger/Grids (bei *preembedding*-Verfahren)
2. Antigen-Demaskierung (optional)
3. Blockierung
   - endogener Enzyme (bei enzymmarkiertem Antikörper)
   - von Aldehydgruppen (optional)
   - von endogenem Biotin (optional bei der ABC-Methode)
   - von unspezifischen Bindungsstellen (durch Blockpuffer)
4. Inkubation mit verdünntem Primärantikörper (z. B. 1 h bei Raumtemperatur)
5. Mehrfaches Waschen in Waschpuffer (z. B. 4× 5 min)
6. Inkubation mit verdünntem und markiertem Sekundärantikörper (wie in 4.)
   alternativ: Inkubation mit verdünntem und markiertem Protein A
7. Mehrfaches Waschen in Waschpuffer (z. B. 4× 5 min)
8. Substratreaktion (bei enzymmarkiertem Antikörper)
9. Stoppen der Substratreaktion (bei enzymmarkiertem Antikörper)
10. Für lichtmikroskopische Präparate: Eindecken mit passendem Einbettmedium (eventuell vorher Entwässern)

Alle Schritte (Zeiten, Temperaturen, Konzentrationen, Puffer etc.) sind für verschiedene Antigene und Antikörper jeweils zu optimieren.

Bei gold- und fluoreszenzmarkierten Antikörpern entfallen die Schritte 8 und 9.

Für die direkte Immunmarkierung werden bei Schritt 4 markierte Antikörper verwendet und die Schritte 5 und 6 weggelassen.

Signalverstärkungsreaktionen (ABC-, PAP-, APAAP-Technik) können zwischen Schritt 7 und 8 eingefügt und auch mehrfach wiederholt werden.

Detaillierte Anleitungen zu Einzel- und Mehrfachimmunmarkierungen mit ausführlichen Erklärungen erhält man zum Beispiel von dem Antikörperhersteller Dianova.

Automaten für Immunmarkierungen für die Lichtmikroskopie sind im Handel erhältlich (z. B. bei Intavis). Sie erlauben einen großen Durchsatz von Präparaten bei hoher Reproduzierbarkeit der Ergebnisse.

Immunmarkierungen können auch mit Hilfe der Mikrowellentechnologie durchgeführt werden. Je nach Antigen sind dabei bei sehr kurzen Inkubationszeiten gute Markierungen mit wenig Hintergrund zu erzielen (Giberson and Demaree 2001, Takes et al. 1989). Dennoch gibt es zurzeit noch relativ wenige Anwender für diese Technik.

19.4.3.1 Praktische Hinweise zur *whole mount*-Immunmarkierung

Whole mount-Immunmarkierungen von kleinen Organismen oder Gewebestücken oder –schnitten sowie von Kulturzellen auf Deckgläsern können in Objektträgern mit Vertiefungen, kleinen Petrischalen oder *multiwell*-Platten durchgeführt werden. Die Gefäße sollten für kleine Volumina ausgelegt sein, um die Antikörper sparsam einsetzen zu können, und sie sollten einen durchsichtigen Boden besitzen, um eine direkte mikroskopische Kontrolle zu ermöglichen. Ein Deckel ist nicht unbedingt erforderlich, wenn man die Gefäße in einer feuchten Kammer platziert.

Für die histologische Aufarbeitung frei flottierender Schnitte empfiehlt sich insbesondere die Verwendung von Netwell-Einsätzen (Corning: www.corning.com/lifesciences): kleinen mit einem Sieb versehenen Einsätzen, die in *multiwell*-Platten eingebracht werden können. Vor allem bei Waschschritten bieten die Einsätze eine große Arbeitserleichterung, da die Präparate nicht einzeln mit dem Pinsel, Glasstab oder feinem Metallhäkchen transportiert werden müssen.

Zur einfachen und schonenden Handhabung werden Suspensionszellen nach der Fixierung auf Polylysin- oder Alcianblau beschichtete Deckgläser oder Objektträger adhäriert. Die Objektträger sind wie bei der Schnittmarkierung zu behandeln.

19.4.3.2 Praktische Hinweise zur Immunmarkierung von Schnitten für die Lichtmikroskopie

Objektträger mit Schnitten legt man am Besten auf Glas- oder Plastikstäbe, die auf dem Boden einer rechteckigen feuchten Kammer (gut verschießbare Dose, z. B. Gefrierdose) befestigt werden.

Die Lösungen werden jeweils auf die Schnitte aufgetropft und abgenommen. Es ist zu empfehlen, die Schnitte vorher mit einem Fettstift (z. B. Pap-Pen, Sigma) zu umranden, damit die Tropfen auf dem Präparat gehalten werden. Zum schnellen Abziehen der Lösungen kann eine Wasserstrahlpumpe eingesetzt werden. Alternativ kippt man den Objektträger um 90° und lässt den Tropfen auf Papierhandtücher ablaufen (Achtung: nicht mit Papier absaugen, da hierbei das Präparat schnell trocken fallen kann). Werden viele Objektträger verwendet, kann man die Waschschritte in Küvetten durchführen.

19.4.3.3 Praktische Hinweise zur Immunmarkierung von Schnitten für die Elektronenmikroskopie

Ultradünnschnitte werden normalerweise mit der Tröpfchenmethode markiert. Auf einer ebenen, sauberen Unterlage (z. B. einem Streifen Parafilm, der mit Hilfe von ein paar Tropfen Wasser glatt auf einem Tablett oder einer Glasscheibe ausgebreitet wurde) platziert man Tropfen (je 20–100 µl) der Lösungen. Darauf legt man die Grids mit der Schnittseite nach unten und transferiert sie nach Protokoll von Tropfen zu Tropfen, ohne die Lösung von den Grids zwischen den Schritten abzuziehen. Für die Antikörperlösungen verwendet man jeweils 2 Tropfen hintereinander, da die Konzentration im ersten Tropfen durch Restlösung auf dem Grid verringert wird. Am Ende wird jedes Grid einzeln durch mehrfaches Eintauchen in ein Becherglas mit sauberem Wasser gewaschen und anschließend auf Filterpapier getrocknet.

Die Tröpfchenmethode kann Probleme bereiten, wenn die Lösungen viel Detergens enthalten. In diesem Fall legt man die Grids mit der Schnittseite nach oben in die Lösungen. Als Gefäße können *multiwell*-Platten oder Ähnliches verwendet werden. Bei der Auswahl sollte man darauf achten, dass die Gefäße genug Raum bieten, um die Grids mit der Pinzette daraus entnehmen zu können. Alternativ kann man die Platten mit Netwell-Einsätzen nutzen.

Im Verlauf einer Markierung kann es leicht geschehen, dass Primär- oder Sekundärantikörper über die Pinzette in andere Lösungen oder auf die falschen Grids gelangt. Dies kann man vermeiden, indem man mit mehreren Pinzetten parallel in jeweils nur in einer Richtung arbeitet, und die Pinzetten nach jedem Durchgang gründlich reinigt.

19.4.3.4 Blockierung unspezifischer Bindungen

Antikörper können auf Objektträgern oder Grids, auf Schnitten und im Gewebe unspezifisch binden und damit eine unerwünschte Hintergrundmarkierung verursachen. Die Hintergrundmarkierung kann verschiedene Ursachen haben: Adsorption an Oberflächen, Anlagerungen an hydrophobe oder geladene Bereiche im Gewebe, Bindung an Fc-Rezeptoren und unspezifische Wechselwirkungen zwischen Antikörpern und Proteinen im Gewebe.

Zur Minimierung der Hintergrundmarkierung werden vor der Immunmarkierung Blockierlösungen eingesetzt, deren Komponenten die unspezifischen Bindungen der Antikörper vermindern bzw. verhindern sollen.

1. Zur Inaktivierung von Resten der Fixierlösung (Aldehyden) wird zunächst mit niedermolekularen Substanzen (Aminosäuren wie Glycin, Lysin) oder NaBH$_4$ oder NH$_2$OH blockiert.
2. Direkt vor der Immunmarkierung blockiert man mit hochmolekularen Proteinen oder Proteinmischungen (Serum), um hydrophobe Bereiche und Regionen mit besonders vielen positiven Ladungen abzudecken.
3. Während der Antikörperinkubation und der Waschschritte verhindert man durch Zugabe von Proteinen in den Inkubationspuffer unspezifische Bindungen der Antikörper.

Zu 1.
Freie Aldehydgruppen von Formaldehyd, insbesondere jedoch von Glutar(di-)aldehyd, die nach der Fixierung zahlreich im Gewebe vorliegen, binden kovalent an jede erreichbare Aminogruppe und daher auch an alle Antikörper, Lektine und Enzyme. Je länger die Fixierung in Aldehyden durchgeführt wurde, je höher die Konzentration an Glutaraldehyd und je älter (und damit polymerreicher) die verwendete Aldehydlösung war, desto stärker ist der Effekt. Dann ist es notwendig, vor der Immunmarkierung die freien Aldehydgruppen zu blocken. Dies kann man durch Reduktion der CHO-Gruppen zu –OH mit Hilfe von 0,02 % Natrium-Borhydrid erreichen. Alternativ werden die Aldehydgruppen vor der Immunmarkierung (oder schon direkt nach der Fixierung im Waschpuffer) mit einem Überschuss von Aminogruppen (mit Hilfe von 0,1 M Glycin, Lysin oder 50 mm Ammoniumchlorid) abgesättigt.

Zu 2. und 3.
Meist verwendet werden preiswerte Proteine wie Rinderserumalbumin (BSA), Casein, Magermilchpulver, Fischgelatine oder Serum aus Rind oder Pferd, die einzeln oder gemischt im Waschpuffer gelöst werden. Sie vermindern insbesondere Hintergrundmarkierungen, die durch hydrophobe Wechselwirkungen verursacht werden. Casein formt negativ geladene Micellen, die positiv geladene Bindungsstellen abdecken. Darüber hinaus kann der Zusatz von Detergens (0,05–0,1 % Triton, Tween 20 oder Saponin) unspezifische Markierungen reduzieren. Es wird vermutet, dass dadurch Fc-Rezeptoren aufgelöst werden. Eine Zusammenstellung gängiger Blockierlösungen findet sich im Anhang (A1.6). Fertige Blockierlösungen sind überdies im Handel (z. B. bei Aurion, Candor) erhältlich.

Der Sekundärantikörper kann mit endogenen Immunglobulinen im Präparat kreuzreagieren. Bei der indirekten Immunmarkierung blockiert man daher optimal mit Serum (Normalserum) aus der Tierart, von der der Sekundärantikörper stammt. Das Blockieren mit Normalserum vor der Inkubation mit Primärantikörper verhindert ebenfalls, dass Primär- und Sekundärantikörper an Fc-Rezeptoren binden. Niemals darf Serum oder Ig aus der Tierart verwendet werden, in der der Primärantikörper produziert wurde.

Bei Verwendung von Protein A anstelle des Sekundärantikörpers darf nicht mit Serum blockiert werden, da Protein A an IgG im Serum bindet.

Konzentration und Zusammensetzung der Blockierlösung sowie die Behandlungsdauer und -temperatur müssen an das jeweilige Markierungsexperiment angepasst und optimiert werden. In Routineapplikationen für Licht- und Elektronenmikroskopie genügen häufig 3–10 % BSA oder Magermilchpulver in Puffer (PBS oder TBS, pH 7,4, siehe Tabelle im Anhang) in denen die Präparate für 1 h bei Raumtemperatur oder über Nacht bei 4 °C inkubiert werden. Die Blockierlösung darf auf keinen Fall auf dem Gewebe oder den Schnitten antrocknen.

19.4.3.5 Inkubation mit Antikörpern
Handhabung und Verdünnung der Antikörper

Anhaltspunkte für die zu verwendende Verdünnung für die Immunmarkierung ergeben die Beipackzettel der Hersteller. Monoklonale Antikörper werden in Konzentrationen zwischen 1–10 µg/ml eingesetzt; polyklonale Antiseren können zumeist 1:10–1:500 verdünnt werden. Für jede Anwendung muss die Antikörperkonzentration jedoch zunächst durch Konzentrationsreihen optimiert werden. Eine zu hohe Konzentration kann die Ursache von unspezifischer Hintergrundmarkierung sein. Darüber hinaus bewirkt sie Wechselwirkungen zwischen den IgG-Molekülen sowie sterische Behinderungen an den Epitopen, was zu einer Verminderung der spezifischen Markierung führt. Zu niedrige Antikörperkonzentrationen resultieren in einer zu schwachen Markierung. Für eine gute Markierung ist es wichtig, zunächst die Antikörperkonzentration optimal einzustellen und erst dann eventuell verbleibende Hintergrundmarkierung durch Blockieren zu vermindern.

Verdünnt werden die Antikörper in neutraler, sterilfiltrierter Pufferlösung (TBS oder PBS, siehe Tabelle A1.1) unter Zusatz von 0,1–0,3 % BSA oder anderen blockierenden Substanzen. BSA belegt unspezifische Bindungsstellen und soll verhindern, dass Antikörper an den Gefäßwandungen „kleben". Sollen verdünnte Antikörper aufbewahrt werden, kann man zur besseren Haltbarkeit 0,1 % Natriumazid hinzusetzen. Dies gilt nicht für enzymmarkierte Antikörper, da Natriumazid ein Enzyminhibitor ist. Na-Azid kann darüber hinaus zu Präzipitaten führen, die im Transmissionselektronenmikroskop sichtbar sind.

Inkubationsdauer und Temperatur

Nach Standardrezepten für Immunmarkierungen werden die Präparate im Primär- wie auch im Sekundärantikörper für 1 h bei Raumtemperatur inkubiert. Eine Inkubation bei 37 °C kann die Inkubationszeiten verkürzen. Für ein optimales Ergebnis lässt man den Primärantikörper über Nacht bei 4 °C einwirken. Antikörper mit niedrigem Titer oder niedriger Affinität haben dann genügend Zeit, ihre Bindungsstellen zu finden, während unspezifische Wechselwirkungen durch die niedrige Temperatur vermindert werden. Diese Effekte werden noch verstärkt, wenn die Inkubation unter leichter Bewegung (Schüttler) stattfindet.

19.4.3.6 Waschschritte

Durch das Waschen soll nicht spezifisch gebundener Antikörper aus dem Gewebe und der Umgebung entfernt werden. Dazu dienen 4–6 Waschschritte von je 3–10 min mit jeweils frischer Lösung. Übermäßig lange Waschzeiten können zu einer Signalverminderung führen und sind daher zu vermeiden.

Zum Waschen wird PBS oder TBS pH 7,2–8,5 (Zusammensetzung siehe Puffertabelle im Anhang A1.1) verwendet. Mit TBS wird der Hintergrund zumeist klarer. Tween 20 oder Triton X 100 (0,05–0,1 %) im Waschpuffer vermindern die Oberflächenspannung, sodass die die Reagenzien das Präparat gleichmäßiger bedecken und leichter eindringen können. BSA im Waschpuffer verringert unspezifische Bindungen.

19.5 Kontrollen und Problembehandlung

Aus einer Vielzahl von Gründen kann es zu einer zu starken, zu schwachen oder unspezifischen Markierung kommen. Häufige Fehlerquellen und mögliche Abhilfen sind in ◻ Tabelle 19.4 zusammengefasst. Ausgewählte Möglichkeiten der Problemlösung werden unten ausführlicher erläutert.

Dot-Spot-Verfahren helfen dabei, den Einfluss der Präparationsschritte und der Inkubationsbedingungen auf die Markierbarkeit der Antigene zu überprüfen (van de Plas 2006). Dazu wird mit Hilfe einer Mikrokapillare Zellextrakt oder reines Antigen in einer Konzentrationsreihe auf eine Nitrocellulosemembran aufgebracht. Die Membran kann nun unterschiedlichen Fixierungsbedingungen, Blockierungen oder Antikörperinkubationen ausgesetzt werden. In gleicher Weise können Tissue-Prints (▶ Kapitel 21) verwendet werden.

19.5.1 Positiv- und Negativkontrollen

Das Ergebnis einer Immunmarkierung ist sorgfältig zu kontrollieren, um falsch-positive Signale auszuschließen. Bei indirekten Methoden sollte zum Vergleich z. B. stets mindestens ein Präparat mitgeführt werden, bei dem die Inkubation in Primärantikörper ausgelassen wurde. Bei Verwendung eines Brückenantikörpers sollte man beide, den Primär- und den Brückenantikörper, zur Kontrolle weglassen. Die Inkubation in Präimmunserum anstelle des (primären) Antikörpers ist bei Verwendung von nicht affinitätsgereinigten polyklonalen Antikörpern ein notwendiges Kontrollexperiment. Darüber hinaus kann das Antikörperserum gegen homologe und heterologe Antigene präadsorbiert werden.

Wenn unklar ist, ob sich ein fehlendes Signal auf einen mangelhaften Primärantikörper oder auf den Verlust oder die Veränderung des Antigens bei der Präparation zurückführen lässt, ist eine Positivkontrolle sinnvoll: Man verwendet dazu einen Antikörper, der erfahrungsgemäß spezifisch an ein Epitop mit bekannter Lokalisation im Gewebe bindet. Darüber hinaus hilft eine Negativkontrolle bei der Fehlersuche, wenn die beobachtete Markierung mit einem Antikörper zweifelhaft ist: Man wählt dazu einen Antikörper gegen ein Epitop, das nicht im untersuchten Gewebe vorkommt. Bei manchen Untersuchungen ist es auch möglich, das Antigen im Gewebe vor der Immunmarkierung z. B. enzymatisch zu zerstören.

19.5.2 Antigendemaskierung

Fixierung, Dehydrierung und Einbettung können Epitope der Antigene derart verändern, dass Antikörper sie nicht mehr erkennen können. So ergeben Immunmarkierungen an formaldehydfixiertem und paraffineingebettetem Material häufig nur schwache oder keine Signale. Formaldehyd fixiert Proteine durch Bildung inter- und intramolekularer Methylenbrücken, die die Konformation mancher Antigene so verändern, dass die Epitope nicht mehr zugänglich sind. Auch die Fixierung mit Glutaraldehyd oder, in noch viel größerem Ausmaß, mit Osmiumtetroxid kann zu einem starken oder vollständigen Verlust der Antigenität führen. Die hohen Polymerisationstemperaturen und die dichte Vernetzung und Wasserundurchlässigkeit vieler Kunstharze (insbesondere Epoxidharze) führen ebenfalls dazu, dass viele Antikörper an Schnitten derartiger Präparate

◻ Tab. 19.4 Probleme und Fehlerquellen

Keine oder nur geringe Markierung	
Ursache	**Abhilfe**
Paraffinschnitte: Schnitte nicht ausreichend entparaffiniert Kryostatschnitte: Einbettmedium nicht ausreichend entfernt	längere Zeiten beim Entparaffinieren wählen Kryostatschnitte vor der Markierung 15 min in Waschpuffer waschen
primärer Antikörper bindet nicht	Antikörper ersetzen
sekundärer Antikörper bindet nicht	– sekundärer Antikörper falsch gewählt (muss gegen IgG der Art gerichtet sein, in der der 1. Antikörper produziert wurde) – sekundärer Antikörper nicht mehr intakt, daher ersetzen
Antikörperkonzentration zu niedrig	Konzentration des primären oder des sekundären Antikörpers erhöhen
Inkubationszeit für primären oder sekundären Antikörper zu kurz	Inkubationszeit verlängern Die Inkubation bei 4°C über Nacht ergibt häufig ein optimales Ergebnis
falsche oder nicht ausreichende Fixierung (Verlust des Antigens)	– andere Fixierung wählen – Fixierungszeit verlängern
zu starke Fixierung z. B. durch Glutaraldehyd	– Fixierungszeit verkürzen – Glutaraldehyd durch Formaldehyd ersetzen – Antigendemaskierung versuchen
Antikörper dringen nicht ein (bei dicken Kryoschnitten, *whole mount*-Markierungen)	– mit Detergenzien (0,1–0,5 % Tween 20 oder Saponin) vorbehandeln – mit Aceton oder Methanol vorbehandeln – Material kurz einfrieren und wieder auftauen
zu niedrige Antigenkonzentration	Sensitivität durch Verstärkungsreaktionen (ABC, PAP) erhöhen
Antigen durch H_2O_2 (Peroxidase-Blockierung) zerstört	phosphatasegekoppelte Antikörper wählen
Lösungen für Enzymreaktion nicht in Ordnung	– frische Substratlösung ansetzen – neue Reagenzien einsetzen
Inkubationszeit für Enzymreaktion zu kurz	Inkubationszeit verlängern
falsches Eindeckmedium (Reaktionsprodukt löst sich)	passendes Eindeckmedium verwenden
Schritte im Protokoll in falscher Reihenfolge oder Schritte vergessen	Protokoll und Notizen sorgfältig überprüfen
Überfärbung	
Ursache	**Abhilfe**
zu hohe Antikörperkonzentration	Antikörperkonzentrationen durch Konzentrationsreihen optimieren
zu lange Antikörper-Inkubationsdauer	Inkubationsdauer reduzieren
zu hohe Antikörper-Inkubationstemperatur	Inkubationstemperatur reduzieren
zu lange Substrat-Inkubationsdauer	Substrat-Inkubationsdauer reduzieren
Schnitte sind während der Inkubation ausgetrocknet	Schnitte immer feucht halten
Starker Hintergrund	
Ursache	**Abhilfe**
Präparate nicht ausreichend gewaschen	– zwischen den Inkubationsschritten mindestens 3x waschen – Detergens zum Waschpuffer geben
Gewebe enthält endogene Peroxidase oder Phosphatase	– Endogene Peroxidaseaktivität mit H_2O_2 blocken – Endogene Phosphataseaktivität durch Levamisol blocken
Gewebe enthält endogenes Biotin	Endogenes Biotin durch Biotin- und Avidinvorbehandlung blocken

▼

19

⬛ Tab. 19.4 *Fortsetzung*

unspezifische Wechselwirkungen des Primärantikörpers mit Gewebekomponenten	– Primärantikörper: stärker verdünnen, bei 4 °C über Nacht inkubieren, in Blockierpuffer verdünnen – Waschpuffer: Detergens zusetzen, NaCl-Konzentration erhöhen (auf 2,5 %), pH-Wert auf 9 oder 10 erhöhen – Konzentration der Blockierlösung erhöhen
Bindung des Primärantikörpers an antigenähnliche Moleküle im Gewebe	– polyklonaler Antikörper: Affinitätsreinigung – monoklonaler Antikörper: anderen Antikörper herstellen
unspezifische Bindungen des Sekundärantikörpers an Gewebekomponenten	mit Serum der gleichen Art blockieren, aus der der Sekundärantikörper stammt oder affinitätsgereinigten oder präadsobierten Antikörper verwenden
ungenügende Fixierung (Antigen verändert seine Lage im Gewebe)	Dauer der Fixierung verlängern
Aldehyde im Gewebe durch Fixierung mit Glutaraldehyd oder Formaldehyd	Präparat mit Na-Borhydrid behandeln oder 50 mm Ammoniumchlorid zur Blockierlösung hinzufügen

nicht mehr binden. Da es in der Praxis eines Routinelabors schwierig sein kann, wegen einzelner, problematischer Antigene die Präparate erneut und für diese optimal zu fixieren und einzubetten, wurden eine Reihe von Behandlungsmethoden von Schnittpräparaten für Licht- und Elektronenmikroskopie entwickelt. Sie können die Antigenität der Proben wieder herstellen, indem sie den Antikörpern Zugang zu den Epitopen ermöglichen, z. B. indem sie den dichten Kunststoffmantel um die Antigene auflockern, Bindungsstellen für die Antikörper von anhaftenden Proteinen oder anderen maskierenden Substanzen befreien, oder indem sie die dreidimensionale Struktur des Antigens verändern (es renaturieren oder denaturieren), um Epitope aus dem Inneren des Moleküls an der Oberfläche zu exponieren (▶ Kap. 19.6.2).

19.6 Lokalisation von Molekülen mit Hilfe Antikörper-ähnlicher Nachweissysteme

In vergleichbarer Weise wie Antikörper können eine Reihe von Proteinen zur Lokalisation von Zellkomponenten eingesetzt werden. Voraussetzung ist, dass sie mit hoher Affinität und Spezifität an die nachzuweisenden Moleküle binden.

Die zuckerbindenden Lektine (▶ Kap. 10.6.10 werden eingesetzt, um Kohlenhydrate und Glykoproteine in Zellen und Geweben zu identifizieren und zu lokalisieren. Dazu werden sie entweder direkt mit einem Marker gekoppelt oder indirekt über einen markierten Anti-Lektin-Antikörper detektiert. Spezielle Anleitungen und Hinweise finden sich in der Fachliteratur (z. B. Brooks et al., 1997).

Phalloidin bindet spezifisch an Actin. Gekoppelt an ein Fluorochrom kann es direkt zur Lokalisation von F-Actin in Gewebeschnitten oder ganzen Organismen (⬛ Abb. 19.16) verwendet werden.

Auch Enzyme finden in ähnlicher Weise wie Antikörper zur Lokalisation ihres Substrates Verwendung. So kann man z. B. Cellulose über fluorochrom- oder goldgekoppelte Cellu-

⬛ Abb. 19.16 Nachweis von Actin in Mikrovilli an Nesselkapseln in Tentakeln von *Hydra*. Überlagerung von Durchlichtbild und Fluoreszenzbildern (blauer Kanal: Zellkerne gefärbt mit DAPI, roter Kanal: Actin markiert mit fluorochromgekoppeltem Phalloidin) im CLSM. *Whole mount*-Präparation. Aufnahme: Frederike Anton-Erxleben, CAU Kiel

lase und Chitin über fluorochrom- oder goldgekoppelte Chitinase nachweisen.

Methodisch unterscheiden sich die beschriebenen Nachweissysteme prinzipiell nicht von Immunmarkierungen. Es können aber unterschiedliche Kontrollversuche und Blockierungsbedingungen notwendig sein.

19.7 Ausgewählte Anleitungen

Wenn nicht näher spezifiziert, finden sich die Angaben zur Zusammensetzung verwendeter Puffer und Blockierlösungen in Anhang 1.

19.7.1   Affinitätsreinigung von Antikörpern

Zur Affinitätsreinigung von Antikörpern werden antikörperbindende Proteine (Protein A, Protein G, Antigene, etc.) an eine Matrix (Membran, Agarose, Sepharose, etc.) gekoppelt, die mit dem Rohserum in engen Kontakt gebracht wird. Die Antikörper binden an die Matrix und werden von dieser anschließend wieder separiert. Detaillierte Rezepte zur Affinitätsreinigung erhält man bei den meisten Anbietern von Matrixmaterialien (z. B. Sigma, Pharmacia).

Anleitung A19.3

Affinitätsreinigung von Antikörpern über die Western-Strip-Technik
Diese Methode kann angewendet werden, wenn das Protein, das als Antigen identifiziert wurde, nur in geringen Mengen und nicht aufgereinigt vorliegt. Es wird zunächst über Gelelektrophorese aus einem Proteinextrakt separiert und identifiziert. Schließlich transferiert man es über Western-Blot auf eine Membran (z. B. Nitrocellulose). Dort dient es als Ligand, um die spezifisch bindenden Antikörpermoleküle aus einem Rohserum zu isolieren. Durch die Glycinbehandlung wird der gebundene Antikörper abgelöst.

Anleitungen zur Gelelektrophorese und zum Western-Blot findet man in gängigen Biochemiebüchern und z. B. bei Caponi and Migliorini (1999), Harlow and Lane (1998).

Material
- Membranstreifen mit geblottetem Protein (exakt auf die identifizierte Bande zugeschnitten)
- Rohserum mit Antikörper (Antiserum)
- sterile Petrischalen oder Polypropylenröhrchen (je nach Größe der Streifen)
- stumpfe Pinzette
- Schüttler
- Pipetten

Durchführung:
Bei allen Schritten sollten die Streifen gleichmäßig von den Lösungen bedeckt sein und langsam auf dem Schüttler bewegt werden.
1. Streifen in eine passende Schale oder ein Röhrchen legen und in Waschpuffer I für 1–15 min ziehen lassen
2. Flüssigkeit durch Blockierpuffer ersetzen und die Membran darin 1 h bei Raumtemperatur (RT) oder bei 4 °C über Nacht inkubieren
3. Puffer abgießen und das unverdünnte Antiserum hinzugeben. Bei RT mindestens 1 h einwirken lassen
4. 4x mit Waschpuffer I je 10 min waschen (Lösung jeweils austauschen)
5. Streifen mit 0,2 M Glycin bedecken (Menge abmessen) und 1–5 min (abhängig von der Stabilität der Bindung) sanft schütteln
6. neues Röhrchen mit einem Zehntel Volumen der Glycin-Lösung mit Tris-HCl-Puffer füllen. Glycinlösung aus dem ersten Röhrchen hinzu geben

▼

7. sofort den pH-Wert der Lösung überprüfen und, falls nötig, weiteren Tris-HCl-Puffer hinzu geben, bis der pH-Wert neutral ist

Lösung aliquotieren und lagern

◻ Tab. 19.5 Lösungen zum Western-Strip

Waschpuffer I	Blockierpuffer
10 mM Tris-HCl (pH 8,0) 100 mM NaCl 0,5 % (v/v) Tween 20	10 mM Tris-HCl (pH 8,0) 100 mM NaCl 4 % (w/v) Magermilchpulver 0,5 % (v/v) Tween 20
Glycin	**Trispuffer**
0,2 M Glycin (pH 2,5)	1 M Tris-HCl (pH 8,0)

Anleitung A19.4

Aufreinigung von sekundären Antikörpern für die Immunmarkierung von pflanzlichem Gewebe mit Hilfe von Pflanzen-Pulver
Herstellung des Pflanzenpulvers:
1. In gleichen Teilen fixiertes und frisches Pflanzenmaterial in wenig eiskaltem 90 % Aceton aufnehmen und durch Mörsern in flüssigem Stickstoff homogenisieren
2. weiteres 90 % eiskaltes Aceton hinzu geben und das Material kräftig mischen (Schüttler, z. B. Vortex). Über Nacht bei 4 °C aufbewahren
3. bei 13 000x g 5 min zentrifugieren. Überstand abnehmen und Pellet in wenig 90 % eiskaltem Aceton aufnehmen
4. Suspension auf Filterpapier verteilen und bei 4 °C trocknen lassen
5. trockenes Pulver vom Papier abnehmen und bei 4 °C lagern

Antikörperreinigung:
1. etwa 30 mg Pflanzenpulver in 400 μl PBS, pH 7,2, mit 2 % BSA (Fraktion V) und 0,1 % Tween 20 geben
2. 20 μl Antikörperlösung hinzu geben und für 24 h im Dunkeln bei RT inkubieren
3. für 3 min bei 13 000x g zentrifugieren, Überstand abnehmen und verwenden

19.7.2   Antigendemaskierung

Nach chemischer Fixierung (durch vernetzende Fixantien), Entwässerung und Wärmeeinwirkung durch die Einbettung verlieren einige Epitope der Antigene ihre Eigenschaften, sodass Antikörper nicht mehr binden können. Die Antigenität kann durch bestimmte Behandlungen (Antigendemaskierung oder Antigen-*Retrieval*) wieder hergestellt werden.

Nach Ethanol-/Methanol- oder Kryofixation muss keine Antigendemaskierung durchgeführt werden.

19.7.2.1 Wiederherstellung der Antigenität von Schnittpräparaten für die Lichtmikroskopie nach Fixierung in Formaldehyd und Paraffineinbettung

Die meisten Verfahren zur Antigendemaskierung in der Immunhistochemie beruhen auf der Anwendung von Hitze (Mikrowelle, Wasserbad oder Dampftopf) und alkalischen oder sauren Lösungen auf die entparaffinierten Schnitte. Alternativ kann oftmals auch eine Proteinasebehandlung die Antigenität wieder herstellen. Die Behandlung sollte so schonend wie möglich durchgeführt werden, damit die Morphologie der Gewebe und auch die Antigene selbst nicht geschädigt oder zerstört werden. Je nach Antigen müssen möglicherweise verschiedene Behandlungen (mit Variationen von Konzentration und pH der Lösung sowie Dauer der Behandlung) ausprobiert werden, um eine gute Immunmarkierung zu erreichen. Fertige Lösungen zur Antigendemaskierung sind z. B. als Target Retrieval Solution mit unterschiedlichem pH bei DAKO erhältlich. Weitere Anleitungen zur Antigendemaskierung findet man ebenfalls bei DAKO.

Für alle Behandlungen müssen die Schnitte auf beschichtete Objektträger (z. B. Superfrost Plus, Menzel) aufgezogen werden und gut angetrocknet sein (über Nacht im Wärmeschrank bei 37 °C), um sich durch die Behandlung nicht abzulösen. Paraffinschnitte werden dann zunächst entparaffiniert und rehydriert.

Anleitung A19.5

Antigendemaskierung durch Inkubation mit Protease

Material:
- 0,1 g Protease (Schweinetrypsin, das Chymotrypsin enthält, z. B. DIFCO 125)
- Waschpuffer: 100 ml TBS, pH 7,2
- Färbeküvette
- Wasserbad 37°C

Durchführung:
1. 0,1 g Protease in 100 ml Waschpuffer lösen
2. In der Küvette für 5–10 min im Wasserbad vorwärmen
3. Objektträger mit Schnitten einsetzen
4. bei 37 °C für 10–20 min inkubieren
5. Objektträger bis zur Immunmarkierung in Waschpuffer (RT) stellen

Bei Verwendung der teureren Protease XXIV wird der Verdau in Tropfen auf dem Präparat durchgeführt.

Material:
- Protease XXIV (Sigma P80038)
- PBS (im Wasserbad auf 37 °C vorgewärmt), pH 7,2
- PAP-Pen (Sigma)
- feuchte Kammer

▼

Durchführung:
1. Schnitte mit PAP-Pen umrunden, kurz antrocknen lassen
2. 5 % (w/v) Protease in warmem PBS frisch ansetzen
3. Tropfen auf Objektträger in feuchter Kammer geben
4. bei 37 °C im Wärmeschrank 1–10 min inkubieren
5. mit Leitungswasser abspülen

Anleitung A19.6

Antigendemaskierung durch Erhitzen in Citratpuffer im Wasserbad

Material:
- 10 mM Na-Citratpuffer (am häufigsten wird pH 6 verwendet. Aber auch pH 9 oder pH 12 können wirksam sein)
- Wasserbad
- Färbegestell und Färbekasten

Durchführung:
1. Wasserbad auf 95 °C erhitzen
2. Na-Citratpuffer in Färbekasten (aus Glas) füllen und im Wasserbad auf 95 °C erhitzen
3. Objektträger mit entparaffinierten Schnitten im Färbegestell in die heiße Citratpufferlösung stellen
4. für 10–40 min darin stehen lassen
5. Färbekasten mit Objektträgern im Puffer aus dem Wasserbad nehmen und unter fließendem Leitungswasser abkühlen lassen (auf 50 °C oder weniger)
6. Achtung: Objektträger nicht aus heißem Puffer nehmen: die Oberfläche trocknet, dies verursacht Schäden am Präparat!
7. Objektträger einzeln in H_2O für 3 min waschen
8. Blockierung und Immunmarkierung

Anleitung A19.7

Antigendemaskierung durch Erhitzen im Dampfkochtopf

Die verwendeten Ständer und Gefäße müssen Druck und Hitze aushalten. Am besten wählt man sie aus Metall.

Material:
- 1x TEC-Puffer
- Dampfkochtopf
- Objektträgergestell aus Metall

Durchführung:
1. 1000 ml TEC-Puffer im Dampfkochtopf zum Kochen bringen
2. Objektträger im Gestell hineinstellen
3. Ventil am Deckel schließen und Druck aufbauen lassen
4. bei vollem Druck 4 min kochen lassen
5. allmählich abkühlen lassen
6. Blockierung und Immunmarkierung

19.7.3 Antigendemaskierung für die Immunelektronenmikroskopie

Prinzipiell können die gleichen Verfahren wie für die Lichtmikroskopie angewendet werden. Die Präparate sind allerdings sehr viel empfindlicher als lichtmikroskopische Präparate. Gasblasenbildung beim Erhitzen der Lösungen führt zu starken Schäden, ebenso wie zu lange Behandlungszeiten. Für die Schnitte sollten Gold- oder Nickel-Grids verwendet werden. In Epoxid-eingebettetes Material muss vor der Behandlung frei gelegt werden. Wurde OsO_4 für die Fixierung verwendet, sollte es ebenfalls vorher aus den Schnitten entfernt werden.

Anleitung A19.8

Entfernung von Epoxidharz aus Semi- oder Ultradünnschnitten
Um in Epoxidharz eingebettete Präparate für Antikörper oder Lektine zugänglich zu machen, kann Na- oder K-Ethylat oder -Methylat verwendet werden.

Herstellung von Na-Ethylat:
1. Gesättigte Lösung von NaOH in 100 % Ethanol ansetzen und über Nacht stehen lassen. Die Lösung färbt sich bräunlich-gelb
2. Zum Gebrauch die Lösung 1:1 mit 100 % Ethanol verdünnen

Achtung: Die Lösung ist äußerst aggressiv! Nur mit Schutzbrille und doppelten Handschuhen verwenden!

Behandlung von Semidünnschnitten:
1. 1,5 µm dicke Schnitte auf Polylysin beschichteten Objektträgern 15 min ätzen mit 50 % (v/v) Na-Ethylat
2. rehydrieren in 100 %, 90 %, 70 %, 50 %, 30 % (v/v) Ethanol je 1 min
3. waschen für 10 min in H_2O
4. behandeln für 10 min mit 10 % (v/v) H_2O_2
5. waschen für 10 min in PBS, pH 7,2
6. Blockierung und Antikörpermarkierung

Sehr gut wirksam in der Entfernung von Epoxiden von Semidünnschnitten (1 µm) für die Immunmarkierung ist die 5 min Behandlung mit Lösung nach Maxwell (1978). Osmierte Präparate werden nach mehrfachem Waschen in H_2O für 60 min mit 4 % (v/v) H_2O_2 oder einer gesättigten, wässrigen Lösung aus Na-Metaperiodat (Sigma) nachbehandelt (Vidal et al. 1995).

Lösung nach Maxwell:
1,2 g KOH in 10 ml 100 % Methanol lösen
5 ml Propylenoxid hinzufügen

Behandlung von Ultradünnschnitten:
Die Grids mit den Schnitten werden jeweils auf Tropfen der Lösungen gelegt und mit einer Pinzette transferiert.

▼

1. Ultradünnschnitte auf Ni-Grids für 5 min mit 1 % Na-Ethylat ätzen
2. rehydrieren in 100 %, 90 %, 70 %, 50 %, 30 % (v/v) Ethanol je 1 min
3. 3x spülen mit H_2O

Anleitung A19.9

Entfernung von OsO_4 aus Ultradünnschnitten
Die Grids mit den Schnitten werden jeweils auf Tropfen der Lösungen gelegt und mit einer Pinzette transferiert.
1. Vorbehandlung für 30 min mit 0,5 M Na-Metaperiodat oder für 10 min mit 10 % H_2O_2
2. 2x 10 min waschen mit H_2O
3. 10 min behandeln mit 0,1 M HCl
4. waschen mit H_2O
5. blockieren und Antikörpermarkierung

Anleitung A19.10

Antigendemaskierung an Ultradünnschnitten
Für dieses Verfahren sollten engmaschige, unbefilmte Gold- oder Nickel-Grids verwendet werden. Die Grids mit den Schnitten werden einzeln in Reaktionsgefäßen mit der vorgewärmten Lösung behandelt, durch mehrmaliges Eintauchen in ein 100 ml Becherglas mit H_2O gründlich gespült und mit Filterpapier getrocknet.
1. Erhitzen in 10 mm Citratpuffer (pH 6, 9 oder 12) für 10 min bei 95 °C
2. mit H_2O spülen und trocknen
3. blockieren und Antikörpermarkierung

19.7.4 Immunhistologische Markierungen

Ausführliche Anleitungen zu Immunmarkierungen liefern die Anbieter von Antikörpern (Amersham, Dianova, BBI, etc.).

Anleitung A19.11

Indirekte Immunfluoreszenzmarkierung an adherenten Zellkulturen
Lösungen:
- PBS, pH 7,4
- Permeabilisierungslösung: 0,2 % (v/v) Triton X-100 in PBS
- Fixierlösung: 2 % (w/v) Formaldehyd (aus Paraformaldehyd) in PBS
- Blockierlösung: PBS mit 5 % (v/v) Normalserum aus Ziege und 2 % (w/v) BSA
- Einbettmedium: 90 % (v/v) Glycerin in PBS

▼

Durchführung:

1. Kulturzellen auf Deckgläsern anziehen
2. Zellen mit Fixierlösung für 5 min bei Raumtemperatur fixieren
3. 3x 5 min mit PBS waschen
4. Zellen 5–10 min auf Eis mit Permeabilisierungslösung behandeln
5. mit Blockierlösung 1 h bei Raumtemperatur inkubieren
6. mit Primärantikörper (verdünnt in Blockierlösung) für 1 h bei Raumtemperatur inkubieren
7. Zellen 3x 5 min in Blockierlösung waschen
8. mit fluoreszenzmarkiertem Sekundärantikörper (verdünnt in Blockierlösung) für 1 h bei Raumtemperatur inkubieren
9. waschen für 3x 5 min in PBS
10. eindecken mit Einbettmedium
11. die Schritte 2–4 können durch eine Fixierung in –20 °C kaltem Aceton oder Methanol für 10–20 min ersetzt werden.

Anleitung A19.12

Whole mount-Immunmarkierung von Neuronen auf Deckgläschen mit Biotin-Avidin-Verstärkung und Peroxidase-Nachweis

Die Neuronen sollten auf beschichteten Deckgläsern (z. B. Superfrost Plus, Menzel) kultiviert sein, um eine bessere Haftung während der Markierungsschritte zu gewährleisten.

Material

- PBS, pH 7,2
- Fixierungslösung: 4 % (w/v) Formaldehyd, 4 % (w/v) Saccharose in PBS
- Glycinlösung: 0,1 M Glycin in PBS
- Triton-X-100 Lösung: 0,2 % (v/v) Triton X-100 in PBS
- 3 % (v/v) H_2O_2
- BSA/PBST: 1 % (w/v) BSA, 0,1 % (v/v) Tween 20 in PBS
- Primärantikörper
- Biotinylierter Sekundärantikörper
- Avidin-Peroxidase
- AEC-(3-Amino-9-Ethylcarbazol)-Stammlösung: 20 mg AEC in 2,5 ml Dimethylformamid auflösen (Vorsicht giftig!). Lagerung bei 4 °C
- Acetatpuffer: 50 mM Na-Acetat, pH 5,0
- Substratmischung: 100 µl AEC Stammlösung + 1,9 ml Acetatpuffer + 10 µl 3 % H_2O_2
- Einbettmedium: 90 % (v/v) Glycerin/10 % (v/v) PBS
- feuchte Kammer

Durchführung:

1. Deckglas mit Neuronen auf ein Stück Parafilm legen (Zellen nach oben) und kurz mit einem Tropfen PBS waschen
2. 20 min mit 50 µl Fixierungslösung bedecken
3. 5x 2 min mit PBS waschen
4. 20 min mit Glycinlösung inkubieren (zum Blockieren von Aldehydgruppen)

▼

5. 1x mit PBS waschen
6. 5 min mit Triton X-100-Lösung behandeln (zum Permeabilisieren)
7. 1x mit PBS waschen
8. 5 min mit 3 % (v/v) H_2O_2 behandeln
9. 1x mit PBS waschen
10. 5x 2 min mit BSA/PBST waschen
11. Primärantikörper in BSA/PBST verdünnen (nach Herstellerangaben). Jeweils 50 µl pro Deckgläschen auftragen und in einer feuchten Kammer 1 h bei Raumtemperatur einwirken lassen
12. 5x 2 min mit jeweils 50 µl BSA/PBST waschen
13. biotinylierten Sekundärantikörper in BSA/PBST verdünnen (nach Herstellerangaben). Jeweils 50 µl pro Deckgläschen auftragen und in einer feuchten Kammer 30 min bei Raumtemperatur einwirken lassen
14. 5x 2 min mit BSA/PBST waschen
15. Avidin-Peroxidase Lösung in BSA/PBST verdünnen (nach Herstellerangaben). Jeweils 50 µl pro Deckgläschen auftragen und in einer feuchten Kammer 30 min bei Raumtemperatur einwirken lassen
16. 5x 2 min in PBS waschen. Gleichzeitig Substratmischung vorbereiten
17. 5–10 min mit 50 µl der Substratmischung inkubieren
18. Reaktion durch mehrmaliges Waschen mit H_2O stoppen
19. einbetten

19.7.5 Immunmarkierungen für die Elektronenmikroskopie

Anleitung A19.13

Indirekte Immunogoldmarkierung für Ultradünnschnitte von LR White- oder Unicryl-eingebetteten Präparaten

Lösungen:

- Primärantikörper und goldmarkierter Sekundärantikörper
- Blockierpuffer und Verdünnungspuffer für Antikörper: TBS mit 5 % Serum (aus dem Tier, von dem der Sekundärantikörper stammt), 0,3 % (w/v) BSA (Fraktion V) und 0,05 % (v/v) Tween 20
- Waschpuffer: TBS mit 0,1 % (v/v) Tween 20

Durchführung:

1. Mit Blockierpuffer 60 min (bei Raumtemperatur) inkubieren
2. mit Primärantikörper in Verdünnungspuffer über Nacht bei 4 °C inkubieren (optimale Verdünnung durch Verdünnungsreihe 1:10–1:1000 feststellen)
3. 4x 5 min in Waschpuffer waschen
4. 1x 5 min in Blockierpuffer waschen

▼

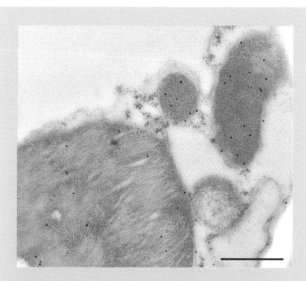

◻ Abb. 19.17 TEM-Aufnahme einer Immunogoldmarkierung an einem Ultradünnschnitt von einem Gerstenblatt. Goldgröße: 15 nm. Der Maßstab entspricht 500 nm.

5. mit Gold-gekoppeltem Sekundärantikörper in Verdünnungspuffer (Verdünnung nach Herstellerangaben) 60 min bei Raumtemperatur inkubieren
6. Schritt 3 wiederholen
8. optional: 5 min in 1% Glutaraldehyd fixieren
7. mehrfach mit H_2O spülen,
   dafür am Besten jedes Grid einzeln 10–20x in ein wassergefülltes Becherglas tauchen
8. nachkontrastieren und trocknen

19.7.6 Immunmarkierungen für Licht- und Elektronenmikroskopie

Anleitung A19.14

Indirekte Immunogoldmarkierung an Schnitten für Licht- und Elektronenmikroskopie mit Biotin-Streptavidin-Verstärkung
Die Schritte 2–5 dienen zur Blockierung von endogenem Biotin. Falls dies nicht notwendig ist, können sie weggelassen werden.

Lösungen:
- Wasch-/Blockierpuffer: TBS, pH 7,5, mit 1% (w/v) BSA
- 0,1% (w/v) Streptavidin in Waschpuffer
- 0,01% (w/v) Biotin in Waschpuffer
- 1% (v/v) Glutaraldehyd in PBS

Durchführung:
1. Schnitte mit Waschpuffer spülen
2. Schnitte für 20 min mit Streptavidinlösung behandeln

3. 3x 5 min mit Waschpuffer waschen
4. Schnitte für 20 min mit Biotinlösung behandeln
5. Schritt 3 wiederholen
6. Schnitte 30–60 min bei Raumtemperatur mit Primärantikörper (verdünnt in Waschpuffer) inkubieren
7. Schritt 3 wiederholen
8. in biotinylierten Sekundärantikörper (verdünnt in Waschpuffer) 30–60 min bei Raumtemperatur inkubieren
9. Schritt 3 wiederholen
10. in Streptavidin-Gold (verdünnt in Waschpuffer) bei Raumtemperatur inkubieren
11. Schritt 3 wiederholen
12. mit 1% Glutaraldehyd in PBS 5 min fixieren
13. Schritt 3 wiederholen
14. mehrfach in H_2O waschen
15. Ultradünnschnitte können nun nachkontrastiert und im TEM betrachtet werden.
16. an histologischen Schnitten erfolgt zunächst die Silberverstärkung.

19.7.7 Silberverstärkung

Lösungen für die Silberverstärkung von Goldmarkierungen sind im Handel erhältlich (z. B. bei BBI, Molecular Probes), können aber auch selbst hergestellt werden (A19.15). Die erreichte Partikelgröße hängt von der Temperatur der Lösungen und der Behandlungsdauer ab, allerdings auch von der Zeit, die vom Mischen der Lösung bis zur Anwendung vergeht.

Um die Hintergrundmarkierung möglichst gering zu halten, muss vor der Verstärkung sorgfältig gewaschen werden (mindestens 6 Waschschritte mit reinem Wasser). Nach der Verstärkung werden die Objektträger am besten einzeln 1–2 min unter fließendem Leitungswasser gespült. Das optimale Ergebnis erhält man durch Beobachtung (im Lichtmikroskop). Zumeist sind mehrere Versuche mit unterschiedlichen Behandlungsdauern unter ansonsten exaktem Einhalten der Versuchsbedingungen notwendig.

Anleitung A19.15

Silberverstärkung von Immunogoldmarkierungen für die Lichtmikroskopie
Material:
- Küvette
- H_2O
- Lösung A: 100 mg Silberacetat in 50 ml A. dest.
- Lösung B: 250 mg Hydrochinon in 50 ml Citratpuffer, pH 3,8
- Citratpuffer, pH 3,8: 24 ml 15,5% (w/v) Zitronensäure, 22 ml 23,5% (w/v) Tri-Natrium-Citrat 50 ml H_2O
- Entwicklerlösung (frisch angesetzt): 1 Teil Lösung A + 1 Teil Lösung B
  Lösung A und B vorher auf Raumtemperatur bringen.
- fotografischer Fixierer (nach Herstellerangaben verdünnt)

▼

19

Die Lösungen A und B sind bei 4 °C etwa 1 Woche haltbar.

Durchführung:

1. Objektträger mit Schnitten für 3 min in 1:1 mit H_2O verdünnte Lösung B stellen
2. Objektträger mit Entwicklerlösung überschichten und für 15–20 min inkubieren
3. der Verlauf der Entwicklung soll lichtmikroskopisch kontrolliert werden: Die markierten Strukturen erscheinen zunächst bräunlich und werden dann schwarz
4. kurz in H_2O waschen
5. Schnitte für 2–3 min in Fixierer stellen
6. unter fließendem Leitungswasser waschen
7. gegebenenfalls färben, entwässern und eindecken

19.8 Literatur

19.8.1 Originalartikel

Bendayan M (1995) Colloidal gold post-embedding immunocytochemistry. *Prog Histochem Cytochem* 29(4):1–159

Greenberg AS, Avila D, Hughes M, Hughes A, McKinney EC, Flajnik MF (1995) A new antigen receptor gene family that undergoes rearrangement and extensive somatic diversification in sharks. *Nature* (Lond) 374:168–73.

Hamers-Casterman C, Atarhouch T, Muyldermans S, Robinson G, Hamers C, Songa EB, Bendahman N and Hamers R (1993) Naturally occurring antibodies devoid of light chains. *Nature* 363 (6428):446–8.

Hainfeld JF and Powell RD (2000) New frontiers in gold labeling. *J Histochem Cytochem* 48: 471–480

Lindmark R, Thorén-Tolling K and Sjöquist J (1983) Binding of immunoglobulins to protein A and immunoglobulin levels in mammalian sera. *J Immunol Methods* 61:1–13

Maxwell MH (1978) Two rapid and simple methods used for removal of resins from 1.0 μm thick epoxy sections. *J Microsc* 112:253–255

Murdoch A, Jenkinson EJ, Johnson GD, Owen, JJT (1990) Alkaline phosphatase-Fast Red, a new fluorescent label. Application in double labelling for cell surface antigen and cell cycle analysis. *J Immunol Methods* 132:45–49

Neumann M and Gabel D (2002) Simple method for reduction of autofluorescence in fluorescence microscopy. *J Histochem Cytochem* 50:437–439

Nicholis II (2007) Nanobodies: The ultrasmall antibodies. *New Scientist* 196(2624):50

Robinson JM, Takizawa T and Vandré DD (2000) Enhanced labeling efficiency using ultrasmall immunogold probes: Immunocytochemistry. *J Histochem Cytochem* 48:487–492

Stirling JW (1990) Immuno- and affinity probes for electron microscopy: A review of labeling and preparation techniques. *J Histochem Cytochem* 38:145–157

Sukhanova A, Even-Desrumeaux K, Kisserli A, Tabary T, Reveil B, Millot J-M, Chames P, Baty D, Artemyev M, Oleinikov V, Pluot M, Cohen JHM and Nabiev I (2012) Oriented conjugates of single-domain antibodies and quantum dots: toward a new generation of ultrasmall diagnostic nanoprobes. Nanomedicine : nanotechnology, biology, and medicine 8(4):516-525

Takes PA, Kohrs J, Krug R and Kewley S (1989) Microwave technology in immunohistochemistry: Application to avidin-biotin staining of diverse antigens. *J Histotech* 12:95–98

Tokuyasu KT (1986) Application of cryoultramicrotomy to immunocytochemistry. *J Microsc* 143:139-149

Van de Plas PEFM (2006) The Dot-Spot Test. A simple method to monitor immunoreagent activity and influence of fixation on antigen recognition. AURION Technical Support: Newsletter 4 2006-2

Vidal S, Lombardero M, Sánchez P, Román A and Moya L (1995) An easy method of the removal of Epon resin from semi-thin sections. Application on the avidin-biotin technique. *Histochem J* 27:204–209

Yamashita S and Okada Y (2005) Mechanisms of heat-induced antigen retrieval: analyses in vitro employing SDS-Page and immunohistochemistry. *J Histochem Cytochem* 53:13–21

19.8.2 Zusammenfassende Literatur

Amersham Biosciences: Antibody Purification, Handbook 18:1037–46

Brooks SA, Leathem AJC and Schumacher U (1997) Lectin Histochemistry. A concise practical handbook. BIOS Scientific Publishers Limited, Oxford

Buchwalow IB, Böcker W (Eds) (2010) Immunohistochemistry: Basics and Methods. Springer

Caponi L and Migliorini P (1999) Antibody Usage in the Lab. Lab Manual, Springer, Berlin

Chamow S and Ashkenazi A (Eds) (1999) Antibody Fusion Proteins, John Wiley and Sons Inc. Publisher, New York

Gagnon P (1996) Purification Tools for Monoclonal Antibodies, Validated Biosystems, Inc.,Tucson

Giberson RT and Demaree RS Jr (Eds) (2001) Microwave techniques and protocols. Humana Press, Totowa, New Jersey

Griffiths G (1993) Fine Structure Immunocytochemistry. Springer Verlag, Heidelberg & Berlin

Griffiths G, Burke B, Lucocq J (2012) Fine Structure Immunocytochemistry, reprint of the original 1st ed. 1993, Springer

Hayat MA (Ed) (1989) Colloidal Gold - Principles, Methods, And Applications. Academic Press

Hayat MA (Ed) (1995) Immunogold-Silver Staining: Principles, Methods, and Applications. CRC Press

Harlow E and Lane D (Eds) (1998) Using Antibodies: A Laboratory Manual, Cold Spring Harbor Laboratory Press, New York

Hermanson GT, Mallia AK and Smith PK (1992) Immobilized affinity ligand techniques. Academic Press, Inc., San Diego

Kalyuzhny AE (Ed) (2011) Signal Transduction Immunohistochemistry. Methods and Protocols. Series: Methods in Molecular Biology, Vol. 717. Humana Press

Oliver C and Jamur MC (Eds) (2010) Immunocytochemical Methods and Protocols, Methods in Molecular Biology, Vol. 588, Humana Press

Raem AM und Rauch P (Eds) (2006) Immunoassays. Spektrum Akademischer Verlag

Roth J (1983) The Colloidal Gold Marker Systems for Light and Electron Microscopic Cytochemistry. In: Bullock, G., Petrisz, P. (Eds) Techniques in Immunocytochemistry 2. Academic Press, London, New York, Paris

Roth J and Warhol MJ (1992) Immunogold Silver Staining Techniques for High Resolution Immunohistochemistry in Clinical Materials. In: Bullock GR, Van Elzen D, Warhol MJ, Herbrink P (Eds) Techniques in Diagnostic Pathology. Academic Press

Schwartzbach SD and Osafune T (Eds) (2010) Immunoelectron Microscopy. Methods and Protocols. Series: Methods in Molecular Biology, Vol. 657. Humana Press

Subramanian G (Ed) (2005) Antibodies. Volume 1: Production and Purification. Springer

Van der Loos cm (1999) Immunoenzyme multiple staining methods. Bios Scientific Publishers, Oxford

Downloads: www.chromatography.amershambiosciences.com

in situ-Hybridisierung

Christine Desel

20.1   Einleitung

Die *in situ*-Hybridisierung ist ein Verfahren zur Lokalisierung von DNA- oder RNA-Molekülen einer bestimmten Sequenz in fixierten Gewebeschnitten, Zell- oder Zellkernpräparationen.

Grundlage der Hybridisierung ist die spezifische, d. h. möglichst passgenaue Anlagerung eines Nucleinsäurefragments (der Sonde) an die komplementäre Nucleinsäurezielsequenz im Präparat. Die hybridisierte Sonde enthält Nucleotidanaloga, an die beispielsweise ein Fluorochrom oder Hapten chemisch gebunden (gekoppelt) ist. Die hybridisierte Sonde – und damit indirekt die Zielsequenz – kann dann mit Hilfe von Autoradiografie, Licht- oder Fluoreszenzmikroskopie innerhalb der präparierten Strukturen detektiert und lokalisiert werden.

Durch die DNA:DNA-*in situ*-Hybridisierung werden DNA-Zielsequenzen zumeist in Chromosomen oder im Zellkern lokalisiert. Dies ermöglicht die Bestimmung der Verteilung einer Sequenz im Genom und die Erstellung von physikalischen Genomkarten. Die DNA:DNA-*in situ*-Hybridisierung ist eine grundlegende Methode der Cytogenetik. Untersuchungen von Karyotypen durch *in situ*-Hybridisierungen werden beispielsweise in der pränatalen Diagnose, der Tumorforschung und der Pflanzenzüchtung durchgeführt. Da in der Diagnostik vor allem Fluorochrom-markierte Sonden eingesetzt werden, werden die meisten dieser Methoden der Fluoreszenz-*in situ*-Hybridisierung (FISH) zugeordnet (Albertson et al. 1995, Lilly et al. 2001, Jain 2004, Puertas & Naranjo 2006).

Die RNA:RNA-*in situ*-Hybridisierung ermöglicht den Nachweis von *messenger*-RNA (mRNA oder Boten-RNA) im Gewebe oder in einzelnen Zellen. Das Vorhandensein einer spezifischen mRNA-Sequenz im Gewebe weist darauf hin, dass bestimmte Gensequenzen zum Zeitpunkt der Analyse transkribiert („abgelesen") wurden. Dies bedeutet, dass diese Gene aktiv waren. Die RNA:RNA-*in situ*-Hybridisierung wird für die Untersuchung von räumlichen und zeitlichen Veränderungen der Expressionsmuster von Genen eingesetzt und hat daher für die Molekulargenetik, Molekularmedizin, Entwicklungsbiologie und zellbiologische Forschung große Bedeutung.

20.1.1   Prinzip

Die komplementären Basen der Nucleinsäuren bilden Paare, die im Nucleinsäuredoppelstrang über Wasserstoffbrücken miteinander verbunden sind: Adenin mit Thymidin (DNA) bzw. Adenin mit Uracil (RNA) paaren über zwei, Cytosin mit Guanin über drei Wasserstoffbrücken. Die Komplementarität der Basen ist die Voraussetzung für die Hybridisierung, d. h. der spezifischen Paarung eines einsträngigen Nucleinsäurefragments an die komplementäre Zielsequenz. Sowohl RNA- als auch DNA-Einzelstränge können miteinander hybridisieren, sodass alle Arten von Hybriden möglich sind – DNA:DNA; DNA:RNA und RNA:RNA.

Grundlegend für eine erfolgreiche Lokalisierung der Zielsequenz im Gewebe oder Kern ist die Spezifität der eingesetzten Sonde. Nur wenn die Sequenz der Sonde im Genom einzigartig und nur in der gesuchten Zielsequenz auffindbar ist, kann eine spezifische und eindeutige Hybridisierung erfolgen. Schon kurze Sequenzmotive, die im Genom mehrfach vorhanden sind, können zu unspezifischen Hintergrundsignalen führen und es unmöglich machen, die Zielsequenz zu lokalisieren. Häufig sind es kurze Sequenzen der Mini- oder Mikrosatelliten oder Transposonelemente, die für Kreuzhybridisierungen der Sonde mit zusätzlichen Loci verantwortlich sind.

Im Gegensatz zur Hybridisierung an isolierter, auf einer Membran fixierter (geblotteter) Nucleinsäure ist die DNA oder RNA bei der *in situ*-Hybridisierung durch Proteine und weitere Zellbestandteile maskiert und liegt in geringen Konzentrationen vor. Die Zielmoleküle müssen daher vor der Hybridisierung für die Sonde und die Nachweisreagenzien im Gewebe gut zugänglich gemacht werden. Dabei müssen allerdings Struktur und Morphologie erhalten bleiben, und die Moleküle dürfen nicht während der *in situ*-Hybridisierung mit ihren zahlreichen Inkubations- und Waschschritten verloren gehen. Der richtige Kompromiss zwischen Permeabilität und struktureller Integrität des untersuchten Präparats ist Basis des Erfolges und häufig auch die größte Herausforderung für den Experimentator. Je nach untersuchter Spezies und eingesetzter Sonde kann eine Optimierung einzelner Arbeitsschritte notwendig sein. Die aufgelisteten Protokolle sind daher nur als Richtschnüre zu verstehen. Die besten Bedingungen für die Bearbeitung der eigenen Fragestellung müssen empirisch herausgefunden werden.

Die einzelnen Arbeitsschritte der *in situ*-Hybridisierung sind in ☐ Abbildung 20.1 dargestellt. Zunächst werden die Präparate vorbehandelt, um einerseits die Durchlässigkeit des Präparats

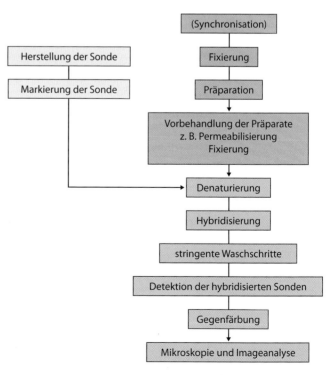

☐ **Abb. 20.1** Flussdiagramm der *in situ*-Hybridisierung.

für die Sonde und andererseits die Stabilität der Strukturen zu verbessern. Hierfür werden üblicherweise Proteine enzymatisch partiell degradiert und das Gewebe ein zweites Mal fixiert.

Nach der Vorbehandlung der Präparate werden unter definierten Bedingungen Sonde und Zielmoleküle denaturiert. Danach erfolgt die eigentliche Hybridisierung, also die Bindung der Sonde an ihren komplementären Strang im Zellkern oder im Gewebe. Sondenmoleküle, die mit sich selbst Bindungen eingehen, sowie unspezifisch gebundene Sonden werden im Anschluss unter stringenten Bedingungen durch mehrere Waschschritte entfernt. Zuletzt wird die an die Zielsequenz spezifisch gebundene markierte Sonde durch Autoradiografie oder nicht radioaktive Verfahren im Gewebe, in der Zelle, im Chromosom oder Zellkern nachgewiesen und mikroskopisch lokalisiert.

20.1.2 DNA:DNA-*in situ*-Hybridisierung

»Der Weg der Gen- und Genomforschung der letzten Jahre ist gesäumt von kleinen leuchtenden Punkten, den Signalen aus Fluoreszenz-*in situ*-Hybridisierung. Diese Methode, kurz FISH genannt, entwickelte sich gegen Ende der achtziger Jahre aus der isotopischen *in situ*-Hybridisierung, die radioaktiv markierte Nucleinsäuresonden verwendete. Seitdem hat die Fluoreszenz-*in situ*-Hybridisierung ihren Siegeszug durch die genetischen Labors angetreten, aus denen sie heute nicht mehr wegzudenken ist« (S. Strecker, *Laborjournal* 05, 1997).

In den letzten Jahren wird die FISH für die Bearbeitung vielfältiger Fragestellungen insbesondere in der medizinischen Forschung und Diagnostik eingesetzt. Spezielle FISH-Verfahren wurden entwickelt (◘ Tab. 20.1). Auch die immer besser werdende Signalauswertung, bedingt durch Fortschritte in der mikroskopischen Technik und Datenverarbeitung, führt zu neuen und komplexeren FISH-Techniken. Ein großer Vorteil der FISH ist die Möglichkeit, verschiedene Zielsequenzen innerhalb eines Präparats gleichzeitig nachzuweisen. Hierfür werden mehrere Sonden eingesetzt, die unterschiedliche Fluorochrome oder Haptene gebunden enthalten (Mehrfachmarkierung: *multi color*-FISH). Unterschiedliche FISH-Verfahren sowie ihre Kürzel sind beispielhaft in ◘ Tabelle 20.1 aufgelistet.

- **Auflösungsvermögen der Fluoreszenz-*in situ*-Hybridisierung**

Bei der *in situ*-Hybridisierung von mehreren, auf dem Genom eng benachbarten Sequenzen ist das Auflösungsvermögen des Nachweisverfahrens von großer Bedeutung. Das Auflösungsvermögen, d. h. der räumliche Abstand, der notwendig ist, um die Signale zweier Zielsequenzen getrennt wahrnehmen zu können, ist abhängig vom Kondensationsgrad der Ziel-DNA. Bei mitotischen, eng gepackten Metaphasechromosomen beträgt das Auflösungsvermögen etwa ein Megabasenpaar (1 Mbp) (Heiskanen et al. 1995). An Chromosomen im Pachytänstadium aus meiotischen Zellen ist es möglich, Sequenzen mit Distanzen von 50 Kilobasenpaaren (kbp) differenziell zu detektieren (De Jong et al. 1999, Schwarzacher 2003). Die Hybridisierung an Chromatinfäden (*Fiber*-FISH) besitzt ein nochmals 10- bis 20-fach höheres Auflösungsvermögen. Bei der Hybridisierung an Chromatinfäden, die nach Lyse der Zellkerne entstehen, ist allerdings eine chromosomale Zuordnung der Signale nicht mehr möglich. Nach der Präparation der Chromatinfäden sind keine Kernstrukturen mehr erhalten (Heng et al. 1992, Franzs et al. 1996).

20.1.2.1 Molekularcytogenetische Untersuchungen (FISH-Diagnostik)

Bei molekularcytogenetischen Untersuchungen im Rahmen der medizinischen Diagnostik (Luke & Shepelsky 1998, Trask 2002, Zwirglmaier 2005) werden fluorochrommarkierte DNA-Son-

◘ Tab. 20.1 Verschiedene Verfahren der FISH

	Erklärung	Referenz
M-FISH	Multi-fluor FISH: 24-Farben-Multiplex-FISH	Speicher et. al. (1996)
MD-FISH	FISH kombiniert mit chromosomaler Mikrodissektionsanalyse	Weimer et al. (2000)
SKY-FISH	spektrale Karyotypisierung	Schröck et al.(1996)
Re-FISH	Rehybridisierung: Zwei FISH Experimente hintereinander an denselben Chromosomen	Heslop-Harrison et al. (1992)
Q-FISH	quantitative FISH: Fluoreszenzintensität korreliert mit Kopienzahl der Sequenz im Genom	Landsdorp et al. (1996)
GISH	genomische *in situ*-Hybridisierung: Gesamt-DNA als Sonde	Schwarzacher et al. (1992) Mochida&Tsujimoto (2000)
CGH	komparative oder vergleichende genomische Hybridisierung	Kalliomiem (1992)
Fiber-FISH	hochauflösende FISH an Chromatinfasern	Heng et al. (1992) Fransz et al.(1996)
D-FISH	Dual Fusion-FISH: Translokationsnachweis mittels bruchspezifischer Sonden	Wu et al. (2002)
Cobra-FISH	*Combined binary ratio labelling*-FISH	Raap & Tanke (2006)
miRNA-FISH	*Nachweis von zelltypspezifischer microRNA zur Differenzierung von Tumorgewebe*	Renwick et al. (2013)

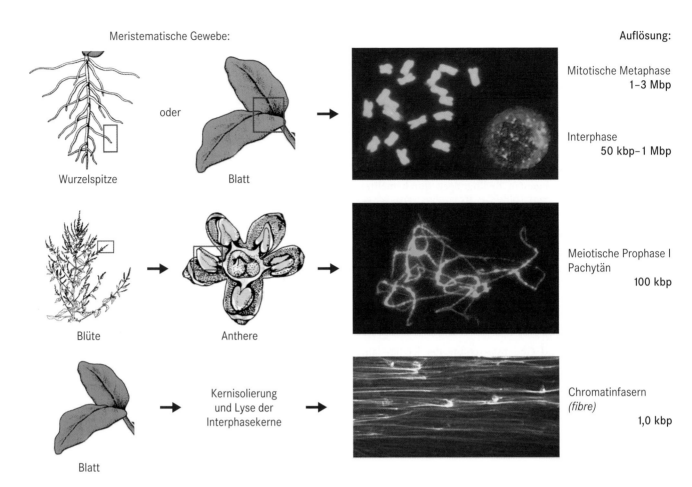

Meristematische Gewebe:

Wurzelspitze   oder   Blatt

Blüte   Anthere

Kernisolierung
und Lyse der
Interphasekerne

Blatt

Auflösung:

Mitotische Metaphase
1–3 Mbp

Interphase
50 kbp–1 Mbp

Meiotische Prophase I
Pachytän
100 kbp

Chromatinfasern
(fibre)
1,0 kbp

⬛ Abb. 20.2 Auflösungsvermögen der Fluoreszenz-*in situ*-Hybridisierung an dekondensierten Chromosomen und Chromatinfasern aus Pflanzen. FISH an Interphase, Metaphase, Pachytän und *fibre*-FISH aus *Beta vulgaris*. DNA wurde mit DAPI gefärbt.

den eingesetzt, die unterschiedlich große Bereiche des Genoms abdecken. Besondere Bedeutung haben Sonden aus chromosomenspezifischen DNA-Bibliotheken, die die DNA-Sequenzen kompletter Chromosomen repräsentieren. Diese Sonden ermöglichen die Detektion bzw. das Anfärben definierter Chromosomen oder Chromosomenfragmente im Genom (Chromosomen-*painting*). Spezielle Markierungs- und Detektionstechniken ermöglichen heute, alle 24 verschiedenen Chromosomen des Menschen in einer einzigen Hybridisierung durch spezifische Farbmuster zu markieren und zu identifizieren (M-FISH oder Sky-FISH) (Speicher et al. 1996, Schröck et al. 1996, Weimer et al. 2000, 2001). Diese FISH-Techniken werden in der Tumorcytogenetik, zur Identifizierung von Markerchromosomen und zur Charakterisierung von intrachromosomalen Umbauten (z. B. Inversionen) eingesetzt. Beim pränatalen FISH-Schnelltest (Aneuploidie-*screening*) werden chromosomenspezifische DNA-Sonden eingesetzt, um eine numerische Aberration (Aneuploidie) der Chromosomen 13, 18, 21, X und Y beim Fetus abzuklären.

Für den Nachweis von *single copy* Sequenzen – wie Virussequenzen - wurde für humane Zellen ein Signalverstärkungsverfahren entwickelt, bei dem *branched* DNA (verzweigte DNA-Fragmente; bDNA) eingesetzt wird. Die kaskadenartig gebundenen Verstärker-DNA-Moleküle (*preamplifier* und *amplifier*) ermöglichen eine vermehrte Bindung der Detektionsmoleküle und führen zur Signalverstärkung (bDNA ISH; Player et al 2001).

Bei der genomischen *in situ*-Hybridisierung (GISH) wird die komplette genomische DNA farbig markiert und als Hybridisierungssonde eingesetzt. Bei der vergleichenden oder komparativen genomischen Hybridisierung (CGH) wird die genomische DNA aus zwei Genomen – beispielsweise aus gesunden und erkrankten Gewebezellen – gleichzeitig auf möglicherweise erkrankte Zellen hybridisiert. Die resultierenden Fluoreszenzintensitäten werden quantifiziert. Dadurch können anhand von Unter- bzw. Überrepräsentation der Hybridisierungssonden auf bestimmten Chromosomenregionen chromosomale Deletionen und Amplifikationen nachgewiesen werden. Die CGH wird bei der Analyse von Tumorgewebe eingesetzt (Pearson 2006).

Für die Aufnahme und Analyse der komplexen Signale gibt es zwei unterschiedliche Verfahren. Bei der Multiplex-FISH (M-FISH) werden mehrere Aufnahmen, die mit unterschiedlichen Filtern angefertigt wurden, nachträglich zusammengesetzt und ausgewertet. Beim SKY(*spectral karyotyping*)-Verfahren wird eine Aufnahme mit einem Multi-Bandpass-Filter

20

erstellt. Eine anschließende digitale Bildanalyse erfolgt unter Einbeziehung physikalischer Messungen, durch die die spektralen Eigenschaften der verwendeten Fluorochrome zuvor definiert wurden. Die detektierten Signale werden mit den spektralen Eigenschaften der Fluorochrome verglichen und zugeordnet und anschließend farblich differenziell und kontrastreich dargestellt. Das bedeutet, dass die farbliche Darstellung nicht zwingend den Echtfarben entspricht, die ein menschliches Auge zumeist nur schwer voneinander unterscheiden kann.

20.1.3 RNA:RNA-*in situ*-Hybridisierung

Um nachzuweisen, in welchen Zellen oder Geweberegionen ein spezielles Gen zum Zeitpunkt der Fixierung aktiv war (Jackson et al. 1993), werden mRNA-Moleküle des Gens durch *in situ*-Hybridisierung in Gewebeschnitten detektiert. Die RNA:RNA-*in situ*-Hybridisierung findet in der medizinischen Genetik und vielen biologischen Bereichen wie z. B. der Entwicklungsbiologie Anwendung. Hier ist es von besonderem Interesse, die Aktivität verschiedener Gene beispielsweise während der Embryogenese *in situ* zu verfolgen.

Für die Detektion der mRNA kann eine zur mRNA-Sequenz komplementäre (*antisense*) RNA oder DNA als Sonde eingesetzt werden. Die DNA:RNA-*in situ*-Hybridisierung wird heute nur noch selten angewendet, da die RNA:RNA-*in situ*-Hybridisierungstechnik sensitiver ist.

Für die ersten *in situ*-Hybridisierungen wurden radioaktiv markierte Sonden eingesetzt, für deren Nachweis der Gewebeschnitt anschließend auf einen Röntgenfilm gelegt wurde. Dadurch erhielt man nur ein sehr ungenaues Bild der Genaktivität im Präparat. Heute finden vor allem digoxigeninmarkierte RNA-Sonden Verwendung. Digoxigenin kann mit Hilfe eines Antikörpers, der mit einem Enzym (z. B. alkalische Phosphatase oder Peroxidase) oder einem Fluorochrom gekoppelt ist, erkannt und lichtmikroskopisch nachgewiesen werden (▶ Kap. 20.2). Goldmarkierte Antikörper finden für elektronenmikroskopische Lokalisierungen Verwendung (▶ Kapitel 19). Hierdurch wird der spezifische Nachweis von RNA in intrazellulären Strukturen und Kompartimenten möglich.

In der Tumordiagnostik ist es erforderlich zellspezifische, nicht häufig vorkommenden RNA-Sequenzen im Gewebe nachzuweisen. Da die Sensitivität und Spezifität der nicht radioaktiven Detektionsverfahren hierfür nicht immer ausreicht, wurden verschiedene Techniken zur Signalverstärkung und Spezifitätserhöhung entwickelt. Durch den Einsatz von *branched* DNA (verzweigte DNA; bDNA ISH) (Player et al 2001) können beispielsweise die Signale verstärkt werden. Eine weitere Verbesserung der Spezifität wird durch das sogenannte RNA*scope*-Verfahren erreicht (Wang et al. 2012). Hierbei ist die Bindung von zwei kurzen Sonden an eng benachbarte Zielsequenzen Voraussetzung für die Bindung der *branched* DNA und die Bildung der Signalkaskade. Für diese Signalverstärkungstechniken sind fertige Kits im Handel erhältlich.

20.2 Sonden

Die Sonde ist ein DNA- oder RNA-Fragment, welches markiert und zur Detektion einer Zielsequenz im Gewebe eingesetzt wird. Ein Nucleinsäurefragment kann als Sonde eingesetzt werden, wenn seine Basensequenz spezifisch, also komplementär zur gesuchten Zielsequenz ist. Dazu dürfen in der Sonde keine Sequenzbereiche vorkommen, die außerhalb der Zielsequenz

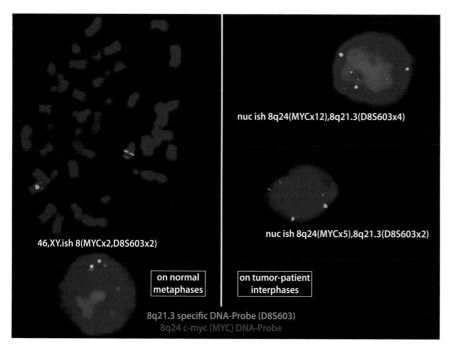

Abb. 20.3 Hybridisierung zweier FISH-Sonden auf eine unauffällige Normalmetaphase (links) und auf Zellkerne eines Ovarialkarzinoms (rechts) aus humanem Gewebe. Die grünen Signale entsprechen einem repräsentativen Lokus des Chromosoms 8. Die roten Signale entsprechen dem auf Chromosom 8 lokalisiertem Onkogen *c-myc*. Es ist ersichtlich, dass in den Tumorzellen das Onkogen vervielfacht vorliegt (aus Weimer et al. 2003, mit freundlicher Erlaubnis des Thieme Verlags)

im Genom vorhanden sind, da ansonsten durch Kreuzhybridisierung unspezifische falschpositive Signale erscheinen.

Als Sonden für die DNA-*in situ*-Hybridisierung dienen DNA-Fragmente, die auf vielfältige Weise (z. B. synthetisch als Oligonucleotide, aus klonierter oder genomischer DNA) hergestellt werden. Bei den RNA-Sonden handelt es sich meist um *in vitro*-erzeugte RNA. Komplementäre DNA (cDNA), die durch reverse Transkription von mRNA synthetisiert wird, kann ebenfalls als DNA-Sonde eingesetzt werden.

Verfahren zur Klonierung und Isolierung von DNA- oder RNA-Fragmenten sind in zahlreichen molekulargenetischen Lehrbüchern (z. B. Sambrook et al. 1989) dargestellt und sollen hier nicht näher erläutert werden. Vor Einsatz der DNA- oder RNA-Fragmente als Sonden muss deren Reinheit geprüft werden. Ebenso sollten Sequenzlänge und Konzentration der Sonde bekannt sein. Lange DNA-Sonden (>1 kbp) müssen vor der Hybridisierung zerkleinert werden. Dies erfolgt beispielsweise durch Spaltung mit häufig schneidenden Restriktionsendonucleasen. Optimal ist eine Sequenzlänge von 200–500 bp. Bei längeren Sonden besteht die Gefahr, dass sie die Zielsequenz im Präparat nur schlecht erreichen und regelrecht in den umgebenden Gewebestrukturen hängen bleiben.

Sind die Zielmoleküle gut detektierbar (beispielsweise weil sie häufig im Genom vorliegen), können Sonden verwendet werden, die Fluorochrom-gekoppelte Nucleotide enthalten. Nach den Waschschritten sind diese Sonden sofort mikroskopisch im Präparat lokalisierbar. Dadurch wird ein direkter und schneller Nachweis der hybridisierten Sonde im Präparat möglich. Beim indirekten Nachweis sind zusätzliche Arbeitsschritte zur „Sichtbarmachung" der Sonde erforderlich. Hierzu zählt beispielsweise die Bindung eines Antikörpers (▶ Kap. 19). Ein indirekter Nachweis ist bei Zielsequenzen notwendig, die in geringer Kopienzahl im Genom vorliegen. Ein indirekter Nachweis kann ebenso erforderlich sein, wenn nur eine geringe Anzahl der Sondenmoleküle hybridisieren konnte. Eine schlechte Hybridisierung einer häufig im Genom vorliegenden Sequenz kann beispielsweise durch eine schlechte Permeabilität der Strukturen verursacht werden.

20.2.1   DNA-Sonden

20.2.1.1   Klonierte Sonden

Die Länge der für die Herstellung der Sonde gewählten DNA-Sequenz bedingt die Art ihrer Klonierung. DNA-Fragmente bis 10 kbp werden zumeist in bakterielle Vektoren eingefügt und in *Escherichia coli* Zellen vermehrt. Die DNA wird dann aus der Bakterienkultur extrahiert und für die Hybridisierung mittels PCR, Nicktranslation oder *random priming* markiert (ausführlichere Protokolle hierzu sind beispielsweise im „In Situ Hybridization Application Manual" von Roche Diagnostics beschrieben).

Längere Fragmente können entweder in Bakteriophagen (z. B. Lambda oder M13), in Cosmide, BACs oder YACs (*bacterial or yeast artificial chromosomes*) kloniert werden. Eine Markierung erfolgt hierbei häufig durch DOP-PCR (*degenerated oligonucleotide primer* PCR; Telenius et al. 1992).

20.2.1.2   Genomische DNA als Sonde

Genomische DNA wird als Sonde verwendet, um die aus den Elterngenomen zusammengesetzten Genome von Hybridorganismen oder Hybridzellen zu untersuchen (genomische *in situ*-Hybridisierung, GISH, Schwarzacher et al. 1992). Eine Analyse der Genomzusammensetzung ist beispielsweise in phylogenetischen Analysen oder in der Pflanzenzüchtung wichtig.

Hybridorganismen nah verwandter Arten besitzen konservierte DNA-Bereiche, die im Genom beider Elternarten enthalten sind. Um nur Sequenzen zu identifizieren, die spezifisch für eine Elternart sind, müssen vor der Hybridisierung die konservierten DNA-Sequenzen aus der Sonden-DNA entfernt bzw. blockiert werden. Hierzu wird die Sonde zunächst mit einem Überschuss der unmarkierten genomischen DNA der anderen Elternart vorhybridisiert. Sequenzen, die in beiden Genomen vorkommen, binden die entsprechenden Sondenmoleküle. Übrig bzw. „frei" bleiben nur die für eine Art spezifischen Sequenzen, die dann zur Hybridisierung am Hybridgenom eingesetzt werden können.

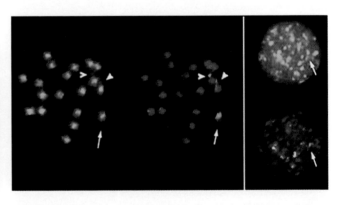

◻ **Abb. 20.4** FISH von tandemartigen hochrepetitiven Sequenzen an Metaphasechromosomen in Interphasekernen von *Beta vulgaris* (Zuckerrübe). Lokalisierung der 18S–5,8S–25S rRNA-Gene (rot, mitte) auf terminalen Chromosomenabschnitten und im Nucleolus des Interphasekerns. Die DNA wurde mit DAPI gegengefärbt (rechts). Der Nucleolus ist der schwach mit DAPI angefärbte Kernbereich. Links ist eine Überlagerung von Signal und Gegenfärbung dargestellt.

◻ **Abb. 20.5** Genomische *in situ*-Hybridisierung an pflanzlichen Arthybriden: Nachweis der beiden Elterngenome einer Hybridlinie in der Metaphase (rechts) und Interphase (links). Die Hybridlinie besitzt 19 Chromosomen von denen 18 aus *Beta vulgaris* (rot) und ein Chromosom aus *Beta procumbens* (grün, Pfeil) stammen. Beide Genomsonden binden an die phylogenetisch stark konservierten und terminal lokalisierten rRNA-Gene (Pfeilspitzen). Die DNA wurde mit DAPI gefärbt (blau).

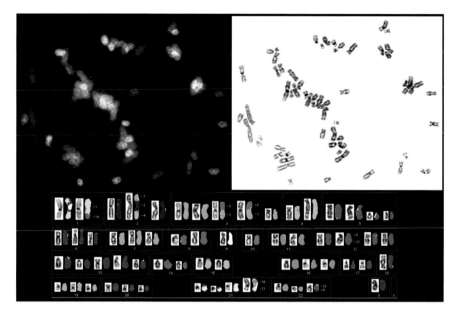

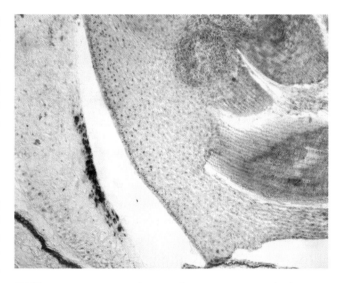

Abb. 20.6 24 Farben-FISH auf einer Metaphase eines Ovarialkarzinoms, die die verschiedenen menschlichen Chromosomen mit einer jeweils chromosomentypischen Farbe differenziell darstellt. Oben links ist die Metaphase im Fluoreszenzlicht dargestellt, oben rechts in einer Gegenfärbung (inverses DAPI), unten das Karyogramm dieser Metaphase (aus Weimer et al. 2003, mit freundlicher Erlaubnis des Thieme Verlag).

Genomische DNA muss – bevor sie als Sonde verwendet wird – in Fragmente von 200–400 bp zerteilt werden. Hierzu kann die DNA mit häufig schneidenden Restriktionsendonucleasen gespalten werden. Eine Ultraschallbehandlung, Autoklavieren oder intensives Schütteln führt ebenso zur Zerstückelung der DNA und ist häufig ausreichend. Die Größe der Fragmente sollte danach mittels Agarosegelelektrophorese (Sambrook et al. 1989) überprüft werden.

20.2.1.3 Chromosomenspezifische DNA-Sonden

Chromosomenspezifische DNA-Sonden, die nach Isolierung einzelner Chromosomen mittels Durchflusscytometrie oder Mikrodissektion gewonnen werden (▶ Kap. 3.9), ermöglichen beispielsweise die Charakterisierung von Aneuploidie im Säugetiergenomen (Chromosomen-*painting*). Bei einer Aneuploidie sind Chromosomen zusätzlich zum üblichen Chromosomensatz im Genom vorhanden. Da pflanzliche Genome viele nicht chromosomenspezifische Sequenzen enthalten, ist das Chromosomen-*painting* in Pflanzen schwer durchzuführen. Der Nachweis von einzelnen humanen Chromosomen gehört dagegen in der pränatalen Diagnose und Tumordiagnostik zur Routine (Roberts et al. 1999, Weimer et al. 2000, 2001, Trask 2002).

20.2.1.4 Oligonucleotide als Sonden

Synthetisch hergestellte DNA-Oligonucleotide (40–50 bp) können mit den meisten Standardprotokollen problemlos für die *in situ*-Hybridisierung eingesetzt werden. Sie dringen gut in fixiertes Gewebe ein und sind resistent gegenüber RNasen. Sie werden für gewöhnlich als lyophilisiertes Pulver, aufgereinigt und mit definierter Menge vom Hersteller geliefert. Oligonucleotide lassen sich gut an den Enden (*end labeling*) oder durch chemische Verfahren markieren (Schmitz et al. 1991).

Abb. 20.7 Expressionsanalyse mittels RNA.RNA-in situ-Hybridisierung. Ein Kryostatschnitt durch eine Gerstenkaryopse wurde mit digoxigeningekoppelten Sonden behandelt. Der Nachweis erfolgte über einen AP-gekoppelten Antikörper gegen Digoxigenin und durch eine anschließende Alkalische-Phosphatase-Reaktion mit NBT und BCIP. Das Signal (schwarz-violett) ist lokal begrenzt und hebt sich deutlich von der Hintergrundfärbung (Zellkerne, hellviolett) ab.

20.2.2 RNA-Sonden

In Transkritionsvektoren klonierte DNA kann enzymatisch durch RNA-Polymerasen in definierte RNA-Moleküle umgesetzt werden. In Anwesenheit markierter Nucleotide werden so markierte RNA-Sonden erzeugt. Um zu verhindern, dass auch die gesamte Vektor-DNA transkribiert wird, muss das Plasmid am Ende der Insertion linearisiert werden. Gleichzeitig lässt sich die Größe der Sondenmoleküle reduzieren (Darby et al. 2006).

Alternativ ist es möglich, komplementäre RNA durch *run off in vitro*-Transkription der mRNA zu synthetisieren (Wansink et al. 1993). Für die *in situ*-Anwendung werden die *run off*-Transkripte mit limitierenden Mengen RNase behandelt. Die verkürzten RNA-Moleküle gelangen danach leichter durch die Zellwand bzw. Plasmamembran.

Die Einzelstrang-RNA kann entweder komplementär zum codierenden (*sense*) oder zum nicht codierenden (*antisense*) Strang synthetisiert werden. Beim Nachweis von mRNA ist die Hybridisierung mit einer *sense*-Sonde eine sinnvolle Negativkontrolle, um die Spezifität der *antisense*-Sonde zu überprüfen.

20.2.3 Sonden für Bakterien- oder Virussequenzen

Bakterielle oder Virussequenzen können mit fluoreszenzmarkierter 16S rRNA oder 23S rRNA (oder auch rDNA) in Zellen nachgewiesen werden (Amann 1995, Amann und Ludwig 2000). Die *in situ*-Lokalisierung von artspezifischen Oligonucleotidsonden ermöglicht darüber hinaus, spezielle Krankheitserreger im Gewebe zu detektieren. Dies ist in der Infektiologie von Bedeutung (Okamoto et al. 2000).

20.3 Markierung der Sonden

Nucleinsäuren lassen sich entweder radioaktiv oder durch Einbau von Nucleotidanaloga markieren, an die Fluoreszenzfarbstoffe oder Haptene chemisch gebunden sind. Die Inkorporation der markierten Nucleotide in DNA oder RNA kann sowohl enzymatisch als auch chemisch durchgeführt werden. Mithilfe der enzymatischen Markierungstechniken lassen sich in der Regel sensitivere Sonden herstellen.

Bei der enzymatischen Markierung werden üblicherweise Polymerasen verwendet, die Nucleotidanaloga verteilt über das gesamte Sondenmolekül einbauen. Zum Einsatz kommen hierbei Nicktranslation, *random priming*, PCR und im Fall sehr großer Moleküle DOP-PCR (*degenerated oligonucleotide primed* PCR). Kurze DNA-Sonden, z. B. Oligonucleotide, werden an den Enden markiert. Diese Markierungstechnik hat den Vorteil, dass die Struktur der Sondenmoleküle nur wenig verändert wird (Schmitz et al. 1991).

Bevor eine markierte Sonde für die *in situ*-Hybridisierung eingesetzt wird, muss die Einbaueffizienz der markierten Nucleotide unbedingt überprüft werden. Wurden nur wenige markierte Nucleotide inkorporiert, ist die Sonde für die *in situ*-Hybridisierung gänzlich ungeeignet.

Nicht unerwähnt soll bleiben, dass es auch möglich ist, markierte Oligonucleotide zu kaufen. Dies ist insbesondere dann sinnvoll, wenn im eigenen Labor keine umfassende molekularbiologische Erfahrung vorhanden ist.

Für viele Markierungsverfahren gibt es fertige Kits zu kaufen. Ausführliche Informationen zu einzelnen Arbeitsschritten und über den molekularen Hintergrund finden sich in den Ka-

Tab. 20.2 Beispiel für die Kombination der Fluoreszenzfarben bei M-FISH

	FITC[1)]	Cy5[2)]	Alexa 350	resultierende Fluoreszenz
DNA-Sonde 1	+			grün
DNA-Sonde 2		+		rot
DNA-Sonde 3			+	blau
DNA-Sonde 4	+	+		gelb
DNA-Sonde 5		+	+	purpur
DNA-Sonde 6	+		+	cyan
DNA-Sonde 7	+	+	+	weiß

1) Fluorescein-5-isothiocyanat, 2) Cyanfarbstoff

talogen der Anbieter von Reagenzien für die Molekularbiologie (z. B. von Stratagene, MBP, Invitrogen oder Roche u. a.).

Ist es nicht möglich, die Nucleinsäuren enzymatisch zu markieren, kann die Markierung fotochemisch durch Einstrahlung von UV-Strahlung oder durch chemische Reaktionen erfolgen. Da beide Verfahren nur selten im Labor selbst angewendet werden, wird im Folgenden hierauf nicht eingegangen.

■ **Sondenmarkierung mit Mischfarben**

Sollen mehrere Sonden gleichzeitig im Präparat nachgewiesen werden, ist es notwendig, die Sonden differenziell zu markieren. Es gibt zwei Strategien, durch die die Anzahl der gleichzeitig nachweisbaren Sonden deutlich über die Anzahl der spektral unterscheidbaren Fluorochrome erhöht werden kann: die Verhältnismarkierung (*ratio labeling*) und die kombinatorische Markierung. Beiden Verfahren gemeinsam ist, dass durch die Mischung verschiedener Fluorochrome „Mischfarben" erzeugt werden. Bei kombinatorischen Markierungen wird jede Sonde entweder mit einem Fluorochrom oder mit einer definierten Kombination von mehreren Fluorochromen markiert (■ Tab. 20.2). Die mögliche Sondenanzahl lässt sich berechnen nach: $2^N - 1$ (N: Anzahl der Fluorochrome). Bei N=3 sind 7 Farbkombinationen möglich. Bei N=5 insgesamt 31.

Bei der Verhältnismarkierung werden DNA-Sonden aufgrund der unterschiedlichen Verhältnisse zweier Fluorochrome identifiziert z. B. Fluorochrom A und B bei Sonde 1 im Verhältnis 1:1 und bei Sonde 2 im Verhältnis 1:4. Die Analyse der Hybridisierungssignale erfordert speziell ausgestattete Mikroskope und Bildanalysesysteme (Weimer et al. 2001, Trask et al. 2002).

20.4 Anforderungen an die Präparate

Die Präparation von Gewebe, Zellkernen oder Chromosomen für die *in situ*-Hybridisierung erfordert Übung und Beobachtungsgabe. Meist ist es notwendig, eine größere Anzahl an Präparaten herzustellen und die am besten geeigneten auszuwählen.

Geeignete Präparate müssen

- intakte, gut interpretierbare morphologische Strukturen aufweisen,
- ausreichend permeabel für die Sondenmoleküle und Nachweisreagenzien sein,
- ausreichend fest auf dem Objektträger haften. Hierzu sind gereinigte und vorbehandelte Objektträger notwendig.

Die Herstellung von geeigneten d. h. qualitativ hochwertigen Präparaten ist häufig die größte Herausforderung bei der Etablierung der in situ-Hybridisierung.

Für die Lokalisierung von DNA und mRNA oder den Nachweis von Bakterien- und Virussequenzen im Gewebe dienen entweder Gewebeschnitte oder ganze Organismen, Organe oder intakte Zellen. Geeignet sind Schnitte von fixiertem und in Paraffin oder Kunstharz eingebettetem Material oder Kryostatschnitte (▶ Kapitel 6, 7, 9).

Wichtig bei der Fixierung (▶ Kapitel 5) und Vorbehandlung des zu analysierenden Gewebes ist, dass das fertige Präparat bei guter Strukturerhaltung genügend Zielmoleküle enthält. Gefrierschnitte ermöglichen zwar eine höhere Nachweissensitivität, da RNA- und DNA-Moleküle nicht aus dem Gewebe herausgelöst werden, jedoch wird bei dieser Technik oft die Gewebestruktur zerstört und die Handhabung der Schnitte ist schwieriger. Bei verschiedenen Einbettungsverfahren sollte kontrolliert werden, ob das fertige Präparat DNA bzw. mRNA enthält. Dies ist beispielsweise durch Färbung mit DAPI, Propidiumiodid oder Acridinorange möglich (▶ Kapitel 11).

Whole mount-Präparate erschweren und verlangsamen das Eindringen von Sonden und Nachweisreagenzien. Um die Durchlässigkeit pflanzlicher Präparate zu erhöhen, kann das Material zunächst mit zellwandabbauenden Enzymen vorbehandelt werden (Anleitung A20.17). Die Behandlung mit Detergenzien (z. B. Tween, Triton), Lösungsmitteln (Aceton), oder wiederholtes Einfrieren und Auftauen erhöhen die Permeabilität, begünstigen aber auch den Verlust an struktureller Integrität.

Ein wesentlicher Vorteil von *whole mount*-Präparationen besteht darin, dass die Topografie des Gewebes erhalten bleibt. Eine dreidimensionale Information über das Präparat erhält man, wenn für die Signalauswertung ein konfokales Mikroskop eingesetzt oder die optischen Schnitte mit digitaler Bildverarbeitung analysiert werden (▶ Kapitel 1).

20.5 Präparation von Chromosomen und Zellkernen

Für die DNA:DNA *in situ*-Hybridisierung sind Zellkern-, Chromsomen- oder Chromatinpräparate höchster Qualität erforderlich. Reste von Cytoplasma und andere Strukturen führen zu schwachen Hybridisierungs- und starken Hintergrundsignalen. Im Idealfall sollten die Zellen vereinzelt liegen, jedoch nicht so weit voneinander entfernt, dass sie nur schwer aufzufinden sind. In gelungenen Präparaten sind freie Zellkerne und Chromosomen im Phasenkontrastmikroskop gut sichtbar. Um die Kerne herum sollten keine granulären, fädigen oder gar leuchtenden Strukturen zu erkennen sein. Falls unklar ist, ob es sich wirklich um Zellkernmaterial handelt, kann eine Kernfärbung mit DAPI (▶ Kap. 11) die Analyse der Spreitung erleichtern.

Jedes cytogenetische Labor schwört auf die eigene Präparationsmethode: Es werden unterschiedliche Temperaturen, verschiedene Puffer oder Fixierlösungen eingesetzt. Häufig wird davon gesprochen, dass es schlechte und gute Präparationstage gibt. Man vermutet, dass auch Schwankungen der atmosphärischen Luftfeuchtigkeit im Labor das Gelingen der Präparationen beeinflussen.

20.6 Vorbehandlung der Präparate

Um die Zugänglichkeit der Zielmoleküle und die spezifische Bindung der Sonde an diese zu erleichtern, werden die Präparate (Schnitte, *whole mounts* oder Zellkerne) vor der Hybridisierung behandelt. Typische vorangehende Arbeitsschritte sind: Alterung (*aging*) (Anleitung A20.15), Proteinase-Behandlung (Anleitungen A20.15 und A20.16), Fixierung und Dehydrierung. Bei der DNA:DNA-Hybridisierung wird zusätzlich eine RNase-A-Behandlung (siehe unten), bei der RNA:RNA-Hybridisierung eine Acetylierung durchgeführt. Acetylierung, RNase-Behandlung, Fixierung und Dehydrierung ergeben ein besseres Hybridisierungsergebnis. Je qualitativ hochwertiger die Präparate sind, desto weniger wichtig sind die Vorbehandlungsschritte und können ggf. auch verkürzt werden. Hochwertige Präparate besitzen eine gute Permeabilität und ausreichend hohe strukturelle Integrität.

Behandlungen mit Proteasen (z. B. Pronase E, Proteinase K oder Pepsin/HCl) erhöhen die Durchlässigkeit der Gewebe für die Sonde und sorgen gleichzeitig für den Abbau der im Präparat vorhandenen Nucleasen (DNasen und RNasen). Pepsin/HCl wird häufig für pflanzliche Chromosomenpräparate, Pronase E wird für pflanzliche Gewebeschnitte und *whole mount* Präparationen eingesetzt. Proteinase K wird bei Säugetiergewebe benutzt. Die enzymatische Behandlung ist vor allem dann erforderlich, wenn die Proteine bei der Fixierung mit Glutaraldehyd oder Formaldehyd quervernetzt wurden. Die notwendige Konzentration der Proteasen ist abhängig vom Gewebe, der Fixierung und der eingesetzten Sonde. Die Konzentration von Proteinase K kann von 0,01 µg ml^{-1} (Zellspreitung) über 0,5 µg ml^{-1} (Gefrierschnitte) bis hin zu 1–5 µg ml^{-1} (Kunstharzschnitte) variieren.

Alternativ kann die Permeabilisierung von fixiertem Gewebe auch mit Hitze (Mikrowelle, Wasserbad oder Dampftopf) und alkalischen oder sauren Lösungen erfolgen (Coates et al. 1987). Das *aging* der Präparate fördert ebenso die Permeabilität.

Anschließend wird eine Fixierung (▶ Kapitel 5) durchgeführt, um die Enzyme zu deaktivieren, das Präparat wieder zu stabilisieren und den Verlust an RNA oder DNA zu vermindern.

Bei der DNA:DNA-*in situ*-Hybridisierung kann die Bindung der Sonden-DNA an RNA im Zellkern oder Cytoplasma zu Hintergrundsignalen und falscher Interpretation der Signale führen. Daher ist es notwendig, vor der Hybridisierung die RNA im Präparat durch Inkubation mit RNase A zu entfernen. RNase A baut einzelsträngige RNA ab. Dieser Schritt ist besonders wichtig bei Zielsequenzen, die transkribiert werden.

20.7 Denaturierung der Nucleinsäuren

DNA- und RNA-Sonden werden üblicherweise durch Erhitzen bei einer Temperatur, die 30 °C über ihrer Schmelztemperatur (T_m) liegt, denaturiert. Sie sollten dann als einzelsträngige Moleküle ohne intramolekulare Faltungen vorliegen. Als Schmelztemperatur bezeichnet man die Temperatur, bei der 50 % der DNA-Doppelhelix ungepaart sind. Der T_m-Wert ist direkt abhängig vom GC-Gehalt der DNA. Je höher der GC-Gehalt der DNA ist, desto höher ist ihr T_m-Wert.

Während die Denaturierung der Sonden relativ einfach ist, ist jene der Ziel-DNA problematisch. Allzu drastische Bedingungen führen zum Verlust der DNA, eine zu schwache Denaturierung verhindert die Hybridisierung der Sonden. Die Schmelztemperatur der Ziel-DNA im Gewebe ist abhängig vom Zelltyp, der Spezies und wird durch die Fixierung beeinflusst. Da eine Inkubation bei 95–100 °C die Morphologie der Präparate zerstören würde, wird die Denaturierung in Gegenwart von Formamid durchgeführt. Formamid erniedrigt die Schmelztemperatur der Nucleinsäuren.

20.8 Hybridisierung

20.8.1 Spezifität der Hybridisierung

Die Spezifität der Hybridisierung ist abhängig von der Stabilität des gebildeten Hybridkomplexes. Das Rückgrat der Nucleinsäure besteht aus einer alternierenden Aufeinanderfolge von Zuckern und Phosphatgruppen. Diese geben dem Molekül eine negative Nettoladung. Von diesem Rückgrat stehen die Basen so ab, dass sie zu den Basen einer komplementären Nucleotidsequenz sehr leicht Wasserstoffbrücken ausbilden können; es kommt zur Basenpaarung, der Hybridisierung.

Die Stabilität des Hybridkomplexes ist direkt mit seiner Schmelztemperatur T_m korreliert (Definition ▶ Kap. 20.7). T_m ist abhängig von der Salzkonzentration (Na⁺), dem Anteil der Basen Guanin und Cytosin (% G+C) im Sequenzabschnitt und der Formamidkonzentration (% FA). Während monovalente Kationen (meist Na⁺) die sich abstoßenden negativ geladenen Phosphate des Helixrückgrats abschirmen und so die Stabilität des Doppelstranges erhöhen, hemmt Formamid die Ausbildung von Wasserstoffbrücken und schwächt die Stabilität. Ein Prozent Formamid erniedrigt den T_m um 0,75 °C.

Der Schmelzpunkt für DNA:RNA-Hybride ist um 10–15 °C bzw. für RNA:RNA-Hybride um 20–25 °C höher als für DNA:DNA-Hybride (Cox et al. 1984).

20.8.2 Stringenz

Das Maß für die Hybridisierung, also die Bildung eines komplementären Doppelstranges, wird als Stringenz bezeichnet. Die Stringenz bestimmt den ungefähren Prozentsatz korrekt gepaarter Nucleotide im Doppelstrang aus Sonde und Zielsequenz. Je höher die Stringenz, desto höher ist die Komplementarität zwischen beiden Nucleotideinzelsträngen. Bei Erniedrigung der Stringenz können zunehmend Wasserstoffbrückenbindungen zwischen nicht komplementären Nucleotiden entstehen, und die Hybridisierung von Zielsequenz und Sonde wird unspezifischer. Das Ausmaß der Stringenz, mit der eine Hybridisierung durchgeführt wird, bestimmt also den Anteil der korrekt gepaarten Nucleotide im gebildeten Duplexmolekül.

Bei definierter Formamid- und Na⁺-Konzentration in der Lösung ist die Temperatur für die Stringenz der Reaktionsbedingungen ausschlaggebend. Die Stringenz (%) kann in Abhängigkeit von der jeweiligen Schmelztemperatur (T_m) und der aktuellen Temperatur der Wasch- oder Hybridisierungslösung (T_a) berechnet werden:

$$\text{Stringenz} = 100 - M_f (T_m - T_a)$$

M_f bezeichnet einen *mismatch factor*, der linear zur Länge der Sonde ist (5 für <20 bp und 1 für >150 bp).

In Standardprotokollen wird üblicherweise eine Hybridisierungstemperatur ausgewählt, die 20–25 °C unter T_m liegt. Hierbei wird eine Stringenz zwischen 75–80 % angestrebt. In der Waschlösung nach der Hybridisierung liegt die Stringenz leicht darüber, damit locker gebundene Hybride mit einem hohen Anteil an Fehlpaarungen entfernt werden. Je nach Sonde und zu untersuchendem Material können Veränderungen der Stringenz sowohl nach oben als auch nach unten notwendig sein, um beispielsweise die Spezifität der Signale zu erhöhen oder Sequenzklassen mit hoher Sequenzdiversität im Genom nachweisen zu können.

Weiterhin wichtig für die Auswahl des Hybridisierungsprotokolls ist die Häufigkeit der DNA-Zielsequenz im Genom. Neben Sequenzen, die nur einmal im Genom vorkommen (singuläre Sequenzen wie z. B. Strukturgene) können auch Sonden verwendet werden, die Sequenzen erkennen, die im Genom wiederholt (repetitiv) vorkommen. Die Signalstärke bei repetitiven Sequenzen ist höher als bei singulären Sequenzen, da die Sonde mehrfach an alle sich wiederholenden Sequenzen bindet. Nucleinsäuren mit repetitiven Sequenzen können daher einfacher als solche mit singulären Sequenzen lokalisiert werden.

20.8.3 Verminderung von unspezifischer Hintergrundmarkierung

Um unspezifische Bindungsstellen auf dem Präparat abzusättigen, werden Nucleinsäuren anderer Spezies (z. B. Lachssperma-DNA) dem Hybridisierungsgemisch zugegeben.

Insbesondere hochrepetitive Sequenzen wie SINEs (*short interspersed sequences*) und LINEs (*long interspersed sequen-*

ces) in der Sonde sind häufig Ursache für eine unspezifische Markierung aller Chromosomen. Zur Unterdrückung der Signalanteile von SINE und LINE kann ein Überschuss von unmarkierter C_0t-1-DNA zur Sonde zugesetzt werden. C_0t-1-DNA ist eine Fraktion der genomischen DNA, die stark mit DNA hochrepetitiver Sequenzen angereichert ist. Das Sonden/C_0t-1-DNA-Gemisch wird durch Erhitzen denaturiert. Während der anschließenden Hybridisierung des Gemisches werden hochrepetitive Sequenzmotive durch die C_0t-1-DNA abgesättigt. Übrig bleiben Sequenzbereiche, die charakteristisch für die Zielsequenz sind und die eine spezifische Detektion ermöglichen. Diese Prozedur wird auch Chromosomale *in situ*-Suppressionshybridisierung (CISS) genannt.

20.8.4   Hybridisierungskinetik

Entscheidend für die Hybridisierungskinetik ist die Länge der Sonde. Je länger sie ist, desto langsamer diffundiert sie in das Gewebe. Die Diffusionsrate ist bei kleinen Sondenmolekülen am höchsten. Oligonucleotidsonden benötigen Hybridisierungszeiten von 30 Minuten bis zwei Stunden. Die Hybridisierung von langen Sonden mit geringer Diffusionsrate muss dagegen über Nacht ausgeführt werden.

Weitere Faktoren, die die Hybridisierungsgeschwindigkeit beeinflussen, sind Temperatur und Ionenstärke. Erhöhte Viskosität, Helix destabilisierende Agenzien sowie Basenfehlpaarungen verlangsamen die Hybridisierung.

Während der Hybridisierung konkurrieren unerwünschte Basenpaarungen der Sondenmoleküle mit sich selbst und mit der gewünschten Hybridisierung der Sonde mit der Zielsequenz. Lange Sondenmoleküle bilden eher intramolekulare Paarungen als kurze. Dadurch wird die effektive Konzentration der Sonde, die für die Hybridisierung zur Verfügung steht, erniedrigt.

Reaktionsbeschleuniger wie die inerten Polymere Dextransulfat oder Polyethylenglycol (PEG) steigern die Effizienz der Hybridisierung. Sie wirken wasserentziehend und erhöhen dadurch die Konzentration der Sonde in der Lösung.

Eine schnelle Reassoziationsgeschwindigkeit und eine hohe Hybridisierungsrate werden bei repetitiven Sequenzen beobachtet. Für singuläre Sequenzen ist eine Inkubationszeit über Nacht notwendig. Für Ansätze, die eine quantitative Fluoreszenzauswertung ermöglichen sollen, z. B. CGH oder Q-FISH (◨ Tab. 20.1), ist eine Inkubation von 2–4 Tagen erforderlich.

20.8.5   Kontrollen

Da zelluläre Komponenten wie z. B. Proteine unspezifisch Sondenmoleküle binden, was zu starken Hintergrundsignalen führt, sind bei der Hybridisierung und Detektion von RNA und DNA in Gewebeschnitten oder *whole mount*-Präparationen parallele Kontrollhybridisierungen notwendig.

Durch Hybridisierungen von Sequenzen, die sicher im Präparat erwartet werden (z. B. mRNA von Actin, β- oder

α-Tubulin, rRNA oder auch poly(dT)-Sonden (Roche 108626), kann die eigene Durchführung und Methodik überprüft werden (= Positivkontrolle). In der DNA:DNA-Hybridisierung werden zumeist die Gene der rRNA verwendet, da diese in hoher Kopienzahl und geclustert im Genom vorhanden sind und starke Hybridisierungssignale hervorrufen.

Durch sogenannte Negativkontrollen wird die Spezifität der Signale kontrolliert. Im Folgenden sind einige Beispiele für Negativkontrollen aufgelistet:

- Da nur zur mRNA komplementäre Sondensequenzen (*antisense*) an die einzelsträngige RNA binden sollten, können codierende Sequenzen (*sense*) oder *nonsense*-Sonden parallel zur Spezifitätskontrolle eingesetzt werden. *Nonsense*-Sonden sind Nucleotidsequenzen mit einem vergleichbaren G+C-Gehalt aber keinerlei Komplementarität zur nachzuweisenden mRNA. *Sense*- oder *nonsense*-Sonden dürfen zu keinen Signalen im Präparat führen. Werden dennoch Signale detektiert, binden diese nichtkomplementären mRNA-Moleküle unspezifisch. Dies kann entweder darauf hinweisen, dass die Stringenz bei der Hybridisierung und den Waschschritten zu niedrig war, die Sonde mit nichthomologen mRNA-Molekülen hybridisiert oder unspezifisch von Zellmaterial des Präparats gebunden wurde. Auch könnte es darauf hinweisen, dass der für die Sonde ausgewählte zu detektierende Sequenzbereich ungünstig ist, da ähnliche Sequenzfolgen auch auf anderen Transkripten vorkommen und die Sonde unspezifisch bindet.
- Kompetition der markierten Sonde durch einen 10-fachen molaren Überschuss der unmarkierten *antisense* Sonde sollte zur Reduktion der Signale führen.
- Bei dem Nachweis von mRNA wird das Präparat vor der Hybridisierung mit RNase behandelt; hier darf kein Hybridisierungssignal erscheinen. Ebenso kann bei einer DNA-Hybridisierung verfahren werden. DNase-behandeltes Gewebe oder Chromosomen führen zu keinen Hybridisierungssignalen.
- Ein paralleler Hybridisierungsansatz ohne Sonde sollte ebenso zu keinen Signalen führen. Verunreinigungen im Hybridisierungsgemisch oder mangelnde Blockierungsschritte können hierdurch kontrolliert werden.
- Die Spezifität der Sonde kann durch den Einsatz von Gewebe überprüft werden, in dem die Zielsequenz nicht vorhanden ist.

20.9   Laborausstattung und Reagenzien

Für die Durchführung von *in situ*-Hybridisierungen benötigt man Geräte und Materialien, die nicht zur Grundausstattung von histologischen Laboren gehören. Insbesondere für die Herstellung der Sonden wird ein Arbeitsbereich benötigt, der für molekularbiologische Techniken ausgestattet ist. Zu bedenken ist ebenfalls, dass mit gentechnisch veränderten Organismen (GVO) nur in einem nach dem Gentechnikgesetz bzw. der Gentechnikverordnung zugelassenem Labor gearbeitet werden darf.

20.9.1   Ausstattung

Zur Laborausstattung für *in situ*-Hybridisierungen gehören nach Möglichkeit variable Mikroliterpipetten (für 0,5–10 µl, 20 µl, 200 µl, 1 ml), temperierbare Wasserbäder, Autoklav, Mikrozentrifuge für 1,5 und 2 ml Reaktionsgefäße, Reagenzglasschüttler (Vortex), Rührer, pH-Meter, Feinwaage, Eismaschine, sterile Werkbank und ein Abzug. Pipettenspitzen und Reaktionsgefäße müssen steril und DNase-frei (gegebenenfalls RNase-frei) sein.

Folgende Geräte sind von besonderer Wichtigkeit:

- Inkubatorschränke oder Schüttelwasserbäder, die auf Temperaturen von 37, 42 und 50 °C eingestellt werden können.
- Regelbare Heizplatten oder ein Thermocycler, auf dem Objektträger erwärmt werden können.
- Mindestens zwei Kühlschränke. Die Lagerung von Fixierlösungen, fixierten Materialien und giftigen Chemikalien zusammen mit lebenden Zellsuspensionen oder Samen in einem Kühlschrank ist häufig Ursache für schlechte Präparationen mit geringem Metaphaseindex, geringem RNA-Gehalt oder für die verminderte Keimfähigkeit von Saatgut.

Für die Herstellung der Sonden werden Geräte und Materialien zur Durchführung der Agarosegelelektrophorese, ein UV-Transilluminator und eventuell ein Thermocycler (PCR-Gerät) benötigt.

Für Arbeiten mit RNA-Sonden ist es erforderlich, dass alle verwendeten Materialen aus Glas und Kunststoff RNase-frei sind (Anleitung A20.1). Zum Backen von Glasmaterial ist ein Wärmeschrank mit einer Temperatur von 200 °C notwendig.

Weiterhin benötigt man:

- einen Diamantstift zur Kennzeichnung der Objektträger,
- Glasfärbeküvetten (nach Coplin oder Hellendahl),
- eine autoklavierbare, gut verschließbare Box (hierzu eignet sich z. B. eine Instrumentenschale) als feuchte Inkubationskammer für die Objektträger,
- Glas- oder hitzebeständige Kunststoffstäbe, auf die die Objektträger sowohl auf der Arbeitsfläche als auch in der Inkubationsbox abgelegt werden können,
- Pinzetten mit spitzen Enden für präzises Ergreifen der Materialien,
- Präparatemappen und Präparatekästen.

Für die Analyse der Ergebnisse benötigt man ein Lichtmikroskop (möglichst mit Phasen- oder Differenzialkontrastausstattung) und gegebenenfalls ein Fluoreszenzmikroskop mit den entsprechenden Filtersätzen für die Fluorochrome.

20.9.2   Reagenzienqualität und -Handhabung

Lösungen, Reagenzien und Puffersalze sollten hohe Qualität besitzen und für den Einsatz in molekularen Studien geeignet

sein. Es ist sehr wichtig, alle Reaktionsschritte sauber durchzuführen, um Kontaminationen zu vermeiden. Dies gilt insbesondere für das Arbeiten mit RNA.

- Nucleinsäureabbauende Enzyme (Nucleasen) – RNasen und DNasen – sind überall vorhanden. Um den unkontrollierten Abbau der Nucleinsäuren zu vermeiden, muss weitgehend steril gearbeitet werden. RNA ist labil und degradiert sehr schnell. Isolierte DNA, die markiert als Sonde eingesetzt wird, ist anfällig gegenüber DNasen. Die Ziel-DNA, die zumeist in Chromosomen und Kernstrukturen eingebettet ist, ist dagegen relativ geschützt. Da DNasen durch Autoklavieren inaktiviert werden, reicht es in der Regel aus, bei Arbeiten mit DNA sauber und mit autoklavierten Lösungen, Reagenzien, Pipettenspitzen und Reaktionsgefäßen zu arbeiten. Die Aktivität von RNasen kann hingegen nur durch zusätzliche Maßnahmen wie Backen der Glaswaren bei 200 °C und durch Zusatz von Diethylpyrocarbonat (DEPC) zu Lösungen eingeschränkt werden (Anleitung A20.1). Um den Abbau der RNA zu vermeiden, muss sowohl die Herstellung der RNA-Sonden als auch die Präparation der Zielsequenzen, wie beispielsweise bei der Herstellung von Gewebeschnitten, unbedingt RNase-frei durchgeführt werden.
- Sehr wichtig ist die Qualität des Wassers, welches zum Ansetzen der Reaktionsgemische und Pufferlösungen verwendet wird. Es sollte grundsätzlich nur mit sterilem H_2O gearbeitet werden. Selbst hergestellte Lösungen sollten autoklaviert oder steril filtriert (Porengröße <22 µm) werden. Für kleine Volumina sollte grundsätzlich steriles H_2O aliquotiert und bei –20 °C aufbewahrt werden.
- Die Reagenzien für den Hybridisierungsansatz sollten steril sein, in möglichst kleine Aliquots aufgeteilt und soweit möglich eingefroren werden. Um Kontaminationen und Schaden durch zu häufiges Auftauen und Einfrieren zu vermeiden, sollten benutzte Aliquots weggeworfen werden und bei jedem Experiment neue verwendet werden.
- Enzyme und Nucleotide werden immer bei –20 °C gelagert. Nucleotide können vor der Inkubation auf Eis aufgetaut werden. Das wiederholte Auftauen der Enzyme sollte vermieden werden. Enzyme werden immer als letzte einem Reaktionsgemisch zugesetzt und niemals direkt in H_2O oder konzentrierte Pufferlösung pipettiert.
- Für parallele Testansätze ist es sinnvoll, eine Gesamtreaktionsmischung (*master mix*) anzusetzen und diese nach gutem Vermischen auf die Einzelreaktionen zu verteilen.

20.10   Arbeitsvorschriften

Die Zusammensetzung der häufig verwendeten Pufferlösungen, wie beispielsweise SSC oder PBS, werden im Anhang tabellarisch aufgelistet. In den folgenden Arbeitsvorschriften wurde daher darauf verzichtet, die Zusammensetzung jener Puffer erneut anzugeben. Folgende Abkürzungen finden Verwendung: RT (Raumtemperatur), OT (Objektträger).

20

20.10.1 Vorbereitungen

Beseitigung von RNase-Aktivität in Wasser, Lösungen und Glaswaren
Material:

- Diethylpyrocarbonat (DEPC) (z. B. Sigma D5758)
- 96 % Ethanol
- 3 % (v/v) Wasserstoffperoxid (H_2O_2) frisch angesetzt

Durchführung:
Behandlung von Wasser und wässrigen Lösungen:

1. 0,1 % (v/v) DEPC unter dem Abzug zugeben
2. gut durchmischen und bei RT mindesten 30 min stehen lassen
3. mindestens 15 min autoklavieren bei 121 °C

In temperaturempfindlichen Lösungen wird DEPC durch Erwärmen auf 60 °C über Nacht inaktiviert. Bitte beachten Sie: DEPC ist karzinogen!

Behandlung von Flaschen und anderen Glaswaren:

1. Materialen mit Ethanol spülen.
2. nach dem Trocknen 10 min mit 3 % (v/v) H_2O_2 inkubieren
3. mit DEPC-behandeltem und autoklaviertem Wasser ausspülen
4. trocknen lassen und dabei erneute Kontamination durch Staub vermeiden (z .B. abdecken mit steriler Alufolie)

Anmerkung:
Tris-Puffer kann nicht mit DEPC behandelt werden, ist aber als RNase-freie Reinsubstanz erhältlich. Der Puffer wird angesetzt in RNase-freien Gefäßen mit RNase-freiem Wasser und anschließend autoklaviert.

Vorbereitung der Objektträger
Um die Adhäsion von Gewebeschnitten und Zellen zu optimieren, sollten beschichtete Objektträger eingesetzt werden. Gereinigte und beschichtete Objektträger sind käuflich erhältlich. Häufig verwendete Marken sind: Gold Seal (Becton Dickinson, Portsmouth, NH), Superfrost (Erie Scientific, Portsmouth, NH) oder polylysinbeschichtete Objektträger von Sigma (P 0425). Kostengünstiger ist es, die Objektträger selbst zu reinigen und mit Poly-L-Lysin oder Silan (3-Aminopropyltriethoxi-silane, APES) zu überziehen.

Für die Untersuchung von isolierten Zellkernen und Chromosomen mittels DNA:DNA *in situ*-Hybridisierung werden säurebehandelte Objektträger verwendet.

Da während der *in situ*-Hybridisierung organische Lösungsmittel eingesetzt werden, sollten die Objektträger nicht mit Permanentmarkerstiften beschriftet werden. Besser ist die Kennzeichnung mit Bleistift oder mit einem Diamantstift.

Säurebehandelte Objektträger für Chromosomen-präparationen
Material:

- Chromschwefelsäure; (z. B. Chromium trioxide solution in 80% (w/v) sulfuric acid, Merck)
- 96% Ethanol

Durchführung:

1. Objektträger (OT) für mindestens 2 h in ein Chromschwefelsäurebad eintauchen
2. danach die OT für 15 min unter fließendem Leitungswasser und anschließend mehrmals mit destilliertem Wasser spülen
3. OT bei 37 °C trocknen

unmittelbar vor dem Gebrauch die OT mit Ethanol spülen und trocknen

Beschichtete Objektträger für Schnittpräparate (bei RNA:RNA-*in situ*-Hybridisierung)
Bei der Vorbereitung der Objektträger für die RNA:RNA-*in situ*-Hybridisierung sollte RNase-frei gearbeitet werden.

Material:

- Konzentrierte Salpetersäure
- Aceton
- 1 mg ml^{-1} Poly-L-Lysin (MW 300 000, RNase-frei)
- 1–2 % (v/v) Silan (3-Aminopropyltriethoxi-silane, APES) in Aceton

Durchführung:
Poly-L-Lysin beschichtete Objektträger (OT)

1. OT 30 min in konzentrierte Salpetersäure einlegen
2. OT in H_2O bis zu 2 h spülen und dann lufttrocknen
3. OT 15 min in Aceton legen und anschließend 2 h bei 180 °C backen
4. nach dem Abkühlen der OT ein Tropfen (8 μl) Poly-L-Lysin auftragen und mit Hilfe eines gebackenen Deckglases zu einem Film ausziehen
5. OT über Nacht auf einer Heizplatte bei 40 °C trocknen

APES beschichtete Objektträger (OT)

1. OT 30 min in konzentrierte Salpetersäure legen
2. OT in Wasser bis zu 2 h spülen und dann lufttrocknen
3. OT 10 min in Aceton einlegen und anschließend 2 h bei 180 °C backen
4. OT in 2 % (v/v) APES in Aceton eintauchen
5. gründlich in Aceton spülen
6. lufttrocknen
7. zur Aktivierung von APES OT 1 h in 2,5 % (v/v) Glutaraldehyd in 1x PBS legen

OT in RNase-freiem H_2O waschen und lufttrocknen

Handhabung der Präparate bei Inkubation unter erhöhter Temperatur

Bei allen Behandlungen mit erhöhten Temperaturen (z. B. während der Vorbehandlung, Denaturierung oder Hybridisierung) dürfen die Präparate keinesfalls abtrocknen. Die Präparate werden daher mit einem Deckglas abgedeckt und in einer feuchten Kammer oder Box inkubiert. Es wird hierzu eine gut verschließbare Box mit feuchten Papiertüchern ausgelegt. Auf den feuchten Papiertüchern werden Glas- oder Plastikstäbe so angeordnet, dass die Objektträger frei gelagert werden können, ohne direkt mit den feuchten Tüchern in Kontakt zu treten. Die hohe Luftfeuchtigkeit vermindert das Verdampfen der Lösungen auf den Präparaten. Die Lagerung auf den Stäben verhindert einen Flüssigkeitsaustausch zwischen feuchtem Tuch und Inkubationslösung. Nur so kann gewährleistet sein, dass die Reagenzienkonzentration über die Inkubation relativ konstant bleibt.

Ist es nicht möglich, eine feuchte Kammer während der Inkubation einzusetzen, müssen die Präparate „abgedichtet" werden. Dies ist beispielsweise mit einem Fettstift (z. B. Pap Pen, Immunotech, Hamburg; DAKO Pen, Glostrup) möglich. Ein Fettrand verhindert hierbei das Verdampfen der Inkubationslösung. Weiterhin sind auch Gummiringe bzw. Gummikanten erhältlich (Sigma), die um das Präparat gelegt werden und den Rand des Deckglases abdichten.

Für die DNA:DNA-*in situ*-Hybridisierung hat es sich bewährt, die Präparate während der Inkubation mit einem Kunststoffdeckglas abzudecken. Diese lassen sich aus autoklavierbarer Folie (z. B. Autoklaviersack) ausschneiden und selbst anfertigen. Nach etwas Übung lässt sich die Inkubationslösung gleichmäßig verteilen, und die Präparate können luftblasenfrei abgedeckt werden. Die Inkubation erfolgt dann wiederum in einer feuchten Kammer oder Box.

Präparation von Metaphasechromosomen aus Säugetierzellkulturen

Für die Präparation von Zellkernen und Chromosomen aus Säugerzellen sind prinzipiell alle Suspensionskulturen geeignet, die sich teilende Zellen enthalten. Dies können u. a. trypsinierte Fibroblasten, Zellen von Epithelkulturen oder kurzzeitkultivierte Blutzellen sein. Die Anzahl der Metaphasen in der Präparation lässt sich durch Vorbehandlung der Zellen mit Colcimid erhöhen.

Durch Behandlung mit einer hypotonen Lösung schwellen die Zellen an und platzen. Die freigesetzten Zellkerne und Chromosomen werden fixiert und können gespreitet über einen vorbehandelten Objektträger verteilt werden.

Die Spreitung wird im Wesentlichen von der Verdunstungsgeschwindigkeit der Fixierlösung beeinflusst. Ist die Luftfeuchtigkeit hoch oder werden die Objektträger

▼

gekühlt, sodass sich Kondenswasser niederschlägt, verzögert sich die Verdunstung. Eine niedrige Luftfeuchtigkeit oder erwärmte Objektträger beschleunigen diese. Eine niedrige atmosphärische Luftfeuchtigkeit lässt sich durch die Verwendung von vorgekühlten Objektträgern oder gekühlter Fixierlösung kompensieren. Bei hoher Luftfeuchtigkeit – z. B. an Regentagen – können die Objektträger auf einer Heizplatte (bis etwa 65°C) getrocknet werden.

Weiterhin verzögert eine höher konzentrierte Essigsäure den Trocknungsprozess. Essigsäure erhöht die Brüchigkeit von Membranen und verbessert die Spreitung. Die Präparate wirken nach einer Essigsäurebehandlung aufgeklart und enthalten deutlich weniger Cytoplasmareste. Zu hohe Essigsäurekonzentrationen vermindern allerdings die Stabilität der Chromosomen. Welche Bedingungen für die Spreitung der Chromosomen ideal sind, muss ausprobiert werden. Durch Verwendung eines Wasserbades und einer Heizplatte (◨ Abb. 20.8) lassen sich standardisierte Bedingungen herstellen, die unabhängig von Witterung und Klimaanlage sind.

Anreicherung von Metaphasen und hypotonische Behandlung von Säugetierzellen (nach Leicht & Heslop-Harrison 1994)

Material:
- Hypotone Lösung: 75 mM Kaliumchlorid oder 0,8–1,2 % (w/v) Citratlösung (z. B. Natriumcitrat); oder 1 Teil Kulturmedium + 3 Teile H_2O
- Fixierlösung (frisch ansetzen): 3 Teile 100 % Ethanol oder Methanol auf 1 Teil Eisessig

Durchführung:
1. Um die Zahl der Metaphasezellen zu erhöhen, werden 10–100 ml Kultur 1–2 h bei 37 °C mit 0,01 % (w/v) Colcimid (Life Technologies, Geithersburg, MD, USA) behandelt; (die Inkubationsdauer muss auf Zelltyp und Spezies abstimmen werden)
2. Zellen in ein 15-ml-Zentrifugenröhrchen aus Glas oder Polypropylen übertragen und 10 min bei 350–500 × g zentrifugieren
3. Überstand vorsichtig abgießen und das Zellsediment in der restlichen Flüssigkeit durch behutsames Schütteln resuspendieren. **Keine Pipette benutzen!**
4. Zugabe von etwa 10 ml vorgewärmter (37 °C oder RT) hypotoner Lösung. 10–20 min bei 37 °C oder 20–40 min bei RT inkubieren
5. bei 350–500 × g für 10 min zentrifugieren
6. Überstand abgießen und das Sediment durch vorsichtiges Schütteln lösen
7. Zellen in 10 ml Fixierlösung resuspendieren. Hierbei zunächst 1 ml tropfenweise zugeben und nach jedem Tropfen gut aber behutsam schütteln

▼

8. Zellsuspension für 10 min bei RT stehen lassen
9. Schritte 5–8 zwei- bis dreimal wiederholen. Dadurch wird die Suspension gereinigt und die Qualität der Spreitung verbessert
10. an dieser Stelle kann die Suspension mehrere Tage im Kühlschrank gelagert werden. Bei –20 °C ist die Suspension maximal zwei Wochen verwendbar. Damit das Methanol:Essigsäure-Verhältnis konstant bleibt, müssen die Gefäße sehr gut verschlossen werden. Vor der Chromosomenspreitung müssen die gelagerten Zellen erneut mit frischer Fixierlösung gewaschen werden

Anmerkungen:

- Bei der hypotonen Behandlung des Zellmaterials sind Temperatur und Zeit kritische Parameter, die je nach Zelltyp und Spezies empirisch optimiert werden müssen. Je länger die Behandlung und je höher die Temperatur ist, desto stärker schwellen die Zellen an. Nicht ausreichend behandelte Zellen lassen sich schlecht spreiten, zu stark behandelte platzen zu früh, und die Chromosomen gehen verloren.
- Lange, dicke, wenig stabile Chromosomen mit schlechter Bänderung deuten ebenfalls auf eine zu lange Behandlung mit hypotonischer Lösung hin.
- Wenn während der Waschschritte Zellmaterial verloren geht, ist folgende Prozedur hilfreich: Verwendung eines 2-ml-Reaktionsgefäßes mit rundem Boden und Zentrifugation der Zellsuspension in einer Labor-Tischzentrifuge bei höherer Umdrehung (bis zu 6000 rpm) für 2–5 min. Am Ende jedes Zentrifugationsschrittes wird die Geschwindigkeit kurzfristig (2–3 sec) auf 14000 rpm erhöht, damit alle Zellen pelletieren. Es muss aber jeweils überprüft werden, inwieweit diese Zentrifugationsschritte für die Präparation von Vorteil sind oder zu einer Zerstörung des Zellmaterials führen.

Verunreinigtes H_2O, alte hypotonische Lösungen oder eine alte Fixierlösung können das Ergebnis der Präparation ebenfalls negativ beeinflussen. Ebenso sollte vermieden werden, H_2O zu verwenden, welches schon über einen längeren Zeitraum in offenen Gefäßen gelagert wurde. Die Lagerung führt zur Sättigung mit CO_2 und zur Erniedrigung des pH-Werts.

Anleitung A20.8

Spreitung von Chromosomen aus Säugetierzellen (nach Henegariu et al. 2001)

Ausstattung:

- Wasserbad mit 75–80 °C
- eine erhitzte Metallplatte (Aluminium) (2–3 mm dick und 10–15 cm lang) mit einem Temperaturgradienten
- wenn man eine Metallplatte teilweise über die Öffnung des Wasserbades hängen lässt (etwa in 2 cm Höhe über der heißen Wasseroberfläche), entsteht ein Temperaturgradient zwischen dem heißen (etwa 70 °C) und kalten Ende (RT) (◨ Abb. 20.8)

▼

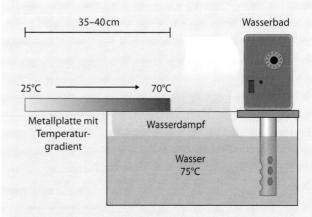

◨ **Abb. 20.8** Anordnung von Wasserbad und Metallplatte zur Erzeugung eines Temperaturgradienten bei der Chromosomenspreitung von Säugetierzellen.

- wenn eine derartige Anordnung im eigenen Labor nicht vorhanden ist, können ein Heizblock mit 65–70 °C und ein zweiter Block mit RT eingesetzt werden.

Durchführung:

1. 25–35 µl der Zellsuspension durch mehrfaches Auftupfen mit der Pipette vorsichtig über den Objektträger (OT) verteilen
2. Flüssigkeit durch sanfte Bewegung der Pipettenspitze verstreichen. Hierbei die Spitze parallel zur Oberfläche halten, um die Zellen nicht zu zerstören
3. wenn die Fixierlösung soweit verdampft ist, dass ihre Oberfläche beginnt „körnig" zu werden, den OT mit dem Präparat nach unten 1–3 sec in den Strom des heißen Wasserdampfs (75 °C) halten
4. OT trocknen durch Auflegen auf die heiße Platte

Bei schwierig zu spreitenden Chromosomen:

Nachdem die Fixierlösung fast verdampft ist, einen Tropfen 95 % (v/v) Essigsäure zugeben und den OT 3–5 sec in den Wasserdampf halten und anschließend an der heißesten Stelle der Metallplatte (65–70 °C) trocknen. Die Essigsäure darf nicht zu früh aufgetropft werden, weil die Zellkerne sonst abgewaschen werden.

Anleitung A20.9

Präparation von Metaphasechromosomen aus Pflanzen

Jedes pflanzliche Gewebe, in dem Zellteilung stattfindet, eignet sich für eine Präparation. Meist werden junge Wurzelspitzen verwendet aber auch andere Gewebe wie z. B. junge Antheren, Endosperm oder Apikalmeristem. Bevor Blatt- oder Blütenmaterial präpariert werden kann, sollte zuvor eine Aktivierung und Anreicherung der sich teilenden Zellen im Gewebe erfolgen.

▼

Das geerntete Pflanzenmaterial wird zunächst fixiert. Das gewöhnlich verwendete Fixierungsgemisch von 3:1 (v/v) Methanol:Eisessig entfernt Lipide und denaturiert die Proteine. Beides ist für das anschließende Spreiten der Chromosomen notwendig.

Bevor die Zellen gespreitet werden, muss das feste Zellgefüge aufgelockert und die pflanzliche Zellwand weitgehend zerstört werden (Mazeration). Die Zellwände werden nach der Fixierung enzymatisch abgebaut. Entweder wird eine aufgereinigte Zellkernsuspension auf den Objektträger getropft (Tropfpräparation) oder man zerkleinert das mazerierte Pflanzenmaterial auf dem Objektträger und spreitet es durch Aufdrücken eines Deckglases (Quetschpräparation).

Anleitung A20.10

Synchronisieren und Fixieren von Pflanzenmaterial

Vorteilhaft ist es, junge, schnell wachsende Wurzeln oder Blätter von frisch gedüngten Pflanzen zu verwenden. Die Tageszeit oder die Lichtverhältnisse zum Zeitpunkt beeinflussen die Teilungsaktivität der Zellen und den Anteil der Metaphasechromosomen im Präparat. Einige Präparatoren schwören auf eine Erntezeit bei krautigen Pflanzen ca. 3–4 h nach Sonnenaufgang. Blätter von hölzernen Gewächsen sollen dagegen eine erhöhte Teilungsaktivität während der Nacht haben. Der optimale Zeitpunkt ist sehr stark speziesabhängig.

Die Zahl der Metaphasen (Metaphaseindex) kann durch die Synchronisation des Zellzyklus (beispielsweise durch Einlegen der Pflanzen und Organe in Eiswasser) erhöht werden. Durch Vorbehandlung mit Reagenzien, die die Ausbildung der Teilungsspindel blockieren und damit den Übergang der Zellen in die Telophase verhindern (z. B. Colchicin oder Hydroxychinolin), kann der Anteil der Metaphasen im Präparat ebenfalls erhöht werden. Welche der im Folgenden aufgeführten Behandlung bei der jeweils verwendeten Pflanzenart zum höchsten Metaphaseindex führt, muss leider ausgetestet werden.

- 0,05 % (w/v) Colchicin: Inkubation für 3–6 h bei RT und weitere 10–24 h bei 4 °C.
- Blätter oder Wurzelspitzen in 2 mM 8-Hydroxychinolin für 2 h bei RT inkubieren, dann für einige Stunden in Fixierlösung bei RT fixieren und anschließend bei –20 °C in frischer Fixierlösung lagern. Das Material ist für mehrere Monate verwendbar.
- Die Wurzeln von Keimlingen werden bei einer Länge von ca. 0,5 cm für 18 h bei 26 °C auf Filterpapier inkubiert, das mit 0,001 % (w/v) Hydroxyharnstoff getränkt ist. Das gekeimte Material danach intensiv mit Wasser spülen und weitere 5 h auf feuchtem Filterpapier bei 26 °C belassen. Die Wurzelspitzen abnehmen und nach einer fünfstündigen 8-Hydroxychinolinbehandlung (2 mM) in Methanol/Eisessig (3:1) fixieren.

Sollen Metaphasen aus Getreidesamen gewonnen werden, das Saatgut zunächst auf feuchtem Filterpapier auslegen.

Bei einer Wurzellänge von 5–20 mm die Keimlinge für 24 h in belüftetem (mit Kohlensäure versetztem) H_2O bei 0 °C (Eiswasser) inkubieren. Anschließend für 25–30 h bei 24 °C auf feuchtem Filterpapier auslegen. Danach die Wurzeln weitere 1–2 h in 2 mM 8-Hydroxychinolin bei RT inkubieren und in 3:1 (v/v) Methanol : Eisessig fixieren.

Anleitung A20.11

Mazeration von Pflanzenmaterial

Da die Zusammensetzung der Zellwände artspezifisch ist, und je nach Alter und Gewebe sehr unterschiedlich sein kann, müssen die genauen Enzymmischungen zur Präparation von Chromosomen an die jeweiligen Bedingungen angepasst werden. Vier Enzymmischungen (I–IV) werden im Folgenden exemplarisch vorgestellt:

Soll fixiertes Material mazeriert werden, müssen vor Einsatz der Enzyme alle Spuren von Fixantien beseitigt sein. Gleichzeitig lässt sich das Material auf einen sauren pH wegen des pH-Optimums der Enzyme einstellen. Hierzu wird das Pflanzenmaterial mit Pufferlösung in Petrischalen auf einen Rotationsschüttler je nach Größe bei mindestens zweimaligem Pufferwechsel für 1–2 h inkubiert. Je nach Zeitplan kann das Material in der Pufferlösung über Nacht bei 4 °C aufbewahrt werden, bevor am nächsten Morgen zeitig mit dem Enzymverdau gestartet wird.

Material und Durchführung:
100 mM steriler Citratpuffer pH 4,6
Natriumcitrat   60 mM
Zitronensäure   40 mM
zum Gebrauch 1:10 in H_2O verdünnen

- Enzymmischung I für junge Blättchen:
  3,0 % (w/v) Cellulase   (*Aspergillus niger* 0,45 U mg^{-1})
  0,1 % (w/v) Cellulase   (Onozuka, 1,3 U mg^{-1})
  0,3 % (w/v) Pectolyase   (*Aspergillus japonicus* 3,9 U mg^{-1})
  0,3 % (w/v) Cytohelicase (*Helix pomatia*)
  in sterilem 10 mM Citratpuffer (pH 4,6)
  1–3 junge Blättchen (z. B. von *Arabidopsis* oder Tabak) von ca. 2–8 mm Länge in 500 µl Enzymlösung in einem 1,5-ml-Reaktionsgefäß bei 37 °C im Wasserbad für 2–6 h inkubieren
  oder
  eine gestaffelte Inkubation über Nacht für 1–2 h bei 37 °C, 15–18 h bei 4 °C und 1–3 h bei 37 °C durchführen (aus dem Handbuch des *Practical course on molecular cytogenetics of higher plant*, Wageningen, 1998).

- Enzymmischung II für Blütenstände:
  3,0 % (w/v) Cellulase   (*A. niger* 0,45 U mg^{-1})
  0,1 % (w/v) Cellulase   (Onozuka, 1,3 U mg^{-1})
  0,3 % (w/v) Pectolyase   (*A. japonicus* 3,9 U mg^{-1})
  1,0 % (w/v) Cytohelicase (*Helix pomatia*)
  in sterilem 10 mM Citratpuffer (pH 4,6)

20

▼

▼

Einen Blütenstand von ca. 1–1,5 cm Länge in 800–1000 µl Enzymlösung 2–6 h bei 37 °C inkubieren. Je nach Form und Größe des Blütenmaterials kann die Mazeration im Reaktionsgefäß oder in einer Petrischale erfolgen.

— Enzymmischung III für junge Blättchen:
  17,8 % (w/v) Cellulase   (*A. niger* 80 U ml⁻¹)
  0,77 % (w/v) Cellulase   (Onozuka 10 U ml⁻¹)
  3,0 % (w/v)   Pektinase   (P-4716, Sigma 13,5 U ml⁻¹)
  in sterilem 10 mM Citratpuffer (pH 4,6)
  Zwei Blättchen von ca. 2–8 mm Länge in 500 µl Enzymlösung in einem Reaktionsgefäß für 2–6 h bei 37 °C inkubieren. (Enzymmischung III nach Schwarzacher & Heslop-Harrison (2000) für die Präparation von Getreidechromosomen).

— Enzymmischung IV für Wurzelspitzen:
  1 % (w/v)   Cellulase   (*A. niger* 0,15 U ml⁻¹)
  1 % (w/v)   Cellulase   (Onozuka R-10 13 U ml⁻¹)
  20 % (v/v) Pectinase   (P-4716, Sigma 90 U ml⁻¹)
  in sterilem 10 mM Citratpuffer (pH 4,6)
  10–20 Wurzelspitzen von *Avena spec.* und *Brachypodium spec.* werden in 500–1000 µl Enzymlösung für 2 h und 40 min bei 37 °C inkubiert (nach Hasterok et al. 2006). Je nach Menge des Materials kann die Mazeration im Reaktionsgefäß oder in einer Petrischale erfolgen.

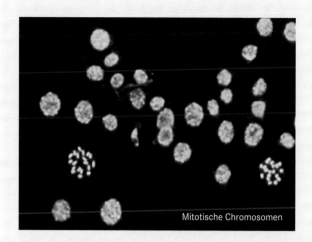

Mitotische Chromosomen

◼ **Abb. 20.9** Typische Zellkern- und Chromosomenpräparation aus Wurzelmaterial von Beta vulgaris (Zuckerrübe) nach einer Tropfpräparation. Zu sehen sind zwei Metaphasen und mehrere Interphasen. Die DNA wurde mit DAPI angefärbt.

Anleitung A20.12

Herstellung einer pflanzlichen Zellkernsuspension und Spreitung der Chromosomen: Tropfpräparation

Bei der Tropfpräparation von Chromosomen wird aus dem mazerierten Gewebe eine Zellkernsuspension hergestellt, die auf einen Objektträger aufgetropft wird.

Vorteil der Tropf- gegenüber der Quetschpräparation ist, dass sich aus einer Zellsuspension mehrere homogene Präparate anfertigen lassen. Die Tropfpräparation ist für einige Arten – häufig Arten, die große Chromosomen besitzen – nicht geeignet; hier können nur Quetschpräparate verwendet werden. Häufig entscheidet nicht zuletzt das Geschick des Präparators über die Bevorzugung der Tropf- oder Quetschpräparation.

Material:
— Mazeriertes pflanzliches Material (A20.11)
— 1×× Enzympuffer (10 mM Citratpuffer, pH 4,6)
— Fixierlösung (frisch ansetzen): 3 Teile 100 % Ethanol oder Methanol auf 1 Teil Eisessig

Durchführung:
1. Mazerierte Gewebe im Reaktionsgefäß mit einer Pinzette oder Pipettenspitze zerkleinern, bis eine trübe Lösung entsteht. Sollte das Gewebe nicht zerfallen, muss die Mazerationszeit verlängert werden
2. Zellsuspension 2–4 min bei 500–1000 x g zentrifugieren (Umdrehungszahl und Zentrifugationsdauer richten sich nach der Pflanzenart)
▼

3. Überstand vorsichtig und nicht vollständig abnehmen! *Achtung*: Das Sediment ist instabil. Sollten später keine freien Kerne auf den Objektträgern zu finden sein, obwohl die Mazeration ausreichend war, muss das Abnehmen des Überstandes vorsichtiger durchgeführt werden.
4. zellkernhaltiges Pellet in 1 ml 1x Enzympuffer resuspendieren und erneut zentrifugieren
5. Waschschritt ab 3. zwei- bis dreimal wiederholen
6. nach Abnahme des Überstandes 500–1000 µl Fixierlösung zugeben und nochmals zentrifugieren. Diesen Fixierungsschritt zwei- bis dreimal wiederholen, um den Citratpuffer vollständig zu entfernen
7. Zellkerne in 100 µl Fixierlösung vorsichtig resuspendieren
8. 10–15 µl dieser Suspension aus 10–50 cm Höhe auf einen gereinigten OT (A20.3) tropfen
9. Präparate an der Luft trocknen und ihre Qualität mikroskopisch mit Hilfe von Phasen- oder Differentialkontrast überprüfen

Anmerkung:
Schlecht mazeriertes Material wird schlecht gespreitet. Ist trotz langer Inkubationszeit keine gute Mazeration des Gewebes erfolgt, sollte die Enzymlösung in ihren Bestandteilen und ihrer Konzentration verändert werden.

Anleitung A20.13

Spreitung pflanzlicher Chromosomen durch Quetschpräparation

Bei der Quetschpräparation wird mazeriertes Material mit einer Pinzette auf einen Objektträger (OT) gegeben. Die Mazeration darf nicht zu weit fortgeschritten sein, da das Material sonst beim Transfer vollständig zerfällt.
▼

Danach wird das Material auf dem OT gewaschen und durch Auflegen eines Deckglases, auf welches dann geklopft wird, auf dem OT verteilt (Schwarzacher & Harrison 2000).

Die Quetschpräparation eignet sich vor allem für Arten mit großen Chromosomen, die während der Tropfpräparation häufig beschädigt werden bzw. verloren gehen. Ein Vorteil der Quetsch- gegenüber der Tropfpräparation ist, dass bei der Präparation weniger Material verloren geht, und das zum Präparieren verwendete Gewebe sehr gezielt ausgesucht werden kann.

Material:
- mazeriertes Pflanzenmaterial (A20.11)
- 10x Enzympuffer (100 mM Citratpuffer, pH 4,5)
- 45 % (v/v) Essigsäure in Wasser
- Fixierlösung (frisch ansetzen)
  3 Teile 100% Ethanol oder Methanol auf 1 Teil Eisessig

Durchführung:
1. nach der Mazeration die Enzymlösung vorsichtig absaugen
2. Zugabe von 1 ml Enzympuffer
3. das mazerierte Blättchen auf einen gereinigten OT in einen Tropfen Essigsäure überführen
4. mit Pinzette und Rasierklinge den meristematischen Bereich des Gewebes isolieren (z. B. Wurzelspitze) und Gewebe, in dem keine meristematische Zellen erwartet werden, verwerfen
5. Material mit einem sauberen Deckglas bedecken
6. mit einer Präpariernadel leicht auf das Deckglas klopfen, sodass das Gewebe zerfällt und gleichmäßig verteilt wird. Hierbei ist es hilfreich, den Objektträger auf einen schwarzen Untergrund (beispielsweise eine schwarze Folie) zu legen
7. sind keine Gewebestücke, sondern nur noch ein grauer Schleier unter dem Deckglas zu erkennen, zwei Lagen saugfähiges Papier auflegen und das Deckglas mit dem Daumen kräftig festdrücken
8. um das Deckglas zu entfernen, den OT für 10 min auf Trockeneis legen oder für ca. 2 min in flüssigen Stickstoff eintauchen
9. das Entfernen des Deckglases erfolgte durch „Absprengen" mithilfe einer Rasierklinge, die seitlich langsam unter das Deckglas geschoben wird. Mit etwas Übung zerspringt das Glas nicht in mehrere Teile, sondern lässt sich im Ganzen abnehmen
10. Chromosomenpräparate abschließend an der Luft trocknen und ihre Qualität im Phasenkontrastmikroskop überprüfen

Anmerkung:
Sollte das Deckglas oder der Objektträger unter dem Druck zerspringen, ist die Unterlage zu weich!

Aufbewahrung von Chromosomenpräparaten

Chromosomenpräparate können für kurze Zeit unter möglichst geringer Luftfeuchtigkeit in Boxen bei 4 °C aufbewahrt werden. Zur Verringerung der Feuchtigkeit können beispielsweise kleine Säckchen mit Kieselgel beigefügt werden. Weiterhin sollten die Boxen mit Klebeband verschlossen werden. Um zu vermeiden, dass sich Kondenswasser auf den kühlen Präparaten niederschlägt, sollten die Boxen erst geöffnet werden, nachdem sie auf Raumtemperatur erwärmt sind.

Sollen die Präparate über einen längeren Zeitraum aufbewahrt werden, lagert man sie in 96 % Ethanol oder Fixierlösung bei –20 °C. Die Lagergefäße müssen sehr gut verschlossen sein, damit das Ethanol nicht verdampft. Steigt in der Fixierlösung die Essigsäurekonzentration, besteht die Gefahr, dass die Lösung gefriert.

Eine längere Lagerung der Präparate in 96 % Ethanol bei –70 °C ist ebenfalls möglich.

Chemische Behandlung zur „Alterung" der Präparate

Vor Einsatz der Präparate für die in situ-Hybridisierung sollten die Präparate lagern und altern (aging). Hierbei denaturieren Proteine, das Präparat wird durchlässiger und für die Nucleinsäuresonden besser zugänglich. Wenn frische Präparate eingesetzt werden sollen, müssen sie „künstlich gealtert" werden. Dies kann durch trockene Hitze oder durch chemische Behandlung erfolgen. Die Behandlung mit Hitze führt im Vergleich zur chemischen Behandlung zu einer schärferen DAPI-Bänderung in Chromosomenpräparaten. Andererseits ist die Intensität der Hybridisierungssignale nach einer chemischen Behandlung höher.

Für die Hitzebehandlung werden die Objektträger über Nacht bei 37 °C (oder 65 °C) getrocknet. Bei der chemischen Behandlung werden die Präparate mit Ethanol inkubiert und auf einem Metallblock erhitzt.

Durchführung:
1. frisches Präparat auf einen Metallblock eines Themocyclers legen
2. 150–200 µl Ethanol auf das Präparat pipettieren
3. Präparat mit einem Deckglas abdecken und mit einer ethanolgetränkten Gaze bedecken – die Gaze soll das Verdampfen des Ethanols und Eintrocknen des Präparats verhindern
4. Kunststoffdeckel (z. B. der Deckel einer Pipettenspitzenbox) über Gaze und Präparat stellen
5. Heizblock programmieren:
   2–20 sec bei 94 °C und abkühlen auf RT (1–2 °C/sec)
   alternativ:
   Inkubation der Präparate stufenweise: jeweils 10–15 sec bei 50 °C, 75 °C, 94 °C, 75 °C, 50 °C
6. Abdeckung und Gaze entfernen und bei RT trocknen

▼

Anmerkungen:

Nach der Alterung können die Präparate zusätzlich mit Pepsin angedaut werden (30–60 sec mit 0,005 % (v/v) Pepsin in 0,01 % (v/v) HCl). Anschließend werden die Präparate mit PBS gewaschen, in einer Ethanolreihe dehydriert und an der Luft getrocknet.

Anleitung A20.16

Vorbehandlung von Chromosomen- und Zellkernpräparationen

Material:

- Gespreitete Zellkern- oder Chromosomenpräparate (A20.11–20.12)
- RNase-A-Stammlösung (10 mg/ml, DNase-frei)
- 10 mM HCl
- Pepsin (3200–4500 U/mg Protein); Stammlösung: 500 µg ml^{-1} in 10 mM HCl
- Gebrauchslösung: 1–10 mg ml^{-1} in 10 mM HCl
- 2x SSC
- 4 % (w/v) Paraformaldehyd in PBS, pH 7,2
- aufsteigende Ethanolreihe: 70 %, 90 %, 96 % in H$_2$O

Durchführung:

1. RNase-A-Stammlösung 1:100 in 2x SSC verdünnen
2. je 200 µl dieser RNase-Lösung auf die Präparate auf den OT geben, mit Kunststoffdeckgläsern abdecken und 1 h bei 37 °C inkubieren
3. nach Entfernen der Abdeckungen die OT in eine Küvette überführen
4. Präparate dreimal 5 min in 2x SSC bei RT auf einem Schüttler waschen
5. da Pepsin sein Aktivitätsoptimum im sauren Bereich hat, müssen die Präparate zunächst für 1 min in 0,01 M HCl äquilibrieren
6. Pepsin-Stammlösung 1:50 in 0,01 M HCl verdünnen und je 200 µl auf die Chromosomenpräparate pipettieren. Diese mit Kunststoffdeckgläsern abdecken und für 15 min auf einer Heizplatte oder im Thermocycler bei 37 °C inkubieren
7. Deckgläser entfernen, Präparate in eine Küvette überführen und zweimal 5 min in 2x SSC bei RT auf einem Schüttler waschen
8. Nachfixieren der Präparate für 10 min in Paraformaldehyd bei RT in einer Färbeküvette
9. Paraformaldehyd entfernen und dreimal gründlich mit 2x SSC für jeweils 5 min auf einem Schüttler waschen. Überschüssiges Paraformaldehyd muss vollständig entfernt sein

Präparate in einer Ethanolreihe (v/v; 50 %; 70 %, 90 % und 96 %) für jeweils 3 min entwässern und an der Luft trocknen. In Acrylharz einzubettende Präparate nicht entwässern, da das Harz Alkohol-abweisend ist.

Anleitung A20.17

Fixierung und Vorbehandlung von Kryopräparationen für die *in situ*-Hydridisierung

Kryoschnitte, die für die in situ Hybridisierung eingesetzt werden, müssen mit Formaldehyd (▶ Kapitel 5) fixiert und dehydriert werden.

Ausführliche Informationen zur Anfertigung von Kryopräparten sind in ▶ Kapitel 9 zu finden.

Material:

- 4 % (w/v) Formaldehyd, frisch angesetzt
- 3x und 1x PBS
- 30 %, 60 %, 80 %,95 % und 100% (v/v) Ethanol
- Feuchte Kammer: mit feuchten Tüchern ausgelegte Plastik- oder Metallbox
- Plastikstäbe oder Plastikpipetten, die auf den Boden der Box gelegt werden.
- Trockenmittel

Durchführung:

1. OT in feuchter Kammer legen und Schnitte mit Formaldehyd bedecken. Die OT werden auf den Stäbe oder Pipetten so angeordnet, dass sie gerade aufliegen, kein Kontakt zu den feuchten Tüchern besteht und unkontrollierten Flüssigkeitsaustausch vermieden wird
2. Inkubation bei RT: 5 min für fixiertes Gewebe und 20 min für zuvor nicht fixiertes Gewebe
3. Absaugen der Fixierlösung und die Schnitte mit 3x PBS spülen
4. die Schnitte zweimal mit 1x PBS waschen
5. Absaugen der PBS-Lösung und mit Ethanol dehydrieren. Jeweils 2 min nacheinander mit aufsteigend konzentrierter Ethanollösung (30%, 60 %, 80 %, 95 % und 100 %) inkubieren
6. OT trocknen und zusammen mit Trockenmittel in einer luftdichten Box bei −70 °C aufbewahren. Bei Verwendung der Schnitte sollte die Box auf Raumtemperatur temperiert werden, bevor sie geöffnet wird.

Die Schnitte werden anschließend mit Pronase vorbehandelt (A 20.17-A20.18), acetyliert (A20.19) und hybridisiert (A20.21-A20.24).

Anleitung A20.18

Vorbehandlung von Gewebeschnitten oder *whole mount*-Präparationen (nach Schwarzacher & Heslop-Harrison, 2000)

Material:

- entparaffinierte Paraffinschnitte, Gefrierschnitte oder *whole mount*-Präparationen auf OT
- 1 x PBS pH 7,4
- 4 % (w/v) Paraformaldehyd in PBS pH 7,4
- Protease-E-Stammlösung (*Streptomyces griseus*): 40 mg/ml^{-1} in Wasser (160 U ml^{-1})

▼

Gebrauchslösung: 125 µg ml^{-1} (0,5 U ml^{-1}) in 50 mM Tris-HCl pH 7,6 mit 5 mM EDTA
- Proteinase-K-Stammlösung (*Tritirachium album*): 500 µg ml^{-1} (5–10 U ml^{-1}) in 50 mM Tris-HCl pH 7,6
  Gebrauchslösung: 0,5–20 µg ml^{-1} in 50 mM Tris-HCl pH 7,6
- 0,2 % (w/v) Glycinlösung

Durchführung:
1. Präparate in 50 mM Tris-HCl pH 7,6 für 5 min äquilibrieren
2. Pufferlösung vom OT ablaufen lassen und je 200 µl Proteinase K- bzw. Pronase E-Gebrauchslösung auftragen
3. Präparat mit Kunststoffstreifen (A20.5) abdecken und 10–30 min bei 37 °C (Proteinase K) bzw. bei RT (Pronase E) inkubieren
4. Stopp der Enzymreaktion durch Waschen der OT in H$_2$O bei 4°C (Proteinase K) bzw. Waschen für 2 min in Glycinlösung bei RT und anschließend für 5 min in PBS (Pronase E)
5. Präparate in 4 % (w/v) Formaldehyd für 20 min bei 4 °C (alternativ: 10 min bei RT) fixieren
6. dreimal Waschen der Präparate in PBS

Fortsetzen der Vorbehandlung mit der Acetylierung (A20.19) oder Dehydrierung mittels einer aufsteigenden Ethanolreihe

---

Anleitung A20.19

Acetylierung

Die Acetylierung verhindert eine unspezifische Bindung der Sonde z. B. an Poly-L-Lysin beschichtete Objektträger. Positive Ladungen an Molekülen wie Proteinen oder Poly-L-Lysin werden neutralisiert. Endogenes Biotin, das bei Verwendung von biotinylierten Sonden störend wirkt, wird durch die Acetylierung modifiziert. Diese Vorbehandlung wird für gewöhnlich bei der RNA:RNA-*in situ*-Hybridisierung durchgeführt. (nach Schwarzacher & Heslop-Harrison, 2000)

Material:
- Gewebeschnitte in Paraffin (entparaffiniert), Gefrierschnitte, *whole mount*-Präparate oder zentrifugiertes Material nach Proteaseverdau auf OT
- Triethanolamin-HCl: 2 M Stammlösung mit HCl auf pH 8 einstellen und mit H$_2$O kurz vor Gebrauch auf 0,1 M verdünnen
- Essigsäureanhydrid in einer Endkonzentration von 0,25–5 % (v/v) in H$_2$O
- PBS pH 7,4
- aufsteigende Ethanolreihe: 70 % , 90 % , 96 % Ethanol in H$_2$O

Durchführung:
1. OT in Färbeküvette mit 0,1 M Triethanolamin-HCl inkubieren
   Achtung: Hierfür unter einem Abzug oder einer Sicherheitswerkbank mit Luftabzug arbeiten

▼

Lösung sollte kontinuierlich auf einem Schüttler gerührt werden
2. unter kräftigem Rühren Zugabe der Essigsäureanhydridlösung in 10 sec
3. weitere 10 min leicht rühren
4. Transfer der Präparate in eine neue Küvette und Inkubation in 1x PBS für 1–5 min
5. Dehydrierung der Präparate in einer Ethanolreihe. An der Luft trocknen
   Achtung: *whole mount*-Präparate nicht dehydrieren!

Fortsetzen mit der Hybridisierung (A20.23-A20.24)

Anleitung A20.20

Denaturierung

In Standardprotokollen für die DNA:DNA Hybridisierung wird eine Formamidkonzentration von 70 % (v/v) eingesetzt. Das Denaturieren der Ziel-DNA kann dann bei etwa 70–75 °C durchgeführt werden. Nach dem Denaturieren werden Sonde und Präparat auf 37 °C abgekühlt. Je nach Sequenzzusammensetzung und Sondenlänge, und der davon abhängigen zu erwartenden Hybridisierungszeit, werden die Präparate anschließend über einen unterschiedlich langen Zeitraum bei 37 °C hybridisiert.

RNA-Sonden werden üblicherweise in 50 % (v/v) Formamid bei Temperaturen von 80–85 °C denaturiert. Die RNA:RNA Hybridisierung erfolgt bei einer Temperatur von 50–55 °C. Die Hybridisierungstemperatur sollte 20–25 °C unter der Schmelztemperatur der Zielsequenzen liegen.

Wird zum Denaturieren ein programmierbarer Thermocycler eingesetzt, sollte das Erhitzen und Abkühlen der Präparate stufenweise erfolgen. Die Struktur der Präparate bleibt hierdurch besser erhalten. Sonde und Ziel-DNA können entweder simultan oder separat denaturiert werden. Chromosomenpräparationen und LR White-Schnittpräparate (► Kapitel 7) werden zumeist durch simultane Denaturierung behandelt.

Anleitung A20.21

Die Komponenten der Hybridisierungslösung

Die Hybridisierungslösung enthält gewöhnlich Formamid, Salze, Dextransulfat, Blockierungs-DNA oder -RNA, Natriumdodecylsulfat und Rinderserumalbumin (BSA).

Durch die Zugabe von Formamid oder DTT (Dithiothreitol) wird die Schmelztemperatur der Doppelhelices herabgesetzt und eine Hybridisierungstemperatur ermöglicht, die das Gewebe nicht schädigt. Die Konzentration wird so eingestellt, dass die Hybridisierungstemperatur für DNA:DNA-Hybride bei 37 °C und für RNA:RNA Hybride bei einer Temperatur von 50–55 °C liegt. Die Hybridisierungstemperatur sollte 20–25°C unterhalb der Schmelztemperatur liegen.

▼

Salze im Hybridisierungspuffer stabilisieren die Doppelstränge und bestimmen die Ionenstärke der Lösung. EDTA wirkt als Chelator und bindet Kationen, die die Duplex-DNA stabilisieren. Dextransulfat ist ein inertes Polymer, durch das die Geschwindigkeit der Hybridisierung erhöht wird. Durch unmarkierte Blockade-DNA, tRNA (*transfer*-RNA) oder poly T-RNA soll eine unspezifische Hybridisierung der Sonde mit der Präparate-DNA bzw. RNA und die Anlagerung an sonstige Nucleinsäurebindende Komponenten reduziert werden. Durch den Zusatz von Denhardt-Lösung oder Rinderserumalbumin werden ebenfalls unspezifische Anlagerungen unterdrückt.

Folgende Sondenkonzentration werden bei der Hybridisierung von Zellkern- oder Chromsomenpräparaten empfohlen (nach Leicht & Heslop-Harrison 1994): Sonden aus klonierter DNA 0,5–2,0 ng μl^{-1}, Sonden aus genomischer DNA 1,5–5 ng μl^{-1}.

Anleitung A20.22

DNA:DNA-Hybridisierung an pflanzlichen Chromosomen

In Standardprotokollen für die Hybridisierung von pflanzlichen Chromosomen wird die Stringenz in der Hybridisierungslösung auf 76 % eingestellt. Für den Nachweis von Zielsequenzen mit hoher Sequenzdivergenz im Genom sollte die Stringenz reduziert werden. Dies kann beispielsweise notwendig sein für den Nachweis von Transposonsequenzen.

Material:
- Hybridisierungslösung:
  Formamid (*Ultra-pure*) 50 % (v/v)
  Dextransulfat 20 % (v/v)
  2× SSC
  Natriumdodecylsulfat (SDS) 0,15 % (w/v)
  Lachssperma-DNA 250 ng μl^{-1}
  DNA-Sonde 1 ng μl^{-1}
  H_2O ad 30 µl

Durchführung:
1. Hybridisierungslösung in einem 1,5 ml Reaktionsgefäß kurz anzentrifugieren und für 10 min bei 70 °C in einem Wasserbad denaturieren
2. 5 min in Eis stellen
3. Hybridisierungslösung abermals kurz anzentrifugieren und vollständig auf das Chromosomenpräparat aufgetragenen, mit einem Kunststoffdeckglas blasenfrei abdecken
4. Denaturieren der Chromosomen sowie Hybridisierung der DNA erfolgt durch Erhitzen und schrittweise Abkühlung der Chromosomenpräparate im Thermocycler. Folgendes Programm kann verwendet werden:
   11 min 70 °C
   5 min 55 °C
   2 min 50 °C
   3 min 45 °C
   10 min 37 °C
   ▼

5. Chromosomenpräparate anschließend in einer vorgewärmten feuchten Kammer über Nacht bei 37 °C inkubieren

Anmerkung:
Der Erhalt der Chromosomenmorphologie ist abhängig von der Güteklasse des Formamids. Schlechte Qualität führt häufig zu aufgequollenen Chromosomen.
Dextransulfat ist bei RT fest, es wird durch Erhitzen im Wasserbad auf 65 °C gelöst.

Anleitung A20.23

Hybridisierungslösung für *whole mount in situ*-Hybridisierungen

Sonden für *whole mount*-Präparationen und Gewebeschnitte können in folgenden Konzentrationen eingesetzt werden (nach Heslop-Harrison 2000):
DNA oder RNA: 0,05–0,5 µg μl^{-1} in 50 % (v/v) Formamid
Oligonucleotide: 0,15–0,5 µg μl^{-1} in 50 % (v/v) Formamid
Das eingesetzte Volumen errechnet sich aus der zur Verfügung stehenden konzentrierten Nucleotidlösung und der Zusammensetzung der Hybridisierungslösung (◨ Tab. 20.3).

◨ **Tab. 20.3** Zusammensetzung der Hybridisierungspuffer für die *whole mount-in situ*-Hybridisierung. Die Bestandteile des Puffers sind jeweils abhängig von der Art und Länge der Sonde (modifiziert nach Schwarzacher & Heslop-Harrison 2000)

	(Endkonzentration) Volumen	A: DNA: DNA	B: RNA: RNA	C: Oligo-Nucleotide
100 % Formamid	(20–50 %) 75 µl	x	x	x
20x SSC	(2×) 25 µl	x		
10x Na⁺	(1×) 25 µl		x	
10x PE	(1×) 25 µl			x
500 mM Tris-HCl pH 7,2	(1 mM) 0,5 µl	x		
50 mM EDTA	(0,1 mM) 0,5 µl	x		
6 M NaCl	(600 mM) 25 µl			x
50 % Dextran sulfate	(10 %) 50 µl	x	x	x
100x Denhardt-Lösung	(1×) 2,5 µl		x	
Lachssperma-DNA 1 µg μl^{-1}	(5 µg) 5 µl	x		
tRNA 100 µg μl^{-1}	(250 µg) 2,5 µl		x	x
Durch Zusatz von Sonde + H_2O		ad 250 µl	ad 250 µl	ad 250 µl

▼

Material:

- Formamid
- 20x SSC
- 50 mM EDTA pH 8,0
- 500 mM Tris-HCl pH 7,2
- 10x Na⁺: 3 M NaCl, 100 mM Na⁺-Phosphatpuffer, 100 mM Tris-HCl pH 8,8, 50 mM EDTA
- 100x Denhardt-Lösung: 20 % (w/v) Ficoll (MW 400 000); 20 % (w/v) PVP (Polyvinylpyrrolidone) (MW 40 000), 20 % (w/v) BSA in Wasser; durch 0,22 μm Filter steril filtrieren und bei −20 °C lagern
  Denhardt-Lösung gibt es als DNase- und RNase-freie Fertiglösung von verschiedenen Anbietern
- 10x PE Puffer: 500 mM Tris-HCl, pH 7,5, 1 % (w/v) Ficoll (MW 400 000), 50 mM EDTA in Wasser; durch Erhitzen auf 65 °C lösen und bei −20 °C lagern
- 50 % (v/v) Dextransulfat in Wasser durch Erhitzen auf 65 °C lösen, durch 0,22 μm Filter steril filtrieren und bei −20 °C lagern
- Lachssperma-, Heringssperma- oder *E. coli*-DNA (1 μg μl⁻¹) durch Ultraschall oder Autoklavieren auf 100–300 bp Länge fragmentieren und bei −20 °C lagern
- *Yeast*-tRNA (z. B. Sigma Typ X) 100 μg μl⁻¹ in Wasser

Anleitung A20.24

Vorbehandlung und Hybridisierungslösung für den Nachweis von RNA oder DNA in *whole mount*-Präparationen

Material:

- 50 % (v/v) Formamid
- Hybridisierungslösung (A20.22, ◨ Tab. 20.3)

Durchführung:

Denaturieren der Sonde:

1. 6 μl RNA- bzw. DNA-Sonde in 50 % Formamid durch Erhitzen auf 80 °C für 2 min denaturieren und danach sofort auf Eis abkühlen (4°)
2. Zugabe von 24 μl Hybridisierungslösung (4°C)
3. Hybridisierungsgemisch auf Eis aufbewahren

Soll mit Oligonucleotiden hybridisiert werden, benötigt man 0,5 μl Sonde und 29,5 μl Hybridisierungslösung.

Prähybridisierung bei whole mount-Präparationen:

1. 200 μl Hybridisierungslösung ohne Sonde je Präparat auf OT pipettieren
2. OT mit einem Deckglas abdecken und für 30–120 min bei der Hybridisierungstemperatur inkubieren
3. Deckglas abnehmen und Flüssigkeit vom OT ablaufen lassen
   Achtung: Präparat nicht austrocknen lassen

▼

Hybridisierung:

1. Auftragen des Hybridisierungsgemisches auf die markierte Fläche des OT und mit einem Deckglas abdecken
2. zum Denaturieren der Präparate die OT auf 85–95 °C erhitzen und nach 5–10 min langsam abkühlen lassen
3. Inkubation der Präparate bei der Hybridisierungstemperatur (z. B.: DNA 37 °C und RNA 50 °C) üblicherweise für etwa 16–20 h

Fortsetzung mit den stringenten Waschschritten (A20.26–A20.27)

Anleitung A20.25

Elektronenmikroskopischer Nachweis von RNA-RNA-Hybriden

Durchführung:

Die Proben werden in 4 % (w/v) Formaldehyd in PBS Puffer pH 7,3 bei 4 °C für 4h oder über Nacht fixiert (▶ Kap. 5). Nach Waschen mit PBS und Dehydrieren mit eiskaltem Ethanol werden die Proben in LR white eingebettet. Anschließend werden Ultradünnschnitte angefertigt und auf Objektträgernetzchen (Grids) aufgebracht (▶ Kapitel 7).

Die Schnitte auf den Grids werden mit Methanol dehydriert: 70 % (v/v) für 15 min + 3 mal 15 min in 100 % und in einem frisch hergestellter Methanol-Essigsäureanhydrid-Gemisch (5:1, v/v) bei RT inkubiert.

- Die Ultradünnschnitte werden mit 1 μg/ml Proteinase K in 100 mM Tris-HCl, pH 8,0 und 50 mM EDTA für 1 h behandelt (Kap 20.6)
- Nach einigen Waschschritten wird die Hybridisierungslösung (A20.23, A20.24) in einer feuchten Kammer (A20.5) bei 55 °C über Nacht in 50 % Formamidhybridisierungspuffer mit 2 ng/μg biotinylierter RNA-Sonde inkubiert.
- Im Folgenden wird nicht spezifisch gebundene RNA durch Waschen mit
  4x je 2 min mit 4x SSC (1x SSC ist 0,15 M NaCl, 15 mM Na-Citrat)
  4x je 2 min mit 2 xSSC
  1x für 2 h bei 55 °C mit 1x SSC
  und 1x für 15 min in SC-Puffer (50 mM PIPES, 0,5 M NaCl, 0,5 % (v/v) Tween-20)
  entfernt.

Nachweis der gebundenen Sonde (siehe auch ▶ Kapitel 19 „Detektion" und „Immunmarkierung für die Elektronenmikroskopie")

- Durch Inkubation in 1 % BSA in TBS-Puffer für 15 min bei RT werden unspezifische Antigene blockiert
- Die RNA-RNA-Hybride werden mit einem Biotin-gekoppelten Anti-Rabbit-Antikörper (1:50) in TBS für 1 h bei RT detektiert.

▼

20

- Im Folgenden werden die Proben 4x 2 min mit TBS-Puffer gewaschen
- Tropfen mit goldmarkiertem Sekundärantikörper Ziege-Anti-Rabbit-IgG (Jansen Biotech, NV; Olen/Belgium) verdünnt in 1:20 TBS für 4 min.
- 4x waschen in TBS für je 2 min, in destilliertem Wasser, an der Luft trocknen und mit Uranylacetat für 60 min bei 60 °C färben (▶ Kapitel 7)

Postfixierung:
- Nach der Hybridisierung können die Proben mit 3 % (v/v) Glutaraldehyd in PBS für 5 min nachfixiert werden
- anschließend werden sie in TBS und in destilliertem Wasser gewaschen und an der Luft getrocknet.

Anleitung A20.26

Stringente Waschschritte nach der Hybridisierung

Um unspezifisch gebundene Sonden zu entfernen, erfolgen die Waschschritte nach der Hybridisierung unter stringenteren Bedingungen als die vorangehende Hybridisierungsreaktion. Die Stringenz der Waschlösung ist von der Formamid- und Salzkonzentration sowie der Temperatur abhängig. Die Temperatur sollte etwa 15–20 °C unterhalb der Schmelztemperatur T_m liegen. Wenn beispielsweise mit einer Stringenz von 76 % hybridisiert wurde, sollten die Waschschritte mit einer Stringenz von 79 % durchgeführt werden.

RNA-Sonden haften sehr fest an zellulären Strukturen. Häufig erhält man trotz Waschen bei einer Stringenz um 85 % starke unspezifische Signale. Daher werden Gewebeschnitte und *whole mount*-Präparationen nach der Hybridisierung mit RNase A inkubiert. RNase A degradiert alle einzelsträngigen, nicht hybridisierten RNAs, wodurch das Hintergrundsignal effizient reduziert werden kann.

Material:
- 2x SSC
- Waschlösung: 20 % (v/v) Formamid in 0,1x SSC

Durchführung:
1. zum leichteren Entfernen der Deckgläser die Präparate in einer Küvette mit 2x SSC bei 42 °C zweimal 5 min inkubieren
2. Präparate zweimal 5 min bei 42 °C in der Waschlösung inkubieren
3. Präparate zweimal 5 min bei 42 °C und einmal 5 min bei RT in 2x SSC waschen

Anmerkung:
Vor Beginn der Waschschritte sollte die Temperatur der Lösungen kontrolliert werden und nicht mehr als 0,5 °C von den angegebenen Werten abweichen.

Anleitung A20.27

Stringente Waschschritte an *whole mount*-Präparaten und Gewebeschnitten

Material:
- 20x SSC
- Formamid (mit hohem Reinheitsgrad)
- Stringente Waschlösung:
  0,1x SSC mit 2 mM $MgCl_2$, 0,1 % (v/v) Tween 20 (*oder* Triton X-100)
  alternativ: 20 % (v/v) Formamid in 1x SSC
- 1x PBS (*oder* 1x TBS)
- 10x NTE (*optional*) (NaCl-Tris-EDTA); 5 M NaCl, 100 mM Tris-HCl pH 7,5, 10 mM EDTA pH 8,0
- RNase A: DNase-freie Ribonuclease A (Sigma R4642)
  Vorratslösung: 10 mg ml^{-1} in 10 mM Tris-HCl, pH 8 (Lagerung bei –20 °C)
  Gebrauchslösung: 100 µg ml^{-1} in 1x NTE

Durchführung:
1. Erwärmen der stringenten Waschlösungen auf die benötigte Temperatur von 42–50 °C im Wasserbad. Für acht Präparate pro Küvette werden etwa 300 ml benötigt
   Temperatur in der Lösung unbedingt kontrollieren!
2. Präparate aus der feuchten Kammer (A 20.24) in eine mit 2x SSC gefüllte Küvette überführen und etwa 30–40 min inkubieren, bis sich die Deckgläser von den OT ablösen. Während der Inkubation leicht schwenken
3. Deckgläser vorsichtig entfernen
4. 2x SSC abgießen und durch die stringente Waschlösung ersetzen
5. unter leichten Schüttelbewegungen bei 42–50 °C zweimal 20–90 min inkubieren
6. um nicht hybridisierte RNA zu entfernen, die Präparate zunächst in NTE-Puffer bei 37 °C für 5 min äquilibrieren
7. je 200 µl RNase A Gebrauchslösung auftragen, mit einem Deckglas bedecken und 30 min bei 37 °C in einer feuchtkammer inkubieren
8. Präparate zweimal 5 min mit NTE-Puffer in der Küvette waschen
9. Präparate erneut in die stringente Waschlösung überführen und 20–60 min bei Hybridisierungstemperatur inkubiert
10. Austausch der Waschlösung gegen 1x SSC und Inkubation 10 min bei Raumtemperatur
    Waschschritt wiederholen
11. Äquilibrieren der Präparate in 1x PBS oder 1x TBS für 5 min

Bei Sonden, die direkt mit Fluorochromen gekoppelt sind und direkt nachgewiesen werden, wird anschließend die Gegenfärbung und Einbettung durchgeführt (A20.31) bei einem indirekten Nachweis der Sonden erfolgt nun die Detektion (z. B. Antikörperbindung)

Anleitung A20.28

Detektion der Sonden durch indirekte Nachweisverfahren

Für die indirekten Nachweisverfahren werden Reagenzien eingesetzt, die spezifisch an die DNA-Sonde binden und mikroskopisch im Gewebe detektiert werden. Hierzu gehören sowohl ein Nachweis durch Antikörper (▶ Kap. 19) als auch eine Detektion durch spezifisch bindende Substanzen wie Streptavidin. Beispielsweise kann eine mit Digoxigenin-11-dUTP markierte Sonde immunologisch mit einem Anti-DiG-F_{ab}-Fragment nachgewiesen werden, das mit einem Fluoreszenzfarbstoff gekoppelt ist. Eine mit Biotin-16-dUTP markierte Sonde kann durch Indocarbocyanin-gekoppeltes Streptavidin (Cy3-Streptavidin) detektiert werden.

Nach Abschluss der Detektionsschritte werden die Zellstrukturen der Präparate gegengefärbt. Bei der Fluoreszenz-*in situ*-Hybridisierung werden die nicht hybridisierten DNA-Bereiche über Chromatinfärbung z. B. DAPI oder Propidiumiodid fluoreszenzoptisch sichtbar gemacht (▶ Kap. 11).

Um ein zu schnelles Ausbleichen der Fluorochrome zu vermeiden, werden dem Einbettungsmedium *antifade*-Substanzen zugegeben (◧ Tab. 20.4)

Bei der RNA:RNA-*in situ*-Hybridisierung werden überwiegend colorimetrische Detektionsverfahren (A20.30) verwendet. Für den Nachweis von intrazellulären Zellstrukturen werden goldmarkierte Antikörper eingesetzt, die im Elektronenmikroskop detektiert werden können (A20.25).

◧ **Tab. 20.4** Verschiedene käuflich erhältliche *antifade*- und Einbettungslösungen

Vectashield	Vector, Laboratories
Slow Fade	Molecular Probes
Fluoroguard	Sigma
Citifluor AF1	Agar

Anleitung A20.29

Detektion von biotin- oder digoxigeninmarkierten Sonden mit fluoreszenzgekoppelten Antikörpern

Material:
- Präparate nach stringenten Waschschritten (A20.26-27)
- 4x SSC, 0,2 % (v/v) Tween 20
- 5 % (w/v) BSA in 4x SSC, 0,2 % (v/v) Tween 20
- Detektionslösung:
  Anti-Digoxigenin-FITC (z. B. Roche) 1 : 100 verdünnt in 3 % (w/v) BSA in 4x SSC, 0,2 % (v/v) Tween 20
  Streptavidin-Cy3 (z. B. Sigma) 1 : 150 verdünnt in 3 % (w/v) BSA in 4x SSC, 0,2 % (v/v) Tween 20

Durchführung:
1. Präparate 5 min bei RT in SSC/Tween 20 in einer Färbeküvette äquilibrieren

▼

2. 200 µl 5 % (w/v) BSA in SSC/Tween 20 auf das Präparat auftragen
3. Abdecken des Präparats mit dem Deckglas oder Kunststoffstreifen und Inkubation bei RT für 10 min
4. Deckglas entfernen und überschüssige Flüssigkeit abtropfen lassen
5. 30 µl der Detektionslösung auftragen und Präparate mit einem Deckglas abdecken
6. Inkubation über 1 h bei 37 °C in einer feuchten Kammer
7. Präparate in eine Färbeküvette überführen und dreimal 5 min bei 42 °C in SSC/Tween waschen.
8. Präparate anschließend gegenfärben und einbetten (A20.31)

Anleitung A20.30

Colorimetrische Detektion der hybridisierten Sonde durch Alkalische Phosphatase (AP)

Material:
- Detektionspuffer: 2x SSC, 0,02 % (v/v) Tween 20
- Blockierungspuffer: 5 % BSA (w/v) in Detektionspuffer
- Detektionslösung (je nach Sondenmarkierung):
  Antikörper: Anti-Digoxigenin (F_{ab}) konjugiert mit alkalischer Phosphatase (AP) *oder* Streptavidin konjugiert mit AP
- AP Substratpuffer: 100 mM Tris-HCl ph 9,0, 50 mM $MgCl_2$, 100 mM NaCl
- AP Substrat:
  NBT (*nitrotetrazolium blue,* 75 mg ml^{-1} in 70 % (v/v) Dimethylformamid)
  BCIP (*5-bromo-4-chloro-3-indolylphosphate,* 50 mg ml^{-1} in 100 % Dimethylformamid)
  Gebrauchslösung frisch ansetzen: 90 µl NBT + 70 µl BCIP in 10–45 ml AP-Substratpuffer.

Durchführung:
1. Präparate nach den stringenten Waschschritten für 5 min in Detektionspuffer überführen bei RT
2. Auftragen von je 200 µl Blockierungspuffer (RT). Präparate mit Deckglas abdecken und bei 37 °C für 20–30 min in einer feuchten Kammer inkubieren
3. Blockierlösung durch kurzes senkrechtes Halten des OT und Abtropfen der Kante auf ein saugfähiges Papier ablaufen lassen
4. Auftragen von 30–40 µl der Detektionslösung. Präparate mit einem Deckglas bedecken und für 30–90 min in der feuchten Kammer bei 37 °C inkubieren
5. nach vorsichtigem Ablösen der Deckgläser die Präparate bei 42 °C für 20 min in Detektionspuffer waschen – hierbei den Puffer mindestens dreimal wechseln
6. Präparate danach in den AP-Substratpuffer überführen und 5–10 min inkubieren
7. Auftragen von 200 µl der AP-Substrat-Gebrauchslösung. Nicht abgedeckte Präparate für 15–60 min bei RT im Dunkeln inkubieren

▼

Es ist notwendig, die Farbreaktion durch mikroskopische Analyse zu kontrollieren. Wurde nur wenig Sonde hybridisiert, findet die Farbreaktion sehr langsam statt und es dauert mehrere Stunden, bis ein deutlicher Farbniederschlag zu erkennen ist.

Um die Spezifität der Signale abzusichern, sollte die Negativprobe immer vergleichend analysiert werden – ist auch hier eine beginnende Farbreaktion zu beobachten, sollte die Reaktion sofort gestoppt werden.

8. Enzymreaktion durch 5 min Abwaschen der Substratlösung unter fließendem Leitungswasser stoppen

Präparate können nun gegengefärbt und eingebettet werden (A20.31–32).

Anleitung A20.31

DNA-Färbung von Chromosomenpräparationen bei der FISH

Zur Gegenfärbung des Chromatins wird 4›,6-Diamidin-2-phenylindol (DAPI) oder Propidiumiodid (PI) verwendet. Die Anregungs- und Emissionswellenlängen des Kernfarbstoffes, der zur Gegenfärbung eingesetzt wird, sollten nicht mit denen der eingesetzten Fluorochrome zum Nachweis der hybridisierten Sonden überlappen.

Material:
- DAPI (2–4 µg/ml)
- 4x SSC, 0,2 % Tween 20
- *antifade*-Lösung (◧ Tab. 20.4)

Durchführung:
1. 100 µl DAPI-Lösung auf das Präparat auftragen, mit einem Deckglas bedecken und 10 min bei RT inkubieren
2. durch kurzes Eintauchen der OT in SSC/Tween 20 wird das Ablösen der Deckgläser erleichtert
3. zur Stabilisierung der Signale die Präparate in einem Tropfen *antifade*-Lösung einbetten
4. Präparate mit Deckgläsern (24 x 32 mm) abdecken
5. durch vorsichtiges Andrücken des Deckglases und Absaugen mit Filterpapier überschüssige *antifade*-Lösung entfernen
6. Unterseite des Objektträgers mit H$_2$O reinigen

Anleitung A20.32

DNA-Färbung nach colorimetrischer Detektion
Material:
- Färbung der DNA mit Giemsa :
  4 % (v/v) Lösung in Sörensen-Puffer (30 mM KH$_2$PO$_4$ + 30 mM Na$_2$HPO$_4$, pH 7.4). Giemsa-Lösung immer frisch ansetzen
- Färbung von Cellulose mit Calcofluor White:
  0,1 % (v/v) Lösung in H$_2$O
  Vor Gebrauch die Lösung durch einen 0,22 µm Sterilfilter filtrieren

- Färbung von Zellkernprotein in Säugergewebe mit Hematoxylin (▶ Kapitel 10)
  Einbettungsmedien: wässrige Glycerinlösung, Euparal, DePeX *mountant* oder Xylen

Durchführung:
1. Präparate wenige sec mit Hematoxylin oder 5–10 min mit Giemsa oder Calcofluor White färben
2. 2–5 min unter fließendem Leitungswasser abwaschen
3. 2 oder 3 Tropfen der Glycerinlösung auftragen und die Präparation mit einem Deckglas abdecken
4. 2–3 Lagen saugfähiges Papier auflegen und überschüssige Flüssigkeit durch leichtes Pressen mit dem Daumen auf das Deckglas herausdrücken. Das Deckglas sollte nicht verrutschen
   alternativ:
   Präparate durch eine aufsteigende Ethanolreihe (70 %, 90 % und 100 % Ethanol) dehydrieren und mit Euparal oder einem anderen Einbettungsmittel einbetten

Anmerkung:
Wird eine Detektion mit NBT/BCIP durchgeführt, muss eine wässrige Lösung zum Einbetten verwendet werden. Organische Lösungsmittel führen zur unspezifischen Präzipitation von Resten der Detektionslösung im Präparat.

Xylen ist gut geeignet für die Einbettung nach DAB-Detektion oder Giemsa-Färbung.

Anleitung A20.33

Rehybridisierung bereits hybridisierter Chromosomenpräparate

Wenn es nicht möglich ist, Sonden gleichzeitig zu detektieren (Mehrfachmarkierung oder *multi colour*-FISH), können die Präparate mehrfach hintereinander hybridisiert werden. Nach der ersten Hybridisierung werden die Signale fotografiert. Anschließend wäscht man die Sonde ab und führt mit einer anderen Sonde eine zweite Hybridisierung durch (Rehybridisierung nach Heslop-Harrison et al. 1992). Die Ergebnisse der ersten und zweiten Hybridisierung werden dann miteinander verglichen.

Material:
- 2x SSC
- 4x SSC/ 0,02 % (v/v) Tween 20
- 4 % (w/v) Formaldehyd aus Paraformaldehyd (A5.4)
- aufsteigende Ethanolreihe

Durchführung:
1. fertiges Präparat aus der ersten Hybridisierung zur Verflüssigung der *antifade*-Lösung auf dem Thermocycler oder Heizblock auf 50 °C erwärmen
2. Deckglas vorsichtig mit einer Rasierklinge abhebeln
3. um die Hybridisierungssignale zu entfernen, das Präparat in einer Färbeküvette 2 x 5 min in 2x SSC bei 42 °C im Wasserbad waschen

4. Präparate 30 min in 4x SSC/Tween 20 und anschließend 3 x 10 min in 2x SSC waschen bei RT
5. Fixieren der Präparate durch 10 min Inkubation in Formaldehyd bei RT
6. nach der Fixierung 3 x 10 min in 2x SSC unter leichten Schüttelbewegungen waschen

7. Dehydrieren der Chromosomenpräparate durch eine aufsteigende Ethanolreihe (70 %, 90 %, 100 %) und nachfolgender Trocknung an der Luft
8. nach dieser Behandlung die Präparate ein weiteres Mal denaturieren und mit neuen Sonden hybridisieren; eine erneute Vorbehandlung der Präparate mit RNase und Pepsin ist nicht notwendig.

20.11   Probleme und Fehlerquellen

Probleme, mögliche Fehlerquellen und Maßnahmen zur Abhilfe sind in den ◘ Tabellen 20.5–20.7 zusammengefasst.

◘ **Tab. 20.5** Keine Hybridisierungssignale

mögliche Ursache	Maßnahmen zur Fehlerbehebung
Sondenkonzentration oder Markierungseffizienz zu niedrig	– Sondenkonzentration erhöhen – Effizienz der Sondenmarkierung überprüfen
Degradation oder Verlust der Nucleinsäuren	– Fixierungs- und Präparationsbedingungen überprüfen: Nachweis von RNA bzw. DNA nach einzelnen Arbeitsschritte (z. B. Färbung mit Acridinorange oder DAPI) – sauberer arbeiten: Kontamination mit RNasen bzw. DNasen vermeiden
Permeabilität des Präparats zu gering	– Proteaseverdau vor der Hybridisierung verstärken – geringere Konzentration oder kürzere Inkubationszeit mit vernetzenden Fixiermitteln – Alterung der Präparate intensivieren – Mazeration des Gewebes vor der Präparation verstärken
zu hohe Stringenz bei Hybridisierung oder Waschschritten	– niedrigere Formamid- oder höhere Salzkonzentration bzw. niedrigere Temperaturen verwenden
Nucleinsäuren nicht genügend denaturiert	– Denaturierungstemperatur oder Formamidkonzentration erhöhen und Salzkonzentration erniedrigen
Chromosomen sind durch zu starkes Denaturieren zerstört => Kernstrukturen lassen sich mit DAPI schwer anfärben	– Denaturierungstemperatur und Formamidkonzentration erniedrigen, Salzkonzentration erhöhen
langsame Hybridisierungskinetik z. B. bei singulären Zielsequenzen =>Hybridisierungszeit zu kurz	– Hybridisierungsdauer erhöhen, stufenweise Abkühlung nach Denaturieren fördert eine effizientere Hybridisierung von Sonde und Zielsequenz – Dextransulfat- oder PEG-Konzentration im Hybridisierungsmix variieren

◘ **Tab. 20.6** Unspezifische Signale

mögliche Ursache	Maßnahmen zur Fehlerbehebung
Sonde enthält ubiquitär vorkommende oder phylogenetisch stark konservierte Sequenzabschnitte	– Überprüfung der Zielsequenz mit Hilfe von Sequenzdatenbanken – andere Blockierungs-DNA bei der Hybridisierung oder höhere Konzentration verwenden – Vorinkubation mit unmarkierte DNA z. B. Cot1-DNA – bei GISH: Prähybridisierung mit unmarkierter genomischer DNA eines zweiten Eltergenoms
Stringenz bei Hybridisierung oder Waschschritten zu niedrig	– Stringenz erhöhen: Formamidkonzentration erhöhen und/oder Salzkonzentration erniedrigen
schlechte Qualität der Chromosomenpräparation	– Gewebemazeration vor der Präparation optimieren z. B. Fixierlösung vor Enzymverdau gründlicher auswaschen oder veränderte Enzymzusammensetzung verwenden – während der Präparation das Zellkernpellet gründlich mit Puffer und Fixierlösung waschen – Präparationsmethodik wechseln
schlechte Qualität der Gewebepräparate ▼	– Fixierung und Anfertigung der Schnitte optimieren

◼ Tab. 20.6 *Fortsetzung*

mögliche Ursache	Maßnahmen zur Fehlerbehebung
Antikörper bindet unspezifisch	– anderes Blockierreagenz testen – Blockierreagenzkonzentration und Inkubationsdauer erhöhen – Qualität und Spezifität des Antikörpers überprüfen
unspezifische Reaktion des Substrats bei der Nachweisreaktion	– Blockieren endogener Strukturen in zusätzlichen Arbeitsschritten und anderen Blockier-reagenzien

◼ Tab. 20.7 Keine oder nur wenige Kerne oder Chromosomen auf den Präparaten

mögliche Ursache	Maßnahmen zur Fehlerbehebung
keine Zellteilung im Gewebe	– nur sich schnell vermehrende Zellen bzw. wachsende Gewebe verwenden – ggf. Wachstumsbedingungen optimieren – oder Gewebe ohne sich teilende Zellen eliminieren
keine ausreichende Synchronisation des Zell-zyklus	– Tag-Nacht oder Warm-Kalt-Rhythmen zur Synchronisation nutzen – Reagenzien, die die Ausbildung der Spindel während der Zellteilung unterdrücken, neu ansetzen bzw. wechseln
Chromosomen gehen während der Präparation verloren	– Präparationstechnik variieren (Tropf- oder Quetschpräparation ausprobieren) – Überstand bei der Tropfpräparation vorsichtiger abnehmen ggf. Zentrifugationsgeschwindigkeit und -zeit erhöhen – kürzere und weniger starke Mazeration des Gewebe – weniger Waschschritte
Chromosomen oder Zellkerne gehen während des Denaturierens verloren	– Sauberkeit und Beschichtung der Objektträger überprüfen – nur saubere Chromosomenpräparationen für die Hybridisierung einsetzen – keine Essigsäurebehandlung bei der Chromosomenpräparation durchführen
Material wurde während der Inkubation beschädigt z. B. durch Kratzer mit der Pinzetten-spitze	– Kratzer auf dem OT vermeiden – Vorsicht beim Aufsetzen und Verschieben des Deckglases

◼ Tab. 20.8 Zeitplan für *in situ* Hybridisierung in Paraffin eingebettetem Material und Kryoschnittpräparaten

Arbeitsschritt	Paraffinschnitte	Kryoschnitte
Fixierung und Einbettung	1. Tag: Gewebeeinbettung: Fixierung, Infiltration; Dehydrierung (Kapitel 5, 6; A20.18)	1. Tag: Fixierung und Infiltrierung in 4% Formaledhyd; Infiltrierung mit Saccharoselsg.; auf –70° einfrieren (Kap. 9, A20.17)
Schneiden	3.–4.Tag: Paraffinschnitte anfertigen und auf OT platzieren; Trocknen bei 42°C für 24–48 h; getrocknete Proben nicht länger als 2 Wochen bei -20°C aufbewahren (A20.4, Kapitel 6)	2. Tag: Anfertigen von Gefrierschnitten (Kap. 9) und Schnitte auf OT platzieren; mit 4 % Formaldehyd fixieren; dehydrieren; Proben nicht länger als 1 Monat bei -70°C aufbewahren
Vorbehandlung	4. Tag: Entwachsen, HCl- und Hitzebehandlung. Behandlung mit Blocking Reagenz und Essigsäureanhydrid; Dehydrierung und trockene Proben über Nacht bei -70°C inkubieren	3. Tag: Pronaseverdau, Behandlung mit Essigsäureanhydrid, sofort nach der Dehydrierung weiterbehandeln
Hybridisierung	5. Tag: Schnitte mit Hybridisierungslösung für 1–4 h inkubieren	3. Tag: Schnitte mit Hybridisierungslösung für 1–4 h inkubieren
Waschschritte	5. Tag: Waschen, RNAse-Behandlung und Dehydrierung	3. Tag: Waschen, RNAse-Behandlung und Dehydrierung
Detektion	5. Tag: colorimetrische Detektion und Gewebegegenfärbung (Toluidinblau) oder DNA-Färbung (Giemsa- oder Höchst)	3. Tag: colorimetrische Detektion und Gewebegegenfärbung (Toluidinblau) oder DNA-Färbung (Giemsa- oder Höchst)

20.12   Literatur

Albertson DG, Fishpool RM, Birchall PS (1995) Fluorescence *in situ* hybridization for the detection of DNA and RNA. *Methods Cell Biol* 48: 339–364

Amann R (1995) Fluorescently labelled, rRNA-targeted oligonucleotide probes in the study of microbial ecology. *Molecular Ecology* 4: 543–554

Amann R & Ludwig W (2000) Ribosomal RNA-targeted nucleic acid probes for studies in microbial ecology. *FEMS Microbiology Reviews* 24: 555–565

Coates PJ, Hall PA, Butler MG, D'Ardenne AJ (1987) Rapid technique for DNA:DNA in situ hybridisation of formalin fixed tissue section using microwave irradiation. *J Clin Pathol* 40(8): 865–9

Cox KH, Deleon DV, Angerer LM, Angerer RC (1984) Detection of mRNAs in sea urchin embryos by in situ hybridization using asymmetic RNA probes. *Develop Biol* 101: 485–503

Darby IA, Hewitson TD (2006) In situ hybridization protocols. *Methods Mol Biol* 326: 269

Darby IA, Bisucci T, Desmouliere A, Hewitson TD (2006) In situ hybridization using cRNA probes: isotopic and nonisotopic detection methods. *Methods Mol Biol* 326: 17–31

Davenloo S, Rosenberg AH, Dunn JJ, Studier FW (1984) Cloning and expression of the gene for bacteriophage T7 RNA polymerase. *Proc Natl Acad Sci USA* 81: 2035–2039

de'Jong JH , Fransz P, Zabel P (1999) High resolution FISH in plant – techniques and applications. *Trends Plant Sci* 4: 258–263

Feinberg AP, Vogelstein B (1984) A technique for radiolabeling DNA restriction endonuclease fragments to high specific activity. *Anal Biochem* 137(1): 266–7

Fisher A J, Smith CA, Thoden JB, Smith R, Sutoh K, Holden HM, Rayment I (1995) X-ray structures of the myosin motor domain of *Dictyostelium discoideum* complexed with MgADP.BeFx and MgADP.AIF4. *Biochemistry* 34: 8960–8972

Fransz PF, Alonso-Blanco C, Liharska TB, Peeters AJM, Zabel P, de Jong JH (1996) High-resolution physical mapping in *Arabidopsis thaliana* and tomato by fluorescence *in situ* hybridisation to extended DNA fibres. *Plant J* 9: 421–430

Hasterok R, Dulawa J, Jenkins G, LeggetM, Langdon T (2006) Multi-substrate chromosome preparation for high throughput comparative FISH. *BMC Biotechnology* 6: 20

Heiskanen M, Hellsten E, Kallioniemi OP, Mäkeeä TP, Alitalo K, Peltonen L, Palotie A (1995) Visual mapping by Fiber-FISH. *Genomics* 30: 31–36

Henegariu O, Heerema NA., Wright LL, Bray-Ward P, Ward DC, Vance GH (2001) Improvements in cytogenetic slide preparation: Controlled chromosome spreading, chemical aging and gradual denaturating. *Cytometry* 43: 101–109

Heng HHQ, Squire J,Tsui LC (1992) High resolution mapping of mammalian genes by in situ hybridisation of free chromatin. *Proc Natl Acad Sci* USA 89: 9509–9513

Heng HHQ, Tsui LC (1998) High resolution free chromatin/DNA fiber fluorescent in situ hybridisation. *J Chroma-togr A* 806(1): 219–29

Heslop-Harrison JS (2000) Comparative analysis of plant genome architecture. In: Unifying Plant Genomes. 50th SEB Symposium (Heslop-Harrison JS ed) 17–23, Company of Biologist, Cambridge

Heslop-Harrison JS, Harrison GE, Leitch IJ (1992) Reprobing of DNA:DNA in situ hybridisation preparations. *Trends Genet* 8: 372–373

Jain KK (2004) Current status of fluorescent in situ hybridisation. *Med Device Technol* 15(4) 14–7

Jackson DA, Hassan AB, Errigton RJ, Cook PR (1993) Visualization of focal sites of transcription within human nuclei. *EMBO J* 12(3): 1059–65

Kalliomiem OP (1992) Comparative genomic hybridisation for molecular cytogenetic analysis of solid tumour. *Science* 258: 818–821

Landegent JE, Jansen in de Wal N, Baan RA, Hoeijmakers JHJ, Ploeg M (1984) 2- Acetylaminofluorene-modified probes for indirect hybridocytochemical detection of specific nucleic acid sequences. *Experimental Cell Res* 153: 61–72

Landsdorp PM, Verwoerd NP, van de Rijke FM, Dragowska V, Little MT, Dirks RW, Raap AK, Tanke HJ (1996) Heterogeneity in telomere length of human chromosomes. *Hum Mol Genet*5(5): 685–691

Leicht IJ, Heslop-Harrison (1994) Detection of digoxigenin-labeled DNA probes hybridized to plant chromosomes in situ methods. *Mol Biol* 28: 177–185

Lilly JW, Havey MJ, Jackson SA, Jiang J (2001) Cytogenomic analyses reveal the structural plasticity of the chloroplast genome in higher plants. *Plant Cell* 13: 245–254

Luke S, Shepelsky M (1998) FISH: recent advances and diagnostic aspects. *Cell Vis* 5(1): 49–53

Mochida K, Tsujimoto H (2001) Development of genomic in situ hybridisation method using Technovit 7100 sections of early wheat embryo. *Biotechnic Histochem* 76: 257–260

Okamoto H, Takahashi M, Kato N, Fukuda M (2000) Sequestration of TT-Virus of restricted genotypes in peripheral blood mononuclear cells. *J Virology* 74(21): 10236–10239

Pearson PL (2006) Historical development of analysing large-scale changes in the human genome. *Cytogenet Genome Res* 115(3–4): 198–204

Player AN, Shen L-P, Kenny D, Antao VP, Kolberg JA (2001) Single-copy Gene Detection Using Branched DNA (bDNA) In Situ Hybridization. *J Histochem Cytochem* 49(5): 603–12

Puertas MJ, Naranjo T (2006) Plant cytogenetics. *Cytogenet Genome Res* 109:1–3

Raap AK, Tanke HJ (2006) Combined binary RAStio fluorescence in situ hybridization (Cobra-FISH): development and application. *Cytogenet Genome Res* 114(3–4): 222–226

Renwick N, Cekan P, Masry PA, McGeary SE, Miller JB, Hafner M, Li Z, Mihailovic A, Morozov P, Brown M, Gogakos T, Mobin MB, Snorrason EL, Feilotter HE, Zhang X, Perlis CS, Wu H, Suárez-Farinas M, Feng H, Shuda M, Moore PS, Tron VA, Chang Y, Tuschi T (2013) Multicolor microRNA FISh effectively differentiates tumor types. J Clin Invest 123(6): 2694–2702

Roberts I, Weinberg J, Nacheva E, Grace C, Griffin D, Coleman N (1999) Novel method for the production of multiple colour chromosome paints for use in karyotyping by fluorescence in situ hybridisation. *Genes Chromosomes Cancer* 25(3): 241–250

Sambrook, J., Fritsch, E.F. & Maniatis, T.; Hrsg. (1989). *Molecular Cloning – A Laboratory Manual, 2nd Edition*. Cold Spring Harbour Laboratory Press, New York

Schröck E, Du Manoir S, Veldman T, Schoell B, Weinberg J, Ferguson-Schmith MA, Ning Y, Ledbretter DH, Bar-Aml, Soenkens S, Garnini Y, Ried T (1996) Multicolour spectral karyotyping of human chromosomes. *Science* 273: 494–497

Schwarzacher T (2003) Meiosis, recombination and chromosomes: a review of gene isolation and fluorescent in situ hybridisation. *J Exp Bot* 54: 380

Schwarzacher T, Anamathwat-Jónsson K, Harrison GE, Islam AKMR, Jia JZ, King IP, Leitch AR, Miller TE, Reader SM, Rogers WJ et al. (1992) Genomic in situ hybridization to identify alien chromosomes and chromosome segments in wheat. *Theor Appl Genet* 84: 778–786

Schwarzacher T, Heslop-Harrison JS (2000) Practical in situ Hybridisation BIOS Scientific Publishes Ltd.; Bath Press, Bath, UK (ISBN 1 85996 138 X)

Schmitz GG, Walter T, Seibl R, Kessler C (1991) Nonradioactive labelling of oligonucleotides in vitro with the hapten digoxigenin by tailing with terminal transferase. *Anal Biochem* 192: 222–231

Speicher MR, Gwyn Ballard S, Ward DC (1996) Karyotyping human chromosomes by combinatorial multi-fluor FISH. *Nature Genet* 12: 368–375

Telenius H, Carter PN, Bebb CE, Nordensköld M, Ponder BA, Tunnacliffe A (1992) Degenerate oligonucleotide-primed PCR: general amplification of target DNA by a single degenerate primer. *Genomics* 13: 718–725

Trask JB (2002) Human cytogenetics 46 chromosomes, 46 years and counting. *Nature Reviews Genetics* 3: 769–778

Wang F, Flanagan J, Su N, Wang L-C, Bui S, Nielson A, Wu X, Vo H-T, Ma X-J, Luo Y (2012) A Novel in Situ RNA Analysis Platform for Formalin-Fixed, Paraffin-Embedded Tissues. *J Mol Diagn* 14(1): 22–29

Wansink DG, Schul W, van der Kraan I, van Steensel B, van Driel R, de Jong L (1993) Fluorescent labelling of nascent RNA reveals transcription by RNA polymerase II in domains scattered throughout the nucleus. *J Cell Biol* 122: 283–293

Weimer J, Jonat W, Arnold A (2003) Tumorcytogenetische Techniken in der Frauenheilkunde. *Geburth. Frauenheilk* 63: 426–431

Weimar J, Kiechle M, Arnold N (2000) FISH-micro dissection (FISH-MD) analysis of complex chromosome rearrangements. *Cytogenet Cell Genet* 88: 114–118

Weimer J, Koehler MR, Wiedemann U, Attermeyer P, Jacobsen A, Karow D, Kiechle M, Jonat W, Arnold N (2001) Highly comprehensive karyotype analysis by combination of spectral karyotyping (SKY), micro dissection, and reserve painting (SKY-MD). *Chromosome Research* 9, 395–402

Wu B, Zhou S, Song L, Lui X (2002) Clinical significance of dual colour – dual fusion translocation fluorescence in situ hybridization in the detection of bcr/abl fusion gene. Zhinghua Zhong Liu Za Zhi 24: 364–6

Zwirglmaier K (2005) Fluorescence in situ hybridisation (FISH)-the next generation. *FEMS Microbiol Lett* 246(2):151–8

20.13   Internetforen

- Informationen, Protokolle, Literaturempfehlungen und Diskussionsforum: Auf der Homepage von Genedetect http://www.genedetect.com/insitu.htm existiert ein Link zu >*in situ*-Hybridisierung<.
- Neueste Entwicklungen, *troubleshooting guide* und Informationen auf Tavi's Page: http://biowww.net/detail-377.html
- FISH Protokolle speziell für Analysen an *Drosophila* sind unter Fly-FISH A database of Drosophila embryo mRNA localization pattern) zu finden: http://fly-fish.ccbr.utoronto.ca/
- GenePaint.org: Datenbank für durch in situ- Hybridisierung untersuchte Gene–Expressionsmuster im Mausembryo

20.14   Bücher

- In situ Hybridisation: Principles and Practice, Polak JM and McGee J, Oxford Medical Publications, 1992
- DNA Probes, Keller G and Manak M, New York, N.Y: Stockton Press, 1989
- In situ Hybridisation: A Practical Approach, Wilkinson DG, Oxford University Press, 1995
- Hybridisation: A practical Guide, Leitch AR, Schwarzacher T, Jackson D, Bios Scientific Publishers Ltd, 1994, ISBN-10 1872748481
- Histotechnik Ein Lehrbuch für die Praxis, Gudrun Lang Springer-Verlag KG, 2006, ISBN: 3-211-33141
- Practical in situ Hybridization, Schwarzacher T & Heslop-Harrison P, Taylor & Francis Ltd (United Kingdom), 2000, ISBN 1 85996 138 X
- DIG Application Manual for Nonradiactive In Situ Hybridisation, Roche Applied Science, Eigenverlag
- Molecular Cytogenetics, Sue Van Stedum, Walter King in Methods in Molecular Biology™ Volume 204, 2003, pp 51-63

Tissue-Printing

Maria Mulisch

21.1   Einführung

Tissue-Printing („Gewebe-Drucken") ist eine schnelle Technik, die es erlaubt, Moleküle in biologischen Proben nachzuweisen und zu lokalisieren, ohne die Proben selbst färben, fixieren oder besonders präparieren zu müssen. Sie ist so einfach in der Durchführung, dass sie auch in Kursen für Studenten und Schüler eingesetzt werden kann (die Aufnahmen in diesem Kapitel entstanden im Rahmen des „Basiskurs Zellbiologie" an der CAU Kiel). In der Forschung, insbesondere im pflanzlichen aber auch im medizinischen Bereich, werden Gewebeabdrücke häufig für Routinenachweise verwendet. Die strukturelle Auflösung ist allerdings geringer als im Schnitt.

Bei der am häufigsten verwendeten Vorgehensweise werden die Moleküle durch Aufpressen oder Auflegen frischer oder gefrorener Gewebeschnitte direkt auf Nylon- oder Nitrocellulosemembranen übertragen. Gelingt dies, ohne dass der Schnitt dabei verschoben wird, entsteht dabei ein genauer Abdruck des entsprechenden Gewebeanschnittes auf der Membran. Die aus dem Gewebe ausgetretenen Moleküle können auf der Membran z. B. mit Hilfe von Antikörpern (▶ Kapitel 19), Enzymreaktionen (▶ Kapitel 18) oder mit Hilfe von RNA- oder DNA-Sonden (▶ Kapitel 20) sichtbar gemacht und mit Hilfe eines Auflichtmikroskops oder Makroobjektivs dokumentiert werden.

Nach Entwicklung des Tissue-Printing (Daoust 1957), wobei hier die Schnitte auf Substratfilme aus Gelatine oder Stärke aufgebracht wurden, hat sich die Technik insbesondere durch die Einführung von Nitrocellulose- und Nylonmembranen enorm verbreitet. Daneben finden aber auch Polyacrylamidgele, Agarose oder Klebstoff als Trägermaterial Verwendung. Vor allem bei Pflanzen dienen Tissue-Prints zum Nachweis und zur Lokalisation von Viren, Transkripten, Pflanzenhormonen, Ionen, Zuckerresten, Enzymaktivitäten und verschiedenen Proteinen. In der medizinischen Diagnostik kann das Verfahren mit Biopsien durchgeführt werden („Biopsy print"), um beispielsweise Prostata-Karzinome zu identifizieren (Angelucci et al. 2011, Gaston and Upton 2006). Tissue-Prints können auch dazu verwendet werden, Präparationsmethoden für die Licht- oder Elektronenmikroskopie zu optimieren; z. B. kann man mit ihnen den Einfluss von Fixantien und Lösungsmitteln auf die Antigenität überprüfen (▶ Kapitel 19). Spielt die Strukturauflösung keine Rolle, wird dazu einfach ein Abdruck von einer frischen Schnittfläche des zu untersuchenden Gewebes genommen.

Eine Weiterentwicklung des Tissue-Printings stellt zum Beispiel die „Print-Phorese" dar, bei der auf die Membran übertragene Moleküle mittels Gelelektrophorese aufgetrennt und charakterisiert werden (Gaston et al. 2005). Olmos et al. (1996) fanden eine einfache und sensitive Methode zum Nachweis von Viren in Pflanzengeweben, indem sie Tissue-Prints auf Whatman-Papier oder Nylon-Membranen einer PCR unterzogen.

21.2   Generelle Methodik des Tissue-Printing

Für relativ feste und dicke Pflanzenteile (z. B. Stängel, verdickte Wurzeln) eignen sich Handschnitte (▶ Kapitel 16) als Ausgangsmaterial für den Tissue-Print. Die Gewebe dürfen nicht zu trocken oder faserig sein. Sehr gute Ergebnisse erzielt selbst der Anfänger mit Sellerie-, Rhabarberstängeln oder Karotten. Weiche Gewebe (z. B. Blüten) stauchen oder verziehen sich zu stark beim Schneiden mit der Rasierklinge; diese schneidet man besser in Agar eingebettet mit dem Vibratom. Wenig geeignet sind sehr stärke- oder ölreiche Gewebe, da diese Inhaltsstoffe die Membran verkleben, die nachzuweisenden Moleküle maskieren können und damit deren Nachweise erschweren. Auch stark austretender Saft wirkt sich nachteilig auf die Qualität des Abdrucks aus. Dem kann man begegnen, indem man die frischen, nässenden Schnitte zunächst auf Filterpapier abtupft und erst dann auf die Membran aufbringt. Um die Membran für die anschließenden Nachweise sauber zu halten, trägt man bei dem Tissue-Printing Einmalhandschuhe und fasst die Membran nur am Rand mit einer ethanolgereinigten Pinzette an. Ebenso legt man die Membran nur auf eine trockene und saubere Unterlage.

Für den späteren Nachweis von Proteinen durch Antikörper (Western-Tissue-Print) wählt man normalerweise eine unbehandelte Nitrocellulosemembran für den Tissue-Print. Sollen Zellwandproteine von Pflanzen lokalisiert werden, wird die Membran vor Verwendung für 30 Minuten mit 0,2 M $CaCl_2$ (in H_2O) getränkt und dann getrocknet. Für den Nachweis von Nucleinsäuren (Northern-Tissue-Print) eignen sich alle Arten von Membranen ohne Vorbehandlung. Wegen der einfachen Handhabung und höherer Sensitivität und Auflösung werden meistens Nylonmembranen eingesetzt.

Die Zusammensetzungen der in den Anleitungen verwendeten Puffer und Blockierlösungen finden sich im Anhang.

Anleitung A21.1

Anfertigen von Tissue-Prints von Pflanzenmaterial
Material
- Pflanzenmaterial
- Whatman-Filterpapier Nr. 1
- glattes Papier
- Nitrocellulose-, Nylon- oder PVDF-Membran
- Schere
- unbenutzte, entfettete Rasierklingen
- stumpfe Pinzette
- Einmalhandschuhe
- saugfähige Papiertücher
- feste, glatte Unterlage (Plastiktablett oder Glasplatte)
- weicher Bleistift (zum Markieren und Beschriften der Prints)
- Stereolupe zum Betrachten

Durchführung (◘ Abb. 21.1)
1. Sechs Lagen Filterpapier auf die Unterlage legen, mit einer glatten Papierlage abdecken und darauf die Membran platzieren. Die Größe der verwendeten Membran
   ▼

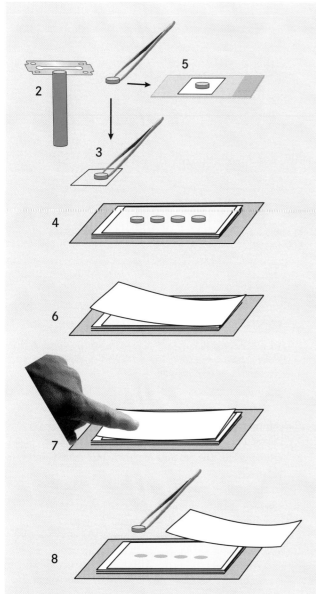

◘ Abb. 21.1 Durchführung eines Tissue-Prints. Die Reihenfolge der Schritte entspricht der im Text beschriebenen.

und des Filterpapiers ist abhängig von der Schnittgröße und der gewünschten Anzahl der Prints. Aus praktischen Gründen wählt man eher kleinere Formate (z. B. DIN-A5). Die Membran sollte immer etwas kleiner zugeschnitten sein als das Filterpapier

2. mit der Rasierklinge gleichmäßig dünne (0,2–2 mm, je nach Gewebe und Fragestellung) Handschnitte (▶ Kapitel 16) anfertigen

3. jeden Schnitt direkt mit der Pinzette abheben und auf einem separaten Stück saugfähigen Papiers kurz und leicht abtupfen

4. der Schnitt wird mit der abgetupften Seite auf die Membran aufgelegt. Man darf beim Auflegen den Schnitt nicht verziehen und nach dem Auflegen nicht mehr verschieben, um einen klaren Abdruck zu bekommen

▼

5. zum anatomischen Vergleich empfiehlt es sich, zusätzlich Schnitte auf Objektträger zu übertragen und zur mikroskopischen Untersuchung anzufärben (▶ Kapitel 16)

6. nachdem eine Reihe von Schnitten auf die Membran gelegt wurde, bedeckt man die Schnitte mit mehreren Lagen von Papiertüchern

7. durch die Abdeckung übt man für 15–20 Sekunden mit dem Finger leichten und gleichmäßigen Druck auf jeden Schnitt aus. Je fester man presst, desto mehr Inhaltsstoffe gelangen auf die Membran und desto dichter, aber auch verwaschener kann nachher der Abdruck wirken. Für Immunmarkierungen genügt normalerweise nur ein sehr leichtes Andrücken

8. nachdem alle Schnitte so behandelt sind, entfernt man Abdeckung und Schnitte vorsichtig mit der Pinzette und lässt die Membran trocknen

9. da viele Pflanzengewebe fluoreszierende Inhaltsstoffe haben, kann man deren Abdrücke direkt unter UV-Beleuchtung betrachten. Vor Markierungen von DNA oder RNA sollte man dies jedoch vermeiden. Zum Anfärben dient z. B. Toluidinblau (▶ Kap. 10) oder Coomassie-Blau (A21.3). Für den Nachweis von Zellinhaltstoffen werden ungefärbte Tissue-Prints verwendet.

21.3 Tissue-Prints von zartem Gewebe mit Hilfe von Kryostatschnitten

Zarte und weiche Gewebe, wie zum Beispiel Blüten oder tierische und menschliche Gewebeproben, lassen sich am besten als Kryostatschnitte (▶ Kapitel 9) für Tissue-Prints verwenden.

Anleitung A21.2

Anfertigen von Tissue-Prints von weichen Gewebeproben

Material
- 5–20 µm Kryostatschnitte (▶ Kapitel 9)
- Nitrocellulose- oder Nylon-Membran
- Schere
- Einmalhandschuhe
- Objektträger
- Gelmount (Sigma-Aldrich)
- weicher Bleistift (zum Markieren und Beschriften der Membranen)
- Stereolupe zum Betrachten

Durchführung (◘ Abb. 21.2)
1. Die Membran wird auf Deckglasgröße zugeschnitten. Man setzt sie vorsichtig auf einen Tropfen Gelmount, der mittig auf einem Objektträger platziert wurde. Die Membran saugt sich langsam voll und haftet auf dem Objektträger
2. die Kryostatschnitte werden mit einem feinen Pinsel auf die Membran übertragen. Rollen sich die Schnitte, wer-

▼

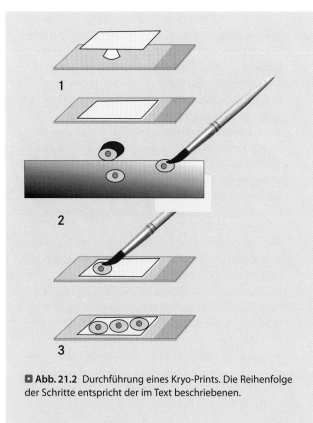

Abb. 21.2 Durchführung eines Kryo-Prints. Die Reihenfolge der Schritte entspricht der im Text beschriebenen.

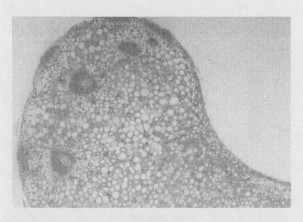

Abb. 21.3 Proteinfärbung am Tissue-print eines Sellerie-Stängels.

Tab. 21.1 Lösungen zur Coomassie Färbung

Färbelösung	Entfärbelösung
25 % (v/v) Isopropanol	25 % (v/v) Isopropanol
10 % (v/v) Essigsäure	10 % (v/v) Essigsäure
0,1 % (w/v) Coomassie Brilliantblau	

Durchführung
1. Die Membran wird für wenige Minuten in die Färbe-lösung gelegt. Die gesamte Membran erscheint blau gefärbt
2. kurzer Spülgang mit destilliertem Wasser
3. einlegen in Entfärbelösung, um den nicht an Proteine gebundenen Farbstoff zu entfernen
4. sobald der Abdruck sichtbar ist, kann er mit einer Stereo-lupe betrachtet und dokumentiert werden.

den sie umgedreht und mit dem Pinsel behutsam auf der Membran flach gedrückt
3. hat man genug Schnitte auf einem Objektträger, werden sie bei Raumtemperatur getrocknet; ihre Lage markiert man mit einem weichen Bleistift
4. vor Western- oder Northern-Tissue-Prints werden die Objektträger für 1–5 Minuten in 0,3 % (v/v) Tween 20 (im jeweiligen Puffer) gewaschen. Dabei lösen sich Schnitte und Objektträger von den Membranen.

21.4   Nachweise an Tissue-Prints

Durch verschiedene Verfahren können die übertragenen Moleküle (z. B. Proteine und Nucleinsäuren aber auch kleine, diffusible Moleküle wie H_2O_2) und Enzymaktivitäten auf den Membranen sichtbar gemacht werden. Durch Vergleiche mit der Anatomie von Schnittpräparaten ist es möglich, sie mit hoher Sensitivität zu identifizieren und zu lokalisieren.

Anleitung A21.3

Proteinfärbung der Tissue-Prints mit Coomassie-Blau
Material
- trockene Tissue-Prints
- Petrischalen
- stumpfe Pinzette
- Stereolupe oder Mikroskop zum Betrachten

▼

21.4.1   Western-Tissue-Print

Die Immunmarkierung von eingebetteten und geschnittenen Proben leidet darunter, dass die nachzuweisenden Proteine bis zur Antikörperinkubation Agenzien und Bedingungen ausgesetzt sind, die ihre Antigenität verändern. Damit wird häufig die Antikörperreaktion abgeschwächt oder verhindert. Dagegen bleiben beim Tissue-Print die Epitope normalerweise unverändert. Dies hat den Vorteil, dass die Primärantikörper wie beim Westernblot stark verdünnt eingesetzt werden können. Die Methode ist schnell, und man kann eine Vielzahl von Nachweisen parallel durchführen. Oftmals aber ist der Western-Tissue-Print auch die letzte und einzige Methode, empfindliche Proteine in einem Gewebe aufzufinden.

Die Lokalisation von Proteinen mit Hilfe von Antikörpern am Tissue-Print erfolgt wie beim Western-Blot (Caponi and Migliori 1999). Prinzipiell werden die gleichen Techniken verwendet wie bei der Immunmarkierung von lichtmikroskopischen Schnittpräparaten. Wie in ▸ Kapitel 19 dieses Buches ausführlich dargelegt ist, kann man dabei zwischen verschiedenen Nachweissystemen (z. B. direkter Immunnachweis unter Verwendung eines mit einem Marker gekoppelten Antikörpers gegen das zu lokalisierende Protein oder indirekter Immunnachweis, bei dem ein markierter zweiter, gegen den ersten gerichteten Antikörper eingesetzt wird) und unterschiedlichen Markern (z. B. Gold mit Silberverstärkung oder Enzyme) wählen. Um einen spezifischen Nachweis zu erhalten, müssen unspezifische Bindungsstellen abgedeckt (Blockierung), die jeweils optimalen Konzentrationen der Antikörper durch Einsatz unterschiedlicher Verdünnungen ermittelt und entsprechende Kontrollen eingesetzt werden. Die Dauer der Blockierung und der Antikörperinkubation ist abhängig von der gewählten Temperatur: Normalerweise inkubiert man bei Raumtemperatur jeweils eine Stunde; bei 37 °C reichen 30 min aus; im Kühlschrank inkubiert man am besten über Nacht.

Western-Tissue-Prints werden auch eingesetzt, um in Vorversuchen zu Immunmarkierungen für Licht- und Elektronenmikroskopie die Antigenität der Proben nach Fixierung und Entwässerung zu überprüfen. Da hierbei die Strukturauflösung nicht wichtig ist, tupft man hierzu einfach mit einer frischen Schnittstelle der Probe auf eine PVDF-Membran, lässt das übertragene Material antrocknen und fixiert, wäscht und behandelt es dann wie es für das ganze Präparat geplant ist. Diese einfache Variante eignet sich auch, um eine große Anzahl von Proben von verschiedenen Genotypen zu untersuchen (Scott 2009, Wydra and Beri 2006).

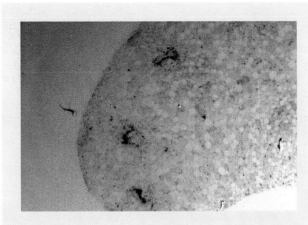

◻ Abb. 21.4 Western-Tissue-Print eines Sellerie-Stängels.

Durchführung

Bei allen Schritten sollten die Tissue-Prints gleichmäßig von den Lösungen bedeckt sein und langsam bei Raumtemperatur auf dem Schüttler bewegt werden. Will man mehrere Membranen markieren, ist es oft besser, sie einzeln durch die Lösungen zu führen, damit sie nicht zusammen kleben, was zu ungleichmäßiger Immunmarkierung führen kann.

1. Man legt den Tissue-Print in eine passende Schale oder ein Röhrchen und lässt ihn in Waschpuffer I für 1–15 min ziehen
2. die Flüssigkeit wird durch Blockierpuffer ersetzt und die Membran darin 1 h bei Raumtemperatur inkubiert
3. Puffer abgießen und den primären Antikörper, der vorher in Blockierpuffer verdünnt wurde, hinzugeben. Es ist sinnvoll, mehrere Prints parallel mit unterschiedlichen Verdünnungen (z. B. 1:10, 1:100, 1:1000) zu behandeln, um eine spezifische Markierung bei guter Auflösung zu erhalten. Der Antikörper sollte bei Raumtemperatur mindestens 1 h einwirken
4. durch viermaliges Waschen mit Waschpuffer I (Lösung jeweils austauschen) für jeweils 10 min wird nicht gebundener Antikörper entfernt
5. für 1 h bei Raumtemperatur wird in mit Blockierpuffer verdünntem 2. Antikörper (AP-gekoppelt) inkubiert. Die optimale Antikörperkonzentration liegt üblicherweise zwischen 1:100 bis 1:2000 und sollte durch Verdünnungsreihen ermittelt werden
6. für 10 min mit Waschpuffer I waschen
7. für je 15 min zweimal mit Waschpuffer II waschen. Der SDS-haltige Puffer entfernt gründlich nicht gebundene Antikörper
8. 10 min mit Waschpuffer I behandeln
9. für 10 min in AP-Puffer überführen
10. in einer Petrischale 10 ml AP-Puffer mit 45 µl NBT- und 35 µl BCIP-Stammlösung mischen. Immunmarkierten Tissue-Print hineinlegen und beobachten. Die vio-

---

Anleitung A21.4

Indirekte Immunlokalisation am Tissue-Print (Western-Tissue-Print) mit AP-gekoppelten Antikörpern

Beim Western Tissue-Print ist der indirekte Immunnachweis über einen peroxidase- oder phosphatasegekoppelten 2. Antikörper am meisten verbreitet. In dem hier vorgestellten Beispiel handelt es sich um alkalische Phosphatase (AP), die das Substrat (hier NBT und BCIP) zu einem violetten Reaktionsprodukt umsetzt. Um auszuschließen, dass die Farbreaktion auf endogene (gewebeeigene) Enzyme zurückzuführen ist, sollte immer zumindest eine Kontrolle mitgeführt werden, die nur mit dem 2. Antikörper behandelt wird. Zur Hemmung endogener Phosphatasen kann vor dem Enzymnachweis ein Waschschritt (5 min) mit 1 mm Levamisol im Waschpuffer eingefügt werden.

Material
- trockene Tissue-Prints
- sterile Gefäße (passend zur Größe der Prints)
- stumpfe Pinzette
- Einmalhandschuhe
- Schüttler
- Lupe oder Binokular zum Betrachten
- Lösungen (◻ Tab. 21.2)

▼

▼

lette Farbreaktion wird nach 1–10 min sichtbar. Zum Vergleich sollte gleichzeitig eine Kontrolle (z. B. ohne Behandlung mit Primärantikörper) mit behandelt und beobachtet werden

11. die Farbreaktion wird in Waschpuffer III (5 Minuten) gestoppt

12. nach mehrmaligem Waschen in Aqua dest. kann die Membran getrocknet werden. Sie sollte trocken und dunkel aufbewahrt werden

13. das Ergebnis wird mit der Anatomie der vom gleichen Präparat entnommenen Schnitte verglichen und dokumentiert

Tab. 21.2 Lösungen zum Western-Tissue-Print

Waschpuffer I	Waschpuffer II	Waschpuffer III
10 mM Tris-HCl (pH 8,0) 100 mM NaCl 0,5 % (v/v) Tween 20	10 mM Tris-HCl (pH 8,0) 100 mM NaCl 0,5 % (v/v) Tween 20 0,05 % (v/v) SDS	10 mM Tris-HCl (pH 8,0) 1 mM EDTA
Blockierpuffer	**AP-Puffer**	**Substratlösungen**
10 mM Tris-HCl (pH 8,0) 100 mM NaCl 4 % (w/v) Magermilchpulver 0,5 % (v/v) Tween 20	100 mM Tris-HCl (pH 9,5) 100 mM NaCl 5 mM MgCl$_2$	50 mg/ml NBT (Nitroblau-Tetrazolium-Salz, in 70 % Dimethylformamid) 50 mg/ml BCIP (5-Bromo-4-Chloro-3-Indolylphosphat in 100 % Dimethylformamid)

21.4.2   Northern-Tissue-Print

Mit einem Northern-Tissue-Print kann man die Expression bestimmter Gene im Gewebe in der Übersicht darstellen. Die Methode ist schneller und einfacher, die Auflösung jedoch geringer als die *in situ*-Hybridisierung am Schnitt. Auswahl und Herstellung der Sonden, Lösungen, Detektionssysteme, Kontrollen sowie die prinzipiellen Schritte sind im Detail in ► Kapitel 20 beschrieben. Je nach Material müssen die Lösungen, Zeiten und Temperaturen variiert werden, um ein optimales Ergebnis zu erhalten. Für die Durchführung mit RNA-Sonden gelten die gleichen Vorsichtsmaßnahmen wie bei der *in situ*-Hybridisierung (► Kap. 20): Lösungen, Geräte und Gefäße müssen RNase-frei sein. Für das Verfahren sollten Tissue-Prints auf Nylon-Membranen (z. B. Hybond N, Amersham) verwendet werden. Um die Nucleinsäuren auf der Membran zu fixieren, wird die luftgetrocknete Membran für ca. 2 h bei 80 °C gebacken.

Anleitung A21.5

RNA-Lokalisation am Tissue-Print mit digoxigenin-markierten RNA-Sonden

Material
- „gebackene" Tissue-Prints auf Nylonmembran
- RNase-freie Petrischalen
- RNase-freie, stumpfe Pinzette
- genau temperierbares Wasserbad oder Wärmschrank
- Schere
- unbenutzte, entfettete Rasierklingen
- Einmalhandschuhe
- Auflichtmikroskop zum Betrachten
- Lösungen (Tab. 21.3)

Tab. 21.3 Lösungen zum Northern-Tissue-Print

Waschpuffer I	Waschpuffer II	Waschpuffer III
0,2× SSC 1 % (v/v) SDS	2× SSC 1 % (v/v) SDS 10 mM DTT	0,2× SSC 1 % (v/v) SDS 10 mM DTT
Hybridisierungspuffer	**Blockierpuffer**	**Detektionslösungen**
Waschpuffer I 0,1 mg/ml Heringssperma-DNA 5× Denhardt-Lösung	10 mM Tris-HCl (pH 8,0) 100 mM NaCl 4 % (w/v) Magermilchpulver 0,5 % (v/v) Tween 20	AP-Puffer (Tab. 21.2) NBT-BCIP (Tab. 21.2)

21

▼

Durchführung

1. Die Membran wird in eine Petrischale mit Waschpuffer I gelegt und für 4 h bei 65 °C inkubiert

2. Membran in Hybridisierungspuffer überführen und für 2 h bei 68°C inkubieren

3. die digoxigeninmarkierte RNA-Sonde für 3 min bei 90 °C denaturieren, in Eis abkühlen und in Hybridisierungspuffer verdünnen (0,1–0,5 ng/ml). Membran darin für 20 min bei 50 °C inkubieren

4. Membran 3 × bei 42 °C für jeweils 20 min in Waschpuffer II waschen

5. zweimal für jeweils 30 min bei 65 °C in Waschpuffer III waschen

6. Detektion der Sonde über einen AP-gekoppelten Anti-Digoxigenin-Antikörper: Die Inkubation mit dem Antikörper (1:3000 in Blockierpuffer) und die Detektion mit NBT-BCIP erfolgen, wie in A19.1 beschrieben

7. das Ergebnis wird mit einer Lupe oder dem Binokular kontrolliert, mit der Anatomie auf den Schnitten verglichen und dokumentiert

21.4.3 Lokalisation von Enzymaktivität am Tissue-Print

Auch der Enzymnachweis am Tissue-Print folgt der allgemeinen Verfahrensweise am Schnitt (▶ Kap. 18). Da die Enzyme aus frischem Zellmaterial stammen, bleibt die Enzymaktivität auf dem Tissue-Print normalerweise sehr gut erhalten. Für die Spezifität des Nachweises ist die Wahl des passenden Substrates, der optimalen Inkubationsbedingungen (Temperatur, pH, Ionenkonzentration) und aussagekräftiger Kontrollen entscheidend. In Pflanzen wurden Tissue-Prints genutzt, um Amylase, Protease, Peroxidase (Varner and Ye 1994) und Myrinase (Hara et al 2001) zu lokalisieren.

Anleitung A21.6

Nachweis von endogener Peroxidaseaktivität am Tissue-Print

Der folgende Peroxidase-Nachweis wird bei Raumtemperatur durchgeführt.

Material

Es wird das gleiche Material benötigt, wie unter ▶ Kapitel 20.10 beschrieben. Lösungen siehe ◘ Tabelle 21.4.

Durchführung

1. Die Substratlösung muss vor Gebrauch filtriert werden (Faltenfilter), um das weiße Präzipitat zu entfernen

2. die Membran wird in der klaren Substratlösung unter gelegentlichem Umschwenken für 10–40 min inkubiert; dabei wird Chlornaphthol mit Hilfe der Peroxidase zu einem violetten Produkt umgesetzt, das gut sichtbar ist

3. um die Reaktion zu beenden, wird die Membran mehrmals in destilliertem Wasser gewaschen

4. das Ergebnis wird mit einer Lupe oder dem Binokular kontrolliert und dokumentiert und mit der Anatomie auf den Schnitten verglichen

◘ **Tab. 21.4** Lösungen zum Peroxidasenachweis am Tissue-Print

Chlornaphthol-Stammlösung	H₂O₂-Stammlösung
3 % (w/v) 4-Chlor-1-naphthol in 95 % (v/v) Ethanol	3 % (v/v) H_2O_2 in H_2O

Puffer	Substratlösung
0,05 M Tris-HCl (pH 7,6)	0,1 ml Chlornaphthol-Stammlösung in 10 ml Puffer lösen 0,1 ml H_2O_2-Stammlösung unter Rühren hinzugeben

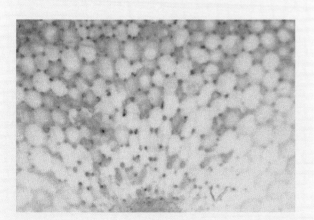

◘ **Abb. 21.5** Peroxidasenachweis am Tissue-Print eines Sellerie-Stängels.

▼

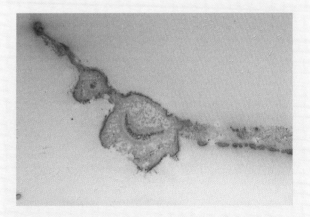

◘ **Abb. 21.6** Peroxidasenachweis am Tissue-Print von *Tradescantia* (Dreimasterblume).

21.5   Literatur

21.5.1   Originalartikel

Angelucci A, Pace G, Sanita P, Vicentini C und Bologna M (2011) Tissue print of prostate biopsy: a novel tool in the diagnostic procedure of prostate cancer. *Diagnostic Pathology* 6:34

Conley AC und Hanson MR (1997) Cryostat tissue printing: An improved method for histochemical and immuncytochemical localisation in soft tissues. *BioTechniques* 22:488–496

Daoust R (1957) Localization of desoxyribonuclease in tissue sections. A new approach to the histochemistry of enzymes. *Exp Cell Res* 12: 203–211

Gaston SM und Upton MP (2006) Tissue print micropeel: a new technique for mapping tumor invasion in prostate cancer. *Curr Urol Rep.* 7(1):50–56

Gaston SM, Soares MA, Siddiqui mm, Vu D, Lee JM, Goldner DL, Brice MJ, Shih JC, Upton MP, Perides G, Baptista J, Lavin PT, Bloch BN, Genega EM, Rubin MA und Lenkinski RE (2005) Tissue-print and print-phoresis as platform technologies for the molecular analysis of human surgical specimens: mapping tumor invasion of the prostate capsule. *Nature Medicine* 11: 95–101

Hara M, Eto H und Kuboi T (2001) Tissue printing for myrosinase activity in roots of turnip and Japanese radish and horseradish: a technique for localizing myrosinases. *Plant Science* 160: 425–431

Olmos A, Dasi MA, Candresse T und Cambra M (1996) Print-capture PCR: a simple and highly sensitive method for the detection of Plum pox virus (PPV) in plant tissues. *Nucleic Acids Research* 24: 2192–2193

Scott MP (2009) Tissue-print immunodetection of transgene products in endosperm for high-throughput screening of seeds. *Methods Mol Biol.* 526:123–128

Schopfer P (1994) Histochemical demonstration and localization of H_2O_2 in organs of higher plants by tissue printing on nitrocellulose paper. *Plant Physiol* 104: 1269–1275

Taylor R, Inamine G und Anderson JD (1993) Tissue Printing as a tool for observing immunological and protein profiles in young and mature celery petioles. *Plant Physiol* 102: 1027–1031

Varner JE und Ye Z (1994) Tissue printing, *FASEB J* 8:378–384

Wydra K und Beri H (2006) Structural changes of homogalacturonan, rhamnogalacturonan I and arabinogalactan protein in xylem cell walls of tomato genotypes in reaction to *Ralstonia solanacearum. Physiological and Molecular Plant Pathology* 68: 41–50

21.5.2   Zusammenfassende Literatur

Caponi L, Migliori P (1999) Antibody usage in the lab. Springer, Berlin

Pont-Lezica RF (2009) Localizing proteins by tissue printing. *Methods Mol Biol.* 536: 75–88

Ruzin SE (1999) Plant microtechnique and microscopy. Oxford University Press, Oxford. 190–193

Taylor R (2000) The fixation of chemical forms on nitrocellulose membranes. In: Dashek WV (Ed) Methods in plant electron microscopy and cytochemistry. Humana Press Inc., Totowa. 101–111

21

Reporterproteine

Guido Jach

22.1 Einleitung

Reportergene bzw. -proteine sind sehr wertvolle, kaum verzichtbare Werkzeuge in der molekularbiologischen Forschung, wo sie zumeist für die Sichtbarmachung und Verfolgung räumlicher und zeitlicher Gen- bzw. Proteinexpressionsmuster verwendet werden. Dieser Abschnitt präsentiert neben notwendigen Hintergrundinformationen über die wesentlichen Eigenschaften dieser Proteinklasse Informationen zur Klonierung geeigneter genetischer Konstrukte, zur Expression von Reporterproteinen und zum mikroskopischen Nachweis insbesondere fluoreszierender Proteine. Dabei sind die in diesem Artikel gesammelten Informationen von allgemeiner Gültigkeit und auf pflanzliche, tierische sowie (eukaryotische) mikrobielle Systeme weitgehend übertragbar. Aus praktischen Gründen wurden für dieses Kapitel allerdings ausschließlich Beispiele aus pflanzlichen Zellen und Geweben verwendet.

22.1.1 Enzymatische und lichterzeugende Reporter

In der Molekularbiologie ist der Einsatz von Reportersystemen sehr populär, die auf Enzymen wie beispielsweise ß-Glucuronidase (GUS), ß-Galactosidase (*lacZ*), Luciferase (LUC) oder auch Chloramphenicol-Acetyl-Transferase (CAT) basieren, wobei letzteres heute kaum noch verwendet wird.

Gemeinsames Merkmal aller enzymatischen Reportersysteme ist die Anwendung geeigneter niedermolekularer Substrate für den qualitativen (histochemischen) oder quantitativen (fotometrischen- bzw. fluorometrischen) Nachweis der Enzymaktivitäten. Die erforderlichen *in vitro*-Nachweismethoden sind in der Regel destruktiv (Zellaufschluss, Herstellung von Proteinextrakten, Applikation geeigneter Substrate, Durchführung entsprechender Enzymassays, Gewebepräparationen, histochemische Nachweise etc.), was die Betrachtung der Aktivitäten *in vivo* unmöglich macht.

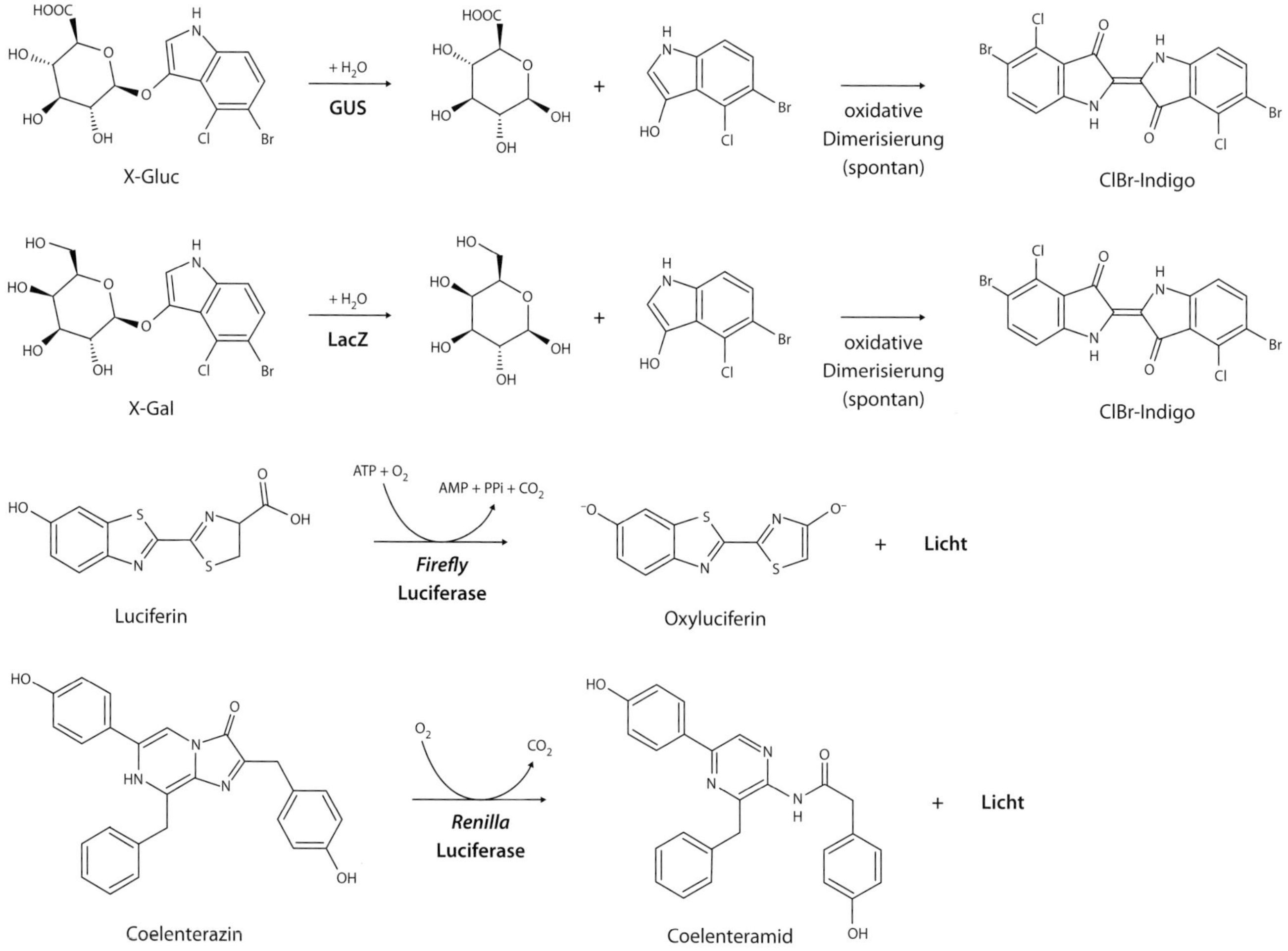

Abb. 22.1 Für den histochemischen Nachweis von GUS-Aktivität wird das farbgebende Substrat X-Gluc verwendet, das neben der Zuckerkomponente einen 5-Bromo-4-Chloro-3-Indolyl-Rest enthält. Nach Abspaltung des Zuckers führt die spontane oxidative Dimerisierung der freigesetzten, farblosen Indoxyl-Komponente zur Bildung des unlöslichen blauen Farbstoffs Dichlor-Dibrom-Indigo (ClBr-Indigo), der sich am Ort der Enzymaktivität ablagert. Das gleiche Prinzip liegt dem Nachweis der *lacZ*-Aktivität zugrunde. Die Feuerfliegen-Luciferase katalysiert eine zweistufige Reaktion: Im ersten Schritt wird das Substrat über ATP aktiviert und ein reaktives Anhydrid gebildet. Dieses aktivierte Intermediat reagiert im zweiten Schritt zunächst mit Sauerstoff zu einem instabilen Dioxetan, das dann zu Oxyluciferin und CO_2 zerfällt. *Renilla* Luciferase katalysiert die O_2-abhängige Oxidation und Decarboxylierung des Coelenterazin (Coelenteraten-Luciferin), benötigt hierzu aber weder Mg-Ionen noch ATP.

Voraussetzung für die Anwendung dieser Systeme ist die Abwesenheit entsprechender endogener Aktivitäten in den zu untersuchenden Zellen und Geweben, um die fälschliche Detektion positiver Signale zu vermeiden. Zudem muss das für den Nachweis benötigte Substrat die Zellen, Gewebe und Organe vollständig penetrieren können, was durchaus problematisch sein kann, insbesondere bei der Untersuchung intakter Organismen (vollständige Pflanzen).

Für die Mikroskopie sind in erste Linie enzymatische Reporterproteine interessant, die auch farbgebende (chromogene) Substrate (◘ Abb. 22.1) umsetzen können, wodurch histochemische Untersuchungen ermöglicht werden. Das wichtigste Reportersystem dieser Art beruht auf dem *E. coli*-Enzym ß-Glucuronidase (GUS) und hat seit seiner Beschreibung durch Jefferson (1987) eine enorme Verbreitung gefunden, da der Aktivitätsnachweis einfach und sensitiv ist, und viele Organismen keine entsprechende endogene Enzymaktivität aufweisen.

Der quantitative biochemische Nachweis erfolgt meist über die GUS-katalysierte Freisetzung des fluoreszierenden, wasserlöslichen 4-Methyl-Umbelliferon aus dem synthetischen Substrat 4-Methyl-Umbelliferyl-Glucuronid (4-MUG). Die Methode ist sehr einfach und hoch sensitiv, für mikroskopische Zwecke aber ungeeignet. Das farbgebenden Substrat X-Gluc enthält anstelle der Methyl-Umbelliferonkomponente einen 5-Brom-4-Chlor-3-Indolyl-Rest. Nach dessen Freisetzung wird der unlösliche blaue Farbstoff ClBr-Indigo gebildet, der sich am Ort der Enzymaktivität ablagert (◘ Abb. 22.1). Die Durchführung des histochemischen GUS-Nachweises ist in A22.1 detailliert beschrieben.

Ebenfalls von großer Bedeutung sind die aus *Photinus pyralis* (Feuerfliege, engl. *firefly*) und *Renilla reniformis* stammenden Luciferaseenzyme (LUC), zwei chemilumineszente, Licht emittierende Reporterproteine. Diese Enzyme erzeugen Lichtimpulse durch die oxidative Decarboxylierung ihrer jeweiligen Substrate, wobei die *Renilla*-Luciferase im Gegensatz zur *firefly*-Luciferase weder Magnesiumionen noch ATP für diese Enzymreaktion benötigt (◘ Abb. 22.1). Auch die Farbe des emittierten Lichts unterscheidet sich deutlich (*Renilla*-Luciferase: blau (480 nm); *firefly*-Luciferase: gelblich (550–570 nm)), was man sich vorteilhaft in Studien zur zeitgleichen Beobachtung mehrerer zellulärer Ereignisse zunutze machen kann (Koexpressionsexperimente). Dieses System verbindet ebenfalls einfache Handhabung mit hoher Sensitivität und sehr geringem Hintergrundsignal.

Im Gegensatz zu den chemilumineszenten Proteinen benötigen fluoreszierende Proteine (FP), wie das aus der Qualle *Aequorea victoria* stammende grün-fluoreszierende Protein (GFP), keinerlei Substrate oder Cofaktoren zur Lichterzeugung. Für die Fluoreszenzeigenschaften der FP sind spezielle chemische Strukturen – die Fluorophore – verantwortlich, die von den Proteinen autokatalytisch aus einem internen Tripeptid gebildet werden (◘ Abb. 22.2). Die Verwendung fluoreszierender Proteine ist daher besonders zur nichtdestruktiven, nichtinvasiven Detektion und damit zur einfachen Beobachtung der Gen/Protein-Expression unter *in vivo* Bedingungen geeignet.

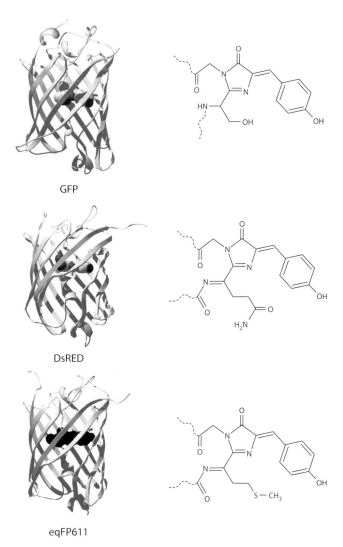

GFP

DsRED

eqFP611

◘ **Abb. 22.2** Die Abbildung zeigt die stark konservierte dreidimensionale Struktur fluoreszierender Proteine, die auch als ß-can-Struktur (Fassstruktur) bezeichnet wird. Die ebenfalls dargestellten zugehörigen Fluorophore belegen beispielhaft die starken strukturellen Ähnlichkeiten dieser Proteinkomponenten, wobei die Fluorophore der rotfluoreszierenden Proteine über erweiterte konjugierte π-Elektronensysteme verfügen.

Über die Verwendung verschiedenfarbiger FP ist auch hier die Beobachtung multipler zellulärer Vorgänge realisierbar.

In den letzten Jahren sind zahlreiche Anwendungen für fluoreszierende Reporterproteine etabliert worden. Dazu gehören passive Anwendungen wie beispielsweise die Verwendung dieser Proteine als fluoreszierende Markierungen in Fusionsproteinen zur Beobachtung der Ausprägung, des Abbaus, der Lokalisierung oder der Translokation des gekoppelten Partnerproteins. Aktive Anwendungen umfassen die Verwendung von FP als biochemische Sensoren/Indikatoren, deren Fluoreszenzeigenschaften sich mit verschiedenen biochemischen Parametern wie Metabolitkonzentrationen, Enzymaktivitäten und Proteinwechselwirkungen verändern und so zum Nachweis bzw. der Messung dieser Parameter eingesetzt werden können (Tsien 1998).

22.1.2 Chemilumineszenz oder Fluoreszenz?

Die Lichtemission beider Prozesse beruht auf Photonenfreisetzung, hervorgerufen durch Übergänge zwischen angeregten Molekülorbitalen und Orbitalen mit geringerer Energie. Bei der Chemilumineszenz entstehen diese Anregungszustände über exotherme chemische Reaktionen, während Fluoreszenz als Folge der Anregung durch Lichtabsorption entsteht.

Da die für die Fluoreszenzanregung benötigten Photonen in hohen Raten eingestrahlt werden können, sind die erzielbaren Lichtemissionen, im Vergleich zur Chemilumineszenz, in der Regel wesentlich stärker (heller). Tatsächlich laufen die zur Lumineszenzerzeugung benötigten chemischen Reaktionen wesentlich langsamer ab, was zu einer deutlich geringeren Photonenemissionsrate und Lichtausbeute führt.

Dieser Vorteil der Fluoreszenz bedingt aber auch ein geringeres Signal/Rauschverhältnis, da das starke Anregungslicht vom erzeugten (vergleichsweise schwachen) Fluoreszenzsignal getrennt werden muss. Dies geschieht meist über optische Filterung. Chemilumineszenz benötigt kein Anregungslicht und es existiert daher kein inhärenter Hintergrund bei der Emissionsmessung, was exzellente Signal/Rauschverhältnisse zur Folge hat. In der mikroskopischen Praxis ist dieser Vorteil der Chemilumineszenz allerdings von geringer Bedeutung, da der Empfindlichkeitsbereich der Kameras nicht hoch genug ist, um hiervon zu profitieren; und dies, obwohl ohnehin sehr lichtempfindliche Geräte verwendet werden müssen, um die erzeugten Lumineszenzsignale überhaupt detektieren und aufzeichnen zu können. Für mikroskopische Studien ist daher die Verwendung von fluoreszenzbasierten Systemen aufgrund der erzielbaren Helligkeit von Vorteil und wird nahezu einheitlich bevorzugt, insbesondere da die zum Einsatz kommenden optischen Systeme des Mikroskops nur geringe Lichtstärken aufweisen.

22.1.3 Zur Geschichte der FP

Das *Aequorea*-GFP wurde 1962 erstmals beschrieben und stellt das älteste und am besten untersuchte Mitglied in der Familie der (auto-)fluoreszierenden Proteine dar. Die chemische Struktur des GFP-Fluorophors wurde schon 1979 charakterisiert. Es handelt es sich hierbei um ein 4-(*p*-Hydroxy-Benzyliden)-Imidazolidin-5-on, das über die Positionen 1 und 2 der Ringstruktur mit der Peptidkette verbunden ist.

Mit der erfolgreichen Klonierung der GFP-cDNA (1992) und dem anschließenden Nachweis (1994), dass die Expression dieser cDNA ausreicht, um grüne Fluoreszenz auch in heterologen, nicht biolumineszenten Systemen zu erhalten, beginnt die Erfolgsgeschichte der fluoreszierenden Proteine als Reporter in der molekularbiologischen Forschung (Prasher et al. 1992; Chalfie et al. 1994).

Das GFP wurde in der Folge immer häufiger als Reporterprotein eingesetzt, wodurch dann auch sehr schnell einige Limitierungen des Wildtyp-GFP aufgedeckt wurden. Hier ist insbesondere die Thermosensitivität der Proteinreifung zu nennen: Das Wildtyp-Protein zeigt optimales Faltungs- und Reifungsverhalten bei Temperaturen von bis zu 20–23 °C; mit steigender Temperatur akkumulieren dann aber immer größere Mengen an unkorrekt gefaltetem, unlöslichem und nicht-fluoreszierendem Protein (> 95 % des synthetisierten Proteins in *E. coli*-Kulturen bei 37 °C). Über Einführung von Zufallsmutationen (*molecular evolution*) sind später eine Reihe von GFP-Varianten isoliert worden, die dieses Problem beheben und zudem verbesserte und/oder veränderte Spektraleigenschaften aufweisen. Hier sind insbesondere die heute häufig verwendeten cyan- und gelbfluoreszierenden Proteinvarianten (CFP und YFP) zu nennen (Tsien 1998).

Die ersten nicht vom GFP abgeleiteten FP-Gene wurden 1999 aus Anthozoen-Arten isoliert. Das bekannteste dieser neuen Gene stammt aus Riffkorallen (*Discosoma spec.*) und codiert ein rotfluoreszierendes Protein (dsFP583), das später als DsRED vermarktet wurde (Matz, Fradkov et al. 1999). DsRED erweiterte die verfügbare Farbpalette deutlich, wies aber einige Eigenschaften (sehr lange Reifungszeit, obligate Tetramerisierung) auf, die den praktischen Nutzen als Reporterprotein einschränkten. Diese nachteiligen Eigenschaften wurden in den folgenden Jahren ebenfalls über *molecular evolution* eliminiert. Zeitgleich wurde eine große Zahl neuer FP-Gene verschiedener mariner Organismen kloniert, so dass heute die Familie der FP-Gene mehr als 30 Mitglieder aufweist. Allerdings ist nur ein kleiner Teil dieser Proteine bezüglich ihrer Eignung als Reporterprotein charakterisiert und kommerziell verfügbar gemacht worden (Labas et al. 2002; Shaner et al. 2004).

In den letzten Jahren sind noch einige über Mutationen abgeleitete- und natürliche Proteinvarianten beschrieben worden, die die Farbe des emittierten Lichts ändern können. Der erste Vertreter war das „*fluorescent timer*"-Protein, dessen Fluoreszenz langsam von Grün nach Rot wechselt. Später sind dann fotoaktivierbare und fotokonvertierbare Proteine wie PA-GFP, Keade und Dronpa beschrieben worden. Durch Bestrahlung mit intensivem Licht geeigneter Wellenlänge ändern sich die spektralen Eigenschaften dieser Proteine, und Anregungslicht, das zuvor wirkungslos blieb, ruft nun deutliche Fluoreszenz hervor (Miyawaki 2004). Aufgrund dieser besonderen Eigenschaften stellen PA-GFP, Dronpa und Kaede wichtige neue Werkzeuge dar (i. A. Diffusion, Transportprozesse), insbesondere für die Messung der Dynamik molekularer Mobilität.

22.1.4 Grundlegendes zu fluoreszierenden Proteinen

Die bekannten und gebräuchlichen FP weisen auf Ebene der Aminosäuresequenz nur geringe Homologie auf, besitzen aber eine sehr ähnliche dreidimensionale Struktur, die auch als Fassstruktur (*β-can*) bezeichnet wird (◻ Abb. 22.2). Die „Wand" des Fasses besteht aus β-Faltblattstrukturen, die wiederum eine zentrale α-Helix mit dem Fluorophor umschließen. Diese Einkapselung des Fluorophors begründet dessen hohe physiko-chemische Stabilität und stellt eine aus geladenen Seitenketten und

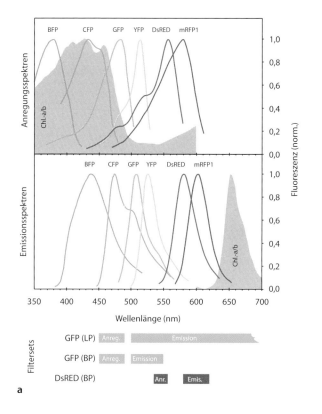

Durchlicht

GFP (langpass)

GFP (bandpass)

DsRED (bandpass)

a   b

◻ Abb. 22.3 a) Die Diagramme zeigen die normalisierten Anregungs- und Emissionsspektren häufig verwendeter blau- (BFP), cyan- (CFP), grün- (GFP), gelb- (YFP) und rot- (DsRED, mRFP1) fluoreszierender Proteine. Die Bandbreiten der Anregungs- und Emissionswellenlängen typischer optischer Filter für GFP und DsRED sind eingetragen (LP, Langpass; BP, Bandpass). Die Hintergrundsignale eines typischen Blattextraktes werden im Wesentlichen durch die vorliegenden Mengen an Chlorophyll a/b bestimmt. Die entsprechenden (Hintergrund-)Spektren sind hier als graue Fläche (Chl. a/b) dargestellt. **b)** Typisches Ergebnis der Fluoreszenzmikroskopie von Blattmaterial mit den verschiedenen angegebenen optischen Filtern. Die Blaulichtanregung des GFP ruft eine sehr starke rote Fluoreszenz hervor, die durch die massive Präsenz von Chlorophyll in grünen Zellen und Geweben bedingt ist und mögliche GFP-Signale leicht überdecken kann. Die Verwendung geeigneter (Bandpass-)Filter hilft, diesen fluoreszenten Hintergrund zu unterdrücken, was allerdings mit geringeren Lichtausbeuten und verlängerten Belichtungszeiten erkauft werden muss. Demgegenüber führt die Grünlichtanregung des DsRED nur zu einer geringen Chlorophyllfluoreszenz, die zudem mit geeigneten optischen Filtersets deutlich gemindert wird.

Wassermolekülen bestehende Umgebung bereit, die für die Fluoreszenzeigenschaften von großer Bedeutung ist (Tsien 1998).

Die Bildung der Fluorophore erfolgt autokatalytisch über sequenzielle Cyclisierungs- und Oxidationsschritte. Interessanterweise besitzt das DsRED-Protein ein GFP-ähnliches Fluorophor, dessen konjugiertes π-Elektronensystem über einen zusätzlichen Oxidationsschritt noch erweitert wurde. Daher und aufgrund der Tatsache, dass die DsRED-Reifung über grünfluoreszierende Intermediate erfolgt, wird vermutet, dass die zugrunde liegenden Mechanismen bei der Bildung der beiden Fluorophore (GFP und DsRED) gleich sind.

Die Geschwindigkeit der Proteinreifung/Fluorophorbildung ist eine Eigenschaft des jeweiligen FP und wird durch die Zeit, die Temperatur und die Verfügbarkeit von Sauerstoff beeinflusst. Bei der Verwendung von FP in Fusionsproteinen kann prinzipiell nicht ausgeschlossen werden, dass diese Proteinverlängerung eine Behinderung der korrekten Proteinfaltung und damit der Fluorophorbildung zur Folge hat. Dies kann nur im Einzelfall empirisch geprüft werden (was im Übrigen auch für alle enzymbasierenden Reportersysteme gilt, da hier eine ähnliche Problematik vorliegt).

Speziell in pflanzlichen Zellen und Geweben kommen häufig stark fluoreszierende Hintergrundsignale (Chlorophyll!) vor (◻ Abb. 22.3). Die Eignung eines fluoreszierenden Proteins als Reporterprotein hängt daher davon ab, ob und inwieweit das Fluoreszenzsignal des Proteins auch unter diesen Bedingungen nachweisbar ist. Die Helligkeit eines FP (gegeben durch den Extinktionskoeffizienten und die Quantenausbeute), seine Fotostabilität und die spezifischen Anregungs- und Emissionsmaxima sind hier ausschlaggebend (◻ Tab. 22.1).

Protonierung bzw. Deprotonierung der reifen Fluorophore hat entscheidenden Einfluss auf die Spektraleigenschaften fluoreszierender Proteine. Die erzielbare Fluoreszenz dieser Proteine weist daher eine deutliche pH-Abhängigkeit auf, was je nach geplantem Verwendungszweck berücksichtigt werden muss. Bei Promotorstudien (Deletionsanalysen etc.) werden die FP in der Regel cytosolisch ausgeprägt, was bezüglich des pH-Wertes und der Lichtemission der Proteine unkritisch ist. Bei Proteinlokalisationsstudien (über FP-Fusionsproteine) kann es insbesondere dann zu Problemen kommen, wenn das Zielkompartiment des Proteins einen pH im sauren Bereich aufweist. Abhängig vom verwendeten FP kann die Fluoreszenzintensität so weit abfallen, dass die mikroskopische Beobachtung erheblich erschwert und ein eindeutiger Nachweis unmöglich wird. Die Wahl geeigneter FP (mit niedrigen pK-Werten) ist hier von großer Bedeutung (Shaner et al. 2005).

Generell wird die Sensitivität des Reportersystems von folgenden Faktoren bestimmt: der Proteinausbeute, der Effizienz der Proteinreifung, den speziellen Spektraleigenschaften des jeweiligen FP, dem zu untersuchenden Organismus sowie dem verfügbaren Equipment. Diese Faktoren werden zudem selbst von vielen Parametern beeinflusst. Die ausgeprägte Proteinmenge wird durch die Proteinsynthese- und Proteinabbauraten bestimmt, wobei die Proteinsynthese von der produzierten mRNA-Menge und der Translationseffizienz abhängt. Diese Parameter sind ihrerseits von der Stärke und dem zeitlich/räumlichen Expressionsmuster des verwendeten Promotors, der RNA-Stabilität, der Kopienzahl des Gens und der Präsenz transkriptioneller Enhancerelemente, sowie (gegebenenfalls) der Effizienz des Splicings, dem Codon-usage, dem Sequenz-

◩Tab. 22.1 Eigenschaften einiger fluoreszierender Proteine

Name	Maxima (nm)		in vivo-Struktur	Molarer Extinktionskoeffizient	Quantenausbeute	Relative Helligkeit (zu GFP(wt))
	Anregung	Emission		(*1000)		
GFP (wt)	395/475	509	Monomer	21,0	0,77	1,0
Blaufluoreszierende Proteine						
EBFP	383	445	Monomer	29,0	0,31	0,6
Cyanfluoreszierende Proteine						
ECFP	439	476	Monomer	32,5	0,40	0,8
Cerulean	433	475	Monomer	43,0	0,62	1,6
AmCyan1	458	489	Tetramer	44,0	0,24	0,6
mTFP1 (Teal)	462	492	Monomer	64,0	0,85	3,4
Grünfluoreszierende Proteine						
EGFP	484	507	Monomer	56,0	0,60	2,1
AcGFP	480	505	Monomer	50,0	0,55	1,7
Emerald	487	509	Monomer	57,5	0,68	2,4
ZsGreen	493	505	Tetramer	43,0	0,91	2,4
T-Sapphire	399	511	Monomer	44,0	0,60	1,6
Gelbfluoreszierende Proteine						
EYFP	514	527	Monomer	83,4	0,61	3,1
Venus	515	528	Monomer	92,2	0,57	3,2
mCitrine	516	529	Monomer	77,0	0,76	3,6
Orange- und Rotfluoreszierende Proteine						
mOrange	548	562	Monomer	71,0	0,69	3,0
DsRed	558	583	Tetramer	75,0	0,79	3,7
DsRed-Express (T1)	555	584	Tetramer	38,0	0,51	1,2
mStrawberry	574	596	Monomer	90,0	0,29	1,6
mRFP1	584	607	Monomer	44,0	0,25	0,7
mCherry	587	610	Monomer	72,0	0,22	1,0
Photoaktivierbare/konvertierbare Proteine						
PA-GFP	400/504	515/517	Monomer	20,7/17,4	0,13/0,79	0,2/0,9
Keade	508/572	518/580	Tetramer	98,8/60,4	0,88/0,33	5,4/1,2
Dronpa	503	518	Monomer	95,0	0,85	5,0
Dendra2	490/553	507/573	Monomer	45,0/35,0	0,50/0,55	1,4/1,2

Die Tabelle nennt einige wichtige und im Handel erhältliche fluoreszierende Proteine, wobei nur Proteine berücksichtigt wurden, deren relative Helligkeit zu Wildtyp-GFP mindestens 50 % beträgt.

Zu beachten ist, dass alle GFP-Derivate (EBFP, ECFP, Cerulean, EGFP, Emerald, T-Sapphire, EYFP und Venus) als Monomere beschrieben sind, aber dennoch eine geringe Neigung zur Dimerisierung aufweisen.

PA-GFP und Keade sind fotoaktivierbare-konvertierbare Proteine: Die Blaulichtanregbarkeit des PA-GFP wird durch Behandlung mit violettem Licht (~ 400 nm) um den Faktor 100 gesteigert. Die Bestrahlung des normalerweise grünfluoreszierenden Keade mit grünem Licht löst dessen Fotoaktivierung/-Konvertierung aus, und das Protein zeigt stabile rote Fluoreszenz. Dronpa kann durch Bestrahlung „ein-" und „aus-"geschaltet werden: Starkes blaugrünes Licht (~ 490 nm) lässt die Fluoreszenz komplett verschwinden (bleaching), während eine anschließende Behandlung mit violettem Licht die starke grüne Fluoreszenz wieder herstellt.

kontext des Translationsstarts und der Anwesenheit translationaler Enhancer abhängig (Tsien 1998).

Bezüglich der erzielbaren Sensitivität weisen FP-basierte Systeme ein großes Handicap auf: das Fehlen einer Signalverstärkung wie in enzymbasierenden Reportersystemen. Während ein einzelnes GUS-Protein den Umsatz einer großen Zahl von Substratmolekülen katalysiert, sind FP auf ein Fluorophor pro Molekül beschränkt. FP-Systeme weisen daher systembedingt eine geringe Sensitivität auf.

22.2 Fluoreszierende Reporter in der Anwendung

Dieser Abschnitt beschreibt einige generelle Punkte, die für die praktische Anwendung dieser Reporterproteine von großer Bedeutung sind, wie (a) die Konstruktion geeigneter Expressionsvektoren für fluoreszierende Proteine (am Beispiel GFP and DsRED), (b) Möglichkeiten zur Expression dieser Konstrukte und (c) die fluoreszenzmikroskopische Analyse der *in vivo* ausgeprägten FP.

22.2.1 Konstruktion geeigneter Expressionsvektoren

Gene und Plasmide für fluoreszierende Reporterproteine sind mittlerweile von mehreren kommerziellen Quellen erhältlich, wobei neben dem ursprünglichen, (und heute noch in den Laboratorien) weitverbreiteten *Aequorea*-GFP und seinen Varianten (CFP, YFP) auch einige aus anderen Organismen stammende Gene angeboten werden. Die experimentellen Details (verfügbare Restriktionsschnittstellen, Primersequenzen etc.) zur Klonierung der gewünschten Konstrukte hängen daher zunächst vom ausgewählten Gen ab und können nicht allgemein dargestellt werden. Daher sollen hier nur einige generelle Punkte angesprochen werden, die bei der Herstellung geeigneter Konstrukte zu berücksichtigen sind.

22.2.1.1 Die Wahl des geeigneten Reportergens
Für die Wahl eines geeigneten FP-Gens ist zunächst von entscheidender Bedeutung, ob und in welchem Maße in den zu untersuchenden Zellen, Geweben und Organen ein autofluoreszenter Hintergrund gegeben ist. Insbesondere in den grünen Geweben von Pflanzen ist sicherlich mit einer starken roten Fluoreszenz durch das Chlorophyll zu rechnen (◻ Abb. 22.3). Je nach Pflanzenart können aber auch alle anderen Wellenlängenbereiche ein hohes Hintergrundsignal aufweisen. In tierischen und mikrobiellen Systemen ist die Problematik von Hintergrundfluoreszenzen deutlich geringer, kann aber nicht ausgeschlossen werden. Grundsätzlich sollten FP verwendet werden, deren Anregungs- und Emissionsspektren sich möglich wenig mit den Spektren der Störsignale überlappen.

Die heute verwendeten FP-Gene codieren in der Regel Proteinvarianten, die bezüglich wichtiger Proteineigenschaften wie Fal-

tungsverhalten, Reifungsgeschwindigkeit, Oligomerisierung und Fluoreszenz optimiert worden sind, sodass von dieser Seite keine Probleme (i. A. geringe Sensitivität des Systems) zu erwarten sind. Bei der Verwendung älterer, in dem jeweiligen Labor bereits vorliegender Konstrukte muss dies nicht unbedingt der Fall sein. Insbesondere verschiedene Varianten des DsRED unterscheiden sich sehr stark in ihren Eigenschaften: Das Wildtyp-Protein zeigt die höchste Lichtemission, reift aber sehr langsam und ist ein Tetramer ebenso wie die (später beschriebenen) schnell reifenden Varianten DsRED.T1 (DsRED-Express, Clontech), DsRED.T3 und DsRED.T4. Von diesen zeigt das DsRED.T3 die stärkste Fluoreszenz und ist den beiden anderen Varianten daher deutlich überlegen. Die kürzlich publizierten Varianten mRFP1-Q66T und Cherry wiederum sind nicht nur schnell reifend, sondern auch noch monomer. Auch ihre Fluoreszenz reicht allerdings nicht an das Niveau des Wildtyp-DsRED heran.

Aus dem Gesagten geht hervor, dass die Wahl des geeigneten FP stark vom betrachteten Einzelfall abhängig ist. In jedem Fall sollte man sich vor der Verwendung eines FP-Reportergens über die genauen Eigenschaften des codierten Proteins informieren (◻ Abb. 22.3 und ◻ Tab. 22.1).

22.2.1.2 Wichtige *cis*-Elemente: Promotoren und Enhancer
Wie bereits erwähnt, fehlt den FP-basierten Reportersystemen eine durch die Akkumulation von umgesetztem Substrat hervorgerufene Signalverstärkung. Um ein sensitives System zu erhalten, sollten die verwendeten Expressionskassetten daher eine möglichst hohe Proteinexpression in den zu untersuchenden Zellen und Geweben ermöglichen.

Viele Pflanzenexpressionsvektoren enthalten standardmäßig den 35S-Promotor des Blumenkohl-Mosaik-Virus (*cauliflower mosaic virus*; CaMV), der in pflanzlichen Zellen und Geweben stark und konstitutiv ausgeprägt wird. Über die Tandemverdoppelung des promotoreigenen Transkriptionsenhancers lässt sich leicht eine zusätzliche deutliche Erhöhung der Transkriptionsrate und damit der mRNA-Menge bewirken. Die Verwendung von Translationsenhancer-Sequenzen bietet weiteres Steigerungspotenzial. So lässt sich über den Einbau der 5' untranslatierten Leader-Sequenz der *tobacco etch virus* (TEV)-RNA ein 5–10-facher Anstieg der Proteinausbeute erzielen. Das Omega-Element des Tabak-Mosaik-Virus (TMV) ist ebenfalls als Translationsenhancer bekannt, der allerdings in unseren Experimenten reproduzierbar geringere Steigerungen der Proteinausbeuten hervorbrachte. Da Translationsenhancer die regulatorischen Eigenschaften der benutzen Promotoren nicht verändern, ist ihre Verwendung zur Steigerung der Reporterproteinausbeute und damit der Systemsensitivität generell anzuraten, auch und gerade bei der Charakterisierung unbekannter Promotoren.

Für die Transgenexpression in tierischen Zellen wird häufig auf den cmV-Promotor zurückgegriffen, der, ähnlich wie der 35S-Promotor bei Pflanzen, einen Standard für tierische Systeme darstellt und in den meisten Zellen bzw. Zelltypen bewiesenermaßen eine starke Genexpression bewirkt. Außerdem sind auch für tierische Systeme eine Reihe von Sequenzen mit Translationsenhanceraktivität beschrieben, die wie oben beschrieben verwendet werden können. Details sind hier aus Platzgründen nicht darstellbar und daher der entsprechenden Literatur zu entnehmen.

Es ist bekannt, dass das Codon-usage eines Gens erheblichen Einfluss auf die Translationseffizienz und damit die Proteinausbeute haben kann. Allerdings sind viele der kommerziell erhältlichen codon-optimierten FP-Gene „nur" an das Codon-usage humaner Sequenzen angepasst (*humanized genes*), das zwar beispielsweise gut mit dem monokotyler Pflanzen übereinstimmt, sich in dikotylen Pflanzen (Tabak, Kartoffel, *Arabidopsis*) aber deutlich unterscheidet. In der Tat führt das dazu, dass diese optimierten Gene in Dikotylen eine um 30–50 % geringe Performance zeigen (Jach, unveröffentlicht). *Codon-optimized genes* sollten daher auch nur dann verwendet werden, wenn der zu untersuchende Organismus ein ähnliches Codon-usage aufweist.

22.2.1.3 Vektoren für die lokalisierte FP-Expression:

Hier gilt es zunächst zwei Anwendungen zu unterscheiden: Verwendung von FP als Fluoreszenzmarker für (a) *in vivo* Co-Lokalisationsstudien (oder positive Kontrollen) oder (b) in Fusionsproteinen zum Nachweis der Lokalisation eines *protein-of-interest* (POI) bzw. der Charakterisierung der für die Lokalisation verantwortlichen Regionen dieses Proteins.

Im ersten Fall sind einige Dinge zu beachten. Die Expression von FPs im endoplasmatischen Reticulum (ER), im Golgi-Apparat, in Mitochondrien, in Peroxisomen, im extrazellulären Bereich oder bei Pflanzen in Vakuolen oder Chloroplasten, erfordert die N-terminale Fusion der Proteine mit einem geeigneten Signal- oder Targetpeptid. Details zu einzelnen Sequenzen können hier nicht diskutiert werden und sind der Literatur zu entnehmen. In der Praxis zeigt sich, dass verschiedene Signal- oder Targetpeptide sich nicht nur bezüglich der Effizienz der Sekretion bzw. des Membrantransports/Proteinimports unterschieden, sondern auch die erzielbaren Proteinausbeuten deutlich beeinflussen können. Das zu verwendende Signal- oder Targetpeptid sollte daher sorgfältig gewählt werden, um ein möglichst hohes Expressionsniveau des FP zu gewährleisten.

Für die gezielte Lokalisation der Proteine im ER oder der Vakuole werden zudem weitere Aminosäuresequenzen benötigt. Durch Verlängerung des C-Terminus der FP mit den als Retentionssignal fungierenden Tetrapeptiden HDEL (Histidin-Asparaginsäure-Glutaminsäure-Leucin; His-Asp-Glu-Leu) oder KDEL (Lysin-Asparaginsäure-Glutaminsäure-Leucin; Lys-Asp-Glu-Leu) werden die Proteine effizient im ER lokalisiert, während die Erweiterung mit der Sequenz GLLVDTM (Glycin-Leucin-Leucin-Valin-Asparaginsäure-Threonin-Methionin; Gly-Leu-Leu-Val-Asp-Thr-Met) sich in unseren Experimenten als effizientes Vakuolensignal herausgestellt hat. Daneben sind aber auch N-terminal lokalisierte Vakuolensignale beschrieben worden, deren Effizienz bezüglich der FP-Translokation allerdings wenig untersucht ist.

Im zweiten Fall werden die Funktionen der genannten Sequenzelemente in Lokalisationsstudien mit Fusionsproteinen natürlich durch das POI bzw. verschiedene Fragmente hiervon übernommen.

22.2.2 Transiente und stabile Genexpression

In Experimenten zur transienten Genexpression werden genetische Konstrukte (Expressionsvektoren) über verschiedene Wege in die Zielzellen eingebracht, aber, im Gegensatz zur Herstellung stabiler Transformanten, nicht dauerhaft in das Genom integriert. Die von diesen extrachromosomal vorliegenden DNA-Molekülen hervorgerufene Transgenexpression ist bereits wenige Stunden (3–4 h) nach der Transfektion nachweisbar und hält für 1–2 Tage an, bevor sie langsam nachlässt. Da langwierige Vorarbeiten wie bei der Erzeugung stabil transformierter transgener Organismen entfallen, werden Methoden zur transienten Genexpression in der Praxis oft dazu verwendet, um eine schnelle Aussage zu erhalten, beispielsweise darüber, ob ein bestimmtes Gen oder DNA-Element (z. B. Promotoren und -fragmente) in den zu untersuchenden Zellen ausgeprägt wird oder werden kann. Darüber hinaus können auch Proteinlokalisations- und Interaktionsstudien und andere Ansätze durchgeführt werden. Für die transiente Genexpression in pflanzlichen und tierischen Zellen sind mehrere experimentelle Ansätze erarbeitet worden, die hier aus Platzgründen nicht im Detail vorgestellt werden können. Bei Pflanzen stellt die PEG-vermittelte DNA-Aufnahme in Protoplasten neben dem *particle bombartment* die meistverwendete Methode dar (◘ Abb. 22.5).

Im Gegensatz hierzu erfordert die Untersuchung und Charakterisierung entwicklungs- und/oder gewebespezifischer Promotoren über Reportergenanalysen die Erzeugung stabil transformierter, transgener Organismen, wobei die oben genannten Experimente natürlich auch realisiert werden können. Sowohl für pflanzliche als auch für tierische Zellen sind einige Protokolle zur Erzeugung transgener Organismen beschrieben worden, die entsprechend des zu untersuchenden Materials anzuwenden sind.

Anleitung A22.1

Histochemischer GUS-Nachweis (GUS-Färbung)
GUS stellt eines der wichtigsten enzymbasierten Reportersysteme dar. Die für den histochemischen Nachweis der Enzymaktivität interessante Reaktion ist in ◘ Abbildung 22.1 wiedergeben. In transgenen Pflanzen, die ein Promotor-GUS-Fusionskonstrukt exprimieren, wird durch Zugabe eines chromogenen Substrats wie X-Gluc am Ort der Enzymaktivität eine Blaufärbung erzielt, die anzeigt, in welchen Organen der Pflanze der Promotor aktiv ist.

Zarte Pflanzenteile können nach der Färbung im Ganzen mikroskopisch betrachtet werden. Für eine genaue Lokalisierung fertigt man Schnitte an. Dazu werden die Pflanzenteile über eine Ethanolreihe entwässert, in Kunstharz (am besten

▼

in Technovit 5100 oder 7100) eingebettet und geschnitten
(► Kap. 6.3.2).

GUS-Färbung I

Diese Methode eignet sich für dünne und farblose Pflanzenteile, z. B. Zwiebelepidermis.

Lösungen:
- 50 mM Na-Phosphatpuffer (NaPi), pH 7,0 (aus 1 M
  Stammlösung, Puffertabelle im Anhang)
- Fixans I: 0,3 % Formaldehyd (FA) in 50 mM NaPi, 0,005 %
  Tween 80
- X-Gluc (5-Bromo-4-chloro-3-indolyl-beta-D-glucoron-
  säure, Cyclohexylammoniumsalz)
  – Stammlösung: 0,5 g in 10 ml Dimethylformamid (DMF)
  lösen, Aliquots bei –20 °C lagern
- Färbelösung:
  50 mM Na-Phosphatpuffer (NaPi), 10 mM EDTA (Ethylen-
  diamintetraessigsäure),
  0,01 % Tween 80, 0,5 mg/ml X-Gluc (auf 100 ml: 5 ml 1
  M NaPi, 2 ml 0,5 M EDTA pH 8,0, 10 µl Tween 80, 1 ml X-
  Gluc-Stammlösung)
- Fixans II: 20 % Ethanol, 5 % Eisessig, 5 % FA
- Ethanolreihe: 30 %, 50 %, 80 % Ethanol

Durchführung:
1. Epidermis in Fixans I legen
2. 30 min bei leichtem Unterdruck (600 mbar) fixieren (z. B.
   in einer Vakuumzentrifuge)
3. 3 × 5 min in 50 mM NaPi waschen
4. über Nacht in Färbelösung inkubieren
5. 3 × mit 50 mM NaPi waschen
6. 30 min bei RT in Fixans II inkubieren
7. je 30 min entfärben in 30 %, 50 %, 80 % Ethanol
8. zum Mikroskopieren über eine absteigende Ethanolreihe
   in Wasser überführen

GUS-Färbung II

Diese Methode ergibt sehr klare Färbungen. Die Dauer des
Bleichens und die Konzentration der Bleichlösung hängen
vom Material ab und müssen daher empirisch bestimmt
werden.

Material:
- 90 % Aceton (–20 °C)
- 100 mM Na-Phosphatpuffer (NaPi), pH 7
  (aus 1 M Stammlösung, siehe Puffertabelle im Anhang)
- 10 ml Färbelösung (immer frisch ansetzen):
  – H$_2$O   4,55 ml
  – 100 mM NaPi   5 ml
  – 0,5 M EDTA, pH 8   200 µl
  – 0,1 % Triton X 100   10 µl
  – 500 mM Ferrocyanid III   20 µl
  – 500 mM Ferrocyanid IV   20 µl
  – 100 mM X-Gluc   200 µl

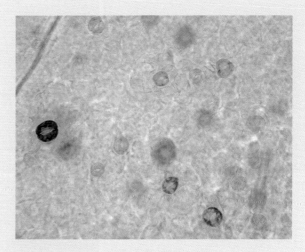

◘ Abb. 22.4 Blaumarkierte Schließzellen einer transgenen
Pflanze nach GUS-Färbung (II).

- H$_2$O
- Starke Bleichlösung:
  – 8 Teile (w/w) Chloralhydrat
  – 2 Teile H$_2$O
  – 1 Teil Glycerin (zufügen, nachdem das Chloralhydrat
  gelöst ist)
- Schwache Bleichlösung:
  – 6 Teile Chloralhydrat
  – 2 Teile H$_2$O

Durchführung:
1. Pflanzenmaterial für 1 h in 90 % Aceton bei –20 °C fixieren
1. 3 × 10 min in 100 mM NaPi waschen
2. in der Färbelösung 2 × 20 min bei leichtem Unterdruck
   (600 mbar) inkubieren (z. B. in einer Vakuumzentrifuge)
3. über Nacht bei 37 °C weiter inkubieren
4. waschen in H$_2$O
5. bleichen mit Chloralhydrat (je nach Konzentration über
   2 oder mehr Tage) bei RT

22.2.3 Analyse durch Fluoreszenzmikroskopie

Die Fluoreszenzmikroskopie ermöglicht den einfachen Nachweis und die Analyse der Expression fluoreszierender Proteine
(FP) in transfizierten Zellen, bombardierten Geweben und
vollständigen transgenen Organismen (◘ Abb. 22.5). Technische
Details zur Fluoreszenzmikroskopie sind bereits in anderen
Kapiteln dieses Buches eingehend dargestellt. An dieser Stelle
werden daher nur einige wichtige Punkte herausgestellt, die bei
der Anwendung fluoreszierender Proteine zu beachten sind.

Die Verwendung von fluoreszierenden Reporterproteinen
kann sich als problematisch erweisen, wenn die zu untersuchenden Zellen, Gewebe oder Organismen hohe Mengen an
fluoreszierenden Metaboliten enthalten, die spektrale Ähnlichkeiten oder Überlappungen aufweisen, was insbesondere bei

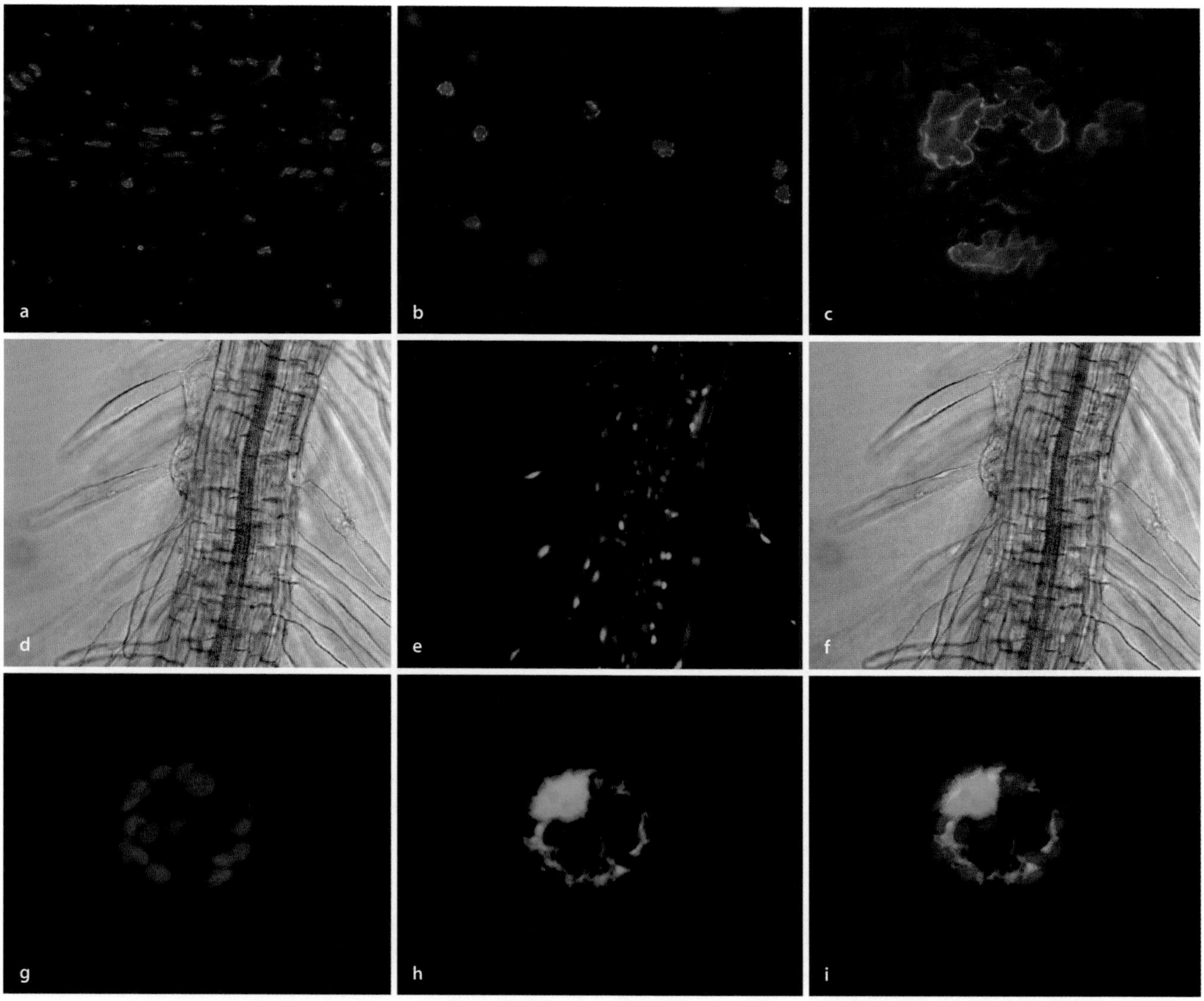

◻ Abb. 22.5 Beispiele für fluoreszenzmikroskopische Nachweise von fluoreszierenden Proteinen in verschiedenen (pflanzlichen) Zellen und Zellkompartimenten. **a–c**) Transiente cytosolische DsRED.T3. Expression in Blattepidermiszellen von *Arabidopsis thaliana* (**a**), *Euphorbia pulcherrima* (Weihnachtsstern, **b**) und *Hydrangea macrophylla* (Hortensie, **c**) nach *particle bombardment*. **d–f**) Zellkernlokalisierte GFP-Expression in transgenen Wurzelzellen von *A. thaliana*-Keimlingen (stabile Transformante) **d**) Durchlicht, **e**) Fluoreszenz, **f**) Overlay). **g–i**) Transiente, cytosolische GFP-Expression in Mesophyllprotoplasten einer Tabakpflanze (*Nicotinana tabacum*) nach PEG-vermittelter DNA-Aufnahme **g**) Chloroplasten/Chlorophyll-Eigenfluoreszenz, **h**) GFP-Signal, **i**) Overlay.

pflanzlichen Präparaten häufig der Fall ist (◻ Abb. 22.3). Die von diesen Komponenten hervorgerufene Lichtemission kann dann in den zu detektierenden Wellenlängenbereich einstrahlen („durchbluten", *spectral bleed-through*) und so ein deutliches Hintergrundsignal erzeugen. Nach Möglichkeit sollte diese Hintergrundproblematik bereits bei der Planung der Experimente und der Auswahl geeigneter FP berücksichtigt werden.

Mit Hilfe spezieller optischer Filtersets (Bandpass-Filter) für die verwendeten FP können Hintergrundsignale stark vermindert werden, wobei die Sensitivität des System allerdings deutlich sinkt. Generell ist allerdings auch bei Verwendung optimaler Filtersets für die jeweiligen FP, abhängig vom verwendeten Fluoreszenzmikroskop (sehr intensives Anregungslicht, sehr lichtstarke Objektive), ein Hintergrundsignal nicht ganz zu vermeiden. Nicht zuletzt aus diesem Grund ist bei allen Analysen eine Negativkontrolle zwingend erforderlich, da nur so Fehlinterpretationen vermieden werden können.

Anleitung A22.2

Mikroskopische Analyse von Pflanzenprotoplasten

Ausgangsmaterial sind aus transienten Genexpressionsstudien oder aus transgenen Pflanzen durch Cellulaseverdau hergestellte Protoplastensuspensionen.

Durchführung

1. Einen Tropfen (25–50 µl) der Suspension auf einen Objektträger geben und vorsichtig ein Deckglas auflegen. Zerstörung der empfindlichen Protoplasten durch mechanische Scherkräfte vermeiden. Die Flüssigkeitsmenge

▼

so gering wie möglich halten, da das Deckglas sonst „schwimmt" und die Mikroskopie bei stärkerer Vergrößerung (mit Öl-Immersionsobjektiven) erschwert wird

2. bei geringer Vergrößerung (10 ×) zunächst die Schärfe-Ebene der Probe im Hellfeld einstellen

3. geeignete Filtersets für die Fluoreszenzmikroskopie des gegebenen FP wählen und bei geringer Vergrößerung (10 ×) Zellen mit hinreichender transienter Expression des FP identifizieren.

4. zu höheren Vergrößerungen (40–100 ×) wechseln, um hochauflösende Bilder einzelner Zellen zu erhalten

Protoplastenbewegungen während der Betrachtung/Analyse sind häufig storend und können durch das Einbetten in Agarose vermieden werden:

1. 0,3 % Agarose (w/v) unter Erhitzen in Protoplastenmedium lösen

2. Lösung auf ca. 45 °C abkühlen

3. 1 Volumen der Protoplastensuspension mit 0,5 Volumen der Agaroselösung mischen

4. sofort danach ein Aliquot (25–50 µl) auf einen Objektträger geben und (vorsichtig) ein Deckglas auflegen

5. 5 min bei Raumtemperatur inkubieren (bis die Agarose sich verfestigt hat)

Probenanalyse wie oben beschrieben

Die Möglichkeit des spektralen „Durchblutens" (*bleed-through*) ist ebenfalls bei der simultanen Expression mehrerer fluoreszierender Proteine (z. B. Co-Lokalisationsstudien, Analyse von Proteinkomplexen etc.) zu beachten. Die Spektren der verwendeten FP sollten sich daher möglichst stark unterscheiden, um eine eindeutige Analyse des jeweiligen FP zu erleichtern.

In jüngster Zeit hat die Konfokale-Laser-Scanning-Mikroskopie (CLSM) große Bedeutung erlangt, da sie nicht nur die Hintergrund/Durchblut-Problematik ganz oder teilweise umgehen kann, sondern auch ganz neue Analysemöglichkeiten eröffnet (z. B. FRET , FRAP- und FLIP-Analysen), die hier aus

Platzmangel nicht weiter behandelt werden (▶ Kap. 11). Darüber hinaus bietet die CLSM über die Möglichkeit zur Erzeugung und Analyse optischer Schnitte eine überlegene räumliche Auflösung, was eine wesentlich bessere Lokalisierung des Fluoreszenzsignals erlaubt. Konventionelle Fluoreszenzmikroskopie und CLSM unterscheiden sich nicht in der Vorbereitung und Behandlung der zu analysierenden Proben.

Anleitung A22.3

Mikroskopische Analyse von Blattgewebe

Die zu analysierenden Präparate stammen üblicherweise aus transienten Genexpressionsstudien oder von transgenen Pflanzenlinien mit Reportergenexpression.

Durchführung:

1. Verwendung eines Fluoreszenz-Stereomikroskops mit geringer Vergrößerung (2–10 ×), um Blätter oder Blattstücke mit hinreichender FP-Expression zu identifizieren

2. für detaillierte Analysen der Blattoberfläche (epidermale Zellen, Trichome, Stomata etc.) wird das identifizierte Material mit Hilfe von transparentem doppelseitigem Klebeband auf der Oberfläche eines Objektträgers befestigt. Alternativ kann etwas Wasser und ein Deckglas verwendet werden, was allerdings bei großen Präparaten problematisch sein kann

3. Querschnittpräparate (i. A. zur Analyse gewebespezifischer FP-Expression) werden mit einem Tropfen Wasser auf einen Objektträger gebracht und mit einem Deckglas bedeckt. Mikroskopieren wie oben beschrieben

Die Verwendung einer Negativkontrolle ist obligatorisch! Gewebe von Gewächshauspflanzen weist häufig verwundete oder stark gestresste Zellen auf, deren Fluoreszenzsignale in Farbe und Intensität kaum von GFP zu unterscheiden sind. Nekrotisches Gewebe zeigt häufig eine Fluoreszenz in einem weiten spektralen Bereich und ist leicht mit DsRED-Fluoreszenz zu verwechseln. Vor dem Einsatz fluoreszierender Reporterproteine sollte man sich mit dem zu erwartenden Hintergrundsignal im gewählten Zielgewebe vertraut machen.

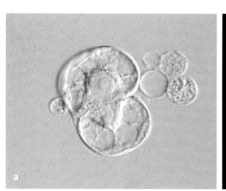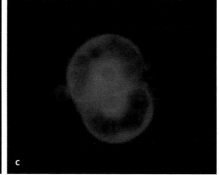

■ **Abb. 22.6** Transiente Expression von DsRED in Tabak-BY2 Protoplasten 16 Stunden nach der Transfektion. **a)** Durchlicht, **b)** negative Kontrolle und **c)** Protoplasten mit cytosolischer DsRED Expression. Typischerweise zeigen Cytosol und Zellkern deutliche Fluoreszenzsignale, wobei sich der Bereich des Nucleolus negativ abhebt.

Bei cytosolischer Expression von GFP, DsRED und anderen FP gleicher Größe wird das Signal typischerweise nicht nur im Cytosol, sondern auch im Zellkern auftauchen (wahrscheinlich über passive Diffusion der Proteine durch die Kernporen). Insbesondere bei der Charakterisierung von Kernlokalisationssignalen sollten daher Reporter wie ein GFP-GUS-Fusionsprotein eingesetzt werden, da diese (Fusions-)Proteine aufgrund ihrer Größe vom Zellkern ausgeschlossen sind und daher eine eindeutige Aussage über die Funktionalität des zu untersuchenden Signals erlauben.

22.3 Literatur

Chalfie M, Tu Y, Euskirchen G, Ward W, Prasher D (1994) Green fluorescent protein as marker for gene expression. *Science* 263:802–805

Labas YA, Gurskaya NG, Yanushevich YG, Fradkov AF, Lukyanov KA, Lukyanov SA, Matz MV (2002) Diversity and evolution of the green fluorescent protein family. *Proc Natl Acad Sci of USA* 99(7): 4256–4261

Matz MV, Fradkov AF, Labas YA, Savitsky AP, A.G. Zaraisky AG, Markelov ML, Lukyanov SA (1999) Fluorescent proteins from nonbioluminescent Anthozoa species. *Nature Biotech* 17(10): 969–973

Miyawaki A (2004) Fluorescent proteins in a new light. *Nature Biotech* 22(11): 1374–1376

Prasher D, Eckenrode V, Ward W, Prendergast F, Cormier M (1992) Primary structure of the *Aequoria victoria* green fluorescent protein. *Gene*111: 229–233

Shaner NC, Steinbach PA, Tsien RY (2005) A guide to choosing fluorescent proteins. *Nature Methods* 2(12): 905–909

Shaner NC, Campbell RE, Steinbach PA, Giepmans BNG, Palmer AE, Tsien RY (2004) Improved monomeric red, orange and yellow fluorescent proteins derived from *Discosoma* sp red fluorescent protein. *Nature Biotech* 22(12): 1567–1572

Tsien RY (1998) The green fluorescent protein. *Annual Rev Biochem* 67: 509–544

Qualitative und Quantitative Analyse in der Mikroskopie

Detlef Pütz, Christoph Hamers

23.1 Einleitung

Die Aufnahme und anschließende Analyse mikroskopischer Bilder hat sich in den letzten Jahren rasant verändert und befindet sich mit der technischen Weiterentwicklung immer sensitiverer und schnellerer Kameras sowie mit den wachsenden Anforderungen in Forschung und Diagnostik in stetem Fortschritt. Vorbei sind die Zeiten, in denen Spiegelreflexkameras mühsam an Mikroskope adaptiert wurden, und ein langwieriger Entwicklungsprozess der Bilder abgewartet werden musste, bevor über die Qualität der mikroskopischen Bilder entschieden werden konnte und eine qualitative und quantitative Analyse der Forschungsergebnisse möglich war.

Kleine und empfindliche CCD-Kameras lassen sich an nahezu jedes Mikroskop adaptieren und erlauben die digitale Aufnahme mikroskopischer Bilder. Nachdem vor einigen Jahren häufig preisgünstige digitale Consumer-Kameras an Mikroskope adaptiert wurden, ist dieser Trend eher rückläufig. Das Angebot an digitalen Mikroskopiekameras umfasst mittlerweile das gesamte Spektrum von absoluten High-end Kameras bis hin zu preisgünstigen und sehr guten Modellen für den täglichen Einsatz.

Neben der unkomplizierten Handhabung und Bedienung ist ein weiterer entscheidender Vorteil in der zunehmenden Aufnahmegeschwindigkeit von digitalen Mikroskopiekameras zu sehen. Die moderne biomedizinische Forschung erfordert in zunehmendem Maße die Analyse dynamischer Prozesse *in vivo* – von der Migration einzelner Zellen oder Zellgruppen im gesamten Organismus bis hin zur Dynamik einzelner Moleküle auf zellulärer Ebene. Durch immer höhere Bildraten bei digitalen Mikroskopiekameras lassen sich viele Prozesse mittlerweile in Echtzeit verfolgen und erlauben Einblicke in Prozesse, die mit der Kameratechnik vergangener Tage nicht zu beobachten waren.

Durch die Möglichkeit, sämtliche Komponenten des Mikroskops sehr präzise und erschütterungsarm zu motorisieren, eröffnen sich dem Nutzer in Kombination mit der entsprechenden Steuer- und Aufnahmesoftware die Möglichkeiten der mehrdimensionalen Analyse. Moderne Softwarepakete erlauben 6D-Imaging: zeitaufgelöste Mikroskopie in den drei räumlichen Dimensionen mit verschiedenen Anregungswellenlängen und an verschiedenen x,y Koordinaten auf dem Präparat (Multipoint).

Es bleibt zu beachten, dass die digitale Kameratechnik den Mikroskopiker dazu verleiten könnte, eine große Menge an Daten zu produzieren. Umso wichtiger ist die genaue Vorbereitung des Experiments und dessen exakte Durchführung. Der Experimentator darf in der Daten- und Bilderflut nie den Blick für die relevanten Daten verlieren.

Dieses Kapitel soll eine Übersicht über die Erfassung mikroskopischer Bilder bieten und dem Leser einige Möglichkeiten der qualitativen und quantitativen Auswertung dieser Bilder aufzeigen.

23.2 Erstellung mikroskopischer Bilder

23.2.1 Digitale Kameras

Bis zur Entwicklung von CCD-Kameras wurden Röhrenkameras verwendet. Zur Erzeugung eines Kathodenstrahles waren diese Kameras mit einem Glaskolben versehen, dessen Ende eine rechteckige Metallblende aus Bleioxid bildet. In dieser Kathodenstrahl-Röhre wird ein volles Bild (*one frame*) durch Übereinanderlagerung von zwei Halbbildern (*field*) aufgebaut. Dem europäischen Pal System der analogen Kameras entsprechend werden 25 Voll- bzw. 50 Halbbilder erzeugt, wobei folgende Signale entstehen können:

- Composite: VHS-Signal (Video Home System)
- Y/C: S-VHS Farbsignal bei Aufspaltung in Crominanz (Farbinformationen) und Luminanz (Helligkeitsinformationen)
- RGB: Farbsignal, welches in einem roten, grünen und blauen Kanal weitergegeben wird.

CCD-Kameras haben Anfang der Neunziger Jahre des vergangenen Jahrhunderts die analogen Röhrenkameras allmählich vom Markt verdrängt. Diese besitzen im Gegensatz zu den Röhren als zentrales Element einen **CCD**-Chip (*charge-coupled device*, ladungsgekoppeltes Halbleiterelement).

Trifft Licht auf die lichtsensitiven Elemente (**Pixel**: *picture elements*) des CCD-Chips einer Digitalkamera, werden in Abhängigkeit der auftreffenden Photonen Ladungen erzeugt. Das analoge Signal „Anzahl der Ladungen" wird zunächst analog ausgelesen (Verschieben der Ladungen), in ein digitales Signal umgewandelt und anschließend per USB oder FireWire (IEEE1394) an den Rechner weitergegeben. Je nach Kameratyp besteht auch die Möglichkeit der Signalübertragung von der Kamera zu einer PCI Karte im PC.

Jede analoge Information zu einem Bild wird also anschließend digitalisiert. Nur so kann dieses weiterverarbeitet und schließlich gespeichert werden.

0   255

◘ **Abb. 23.1** Beispielhafte Graustufenskala einer Schwarz-Weiß-Kamera.

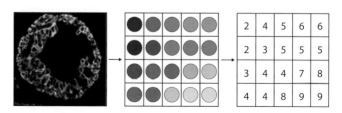

◘ **Abb. 23.2** Digitale Darstellung eines 2-dimensionalen Graustufenbildes. Ein Teilbereich des linken Originalbildes wird im Rechner umgesetzt in diskrete Grauwertinformationen. Die rechte Abbildung zeigt die Umsetzung in numerische Werte.

Die Digitalisierung erfolgt über einen A/D-Wandler (Analog/Digital), der das analoge Signal der Kamera umformt. Meist verfügt ein Schwarz-Weiß-System über 256 Graustufen (8 Bit), wobei die Grauwertskala bei 0 (schwarz) beginnt und bei 255 (weiß) endet (■ Abb. 23.1).

Ein Pixel wird im Schwarz-Weiß-Bild eindeutig durch seine Position (x,y Koordinaten) und seinen Grauwert definiert. Die digitale Darstellung ist durch eine Pixelanordnung definiert, in der die Position der Bildpunkte und die entsprechenden Graustufenwerte wiedergegeben werden (■ Abb. 23.2).

23.2.2 Bilddarstellung bei digitalen Schwarz-Weiß- oder Farbkameras

Im Rechner werden alle 256 oder mehr Grauwerte bzw. Helligkeitswerte gespeichert. Ein Computer kann aber zunächst nur zwei Zustände darstellen:

Strom aus (0) / Strom ein (1) – 1 **Bit** (= 2^1 Zustände)

Werden mehrere Zustände (Grauwerte) dargestellt, muss eine größere Anzahl von Bits miteinander kombiniert werden. Bei Nutzung von 3 Bit können bereits 8 Graustufen beschrieben werden.

3 x 8 Zustände können 2^3 = 8 Zustände darstellen:

Sollen 256 Graustufen wiedergeben werden, wird eine Kamera mit 8 Bit benötigt (■ Abb. 23.3).

1. Bit	0	1	0	1	0	1	0	1
2. Bit	0	0	1	1	0	0	1	1
3. Bit	0	0	0	0	1	1	1	1

■ **Abb. 23.3** Darstellung verschiedener Graustufen über die Kombination mehrerer Bits.

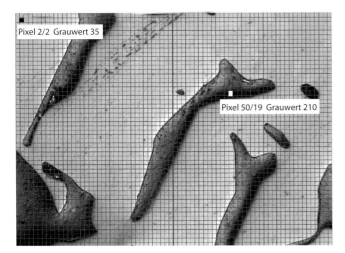

Pixel 2/2 Grauwert 35

Pixel 50/19 Grauwert 210

■ **Abb. 23.4** Beispielhafte Darstellung von Pixelwerten in einem 8-Bit-Graustufen Bild.

Bei einem 600 x 800 Pixel großen Bild entstehen 480 000 Bildpunkte, wobei die Koordinaten eines Pixels und deren Helligkeit festgeschrieben sind. Es erhält z. B. der Bildpunkt, der sich in der linken oberen Ecke befindet die Angaben 1/1/0 (Pos. X / Pos. Y / Grauwert), falls es sich um ein schwarzes Pixel handelt. Der entgegengesetzte Bildpunkt wird mit der Angabe 800/600/255 wiedergegeben, falls der Bildpunkt weiß ist. Es resultiert daraus ein so genanntes BitMap, welches aus Hunderttausenden von Pixeln besteht. Dieses beschreibt die Anzahl der Bildpunkte, deren Lage und ihre Grauwerte (■ Abb. 23.4).

Bei Einsatz einer Farbkamera wird in der Regel das so genannte RGB Modell benutzt. Hier werden die roten, grünen und blauen Anteile eines Bildpunktes zur Charakterisierung benötigt. Um ein Farbbild zu erstellen, wird mit Farbfiltern (z. B. **Mosaik oder Bayer Filter**) gearbeitet. Ein Bayer-Filter besteht aus gefärbten Linsen (Rot/Grün/Blau), die sich über den Pixeln des Kamera-Chips befinden. Das durch die Linsen gefilterte Licht, kann zur Bestimmung des Farbwertes herangezogen werden, wobei bei diesem Kameratyp die Farbe der benachbarten Pixel interpoliert wird. Es kann alternativ auch eine Dreichip-Kamera eingesetzt werden, wobei die drei Chips den Farben Rot, Grün und Blau zugeordnet sind. Das über den Strahlengang des Mikroskops einfallende Licht wird zunächst an einem Prisma in der Kamera gestreut und anschließend auf die entsprechenden Sensor-Chips geleitet. Mit diesen Drei-Chip Kameras werden sehr gute Farbbilder erzeugt.

Die digitalen Rot/Grün/Blau-Werte (**RGB**) werden durch folgende Intensitäts- bzw. Farbwerte charakterisiert:

000/000/000	schwarz
125/125/125	grau
255/255/255	weiß
255/000/000	rot
000/255/000	grün
000/000/255	blau

Für die meisten gängigen Mikroskopieverfahren (Hellfeldaufnahmen, Phasenkontrast, DIC (Differential-Interferenz-Kontrast), Polarisation, etc.) werden Farbkameras unterschiedlicher Sensitivität und Auflösung eingesetzt. Eine Ausnahme stellt die Fluoreszenzmikroskopie dar. Hier werden häufig wegen der höheren Empfindlichkeit der Detektoren Schwarz-Weiß-Kameras verwendet. Bei allen Mikroskopieverfahren, bei denen aufgrund sehr schwacher Signale – wie im Falle der Fluoreszenz – mit längeren Belichtungszeiten gearbeitet werden muss, werden häufig gekühlte CCD-Kameras (bis zu –120 °C) eingesetzt. Lange Belichtungszeiten führen zu einem höheren Rauschanteil im Signal, der sich bei Kühlung des CCD-Chips in einem gewissen Temperaturbereich bei einer Absenkung um jeweils 7 °C halbiert.

Die Sensitivität von Kamerachips wird neben der nachgeschalteten Elektronik in erster Linie durch die Größe der Pixel definiert. Je größer ein lichtsensitives Element ist, desto mehr Photonen können pro Zeiteinheit detektiert werden. Die Pixelgröße ist jedoch bei gleichbleibender Chipgröße umgekehrt proportional zur Auflösung des Bildes.

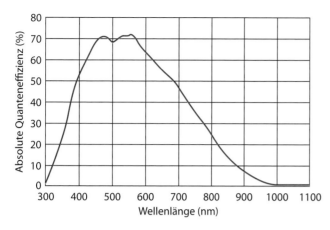

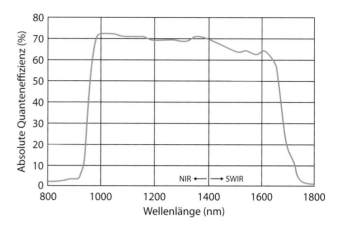

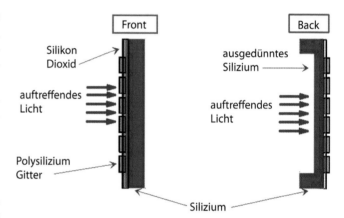

Abb. 23.5 Abhängigkeit der Quanteneffizienz von der Wellenlänge des detektierten Lichtes. Links: Quantenausbeute für Standard-Kamera. Rechts: Quantenausbeute für Kamera mit hoher Empfindlichkeit im IR Bereich.

Die Sensitivität (**Quantenausbeute**) einer Kamera ist nicht über den gesamten Bereich des Lichtspektrums gleich (**Abb. 23.5**). Je nach Wellenlänge des zu detektierenden Lichtes (Fluoreszenzmikroskopie, IR-DIC …) empfiehlt sich daher die Auswahl einer geeigneten Kamera.

Neben herkömmlichen CCD Kameras findet man im Mikroskop-Bereich immer häufiger Kameras, die einen Back-Illuminated Sensor, einen EMCCD oder sCMOS Chip beinhalten.

■ **Back Illuminated Chips**

Ein Back-Illuminated Chip wird im Gegensatz zu einem Front-Illuminated Chip umgekehrt betrieben (**Abb. 23.6**). Zusätzlich wird dieser auf ca. 15 μm Dicke ausgedünnt, wobei sich die Elektroden auf der Rückseite des einfallenden Lichtes befinden. Damit die Reflexion des Lichtes minimiert wird, wird der Chip mit Antireflexionsbeschichtungen versehen, sodass das Licht bestimmter Wellenlängenbereiche von UV bis NIR optimal erfasst werden kann. So erreicht man Quanteneffizienzen von über 90 %. Diese Back-Illuminated Chips werden für besonders lichtschwache Applikationen eingesetzt.

Verglichen mit Front-Illuminated Chips haben Back-Illuminated Chips jedoch auch einige Nachteile: Dazu zählen eine größere Inhomogenität und höhere Anzahl von defekten Pixeln aufgrund der zusätzlichen Fertigungsprozesse.

Neben den Interferenzstrukturen im NIR-Bereich ist ein ca. 2-fach höherer Dunkelstrom bei gleicher CCD-Kühltemperatur zu erwähnen. Vor allem der deutlich höhere Preis macht sich bei diesen Kameras bemerkbar.

■ **EMCCD**

Ein EMCCD-Chip ist besonders leistungsfähig bei schlechten Lichtverhältnissen. EMCCD steht für Electron Multiplying Charge Coupled Device. Es werden also Elektroden mit einer hohen Verstärkung (bis mehr als 1000x) betrieben. Das macht Kameras, die mit diesem Sensor ausgestattet sind, besonders interessant für Applikationen im UV- und NIR-Bereich. Der Einsatz erstreckt sich zwischen 350 nm bis 1100 nm und bei bis zu 200 μLux.

Abb. 23.6 Aufbau eines Front- und eines Back-Illuminated Kamera CCD-Chips.

■ **sCMOS**

sCMOS Mikroskopiekameras (scientificCMOS) besitzen durch eine neuartige Chipstruktur in vielen Mikroskopieanwendungen erhebliche Vorteile.

Diese Kameras verfügen über eine sehr hohe Bildrate im Vergleich zu einem CCD gleicher Größe. Dies ist unter anderem wichtig bei einer schnellen Vorschau-Ansicht und sehr schnellen Aufnahmen mit Videorate (25 Bilder pro Sekunde oder schneller). Außerdem warten sie mit einer hohen Auflösung, einem großen Dynamikbereich, geringem Rauschen und einem großen Sehfeld auf. Weitere Vorteile bestehen darin, dass diese Chips durch direkte Adressierung flexibler auszulesen sind. Mehrfaches Auslesen, Binning und gleichzeitiges Auslesen mehrerer Pixel lassen sich leicht realisieren. sCMOS-Kameras werden meist in der Mikroskopie von lebenden Zellen, der konfokalen Mikroskopie, der super-auflösenden Mikroskopie, der Fluoreszenz-Spektroskopie, der Einzelmolekül-Detektion, Spinning Disk, FRET/FRAP, der TIRF Mikroskopie, der Bio- & Chemo-Lumineszenz und nicht zuletzt im Bereich des „High content"-Screening eingesetzt.

23.2.3 Das Nyquist-Theorem

Die Ortsauflösung von Details in einem Bild wird durch die Auflösung des Objektivs und der Anzahl der Pixel des CCD-Sensors bestimmt. Auf dem Bild sollte ein Hell-Dunkel-Übergang von zwei benachbarten Bildpunkten noch erkannt werden.

Um dem **Nyquist-Kriterium** zu entsprechen, sollte die digitale Auflösung die optische Auflösung um mindestens das Doppelte übersteigen, damit die Details eines Bildes optimal dargestellt werden können. Eine zu geringe Auflösung (*undersampling*) führt zu Qualitätsverlusten im Bild, während eine zu hohe Auflösung unnötig große Datenmengen produziert.

◘ Tabelle 23.1 gibt die minimale Anzahl von Bildpunkten an, die notwendig ist, um die Auflösung eines Objektivs optimal wiederzugeben.

Voraussetzung bei den Werten dieser Tabelle ist, dass ein Mikroskop mit einem 25 mm-Sehfeld und einer Kamera ausgestattet ist, die einen 2/3 Zoll Chip aufweist, der eine Größe von 8,5 x 6,4 mm hat. Je höher das Objektiv vergrößert, welches am Mikroskop verwendet wird, umso weniger Pixel muss die eingesetzte Kamera aufweisen.

23.2.4 Verwendung des adäquaten Kameraadapters

Die Größe der Kamerachips, welche die Industrie liefert, nimmt in der Regel immer mehr ab. Heute wird ein Großteil der Chips in einer Größe von 1/4 oder gar 1/5 Zoll hergestellt. Diese Miniaturisierung muss bei Verwendung eines Mikroskops mit Hilfe eines Adapters mit integrierter Linse ausgeglichen werden. Der Adapter zwischen Kamera und Mikroskop sollte über diese zusätzliche Optik verfügen, um einen Großteil des im Okular sichtbaren Bildes auch auf dem Monitor wiederzugeben. Durch die

rechteckige Geometrie des Kamerachips und das runde Sichtfeld im Okular wird nie eine vollständige Übereinstimmung erreicht, jedoch lässt sich die Übereinstimmung für beliebige Chipgrößen durch in die Kameraadapter (*C-mounts*) integrierte Linsen optimieren (◘ Abb. 23.7). Ebenso definiert der korrekte Kameraadapter die nach dem Nyquist-Kriterium definierte optimale Auflösung des mikroskopischen Bildes auf dem Kamerachip.

Kameras, die einen Chip mit einer Größe von 1 Zoll enthalten, sind selten. Wird diese Chipgröße verwendet, so ist es nicht notwendig, den Adapter mit einer Linse auszustatten; auch so wird der größte Teil der runden Fläche des Mikroskopbildes auf dem rechteckigen Monitor dargestellt. Meistens verfügen die Mikroskopkameras aber über einen 2/3 Zoll Chip. Hier sollte ein Adapter mit einer 0,6x-Linse ausgestattet sein. Ist der Chip noch kleiner, zum Beispiel 1/2 Zoll, so wäre ein Adapter mit einer 0,4x-Linse notwendig, um das komplette Bild, das vom Mikroskop generiert wird, auf den Kamerachip und letztlich auf den Monitor zu übertragen.

Chipgröße	Bilddiagonale	Mikroskopadapter
1 Zoll	16 mm	keine Linse
2/3 Zoll	11 mm	0,6x-inse
1/2 Zoll	8 mm	0,45x-Linse
1/3 Zoll	6 mm	0,35x-Linse

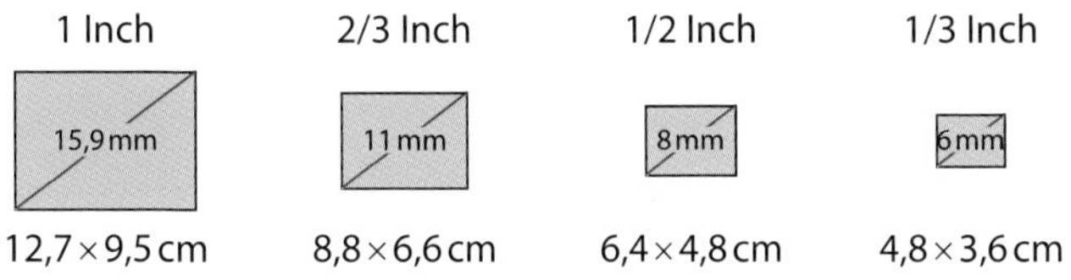

1 Inch	2/3 Inch	1/2 Inch	1/3 Inch
15,9 mm	11 mm	8 mm	6 mm
12,7 × 9,5 cm	8,8 × 6,6 cm	6,4 × 4,8 cm	4,8 × 3,6 cm

◘ **Abb. 23.7** Verwendung der optimalen Kameraadapter bei unterschiedlichen Kamerachipgrößen. Je kleiner der Kamerachip, umso höher muss die Nachvergrößerung der Linse im Adapter sein.

◘ **Tab. 23.1** Notwendige digitale Auflösung bei Verwendung verschiedener Objektive

Objektiv		Numerische Apertur	Pixel horizontal	Pixel vertikal	Millionen Pixel
CFI Macro Plan Apochromat	0.5x	0.025	3265,00	2458,00	8.0
CFI Plan Apochromat	1x	0.05	3265,00	2458,00	8.0
CFI Plan Apochromat	2x	0.1	3265,00	2458,00	8.0
CFI Plan Apochromat	4x	0.2	3265,00	2458,00	8.0
CFI Plan Apochromat	10x	0.45	2913,00	2193,00	6,40
CFI Plan Apochromat	20x	0.75	2444,00	1840,00	4,50
CFI Plan Apochromat	40x	0.95	1525,00	1148,00	1,80
CFI Plan Apochromat	40x	1.0	1623,00	1222,00	2.0
CFI Plan Apochromat	60x	0.95	1017,00	765,00	0.8
CFI Plan Apochromat	60x	1,40	1486,00	1119,00	1,70
CFI Plan Apochromat	100x	1,40	891,00	671,00	0.6

23.2.5   Kalibrierung

Um Strukturen in einem Bild vermessen zu können und daraus absolute Zahlenwerte zu erhalten oder um eine Messskala im Bild zu platzieren, muss zunächst ein Kalibrierungsfaktor für alle Objektive (Vergrößerungen) erstellt werden. Dazu wird ein Messmikrometer verwendet, welches eine Skala in Mikrometern aufweist. Das auf dem Monitor sichtbare Bild zeigt diese Skala, wobei zwei möglichst weit auseinander liegende Punkte mit dem entsprechenden Abstand in der Software einzugeben sind. Aus diesen Eingaben wird ein Kalibrierungsfaktor errechnet, der angibt, wie viele Mikrometer einem Pixel des digitalen Bildes entsprechen. Wird mit einem bestimmten Objektiv gearbeitet, so ist immer der dazugehörige Faktor zu berücksichtigen. Handelt es sich um ein Mikroskop mit automatisiertem Objektivrevolver, so wird der richtige Wert nach einmaliger Kalibrierung automatisch zugeordnet.

23.2.6   Bildformate und Komprimierung

Die auf dem Monitor dargestellten Bilder können dann im Rechner auf einem Speichermedium festgehalten werden. Dabei sind verschiedene Formate möglich, wobei eines der gebräuchlichsten das Bitmap (BMP) Format ist.

Die Bilder dieses Formates können mit unterschiedlicher Bittiefe gespeichert werden, wobei es meist BMP-Dateien mit 24 Bit (3 x 8 Bit, True Color) sind. Diese werden verlustfrei abgelegt, benötigen daher aber in der Regel viel mehr Speicherplatz als andere Formate.

Sinnvolle Formate, die zum Abspeichern von Bildern oder Videos in der Mikroskoptechnik herangezogen werden, sind TIF, JPG und ND2. Diese können teilweise komprimiert werden, was jedoch nicht immer sinnvoll ist, da zum Teil viele qualitative Informationen verlorengehen. (◘ Abb. 23.8).

In der Regel benötigt ein Farbbild im TIF-Format 3 bis 4 Mbyte Speicherplatz, wohingegen ein JPG-Bild gleicher Größe und Auflösung nur ca. die Hälfte einnimmt.

Bei der Auswahl des Bildformates sollte darauf geachtet werden, dass das Format auch über einen Header verfügt, in den wichtige Informationen zu dem entsprechenden Bild abgelegt werden können. Verschiedene Daten wie Uhrzeit, Aufnahmedatum, Kalibrierungsfaktor, Mikroskoptyp, Objektiv, Mikroskop-Settings und Dateigröße sollten vom motorisierten System automatisch erkannt und eingetragen werden und andere Eintragungen, wie Kommentare, Bemerkungen, Probenart und Details zur Probe sollte der Anwender selbst eingeben können. Aufgrund dieser Metadaten kann durch Eingabe eines sinnvollen Filters (z. B. Objektiv, Datum o. ä.) schnell wieder auf die Bilder zugegriffen werden, die diesen Bedingungen entsprechen.

23.3   Bildanalyse

23.3.1   Konventionelle Verfahren zur Bildanalyse

Die quantitative und qualitative Analyse mikroskopischer Strukturen wird allgemein als Bildanalyse bezeichnet. Die quantitative Bildanalyse dient der Gewinnung numerischer Daten durch Vermessung der im Mikroskop sichtbaren Strukturen.

23.3.1.1   Verwendung eines Okularmikrometers

Die einfachste Form der konventionellen Bildanalyse ist die Vermessung mikroskopischer Strukturen durch Verwendung eines skalierten **Okularmikrometers**, welches in das Okular eingesetzt wird. Um korrekte Messwerte zu erhalten, muss dieses Okularmikrometer für jedes einzelne Objektiv kalibriert werden. Dazu wird ein **Messmikrometer** (z. B. 1 mm unterteilt in Einheiten von 10 µm) verwendet, das sich auf einem Objektträger befindet. Durch Bestimmung des Quotienten aus einer bestimmten Länge auf dem Messmikrometer (X) und der entsprechenden Anzahl der Skalenintervalle auf dem Okularmikrometer (Y) wird ein Eichwert (E) errechnet. Das Produkt aus Eichwert (E) und der Anzahl der Skalenintervalle (Y) der

◘ **Abb. 23.8** Qualitätsunterschiede bei verschiedenen Bildformaten und Kompressionsfaktoren.

gemessenen Länge einer Struktur ergibt für jedes verwendete Objektiv den korrekten Messwert (L) (A23.1). Wenn anstatt des skalierten Okularmikrometers eine gerasterte Okularmessplatte verwendet wird, kann mit dieser Methode auch die Anzahl bestimmter Strukturen pro Fläche ermittelt werden.

23.3.1.2 Verwendung einer Zählkammer

Zur Bestimmung der Anzahl von Zellen oder Mikroorganismen in einem Medium (z. B. Mikroalgen, Blutzellen oder Bakterien) finden häufig Zählkammern Verwendung (Neubauer- oder Thoma-Zählkammern). Eine Zählkammer besteht aus einer Glasplatte, in der ein von zwei Stegen begrenztes, etwas vertieftes Messfeld liegt. Auf diesem befindet sich ein aus unterschiedlich großen Quadraten gebildetes Zählgitter, welches sich je nach Typ der verwendeten Zählkammer unterscheidet. Durch ein auf die Stege der Kammer aufgelegtes Deckgläschen entsteht ein Raum mit genau definiertem Volumen, in welchen suspendierte Zellen oder Mikroorganismen durch Kapillarkraft eingesaugt werden. Mit Hilfe des Mikroskops können jetzt die auf den Mess-Quadraten befindlichen Zellen ausgezählt und deren Gesamtzahl pro Volumen errechnet werden.

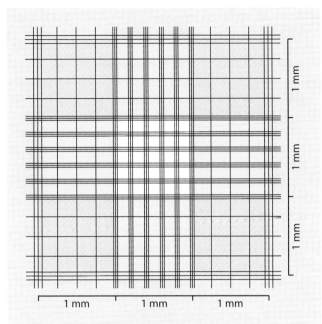

◘ **Abb. 23.9** Zählkammer nach Neubauer-improved. Die Kleinstquadrate sind nicht in der Abbildung dargestellt).

Längenmessung mit Hilfe eines Okularmikrometers
Eichformel

$$\frac{X}{Y} = E$$

X= Länge Messmikrometer (mm); Y= Anzahl der Skalenintervalle auf dem Okularmikrometer; E= Eichwert (mm)

Längenmessung:

$$L = E \cdot Y$$

L = Länge der gemessenen Struktur; E = Eichwert; Y = Anzahl der Skalenintervalle auf dem Okularmikrometer

Bestimmung der Anzahl von z. B. Zellen mit Hilfe einer Zählkammer:

Das Zählgitter der Neubauer-*improved*-Kammer besteht aus einem Quadrat mit einer Seitenlänge von 3 mm, also einer Fläche von 9 mm². Es wird unterteilt in 9 Großquadrate von je 1 mm² Fläche, die durch besondere Liniensysteme abgegrenzt sind. Das zentrale Großquadrat ist wiederum in 5 x 5 kleinere Gruppenquadrate mit je 0,2 mm Kantenlänge unterteilt, deren Fläche jeweils 0,04 mm² beträgt. Jedes Gruppenquadrat ist in 4 x 4 Kleinstquadrate mit je 0,05 mm Kantenlänge und einer Fläche von jeweils 0,0025 mm² unterteilt. Bei einer Kammerhöhe von 0,1 mm wird errechnet:

Volumen über einem Großquadrat:
1 mm x 1 mm x 0,1 mm = 0,1 mm³

Volumen über einem Gruppenquadrat:
0,2 mm x 0,2 mm x 0,1 mm = 0,004 mm³

▼

Volumen über einem Kleinstquadrat:
0,05 mm x 0,05 mm x 0,1 mm = 0,00025 mm³

Verwendung einer Zählkammer am Beispiel der Auszählung von Erythrocyten:
Um die Anzahl von Erythrocyten pro mm³ zu erhalten, wird die Zellzahl in den fünf Gruppenquadraten bestimmt und nach folgender Formel gerechnet:

$$Zellzahl/mm^3 = \frac{(n \times a \times b \times d)}{c}$$

n = Gesamtzahl der gezählten Erythrocyten, a = Blutverdünnungsgrad (bei einer Verdünnung von 1:200 → konstanter Faktor von 200), b = Multiplikationsfaktor um die gegebene Kammerhöhe von 0,1 mm auf 1 mm hochzurechnen → konstanter Faktor von 10, d = Anzahl der auf 1 mm² Fläche enthaltenen Gruppenquadrate von jeweils 0,04 mm² Fläche → konstanter Faktor von 25, c = Anzahl der ausgezählten Gruppenquadrate.

23.3.2 Digitale Analyse

23.3.2.1 Manuelle digitale Messungen

Sollen Strukturen auf einem Bild vermessen werden, so kann das manuell mit Hilfe der Computermaus erfolgen. Um zum Beispiel eine Länge zu ermitteln, werden zwei Punkte definiert, deren Abstand anschließend durch den zuvor bestimmten Kalibrierungsfaktor errechnet wird. Zur Berechnung von Flächen werden die zu bestimmenden Strukturen im kalibrierten Bild entsprechend umfahren. Auf diese Art lassen sich ebenso Durchmesser, Anzahl, Winkel und weitere geometrische Parameter ermitteln. Bei Zeitserien können dementsprechend Änderungen dieser Parameter sowie Geschwindigkeiten von sich bewegenden Objekten quantitativ analysiert werden.

23.3.2.2 Automatisierte Messungen

Soll vollautomatisch gemessen werden, so lassen sich zunächst verschiedene Algorithmen zur Bildbearbeitung einsetzen, um die zu vermessenden Strukturen hervorzuheben.

Anschließend wird durch die Eingabe eines Schwellenwertes (Intensität, Farbe) eine binäre Maske generiert, die festlegt, welche Objekte zu vermessen sind. Auch besteht die Möglichkeit durch automatische oder manuelle Erstellung einer *region of interest* (ROI) zu definieren, welcher Teilbereich für die Messung verwendet wird (◘ Abb. 23.10).

Die eigentliche Messung läuft sehr schnell ab und liefert innerhalb von Sekunden die entsprechenden Messwerte. Die Mess- und Auswertealgorithmen lassen sich in einem Makro zusammenfassen und somit kann sehr schnell ein Bildfeld nach dem anderen ausgewertet werden. Weiterhin kann dies mittels eines motorisierten Mikroskoptisches optimiert werden, der dann ein Feld nach dem anderen in Verbindung mit dem Makro erfasst und auswertet. Nicht alle Proben lassen sich automatisch vermessen, da die Strukturen, die das System automatisch erkennen soll, oft nur unklar von der Kamera abgebildet werden oder aber zur vollautomatischen Erfassung weniger gut geeignet sind. Es kann dann vom System zunächst eine automatische Optimierung des Bildes mit nachgeschalteter Schwelleneingabe erfolgen. Werden dabei nur zum Beispiel 70 Prozent der Strukturen auf dem Bild korrekt erkannt, so können die restlichen 30 Prozent manuell korrigiert werden.

Selbst dadurch ist oft eine Arbeitserleichterung gegeben und führt wesentlich schneller zu der Anzahl an Messergebnissen, die notwendig sind, um stabile Resultate zu erreichen.

Der große Vorteil besteht darin, dass die Bedingungen für die Analyse immer konstant bleiben und große statistisch relevante Datenmengen in einem Arbeitsablauf ausgewertet werden können.

Unterschiedliche Messoptionen sind möglich. Man unterscheidet zwischen morphometrischen, densitometrischen und kolorimetrischen Messungen.

23.3.2.3 Spezielle Verfahren in der digitalen Mikroskopie
Aufnahmen von Panoramabildern

Oft ist es sinnvoll bei z. B. histologischen Präparaten, sowohl Details in hoher Auflösung darzustellen als auch Übersichtsaufnahmen zu generieren. Dazu werden Einzelaufnahmen benachbarter Positionen des Gesamtpräparates in mäanderförmiger Weise aufgenommen und ohne sichtbare Grenzen zu einem Gesamtbild zusammengefügt (◘ Abb. 23.11). Dieses kann sowohl manuell softwaregestützt (Erkennung benachbarter Strukturen: „*stitching*") oder auf eine noch effektivere Art mit Hilfe von sehr präzisen automatisierten XY-Kreuztischen erfolgen. Voraussetzungen für ein optimales Stitching sind eine exakte Kalibrierung des Objektivs und des Weiteren sollte der Winkel zwischen Probentisch und Kameraposition weniger als 2 Grad betragen. Damit der Algorithmus ein optimales Panoramabild zusammensetzen kann, müssen die benachbarten Einzelaufnahmen zu einem gewissen Grad überlappen.

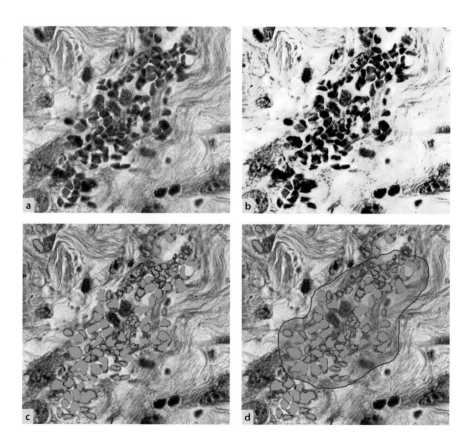

◘ **Abb. 23.10** Quantifizierung von Strukturen innerhalb eines digitalen Bildes. **a)** unbearbeitetes Bild; **b)** Bild nach Kontrastspreizung und Änderung des Gamma-Wertes; **c)** durch Definition eines Schwellenwertes kann eine binäre Maske (Grün) erstellt werden; **d)** Eine ROI, welche den Messbereich definiert, kann im Bild festgelegt werden.

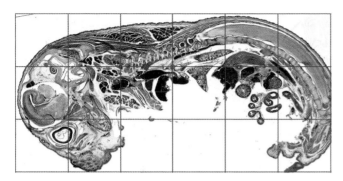

Extended Depth of Focus (EDF)

Oft wird ein dreidimensionales mikroskopisches Präparat nicht in der Hauptfokusebene vollständig scharf abgebildet. Das Software-Modul **EDF** ermöglicht, aus einer Serie von Bildern in aufeinanderfolgenden Z-Ebenen ein in allen Bereichen scharfes Bild zu erstellen. Aus der jeweiligen Z-Ebene werden die Bildanteile im Fokus zur Berechnung des neuen Bildes herangezogen. Zur räumlichen Darstellung ist es daher auch möglich, aus diesem Z-Stapel ein dreidimensionales Bild zu generieren, welches in alle Richtungen gedreht werden kann. Zusätzlich können auf dem dreidimensionalen Bild sichtbare Strukturen auch vermessen werden (◻ Abb. 23.12).

Dekonvolution

Dekonvolution (Entfaltung) ist ein spezielles Bildbearbeitungs-Verfahren, welches vorwiegend in der Weitfeld-Fluoreszenzmikroskopie Verwendung findet. Es dient dazu, die Unschärfen des Bildes durch Verwendung von mathematischen Filtern oder Algorithmen zu verringern, welche durch Fluoreszenzsignale außerhalb der Fokusebene oder durch negative physikalische Eigenschaften des optischen Systems hervorgerufen werden. Als Ergebnis erhält man kontrastreiche Fluoreszenz-Bilder mit einem erheblich verbesserten Signal zu Rausch Verhältnis.

Aufgrund der Beugung des Lichtes werden Bildpunkte in einem Mikroskop nicht als wirkliche Punkte, sondern als Beugungsscheibchen abgebildet, die Anhand ihrer *Point Spread Function* (▶ Kapitel 1) charakterisiert werden können. Diese bilden die Grundlage für die unterschiedlichen mathematischen Algorithmen einer Dekonvolutions-Software.

Mit Hilfe der verwendeten optischen Parameter des Objektivs, wie der numerischen Apertur, der Vergrößerung, der Höhe des Arbeitsabstandes und der Wellenlänge des Fluoreszenzfilters lässt sich die *Point Spread Function* berechnen. Alternativ dazu kann diese aber auch mit Hilfe von fluoreszierenden Mikrokügelchen (Nano Beads) bestimmt werden. In der Regel wird zur Durchführung der Dekonvolution zunächst ein Stapel von Fluoreszenzbildern aufgenommen, die jede einzelne Fokusebene des Objektes erfassen. Es können verschiedene Arten der Dekonvolution unterschieden werden:

Bei der *Blind*-Dekonvolution wird die *Point Spread Function* bei jedem Rechenvorgang neu bestimmt und somit optimiert. Sie liefert die akkuratesten Ergebnisse, benötigt aber zur Berechnung auch viel Zeit.

Die *Non-Blind*-Dekonvolution geht von einer konstanten *Point Spread Function* aus, die im ersten Rechenschritt bestimmt wurde und im Anschluss nicht mehr optimiert wird. Sie ist weniger zeitintensiv, aber dafür nicht so genau wie die Blind-Dekonvolution.

Die *Fast*-Dekonvolution verwendet als Grundlage einen sogenannten Wiener Filter. Sie geht, wie auch die Non Blind-Dekonvolution, von einer konstanten *Point Spread Function* aus, benutzt aber einen auf hohe Geschwindigkeit optimierten mathematischen Algorithmus.

Unabhängig von der Art der verwendeten Dekonvolution (*Blind* oder *Non-Blind*) wird entweder eine 2D- oder eine 3D-Dekonvolution durchgeführt. Bei Ersterer wird die Dekonvolution auf jede einzelne Fokusebene eines Z-Stapels in X-Y Richtung errechnet, wobei die Informationen des darüber oder darunter liegenden Bildes nicht berücksichtig werden. Im Gegensatz dazu wird bei der 3D-Dekonvolution auch die Information der benachbarten Bilder jeder Fokusebene berücksichtigt. Hier bezieht sich die Berechnung also auf das ganze Volumen eines Z-Stapels.

In der Regel nimmt die Berechnung einer Dekonvolution einige Zeit in Anspruch und erfordert die vorherige Aufnahme eines Z-Stapels. Im Gegensatz dazu kann die *Real Time*-Dekon-

23

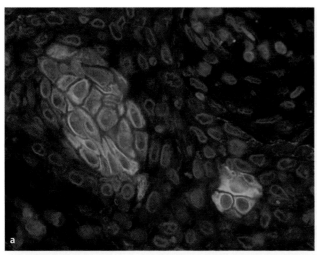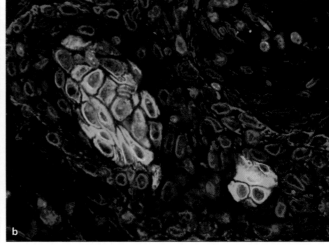

■ **Abb. 23.13 a)** Zweidimensionales Bild vor und **b)** nach RT-Dekonvolution.

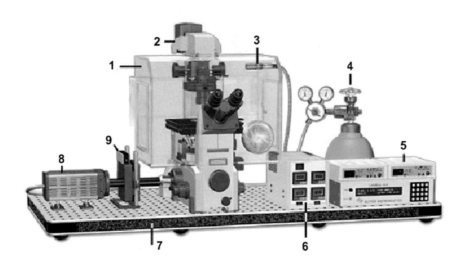

■ **Abb. 23.14** Motorisiertes Mikroskopsystem. Das System besteht aus folgenden Komponenten: Klimakammer (1), Mikroskopstativ (2), CO_2 Sensor (3), CO_2-Mixer und -Flasche (4), Kontrolleinheit für Heiztisch und motorisierten Fluoreszenzshutter (5), Kontrolleinheit für Temperatur der Klimakammer (6), Antivibrationstisch (7), CCD-Kamera System (8), motorisiertes Fluoreszenzfilterrad (9).

volution sogar am Live-Bild angewendet werden. Es handelt sich hierbei um einen mathematischen Filter, der nach Art einer 2D-Dekonvolution die Unschärfe eines Bildes in der X-Y Ebene herausrechnet (■ Abb. 23.13).

23.4   Automatisierte Experimentdurchführung mit motorisierten Mikroskopen

23.4.1   Motorische Komponenten

In vielen Bereichen der modernen biologischen und medizinischen Forschung werden in zunehmendem Maße Mikroskopsysteme eingesetzt, die teilweise oder vollständig motorisiert sind.

Um beispielsweise dynamische Prozesse lebender Organismen oder Zellen über längere Zeiträume hinweg zu untersuchen, finden diese Mikroskopsysteme Verwendung. Der Grad der erforderlichen Motorisierung des Mikroskops wird durch die dem Experiment zugrunde liegende Fragestellung und durch das Untersuchungsobjekt selbst bedingt. Die Motorisie-

rung kann entweder alle Mikroskopkomponenten wie z-Trieb, x-y-Kreuztisch, Kondensor, Fluoreszenz-Filterblockrevolver, Filterräder, Objektivrevolver sowie Shutter umfassen oder auch nur auf einzelne Komponenten beschränkt sein. Das zu verwendende Mikroskopsystem sollte daher modular aufgebaut und zu dem sehr variabel in seinen Ausstattungsmöglichkeiten sein, um möglichst allen Anforderungen gerecht werden zu können.

Werden Entwicklungsvorgänge in lebenden Zellen mittels fluoreszierender Marker untersucht, muss ein Ausbleichen der Zellen in Folge von Phototoxizität unbedingt vermieden werden. Mit schnellen motorisierten Shuttern wird die Fluoreszenz-Beleuchtung exakt nur auf den Zeitpunkt der Bildaufnahme reduziert und so die Schädigung der Zellen möglichst gering gehalten.

Vielfach ist es notwendig, die Zellen während des Experimentes in einer Klimakammer zu kultivieren, die auch Bestandteil des Mikroskopsystems sein muss. Diese kann entweder das gesamte Mikroskop umfassen oder nur auf den Mikroskoptisch beschränkt sein. Der Mikroskoptisch und auch die Objektive werden exakt auf eine bestimmte Temperatur beheizt. Um den pH-Wert im Versuchsmedium während des Experiments konstant zu halten, wird eine definierte CO_2-Menge in die Klimakammer eingeleitet.

Eine spezielle Mikroskopkamera überträgt das Bild auf einen leistungsfähigen PC, wobei die Bildverarbeitungs- und Steuerungssoftware das entscheidende Bindeglied zwischen den motorisierten Mikroskopkomponenten, der Kamera und dem Anwender darstellt (◼ Abb. 23.14).

23.4.2   Mehrdimensionale Mikroskopie

Mit Hilfe eines vollständig motorisierten Mikroskopsystems, einer speziellen Kamera und einer modernen Bildverarbeitungs-Software können viele unterschiedliche Untersuchungen miteinander verknüpft werden. Die Durchführung und Dokumentation von Experimenten mit bis zu sechs Dimensionen (6D-Imaging) ist möglich, welche aus räumlichen sowie zeitlichen Aspekten und unterschiedlichen Wellenlängen des Fluoreszenzlichtes bestehen (◼ Abb. 23.15). Bei einem typischen Lebendzell-Experiment wird die Entwicklung lebender Zellen über einen längeren Zeitraum (*time-lapse*) hinweg bei gleichzeitiger Aufnahme von mehreren Fluoreszenzkanälen (Multi-Channel-Fluoreszenz) untersucht, wobei zusätzlich noch unterschiedliche Positionen (*multipoint*) einer Probe zeitabhängig angefahren werden. Häufig wird auch noch an den unterschiedlichen Positionen ein Z-Stapel von Bildern aufgenommen, um zusätzliche räumliche Informationen über die Zellen zu gewinnen.

Zukunftsweisende Applikationen dieser mehrdimensionalen, automatisierten Mikroskopie sind das automatisierte Screening einer großen Anzahl von Proben (HCS: *High Content Screening, High Throughput Screening*). Bei diesen Applikationen ermöglichen immer schnellere Rechnerstrukturen und schnelle Bildverarbeitung die simultane Auswertung von Proben während der Aufnahme (Screening) und erlauben eine Rückkopplung mit der Hardware, sodass die automatisierte Aufnahme des Mikroskops während der Aufnahme durch die Ergebnisse der simultanen Analyse beeinflusst werden kann.

Somit lassen sich leicht große Probenanzahlen statistisch relevant untersuchen und Experimente flexibler gestalten.

23.4.3   Lebendzellmikroskopie

Ein großes Problem stellt bei Langzeituntersuchungen von lebenden Zellen die Fokusdrift dar. Schon durch geringste Temperaturschwankungen oder Zugabe von Medien kann der Fokuspunkt verändert und so die Ergebnisse ganzer *time-lapse*-Experimente negativ beeinflusst werden. Moderne Mikroskopsysteme für *Live-cell-Imaging*-Verfahren sind diesem Problem jedoch neuerdings gewachsen und gleichen diese Fokusdrift hardwarebasiert und softwareunabhängig kontinuierlich und automatisch aus, sodass auch über sehr lange Zeiträume hinweg *time-lapse*-Untersuchungen möglich sind. Ein in das Mikroskop integriertes **Perfect-Focus-System** erfasst beim Nikon Ti-E mit einem IR-Pilotstrahl, der besonders zellschonend im Infrarot-Bereich

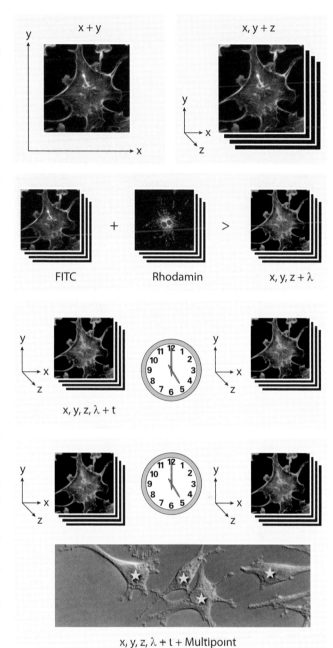

◼ **Abb. 23.15** 6D anschaulich erklärt: Ein einzelnes Bild ist zweidimensional (x- und y- Koordinaten). Wird entlang der z-Achse ein Bildstapel aufgenommen, liefert dies die 3. Dimension. Bei Verwendung fluoreszierender Marker in verschiedenen Wellenlängen (λ) kommen diese als 4. Dimension dazu. Der Bildstapel mit den einzelnen Farbkanälen kann über die Zeit (t) aufgenommen werden (5. Dimension). Werden diese Zeitserien an unterschiedlichen Punkten auf dem Präparat aufgenommen (Multipoint) liefert dies die 6. Dimension. (Mit freundlicher Genehmigung von Dr. J. Kukulies, Nikon GmbH, Düsseldorf)

arbeitet, kontinuierlich die eingestellte Fokusebene. Die Fokusposition wird über einen Rückkopplungsmechanismus auf den in das Mikroskopstativ integrierten z-Fokus-Motor übertragen und korrigiert, um Veränderungen der Fokusebene in Echtzeit auszugleichen. Der Fokus wird auch über eine lange Zeit hinweg absolut konstant gehalten (◼ Abb. 23.16). Eine innovative

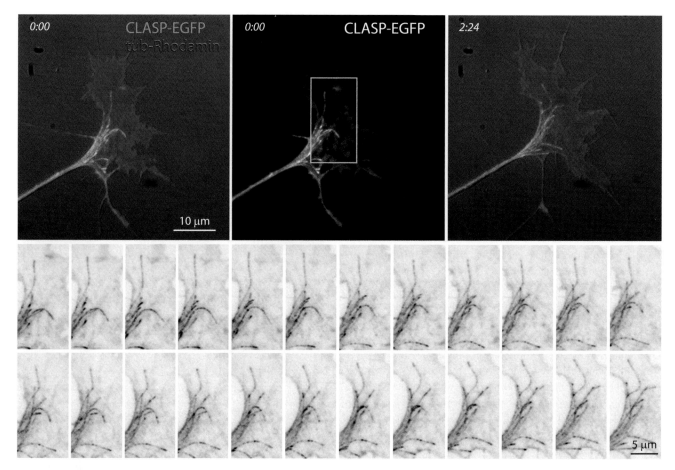

Abb. 23.16 Absolute Fokuskonstanz in einem Live-Cell-Imaging Experiment. Zeitraffer-Sequenz (0-2':24") der Mikrotubuli-Dynamik in einem neuronalen Wachstumskegel. Morphologie im DIC. Mikrotubuli mit GFP-CLASP (grün) und Rhodamin-Tubulin (rot). CLASP ist in den aktiven Mikrotubuli lokalisiert. Oben, Mitte Insert: reine CLASP-Markierung (grün), die unten – im negativen Kontrast – in Intervallen von 6 sec die Änderung in einzelne Mikrotubuli zeigt. Während der Zeitserie bleibt das Präparat absolut im Fokus. (Mit freundlicher Genehmigung von Dr. Ulrike Engel, Nikon Imaging Center, Heidelberg)

Entwicklung ist die Verwendung einer Offset-Linse in diesem Fokusassistentensystem, die es erlaubt, auch Bereiche, die nicht unmittelbar an der Grenzfläche zwischen Deckglas und Zellkulturmedium liegen, die von dem System als Fokuspunkt detektiert wird, kontinuierlich im Fokus zu halten, ohne das Objektiv zwischen Fokuskontrolle und Bildaufnahme bewegen zu müssen.

23.5   Ausgewählte Verfahren in der modernen Fluoreszenzmikroskopie

23.5.1   Quantifizierung von Fluoreszenzsignalen

23.5.1.1   Aufnahme fluoreszenzmikroskopischer Bilder

Bildverarbeitungs-Softwarepakete enthalten vielfache Möglichkeiten der arithmetischen Verrechnung von Bildern oder Matrizen (Addition, Subtraktion, Division, Mittelung …), zahlreiche Filtermöglichkeiten, Binning (Zusammenfassen der Intensitätswerte mehrerer Pixel zu einem Pixel auf Kosten der Auflösung)

zur Signalverstärkung etc. Der elektronischen Bildverarbeitung sind nahezu keine Grenzen gesetzt. Sämtliche Variationen zu beschreiben würde den Rahmen dieses Kapitels sprengen. Jeder Nutzer muss für sich selbst die sinnvollen Möglichkeiten und Methoden erarbeiten. Im nachfolgenden Abschnitt soll auf grundlegende Bildverarbeitungstechniken bei der quantitativen Auswertung von Fluoreszenzsignalen eingegangen werden, wobei einige dieser Methoden auch bei Nicht-Fluoreszenzbildern anwendbar sind.

Die moderne Fluoreszenzmikroskopie erlaubt durch die selektive Markierung einzelner subzellulärer Organellen, Kompartimente, Proteine oder Moleküle mit Fluoreszenzfarbstoffen bei sorgfältiger Auswahl der Fluorochrome eine simultane Darstellung und gute Differenzierbarkeit unterschiedlicher zellulärer Strukturen. Bei der Wahl der Fluorochrome sind die Lichtquelle, der Detektor, die entsprechende Fluoreszenzfilterkombination, die Quantenausbeute, das Aggregationsverhalten sowie die Stabilität und Phototoxizität der Fluoreszenzfarbstoffe zu berücksichtigen.

Bei Detektion verschiedener Fluorochrome mit einer Schwarz-Weiß-Kamera werden in der Regel verschiedene Fluoreszenzfilterwürfel benutzt und ein Graustufenbild in jedem einzelnen Fluoreszenzkanal aufgenommen. Diese Graustufenbilder können anschließend zur simultanen Darstellung aller Fluoreszenzen übereinander gelagert werden. Durch manuellen oder motorisierten Wechsel der Fluoreszenzfilterwürfel kann aufgrund der leicht unterschiedlichen Positionierung des Strahlteilers in den einzelnen Filterwürfeln ein **Pixel-shift** auftreten. Dieser manifestiert sich in einer mehr oder weniger ausgeprägten Verschiebung der einzelnen Bilder in den unterschiedlichen Fluoreszenzkanälen in x-y-Richtung. Die Korrektur dieses Pixelshifts kann entweder manuell durch Verschieben des Bildes in den einzelnen Kanälen oder automatisiert durch die Verwendung von Referenzbildern oder -Punkten innerhalb des Bildes korrigiert werden.

Die Nachbearbeitung von Fluoreszenzbildern ist legitim und durchaus sinnvoll, um Details im Fluoreszenzbild hervorzuheben. Jedoch sollte der Wissenschaftler/die Wissenschaftlerin generell auf eine möglichst optimale Qualität der Rohbilder mit möglichst hohem Signal/Rauschverhältnis achten. Speziell bei einer quantitativen Auswertung von Fluoreszenzsignalen muss eine digitale Nachbearbeitung der Fluoreszenzbilder wohl überlegt sein. Eine Anpassung von Helligkeit oder Kontrast kann zu Darstellungszwecken verwendet werden, quantitative Auswertungen von Fluoreszenzintensitäten sollten jedoch immer an den unbearbeiteten Bildern erfolgen.

Intensitäten können als absolute, totale Graustufenwerte im gesamten Bild oder einer definierten Region (ROI, *region of interest*; AOI, *area of interest*) oder als mittlere Fluoreszenzintensitäten in der betreffenden Region (bezogen auf die Fläche) gemessen werden.

23.5.1.2 Korrekturmechanismen nach der Bildaufnahme

Zur Verbesserung des Signal/Rauschverhältnisses bietet sich oft eine **Subtraktion des Hintergrundrauschens** an. Hierzu bieten moderne Bildverarbeitungsprogramme zahlreiche Möglichkeiten. Eine Möglichkeit bei relativ homogener Hintergrundfluoreszenz ist, eine Region außerhalb z. B. der Zelle mit repräsentativer Hintergrundfluoreszenz auszuwählen und den mittleren Intensitätswert in dieser Region anschließend von jedem Pixel des aufgenommenen Bildes zu subtrahieren. Oftmals führt diese Prozedur zu einer erheblichen Verbesserung des Signal/Rausch-Verhältnisses. Bearbeitet man einen Bildstapel wie z. B. eine Zeitserie, ist es sinnvoll, jeweils die mittlere Fluoreszenzintensität der Hintergrundregion des aktuellen Bildes zur Korrektur zu benutzen. Hierbei ist darauf zu achten, dass bei lebenden Objekten nicht etwa eine der zu vermessenden fluoreszierenden Strukturen mit einem gewollt hohen Fluoreszenzsignal in die zuvor definierte Hintergrundregion wandert und somit zu einer erheblichen Verfälschung des Signals führt.

Bei der Erfassung von Zeitserien würden Artefakte wie **Schwankungen der Anregungsintensität** oder **Bleichen** des Fluoreszenzfarbstoffes während der Aufnahme bei der Quan-

tifizierung der Fluoreszenzsignale die Linearität zwischen gemessener Fluoreszenzintensität und dem zugeordneten Parameter beeinflussen. Daher müssen die aufgenommenen Bilder idealerweise gegen diese Artefakte korrigiert werden. Hierzu lassen sich zusätzliche während der Aufnahme erfasste Daten (z. B. kontinuierliche Registrierung der Laserleistung) verwenden. Eine mögliche rechnerische Korrektur ist eine Division der gemessenen (hintergrundkorrigierten) Fluoreszenzintensitäten (in einer ROI) durch die Gesamtfluoreszenzintensität in der Zelle.

Um Änderungen von Fluoreszenzintensitäten z. B. durch Zugabe einer Substanz oder durch Photoaktivierung in verschiedenen Ansätzen eines Experimentes miteinander vergleichen zu können, empfiehlt sich eine **Normalisierung** der gemessenen Intensitäten. Meist wird hierbei – nach den entsprechenden Korrekturen – die höchste gemessene Intensität gleich 1 und die minimale Intensität gleich Null gesetzt.

Zur Korrektur eines systembedingten Rauschens, systembedingter Bildinhomogenitäten oder eventueller Chipdefekte der Kamera kann ein zuvor mit den entsprechenden Kameraeinstellungen (Belichtungszeit, Verstärkungsfaktor etc.) aufgenommenes Bild ohne Probe zur Subtraktion benutzt werden („*flat-field*-Korrektur").

Um diese Beleuchtungs- und Hintergrund-Inhomogenitäten zu minimieren, wird sehr häufig die Funktion der Schattenkorrektur verwendet. Dazu muss ein Leerbild, also ein Bild ohne entsprechende Probe, als Korrekturbild abgespeichert werden. Dieses wird anschließend von dem aktuellen Probenbild abgezogen.

Prinzipiell unterscheidet man zwischen multiplikativer und subtraktiver Korrektur. Die multiplikative Korrektur wird in der Regel bei Durchlichtapplikationen angewendet. Hier wird ein Korrektur-Koeffizient für jedes Pixel der Korrektur-Bildmatrix berechnet. Um ein Korrektur-Bild für diese Art der Korrektur zu erstellen, empfiehlt es sich, einen sauberen Teil des Glasobjektträgers nach leichtem Defokussieren zu verwenden. Der Gamma-Koeffizient der CCD-Kamera sollte dabei auf 1 eingestellt werden.

Die subtraktive Korrektur bedeutet das Subtrahieren der Grauwerte eines jeden Pixels des Korrekturbildes von dem entsprechenden korrigierten Pixelwert. Um diese Art der Korrektur durchzuführen, sollte ein homogener schwarzer Hintergrund als Bild erfasst werden. Diese Art der Korrektur wird hauptsächlich in der Fluoreszenz und bei mehrphasigen Proben verwendet.

23.5.2 Co-Lokalisation

Um die Co-Lokalisation zweier fluorophormarkierter Proteine (z. B. zwei mit verschiedenen Sekundärantikörpern markierte Primärantikörper) qualitativ und quantitativ analysieren zu können, wird häufig ein Co-Lokalisationsdiagramm (◘ Abb. 23.17) benutzt. In diesem Diagramm wird die Korrelation zwischen den Fluoreszenzintensitäten zweier Fluoreszenz-

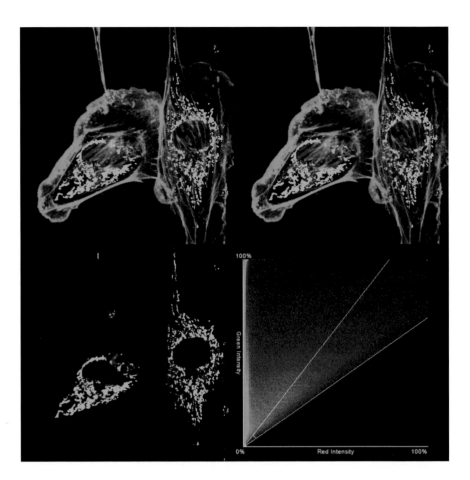

Abb. 23.17 Co-Lokalisationsanalyse. Co-Lokalisationsdiagramm mit gelb dargestellten Schwellenwerten (gelbe Linien parallel zur X- bzw. Y-Achse laufend) und einem Sektor zur Auswahl der zur qualitativen Darstellung benutzten co-lokalisierten Pixeln. Im überlagerten Bild werden co-lokalisierte Pixel als Falschfarbenmaske (blau) markiert.

kanäle dargestellt (■ Abb. 23.17). Die Fluoreszenzintensitäten beider Kanäle eines jeden Pixels des Bildes werden in dem Diagramm aufgetragen, wobei jeweils eine Achse des Diagramms einem Fluoreszenzkanal zugeordnet ist. So repräsentiert jeder Punkt in dem Diagramm ein Pixel des Bildes. In der Regel lassen sich mit Hilfe von Schwellenwerten für jeden Kanal Hintergrundschwellen festlegen. Innerhalb der Punktewolke oberhalb der Schwellenwerte lässt sich häufig ein Segment mit Ursprung am Nullpunkt wählen, welches eine mehr oder weniger definierte Linearität der in beiden Fluoreszenzkanälen korrelierten Pixel gewährleistet und Ausreißer in der Analyse ausschließt. Qualitativ können die selektierten, als co-lokalisiert definierten Pixel, als Falschfarbenmaske im Originalbild dargestellt werden (■ Abb. 23.17).

Zur quantitativen Analyse werden am häufigsten **Co-Lokalisationskoeffizienten** nach **Pearson** oder **Manders** verwendet. Der Pearson-Koeffizient gibt hierbei an, wie gut die Co-Lokalisation beider Kanäle durch eine lineare Gleichung repräsentiert werden kann. Fallen viele sehr hohe Werte des einen Kanals mit sehr niedrigen Werten des anderen Kanals zusammen, kann der Pearson-Koeffizient auch negativ werden. Sein Wert liegt demnach zwischen −1 und 1. Je näher dieser Parameter an 1 liegt, umso genauer lässt sich die Co-Lokalisation durch eine lineare Gleichung beschreiben. Bei einem Wert von −1 ergäbe sich eine negative Linearität, die evtl. als negative Co-Lokalisation (Abstoßung) interpretiert werden kann. Der Pearson-

Koeffizient ist unabhängig von der Hintergrundfluoreszenz in den einzelnen Kanälen.

Möchte man analysieren, inwieweit die einzelnen Kanäle mit dem jeweiligen anderen Kanal co-lokalisieren, bieten sich die Koeffizienten nach Manders (Manders 1,2: Co-Lokalisation von Kanal 1 bzw. 2 mit dem jeweiligen anderen Kanal) zur Interpretation an (Manders et al. 1993). Dies kann in einer Situation hilfreich sein, in der mehr Pixel in einem Kanal vorhanden sind als in einem anderen (z. B. co-lokalisieren alle Pixel aus Kanal 1 mit Pixeln im Kanal 2, aber in Kanal 2 sind 100% mehr Pixel vorhanden als in Kanal 1). In diesem Fall können einzelne Ausreißer jedoch unter Umständen die Co-Lokalisationskoeffizienten stark beeinflussen.

23.5.3 Untersuchung der Proteindynamik in lebenden Zellen mit Hilfe fluoreszierender Proteine

Die ständige Weiterentwicklung fluoreszierender Proteine, insbesondere neuer GFP- und DSRed-Varianten, eröffnet eine große Bandbreite von Möglichkeiten, Proteindynamiken *in vivo* zu untersuchen (▶ Kapitel 21). Die Verbesserung der spektralen Eigenschaften, der Photostabilität, der Quantenausbeute und eine große Auswahl unterschiedlicher Emissionsspektren tragen zu dieser Entwicklung bei (Shaner et al. 2004). Besonderes

Augenmerk wird auf die monomere Expression von fluoreszierenden Proteinen gelegt, da diese die Wahrscheinlichkeit einer Aggregation der Fusionsproteine verringert.

Eine interessante Methode, die Proteindynamik indirekt zu untersuchen oder den Austausch fluoreszenzmarkierter Proteine *in vivo* zu untersuchen, ist das so genannte *„fluorescence recovery after photobleaching"* (**FRAP**) (Axelrod et al. 1976, Tyska und Mooseker 2002, van den Boom et al. 2007). Hierbei wird innerhalb einer Region (*region of interest*, ROI) das fluoreszierende Protein mit hoher Laserintensität der entsprechenden Anregungswellenlänge schnell gebleicht. Anschließend wird mit Hilfe von zeitaufgelöster Mikroskopie die Wiederherstellung des Fluoreszenzsignals über die Zeit in der zuvor gebleichten Region verfolgt. Bei dieser Methode wird demnach die Bewegung fluoreszenzmarkierter Proteine in eine gebleichte Region hinein beobachtet. Demnach ist es von entscheidender Bedeutung, den Vorgang des Bleichens möglichst schnell durchzuführen, um zu vermeiden, dass bereits eine Population des fluoreszierenden Moleküls mit sehr hoher Mobilität während des Bleichens in die ROI wandert und dort ebenfalls gebleicht wird. Nach Korrektur der Hintergrund-Fluoreszenz und Korrektur gegen Fluktuationen in der Laserintensität ist eine Normalisierung der einzelnen Messergebnisse empfehlenswert, um vergleichbare Messwerte zu erhalten.

Die Wiederherstellung der Fluoreszenz wird im Idealfall einem einfach oder mehrfach exponentiellen Anstieg entsprechen (◻ Abb. 23.18a), sodass einzelne Populationen desselben fluoreszenzmarkierten Proteins, sofern sie sich mit unterschiedlichen Mobilitäten in der Zelle bewegen, leicht identifiziert werden können. Ebenso lassen sich mit Hilfe von FRAP die relativen Anteile dieser Populationen an der Gesamtheit der fluoreszenzmarkierten Proteine in dieser Region sowie der Anteil einer immobilen Fraktion bestimmen. Die unterschiedlichen Mobilitäten der einzelnen Fraktionen können wichtige Auskünfte über Bindungsprozesse, aktiven oder inaktiven Transport, Kompartimentierung von Proteinen, freie Diffusion oder Bindung an Gerüstproteine liefern.

Dem FRAP verwandte Methoden zur Bestimmung von Proteindynamiken ist das *„fluorescence loss in photobleaching"* (FLIP) und die *„fluorescence localisation after photobleaching"* (FLAP) (Lippincott-Schwartz und Patterson 2003). Beim FLIP wird eine Region während des Experimentes kontinuierlich gebleicht, während die Intensitätsabnahme des Fluoreszenzsignals in benachbarten Regionen beobachtet wird. Beim FLAP ist das Protein von Interesse mit zwei unterschiedlich fluoreszierenden Proteinen markiert, um das Fluoreszenzsignal des einen fluoreszierenden Proteins zu verfolgen, nachdem das Fluoreszenzsignal des anderen in einer Region gebleicht wurde. Diese beiden Methoden ermöglichen eine direktere Beobachtung der Proteine von Interesse als beim FRAP.

Die Entwicklung photoaktivierbarer Proteine ermöglicht ebenso eine direkte wie nichtdestruktive Möglichkeit, Proteindynamiken in lebenden Zellen zu beobachten. Photoaktivierbare Proteine, wie z. B. **PA-GFP** (*photo-activatable* GFP), weisen im nicht-aktivierten Zustand eine sehr geringe Fluoreszenzintensität

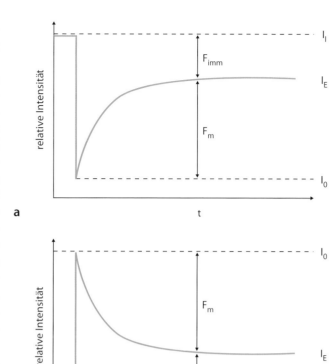

◻ **Abb. 23.18** Quantitative Auswertung von FRAP (**a**) und Photoaktivierungsexperimenten (**b**). I_I: Ausgangsfluoreszenzintensität, I_0: Fluoreszenzintensität unmittelbar nach dem Bleich- bzw. Aktivierungsvorgang; I_E: Fluoreszenzintensität am Ende des Experimentes; F_M: mobile Fraktion; F_{imm}: immobile Fraktion des markierten Proteins.

im beobachteten spektralen Emissionsbereich auf. Bei Aktivierung mit einer charakteristischen Anregungswellenlänge (häufig ~ 400 nm) wird durch strukturelle Änderung in der fluorochromen Gruppe des Moleküls eine Verschiebung im Fluoreszenzspektrum bewirkt, sodass die Fluoreszenzintensität durch die Aktivierung im beobachteten Bereich um ein Vielfaches ansteigt (Patterson und Lippincott-Schwartz 2004). Somit lassen sich die Bewegungen zuvor nicht fluoreszierender Proteine während zahlreicher zellulärer Vorgänge mit geringem Hintergrundsignal zellschonend verfolgen. Weiterhin eignen sich photoaktivierbare Proteine durch eine analog zum FRAP durchgeführte Methode der Photoaktivierung zur Quantifizierung und Analyse verschiedener dynamischer Populationen des zu untersuchenden Proteins (van den Boom et al. 2007) (◻ Abb. 23.18b).

Problematisch erweist sich jedoch häufig die Lokalisation mit photoaktivierbaren Konstrukten transfizierter Zellen, insbesondere bei geringen Transfektionseffizienzen. Diese Situation lässt sich durch Co-Transfektion mit einem zweiten fluoreszierenden Protein oder durch Mikroinjektion des photoaktivierbaren Konstruktes (eventuell zusammen mit einem fluoreszierenden Marker) optimieren.

In diesem Zusammenhang sind insbesondere *„photoswitchable"* Proteine (z. B. Kaede, PS-CFP, Dronpa) von Interesse, deren Fluoreszenzspektrum sich bei Beleuchtung mit einer entsprechenden Wellenlänge verschiebt, sodass z. B. grün fluoreszierende Proteine nach Aktivierung rot fluoreszieren (► Kapitel 11) (Lukyanov et al. 2005).

Sowohl bei Bleich- als auch bei Photoaktivierungsmethoden muss man beachten, dass die beobachtete Region durch Zellgrenzen oder intrazelluläre Kompartimente begrenzt sein kann und somit die Dynamik beeinflusst werden könnte.

Erfolgt das Bleich- oder Photoaktivierungs-Experiment mit Hilfe eines Laserscanning-Mikroskops, ist zu beachten, dass in der Regel der Zeilenwechsel über die Galvanospiegel des Scanners langsamer ist als der Spaltenwechsel, sodass bei gleicher Fläche eine schmale, lange Region langsamer gebleicht wird als eine breite mit geringer Höhe. Um eine möglichst schnelle Bleichreaktion zu erwirken, ist es daher ratsam, die Bleichregion bei Bedarf entsprechend zu drehen, damit sie den optimalen Kriterien entspricht.

Die Entwicklung sehr präziser und sehr schneller resonanter Punktscanner erlaubt die konfokale Erfassung sehr schneller dynamischer Prozesse mit einer Bildrate von 30 bis mehr als 400 Bilder pro Sekunde. Durch die simultane Nutzung von schnellen resonanten sowie hochauflösenden Galvanoscanspiegelpaaren (Hybrid Scanner), werden FRAP oder Photoaktivierungsexperimente mit simultanem Bleichen/Stimulieren möglich. Während die Laser mit der Anregungswellenlänge der zu detektierenden Fluorophore eine Zelle sehr schnell abrastern, kann man zeitgleich mit Hilfe des anderen Scanspiegelpaares eine interessante frei definierbare Region bleichen oder photoaktivieren. Somit entfällt jeglicher Zeitversatz zwischen Aufnahme, Bleichen, Aufnahme, und sehr schnelle Dynamiken lassen sich ohne Verlust detektieren.

Richtungsabhängige Bewegungen von fluoreszenzmarkierten Proteinen oder Partikeln lassen sich gut mit Hilfe von **Kymographen** darstellen. Kymographen sind Bilder, bei denen die gemessene (Fluoreszenz)-Intensität in einer Dimension entlang einer Linie mit einer definierten Pixelbreite (z. B. eine Linie mit 50 Pixeln Länge (y-Ausrichtung) und 5 Pixeln Breite (x)) gegen die Zeit dargestellt ist. So lassen sich Bewegungen über Intensitätsänderungen sehr leicht erkennen.

23.5.4   FRET

Befinden sich zwei Fluorophore, deren Anregungs- und Emissionsspektren sich überlappen, in einem Abstand von wenigen Nanometern, so kann ein Teil der Energie des angeregten **Donor**fluorophors strahlungslos auf das **Akzeptor**fluorophor übertragen werden und dieses zur Fluoreszenz anregen. Dieses Phänomen wird nach seinem Entdecker als **Förster-Resonanz-Energie-Transfer** (FRET) (Förster 1946, Förster 1948) bezeichnet und eignet sich in der mikroskopischen Anwendung zur Detektion von z. B. Protein-Protein-Interaktionen. Die FRET-Effizienz, d. h. der Grad der Energieübertragung vom Donor auf das Akzeptorfluorophor, hängt stark vom Abstand des Donors und Akzeptors zueinander sowie von der Überlappung

der Emissions- und Anregungsspektren beider Partner ab. Bei einem optimalen FRET-Paar überlappt das Emissionsspektrum des Donors stark mit dem Anregungsspektrum des FRET-Akzeptors und der Akzeptor wird möglichst gar nicht bei der Anregungswellenlänge des FRET-Donors angeregt.

Als Förster-Radius R_0 bezeichnet man den Abstand von Donor und Akzeptor, an dem die FRET-Effizienz 50 % beträgt, d. h. 50 % der Energie des angeregten Donors wird auf den Akzeptor übertragen. In der Mikroskopie können verschiedene Methoden zur Detektion von FRET genutzt werden.

Zur FRET-Detektion in fixierten Proben eignen sich Photobleaching-Methoden, bei denen in einer (mit einem FRET-Paar) doppelt-markierten Probe entweder der Akzeptor oder der Donor gebleicht wird. Beim **Akzeptor-Bleichen** wird in einer solchen Probe in einer ROI der Akzeptor mit der Anregungswellenlänge des Akzeptors gebleicht. Tritt in der entsprechenden Probe FRET auf, so wird neben dem Ausbleichen der Akzeptorfluoreszenz in der ROI ebenso eine Intensitätszunahme der Donorfluoreszenz in dieser Region zu beobachten sein, da nun die teilweise durch FRET auf den Akzeptor übertragene Energie wieder zur Fluoreszenz des Donors beitragen kann. Somit lässt sich die FRET-Effizienz für jeden Pixel der gebleichten Region errechnen.

Beim **Donor-Bleichen** macht man sich die Eigenschaft zunutze, dass beim Auftreten von FRET die Bleichrate des Donors (vgl. unten: *FLIM*) negativ beeinflusst wird. Die Messung der Bleichrate des Donors in Gegenwart und in Abwesenheit des Akzeptors kann ebenso zur Berechnung der FRET-Effizienz genutzt werden.

Diese beiden Methoden werden in der Regel mit einem konfokalen Laserscanning Mikroskop an fixierten Proben durchgeführt. Es ist zu beachten, dass das Bleichen mit der Anregungswellenlänge eines Partners auch zum partiellen Ausbleichen des anderen Partners führen kann.

Zur Detektion von FRET in lebenden Zellen eignet sich eher die so genannte *sensitized emission*-Methode. Hierzu kann im Prinzip auch ein herkömmliches Weitfeld-Fluoreszenz-Mikroskop verwendet werden. Dieses sollte jedoch die Möglichkeit besitzen, zwischen den Anregungs- und Emissionswellenlängen sehr schnell umschalten zu können, um eine annähernde Zeitgleichheit der Donor- und Akzeptor-Fluoreszenzbilder zu erreichen und somit auch schnelle Prozesse in lebenden Zellen verfolgen zu können. Dieses wird in der Regel durch schnelle Anregungs- und Emissionsfilterräder erreicht (bei Verwendung eines passenden Mehrband-Strahlteilers). Ebenso eignen sich Kombinationen aus einem über sehr schnelle Galvanospiegel-gesteuerten Anregungsfiltersystem und einem Strahlteilersystem auf der Emissionsseite, welches beide Fluoreszenzen zeitgleich auf zwei (oder vier) Segmente des Kamerachips abbildet. Absolut zeitgleiche Detektion beider Kanäle durch zwei Kameras wird bei Verwendung geeigneter Hardware- (Mikroskop- und Filterausstattung) und Softwarekonfiguration (gleichzeitige Ansteuerung von zwei Kameras) gewährleistet. Eine direkte ratiometrische Darstellung des FRET-Paares kann nur durchgeführt werden, wenn absolut gleiche stöchiometrische

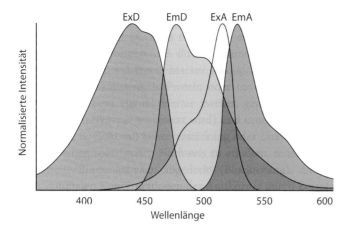

Abb. 23.19 Anregungs- (Ex) und Emissionsspektren (Em) eines FRET-Paares. Anregungs- und Emissionsspektren von Donor (D) und Akzeptor (A) können zu einem gewissen Grad überlappen.

Verhältnisse von Donor und Akzeptor in der Probe vorliegen. Für diese Voraussetzungen eignen sich sogenannte Cameleon-Tandem-Konstrukte. Hierbei ist das zu untersuchende Protein N- und C-terminal mit Donor und Akzeptor eines FRET-Paares markiert (z. B. CFP (*cyan fluorescent protein*) und YFP (*yellow fluorescent protein*)) (Miyawaki et al. 1997, Nagai et. al. 2004). Somit ist ein absolut stöchiometrisch gleiches Verhältnis von Donor und Akzeptor garantiert. Diese Konstrukte eignen sich gut, um strukturelle oder Konformationsänderungen im Protein durch FRET zu detektieren.

Ist das stöchiometrische Verhältnis von Donor und Akzeptor in der Probe unterschiedlich oder unbekannt, ist es notwendig bei der *sensitized emission*-Methode gegen ein Übersprechen der Donor-Fluoreszenz in den FRET-Kanal zu korrigieren sowie den Anteil der Akzeptorfluoreszenz im FRET-Kanal zu bestimmen (Abb. 23.19). Hierzu müssen Bilder der mit Donor (D) und Akzeptor (A) markierten Probe mit der Donor-Anregung und Donor-Emission (DD), mit Donor-Anregung und Akzeptor-Emission (DA), sowie mit Akzeptor-Anregung und Akzeptor-Emission (AA) aufgenommen werden. Zur Berechnung der Kontrollfaktoren (Donor-Akzeptor-Crosstalk) (siehe auch: Chen et al. 2005) müssen ebenfalls Bilder einfachmarkierter Proben (nur Donor bzw. nur Akzeptor) sowohl im Kanal der entsprechenden Probe (DD bzw. AA) als auch im FRET-Kanal (DA) aufgenommen werden. Diese Kontrollfaktoren beschreiben wie viel Donor- bzw. Akzeptorfluoreszenz im FRET-Kanal vorhanden ist.

Für die häufig verwendete *sensitized-emission* Methode würde das korrigierte FRET-Bild wie folgt errechnet werden:

$$FRET_{korr} = DA_{FRET} - DD_{FRET} \cdot \frac{DA_{Donor}}{DD_{Donor}} - AA_{FRET} \cdot \frac{DA_{Akzeptor}}{AA_{Akzeptor}}$$

Bei dieser Formel gibt der jeweils erste Buchstabe eines Formelausdrucks die Anregungswellenlänge und der zweite Buchstabe die Emissionswellenlänge an. Der tiefgestellte Text gibt die verwendete Probe an (*FRET*: doppelt markierte Probe (Donor

+ Akzeptor); *Donor*: nur Donor in der Probe; *Akzeptor*: nur Akzeptor in der Probe).

Der erste Bruch DA_{Donor}/DD_{Donor} gibt somit den Korrekturfaktor an, welcher die Donorfluoreszenz im FRET Kanal beschreibt, wohingegen $DA_{Akzeptor}/AA_{Akzeptor}$ den Anteil der Akzeptorfluoreszenz im FRET-Kanal beschreibt.

Außerdem gibt es weitere Algorithmen, die als Korrekturfaktoren auch ein Übersprechen der Akzeptorfluoreszenz in den Donorkanal sowie den Anteil der Donorfluoreszenz im Akzeptorkanal berücksichtigen (*specified bleed-through*).

Die FRET-Effizienz berechnet sich aus dem aufgenommenen Bild im Donor-Kanal und dem korrigierten FRET-Bild. Sie wird oft im Bild für jedes Pixel als Falschfarbencodierung angegeben.

$$FRET_{EFF} = \frac{FRET_{korr}}{DD_{FRET}} \cdot 100\%$$

Eine sinnvolle Darstellung der mit Hilfe der Korrekturfaktoren errechneten FRET-Effizienzen ist die Darstellung der Kombination der FRET-Effizienzen und der Co-Lokalisation von Donor und Akzeptor in einem Diagramm (Hachét-Haas et al. 2006). Diese Darstellung ermöglicht sehr einfach die Detektion von falsch-positiven FRET-Signalen.

Eine weitere Möglichkeit ist die Analyse von FRET-Signalen über Fluoreszenz-Lebensdauer-Messungen (FLIM). Bei diesen Methoden wird die Probe mit einem gepulsten Laser angeregt. Detektiert wird jedoch nicht die reine Fluoreszenzintensität, sondern eine Modulation der Anregungsfrequenz oder das Abklingverhalten der Fluoreszenzintensität über die Zeit. Aus beiden Parametern lässt sich eine Fluoreszenzlebensdauer errechnen, die sich abhängig von auftretendem FRET verändern kann (z. B. eine Verkürzung der Donor-Fluoreszenz-Lebensdauer) (Hernanz-Falcon 2004). Der Vorteil dieser Methode ist die Unabhängigkeit der Fluoreszenzlebensdauer von Fluktuationen in der Anregungsintensität, von Bleicheffekten oder dem stöchiometrischen Verhältnis der FRET-Partner. Während im TCSPC-Verfahren (*time correlated single photon counting*) der Abfall der Fluoreszenzintensität an vielen Zeitpunkten nach der gepulsten Anregung detektiert wird, wird beim *time-gated*-Verfahren die integrierte Fluoreszenzintensität in einigen variablen Zeitfenstern bestimmt und daraus die Fluoreszenzlebensdauer errechnet. Dieses Verfahren erlaubt eine sehr schnelle Erfassung der FLIM-Daten und ermöglicht somit auch dreidimensionale Analysen von lebenden Zellen über die Zeit.

23.5.5 Quantitative und qualitative Analyse des Fluoreszenzspektrums

Einige konfokale Laserscanning Mikroskope bieten durch einen spektralen Detektor die Möglichkeit, das Fluoreszenzspektrum der Probe zu analysieren. Das von der Probe emittierte Fluoreszenzlicht wird hierbei spektral aufgetrennt und über

23

einen Mehrkanal-Detektor (*multi channel*-PMT, *photo multiplier tube*) detektiert. Somit ist das Ergebnis eines (konfokalen) Rasterscans eine Bildmatrix, welche die spektrale Information in jedem Pixel enthält. Moderne spektrale Detektoren erlauben die Auswahl verschiedener spektraler Auflösungen, um die Detektion optimal an die experimentellen Erfordernisse anzupassen. Die Detektion eines großen spektralen Bereiches erlaubt die probenschonende, konfokale, spektrale Mikroskopie durch die Erfassung des gesamten detektierten Spektrums in jedem Bildpixel durch einen einmaligen Scan. Idealerweise verfügt der Detektor über eine Echtfarben-Darstellung der Fluoreszenz durch zahlreiche in die Hardware integrierte Korrekturmechanismen (***true spectral imaging***), welche die spektralen Eigenschaften aller beteiligten Komponenten berücksichtigen.

Dadurch ist eine hohe Reproduzierbarkeit garantiert und eine Quantifizierung der spektralen Daten wird ermöglicht.

Durch den Vergleich mit Referenzspektren lassen sich die spektralen Fluoreszenzdaten sehr einfach definierten Fluoreszenzen zuordnen, welche daraufhin spektral „entmischt" werden können. Eine exakte Trennung vieler verschiedener Fluoreszenzfarbstoffe mit sehr ähnlichen Emissionsspektren (z. B. YFP/ GFP; Alexa488/GFP/FITC) wird somit möglich. Für eine erfolgreiche Entmischung ist es oft ausreichend, wenn sich zwei Fluoreszenzfarbstoffe in einem spektralen Peak um das Minimum der vom Detektor erreichten spektralen Auflösung (ca. 2,5 nm) unterscheiden. Im Echtfarbenbild lassen sich die Fluoreszenzfarben mehrerer Fluoreszenzfarbstoffe durch das menschliche Auge nicht unterscheiden; nach **spektraler Entmischung** und

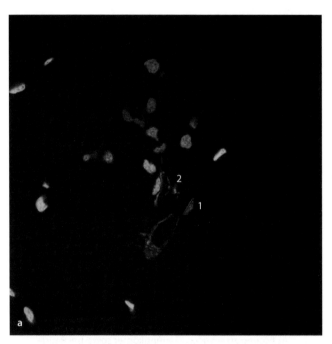
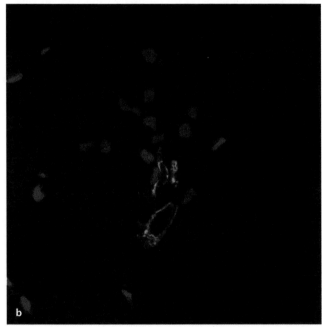

◻ Abb. 23.20 Spektrales Entmischen von GFP- und FITC- markierten Proteinen. **a**) GFP- und FITC-Fluoreszenz sind kaum zu unterscheiden. **b**) Das spektral entmischte Bild ermöglicht die saubere Trennung der GFP- und FITC-markierten Proteine. (Mit freundlicher Genehmigung von Dr. Maarten Balzar, Nikon Instruments Europe, Amsterdam, NL)

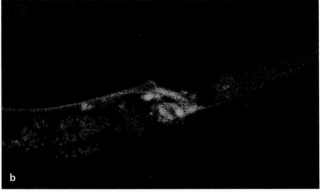

◻ Abb. 23.21 Das Signal eines GFP-markierten Proteins in *C. elegans* wird durch Autofluoreszenz überlagert (A). Nach spektraler Entmischung werden das GFP-Signal (rot) und die Autofluoreszenz (grün) deutlich getrennt. Die Regionen (1=GFP und 2=Autofluoreszenz) in A dienten zur Definition der Referenzspektren. (Mit freundlicher Genehmigung von Dr. Maarten Balzar, Nikon Instruments Europe, Amsterdam, NL)

Zuordnung von Falschfarben in einzelnen Kanälen werden die verschiedenen Farbstoffe klar getrennt (◘ Abb. 23.20).

Bei dieser Technik ist es jedoch notwendig, mit optimalen Referenzspektren zu arbeiten. Hierbei ist zu bedenken, dass sich die Emissionspektren von Fluoreszenzfarbstoffen (oder fluoreszierenden Proteinen) unter verschiedenen Bedingungen ändern können. In erster Linie können das intrazelluläre Milieu (pH, Ionenstärke ...), mögliche Fixierungsprozeduren, die Kopplung an z. B. Antikörper oder Proteine und viele andere Faktoren das Emissionsspektrum beeinflussen. Daher ist es wichtig, die Referenzspektren mit einfach markierten Proben unter möglichst identischen Bedingungen wie im Experiment mit mehreren Farbstoffen aufzunehmen. Idealerweise wird man diese wichtigen Kontrollexperimente an jedem Versuchstag vor dem eigentlichen Experiment durchführen.

Eine weitere wichtige Anwendung ist die Eliminierung der häufig störenden **Autofluoreszenz** einiger Präparate (z. B. des Chlorophylls in botanischen Präparaten) oder Eindeckmedien. Durch die Aufnahme einer gleichbehandelten ungefärbten Referenzprobe, lässt sich durch spektrales Entmischen die häufig störende Autofluoreszenz einfach entfernen und häufig überdeckte Signale kommen klar zur Geltung (◘ Abb. 23.21).

Neue Horizonte in der qualitativen und quantitativen Auswertung von Protein-Protein-Interaktionen eröffnet eine spektrale Detektion der Fluoreszenz durch die Analyse von Änderungen des Fluoreszenzspektrums des Donors oder des Akzeptors (oder beiden) bei Untersuchung eines FRET-Paares (Ecker et al. 2004, Neher & Neher 2004). Der Vorteil liegt hier in einem hohen Signal/Rausch-Verhältnis bei der spektralen Detektion und der Möglichkeit einer dreidimensionalen Analyse von FRET-Signalen mit einem spektralen, konfokalen Mikroskopsystem (23.5.4).

23.5.6 Quantitative Analyse von Ionenkonzentrationen / Ratio Imaging

Verschiedenartige ionensensitive Fluoreszenzfarbstoffe wurden entwickelt, um intrazelluläre Ionenkonzentrationen *in vivo* zu bestimmen. Einige Farbstoffe ändern ihre Fluoreszenzintensität bei einer charakteristischen Emissionswellenlänge in Abhängigkeit von spezifisch gebundenen Ionen. Diese Änderung der Fluoreszenzintensität muss jedoch zunächst durch Kalibrierungsexperimente mit einer entsprechenden intrazellulären Ionenkonzentration korreliert werden. Die Zellen werden in diesen Kalibrierungsexperimenten zunächst mit den ionensensitiven Farbstoffen beladen und die Zellmembranen werden anschließend mit z. B. Ionophoren wie z. B. Monensin oder Gramicidin permeabilisiert. Nun überspült man die Zellen mit einem isotonischen Medium mit definierter Konzentration des zu detektierenden Ions und misst die entsprechende Fluoreszenzintensität. Die Kalibrierung sollte stets bei mehreren Ionenkonzentrationen erfolgen (welche den Bereich der detektierten Konzentration umfassen), da die Fluoreszenzintensität nicht zwangsläufig in jedem Bereich linear mit der Ionenkonzentration korreliert sein muss.

Die Bestimmung der Ionenkonzentration erfolgt bei einigen ionensensitiven Farbstoffen (z. B. FLUO1-4, Invitrogen) durch Anregung bei einer charakteristischen Wellenlänge und Detektion der Fluoreszenz bei einer Emissionswellenlänge. Anschließend wird nach Hintergrundkorrektur die Fluoreszenzintensität bestimmt. Insbesondere bei zeitaufgelöster Mikroskopie, um intrazelluläre (oder intrakompartimentelle) Änderungen in der Ionenkonzentration zu verfolgen, hat diese Methode jedoch eine Reihe von Nachteilen.

Regt man einen Fluoreszenzfarbstoff mit (hoher Anregungsintensität) über einen längeren Zeitraum (zeitaufgelöste Mikroskopie) an, wird selbst der photostabilste Farbstoff mit der Zeit ausbleichen, d. h. die Fluoreszenzintensität wird trotz unveränderter Bedingungen abnehmen. Dieses würde bei Verwendung eines ionensensitiven Farbstoffes zu einer Unterschätzung der tatsächlichen Ionenkonzentration führen. Wählt man (aufgrund apparativer Ausstattung, s. u.) diese Methode zur Bestimmung von Ionenkonzentrationen, sollte man versuchen, die Bleichrate anhand von Kontrollexperimenten unter identischen Bedingungen zu bestimmen und dagegen zu korrigieren (23.5.1.2). In jedem Falle ist bei diesen Experimenten große Aufmerksamkeit auf zellschonendes Arbeiten zu legen, um die Probe möglichst wenig zu belasten. Schwieriger wird eine Korrektur gegen leichte temperatur- oder mechanisch-bedingte Fokusschwankungen, die bei zeitaufgelöster Mikroskopie häufig auftreten und zu denselben Artefakten führen. In diesem Falle ist ein hardwarebasierter Online-Fokusassistent empfehlenswert, der kleinste Fokusdrifts sofort erkennt und über eine Motorisierung der mikroskopischen z-Achse sofort korrigiert (z. B. Nikon Perfect Focus System).

Um diese Probleme zu umgehen, werden häufig sogenannte ratiometrische Farbstoffe zur Bestimmung von Ionenkonzentrationen eingesetzt. Diese Farbstoffe werden bei zwei unterschiedlichen Wellenlängen angeregt: zum einen bei einer Wellenlänge, bei der eine maximale Änderung der Fluoreszenzintensität in Abhängigkeit von der Ionenkonzentration zu erwarten ist, und zum anderen bei einer Anregungswellenlänge nahe dem isosbestischen Punkt, an dem die Fluoreszenzintensität dieses Farbstoffes unabhängig von der Ionenkonzentration ist. Die Detektion erfolgt bei beiden Anregungswellenlängen bei derselben charakteristischen Emissionswellenlänge. Anschließend wird der Quotient aus beiden Bildern gebildet und die so ermittelten Fluoreszenzintensitäten sind unabhängig von Artefakten wie Bleichen oder Fokusschwankungen.

Eventuelle Korrekturfaktoren zur Berechnung der Ionenkonzentrationen sind den jeweiligen Anleitungen zur Benutzung der ionensensitiven Farbstoffe zu entnehmen.

Ratiometrische ionensensitive Farbstoffe werden häufig zur Messung von z. B. Ca^{2+}- (z. B. FURA), Na^+- (z. B. SBFI, *sodiumbinding benzofurane isothiocyanate*), K^+- (z. B. PBFI, *potassiumbinding benzofurane isothiocyanate*) und des pH-Wertes (z. B. BCECF) eingesetzt (Heinzinger et al. 2000). Bei zeitaufgelösten ratiometrischen Messungen ist es sinnvoll, die Bilder mit beiden Anregungswellenlängen so schnell wie möglich hintereinander aufzunehmen, um nahezu zeitgleich aufgenommene Bilder zu erhalten und somit auch sehr schnelle Prozesse verfolgen zu können. Meist wird dieser schnelle Wechsel zwischen zwei Anregungswellenlängen durch einen (oder zwei) Monochromator(en) oder durch schnelle Anregungs-Filterräder (Schaltzeit ca. 50 ms) erreicht. Hierbei ist zu beachten, dass schmalbandige Monochromatoren häufig zu Intensitätsverlusten beim Anregungslicht führen können. Neuere Mikroskopsysteme arbeiten häufig mit der zuvor erwähnten Kombination aus sehr schnellen galvanospiegel-gesteuerten Anregungsfiltersystemen und einer emissionsseitigen Dichroitkombination (Schaltzeit < 2ms) oder mit gleichzeitiger Detektion durch zwei Kamerasysteme (23.5.4).

23.6   Bezugs- und Informationsquellen für Software und Analysemodule

- Imaging Software
- NIS-Elements:

NIKON GmbH
Tiefenbroicher Weg 25,
D-40472 Düsseldorf
http://www.nikoninstruments.com/
http://www.niselements.com

ImageJ:
http://rsb.info.nih.gov/ij/index.html

- Dekonvolution:

NIKON GmbH
Tiefenbroicher Weg 25,
D-40472 Düsseldorf
http://www.nikoninstruments.com/

Scientific Volume Imaging BV
Laapersveld 63
1213 VB Hilversum
The Netherlands

Media Cybernetics, Inc.
4340 East-West Hwy, Suite 400
Bethesda, MD
20814-4411 USA

- EDF, Extended depth of focus

LIM Laboratory Imaging, s.r.o.
Za Drahou 171/17
CZ - 102 00, Praha 10
lim@lim.cz

- Die Mikroskopie-Schule im www:

www.microscopyu.com

23.7   Literatur

Axelrod D, Koppel DE, SchlessingerJ, Elson E, Webb WW (1976) Mobility measurement by analysis of fluorescence photobleaching recovery kinetics. *Biophys J* 16: 1055–1069

Chen Y, Elangovan E, Periasamy E (2005) FRET Data Analysis: The Algorithm. In: Periasamy and Day (Hrsg) Molecular Imaging: FRET Microscopy and Spectroscopy, Oxford University Press, Vew York. 126-145

Ecker RC, de Martin R, Steiner GE, Schimd, JA (2004). Application of spectral imaging microscopy in cytomics and fluorescence resonance energy transfer (FRET) analysis. *Cytometry Part A*. Special Issue: Cytomics–New Technologies: Towards a Human Cytome Project. Volume 59A, Issue 2, pages 172–181, June 2004

Förster T (1946) Energiewanderung und Fluoreszenz. *Naturwissenschaften* 6: 166-175

Förster T (1948) Intermolecular energy migration and fluorescence. Ann Phys (Leipzig) 2: 55-75

Hachét-Haas M, Converset N, Marchal O, Matthes H, Gioria S, Galzi JL, Lecat S (2006) FRET and colocalization analyzer – a method to validate measurements of sensitized emission FRET acquired by confocal microscopy and available as an ImageJ Plug-in. *Microsc Res Tech* 69(12):941–56

Heinzinger H, van den Boom F, Tinel H, Wehner F (2001) In rat hepatocytes, the hypertonic activation of Na(+) conductance and Na(+)-K(+)-2Cl(-) symport-but not Na(+)-H(+) antiport-is mediated by protein kinase C. *J Physiol*, 536(Pt 3):703–15

Hernanz-Falcon P, Rodriguez-Frade JM, Serrano A, Juan D, del Sol A, Soriano SF, Roncal F, Gomez L, Valencia A, Martinez-A C, Mellado M (2004) Identification of amino acid residues crucial for chemokine receptor dimerization. *Nat Immunol* 5(2):216-23.

Lippincott-Schwartz J, Patterson GH (2003). Development and use of fluorescent protein markers in living cells. *Science* 300(5616):87-91

Lukyanov KA, Chudakov DM, Lukyanov S, Verkhusha VV (2005) Photoactivatable fluorescent proteins *Nature Reviews Mol Cell Biol* 6: 885-891

Manders EMM, Verbeek FJ, Aten JA (1993) Measurement of co-localization of object in dual-colour confocal images. *J Microsc* 169: 375-382

McNally JG, Karpova T, Cooper J, Conchello JA (1999). Three-Dimensional Imaging by Deconvolution Microscopy. Methods 19: 373-385

Miyawaki A, Llopis J, Heim R, McCaffery JM, Adams JA, Ikura M, Tsien RY. (1997) Fluorescent indicators for Ca2+ based on green fluorescent proteins and calmodulin. *Nature* 388(6645):882-7

Nagai T, Yamada S, Tominaga T, Ichikawa M, Miyawaki A (2004) Expanded dynamic range of fluorescent indicators for Ca(2+) by circularly permuted yellow fluorescent proteins. *Proc Natl Acad Sci U S A* 101(29):10554–9

Neher, RA, Neher, E (2004). Applying spectral fingerprinting to the analysis of FRET images. *Microscopy Research and Technique*. Special Issue: Image Processing in Optical Microscopy. Volume 64, Issue 2, pages 185–195, 1 June 2004

Patterson GH, Lippincott-Schwartz J (2002) A photoactivatable GFP for selective photolabeling of proteins and cells. Science 297:1873 - 77

Shaner NC, Campbell RE, Steinbach PA, Giepmans BNG, Palmer A, Tsien RY (2004). Improved monomeric red, orange and yellow fluorescent proteins derived from *Discosoma* sp. red fluorescent protein. *Nat Biotechnol* 22(12):1567–1572

Tyska MJ, Mooseker MS (2002). MYO1A (Brush Border Myosin I) dynamics in the brush border of LLC-PK1-CL4 cells. *Biophys J* 82:1869–1883

van den Boom F, Uhlenbrock K, Düssmann H, Abouhamed M, Bähler M (2007). The myosin IXb motor activity targets the myosin IXb Rho GAP domain as cargo to sites of active actin polymerization. *Mol Biol Cell* 18: 1507-1518

Morphometrie in der Mikroskopie: stereologische Methoden

Matthias Ochs

24.1   Einführung

24.1.1   Warum Morphometrie?

Aus verschiedenen Gründen kann es wichtig sein, quantitative Informationen über biologische Objekte aus mikroskopischen Datensätzen zu gewinnen. In der Regel geht es neben der Beantwortung der Frage „Wie viel?" um die damit verbundene Möglichkeit, im Rahmen wissenschaftlicher „Projekte statistisch valide Vergleiche zwischen verschiedenen Untersuchungsgruppen anstellen zu können. So lassen sich z. B. verschiedene Spezies (Phylogenese) oder verschiedene Entwicklungsstadien innerhalb einer Spezies (Ontogenese) vergleichen oder Struktur-Funktionsbeziehungen durch eine Korrelation quantitativ-mikroskopischer und physiologischer oder biochemischer Daten herstellen. Ein häufiges Anwendungsfeld ist der Vergleich von Gruppen, bei denen eine experimentelle Manipulation vorgenommen wurde, z. B. zur Überprüfung von Behandlungseffekten (gegenüber einer unbehandelten Gruppe) oder zur Phänotypcharakterisierung einer Genmanipulation (gegenüber dem Wildtyp).

Die Gewinnung quantitativer Strukturinformationen über biologische Objekte bezeichnet man als Morphometrie (wörtlich: Gestaltmessung). Solche Messungen sind auf makroskopischer Ebene meist auf direktem Wege möglich, z. B. wenn ein Schneider den Brust-, Taillen- und Hüftumfang eines Kunden mit dem Maßband ermittelt. In der Mikroskopie hingegen sind solche Messungen in der Regel nicht direkt möglich, z. B. wenn die Gesamtoberfläche der Alveolen in der Lunge bestimmt werden soll.

Die Morphometrie in der Mikroskopie sieht sich zwei grundsätzlichen Problemen gegenüber: einer Reduktion in der Größe und einer Reduktion in der Dimension, denn es steht in der Regel nicht das gesamte dreidimensionale Objekt zur Verfügung, sondern lediglich eine limitierte Zahl von annähernd zweidimensionalen Schnitten durch eine limitierte Zahl von aus dem Objekt entnommenen Proben. Man analysiert also nicht „das Ganze", sondern lediglich eine „Flachland-Auswahl". Damit ist die in mikroskopischen Datensätzen enthaltene Information über biologische Objekte qualitativ und quantitativ gegenüber der „wahren" dreidimensionalen Gestalt der Objekte verändert und lässt sich nur über statistische Verfahren rekonstruieren.

24.1.2   Stereologie

Die Lösung dieser Probleme und damit die Methode der Wahl zur Gewinnung morphometrischer Daten in der Mikroskopie ist die Stereologie (griechisch *stereos* = räumlich, körperlich). Als theoretische Disziplin ist die Stereologie ein Teilgebiet der stochastischen Geometrie. Insofern ist sie eine „reine" Wissenschaft mit solidem mathematischen Fundament und als solche unabhängig von bestimmten Bildgebungstechnologien und bestimmten Anwendungsfeldern (Miles und Davy 1976, Weibel

1980, Baddeley und Vedel Jensen 2005). Für die mikroskopische Praxis liefert die Stereologie Methoden der Probenauswahl und -vermessung, die es ermöglichen, quantitative Informationen zur Charakterisierung dreidimensionaler biologischer Objekte anhand von repräsentativ durchgeführten Messungen an annähernd zweidimensionalen (physikalischen oder virtuellen) Schnitten durch diese Objekte zu gewinnen (Weibel 1979, Howard und Reed 2005). Die Probenauswahlverfahren lösen dabei das Größenreduktionsproblem, die Messverfahren lösen das Dimensionsreduktionsproblem. Eine im statistischen Sinne repräsentative Auswahl (Sampling), deren Prinzipien für Stichprobenverfahren in allen Bereichen gültig sind (Stuart 1976, Cochran 1977), ist der Kern der Stereologie. Die „Messungen" werden in der Regel manuell mit Hilfe von Testsystemen mit definierten geometrischen Eigenschaften (z. B. Testpunkte oder Testlinien) vorgenommen, sodass sie sich auf einfache diskrete Zählereignisse (z. B. Testpunkt fällt auf Struktur von Interesse, Testlinie schneidet Struktur von Interesse) reduzieren.

24.1.2.1   Strukturparameter und stereologische Prinzipien

Bei der Betrachtung von Strukturen im dreidimensionalen Raum anhand ihrer Darstellung in dünnen (d. h. annähernd zweidimensionalen) histologischen Schnitten sind diese Strukturen hinsichtlich ihrer quantitativen Charakteristika um eine Dimension reduziert (◘ Tab. 24.1). Volumina (3-D) stellen sich im Schnitt als Flächen (2-D) dar, Oberflächen (2-D) als Linien (1-D) und Längen (1-D) als Punkte (0-D). Die von vornherein dimensionslose Zahl von Partikeln (0-D) stellt sich nach Dimensionsreduktion überhaupt nicht in dünnen Schnitten dar (die Zahl der Partikelanschnitte hängt z. B. von der Partikelhöhe senkrecht zur Schnittebene ab und ist somit keine statistisch repräsentative Auswahl von Partikeln unterschiedlicher Größe, da größere Partikel eine höhere Wahrscheinlichkeit besitzen, im Schnitt getroffen und damit der Auswertung zugänglich zu sein (Bratu et al. 2014). Stereologische Messverfahren berücksichtigen dies, indem die Dimension des Testsystems, das für die Messung per Zählverfahren am Schnitt verwendet wird, an die Dimension des Parameters im Raum, der bestimmt werden soll, angepasst wird. Die Summe der beiden Dimensionen muss für den dreidimensionalen Raum biologischer Objekte mindestens 3 ergeben. Volumina werden daher mit Testpunkten bestimmt (Zählereignis: 0-D-Testpunkt fällt auf 2-D-Fläche im Schnitt, die das 3-D-Volumen im Raum repräsentiert; ▶ Kap. 10.5.1), Oberflächen (2-D) werden mit Testlinien (1-D) bestimmt (Zählereignis: 1-D-Testlinie schneidet 1-D-Linie im Schnitt, die die 2-D-Oberfläche im Raum repräsentiert; ▶ Kap. 10.5.3) und Längen werden mit Testebenen bestimmt (Zählereignis: 2-D-Testebene enthält 0-D-Punkt im Schnitt, der die 1-D-Länge im Raum repräsentiert). Ein Spezialfall ist die Partikelzahl (0-D), die nur mit Testvolumina (3-D, also grundsätzlich nicht an einzelnen dünnen histologischen Schnitten) bestimmt werden kann. Ein solches Testvolumen (Disector, Sterio 1984, Gundersen 1986) wird erzeugt, indem entweder zwei Schnitte von einem Präparateblock (mit bekann-

◘ Tab. 24.1 Beziehung zwischen quantitativen Strukturparametern und stereologischen Prinzipien

Parameter (Dimension)	Darstellung im 2D-Schnitt (Dimension)	Testsystem (Dimension)	Zählereignis (im Schnitt)	Messung	Berechnung der Dichte
Volumen V (3)	Fläche A (2)	Testpunkte P_T (0)	Testpunkt liegt im Volumen (P_T fällt auf A)	Punkte $P(x)$	Volumendichte $V_V(x) = P(x)/P_T$
Oberfläche S (2)	Linie B (1)	Testlinien L_T (1)	Testlinie durchstößt Oberfläche (L_T schneidet B)	Schnittpunkte $I(x)$	Oberflächendichte $S_V(x) = 2 \cdot I(x)/L_T$
Länge L (1)	Punkt Q (0)	Testebenen A_T (2)	Testebene wird von Länge durchstoßen (A_i enthält Q)	Durchstoßpunkte $Q(x)$	Längendichte $L_V(x) = 2 \cdot Q(x)/A_T$
Zahl N (0)	–	Testvolumina (Disector) $A_T \cdot t$ (3)	Disectorvolumen enthält Partikelspitze oder Partikelpunkt (Auftauchen in $A_T \cdot t$)	Partikelspitzen oder Partikelpunkte $Q^-(x)$	Numerische Dichte $N_V(x) = Q^-(x)/A_T \cdot t$

Auflistung der grundlegenden quantitativen Strukturparameter (und ihrer Dimension), ihrer Darstellung in dünnen histologischen Schnitten (und ihrer Dimension), der geeigneten stereologischen Testsysteme für ihre Bestimmung (und ihrer Dimension), der durch die Interaktion von Testsystem und Struktur generierten Zählereignisse, der daraus resultierenden Messungen und der Formeln zur Bestimmung der jeweiligen Dichten. Durch die Verwendung dünner histologischer Schnitte reduziert sich die Dimension der Strukturparameter um 1. Die Dimension des Strukturparameters plus die Dimension des Testsystems müssen in der Summe mindestens 3 ergeben. D. h. Testpunkte (0-D) „fühlen" Volumen (3-D), Testlinien (2-D) „fühlen" Oberfläche (2-D), Testebenen (2-D) „fühlen" Länge (1-D) und nur Testvolumina (3-D) „fühlen" Zahl. Um absolute Werte zu erhalten, müssen die Dichten mit dem Referenzraumvolumen multipliziert werden (modifiziert nach Weibel et al. 2007 sowie Ochs und Mühlfeld 2013).

ter Dicke bzw. bekannten Abstand voneinander in z-Richtung) verglichen werden (Physical Disector) oder durch einen dicken Schnitt optisch in z-Richtung durchfokussiert wird (Optical Disector). Dabei wird entweder das Auftauchen neuer Partikel oder das Auftauchen neuer mit jeweils einem Partikel assoziierter Punkte (z. B. der Nucleolus bestimmter Zelltypen) im Disector gezählt (Zählereignis: 3-D-Disectorvolumen enthält 0-D-Partikelspitze oder 0-D-Partikelpunkt, der die 0-D-Partikelzahl im Raum repräsentiert; ► Kap. 10.5.4).

24.1.2.2 Erwartungstreue und Präzision

Aufgrund der stochastischen Natur stereologischer Methoden sind die mit ihnen gewonnenen Daten immer Schätzwerte. Dies ist durchaus ein Vorteil, denn es ist im Rahmen wissenschaftlicher Projekte erheblich effizienter, eine kleine, aber im statistischen Sinne repräsentative Auswahl von Strukturen in vielen Individuen zu analysieren anstatt alle Strukturen in wenigen Individuen (z. B. die Zahl von Neuronen im Neocortex oder von Glomeruli in der Niere, Pakkenberg und Gundersen 1997, Keller et al. 2003). Ihre biologische Sinnhaftigkeit („echte" Werte, die auf die Gesamtstruktur im dreidimensionalen Raum bezogen sind) macht diese stereologischen Daten über den Kontext der Einzelstudie hinaus vergleichbar und verallgemeinerbar (Saver 2006). Die Qualität solcher Schätzwerte lässt sich in zwei Kategorien beschreiben: Erwartungstreue und Präzision. Die Erwartungstreue (*accuracy, unbiasedness*) entspricht der Validität, d. h. die Schätzwerte konvergieren um den wahren Wert. Sie sind somit frei von systematischen Fehlern (*bias*). Die Präzision entspricht der Reliabilität, d. h. der Reproduzierbarkeit, die sich in der Varianz der Daten zeigt, welche wiederum vom Stichprobenverfahren, der Stichprobengröße und der

Stichprobenverteilung abhängt. Da man in Untersuchungen den wahren Wert nicht kennt, ist die Erwartungstreue nicht aus den Schätzwerten ablesbar. Der einzige Weg zur Gewinnung erwartungstreuer, valider Daten ist es somit, systematische Fehler durch ein entsprechendes Studiendesign von vornherein zu vermeiden. Genau hierfür stehen die Sampling- und Messverfahren der Stereologie. Die Präzision der Schätzwerte kann hingegen statistisch überprüft und falls notwendig verbessert werden, indem man die Stichprobengröße erhöht. Die „richtige" Stichprobengröße (d. h. man hat genug gezählt, aber nicht mehr als notwendig, um eine hinreichende Präzision zu erreichen) ist in jeder Studie verschieden. Grundsätzlich sollte der Beitrag des stereologischen Schätzverfahrens (das „Rauschen") an der Gesamtvariation der Daten kleiner sein als die biologische Variation innerhalb einer Untersuchungsgruppe (das „Signal"). Dies lässt sich im Einzelfall durch eine Pilotstudie statistisch abschätzen. Als Faustregel gilt die Empfehlung, dass pro Studien-Individuum zwischen 100 und 200 Zählereignisse für jeden Parameter (z. B. Testpunkte, Testlinien-Schnittpunkte oder Disector-Zählungen von Partikeln) in die Berechnung eingehen sollten (Gundersen und Østerby 1981, Gundersen und Jensen 1987; Ergebnisse in ◘ Abb. 24.1–24.3). Sollte eine Verbesserung der Präzision notwendig sein, ist es erheblich effizienter, den Mehraufwand bei der Stichprobenvergrößerung auf der Ebene der Zahl der Individuen pro Untersuchungsgruppe oder der Zahl der Gewebeblöcke pro Individuum (die mehr zur Datenvariation beitragen) zu investieren statt auf der Ebene der Zahl der Gesichtsfelder auf dem einzelnen Schnitt oder der Dichte des Testsystems auf dem einzelnen Gesichtsfeld (die deutlich weniger zur Datenvariation beitragen). Dieses Prinzip, weniger Mühe auf eine (für die Gesamtvariation der

Daten wenig bedeutsame) Detailanalyse einzelner Gesichtsfelder zu verwenden und stattdessen das Augenmerk auf eine hinreichend große und gut verteilte Stichprobe aus der Gesamtpopulation zu richten, ist nach einem Diskussionsbeitrag von Weibel bekannt geworden als „*Do more less well*" (Gundersen und Østerby 1981).

24.1.2.3 Stereologie und Bildanalyse

Der stereologische Ansatz in der quantitativen Mikroskopie biologischer Objekte beschränkt sich nicht allein auf die (manuelle oder automatisierte) Analyse von Bildern. Reine Bildanalyse ohne Stereologie ist nicht mehr als die exakte Beschreibung eines Artefaktes, nämlich des histologischen Schnittes (Mattfeldt 1990). Eine sinnvolle biologische oder medizinische Interpretation ist nur möglich, wenn Messungen an Schnitten verlässliche Informationen über die wahre Beschaffenheit der im Schnitt repräsentierten Strukturen liefern. Deswegen müssen diese Messungen in einen größeren Kontext eingebettet sein, der das Studiendesign ebenso beinhaltet wie die Behandlung der Proben und die strikte Randomisierung der Probenauswahl. Stereologie beginnt mit der Versuchsplanung, nicht mit einem bereits vorhandenen mikroskopischen Datensatz. Unter anderem aus diesem Grund bietet die Stereologie durch manuelles Zählen effizientere und verlässlichere Daten als halb- oder vollautomatische Quantifizierungsverfahren (Gundersen et al. 1981, Mathieu et al. 1981, Van Vree et al. 2007, Eriksen et al. 2013, Schmitz et al. 2014).

24.1.2.4 Bedeutung der Stereologie

Auch wenn viele der grundlegenden Prinzipien schon seit Jahrhunderten bekannt sind (z. B. verbunden mit Namen wie Cavalieri, Buffon und Delesse), hat sich die Stereologie als eigenständige Disziplin mit eigenem Namen und eigener Fachgesellschaft (International Society for Stereology: www.stereologysociety.org) erst zu Beginn der sechziger Jahre des 20. Jahrhunderts herausgebildet (Cruz-Orive 1987, Mattfeldt 1990, Weibel 1992). Einen aktuellen Überblick über die Stereologie und ihre Anwendungsmöglichkeiten in Biologie und Medizin geben Howard und Reed (2005), Baddeley und Vedel Jensen (2005), Mouton (2011) und West (2012). Ein wesentlicher Vorteil aktueller stereologischer Methoden ist, dass sie ohne Modellannahmen (z. B. über Form, Größe und Verteilung von Strukturen) auskommen und nur von einem korrekten Stichprobenverfahren (Sampling Design) abhängig sind. Sie sind somit in dieser Hinsicht erwartungstreu („*unbiased by design*"), weshalb man auch von „*design-based stereology*" oder „*unbiased stereology*" spricht (Howard und Reed 2005, Mouton 2011). Eine Reihe von wissenschaftlichen Fachdisziplinen und Zeitschriften hat die konsequente Anwendung stereologischer Methoden zur quantitativen Charakterisierung mikroskopischer Strukturen diskutiert, empfohlen oder sogar zum Standard erklärt (Coggeshall und Lekhan 1996, West und Coleman 1996, Madsen 1999, Kordower 2000, Wanke 2002, Boyce et al. 2010, Hsia et al. 2010, Matthay 2010, Henson et al. 2010, Brusasco und Dinh-Xuan 2010).

24.2 Voraussetzungen

Man kann nur zählen, was man (er)kennt. Jeder quantitativen Analyse muss daher eine gründliche qualitative Analyse als Pilotstudie vorausgehen, um die Zielstrukturen (Aussehen, Häufigkeit, Verteilung) einschätzen zu können und die stereologischen Parameter, die am besten zur Charakterisierung der Zielstrukturen im Kontext der Fragestellung geeignet sind (z. B. Partikelzahl bei Hyperplasie, Partikelvolumen bei Hypertrophie), festzulegen. Diese Festlegung hat Konsequenzen für das Studiendesign (Fixierung, Stichprobenauswahl und -umfang, Probenprozessierung und -einbettung, Schneiden, Testsystemauswahl, Präzisionsabschätzung, ggf. Modifikation des Studiendesigns), welches dann ebenfalls in einer Pilotstudie etabliert werden sollte (Ochs und Mühlfeld 2013).

Um bei stereologischen Untersuchungen verlässliche Daten zu erhalten und systematische Fehler zu vermeiden, ist es entscheidend, dass die Gewebedimensionen während der histologischen Aufarbeitung möglichst nahe am Zustand *in vivo* erhalten werden (Dorph-Petersen et al. 2001). Dies ist keineswegs trivial, denn ein histologischer Schnitt von einem fixierten und eingebetteten Präparateblock ist im besten Sinne des Wortes ein Artefakt (Weibel et al. 1982). Eine hinsichtlich der Erhaltung der Gewebedimensionen optimierte und standardisierte Fixierung, Prozessierung und Einbettung muss darum vor Beginn jedes stereologischen Projektes etabliert sein (am Beispiel der Lunge dargestellt in Weibel 1984, Fehrenbach und Ochs 1998, Hsia et al. 2010, Mühlfeld et al. 2013), denn die Qualität des Materials bestimmt die Qualität der Daten. Es ist bekannt, dass eine Einbettung in Paraffin zu erheblichen Schrumpfungen führt (Fukaya und Martin 1969, Iwadare et al. 1984, Haug et al. 1984). Besonders problematisch ist ein mögliches differenzielles Schrumpfungsverhalten unterschiedlicher Gewebeanteile. Für die lichtmikroskopische Stereologie sind Kunststoffeinbettungen, ggf. nach vorheriger Nachfixierung der Gewebeblöcke mit Osmiumtetroxid, geeigneter (Schneider und Ochs 2014). In jedem Fall sollte das Ausmaß der Schrumpfung in jeder Studie und in jeder experimentellen Gruppe innerhalb einer Studie separat überprüft werden, denn auch bei identischen Einbettprotokollen kann es durch unterschiedliche Gewebeeigenschaften zu einem unterschiedlichen Schrumpfungsverhalten (z. B. alte *vs.* junge Gehirne, diabetische *vs.* normale Nieren, emphysematische *vs.* normale Lungen) kommen. Für eine einfache homogene Schrumpfung gibt es die Möglichkeit, Korrekturfaktoren in die Berechnung der jeweiligen stereologischen Parameter einzubeziehen (Mühlfeld et al. 2013).

Grundsätzlich sind stereologische Methoden ohne größeren Aufwand mit jeder Mikroskopietechnik kombinierbar. Für die Lichtmikroskopie standen früher Okulare mit integrierten Testsystemen (z. B. Testpunkte und/oder Testlinien) zur Verfügung. Die für Digitalbilder einfachste Möglichkeit, sie mit maßgeschneiderten Testsystemen zu überlagern, bietet ein freies Web-basiertes Tool, der *Stepanizer* (Tschanz et al. 2011). Darüber hinaus gibt es kommerziell erhältliche Computergestützte Stereologiesysteme (z. B. Visiopharm newCAST), die mit motorisierten Mikroskopen oder Slide-Scannern verbunden werden können. Durch solche Systeme können bestimmte Arbeitsschritte (z. B. die Auswahl und Aufnahme repräsentativer Gesichtsfelder und die Generierung und Überlagerung von Testsystemen) und bestimmte Rechenoperationen erheblich effizienter gestaltet werden – die abschließende Entscheidung über die Zählereignisse bleibt jedoch weiterhin dem Untersucher vorbehalten.

24.3 Methoden

Im Folgenden sollen einige Beispiele der Anwendung stereologischer Methoden zur quantitativ-mikroskopischen Analyse der Lunge (entnommen aus Mühlfeld et al. 2013) demonstriert werden. Die Standards der Lungenstereologie sind als offizielles Statement der American Thoracic Society und der European Respiratory Society definiert (Hsia et al. 2010) und in ihrer praktischen Anwendung näher ausgeführt (Ochs 2006, Knudsen und Ochs 2011, Mühlfeld et al. 2013, Schneider und Ochs 2013, Ochs und Mühlfeld 2013, Mühlfeld und Ochs 2013, Ochs 2014).

24.3.1 Bestimmung des Referenzraumes

Die am Schnitt bestimmten Zählereignisse (Rohdaten) gehen in einfache Formeln ein, die die Berechnung von Dichten erlauben (d. h. das relative Verhältnis von Volumen, Oberfläche, Länge oder Zahl der Zielstruktur zum Einheitsvolumen im Referenzraum, ◘ Tab. 24.1). Diese Dichten sind wiederum Zwischendaten, die noch durch Multiplikation mit dem Gesamtvolumen des Referenzraumes in Enddaten (d. h. Gesamtvolumen, Gesamtoberfläche, Gesamtlänge oder Gesamtzahl der Zielstruktur im Individuum) überführt werden müssen. Dieser letzte Schritt ist von großer Bedeutung, denn Dichten allein sind in der Regel nicht biologisch sinnvoll interpretierbar. So kann eine Zunahme der Volumendichte einer Struktur im Referenzraum im Zeitverlauf bedeuten, dass die Struktur größer geworden ist (Veränderung des Zählers) oder dass der Referenzraum kleiner geworden ist (Veränderung des Nenners) oder beides. Schlimmstenfalls übersteigt die Verkleinerung des Referenzraumes eine Verkleinerung der Struktur, was ebenfalls zu einer Zunahme der Volumendichte und der möglichen Fehlinterpretation, die Struktur sei größer geworden, führen könnte. Die Gefahr, falsche biologische Schlussfolgerungen aus Daten zu ziehen, die nicht als Absolutwerte auf einen sinnvollen Referenzraum bezogen sind, wird als *„reference trap"* bezeichnet (Braedgaard und Gundersen 1986; siehe auch Beispiel in Mühlfeld und Ochs 2014). Vor der Entnahme einzelner Proben aus dem fixierten Individuum oder dem fixierten Organ muss also der Referenzraum bestimmt werden. Hierfür stehen zwei Möglichkeiten zur Verfügung: das Archimedes-Prinzip und die Cavalieri-Methode.

24.3.1.1 Flüssigkeitsverdrängung (Archimedes-Prinzip)

Diese Methode wird häufig als „Flüssigkeitsverdrängung" bezeichnet, tatsächlich wird jedoch nicht das Volumen der durch Eintauchen des Objektes verdrängten Flüssigkeit bestimmt, sondern nach dem Archimedes-Prinzip der Auftrieb, der über das Gewicht der verdrängten Flüssigkeit gemessen wird. Hierzu wird das fixierte Objekt vollständig in ein auf einer tarierten Waage stehendes flüssigkeitsgefülltes Becherglas eingetaucht, ohne dass es dabei die Wand berührt (Scherle 1970, Schneider und Ochs 2013).

24.3.1.2 Cavalieri-Methode

In Anlehnung an Cavalieri kann das Volumen eines Objektes bestimmt werden, indem man es in Scheiben gleicher Dicke schneidet und die Gesamtfläche der Scheiben mit der Schnittdicke multipliziert. Voraussetzung ist also ein vollständiges Zerlegen des Objektes in Scheiben. In der Regel wird die Methode auf makroskopischer Ebene durchgeführt (mit nicht-destruktiven Bildgebungsverfahren ist auch eine Analyse virtueller Scheiben möglich), je nach Objektgröße kann sie mikroskopisch angewendet werden. In der Stereologie werden die Flächen der Scheiben mit Testpunkten abgeschätzt. Für eine hinreichende Präzision genügen etwa 10 Scheiben, deren Dicke sich nach der Objektgröße richtet. Die Scheiben werden in gleicher Ausrichtung (d. h. alle Scheiben entweder mit der apikalen oder mit der basalen Seite nach oben) mit einem aus Punkten bestehenden Testsystem analysiert. Die Dichte der Testpunkte sollte so gewählt werden, dass über alle Scheiben eines Objektes insgesamt zwischen 100 und 200 Punkten gezählt werden (Gundersen und Jensen 1987). Jedem Testpunkt ist eine Fläche a(p) zugeordnet. Das Volumen des Objektes V(obj) ergibt sich somit aus der Summe der gezählten Punkte P auf der Schnittfläche, der Testpunktfläche a(p) und der Scheibendicke t:

$$V(obj) = a(p) \times \sum P \times t$$

Auch wenn die Cavalieri-Methode etwas mehr Aufwand erfordert, hat sie gegenüber dem Archimedes-Prinzip einige Vorteile. Da hier das Referenzvolumen an (in der Regel makroskopischen) Schnitten bestimmt wird, ist eine bis dahin möglicherweise noch vorhandene residuale Gewebselastizität im fixierten Organ (elastische Fasern werden durch Aldehyde nicht vollständig fixiert, Oldmixon et al. 1985) hier ausgeschaltet. Somit sind die Ergebnisse näher an den Dimensionen der für die mikroskopische Analyse verwendeten Schnitte. Darüber hinaus erlaubt die Cavalieri-Methode eine nicht-destruktive Bestimmung von Teilvolumina (z. B. graue *vs.* weiße Substanz im Großhirn, Rinde und Mark in der Niere, Parenchym und Nicht-Parenchym in der Lunge). Zudem kann das Anfertigen der Schnitte für die Cavalieri-Methode problemlos in den Prozess der Probenauswahl integriert werden (z. B. indem man die Scheiben mit Maßstab fotografiert und nach Abschluss des Sampling auswertet), so dass der Mehraufwand minimal ist (▸ Kap. 24.3.2.1). Details zur Anwendung auf die Lunge finden sich in Michel und Cruz-Orive (1988), Yan et al. (2003), Ochs et al. (2004), Mühlfeld et al. (2013), Schneider und Ochs (2013).

24.3.2 Probenauswahl (Sampling)

Nach dem Prinzip „gleiches Recht für alle" hat die Stichprobenauswahl in der Stereologie das Ziel, jedem Teil des Objektes die
gleiche Chance zu geben, analysiert zu werden (d. h. im histologischen Schnitt enthalten zu sein und mit dem Testsystem zu
interagieren). Dieses Prinzip muss durchgehend über alle Aus-
wahlebenen eingehalten werden (Studien-Individuen, Präparateblöckchen, Schnitte, Gesichtsfelder, Testsysteme), denn nur
dann ist die Auswahl im statistischen Sinne erwartungstreu.
Dies gilt immer für die Lokalisation. Für manche stereologischen Parameter ist darüber hinaus die räumliche Orientierung
relevant. Dies ist der Fall für die Interaktion 2-D mit 1-D
(also Oberflächenbestimmung mit Testlinien und Längenbestimmung mit Testebenen), dagegen nicht für die Interaktion
3-D mit 0-D (also Volumenbestimmung mit Testpunkten und
Partikelzahlbestimmung mit dem Disector).

24.3.2.1 Randomisierung der Lokalisation

Die gängigste und eine sehr effiziente Methode zur Randomisierung der Lokalisation wird als SURS (*Systematic Uniform
Random Sampling*) bezeichnet. Hier wird ein zufälliger Beginn (Position der ersten Probenauswahl zwischen 0 und dem
Sampling-Intervall; dies ist der „*Random*-Anteil" an SURS) mit
einem konstanten Sampling-Intervall (dies ist der „*Systematic-
Uniform*-Anteil" an SURS) kombiniert (Mayhew 2008). Wenn
man z. B das fixierte Objekt für die Cavalieri-Methode in zwölf
gleich dicke Scheiben geschnitten hat (▶ Kap. 24.3.1.2) und davon
drei Scheiben auswählen möchte, wählt man einen zufälligen
Beginn zwischen Scheibe 1 und 4 (z. B. 2) und ein Sampling-
Intervall von 12:3 = 4. Somit werden die Scheiben 2, 6 und 10
ausgewählt. Diese Scheiben kann man dann in Streifen schneiden, aus denen analog eine Auswahl getroffen wird, die Streifen
wiederum in Blöckchen mit geeigneter Größe zum Einbetten,
aus denen wiederum nach diesem Prinzip ausgewählt wird. Im
Mikroskop werden die Gesichtsfelder mäanderförmig mit kons-
tantem x/y-Intervall über den gesamten Schnitt verteilt.

Wenn man über sämtliche Sampling-Ebenen einschließlich
der Testfelder im Schnitt den ausgewählten Anteil kennt (im
oben genannten Beispiel auf Ebene der Scheiben 3/12 = 1/4),
ist es möglich, die in diesem Anteil ermittelten Partikelzah-
len durch Multiplikation mit dem Sampling-Anteil direkt zu
bestimmen. Diese Methode wird als Fractionator bezeichnet
(Gundersen 1986). Der Vorteil dieses Ansatzes ist, dass keine
Multiplikation mit dem Referenzraumvolumen notwendig ist
und Änderungen der Gewebedimensionen (z. B. Schrumpfungen) somit keine Rolle spielen.

24.3.2.2 Randomisierung der Orientierung

Oberflächen- und Längenbestimmungen erfordern eine Randomisierung der räumlichen Interaktion zwischen Probe und
Testsystem (d. h. der räumlichen Orientierung, in der Testlinien
die Oberfläche schneiden oder längliche Strukturen die Test-
ebene durchstoßen). Hierzu könnte man die Struktur in ihrer
Orientierung fixieren lassen und das Testsystem in seiner Orien-

tierung im Raum randomisieren (dies ist in der Regel nur mit
Computer-gestützten Stereologiesystemen möglich) oder man
fixiert die Orientierung des Testsystems (z. B. Testlinien immer
horizontal) und randomisiert die räumliche Orientierung der
Probe während des Sampling. Hierfür stehen verschiedene stereologische Methoden zur Verfügung. Eine vollständige Randomisierung der Orientierung größerer Proben ermöglicht der
Orientator (der dem Ergebnis nach besser als „Dysorientator"
zu bezeichnen wäre), der dies durch die Kombination von zwei
zufällig ausgewählten Schnittebenen erreicht (Mattfeldt et al.
1990). Für kleinere Proben kann eine vollständige Orientie-
rungsrandomisierung durch den Isector erzielt werden, bei
dem die Probe in eine Kugelform eingebettet, gerollt, zufällig
gestoppt und in dieser Position endgültig eingebettet wird
(Nyengaard und Gundersen 1992). Die durch diese beiden Methoden erzielte vollständige „Orientierungslosigkeit" kann insbesondere bei geschichteten Strukturen (z. B. Epidermis) von
Nachteil sein. Hier bietet sich die Methode der sogenannten
Vertical Sections an, bei der durch das Schneiden zunächst nur
in zwei Ebenen randomisiert wird (eine der Orientierung dienende horizontale Ebene, z. B. markiert durch die epidermale
Basalmembran, wird erhalten) und erst durch die Verwendung
eines Testsystems mit Cycloiden-Testlinien eine vollständige
Randomisierung erreicht wird (Baddeley et al. 1986).

24.3.3 Ausgewählte Messungen

Als Beispiel (entnommen aus Mühlfeld et al. 2013) dient die
Lunge einer Maus. Zur Charakterisierung der Parenchymarchi-
tektur sollen bestimmt werden: das Volumen des Parenchyms
und des Nicht-Parenchyms, die Volumina der Parenchymkomponenten Alveolenluftraum, Ductusluftraum und Alveolarseptum, die Oberfläche der Alveolen und die Zahl und mittlere
Größe der Alveolen. Als Parenchym der Lunge wird die Alveolarregion bezeichnet, da sie an der Hauptfunktion der Lunge,
dem Gasaustausch, unmittelbar beteiligt ist. Die Alveolarregion
setzt sich zusammen aus dem Luftraum der Alveolen und
der Ductus alveolares sowie den Alveolarsepten mit den in
ihnen enthaltenen Kapillaren. Demgegenüber werden die übrigen Anteile der Lunge (der Luftleitung dienende Abschnitte
des Bronchialbaums, zu- und abführende Blutgefäße, dickere
Bindegewebesepten, Pleura) als Nicht-Parenchym zusammengefasst (Weibel 1984).

Die Lunge wurde mit einer Mischung aus 1,5 % Glutaraldehyd und 1,5 % Formaldehyd in 0,15 M Hepes instillationsfixiert.
Das Lungenvolumen wurde nach dem Archimedes-Prinzip bestimmt und betrug 1,06 cm^3. Nach SURS (▶ Kap. 24.3.2.1) wurden vier Scheiben von 2 mm Dicke gewonnen, in Osmiumtetroxid und in Uranylacetat nachfixiert und in Glycolmethacrylat
eingebettet (Schneider und Ochs 2014). Von jedem Präparateblock wurden Schnittserien mit einer Dicke von 1,5 μm angefertigt. Der jeweils erste und dritte Schnitt von jedem Block
wurden möglichst parallel auf einem Objektträger aufgebracht
und mit Toluidinblau oder mit Orcein gefärbt.

24.3.3.1 Volumen

Zur Bestimmung der Volumendichten von Parenchym und Nicht-Parenchym werden mit einem 5x-Objektiv Gesichtsfelder nach dem SURS-Prinzip auf dem jeweils ersten Schnitt jedes Blockes verteilt und mit einem Testsystem aus Punkten analysiert (◘ Abb. 24.1). Aus praktischen Gründen verwendet man statt Punkten entweder Kreuze oder die Kreuzungen von Gitterlinien, denn Punkte, die eigentlich die Dimension 0 haben (▶ Kap. 24.1.2.1), müssen, um für den Untersucher erkennbar zu bleiben, eine gewisse Fläche einnehmen. Dies kann dazu führen, dass die Punktfläche genau über der Kante der Struktur zu liegen kommt und damit die Frage „Treffer oder nicht?" nicht eindeutig zu beantworten ist. Diese Unsicherheit lässt sich durch

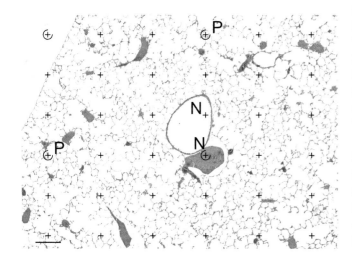

◘ **Abb. 24.1** Bestimmung der Volumendichten des Parenchyms und des Nicht-Parenchyms mit einem Testsystem aus 36 Punkten, von denen vier umkringelt sind (aus Mühlfeld et al. 2013). Die Testpunkte bestehen aus Kreuzen, um die Zählereignisse eindeutig definieren zu können (Kap. 24.3.3.1). Für das seltenere Ereignis „Nicht-Parenchym" (N; luftleitende Anteile des Bronchialbaums und zu- und abführende Blutgefäße, die nicht direkt am Gasaustausch teilnehmen) werden alle Testpunkte gezählt (hier: 2 von 36), für das häufigere Ereignis „Parenchym" (P; die direkt am Gasaustausch beteiligte Alveolarregion) nur die umkringelten (hier: 2 von 4; dieses Ergebnis wird dann mit 9 multipliziert). Maßstab = 200 µm. Ergebnisse für eine Lunge (an 36 über 4 Schnitte verteilten Gesichtsfeldern ermittelt) finden sich in Tabelle 24.2.

◘ **Tab. 24.2** Bestimmung der Volumendichten von einer Lunge (Abb. 24.1)

Präparateblock	Gesichts-felder	P(par)	P(nonpar)
1	8	26x9	30
2	12	31x9	28
3	9	27x9	25
4	7	23x9	21
Σ	36	107x9	104

P(par) = Testpunkte auf Parenchym, P(nonpar) = Testpunkte auf Nicht-Parenchym.

die Verwendung von Kreuzen vermeiden, bei denen man eine Ecke (z. B. die rechte obere) konsistent zur Beurteilung heranzieht, ob die Struktur getroffen wurde oder nicht (Weibel 1979, Schneider und Ochs 2013). Es werden insgesamt 107 x 9 = 963 Punkte auf Parenchym P(par) und 104 Punkte auf Nicht-Parenchym P(nonpar) gezählt. Die Volumendichte des Parenchyms in der Lunge V_V(par/lung) ist somit 963 / (963+104) = 0,9 oder 90%. Das absolute Parenchymvolumen der Lunge V(par, lung), das durch Multiplikation der Volumendichte mit dem Lungenvolumen errechnet wird, ist 1,06 cm^3 x 0,9 = 0,95 cm^3.

Die Volumenanteile der Parenchymkomponenten werden mit einem 20x Objektiv bestimmt (◘ Abb. 24.2). Es werden insgesamt 764 Punkte im Parenchym gezählt, von denen 410 auf den Alveolenluftraum (P(alvair)), 255 auf den Ductusluftraum (P(ductair)) und 99 auf das Alveolarseptum (P(alvsep)) fallen. Die Volumendichten sind V_V(alvair/par) = 410 / 764 = 0,54, V_V(ductair/par) = 255 / 764 = 0,33 und V_V(alvsep/par) = 99 / 764 = 0,13. Daraus errechnen sich nach Multiplikation mit dem Lungenvolumen und der Volumendichte des Parenchyms in der Lunge die Absolutwerte V(alvair, lung) = 1,06 cm^3 x 0,9 x 0,54 = 0,52 cm^3, V(ductair, lung) = 1,06 cm^3 x 0,9 x 0,33 = 0,31 cm^3, V(alvsep, lung) = 1,06 cm^3 x 0,9 x 0,13 = 0,12 cm^3.

24.3.3.2 Oberfläche

Gleichzeitig mit der Bestimmung der Volumenanteile der Parenchymkomponenten wird die Oberflächendichte der Alveolen mit Testliniensegmenten, deren Enden als Testlinienpunkte dienen, bestimmt (◘ Abb. 24.2). Hierbei ist zu beachten, dass Oberflächenbestimmungen von der Auflösung abhängen, d. h.

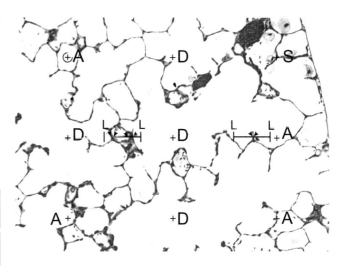

◘ **Abb. 24.2** Bestimmung der Volumendichten der Parenchymkomponenten und der Oberflächendichte der Alveolen mit einem Testsystem aus neun Punkten und zwei Liniensegmenten mit jeweils zwei Linienendpunkten (aus Mühlfeld et al. 2013). Die Punkte werden für das Zählen der Ereignisse „Alveolenluftraum" (A, hier: 4 von 9), „Ductusluftraum" (D, hier: 4 von 9) und „Alveolarseptum" (S, hier: 1 von 9) verwendet, die Liniensegmente für das Zählen von Schnittpunkten mit der Alveolaroberfläche (Pfeilspitzen, hier: 6) und von Linienendpunkten im Parenchym (L, hier: 4 von 4). Maßstab = Liniensegment = 70 µm. Die Ergebnisse für eine Lunge (an 104 über 4 Schnitte verteilten Gesichtsfeldern ermittelt) siehe Tabelle 24.3.

Tab. 24.3 Volumendichten der Parenchymkomponenten und der Oberflächendichte der Alveolen (Abb. 24.2)

Präparateblock	Gesichtsfelder	P(alvair)	P(ductair)	P(alvsep)	P_L(par)	I(alv)
1	30	136	64	36	54	60
2	24	116	70	16	47	43
3	26	81	65	16	39	39
4	24	77	56	31	39	32
Σ	104	410	255	99	179	174

P(alvair) = Testpunkte auf Alveolenluftraum, P(ductair) = Testpunkte auf Ductusluftraum, P(alvsep) = Testpunkte auf Alveolarseptum, P_L(par) = Linienendpunkte auf Parenchym, I(alv) = Schnittpunkte mit der Alveolaroberfläche.

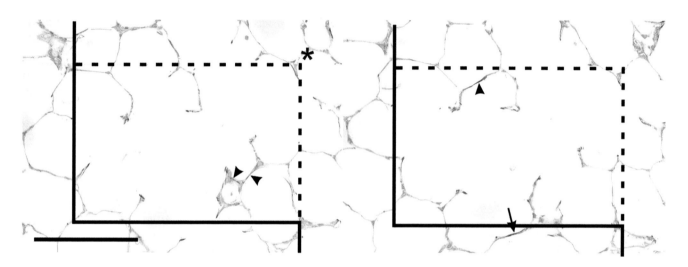

Abb. 24.3 Bestimmung der numerischen Dichte der Alveolen im Disector (Höhe 3 µm), bestehend aus einer Serie von aufeinanderfolgenden Schnitten von 1,5 µm, von denen der erste (links) und der dritte (rechts) verwendet werden (aus Mühlfeld et al. 2013). Die Zählrahmen (Gundersen 1977) bestehen aus einer Ausschlusslinie (durchgezogen) und einer Einschlusslinie (gestrichelt). Gezählt werden Alveolen anhand des Auftauchens einer Alveolenöffnung im Disector. Dies ist dann der Fall, wenn eine Alveole eine Öffnung in einem Schnitt zeigt, die in dem anderen Schnitt durch eine „Brücke" (Pfeilspitzen, hier: 3) geschlossen ist. Brücken, die außerhalb des Zählrahmens liegen oder die Ausschlusslinie berühren (Pfeil) werden nicht gezählt. Zusätzlich wird die rechte obere Ecke des linken Zählrahmens als Testpunkt für das Zählen von Punkten im Parenchym (Stern, hier: 1 von 1) verwendet. Maßstab = 100 µm. Die Ergebnisse für eine Lunge (ermittelt an 225 über 4 Schnitte verteilten Disector-Gesichtsfeldern mit Zählrahmen, die in beide Richtungen verwendet werden) siehe Tabelle 24.4.

je höher die Auflösung, desto mehr Feinheiten und Irregularitäten werden sichtbar, und desto größer die gemessene Oberfläche. Dieses Phänomen ist als „*Coast of Britain*-Effekt" bekannt (Mandelbrot 1967, Paumgartner et al. 1981). Es werden insgesamt 174 Schnittpunkte mit der Alveolaroberfläche und 179 Testlinienpunkte im Parenchym gezählt. Die Länge eines Liniensegmentes ist 70,94 µm, d. h. die Testlinienlänge pro Punkt l(p) ist 35,47 µm. Die Oberflächendichte ergibt sich aus S_V(alv/par) = 2 x 174 / (35,47 µm x 179) = 548 cm^{-1}. Durch Multiplikation mit dem Lungenvolumen und der Volumendichte des Parenchyms in der Lunge lässt sich die Gesamt-Alveolaroberfläche errechnen aus S(alv, lung) = 1,06 cm^3 x 0,9 x 548 cm^{-1} = 523 cm^2.

24.3.3.3 Partikelzahl

Zur Bestimmung der Alveolenzahl wird die Disector-Methode bei einen 20x-Objektiv und einer Disectorhöhe von 3 µm (durch Verwendung des ersten und dritten Schnittes einer Schnittserie

mit jeweils 1,5 µm Dicke) eingesetzt (**Abb. 24.3**). Das Zählereignis ist der Schluss einer Alveolenöffnung („Brücke") im durch den Disector vorgegebenen Testvolumen. Diese Brücken bestimmen als topologische Ereignisse die sogenannte Euler-Zahl, die ein Maß für die Zahl von Elementen in einem Netzwerk ist (zur Methode: Ochs et al. 2004, Hyde et al. 2004). Es werden insgesamt 96 Brücken in 225 Zählrahmen gezählt. Die Fläche eines Zählrahmens beträgt 11 512 µm^2. Die numerische Dichte ist N_V(alv/par) = 96 / [2 x 225 x 11,512 µm^2 x 3 µm] = 6 177 130 cm^{-3}. Durch Multiplikation mit dem Lungenvolumen und der Volumendichte des Parenchyms in der Lunge lässt sich die Gesamt-Alveolenzahl errechnen aus N(alv, lung) = 1,06 cm^3 x 0,9 x 6 177,130 cm^{-3} = 5 892 982.

Die mittlere Alveolengröße lässt sich aus den vorhandenen stereologischen Daten ableiten, indem man das Gesamtvolumen des Alveolenluftraums durch die Gesamt-Alveolenzahl teilt: v_N(alv) = 0,52 cm^3 / 5 892 982 = 88 240 µm^3.

□ Tab. 24.4 Numerische Dichte der Alveolen (Abb. 24.3)

Präparateblock	n(frames)	B
1	78	35
2	64	27
3	24	4
4	59	30
∑	225	96

n(frames) = Zahl der Zählrahmen, B = Zahl der Brücken.

24.4   Literatur

Baddeley AJ, Gundersen HJ, Cruz-Orive LM. Estimation of surface area from vertical sections. J Microsc 142:259–276, 1986.

Baddeley A, Vedel Jensen EB. Stereology for statisticians. Boca Raton, FL: Chapman and Hall, 2005.

Boyce JT, Boyce RW, Gundersen HJG. Choice of morphometric methods and consequences in the regulatory environment. Toxicol Pathol 38: 1128–1133, 2010.

Braendgaard H, Gundersen HJ. The impact of recent stereological advances on quantitative studies of the nervous system. J Neurosci Methods 18: 39–78, 1986.

Bratu VA, Erpenbeck VJ, Fehrenbach A, Rausch T, Rittinghausen S, Krug N, Hohlfeld JM, Fehrenbach H. Cell counting in human endobronchial biopsies - disagreement of 2D versus 3D morphometry. PLoS One 9: e92510, 2014.

Brusasco V, Dinh-Xuan AT. Stereology: a bridge to a better understanding of lung structure and function. Eur Respir J 35: 477–478, 2010.

Cochran WG. Sampling Techniques. 3rd edition. New York: Wiley, 1977.

Coggeshall RE, Lekhan HA. Methods for determining numbers of cells and synapses: a case for more uniform standards of review. J Comp Neurol 364: 6–15, 1996.

Cruz-Orive LM. Stereology: historical notes and recent evolution. Acta Stereol 6: 43–56, 1987.

Dorph-Petersen KA, Nyengaard JR, Gundersen HJ. Tissue shrinkage and unbiased stereological estimation of particle number and size. J Microsc 204: 232–246, 2001.

Eriksen N, Rasmussen RS, Overgaard K, Johansen FF, Pakkenberg B. Comparison of quantitative estimation of intracerebral hemorrhage and infarct volumes after thromboembolism in an embolic stroke model. Int J Stroke 2013 (in press) (doi: 10.1111/j.1747-4949.2012.00070.x.).

Fehrenbach H, Ochs M. Studying lung ultrastructure. In: Methods in pulmonary research, edited by Uhlig S, Taylor AE. Birkhäuser, Basel, pp. 429–454, 1998.

Fukaya H, Martin CJ. Lung tissue shrinkage for histologic preparations. Am Rev Respir Dis 99: 946–948, 1969.

Gundersen HJG. Notes on the estimation of the numerical density of arbitrary profiles: the edge effect. J Microsc 111: 219–223, 1977.

Gundersen HJG, Boysen M, Reith A. Comparison of semiautomatic digitizer-tablet and simple point counting performance in morphometry. Virchows Arch B 37: 317–325, 1981.

Gundersen HJG, Østerby R. Optimizing sampling efficiency of stereological studies in biology: or 'do more less well!'. J Microsc 121: 65–73, 1981.

Gundersen HJG. Stereology of arbitrary particles. A review of unbiased number and size estimators and the presentation of some new ones, in memory of William R. Thompson. J Microsc 143: 3–45, 1986

Gundersen HJG, Jensen EB. The efficiency of systematic sampling in stereology and its prediction. J Microsc 147: 229–263, 1987.

Haug H, Kühl S, Mecke E, Sass NL, Wasner K. The significance of morphometric procedures in the investigation of age changes in cytoarchitectonic structures of human brain. J Hirnforsch 25: 353–374, 1984.

Henson PM, Downey GP, Irvin CG. It's much more than just pretty pictures. Am J Respir Cell Mol Biol 42, 515–516, 2010.

Howard CV, Reed MG. Unbiased stereology: three-dimensional measurement in microscopy. 2nd edition. Abingdon: Garland Science/BIOS Scientific, 2005.

Hsia CCW, Hyde DM, Ochs M, Weibel ER; ATS/ERS Joint Task Force on Quantitative Assessment of Lung Structure. An official research policy statement of the American Thoracic Society/European Respiratory Society: standards for quantitative assessement of lung structure. Am J Respir Crit Care Med 181: 394–418, 2010.

Hyde DM, Tyler NK, Putney LF, Singh P, Gundersen HJ. Total number and mean size of alveoli in mammalian lung estimated using fractionator sampling and unbiased estimates of the Euler characteristic of alveolar openings. Anat Rec 277: 216–226, 2004.

Iwadare T, Mori H, Ishiguro K, Takeishi M. Dimensional changes of tissues in the course of processing. J Microsc 136: 323–327, 1984.

Keller G, Zimmer G, Mall G, Ritz E, Amann K. Nephron number in patients with primary hypertension. N Engl J Med 348:101–108, 2003.

Knudsen L, Ochs M. Microscopy-based quantitative analysis of lung structure: Application in diagnosis. Expert Opin Med Diag 5:319–331, 2011.

Kordower JH. Making the counts count: the stereology revolution. J Chem Neuroanat 20: 1–2, 2000.

Madsen KM. The art of counting. J Am Soc Nephrol 10: 1124–1125, 1999.

Mandelbrot B. How long is the coast of Britain? Statistical self-similarity and fractional dimension. Science 156: 636–638, 1967.

Mathieu O, Cruz-Orive LM, Hoppeler H, Weibel ER. Measuring error and sampling variation in stereology: comparison of the efficiency of various methods for planar image analysis. J Microsc 121: 75–88, 1981.

Mattfeldt T. Stereologische Methoden in der Pathologie. Thieme, Stuttgart, 1990.

Mattfeldt T, Mall G, Gharehbaghi H, Möller P. Estimation of surface area and length with the orientator. J Microsc 159: 301–317, 1990.

Matthay MA. Standards and recommendations for quantitative assessment of lung structure. Am J Physiol Lung Cell Mol Physiol 298: L615, 2010.

Mayhew TM. Taking tissue samples from the placenta: an illustration of principles and strategies. Placenta 29: 1–14, 2008.

Michel RP, Cruz-Orive LM. Application of the Cavalieri principle and vertical sections method to lung: estimation of volume and pleural surface area. J Microsc 150: 117–136, 1988.

Miles RE, Davy PJ. Precise and general conditions for the validity of a comprehensive set of stereological fundamental formulae. J Microsc 107: 211–226, 1976.

Mouton PR. Unbiased stereology: A concise guide. Johns Hopkins University Press, Baltimore, MD, 2011.

Mühlfeld C, Knudsen L, Ochs M. Stereology and morphometry of lung tissue. Meth Mol Biol 931: 367–390, 2013

Mühlfeld C, Ochs M. Quantitative microscopy of the lung - a problem-based approach. Part 2: Stereological parameters and study designs in various diseases of the respiratory tract. Am J Physiol Lung Cell Mol Physiol 305: L205-L221, 2013.

Mühlfeld C, Ochs M. Measuring structure - What's the point in counting? Ann Anat 196: 1–2, 2014.

Nyengaard JR, Gundersen HJG. The isector: a simple and direct method for generating isotropic, uniform random sections from small specimens. J Microsc 165: 427–431, 1992.

Ochs M, Nyengaard JR, Jung A, Knudsen L, Voigt M, Wahlers T, Richter J, Gundersen HJ. The number of alveoli in the human lung. Am J Respir Crit Care Med 169: 120–124, 2004.

Ochs M. A brief update on lung stereology. J Microsc 222: 188–200, 2006

Ochs M, Mühlfeld C. Quantitative microscopy of the lung - a problem-based approach. Part 1: Basic principles of lung stereology. Am J Physiol Lung Cell Mol Physiol 305: L15-L22, 2013.

Ochs M. Estimating structural alterations in animal models of lung emphysema. Is there a gold standard? Ann Anat 196: 26–33, 2014.

Oldmixon EH, Suzuki S, Butler JP, Hoppin FG. Perfusion dehydration fixes elastin and preserves lung air-space dimensions. J Appl Physiol 58: 105–113, 1985.

24

Pakkenberg B, Gundersen HJG. Neocortical neuron number in humans: effect of sex and age. J Comp Neurol 384: 312-320, 1997.

Paumgartner D, Losa G, Weibel ER. Resolution effect on the stereological estimation of surface and volume and its interpretation in terms of fractal dimensions. J Microsc 121: 51-63, 1981.

Saver JL. Time is brain - quantified. Stroke 37: 263-266, 2006.

Scherle W. A simple method for volumetry of organs in quantitative stereology. Mikroskopie 26: 57-60, 1970.

Schmitz C, Eastwood BS, Tappan SJ, Glaser JR, Peterson DA, Hof PR. Current automated 3D cell detection methods are not a suitable replacement for manual stereologic cell counting. Front Neuroanat 8:27: 1-13, 2014.

Schneider JP, Ochs M. Stereology of the lung. Meth Cell Biol 113: 257-294, 2013.

Schneider JP, Ochs M. Alterations of mouse lung tissue dimensions during processing for morphometry - a comparison of methods. Am J Physiol Lung Cell Mol Physiol 306: L341-L350, 2014.

Sterio DC. The unbiased estimation of number and sizes of arbitrary particles using the disector. J Microsc 134: 127–136, 1984.

Stuart A. Basic ideas of scientific sampling. 2nd edition. Charles Griffin and Company, London, 1976.

Tschanz SA, Burri PH, Weibel ER. A simple tool for stereological assessment of digital images: the STEPanizer. J Microsc 243: 47-59, 2011.

Van Vre EA, van Beusekom HM, Vrints CJ, Bosmans JM, Bult H, van der Giessen WJ. Stereology: a simplified and more time-efficient method than planimetry for the quantitative analysis of vascular structures in different models of intimal thickening. Cardiovasc Pathol 16: 43-50, 2007.

Wanke R. Stereology - benefits and pitfalls. Exp Toxicol Pathol 54: 163-164, 2002.

Weibel ER. Stereological methods. Vol. 1: Practical methods for biological morphometry. London: Academic Press, 1979.

Weibel ER. Stereological methods. Vol. 2: Theoretical foundations. London: Academic Press, 1980.

Weibel ER, Limacher W, Bachofen H. Electron microscopy of rapidly frozen lungs: evaluation on the basis of standard criteria. J Appl Physiol 53: 516-527, 1982.

Weibel ER. Morphometric and stereological methods in respiratory physiology, including fixation techniques. In: Techniques in the life sciences, part 1: Respiratory physiology, edited by Otis AB. Elsevier, Ireland, pp. 1-35, 1984.

Weibel ER. Stereology in perspective: a mature science evolves. Acta Stereol 11:1-13, 1992.

Weibel ER, Hsia CCW, Ochs M. How much is there really? Why stereology is essential in lung morphometry. J Appl Physiol 102: 459-467, 2007.

West MJ, Coleman PD. How to count. Neurobiol Aging 17: 503, 1996.

West MJ. Basic stereology for biologists and neuroscientists. Cold Spring Harbor Laboratory Press, Cold Spring Harbor, NY, 2012.

Yan X, Polo Carbayo JJ, Weibel ER, Hsia CCW. Variation of lung volume after fixation when measured by immersion of Cavalieri method. Am J Physiol Lung Cell Mol Physiol 284: L242-L245, 2003.

Arbeitsschutz und Sicherheit im Labor

Bernd Riedelsheimer

25.1 Einführung

Der Arbeitsschutz und somit auch die Sicherheit am Arbeitsplatz besitzen heute zu Recht einen hohen Stellenwert und sollten schon im eigenen Interesse beachtet und befolgt werden.

Eine geeignete bauliche und technische Ausstattung eines Labors wird vorausgesetzt. Selbstverständlich besteht auch ein umfangreiches allgemeines und spezielles Regelwerk für den Arbeitsschutz. Näheres dazu finden Sie in der Unfallverhütungsvorschrift „Grundsätze der Prävention" (BGV A1 / GUV–V A1), „Sicheres Arbeiten in Laboratorien" (BGI/GUV-I 850-0) der gesetzlichen Unfallversicherung (GUV), der Gefahrstoffverordnung (GefStoffV), sowie der 2010 neu eingeführten GHS- (Global Harmonisiertes System) bzw. CLP-Verordnung. Diese sollten in jedem Labor zur Einsicht vorhanden sein. Alle wichtigen und aktuellen Regelwerke sind heute problemlos auch im Internet zu finden.

Bei speziellen Aufgaben wie z. B. dem Umgang mit Druckgasflaschen, Vakuum, Autoklaven, ionisierender Strahlung, usw. beachten Sie die entsprechenden Kapitel im Regelwerk „Sicheres Arbeiten in Laboratorien".

Wird mit lebenden gentechnisch veränderten Organismen (GVO) gearbeitet, gelten die Richtlinien des Gentechnikgesetzes (GenTG) und der Gentechnik-Sicherheitsverordnung (GenTSV). Solche Arbeiten sind nur in entsprechend angemeldeten Räumen erlaubt.

Dieses Kapitel kann natürlich nicht den gesamten Arbeitsschutz in Laboratorien beinhalten, sondern soll auf einige grundlegende und wichtige Regeln des Arbeitsschutzes und der Sicherheit im Labor im Interesse der eigenen Gesundheit aufmerksam machen.

25.2 Gefährdungsbeurteilung

Ganz am Anfang des Arbeitsschutzes sollte eine gründliche und genaue Analyse der Gefahren und der Sicherheit am Arbeitsplatz stehen.

Die Beurteilung der Arbeitsbedingungen ist im Arbeitsschutzgesetz (ArbSchG) und der Gefahrstoffverordnung (GefStoffV) vorgeschrieben und deckt Risiken für die Sicherheit und die Gesundheit der Beschäftigten auf. Sie ist somit das grundlegende Instrument systematischer Sicherheitsarbeit.

Eine vollständige Dokumentation hierüber ist verpflichtend für den Arbeitgeber. Vordrucke bzw. Checklisten für die Gefährdungsbeurteilung sind z. B. bei den Unfallkassen erhältlich.

In der Praxis hat sich bewährt, die Gefährdungsbeurteilung in sieben Schritten durchzuführen.

1. Vorbereitung:
   Betriebsorganisation und Verantwortlichkeiten festlegen (z. B. Sicherheits- und Gefahrstoffbeauftragte, Ersthelfer). Alle infrage kommenden Beteiligten sollten in die Vorbereitung der Gefährdungsbeurteilung einbezogen werden.
2. Ermitteln der Gefährdungen:
   Für jeden Tätigkeitsbereich muss überprüft werden, ob und welche Gefährdungen auftreten können (Checkliste).

Zu berücksichtigen sind auch besondere Personengruppen wie z. B. werdende Mütter.

3. Beurteilen der Gefährdungen:
   Es muss beurteilt werden, ob Handlungsbedarf für Maßnahmen zur Sicherheit und zum Gesundheitsschutz besteht.
4. Festlegen konkreter Arbeitsschutzmaßnahmen:
   Es müssen Maßnahmen zur Beseitigung der festgestellten Gefährdungen festgelegt werden.
5. Durchführen der Maßnahmen:
   Es sollte festgelegt werden, wer die erforderlichen Arbeitsschutzmaßnahmen durchführen soll und bis wann.
6. Überprüfen der Durchführung und der Wirksamkeit der Maßnahmen:
   Der Arbeitgeber oder sein Beauftragter sollte kontrollieren, ob die notwendigen Maßnahmen termingerecht durchgeführt und ob alle Gefährdungen vollständig beseitigt wurden. Abschließend sollte sich der Verantwortliche von der Wirksamkeit der getroffenen Maßnahmen überzeugen.
7. Fortschreiben der Gefährdungsbeurteilung:
   Von Zeit zu Zeit oder nach Veränderungen sollte der Prozess der Gefährdungsbeurteilung überprüft und gegebenenfalls verbessert werden.

25.3 Allgemeine Grundregeln

- Weisungen zum Zwecke der Unfallverhütung sind zu befolgen und die Maßnahmen der Arbeitssicherheit zu unterstützen.
- Sicherheitseinrichtungen dürfen nicht unwirksam gemacht werden.
- Mängel an sicherheitstechnischen Einrichtungen und gefahrbringende Zustände im Labor sind unverzüglich zu beseitigen oder zu melden.
- Informieren Sie sich über die Notausgänge, sowie Ort und Handhabung aller Sicherheitseinrichtungen (z. B. Augendusche, Feuerlöscher).
- Fluchtwege sind stets frei zu halten, insbesondere auch von brennbaren Materialien.
- Machen Sie sich mit Erster Hilfe im Labor vertraut.
- Im Labor immer auf Ordnung, Sauberkeit und Hygiene achten.
- Essen, Trinken, Rauchen und Verwendung von Kosmetika sind im Labor verboten.
- Informieren Sie sich vor Durchführung einer Laborarbeit über Umgang und Gefahren der zu verwendenden Stoffe/Chemikalien an Hand der entsprechenden Sicherheitsdatenblätter oder Betriebsanweisungen.
- Arbeiten mit giftigen, ätzenden, entzündlichen, explosiven oder sonstigen gefährlichen Stoffen/Chemikalien müssen immer im Abzug bei geschlossener Frontscheibe und mit persönlicher Schutzausrüstung (Labormantel, Handschuhe, Schutzbrille) durchgeführt werden.

- Geben Sie niemals etwas zu einer konzentrierten Säure oder Lauge, sondern verfahren Sie z. B. beim Verdünnen immer umgekehrt (Erst das Wasser, dann die Säure …)
- Sämtliche Gefäße mit Lösungen/Chemikalien sind ordentlich und leserlich zu beschriften.
- Gefahrstoffe sind zusätzlich mit entsprechenden Gefahrenpiktogrammen zu kennzeichnen (25.10.2).
- Behältnisse und Geräte müssen vom Benutzer immer vorgereinigt am Spülplatz abgestellt werden, damit andere Personen keinen Gefahren durch Rückstände ausgesetzt sind.
- Nach Betriebsschluss ist der Arbeitsplatz/Labor zu sichern (Geräte abschalten, Gas- und Wasserhähne schließen) und abzuschließen.

25.4 Sicherheitstechnische Laborausstattung

▪ **Abzüge**

Zur technischen Ausstattung eines histologischen Labors zählt ein fest installierter Abzug mit einer Absaugung nach hinten oben. Zur Absaugung der gesundheitsschädlichen Formalindämpfe beim Gewebezuschnitt muss ein leicht zu reinigender Zuschneide-

◨ **Abb. 25.1** Zuschneidetisch mit Abzug nach unten für Formalindämpfe.

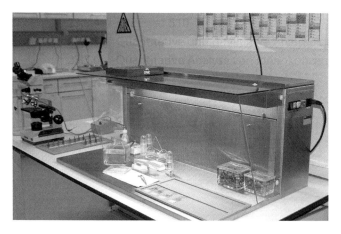

◨ **Abb. 25.2** Eindeckplatz mit Tischabzug (Umluftgerät) für Xyloldämpfe.

tisch (z. B. aus Edelstahl) mit Absaugung (meist über Lochbleche) nach unten (Formalin ist schwerer als Luft!) vorhanden sein.

Um Lösungsmitteldämpfe, insbesondere Xylol (schwerer als Luft!), beim Eindecken der Schnittpräparate abzusaugen, wird ein weiterer Abzug (mobil oder fest) nach hinten und/oder unten benötigt.

Die Abzüge können sowohl als Abluft- als auch Umluftgeräte (mit geeignetem Filter) betrieben werden.

▪ **Laborsicherheitsschränke**

Zur Aufbewahrung und Vorratshaltung von entzündlichen, feuergefährlichen und explosiven Stoffen ist ein Laborsicherheitsschrank (DIN 12925, Feuerwiderstandsklasse FWF90) mit Dauerabsaugung erforderlich. Ebenso gibt es Sicherheitsschränke zur fachgerechten Aufbewahrung von Säuren und Laugen. Giftige Chemikalien müssen unter Verschluss gehalten werden!

25.5 Notfalleinrichtungen

Als unabdingbare Notfalleinrichtung müssen Feuerlöscher, Löschdecke, Körperdusche, Augendusche, Notschalter (zur sofortigen Unterbrechung der Stromzufuhr) und eine Erste-Hilfe-Ausstattung im Labor vorhanden sein.

Die Standorte aller Notfalleinrichtungen müssen durch entsprechende Hinweiszeichen gekennzeichnet sein.

Alle Notfalleinrichtungen müssen in regelmäßigen Zeitabständen auf ihre Funktion geprüft werden.

25.6 Persönliche Schutzausrüstung

▪ **Arbeitskleidung**

Bei Arbeiten im Labor ist geeignete Arbeitskleidung zu tragen: geschlossener Labormantel mit langen Ärmeln (Baumwollanteil mind. 35 %) und geschlossenes, trittsicheres Schuhwerk.

Die Straßenkleidung sollte getrennt von der Arbeitskleidung aufbewahrt werden.

Arbeitskleidung darf nicht außerhalb des Labors z. B. in Aufenthaltsräumen, Cafeterien usw. getragen werden.

▪ **Schutzhandschuhe**

Zum Schutz vor Chemikalien, Infektion, Kälte und Wärme müssen geeignete Schutzhandschuhe zur Verfügung stehen und bei entsprechenden Arbeiten getragen werden.

So sind Einmaluntersuchungshandschuhe aus Latex zum Schutz vor Chemikalien nicht geeignet, da z. B. selbst 4 % Formaldehyd innerhalb von Minuten an die Handschuhinnenfläche dringt. Handschuhe aus Nitrilkautschuk sind im Allgemeinen zum Schutz vor Chemikalien geeigneter. Materialbeständigkeitslisten gegen Chemikalien erhalten Sie von Handschuhherstellern oder fragen Sie Ihren Betriebsarzt.

Nach Beendigung der Tätigkeit Schutzhandschuhe, insbesondere kontaminierte Handschuhe, sofort sachgerecht entsorgen. Nie das Labor mit Schutzhandschuhen verlassen.

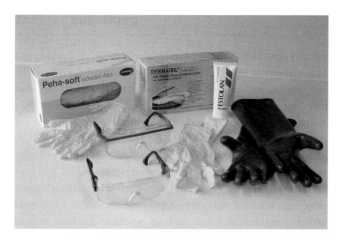

◘ Abb. 25.3 Persönliche Schutzausrüstung (Handschuhe und Schutzbrille).

Schutzbrillen, am besten mit Seitenschutz, müssen in ausreichender Menge vorhanden sein und bei Gefährdung der Augen getragen werden.

Pipettierhilfen müssen im Labor vorhanden sein.

Es ist verboten, mit dem Mund zu pipettieren.

25.7   Hautschutz/Hautschutzplan

Besonders bei Arbeiten im Labor gibt es eine ständige Belastung der Haut z. B. durch häufigen Kontakt mit Chemikalien, Desinfektionsmittel und das Tragen von Schutzhandschuhen. Zur Vermeidung von berufsbedingten Hauterkrankungen ist deshalb Hautschutz gesetzlich vorgeschrieben und stellt auch eine persönliche Schutzausrüstung dar.

Hautschutz ist konsequent anzuwenden, um z. B. Hautreizungen, Ekzeme oder allergische Reaktionen zu verhindern und besteht aus drei Teilen:

1. Hautschutzpräparate:
   Geeignete Salben und Cremes erschweren das Eindringen hautgefährdender Stoffe.
2. Hautreinigung:
   Oberstes Gebot ist hier eine möglichst hautschonende, aber gründliche Reinigung.
3. Hautpflege:
   Hautpflegemittel haben eine Reparaturfunktion und sollen die Hornschicht erhalten oder wiederherstellen. Voraussetzung für eine gute Wirkung ist auch hier die konsequente Anwendung.

Welche Mittel zur Anwendung kommen und nähere Hinweise zum Hautschutz sollten in einem Hautschutzplan zusammengefasst werden und im Labor aushängen.

25.8   Umgang mit Untersuchungsmaterial

Prinzipiell ist jedes Untersuchungsmaterial, insbesondere unfixiertes Gewebe, als potenziell infektiös zu behandeln. Fixierlösungen töten Mikroorganismen ab, zerstören aber manche Toxine nicht. Bei der Bearbeitung von menschlichem oder tierischem Untersuchungsmaterial sind daher stets Schutzhandschuhe (z. B. ungepuderte Einmaluntersuchungshandschuhe aus Latex oder Nitril) zu tragen. Der Arbeitsplatz und die Instrumente sind nach Gebrauch immer zu desinfizieren und zu reinigen.

25.9   Desinfektion

In jedem histologischen Labor müssen wegen der möglichen Infektionsgefahr geeignete Hände-, Flächen- und Instrumentendesinfektionsmittel zur Verfügung stehen. Welche Mittel und in welcher Konzentration diese anzuwenden sind, muss in einem Desinfektionsplan festgelegt sein und im Labor aushängen.

25.10   Gefahrstoffe

Gefahrstoffe sind Stoffe, die entzündend (oxidierend) wirken, die explosiv, entzündbar, akut toxisch, gesundheitsgefährdend, ätzend, sensibilisierend, umweltgefährdend, krebserzeugend, erbgutverändernd und fruchtbarkeitsgefährdend sind.

25.10.1   GHS (Global Harmonisiertes System) oder CLP (Classification, Labelling, Packaging)

Das GHS bzw. die CLP-Verordnung der europäischen Union ist ein neues, weltweit einheitliches System zur Einstufung, Kennzeichnung und Verpackung von Gefahrstoffen und ist für Reinstoffe seit dem 01.12.2010 anzuwenden. Für Gemische erst ab dem 1.6.2015 gültig. Die bisherige Unterscheidung nach Transport- und Gefahrstoffrecht entfällt damit. Neu sind Gefahrenpiktogramme, die mit einem Signalwort („Gefahr" oder „Achtung") ergänzt wurden. Außerdem gibt es Gefahrenhinweise, die H-Sätze (Hazard Statements) und Sicherheitshinweise, die P-Sätze (Precautionary Statements). Die Art der Gefahr wird durch Gefahrenklassen wiedergegeben. Die Abstufung der Gefahr innerhalb einer Gefahrenklasse erfolgt durch die Unterteilung in bis zu 4 Gefahrenkategorien mit weiteren 6 Unterklassen, wobei Kategorie 1 die höchste Gefahr bedeutet. Weiterführende Informationen zum GHS/CLP siehe unter Abschnitt 25.14.

◻ Tab. 25.1 GHS/CLP- System mit Piktogrammen, Gefahrenklassen und Beispielen

	Kodierung, Bezeichnung, Piktogramm	Signalwort	Gefahrenklassen	Handhabung	Beispiel
Physikalische Gefahren	GHS01 Explodierende Bombe	Gefahr / Achtung	instabile explosive Stoffe, Gemische und Erzeugnisse mit Explosivstoff(en), selbstzersetzliche Stoffe und Gemische, organische Peroxide	Schlag, Stoß, Reibung, Funkenbildung und Hitzeeinwirkung vermeiden	Pikrinsäure, Celloidin
Physikalische Gefahren	GHS02 Flamme	Gefahr / Achtung	entzündbar, selbsterhitzungsfähig, selbstzersetzlich, entwickeln in Berührung mit Wasser entzündbare Gase, pyrophor, organische Peroxide	es ist zu vermeiden bzw. zu verhindern: jeglicher Kontakt mit Zündquellen, offenen Flammen, Funken, Wärmequellen, Luft, zündbare Gas-Luft-Gemische, Feuchtigkeit oder Wasser	Aceton, Ethanol, Propanol, Methanol, Ether, Xylol, Propylenoxid, Phosphor, Natrium
Physikalische Gefahren	GHS03 Flamme über einem Kreis	Gefahr	entzündende (oxidierende) Wirkung	jeden Kontakt mit brennbaren Stoffen vermeiden	Kaliumpermanganat, Silbernitrat
Physikalische Gefahren	GHS04 Gasflasche	Achtung	Gase unter Druck, verdichtete, verflüssigte, tiefgekühlt verflüssigte, gelöste Gase	gegen Umstürzen und andere mechanische Einwirkungen schützen, Temperatur darf 50°C nicht überschreiten	Stickstoff flüssig, Kohlendioxid flüssig
Physikalische Gefahren / Gesundheitsgefahren	GHS05 Ätzwirkung	Gefahr / Achtung	auf Metalle korrosiv wirkend, hautätzend, schwere Augenschädigungen	Dämpfe nicht einatmen und Berührung mit Haut, Augen und Kleidung vermeiden	Säuren, Laugen, Ammoniak, Silbernitrat, Osmiumtetroxid, Formalin 37%, Gentianaviolett
Gesundheitsgefahren	GHS06 Totenkopf mit gekreuzten Knochen	Gefahr	akute Toxizität	jeglichen Kontakt mit dem menschlichen Körper, auch Einatmen der Dämpfe, vermeiden und bei Unwohlsein sofort Arzt aufsuchen	Ethidium-bromid, Sublimat (= Quecksilber- II-Chlorid), Uranylacetat, Osmiumtetroxid, Methanol, Propylenoxid, Pikrinsäure, Formalin 37%

▼

25

Tab. 25.1 *Fortsetzung*

	Kodierung, Bezeichnung, Piktogramm	Signalwort	Gefahrenklassen	Handhabung	Beispiel
Gesundheitsgefahren	GHS07 Ausrufezeichen	Achtung	akute Toxizität, hautreizend, augenreizend, Sensibilisierung der Haut, spezifische Zielorgan-Toxizität bei einmaliger Exposition (STOT), atemwegsreizend, narkotischer Effekt	Kontakt mit dem menschlichen Körper, auch Einatmen der Dämpfe, vermeiden und bei Unwohlsein sofort Arzt aufsuchen	Methylenblau, Goldchlorid, Formalin 10%, Xylol
Gesundheitsgefahren	GHS08 Gesundheitsgefahr	Gefahr / Achtung	keimzellmutagen, karzinogen, reproduktionstoxisch, spezifische Zielorgan-Toxizität bei einmaliger bzw. wiederholter Exposition (STOT), Sensibilisierung der Atemwege, Aspirationsgefahr	jeglichen Kontakt mit dem menschlichen Körper, auch Einatmen der Dämpfe, vermeiden und bei Unwohlsein sofort Arzt aufsuchen	Ethidiumbromid, Propylenoxid, Uranylacetat, Acrylamid, Chloroform, Gentianaviolett, Auramin O, Formalin 10%, Formalin 37%, Schiff Reagenz
Umweltgefahren	GHS09 Umwelt	Achtung	gewässergefährdend	nicht in die Umwelt gelangen lassen	Sublimat (=Quecksilber-II-Chlorid), Uranylacetat, Ammoniak, Auramin O, Silbernitrat, Gentianaviolett

25.10.2 Kennzeichnung von Gefahrstoffen

Die in Originalpackungen gelieferten Chemikalien sind nach GHS/CLP-Verordnung entsprechend gekennzeichnet (**Abb. 25.4**).

Für Gemische aus Chemikalien, die im Labor selbst hergestellt werden, hat der Fachausschuss Chemie der Deutschen Gesetzlichen Unfallversicherung (DGUV) unter Berücksichtigung des neuen Kennzeichnungssystems nach CLP-Verordnung ein vereinfachtes System für Standflaschen in Laboratorien entwickelt. Ich verweise ausdrücklich auf die ausführlichen Informationen hierzu in der BGI/GUV-I 850-0 Sicheres Arbeiten in Laboratorien, Anhang 4, Ausgabe Oktober 2011.

Kernelement dieser Systematik sind Piktogramm-Phrasenkombinationen. Der Informationsgehalt der H-Sätze wurde dabei komprimiert und in sogenannte Phrasen überführt (**Abb. 25.5**).

1 Methanol (Lösungsmittel) (Index-Nr.: 603-001-00-X)

Flüssigkeit und Dampf leicht entzündbar.	H 225
Giftig bei Verschlucken.	H 301
Giftig bei Hautkontakt.	H 311
Giftig bei Einatmen.	H 331
Schädigt die Augen – Erblindungsgefahr.	H 370
Von Hitze/Funken/offener Flamme/heißen Oberflächen fernhalten. Nicht Rauchen.	P 210
An einem gut belüfteten Ort lagern. Behälter dicht verschlossen halten.	P 403/233
Schutzhandschuhe/Schutzkleidung tragen.	P 280
Bei Berührung mit der Haut: Mit reichlich Wasser und Seife waschen.	P 302/352
Bei Verschlucken: Sofort Giftinformationszentrum oder Arzt rufen.	P 301/310
Unter Verschluss lagern.	P 405

200 L   **3 Gefahr**

6 Muster-Chemie AG · 11111 Musterstadt · Tel. 49(0)8888-99-3333

Abb. 25.4 Beispiel eines Chemikalienetiketts (Methanol) mit Kennzeichnungselementen nach GHS/CLP: Produktbezeichnung (1), Gefahrenpiktogramme (2), Signalwort (3), Gefahrenhinweise = H-Sätze (4), Sicherheitshinweise = P-Sätze (5), Adresse des Lieferanten (6).

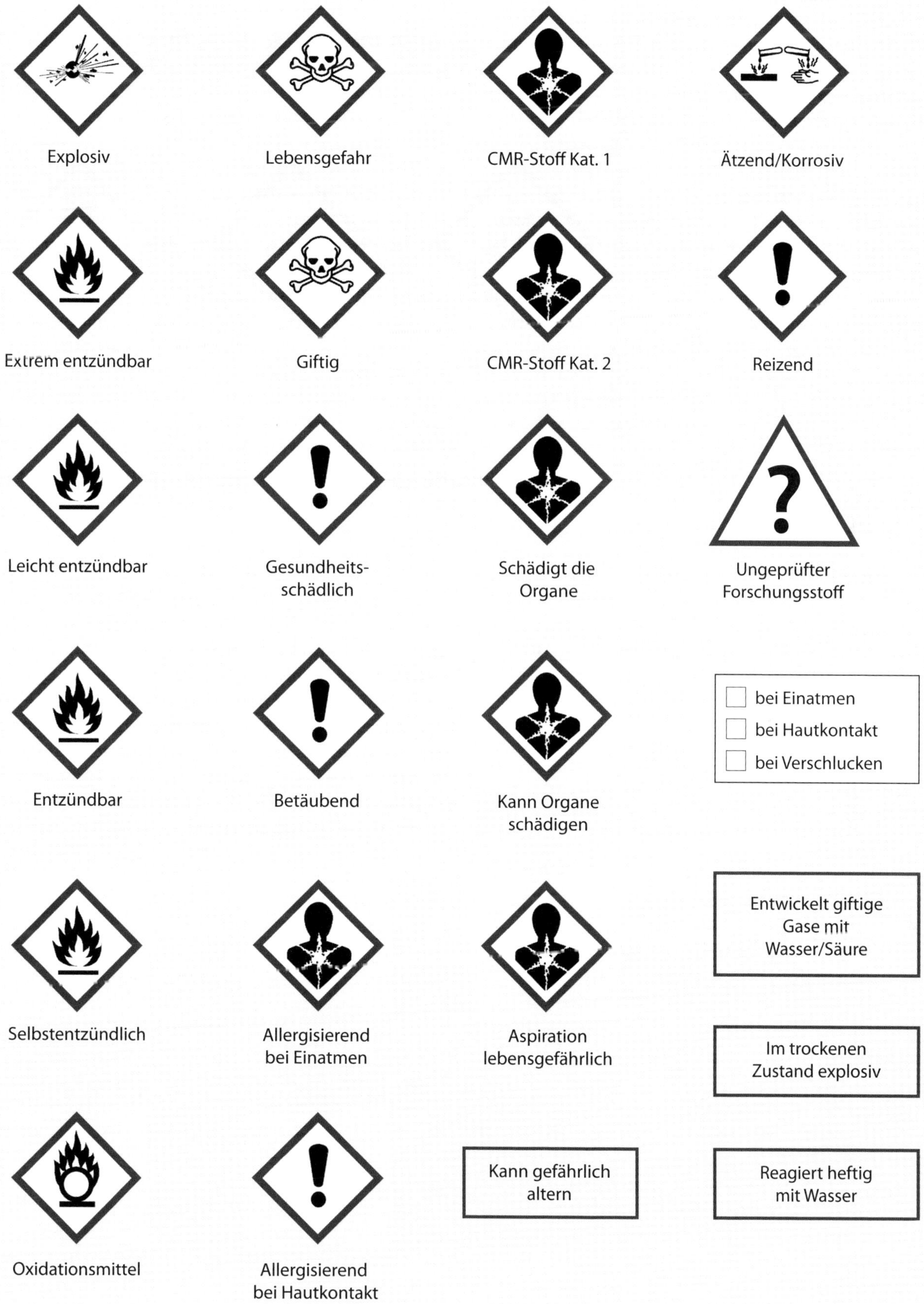

Explosiv

Lebensgefahr

CMR-Stoff Kat. 1

Ätzend/Korrosiv

Extrem entzündbar

Giftig

CMR-Stoff Kat. 2

Reizend

Leicht entzündbar

Gesundheits-
schädlich

Schädigt die
Organe

Ungeprüfter
Forschungsstoff

Entzündbar

Betäubend

Kann Organe
schädigen

☐ bei Einatmen

☐ bei Hautkontakt

☐ bei Verschlucken

Selbstentzündlich

Allergisierend
bei Einatmen

Aspiration
lebensgefährlich

Entwickelt giftige
Gase mit
Wasser/Säure

Im trockenen
Zustand explosiv

Oxidationsmittel

Allergisierend
bei Hautkontakt

Kann gefährlich
altern

Reagiert heftig
mit Wasser

◘ Abb. 25.5 Übersicht über die Piktogramm-Phrasenkombinationen des vereinfachten Kennzeichnungssystems für Laboratorien der DGUV.

25

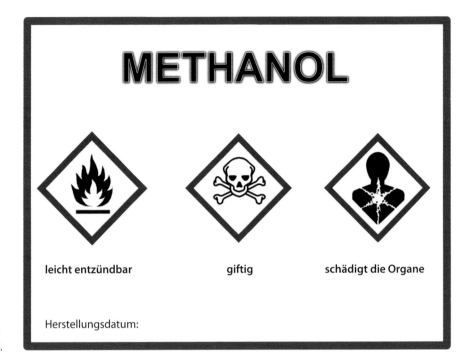

METHANOL

leicht entzündbar   giftig   schädigt die Organe

Herstellungsdatum:

☐ **Abb. 25.6** Vereinfachte, innerbetriebliche Kennzeichnung nach dem neuen System der DGUV für Laboratorien am Beispiel Methanol.

Vereinfachte innerbetriebliche Kennzeichnung nach dem System der DGUV für Laboratorien (☐ Abb. 25.6):

- Stoffname und bei Gemischen relevante Inhaltsstoffe
- Bis zu 3 Piktogramme der Hauptgefahren bezüglich Gesundheitsgefahr und Physikalische Gefahr mit den entsprechenden Phrasen
- Herstellungsdatum
- Fakultativ: Signalwort

Im Internet (www.laborrichtlinien.de) sind diese Piktogramme mit den Phrasen verfügbar und können leicht auf eigene Selbstklebeetiketten gedruckt oder über den Laborhandel bezogen werden.

25.10.3 Aufbewahrung, Umgang und Transport von Gefahrstoffen

Gefahrstoffe sind so aufzubewahren oder zu lagern, dass sie die menschliche Gesundheit und die Umwelt nicht gefährden.

Die Lagerung von Gefahrstoffen sollte also nicht im Labor, sondern im Chemikalienlager in entsprechenden Sicherheitsschränken erfolgen.

Aus der Zusammenlagerung von Chemikalien dürfen sich keine zusätzlichen Gefahren ergeben.

Gefahrstoffe in Schränken und auf Regalen dürfen nur bis zu einer Höhe aufbewahrt werden, in der sie noch sicher entnommen und abgestellt werden können.

Behälter zur Lagerung oder Aufbewahrung von Gefahrstoffen müssen aus Werkstoffen bestehen, die den zu erwartenden Beanspruchungen standhalten.

Gefahrstoffe, die gesundheitsschädliche Dämpfe abgeben, sind an dauerabgesaugten Orten aufzubewahren.

Feuergefährliche und explosionsgefährliche Stoffe sind in einem entsprechenden Sicherheitsschrank (FWF 90) unterzubringen.

Toxische Chemikalien sind unter Verschluss zu halten oder so aufzubewahren, dass nur sachkundige und unterwiesene Personen Zugang haben.

Die Mengen für den Handgebrauch in Standflaschen sollten nicht mehr als 1 Liter Nennvolumen betragen.

Die zum Arbeiten erforderlichen Gefahrstoffe am Arbeitsplatz sind auf die vorgeschriebenen maximalen Einsatzmengen zu begrenzen:

- Flüssigkeiten 2,5 Liter
- Feststoffe 1 kg
- Sehr giftige Stoffe 0,1 Liter bzw. 0,1 kg
- Giftige, krebserzeugende, erbgutverändernde und fruchtbarkeitsgefährdende Stoffe (CMR-Stoffe) 0,5 Liter bzw. 0,5 kg

Beim Umgang mit Säuren und Laugen, Formalin, Xylol, Propylenoxid, Osmiumtetroxid, DAB und AEC, um nur einige häufig im histologischen Labor verwendete Gefahrstoffe zu nennen, muss immer im Abzug und mit geeigneter persönlicher Schutzausrüstung gearbeitet werden.

Überwachen Sie alle Arbeitsvorgänge. Achten sie insbesondere auf offene Flammen und eingeschaltete Heizplatten.

Transportieren Sie Gefahrstoffe in bruchsicheren, verschlossenen Gefäßen und Flaschen in einem Transportbehälter (z. B. Eimer, Tragkasten).

◻ Tab. 25.2 Gefährliche Arbeitsstoffe im Labor (Auswahl)

Stoff	Gefahren-Piktogramme	Anwendungs-bereich	Unverträglichkeit mit anderen Stoffen z. B.	Gesundheitsgefahren
Aceton		Fixierung, Entwässerung, Lösungsmittel	reagiert heftig mit Chloroform und Laugen, Wasserstoffperoxid	schwere Augenreizung, Schläf-rigkeit und Benommenheit, spröde, rissige Haut
Ammoniak 25%		z. B. Silberimprä-gnationen	reagiert heftig mit Säuren, Halogene, starke Erwärmung, Hitze	schwere Verätzungen der Haut, schwere Augenschäden, Reizung der Atemwege
Auramin O		Färbung	starke Oxidationsmittel	kann Krebs erzeugen, schwere Augenreizung, gesundheits-schädlich bei Verschlucken
DAB (Diamino-Benzidin)		Immunhisto-logie	reagiert mit starken Oxidationsmitteln	kann Krebs erzeugen, schwere Augenreizung, Hautreizung, Atemwegsreizung, gesund-heitsschädlich bei Verschlucken
Essigsäure 100 %		Fixierung, Ansäuern von Farbstoffen, u. a.	Alkohole, Aldehyde, Oxidationsmittel, Salpetersäure, Peroxide, Perchlorsäure, Metalle	schwere Verätzungen der Haut, schwere Augenschäden
Ethidiumbromid		Elektrophorese, Biochemie	reagiert mit starken Oxidationsmitteln	Lebensgefahr bei Einatmen, gesundheitsschädlich bei Verschlucken, kann genetische Defekte verursachen
Formaldehydlsg. 37% (Formol, Formalin)		Fixierung	Säuren, Oxidationsmittel, Wasserstoffperoxid	giftig bei Hautkontakt, Einat-men; schwere Verätzungen der Haut, schwere Augenschäden, allergische Hautreaktionen, kann Krebs verursachen
Gentianaviolett		Färbung	keine	kann Krebs erzeugen, schwere Augenschäden, gesundheits-schädlich bei Verschlucken
Glutaraldehyd 25%		Fixierung	Säuren, starke Oxidati-onsmittel,	giftig bei Einatmen und Verschlucken; schwere Verät-zungen der Haut, schwere Augenschäden, allergische Hautreaktionen, kann bei Einatmen Allergie, asthma-artige Symptome oder Atem-beschwerden verursachen
Kaliumpermanganat		Silberimprägna-tionen	brennbare Stoffe, konz. Säuren, Alkohole, Formaldehyd, Wasser-stoffperoxid	schwere Verätzungen der Haut, schwere Augenschäden, gesundheitsschädlich bei Ver-schlucken
Methanol		Fixierung, Lösungsmittel	Oxidationsmittel wie z. B. Perchlor- u. Salpetersäu-re, Halogene, Alkali- und Erdalkalimetalle	giftig bei Verschlucken, Haut-kontakt, Einatmen, schädigt die Organe
Osmiumtetroxid		Fixierung, Kontrastierung	Reduktionsmittel, brennbare Stoffe, Fette	Lebensgefahr bei Verschlucken, Hautkontakt, Einatmen; schwere Verätzungen der Haut, schwere Augenschäden,
Pikrinsäure		Fixierung Färbung	Reaktion mit pulverförmi-gen Metallen	giftig bei Verschlucken, Hautkontakt, Einatmen

▼

■ Tab. 25.2 *Fortsetzung*

Stoff	Gefahren-Piktogramme	Anwendungs-bereich	Unverträglichkeit mit anderen Stoffen z. B.	Gesundheitsgefahren
Propylenoxid		EM-Einbettung	starke Oxidationsmittel, Laugen, Säuren, Ammoniak	gesundheitsschädlich bei Verschlucken, Hautkontakt, Einatmen; Hautreizung, schwere Augenreizung; kann Krebs und genetische Defekte verursachen
Sublimat (Quecksilber-II-chlorid)		Fixierung	Fluor, Alkalimetalle	Lebensgefahr bei Verschlucken; schwere Verätzungen der Haut, schwere Augenschäden; kann genetische Defekte verursachen und die Fruchtbarkeit beeinträchtigen; schädigt die Organe
Silbernitrat		Färbung	starke Erhitzung, brennbare Stoffe, Alkohole, Aldehyde	schwere Verätzungen der Haut, schwere Augenschäden
Uranylacetat		Kontrastierung	Halogene, Salpetersäure	Lebensgefahr bei Verschlucken und Einatmen; kann die Organe schädigen
Xylol		Entwässerung, Lösungsmittel	starke Oxidationsmittel, Salpetersäure, Schwefelsäure, Wasserstoffperoxid	gesundheitsschädlich bei Hautkontakt und Einatmen, Hautreizungen

25.10.4   Aufnahmewege von Gefahrstoffen

Es gibt drei Wege, über die Gefahrstoffe in den Körper aufgenommen werden können:

■■ 1. Inhalation:
Der Hauptaufnahmeweg gefährlicher Stoffe (Gase, Feinstäube) ist die Aufnahme über Schleimhäute und Lungen durch Einatmen. Um schädigende Auswirkungen zu vermeiden, sind für bestimmte Arbeitsplätze Luftgrenzwerte festgelegt, die auch einzuhalten sind.

■■ 2. orale Aufnahme:
Die Aufnahme der Gefahrstoffe erfolgt durch Verschlucken über den Verdauungstrakt. Bei ätzenden Stoffen erfolgt die Schädigung bereits im Mund, Rachen und Ösophagus.

■■ 3. Hautkontakt:
Die Gefahrstoffe werden direkt über die Haut aufgenommen (perkutane Resorption) und können so z. B. zu Hautreizungen und Allergien führen oder sogar über Blut- und Lymphgefäße innere Organe schädigen. Eine akute gesundheitsschädigende Wirkung durch die Aufnahme über die Haut ist z. B. folgenden Stoffen zu unterstellen: Anilin, Chloroform, Phenol, und Dimethylformamid.

25.10.5   Freisetzung von Gefahrstoffen

Sollten Gefahrstoffe ungewollt freigesetzt werden, muss zunächst ermittelt werden, um welchen Gefahrstoff es sich handelt und welche Gefährdung vorliegt.

Es ist dabei immer auf die eigene Sicherheit zu achten.

Bei großer Gefahr das Labor sofort räumen und andere Mitarbeiter warnen.

Es ist für eine gute Entlüftung zu sorgen (Fenster öffnen, Abzüge einschalten) und der Kontakt mit der Haut zu vermeiden: Benutzen Sie Ihre persönliche Schutzausrüstung. Sie muss gut erreichbar und jederzeit ohne Gefährdung zugänglich sein.

Für größere Mengen von Säuren, Laugen und Lösungsmittel sind Chemikalienbinder (Absorptionsgranulat) zu verwenden. Anschließend ist eine sachgerechte Entsorgung durchzuführen.

25.10.6   Gefahrstoffverzeichnis

Wo mit Gefahrstoffen umgegangen wird, ist es verpflichtend, ein Verzeichnis aller ermittelten Gefahrstoffe zu führen, und zwar mit Angabe der gefährlichen Eigenschaften und der vorhandenen Menge.

25.10.7 Sicherheitsdatenblätter

Für alle verwendeten Gefahrstoffe sind Sicherheitsdatenblätter zu beschaffen, und diese müssen im jeweiligen Labor griffbereit vorhanden sein. Jeder Händler von Gefahrstoffen sollte ein Sicherheitsdatenblatt für den jeweiligen Stoff mitliefern, oder es kann bei ihm angefordert werden. Ansonsten kann auch hier das Internet Hilfe leisten.

25.10.8 Betriebsanweisung

Ebenso muss für jeden Gefahrstoff in verständlicher Form eine arbeitsplatzbezogene Betriebsanweisung im Labor vorhanden sein. Sie regelt den Umgang mit diesem und weist auf seine Gefahren für Mensch und Umwelt hin. Zusätzlich gibt sie Hinweise über erforderliche Schutzmaßnahmen, sachgerechte Entsorgung, Verhalten im Gefahrfall und über Erste-Hilfe-Maßnahmen.

25.10.9 Unterweisung

Alle Beschäftigten, die mit Gefahrstoffen umgehen, sind anhand der Betriebsanweisung vor der Beschäftigung und danach mindestens einmal jährlich z. B. vom Laborleiter über die auftretenden Gefahren, Schutz- und Erste-Hilfe-Maßnahmen zu unterweisen.

Besondere Vorschriften gelten natürlich für werdende und stillende Mütter. In diesem Falle ist umgehend der Betriebsarzt zurate zu ziehen.

25.11 Umgang mit Laborabfällen

Chemikalienabfälle dürfen niemals im Ausguss „entsorgt" werden, sondern sind grundsätzlich nach Einzelstoffen getrennt, um z. B. gefährliche Reaktionen auszuschließen, in geeigneten Behältern zu sammeln und einer sachgerechten Entsorgung durch Spezialfirmen zuzuführen.

Chemikalienabfälle müssen genau wie Gefahrstoffe behandelt und gekennzeichnet werden (25.10.2).

Spitze und scharfe Gegenstände wie Skalpelle, Klingen oder Spritzen sind in besonders gekennzeichneten, stich- und formfesten Behältern separat zu sammeln und zu entsorgen.

Gewebeabfälle („ekelerregende Abfälle") von Mensch und Tier haben nichts im normalen Hausmüll zu suchen und sind ebenfalls getrennt zu sammeln und zu entsorgen (z. B. über die Krankenhausabfallentsorgung und die Tierkörperverwertung).

25.12 Umgang mit Mikrotommessern

Beim Umgang mit Mikrotommessern und Mikrotomeinmalklingen ist besondere Vorsicht geboten, da die extrem scharfe Schneide schwere Verletzungen hervorrufen kann. Man darf deshalb niemals mit dem Mikrotommesser in der Hand durch das Labor gehen; bewahren Sie das Mikrotommesser sicher in einem entsprechenden Messerkasten direkt neben dem Mikrotom auf.

Lassen Sie niemals Mikrotommesser oder Messerhalter mit Einmalklingen offen herumliegen und stellen Sie ein solches Messer auch niemals mit der scharfen Schneide nach oben ab. Entnehmen Sie vor allem auch das Mikrotommesser vor dem Reinigen des Mikrotoms aus der Messerhalterung des Schneidegerätes und legen Sie es sofort in den Messerkasten zurück. Versuchen Sie auf gar keinen Fall, ein fallendes Mikrotommesser aufzufangen, dies könnte schwerwiegende Verletzungen zur Folge haben. Beim Schneiden am Mikrotom ist unbedingt der vorhandene Messerschutz zu verwenden.

Sollte es trotz aller Vorsicht zu Verletzungen kommen, lassen Sie die Wunde etwas ausbluten und versorgen Sie sie mit einem sterilen Wundverband. Bei größeren und tiefen Schnittverletzungen steril abdecken, eventuell einen Druckverband anlegen und den Verletzten in die chirurgische Ambulanz zur weiteren Versorgung begleiten.

Die Wunde niemals auswaschen (Infektionsgefahr) oder Desinfektionslösung darauf geben, ansonsten ist eine chirurgische Nahtversorgung nicht mehr möglich.

Aus unfallversicherungstechnischen Gründen sollte auch der Eintrag in ein Verbandbuch, das in jedem Labor vorhanden sein muss, nicht vergessen werden.

Bei möglicher Infektionsgefahr z. B. durch Hepatitis oder HIV muss umgehend Rücksprache mit dem Betriebsarzt genommen werden, um eventuell nötige Impfmaßnahmen durchzuführen.

25.13 Brandschutz

Besonders das Labor birgt erhöhte Brandgefahren, denkt man z. B. an die feuergefährlichen, brennbaren und giftigen Chemikalien, mit denen hier täglich gearbeitet wird. Durch Umsicht und richtiges Verhalten können diese Gefahren vermieden werden (▶ Kap. 25.10).

Für jedes Institut oder Klinik besteht daher eine Brandschutzordnung, die unbedingt beachtet werden muss. Sie enthält wichtige Informationen zur Brandverhütung, zu Flucht- und Rettungswegen, Brandmeldeeinrichtungen, Löscheinrichtungen und das Verhalten im Brandfall.

Hierzu nun ein paar wichtige Hinweise, die leider selten beachtet werden, bei einem Brand aber von lebensrettender Bedeutung sind:

- Gekennzeichnete Flucht- und Rettungswege sind im eigenen Sicherheitsinteresse immer frei zu halten (z. B. Fenster, die als Notausstiege gekennzeichnet sind, und Notausgänge).
- Keine brennbaren Materialen wie z. B. Papier oder Kartonagen auf den Gängen und somit auf den Fluchtwegen lagern. Es besteht die Gefahr starker Rauchentwicklung und somit innerhalb kürzester Zeit einer tödlichen Vergiftung.

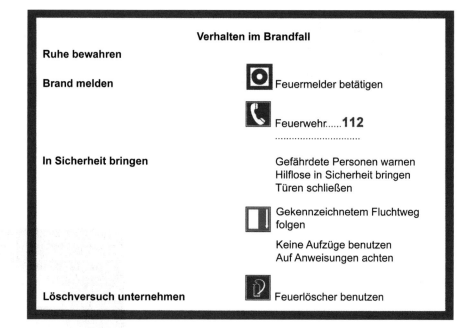

Verhalten im Brandfall

Ruhe bewahren

Brand melden

Feuermelder betätigen

Feuerwehr......**112**

In Sicherheit bringen

Gefährdete Personen warnen
Hilflose in Sicherheit bringen
Türen schließen

Gekennzeichnetem Fluchtweg
folgen

Keine Aufzüge benutzen
Auf Anweisungen achten

Löschversuch unternehmen

Feuerlöscher benutzen

◼ **Abb. 25.7** Verhalten im Brandfall.

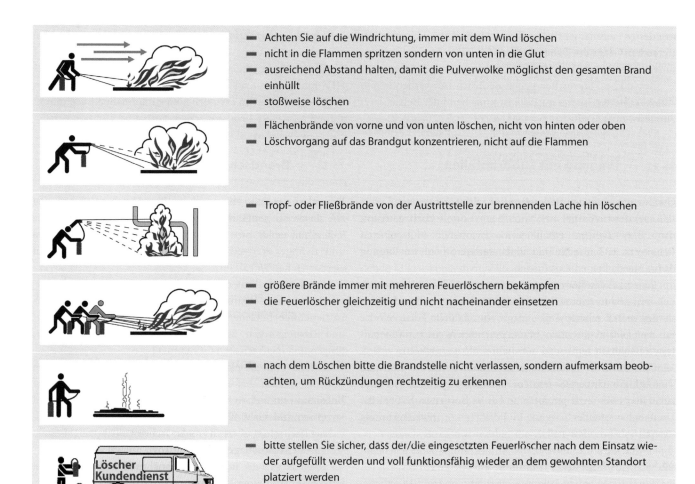

- Achten Sie auf die Windrichtung, immer mit dem Wind löschen
- nicht in die Flammen spritzen sondern von unten in die Glut
- ausreichend Abstand halten, damit die Pulverwolke möglichst den gesamten Brand einhüllt
- stoßweise löschen

- Flächenbrände von vorne und von unten löschen, nicht von hinten oder oben
- Löschvorgang auf das Brandgut konzentrieren, nicht auf die Flammen

- Tropf- oder Fließbrände von der Austrittstelle zur brennenden Lache hin löschen

- größere Brände immer mit mehreren Feuerlöschern bekämpfen
- die Feuerlöscher gleichzeitig und nicht nacheinander einsetzen

- nach dem Löschen bitte die Brandstelle nicht verlassen, sondern aufmerksam beobachten, um Rückzündungen rechtzeitig zu erkennen

- bitte stellen Sie sicher, dass der/die eingesetzten Feuerlöscher nach dem Einsatz wieder aufgefüllt werden und voll funktionsfähig wieder an dem gewohnten Standort platziert werden

◼ **Abb. 25.8** Löschversuche mit dem Feuerlöscher richtig durchführen.

- Zur Vermeidung von Feuer- und Rauchausbreitung sind Türen geschlossen zu halten.
- Das Aufkeilen oder sonstiges Offenhalten feuerhemmender Türen (z. B. die von Laboratorien) und Rauchabschlusstüren ist verboten.

- **Verhalten bis zum Eintreffen der Feuerwehr**
- Gefährdete Personen verständigen und (sofern möglich) aus dem Gefahrenbereich bringen.
- Türen und Fenster geschlossen halten.
- Brandbekämpfung mit Feuerlöschern (◨ Abb. 25.8) oder Wandhydranten durchführen.
- In verqualmten Räumen gebückt bewegen, ein nasses Tuch vor Mund und Nase halten.
- Gebäude über Fluchtwege zügig verlassen.
- Die Benutzung der Aufzüge ist verboten (Erstickungsgefahr!).
- Feuerwehr einweisen.
- Den festgelegten Sammelplatz aufsuchen.
- Löschversuche mit dem Feuerlöscher nur ohne Eigengefährdung bis zum Eintreffen der Feuerwehr unternehmen.
- Den Feuerlöscher erst in unmittelbarer Nähe zum Brandort in Betrieb nehmen.

25.14   Infos zum Arbeitsschutz und GHS/CLP

Bundesanstalt für Arbeitsschutz und Arbeitsmedizin: www.baua.de
Bundesverband der Unfallkassen: www.unfallkassen.de Fockensteinstrasse 1, 81539 München
Bayerischer Gemeindeunfallversicherungsverband: www.bayerguvv.de
Bayerische Landesunfallkasse: www.bayerluk.de
Berufsgenossenschaft für Gesundheitsdienst und Wohlfahrtspflege: www.bgw-online.de
Deutsche Gesetzliche Unfallversicherung (DGUV): www.dguv.de
Broschüre des Bundesumweltamtes zu GHS/CLP: www.uba.de
Das GHS-System: www.bgchemie.de
GHS-Konverter der BG Chemie: www.gischem.de

25.15   Literatur

BGV A1/GUV-V A1	Unfallverhütungsvorschrift „Grundsätze der Prävention"
BGI/GUV-I 850-0	Sicheres Arbeiten in Laboratorien
GefStoffV	Gefahrstoffverordnung
GUV-V B1	UVV Umgang mit Gefahrstoffen
BGI/GUV-I 8504	Informationen für die Erste Hilfe bei Einwirken gefährlicher chemischer Stoffe
GUV-V A5	UVV Erste Hilfe
GUV-I 8559	Hautkrankheiten und Hautschutz
GUV-I 8536	Verhütung von Infektionskrankheiten
TRG	Technische Regeln für Druckgase
TRG 280	Allgemeine Anforderungen an Druckgasbehälter; Betreiben von Druckgasbehältern
StrlSchV	Strahlenschutzverordnung
GenTG	Gentechnikgesetz
GenTSV	Gentechnik-Sicherheitsverordnung
BGI 850-1	Gefährdungsbeurteilung im Labor
TRGS 400	Gefährdungsbeurteilung für Tätigkeiten mit Gefahrstoffen
TRGS 500	Schutzmaßnahmen

Anhang 1

Ulrich Welsch, Maria Mulisch

Tabellen

☐ **Tab. A1.1** Gebräuchliche Pufferlösungen

Name	Kürzel	Ansatz Pro Liter H_2O	pH	Kommentar	Aufbewahrung
Na-Acetatpuffer	NAc	– 13,6 g Na-Acetat	5,5	pH mit 10 % Essigsäure einstellen	
Na-Citratpuffer		– (A) 21 g Zitronensäure – (B) 29,4 g Na-Citrat	4,6	Mix 40 ml Lösung (A) mit 60 ml Lösung (B) Zum Gebrauch: 1:10 in Wasser verdünnen	nach Autoklavieren bei Raumtemperatur
Na-Cacodylatpuffer (1 M)	Caco	– 214,3 g Na(CH_3)$_2$AsO$_2$ x 3 H_2O	5,0–7,4	pH mit 0,2 M HCl einstellen (giftig, Abzug!)	4 °C
Collidinpuffer (0,2 M)		– 26,7 ml S-Collidin – 90 ml 1 N HCl	7,2		
Barbital-Natrium-Puffer		– 581 ml 0,1 M Barbital-Natrium – 419 ml 0,1 N HCl	7,4		
Maleatpuffer (0,2 M)		– 23,2 g Maleinsäure – 200 ml 1 N NaOH		mit H_2O auf 1000 ml auffüllen	
Maleatpuffer (0,05 M)		– 250 ml 0,2 M Maleatpuffer – 0,2 N NaOH	6,0	pH mit NaOH einstellen mit H_2O auf 1000 ml auffüllen	
MOPS (N-2-Hydroxyethylpiperazin-N'-2-ethansulfonsäure)	MOPS			pH mit 0,2 M NaOH einstellen	
Phosphatpuffer nach Millonig	Na-PP	– 1,8 g NaH$_2$PO$_4$ x H_2O – 23,25 g Na$_2$HPO$_4$ x 7 H_2O – 5 g NaCl	7,4		
K-Phosphatpuffer (0,1 M)	K-PP	– 71,7 ml 1 M K$_2$HPO$_4$ – ca. 28,3 ml 1 M KH$_2$PO$_4$	7,2	je nach Verhältnis der Lösungen erhält man andere pH-Werte	4 °C
Phosphatpuffer nach Sörensen (0,1 M)	PP	– Stammlösung A: 13,61 g KH$_2$PO$_4$ auf 1000ml H_2O (= 0,1 M) – Stammlösung B: 17,8 g Na$_2$HPO$_4$x2H_2O auf 1000 ml H_2O (= 0,1 M)	5,3	Lsg. A: 9,75 ml Lsg. B: 0,25 ml	4 °C
			6,24	Lsg. A: 8,0 ml Lsg. B: 2,0 ml	
			6,98	Lsg. A: 4,0 ml Lsg. B: 6,0 ml	
			8,04	Lsg. A: 0,5 ml Lsg. B: 9,5 ml	
Phosphate-buffered saline	PBS	– 8 g NaCl – 0,2 g KCl – 1,44 g Na$_2$HPO$_4$ – 0,24 g KH$_2$PO$_4$	7,4	pH mit HCl einstellen	nach Autoklavieren bei Raumtemperatur
PIPES (Piperazin-N,N'-bis [2-Ethansulfonsäure) (1 M)	PIPES	– 600 g PIPES – löst sich bei pH 6	6,8	pH mit 10 N NaOH einstellen	Lösung ist bei 4 °C mehrere Wochen haltbar
Sodium saline citrate (20x)	20x SSC	– 175,3 g NaCl – 88,2 g Na-Citrat	7,0	pH mit 10 N NaOH einstellen, vor Gebrauch verdünnen	nach Autoklavieren bei Raumtemperatur
EDTA-Lösung		– 186,1 g EDTA	8,0	pH mit NaOH einstellen	
Tris-EDTA-Citratpuffer 10x ▼	TEC-Puffer	– 2,5g Tris-Base – 5g EDTA – 3,2 g Tri-Natrium-Citrat – steriles H_2O	7,8	pH mit NaOH oder Citronensäure (2,1 g/l H_2O) einstellen	

□ **Tab. A1.1** *Fortsetzung*

Name	Kürzel	Ansatz Pro Liter H$_2$O	pH	Kommentar	Aufbewahrung
Tris-HCl 1M (Tris(hydroxymethyl) aminomethan)	Tris	– 121,1 g Tris base		pH mit 1 M HCl einstellen	nach Autoklavieren bei Raumtemperatur
Tris-buffered saline	TBS	– 8,8 g NaCl – 6,057 g Tris base	7,4	pH mit HCl einstellen	nach Autoklavieren bei Raumtemperatur
Veronal-Acetatpuffer		– 19,43 g Na-Acetat – 29,43 g Veronal-Na	4,9–8,6	pH mit 0,1 N HCl einstellen	
physiologische Kochsalzlösung		– 9 g NaCl	7,4		4 °C
Ringerlösung		– 9 g NaCl – 0,42 g KCl – 0,25 g CaCl$_2$	7,4		4 °C
Tyrodelösung		– 8 g NaCl – 0,2 g KCl – 0,2 g CaCl$_2$ 0,1g MgCl$_2$x6H$_2$O – 0,05 g NaH$_2$PO$_4$xH$_2$O – 1 g NaHCO$_3$ – 1 g Glucose	7,4		4 °C

künstliche Cerebrospinalflüssigkeit (10x konzentriert)	aCSF	– Stammlösung I: 72,466 g NaCl
		– 2,237 g KCl
		– 2,352 g CaCl$_2$x2H$_2$O
		  4,437 g MgSO$_4$x7H$_2$O
		– 1,725 g NaH$_2$PO$_4$xH$_2$O
		  19,817 g Glucose-Stammlösung II: 21,843 g NaHCO$_3$
			7,4	Stammlösung I und II getrennt ansetzen. Haltbar 10–14 Tage. Bei Versuchsbeginn 1:5 verdünnen. Beispiel: 200 ml Stammlösung I und 200 ml Stammlösung II mit 1600 ml Aqua d. auffüllen. Diese Lösung ist für Hirnschnitte (Hippocampus) von Ratten gut geeignet.	4 °C

1 M Tris (Stammlösung)	Trizma, Tris Base, Tris-Puffer	– 10,72 g Trizma®-Base – 140,4 g Trizma®HCl	7,4	pH mit 1 M HCl einstellen, bei Raumtemperatur benutzen.	4 °C
0,2 M Imidazole	Glyoxaline	– 13,6 g Imidazole	7,4		4 °C
Tris-Imidazole-Puffer		– 50 ml 1 M Tris – 50 ml 0,2 M Imidazole	7,4		

Generell gilt: Puffersubstanz zunächst in 700–800 ml H$_2$O lösen, dann den gewünschten pH Wert einstellen und mit H$_2$O auf das Endvolumen einstellen.

▪▪ Zitronensäure-Phospatpuffer = Phosphat-Citratpuffer (McIlvaine)

Stammlösung A: 0,2 M Dinatrium Hydrogen-Orthophosphat (mw 142,0), 2,83 g Dinatrium Hydrogen-Orthophosphat in 100 cm³ destillierten Wassers

Stammlösung B: 0,1 M Zitronensäure (mw 210,0), 2,1 g Zitronensäure in 100 cm³ destillierten Wassers

Zusammensetzung des Puffers:
x cm³ von Stammlösung A + 100 x cm³ von Stammlösung B

pH	x cm³ von A	cm³ von B
3,6	32,2	67,8
3,8	35,5	64,5
4,0	38,5	61,5
4,2	41,4	58,6
4,4	44,1	55,9
4,6	46,7	53,3
4,8	49,3	50,7
5,0	51,5	48,5
5,2	53,6	46,4
5,4	55,7	44,3
5,6	58,0	42,0
5,8	60,4	39,6
6,0	63,1	36,9
6,2	66,1	33,9
6,4	69,2	30,8
6,6	72,7	27,3
6,8	77,2	22,8
7,0	82,3	17,7
7,2	86,9	13,1
7,4	90,8	9,2
7,6	93,6	6,4
7,8	95,7	4,3

▪▪ Borat-HCl-Puffer

Stammlösung A: Natriumtetraborat, 0,05 M (löse 19,07g Borax, $Na_2B_4O_7$ 10 H_2O, auf 1000 ml Aqua d.)

Stammlösung B: 0,1 N HCl

Herstellen der Pufferlösung:
Stammlösung A und B nach den in der Tabelle gegebenen Proportionen mischen.

pH-Wert	Stammlösung A	Stammlösung B
7,8	53,0	47,0
8,0	55,4	44,6
8,2	58,0	42,0
8,4	62,1	37,9
8,6	66,9	33,1
8,8	73,6	26,4
9,0	83,5	16,5
9,2	95,6	4,4

▪▪ Glycin-HCl-Puffer (Sörensen)

Stammlösung A: 0,2 M Glycin (mw 75,07), 8g in 100 cm³ destillierten Wassers

Stammlösung B: 0,2 M HCl (mw 36,46), 1,7 cm³ Salzsäure in 100 cm³ destillierten Wassers

Zusammensetzung des Puffers:
50 cm³ von A und x cm³ von B und mit destilliertem Wasser auf 200 cm³ auffüllen.

pH-Wert	cm³ von A	x cm³ von B
2,2	50	44,0
2,4	50	32,4
2,6	50	24,2
2,8	50	16,8
3,0	50	11,4
3,2	50	8,2
3,4	50	6,4
3,6	50	5,0

■ ■ Cacodylatpuffer

Stammlösung A: 0,2 M Natriumcacodylat (mw 214), 4,28g Natriumcacodylat in 100 cm³ destillierten Wassers

Stammlösung B: 0,2 M HCl (mw 36,46), 1,7 cm³ Salzsäure in 100 cm³ destillierten Wassers

Zusammensetzung des Puffers:

25 cm³ von A und x cm³ von B auf 100 cm³ destillierten Wassers auffüllen

pH	x cm³ von B
5,0	23,5
5,2	22,5
5,4	21,5
5,6	19,6
5,8	17,4
6,0	14,8
6,2	11,9
6,4	9,2
6,6	6,7
6,8	4,7
7,0	3,2
7,2	2,1
7,4	1,4

■ **Tab. A1.2** Zusammensetzung physiologischer Lösungen für die Präparation von Lebendmaterial

Komponente	Physiol. NaCl-Lsg.	Ringerlösung	Tyrode-Lsg.	Hanks-Lösung	aCSF
NaCl (g/l)	9,00	9,00	8,00	8,00	7,36
KCl (g/l)	–	0,42	0,20	0,40	0,19
$CaCl_2$ (g/l)	–	0,25	0,20	0,14	0,29
$MgCl_2$ x $6H_2O$ (g/l)	–	–	0,10	0,10	0,19
NaH_2PO_4 x H_2O (g/l)	–	–	0,05	–	0,17
$NaHCO_3$ (g/l)	–	–	1,00	0,35	2,18
Glucose (g/l)	–	–	1,00	1,00	1,98
$MgSO_4$ x $7H_2O$ (g/l)	–	–	–	0,10	–
Na_2HPO_4 x $2H_2O$ (g/l)	–	–	–	0,06	–
KH_2PO_4 (g/l)	–	–	–	0,06	–

◼ Tab. A1.3 Eigenschaften ausgewählter Vitalfarbstoffe für die Fluoreszenzmikroskopie

Vitalfarbstoff (Synonyme)	Bezugsquelle	Eigenschaften und Verwendung	Einsatz-bereich	Anregung/Emissionsmaxima
Alizarinrot S (Alizarin Carmine, Anthracenfarbstoff)	Roth #0348.1; SigmaAldrich #05600-25G	mineralisierte Bereiche, Knochenfärbung, Bakterienplasmafärbung	supravital	530–560 nm/580 nm
Trypanblau (Benzaminblau)	Roth CN76.1; SigmaAldrich #93590-25G; #T8154-20ML	tote Zellen, elastisches Bindegewebe	intravital	543 nm/560 nm
Acridinorange (Rhodulinorange, Basic Orange 3RN, Anthracenfarbstoff)	Roth #0249.1; InVitrogen #A3568,	DNA-interkallierender Farbstoff, Lysosomen; lebender Kern: grün, toter Kern: rot	in vivo	470 nm/530–650 nm
Fluoresceindiacetat (Xanthenfarbstoff)	SigmaAldrich #F7378	zellpermeabel, lebende Zellen	intravital, supravital	450–490 nm/520 nm
DAPI	VWR #1.24653.0100 InVitrogen #D-1306	zellpermeabler Nucleinsäure-Farbstoff	intravital	358 nm/461 nm
Hoechst 33342, Trihydrochlorid, Trihydrat	InVitrogen #H-1399; ALEXIS Biochemicals Prod.No Alx-620-050	zellpermeabler Nucleinsäurefarbstoff	intravital, supravital	350 nm/461 nm
Hoechst 33258, pentahydrate (bis-Benzimide)	InVitrogen #H-1398; VWR # ICNA 3030145	zellpermeabler Nucleinsäurefarbstoff	intravital, supravital	352 nm/461 nm
DRAQ5	ALEXIS Biochemicals Prod.No. BOS-889-001	lebende Zellen; Nucleinsäurefarbstoff, Färbung bis 4 h stabil	intravital, supravital	647 nm/665 nm bis infrarot
Rhodamin 6B	VWR #MLPRR-634	Nucleinsäurefarbstoff, akkumuliert in Zellkernen und Mitochondrien	in vivo	528 nm/576 nm
Alexa Fluor 488	ALEXIS Biochemicals, VWR Alexa-Farbstoffe	konjugiert an diverse Antikörper	in vivo	495 nm/519 nm

◼ Tab. A1.4 Auswahl einiger Organellenmarker von Molecular Probes für das Live-Cell-Imaging am Beispiel diverser Präparate

Fluoreszenzfarbstoff	Artikel#	Organelle	Färbung [Konzentration, Inkubationszeit, Temperatur] am Lebendpräparat	Spektrale Eigenschaft
MitoTracker® Green FM[1]	M7514	Mitochondrien	50 nM für 45 min bei RT an Muskelzellen (Frosch)	E_{exc} 488 nm E_{em} 516 nm
MitoTracker® Red CM-H_2XRos[2]	M7513	Mitochondrien	1200 nM für 45 min bei RT an Muskelzellen (Frosch)	E_{exc} 543 nm E_{em} 560 nm
Mitotracker® Red CMXRos	M7512	Mitochondrien	1 μM in H_2O für 30 min bei RT an Wurzelzellen (Medicago truncatula)	E_{exc} 543 nm E_{em} 580 nm
LysoTracker® Red DND-99	L7528	chromaffine Granula	1 μM für 15 min bei RT an chromaffine Zellen (Rind)	E_{exc} 577 nm E_{em} 590 nm
DiOC$_5$®	D272	Endoplasmatisches Reticulum	0,5 μM für 30 min bei RT, Wurzelzellen (M. truncatula)	E_{exc} 577 nm E_{em} 590 nm
BODIPY® FL C$_5$-ceramide complexed to BSA	B22650	Golgi-Apparat	2,5 μM für 15 min bei 37° C CHO Zellen (Zelllinie)	E_{exc} 505 nm E_{em} 617 nm

[1] MitoTracker® Green FM ist nicht-fluoreszierend in wässriger Lösung
[2] MitoTracker Red CM-H_2XRos, eine chemisch reduzierte Form des Tetramethylrosamins, fluoresziert nur, wenn es in eine atmungsaktive Zelle eintritt, wo es in oxidierter Form in die Lipidmembran des Mitochondrium eingelagert wird.
E_{exc} Anregungsmaximum, E_{em} Emissionsmaximum, nM Nanomolar, μM Mikromolar, RT Raumtemperatur

□ Tab. A1.5 Ausgewählte Tracer und ihre Laufeigenschaften

Nichtfluoreszierende Tracer		Laufeigenschaften		Merkmale und Applikationsformen	
		retrograd	anterograd	*Tracerapplikation nur an lebendem Material*	
Meerrettichperoxidase, (*horseradish peroxidase*)	HRP	XXX	X	langsamer Transport, lange Strecken,	kristallin, Druck, iontophoretisch
lektin-(*wheat germ-agglutinin-*) gekoppelte HRP	WGA-HRP	XX	XX	schneller Transport, lange Strecken,	Druck
Phaseolus vulgaris-Leucoagglutinin	PHA-L	—	XXX	nur anterograd	iontophoretisch
Biotinylierte Dextranamine	BDA	XX	X	sensitiv	kristallin, Druck, iontophoretisch
Choleratoxin Untereinheit B	CtB	XXX	X	schneller Transport, lange Strecken,	nur Druck
Biocytin, Neurobiotin		X	XXX	sensitiv	iontophoretisch, kristallin, Druck
Kobaltchloridmarkierung		X	X	nur für kurze Laufstrecke	mit Druck oder iontophoretisch
Kobaltchlorid[II]-Lysin		X	XX	lange Transportwege	
Kobaltchlorid[III]-Lysin		XX	XX	schneller Transport, gut für Faserfärbungen	
Fluoreszierende Tracer		**Laufeigenschaften**		**Merkmale und Applikationsformen**	
		retrograd	anterograd	*Tracerapplikation nur an lebendem Material*	
fluoreszenzgekoppelte Dextranamine*)					
Cascade-Blue-Dextranamin	CB	X	X	CB, FDA, RDA (FluoroRuby) und TDA werden alle schnell transportiert, hervorragende Laufeigenschaften, Golgi-ähnliche Anfärbungen, leichte Handhabung	dextrankonjugierte Amine können kristallin, mit Druck und iontophoretisch appliziert werden
Fluorescein-Dextranamin	FDA	X	XXX		
Rhodamin-Dextranamin; RDA, FluoroRuby	FR	XXX	XXX		
Texas-Red-Dextranamin	TDA	XXX	X		
FluoroGold	FG	XXX	—	schneller Transport	Druck, iontophoretisch
Fast Blue	FB	XXX	—	schneller Transport	Druck
fluoreszenzgekoppelte Latex-Beads		XXX	—	schneller Transport	Druck, iontophoretisch
carbocyaningekoppelte Farbstoffe (lipophile Tracer)				*Tracerapplikation auch an totem und fixiertem Material möglich*	
1,1′ dioctadecyl- 3,3,3′,3′ tetramethylindocarbocyanin-perchlorat	DiI	X	XX	passive Ausbreitung, langsamer Transport	kristallin, Druck
3,3′-dioctadecyloxa-carbocyanin-perchlorat	DiO	X	X	DiI ähnlich, aber anderes Spektrum	kristallin, Druck
NeuroTrace™ DiI tissue-labeling paste		X	X	gebrauchsfertige Paste aus DiI	kristallin
Lucifer Yellow (hydrophiler Tracer)	LY	XXX	—	schneller Transport, schnelle Diffusion	iontophoretisch, kristallin

X, XX, XXX geben den Grad der bevorzugten Laufrichtung an, — kein Transport von Farbstoff in die betreffende Richtung, *) nur ein kleiner Teil der kommerziell erhältlichen fluoreszenzgekoppelten Dextranamine ist hier dargestellt.

◘ **Tab. A1.6** Allgemeiner Ablauf eines Versuchs

Anwendung eines Tracers *in vivo*	Anwendung eines Tracers *in vitro*	Anwendung eines Tracers an *post mortem* Gewebe
1. Auswahl eines Tracers entsprechend der Fragestellung und des Tiermodells		
↓	↓	↓
2. Experimenteller Eingriff am Tier für eine Farbstoffapplikation	2. Betäubung und Entnahme des Gehirns	2. Entnahme des Gehirns *post mortem*
3. Postoperative Wartezeit für den Transport des Tracers (Tage bis Wochen)	3. Farbstoffapplikation am *in vitro*-Hirnschnittpräparat	3. Farbstoffapplikation am toten Gewebe
4. Betäubung und Perfusionsfixierung	4. Wartezeit für den Transport des Tracers (einige Stunden)	4. Wartezeit für den Transport des Tracers (Tage bis Wochen)
5. Gehirnentnahme und Immersionsfixierung	5. Immersionsfixierung der Hirnschnittpräparate	weiter bei 6.
↓	↓	↓
6. Anfertigung von Schnittpräparaten (i.e. Gefrier-, Paraffin- oder Vibratomschnitte)		
7. Durchführung histochemischer und immunhistochemischer Nachweismethoden zur Sichtbarmachung des Tracers		
8. Aufziehen der Schnitte auf beschichtete Objektträger		
9. Dehydrieren, Klären und Eindecken der Schnitte		
10. Auswertung der Schnitte am Lichtmikroskop		

◘ **Tab. A1.7** Inkubationslösung für *in vitro*-Hippocampuspräparate

Lösung	Inhaltsstoffe	Konzentration		10x konzentriert
künstliche Cerebrospinalflüssigkeit (Ringer-Stamm I)	NaCl	124	mM	72,466 g/l
	NaH$_2$PO$_4$	1,25	mM	1,725 g/l
	MgSO$_4$	1,8	mM	4,437 g/l
	CaCl$_2$	1,6	mM	2,352 g/l
	KCL	3	mM	2,237 g/l
	Glucose	10	mM	19,817 g/l
künstliche Cerebrospinalflüssigkeit (Ringer-Stamm II)	NaHCO$_3$	26	mM	21,843 g/l

◘ **Tab. A1.8** Stamm- und Gebrauchslösungen für die immunhistochemische Aufarbeitung von Biocytin

Stammlösungen
0,1 M Natriumphosphatpuffer, pH 7,4 (PB)
primäre Antikörper-Stammlösung: 10 µl Ziege-Anti-Biotin in 1,0 ml PB (Stammlösung bei 4 °C)
1 M Tris: 35,1 g Tris–HCL + 2,68 g Tris Base in 250 ml w/dH$_2$O (Stammlösung bei 4 °C)
0,2 M Imidazol: 6,8 g Imidazol in 500 ml dH$_2$O (Stammlösung bei 4 °C)
Tris-Imidazol-Puffer: 5 ml 1 M Tris + 5 ml 0,2 M Imidazol in 100 ml w/ dH$_2$O
Normalserum: 400 µl normales Kaninchenserum + 300 µl Triton X-100 in 40 ml PB

Gebrauchslösungen	
Waschlösung	PB: 0,1 M Natriumphosphatpuffer (pH 7,4)
Blockierlösung	Blockierung der endogenen Peroxidase: 1,2 ml 30 % H$_2$O$_2$ + 5 ml Methanol (absolut) + 45 ml PB
primäre AK-Lösung	10 µl primärer AK Stammlösung + 50 µl normales Kaninchenserum + 5 µl Triton X-100 + 4,9 ml PB
sekundäre AK-Lösung	200 µl biotinylierte Kaninchen-Anti-Ziege-Antikörper (4 °C) + 400 µl normales Kaninchenserum + 40 µl Triton X-100 + 39 ml PB
ABC-Reaktionslösung	Avidin-Biotin (A+B) Lösung: 3 Tropfen (oder 150 µl) von A in 3 ml PB. Leicht schwenken, dann 3 Tropfen von B dazu, leicht schwenken. Für 30 Minuten stehen lassen und kurz vor dem Benutzen 27 ml PB dazugeben.
DAB Reaktionslösung	25 mg DAB-HCL in 30 ml Tris-Imidazol-Puffer
Oxidationslösung	1 % H$_2$O$_2$: 333 µl 30 % H$_2$O$_2$ in 10 ml dH$_2$O
Gelatinelösung zum Aufziehen der Schnitte	0,3 % Gelatinelösung: 0,6 g Gelatine in 200 ml Tris-Imidazol-Puffer

◼ **Tab. A1.9** Basismedium zur Herstellung von Zellsuspensionen nach Towler et al. 1978

96,0 mM NaCl	18,0 mM KH_2PO_4
50,0 mM Na-Citrat	5,6 mM Na_2HPO_4
1,5 mM KCl	0,25 % BSA (Rinderserumalbumin)

pH 7,2

◼ **Tab. A1.10** EDTA-Medium nach Harrison und Webster 1969

96,0 mM NaCl	8,0 mM KH_2PO_4
5,6 mM Na_2HPO_4	1,5 mM KC1
10,0 mM EDTA (Ethylendiamintetraacetat)	

pH 6,8

◼ **Tab. A1.11** Gebräuchliche Fixierungen für die Histologie

Name	Zusammensetzung	Anwendung	Eignung
BOUINsches Gemisch	– 15 ml gesättigte wässrige Pikrinsäure – 5 ml 40 % Formalin – 1 ml Eisessig	– direkt vor Gebrauch mischen – 2-24 h fixieren – in 70–80 % Ethanol mehrmals waschen – entwässern und einbetten	– Übersichtspräparate – Cytologische Präparate – Protozoen – Embryonen – in situ-Hybridisierung – Immunmarkierung
CARNOYsches Gemisch	– 600 ml 99,9 % Ethanol – 300 ml Chloroform – 100 ml Eisessig	– direkt vor Gebrauch mischen – je nach Größe 1–4 h fixieren	– Glykogennachweis – Darstellung von Kernstrukturen
Formol nach LILLIE	– 100 ml 36 % Formol – 4 g NaH_2PO_4 x H_2O – 6,5 g Na_2HPO_4 – 900 ml H_2O pH 7,0	– direkt vor Gebrauch mischen – je nach Größe 1–3 Tage bei 4 °C fixieren	– Histologische Färbungen
Formol-Calcium nach BAKER	– 10 ml 36 % Formol – 1 g $CaCl_2$ – 90 ml H_2O	– zur Neutralisation einige Stücke $CaCO_3$ hinzufügen – in dunkler Flasche aufbewahren	– Hartgewebe
Formol-Alkohol nach BURKHARD	– 324 ml 36 % Formol – 540 ml Ethanol oder Methanol (absolut) – 130 ml Barbital-Natrium-Puffer, pH 7,4 – 6 g Glucose	– Aufbewahrung in dunkler Flasche	– Hartgewebe

Ethanol-Essigsäure-Gemisch nach WOLMAN und BEHER	– 950 ml 99,9 % Ethanol
	– 50 ml Eisessig
		– bis 1 cm Größe: 4 h fixieren bei –6–8 °C
		– Nachbehandlung:
		  – über Nacht in 99,9 % Ethanol bei RT
		  – 2× 20 min in reinem Benzol
		  – Paraffineinbettung
			– Nachweise:
			  alkalische Phosphatase
			– Lipase
			– Phosphamidase
			– Cholinesterase

MAXIMOWsches Gemisch	– 100 ml Müllersche Flüssigkeit – 5 g $HgCl_2$ – 10 ml Formol – 10 ml 2 % OsO_4 in H_2O	– direkt vor Gebrauch mischen – 1–6 h fixieren – auswaschen in Leitungswasser	– Blut, Blutbildungsorgane – Fett
MÜLLERsche Flüssigkeit	– 2,5 g Kaliumdichromat – 1 g Natriumsulfat – 100 ml H_2O		

Pikrinsublimat nach RABL	– 100 ml gesättigte, wässrige Pikrinsäure
	– 100 ml gesättigte, wässrige Sublimatlösung ($HgCl_2$)
	– 200 ml H_2O
		– direkt vor Gebrauch mischen
		– 12 h fixieren
		– Nachbehandlung:
		  – Übertragen in niedrig konzentriertes Ethanol
		  – aufsteigende Ethanol-Reihe
		  – Zusatz von Iodtinktur und Lithiumcarbonat in 99,9 % Ethanol
			– ältere Embryonen
			– Keimscheiben

▼

◻ Tab. A1.11 *Fortsetzung*

Name	Zusammensetzung	Anwendung	Eignung
ROSSMANNsche Lösung	– 90 ml gesättigte, ethanolische Pikrinsäure – 10 ml 40 % Formalin	– direkt vor Gebrauch mischen – 3–8 h fixieren – in 99,9 % Ethanol übertragen	– Kohlehydrate – Glykogennachweis
SCHAFFERsches Gemisch	– 100 ml 36 % Formalin (neutralisiert mit $CaCO_3$) – 200 ml 80 % Ethanol pH 7,2–7,4 (evtl. mit 1 N NaOH einstellen)	– 1–2 Tage fixieren – in 80 % Ethanol überführen	– Darstellung von Schleimen – bei rascher Weiterbehandlung: dotterreiche Embryonen – Hartgewebe – fluorochrommarkierte Gewebe
STIEVEs Fixativ	– 76 ml gesättigte wässrige $HgCl_2$-Lösung – 20 ml Formol – 4 ml Eisessig	– vor Gebrauch mischen – 3–6 h fixieren – in 80 % Ethanol übertragen	– große Präparate
Sublimatalkohol nach **APATHY**	– 3–4 g $HgCl_2$ – 0,5 g NaCl – 100 ml 50 % Ethanol	– vor Gebrauch mischen – 12–24 h fixieren – in 70 % Ethanol übertragen	
Sublimat-Formol nach **HEIDENHAIN**	– 4,5 g $HgCl_2$ – 0,5 g NaCl – 80 ml H_2O – 20 ml 40 % Formalin	– vor Gebrauch mischen – 2–24 h fixieren – in 70 % Ethanol übertragen	– bindegewebereiche Organe
Sublimat-Essigsäure nach **LANG**	– 100 ml gesättigte, wässrige Sublimatlösung ($HgCl_2$) – 5–10 ml Eisessig	– vor Gebrauch mischen – 0,5–6 h fixieren – in 70 % Ethanol übertragen	– Zellkernstruktur – embryonales Gewebe – bindegewebearme Organe

SUSA-Gemisch nach **HAIDENHAIN**	– Lösung A:
	  – 4,5 g $HgCl_2$
	  – 0,5 g NaCl
	  – 70 ml H_2O
	– Lösung B:
	  – 10 ml 20 % Trichloressigsäure
	– Lösung C:
	  – 20 ml Formol
	– Lösung D:
	  – 4 ml Eisessig
		– Lösungen A, B, C, D vor Gebrauch mischen
		– 1–24 h fixieren
		– in 96 % Ethanol übertragen und mehrmals wechseln
			– Muskelgewebe
			– kollagenes Bindegewebe

ZENKERsches Gemisch	– 100 ml Müllersche Flüssigkeit – 5 g Sublimat – 0,5–5 ml Eisessig – 5 ml 40 % Formalin	– vor Gebrauch mischen – 1–6 h fixieren – 24 h in fließendem Leitungswasser waschen	– hämatologische Untersuchung – Übersichtspräparate

◻ Tab. A1.12 Weitere Fixierungsgemische für lichtmikroskopische Anwendungen

Name	Zusammensetzung	Anwendung	Eigenschaften	Eignung
CAJALsches Brom-Formol-Gemisch	– 15 ml Formalin – 2 g Ammoniumbromid – 85 ml H_2O	– vor Gebrauch mischen – 2–25 Tage fixieren – gründlich wässern		Glia-Imprägnation
CAJALsche Neurofibrillen-Färbung	– 40 ml Pyridin – 30 ml 96 % Ethanol	– direkt vor Gebrauch mischen – 24 h fixieren – unter fließendem Leitungswasser waschen		Neurofibrillen
CIACCOsches Gemisch ▼	– 80 ml 5 % Kaliumbichromat – 20 ml Formol – 5 ml Eisessig	– direkt vor Gebrauch mischen – 24 h fixieren – unter fließendem Leitungswasser waschen		Fette, Lipide

◨ **Tab. A1.12** *Fortsetzung*

Name	Zusammensetzung	Anwendung	Eigenschaften	Eignung
Ethanol-Eisessig I	– 95 ml 96 % Ethanol – 5 ml Eisessig	– direkt vor Gebrauch mischen – mindestens 4 h fixieren (Kühlschrank oder Eisfach) – in 96 % Ethanol überführen und einbetten	– rasches Eindringen	– Enzymhistochemie – Immunmarkierung – *in situ*-Hybridisierung
Ethanol-Eisessig II	– 3 Teile Ethanol – 1 Teil Eisessig	– vor Gebrauch mischen – Zellen darin bis zum Gebrauch aufbewahren (für längere Zeit bei 20 °C)		– Chromosomendarstellung und Färbung (FISH)
FLEMMINGsches Gemisch	– 15 ml 1 % (w/v) Chromsäure in H_2O – 4 ml 2 % (w/v) OsO_4 in H_2O – 1 ml Eisessig Zusatz von 5 % Harnstoff verbessert das Eindringen	– vor Gebrauch ansetzen – Gewebe 1–3 mm: mindestens 24 h in mindestens 5× Volumen der Probe fixieren (kann darin lagern) – 24 h unter fließendem Wasser auswaschen	– dringt langsam ein	– Histologie – Fixierung von Zellen (Blut)
Formaldehyd-Propionsäure-Ethanol (FPA)	– 50 ml 96 % Ethanol – 5 ml Propionsäure – 10 ml Formol – 30 ml H_2O	– vor Gebrauch ansetzen – Gewebe: 18–24 h bei RT fixieren (Aufbewahrung darin möglich)	– dringt langsam ein – Schrumpfung	– Übersichtpräparate (auch Pflanzen)
HELLYsches Gemisch	– 100 ml 2,5–3 % (w/v) Kaliumdichromat in H_2O – 5 g Sublimat – 5 ml Formalin Zusatz von 2 % OsO_4 fixiert auch Lipide	– Gewebe bis 4 mm Dicke: 1–6 h fixieren – auswaschen in fließendem Wasser		– Histologie, insbesondere Knochen für Hämatologie 10 ml Formol verwenden

Heptan-Formaldehyd	– Lösung A:
	  – 0,08 M EGTA
	  – 5 % (w/v) Formaldehyd
	  – 10 % DMSO
	  – in PBS + 1 % (v/v) Tween 20
	– Lösung B:
	  – Heptan
		– Lösungen A und B direkt vor Gebrauch 1:1 mischen
		– kräftig schütteln und auf das Gewebe geben
		– 30–60 min fixieren (Fixans mehrmals durch frisch geschütteltes ersetzen)
		– mit Methanol und Ethanol auswaschen
			– sehr gutes Eindringen	– Fixierung von Gewebe oder Organismen mit wasserundurchdinglichen Deckschichten
				– Immunmarkierung
				– *in situ*-Hybridisierung

Kaformacet	– 85 ml 3 % (w/v) Kaliumdichromat in H_2O – 10 ml Formol – 5 ml Eisessig	– direkt vor Gebrauch mischen – Gewebe bis 1 cm Dicke 6–24 h fixieren – in 5 % (w/v) Li- oder Na-Sulfatlösung (in H_2O) mehrmals waschen – 24 h unter fließendem Wasser waschen	– durch Sulfatlösung bleibt Quellung gering und Färbbarkeit sehr gut	– Histologie
Kaliumdichromat-Essigsäure	– 100 ml 3 % (w/v) Kaliumdichromat in H_2O – 5 ml Eisessig	– vor Gebrauch mischen – 1–2 Tage fixieren – 1 Tag mit fließendem Wasser waschen	– dringt schnell ein	– fixiert Cytoplasma, Kerne, Bindegewebe
KOENIKs Fixans	– 5 Teile Glycerin – 2 Teile Eisessig – 3 Teile H_2O			– Evertebraten (Kapitel 5)
LILLIEsche Fixierung	– 8 g Bleinitrat – 80 ml 96 % Ethanol – 10 ml 4 % Formalin – 10 ml H_2O	– 24 h fixieren		– Mastzellen – Mucopolysaccharide

▼

◘ Tab. A1.12 *Fortsetzung*

Name	Zusammensetzung	Anwendung	Eigenschaften	Eignung
LISON-VOKAERsche Glykogenfixierung	– 85 ml in 96 % Ethanol gesättigte Pikrinsäure – 10 ml Formalin – 5 ml Eisessig	– 5–10 h bei 4 °C oder –20 °C fixieren – in 96 % Ethanol überführen	nahezu quantitative Erfassung des Glykogens	– zur Darstellung von Glykogen
Methanol-Essigsäure	– 3 Teile Methanol – 2 Teile Eisessig	– vor Gebrauch mischen – Zellen darin bis Gebrauch aufbewahren		– Chromosomendarstellung und Färbung (FISH)
Muskelfixans	– 5 % Formalin – 5 % (w/v) TCA – 1 % (w/v) Platinchlorid in H_2O	– Gewebe einige Stunden in feuchte Kammer (Muskel möglichst auf Hölzchen spannen) – 24 h in frischer Mischung fixieren – in 96 % Ethanol überführen, mehrmals wechseln		– Histologie (Muskel)
ORTHsches Gemisch (modifiziert)	– 9 Teile 2,5 % (w/v) Kaliumdichromat in H_2O – 1 Teil Formol	– vor Gebrauch mischen – 1–2 Tage im Dunkeln fixieren – 1 Tag mit fließendem Wasser waschen		– Histologie – Gefrierschnitte

SANNOMIYAsches Gemisch	– Lösung A:
	  – 3 g Sulfosalicylsäure
	  – 100 ml 96 % Ethanol
	– Lösung B:
	  – 5 ml Eisessig
		– Lösungen A und B direkt vor Gebrauch mischen
		– 2–4 mm Gewebestücke 2–3 h fixieren
		– in 96 % Ethanol überführen und einbetten
			– gute Erhaltung von Schleimen und Sekreten
			– Verlust von Färbbarkeit der Kerne
				– Histologie

SCHILLERsches Gemisch	– Lösung A:
	  – 1 ml gesättigtes wässriges Uranylacetat
	  – 1 ml gesättigte wässrige Sublimatlösung
	  – 73 ml H_2O
	– Lösung B:
	  – 2 g Kaliumdichromat
	  – 1 g Magnesiumacetat
	  – 25 ml H_2O
		– Lösungen A und B direkt vor Gebrauch mischen
		– 12–14 h fixieren
		– 2–3 h unter fließendem Wasser waschen
		– entwässern und einbetten
			fixiert ohne Härtung	– Histologie

STEEDMANs Fixans	Stammlösung: – 100 ml Propylenphenoxetol – 500 ml Propylenglykol – 500 ml Formalin	Anwendung: – 110 ml Stammlösung in 890 ml H_2O	STEEDMAN-Konservierung: Stamm: 50 ml Propylenphenoxetol, 500 ml Propylenglykol Verwendung: 10 ml der Stammlösung in 890 ml A. dest.	Everbraten (Kapitel 5)
TCA-Sublimat Formol	– 25 ml gesättigte wässrige Lösung von Sublimat – 20 ml 5 % (w/v) TCA (Trichloressigsäure) – 15 ml Formol	– vor Gebrauch mischen – je nach Größe 1–24 h fixieren – in 80 oder 90 % Ethanol übertragen, mehrmals wechseln	– sehr gute Formerhaltung auch bei stark wasserhaltigem Gewebe	
ZIRKLEs Gemisch	– 2,5 g Kaliumdichromat – 2,5 g Ammoniumdichromat – 2 g Kupfersulfat – 400 ml H_2O	– Gewebe 24–48 h fixieren – mit H_2O waschen – entwässern und einbetten	– gute Erhaltung von Mitochondrien, Chromatin und Spindelfasern	cytologische Präparate

◻ **Tab. A1.13** Histologische Untersuchungsziele und Fixantien

Präparat / Untersuchungsziel	beste Fixierung	mögliche Fixierungen
Aorta, Gefäße	Sannomiya	– Lillie – Maximow
Blutausstrich	Methanol	
Blutbildungsorgane	Maximow	Helly
cytologische Präparate	Helly	– Zenker – Flemming
Darm	Schaffer	Susa
Drüsen	Kaliumbichromat	Fixantien mit HqCl₂
Glykogen	Lison-Vokaer	– Carnoy – Ethanol
Harnsäure	96 % Ethanol	
Hartgewebe (allgemein)	Formol nach Lillie Formol-Calcium nach Baker Schaffersche Lösung Formol-Alkohol nach Burkhard	Ethanol
Hoden	Carnoy	Bouin
Hypophyse	Bouin	
Knochen	Helly	– Formalin – Susa
Knorpel	Helly	– Lillie – Formalin
Lipide	OsO_4	– Ciaccio – Sulfosalicylsäure
Mitochondrien	Flemming	– Zenker – Formol
Mucopolysaccharide	Lillie	
Muskulatur	Susa	– Muskelfixans – Sannomiya
Myofibrillen	Sannomiya	Susa
Nervensystem	Cajal (Brom-Phenol)	Formalin
Nebenniere	K-bichromathaltige Fixantien	
Neurofibrillen	Cajal (Pyridin)	
Niere	Orth	
Plasmastruktur	Helly	– Maximow – Zenker
Punktate	Ethanol	Ether
Übersichtspräparate	Formalin	– Bouin – Zenker – Schaffer

◨ Tab. A1.14 Fixantien für Immunmarkierungen

Fixans	geeignet für	Konzentration und Zusammensetzung	Bemerkungen
Formaldehyd (FA)	TEM und LM	2– 4 % (w/v)	– frisch aus Paraformaldehyd herstellen – gepuffert verwenden – bei 4 °C möglichst kurz fixieren
Glutaraldehyd (GA)	TEM und LM	0,1– 1 % (v/v)	– nicht für alle Antigene geeignet – niedrig konzentriert kombinieren mit FA – möglichst kurz fixieren – gepuffert verwenden – nach Fixierung quenchen (1 % $NaBH_4$)
Aceton (-20 °C)	LM	100 %	geeignet für Zellmonolayer oder Schnitte bis 50 µm Dicke
Formaldehyd-Ethanol-Essigsäure (FAA)	LM		
Formaldehyd-Pikrinsäure	TEM und LM	2 % FA + 0,2 % Pikrinsäure in 0,1 M PP (pH 7,3) (Tab. A1.1)	– penetriert schneller als konventionelle Fixative – FA frisch aus Paraformaldehyd herstellen

TEM = Transmissionselektronenmikroskopie; LM = Lichtmikroskopie

◨ Tab. A1.15 Fixierungsgemische für die Elektronenmikroskopie

Name	Zusammensetzung	Anwendung	Eignung
Formaldehyd-Glutar-aldehyd-Pikrinsäure (FGP)	– 1,25 % Formaldehyd – 2,5 % Glutaraldehyd – 0,03 % Pikrinsäure in 0,1 M Cacodylatpuffer (pH 7,2)	1. Gewebe: 1–2 h bei RT. Im Fixans in 1–2 mm große Stücke zerteilen Zellen: 15–30 min bei RT 2. waschen und Postfixierung mit z. B. OsO_4	– Vorfixierung für gute Ultra-strukturerhaltung
Glutaraldehyd-Osmiumtetroxid	– 2,5 % Glutaraldehyd – 1 % OsO_4 in 0,1 M Cacodylatpuffer (pH 7,2)	– Mischung direkt vor Gebrauch ansetzen (aus vorgekühlten Komponenten) – für 1 h im Eisbad fixieren	– Zellkulturen (Tiere, Pflanzen) – Einzeller (Protozoen)
Spermidinphosphat-Glutaraldehyd	– 0,2 M Spermidinphosphat – 0,25 M Glutaraldehyd in 0,05 M Collidinpuffer, pH 7,8	1. Zellen 10 min bei RT fixieren 2. Nachfixierung für 20 min in 2,5 % GA in 0,05 M Collidinpuffer 3. waschen in Collidinpuffer 4. Nachfixierung mit 2 % OsO_4	– Erhaltung von Actin-filamenten (Hauser 1978)
Osmiumtetroxid nach DALTON	25 ml 5 % (w/v) Kaliumdichromat + 25 ml 3,4 % NaCl + 50 ml H_2O mit 1 N NaOH auf pH 7.4 einstellen 1 g OsO_4 darin lösen filtrieren	– Postfixierung nach Aldehydfixierung bei RT für 1 h	– kontrastreiche Darstellung von Mikrotubuli und akzes-sorischen Proteinen
Osmiumtetroxid-Kaliumferrocyanid	– 1 % OsO_4 – 1,5 % Kaliumferrocyanid in H_2O	– Vorfixierung mit Aldehyd und waschen – 1h bei RT im Dunkeln inkubieren	– Nachfixierung und Kontras-tierung
Periodat-Lysin-Formaldehyd	1. 1,827 g DL-Lysine (Sigma L-6001) in 50 ml H_2O lösen 2. mit 0,1 M Na_2HPO_4 (etwa. 10 ml) auf pH 7,4 einstellen 3. mit 0,1 M NaPP auf 100 ml auffüllen Bei 4°C für ca. 2 Wochen haltbar	1. 30–60 min fixieren 2. mehrfach in NaPP waschen	– Immunmarkierung bei rela-tiv guter Strukturerhaltung
Rutheniumrot-Glutaraldehyd	– 0,1 % (w/v) Ruthenium-Rot (RR) – 2,5 % (v/v) GA – in 0,1 M Na-Cacodylatpuffer, pH 7,4	1. für 1 h bei RT fixieren 2. 3× 10 min in Puffer waschen 3. Nachfixieren mit 1 % (w/v) OsO_4 mit 0,1 % RR in 0,1 M Na-Cacodylatpuffer, pH 7,4, für 1 h bei RT	Kontrastierungsfixierung zur Darstellung von Zuckerresten (Mucopolysaccharide etc.)
Tannin-Uranylacetat	A: 1% (w/v) Tannin in Maleat-puffer B: 1% (w/v) Uranylacetat in Maleat-puffer	alle Schritte auf Eis durchführen: 1. 40 min in A inkubieren 2. 2× in Maleatpuffer waschen 3. 40 min im Dunkeln in B inkubieren 4. 2× in Maleatpuffer waschen	Nachfixierung (z. B. nach Form-aldehyd) für Immunogoldmar-kierung bei gutem Kontrast

Zusammensetzung der Puffer: siehe Puffertabelle im Anhang. RT = Raumtemperatur

◼ **Tab. A1.16** Fixierungspuffer für die Elektronenmikroskopie

Bezeichnung	Eigenschaften	Eignung
Na-Cacodylat	– sehr effektiv zwischen pH 6,4 und 7,4 – keine Bildung von Niederschlägen bei Calciumzugabe – unverträglich mit Uranylsalzen – sehr giftig (arsenhaltig!)	– sehr guter Fixierungspuffer für tierische und pflanzliche Gewebe
Collidin	– sehr effektiv um pH 7,4 – stark extrahierend – sehr giftig	– nur für manche Gewebe (Lunge) gut geeignet
Phosphatpuffer (nach Sörensen oder Millonig)	– sehr effektiv bei verschiedenen pH-Werten – extrahierend – bilden häufig Präzipitate in verschiedenen Geweben – bilden Niederschläge mit mehrwertigen Kationen und Uranylsalzen – preiswert und ungiftig	– guter bis ausreichender Fixierungspuffer für tierische und pflanzliche Gewebe – häufig als Puffer bei Präparation für Immunmarkierung
PIPES (Piperazin-N,N′-bis [2-Ethansulfonsäure]	– kann als Amin mit Aldehydfixierung interferieren – verringert Extraktion von Zellkomponenten und Lipiden	– guter Fixierungspuffer für viele Gewebe
TRIS	– geringe Pufferkapazität unter pH 7,5 – kann als Amin mit Aldehydfixierung interferieren – stark extrahierend	– für die meisten Gewebe nicht zu empfehlen
Veronal-Acetat	– effektiv zwischen pH 4,2 – pH 5,2 – reagiert mit Aldehyden – erhält zusammen mit OsO_4 sehr gut die Membranen	– nur für besondere Anwendungen geeignet

Zusammensetzung der Puffer: Tabelle A1.1

◼ **Tab. A1.17** Gebräuchliche Zusätze zu Blockierlösungen

Name	Kürzel	Ansatz pro Liter (aufgefüllt mit H_2O)	Anwendung	Aufbewahrung
50x Lösung nach Denhardt	Denhardt	10 g Ficoll (Typ 400, Pharmacia) 10 g Polyvinylpyrrolidon 10 g Rinderserumalbumin (BSA, Fraktion V, Sigma)	*in situ*-Hybridisierung mit RNA-Proben, Northern Tissue Prints, nach Anweisung verdünnen	steril filtriert und aliquotiert bei –20°C
Bovine Lacto Transfer Technique Optimizer	BLOTTO	50 g Magermilchpulver 1–10 ml Tween 20 0,2 g Natriumazid	Immunmarkierung für LM und TEM, Western Tissue Prints	4 °C
Caseinpuffer		10 g Casein 1 ml Tween 20 100 ml 10x TBS	Immunmarkierung für LM und TEM, Western Tissue Prints	steril filtriert und aliquotiert bei –20°C
Rinderserumalbumin	BSA	50 g BSA (Fraktion V, Sigma) 100 ml 10x PBS	Immunmarkierung für LM und TEM, Western Tissue Prints	steril filtriert und aliquotiert bei –20°C
optimierter Blockierpuffer		10 g BSA (Fraktion V, Sigma) 3 g Fischgelatine 1 ml Tween 20 100 ml 10x PBS	Immunmarkierung für LM und TEM	steril filtriert und aliquotiert bei -20°C

Tab. A1.18 Die wichtigsten Farbstoffe

Farbstoff und Synonyme (*kursiv gesetzt*)	Colour index		
	Benennung	Nummer	Ladung
A Azofarbstoffe			
A.1 Monazofarbstoffe			
Azofuchsin 3B	C.I. Acid Red 7	C.I. 14895	sauer
Azophloxin	C.I. Acid Red 1	C.I. 18050	sauer
Orange G	C.I. Acid Orange 10	C.I. 16230	sauer
Orange GG			
Kristallorange GG			
Ponceau RR	C.I. Acid Red 26	C.I. 16150	sauer
Brillantponceau G			
Ponceau de Xylidine			
Ponceau 6R	C.I. Acid Red 44	C.I. 16250	sauer
Kristallponceau			
Thiazinrot R	C.I. Direct Red 45	C.I. 14780	sauer
A.2 Di- und Polyazofarbstoffe			
Kongorot	C.I. Direct Red 28	C.I. 22120	sauer
Ölrot B	C.I. Solvent Red 23	C.I. 26100	indifferent
Sudan III			
Ponceau S	C.I. Acid Red 112	C.I. 27195	sauer
Sudan IV	C.I. SolventRed 24	C.I.26105	indifferent
Fettponceau			
Scharlach R			
Trypanblau	C.I. Direct Blue 14	C.I. 23850	sauer
B Oxazine			
Brillantkresylblau		C.I. 51010	basisch
Cölestinblau B	C.I. Mordant Blue 14	C.I. 51050	basisch
Corein			
Gallaminblau	C.I. Mordant Blue 45	C.I. 51045	basisch
Gallocyanin		C.I. 51030	basisch
Alizarinblau RBN			
Alizarin Navy Blue			
Kresylviolett(acetat)			basisch
Nilblau	C.I. Basic Blue 12	C.I. 51180	basisch
Nilblausulfat			
C Azine			
Azokarmin B	C.I. Acid Red 103	C.I. 50090	sauer
Azokarmin G	C.I. Acid Red 101	C.I. 50085	sauer
Rosazin			
Rosindulin			
Safranin O	C.I. Basic Red 2	C.I. 50240	basisch
Safranin			
D Thiazine			
Azur A		C.I. 52005	basisch
Azur B		C.I. 52010	basisch
Methylenazur			
Azur C		C.I. 52002	basisch
Methylthionin			
Methylenblau	C.I. BasicBlue9	C.I.52015	basisch
Methylenviolett		C.I. 52041	basisch
Thionin		C.I. 52000	basisch
Lauths Violett			
Toluidinblau O	C.I. Basic Blue 17	C.I. 52040	basisch

▼

◻ Tab. A1.18 *Fortsetzung*

Farbstoff und Synonyme (*kursiv gesetzt*)	Colour index		
	Benennung	Nummer	Ladung
E Xanthene			
Eosin alkohollöslich	C.I. Solvent Red 45	C.I. 45386	sauer
Äthyleosin			
Eosin wasserlöslich	C.I. Acid Red 87		
		C.I. 45380	sauer
Eosin G			
Eosin Y			
Erythrosin B	C.I. Acid Red 51	C.I. 45430	sauer
Phloxin	C.I. Acid Red 98	C.I. 44405	sauer
Erythrosin BB			
Phloxin B	C.I. AcidRed92	C.I. 45410	sauer
Cyanosin			
Eosin 10B			
Pyronin B		C.I. 45010	basisch
Pyronin G		C.I. 45005	basisch
Pyronin Y			
F Acridine			
siehe: L Fluorochrome			
G Anthrachinone			
Alizarinblau B			
	C.I. Acid Blue 45		
		C.I. 63015	sauer
Alizarin rot S			
	C.I. Mordant Red 3		
		C.I. 58005	sauer
Alizarinkarmin			
Diamantrot W			
Kernechtrot			
		C.I. 60760	sauer
H Nitro- und Nitrosofarbstoffe			
Naphtholgrün B		C.I. 10020	sauer
Pikrinsäure		C.I. 10305	sauer
Trinitrophenol			
I Triphenylmethane			
Anilinblau WS			
	C.I. Acid Blue 22		
		C.I. 42755	sauer
Fuchsin basisch	C.I. Basic Violet 14	C.I. 42510	basisch
Fuchsin RFN			
Anilinrot			
Magenta 1			
Rosanilin			
Fuchsin sauer	C.I. Acid Violet 19	C.I. 42685	sauer
Fuchsin 5			
RubinS			
Säure fuchsin O			
Gentianablau 6B		C.I. 42775	basisch
Anilinblau			
Gentianaviolett	C.I. Basic Violet 3	C.I. 42555	basisch
Kristallviolett			
Methylviolett 108			

▼

▣ Tab. A1.18 *Fortsetzung*

Farbstoff und Synonyme (*kursiv gesetzt*)	Colour index		
	Benennung	Nummer	Ladung
Lichtgrün	C.I. Acid Green 5	C.I. 42095	sauer
Malachitgrün	C.I. Basic Green 4	C.I. 42000	basisch
LichtgrünN			
Victoriagrün B			
Methylgrün	C.I. Basic Blue 20	C.I. 42585	basisch
Pararosanilin	C.I. Basic Red 9	C.I. 42500	basisch
K Phthalocyanine			
Alcianblau	C.I. Ingrain Blue 1	C.I. 74240	basisch
Alcianblau 8GS (8GX)			
Astrablau	C.I. Solvent Blue 38		basisch
Luxol Fast Blue			
L Fluorochrome			
Acridinorange	C.I. Basic Orange 14	C.I. 46005	basisch
Acridingelb		C.I. 46025	basisch
Acriflavin		C.I. 46000	basisch
Trypaflavin			
Auramin O	C.I. Basic Yellow 2	C.I. 41000	basisch
Thioflavin S	C.I. DirectYellow 7	C.I.49010	sauer
ThioflavinTCN	C.I. BasicYellow 1	C.I.49005	basisch
M Naturfarbstoffe			
Chlorophyll	C.I. Chlorophyll	C.I. 75810	indifferent
Hämatoxylin	C.I. Natural Black 1	C.I. 75290	sauer
Karmin(säure)	C.I. Natural Red 4	C.I. 75470	sauer
Orcein	C.I. Natural Red 28	C.I. 1242	basisch
Safranin	C.I. Natural Yellow 6	C.I. 75100	indifferent

▣ Tab. A1.19 Nachweismethoden/Färbungen (alphabetisch) und die entsprechenden Untersuchungsziele

Nachweismethode/Färbung (alphabetisch)	Untersuchungsziel	siehe (Anleitung bzw. Kapitel)
Acridinorange Fluorchromierung	DNA, RNA, Chromatin	A3.113 2.1.2.4.2
Alcianblau pH 1,0	stark sulfatierte Mucine und andere Polyanionen	A3.46
Alcianblau pH 2,5	Carboyxlgruppenreiche Glykoproteine (saure Mucine und Glykosaminoglykane)	A3.45
Alcianblau, kritische Elektrolytkonzentration	diverse Mucine	A3.47
Alcianblau-PAS	neutrale Glykoproteine und saure Mucine	A3.48
Aldehydfuchsin (mit Permanganat Vorbehandlung)	elastisches Bindegewebe, Elauninfasern, Oxytalanfasern	A3.37
Alizarinrot S	Calcium/Kalk	A3.63
Amylase-Reaktion	Ausschluss Glykogen	A3.51
Argentaffine Reaktion n. Fontana-Masson	Pigmente	A3.26
Auramin-Fluoreszenzfärbung	säurefeste Bakterien (Mycobakterien)	A3.67 A3.116
Azan	Bindegewebe und Muskulatur	A3.32
Berlinerblau ▼	Fe III, Hämosiderin	A3.59 A3.110

Tab. A1.19 *Fortsetzung*

Nachweismethode/Färbung (alphabetisch)	Untersuchungsziel	siehe (Anleitung bzw. Kapitel)
Bestsches Karmin	Glykogen; Fibrin (unspezifisch)	A3.50
Bielschowsky Versilberung	reticuläre Bindegewebefasern; Neurofibrillen	A3.40
Bielschowsky-Gros-Schultze	Neurofibrillen	A3.77
Bodian	Neurofibrillen	A3.79
Boraxkarmin alkoholisch	Stückfärbung	A3.98
Cajal	Neurofibrillen	A3.78
Chromhämatoxylin-Phloxin	Neurosekret der Hypophyse	A3.93
CMB (Kupfermeronisches Blau)	Glykosaminoglykane im EM	A2.86
Dansylchlorid	Histone, Protamine	A7.10
Diastase-Reaktion	Ausschluss Glykogen	A3.51
DystamycinA/DAPI	Chromosomen	A3.7.6
Eisenhämatoxylin nach Heidenhain	Zellkerne, Chromatin, Mitosefiguren, Zellorganellen; Querstreifung der Muskulatur	A3.22
Eisenhämatoxylin n. Weigert	Zellkerne	A3.23
Elastika van Gieson	elastische Fasern und Bindegewebe	A3.39
Enzymverdauung	versch. Formen saurer Mucine und Glykosaminoglykane	3.6.10.1.2 A3.49
Färbetechnik nach Regaud	Mitochondrien von Spermien	A4.7
Fast Green FCF	Histone	A7.9
Feulgen-Reaktion	DNA	A3.64 A3.112
Fibrinfärbung nach Weigert	Fibrin	A3.55
Fluorchromierung mit Acridinorange	DNA, RNA, Chromatin	A3.113
Gallyas Silberimprägnation	Markscheiden (=Myelinscheiden)	A3.81
Gentianaviolett	Zellkerne	3.6.1.6
Giemsa	Blutzellen i. Schnitt; *Helicobacter pylori*; Blutausstrich und cytolog. Präparate; Malaria im Blutausstrich; C-Bänderung; G-Bänderung	A3.71 A3.68 A3.104 A7.7 A7.8
van Gieson	Bindegewebe und Muskulatur	A3.30
Goldner (Masson-Goldner)	Bindegewebe und Muskulatur	A3.31
Golgi-Collonier	Nerven- und Gliazellen im LM und EM	A3.76
Golgi modifiz. nach Kallius	Nerven- und Gliazellen	A3.74
Golgi modifiz. nach Bubenaite	Nerven- und Gliazellen	A3.75
Gomori-Versilberung	reticuläre Bindegewebefasern	A3.41
Gordon and Sweets-Versilberung	reticuläre Bindegewebefasern	A3.42
Gliafaserfärbung nach Holzer	Gliafasern	A3.92
Gram-Färbung ▼	Bakterien	A3.65 A3.114

□ Tab. A1.19 *Fortsetzung*

Nachweismethode/Färbung (alphabetisch)	Untersuchungsziel	siehe (Anleitung bzw. Kapitel)
Grocott-Versilberung	Pilzhyphen; *Pneumocystis carini*	A3.70
Hämalaun	Zellkerne	A3.21
Hämalaun-Eosin (HE)	Übersicht Schnellschnitt	A3.28 A3.29 A3.102
Hämalaun sauer	Stückfärbung	A3.99
Hämatoxylinlack mit Osmiumtetroxid	Stückfärbung	A3.10
Hoechst 33258	Q-Bänderung	A7.5
Karbolfuchsin (Methode nach Berg)	Spermien	A4.8
Kardasewitsch	entfernen von Formalinniederschlägen	A3.7 A3.8
Kernechtrot-Aluminiumsulfat	Zellkerne	A3.24
Kongorot n. Bennhold	Amyloid	A3.53
Kongorot n. Puchtler	Amyloid	A3.54
Kossa-Versilberung	Calcium/Kalk	A3.62
Kresylviolett (Nissl-Färbung)	Kern-u. Nisslsubstanz, Metachromasie	A3.74
Kupfermeronisches Blau (CMB)	Glykosaminoglykane im EM	A2.86
Kultschitzky (Modifik. d. Weigert Methode)	Markscheiden	A3.80
Ladewig	Bindegewebe und Muskulatur, Fibrin	A3.33
Lektinhistochemie	Kohlenhydrate, Glykokonjugate	A3.52
Luxol Fast Blue nach Klüver Barrera	Markscheiden (=Myelinscheiden)	A3.84
Luxol Fast Blue und Kresylviolett (Nissl)	Markscheiden und Nervenzellen	A3.85
Luxol Fast Blue und PAS	Markscheiden und Kohlenhydrate	A3.86
Luxol Fast Blue und Goldner	Markscheiden, Zellkerne und Bindegewebe	A3.87
Marchi-Methode	degenerierende markhaltige Nervenfasern	A3.88
Markscheidenfärbungen (n. Gallyas, n. W.H. Schultze, n. Weil, n. Klüver Barrera	Markscheiden (=Myelinscheiden)	A3.81 bis A3.87
Markscheidenfärbung n. Weigert (modif. nach Kultschitzky	Markscheiden	A3.80
Masson-Goldner	Bindegewebe und Muskulatur	A3.31
Masson-Trichrom	Bindegewebe und Muskulatur	A3.34
May-Grünwald	Blut- u. Knochen-markausstriche; Cytolog. Präparate wie Sputum u. Urin	A3.103
May-Grünwald-Giemsa (Pappenheim)	Blutzellen im Schnitt; Blutausstrich	A3.72 A3.105
Methylenblau	Metachromasie; Bakterien, Pilzhyphen, Cytologie; Zellkerne; Semidünnschnitte	3.6.6 A3.101 A2.75
Milchsäure-Orcein ▼	Chromosomen und Barr-Körperchen	A7.2

◪ **Tab. A1.19** *Fortsetzung*

Nachweismethode/Färbung (alphabetisch)	Untersuchungsziel	siehe (Anleitung bzw. Kapitel)
Neurofibrillendarstellung (n. Bielschowsky-Gros-Schultze, n. Cajal, n. Bodian,)	Neurofibrillen	A3.77 A3.78 A3.79
Nilblausulfat	Lipofuszin, Melanin	A3.25
Nissl-Färbung (Kresylviolett)	Kern- und Nissl-Substanz	A3.73
Opalblau	Spermien (Negativ-Darstellung)	4.1.2.5.2
Orcein	elastische Bindegewebefasern, Elauninfasern, Oxytalanfasern	A3.36
Osmiumtetroxid	Lipide; Myelin; Ranvier Schnürring; Schmidt-Lantermann Einkerbungen	A3.58 A3.90 A3.91
Papanicolaou	gynäkologische Ab- u. Ausstriche	A3.108
Pappenheim	Blutzellen im histologischen Schnitt; Blutausstrich	A3.72 A3.105
PAS-Reaktion	Kohlenhydrate; Glykogen; neutrale Glykoproteine; Pilzhyphen und Hefen	A3.44 A3.111
Permanganat-Aldehydfuchsin	elastische Bindegewebefasern, Elauninfasern, Oxytalanfasern	A3.37
Quinacrin	Q-Bänderung (Chromosomen)	A7.4
Quincke-Reaktion	Fe II u. III	A3.61
Regaud-Färbetechnik	Mitochondrien von Spermien	A4.7
Resorcinfuchsin nach Weigert	elastische Bindegewebefasern, Elauninfasern, Oxytalanfasern	A3.35
Shorr-Färbung	gynäkologische Ab- und Ausstriche	A3.109
Silberimprägnation	abschwächen oder beseitigen	A3.42
Sudan III	Lipide	A3.56
Sudanschwarz B	Lipide	A3.57
Tannin-Eisen-Reaktion (Methode n. Salazar)	Akrosom	A4.6
Toluidinblau O	Semidünnschnitte; Zellkerne; Metachromasie; Basophilie	A2.75 3.6.1.6 3.6.6 A3.27
Turnbullblau	Fe II	A3.60
van Gieson	Bindegewebe und Muskulatur	A3.30
Verhoeffs Eisenhämatoxylin	elastische Bindegewebefasern	A3.38
Verocay	entfernen von Formalinniederschlägen	A3.6
Versilberung nach Bielschowsky	retikuläre Bindegewebefasern, Neurofibrillen	A3.40
Versilberung nach Gomori	retikuläre Bindegewebefasern	A3.41
Versilberung nach Gordon und Sweets	retikuläre Bindegewebefasern	A3.42
Versilberung nach Grocott	Pilzhyphen; *Pneumocystis carinii*	A3.70
Versilberung nach Kossa	Calcium/Kalk	A3.62
Warthin-Starry-Versilberung	*Helicobacter pylori*; Spirochäten	A3.69
Ziehl-Neelsen-Färbung	säurefeste Bakterien (Mycobakterien)	A3.66 A3.115

▣ Tab. A1.20 Untersuchungsziele und ihre Nachweismethoden/Färbungen

Untersuchungsziel (alphabetisch)	Nachweismethode/Färbung	siehe (Anleitung bzw. Kapitel)	Geeignete Fixierung (in Bezug zur Nachweismethode)	Hinweise
Akrosom	Tannin-Eisen-Reaktion, (Methode nach Salazar)	A4.6	Bouin	
Amyloid	Kongorot nach Bennhold; nach Puchtler; (Bestsches Karmin)	A3.53 A3.54 (A3.50)	Ethanol u. andere übliche Fixierungen	zusätzlich Polarisationstechnik anwenden. (unspezifisch)
Auffrischen der Färbung		A3.15		
Bakterien	Gram-Färbung; Methylenblau	A3.65 A3.114 A3.101	alle Arten von Fixierungen	schnell durchführbarer Nachweis
Bakterien, säurefest (Tbc)	Ziehl-Neelsen; Auramin-Fluoreszenzfärbung	A3.66 A3.115 A3.67 A3.116	Alle Arten von Fixierungen	keine betont fettlösenden Fixierungen verwenden (z.B. Carnoy), Auramin nur mit Fluoreszenzmikroskop möglich
Basophilie	Toluidinblau O	A3.27		
Bindegewebe	Bindegewebefärbungen wie z.B. Azan; van Gieson; Masson-Goldner	A3.32 A3.39 A3.31 A3.34	siehe jeweilige Färbung	
Blut und Blutbildung	Giemsa; Panoptische Färbung n. Pappenheim; May-Grünwald	A3.71 A3.72 A3.104 A3.106 A3.103 A3.105 A3.107	Maximow, Schaffer, Methanol, für Gewebeschnitte auch Formalin	nicht verwenden sollte man das Gemisch nach Orth u. Formalin alleine
Calcium/Kalk	Kossa-Versilberung; Alizarinrot S	A3.62 A3.63	Ethanol; Neutr. Formalin	unspezifisch
C-Bänderung (Chromosomen)	Giemsa	A7.7	Ethanol-Eisessig (3:1)	vorherige Chromosomenspreitung durchführen
Chromatin	Eisenhämatoxylin; Hämalaun; Fluorchromierung mit Acridinorange	A3.22 A3.23 A3.21 A3.113 2.1.2.4.2	Sublimat-Eisessig	
Chromatniederschläge entfernen		A3.10		
Chromosomen und Barr-Körperchen	Milchsäure-Orcein	A7.2	Ethanol-Eisessig (3:1); Zellsuspension mit Methanol-Eisessig (3:1)	
Chromosomenspreitung		A7.1	Ethanol-Eisessig (3:1)	
Chromosomen (A-T-reiche, hetero-chromat. Abschn.)	DystamycinA/DAPI	A7.6	Ethanol-Eisessig (3:1)	vorherige Chromosomenspreitung durchführen
Cytologie	Giemsa; Papanicolaou; May-Grünwald; Methylenblau; Shorr; Pappenheim	A3.104 A3.106 A3.108 A3.103 A3.101 A3.109 A3.105 A3.107	hochprozentiges Ethanol, Methanol, Fixierspray	feucht fixieren! keine Formalinfixierung
Cytoplasma ▼	Eosin; Azophloxin; Orange G; Säurefuchsin; Lichtgrün	3.6.2	Formalin und andere übliche Fixierungen	

◼Tab. A1.20 *Fortsetzung*

Untersuchungsziel (alphabetisch)	Nachweismethode/Färbung	siehe (Anleitung bzw. Kapitel)	Geeignete Fixierung (in Bezug zur Nachweismethode)	Hinweise
DNA	Feulgen-Reaktion;	A3.64 A3.112	diverse Fixierungen (Hydrolysezeiten beachten!)	ungeeignet sind Susa, Carnoy u. Zenker
	Fluorchromierung mit Acridinorange	A3.113 2.1.2.4.2		
Eisen: Fe II Fe III Fe II u. III	Turnbullblau; Berlinerblau; Quincke-Reaktion	A3.60 A3.59 A3.61	Ethanol und Formalin	Möglichst schnelle Fixierung
elastische Bindegewebefasern	Resorcinfuchsin; Orcein; Verhoeffs Eisen-Hämatoxylin; (Permanganat-)Aldehydfuchsin; Elstika v. Gieson	A3.35 A3.36 A3.38 A3.37 A3.39	Formalin, Formalingemische, Ethanol, Sublimat	
Elauninfasern	Resorcinfuchsin; Orcein; (Permanganat-)Aldehydfuchsin	A3.35 A3.36 A3.37	Formalin, Formalingemische, Ethanol, Sublimat	
Fett siehe Lipide				
Fibrin	Fibrinfärbung nach Weigert; Ladewig; Bestsches Karmin	A3.55 A3.33 A3.50	Formalin, Ethanol	unspezifisch
Fixieren der Färbung		A3.11 A3.12		
Formalinnieder-schläge entfernen	Kardasewitsch; Verocay	A3.7 A3.6 A3.8		
G-Bänderung (Chromosomen)	Giemsa	A7.8	Ethanol-Eisessig (3:1)	vorherige Chromosomenspreitung durchführen (A7.1)
Gliafasern	Gliafaserfärbung nach Holzer	A3.92	Formalin, Formol-Ethanol;	
Gliazellen	Golgi-Methoden; Golgi-Çollonier für LM und EM; Immunhistochemie	A3.74 A3.75 A3.76 Tab. 3.9	Golgi-Fixierlösung;	
Glykogen	Bestsches Karmin; PAS	A3.50 A3.44 A3.111	Lison-Vokaer, Schaffer, Carnoy, absolutes Ethanol, Rossman	Alkoholfixierung! unspezifisch siehe auch unter Diastase- o. Amylase
Glykokonjugate	Lektinhistochemie	A3.52	Bouin, Formalin	
Glykoproteine neutral	PAS	A3.44 A3.111	siehe Kohlenhydrate	
Glykosamino-Glykane im Elektronenmikroskop	Kupfermeronisches Blau (CMB)	A2.86	Glutardialdehyd	
Gynäkologische Abstriche	Papanicolaou-Färbung; Shorr-Färbung	A3.108 A3.109	hochprozentiges Ethanol, Methanol, Fixierspray	feucht fixieren!
Hämosiderin	Berlinerblau	A3.59 3.6.4.4.2	siehe Eisen	siehe Eisen
Helicobacter pylori ▼	Modifizierte Giemsa; Warthin Starry-Versilberung	A3.68 A3.69	Formalin	auch andere Färbungen möglich

◻ Tab. A1.20 *Fortsetzung*

Untersuchungsziel (alphabetisch)	Nachweismethode/Färbung	siehe (Anleitung bzw. Kapitel)	Geeignete Fixierung (in Bezug zur Nachweismethode)	Hinweise
Histone	Fast Green FCF; Dansylchlorid	A7.9 A7.10	Formalin 10 %	
Knochengewebe	HE; Bindegewebefärbungen	A3.28 A3.30 bis A3.34	Formalin, Schaffer, Burkhard, Baker	evtl. vorherige Entkalkung notwendig oder Kunststoffeinbettung
Knochenmark, siehe Blut und Blutbildung				evtl. vorherige Entkalkung notwendig oder Kunststoffeinbettung
Kohlenhydrate	PAS; Alcianblau; Lektinhistochemie	A3.44 A3.45 bis A3.48 A3.52	Formalin neutral, Ethanol-Formalin-Gemische, Carnoy, Formol-Calcium	Ausnahme Glykogen (A3.50): Alkoholfixierung!
kollagenes Bindegewebe	Azan; Masson-Goldner; van Gieson; Masson-Trichrom; Ladewig	A3.32 A3.31 A3.30 A3.34 A3.33	sublimathaltige Fixierungen aber auch Formalin und Bouin	
Kunststoffschnittfärbung	z.B. HE	A3.97		
Lipide	Sudan III; Sudanschwarz B; Osmiumtetroxid	A3.56 A3.57 A3.58	4-8 % gepuffertes Formalin, Gemische nach Ciaccio und Baker	nur am Gefrierschnitt! (Lipide werden sonst herausgelöst)
Lipofuszin	Nilblausulfat	A3.25 3.6.4.4.5		
Malaria (Blutausstrich)	Giemsa	A3.104 A3.106	luftgetrocknete Ausstr. unmittelbar vor der Färbung mit Methanol fixieren	
markhaltige degenerierende Nervenfasern	Marchi-Methode	A3.88	Müllersche Flüssigkeit	
Markscheiden (Myelinscheiden)	Markscheidenfärbungen, z.B. n. Gallyas Osmiumtetroxid	A3.80 bis A3.87 A3.58	4 % Paraformaldehyd, auch Formalin; OsO_4	
Markscheiden und Nervenzellen	Luxol-Fast-Blue kombiniert mit Kresylviolett	A3.85	Formalin, Ethanol	
Melanin	Nilblausulfat	A3.25 3.6.4.4.6		
Metachromasie	Toluidinblau; Thionin; Methylenblau; Kresylviolett	3.6.6		
Mitochondrien von Spermien	Färbetechnik nach Regaud	A4.7		
Mukopolysaccharide neutral, siehe Glykoproteine neutral				siehe auch Kohlenhydrate 3.6.10.1
Mukopolysaccharide sauer, siehe polyanionische Glykoproteine				siehe auch Kohlenhydrate 3.6.10.1
Muskulatur	Azan; Masson Goldner; van Gieson; Masson-Trichrom; Ladewig	A3.32 A3.31 A3.30 A3.34 A3.33	sublimathaltige Fixierungen aber auch Formalin und Bouin, Muskelfixans	

▼

◾ Tab. A1.20 *Fortsetzung*

Untersuchungsziel (alphabetisch)	Nachweismethode/Färbung	siehe (Anleitung bzw. Kapitel)	Geeignete Fixierung (in Bezug zur Nachweismethode)	Hinweise
Muskulatur Querstreifung	Eisenhämatoxylin n. Heidenhain	A3.22	sublimathaltige Fixierungen wie z.B. SuSa n. Heidenhain	
Mucine neutral	PAS	A3.44 A3.111		siehe auch Kohlenhydrate 3.6.10.1
Mucine sauer	Alcianblau; Enzymverdauung	A3.45 bis A3.48 3.6.10.1.2		siehe auch Kohlenhydrate 3.6.10.1
Mycobakterien	Ziehl-Neelsen, Auramin	A3.66 A3.115 A3.67 A3.116	Alle Arten von Fixierungen	keine betont fettlösenden Fixierungen verwenden (z.B. Carnoy), Auramin nur mit Fluoreszenzmikroskop möglich
Nervenzellen	Nissl-Färbung mit Kresylviolett; Golgi-Methode; Immunhistochemie	A3.73 A3.74 A3.75 A3.76 Tab. 3.9	Ethanol, auch Formalin, Golgi-Fixierlösung; Bouin, Formalin	
Nerv, frisch Zupfpräparat		A3.89		
Neurofibrillen (Nervenfasern)	Versilberungen n. Bielschowsky; Cajal; Bodian	A3.40 A3.78 A3.79	Formalin; Formol-Eisessig-Ethanol-Gemisch	
neuronale Tracer	Tracer-Techniken	2.1.4		
Neurosekret der Hypophyse	Chromhämatoxylin-Phloxin	A3.93	Bouin, Formalin, Susa	
Nissl-Substanz (raues ER)	Nissl-Färbung mit Kresylviolett	A3.73	Ethanol, auch Formalin	
Nukleinsäuren Extraktion	mit Säure; mit Enzym	A7.11 7.6.2		
Oxytalanfasern	Resorcinfuchsin; Orcein; Permanganat-Aldehydfuchsin	A3.35 A3.36 A3.37	Formalin, Formalingemische, Ethanol, Sublimat	bei der Aldehyd-Fuchsinfärbung muss mit Permanganat voroxidiert werden
periphere markhaltige Nervenfasern	Osmierung	A3.80 A3.91	Osmiumtetroxid	
Pigmente	Nilblausulfat; argentaffine Reakt. nach Fonatana-Masson	3.6.4 A3.25 A3.26		
Pilzhyphen	PAS; Versilberung nach Grocott; Methylenblau	A3.44 A3.111 A3.70 A3.101	Fixierung beliebig; Formalin	schnell durchführb. Nachweis
Pneumocystis carinii	Versilberung nach Grocott	A3.70	Formalin	
Polyanionische Glykoproteine sulfatiert	Alcianblau pH 1,0; Alcianblau kritische Elektrolytkonzentr.; Alcianblau-PAS	A3.46 A3.47 A3.48	gepuffertes Formol, Ethanol-Formol-Gemisch	siehe auch Kohlenhydrate 3.6.10.1
Polyanionische Glykoproteine carboxyliert ▼	Alcianblau pH 2,5; Alcianblau kritische Elektrolytkonzentr.; Alcianblau-PAS	A3.45 A3.47 A3.48	Gepuffertes Formol, Ethanol-Formol-Gemisch	siehe auch Kohlenhydrate 3.6.10.1

◨ **Tab. A1.20** *Fortsetzung*

Untersuchungsziel (alphabetisch)	Nachweismethode/Färbung	siehe (Anleitung bzw. Kapitel)	Geeignete Fixierung (in Bezug zur Nachweismethode)	Hinweise
Q-Bänderung (Chromosomen)	Quinacrin; Hoechst 33258	A7.4 A7.5	Ethanol-Eisessig (3:1)	vorherige Chromosomenspreitung durchführen
Quecksilberniederschläge entfernen		A3.9		
Ranviersche Schnürringe	Osmierung	A3.90	OsO_4	
reaktive Sauerstoffradikale (ROS)		2.1.3.4		
reticuläres Bindegewebe	Versilberung nach Bielschowsky; Gomori; Gordon u. Sweets	A3.40 A3.41 A3.42	Formalin	
Routine	HE	A3.28	Formalin	
Schleim neutral, siehe Mucine neutral				siehe auch Kohlenhydrate 3.6.10.1
Schleim sauer, siehe Mucine sauer				siehe auch Kohlenhydrate 3.6.10.1
Schmidt-Lantermannsche Einkerbungen	Osmierung	A3.91	OsO_4	
Schnellschnitt	HE	A3.29	Formalin	
Semidünnschnitt	Toluidinblau; Methylenblau	A2.75	Glutardialdehyd	
Silberimprägnation	abschwächen oder beseitigen	A3.43		
Spermien	Karbolfuchsin-Methode nach Berg; Opalblau; Färbetechnik nach Regaud	A4.8 4.1.2.5.2	Formalin 5–10 %	
Mitochondrien von Spermien		A4.7	OsO_4	
Spirochäten	Versilberung nach Warthin Starry	A3.69	Formalin	
Stückfärbung	Boraxkarmin alkoholisch; saures Hämalaun; Hämatoxylinlack mit OsO_4	A3.98 A3.99 A3.100	Sublimat OsO_4	
Sublimatniederschläge entfernen		A3.9		
Übersichtspräparat	HE, auch Trichrom-Färbungen	A3.28 3.6.9.1	Formalin; sublimathaltige Fixierungen aber auch Formalin und Bouin	
Zellkerne	Hämalaunlösungen, Hämatoxyline; Kernechtrot-Aluminiumsulfat; Thiazinfarbstoffe, Kresylviolett, Gentianaviolett, Methylenblau	3.6.1.3 3.6.1.1 3.6.1.5 A3.24 3.6.1.6 3.6.1.6	Formalin und andere übliche Fixierungen	Aus- o. Abstrichpräp.
Zellorganellen	Eisenhämatoxylin n. Heidenhain	A3.22	sublimathaltige Fixierungsmittel	
Zupfpräparat frischer Nerv		A3.89		

◻ Tab. A1.21 Gängige Fluoreszenzfarbstoffe

Fluorochrome	Absorption (nm)	Emission (nm)
Alexa Dyes		
Alexa Fluor 350	346	442
Alexa Fluor 430	434	531
Alexa Fluor 488	495	519
Alexa Fluor 532	532	554
Alexa Fluor 555	555	565
Alexa Fluor 568	578	603
Alexa Fluor 610	612	628
Alexa Fluor 633	632	647
Alexa Fluor 647	650	665
Alexa Fluor 700	702	723
Alexa Fluor 750	749	775
Cyanine Dyes		
Cy3	547	561
Cy3.5	576	589
Cy5	647	665
Fluorochrome	**Absorption (nm)**	**Emission (nm)**
Cy5.5	672	690
Cy7	753	775
Xanthene Dyes		
FITC (Fluorescein-isothiocyanate)	495	519
Rhodamine Red	570	590
Rhodamine Green	505	527
Eosin-isothiocyanate	526	543
TRITC (Tetramethylrhodamine-isothyocyanate)	550	572
Texas Red	595	615
Fluorescent Proteins		
GFP (WT)	395, 475	510
EGFP	488	507
EBFP	380	440
EYFP	513	527
ECFP	433, 453	475, 501
RFP (DsRed)	558	583
DNA Dyes		
BOBO-1	462	481
4, 6-diamidino-2-phenyl-indole HCl (DAPI)	358	461
POPO-1	434	456
TOTO-1	514	533
TOTO-3	642	660
YOYO-1	491	509
POPO™-3	534	570
BOBO™-3	570	602
YOYO-3	612	631

□ Tab. A1.22 Gebräuchliche Einbettungsmittel für die Elektronenmikroskopie

Bezeichnung	Eigenschaften unpolymerisiert	Eigenschaften des Polymers	Polymerisation	Eignung
Araldit **Epoxidharz**	– mehrere Komponenten – hohe Viskosität – nicht mischbar mit Alkoholen – mischbar mit Aceton und Propylenoxid	– relativ weich und zäh – sehr gut schneidbar – hydrophob – relativ elektronendicht	bei 60 °C	– leicht zu durchdringende Zellen und Gewebe – Semidünnschnitte – Ultrastrukturuntersuchung
Epon **Epoxidharz**	– mehrere Komponenten – mittlere Viskosität – nicht mischbar mit Alkoholen – mischbar mit Aceton und Propylenoxid	– härter als Araldit – sehr gut schneidbar – hydrophob – weniger elektronendicht als Araldit	bei 60 °C	– leicht zu durchdringende Zellen und Gewebe – Semidünnschnitte – Ultrastrukturuntersuchung
Spurr **Epoxidharz**	– mehrere Komponenten – geringe Viskosität – nicht mischbar mit Alkoholen – mischbar mit Aceton und Propylenoxid	– sehr hart – sehr gut schneidbar – hydrophob – wenig elektronendicht	bei 70 °C	– schwer zu durchdringende Zellen und Gewebe – Semidünnschnitte – Ultrastrukturuntersuchung
LR White **Acrylharz** Sorten: – „Hard" – „Medium" – „Soft"	– 1 Komponente – Aufbewahrung –4 °C – sehr geringe Viskosität – mischbar mit Alkoholen und Aceton – mit bis zu 12 % Wasser mischbar – fast farblos und transparent	– spröde – gut schneidbar – Schnitte sind häufig faltig – empfindlich gegen Lösungsmittel – hydrophil – wenig elektronendicht	– mit Beschleuniger bei RT – ohne Beschleuniger bei 50–60 °C – ohne Beschleuniger bei 4 °C und UV – unter Sauerstoffabschluss	– schwer zu durchdringende Zellen und Gewebe – Mikrotomschnitte und Histologie – Semidünnschnitte – Ultrastrukturuntersuchung – Immunmarkierung – Enzymcytochemie
LR Gold **Acrylharz**	– 1 Komponente – sehr geringe Viskosität – mischbar mit Alkoholen und Aceton – fast farblos und transparent	– spröde – gut schneidbar – Schnitte sind häufig faltig – empfindlich gegen Lösungsmittel – hydrophil – wenig elektronendicht	– mit Katalysator und Licht unterschiedlicher Wellenlänge unter 1 °C – unter Sauerstoffabschluss	– Gefriersubstitution – Immunmarkierung – Enzymcytochemie
Lowicryl K4M **Acrylharz**	– geringe Viskosität – mischbar mit Alkoholen und Aceton – geringfügig mit Wasser mischbar – fast farblos und transparent	– weich – schwierig zu schneiden, da sehr hydrophil – empfindlich gegen Lösungsmittel – etwas elektronendicht	– mit UV-Licht bis –40 °C	– Gefriersubstitution – Immunmarkierung – Enzymcytochemie
Lowicryl HM20 **Acrylharz**	– sehr geringe Viskosität – mischbar mit Alkoholen und Aceton – fast farblos und transparent	– relativ hart – sehr gut zu schneiden – hydrophil – wenig elektronendicht	mit UV-Licht bei Temperaturen bis –40 °C	– Gefriersubstitution – Immunmarkierung – Enzymcytochemie
Unicryl **Acrylharz**	– 1 Komponente – flüssig bei –50 °C – Aufbewahrung –20 °C – sehr geringe Viskosität – mischbar mit Alkoholen und Aceton – fast farblos und transparent	– spröde – gut schneidbar – empfindlich gegen Lösungsmittel – hydrophil – wenig elektronendicht	– mit UV-Licht bei niedrigen Temperaturen – bei 50–60 °C – schrumpft um ca. 10 % – Dauer und Ergebnis abhängig von eingesetzter Menge	– schwer zu durchdringende Zellen und Gewebe – Mikrotomschnitte und Histologie – Semidünnschnitte – Ultrastrukturuntersuchung – Immunmarkierung – Enzymcytochemie – *in situ*-Hybridisierung

Beispielhafte Programme für die Fixierung und Einbettung für die TEM im Einbettautomaten

Programm 1

Lösung	Bewegung	Dauer (h:min)	Temperatur	Pause/kontinuierlich
4% (w/v) Formaldehyd in 0,1 M PBS, pH 7,4	AG2	02:00	4°C	kontinuierlich
0,1 M PBS, pH 7,4	AG2	00:10	4°C	kontinuierlich
0,1 M PBS, pH 7,4	AG2	00:10	4°C	kontinuierlich
0,1 M PBS, pH 7,4	AG2	00:10	4°C	kontinuierlich
30 % (v/v) Ethanol	AG2	00:15	4°C	kontinuierlich
50 % (v/v) Ethanol	AG2	00:30	4°C	kontinuierlich
70 % (v/v) Ethanol	AG2	00:45	4°C	kontinuierlich
90 % (v/v) Ethanol	AG2	00:45	4°C	kontinuierlich
90 % (v/v) Ethanol:LR White 2:1	AG2	01:00	4°C	kontinuierlich
90 % (v/v) Ethanol:LR White 1:1	AG2	02:00	4°C	kontinuierlich
90 % (v/v) Ethanol:LR White 1:2	AG2	02:00	4°C	kontinuierlich
LR White	AG2	02:00	4°C	kontinuierlich
LR White	AG2	02:00	4°C	kontinuierlich
LR White	AG2	02:00	4°C	Pause

Mit Erfolg eingesetzt für Blätter (Tabak, Gerste, Arabidopsis). Die Blattstücke werden vor Beginn im Fixans entgast. Geeignet zur Immunogoldmarkierung der Ultradünnschnitte

Programm 2

Lösung	Bewegung	Dauer (h:min)	Temperatur	Pause/kontinuierlich
2,5 % (w/v) Glutaraldehyd in 0,1 M Caco, pH 7,3	AG2	03:00	RT	kontinuierlich
0,1 M Caco, pH 7,3	AG2	00:10	RT	kontinuierlich
0,1 M Caco, pH 7,3	AG2	00:10	RT	kontinuierlich
0,1 M Caco, pH 7,3	AG2	00:15	4°C	kontinuierlich
1 % (w/v) OsO_4 in 0,1 M Caco, pH 7,3	AG2	04:00	4°C	kontinuierlich
0,1 M Caco, pH 7,3	AG2	00:05	RT	kontinuierlich
0,1 M Caco, pH 7,3	AG2	00:10	RT	kontinuierlich
0,1 M Caco, pH 7,3	AG2	00:10	RT	kontinuierlich
0,1 M Caco, pH 7,3	AG2	00:15	RT	kontinuierlich
30 % (v/v) Ethanol	AG2	00:15	RT	kontinuierlich
50 % (v/v) Ethanol	AG2	00:30	RT	kontinuierlich
70 % (v/v) Ethanol	AG2	00:30	RT	kontinuierlich
90 % (v/v) Ethanol	AG2	00:30	4°C	kontinuierlich
100 % (v/v) Ethanol	AG2	00:30	4°C	kontinuierlich
100 % (v/v) Ethanol	AG2	00:30	4°C	kontinuierlich
90 % (v/v) Ethanol:LR White 2:1	AG2	02:00	4°C	kontinuierlich
90 % (v/v) Ethanol:LR White 1:1	AG2	02:00	4°C	kontinuierlich
90 % (v/v) Ethanol:LR White 1:2	AG2	02:00	4°C	kontinuierlich
LR White	AG2	02:00	4°C	kontinuierlich
LR White	AG2	02:00	4°C	Pause

Mit Erfolg eingesetzt für Blätter (Tabak, Gerste, Arabidopsis). Die Blattstücke werden vor Beginn im Fixans entgast. Geeignet zur Darstellung der Ultrastruktur.

Programm 3

Lösung	Bewegung	Dauer (h:min)	Temperatur	Pause/kontinuierlich
2,5 % (w/v) Glutaraldehyd in 0,1 M Caco, pH 7,3	AG2	01:00	RT	kontinuierlich
0,1 M Caco, pH 7,3	AG2	00:10	RT	kontinuierlich
0,1 M Caco, pH 7,3	AG2	00:10	RT	kontinuierlich
0,1 M Caco, pH 7,3	AG2	00:15	4°C	kontinuierlich
1 % (w/v) OsO_4 in 0,1 M Caco, pH 7,3	AG2	01:00	4°C	kontinuierlich
0,1 M Caco, pH 7,3	AG2	00:05	RT	kontinuierlich
0,1 M Caco, pH 7,3	AG2	00:10	RT	kontinuierlich
0,1 M Caco, pH 7,3	AG2	00:15	RT	kontinuierlich
0,1 M Caco, pH 7,3	AG2	00:20	RT	kontinuierlich
30 % (v/v) Ethanol	AG2	00:10	RT	kontinuierlich
50 % (v/v) Ethanol	AG2	00:20	RT	kontinuierlich
70 % (v/v) Ethanol	AG2	00:30	RT	kontinuierlich
90 % (v/v) Ethanol	AG2	00:30	RT	kontinuierlich
100 % (v/v) Ethanol	AG2	00:30	RT	kontinuierlich
100 % (v/v) Ethanol	AG2	00:30	RT	kontinuierlich
90 % (v/v) Ethanol:LR White 2:1	AG2	00:30	RT	kontinuierlich
90 % (v/v) Ethanol:LR White 1:1	AG2	00:30	RT	kontinuierlich
90 % (v/v) Ethanol:LR White 1:2	AG2	00:30	RT	kontinuierlich
LR White	AG2	00:30	4°C	kontinuierlich
LR White	AG2	00:30	4°C	Pause

Mit Erfolg eingesetzt für Zellsuspensionen (z. B. Bürstenabstriche, Bakterien). Geeignet zur Darstellung der Ultrastruktur.

Programm 4

Lösung	Bewegung	Dauer (h:min)	Temperatur	Pause/kontinuierlich
2,5 % (w/v) Glutaraldehyd + 1 % (w/v) Formaldehyd in 0,1 M Caco, pH 7,3	AG2	02:00	RT	kontinuierlich
0,1 M Caco, pH 7,3	AG2	00:10	RT	kontinuierlich
0,1 M Caco, pH 7,3	AG2	00:10	RT	kontinuierlich
0,1 M Caco, pH 7,3	AG2	00:15	4°C	kontinuierlich
1 % (w/v) OsO_4 in 0,1 M Caco, pH 7,3	AG2	01:00	4°C	kontinuierlich
0,1 M Caco, pH 7,3	AG2	00:05	RT	kontinuierlich
0,1 M Caco, pH 7,3	AG2	00:10	RT	kontinuierlich
0,1 M Caco, pH 7,3	AG2	00:10	RT	kontinuierlich
0,1 M Caco, pH 7,3	AG2	00:15	RT	kontinuierlich
30 % (v/v) Ethanol	AG2	00:15	RT	kontinuierlich
50 % (v/v) Ethanol	AG2	00:30	RT	kontinuierlich
70 % (v/v) Ethanol	AG2	00:30	RT	kontinuierlich
90 % (v/v) Ethanol	AG2	00:30	RT	kontinuierlich
100 % (v/v) Ethanol	AG2	00:30	RT	kontinuierlich
100 % (v/v) Ethanol	AG2	00:30	RT	kontinuierlich
90 % (v/v) Ethanol:LR White 2:1	AG2	02:00	RT	kontinuierlich
90 % (v/v) Ethanol:LR White 1:1	AG2	02:00	RT	kontinuierlich
90 % (v/v) Ethanol:LR White 1:2	AG2	02:00	RT	kontinuierlich
LR White	AG2	02:00	4°C	kontinuierlich
LR White	AG2	02:00	4°C	Pause

Mit Erfolg eingesetzt für Arabidopsis. Geeignet zur Darstellung der Ultrastruktur.

Programm 5

Lösung	Bewegung	Dauer (h:min)	Temperatur	Pause/kontinuierlich
2,5 % (w/v) Glutaraldehyd in 0,1 M Caco, pH 7,3	AG2	02:00	RT	kontinuierlich
0,1 M Caco, pH 7,3	AG2	00:10	RT	kontinuierlich
0,1 M Caco, pH 7,3	AG2	00:15	RT	kontinuierlich
0,1 M Caco, pH 7,3	AG2	00:20	4°C	kontinuierlich
1 % (w/v) OsO_4 in 0,1 M Caco, pH 7,3	AG2	02:00	4°C	kontinuierlich
0,1 M Caco, pH 7,3	AG2	00:05	RT	kontinuierlich
0,1 M Caco, pH 7,3	AG2	00:10	RT	kontinuierlich
0,1 M Caco, pH 7,3	AG2	00:15	RT	kontinuierlich
0,1 M Caco, pH 7,3	AG2	00:20	RT	kontinuierlich
30 % (v/v) Ethanol	AG2	00:10	RT	kontinuierlich
50 % (v/v) Ethanol	AG2	00:20	RT	kontinuierlich
70 % (v/v) Ethanol	AG2	00:30	RT	kontinuierlich
90 % (v/v) Ethanol	AG2	00:30	RT	kontinuierlich
100 % (v/v) Ethanol	AG2	00:30	RT	kontinuierlich
100 % (v/v) Ethanol	AG2	00:30	RT	Pause

Geeignet zur Fixierung von Pflanzenmaterial für die Rasterelektronenmikroskopie.

Programm 6

Lösung	Bewegung	Dauer (h:min)	Temperatur	Pause/kontinuierlich
2 % (w/v) Formaldehyd + 0,5 % (v/v) Glutaraldehyd in 0,1 M Caco, pH 7,3	AG2	02:00	4°C	kontinuierlich
0,1 M Ammoniumchlorid	AG2	00:30	4°C	kontinuierlich
0,1 M Caco, pH 7,3	AG2	00:15	4°C	kontinuierlich
0,1 M Caco, pH 7,3	AG2	00:15	4°C	kontinuierlich
0,1 M Caco, pH 7,3	AG2	00:15	4°C	kontinuierlich
0,1 M Caco, pH 7,3	AG2	00:15	4°C	kontinuierlich
30 % (v/v) Ethanol	AG2	00:15	4°C	kontinuierlich
50 % (v/v) Ethanol	AG2	00:15	4°C	kontinuierlich
50 % (v/v) Ethanol	AG2	00:15	4°C	kontinuierlich
70 % (v/v) Ethanol	AG2	00:30	4°C	kontinuierlich
90 % (v/v) Ethanol	AG2	00:30	4°C	kontinuierlich
100 % (v/v) Ethanol	AG2	00:30	4°C	kontinuierlich
100 % (v/v) Ethanol	AG2	00:30	4°C	kontinuierlich
100 % (v/v) Ethanol:LR White 2:1	AG2	01:00	4°C	kontinuierlich
100 % (v/v) Ethanol:LR White 1:1	AG2	01:00	4°C	kontinuierlich
100 % (v/v) Ethanol:LR White 1:2	AG2	01:00	4°C	kontinuierlich
LR White	AG2	02:00	4°C	kontinuierlich
LR White	AG2	02:00	4°C	Pause

Mit Erfolg eingesetzt für tierische Gewebe (z. B. Herz, Leber, Niere, Haut). Geeignet zur Immunogoldmarkierung der Ultradünnschnitte

Programm 7

Lösung	Bewegung	Dauer (h:min)	Temperatur	Pause/kontinuierlich
1 % (w/v) Formaldehyd + 2,5 % (v/v) Glutaraldehyd in 0,1 M Caco, pH 7,3	AG2	04:00	RT	kontinuierlich
0,1 M Caco, pH 7,3	AG2	00:20	RT	kontinuierlich
0,1 M Caco, pH 7,3	AG2	00:30	RT	kontinuierlich
0,1 M Caco, pH 7,3	AG2	00:30	4°C	kontinuierlich
1 % (w/v) OsO$_4$ in Caco, pH 7,3	AG2	04:00	4°C	kontinuierlich
0,1 M Caco, pH 7,3	AG2	00:10	4°C	kontinuierlich
0,1 M Caco, pH 7,3	AG2	00:20	RT	kontinuierlich
0,1 M Caco, pH 7,3	AG2	00:20	RT	kontinuierlich
0,1 M Caco, pH 7,3	AG2	00:30	RT	kontinuierlich
30 % (v/v) Ethanol	AG2	00:15	RT	kontinuierlich
50 % (v/v) Ethanol	AG2	00:30	RT	kontinuierlich
50 % (v/v) Ethanol	AG2	00:30	RT	kontinuierlich
70 % (v/v) Ethanol	AG2	00:30	RT	kontinuierlich
90 % (v/v) Ethanol	AG2	00:30	4°C	kontinuierlich
100 % (v/v) Ethanol	AG2	00:30	4°C	kontinuierlich
100 % (v/v) Ethanol	AG2	00:30	4°C	kontinuierlich
100 % (v/v) Ethanol:LR White 2:1	AG2	02:00	4°C	kontinuierlich
100 % (v/v) Ethanol:LR White 1:1	AG2	02:00	4°C	kontinuierlich
100 % (v/v) Ethanol:LR White 1:2	AG2	02:00	4°C	kontinuierlich
LR White	AG2	02:00	4°C	kontinuierlich
LR White	AG2	02:00	4°C	Pause

Mit Erfolg eingesetzt für dichte/feste Pflanzenpoben (z. B. Stängel). Geeignet zur Erhaltung der Ultrastruktur

Programm 8

Lösung	Bewegung	Dauer (h:min)	Temperatur	Pause/kontinuierlich
4% (w/v) Formaldehyd + 0,25 % (v/v) Glutaraldehyd in 0,1 M PBS, pH 7,4	AG2	02:00	4°C	kontinuierlich
0,1 M PBS, pH 7,4	AG2	00:10	4°C	kontinuierlich
0,1 M PBS, pH 7,4	AG2	00:15	4°C	kontinuierlich
0,1 M PBS, pH 7,4	AG2	00:20	4°C	kontinuierlich
0,1 M PBS, pH 7,4	AG2	00:20	4°C	kontinuierlich
30 % (v/v) Ethanol	AG2	00:15	4°C	kontinuierlich
50 % (v/v) Ethanol	AG2	00:30	4°C	kontinuierlich
70 % (v/v) Ethanol	AG2	00:30	4°C	kontinuierlich
90 % (v/v) Ethanol	AG2	00:30	4°C	kontinuierlich
90 % (v/v) Ethanol	AG2	00:30	4°C	kontinuierlich
90 % (v/v) Ethanol:LR White 2:1	AG2	00:30	4°C	kontinuierlich
90 % (v/v) Ethanol:LR White 1:1	AG2	00:30	4°C	kontinuierlich
90 % (v/v) Ethanol:LR White 1:2	AG2	00:30	4°C	kontinuierlich
LR White	AG2	00:30	4°C	kontinuierlich
LR White	AG2	00:30	4°C	kontinuierlich
LR White	AG2	00:30	4°C	Pause

Mit Erfolg eingesetzt für Zellsuspensionen und Aufwuchszellen. Geeignet zur Immunogoldmarkierung der Ultradünnschnitte

Anhang 2

Maria Mulisch

Aktuelle Bücher zu mikroskopischen Techniken

Allen TD (2008) Introduction to Electron Microscopy for Biologists (Methods in Cell Biology, Vol. 88), Academic Press Inc

Al-Mulla F (Ed) (2011) Formalin-Fixed Paraffin-Embedded Tissues. Methods and Protocols. Series: Methods in Molecular Biology, Vol. 724. Humana Press

Bancroft JD and Gamble M (Eds) (2002) Theory & Practice of Histological Techniques, 5th edition, Churchill Livingstone

Baró AM and Reifenberger RG (Eds) (2012) Atomic Force Microscopy in Liquid: Biological Applications, Wiley-VCH

Bodermann B (2005) Aktuelle Entwicklungen in der Mikroskopie, *Current Developments in Microscopy.* Wirtschaftsverlag N. W. Verlag für neue Wissenschaft

Bozzola JJ (2004) Electron Microscopy, Jones and Bartlett Publishers, Inc.

Bozzola JJ and Russell LD (1998) Electron Microscopy, *Principles and Techniques for Biologists,* Jones & Bartlett Publishing

Bradbury S and Evennett PJ (1996) Contrast Techniques in Light Microscopy, Garland Science

Braga CP and Ricci D (Eds) (2011) Atomic Force Microscopy in Biomedical Research: Methods and Protocols (Methods in Molecular Biology), Humana Press

Briggs A and Arnold W (Eds) (1996) Advances in Acoustic Microscopy: Vol. 2, Springer

Buhrke VE, Jenkins R and Smith DK (1997) A Practical Guide for the Preparation of Specimens for X-Ray Fluorescence and X-Ray Diffraction Analysis, Wiley-VCH Verlag GmbH

Burns R (2005) Immunochemical Protocols, Humana Press

Carlton RA (2011) Pharmaceutical Microscopy, Springer

Cavalier A, Spehner D and Humbel BM (2008) Handbook of Cryo-Preparation Methods for Electron Microscopy (Methods in Visualization), CRC Press Inc

Chandler D, Roberson RW (2008) Bioimaging: Current Techniques in Light & Electron Microscopy, Jones & Bartlett Publishers

Chiarini-Garcia H, Melo RCN (Eds) (2011) Light Microscopy. Methods and Protocols. Series: Methods in Molecular Biology, Vol. 689. Humana Press

Conn M (2012) Imaging and Spectroscopic Analysis of Living Cells: Live Cell Imaging of Cellular Elements and Functions: 505 (Methods in Enzymology), Academic Press

Cox G (Ed) (2012) Optical Imaging Techniques in Cell Biology, 2nd ed, CRC Press Inc

Croft WJ (2006) Under the Microscope. A Brief History of Microscopy, World Scientific Pub Co

Dai X (2009) Fluorescence Microscopy Techniques: Concepts and Applications in Biological and Chemical Systems, VDM Verlag Dr. Müller

Dashek WVE (ed) (2000) Methods in Plant Electron Microscopy and Cytochemistry, Humana Press

Deckart M (1987) Freizeit mit dem Mikroskop, Falken-Verlag GmbH

Deckart M (1992) Mikroskopieren zum Zeitvertreib, Humboldt-TB.-Vlg

Demaree RS and Giberson RT (2001) Microwave Techniques and Protocols, Humana Press

Diaspro A (Ed) (2001) Confocal and Two-Photon Microscopy: Foundations, Applications and Advances, Wiley-Liss

Diaspro A (2010) Optical Fluorescence Microscopy: From the Spectral to the Nano Dimension, Springer

Drews R (1992) Mikroskopieren als Hobby, Falken-Verlag GmbH

Dykstra MJ (1993) A Manual of Applied Techniques for Biological Electron Microscopy, Kluwer Academic / Plenum Publishers

Echlin P (2009) Handbook of Sample Preparation for Scanning Electron Microscopy and X-Ray Microanalysis, Springer

Egerton RF (2008) Physical Principles of Electron Microscopy: An Introduction to TEM, SEM, and AEM, 1st edition, Springer

Ferraro P, Wax A und Zalevsky Z (2011) Coherent Light Microscopy: Imaging and Quantitative Phase Analysis (Springer Series in Surface Sciences), Springer

Flegler SL, Heckman JW and Klomparens KL (1995) Scanning and Transmission Electron Microscopy: An Introduction, Oxford University Press

Foster B (1997) Optimizing Light Microscopy for Biological and Clinical Laboratories, Kendall Hunt Publishing

Frank J (2006) Three-Dimensional Electron Microscopy of Macromolecular Assemblies: Visualization of Biological Molecules in Their Native State, Oxford University Press

Frey H (2006) The Microscope and Microscopical Technology. *A Text-Book For Physicians and Students,* University of Michigan Library

Gerlach D (1987) Mikroskopieren - ganz einfach, Kosmos

Giberson RT, Demaree RS (Eds) (2001) Microwave Techniques and Protocols, Humana Press

Glauert AM (1981) Practical Methods in Electron Microscopy: Dynamic Methods in the Electron Microscope, vol 9, Elsevier

Glauert AM (Ed) (1974) Practical Methods in Electron Microscopy: Principles and Practice of Electron Microscope Operation, vol. 2 (Practical Methods in Electron Microscopy S.), Elsevier

Glauert AM (Ed) (1975) Practical Methods in Electron Microscopy: Design of the Electron Microscope Laboratory, vol. 4 (Practical Methods in Electron Microscopy S.), Elsevier

Glauert AM and Lewis PR (Eds) (1998) Biological Specimen Preparation for Transmission Electron Microscopy (Practical Methods in Electron Microscopy S.), Portland Press Ltd

Gerlach D (1994) Mikroskopieren, ganz einfach. Das Mikroskop, seine Handhabung, Objekte aus dem Alltag, Kosmos Verlags-GmbH

Goldman RD, David L. Spector DL, Swedlow JR (Ed) (2009) Live Cell Imaging: A Laboratory Manual, 2nd edition, Cold Spring Harbor Laboratory Press

Goldstein DJ (1999) Understanding the Light Microscope: A Computer-Aided Introduction, 1st edition, Academic Press

Goldstein JI, Newbury DE, Joy DC, Lyman CE, Echlin P, Lifshin E, Sawyer L and Michael JR (2007) Scanning Electron Microscopy and X-Ray Microanalysis, 3rd corrected edition, Springer US

Goodhew PJ, Humphreys FJ, Beanland R (2000) Electron Microscopy and Analysis, 3rd edition, Taylor & Francis

Gu J and Ogilvie RW (Eds) (2005) Virtual Microscopy and Virtual Slides in Teaching, Diagnosis, and Research (Advances in Pathology, Microscopy, and Molecular Morphology), CRC Press

Gwyn IA, Blythe D, Brown G and Beesley JE (eds) (2000) Immunocytochemistry and In Situ Hybridization in the Biomedical Sciences, Birkhauser

Hader DP (2000) Image Analysis: Methods and Applications, 2nd edition, CRC Press

Hajibagheri NE (Ed) (1999) Electron Microscopy Methods and Protocols, Vol 117, Humana Press, Totowa, New Jersey

Hawkes, PW, Spence, JCH (Eds.) (2007) Science of Microscopy, 1st edition 2006. Corr. 2nd printing, 2007, XVIII, 748 p. 696 illus., 64 in color. Springer-Verlag

Hayat MA (1989, 1991) Colloidal Gold: Principles, Methods and Applications, Vol 1–3, Academic Press, New York

Hayat MA (1995) Immunogold-Silver Staining: Principles, Methods & Applications, CRC Press

Hayat MA (2000) Principles and Techniques of Electron Microscopy: Biological Applications, 4th edition, Cambridge University Press

Hayat MA (2002) Microscopy, Immunohistochemistry, and Antigen Retrieval Methods: For Light and Electron Microscopy, 1st edition, Springer

Heath JP (2005) Dictionary of Microscopy, John Wiley & Sons, Ltd

Helmchen F and Konnerth A (Eds) (2011) Imaging in Neuroscience: A Laboratory Manual, Cold Spring Harbor Laboratory

Herman B (1998) Fluorescence Microscopy (Microscopy Handbooks), Springer-Verlag New York Inc.

Hewitson TD, Darby IA (Eds) (2010) Histology Protocols. Series: Methods in Molecular Biology, Vol. 611. Humana Press

Hibbs AR (2004) Confocal Microscopy for Biologists, Kluwer Academic Publishers

Hillenkamp E (2002) Mikroskopie für Anfänger und Fortgeschrittene. *Eine detaillierte Einführung in die mikroskopische Praxis.*

Hoppert M and Holzenburg A (eds) (1998) Electron Microscopy In Microbiology, Bios Scientific Publishers Ltd

Horobin RW and Kiernan JA (Eds) (2002) Conn's Biological Stains. *A Handbook of Dyes, Stains and Fluorochromes for Use in Biology and Medicine,* 10th edition, BIOS Scientific Publishers

Horobin RW and Bancroft JD (1997) Troubleshooting Histology Stains, Churchill Livingstone

Howard V (2005) Unbiased Stereology: Three-dimensional Measurement in Microscopy (Advanced Methods), 2nd edition, Taylor & Francis

Hunter E (1993) Practical Electron Microscopy: A Beginner's Illustrated Guide, 2nd edition ,Cambridge University Press

Javois LC (ed) (1999) Immunocytochemical Methods and Protocols: 2nd edition, Humana Press

Jones C, Mulloy B and Thomas AH (2008) Microscopy, Optical Spectroscopy, and Macroscopic Techniques, Springer

Johnsen S (2011) Optics of Life: A Biologist's Guide to Light in Nature, Princeton University Press

Kalyuzhny AE (2011) Signal Transduction Immunohistochemistry: Methods and Protocols: 717 (Methods in Molecular Biology), Humana Press

Kern M (2003) Mikroskopische Technik für die industrielle Anwendung. *Präparation - Mikroskopie - Digitale Fototechnik – Bildverarbeitung*, Brünne u. Brunne

Kiernan JA (2001) Histological and Histochemical Methods: Theory and Practice, 3rd edition, A Hodder Arnold Publication

Kiernan JA and Mason I (eds) (2002) Microscopy and Histology for Molecular Biologists: A User's Guide, Portland Press Ltd

Kino GS and Corle TR (1996) Confocal Scanning Optical Microscopy and Related Imaging Systems, Academic Press

Koneman EW (2003) Am anderen Ende des Mikroskops. *Bericht vom Ersten Außerordentlichen Bakterienkongress.* Spektrum Akademischer Verlag

Kremer BP (2002) Mikroskopieren leichtgemacht. 2., Aufl. Kosmos

Kremer BP (2005) 1x1 der Mikroskopie. *Ein Praktikum für Einsteiger*, Franckh-Kosmos

Kremer BP (2008) Mikroskopieren ganz einfach: Präparationen und Färbungen – Schritt für Schritt, Franckh-Kosmos

Kremer BP (2010) Das große Kosmos-Buch der Mikroskopie, Franckh-Kosmos

von Krosigk K (Ed) und Frey JFHK (2007) Mikroskop und die mikroskopische Technik: Ein Handbuch für Ärzte und Studierende, VDM Verlag Dr. Müller

Kuo J (Ed) (2007) Electron Microscopy. *Methods and Protocols*, Methods in Molecular Biology, vol. 369, 2nd ed., Humana Press

Lyman CE (1990) Scanning Electron Microscopy, X-Ray Microanalysis, and Analytical Electron Microscopy, Plenum Publishing Corporation

Mason WT (Ed) (1999) Fluorescent and Luminescent Probes, 2nd edition, Academic Press

Masters BR (2006) Confocal Microscopy And Multiphoton Excitation Microscopy: The Genesis of Live Cell Imaging (SPIE Press Monograph Vol. PM161), SPIE Publications

Matsumoto B (2002) Cell Biological Applications of Confocal Microscopy, 2nd edition (Methods in Cell Biology, 70), Academic Press

Matsumoto B (2010) Practical Digital Photomicrography: Photography Through the Microscope for the Life Sciences, Rocky Nook

Maunsbach AB and Afzelius BA (1998) Biomedical Electron Microscopy: Illustrated Methods and Interpretations, Academic Press

McIntosh JR (ed) (2007) Cellular Electron Microscopy, vol. 79 (Methods in Cell Biology) 1st edition, Academic Press

Mertz J (2009) Introduction to Optical Microscopy, Roberts and Company Publishers, USA

Miller FP, Vandome AF, and McBrewster J (eds) (2009) Microscopy: Optical Microscope, Bright Field Microscopy, Dark Field Microscopy, Dispersion Staining, Phase Contrast Microscopy, Differential Interference Contrast Microscopy, Fluorescence Microscope, Alphascript Publishing

Moore PB (2012) Visualizing the Invisible: Imaging Techniques for the Structural Biologist, Oxford University Press

Morel G and Cavalier A (2000) In Situ Hybridization in Light Microscopy. CRC Press

Morel G, Cavalier A and Williams L (2001) In Situ Hybridization in Electron Microscopy. CRC Press

Morris VJ, Kirby AR and Gunning AP (2009) Atomic Force Microscopy for Biologists, 2nd edition, World Scientific Pub Co

Mouton PR (2002) Principles and Practices of Unbiased Stereology: An Introduction for Bioscientists, The Johns Hopkins University Press

Murphy DB (2006) Fundamentals of Light Microscopy and Electronic Imaging, John Wiley & Sons Inc

Murray GI (Ed) (2011) Laser Capture Microdissection. Methods and Protocols. Series: Methods in Molecular Biology, Vol. 755. Humana Press

Papkovsky DB (Ed) (2009) Live Cell Imaging: Methods and Protocols: 591 (Methods in Molecular Biology), Humana Press

Pawley J (2006) Handbook of Biological Confocal Microscopy, Springer, 3th edition

Pennycook SJ and Nellist PD (2011) Scanning Transmission Electron Microscopy: Imaging and Analysis, Springer

Periasamy A (2001) Methods in Cellular Imaging, Oxford University Press, USA

Periasamy A (Ed) (2002) Methods in Cellular Imaging, 1st edition, American Physiological Society

Periasamy A and Day RN (Eds) (2005) Molecular Imaging: Fret Microscopy and Spectroscopy, Oxford University Press Inc

Periasamy A and Clegg RM (Eds) (2009) Flim Microscopy in Biology and Medicine, CRC Press Inc

Polak J and Priestley J (Eds) (1992) Electron Microscopic Immunocytochemistry, Principles and Practice (Modern Methods in Pathology), Oxford University Press, USA

Polak J and Van Noorden S (Eds) (2003) Introduction to Immunocytochemistry, 3rd edition, Garland Science

Postek MT, Howard KS, Johnson AH and McMichael KL (1980) Scanning Electron Microscopy: A Student's Handbook, Ladd Research Industries

Pound JD (ed) (1998) Immunochemical Protocols, Humana Press

Price RL and Jerome WG (Eds) (2011) Basic Confocal Microscopy, Springer New York

Priestley JV and Polak JM (eds) (1992) Electron Microscopic Immunocytochemistry. *Principles and Practice*, Oxford University Press

Rasmussen N (1999) Picture Control: The Electron Microscope and the Transformation of Biology in America, 1940-1960, Stanford University Press

Reid N, Beesley JE and Glauert AM (ed) (1991) Sectioning and Cryosectioning for Electron Microscopy (Practical Methods in Electron Microscopy, Vol. 13), Elsevier Publishing Company

Reimer L and Kohl H (2008) Transmission Electron Microscopy. Physics of Image Formation, 5th ed. Series: Springer Series in Optical Sciences, Vol. 36. Springer

Rietdorf J (2005) Microscopic Techniques, Springer

Rittscher J, Raghu Machiraju R and Wong STC (Eds) (2008) Microscopic Image Analysis for Life Science Applications [With CDROM] (Bioinformatics & Biomedical Imaging), Artech House Publishers

Robinson PC and Bradbury S (1992) Qualitative Polarized Light Microscopy (Microscopy Handbooks), Bios Scientific Publishers Ltd

Rost F and Oldfield R (2000) Photography with a Microscope, Cambridge University Press

Ruzin SE (1999) Plant Microtechnique and Microscopy, Oxford University Press

Shah K (Ed) (2011) Molecular Imaging. Methods and Protocols. Series: Methods in Molecular Biology, Vol. 680. Humana Press

Sharpe J and Wong RO (Eds) (2010) Imaging in Developmental Biology: A Laboratory Manual, Cold Spring Harbor Laboratory

Shorte SL and Frischknecht F (Eds) (2010) Imaging Cellular and Molecular Biological Functions (Principles and Practice), Springer

Slayter EM and Slayter HS (1992) Light and Electron Microscopy, Cambridge University Press

Sluder G and Wolf DE (2007) Digital Microscopy (Methods in Cell Biology, Vol 81), Academic Press Inc

Shorte SL and Frischknecht F (2010) Imaging Cellular and Molecular Biological Functions (Principles and Practice), Springer Berlin Heidelberg

Spector DL and Goldman RD (eds) (2005) Basic Methods in Microscopy: Protocols and Concepts from Cells. *A Laboratory Manual*, Cold Spring Harbor Laboratory Press

Stephens D (2006) Cell Imaging (Methods Express), Cold Spring Harbor Laboratory Press

Storch WB (2000) Immunofluorescence in Clinical Immunology: A Primer and Atlas, 1st edition, Birkhäuser Basel

Sousa AA and Kruhlak MJ (Eds) (2013) Nanoimaging. Methods and Protocols. Series: Methods in Molecular Biology, Vol. 950. Humana Press

Taatjes DJ and Mossman BT (Eds) (2010) Cell Imaging Techniques (Methods in Molecular Biology),1st edition, Humana Press

Taatjes DJ and Roth J (2012) Cell Imaging Techniques: Methods and Protocols (Methods in Molecular Biology), Humana Press

Török P and Kao F-J (2007) Optical Imaging and Microscopy: Techniques and Advanced Systems (Springer Series in Optical Sciences), Springer, Berlin

Van der Loos C (1999) Immunoenzyme Multiple Staining Methods, Garland Science

Wang XF and Herman B (1996) Fluorescence Imaging Spectroscopy and Microscopy (Chemical Analysis: A Series of Monographs on Analytical Chemistry and Its Applications), Wiley-Interscience

Warley A, Audrey M and Glauert (Ed) (1997) X-ray Microanalysis for Biologists (Practical Methods in Electron Microscopy S.), Portland Press Ltd

Wayne RO (2008) Light and Video Microscopy, Academic Press

Watt IM (1997) The Principles and Practice of Electron Microscopy, 2nd edition, Cambridge University Press

Wheeler B and Wilson LJ (2008) Practical Forensic Microscopy: A Laboratory Manual, Wiley

Wiesendanger R (Ed) (2010) Scanning Probe Microscopy: Analytical Methods, Springer

Williams DB and Carter CB (1996) Transmission Electron Microscopy: A Textbook for Materials Science, Kluwer Academic / Plenum Publishers

Willison JHM and Rowe AJ (eds) (1980) Replica, Shadowing and Freeze-Etching Techniques, Elsevier Publishing Company

Wouterlood FG (Ed) (2012) Cellular Imaging Techniques for Neuroscience and Beyond, Academic Press

Wu Q, Merchant F und Castleman KR (2008) Microscope Image Processing, Academic Press

Yuste R (2010) Imaging: A Laboratory Manual, Cold Spring Harbor Laboratory

Anhang 3

Liste der Anleitungen

Index

B

H

U

V

Printing and Binding: PHOENIX PRINT GmbH, Würzburg